동역학

제9판, SI VERSION

Meriam's ENGINEERING MECHANICS

DYNAMICS

동역학 제9판, SI VERSION

J. L. Meriam, L. G. Kraige, J. N. Bolton 지음

강연준, 국형석, 배성용, 백승훈, 이시복, 이재응, 정광영 옮김

WILEY   Σ시그마프레스

동역학, 제9판

발행일 | 2022년 8월 10일 1쇄 발행
2023년 9월 5일 2쇄 발행

지은이 | J. L. Meriam, L. G. Kraige, J. N. Bolton
옮긴이 | 강연준, 국형석, 배성용, 백승훈, 이시복, 이재응, 정광영
발행인 | 강학경
발행처 | (주)시그마프레스
디자인 | 이상화, 우주연, 김은경
편 집 | 윤원진, 김은실, 이호선
마케팅 | 문정현, 송치헌, 김인수, 김미래, 김성옥

등록번호 | 제10-2642호
주소 | 서울시 영등포구 양평로 22길 21 선유도코오롱디지털타워 A401~402호
전자우편 | sigma@spress.co.kr
홈페이지 | http://www.sigmapress.co.kr
전화 | (02)323-4845, (02)2062-5184~8
팩스 | (02)323-4197

ISBN | 979-11-6226-394-5

* 책값은 책 뒤표지에 있습니다.

역자 서문

이 책은 J. L. Meriam 박사, L. G. Kraige 박사, J. N. Bolton 박사가 공동으로 저술한 Engineering Mechanics 제9판의 2권 *Dynamics*를 번역한 것이며, 저자들은 공업역학 분야에서 탁월한 연구 업적과 교육 경력을 가진 분들로 역학의 기초 개념과 원리들을 이해하기 쉽게 설명하고 있다.

동역학은 물체의 움직임에 대한 학문이므로, 제1권에서 다루고 있는 정역학에 비하여 다소 어려워 보일지 모르지만, 본문에서 기초 개념과 원리를 이해하고, 예제에서 제시한 상세한 풀이와 도움말을 통하여 이해도를 높일 수 있을 것이다.

각 절의 연습문제는 개념과 원리 위주의 기초문제와 실제 응용분야에서 많이 접하게 되는 심화문제들로 이루어져 있다. 그리고 각 장의 복습문제에는 컴퓨터를 사용해야만 정확한 해석 결과를 얻을 수 있는 문제들이 수록되어 있다. 제9판에는 1277개의 연습문제가 수록되어 제8판에 비해 연습문제의 개수는 다소 적지만 공학설계에 응용될 수 있는 흥미롭고 중요한 문제를 새로이 추가하였다.

개념 설명과 문제에 대한 이해를 돕기 위하여 모든 그림은 컬러로 인쇄되었다. 특정한 물리량은 특정 색으로 표시하였는데, 힘과 모멘트는 빨간색, 속도와 가속도 화살표는 초록색, 운동하는 점의 궤적은 주황색으로 표시하였다.

이 책은 전 세계적으로 정평이 나있는 공업역학 교재 중 하나이며, 국내 다수의 대학에서도 동역학 교재로 사용되고 있다. 제9판의 번역에는 제8판의 원서와 번역서를 참조하였고, 본문의 내용은 가능한 한 원문의 표현을 살려서 번역하였으나, 필요한 경우에는 원문의 의도를 왜곡하지 않는 범위 내에서 의역하였다. 그럼에도 불구하고 번역에 있어 의미 전달이 불충분한 부분이나 오역 등이 발견되면 독자들의 조언을 기대하며 보완에 힘쓸 예정이다.

끝으로 출판이 이루어질 수 있도록 애써주신 (주)시그마프레스 관계자 여러분께 진심으로 감사를 드린다.

2022년 7월
역자 대표 정광영

추천사

이책(정역학 및 동역학) 시리즈는 1951년 말 James L. Meriam 박사에 의해 시작되었는데, 그 당시 이 책들은 대학교 학부생의 역학 학습에 혁명적인 변화의 상징이었다. 그 후 수십 년간 주도적인 교재가 되었고, 이어서 출판되었던 여타 공업역학 교재의 본보기가 되었다. 이 시리즈는 1978년 초판 발간 직전, 제목이 약간 수정되어 출판되면서 논리적인 구성, 분명하고 명확한 이론의 표현, 유익한 예제들, 그리고 풍부한 실생활 문제들을 두루 포함하였을 뿐만 아니라 훌륭한 삽화까지 더불어 싣는 것을 특징으로 하였다. 현재 이 책들은, U.S. 버전 및 SI 버전으로 출판되었고 다양한 여러 외국어로도 번역되어, 학부생 역학 교재의 국제적 기준에 적합한 교재 중 하나로 채택되고 있다.

Meriam 박사(1917~2000)의 공업역학 분야에 대한 혁신과 기여의 업적은 대표적으로 다음과 같이 열거할 수 있다. 그는 20세기 중반 이후 반세기 동안 가장 훌륭한 역학 지도자 중 한 분이었는데, 예일대학교에서 공학사, 석사, 박사 학위를 취득했으며, 일찍이 프랫앤드휘트니항공과 제너럴일렉트릭에서 공업 분야에 대한 경험을 쌓았다. 제2차 세계대전 당시 그는 미국 연안경비대에 복무하였고, 캘리포니아대학교(버클리캠퍼스) 교수단의 일원, 듀크대학교 공대학장, 캘리포니아폴리테크닉주립대학교 교수단의 일원, 캘리포니아주립대학교(산타바바라캠퍼스)의 교환교수를 역임하였고, 1990년에 은퇴했다. 그는 항상 '가르침'을 강조했으며, 이러한 특성은 그의 제자가 있는 곳이라면 어디에서든 드러나곤 했다. 1963년 버클리에 있을 때, 우수 교육 교수에게 주는 Outstanding Faculty Award of Tau Beta Pi의 초대 수상자였음을 일례로 들 수 있다. 또한 그는 1978년에 미국공학교육학회에서 Distinguished Educator Award for Outstanding Service to Engineering Mechanics를 받았으며, 이어서 1992년에 미국공학교육학회에서 매년 시상하는 국제적인 표창 중에서 가장 큰 상인 Benjamin Garver Lamme Award를 받았다.

1980년 초반부터 동역학을 공동 집필했던 L. Glenn Kraige 박사도 역학교육에 지대한 공헌을 하였다. 그는 버지니아대학교에서 자연과학 학사, 석사, 박사 학위를 받았고 주로 항공우주공학 분야에서 활동 중이며, 현재는 버지니아폴리테크닉주립대학교의 Engineering Science and Mechanics에서 교수직을 맡고 있다. 1970년대 중반기에, 필자는 Kraige 교수가 졸업위원회 의장직을 맡았을 때 마음 뿌듯하게 생각했으며, 아울러 45명의 박사 중 그가 처음이었다는 사실에 자부심을 느꼈다. Kraige 교수는 Meriam 교수의 권유로 그와 한 팀이 되어, Meriam 교수가 저술한 교재의 우수함이 앞으로도 수십 년 동안 전해지도록 일조하였으며, 지난 30년간 그 성공적인 저술팀은 몇 단계나 공학자들의 교육에 세계적인 영향을 끼쳤다.

Kraige 교수는 우주역학 분야에서 정평 있는 연구 및 출판물들과 더불어, 입문과 고급역학에 있어서의 교육에도 관심을 가졌다. 그의 우수한 교육은 널리 인정받았고 그 학과와 단과대학에서, 대학교와 주에서, 지역과 국가적인 수준에서 그에게 상을 안겨주었다. 그중에는 Outstanding Educator Award from the State Council of Higher Education for the Commonwealth of Virginia가 포함되어 있다. 1996년에는 미국공학교육학회의 역학부문에서 그에게 Archie Higdon Distinguished Educator Award를 수여했다. Carnegie Foundation for the Advancement of Teaching and the Council for Advancement and Support of Education은 Virginia 교수 최고상을 1997년에 수여했다. 가르치는 동안 Kraige 교수는 물리적인 통찰력과 역학적인 판단력의 강화와 함께 분석적인 능력의 발달을 강조했다. 1980년대 초반부터는 정역학, 역학, 재료강도학, 그리고 수준 높은 역학과 진동의 교수/학습 과정의 향상을 위해 설계된 PC 프로그램을 위해 힘썼다.

제9판에서도 계속해서 공동 집필자로 참여하고 있는 Jeffrey N. Bolton 박사는 블루필드주립대학에서 기계과의 부교수와 Digital Learning의 책임자로 활동하고 있다. 그는 버지니아폴리테크닉주립대학교의 기계공학과에서 학사, 석사 및 박사를 취득하였다. 그의 관심 분야는 6자유도를 갖는 로터의 자동균형에 대한 것이다. 그는 대학에서 강의 경험이 매우 풍부하며, 2010년에 학생들에 의해 선출된 Sporn Teaching Award의 수상자이기도 하다. 2014년에는 블루필드주립대학에서 주는 우수 교수상을 받았다. Bolton 박사는 이 책에서 응용력을 적용할 수 있는 부분을 추가하였다.

제9판은 전판에서 보여주었던 우수한 범례들을 그대로 따르고 있으면서도, 학생들이 학습의욕을 높이고 관심을 가지도록 다수의 새로운 보조적 특징을 추가하였고, 아울러 재미있고 유익한 문제들을 많이 수록하였다. Meriam, Kraige, Bolton 교수가 저술한 **동역학**을 통해 가르치는 교수나 배우는 학생들은 매우 숙달된 세 교육자의 수십 년간의 투자에 대한 혜택을 누릴 것이다. 이 책은 전판의 형식을 유지하면서 실제 역학적인 문제 상황에 이론의 적용을 강조했는데, 그러면서도 전판의 좋은 점을 최대한 반영한 역작이다.

John L. Junkins
Distinguished Professor of Aerospace Engineering
Holder of the Royce E. Wisebaker '39 Chair in Engineering Innovation
Texas A&M University
College Station, Texas

저자 서문

공업역학은 대다수 공학 분야의 기초와 골격을 이룬다. 즉, 토목공학, 기계공학, 항공우주공학 및 농공학 등의 많은 주제들은 정역학과 동역학에 기반을 두고 있다. 심지어 전기전자 분야에서도 로봇이나 생산설비에 사용되는 전기부품을 고려할 때, 관련되는 역학을 먼저 다루지 않으면 안 된다는 것을 알게 될 것이다.

따라서 정역학과 동역학은 공학 교과과정에서 핵심적인 위치를 차지하게 되는데, 그 자체로 필요할 뿐만 아니라 응용수학, 물리학, 제도 등을 포함하여 여타 중요한 주제에 대한 이해를 굳건히 해주는 측면도 있다. 아울러 이 과목을 통해 문제풀이 능력을 강화할 수 있는 아주 좋은 기회를 가질 수 있도록 하고자 한다.

철학적 배경

공업역학을 공부하는 가장 큰 목적은, 독창적인 공학 설계 기능을 수행하는 과정에서 힘과 운동의 효과를 예측할 수 있는 능력을 키우는 것이다. 이는 단지 역학의 물리적·수학적 원리에 대한 지식만 요구하는 것이 아니라, 기계나 구조물의 거동을 지배하는 재료의 실체, 현실적인 구속조건, 실질적 제한사항 등을 고려해서 물리적 현상을 시각화하는 능력을 요구한다. 역학 과목의 중요한 목표 중 하나는 문제의 정식화에 필수적인 이 시각화 능력을 키울 수 있도록 하는 것이다. 실제로 단순한 문제풀이보다 더 소중한 경험은 의미 있는 수학적 모델을 구성하는 것인데, 공학적 응용이라는 테두리 안에서 역학의 원리와 그 한계점을 같이 공부해야만 최대의 성과를 얻을 수 있다.

역학을 가르칠 때, 문제를 풀기 위한 수단으로 이론을 펼치기보다는 이론을 설명하기 위한 방편으로 문제를 이용하는 경향이 있는데, 후자의 관점이 지나치게 강조되면 문제가 너무 비현실적인 것이 되고, 공학과는 거리가 멀어져서 공부가 지루하고, 이론적이고, 재미없게 되는 결과를 초래한다. 이런 접근방법은 학생들이 문제를 정식화해 나가면서 얻는 소중한 경험을 빼앗게 되고, 이론의 필요성과 의미를 발견하지 못하도록 한다. 그러나 전자의 관점을 취하면, 이론을 공부하는 데 강력한 동기를 더 부여할 수 있을 뿐 아니라 이론과 응용 사이의 균형도 잘 잡히게 된다. 여기서 반드시 강조하고 넘어가야 할 사항은, 학문에 가장 강력한 동기를 부여하는 결정적인 구실을 하는 것은 바로 흥미와 목표 의식이라는 사실이다.

게다가 현학을 가르치면서 강조해야 할 사항은, 역학의 실세계가 이론을 근사화하는 것이 아니라 이론은 기껏해야 실세계를 단지 근사적으로 표현할 뿐이라는 사실이다. 이것은 진정 기본적인 철학의 차이이고 역학의 **공학적** 측면을 **과학적** 측면으로부터 차별화시킨다.

지난 수십 년 동안 공학교육에는 다음과 같은 몇 가지 부적절한 풍조가 생겨났는데, 첫째, 선행 수학의 기하학적·물리적 의미를 간과하고 있다는 점과 둘째, 과거에 역학 문제를 시각화하고 표현하는 데 도움을 주었던 도학 교육이 상당히 감퇴되거나 거의 사라지고 있다. 셋째, 역학을 다루는 수학의 수준이 높아짐에 따라 벡터 연산을 기호화함으로써 기하학적인 시각화를 대체하는 경향이 있다. 역학은 본질적으로 기하학적·물리적 직관력에 관계되는 분야이므로 우리는 이러한 능력을 개발하는 데 노력을 아끼지 말아야 할 것이다.

이제 특별히 컴퓨터 사용에 대하여 언급하자면, 답을 구하기 위한 계산 연습보다는 문제를 정식화하면서 사고력과 판단력을 키우는 경험이 훨씬 더 중요하기 때문에, 컴퓨터의 사용은 주의 깊게 절제되어야 한다. 현재로서는, 자유물체도를 그리고 지배방정식을 구하는 데는 연필과 종이로 하는 것이 제일 좋은 방법이다. 그러나 지배방정식을 풀고 그 결과를 나타내는 데 컴퓨터를 이용하면 아주 유용한 경우도 있겠지만 컴퓨터 응용문제는 구해야 할 설계조건 또는 임곗값이 있다는 의미에서, 가치 있는 문제가 되어야 하며 뚜렷한 이유도 없이 컴퓨터를 인위적으로 사용해야만 되도록 어떤 변수를 바꾸는 억지 문제가 되어서는 곤란하다. 따라서 제9판에서는 이를 염두에 두고 컴퓨터 응용문제를 출제했다. 학생들이 문제의 정식화에 충분한 시간을 가질 수 있도록, 컴퓨터 응용문제에 대한 과제물을 가급적 많이 부과하지 않는 것이 바람직하다고 본다.

이전의 개정판들과 마찬가지로, 이번 제9판은 위에서 지적했던 바와 같은 철학을 바탕으로 집필되었다. 이 책의 대상은 공학 교육과정에서 처음 역학을 배우게 되는 학부 2학년생이며, 간결하고 친숙한 문체를 바탕으로 했다. 특별한 경우의 나열보다는 기본 원리와 해법에 중점을 두었고, 상대적으로 얼마 안 되는 기본 개념들이 서로 연관되어 있다는 사실과 그 몇 안 되는 기본 개념으로 대다수의 다양한 문제를 풀 수 있다는 사실을 보여줄 수 있도록 많이 노력했다.

구성과 활용방법

질점의 동역학(제1부)과 강체의 동역학(제2부)에 대한 논리적인 구분은 계속 유지하고, 각 부마다 먼저 운동학을 다룬 다음 운동역학을 다루는 순서로 진행하였다. 그리고 충분히 소개된 질점의 동역학을 바탕으로 해서 강체의 동역학을 빠르고 완벽하게 이해할 수 있을 것으로 예상하고 교재를 다음과 같이 구성하였다.

제1장에서는 동역학을 공부하는 데 필요한 기본 개념들을 다루었다.

제2장에서는 여러 좌표계에 대한 질점의 운동학과 상대운동 및 구속운동을 다룬다.

제3장에서는 세 가지 기본 방법에 초점을 두고 질점의 운동역학을 다룬다. A편에서는 힘-질량-가속도를 다루고, B편에서는 일-에너지, C편에서는 충격량-운동량을 다룬다. 그리고 특별 응용(D편)에서는 충돌, 중심력운동, 상대운동을 다루고 있는데, 교수의 방침과 주어진 여건에 따라 선택할 수 있는 내용이다. 이와 같이 배열함으로써 학생들이 운동역학의 세 가지 기본 방법에 더 강력하게 관심을 집중하도록 하였다.

제4장에서는 단일 질점운동에 대한 원리를 확장해서 질점계에 대해 적용하고 현대 동역학의 기본이 되는 일반적인 관계식을 유도한다. 이 장은 정상 질량유동과 가변질량도 다루고 있는데, 이 부분은 선택 사항이다.

제5장에서는 평면운동을 하는 강체의 운동학을 다룬다. 여기서 상대속도와 상대가속도 방정식을 다루게 되는데, 벡터 기하학에 의한 해법과 벡터 대수학에 의한 해법을 모두 강조한다. 이 두 가지 해법은 벡터 수학의 의미를 더 강화시킨다.

제6장에서는 강체의 운동역학을 다루고 있고, 모든 종류의 평면운동을 지배하는 기본 방정식을 특히 강조한다. 실제로 작용하는 힘과 우력에 대해 그 결과로 생기는 $m\bar{a}$와 $\bar{I}\alpha$를 직접 연관시키는 데 중점을 둔다. 이런 방법으로 모멘트 원리의 융통성을 강조하고, 학생들이 결과로 나타나는 동역학 효과로 문제를 직접 생각할 수 있도록 한다.

제7장에서는 평범한 여러 공간운동 문제를 충분히 풀 수 있도록 3차원 동역학을 소개하는데, 경우에 따라 생략할 수도 있다. 정상세차운동을 하는 자이로 운동을 다루기 위해 두 가지 접근방법을 소개한다. 첫째 방법은 힘과 선형운동량 관계식과 모멘트와 각운동량 관계식 사이의 상사관계를 이용하는 방법이다. 이 방법으로 정상세차운동의 자이로 현상을 이해할 수 있으며, 3차원 동역학을 자세히 다루지 않고도 자이로스코프에 관한 대부분의 공학적 문제들을 다룰 수 있게 된다. 둘째 방법은 3차원 회전에 관한 일반 운동량 방정식을 사용하는 것으로, 여기서는 운동량의 모든 성분들을 다 고려하게 된다.

제8장에서는 진동에 관한 내용을 다룬다. 기본 동역학 과정 외에는 다시 진동을 배울 기회가 없는 공학도들에게는 이 장의 전체 내용이 특히 유용하다.

부록 B에서는 질량 관성모멘트와 관성곱을 다룬다. 부록 C에서는 필요한 기본 수학 내용을 요약해서 정리하고 컴퓨터 관련 문제를 풀기 위해 반드시 알아야 할 수치기법을 소개한다. 부록 D에는 각종 물리 상수, 도심, 관성모멘트 등에 관한 유용한 표를 수록했다.

교육적 특징과 시각화

이 교재의 기본 구조는 당면한 특정 주제를 자세하게 다루는 절과 하나 이상의 예제로 구성되어 있다. 각 장의 끝에 해당 장의 주요 요점을 요약한 '이 장에 대한 복습'이 있으며, 해당 장에 대한 복습문제가 있다.

문제

124개의 예제가 수록된 페이지는 구분될 수 있도록 페이지 가장자리를 컬러로 나타내었다. 전형적인 동역학 문제의 풀이과정을 상세히 설명하였으며, 도움말이 필요한 곳에는 청색으로 번호를 매기고 우측 여백에 보조 설명이나 주의사항을 병기하였다.

이 책에는 **1277**개의 연습문제가 있다. 연습문제는 **기초문제**와 **심화문제**로 나뉘는데, 기초문제는 새로운 주제에 대한 자신감을 불어넣기 위해 쉽고 간단한 문제로 구성했고, 심화문제의 대다수는 적당한 길이와 난이도를 갖는 문제인데, 난이도가 증가하는 순서로 배열되어 있다. 심화문제 뒷부분의 조금 더 어려운 문제는 문제 번호 옆에 ▶을 붙여 표시했다. **컴퓨터 응용문제**는 *로 표시했고, 각 장 끝에 있는 복습문제의 마지막 부분에 제시했으며, 모든 연습문제의 해답은 이 책의 뒷부분에 수록되어 있다.

　이전 개정판들과 마찬가지로 이번 제9판의 중요한 특징은 공학설계에 응용되는 흥미롭고 중요한 문제들을 다양하게 싣고 있다는 점이다. 직접 그렇게 나타나 있든 아니든, 거의 모든 문제들은 공학 구조물과 기계 시스템의 설계와 분석에 본질적으로 포함되는 원리와 과정들을 다룬다.

삽화

이 책은 가능한 한 최고 수준의 사실적이고 생생한 삽화를 싣기 위해 4원색으로 인쇄되었다. 또 어떤 특정한 물리량을 나타내기 위해 특정 색을 일관되게 사용하였음에 유의하기 바란다.

- 빨간색 : 힘과 모멘트
- 초록색 : 속도와 가속도 화살표
- 주황색 대시 : 운동하는 점의 궤적

　삽화에서 그다지 중요하지 않은 부분은 연한 색조로 표현하였다. 공통적으로 특정 색을 갖는 기구나 물체는 가능하면 언제나 그 색으로 표현하였다. 이 공업역학 시리즈에서 이제까지 핵심적인 부분으로 지켜왔던 삽화의 모든 근본적인 요소들은 그대로 유지하였다. 저자는 역학 분야의 어떠한 저작물에서든지 높은 수준의 삽화가 꼭 필요하다는 신념을 다시 한번 강조하고자 한다.

개정판의 새로운 특징

이전 모든 개정판의 전통적인 특징을 계속 유지하면서 다음과 같은 사항을 개선시켰다.

- 제3장의 질점과 제6장의 강체에 대하여 일–에너지와 충격량–운동량 방정식들은 시간 순서로 정리하였음을 강조하였다.
- 질점과 강체에 대한 세 부류의 충격량–운동량 선도를 새로이 강조하였다. 이 선도들은 충격량–운동량 방정식을 시간 순서 형태로 적분하였다.
- 각 장에 사진을 첨가하여, 동역학이 중요한 역할을 하는 실제적인 상황을 부연 설명하고자 하였다.
- 모든 예제는 쉽게 알아볼 수 있도록 가장자리를 컬러로 인쇄하였다.
- 모든 이론 부분은 엄격, 분명함과 적용능력의 친숙함을 위해 다시 검토하였다.
- 이론 표현에서 중요한 개념들은 특별히 표시하고 눈에 띄게 했다.
- 각 장에 대한 복습은 눈에 띄게 하고 특징을 요약하여 정리하였다.

강의 매뉴얼

이 책의 모든 문제에 대한 해답집은 강의 자료로 제공된다.

감사의 글

원고의 귀중한 제안과 정확한 대조를 통해 끊임없이 기여해준 이전의 벨전화연구소의 A. L. Hale 박사의 특별한 공로가 인정된다. Hale 박사는 1950년대로 거슬러 올라가 역학 교재 전 시리즈의 모든 이전 버전에 대해 똑같은 공헌을 하였다. 그는 모든 신구 교과서와 그림들을 포함해서 이 책의 모든 면을 재검토하였다. Hale 박사는 새로운 숙제 문제 각각에도 독립적인 풀이를 수행하였고 제자에게 강의매뉴얼에 나타난 해답에 대해 제안과 필요한 수정을 제공하였다. Hale 박사는 그의 일에 극단적으로 정확성을 기하는 것으로 정평이 나있으며 그의 훌륭한 영어에 대한 언어 지식은 이 교재의 모든 사용자에게 도움이 되는 큰 자산이기도 하다.

정기적으로 건설적인 제안을 준 VPI&SU의 Engineering Science and Mechanics과의 교수들인 Saad A. Ragab, Norman E. Dowling, Michael W. Hyer, J. Wallace Grant, Jacob Grohs 교수에게 감사를 드린다. Scott L. Hendricks 교수는 원고를 효과적이고 정확하게 검토해주는 것으로 정평이 나 있다. 블루필드주립대학의 Michael Goforth는 보충 교재 자료에 대한 상당한 기여로 인정받고 있다. 본 교재의 향상을 위해 세심한 검토와 조언을 아끼지 않은 펜실베이니아 블룸필드주립대학교의 Nathaniel Greene 교수에게도 감사를 드린다.

John Wiley & Sons 직원들의 전문적인 능력도 예상대로 잘 발휘되었다. 여기에는 Linda Ratts 편집장, Adria Giattino 개발 부편집장, Adriana Alecci 편집부원, Ken Santor 출판 편집장, Wendy Lai 디자이너, Billy Ray 사진 편집장이 포함된다. Helen Walden의 장기간에 걸친 편집뿐만 아니라, Camelot Editorial Services의 Christine Cervoni의 헌신적인 노력에 특별히 감사를 드린다. Lachina 삽화가들의 우수한 그림이 책의 수준을 높였다.

원고를 준비하는 오랜 기간 동안 인내하고 헌신한 우리 가족들을 언급하고 싶다. 특히 Dale Kraige는 제9판의 원고를 준비하는 데 오랜 기간 공헌하였고, 단계마다 검토를 해주었다.

저자는 이 시리즈의 지난 65년간의 흔적의 시간을 늘리는 데 동참하여 매우 기쁘다. 다가올 미래에도 가능한 최고의 교육매뉴얼을 여러분께 제공하기 위하여 여러분의 모든 조언과 제안에 힘을 얻고 환영할 것이다.

L. Glenn Kraige

Blacksburg, Virginia

Princeton, West Virginia

차례

제3장 질점의 운동역학

제4장 질점계의 운동역학

제2부 강체의 동역학

질점의 동역학

동역학의 개요

이 장의 구성

2011년에 Kounotori2 수송체가 국제우주정거장에 접근할 때, 우주정거장에 장착된 Canadarm2가 이 수송체를 붙잡고 있다.

1.1 역사적인 배경과 현대의 응용

동역학(dynamics)은 역학(mechanics)의 한 분야로서, 힘이 작용할 때 물체의 운동을 다룬다. 일반적으로 '공학(engineering)'은 물체의 정지상태를 유지하기 위한 힘의 평형을 다루는 '정역학(statics)'을 필두로 한다. 동역학에는 다음과 같은 두 가지 특징적 분야가 있다. 첫째, 운동학(kinematics)은 운동의 기하학적인 표현만을 다루며, 따라서 운동을 유발하는 힘은 고려 대상이 아니다. 둘째, 운동역학(kinetics)은 힘의 작용으로 나타나는 물체의 운동에 관한 사항을 취급한다. 독자들은 동역학을 심도 있게 이해함으로써, 공학적인 관심사를 체계적으로 분석할 수 있는 능력을 갖게 될 것이다.

Galileo Galilei
Galileo Galilei(1564~1642)의 초상화(캔버스 유화), Sustermans, Justus (1597~1681) (school of)/Galleria Palatina, Florence, Italy/Bridgeman Art Library

동역학의 역사

'동역학'은 '정역학'에 비하여 상대적으로 새로운 학문 분야이다. Galileo(1564~1642)는 물체의 자유낙하, 경사면에서의 운동과 진자의 운동을 심층 분석하여 동역학의 이론적 기틀을 마련하였다. 특히, 물리적 현상을 과학적 방법으로 접근하였다는 점에서 높이 평가되고 있다. 당시 아리스토텔레스학파 철학자들이 주장했던, '무거운 물체는 가벼운 물체보다 빨리 낙하한다'는 명제를 거부함으로써 신랄한 비판을 받기도 하였다. 정확한 시간 계측 수단이 없었다는 것도 Galileo에게는 큰 걸림돌이었으나, 1657년에 Huygens가 진자시계를 발명함으로써 동역학의 중요한 진보가 이루어졌다.

Galileo의 업적을 이어받은 Newton(1642~1727)은 운동법칙의 명확한 체계화를 이룩하여 동역학을 확실한 기반 위에 올려놓았다. 인류사에 남을 지적 공헌의 하나로 손꼽히는 *Principia*[*]의 초판에 Newton의 연구 결과가 수록되어 있다. 질점의 운동법칙과 아울러, 만유인력에 대한 법칙을 최초로 정확히 체계화하였다. 그러나 수학적 표현이 정확했음에도 불구하고, 중력이 매질이 없는 공간을 통하여 멀리 전달된다는 것은 불합리한 설명이라고 생각하였다. Newton에 이어, Euler, D'Alembert, Lagrange, Laplace, Poinsot, Coriolis, Einstein 등이 역학 분야에 큰 공헌을 하였던 학자들이다.

동역학의 응용

기계 또는 구조물이 빠른 속력과 큰 가속도를 받으며 움직일 때는 정역학의 원리가 아니라 동역학의 원리를 따른다. 오늘날, 급속한 기술의 진보는 역학, 특히 동역학의 원리들을 한층 더 유용하게 하고 있다. 이러한 원리들은 충격하중이 작용하는 고정된 구조물, 로봇장비, 자동제어계, 로켓, 미사일과 우주선, 지상 및 항공 수송기계, 전자장치에서의 전자탄도학 그리고 터빈, 펌프, 왕복동 엔진, 기중기, 공작기계 등과 같은 모든 형태의 기계에 대한 해석과 설계의 기초가 된다.

　이들 중에서, 하나 혹은 다른 많은 분야에 흥미를 갖는 학생은 항상 동역학의 기초 지식을 필요로 하게 될 것이다.

WENN Ltd/Alamy Stock Photo

인공 손

1.2 기본 개념

역학의 기본 개념은 **제1권 정역학**의 1.2절에 자세히 기술되어 있으므로, 여기에서는 특히 동역학을 공부하는 데 관련된 사항만을 다시 정리하고자 한다.

　공간(space)은 '물체가 점유하는 기하학적 영역'이라 정의된다. 그리고 공간에서의 '위치'는 임의의 기하학적 기준계를 설정하고 나서 상대적인 거리와 각도를 측정하여 결정하게 된다. 뉴턴 역학법칙의 기본인 기준좌표계는 병진과 회전이 없는 고정좌표계인데, 소위 직교좌표축의 가상적 집합(set)인 기본관성계(primary inertial system) 또는 천문기준계(astronomical frame of reference)라 칭한다. 측정된 바에 의하면, 뉴턴의 역학법칙은 광속도 300 000 km/s 또는 186 000 mi/sec에 비하여 무시할 수 있는 속도의 좌표계에는 적합하다. 이러한 기준계에 대한 측정을 절대적이라 하고, 이때 기준계는 공간 내에서 '고정되어' 있다고 생각할 수 있다.

　지구 표면에 고정된 기준계는 다소 복잡한 운동을 하므로, 지구의 기준계로 측

---

[*] Issac Newton 경의 *Principia*(1687) 원작은 F. Cajori가 1934년에 개정하여 캘리포니아대학교출판부에서 출판한 영문판에 실려 있다.

정된 물리량들에 대해서는 수정이 필요하다. 예를 들면, 로켓과 우주비행 물체의 계산에 있어서 지구의 절대운동은 중요한 요소가 된다. 그러나 지표면에 존재하는 기계와 구조물에 대한 대부분의 공학문제에서는 이 수정량이 매우 적어서 무시할 수 있다. 아울러, 이들에 대한 역학법칙은 지구에서 측정한 것을 직접 사용할 수 있으므로 실제적인 의미로 볼 때 절대적이라고 할 수 있다.

시간은 '사건의 연속에 대한 척도'이고, 뉴턴 역학법칙에서는 절대량으로 간주된다.

질량은 '관성의 정량적인 척도' 또는 '물체의 운동상태 변화에 대한 저항'이다. 또한, 질량은 물체에서 물질의 양 또는 중력을 일으키게 하는 성질이다.

힘은 '한 물체의 다른 물체에 대한 벡터 작용'이다. 힘에 관한 특성들은 제1권 정역학에서 자세히 다룬 바 있다.

질점은 '크기를 무시할 수 있는 물체'이다. 힘의 작용이나 운동의 표현이 물체의 크기와 무관한 경우에는 질점으로 취급할 수 있다. 예를 들어, 비행경로를 다룰 때 항공기를 질점으로 생각할 수 있다.

강체는 '전체 크기 또는 위치 변동에 견주어 형상 변화를 무시할 수 있는 물체'이다. 강체 가정의 일례로서, 난기류 속을 비행하는 항공기를 생각해 보자. 날개 끝의 미세한 상하진동은 항공기의 운동을 묘사하는 데 있어 무시할 만하므로, 항공기를 강체로 가정하여 다루는 것이 자연스럽다. 그러나 동적 하중의 변화에 의한 날개구조의 내부응력을 검토하려면 변형 특성을 고려해야 하므로 항공기는 더 이상 강체모델로 해석될 수 없다.

벡터와 스칼라 양은 제1권 정역학에서 자세하게 다루고 있으므로, 그 특성들은 충분히 이해하리라 생각한다. 앞으로, 스칼라양과 벡터양은 각각 '이탤릭체'와 '볼드체'로 나타낸다. 따라서 V는 벡터 $\mathbf{V}$의 크기를 나타내는 스칼라양이다. 때에 따라서는 $\mathbf{V}$ 대신 $\underline{V}$를 사용하여 벡터를 표현하기도 한다. 예를 들어, 평행하지 않은 두 개의 벡터일 경우 $\mathbf{V}_1 + \mathbf{V}_2$와 $V_1 + V_2$는 완전히 다른 의미를 갖는다.

앞으로는 독자들이 수학 및 정역학을 통하여 벡터의 대수 및 기하학에 친숙하다고 가정할 것이다. 참고로, 역학에서 자주 사용하는 수학적인 관계식들은 부록 C에 요약되어 있다. 전례를 보면, 역학에서 기하학은 수강생들에게 종종 어려움이 되곤 한다. 아울러, 역학의 기초는 기하학이므로 학생들은 수학을 복습할 때 이것을 염두에 두기 바란다. 동역학에서는 벡터의 대수와 더불어 벡터 미적분이 요구되므로, 핵심적인 내용이 필요할 경우 책에서 언급할 것이다.

'동역학'에서는 벡터와 스칼라의 시간에 관한 미분이 자주 거론된다. 표기의 단순화를 위하여 (˙)는 시간에 대한 미분을 나타낸다. 즉, $\dot{x}$와 $\ddot{x}$는 각각 dx/dt와 d^2x/dt^2를 의미한다.

1.3 뉴턴의 법칙

제1권 정역학의 1.4절에서 언급했던 뉴턴의 운동에 관한 세 가지 법칙들은 동역학과 관련하여 매우 중요하므로, 다시 한번 언급하고자 한다. 현대적인 용어를 사용하여 표현하면 다음과 같이 기술할 수 있다.

    제1법칙. 질점에 작용하는 힘이 평형을 이루면, 그 질점은 정지상태를 유지하거나 일정한 속도로 일직선상에서 운동을 계속한다.

    제2법칙. 질점의 가속도는 작용력의 합에 비례하고, 그 합력과 같은 방향이다.[*]

    제3법칙. 물체 상호 간에 작용하는 작용력과 반작용력은 크기가 같고 방향이 반대이며 동일직선 위에 있다.

    이상의 법칙들은 무수한 물리 측정을 통하여 확인된 바 있다. 제1, 제2법칙은 절대좌표계에 대하여 성립한다. 반면에, 지구 표면에 부착된 기준계에서와 같이 절대좌표계에 대하여 가속도를 갖는 경우에는 상대적 운동을 고려하여 약간의 수정을 해야 한다.

    뉴턴의 제2법칙은 동역학에서 대부분의 해석의 기본이 된다. 질량 m인 질점에 합력 $\mathbf{F}$가 작용할 때 이 법칙은 다음과 같이 표현된다.

$$\mathbf{F} = m\mathbf{a} \tag{1.1}$$

여기서, $\mathbf{a}$는 등속도의 기준계에서 측정된 가속도이다. 아울러 힘이 0이면 등속도로 움직이거나 정지한 상태가 되어 뉴턴의 제2법칙은 제1법칙으로 귀결된다. 그리고 제3법칙은 정역학에서 매우 친숙한 작용과 반작용의 원리를 나타낸다.

1.4 단위계

제2권 동역학에서는 SI 단위계를 정의하여 사용할 것이다. 미국통상단위계(US units)는 비교 및 완결성을 위한 목적으로 언급될 것이다. 아울러, 향후 몇 년간은 미국에서 공학 문제를 다룰 때, 두 단위계에 대한 상호 변환이 자주 필요할 것으로 사료된다. 한 단위계에서 다른 단위계로의 단순한 변환만으로는 새로운 단위계에 대한 사항이 쉽게 익숙해지지 않기 때문에, 각각의 단위계에 대해서 익숙해지기 위해서는 해당되는 단위계로 직접 생각해 보는 것이 필요하다.

---

[*] 뉴턴의 제2법칙은 종종 다음과 같이 이해할 수도 있다. 즉, 질점에 작용하는 힘의 합은 운동량의 시간에 대한 변화율에 비례하고, 또한 변화 방향은 힘의 방향과 같다. 그리고 질점의 질량이 일정하면, 두 가지 수식화가 모두 옳다.

물리량	차원의 기호	SI 단위계		미국통상단위계	
		단위	기호	단위	기호
질량	M	기본단위 ⎰ kilogram	kg	기본단위 ⎰ slug	–
길이	L	⎥ meter*	m	⎥ foot	ft
시간	T	⎥ second	s	⎥ second	sec
힘	F	⎱ newton	N	⎱ pound	lb

*metre라고도 쓴다.

부록 D의 표 D.5에는, SI 단위계와 미국통상단위계에 대한 환산 관계를 정리한 표가 수록되어 있다.

상단에 있는 표는 역학에서 빈번히 사용되는 네 가지 기본 양들의 단위 및 기호를 이들 두 단위계로 정리한 것이다.

표에 보인 바와 같이, SI 단위계에서는 질량과 길이, 시간을 기본단위로 택하고, 힘의 단위는 뉴턴의 제2법칙인 식 (1.1)에 의하여 유도됨을 알 수 있다. 미국통상 단위계에서는 힘과 길이, 시간을 기본단위로 하고 있으며, 질량을 뉴턴의 제2법칙에 따라 유도한다.

SI 단위계는 절대단위계라 하는데, 이는 표준 단위 킬로그램(프랑스 파리 근교의 국제표준사무국에 보존되어 있는 백금–이리듐 원통)이 '지구 인력과 무관하다'는 뜻이다. 반면, 미국통상단위계는 **중력단위계**라고도 하는데, 이는 표준이 되는 기본 단위 lb가(위도 45°인 해수면에서의 표준 질량의 무게) 중력장을 토대로 하기 때문이다. 이로부터, 두 단위계의 기본적인 차이를 쉽게 알 수 있을 것이다.

SI 단위계에서 1 N은, 질량 1 kg의 질점에 1 m/s²의 가속도를 주는 힘이다. 미국통상단위계에서는 32.1740 lbm(1 slug)에 1 lb의 힘이 작용하면 1 ft/sec²의 가속도가 유발된다. 즉, 식 (1.1)로부터 각각의 단위계에 대한 자료를 구할 수 있다.

국립표준사무국에 있는 미국 표준 킬로그램

SI 단위계	미국통상단위계
$(1 \text{ N}) = (1 \text{ kg})(1 \text{ m/s}^2)$	$(1 \text{ lb}) = (1 \text{ slug})(1 \text{ ft/sec}^2)$
$\text{N} = \text{kg} \cdot \text{m/s}^2$	$\text{slug} = \text{lb} \cdot \text{sec}^2/\text{ft}$

SI 단위계에서 킬로그램은 힘의 단위가 아니라 질량의 단위임을 **명확히** 기억해 두기 바란다. 몇몇 국가에서는 오랫동안 **MKS**(미터, 킬로그램, 초) 중력단위계의 '킬로그램'이 힘과 질량의 단위로 자연스럽게 혼용되고 있음을 지적해 둔다.

미국통상단위계에서는 lb가 힘의 단위(lbf)와 질량의 단위(lbm)로 모두 사용되어 혼동을 일으키기도 한다. 질량의 단위(lbm)는 특히 액체와 기체의 열특성을 나타내는 데 사용된다. 또한, lbm은 표준 조건(위도 45°에서의 해수면)에서 1 lbf의 무게에 해당하는 질량을 의미한다. 두 가지 단위인 'slug'와 'lbm'을 사용하여 질량을 표현하면 혼란을 줄 수 있으므로, 이 책에서는 질량의 단위로 slug만을 사용하기로 한다. 이렇게 함으로써, 동역학에서는 lbm을 사용할 때에 비하여 훨씬 간단하게 표현할 수 있다. 그리고 'lb'를 사용하면 항상 '힘'을 의미하는 것으로 한다.

각 장에서는 역학에서 사용되는 추가적인 물리량과 그 기본단위가 앞으로 소개될 때마다 정의하기로 한다. 아울러 이 물리량들을 한군데에 모아 부록 D의 표 D.5에 수록해서 쉽게 참고할 수 있도록 하였다.

SI 단위계를 일관성 있게 사용하도록 자세한 지침이 확립되어 왔으며, 이 책 전체에 걸쳐 이 지침들을 따르고 있다. 가장 필수적인 사항들 역시 부록 D의 표 D.5에 정리되어 있으니 잘 읽어 보기 바란다.

1.5 중력

물체 상호 간의 인력을 지배하는 뉴턴의 중력법칙은 다음과 같다.

$$F = G\frac{m_1 m_2}{r^2} \tag{1.2}$$

여기서 F = 질점 상호 간의 인력
  G = **중력상수**라 불리는 일반상수
  m_1, m_2 = 두 질점의 질량
  r = 두 질점 중심 간의 거리

실험으로부터 구한 중력상수의 값은 $G = 6.673(10^{-11})$ m³/(kg · s²)이다. 우주비행체에서의 응용을 제외하면, 지구 표면에서 감지할 만한 유일한 중력은 지구의 인력에 의한 힘뿐이다. 제1권 정역학에서 보인 바와 같이 지름 100 mm인 두 개의 강철구들은 각각 **중량**이라고 불리는 37.1 N의 인력으로 지구에 끌린다. 그러나 이 두 강철구들이 서로 접촉한 상태에서, 두 구 사이의 상호인력은 0.000 000 095 1 N이다. 이 힘은 지구 인력인 37.1 N에 비해 명백히 작기 때문에 무시할 수 있다.

물체의 중량 또는 만유인력은 힘이기 때문에 SI 단위계로는 N, 미국통상단위계로는 lb, 즉 항상 힘의 단위로 표시된다. 혼동을 피하기 위해, 이 책에서 '중량'은 만유인력을 의미하는 것으로 제한한다.

고도 효과

물체에 관한 지구의 인력은 지구에 대한 상대적인 위치에 따른다. 만일 지구가 완전한 균일 구라고 가정하면, 정확히 **1 kg** 질량의 물체는 지구 표면에서 **9.825 N**의 힘을 받을 것이며, **1 km**의 높이에서 **9.822 N**, **100 km**에서 **9.523 N**, **1000 km**에서 **7.340 N** 그리고 지구의 평균 반지름의 **6371 km** 고도에서는 **2.456 N**이 될 것이다. 따라서 고공의 로켓과 우주선에서 만유인력의 변화는 아주 중요한 고려사항이다.

지구의 표면 근처 임의의 점에서 진공상태로 낙하하는 모든 물체는 질량과 상관없이 같은 가속도 g를 갖는다. 즉, 식 (1.1)과 (1.2)를 조합하여 낙하하는 물체의 질량을 소거하면 다음과 같다.

$$g = \frac{Gm_e}{R^2}$$

여기서 m_e와 R은 지구의 질량과 반지름이며,[*] 실험을 통하여 $5.976(10^{24})$ kg과 $6.371(10^6)$ m로 각각 측정되었다. 따라서 G와 함께 g의 식에 대입하면, 평균값 $g = 9.825$ m/s^{2}을 얻는다.

고도에 따르는 g의 변화는 중력법칙으로부터 쉽게 구할 수 있다. 해수면에서 중력에 의한 절대가속도를 g_0라 할 때 고도 h에서의 절대가속도는 다음과 같다.

$$g = g_0 \frac{R^2}{(R + h)^2}$$

여기서 R은 지구의 반지름이다.

지구 자전의 효과

중력의 법칙으로 결정된 중력가속도(gravitational acceleration)는 지구의 중심을 원점으로 하지만, 지구의 운동과 무관한 기준축에서의 절대가속도이다. 따라서 고정된 좌표계에 대한 g의 **절댓값**이라고 부를 수 있다. 사실, 지구의 자전으로 인하여 지표면 임의의 점에서 측정한 자유낙하 가속도는 절댓값보다 약간 작다.

지구 표면에 대해 상대적으로 측정된 중력가속도의 정확한 값들은 지구가 양 극점에서 평평한 약간의 타원체임을 설명해 준다. 중력의 좀 더 정확한 값은 1980년 국제 중력공식으로부터 계산되었다.

$$g = 9.780\ 327(1 + 0.005\ 279 \sin^2 \gamma + 0.000\ 023 \sin^4 \gamma + \cdots)$$

여기서 γ는 위도이며, g는 m/s^{2}으로 표시된다. 이 공식은 지구가 타원체형이라는

[*] 지구의 중심을 기준으로 대칭의 분포 질량을 갖는다면, 전체 질량을 중심에 집중된 질점으로도 생각할 수 있을 것이다.

것을 전제로 한 것이며, 또한 지구 자전의 효과도 고려한 것이다.

회전을 하지 않는 지구에 관하여 결정된 절대 중력가속도는, 이 상댓값에 지구의 회전에 의한 영향을 배제시키는 $3.382(10^{-2})\cos^2\gamma$ m/s^{2}을 더함으로써 상당히 좋은 근삿값을 계산할 수 있다. 해수면에서 g의 절댓값과 상댓값의 변화를 위도와 함께 그림 1.1에 나타내었다.[*]

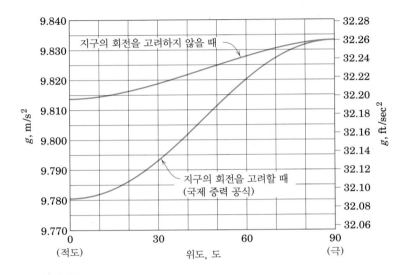

그림 1.1

g의 표준값

회전을 고려한 지구의 위도 45° 지점 해수면에서 중력가속도의 국제 적용 표준값은 9.806 65 m/s^2 또는 32.1740 ft/sec^{2}이다. 이 값은 국제 중력공식에서 $\gamma = 45°$일 때의 값과 약간 다르다. 이러한 미소한 차이의 원인은 지구가 중력공식의 가정처럼 완벽한 타원체가 아니기 때문이다.

거대한 지각변동으로 지표의 질량이나 밀도가 변화하면 국부적이기는 하지만 g값이 변화한다. 그러나 지표면 근처에서 이루어지는 거의 모든 공학문제에 있어서는 중력가속도의 절댓값과 상댓값의 차이 및 국부적인 변화의 영향은 무시할 수 있으므로 SI 단위계로는 9.81 m/s^2, 미국통상단위계로는 32.2 ft/sec^{2}이 해수면상에서의 g값으로 사용된다.

---

[*] 지구에 대한 이러한 관계 유도는 제3장에서 상대운동을 학습한 후 가능할 것이다.

겉보기 중량

지구가 질량 m의 물체에 작용하는 인력은 간단한 중력실험 결과에 의해 계산될 수 있다. 진공 상태에서 자유낙하하는 물체의 절대가속도를 측정한다. 만일 인력으로 인한 중력 혹은 물체의 실제 중량을 W라 하면, 절대가속도 g를 받아 낙하하므로 식 (1.1)은 다음과 같다.

$$\mathbf{W} = m\mathbf{g} \tag{1.3}$$

지구 표면에서 정확한 힘을 읽을 수 있도록 보정된 용수철 저울을 이용하여 측정된 물체의 **겉보기 중량**(apparent weight)은 실제 중량보다 약간 작은데, 이러한 차이는 지구의 회전 때문이다. 겉보기 또는 상대 중력가속도에 대한 겉보기 중량의 비율로부터 여전히 정확한 질량값을 구할 수 있는데, 이는 겉보기 중량과 중력에 의한 상대가속도가 지구 표면에서 수행된 실험을 통하여 측정되었기 때문이다.

1.6 차원

'길이'와 같은 하나의 주어진 **차원**(dimension)은 미터, 밀리미터 또는 킬로미터 등의 여러 가지 다른 **단위**(unit)로 표현될 수 있다. 즉, 차원은 단위와 서로 구별되는 단어이다. **동차원리**(principle of dimensional homogeneity)에 따르면 모든 물리적 관계는 반드시 동차가 되어야 하므로, 하나의 방정식에 있는 모든 항들의 차원은 같아야 한다. 길이, 질량, 시간과 힘 등을 나타내는 기호로는 관습적으로 L, M, T와 F가 사용된다. SI 단위계에서 힘은 유도된 양이고, 식 (1.1)과 같이 질량에 가속도를 곱한 차원을 가지고 있으며 다음과 같이 표현된다.

$$F = ML/T^2$$

동차원리의 중요한 용도 중 하나는, 어떤 유도된 물리적 관계의 차원 정확성을 검토할 때 찾을 수 있다. 힘 F에 의하여 정지상태에서 수평거리 x만큼 이동된 질량 m인 물체의 속도를 v라 할 때, 다음 식이 유도된다.

$$Fx = \tfrac{1}{2}mv^2$$

여기서, $\tfrac{1}{2}$은 적분 결과로 생기는 무차원계수이다. 이 식에 L, M과 T를 대입하면

$$[MLT^{-2}][L] = [M][LT^{-1}]^2$$

이 되므로 차원적으로 정확하다. 동차성(dimensional homogeneity)은 식의 정확성의 필요조건이지만, 이 방법으로 무차원 계수의 정확성은 검토되지 않으므로 충분조건이 아니다. 기호 형태로 풀이하는 모든 문제에 대한 답은 그 차원을 검토해 보아야 한다.

1.7 동역학에서의 문제 풀이

동역학 분야 연구는 물체의 운동을 이해하고 표현하는 것에 주안점을 두고 있다. 다분히 수학적인 이 표현은 동역학적인 거동에 대한 예측을 가능하게 한다. 또한, 이 표현에 따라 수식화할 때 이중적인 사고방식이 필요하다. 물리적인 상황과 적절한 수학적 표현이 요구되며, 이러한 과정이 모든 문제에 해당된다.

　학생들이 겪는 가장 어려운 점 중 하나는 이러한 사고의 전환이 자유롭지 못하다는 것이다. 물리적 현상을 수식화하기 위해서는 어느 정도의 근사화나 이상화가 필요하며, 때때로 실제적인 물리적 상황을 대변하지 못하는 수도 있다는 것을 기억하기 바란다.

　제1권 정역학의 1.8절에서 정역학 문제 해석에 대하여 심도 있게 다루었으므로 학생들이 이러한 접근에 익숙하다고 가정한다. 이를 동역학에 적용하기 위하여 요약하여 정리하면 다음과 같다.

수학적 모델의 근사

공학적인 문제에서 이상화된 수학적 모델을 구성하기 위해서는 수학적이거나 물리적인 근사화가 필요하다. 예를 들어, 큰 거리, 각도와 힘에 비하여 작은 거리, 각도와 힘은 종종 무시할 수 있다. 시간에 따르는 물체 속도의 변화가 거의 일정하면 등가속도의 가정은 타당하다고 볼 수 있다. 전체를 한꺼번에 나타내기 어려운 운동 구간에 대해서는 종종 작은 구간으로 나누어 근사화한다.

　기계에 작용하는 힘 또는 모멘트에 의하여 일어나는 운동에 있어 베어링 마찰의 감속효과는 마찰력이 작으면 무시할 수 있으나, 연구의 목적이 마찰 과정에 의하여 기계효율이 저하되는 것을 측정하는 것이라면 무시할 수 없다. 따라서 가정의 정도는 요구되는 정보와 필요한 정밀도에 따른다고 할 수 있다.

　학생들은 실제 문제를 수식화하는 데 필요한 다양한 가정들에 항상 주의해야 한다. 공학문제의 수식화 및 해를 구하는 과정에서 적절한 가정을 이해하고 활용하는 능력은 성공적인 공학기술자가 갖추어야 할 가장 중요한 특성 중 하나이다.

　이 책에서는 현대 동역학에 필요한 각종 원리와 해석 수단을 발전시켜 가면서 적절한 수학적 모델을 작성하는 능력 개발의 기회를 제공하고자 한다. 따라서 이론의 충분한 연습뿐 아니라, 적절한 가정에 따라 판단과 결정이 요구되는 광범위

다른 모든 공학 문제에서와 같이 동역학 문제를 푸는 데 있어서도 효율적인 방법을 강구해야 한다. 문제를 수식화하고 그 해법을 정리하는 데 있어 좋은 습관을 갖는 것은 매우 가치 있는 재산이 될 것이다. 각각의 해법은 가설로부터 결과에 이르는 동안 일련의 단계적인 논리적 순서에 따라 진행되어야 한다. 이는 다음과 같은 항목들을 단계적으로 명확하게 기술함으로써 이루어진다.

1. 문제의 수식화
   (a) 이미 알고 있는 자료의 기술
   (b) 원하는 결과의 기술
   (c) 사용된 가정과 근사의 기술
2. 풀이 과정
   (a) 관계를 이해하는 데 필요한 모든 도표 그려 보기

   (b) 풀이에 적용될 지배 원리 기술
   (c) 계산 수행
   (d) 계산 결과의 신뢰성을 자료를 통하여 입증
   (e) 계산 과정에서 일관성 있는 단위 사용 확인
   (f) 크기, 방향 및 상식 수준에서의 타당성에 대한 검토
   (g) 결론 도출

풀이 과정을 잘 정돈해야만 한다. 이것은 당신의 사고 과정을 돕고, 다른 사람들이 당신의 풀이를 이해하도록 할 것이다. 정돈된 풀이 과정을 얻는 훈련 그 자체가 수식화 및 해석에 귀중한 도움이 된다. 처음에는 어렵고 복잡해 보이는 문제들도 일단 논리적이고 훈련된 방법으로 접근하면, 명확하고 간단해진다.

하고 실용적인 문제들을 중점적으로 다루고자 한다.

기본 원리의 응용

동역학은 몇 가지 안 되는 기본 개념과 원리에 기초를 두고 있음에도 불구하고 다양한 조건에까지 확장되어 응용되고 있다. 동역학 연구의 가장 중요한 점 중 하나는 기초 사항들로부터 추론하여 얻어지는 경험이다. 이 경험은 여러 종류의 운동을 기술하는 운동학적이고 동역학적인 방정식들을 단순히 암기하는 것만으로는 얻어질 수 없다. 이것은 주어진 조건들에 적합한 기본 원리들의 선택, 사용 및 응용이 요구되는 광범위하고 다양한 문제의 상황에 처해 봄으로써 얻어질 수 있다.

힘과 운동의 관계를 기술할 때, 원리가 적용되는 시스템이 명확히 정의되어야 한다. 때에 따라서는 시스템이 각각 독립적인 질점 또는 강체로 분리되기도 하고 혹은 둘 이상의 물체들이 함께 시스템을 형성하기도 한다.

그리고 **자유물체도(free-body diagram)**를 그려 봄으로써 시스템이 명확하게 정의되는데, 이 선도는 시스템의 외곽을 연결하는 폐곡선으로 이루어진다. 자유물체도의 대상이 되는 부분 이외의 모든 물체는 시스템에 미치는 힘들로 대치하여 벡터로 표시된다. 이와 같이 하여 각 힘들의 작용과 반작용이 명확히 구분되고, 외부로부터 시스템에 작용하는 모든 힘들이 고려된다.

수치해와 기호해법

동역학의 법칙들을 적용할 때는 해석하는 과정에서 물리량의 수치값을 직접 사용하거나 또는 대수기호들을 사용하여 관련된 물리량을 나타냄으로써, 그 해를 하나의 공식으로 얻을 수도 있다. 수치값을 대입하여 특정한 단위로 얻어지는 모든 물리량의 크기는 각각의 계산 단계에서 명확해진다. 이 방법은 각 항의 크기를 알고 싶을 때 유용하다.

기호에 의한 해법은 수치적 해법에 비해서 다음과 같은 몇 가지 이로운 점이 있다.

1. 기호를 사용함으로써 해석 과정이 간결하게 되어 물리적인 상황과 그와 관련된 수학적 표현 사이의 상호관계에 주의를 집중할 수 있다.
2. 기호를 사용한 해법은 각각의 단계에서 이루어지는 차원상의 체크가 가능하다. 이에 반하여, 수치가 사용되는 경우는 차원의 동차성을 검토할 수 없다.
3. 기호를 사용한 해법은 같은 문제에 대하여 치수와 단위가 다른 별도의 조합에 대하여 해를 얻기 위하여 반복 사용될 수 있다.

따라서 기호에 의한 해법과 수치적 해법은 모두 숙지하고 있어야 한다. 아울러 충분한 연습이 필요하다.

수치해일 경우에 우리는 제1권 정역학에서의 방식대로 결과를 표시한다. 주어진 모든 수치 자료는 엄밀한 값으로 간주하고, 결과는 보통 세 자리 유효숫자로 표시하고, 첫 자리가 1로 시작하는 경우에만 네 자리 유효숫자로 표시한다.

해석방법

동역학에 대한 여러 방정식들의 해는 다음과 같은 세 가지 부류 중 하나로부터 구할 수 있다.

1. 대수기호든 수치해석이든, 수작업으로 직접 수학적 해를 얻는 경우이다. 대부분의 문제는 이 범주에 속한다.
2. 어떤 특정한 문제를 도식적인 해법으로 용이하게 처리하는 방법인데, 강체의 2차원 상대운동에서 속도와 가속도를 도시하는 것을 예로 들 수 있다.
3. 컴퓨터를 이용하여 풀 수 있도록 작성된 문제로서 이 책에도 다수 수록되어 있다. 이러한 부류의 문제는 복습문제의 끝부분에 제시되어 있으며, 컴퓨터를 이용하여 편리하게 해를 구할 수 있는 문제를 보여주고 있다.

가장 적절한 해석방법을 선택할 수 있는 능력은 많은 문제를 풀어 봄으로써만 얻을 수 있음을 지적해 둔다. 그러나 역학을 공부하는 데 있어서 가장 중요한 경험은 문제 풀이 그 자체보다는 문제의 정식화에서 얻을 수 있다는 것을 강조한다.

1.8 이 장에 대한 복습

이 장에서는 동역학에서의 기본 개념, 정의 및 단위 등을 소개하였고 아울러 수식화나 문제 풀이 과정에 대하여 개괄적으로 살펴보았다. 이 장을 마치면서 다음과 같은 사항 등을 정확하게 기억해 두기 바란다.

제트 여객기에 위급한 동역학적 돌발사고는 이륙 직후에 많이 일어난다.

1. 뉴턴의 법칙
2. SI 단위계와 미국통상단위계
3. 중력의 법칙과 물체의 무게
4. 중력가속도에 대한 지구의 고도와 자전의 효과
5. 주어진 물리적 관계에 대한 동차 원리
6. 동역학 문제의 정식화와 해석방법

예제 1.1

북위 45°의 지표면에서 측정한 우주왕복선에 탑재할 수하물의 무게가 50 kg이었다.

(a) 지표면에서의 수하물의 무게를 N과 lb로 환산하고, 질량을 slug로 계산하라.

(b) 지표면으로부터 300 km 상공에서, 지구 중심에 대한 상대속도가 없도록 수하물을 가만히 놓았다. N과 lb로 무게를 계산하라.

(c) 우주왕복선에 수하물이 탑재되어 있으며, 고도 300 km에서 원궤도를 그린다. N과 lb로 수하물의 무게를 계산하라.

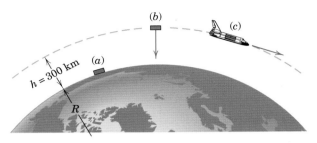

자전하는 지구에 대한 지표면에서의 중력가속도는 $g = 9.80665 \text{ m/s}^2$ (32.1740 ft/sec²)로 하고, 지구의 회전을 고려하지 않았을 때의 절대가속도는 $g = 9.825 \text{ m/s}^2$(32.234 ft/sec²)로 하라. 이 책에서 사용하고 있는 규칙에 따라, 각 문항에 대한 유효숫자를 취하라.

|풀이| (a) 식 (1.3)에 따라

$$[W = mg] \qquad W = (50 \text{ kg})(9.80665 \text{ m/s}^2) = 490 \text{ N} \quad ① \qquad \blacksquare$$

(a) 문항에서는 자전하는 지구의 중력가속도를 사용했음을 지적해 둔다. 또한 이 책에서 보통 사용하는 9.81 m/s²이나 32.2 ft/sec²보다 좀 더 정확한 수치를 사용하였다.

부록 D의 표 D.5 단위변환 공식에서 4.4482 N은 1 lb임을 알고 있다. 따라서 수하물의 무게를 lb로 환산하면

$$W = 490 \text{ N} \left[\frac{1 \text{ lb}}{4.4482 \text{ N}} \right] = 110.2 \text{ lb} \quad ② \qquad \blacksquare$$

끝으로, 질량을 slug로 표시하면

$$[W = mg] \qquad m = \frac{W}{g} = \frac{110.2 \text{ lb}}{32.1740 \text{ ft/sec}^2} = 3.43 \text{ slugs} \quad ③ \qquad \blacksquare$$

이러한 결과를 얻기 위하여 kg에서 slug로 변환하는 방식을 사용할 수도 있다. 위와 같이 공식표를 이용하면

$$m = 50 \text{ kg} \left[\frac{1 \text{ slug}}{14.594 \text{ kg}} \right] = 3.43 \text{ slugs}$$

(lb, lbm과 slug에 대한 주의 : 1 lbm은 표준 조건에서 1 lb의 무게를 갖는 질량이다. 이 책에서는 미국통상단위 lbm을 거의 사용하지 않을 것이며, slug를 질량 단위로 사용할 것이다. 미국통상단위계에서 두 단위를 불필요하게 혼용하는 것보다 slug만 쓰는 것이 더 간단하고 효과적이다.)

|도움말|

① 계산 결과는 490.3325 ⋯ 뉴턴이다. 이 책에서 채택하고 있는 유효숫자 표시법에 따라 유효숫자 세 자리까지 반올림해서 490 N이라고 표기하였다. 만약 수치 결과의 첫 자리가 1로 시작되면, 유효숫자 네 자리로 반올림해서 표시했을 것이다.

② $\left[\dfrac{1 \text{ lb}}{4.4482 \text{ N}} \right]$을 곱하여 단위 변환을 수행하였다. 이는 좋은 예인데, 분자 분모가 동일한 값이므로 사실은 1이다. 한 가지 단위를 소거함으로써 원하는 단위로 변환할 수 있다. 이 예제에서는 N이 소거되며 lb가 남는다.

③ 앞에서 계산한 결과(110.2 lb)를 다음 계산에 사용하고 있음을 주목하라. 계산된 숫자가 다음 계산에 필요할 때는 계산된 정확한 값(110.2316⋯)을 계산기 기억 레지스터에 기억시키고 이를 불러서 사용해야 한다. 계산기에 110.2를 입력하고 이 값을 32.1740으로 나누게 되면 수치적 정확성이 떨어지게 된다. 간혹 계산된 값 아래에 기억 레지스터에 저장된 값을 작게 표시하기도 한다.

예제 1.1 (계속)

(b) 300 km 상공에서 중력의 절대가속도(지구의 자전을 고려하지 않음)는 다음과 같다.

$$\left[g = g_0 \frac{R^2}{(R + h)^2} \right] \qquad g_h = 9.825 \left[\frac{6371^2}{(6371 + 300)^2} \right] = 8.96 \text{ m/s}^2$$

이때의 무게는

$$W_h = mg_h = 50(8.96) = 448 \text{ N}$$ 답

W_h를 lb 단위로 환산하면

$$W_h = 448 \text{ N} \left[\frac{1 \text{ lb}}{4.4482 \text{ N}} \right] = 100.7 \text{ lb}$$ 답

뉴턴의 중력법칙에 따라, 이 문항에 대한 별해를 얻을 수 있다.

$$\left[F = \frac{Gm_1m_2}{r^2} \right] \qquad W_h = \frac{Gm_em}{(R + h)^2} = \frac{[6.673(10^{-11})][5.976(10^{24})][50]}{[(6371 + 300)(1000)]^2}$$

$$= 448 \text{ N}$$

이는 앞에서 구한 해와 일치함을 알 수 있다. 그리고 300 km 상공에서는 지표면에서 측정한 수하물의 무게의 90%에 이름을 알 수 있으며, 이는 결코 무중력 상태가 아니다. 우리는 제3장에서 이 무게가 수하물의 운동에 미치는 영향에 대해서 공부할 것이다.

(c) 물체의 무게(중력으로 인한 인력)는 운동과 무관하다. 따라서 (b) 문항에 대한 질문의 답은 (c)에 대한 답과 같다.

$$W_h = 448 \text{ N} \quad \text{또는} \quad 100.7 \text{ lb}$$ 답

이 예제는 보통 범하기 쉬운 오류에 주의를 환기시켜 준다. 첫째, 통상적인 우주왕복선의 고도에서는 체중을 느낀다. 이는 지구의 중심에 대해서 속도가 없거나, 궤도 비행 중인 우주왕복선 내부에 있거나 또는 임의의 궤도에 있거나 상관없이 옳다. 둘째, 그 고도에서는 중력가속도가 0이 아니며, 중력가속도나 몸무게를 0이 되도록 하는 유일한 방법은 지구로부터 무한한 거리의 지점으로 갈 때뿐이다.

연습문제

(적절한 태양계 값은 부록 D의 표 D.2를 참고하라.)

1/1 당신의 질량을 슬러그 단위로 구하라. 당신의 중량을 뉴턴 단위로 바꾸고 킬로그램 단위로 질량을 계산하라.

1/2 1500 kg 질량을 갖는 자동차의 무게를 뉴턴 단위로 구하라. 주어진 질량을 슬러그 단위로 바꾸고 무게를 파운드 단위로 계산하라.

$$m = 1500 \text{ kg}$$

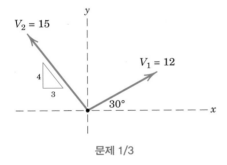

문제 1/2

1/3 주어진, 벡터 $\mathbf{V}_1$과 $\mathbf{V}_2$에 대하여 $V_1 + V_2$, $\mathbf{V}_1 + \mathbf{V}_2$, $\mathbf{V}_1 - \mathbf{V}_2$, $\mathbf{V}_1 \times \mathbf{V}_2$, $\mathbf{V}_2 \times \mathbf{V}_1$, $\mathbf{V}_1 \cdot \mathbf{V}_2$를 구하라. 벡터들은 무차원이라고 가정하라.

문제 1/3

1/4 사과 한 다스의 질량은 2 kg이다. 사과 한 개의 무게를 SI 단위계와 미국통상단위계로 구하라. 이 문제에서 사과의 평균 무게가 1 N이라고 어림짐작하는 것이 어떻게 적용되는가?

1/5 두 개의 균일한 구가 그림과 같은 위치에 있다. 티타늄 구가 구리 구에 작용하는 인력을 구하라. R 값은 40 mm이다.

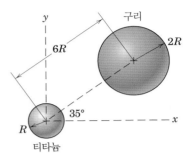

문제 1/5

1/6 지구 표면보다 물체의 무게가 1/2이 되는 고도 h를 구하여라. 단, 이 물체는 북극에 있으며 지구의 반지름은 R이다.

1/7 질량이 60 kg인 사람이 위도 35°인 지구 표면에 서 있을 때, 절대 중량과 지구의 회전을 고려한 중량을 구하라.

1/8 우주선이 300 km의 고도에서 원운동을 한다. 이 고도에서의 중력가속도를 구하고, 경도 45°인 지구 표면에서 880 N의 중량을 가지는 승무원이 이 고도에서 갖는 중량을 구하라.

1/9 우주선이 그림의 S 위치에 있을 때 지구와 태양으로부터 같은 인력을 갖는 거리 h를 구하라.

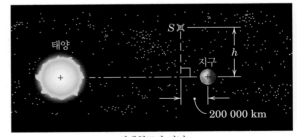

비례척도가 아님

문제 1/9

1/10 질점이 태양과 목성으로부터 같은 인력을 갖는 질점을 나타내는 각도 θ를 구하라. 필요하면 부록 D의 표 D.2를 참고하라.

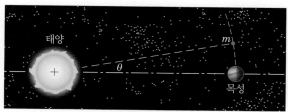

비례척도가 아님

문제 1/10

1/11 달이 A 위치에 있을 때 태양과 달 사이의 인력을 지구와 달 사이의 인력으로 나눈 비율 R_A를 구하라. 달이 B 위치에 있을 때의 비율을 구하라.

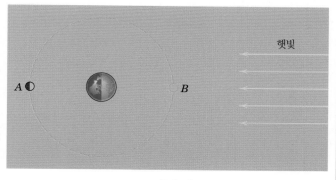

문제 1/11

1/12 다음과 같은 수식의 기본 단위를 SI 단위계와 미국통상단위계로 구하라.

$$E = \int_{t_1}^{t_2} mgr \, dt$$

변수 m은 질량, g는 중력가속도, r은 거리, t는 시간을 나타낸다.

1/13 ρ는 밀도, v는 속도일 때 다음과 같은 물리량의 차원을 구하라.

$$Q = \frac{1}{2}\rho v^2$$

질점의 운동학

이 장의 구성

이 차가 구부러진 도로를 따라 일정 속도를 유지한다 하더라 도 횡방향의 가속도는 존재하므로 차, 타이어 및 도로를 설계 할 때 이 가속도를 고려해야 한다.

2.1 서론

운동학(kinematics)은 운동의 원인이 되는 힘 또는 운동의 결과로서 발생하는 힘 을 고려하지 않고, 물체의 운동 그 자체만을 취급하는 동역학의 한 분야이다. 그러 므로 '운동학'은 때때로 '운동의 기하학(geometry of motion)'이라고도 한다. 공학 분야에서 운동학을 실제 문제에 응용하는 예를 들어 보면 다음과 같다. 캠, 기어, 연동장치, 기타 기계요소들을 원하는 방향으로 기동하도록 설계하는 경우와 항공 기, 로켓 및 우주선 등의 비행경로를 계산하는 것 등이다. 힘은 운동을 일으키는 원인이 되거나 또한 운동에 의하여 힘이 발생하는데, 이러한 상호관계를 연구하는 학문 분야를 운동역학(kinetics)이라 한다. 그래서 운동학에 대한 확실한 지식을 갖 는 것이 운동역학의 학습에 필수적인 선결과제이다.

질점의 운동

이 장에서는 질점(particle 또는 point)의 운동학에 관한 것부터 언급하기로 한다. 물체의 운동곡선의 곡률반지름보다 물체의 크기가 매우 작으면, 그 운동은 질점의 운동으로 취급될 수 있다. 예를 들어, 로스앤젤레스와 뉴욕을 운항하는 여객기는 그 운항경로 곡선의 곡률반지름에 비하여 그 크기가 매우 작으므로 '질점'으로 취 급해도 무방하다.

　질점의 운동을 표현하는 여러 방법 중에서, 경험 혹은 주어진 운동 자료의 형태 에 따라 가장 간편하고 적절한 방법을 선택하게 된다. 이 장에서 소개할 몇 가지

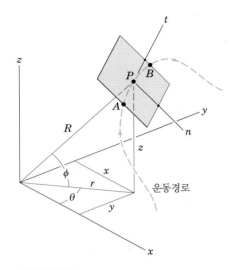

그림 2.1

운동의 표현방법에 대한 개괄적 설명을 위하여, 그림 2.1에 보인 바와 같이 질점 P가 공간상에서 임의의 경로를 따라 이동한다고 하자. 어느 정해진 경로를 따라 이동하는 경우(예 : 고정되어 있는 철사줄을 따라 구슬이 미끄럼 운동을 하는 경우) 질점의 운동은 구속되어 있다(constrained)라고 말한다. 반면에, 물리적 구속 없이 자유롭게 움직이면 그 운동은 구속되어 있지 않다(unconstrained)라고 한다. 예로서, 작은 돌을 끈으로 묶어 공중에서 돌릴 때, 그 돌은 구속된 운동을 하고 있으나, 끈이 끊어지면 자유로운 운동을 하게 된다.

좌표계의 선택

질점 P는 직각좌표계[*]$(x,\ y,\ z)$, 원통좌표계$(r,\ \theta,\ z)$ 또는 구면좌표계$(R,\ \theta,\ \phi)$를 이용하여 위치를 나타낼 수 있다. 또한 질점의 운동은 운동곡선의 접선방향(t)과 법선방향(n)을 따라 측정하여 나타낼 수 있다. n방향은 운동곡선의 접촉평면에 있다.[**] 이 접선방향과 법선방향의 변수를 경로변수(path variables)라고 부른다.

질점(또는 강체)의 운동은 고정좌표계에서 측정한 좌표계로 표현되거나(절대운동 해석) 또는 이동좌표계에서 측정한 좌표계로 표현될 수 있다(상대운동 해석). 이 장에서는 두 가지 방법이 모두 고찰될 것이다.

이 장의 전반부에서는 질점이 2차원 평면 내에서 운동하는 **평면운동(plane motion)**에 대하여 고찰하고자 한다. 공학 분야에서 기계나 구조물의 많은 부분의 운동은 평면운동으로 나타낼 수 있다. 그리고 3차원 운동은 제7장에서 고찰할 것이다. 먼저 직선을 따라 움직이는 **직선운동(rectilinear motion)**으로 평면운동을 다루고, 곡선을 따라 움직이는 운동을 다룰 것이다.

2.2 직선운동

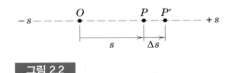

그림 2.2

그림 2.2에서 직선을 따라 이동하는 어느 시점 t에서의 질점의 위치 P는 직선상의 고정점 O로부터의 거리 s로 나타낼 수 있다. 시점 $t + \Delta t$일 때 질점의 위치 P'에 대한 고정점 O로부터의 거리는 $s + \Delta s$이다. Δt 동안의 위치변화 Δs를 질점의 **변위(displacement)**라 하며, 만일 질점이 음의 s방향(왼쪽)으로 움직였다면 변위는 음수가 된다.

---

[*] 프랑스 수학자이자 해석기하학의 창시자 중 한 사람인 René Descartes(1596~1650)를 기억하기 위하여 Cartesian 좌표계라고도 부른다.

[**] 점 P와 그 양쪽에 있는 경로곡선상의 두 점 A, B 사이의 거리가 0으로 접근할 때 P, A, B를 품는 평면이 접촉평면(osculating plane)이 된다.

속도와 가속도

Δt 동안 질점의 '평균속도'는 Δs를 Δt로 나눈 값이며 $v_{av} = \Delta s/\Delta t$로 쓸 수 있다. Δt가 0에 접근하면 평균속도 v_{av}는 시점 t에서의 순간속도(instantaneous velocity)에 접근한다. 즉, 순간속도는 $v = \lim\limits_{\Delta t \to 0} \dfrac{\Delta s}{\Delta t}$ 또는 다음과 같다.

$$v = \frac{ds}{dt} = \dot{s} \tag{2.1}$$

따라서, 속도 v는 위치좌표 s의 시간변화율이 된다. 속도의 부호(+ 또는 −)는 변위의 부호와 같아짐을 알 수 있다. 즉, 변위가 음수 또는 양수가 되면 속도도 음수 또는 양수가 된다.

평균가속도는 시간간격 Δt 동안의 속도변화 Δv를 Δt로 나눈 값, 즉 $a_{av} = \Delta v/\Delta t$이다. Δt가 0으로 접근하면 평균가속도는 시점 t에서의 순간가속도(instantaneous acceleration)에 접근한다. 즉, 순간가속도는 $a = \lim\limits_{\Delta t \to 0} \dfrac{\Delta v}{\Delta t}$ 또는 다음과 같다.

$$a = \frac{dv}{dt} = \dot{v} \quad \text{또는} \quad a = \frac{d^2 s}{dt^2} = \ddot{s} \tag{2.2}$$

이 단거리 주자는 종국 속도에 도달할 때까지 직선가속도를 받을 것이다.

가속도의 부호는 속도가 증가하면 양(+)이 되고 속도가 감소하면 음(−)이 된다. 음(−)의 속도의 크기가 줄어들면 가속도의 부호는 양(+)이 됨을 주의해야 한다. 즉, 질점이 '감가속(decelerating)된다'는 것은 질점의 속도가 감소하는 것을 뜻한다.

2.3절에서 다룰 곡선운동에서 알 수 있듯이 속도와 가속도는 크기와 방향을 가진 벡터이다. 그리고 직선을 따라 움직이는 직선운동은 벡터의 방향을 단순히 +와 − 부호로 나타낼 수 있으나, 곡선운동은 속도벡터와 가속도벡터의 크기뿐 아니라 방향의 변화도 생각해야 한다.

식 (2.1), (2.2)의 첫 번째 식에서 dt를 소거하면 다음과 같은 변위, 속도, 가속도 사이의 미분관계식이 얻어진다.[*]

$$v\,dv = a\,ds \quad \text{또는} \quad \dot{s}\,d\dot{s} = \ddot{s}\,ds \tag{2.3}$$

식 (2.1), (2.2), (2.3)은 질점의 직선운동의 시간에 관한 미분방정식들이다. 속도와 위치는 이 식들을 적분하여 구할 수 있다. 위치좌표 s, 속도 v, 가속도 a는 크기

---

[*] 미분량도 다른 대수적인 양과 마찬가지로 곱하거나 나눌 수 있다.

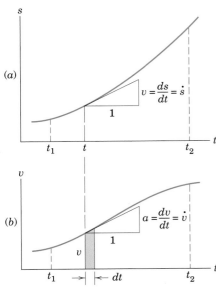

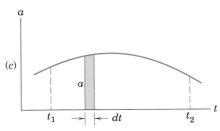

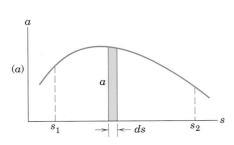

그림 2.3

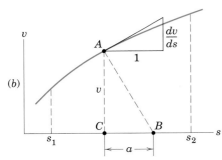

그림 2.4

만을 나타내므로 이들의 방향에 따른 부호에 주의해야 한다. s의 + 방향은 v와 a의 + 방향과 일치한다.

도표의 의미

s, v, a와 시간 t의 관계를 좀 더 명확하게 표현하기 위하여, 이들의 관계를 그림 2.3에 나타내었다. 그림 2.3a는 직선운동에서의 위치 s와 시간 t와의 관계를 나타낸다. 시점 t에서 곡선의 접선을 그으면 그 기울기(ds/dt)가 시점 t에서의 속도가 되며, $v = ds/dt$임을 그림에서 확인할 수 있다. 이러한 방법으로 모든 시점에서의 기울기, 즉 속도를 구하여 그림 2.3b의 속도–시간 선도(v–t 선도)에 나타내었다. 또한 그림 2.3b에서 곡선의 각 시점에 대한 기울기(dv/dt)를 구하고, 이를 그래프로 나타내면 그림 2.3c와 같은 가속도–시간 선도(a–t 선도)가 얻어진다.

그림 2.3b의 v–t 선도에서 dt 동안의 곡선 아래 면적 $v\,dt$는 식 (2.1)의 ds이며, 이는 dt 동안 질점이 움직인 거리이다. 시점 t_1과 t_2 사이의 질점의 변위는 곡선 아래 면적이며 다음 식으로 나타낼 수 있다.

$$\int_{s_1}^{s_2} ds = \int_{t_1}^{t_2} v\,dt \qquad \text{또는} \qquad s_2 - s_1 = (v\text{–}t \text{ 선도 아래 면적})$$

그림 2.3c에서의 곡선 아래 면적 $a\,dt$는 식 (2.2)의 첫 식으로부터 dv임을 알 수 있다. 따라서, 시점 t_1과 t_2 사이의 속도의 순변화(net change)는 곡선 아래 면적이 되어 다음과 같이 표현된다.

$$\int_{v_1}^{v_2} dv = \int_{t_1}^{t_2} a\,dt \qquad \text{또는} \qquad v_2 - v_1 = (a\text{–}t \text{ 선도 아래 면적})$$

그림 2.4a는 가속도 a와 위치 s의 함수관계를 나타낸다. 변위 ds 구간에 해당하는 곡선 아래 면적은 $a\,ds$이며, 이는 식 (2.3)으로부터 $v\,dv$가 되므로 $v\,dv = d(v^2/2)$로 쓸 수 있다. 따라서 위치 s_1과 s_2 사이의 곡선 아래 면적은 다음과 같다.

$$\int_{v_1}^{v_2} v\,dv = \int_{s_1}^{s_2} a\,ds \qquad \text{또는} \qquad \frac{1}{2}(v_2{}^2 - v_1{}^2) = (a\text{–}s \text{ 선도 아래 면적})$$

그림 2.4b는 속도 v와 위치 s의 함수관계를 나타내며, 임의의 점 A에서의 곡선의 기울기는 dv/ds이다. A에서 법선을 그려 s축과 만나는 점을 B라 하면 $\overline{CB}/v = dv/ds$이다. 아울러, 식 (2.3)으로부터 $\overline{CB} = v(dv/ds) = a$, 즉 가속도가 된다. 이 방법에 따라 실제 가속도 값을 계산하려면 속도 v와 위치 s의 단위를 통일해야 함을 주의해야 한다.

이상과 같은 도식적 방법으로 위치, 속도, 가속도와 시간과의 관계를 보다 명확히 이해할 수 있다. 그리고 수학적으로 정확히 정의할 수 없는 경우에도 도식적인 미분과 적분을 통하여 근사적인 결과를 얻을 수 있는 장점이 있다. 실험을 통하여 구한 데이터에서 결과를 도출하거나 또는 운동변수 상호 간에 불연속적인 관계가 있는 경우에도 도식적인 방법이 사용된다.

KEY CONCEPTS **해석적인 적분**

위치좌표 s가 시간 t의 함수로 주어진 경우, 위치좌표 $s(t)$를 시간에 관하여 미분하여 속도와 가속도를 손쉽게 구할 수 있다. 그러나 위치와 시간과의 함수관계를 알 수 없는 경우가 많으므로 가속도를 시간에 대하여 적분하여 속도를 구하고, 이를 다시 적분하여 위치를 구하게 된다. 가속도는 운동 중에 물체에 가해진 힘에 의하여 결정되며 앞으로 다루게 될 운동역학을 통하여 가속도를 구할 수 있다. 가속도는 물체에 가해지는 힘의 속성에 따라 시간, 속도, 위치의 함수이거나 또는 이들이 조합된 함수 형태로 나타난다. 각 경우의 적분 과정에 대하여 고찰해 보자.

(a) **일정가속도의 경우.** 가속도 a가 상수인 경우 식 (2.2)와 (2.3)의 첫 식은 직접 적분이 가능하다. 편의상 초기의 위치 $s = s_0$, 속도 $v = v_0$, 시점 $t = 0$으로 정의하고 t만큼의 시간이 경과한 시점에서의 속도와 가속도를 구하면 다음과 같다.

$$\int_{v_0}^{v} dv = a \int_0^t dt \quad \text{또는} \quad v = v_0 + at$$

$$\int_{v_0}^{v} v\, dv = a \int_{s_0}^{s} ds \quad \text{또는} \quad v^2 = v_0^2 + 2a(s - s_0)$$

위 식과 식 (2.1)을 이용하면 시점 t에서의 위치 $s(t)$를 구할 수 있다.

$$\int_{s_0}^{s} ds = \int_0^t (v_0 + at)\, dt \quad \text{또는} \quad s = s_0 + v_0 t + \frac{1}{2} at^2$$

이 식들은 가속도가 일정한 경우에만 적용됨을 명심해야 한다. 적분구간은 $t = 0$에서의 초기조건과 $t = t'$에서의 최종조건에 의하여 결정된다. 초기시점 t를 반드시 0으로 설정할 필요는 없으며, 0이 아닌 임의의 시점 t_1로 설정하여도 무방하다.

> 주의 : 이상은 가속도가 일정한 경우에만 적용된다. 가속도가 변화하는 일반적인 경우에는 성립하지 않으므로 주의하기 바란다.

(b) **가속도가 시간의 함수인 경우** $a = f(t)$. 식 (2.2)의 첫 식은 $f(t) = dv/dt$임을 알 수 있으며, 양변에 dt를 곱하면 $dv = f(t)\, dt$가 되므로 다음과 같이 적분한다.

$$\int_{v_0}^{v} dv = \int_0^t f(t)\, dt \quad \text{또는} \quad v = v_0 + \int_0^t f(t)\, dt$$

위 식에서 속도 v는 시간의 함수임을 알 수 있으며, 식 (2.1)을 적분하여 위치좌표 s를 다음과 같이 구한다.

$$\int_{s_0}^{s} ds = \int_0^t v\, dt \quad \text{또는} \quad s = s_0 + \int_0^t v\, dt$$

만일, 정적분 대신 부정적분을 행하면 적분상수가 나타나게 되며 이 적분상수는 최종조건으로부터 구해진다. 즉, 부정적분을 한 결과는 정적분을 하여 얻은 결과와 같게 된다.

필요하다면 식 (2.2)의 둘째 식에 $f(t)$를 대입하고 2차 미분방정식 $\ddot{s} = f(t)$를 직접 풀어서 위치 $s(t)$를 구할 수도 있다.

(c) **가속도가 속도의 함수로 주어질 때** $a = f(v)$. 식 $a = f(v)$를 식 (2.2)에 대입하면 $f(v) = dv/dt$ 관계식을 얻는다. 즉, $dt = dv/f(v)$가 되고 이를 적분하여 다음 식을 얻는다.

$$t = \int_0^t dt = \int_{v_0}^{v} \frac{dv}{f(v)}$$

위 식에서 t는 속도 v의 함수로 표현된다. 따라서 속도 v를 시간 t의 함수로 나타내고, 식 (2.1)을 이용하여 속도 v를 적분하여 위치 s를 시간 t의 함수로 나타낼 수 있다.

또 하나의 방법은 관계식 $a = f(v)$를 식 (2.3)의 첫 식에 대입하여 $v\, dv = f(v)\, ds$를 얻고, 양변을 $f(v)$로 나눈 다음 다음과 같이 적분한다.

$$\int_{v_0}^{v} \frac{v\, dv}{f(v)} = \int_{s_0}^{s} ds \quad \text{또는} \quad s = s_0 + \int_{v_0}^{v} \frac{v\, dv}{f(v)}$$

위 식에서 위치 s가 시간 t의 함수가 아닌 속도 v의 함수로 표시되었다.

(d) 가속도가 위치의 함수로 주어질 때 $a = f(s)$. 관계식 $a = f(s)$를 식 (2.3)에 대입하고 다음과 같이 적분한다.

$$\int_{v_0}^{v} v\, dv = \int_{s_0}^{s} f(s)\, ds \quad \text{또는} \quad v^2 = v_0^2 + 2\int_{s_0}^{s} f(s)\, ds$$

위 식을 v에 대해 풀어서 s의 함수 $v = g(s)$를 구한다. 그리고 식 (2.1)에 대입하고, 변수를 분리한 후 적분하면 다음과 같다.

$$\int_{s_0}^{s} \frac{ds}{g(s)} = \int_0^t dt \quad \text{또는} \quad t = \int_{s_0}^{s} \frac{ds}{g(s)}$$

이 식에서 시간 t가 위치 s의 함수로 표시되었으나 역으로 계산하면 위치 s를 t의 함수로 나타낼 수도 있다.

위에서 가속도의 위치, 속도, 시간에 관한 함수관계의 형태에 따라 여러 적분방법을 통하여 운동학 변수들을 구할 수 있음을 보여주었다. 쉽게 적분이 되지 않는 경우에는 도식적 방법, 수치해석적 방법, 컴퓨터를 이용한 적분방법 등을 이용한다.

예제 2.1

직선운동을 하는 질점의 위치가 $s = 2t^3 - 24t + 6$이다. 여기서 s는 임의의 고정점으로부터의 거리이며, s와 t의 단위는 각각 m과 s이다.

(a) $t = 0$인 초기상태에서 속도가 **72 m/s**가 될 때까지 소요되는 시간을 구하라.

(b) 속도 $v = 30$ m/s일 때의 가속도를 구하라.

(c) $t = 1$ s와 $t = 4$ s 사이에 질점이 움직인 순변위(net displacement)를 구하라.

|풀이| 위치 s를 시간에 관하여 미분해서 다음과 같이 속도와 가속도를 구한다.

$$[v = \dot{s}] \qquad\qquad\qquad v = 6t^2 - 24 \text{ m/s}$$

$$[a = \dot{v}] \qquad\qquad\qquad a = 12t \text{ m/s}^2$$

(a) $v = 72$ m/s를 위의 v 식에 대입하면 $72 = 6t^2 - 24$이므로 $t = \pm 4$ s이다. $t = -4$ s는 물리적으로 의미가 없으므로 ①

$$t = 4 \text{ s} \qquad\qquad \blacksquare$$

(b) $v = 30$ m/s를 위의 v 식에 대입하면 $30 = 6t^2 - 24$이므로 $t = 3$ s가 되어 이를 위의 a 식에 대입하면

$$a = 12(3) = 36 \text{ m/s}^2 \qquad\qquad \blacksquare$$

(c) $t = 1$ s와 $t = 4$ s 사이의 순변위는 다음과 같다.

$$\Delta s = s_4 - s_1 \text{이 되어}$$

$$\Delta s = [2(4^3) - 24(4) + 6] - [2(1^3) - 24(1) + 6]$$

$$= 54 \text{ m} \qquad\qquad \blacksquare$$

이는 질점이 s축을 따라 $t = 1$ s부터 $t = 4$ s까지 움직인 순변위를 나타낸다. ②

  s, v, a와 시간 t의 관계를 그림으로 나타내었다. v-t 선도의 아래 면적이 변위이므로 $t = 1$ s와 $t = 4$ s 사이의 순변위는 $+$ 면적 Δs_{2-4}에서 $-$ 면적 Δs_{1-2}를 뺀 것이다. ③

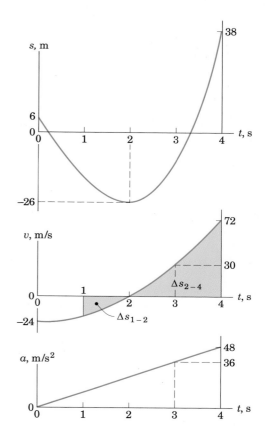

|도움말|

① 제곱근을 구할 때 근의 부호에 유의해야 한다. 양$(+)$의 근만이 항상 정답이 되는 것은 아니다.

② 변위를 나타내는 이탤릭체 s와 시간을 나타내는 정체 s를 혼동하지 않도록 주의하라.

③ s-t 선도에서 s의 시간에 대한 기울기 $\dot{s}$가 속도 $\dot{v}$이고, v-t 선도에서 v의 시간에 대한 기울기 $\dot{v}$가 가속도 a이다. 두 구간에서 $v\,dt$를 각각 적분하여 Δs에 대한 답을 점검하라. $t = 1$ s에서 $t = 4$ s까지 주행한 총거리가 **74 m**가 되는지를 확인하라.

예제 2.2

원점에서 출발하여 x축을 따라 운동하는 질점의 $t = 0$에 대한 초기속도 $v_x = 50$ m/s이다. 처음 4초 동안 가속도는 0이었으며, 4초 이후부터는 $a_x = -10$ m/s^{2}의 등가속도로 운동하였다. $t = 8$ s와 $t = 12$ s에서의 질점의 속도와 위치 x를 구하라. 또한 질점이 도달하는 최대 위치 x_{max}을 구하라. ①

|풀이| 처음 4초 동안의 가속도는 0이므로 속도의 변화는 없으며 4초 이후의 속도는 다음과 같다.

$$\left[\int dv = \int a\, dt \right] \qquad \int_{50}^{v_x} dv_x = -10 \int_{4}^{t} dt \qquad v_x = 90 - 10t \text{ m/s} \quad ②$$

위 식을 v_x-t 선도로 나타내었고, 따라서 $t = 8$ s와 $t = 12$ s일 때의 속도는 다음과 같이 구한다.

$$t = 8 \text{ s}, \qquad v_x = 90 - 10(8) = 10 \text{ m/s}$$
$$t = 12 \text{ s}, \qquad v_x = 90 - 10(12) = -30 \text{ m/s}$$

$t = 4$ s 이후의 질점의 위치 x는 처음 4초 동안 이동한 거리와 4초 이후에 이동한 거리를 더한 것이 된다. 그러므로

$$\left[\int ds = \int v\, dt \right] \qquad x = 50(4) + \int_{4}^{t} (90 - 10t)\, dt = -5t^2 + 90t - 80 \text{ m}$$

$t = 8$ s와 $t = 12$ s에서의 질점의 위치 x는 다음과 같이 구한다.

$$t = 8 \text{ s}, \qquad x = -5(8^2) + 90(8) - 80 = 320 \text{ m}$$
$$t = 12 \text{ s}, \qquad x = -5(12^2) + 90(12) - 80 = 280 \text{ m}$$

$t = 12$ s에서의 질점의 위치는 $t = 8$ s에서의 질점의 위치보다 작다. 왜냐하면, $t = 9$ s 이후에 질점은 $-x$방향, 즉 왼쪽으로 이동하기 때문이다. 질점의 최대 도달거리, 즉 x의 최댓값은 $t = 9$ s일 때

$$x_{max} = -5(9^2) + 90(9) - 80 = 325 \text{ m}$$

이 값은 v-t 선도의 $t = 9$ s 사이의 직선 아래 면적과 같다. ③

|도움말|

① 기호 사용의 유연성을 익히기 위하여 위치 좌표를 s로 표시하지 않고, x로 나타내었다.

② 일반적인 시점 t에 관하여 적분하여 속도를 구하고 t에 특정 시점을 대입하여 특정 시점에서의 속도를 구하였다.

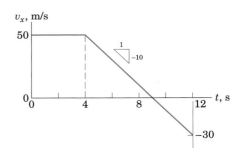

③ 12초 동안 질점이 움직인 총거리는 370 m임을 확인하라.

예제 2.3

양쪽에 스프링이 부착된 슬라이더가 수평 방향의 가이드를 따라 마찰 없이 움직이고 있다. 슬라이더가 그림에 표시한 중앙점을 통과할 때의 속도는 s방향(오른쪽)으로 v_0이다. 슬라이더의 가속도가 $a = -k^2 s$일 때, 위치 s와 속도 v를 t의 함수로 나타내어라(k는 상수이며, 차후의 편의를 위하여 제곱한 형태를 취하였다). 여기서 s의 원점은 중앙점에 위치하고 슬라이더가 중앙을 통과할 때의 시점을 $t = 0$이라고 한다. 그리고 양쪽 스프링은 모두 운동을 방해하는 방향으로 슬라이더에 힘을 가한다.

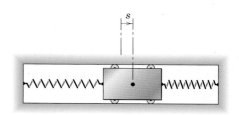

|**풀이 I**| 가속도가 위치 s의 함수이므로 $v\,dv = a\,ds$의 식을 이용한다.

$$\int v\,dv = \int -k^2 s\,ds + C_1 \qquad \text{또는} \qquad \frac{v^2}{2} = -\frac{k^2 s^2}{2} + C_1 \quad ①$$

$s = 0$일 때 $v = v_0$이므로 $C_1 = v_0^2/2$이 되고 속도는

$$v = +\sqrt{v_0^2 - k^2 s^2}$$

위 식에서 슬라이더의 속도 v가 $+s$방향일 때 v의 부호를 $+$로 취한다. $v = ds/dt$ 관계식을 위 식에 대입하고 다음과 같이 적분한다.

$$\int \frac{ds}{\sqrt{v_0^2 - k^2 s^2}} = \int dt + C_2 \qquad \text{또는} \qquad \frac{1}{k}\sin^{-1}\frac{ks}{v_0} = t + C_2 \quad ②$$

$t = 0$일 때 $s = 0$이므로 적분상수 $C_2 = 0$이 된다. 위 식에서 s에 관하여 풀면

$$s = \frac{v_0}{k}\sin kt \qquad\qquad ■$$

속도 v는 $\dot{s}$이므로

$$v = v_0 \cos kt \qquad\qquad ■$$

|**풀이 II**| $a = \ddot{s}$ 식에 $a = -k^2 s$를 대입하면

$$\ddot{s} + k^2 s = 0$$

식이 얻어진다. 이 식은 선형 2차 상미분방정식으로서 그 해는 다음과 같다.

$$s = A \sin Kt + B \cos Kt$$

여기서 A, B, K는 상수이다. 이 해를 미분방정식에 대입하여 풀면 $K = k$의 관계식을 얻는다. s를 시간에 관하여 미분하면 속도 v는 다음과 같다.

$$v = Ak \cos kt - Bk \sin kt$$

초기조건 $t = 0$일 때 $v = v_0$를 이용하면 $A = v_0/k$이고, $t = 0$일 때 $s = 0$인 조건에서 $B = 0$이 된다. 그러므로 s와 v는

$$s = \frac{v_0}{k}\sin kt \qquad \text{그리고} \qquad v = v_0 \cos kt \quad ③ \qquad ■$$

|**도움말**|

① 부정적분을 구한 후에 적분상수를 구하였으나 적절한 상한과 하한을 가지고 정적분을 해도 같은 결과를 얻게 된다.

② 정적분을 통하여 결과를 얻어 보라.

③ 이러한 운동을 단순조화운동(simple harmonic motion)이라고 부른다. 이러한 운동에서 스프링에 의한 복원력(restoring force), 즉 가속도의 크기는 질점의 변위에 비례하고 그 방향은 변위와 반대가 된다.

예제 2.4

8노트의 속력으로 직선 항해 중인 화물선의 엔진이 갑자기 정지하여 이로부터 10분 후 항해 속력은 4노트로 감소하였다. ① 엔진 정지 10분 동안에 화물선이 이동한 거리 s(해리)와 이때의 속력(노트)을 시간의 함수로 구하고 또 이를 그래프로 도시하라. 단, 화물선의 가속도는 속력의 제곱에 비례하여 $a = -kv^2$으로 표현된다고 하자.

|도움말|

① 1노트(knot)는 1시간 동안 1해리(one nautical mile = 6076 ft)를 이동하는 속도의 단위이다.

② t의 변화에 따른 v의 변화를 구하기 위하여 일반적인 v와 t에 관한 식을 선택하였다.

|풀이| 가속도가 속도의 함수로 주어졌으므로 $a = dv/dt$ 식에 $a = -kv^2$ 식을 대입하고 다음과 같이 적분하여 속도 v를 시간의 함수로 나타낸다.

$$-kv^2 = \frac{dv}{dt} \qquad \frac{dv}{v^2} = -k\,dt \qquad \int_8^v \frac{dv}{v^2} = -k \int_0^t dt$$

$$-\frac{1}{v} + \frac{1}{8} = -kt \qquad v = \frac{8}{1 + 8kt} \quad ②$$

위 식에 $v = 4$노트와 $t = \frac{10}{60} = \frac{1}{6}$ hr를 대입하여 상수 k와 v를 구한다.

$$4 = \frac{8}{1 + 8k(1/6)} \qquad k = \frac{3}{4}\,\text{mi}^{-1} \qquad v = \frac{8}{1 + 6t} \qquad \text{답}$$

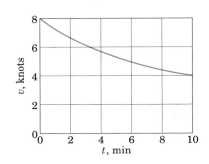

이 식의 속력과 시간과의 관계를 그래프로 나타내었다.

위에서 구한 v에 관한 식을 $v = ds/dt$ 식에 대입하고 적분하여 거리 s를 구한다.

$$\frac{8}{1 + 6t} = \frac{ds}{dt} \qquad \int_0^t \frac{8\,dt}{1 + 6t} = \int_0^s ds \qquad s = \frac{4}{3}\ln(1 + 6t) \qquad \text{답}$$

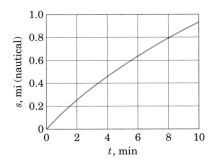

시간에 따른 화물선의 위치(거리) s의 변화를 그래프로 나타내었다. 화물선이 10분 동안 움직인 거리 $s = \frac{4}{3}\ln\left(1 + \frac{6}{6}\right) = \frac{4}{3}\ln 2 = 0.924$해리이다.

연습문제

기초문제

문제 2/1부터 2/6은 질점의 운동이 그림의 s 축을 따라 움직인다고 가정한다.

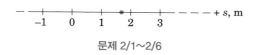

문제 2/1~2/6

2/1 질점의 운동이 $v=20t^2-100t+50$으로 주어진다. v와 t의 단위는 각각 m/s와 초다. 처음 6초 동안 속도 v와 가속도 a를 시간의 함수로 도시하고, 가속도가 0일 때의 속도를 구하라.

2/2 질점의 위치는 $s=0.27t^3-0.65t^2-2.35t+4.4$로 주어지며 s와 t의 단위는 각각 미터와 초다. 운동의 첫 5초 동안 변위, 속도 및 가속도를 시간의 함수로 도시하라. 질점이 방향을 바꾸는 시간을 구하라.

2/3 s축을 따라 움직이는 질점의 운동이 $v=2+5t^{3/2}$으로 주어지며 v와 t의 단위는 각각 m/s와 초다. $t=4$ s일 때 위치 s, 속도 v 및 가속도 a를 구하라. $t=0$일 때 질점은 원점 $s=0$에 있다.

2/4 질점의 가속도는 $a=2t-10$으로 주어지며 a와 t의 단위는 각각 m/s^{2}와 초다. 속도와 변위를 시간의 함수로 구하라. $t=0$일 때 초기변위와 초기속도는 각각 $s_0=-4$ m, $v_0=3$ m/s이다.

2/5 질점의 가속도가 $a=-ks^2$으로 주어지며 a와 s의 단위는 각각 m/s^{2}와 미터이고 k는 상수이다. 질점의 속도를 위치 s의 함수로 구하라. 단, $k=0.1$ m^{-1}s^{-2}일 때 $s=5$ m이고 $t=0$일 때의 초기위치와 초기속도는 각각 $s_0=3$ m, $v_0=10$ m/s이다.

2/6 질점의 가속도가 $a=c_1+c_2v$로 주어지며 a와 v의 단위는 각각 mm/s^{2}와 m/s이고 c_1과 c_2는 상수이다. 질점의 초기위치와 초기속도가 각각 s_0, v_0일 때 질점의 위치를 속도 v와 시간 t의 함수로 구하라.

2/7 자동차의 브레이크 테스트를 하고 있다. 처음 속도 96 km/h에서 브레이크를 밟은 후 36 m의 거리를 가서 멈추었다. 감가속도가 일정하게 같은 조건일 때, 처음 속도가 130 km/h라면 정지할 때까지의 거리는 얼마인가?

2/8 실험장치 내의 한 질점의 속도가 $v=k\sqrt{s}$로 주어지며 v와 s의 단위는 각각 mm/s와 mm이고 상수 k는 0.2 mm$^{1/2}$s^{-1}이다. 초기속도가 $v_0=3$ mm/s일 때 질점의 위치, 속도 및 가속도를 시간의 함수로 구하고, 속도가 15 mm/s에 도달할 때의 시간, 위치 및 가속도를 구하라.

2/9 공 1이 초기속도 $v_1=50$ m/s로 수직으로 발사된다. 3초 후에 공 2가 초기속도 v_2로 발사된다. 만일 두 공이 고도 90 m에서 충돌한다면 v_2가 얼마인지 구하라. 충돌 순간에 공 1이 올라가고 있었는가 혹은 내려가고 있었는가?

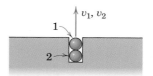

문제 2/9

2/10 직선을 따라 움직이는 질점의 속도와 위치좌표에 대한 실험 데이터가 점으로 나타나 있다. 이 점을 근사하는 부드러운 곡선을 그래프에 나타내었다. $s=20$ m일 때 질점의 가속도를 구하라.

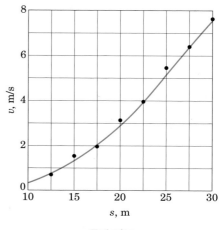

문제 2/10

2/11 그림과 같은 미니자동차 경주에서 자동차는 출발위치 A에서 정지상태에서 놓이며 경사를 따라 굴러 내려와서 종착점 C에 들어오게 된다. 경사로에서의 가속도는 2.75 m/s^{2}이고 B와 C에서의 속도가 일정할 때, 경주에 걸리는 시간 t_{AC}를 구하라. B 주위에서 작은 속도변화는 무시한다.

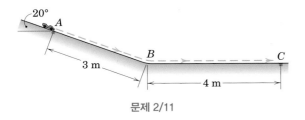

문제 2/11

2/12 15 m 높이의 절벽 바닥 A에서 초기속도 25 m/s로 수직으로 공을 던진다. 공이 절벽을 지나서 올라가는 높이 h와 공이 B에 떨어질 때까지의 총시간 t를 구하라. 공기저항과 공의 미소한 수평운동은 무시한다.

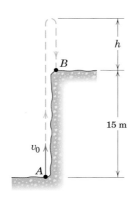

문제 2/12

2/13 자동차가 도로의 평평한 구간에서는 $v_0 = 100$ km/h의 일정한 속도로 주행한다. 6 퍼센트($\tan \theta = 6/100$)의 경사면에 들어가서도 운전자는 연료량 설정을 바꾸지 않았고, 차는 $g \sin \theta$의 비율로 감속하게 되었다. 다음 경우에 자동차의 속도를 구하라. (a) A 점을 지나고 10초 후 (b) $s = 100$ m

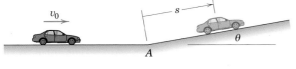

문제 2/13

2/14 제트 여객기가 활주로에 서 있을 때 브레이크를 풀기 전에 최고 마력으로 엔진을 회전시킨다. 제트 추력은 일정하고 여객기는 $0.4g$의 일정한 가속도를 가진다. 이륙속도가 200 km/h일 때 정지상태에서 이륙할 때까지의 거리와 시간을 구하라.

심화문제

2/15 8초라는 시간 간격에서 직선으로 움직이는 질점의 속도가 그림과 같이 시간에 따라 변화한다. $t = 4$ s에서의 가속도가 이 시간 간격 동안의 평균가속도보다 큰 가속도 차이 Δa를 합리적인 정확도로 구하라. 이 시간 간격 동안 거리의 변화 Δs를 구하라.

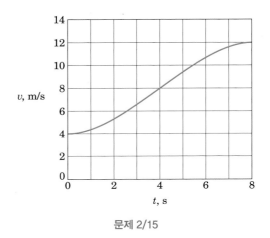

문제 2/15

2/16 달 착륙의 마지막 단계로 착륙선은 달 표면에서 5 m 이내에서 하강속도가 2 m/s가 되도록 역추력 엔진을 작동시켜 하강한다. 이 5 m 위치에서 엔진이 작동하지 않을 때 랜딩기어와 달과의 충돌속도를 구하라. 달의 중력은 지구 중력의 $1/6$이다.

2/17 어느 소녀가 공을 경사로로 굴려 올려서 내려오게 하고 있다. 경사로 각도가 θ일 때 경사로에서의 공의 가속도는 경사로 아래쪽으로 $0.25g$이다. 공의 초기속력이 4 m/s일 때 경사로를 따라 올라간 최대 거리 s와 공이 이 아이의 손으로 되돌아올 때까지 걸린 총시간 t를 구하라.

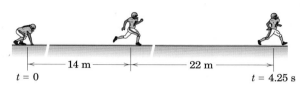

문제 2/17

2/18 풋볼 선발심사에서 한 선수가 4.25초에 36 m의 거리를 달린다. 만일 이 선수가 14 m를 일정한 가속도로 가고 나머지 거리를 일정한 속력으로 달린다면 그가 첫 14 m를 달린 동안의 가속도, 최대 속력 및 가속구간에 소요된 시간을 구하라.

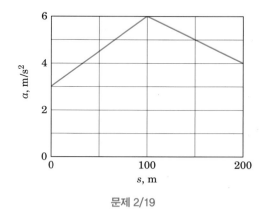

문제 2/18

2/19 오토바이가 초기 가속도 3 m/s²로 정지상태에서 출발한다. 가속도는 주행거리에 따라 그림과 같이 변한다. $s=200$ m일 때 오토바이의 속도를 구하라. 또한, 이 위치에서 $\dfrac{dv}{ds}$ 값을 구하라.

문제 2/19

2/20 130 km/h로 움직이는 기차가 점 A에서 브레이크를 작동하여 일정한 감가속도로 속도를 떨어뜨린다. 기차가 A에서 0.8 km 지났을 때의 속도는 96 km로 관측된다. 기차가 A에 있을 때 80 km/h로 움직이고 있는 자동차는 B 위치를 지나간다. 현명한 노력이라고 볼 수는 없지만 기차보다 교차로를 먼저 지나가기 위하여 운전사는 가속을 선택한다. 기차보다 4초 먼저 지나가기 위한 자동차의 일정한 가속도 a를 구하고 교차로에서의 자동차의 속도 v를 구하라.

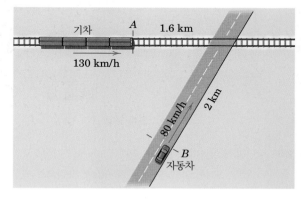

문제 2/20

2/21 작은 강철구가 A에서 1초에 두 번 일정하게 정지상태에서 떨어진다. 강철구가 3 m 위치에 이를 때 그다음 강철구의 높이를 구하라. 공기저항은 무시한다.

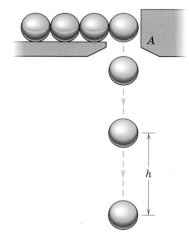

문제 2/21

2/22 자동차 A는 $v_A=130$ km/h의 일정한 속력으로 속력한계가 100 km/h인 곳을 지나고 있다. 자동차 P에 있는 경찰관이 레이더로 자동차의 속력을 측정하고 있다. A가 P를 지날 때 경찰관이 일정한 가속도 6 m/s^{2}로 가속하여 160 km/h의 속력에 도달하고 그 속력을 유지한다. 경찰관이 자동차 A를 따라잡을 때까지 주행한 거리를 구하라. P의 직선운동만 고려하고 직선운동 이외의 운동은 무시한다.

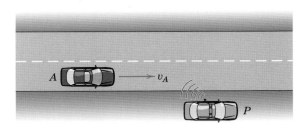

문제 2/22

2/23 장난감 헬리콥터가 일정한 속력 4.5 m/s로 직선으로 날아가고 있다. S에서 초기속력 $v_0=28$ m/s로 수직으로 발사된 발사체가 헬리콥터와 내려오면서 충돌한다면 헬리콥터의 수평거리 d는 얼마가 되어야 하는지 구하라. 발사체는 오직 수직운동만 한다고 가정한다.

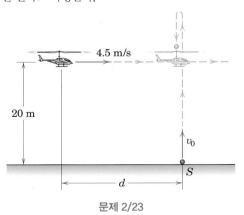

문제 2/23

2/24 직선운동을 하는 질점이 위치에 따라 그림과 같이 가속도를 갖는다. $x=-5$ m 위치에서 질점의 속도가 $v=-2$ m/s라면 $x=9$ m일 때의 속도는 얼마인가?

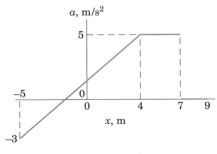

문제 2/24

2/25 모형로켓이 작은 추력장치로 가속되어 일정한 가속도 3 m/s^{2}로 수직 방향으로 발사된다. 가속장치가 8초 후에 꺼지고 로켓은 계속 올라가다가 정점에 도달한다. 정점에서 작은 낙하산이 펴지고 일정한 속력 0.85 m/s로 낙하하여 지상에 충돌한다. 로켓의 최대 높이 h와 총비행시간을 구하라. 상승할 때에 공기저항은 무시하고 로켓의 질량과 중력가속도는 일정하다고 가정한다.

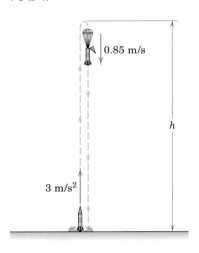

문제 2/25

2/26 전기차가 직선 시험트랙을 따라 가속도 시험을 받고 있다. 얻어진 v–t 데이터는 함수 $v=7.3t-0.3t^2+1.5\sqrt{t}$로 첫 10초 동안 근사되었다. 여기서 t는 시간(초)이며 v는 m/s로 나타낸 속도이다. 구간 $0 \le t \le 10$ s에서 변위 s를 시간의 함수로 구하고, $t=10$ s에서의 값을 명시하라.

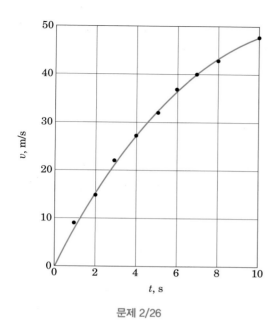

문제 2/26

2/27 미래의 고속 튜브 운송수단인 진공 추진 캡슐이 10 km 떨어져 있는 *A* 역과 *B* 역 사이에 설계되고 있다. 만일 가속도와 감속도가 최대 $0.6g$이고 최대 속도가 400 km/h일 때 캡슐이 10 km 거리를 가는 데 걸리는 최소 시간을 구하라.

문제 2/27

2/28 105 000 kg의 우주왕복선 인공위성이 335 km/h의 속력으로 지상에 접촉하였다. 320 km/h 속력에서 낙하산이 펴졌다. 55 km/h에서 낙하산이 인공위성에서 분리된다. 낙하산이 펴졌을 때의 감가속도(m/s²)가 $-0.001v^2$(단, 속도 v의 단위는 m/s)일 때 낙하산이 펴질 때부터 분리될 때까지 인공위성의 주행거리를 구하라. 바퀴 브레이크는 없다고 가정한다.

문제 2/28

2/29 앞 문제의 우주왕복선 인공위성 감속에 대하여 다시 다룬다. 320 km/h 속력에서 낙하산이 펴지고 바퀴 브레이크는 160 km/h에서 멈출 때까지 작동하고 55 km/h에서 낙하산이 인공위성에서 분리된다. 낙하산이 펴졌을 때의 감가속도 (m/s²)가 $-0.001v^2$(속력 v의 단위는 m/s)이고, 바퀴 브레이크가 1.5 m/s²의 일정한 감가속도를 준다면 320 km/h에서 바퀴가 멈출 때까지의 주행거리를 구하라.

2/30 카트가 안전벽을 $v_0 = 3.25$ m/s 속력으로 충돌하고 $a = -k_1 x - k_2 x^3$의 감가속도를 주는 비선형 스프링체에 의해 정지하게 된다. 여기서 x는 스프링의 변위이고 k_1과 k_2는 양의 상수이다. 최대 스프링 변위가 475 mm이고 이 값의 절반의 변위에서 카트의 속도가 2.85 m/s일 때 k_1과 k_2의 값과 단위를 구하라.

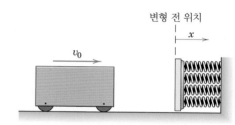

문제 2/30

2/31 달의 표면 위 고도 $h = 1200$ km에서 정지해 있던 물체 *A*가 표면에 충돌하는 속도를 계산하라. (a) 먼저 달의 중력가속도가 $g_{m_0} = 1.620$ m/s²으로 일정하다고 가정한다. (b) 고도에 따른 중력가속도의 변화를 고려한다(1.5절 참조).

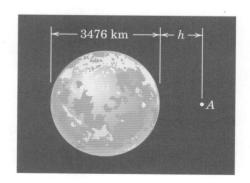

문제 2/31

*2/32 낙하하는 물체의 속력이 v_0일 때 다공질 물체와 충돌하고 정지할 때까지 다공질 물체를 변형시킨다. 다공질 물체의 저항은 침투 깊이 y와 물체의 속력 v의 함수이며 결국 물체의 가속도는 $a=g-k_1v-k_2y$가 된다. v의 단위는 m/s, y의 단위는 mm이고 k_1과 k_2는 양의 상수이다. $k_1=12\text{ s}^{-1}$, $k_2=24\text{ s}^{-2}$, 그리고 $v_0=600\text{ mm/s}$일 때, 침투깊이 y와 물체의 속력 v를 시간의 함수로 처음 5초 동안 도시하라. 침투 깊이가 처음 값의 95%에 도달하는 시간을 구하라.

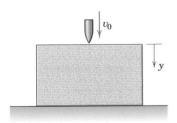

문제 2/32

2/33 발사체가 실험 액체 속에서 초기속도 v_0로 아래로 발사되는데 가속도는 $a=\sigma-\eta v^2$이다. 여기서 σ와 η는 양의 상수이고 v는 발사체의 속도이다. 발사체의 속도가 초기속도의 절반이 될 때까지 움직인 거리를 구하라. 또한 발사체의 종단속도(terminal velocity)를 구하라. 계산할 때 $\sigma=0.7\text{ m/s}^2$, $\eta=0.2\text{ m}^{-1}$, $v_0=4\text{ m/s}$로 한다.

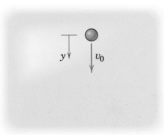

문제 2/33

2/34 v_0의 속도로 떨어지고 있는 원뿔형 물체가 포장용 직육면체에 부딪히면서 침투한다. 충돌 후 가속도는 $a=g-cy^2$이며 c는 양의 상수이고 y는 표면으로부터의 침투 깊이이다. 만일 최대 침투 깊이가 y_m이라면 상수 c는 얼마인가?

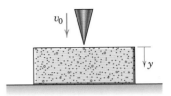

문제 2/34

2/35 공기역학적 저항의 영향이 포함될 때 수직 위쪽으로 움직이는 야구공의 가속도는 $a_u=-g-kv^2$이고, 수직 아래쪽으로 움직이는 야구공의 가속도는 $a_d=-g+kv^2$이다. 여기서 k는 양의 상수이고 v는 m/s의 단위를 갖는 속력이다. 공을 땅에서 수직 위로 30 m/s로 던졌을 때 최대높이와 땅에 도착할 때의 속력 v_f를 구하라. k는 0.006 m^{-1}이고 중력상수 g는 일정하다.

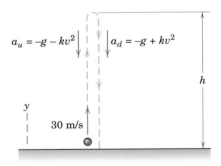

문제 2/35

2/36 초기속력 30 m/s로 위로 던진 문제 2/35의 야구공에 대하여 땅에서 정점까지의 시간 t_u와 정점에서 땅까지 내려오는 데 걸린 시간 t_d를 구하라.

2/37 고층빌딩 각 층의 높이는 균일하게 3 m이다. 그림과 같이 꼭대기에서 공 A를 떨어뜨린다. 100층 빌딩에서 처음 3 m, 10번째 3 m, 100번째 3 m(위에서부터 수를 센다)를 통과하는 데 걸리는 시간을 구하라.

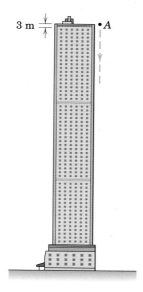

3 m $\cdot A$

문제 2/37

2/38 공기역학적 영향을 고려하여 문제 2/37을 다시 푼다. 공기저항으로 인한 가속도 성분은 속도의 반대 방향으로 $0.016v^2$ m/s²이며 v의 단위는 m/s이다.

2/39 비행기가 이륙할 때 정지상태에서 출발하고 가속도는 $a=a_0-kv^2$으로 주어진다. 여기서 a_0는 엔진추력에 의한 일정한 가속도이고 $-kv^2$은 공기역학적 저항에 의한 가속도이다. $a_0=$ 2 m/s², $k=0.00004$ m⁻¹이고 v의 단위는 m/s일 때 비행기가 이륙속력 250 km/h에 도달하는 데 필요한 활주로의 길이를 다음 조건에서 구하라. (a) 공기역학적 저항을 무시함, (b) 공기역학적 저항을 고려함.

$v_0 = 0$ ⟶　　　　　　　$v = 250$ km/h

s

문제 2/39

2/40 초기속도가 v_0인 시험발사체가 점성유체 속으로 수평으로 발사되었다. 억제력은 속도의 제곱에 비례하여 가속도는 $a=-kv^2$이 된다. 액체 안에서 주행한 거리 D를 구하고, 속도가 $v_0/2$로 반감되는 데 소요되는 시간을 구하라. 수직운동은 무시한다.

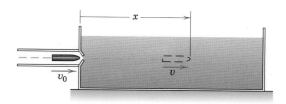

x

v_0　　　　　v

문제 2/40

2/41 세 개의 스프링으로 구성된 범퍼가 큰 질량을 가진 물체의 수평운동을 억제하기 위하여 사용되는데, 질량이 범퍼에 40 m/s로 충돌한다. 바깥의 두 스프링은 스프링의 변형에 비례하여 감속을 시키고 가운데 스프링은 그래프와 같이 스프링이 0.5 m 압축이 된 후에 감속률을 증가시킨다. 바깥 스프링의 최대 압축변위 x를 구하라.

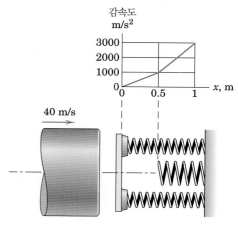

감속도 m/s²

3000
2000
1000
0　　0.5　　1　　x, m

40 m/s

문제 2/41

2/42 자동차 A가 100 km/h의 일정한 속력으로 주행한다. $t=0$일 때 그림의 위치에서 자동차 B의 속력은 40 km/h이고 일정한 가속도 $0.1g$로 경로를 따라 가속하여 속력이 100 km/h가 된 후에 같은 속력으로 주행한다. 정상상태(steady state)에서 B에서 본 A의 위치를 구하라.

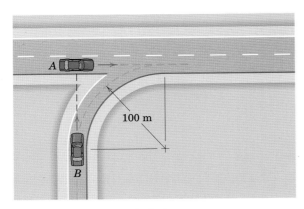

문제 2/42

2/43 질량이 m인 블록이 거친 수평면에 놓여 있고 스프링상수 k인 스프링에 연결되어 있다. 정마찰계수와 동마찰계수는 같고 μ이다. 블록이 스프링의 변형이 없는 위치에서 x_0만큼 늘어난 곳에서 정지상태에서 놓였다. x_0가 충분히 크다면 스프링의 복원력이 최대마찰력보다 커서 블록이 $a=\mu g - \dfrac{k}{m}x$의 가속도로 미끄러지는데 여기서 x는 스프링의 늘어난 (또는 압축된) 양이다. $m=5$ kg, $k=150$ N/m, $\mu=0.40$, $x_0=200$ mm를 사용하여 블록이 완전히 멈추었을 때 최종적으로 늘어난(또는 압축된) 스프링의 길이 x_f를 구하라.

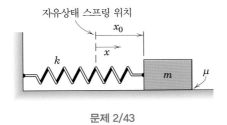

문제 2/43

▶**2/44** 문제 2/43의 경우를 다시 다룬다. 이번에는 $m=5$ kg, $k=150$ N/m, $\mu=0.40$, $x_0=500$ mm를 사용하여 블록이 완전히 멈추었을 때 최종적으로 늘어난(또는 압축된) 스프링의 길이 x_f를 구하라. (단, μg 항의 부호는 블록의 운동방향에 영향을 받으며 항상 속도의 반대 방향으로 작용한다.)

2/45 점 A에서 발사체가 초기속력 76 m/s로 수직으로 발사된다. B 점에 있는 관찰자에게 발사체가 수평선에서 30° 각도로 보이는 시간을 구하라. 그 시간에 발사체 속력의 크기를 구하라. 발사체의 공기역학적 저항의 영향은 무시한다.

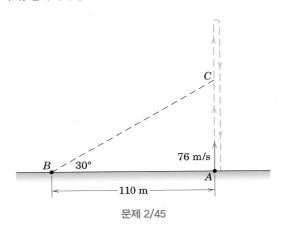

문제 2/45

▶**2/46** 공기역학적 저항을 포함하여 문제 2/45를 다시 풀어라. 저항으로 인한 감가속의 크기는 kv^2이며 $k=10^{-3}\,\mathrm{m}^{-1}$, 속력 v의 단위는 m/s이다. 저항의 방향은 비행 중 발사체의 움직임과 반대 방향이다. (발사체가 위로 움직이면 저항은 아래 방향이고, 발사체가 아래로 움직이면 저항은 위 방향이다.)

2.3 평면곡선운동

이 절에서는 질점이 평면곡선을 따라 운동할 때에 대하여 논의하고자 한다. 이는 2.1절의 그림 2.1에서 설명한 3차원 운동의 특별한 경우로 생각할 수 있다. 즉, 질점의 운동이 x-y 평면에서만 일어난다면 그림 2.1에서 좌표 z와 ϕ는 0이 되고 R은 r과 일치하게 된다. 실제로 경험하게 되는 질점운동의 대부분은 이와 같은 평면운동이다.

특정 좌표계를 사용하여 평면곡선운동을 표현하기에 앞서, 우선 좌표계의 선택과 무관한 벡터적 접근방법을 소개하기로 한다. 이 절에서 다루고자 하는 '벡터의 시간에 대한 미분' 개념은 동역학 문제를 해석할 때 가장 기초가 된다. 또한 앞으로의 학습 과정에서 거의 모든 분야와 직접적인 관련이 있기 때문에 계속 필요할 것이므로 완벽하게 숙지해 두기 바란다.

그림 2.5의 평면에서 질점의 곡선운동을 생각해 보자. 시점 t에서의 질점의 위치가 A라면 임의의 고정된 원점 O를 선택하여 위치벡터(position vector)인 **r**로 나타낼 수 있다. 또한 위치벡터인 **r**의 크기와 방향을 안다면 시점 t에서의 질점의 위치는 완벽하게 정의된다. 시점 $t + \Delta t$일 때 질점은 A'의 위치에 있으므로 이를 벡터로 표현하면 $\mathbf{r} + \Delta\mathbf{r}$인데, 이때의 덧셈은 벡터에 관한 것임을 다시 한번 지적해 둔다. Δt 동안 질점의 변위(displacement)는 위치의 벡터적 변화인 벡터 $\Delta\mathbf{r}$이며, 이는 원점 O의 위치와 무관하다. 즉, 원점 O의 위치에 따라 벡터 **r**의 크기와 방향은 변화하지만 벡터 $\Delta\mathbf{r}$의 크기와 방향은 원점 O의 위치와 무관하다. 질점이 A에서 A'으로의 경로를 따라 이동한 실제 거리는 스칼라양인 Δs이다. 따라서 벡터양인 $\Delta\mathbf{r}$과 스칼라양인 Δs는 명확히 구분해야 함을 지적해 둔다.

속도

A-A' 사이의 질점의 평균속도(average velocity)는 $\mathbf{v}_{\mathrm{av}} = \Delta\mathbf{r}/\Delta t$로 정의되며, 이 벡

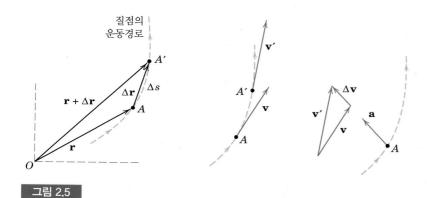

그림 2.5

터의 방향은 $\Delta \mathbf{r}$과 같고 그 크기는 $|\Delta \mathbf{r}| / \Delta t$이다. 반면에 A-A' 사이의 **평균속력**(average speed)은 스칼라양인 $\Delta s / \Delta t$이다. 구간 Δt가 작아지고 A와 A'이 한 점으로 접근함에 따라 평균속도의 크기와 속력도 같은 값에 접근한다.

순간속도(instantaneous velocity) $\mathbf{v}$는 $\Delta t \to 0$일 때 평균속도의 극한값으로 정의된다. 즉,

$$\mathbf{v} = \lim_{\Delta t \to 0} \frac{\Delta \mathbf{r}}{\Delta t}$$

$\Delta \mathbf{r}$의 방향은 $\Delta t \to 0$일 때 경로를 따라 접선방향으로 수렴하는 것을 알 수 있으며, 아울러 속도벡터 $\mathbf{v}$는 항상 경로와 접선을 이루는 벡터임을 지적해 둔다. 스칼라양의 미분에 대한 기본 개념을 확장하여 벡터양의 시간에 관한 미분은 다음과 같이 정의한다.

$$\mathbf{v} = \frac{d\mathbf{r}}{dt} = \dot{\mathbf{r}} \tag{2.4}$$

또한 벡터 $\mathbf{v}$는 미분하여도 여전히 크기와 방향을 갖는 벡터이며, 그 크기를 스칼라양인 속력(speed)이라 한다.

$$v = |\mathbf{v}| = \frac{ds}{dt} = \dot{s}$$

이제 미분의 크기(magnitude of derivative)와 크기의 미분(derivative of magnitude)에 관하여 주의 깊게 살펴보도록 하자. 전자는 $|d\mathbf{r}/dt| = |\dot{\mathbf{r}}| = \dot{s} = |\mathbf{v}| = v$ 등의 여러 가지 형태로 나타낼 수 있으며, 이는 바로 속도벡터의 크기 또는 속력을 의미한다. 그런가 하면 후자는 $d|\mathbf{r}|/dt = dr/dt = \dot{r}$를 뜻한다. 즉 위치벡터 $\mathbf{r}$의 시간에 대한 길이 변화율을 나타낸다. 이러한 개념들을 숙지하여 그 의미 파악이나 표현에 주의하기 바라며, 아울러 벡터와 스칼라를 명확하게 구별하기 위하여 일관된 표현을 사용해야 함을 지적해 둔다. 간결한 표현을 위하여 벡터 $\mathbf{v}$는 $\underline{v}$로 쓰기를 권하지만, 때때로 $\vec{v}$, $\underline{v}$, $\hat{v}$ 등도 사용됨을 밝혀둔다.

이상과 같은 속도의 벡터적 개념에 기초하여 그림 2.5를 다시 살펴보기로 하자. A와 A'에서의 속도는 각각 접선벡터 $\mathbf{v}$와 $\mathbf{v}'$이다. 시간이 변화하는 Δt 동안 속도벡터도 변화하므로 A에서의 속도 $\mathbf{v}$에 $\Delta \mathbf{v}$를 벡터적으로 더하면 A'에서의 속도는 $\mathbf{v}'$이고, 따라서 $\mathbf{v}' - \mathbf{v} = \Delta \mathbf{v}$이다. 벡터 선도에서 $\Delta \mathbf{v}$는 $\mathbf{v}$의 크기(길이) 변화와 방향 변화 모두의 영향을 받는다는 것을 알 수 있다. 이 두 변화가 벡터 미분의 근본적인 특징이다.

가속도

A-A' 사이의 질점의 **평균가속도**는 $\Delta\mathbf{v}/\Delta t$로 정의된다. 여기서 방향은 $\Delta\mathbf{v}$와 일치하고 크기는 $|\Delta\mathbf{v}|/\Delta t$이다. **순간가속도** $\mathbf{a}$는 $\Delta t \to 0$일 때 평균가속도의 극한값으로 정의된다. 즉,

$$\mathbf{a} = \lim_{\Delta t \to 0} \frac{\Delta\mathbf{v}}{\Delta t}$$

또한 미분의 정의에 따라 다음과 같이 쓸 수 있다.

$$\mathbf{a} = \frac{d\mathbf{v}}{dt} = \dot{\mathbf{v}} \tag{2.5}$$

$\Delta t \to 0$이면 $\Delta\mathbf{v}$의 방향은 $d\mathbf{v}$, 즉 $\mathbf{a}$의 방향으로 수렴한다. 따라서 속도 $\mathbf{v}$의 크기와 방향의 변화가 가속도에 모두 영향을 미친다. 일반적으로, 곡선운동하는 질점의 가속도는 경로의 접선 또는 법선과 일치하지 않는다. 운동경로상의 한 점을 예로 들어 보면, 가속도의 법선방향 성분은 그 점에서의 경로의 곡률중심을 향한다.

운동의 가시화

그림 2.6은 가속도의 도식적 표현을 위하여 질점의 운동경로 위에 있는 임의의 세 점에 대한 위치벡터를 보여준다. 세 점의 위치에 대한 속도벡터는 각각 경로곡선의 접선방향이므로 $\mathbf{v} = \dot{\mathbf{r}}$이다. 세 개의 속도벡터를 임의의 점 C를 원점으로 하여 도시하고, 그 끝을 연결하면 **호도그래프(hodograph)**가 얻어진다. 속도벡터들을 미분하면 가속도벡터 $\mathbf{a} = \dot{\mathbf{v}}$이 되고, 그 방향은 호도그래프 각 점에서의 접선방향이다. 따라서 가속도와 속도와의 관계는 속도와 위치와의 관계와 동일하다.

그림 2.5와 같은 벡터의 미분에 관한 도식적 표현방법은 임의의 벡터양의 시간 t 혹은 임의의 스칼라양에 대한 미분에도 그대로 적용할 수 있다. 지금까지 벡터의

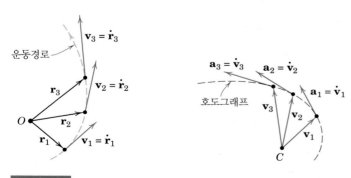

그림 2.6

미분 개념을 소개하기 위하여 속도와 가속도의 정의를 사용하였으나, 이제 벡터의 미분에 관한 일반적인 규칙을 정립하고자 한다. 벡터의 미분법은 스칼라양의 미분법과 동일하다. 단, 벡터적(cross product)의 계산에서는 그 순서에 유의해야 한다. 벡터 연산에 관하여는 부록 C.7의 내용을 참조하기 바란다.

일반적으로 질점의 평면곡선운동 표현에는 직각좌표계, 법선－접선좌표계 그리고 극좌표계가 사용되고 있다. 이에 대하여 체계적인 접근방법을 익힘으로써 주어진 문제를 해결하는 데 가장 적합한 좌표계를 선택할 수 있는 능력을 갖추게 될 것이다. 통상적으로 운동의 발생 양상이나 주어진 자료의 형태를 고려하여 좌표계의 선택이 이루어지는데, 이제 세 가지 유형의 좌표계에 대하여 설명하기로 한다.

2.4 직각좌표계(x-y)

직각좌표계는 가속도의 x, y방향 성분이 각각 독립적일 때 특히 유용한 좌표계로서 곡선운동의 위치, 속도 및 가속도는 각각의 x, y성분의 벡터조합으로 얻어진다.

벡터 표현

그림 2.7은 그림 2.5에서 다루었던 질점의 운동경로를 x, y좌표로 다시 나타내었고, 아울러 2.3절에서 설명했던 위치, 속도 및 가속도벡터의 x, y성분들도 표시하였다. 벡터 $\mathbf{r}$, $\mathbf{v}$와 $\mathbf{a}$를 x, y방향의 단위벡터 $\mathbf{i}$와 $\mathbf{j}$로 표현하면 다음과 같다.

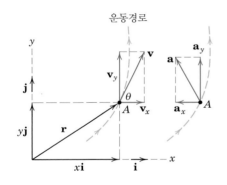

그림 2.7

운동경로

$$\begin{aligned}
\mathbf{r} &= x\mathbf{i} + y\mathbf{j} \\
\mathbf{v} &= \dot{\mathbf{r}} = \dot{x}\mathbf{i} + \dot{y}\mathbf{j} \\
\mathbf{a} &= \dot{\mathbf{v}} = \ddot{\mathbf{r}} = \ddot{x}\mathbf{i} + \ddot{y}\mathbf{j}
\end{aligned} \tag{2.6}$$

위 식에서 단위벡터 $\mathbf{i}$, $\mathbf{j}$는 방향과 크기가 일정하므로 단위벡터의 시간에 대한 미분은 0이다. 따라서 속도와 가속도의 성분들은 단지 스칼라양으로서 $v_x = \dot{x}$, $v_y = \dot{y}$이고, $a_x = \dot{v}_x = \ddot{x}$, $a_y = \dot{v}_y = \ddot{y}$이다(그림 2.7에서 a_x는 $-x$방향이므로 $\ddot{x}$는 음수이다).

앞에서 설명한 바와 같이, 속도의 방향은 항상 경로곡선의 접선방향이다. 그리고 그림 2.7로부터 다음과 같은 관계식을 얻을 수 있다.

$$v^2 = v_x{}^2 + v_y{}^2 \qquad v = \sqrt{v_x{}^2 + v_y{}^2} \qquad \tan\theta = \frac{v_y}{v_x}$$

$$a^2 = a_x{}^2 + a_y{}^2 \qquad a = \sqrt{a_x{}^2 + a_y{}^2}$$

아울러 x축에서 벡터 $\mathbf{v}$까지 반시계방향으로 측정한 각도를 θ라 하면 $dy/dx = \tan\theta$

$= v_y / v_x$임을 알 수 있다.

만일 x와 y가 독립적인 시간의 함수 $x = f_1(t)$, $y = f_2(t)$로 주어지면 두 함수를 조합하여 임의의 시간에서의 **r**을 구할 수 있다. 또한 이 함수의 일계 도함수 $\dot{x}$과 $\dot{y}$을 구하고 이를 조합하여 **v**를 구할 수 있으며, 이계 도함수 $\ddot{x}$와 $\ddot{y}$을 구하여 **a**를 구할 수 있다. 반면에 가속도 성분 a_x와 a_y가 시간의 함수로 주어지면 한 번 적분하여 v_x와 v_y를 구하고 다시 적분하여 $x = f_1(t)$와 $y = f_2(t)$를 구할 수 있다. 이 두 식에서 t를 소거하면 곡선경로에 대한 식 $y = f(x)$가 얻어진다.

곡선운동에 직각좌표계를 사용하는 것은 단순히 x, y 두 방향의 직선운동을 조합하는 것임을 알 수 있다. 따라서 2.2절에서 논의하였던 직선운동에 관한 사항들이 x, y방향의 운동에 각각 그대로 적용될 수 있다.

발사체 운동

공중에서의 발사체 운동(**projectile motion**)에 대한 해석 예를 보임으로써 2차원 운동학 이론의 중요한 일례를 보이고자 한다. 기본 가정으로 공기저항과 지구의 곡률 및 회전의 영향을 무시한다. 그리고 발사체의 고도 범위가 작아서 중력가속도는 일정하다고 가정한다. 이러한 조건에서의 궤도운동은 직각좌표계로 해석하는 것이 바람직하다.

그림 2.8의 좌표축에 대한 발사체의 가속도성분은 다음과 같다.

$$a_x = 0 \qquad a_y = -g$$

가속도가 상수이므로 2.2절의 '해석적인 적분' (a)에서 설명한 방법으로 적분하여 다음과 같은 결과를 얻는다.

$$v_x = (v_x)_0 \qquad v_y = (v_y)_0 - gt$$
$$x = x_0 + (v_x)_0 t \qquad y = y_0 + (v_y)_0 t - \frac{1}{2} g t^2$$
$$v_y{}^2 = (v_y)_0{}^2 - 2g(y - y_0)$$

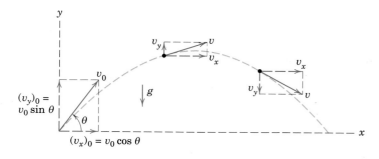

그림 2.8

여기서 아래첨자 0은 초기조건을 의미하며, 통상적으로 $x_0 = y_0 = 0$인 발사 순간을 뜻한다. 이 책에서 중력가속도 g는 항상 양수로 가정한다.

단순한 발사체 문제에서 x, y방향의 운동은 서로 독립적임을 알 수 있다. 앞서 구한 x와 y의 식에서 t를 소거하면 $y = f(x)$ 형태의 식이 되고, 따라서 궤도는 포물선이 됨을 알 수 있다(예제 **2.6** 참조). 그러나 속도의 제곱에 비례하는 공기저항력이 작용하면 x, y방향의 운동이 연성되어(coupled) 포물선 이외의 곡선이 될 것이다.

고공에서 고속으로 비행하는 발사체의 정확한 결과를 얻으려면 형상에 따른 공기저항, 고도에 따른 중력가속도와 공기밀도의 변화 그리고 지구 회전운동의 영향 등을 모두 고려해야 한다. 따라서 운동방정식은 매우 복잡하게 되어 가속도식을 수치적으로 적분하여 문제를 풀어야 한다.

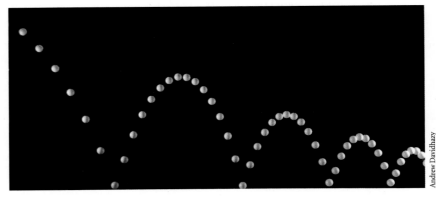

Andrew Davidhazy

바닥에서 튀는 탁구공의 연속촬영사진은 운동경로가 포물선이라는 것과 정점 부근의 속도가 더 느리다는 것을 보여준다.

예제 2.5

질점의 곡선운동에서 $v_x = 50 - 16t$ (m/s), $y = 100 - 4t^2$ (m)로 주어지고 초기조건은 $t = 0$일 때 $x = 0$이다. 질점의 운동경로를 작도하고 $y = 0$일 때의 속도와 가속도를 구하라.

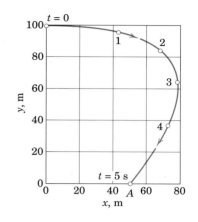

|**풀이**| x좌표는 v_x를 적분하여 구할 수 있으며, x방향 가속도성분 a_x는 v_x를 미분하여 다음과 같이 구한다.

$$\left[\int dx = \int v_x\, dt \right] \qquad \int_0^x dx = \int_0^t (50 - 16t)\, dt \qquad x = 50t - 8t^2 \text{ m}$$

$$[a_x = \dot{v}_x] \qquad a_x = \frac{d}{dt}(50 - 16t) \qquad a_x = -16 \text{ m/s}^2$$

같은 방법으로 y방향 속도성분 v_y와 y방향 가속도성분 a_y를 다음과 같이 구한다.

$$[v_y = \dot{y}] \qquad v_y = \frac{d}{dt}(100 - 4t^2) \qquad v_y = -8t \text{ m/s}$$

$$[a_y = \dot{v}_y] \qquad a_y = \frac{d}{dt}(-8t) \qquad a_y = -8 \text{ m/s}^2$$

위에서 구한 x에 관한 식과 문제에서 주어진 y에 관한 식으로부터 t의 변화에 따른 x와 y의 값들을 구하고 이를 그림으로 나타내었다.

$y = 100 - 4t^2$ 식에서 $y = 0$일 때 $t = 5$ s임을 알 수 있다. 따라서 $t = 5$ s일 때

$$v_x = 50 - 16(5) = -30 \text{ m/s}$$

$$v_y = -8(5) = -40 \text{ m/s}$$

$$v = \sqrt{(-30)^2 + (-40)^2} = 50 \text{ m/s}$$

$$a = \sqrt{(-16)^2 + (-8)^2} = 17.89 \text{ m/s}^2$$

점 A(즉 $y = 0$일 때)에서의 속도와 가속도 및 그 성분들을 그림에 나타내었다. 따라서 점 A에서의 속도와 가속도벡터는 다음과 같다.

$$\mathbf{v} = -30\mathbf{i} - 40\mathbf{j} \text{ m/s} \qquad\qquad 🔳$$

$$\mathbf{a} = -16\mathbf{i} - 8\mathbf{j} \text{ m/s}^2 \qquad\qquad 🔳$$

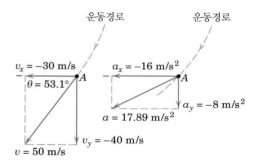

|**도움말**|

그림에서 속도벡터는 경로곡선의 접선방향이 되나 가속도벡터는 경로곡선의 접선방향이 되지 않음을 알 수 있다. 가속도벡터는 경로곡선의 안쪽을 향하는 성분을 가지고 있다. 그림 2.5에서 가속도벡터가 경로의 바깥쪽을 향하는 성분을 가질 수 없음을 알 수 있다.

예제 2.6

공과대학 학생들 한 팀이 **4 kg**의 금속구를 발사할 수 있는 발사기를 설계하고 있다. 발사속도 v_0는 **24 m/s**, 발사각 θ는 수평선에서 **35°**, 발사위치는 지면에서 **2 m** 높이에 있다. 학생들이 그림과 같이 **2.4 m** 높이의 울타리가 있는 경기장을 사용할 때 다음을 구하라.

(a) 체공시간 t_f

(b) 충돌지점의 x–y 좌표

(c) 금속구가 도달하는 최대높이 h

(d) 금속구가 땅(또는 울타리)에 충돌할 때의 속도(벡터로 나타낼 것)

발사속도 v_0가 **23 m/s**일 때 (b)를 다시 풀어라.

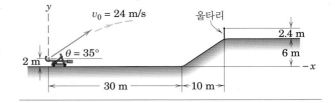

|풀이| 중력가속도가 일정하고 공기역학적 저항이 없다고 가정하면 **4 kg**인 발사체의 질량은 문제 푸는 것과 관계가 없다. ① 주어진 x–y 좌표를 이용하여 울타리에 도달했을 때의 y 위치를 먼저 구한다.

$[x = x_0 + (v_x)_0 t]$ $30 + 10 = 0 + (24 \cos 35°)t$ $t = 2.03$ s

$[y = y_0 + (v_y)_0 t - \frac{1}{2}gt^2]$ $y = 2 + 24 \sin 35°(2.03) - \frac{1}{2}(9.81)(2.03)^2 = 9.70$ m

(a) 울타리 꼭대기의 y좌표가 $6 + 2.4 = 8.4$ m이므로 발사체는 울타리를 넘는다. $y = 6$ m로 놓고 체공시간을 구하면 아래와 같다.

$[y = y_0 + (v_y)_0 t - \frac{1}{2}gt^2]$ $6 = 2 + 24 \sin 35°(t_f) - \frac{1}{2}(9.81)t_f{}^2$ $t_f = 2.48$ s   답

$[x = x_0 + (v_x)_0 t]$ $x = 0 + 24 \cos 35°(2.48) = 48.7$ m

(b) 따라서 충돌지점의 좌표는 $(x, y) = (48.7, 6)$ m이다.   답

(c) 최대높이는 다음과 같이 구한다.

$[v_y{}^2 = (v_y)_0{}^2 - 2g(y - y_0)]$ $0^2 = (24 \sin 35°)^2 - 2(9.81)(h - 2)$ $h = 11.66$ m ②   답

(d) 충돌속도는 다음과 같이 구한다.

$[v_x = (v_x)_0]$ $v_x = 24 \cos 35° = 19.66$ m/s

$[v_y = (v_y)_0 - gt]$ $v_y = 24 \sin 35° - 9.81(2.48) = -10.54$ m/s

따라서 충돌 시 속도벡터는 $\mathbf{v} = 19.66\mathbf{i} - 10.54\mathbf{j}$ m/s이다.   답

만약 v_0가 **23 m/s**이면 울타리에 도달하는 시간은 다음과 같이 구한다.

$[x = x_0 + (v_x)_0 t]$ $30 + 10 = (23 \cos 35°)t$ $t = 2.12$ s

이때의 y좌표는 아래와 같다.

$[y = y_0 + (v_y)_0 t - \frac{1}{2}gt^2]$ $y = 2 + 23 \sin 35°(2.12) - \frac{1}{2}(9.81)(2.12)^2 = 7.90$ m

이 발사속도에서 발사체가 울타리에 부딪힘을 알 수 있으며 충돌지점은 아래와 같다.

$$(x, y) = (40, 7.90) \text{ m}$$ 답

|도움말|

① 상대적으로 큰 초기속도를 갖고, 크기가 크고 무게가 작은 발사체의 공기역학적 저항을 무시하는 것은 좋은 가정이 아니다. 30 m/s의 초기속도로 수평선에서 45° 각도로 진공에서 던진 야구공은 92 m의 수평거리를 날아갈 것이다. 그런데 해수면 높이의 대기 중에서 이 공을 던지면 날아간 수평거리는 대략 60 m 정도가 될 것이고, 같은 조건에서 물놀이 공(beachball)을 던지면 수평 도달거리는 3 m 정도일 것이다.

② 다른 해법으로는 먼저 정점에서 y방향 속도가 0이라는 것으로부터 정점도달시간을 구하고, 이 시간을 이용하여 y 위치를 찾는다. 발사궤도의 정점이 수평거리 30 m를 넘음을 입증하라.

연습문제

(공중에서의 발사체운동에 관한 문제에서 특별한 언급이 없으면 공기저항을 무시하며 중력가속도는 9.81 m/s²를 사용한다.)

기초문제

2/47 시간 $t=0$에서 x-y 평면에서 움직이는 질점의 위치벡터는 **r**=5**i** m이다. $t=0.02$ s에 위치벡터가 5.1**i**+0.4**j** m가 된다. 이 구간 동안 평균속도의 크기 v_{av}와 평균속도가 양의 x 축과 이루는 각도 θ를 구하라.

2/48 x-y 평면에서 움직이는 질점의 속도가 $t=6$ s에서 4**i**+5**j** m/s이고, $t=6.1$ s에서 4.3**i**+5.4**j** m/s이다. 이 구간 동안 평균 가속도 a_{av}의 크기와 평균가속도가 x 축과 이루는 각도 θ를 구하라.

2/49 시간 $t=0$에서 한 질점이 x-y 평면 내 좌표 $(x_0, y_0)=(60, 0)$ mm에서 정지하고 있다. 질점이 $a_x=5-3.5t$ mm/s²이고 $a_y=1.5t-0.2t^2$ mm/s²의 가속도를 받는다면 $t=6$ s에서 질점의 위치좌표를 구하라. 이 시간 동안 질점의 궤적을 도시하라.

2/50 가이드 A와 B는 각각 x, y 방향 운동을 하며 가이드 내의 슬롯 안에서 미끄러지는 연결 핀 P의 곡선운동을 제어한다. 핀의 좌표는 $x=20+\frac{1}{4}t^2$, $y=15-\frac{1}{6}t^3$으로 주어지며 x와 y의 단위는 mm이고 t의 단위는 초다. $t=2$ s일 때 속도 v와 가속도 a의 크기를 구하라. 경로의 방향을 스케치하고, 이 순간의 곡률을 표시하라.

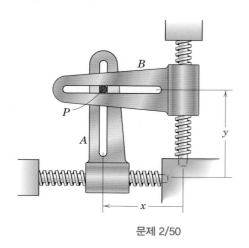

문제 2/50

2/51 그림의 위치에서 로켓의 연료가 소진되어 대기 중에서 무동력 비행을 계속한다. 이 위치에서의 속도가 1000 km/h일 때 추가로 올라갈 최대 고도 h와 그곳에 도달할 때까지의 시간 t를 구하라. 이 비행 단계에서의 중력가속도는 9.39 m/s²이다.

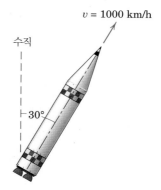

문제 2/51

2/52 주어진 발사속력 v_0을 가진 발사체가 45°의 발사각에서 최대 수평거리 R을 가진다는 잘 알려진 결과를 증명하고 최대 수평거리를 구하라. (공기역학적 저항이 해석에 포함되면 이 결과를 얻을 수 없다.)

2/53 점 A에서 발사한 발사체가 수평으로 12 km 떨어진 표적 B에 도달할 때 발사체가 가져야 할 최소 초기속도의 크기를 구하라.

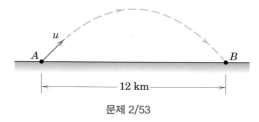

문제 2/53

2/54 워터노즐이 유속 v_0=14 m/s, 분사각 θ=40°로 물을 분사한다. 벽이 지면과 만나는 점 B로부터 어느 위치에 물이 도착하는지를 구하라. 벽 두께의 영향은 무시한다.

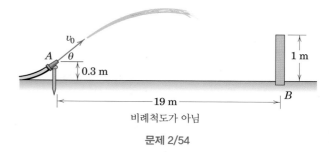

비례척도가 아님

문제 2/54

2/55 일반적인 날씨 조건에서 두 개의 불꽃놀이용 탄환이 48 m 높이에서 교차하여 60 m의 정점에서 폭발하도록 불꽃놀이 쇼가 연출된다. 탄환의 발사각이 60°일 때 두 탄환의 발사점 사이의 거리 d와 탄환이 폭발하는 시간을 구하라.

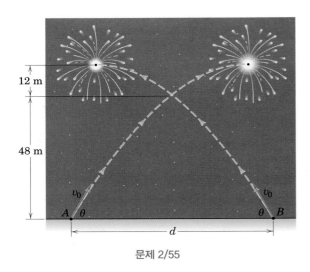

문제 2/55

2/56 높이뛰기 선수의 질량중심 G는 그림과 같은 궤적을 따른다. 궤도의 정점이 A에서 막대를 간신히 넘는다면 그림의 수직 평면에서 측정한 속도의 크기 v_0와 각도 θ를 구하라.

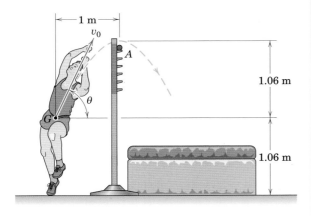

문제 2/56

심화문제

2/57 A에서 속도 u를 가진 전자가 각도 θ로 두 개의 대전된 판 사이의 공간으로 쏘아진다. 두 판 사이의 전기장은 E 방향으로 전자가 위판에 접근하는 전자를 밀어낸다. 전기장이 E 방향으로 전자에게 주는 가속도는 eE/m인데 e는 전하이고 m은 전자의 질량이다. 전자가 두 판 사이의 간격의 절반만 가도록 허용하는 전기장의 세기 E를 구하라. 또한 거리 s를 구하라.

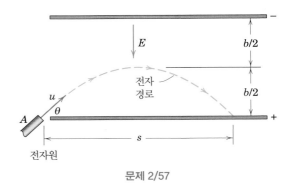

문제 2/57

2/58 한 소년이 공을 지붕 위에 던진다. 그림과 같은 투척조건에서 공이 지붕의 어느 위치에 충돌하는지 그 경사거리 s를 구하라. 또한 충돌점에서 공의 속도 방향이 지붕과 이루는 각도 θ를 구하라.

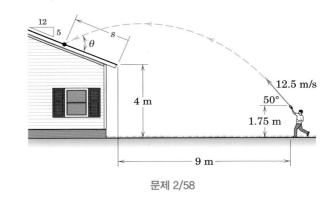

문제 2/58

2/59 서커스 공연의 하나로 한 사람이 선반에서 떨어지는 사과를 화살을 던져서 명중시키려 한다. 화살을 던질 때까지 이 사람의 반사운동지연은 0.215 초이다. 초기속력 $v_0 = 14$ m/s로 화살을 던지는데 사과가 떨어지기 전에 사과를 명중시키려면 어느 위치 d에서 조준해야 하는가?

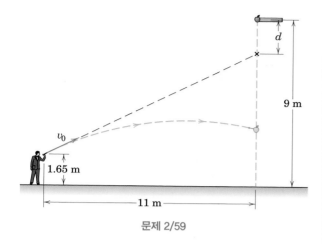

문제 2/59

2/60 고립된 소도시에 우편물을 전달하는 비행기 조종사가 우편물을 A 지점에 떨어뜨리는 정확한 순간을 찾고 있다. 조종사의 시야에서 목표지점과 수평선이 이루는 각도가 얼마일 때 떨어뜨려야 하는지 그 각도 θ를 구하라. 비행기의 고도는 100 m이고 비행기는 속도 200 km/h로 수평으로 비행한다.

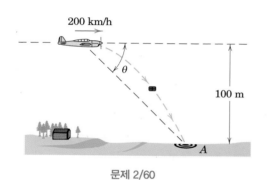

문제 2/60

2/61 풋볼 선수가 30 m 필드 골을 차려 한다. 그가 찬 공이 30 m/s의 속도일 때 공이 골대의 크로스바를 넘길 수 있는 최소 각도 θ를 구하라.

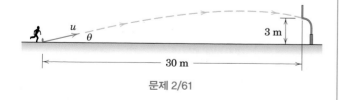

문제 2/61

2/62 질점 A가 수평속력 u로 발사되어 높이가 b인 수직 통로를 통해 나가게 된다. 바닥에 떨어지는 범위가 똑같이 b가 되게 하는 거리 d를 구하라. 또한 질점이 수직 통로를 통과할 수 있는 u의 범위를 구하라.

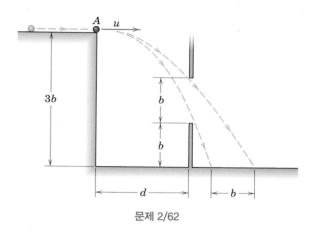

문제 2/62

2/63 테니스 선수가 수평으로 공을 서브할 때 공의 중심이 0.9 m 높이의 네트 위 150 mm를 지나치기 위한 초기속도 v를 구하라. 또한 공이 테니스장 바닥에 충돌하는 거리 s를 구하라. 모든 공기저항과 공의 회전에 의한 효과는 무시한다.

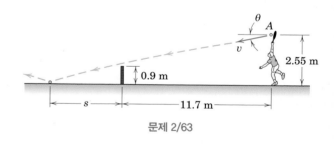

문제 2/63

2/64 골프 선수가 공을 쳐서 나무 A의 가지 아래를 지나 나무 B의 꼭대기를 넘어 높은 곳에 위치하고 있는 그린에 안착시키려 한다. $v_0=50$ m/s이고 $\theta=18°$일 때 골프공은 어느 곳에 처음 떨어지는가?

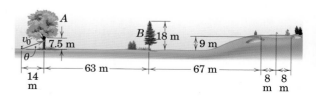

문제 2/64

2/65 외야수가 그림의 위치에서 홈 플레이트로 공을 던지는 실험을 다음 두 개의 궤적에 대하여 하고 있다. (a) $v_0 = 42$ m/s, $\theta = 8°$ (b) $v_0 = 36$ m/s, $\theta = 12°$. 각 초기조건에서 야구공이 홈 플레이트에 도달하는 시간과 플레이트를 통과하는 높이를 구하라.

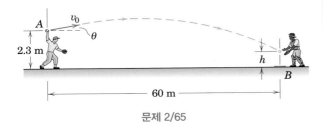

문제 2/65

2/66 스키점프 선수가 그림과 같은 이륙조건을 갖고 있다. 이륙 위치 A에서 처음으로 도착하는 착륙 지점까지의 경사거리 d와 공중체류시간 t_f를 구하라. 문제를 단순히 하기 위하여 착륙지역 BC는 직선이라고 가정한다.

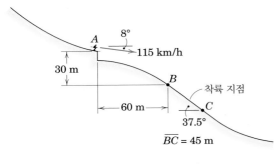

문제 2/66

2/67 발사체가 속력 $v_0 = 25$ m/s로 높이 5 m인 터널 바닥에서 발사된다. 발사체가 최대로 도달할 수 있는 수평거리와 이때의 발사각을 구하라.

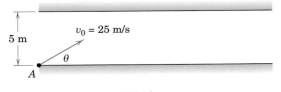

문제 2/67

2/68 한 소년이 공을 속력 $v_0 = 12$ m/s로 위로 던진다. 바람이 0.4 m/s²의 수평가속도를 왼쪽으로 주고 있다. 공이 던진 위치로 되돌아오는 각도 θ를 구하라. 바람은 수직운동에는 영향을 주지 않는다고 가정한다.

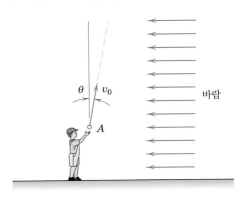

문제 2/68

2/69 발사체가 그림과 같은 초기조건으로 점 O에서 발사된다. 발사체의 충돌좌표를 구하라. (a) $v_0 = 18$ m/s, $\theta = 40°$ (b) $v_0 = 25$ m/s, $\theta = 15°$

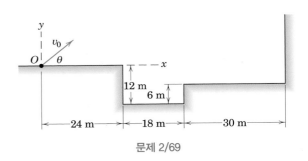

문제 2/69

2/70 발사체가 200 m/s의 초기속도로 수평선과 60°의 각도로 발사된다. 지면에 도착한 곳까지 경사면을 따라 측정한 거리 R을 구하라.

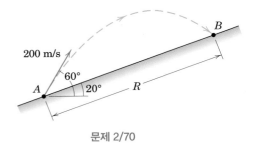

문제 2/70

2/71 공과대 학생팀이 A에서 작은 공을 발사하여 상자 속에 들어 가도록 투석기를 설계하였다. 초기속도 벡터가 수평선과 30° 의 각도를 이루고 있다면 공이 상자 안에 떨어질 수 있는 발 사속력 v_0의 범위를 구하라.

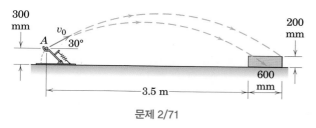

문제 2/71

2/72 발사체가 속도 u로 경사각이 θ인 경사로로 그림과 같이 발 사되었다. 발사점에서 충돌점까지의 경사거리 R을 구하라.

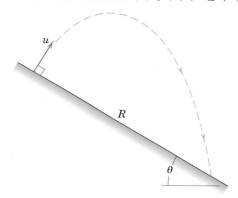

문제 2/72

2/73 발사체가 $v_0=30$ m/s의 초기속력으로 A점에서 발사되었다. 발사체가 점 B에 착륙하기 위한 발사각의 최솟값을 구하라.

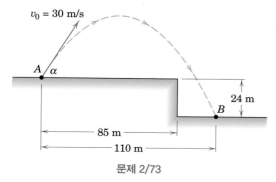

문제 2/73

▶**2/74** 초기속도 $v_0=30$ m/s로 점 A에서 수직으로 포탄이 발사된 다. 중력가속도와는 별개로 내부의 추력 기구가 작동하여 2 g의 일정한 가속도 성분이 그림처럼 60° 방향으로 2초 동 안 작용한 후에 추력 기능이 멈춘다. 최대 고도 h, 전체 체공 시간, 점 A로부터 수평거리를 구하라. 전체 궤적을 그려라. 공기역학으로 인한 가속도는 무시한다.

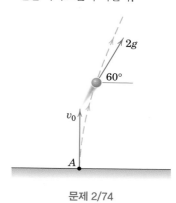

문제 2/74

▶**2/75** 발사체가 v_0의 속력으로 A점에서 발사되었다. 경사각이 α인 경사로 위로 최대 도달할 수 있는 거리 R을 갖기 위한 발사 각 θ를 구하라. 구한 결과를 $\alpha=0$, 30°, 45°에 대하여 계산 하라.

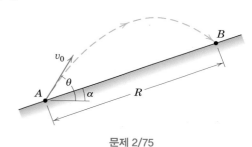

문제 2/75

▶**2/76** 발사체가 실험용 유체 속에서 시간 $t=0$일 때 발사된다. 초 기속력은 v_0이고 수평선과 이루는 발사각은 θ이다. 발사체 에 대한 저항으로 가속도 $\mathbf{a}_D=-k\mathbf{v}$가 생기게 된다. 여기서, k는 상수이고 $\mathbf{v}$는 발사체의 속도이다. 속도와 변위의 x 성분 과 y 성분을 시간의 함수로 구하라. 그리고 최종속도를 구하 라. 중력가속도의 영향을 포함시킨다.

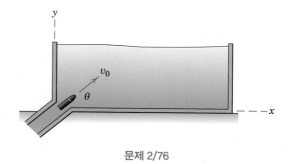

문제 2/76

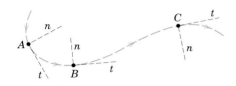

그림 2.9

2.5 법선-접선좌표계(n-t)

곡선운동 표현에 사용되는 여러 좌표계 중 하나인 n-t 좌표계는 2.1절에서 언급한 바와 같이 질점이 이동하는 경로를 따라서 n방향과 t방향이 정의된다. 이는 곡선운동의 속성을 매우 자연스럽게 표현하므로 가장 직접적이고 사용이 간편한 좌표계이다. 그림 2.9에 보인 바와 같이 질점이 점 A에서 점 B를 지나 점 C로 이동할 때 n, t좌표도 질점의 경로를 따라서 이동한다. n좌표의 양(+)의 방향은 언제나 경로곡선의 곡률중심을 향한다. 그리고 그림에 보인 바와 같이 곡률의 방향이 바뀌면 n좌표의 방향도 함께 변화한다.

속도와 가속도

2.3절에서 설명한 바와 같이 질점이 곡선운동을 할 때, 속도 $\mathbf{v}$와 가속도 $\mathbf{a}$를 n-t 좌표계로 표현해 보자. 우선, 그림 2.10a에서 질점의 운동경로 위의 한 점 A에 대한 n방향과 t방향의 단위벡터를 각각 $\mathbf{e}_n$과 $\mathbf{e}_t$라 하자. dt 동안에 질점은 A에서 곡선경로를 따라 ds만큼 이동하여 A'의 위치에 도달하였다. 이때 A-A' 사이의 곡선의 곡률반지름(radius of curvature)을 ρ라 하고 선분 CA와 CA' 사이의 각도를 $d\beta$ 라디안(radian)이라 하면 $ds = \rho\,d\beta$이다. A와 A' 사이의 곡률반지름의 미소 변화를 고려할 필요가 없는 이유는 두 점에서의 곡률반지름 차이로 고차 미분 항이 나오는데, 극한을 취하면 이 항은 없어지기 때문이다. 따라서 속도의 크기 $v = ds/dt = \rho\,d\beta/dt$이고 속도벡터는 다음과 같다.

$$\mathbf{v} = v\mathbf{e}_t = \rho\dot{\beta}\mathbf{e}_t \tag{2.7}$$

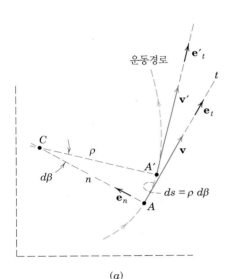

(a)

2.3절에서 가속도벡터 $\mathbf{a} = d\mathbf{v}/dt$로 정의하였고, 이는 또한 그림 2.5에 보인 바와 같이 속도벡터 $\mathbf{v}$의 시간에 대한 변화율이다. 따라서 식 (2.7)을 스칼라와 벡터의 곱에 대한 일반적인 미분 방식으로 계산하면[*] 다음과 같은 가속도벡터에 관한 식이 얻어진다.

$$\mathbf{a} = \frac{d\mathbf{v}}{dt} = \frac{d(v\mathbf{e}_t)}{dt} = v\dot{\mathbf{e}}_t + \dot{v}\mathbf{e}_t \tag{2.8}$$

일반적으로 곡선운동에 대한 벡터 $\mathbf{e}_t$는 시간에 따라 방향이 변화하므로 $\dot{\mathbf{e}}_t$는 0이 되지 않는다. 따라서 질점이 A에서 A'으로 움직이는 동안 $\mathbf{e}_t$의 시간변화율에 대하여 고찰해 보자. 그림 2.10a에서 A와 A'에서의 단위벡터는 각각 $\mathbf{e}_t$와 $\mathbf{e}_t{}'$이 되며, 이 두 단위벡터의 벡터적 차이 $d\mathbf{e}_t$는 그림 2.10b에 보인 바와 같다. $dt \rightarrow 0$이면 벡

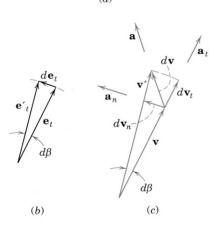

(b)　　　(c)

그림 2.10

[*] 부록 C의 C.7절을 참조할 것

터 $d\mathbf{e}_t$의 크기는 원호의 길이인 $|\mathbf{e}_t|d\beta = d\beta$가 되고, 벡터 $d\mathbf{e}_t$의 방향은 $\mathbf{e}_n$방향이 된다. 따라서 벡터 $d\mathbf{e}_t = \mathbf{e}_n d\beta$이고 이 식의 양변을 $d\beta$로 나누면 다음과 같다.

$$\frac{d\mathbf{e}_t}{d\beta} = \mathbf{e}_n$$

이 식의 양변을 dt로 나누어 정리하면 $d\mathbf{e}_t/dt = (d\beta/dt)\mathbf{e}_n$이 되므로 다음과 같다.

$$\dot{\mathbf{e}}_t = \dot{\beta}\mathbf{e}_n \tag{2.9}$$

식 (2.9)와 (2.7)의 $v = \rho\dot{\beta}$을 식 (2.8)에 대입하면 가속도는 다음과 같다.

$$\mathbf{a} = \frac{v^2}{\rho}\mathbf{e}_n + \dot{v}\mathbf{e}_t \tag{2.10}$$

여기서

$$a_n = \frac{v^2}{\rho} = \rho\dot{\beta}^2 = v\dot{\beta}$$

$$a_t = \dot{v} = \ddot{s}$$

$$a = \sqrt{a_n{}^2 + a_t{}^2}$$

여기서 $a_t = \dot{v} = d(\rho\dot{\beta})/dt = \rho\ddot{\beta} + \dot{\rho}\dot{\beta}$임을 알 수 있으나 실제로 $\dot{\rho}$을 계산할 필요가 거의 없으므로, 이 식은 거의 사용되지 않는다.

기하학적 고찰

식 (2.10)을 확실하게 이해하기 위해서는 그림 2.10의 기하학적 관계를 명확하게 이해해야 한다. 그림 2.10c에서 점 A에서의 속도벡터는 $\mathbf{v}$이고 A'점에서의 속도벡터는 $\mathbf{v}'$이며 $A-A'$ 사이의 속도의 벡터적 차이는 $d\mathbf{v}$인 것을 알 수 있다. $d\mathbf{v}$의 방향이 바로 가속도벡터 $\mathbf{a}$의 방향이 된다. $d\mathbf{v}$의 n방향 성분을 $d\mathbf{v}_n$이라 할 때 그 크기는 벡터 $\mathbf{v}$의 크기에 각도 β를 곱한 값이 된다. 즉 $|d\mathbf{v}_n| = v\,d\beta$가 되고 따라서 가속도의 n방향 성분의 크기는 $a_n = |d\mathbf{v}_n|/dt = v(d\beta/dt) = v\dot{\beta}$가 된다. 또한 $d\mathbf{v}$의 t방향 성분을 $d\mathbf{v}_t$라 하면 그 크기는 단순히 속도벡터의 크기 v의 미소변화 dv가 된다. 그러므로 가속도의 t방향 성분의 크기는 $a_t = dv/dt = \dot{v} = \ddot{s}$가 된다. 그림 2.10c에 이러한 관계가 잘 나타나 있다.

가속도의 법선방향 성분 a_n은 항상 경로곡선의 곡률중심 C를 향하고 있음을 알아야 한다. 반면에 가속도의 t방향 성분은 속력 v가 증가하면 $+t$방향이 되고 감소하면 $-t$방향이 된다. 그림 2.11은 질점이 A에서 B로 이동하기까지 가속도벡터의 변화를 보인 것이다. 즉 (a)는 속력이 증가하는 경우이고, (b)는 속력이 감소하는 경우이다. 곡선의 변곡점(**inflection point**)에서 법선가속도($a_n = v^2/\rho$)는 0이 되는데, 이는 변곡점에서 곡률반지름 ρ가 무한대가 되기 때문이다.

이 비행기들의 경로를 고려하면 법선-접선 좌표계 같은 경로 좌표계를 사용하는 것이 강력히 추천된다.

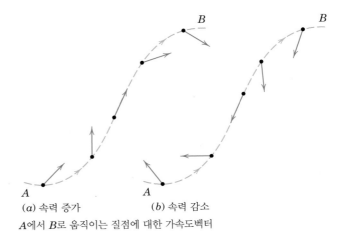

(a) 속력 증가　　　　　(b) 속력 감소

A에서 B로 움직이는 질점에 대한 가속도벡터

그림 2.11

원운동

원운동은 평면곡선운동의 중요한 한 형태이다. 이때 그림 2.12와 같이 곡률반지름 ρ가 반지름 r이 되고 각도 β는 임의의 반지름벡터로부터 OP까지의 각도 θ가 된다. 원운동하는 질점 P의 속도와 가속도성분은 다음과 같다.

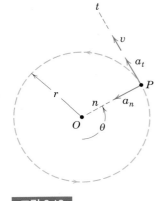

그림 2.12

$$v = r\dot{\theta}$$
$$a_n = v^2/r = r\dot{\theta}^2 = v\dot{\theta}$$
$$a_t = \dot{v} = r\ddot{\theta}$$

(2.11)

식 (2.10)과 (2.11)은 앞으로 계속 사용할 것이므로, 변수 상호 간의 관계와 원리를 확실하게 이해해 두기 바란다.

젖은 스키드 운전연습장(지름 200피트 정도의 원형차도)에서 일정한 속력으로 움직이는 이 차는 등속운동의 한 예이다.

예제 2.7

운전자가 도로의 요철에 대비하여 브레이크를 밟아 일정하게 감가속(deceleration)하고 있다. 자동차의 속력은 A에서 100 km/h이고 도로를 따라 120 m 떨어진 C에서는 50 km/h이다. 승객이 경험한 총가속도(total acceleration)는 A에서 3 m/s^{2}이었고 C에서의 곡률반지름은 150 m였다고 한다. (a) A에서의 곡률반지름 ρ와 (b) 변곡점 B에서의 가속도 및 (c) C에서의 총가속도를 구하라.

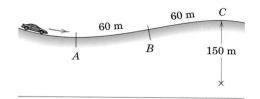

| 풀이 |　자동차의 크기가 경로곡선의 곡률반지름보다 매우 작으므로 자동차를 질점으로 가정한다. ①　A와 C에서의 자동차의 속력을 m/s의 단위로 환산하면 다음과 같다.

$$v_A = \left(100\,\frac{\text{km}}{\text{h}}\right)\left(\frac{1\,\text{h}}{3600\,\text{s}}\right)\left(1000\,\frac{\text{m}}{\text{km}}\right) = 27.8\ \text{m/s}$$

$$v_C = 50\,\frac{1000}{3600} = 13.89\ \text{m/s}$$

경로를 따라 균일하게 감속되는 경우이므로 다음과 같이 접선방향 가속도를 구한다.

$$\left[\int v\,dv = \int a_t\,ds\right] \qquad \int_{v_A}^{v_C} v\,dv = a_t \int_0^s ds$$

$$a_t = \frac{1}{2s}\left(v_C{}^2 - v_A{}^2\right) = \frac{(13.89)^2 - (27.8)^2}{2(120)} = -2.41\ \text{m/s}^2$$

(a) A에서의 조건

문제에서 주어진 총가속도와 위 식에서 구한 접선방향 가속도성분 a_t로부터 법선방향 가속도성분 a_n을 구하고 이로부터 곡률반지름 ρ를 구하면 다음과 같다.

$[a^2 = a_n{}^2 + a_t{}^2]$　　$a_n{}^2 = 3^2 - (2.41)^2 = 3.19$　　$a_n = 1.785\ \text{m/s}^2$

$[a_n = v^2/\rho]$　　$\rho = v^2/a_n = (27.8)^2/1.785 = 432\ \text{m}$　　**답**

(b) B에서의 조건

변곡점 B에서 곡률반지름은 무한대이므로 $a_n = 0$이고 따라서 총가속도는 다음과 같다.

$$a = a_t = -2.41\ \text{m/s}^2 \qquad \text{**답**}$$

(c) C에서의 조건

법선방향 가속도성분은 다음과 같다.

$[a_n = v^2/\rho]$　　$a_n = (13.89)^2/150 = 1.286\ \text{m/s}^2$

이 되고, n, t방향의 단위벡터 $\mathbf{e}_n$과 $\mathbf{e}_t$로 표시한 가속도벡터는 다음과 같다.

$$\mathbf{a} = 1.286\mathbf{e}_n - 2.41\mathbf{e}_t\ \text{m/s}^2$$

가속도의 크기는 다음과 같다.

$[a = \sqrt{a_n{}^2 + a_t{}^2}]$　　$a = \sqrt{(1.286)^2 + (-2.41)^2} = 2.73\ \text{m/s}^2$　　**답**

　A, B, C 세 점에서의 가속도벡터를 그림으로 나타내었다.

| 도움말 |

① 실제로 도로의 곡률반지름과 승객의 질량중심이 움직이는 경로의 곡률반지름은 약 1 m 정도 차이가 나지만 비교적 작은 값이므로 무시한다.

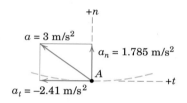

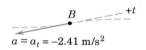

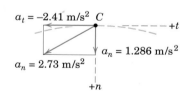

예제 2.8

고공에서 로켓이 수평방향의 자세를 계속 유지하면서 동력비행을 하고 있다. 추력에 의한 로켓의 수평방향 가속도는 6 m/s²이고, 이 고도에서의 아래 방향 중력가속도는 $g = 9$ m/s²이다. 로켓의 질량중심 G의 속도는 수평과 15° 방향을 이루고 그 크기는 $20(10^3)$ km/h이다. 이 위치에서 (a) 비행궤도의 곡률반지름을 구하라. (b) 속력 v의 시간변화율 $\dot{v}$를 구하라. (c) 질량중심 G와 곡률중심 C를 잇는 선분 GC의 각속도 $\dot{\beta}$를 구하라. (d) 로켓의 총가속도 **a**를 구하라.

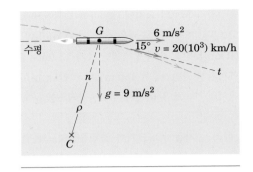

|**풀이**| 법선방향 가속도 a_n은 곡률반지름 ρ의 함수이므로 점 G의 운동을 표현하기 위하여 n, t 좌표계를 사용한다. ① 주어진 수평, 수직방향 가속도성분을 n, t방향의 가속도성분으로 분해하면 다음과 같다.

$$a_n = 9 \cos 15° - 6 \sin 15° = 7.14 \text{ m/s}^2$$

$$a_t = 9 \sin 15° + 6 \cos 15° = 8.12 \text{ m/s}^2$$

(a) 곡률반지름은 다음과 같이 구한다.

$$[a_n = v^2/\rho] \qquad \rho = \frac{v^2}{a_n} = \frac{[20(10^3)/3.6]^2}{7.14} = 4.32(10^6) \text{ m} \quad ②$$

(b) v의 시간변화율 $\dot{v}$는 접선가속도 a_t이다.

$$[\dot{v} = a_t] \qquad\qquad \dot{v} = 8.12 \text{ m/s}^2$$

(c) 선분 GC의 각속도 $\dot{\beta}$는 v와 ρ의 함수로서 다음과 같다.

$$[v = \rho\dot{\beta}] \qquad \dot{\beta} = v/\rho = \frac{20(10^3)/3.6}{4.32(10^6)} = 12.85(10^{-4}) \text{ rad/s}$$

(d) 총가속도 **a**를 단위벡터 $\mathbf{e}_n$, $\mathbf{e}_t$를 사용하여 나타내면 다음과 같다.

$$\mathbf{a} = 7.14\mathbf{e}_n + 8.12\mathbf{e}_t \text{ m/s}^2$$

|**도움말**|

① 또 하나의 방법으로는 주어진 가속도성분을 벡터적으로 더하여 총가속도를 구하고, 이를 n, t방향 성분으로 분해한다.

② km/h를 m/s로 변환하려면 $\frac{1000 \text{ m/km}}{3600 \text{ s/h}}$를 곱하거나 기억하기 쉽게 3.6으로 나누면 된다.

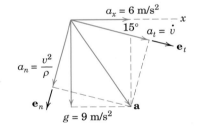

연습문제

기초문제

2/77 자전거가 정비 거치대에 거치되어 바퀴가 자유롭게 움직인다. 베어링 테스트를 위해 앞바퀴를 $N=45$ rev/min의 각속도로 회전시킨다. 이 각속도가 일정하다고 가정하고, 점 A에서의 속력 v와 가속도의 크기 a를 구하라.

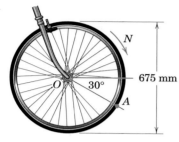

문제 2/77

2/78 실험용 자동차가 반지름 **80 m**인 수평 원형 트랙에서 정지 상태에서 출발하여 균일하게 속력을 증가하여 10초 만에 100 km/h에 도달하였다. 출발하고 8초 후에 자동차의 총가속도의 크기를 구하라.

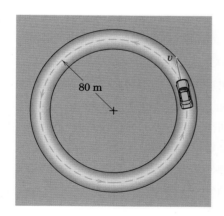

문제 2/78

2/79 속도 벡터가 정면 방향인 자동차에서 6개의 가속도 벡터가 그림과 같이 주어진다. 각각의 가속도 벡터에 대한 자동차의 순간 운동을 글로 표현하라.

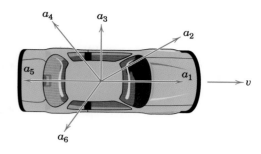

문제 2/79

2/80 법선 방향 가속도가 최대 $0.88g$로 제한이 있을 때 각 차의 최대 속력을 구하라. 도로의 경사는 없다.

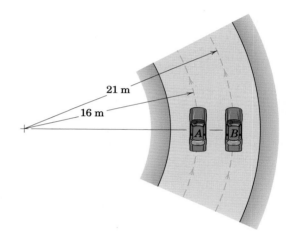

문제 2/80

2/81 가속도계 C가 롤러코스터의 옆면에 장착되어 그림과 같이 바닥을 지날 때 $3.5g$의 총가속도를 기록한다. 이 위치에서 차의 속력은 215 km/h이고 매초 18 km/h 비율로 줄어들 때 그림의 위치에서 경로의 곡률반지름 ρ를 구하라.

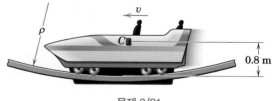

문제 2/81

2/82 트럭이 일정한 속력으로 언덕의 꼭대기 A를 지날 때 트럭의 운전자는 $0.4g$의 가속도를 가진다. 언덕 꼭대기에서 도로의 곡률반지름은 98 m이다. 운전자의 질량중심 G는 도로보다 2 m 높다. 트럭의 속력 v를 구하라.

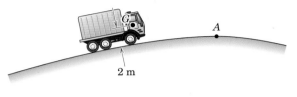

문제 2/82

2/83 질점이 곡선 경로를 따라 움직인다. 시간 t_A에서 질점의 속력은 $v_A = 4$ m/s이고 시간 t_B에서 질점의 속력은 $v_B = 4.2$ m/s이다. A와 B 사이에서 질점의 법선 및 접선 방향 가속도의 평균을 구하라.

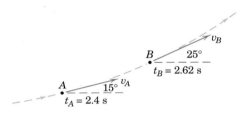

문제 2/83

2/84 200 m 단거리 육상경기 연습을 하는 선수는 A에서 균일하게 가속하여 60 m 지점에서 최고속력 40 km/h에 도달한다. 그다음 70 m 가는 동안 이 속력을 유지하고 속력을 균일하게 떨어뜨려서 결승선에 35 km/h에 들어온다. 달리는 도중 선수가 경험하는 최대 수평가속도를 구하라. 이 최대가속도가 어디서 일어나는지 구하라.

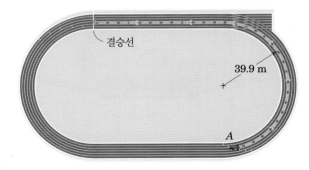

문제 2/84

2/85 기차가 100 km/h의 속력으로 곡선의 수평 트랙으로 들어와서 일정하게 감속하여 12초 지나서 50 km/h가 된다. 기차 안에 장착된 가속도계는 기차가 곡선 구간에 들어서고 6초 후에 2 m/s²의 수평가속도를 기록한다. 이 순간에 트랙의 곡률반지름 ρ를 계산하라.

2/86 질점이 반지름 $r = 0.8$ m인 원형 경로를 따라 2 m/s의 일정 속력으로 움직인다. A에서 B까지 속도벡터의 변화는 $\Delta\mathbf{v}$이다. 다음의 각 경우에 $\Delta\mathbf{v}$의 크기를 v와 $\Delta\theta$로 나타내고, Δt로 나누어 평균가속도를 구하라. 각 경우에 순간가속도와의 퍼센트 차이를 구하라. (a) $\Delta\theta = 30°$, (b) $\Delta\theta = 15°$, (c) $\Delta\theta = 5°$

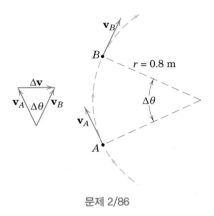

문제 2/86

심화문제

2/87 자동차의 속력이 10초 동안 일정하게 증가하여 A에서 50 km/h이고 B에서 100 km/h이다. A에서 언덕의 곡률반지름은 40 m이다. 자동차의 질량중심의 총가속도의 크기가 B 위치와 A 위치에서 서로 같을 때 도로의 가장 낮은 곳인 B에서의 곡률반지름 ρ_B를 구하라. 자동차의 질량중심은 도로에서 0.6 m이다.

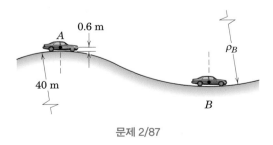

문제 2/87

2/88 4기통 자동차 엔진의 캠축 구동 시스템 디자인이 그림과 같다. 엔진의 회전속도가 올라감에 따라 벨트 속도가 3 m/s에서 6 m/s로 2초 동안 균일하게 변화한다. 이 시간 구간의 중간에서 점 P_1과 점 P_2의 가속도의 크기를 구하라.

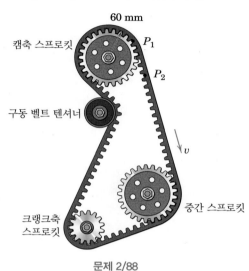

60 mm

캠축 스프로킷

P_1

P_2

구동 벨트 텐셔너

v

크랭크축
스프로킷

중간 스프로킷

문제 2/88

2/89 지구의 극축이 우주에서 고정되어 있다고 생각하고, 지구 표면의 북위 40°에 있는 점 P의 속도와 가속도의 크기를 구하라. 지구의 평균 지름은 12 742 km이고 각속도는 0.7292 (10^{-4}) rad/s이다.

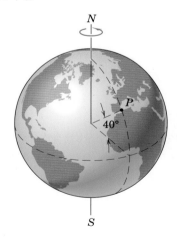

N

P

40°

S

문제 2/89

2/90 자동차 C가 그림의 커브를 돌 때 일정한 가속도 1.5 m/s²로 속력을 증가시킨다. 곡률반지름이 200 m인 점 A에서 자동차의 총가속도의 크기가 2.5 m/s²일 때 이 점에서의 차의 속력 v를 구하라.

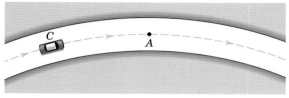

C

A

문제 2/90

2/91 그림과 같은 인사이드-루프(inside loop)의 바닥 A에서 비행기의 총가속도의 크기는 3g이다. 비행기의 속력이 800 km/h이고 초당 20 km/h씩 증가하고 있을 때 A에서의 곡률반지름을 구하라.

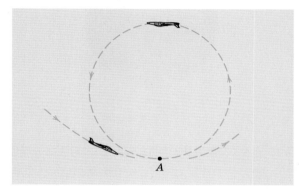

A

문제 2/91

2/92 골프공을 그림과 같은 초기 조건으로 때렸다. 궤도의 곡률반지름과 공의 속력의 변화율을 (a) 공을 때린 직후와 (b) 정점에서 구하라. 공기역학적 저항은 무시한다.

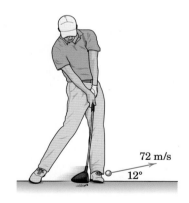

72 m/s

12°

문제 2/92

*2/93 문제 2/92의 골프공을 시간 $t=0$일 때 때릴 때 궤도의 곡률 반지름이 530 m가 되는 시간을 구하라.

2/94 우주선 S는 일정한 속력으로 목성 표면에서 1000 km 떨어진 원형 궤도를 돌고 있다. 중력의 법칙을 사용하여 목성을 도는 우주선의 속력 v를 계산하라. 필요하면 부록 D의 표 D.2를 사용하라.

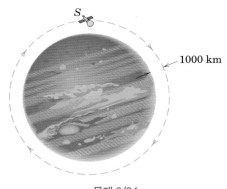

문제 2/94

2/95 두 자동차가 일정한 속력으로 고속도로의 곡선 구간을 주행한다. 두 차의 앞 끝이 같은 순간에 횡단선 CC에 있고 각 운전자는 커브의 주행시간을 줄이려 한다. 첫 번째 차가 횡단선 DD에 들어오는 순간 두 번째 차가 자신의 경로에서 DD까지 가야 할 거리 δ를 구하라. 자동차 A와 B의 최대 수평가속도는 각각 $0.60g$와 $0.76g$이다. 어느 차가 먼저 DD를 지나는가?

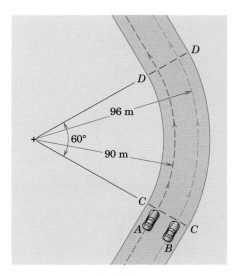

문제 2/95

2/96 수치제어장치에 장착된 평 테이프는 그림과 같이 두 풀리 A와 B에 의해 운동방향이 바뀐다. 8 m의 테이프가 풀리를 지나갈 때 테이프의 속도가 2 m/s에서 18 m/s로 균일하게 증가한다면, 테이프 속도가 3 m/s일 때 풀리 B와 접촉하고 있는 점 P에서의 가속도의 크기는 얼마인가?

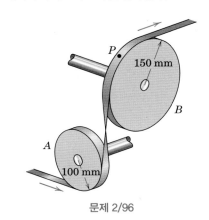

문제 2/96

2/97 풋볼 선수가 그림과 같은 초기 조건으로 볼을 던진다. $t=1$ s와 $t=2$ s일 때 곡률반지름과 속력 v의 변화율을 구하라. $t=0$은 선수의 손에서 공이 떠나는 순간이다.

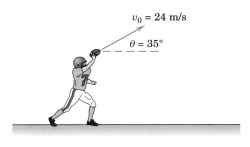

문제 2/97

2/98 질점 P가 $t=0$일 때 정지상태에서 출발하여 수평경로를 따라 일정한 가속도 $2g$로 속력이 변화된다. (a) 질점이 B를 지나기 직전에, (b) B를 지난 직후, (c) C를 지날 때 총가속도의 크기와 방향을 구하라. 모든 방향은 x 축을 기준으로 하며 반시계방향이 양이다.

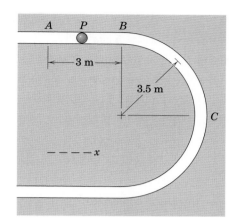

문제 2/98

2/99 타이밍 기구의 설계에서 고정된 원형 슬롯에 있는 핀의 운동은 가이드 A에 의해 제어되며 가이드는 리드 스크루에 의해 상승한다. 가이드 A는 핀 P가 원형 슬롯의 가장 낮은 위치에 있을 때 정지상태에서 출발하여 속력이 175 mm/s 될 때(수직변위의 반)까지 일정한 가속도로 위 방향으로 가속된다. 이후 가이드는 일정한 비율로 감속되어 원형 슬롯의 가장 높은 점에서 정지한다. 핀 P가 시작 위치에서 30° 주행했을 때 P의 법선 및 접선 방향 가속도 성분을 구하라.

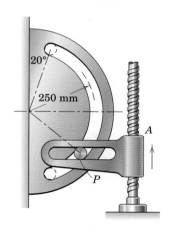

문제 2/99

2/100 그림과 같이 타원형 궤도로 지구를 도는 인공위성이 타원 단축의 끝인 A점을 지날 때 속도가 17 970 km/h이다. 지구 표면에서의 중력가속도 g는 9.821 m/s^{2}이고 지구반지름은 6371 km이다. A에서 궤도의 곡률반지름 ρ를 구하라.

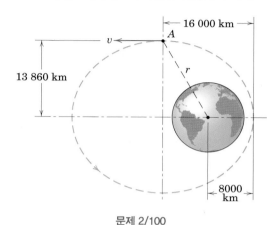

문제 2/100

2/101 제어기구의 설계에서 수직 슬롯을 가진 가이드가 일정한 속도 $\dot{x}$=150 mm/s로 x=−80 mm에서 x=+80 mm로 움직이고 있다. x=60 mm일 때 포물선 슬롯에 제한되어 움직이는 핀 P의 법선 및 접선 방향 가속도를 구하라. 이 위치에서 경로의 곡률반지름을 구하라. 구한 결과가 맞는지 부록 C.10에 인용된 식으로부터 계산하여 확인하라.

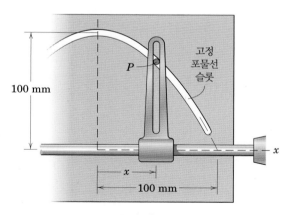

문제 2/101

▶ **2/102** 조향장치 테스트를 위하여 자동차는 그림과 같은 슬라롬 (slalom) 경로를 지나게 된다. 자동차의 경로는 사인파이고 최대 측면 가속도는 $0.7g$로 가정한다. 최대 속력이 80 km/h 인 슬라롬을 설계하려면 표지판 간격 L은 얼마가 되어야 하는지 구하라.

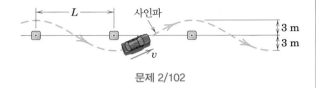

문제 2/102

▶ **2/103** 곡선운동을 하고 있는 질점이 $x = 2t^2 + 3t - 1$과 $y = 5t - 2$의 좌표를 갖고 있으며 좌표의 단위는 미터이고 t는 초다. $t = 1$ s일 때 곡률중심의 좌표를 구하라.

* **2/104** 발사체가 $t = 0$인 시간에 그림의 초기 조건으로 발사된다. 바람이 불어 왼쪽으로 5 m/s²의 가속도를 줄 때, 발사체가 공중에 있는 동안 법선 및 접선 방향 가속도 성분과 궤도의 곡률반지름 ρ를 도시하라. 각 가속도 성분의 최대 크기를 시간과 함께 기술하라. 또한 곡률의 최소반지름과 그때의 시간을 구하라.

문제 2/104

2.6 극좌표계(r-θ)

평면곡선운동을 표현하는 좌표계 중에서 극좌표계(**polar coordinate**)에 대하여 고찰해 보자. 그림 2.13a와 같이 극좌표계에서의 질점의 위치는 r벡터가 x축과 이루는 각도 θ와 고정점에 대한 반지름 방향 거리 r로 나타낸다. 극좌표는 r과 θ에 특별한 구속 조건이 있는 경우나 또는 임의의 운동을 r과 θ로 표현할 때 특히 편리하다.

그림 2.13a는 곡선을 따라 움직이는 질점의 위치를 극좌표계로 나타낸 것인데, 각도 θ는 x축과 같은 임의의 고정선으로부터 측정된다. 그림과 같이 r과 θ가 각각 증가하는 방향의 단위벡터를 $\mathbf{e}_r$, $\mathbf{e}_\theta$로 잡으면 A에 있는 질점의 위치벡터 $\mathbf{r}$은 다음과 같다. 여기서 r은 극점으로부터의 거리인 위치벡터의 크기이며, $\mathbf{e}_r$은 위치벡터의 방향을 나타낸다.

$$\mathbf{r} = r\mathbf{e}_r$$

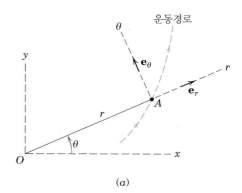

(a)

단위벡터의 시간에 대한 미분

위 식에서 속도 $\mathbf{v} = \dot{\mathbf{r}}$과 가속도 $\mathbf{a} = \dot{\mathbf{v}}$를 구하려면 우선 단위벡터 $\mathbf{e}_r$, $\mathbf{e}_\theta$를 시간에 대하여 미분해야 하며, 이는 앞 절에서 $\dot{\mathbf{e}}_t$를 구할 때와 같은 방법을 따르면 된다. 그림 2.13b에서 시간 dt 동안 극좌표계는 $d\theta$만큼 회전하므로 $\mathbf{e}_r$, $\mathbf{e}_\theta$도 같은 각도만큼 회전하여 $\mathbf{e}_r'$과 $\mathbf{e}_\theta'$가 된다. 이때 벡터 변화 $d\mathbf{e}_r$은 $+\theta$방향이고, $d\mathbf{e}_\theta$는 $-r$방향이 됨을 알 수 있다. 이 두 벡터 변화 크기의 극한값은 단위벡터에 라디안 각도 $d\theta$를 곱한 것과 같으므로, 벡터 $d\mathbf{e}_r = \mathbf{e}_\theta d\theta$이고 $d\mathbf{e}_\theta = -\mathbf{e}_r d\theta$이다. 두 식의 양변을 $d\theta$로 나누면 다음과 같다.

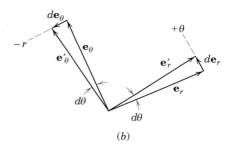

(b)

그림 2.13

$$\frac{d\mathbf{e}_r}{d\theta} = \mathbf{e}_\theta, \quad \frac{d\mathbf{e}_\theta}{d\theta} = -\mathbf{e}_r$$

또는 이 두 식을 dt로 나누면 $d\mathbf{e}_r/dt = (d\theta/dt)\mathbf{e}_\theta$, $d\mathbf{e}_\theta/dt = -(d\theta/dt)\mathbf{e}_r$이 된다. 즉,

$$\dot{\mathbf{e}}_r = \dot{\theta}\mathbf{e}_\theta, \quad \dot{\mathbf{e}}_\theta = -\dot{\theta}\mathbf{e}_r \tag{2.12}$$

속도

스칼라와 벡터의 곱으로 표현되는 $\mathbf{r} = r\mathbf{e}_r$을 시간에 관하여 미분하면 속도벡터가 얻어진다.

$$\mathbf{v} = \dot{\mathbf{r}} = \dot{r}\mathbf{e}_r + r\dot{\mathbf{e}}_r$$

식 (2.12)의 $\dot{\mathbf{e}}_r$을 위 식에 대입하여 정리하면, 단위벡터로 표현된 식이 구해진다.

$$\mathbf{v} = \dot{r}\mathbf{e}_r + r\dot{\theta}\mathbf{e}_\theta \qquad (2.13)$$

여기서
$$v_r = \dot{r}$$
$$v_\theta = r\dot{\theta}$$
$$v = \sqrt{v_r{}^2 + v_\theta{}^2}$$

벡터 $\mathbf{v}$의 r방향 성분 (v_r)은 벡터 $\mathbf{r}$의 길이 변화율을 나타내고, 벡터 $\mathbf{v}$의 θ방향 성분(v_θ)은 벡터 $\mathbf{r}$의 회전에 의한 것임을 알 수 있다.

가속도

속도벡터 $\mathbf{v}$를 시간에 관하여 미분하면 다음과 같은 가속도벡터 $\mathbf{a}$가 얻어진다.

$$\mathbf{a} = \dot{\mathbf{v}} = (\ddot{r}\mathbf{e}_r + \dot{r}\dot{\mathbf{e}}_r) + (\dot{r}\dot{\theta}\mathbf{e}_\theta + r\ddot{\theta}\mathbf{e}_\theta + r\dot{\theta}\dot{\mathbf{e}}_\theta)$$

식 (2.12)의 $\dot{\mathbf{e}}_r$, $\dot{\mathbf{e}}_\theta$를 위 식에 대입하고 정리하면 다음과 같은 식이 얻어진다.

$$\mathbf{a} = (\ddot{r} - r\dot{\theta}^2)\mathbf{e}_r + (r\ddot{\theta} + 2\dot{r}\dot{\theta})\mathbf{e}_\theta \qquad (2.14)$$

여기서
$$a_r = \ddot{r} - r\dot{\theta}^2$$
$$a_\theta = r\ddot{\theta} + 2\dot{r}\dot{\theta}$$
$$a = \sqrt{a_r{}^2 + a_\theta{}^2}$$

a_θ를 다음과 같이 쓰기도 한다.

$$a_\theta = \frac{1}{r}\frac{d}{dt}(r^2\dot{\theta})$$

위 식에서 시간에 관한 미분 계산을 수행하면 식 (2.14)의 a_θ와 일치함을 확인할 수 있다. 그리고 다음 장에서 질점의 각운동량(angular momentum)을 공부할 때, 이러한 수식 표현이 유용하게 쓰일 것이다.

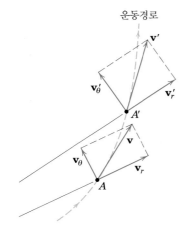

운동경로

(a)

기하학적 고찰

식 (2.14)의 의미를 확실하게 파악하려면 물리적 변화의 기하학적 의미에 대한 명확한 이해가 필요하다. 그림 2.14a는 위치 A와 인접한 위치 A'에서의 속도벡터와 아울러 r, θ방향의 성분들을 보여 주고 있다. 그리고 그림 2.14b는 각각의 성분들에 대한 크기와 방향의 변화를 보여준다. 이로부터 다음과 같은 변화를 알 수 있다.

(a) $\mathbf{v}_r$의 크기 변화   이는 단순히 $\mathbf{v}_r$의 길이의 변화량, 즉 $dv_r = d\dot{r}$이다. 그리고 가속도의 방향은 r이 증가하는 방향이고, 크기는 $d\dot{r}/dt = \ddot{r}$이다.

(b) $\mathbf{v}_r$의 방향 변화   그림으로부터 이 변화의 크기는 $v_r d\theta = \dot{r}d\theta$이다. 그리고

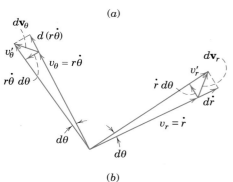

(b)

그림 2.14

가속도의 방향은 θ가 증가하는 방향이고, 크기는 $\dot{r}\,d\theta/dt = \dot{r}\dot{\theta}$이다.

(c) $\mathbf{v}_\theta$의 크기 변화 이는 단순히 $\mathbf{v}_\theta$의 길이의 변화량, 즉 $d(r\dot{\theta})$이다. 가속도의 방향은 θ가 증가하는 방향이고, 크기는 $d(r\dot{\theta})/dt = r\ddot{\theta} + \dot{r}\dot{\theta}$이다.

(d) $\mathbf{v}_\theta$의 방향 변화 이 변화의 크기는 $v_\theta\,d\theta = r\dot{\theta}\,d\theta$이다. 그리고 가속도의 방향은 r이 감소하는 방향이고, 크기는 $r\dot{\theta}(d\theta/dt) = r\dot{\theta}^2$이다.

이상으로부터 $a_r = \ddot{r} - r\dot{\theta}^2$, $a_\theta = r\ddot{\theta} + 2\dot{r}\dot{\theta}$임을 알 수 있으며, 이는 앞에서 구한 결과와도 일치한다. 여기서 $\ddot{r}$은 질점의 r방향 가속도로서 θ의 변화가 없을 때이다. $-r\dot{\theta}^2$은 r이 일정할 때의 법선방향 가속도로서 원운동의 예를 들 수 있다. $r\ddot{\theta}$은 r이 상수일 때 접선방향의 가속도이다. 그러나 r이 변할 때에는 $\mathbf{v}_\theta$의 크기 변화에 의한 가속도의 일부만 나타낸다. 가속도항 $2\dot{r}\dot{\theta}$는 두 가지 다른 종류의 가속도의 합이다. 첫째는 r의 변화에 의한 $v_\theta(= r\dot{\theta})$의 크기 변화, 즉 $d(r\dot{\theta})$에 의한 가속도의 일부분이고 둘째는 $\mathbf{v}_r$의 방향 변화에 의한 가속도이다. 이는 두 가지 다른 효과를 조합한 항으로서 다른 항들과는 달리 쉽게 이해되지는 않는다.

벡터 $\mathbf{v}_r$의 벡터적 변화 $d\mathbf{v}_r$과 벡터의 크기 v_r의 스칼라적 변화 dv_r의 차이에 대하여 주의해야 한다. 마찬가지로 벡터적 변화 $d\mathbf{v}_\theta$가 v_θ의 크기 변화인 dv_θ와 같지 않다. 벡터변화량을 dt로 나누어 미분에 대한 표현을 얻게 되는데, 미분의 크기인 $|d\mathbf{v}_r/dt|$와 크기의 미분인 dv_r/dt가 같지 않음을 알게 된다. 또한 a_r과 $\dot{v}_r$이 같지 않고, a_θ와 $\dot{v}_\theta$가 같지 않다는 것에 주의해야 한다.

그림 2.15에 전체 가속도 $\mathbf{a}$와 그 성분들을 나타내었다. 가속도 $\mathbf{a}$가 경로에 대해 법선성분을 가질 때, 2.5절에서 설명한 바와 같이 n방향 성분은 경로의 곡률중심 방향이 되어야 한다.

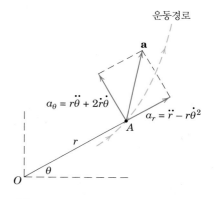

그림 2.15

원운동

원운동의 경우 r이 일정하므로 식 (2.13)과 (2.14)의 속도와 가속도성분들은 다음과 같다.

$$v_r = 0 \qquad v_\theta = r\dot{\theta}$$
$$a_r = -r\dot{\theta}^2 \qquad a_\theta = r\ddot{\theta}$$

n, t 좌표계의 $-n$방향과 $+t$방향은 극좌표계의 $+r$방향과 $+\theta$방향과 서로 일치하므로 위 식은 n, t 좌표계로부터 얻어진 결과와 일치함을 알 수 있다. 즉, 원운동의 중심을 극좌표계의 원점으로 잡으면, $a_r = -a_n$이 된다.

극좌표 (r, θ)와 직각좌표 (x, y)와의 관계식 $x = r\cos\theta$, $y = r\sin\theta$를 시간에 관하여 두 번 미분하여 $a_x = \ddot{x}$와 $a_y = \ddot{y}$를 얻고, 이를 r과 θ의 성분으로 분해하면 a_r과 a_θ에 관한 식 (2.14)를 얻을 수 있다.

예제 2.9

반지름방향으로 홈이 있는 팔이 $\theta = 0.2t + 0.02t^3$ 식에 따르는 회전운동을 하고 있다. 슬라이더 B의 점 O로부터의 거리는 $r = 0.2 + 0.04t^2$ 식에 따라 동력나사에 의하여 제어되고 있다. θ, r, t의 단위는 rad, m, s이다. $t = 3$ s일 때 슬라이더 B의 속도와 가속도를 구하라.

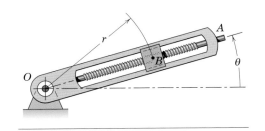

|풀이| 속도와 가속도를 구하기 위하여 r과 θ를 시간에 관하여 미분하고 $t = 3$ s일 때의 다음 값들을 구한다. ①

$$r = 0.2 + 0.04t^2 \qquad r_3 = 0.2 + 0.04(3^2) = 0.56 \text{ m}$$
$$\dot{r} = 0.08t \qquad \dot{r}_3 = 0.08(3) = 0.24 \text{ m/s}$$
$$\ddot{r} = 0.08 \qquad \ddot{r}_3 = 0.08 \text{ m/s}^2$$
$$\theta = 0.2t + 0.02t^3 \qquad \theta_3 = 0.2(3) + 0.02(3^3) = 1.14 \text{ rad}$$
$$\text{또는 } \theta_3 = 1.14(180/\pi) = 65.3°$$
$$\dot{\theta} = 0.2 + 0.06t^2 \qquad \dot{\theta}_3 = 0.2 + 0.06(3^2) = 0.74 \text{ rad/s}$$
$$\ddot{\theta} = 0.12t \qquad \ddot{\theta}_3 = 0.12(3) = 0.36 \text{ rad/s}^2$$

식 (2.13)에서, $t = 3$ s일 때 슬라이더 B의 속도성분을 구한다.

$$[v_r = \dot{r}] \qquad\qquad v_r = 0.24 \text{ m/s}$$
$$[v_\theta = r\dot{\theta}] \qquad\qquad v_\theta = 0.56(0.74) = 0.414 \text{ m/s}$$
$$[v = \sqrt{v_r^2 + v_\theta^2}] \qquad v = \sqrt{(0.24)^2 + (0.414)^2} = 0.479 \text{ m/s}$$

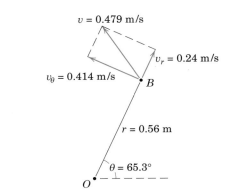

$t = 3$ s일 때 슬라이더 B의 속도성분을 그림에 나타내었다.

식 (2.14)로부터 $t = 3$ s에서의 가속도성분을 구한다.

$$[a_r = \ddot{r} - r\dot{\theta}^2] \qquad a_r = 0.08 - 0.56(0.74)^2 = -0.227 \text{ m/s}^2$$
$$[a_\theta = r\ddot{\theta} + 2\dot{r}\dot{\theta}] \qquad a_\theta = 0.56(0.36) + 2(0.24)(0.74) = 0.557 \text{ m/s}^2$$
$$[a = \sqrt{a_r^2 + a_\theta^2}] \qquad a = \sqrt{(-0.227)^2 + (0.557)^2} = 0.601 \text{ m/s}^2$$

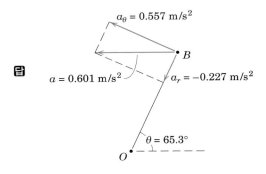

$t = 3$ s일 때 $\theta = 65.3°$이고, 이 위치에서의 슬라이더 B의 가속도성분을 그림에 나타내었다.

$0 \leq t \leq 5$ s일 때 슬라이더 B의 궤적을 마지막 그림에 나타내었다. 이 궤적은 r과 θ에 대한 표현식에 t를 변화시켜서 구하였다. 극좌표에서 직각좌표로의 변환은 다음 식으로 주어진다.

$$x = r\cos\theta \qquad y = r\sin\theta$$

|도움말|

① 이 문제에서 슬라이더 B는 팔의 회전과 동력나사의 회전에 의하여 기계적으로 제한되는 구속된 운동(constrained motion)을 한다.

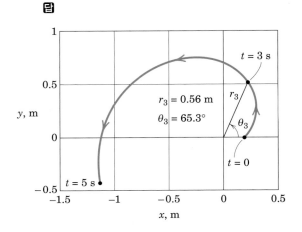

예제 2.10

무동력 상태의 로켓이 대기권 밖에서 타력비행을 하고 있으며, 이때 비행은 지면에 수직인 평면 내에서 일어난다고 하자. 로켓의 궤도를 추적하는 레이더 또한 운동이 이루어지는 동일한 평면 내에 있다고 할 때, 다음 물음에 답하라. $\theta = 30°$일 때, 레이더가 측정한 로켓운동의 측정치는 $r = 8(10^4)$ m, $\dot{r} = 1200$ m/s, $\dot{\theta} = 0.8$ deg/s이다. 이 위치에서의 로켓에 작용하는 가속도는 중력가속도뿐인데, 그 크기는 9.20 m/s²이고 작용 방향은 연직 아래 방향이다. 로켓의 속도 v를 구하고 $\ddot{r}$, $\ddot{\theta}$을 계산하라.

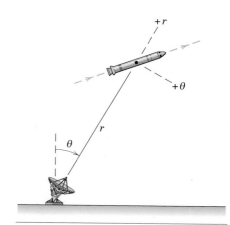

|풀이| 식 (2.13)으로부터 속도성분은 다음과 같이 구한다.

$[v_r = \dot{r}]$ $\qquad\qquad v_r = 1200$ m/s

$[v_\theta = r\dot{\theta}]$ $\qquad\qquad v_\theta = 8(10^4)(0.80)\left(\dfrac{\pi}{180}\right) = 1117$ m/s ①

$[v = \sqrt{v_r{}^2 + v_\theta{}^2}]$ $\qquad v = \sqrt{(1200)^2 + (1117)^2} = 1639$ m/s **답**

총가속도는 아래 방향으로 $g = 9.20$ m/s²이므로 가속도의 r, θ방향의 성분은 그림에서 다음과 같다.

$$a_r = -9.20 \cos 30° = -7.97 \text{ m/s}^2 \quad ②$$

$$a_\theta = 9.20 \sin 30° = 4.60 \text{ m/s}^2$$

위의 결과를 식 (2.14) 아래에 있는 각가속도 표현식에 대입하여 $\ddot{r}$과 $\ddot{\theta}$값을 구한다.

$[a_r = \ddot{r} - r\dot{\theta}^2]$ $\qquad -7.97 = \ddot{r} - 8(10^4)\left(0.80\dfrac{\pi}{180}\right)^2$ ③

$$\ddot{r} = 7.63 \text{ m/s}^2$$ **답**

$[a_\theta = r\ddot{\theta} + 2\dot{r}\dot{\theta}]$ $\qquad 4.60 = 8(10^4)\ddot{\theta} + 2(1200)\left(0.80\dfrac{\pi}{180}\right)$

$$\ddot{\theta} = -3.61(10^{-4}) \text{ rad/s}^2$$

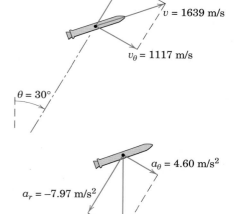

|도움말|

① 극좌표계에서 반시계방향을 언제나 $+\theta$로 취할 필요는 없다.

② 가속도의 r방향 성분은 $-r$방향이므로 $-$부호를 취하였다.

③ 계산 시 각속도 $\dot{\theta}$의 단위를 deg/s에서 rad/s로 변환하여 사용해야 한다.

연습문제

기초문제

2/105 자동차 P가 일정한 속력 $v=100$ km/h로 직선도로를 주행한다. 각도 $\theta=60°$일 때 $\dot{r}$과 $\dot{\theta}$을 구하라. $\dot{r}$과 $\dot{\theta}$의 단위는 각각 m/s와 deg/s이다.

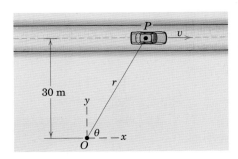

문제 2/105

2/106 A에 위치한 육상선수가 정지상태에서 트랙을 따라 가속한다. 육상선수가 60 m 지점을 통과할 때 O에 위치한 추적카메라가 12.5 deg/s로 반시계방향으로 돌고 있다면 육상선수의 속력 v와 $\dot{r}$을 구하라.

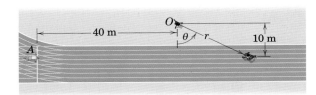

문제 2/106

2/107 드론이 관찰자 위에서 일정 속력으로 직선 비행한다. 세 위치 A, B, C에서 r, $\dot{r}$, $\ddot{r}$, θ, $\dot{\theta}$, $\ddot{\theta}$의 부호(양, 음, 또는 0)를 구하라.

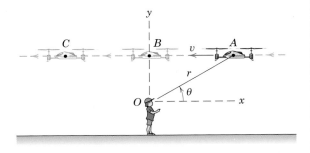

문제 2/107

2/108 구체 P가 10 m/s의 속력으로 직선으로 주행한다. 그림과 같은 순간 고정 Oxy 좌표계에서 측정된 $\dot{r}$과 $\dot{\theta}$을 구하라.

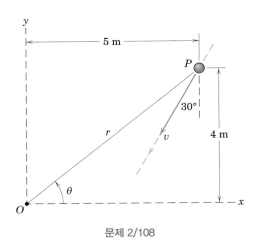

문제 2/108

2/109 앞의 문제에서 10 m/s의 속력이 상수라면 이 순간 $\ddot{r}$과 $\ddot{\theta}$은 얼마인가?

2/110 막대 OA의 회전은 리드 스크루에 의해 조절되는데, 리드 스크루는 수평 속도를 칼라 C에 전달하고 핀 P가 매끄러운 슬롯 안에서 주행하게 한다. $r=\overline{OP}$, $h=160$ mm, $x=120$ mm, $v=25$ mm/s일 때 $\dot{r}$과 $\dot{\theta}$을 구하라.

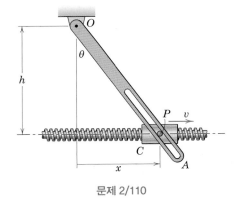

문제 2/110

2/111 문제 2/110의 막대에서 칼라 C의 속도가 주어진 순간에 5 mm/s²의 비율로 감속하고 있을 때 $\ddot{r}$과 $\ddot{\theta}$의 값을 구하라. 필요 시 문제 2/110의 답을 참고한다.

2/112 붐 *OAB*는 *O*를 중심으로 회전할 수 있고, 동시에 부재 *AB*는 부재 *OA* 안에서 늘어날 수 있다. 다음 조건에서 풀리의 중심 *B*의 속도와 가속도를 구하라. $\theta=20°$, $\dot{\theta}=5$ deg/s, $\ddot{\theta}=2$ deg/s², $l=2$ m, $\dot{l}=0.5$ m/s, $\ddot{l}=-1.2$ m/s². l은 부재 *AB*의 길이이다.

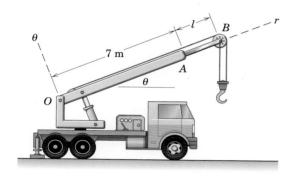

문제 2/112

2/113 평면 곡선을 따라 움직이는 입자가 위치벡터 **r**, 속도 **v**, 가속도 **a**를 가진다. *r*과 θ 방향의 단위벡터는 각각 **e**$_r$과 **e**$_\theta$이고 *r*과 θ는 시간에 따라 변하고 있다. 다음 식이 올바른지를 설명하라.

$$\dot{r} \neq v \qquad \ddot{\mathbf{r}} \neq a \qquad \dot{\mathbf{r}} \neq \dot{r}\mathbf{e}_r$$
$$\dot{r} \neq v \qquad \ddot{r} \neq a \qquad \ddot{\mathbf{r}} \neq \ddot{r}\mathbf{e}_r$$
$$\dot{r} \neq \mathbf{v} \qquad \ddot{r} \neq \mathbf{a} \qquad \dot{\mathbf{r}} \neq r\dot{\theta}\mathbf{e}_\theta$$

2/114 그림과 같은 굴삭기의 한 부분을 다룬다. 그림의 위치에서 유압 실린더는 150 mm/s의 비율로 신장하고 있으며 그 비율이 매초 50 mm/s씩 감소한다. 동시에 실린더는 *O*를 지나는 수평축을 중심으로 10 deg/s의 각속도로 회전하고 있다. *B*에 위치한 클레비스 부착물의 속도 **v**와 가속도 **a**를 구하라.

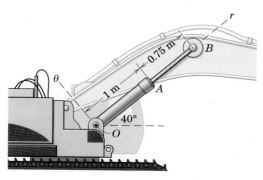

문제 2/114

2/115 그림의 노즐은 *O*를 지나는 고정된 수평축 주위를 일정한 각속도 Ω로 회전한다. 노즐 *A*의 지름이 *B*의 지름의 두 배이므로 *A*에서의 물의 속력이 v일 때 *B*에서의 물의 속력은 $4v$가 된다. *A*와 *B*에서의 물의 속력은 각각 일정하다. 물분자가 (a) *A*를 지날 때, (b) *B*를 지날 때, 물분자의 속도와 가속도를 구하라.

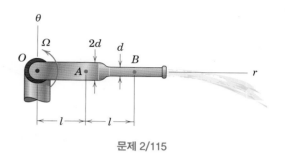

문제 2/115

2/116 정지상태에 있던 헬리콥터가 *A*에서 출발하여 일정한 가속도 a로 직선 경로로 날아간다. 헬리콥터의 고도가 $h=40$ m일 때 속력 v가 28 m/s라면 *O*에 위치한 추적장치에서 측정한 $\dot{r}$, $\ddot{r}$, $\dot{\theta}$, $\ddot{\theta}$를 구하라. 이 순간에 $\theta=40°$이고 거리 $d=160$ m이다. 지표면에 있는 추적 장치의 높이는 작으므로 무시한다.

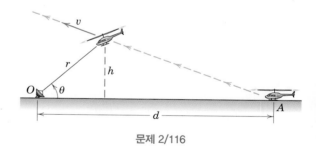

문제 2/116

2/117 슬라이더 P는 줄 S에 의해 안쪽으로 움직일 수 있으며 슬롯이 있는 팔은 O를 중심으로 회전한다. 팔의 각도는 $\theta = 0.8t - \dfrac{t^2}{20}$으로 주어지는데 θ의 단위는 라디안이고 t의 단위는 초이다. $t=0$일 때 슬라이더는 $r=1.6$ m에 위치하는데 이후 0.2 m/s의 일정한 속력으로 안쪽으로 당겨진다. $t=4$ s일 때 슬라이더의 속도와 가속도의 크기와 방향(x 축과 이루는 각 α)을 구하라.

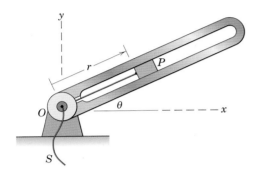

문제 2/117

심화문제

2/118 자동차 A와 B가 편평한 직선 고속도로에서 일정한 속력 v로 주행하고 있다. 정지상태의 경찰차 P에 달려 있는 레이더로 시선방향 속도를 측정한다면 두 자동차의 속력은 어떤 값으로 측정되는가? $v=110$ km/h, $L=60$ m, $D=7$ m이다.

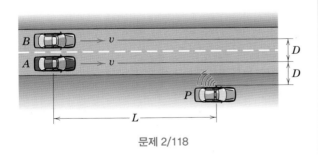

문제 2/118

2/119 불꽃놀이용 포탄 P가 A에서 위로 발사되어 85 m 고도의 정점에서 폭발한다. 포탄이 고도 $y=55$ m에 도달할 때 O에 있는 관찰자를 기준으로 $\dot{r}$과 $\dot{\theta}$을 구하라. 공기역학적 저항은 무시한다.

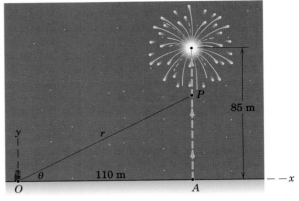

문제 2/119

2/120 불꽃놀이 포탄에 관한 문제 2/119에서 포탄이 고도 $y=55$ m에 도달할 때 $\ddot{r}$과 $\ddot{\theta}$을 구하라. 필요 시 문제 2/119의 답을 참고하라.

2/121 로켓이 수직으로 발사되어 그림과 같이 레이더가 추적한다. θ가 60°에 도달할 때 다른 측정장치에서 얻은 값은 $r=9$ km, $\ddot{r}=21$ m/s², $\dot{\theta}=0.02$ rad/s이다. 이 위치에서 로켓의 속도와 가속도의 크기를 구하라.

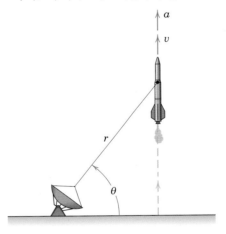

문제 2/121

*2/122 다이버가 초기 속력 2.5 m/s로 도약판을 벗어난다. 지상에 고정된 카메라는 다이빙 전 과정에서 다이버가 이미지의 중심에 올 수 있게 렌즈를 회전하도록 프로그램되었다. 전체 다이빙 시간 동안 $\dot{\theta}$과 $\ddot{\theta}$을 시간에 따라 도시하고, 다이버가 물에 들어가는 순간에 $\dot{\theta}$과 $\ddot{\theta}$의 값을 구하라. 다이버를 수직방향으로만 움직이는 질점으로 취급한다. 다이빙 도중 $\dot{\theta}$과 $\ddot{\theta}$의 최대 크기와 그때의 시간을 구하라.

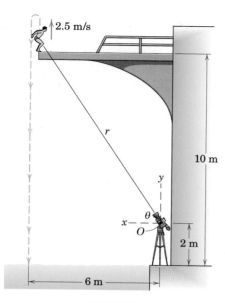

문제 2/122

2/123 O에 위치한 계기는 대형 공항의 지상교통제어시스템의 한 부분이다. 비행기 P의 이륙 도중 어느 순간에 센서가 $\theta=$ 50°와 $\dot{r}=$45 m/s를 알려준다. 이 순간 비행기의 속력 v와 $\dot{\theta}$ 을 구하라.

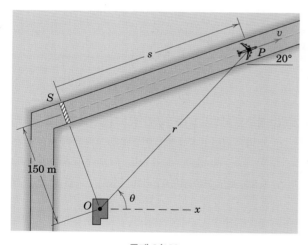

문제 2/123

2/124 앞 문제에서 제공한 정보 이외에 O에 있는 센서가 $\ddot{r}=$ 4.25 m/s²를 알려준다. 비행기의 가속도 a와 $\ddot{\theta}$을 구하라.

2/125 고도 400 m에서 비행기 P가 수직평면($r-\theta$)의 비행 루프의 바닥에 위치하고 있으며 수평속도는 600 km/h이고 수평방향 가속도는 없다. 루프의 곡률반지름은 1200 m이다. O에서 레이더로 추적할 때 이 순간 $\ddot{r}$과 $\ddot{\theta}$의 기록된 값을 구하라.

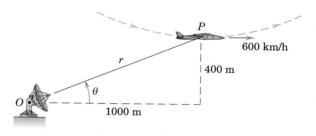

문제 2/125

2/126 로봇 암 각도가 올라가면서 동시에 길이가 늘어난다. 어느 순간 $\theta=$30°, $\dot{\theta}=$10 deg/s=상수이고, $l=$0.5 m, $\dot{l}=$0.2 m/s, $\ddot{l}=-$0.3 m/s²이다. 손잡이 부분 P에서 속도 **v**와 가속도 **a**의 크기를 구하라.

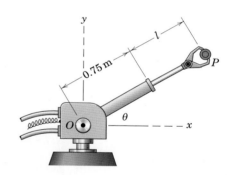

문제 2/126

2/127 발사체가 그림과 같은 초기 조건으로 점 A에서 발사된다. Oxy 좌표계에서 측정한 $r-\theta$ 좌표계의 정의에 따라, 발사 직후의 r, θ, $\dot{r}$, $\dot{\theta}$, $\ddot{r}$, $\ddot{\theta}$을 구하라.

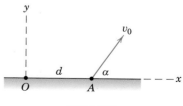

문제 2/127

2/128 그림과 같이 타원형 궤도를 공전하는 지구 위성이 타원 단축의 끝인 A점을 지날 때 속도 v가 17 970 km/h이다. A에서 위성의 가속도는 만유인력에 의한 것이며 A에서 O를 향해 1.556 m/s^{2}의 값을 가진다. A에서 $\dot{r}$, $\ddot{r}$, $\dot{\theta}$, $\ddot{\theta}$의 값을 구하라.

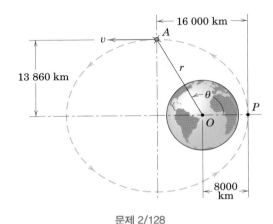

문제 2/128

2/129 운석 P가 O에 위치한 레이더 관측소에서 추적된다. 운석이 연직 위($\theta=90°$)에 위치할 때 다음과 같은 값이 기록된다. $r=80$ km, $\dot{r}=-20$ km/s, $\dot{\theta}=0.4$ rad/s. (a) 운석의 속력 v와 속도벡터가 수평선과 이루는 각도 β를 구하라. 지구의 회전에 따른 영향은 무시한다. (b) $\theta=75°$이고 다른 값은 같은 경우에 v와 β를 구하라.

문제 2/129

2/130 저공비행을 하는 비행기 P가 반지름 3 km의 원을 그리며 360 km/h의 일정한 속력으로 날고 있다. 그림에 나온 조건에서 원점이 O에 위치한 산꼭대기에 고정된 x-y 좌표계에서 측정한 r, $\dot{r}$, $\ddot{r}$, θ, $\dot{\theta}$, $\ddot{\theta}$을 구하라. 문제를 2차원 좌표계로 다루어라.

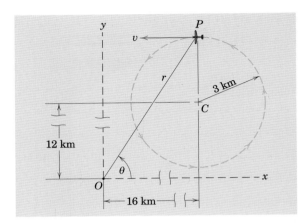

문제 2/130

▶2/131 시간 $t=0$에서 야구 선수가 그림과 같은 초기조건으로 공을 던진다. $t=0.5$ s에서 x-y 좌표계에서 측정한 r, $\dot{r}$, $\ddot{r}$, θ, $\dot{\theta}$, $\ddot{\theta}$을 구하라.

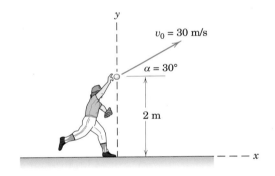

문제 2/131

▶2/132 경주용 비행기가 수직평면에서 회전을 시도하고 있다. O에서의 레이더 관측소에서 어느 순간에 다음의 데이터를 기록한다. $r=90$ m, $\dot{r}=15.5$ m/s, $\ddot{r}=74.5$ m/s^2, $\theta=30°$, $\dot{\theta}=0.53$ rad/s, $\ddot{\theta}=-0.29$ rad/s^2. 이 순간 v, $\dot{v}$, ρ, β를 구하라.

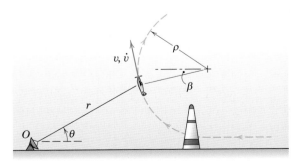

문제 2/132

2.7 3차원 공간곡선운동

2.1절의 그림 2.1에 보인 바와 같이 질점이 3차원 공간에서 움직이는 일반적인 운동은 이미 소개한 바 있다. 이와 같은 운동의 표현에는 직각좌표계(x-y-z), 원통좌표계(r-θ-z) 및 구면좌표계(R-θ-ϕ)가 사용되고 있으며, 이에 대한 좌표계와 단위벡터들을 그림 2.16에 나타내었다.[*]

세 가지 좌표계에 대하여 자세하게 논의하기에 앞서 2.5절에서 고찰하였던 n, t 좌표계에 대하여 다시 살펴보자. 그림 2.1과 같이 운동경로 위의 질점 P에 접하고, 이와 아울러 P를 품는 평면인 접촉평면(osculating plane)을 설정하면 n, t좌표계가 정의된다. 속도벡터 **v**는 경로곡선에 접선방향이며 접촉평면상에 놓이게 된다. 아울러 가속도벡터 **a**도 접촉평면상에 놓이며, 속도의 크기 변화에 의한 접선방향 성분 $a_t = \dot{v}$과 속도의 방향 변화에 의한 법선방향 성분 $a_n = v^2/\rho$을 가지며 이는 평면운동의 경우와 같다. 여기서 접촉평면상에서 정의되는 ρ는 경로곡선의 곡률 반지름이다. 평면운동에는 n, t 좌표계가 매우 자연스럽고 직접적이지만 3차원 운동 표현에는 부적절하다. 왜냐하면 질점의 이동에 따라 접촉평면도 함께 움직이므로 접촉평면의 방향(orientation)이 3차원 공간에서 계속 변화하기 때문이다. 따라서 3차원 운동은 그림 2.16에 도시한 세 가지 종류의 고정좌표계에 대해서만 논의하기로 한다.

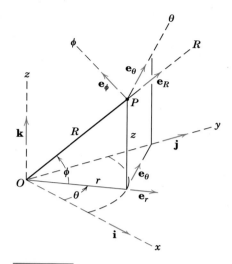

그림 2.16

직각좌표계(x-y-z)

특별한 어려움 없이 직각좌표계를 2차원(x-y)에서 3차원(x-y-z)으로 확장할 수 있다. 즉, 식 (2.6)에 z좌표를 추가하기만 하면 된다. 따라서 위치벡터 **R**과 속도벡터 **v** 그리고 가속도벡터 **a**는 다음의 식과 같다.

$$\mathbf{R} = x\mathbf{i} + y\mathbf{j} + z\mathbf{k}$$
$$\mathbf{v} = \dot{\mathbf{R}} = \dot{x}\mathbf{i} + \dot{y}\mathbf{j} + \dot{z}\mathbf{k}$$
$$\mathbf{a} = \dot{\mathbf{v}} = \ddot{\mathbf{R}} = \ddot{x}\mathbf{i} + \ddot{y}\mathbf{j} + \ddot{z}\mathbf{k} \tag{2.15}$$

여기서 3차원 운동임을 나타내기 위하여 위치벡터를 소문자 **r** 대신 대문자 **R**로 표시하였다.

원통좌표계(r-θ-z)

평면운동에 대한 극좌표계(r-θ)에 z좌표와 시간에 관한 1, 2차 미분항을 추가함으로써 원통좌표계(r-θ-z)에 대한 운동 표현이 얻어진다. 질점의 위치벡터 **R**은 다음과 같다.

---

[*] 구면좌표계에서 θ와 ϕ를 서로 바꾸어 쓰는 경우도 있다.

$$\mathbf{R} = r\mathbf{e}_r + z\mathbf{k}$$

평면운동에 대한 속도벡터는 식 (2.13)이었으나 3차원 운동에 대한 속도벡터는 다음과 같다.

$$\mathbf{v} = \dot{r}\mathbf{e}_r + r\dot{\theta}\mathbf{e}_\theta + \dot{z}\mathbf{k} \tag{2.16}$$

여기서
$$\begin{aligned} v_r &= \dot{r} \\ v_\theta &= r\dot{\theta} \\ v_z &= \dot{z} \\ v &= \sqrt{v_r^2 + v_\theta^2 + v_z^2} \end{aligned}$$

식 (2.14)에 z방향 성분을 더하면 3차원 운동의 가속도벡터는 다음과 같다.

$$\mathbf{a} = (\ddot{r} - r\dot{\theta}^2)\mathbf{e}_r + (r\ddot{\theta} + 2\dot{r}\dot{\theta})\mathbf{e}_\theta + \ddot{z}\mathbf{k} \tag{2.17}$$

여기서
$$\begin{aligned} a_r &= \ddot{r} - r\dot{\theta}^2 \\ a_\theta &= r\ddot{\theta} + 2\dot{r}\dot{\theta} = \frac{1}{r}\frac{d}{dt}(r^2\dot{\theta}) \\ a_z &= \ddot{z} \\ a &= \sqrt{a_r^2 + a_\theta^2 + a_z^2} \end{aligned}$$

단위벡터 $\mathbf{e}_r$, $\mathbf{e}_\theta$는 운동경로를 따라 연속적으로 방향이 변화하여 시간에 관한 미분이 존재하지만, 단위벡터 $\mathbf{k}$는 방향($+z$방향)이 일정하므로 시간에 관한 미분은 0이 된다.

구면좌표계(R-θ-ϕ)

레이더로 위치를 측정할 때와 같이 반지름 방향 거리와 두 개의 각도로 질점의 위치를 나타내고자 할 경우에 구면좌표계 R, θ, ϕ를 사용한다. 위치벡터 $\mathbf{R}$에서 속도벡터 $\mathbf{v}$는 쉽게 유도될 수 있지만, 가속도벡터 $\mathbf{a}$는 매우 복잡한 기하학적 관계를 고려해야 하므로 그 결과식만을 제시하고자 한다.[*] 그림 2.16과 같이 단위벡터 $\mathbf{e}_R$, $\mathbf{e}_\theta$, $\mathbf{e}_\phi$를 정의하며 자세한 사항들은 다음과 같다. $\mathbf{e}_R$의 방향은 θ와 ϕ는 일정하고 거리 R이 증가할 때 질점 P가 움직이는 방향이다. $\mathbf{e}_\theta$의 방향은 R과 ϕ가 증가할 때 질점 P가 움직이는 방향이다. $\mathbf{e}_\phi$의 방향은 R과 θ는 일정하고 ϕ가 증가할 때 질점 P가 움직이는 방향이다. 구면좌표계에서의 속도와 가속도벡터에 관한 식은 다음과 같다.

하부가 회전하는 신축 사다리 상단의 가속도를 구할 때 구면좌표계를 선택하는 것이 좋다.

---

[*] 구면좌표계에서 $\mathbf{v}$와 $\mathbf{a}$에 관한 자세한 유도과정은 J. L. Meriam이 쓴 *Dynamics*, 2nd edition, 1971 또는 SI Version, 1975(John Wiley & Sons, Inc.)를 참조할 것

$$\mathbf{v} = v_R \mathbf{e}_R + v_\theta \mathbf{e}_\theta + v_\phi \mathbf{e}_\phi \qquad (2.18)$$

여기서
$$v_R = \dot{R}$$
$$v_\theta = R\dot{\theta}\cos\phi$$
$$v_\phi = R\dot{\phi}$$

이고

$$\mathbf{a} = a_R \mathbf{e}_R + a_\theta \mathbf{e}_\theta + a_\phi \mathbf{e}_\phi \qquad (2.19)$$

여기서
$$a_R = \ddot{R} - R\dot{\phi}^2 - R\dot{\theta}^2\cos^2\phi$$
$$a_\theta = \frac{\cos\phi}{R}\frac{d}{dt}(R^2\dot{\theta}) - 2R\dot{\theta}\dot{\phi}\sin\phi$$
$$a_\phi = \frac{1}{R}\frac{d}{dt}(R^2\dot{\phi}) + R\dot{\theta}^2\sin\phi\cos\phi$$

직각좌표계, 원통좌표계와 구면좌표계에서 서로 다른 좌표계 상호 간의 속도와 가속도의 선형대수적 변환에 대하여 생각해 볼 수 있다. 예를 들어 구면좌표계에서의 속도, 가속도성분들을 직각좌표계에서의 속도, 가속도성분으로 변환할 수 있고 역산도 가능하다.[*] 이러한 좌표변환은 행렬대수와 간단한 컴퓨터 프로그램을 이용하여 쉽게 수행할 수 있다.

선로 일부가 수평축을 따라 돌아나오는 나선형 모양인 놀이기구

---

[*] 이러한 좌표변환에 대한 상세한 설명과 수식전개는 J. L. Meriam의 저서인 *Dynamics,* 2nd edition, 1971 또는 SI Version, 1975(John Wiley & Sons, Inc.)를 참조할 것

예제 2.11

동력나사가 회전하기 시작하여 각속도가 $\dot{\theta} = kt$ 형식으로 시간 t에 비례하여 증가한다. 여기서 k는 비례상수이다. 나사가 정지상태로부터 1회전하였을 때 볼 A의 중심에서의 속도 v와 가속도 a를 구하라. 단, 나사는 1회전하면 L만큼 위로 올라간다.

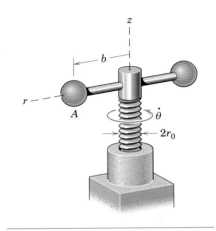

|풀이| 이 문제에서 볼 A의 중심은 나선형 궤적을 그리면서 반지름 b인 원통의 표면 위를 움직이므로 원통좌표 r, θ, z를 사용한다.

$\dot{\theta} = kt$식을 적분하면 각변위 $\theta = \Delta\theta = \int \dot{\theta}\, dt = \frac{1}{2}kt^2$이 된다. 정지상태로부터 1회전한 시점의 각변위는 2π이므로

$$2\pi = \frac{1}{2}kt^2$$

이고 이를 t에 관하여 풀면 다음과 같다.

$$t = 2\sqrt{\pi/k}$$

그러므로 1회전한 시점에서의 각속도는 다음과 같다.

$$\dot{\theta} = kt = k(2\sqrt{\pi/k}) = 2\sqrt{\pi k}$$

볼 중심이 그리는 궤적의 나선각 γ는 볼 속도의 θ성분과 z성분 사이의 관계를 나타내며 $\tan\gamma = L/(2\pi b)$이 된다. ① 그림에서 $v_\theta = v\cos\gamma$임을 알 수 있다. 식 (2.16)의 $v_\theta = r\dot{\theta} = b\dot{\theta}$ 관계를 $v = v_\theta/\cos\gamma = b\dot{\theta}/\cos\gamma$ 식에 대입하면 $v = v_\theta/\cos\gamma = b\dot{\theta}/\cos\gamma$ 식을 얻는다. 이 식에 $\tan\gamma$에서 구한 $\cos\gamma$와 $\dot{\theta} = 2\sqrt{\pi k}$ 식을 대입하면 볼이 1회전한 시점에서의 볼의 속력을 구할 수 있다. ②

$$v = 2b\sqrt{\pi k}\,\frac{\sqrt{L^2 + 4\pi^2 b^2}}{2\pi b} = \sqrt{\frac{k}{\pi}}\sqrt{L^2 + 4\pi^2 b^2} \qquad \blacksquare$$

식 (2.17)로부터 가속도성분은 다음과 같다.

$[a_r = \ddot{r} - r\dot{\theta}^2]$ $a_r = 0 - b(2\sqrt{\pi k})^2 = -4b\pi k$ ③

$[a_\theta = r\ddot{\theta} + 2\dot{r}\dot{\theta}]$ $a_\theta = bk + 2(0)(2\sqrt{\pi k}) = bk$

$[a_z = \ddot{z} = \dot{v}_z]$ $a_z = \dfrac{d}{dt}(v_z) = \dfrac{d}{dt}(v_\theta\tan\gamma) = \dfrac{d}{dt}(b\dot{\theta}\tan\gamma)$

$$= (b\tan\gamma)\ddot{\theta} = b\,\frac{L}{2\pi b}\,k = \frac{kL}{2\pi}$$

위의 가속도성분들로부터 구한 총가속도의 크기는 다음과 같다.

$$a = \sqrt{(-4b\pi k)^2 + (bk)^2 + \left(\frac{kL}{2\pi}\right)^2}$$

$$= bk\sqrt{(1 + 16\pi^2) + L^2/(4\pi^2 b^2)} \qquad \blacksquare$$

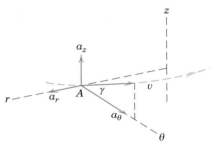

|도움말|

① 나사의 회전과 볼 궤적의 나선각과의 관계를 모르면 이 문제를 풀 수 없다. 또한 $\tan\gamma$는 L을 $2b$로 나눈 값이 아니라 L을 $2\pi b$로 나눈 값이라는 점에 주의해야 한다.

② 직각삼각형을 그려 보면 $\tan\beta = a/b$일 때, $\cos\beta = b/\sqrt{a^2 + b^2}$임을 알 수 있다.

③ a_r의 $-$부호는 가속도의 법선방향 성분은 항상 곡률중심을 향한다는 사실과 부합된다.

예제 2.12

비행기 P가 A에서 $v_0 = 250$ km/h로 이륙하여 y'-z' 평면에 15°의 일정한 각도로 올라가는데, 경로방향의 가속도는 0.8 m/s²이다. 비행의 진행은 O에서 레이더로 관찰하고 있다. (a) 이륙하여 60초 후에 P의 속도를 원통좌표계로 구하고, 이때의 $\dot{r}$, $\dot{\theta}$, $\dot{z}$을 구하라. (b) 이륙하여 60초 후에 P의 속도를 구면좌표계로 구하고, 이때의 $\dot{R}$, $\dot{\theta}$, $\dot{\phi}$을 구하라.

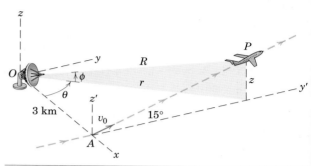

|풀이| (a) 그림 (a)는 y'-z' 평면에서의 속도와 가속도벡터를 보여준다. 이륙속도를 m/s로 나타내면

$$v_0 = \frac{250}{3.6} = 69.4 \text{ m/s}$$

60초 후의 속도는

$$v = v_0 + at = 69.4 + 0.8(60) = 117.4 \text{ m/s}$$

이륙 후 이동거리 s는

$$s = s_0 + v_0 t + \frac{1}{2}at^2 = 0 + 69.4(60) + \frac{1}{2}(0.8)(60)^2 = 5610 \text{ m}$$

y좌표와 각도 θ는

$$y = 5610 \cos 15° = 5420 \text{ m}$$

$$\theta = \tan^{-1}\frac{5420}{3000} = 61.0°$$

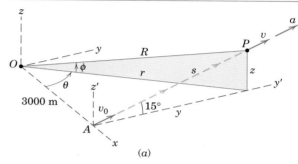

(a)

x-y 평면을 나타내는 그림 (b)로부터 아래처럼 구할 수 있다.

$$r = \sqrt{3000^2 + 5420^2} = 6190 \text{ m}$$
$$v_{xy} = v \cos 15° = 117.4 \cos 15° = 113.4 \text{ m/s}$$
$$v_r = \dot{r} = v_{xy} \sin \theta = 113.4 \sin 61.0° = 99.2 \text{ m/s} \quad \blacksquare$$
$$v_\theta = r\dot{\theta} = v_{xy} \cos \theta = 113.4 \cos 61.0° = 55.0 \text{ m/s}$$

따라서

$$\dot{\theta} = \frac{55.0}{6190} = 8.88(10^{-3}) \text{ rad/s} \quad \blacksquare$$

$$\dot{z} = v_z = v \sin 15° = 117.4 \sin 15° = 30.4 \text{ m/s} \quad \blacksquare$$

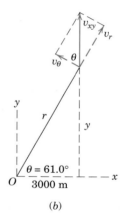

(b)

(b) 그림 (c)는 x-y 평면을 보여주며, 여러 속도성분이 r과 R을 포함하는 수직평면으로 투영되는 것을 나타내고 있다. 계산하면

$$z = y \tan 15° = 5420 \tan 15° = 1451 \text{ m}$$

$$\phi = \tan^{-1}\frac{z}{r} = \tan^{-1}\frac{1451}{6190} = 13.19°$$

$$R = \sqrt{r^2 + z^2} = \sqrt{6190^2 + 1451^2} = 6360 \text{ m}$$

$\dot{\theta}$은 앞에서 구했고, 그림에서 $\dot{R}$과 $\dot{\phi}$을 구하면 다음과 같다.

$$v_R = \dot{R} = 99.2 \cos 13.19° + 30.4 \sin 13.19° = 103.6 \text{ m/s} \quad \blacksquare$$
$$\dot{\theta} = 8.88(10^{-3}) \text{ rad/s} \quad \blacksquare$$
$$v_\phi = R\dot{\phi} = 30.4 \cos 13.19° - 99.2 \sin 13.19° = 6.95 \text{ m/s}$$
$$\dot{\phi} = \frac{6.95}{6360} = 1.093(10^{-3}) \text{ rad/s} \quad \blacksquare$$

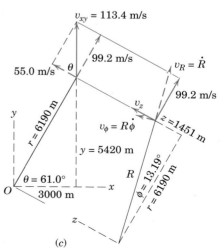

(c)

연습문제

기초문제

2/133 어느 순간 질점의 속도와 가속도가 $\mathbf{v}=6\mathbf{i}-3\mathbf{j}+2\mathbf{k}$ m/s, $\mathbf{a}=3\mathbf{i}-\mathbf{j}-5\mathbf{k}$ m/s²이다. $\mathbf{v}$와 $\mathbf{a}$ 사이의 각도 θ, $\dot{v}$ 및 접촉평면의 곡률반경 ρ를 구하라.

2/134 발사체가 초기속력 $v_0=300$ m/s로 그림과 같이 O에서 발사된다. 발사 후 20초 후에 위치, 속도 및 가속도의 x, y, z 방향 성분을 구하라. 공기역학적 저항은 무시한다.

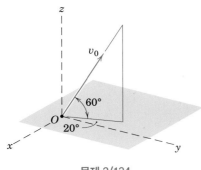

문제 2/134

2/135 '코르크 스크루'라고 부르는 놀이기구는 승객을 수평 원통 나선의 뒤집힌 커브로 지나가게 한다. 승객이 A를 지날 때 차의 속도는 15 m/s이고 접선방향 가속도 성분은 $g \cos \gamma$이다. 원통나선의 유효반지름은 5 m이고 나선각은 $\gamma=40°$이다. 승객이 A를 지날 때 승객의 가속도의 크기를 구하라.

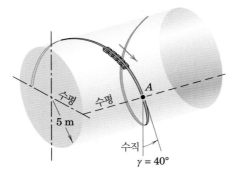

문제 2/135

2/136 P에 있는 레이더 안테나는 제트기 A를 추적하는데, 제트기는 고도 h에서 속력 u로 수평비행을 한다. 안테나 운동에 기초한 구면좌표계 성분으로 제트기의 속도를 나타내라.

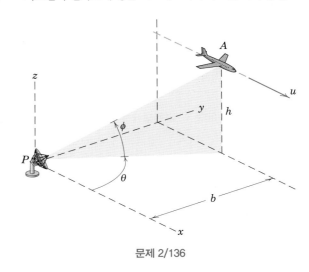

문제 2/136

2/137 혼합기 안의 회전체는 일정한 각속도 $\dot{\theta}=\omega$로 회전하면서 주기적인 축방향 운동 $z=z_0 \sin 2\pi nt$를 한다. 반지름 r인 림(rim) 위의 점 A의 가속도의 최대 크기를 구하라. 수직 진동의 주기 n은 상수이다.

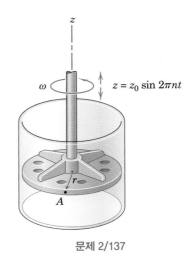

문제 2/137

심화문제

2/138 헬리콥터가 정지상태로 A에서 출발하여 일정한 가속도로 직선 경로를 따라 비행한다. 헬리콥터가 B에 도달할 때의 속력은 60 m/s이다. 헬리콥터의 고도 h=100 m인 순간 O에 위치한 레이더 추적장비가 측정한 $\dot{R}$, $\dot{\theta}$, $\dot{\phi}$를 구하라.

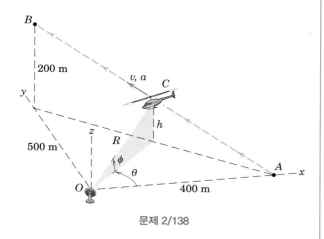

문제 2/138

2/139 문제 2/138의 헬리콥터가 고도 h=100 m인 순간 O에 위치한 레이더 추적장비가 측정한 $\ddot{R}$, $\ddot{\theta}$, $\ddot{\phi}$을 구하라. 필요 시 2/138의 답을 참고한다.

2/140 산업용 로봇의 수직축이 일정한 각속도 ω로 회전한다. 수직축의 길이 h는 시간의 함수이며 시간에 따른 값이 알려져 있다. $\dot{h}$과 $\ddot{h}$도 그러하다. l, $\dot{l}$, $\ddot{l}$도 역시 마찬가지이다. P의 속도와 가속도의 크기를 구하라. 길이 h_0와 l_0는 고정된 값이다.

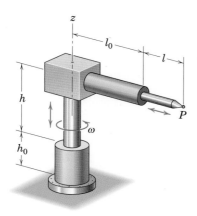

문제 2/140

2/141 산업용 로봇이 작은 부품 P를 어느 위치에 놓는 데 사용된다. β=30°, $\dot{\beta}$=10 deg/s, $\ddot{\beta}$=20 deg/s²인 순간 P의 가속도 **a**의 크기를 구하라. 로봇의 하부는 일정한 각속도 ω= 40 deg/s로 회전하고 있다. 동작 중에 팔 AO와 AP는 수직을 유지한다.

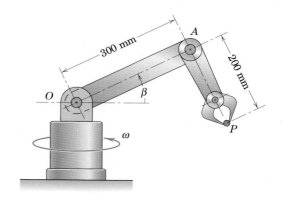

문제 2/141

2/142 자동차 A가 원통나선형 주차장 경사로를 올라가고 있으며 원통나선의 반지름은 7.2 m이고 반바퀴 돌면 3 m가 높아진다. 그림과 같은 위치에서 자동차의 속력은 25 km/h이고 매초 3 km/h의 비율로 감속된다. 자동차 가속도의 r, θ, z 방향 성분을 구하라.

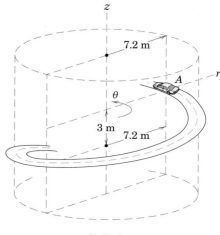

문제 2/142

2/143 우주선 텔레스코핑 안테나의 액튜에이팅 기구 설계 테스트에서, 고정된 z 축 주위를 지지축이 각속도 $\dot{\theta}$으로 회전한다. 각속도 $\dot{\theta}$=2 rad/s, $\dot{\beta}=\frac{3}{2}$ rad/s, 속도 $\dot{L}$=0.9 m/s가 모두 상수라면 L=1.2 m, β=45°인 순간 안테나 끝 가속도 **a**의 R, θ, ϕ 성분을 구하라.

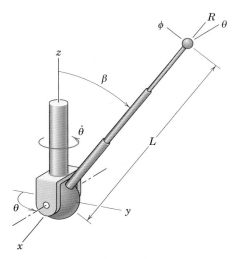

문제 2/143

2/144 막대 OA는 수직축을 중심으로 일정한 각속도 $\dot{\theta}$=120 rev/min로 회전하는 동안 일정한 각도 β=30°를 유지한다. 동시에 OA를 관통하여 미끄러지는 공 P는 O로부터의 거리가 R=200+50 sin $2\pi nt$로 주어지며 진동을 하고 있으며 n은 진동수이다. O로부터 A까지의 속도가 최대가 되는 순간에 P의 가속도의 크기를 구하라.

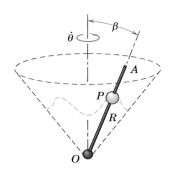

문제 2/144

▶ **2/145** 질점의 속도를 구면좌표계로 나타낸 식 (2.18)로 시작해서 식 (2.19)로 주어진 가속도 성분을 유도하라. (단, R, θ, ϕ 방향 단위벡터를 쓰고 이들을 고정 단위벡터인 **i**, **j**, **k**를 사용하여 나타낸다.)

▶ **2/146** 놀이기구를 설계할 때 길이가 R인 여러 개의 팔에 각각의 자동차를 매단다. 이 팔들은 수직축을 중심으로 일정한 각속도 $\omega=\dot{\theta}$으로 돌아가는 칼라에 연결되어 있다. 자동차는 $z=(h/2)(1-\cos 2\theta)$로 트랙을 따라 오르내린다. 자동차가 $\theta=\pi/4$ rad 각도를 지날 때 자동차 속도 **v**의 R, θ, ϕ 방향 성분을 구하라.

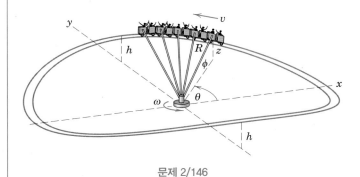

문제 2/146

▶ **2/147** 질점 P가 밑면의 반지름이 b이고 높이가 h인 원뿔의 표면을 감고 있는 나선형 경로를 따라 내려온다. 경로의 임의의 점에서 경로의 접선과 원뿔의 수평방향 접선이 이루는 각 γ는 일정하다. 또한 질점의 운동은 $\dot{\theta}$이 일정하도록 제어된다. 임의의 값 θ에서 질점의 반지름방향 가속도 성분 a_r을 구하라.

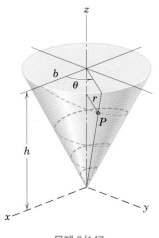

문제 2/147

▶ **2/148** 원반 A가 일정한 각속도 $\omega=\dot{\theta}=\pi/3$ rad/s로 수직인 z 축 주위를 회전한다. 동시에 부재 OB는 $\dot{\phi}=2\pi/3$ rad/s의 일 정한 각속도로 O점을 중심으로 회전한다. $t=0$일 때 $\theta=0$ 이고 $\phi=0$이다. 각도 θ는 고정된 좌표축인 x 축과 이루는 각도이다. 작은 구 P가 $R=50+200t^2$ 식에 따라 막대에서 미끄러진다. R의 단위는 mm이고 t는 초이다. $t=\frac{1}{2}$ s일 때 P의 총가속도 **a**의 크기를 구하라.

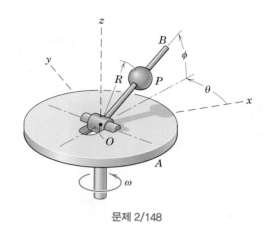

문제 2/148

2.8 상대운동(축의 병진이동)

이제까지는 질점의 운동을 표현하는 데 고정좌표계를 이용하였다. 따라서 위치, 속도 및 가속도는 모두 절대적(absolute)인 값이다. 그러나 고정좌표계를 사용하는 것이 항상 가능하거나 편리한 것은 아니다. 이동좌표계로 운동을 표현함으로써 여러 가지 부류의 공학문제에서 운동을 손쉽게 해석할 수 있다. 즉, 이동좌표계 자체의 절대운동을 알면 물체의 절대운동을 계산할 수 있다. 이와 같은 방법을 상대운동해석(relative-motion analysis)이라 부른다.

좌표계의 선택

이동좌표계의 운동은 고정좌표계와 비교하여 특별한 성질을 갖는 것으로 정의된다. 엄밀한 의미에서의 고정좌표계는 뉴턴 역학(Newtonian mechanics)에서 '공간에서의 움직임이 전혀 없는 기초 관성좌표계(primary inertial system)'를 뜻한다. 그러나 많은 공학적 문제에서는 물체의 운동에 비하여 좌표계의 절대운동이 무시할 수 있을 만큼 상대적으로 작은 경우, 그 좌표계를 고정좌표계로 선택하여도 무방하다. 즉 지구에 고정된 좌표계를 고정좌표계로 선택하여도 큰 오차가 발생하지 않으므로 지구의 운동은 무시된다. 지구 주위를 선회하는 인공위성의 운동은 지구 자전축상에 원점을 둔 비회전좌표계(nonrotating coordinate system)로 표현할 수 있다. 또한 혹성 간의 운동은 태양에 고정된 비회전좌표계를 사용하기도 한다. 따라서 고정좌표계의 선택은 해석대상이 되는 문제의 성격에 따라 달라질 수 있다.

　이 절에서는 회전운동 없이 병진운동(translation)만 하는 이동좌표계에 대하여 고찰하기로 한다. 이동좌표계가 회전운동까지 하는 경우에 대해서는 5.7절 강체운동학에서 다루고 실제 적용례에 대해서도 다룰 것이다. 여기서는 2차원 평면운동에 관한 상대운동에만 국한하여 해석하기로 한다.

벡터 표현

그림 2.17에서 두 질점 A, B가 한 평면 또는 서로 평행한 두 평면 내에서 각각 독립적인 곡선운동을 하고 있다. 병진운동하는 이동좌표계 x-y의 원점을 질점 B에 고정시키고, 움직이는 질점 B에서 질점 A의 운동을 관측해 보자. 좌표계 x-y로 측정한 질점 A의 위치벡터는 $\mathbf{r}_{A/B} = x\mathbf{i} + y\mathbf{j}$로 나타낼 수 있으며, 여기서 '$A/B$'는 '$B$에서 측정한 A' 또는 'B에 관한 A'라는 의미이다. x, y축 방향의 단위벡터는 각각 $\mathbf{i}$와 $\mathbf{j}$이고 x, y는 x-y 좌표계에서 측정한 질점 A의 좌표이다. 질점 B의 절대위치는 X-Y 좌표계의 원점인 고정점 O로부터의 벡터 $\mathbf{r}_B$로 나타낼 수 있다. 따라서 질점 A의 절대위치는 다음의 벡터식으로 결정된다.

$$\mathbf{r}_A = \mathbf{r}_B + \mathbf{r}_{A/B}$$

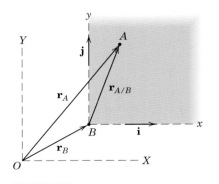

상대운동은 항공기의 공중급유에서 중대한 문제이다.

그림 2.17

위 식을 시간에 관하여 한 번 미분하면 속도를 구할 수 있고, 두 번 미분하면 가속도가 얻어진다.

$$\dot{\mathbf{r}}_A = \dot{\mathbf{r}}_B + \dot{\mathbf{r}}_{A/B} \quad \text{또는} \quad \mathbf{v}_A = \mathbf{v}_B + \mathbf{v}_{A/B} \qquad (2.20)$$

$$\ddot{\mathbf{r}}_A = \ddot{\mathbf{r}}_B + \ddot{\mathbf{r}}_{A/B} \quad \text{또는} \quad \mathbf{a}_A = \mathbf{a}_B + \mathbf{a}_{A/B} \qquad (2.21)$$

식 (2.20)에서 B에 고정된 이동좌표계 $x-y$에서 측정한 A의 속도는 $\dot{\mathbf{r}}_{A/B} = \mathbf{v}_{A/B}$ $= \dot{x}\mathbf{i} + \dot{y}\mathbf{j}$이며 이는 A의 B에 관한 상대속도이다. 또한 식 (2.21)에서 B에서 측정한 A의 가속도는 $\ddot{\mathbf{r}}_{A/B} = \dot{\mathbf{v}}_{A/B} = \ddot{x}\mathbf{i} + \ddot{y}\mathbf{j}$이며, 이는 A의 B에 대한 상대가속도이다. 병진운동만을 하는 좌표계 $x-y$의 단위벡터 $\mathbf{i}$, $\mathbf{j}$는 그 방향과 크기가 변하지 않으며, 따라서 단위벡터의 시간에 관한 미분은 0이 된다(회전운동을 하는 이동좌표계는 단위벡터 $\mathbf{i}$와 $\mathbf{j}$의 방향이 변하므로 단위벡터의 시간에 관한 미분이 존재한다).

식 (2.20)과 (2.21)의 의미는 A의 절대속도(절대가속도)는 B의 절대속도(절대가속도)에 A의 B에 대한 상대속도(상대가속도)를 벡터적으로 합한다는 뜻이다. 상대속도와 상대가속도는 이동좌표계 $x-y$에서 관측자가 측정한 상대적인 측정량이다. 지금까지 다루었던 직각좌표계, $n-t$ 좌표계, 극좌표계 중에서 가장 편리한 좌표계를 선택하여 상대운동을 표현하는 이동좌표계로 사용하면 된다.

부가적인 설명

그림 2.18에 보인 바와 같이 이동좌표계를 A에 고정시킬 수도 있는데, 이때 위치, 속도, 가속도의 상대운동은 다음 식과 같이 얻을 수 있다.

$$\mathbf{r}_B = \mathbf{r}_A + \mathbf{r}_{B/A} \qquad \mathbf{v}_B = \mathbf{v}_A + \mathbf{v}_{B/A} \qquad \mathbf{a}_B = \mathbf{a}_A + \mathbf{a}_{B/A}$$

따라서 $\mathbf{r}_{B/A} = -\mathbf{r}_{A/B}$, $\mathbf{v}_{B/A} = -\mathbf{v}_{A/B}$이고, $\mathbf{a}_{B/A} = -\mathbf{a}_{A/B}$가 된다.

이동좌표계 $x-y$가 일정한 속도로 움직이는 경우, 이동좌표계에서 측정한 질점의 상대가속도와 고정좌표계 $X-Y$에서 측정한 절대가속도는 서로 같다. 이는 상대운동 해석에서 반드시 이해해야 할 중요한 사항이다. 이를 이용하면 제3장에서 다룰 뉴턴의 제2법칙의 적용 범위를 넓힐 수 있다. 즉, 이동좌표계가 일정한 절대속도로 움직이면 가속도의 관점에서 볼 때 이동좌표계와 고정좌표계가 동일한 역할을 한다고 생각할 수 있다. 일정속도로 병진운동하는 이동좌표계를 **관성좌표계**(inertial system)라 부른다.

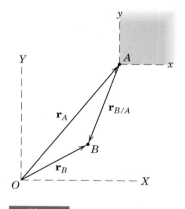

그림 2.18

예제 2.13

제트여객기 A는 동쪽으로 800 km/h의 속력으로 비행 중이며, 이보다 저공에서 항공기 B가 수평비행 중이다. 그림에 보인 바와 같이 항공기 B의 실제 비행방향은 북동방향 45°이나, A 여객기의 승객이 바라본 항공기 B의 비행방향은 60° 방향이다. 항공기 B의 실제 속도를 구하라.

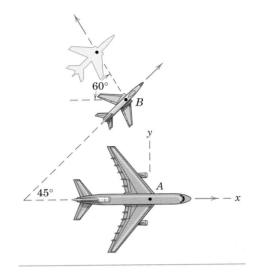

|풀이| 이동좌표계 x-y를 여객기 A에 설정하면 항공기 B의 절대속도는 다음과 같다.

$$\mathbf{v}_B = \mathbf{v}_A + \mathbf{v}_{B/A} \quad ①$$

여기서 여객기 A의 절대속도 $\mathbf{v}_A$의 크기와 방향이 주어져 있고, A에서 본 B의 상대속도 $\mathbf{v}_{B/A}$의 방향이 60°로 주어져 있다. 또한 B의 절대속도 $\mathbf{v}_B$의 방향이 45°로 주어져 있다. ② 따라서 우리가 구해야 할 것은 $\mathbf{v}_B$와 $\mathbf{v}_{B/A}$의 크기이다. 세 가지 다른 방법으로 벡터식의 해를 구해 보자. ③

(I) 도식적 방법   그림과 같이 점 P를 시점으로 하여 벡터 $\mathbf{v}_A$를 일정한 척도로 작도하고, $\mathbf{v}_A$의 끝에서 60° 방향으로 $\mathbf{v}_{B/A}$를 그린다. 또한 P점에서 45° 방향으로 $\mathbf{v}_B$를 그려서 만나는 점 C를 결정한다. 이렇게 그린 벡터삼각형은 식 $\mathbf{v}_B = \mathbf{v}_A + \mathbf{v}_{B/A}$를 나타낸다. 벡터삼각형에서 길이를 측정하여 척도를 곱하면 속도의 크기 $v_{B/A}$와 v_B를 구할 수 있다.

$$v_{B/A} = 586 \text{ km/h}, \qquad v_B = 717 \text{ km/h} \qquad \text{답}$$

(II) 삼각함수법   그림의 벡터삼각형에서 삼각함수 관계를 이용한다.

$$\frac{v_B}{\sin 60°} = \frac{v_A}{\sin 75°} \qquad v_B = 800\frac{\sin 60°}{\sin 75°} = 717 \text{ km/h} \quad ④ \qquad \text{답}$$

(III) 벡터 연산법   속도벡터를 x, y방향의 단위벡터 $\mathbf{i}$, $\mathbf{j}$로 나타내면

$$\mathbf{v}_A = 800\mathbf{i} \text{ km/h} \qquad \mathbf{v}_B = (v_B \cos 45°)\mathbf{i} + (v_B \sin 45°)\mathbf{j}$$

$$\mathbf{v}_{B/A} = (v_{B/A} \cos 60°)(-\mathbf{i}) + (v_{B/A} \sin 60°)\mathbf{j}$$

위 식을 상대속도 식 $\mathbf{v}_B = \mathbf{v}_A + \mathbf{v}_{B/A}$에 대입하여 $\mathbf{i}$, $\mathbf{j}$항에 따라 정리하면

$$(\mathbf{i}항) \qquad v_B \cos 45° = 800 - v_{B/A} \cos 60°$$

$$(\mathbf{j}항) \qquad v_B \sin 45° = v_{B/A} \sin 60°$$

위의 두 식을 풀면 ⑤

$$v_{B/A} = 586 \text{ km/h}, \qquad v_B = 717 \text{ km/h} \qquad \text{답}$$

항공기 B의 내부에 있는 관측자 입장에서 이 문제를 풀어 보자. 이동좌표계 x-y를 항공기 B에 고정하면 $\mathbf{v}_A = \mathbf{v}_B + \mathbf{v}_{A/B}$의 관계식이 성립한다. 따라서 B에서 본 A의 상대속도 $\mathbf{v}_{A/B} = -\mathbf{v}_{B/A}$가 됨을 알 수 있다.

|도움말|

① 각각의 항공기를 질점으로 본다.

② 두 항공기가 교차할 때 바람이 항공기의 속도에 미치는 영향은 무시한다.

③ 학생들은 세 가지 해법 모두에 대하여 충분히 숙지해야 한다.

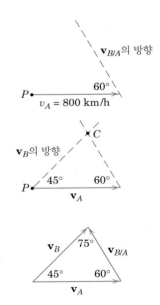

④ 여기서 사용된 것은 삼각형의 사인법칙이다.

⑤ 이 문제에서는 도식적 방법이나 삼각함수법이 벡터 연산법보다 간편하다.

예제 2.14

자동차 A의 가속도는 진행방향으로 1.2 m/s²이다. 자동차 B는 반지름이 150 m인 커브길을 54 km/h의 일정속력으로 주행하고 있다. 그림의 위치에서 A의 속력이 72 km/h일 때 A에서 측정한 B의 속도와 가속도를 구하라.

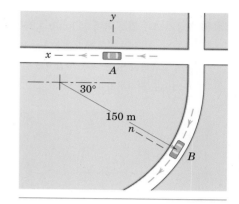

|풀이| A에서 측정한 B의 속도와 가속도를 구하기 위하여 A에 이동좌표계 x-y를 부착한다.

속도 상대속도 식

$$\mathbf{v}_B = \mathbf{v}_A + \mathbf{v}_{B/A}$$

를 벡터삼각형으로 나타내었다. 그림의 위치에서 A와 B의 속도의 크기는

$$v_A = \frac{72}{3.6} = 20 \text{ m/s} \qquad v_B = \frac{54}{3.6} = 15 \text{ m/s}$$

이다. 벡터삼각형에서 사인 법칙과 코사인 법칙을 이용하여

$$v_{B/A} = 18.03 \text{ m/s} \qquad \theta = 46.1° \quad ①$$ 🖩

가속도 상대가속도 식

$$\mathbf{a}_B = \mathbf{a}_A + \mathbf{a}_{B/A}$$

를 벡터삼각형으로 나타내었다. A의 가속도는 문제에 주어져 있으며, B의 가속도의 방향은 커브의 법선방향(n방향)이고, 그 크기는

$$[a_n = v^2/\rho] \qquad a_B = (15)^2/150 = 1.5 \text{ m/s}^2$$

가속도벡터삼각형에서 벡터 $\mathbf{a}_{B/A}$의 x, y성분을 구하면

$$(a_{B/A})_x = 1.5 \cos 30° - 1.2 = 0.0990 \text{ m/s}^2$$

$$(a_{B/A})_y = 1.5 \sin 30° = 0.750 \text{ m/s}^2$$

이로부터

$$a_{B/A} = \sqrt{(0.0990)^2 + (0.750)^2} = 0.757 \text{ m/s}^2$$ 🖩

벡터 $\mathbf{a}_{B/A}$의 방향은 가속도벡터삼각형에서 각 β로 표시되어 있으며 사인 법칙으로부터

$$\frac{1.5}{\sin \beta} = \frac{0.757}{\sin 30°} \qquad \beta = \sin^{-1}\left(\frac{1.5}{0.757}0.5\right) = 97.5° \quad ②$$ 🖩

이다.

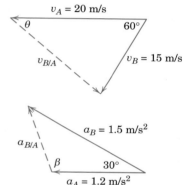

|도움말|

① 도식적인 방법 또는 벡터 연산법을 사용할 수도 있다.

② 82.5°와 180 − 82.5 = 97.5° 중에서 97.5°를 선택한다.

제안 : 벡터 연산의 숙지를 위하여 상대운동식 $\mathbf{v}_B = \mathbf{v}_A + \mathbf{v}_{B/A}$와 $\mathbf{a}_B = \mathbf{a}_A + \mathbf{a}_{B/A}$를 $\mathbf{v}_{B/A} = \mathbf{v}_B - \mathbf{v}_A$와 $\mathbf{a}_{B/A} = \mathbf{a}_B - \mathbf{a}_A$의 형태로 바꾸어 이들을 벡터삼각형으로 다시 그려 보자.

주의 : 지금까지 회전하지 않는 이동좌표계로 측정한 운동에 대하여 고찰하였다. 만일 회전하고 있는 자동차 B에 이동좌표계 x-y를 부착하면 이동좌표계 x-y도 같이 회전하므로 $\mathbf{v}_{B/A} = -\mathbf{v}_{A/B}$나 $\mathbf{a}_{B/A} = -\mathbf{a}_{A/B}$와 같은 관계식은 성립하지 않는다. 회전하는 이동좌표계에 대한 것은 5.7절에서 다룬다.

연습문제

기초문제

2/149 자동차 A는 일정 속력 54 km/h로 150 m 반경의 커브를 돌고 있다. 이 순간 자동차 B는 81 km/h의 속력이며 3 m/s² 비율로 감속하고 있다. 자동차 B에서 관찰한 자동차 A의 속도와 가속도를 구하라.

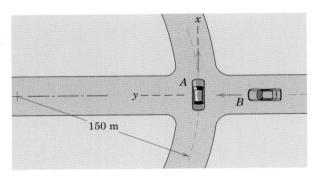

문제 2/149

2/150 기차 A는 일정한 속력 v_A=55 km/h로 주행하고, 자동차 B는 그림과 같이 도로를 따라 일정한 속력 v_B로 직선으로 주행한다. 기차의 차장 C가 기차에 상대적인 1.2 m/s의 일정한 속력으로 기차의 뒤쪽으로 걷기 시작한다. 만일 자동차 B가 서쪽으로 4.8 m/s의 속도로 가고 있다고 차장이 인식한다면 자동차의 속력은 얼마인가?

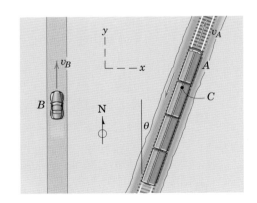

문제 2/150

2/151 작은 비행기 A가 여객기 B의 아래에서 60° 방향으로 지나갈 때 B는 v_B=600 km/h인 속도로 북쪽으로 날고 있다. 그런데 B 안의 승객에게는 A가 동쪽으로 움직이는 것처럼 보인다. 실제 A의 속도와 B에서 본 A의 속도를 구하라.

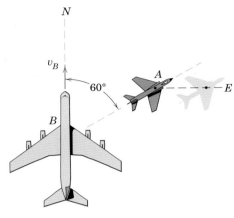

문제 2/151

2/152 마라톤 참가자 R이 v_R=16 km/h의 속력으로 북쪽으로 뛰고 있다. 바람의 속력은 v_W=24 km/h로 그림과 같은 방향으로 불고 있다. (a) 참가자에 대한 바람의 상대속도를 구하라. (b) 참가자가 같은 속력으로 남쪽으로 뛰고 있을 경우에 위 문제를 반복하라. 모든 답은 단위벡터 **i**, **j** 및 크기를 사용하여 표현하라.

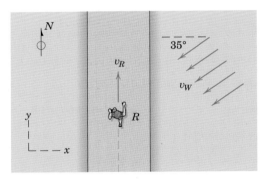

문제 2/152

2/153 잔잔한 물에서 16 노트의 속력을 낼 수 있는 배가 북쪽에서 남쪽으로 흐르는 3 노트의 해류를 헤치면서 서쪽으로 가는 항로를 유지하고자 한다. 뱃머리를 어느 쪽(북쪽에서 시계방향으로 측정한 각도)으로 향해야 하는가? 서쪽으로 24해리(nautical mile)를 항해하는 데 몇 시간이 걸리는가?

2/154 자동차 A의 전방 속력은 18 km/h이고 3 m/s²의 가속도로 가속한다. 회전식 관람차(Ferris wheel)의 회전하지 않는 의자에 앉아 있는 관찰자가 관측한 자동차의 속도와 가속도를 구하라. 회전식 관람차의 각속도 Ω=3 rev/min는 일정하다.

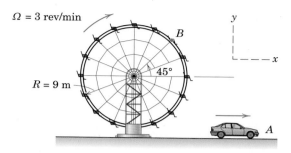

문제 2/154

2/155 연락선이 동쪽으로 움직이고 있고, 그림과 같이 속력 $v_W =$ 10 m/s인 남서풍을 받고 있다. 경험 많은 선장은 옥외 갑판에 있는 승객에게 바람의 영향을 최소화하고자 한다. 이 목적을 위하여 배의 속도 v_B를 얼마로 해야 하는가?

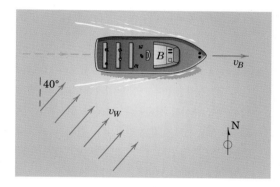

문제 2/155

심화문제

2/156 한 방울의 물이 하이패스 톨게이트 상단으로부터 떨어진다. 물방울이 6 m 떨어진 후에 수평으로 100 km/h의 속력으로 주행 중인 차량의 앞 유리 B에 부딪힌다. 앞 유리가 수직선과 이루는 각도가 그림과 같이 50°일 때 물방울이 앞 유리의 법선방향 n과 이루는 각도 θ를 구하라.

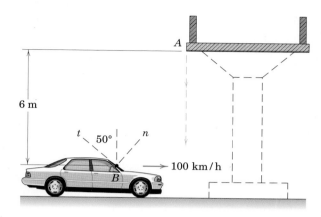

문제 2/156

2/157 비행기 A는 일정한 속력 $v_A =$ 285 km/h로 그림에 나타난 경로를 따라 비행한다. 일정한 속력 $v_B =$ 350 km/h로 날고 있는 비행기 B의 조종사에게 비행기 A가 C 점과 E 점을 지날 때의 속도는 각각 얼마로 관찰되는지 구하라. 두 비행기는 수평으로 날고 있다.

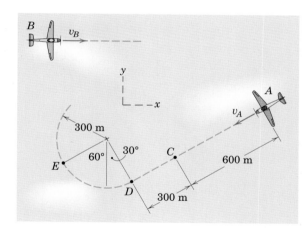

문제 2/157

2/158 그림과 같은 상대 위치에서 출발하여 비행기 B가 급유기 A와 랑데부를 하려고 한다. B가 2분 안에 A에 근접하려면 B는 얼마의 절대속도 벡터를 갖고 유지해야 하는가? 급유기 A의 절대속도는 500 km/h이며 그림과 같이 일정 고도를 유지한다.

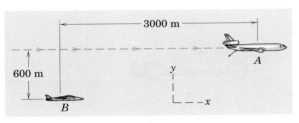

문제 2/158

2/159 돛단배가 북풍을 거슬러서 그림에 나타난 방향으로 진행한다. 배의 속력은 6.5 노트이다. 텔테일(telltale, 바람의 방향을 알려주기 위해 배에 매달아놓은 끈)은 바람의 방향이 배의 중심선에서 35°임을 알려준다. 바람의 속력 v_w를 구하라.

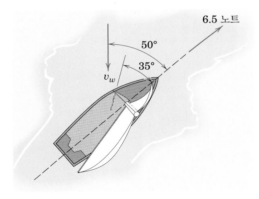

문제 2/159

2/160 그림에 나타나 있는 순간에 자동차 B의 속력은 30 km/h이고 자동차 A의 속력은 40 km/h이다. 이 순간 $\dot{r}$과 $\dot{\theta}$의 값을 구하라. 단, r과 θ는 자동차 B에 고정된 장축에서 측정한다.

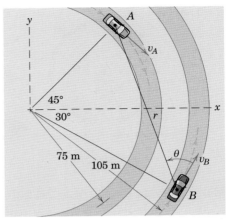

문제 2/160

2/161 문제 2/160에서 자동차 A가 1.25 m/s²의 비율로 감속하고 자동차 B가 2.5 m/s²의 비율로 가속한다. 이 순간 $\ddot{r}$과 $\ddot{\theta}$의 값을 구하라. 필요 시 문제 2/160의 해답을 참고한다.

2/162 자동차 A가 40 km/h로 주행하고 있으며 그림의 위치에서 브레이크를 작동하여 일정한 감가속도로 속력을 줄여 교차로 C에서 완전히 정지한다. 자동차 B는 그림의 위치에서 65 km/h의 속력을 갖고 있으며 최대 감가속도는 5 m/s²이다. 만일 B의 운전자가 부주의하여 A의 운전자가 브레이크를 밟기 시작하고 1.30초 후에 브레이크를 밟을 때 A와 충돌하는 B의 상대속력을 구하라. 두 차를 입자로 취급한다.

문제 2/162

2/163 무인자동차의 시범 중에 무인자동차 B가 30 km/h의 일정한 속력으로 주행하면서 그림의 위치에서 발사체 A를 발사한다. 발사체의 자동차에 대한 상대속력은 70 m/s이다. C에 위치한 목표물에 명중하기 위한 발사각 α를 구하라.

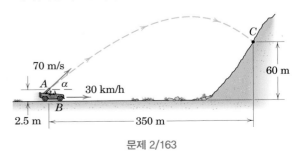

문제 2/163

2/164 우주정거장 A는 320 km 고도의 원형궤도에 있고, 우주선 B는 36 000 km의 지구정지궤도에 있다. A에 있는 회전하지 않는 관찰자가 보는 B의 상대가속도를 구하라. 지구 표면에서 중력가속도는 $g_0 = 9.823$ m/s²이고 지구의 반지름은 $R = 6371$ km이다.

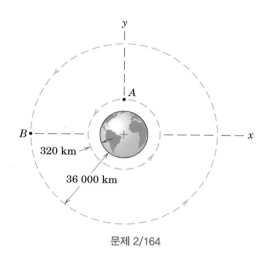

문제 2/164

2/165 풋볼 리시버(receiver)가 '×' 위치에서 출발하여 가다가 P 위치에서 방향을 틀어 $v_B = 7$ m/s의 일정한 속력으로 그림에 나타난 방향으로 달린다. 쿼터백은 리시버가 P를 지나는 순간 수평속도 30 m/s로 공을 던진다. 리시버가 공을 받도록 쿼터백이 던져야 할 각도 α와 리시버에 대한 공의 상대속도를 구하라. 공의 수직운동은 무시한다.

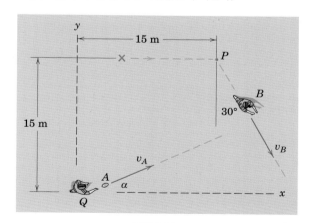

문제 2/165

2/166 자동차 A는 300 m 반지름의 원형 도로 위를 60 km/h의 일정한 속력으로 주행하며 그림에 나타난 순간에 $\theta = 45°$이다. 자동차 B는 80 km/h의 일정한 속력으로 주행하며 같은 순간에 원의 중심에 위치한다. 자동차 A는 자동차 B에서 보는 극좌표 r과 θ로 위치를 표시할 수 있으며 이 극좌표의 극점은 B와 같이 움직인다. 이 순간에 $v_{A/B}$와 B의 관찰자가 측정한 $\dot{r}$과 $\dot{\theta}$을 구하라.

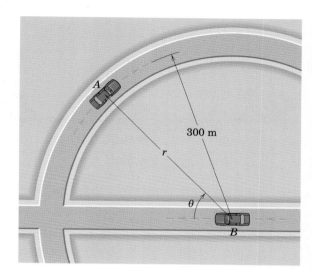

문제 2/166

2/167 문제 2/166의 조건에서 자동차 B의 관찰자가 측정한 $\ddot{r}$와 $\ddot{\theta}$을 구하라. 앞 문제에서 구한 $\dot{r}$과 $\dot{\theta}$의 결과를 사용하라.

2/168 야구방망이에 맞은 야구공이 $v_0=30$ m/s의 초기속도와 수평선과 30°의 초기각도로 외야수 B 방향으로 날아간다. 야구공의 초기위치는 땅에서 0.9 m이다. 외야수 B는 공이 어디로 떨어지는지 판단하는 데 $\frac{1}{4}$초 걸리고 일정한 속력으로 그 위치로 움직인다. 외야수는 경험이 많으므로 달리면서 동시에 공을 '잡는 위치'를 취한다. 공을 잡는 위치는 지상에서 2.1 m 높이다. 외야수가 공을 잡는 순간 공의 외야수에 대한 상대속도를 구하라.

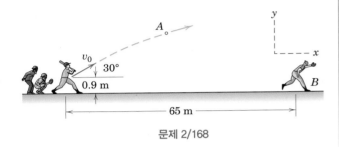

문제 2/168

▶2/169 레이더 탐지장비를 장착한 항공기 A가 12 km의 고도에서 수평으로 날고 있으며 매초 1.2 m/s의 비율로 속력을 증가시키고 있다. A에 있는 레이더는 18 km 고도에서 같은 평면에서 같은 방향으로 날아가는 항공기 B를 측정한다. $\theta=30°$일 때 A의 속력이 1000 km/h이고 이 순간 B가 1500 km/h의 일정한 속력이라면 $\ddot{r}$과 $\ddot{\theta}$의 값이 얼마인지 구하라.

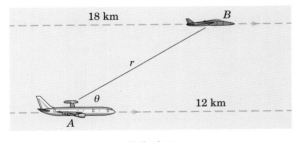

문제 2/169

▶2/170 스카이다이버 B가 비행기 A로부터 점프한 얼마 후에 일정한 속도 $v_B=50$ m/s에 도달하였다. 비행기는 일정한 속력 $v_A=50$ m/s로 같은 고도를 날다가 그림과 같이 $\rho_A=2000$ m 반지름의 원형 경로로 비행하기 시작한다. (a) 스카이다이버에 대한 비행기의 상대속도와 상대가속도를 구하라. (b) 회전하지 않는 스카이다이버에서 측정한 비행기 속력 v_r의 변화율과 경로의 곡률반지름 ρ_r을 구하라.

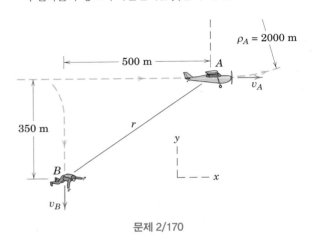

문제 2/170

2.9 연결된 질점의 구속운동

여러 개의 질점으로 이루어진 질점계는 연결부재의 구속에 따라 질점의 운동이 서로 관련을 갖는다. 이때 질점 하나하나의 운동을 결정하려면 이러한 구속조건을 반드시 고려해야 한다.

1 자유도

우선 그림 2.19와 같이 상호 연결된 두 개의 질점 A, B로 이루어진 간단한 시스템에 대하여 고찰해 보자. 여기서 A의 수평방향 운동은 B의 연직방향 운동의 두 배임을 직관적으로 알 수 있다. 그러나 직관적으로 결과를 예측하기 힘든 복잡한 문제는 해석적 방법으로 그 결과를 구해야 한다. 한 예로서 그림 2.19의 질점계를 고려해 보자. 질점 B의 운동은 풀리 중심점의 운동과 같으므로 임의의 기준점으로부터의 위치좌표 x, y를 그림과 같이 설정한다. 케이블(cable)의 총길이는 다음과 같다.

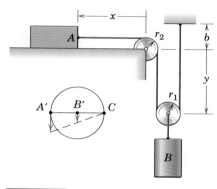

그림 2.19

$$L = x + \frac{\pi r_2}{2} + 2y + \pi r_1 + b$$

여기서 L, r_2, r_1, b는 모두 상수이므로 위 식을 시간에 관하여 미분하여 다음 식을 얻는다.

$$0 = \dot{x} + 2\dot{y} \qquad \text{또는} \qquad 0 = v_A + 2v_B$$
$$0 = \ddot{x} + 2\ddot{y} \qquad \text{또는} \qquad 0 = a_A + 2a_B$$

이 식은 속도와 가속도에 대한 구속조건을 나타내며, A의 속도와 가속도는 B의 속도와 가속도와 각각 반대 방향이 된다. 이 구속조건 식은 전체 시스템의 운동방향에 관계없이 성립한다. $v_A = \dot{x}$은 왼쪽이 +방향이고 $v_B = \dot{y}$은 아래쪽이 +이다.

위 식을 살펴보면 A, B의 속도와 가속도는 케이블 길이나 풀리 반지름과 무관하므로 이들을 고려하지 않고 운동을 해석할 수 있을 것이다. 그림 2.19의 왼쪽 아래 그림은 아래쪽 풀리를 확대하여 그린 것으로서 선분 $A'B'C$는 풀리의 수평방향 지름을 나타낸다. 점 A와 점 A'은 케이블로 연결되어 있으며, 케이블이 늘어나거나 접히지 않으므로 점 A와 점 A'에서의 속도와 가속도는 항상 동일하다. 마찬가지로 B와 B'에서의 속도와 가속도도 항상 동일하다. 점 A'이 아래 방향으로 화살표 크기만큼 미소운동할 때, 고정된 케이블과 접하고 있는 점 C의 운동은 0이므로 점 B'의 운동은 점 A'의 운동의 절반이 된다. 이러한 운동을 시간에 관하여 미분하면 위 식에서 주어진 속도와 가속도의 크기에 대한 관계를 알 수 있다. 사실상 풀리는 고정된 연직 케이블 위를 구르는 바퀴와 같은 운동을 한다(바퀴의 구름 문제는 제5장의 강체운동학에서 자세히 다루기로 한다). 질점 A, B의 위치는 x 또는 y 좌표 중 하나로 표현될 수 있으므로 그림 2.19의 질점계는 1 자유도(one degree of freedom)이다.

2 자유도

그림 2.20은 2 자유도(two degrees of freedom)의 한 예이다. 가장 아래에 위치한 원통과 풀리 C의 위치는 y_A와 y_B의 함수로 나타낼 수 있다. 원통 A, B에 연결된 케이블의 길이는 다음과 같다.

$$L_A = y_A + 2y_D + \text{상수}$$
$$L_B = y_B + y_C + (y_C - y_D) + \text{상수}$$

이를 미분하면

$$0 = \dot{y}_A + 2\dot{y}_D \qquad 0 = \dot{y}_B + 2\dot{y}_C - \dot{y}_D$$
$$0 = \ddot{y}_A + 2\ddot{y}_D \qquad 0 = \ddot{y}_B + 2\ddot{y}_C - \ddot{y}_D$$

$\dot{y}_D$와 $\ddot{y}_D$를 소거하면

$$\dot{y}_A + 2\dot{y}_B + 4\dot{y}_C = 0 \qquad \text{또는} \qquad v_A + 2v_B + 4v_C = 0$$
$$\ddot{y}_A + 2\ddot{y}_B + 4\ddot{y}_C = 0 \qquad \text{또는} \qquad a_A + 2a_B + 4a_C = 0$$

위 식을 살펴보면 v_A, v_B, v_C와 a_A, a_B, a_C가 동시에 모두 양수가 될 수는 없다. 따라서 만일 A와 B의 속도가 아래 방향 (+)이면 C의 속도는 윗방향 (−)가 된다.

　또한 이 결과는 풀리 C와 D의 운동을 고찰함으로써 확인할 수 있다. y_B가 고정된 상태에서 y_A의 증가분 dy_A(아래 방향)에 대하여 점 D는 $dy_A/2$만큼 위로 이동하고 점 C는 $dy_A/4$만큼 위로 이동한다. 또한 y_A가 고정된 상태에서 y_B의 증가분 dy_B(아래 방향)에 대하여 점 C는 $dy_B/2$만큼 위로 이동한다. 따라서 점 C는 이 두 운동을 더한

$$-dy_C = \frac{dy_A}{4} + \frac{dy_B}{2}$$

만큼 이동하고 이를 시간에 관하여 미분하면 $-v_C = v_A/4 + v_B/2$이 되어 앞에서 구한 결과와 일치한다. 운동의 기하학적 형태를 위와 같이 도식적으로 파악할 수 있는 능력을 기르는 것이 매우 중요하다.

　질점의 운동에 따라 연결부재의 방향이 변하는 구속조건에 대하여 예제 2.16에서 고찰하기로 한다.

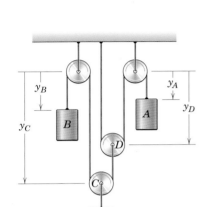

그림 2.20

예제 2.15

그림과 같은 풀리 시스템에서 원통 A의 속도가 아래 방향으로 0.3 m/s일 때 두 가지 방법으로 B의 속도를 구하라.

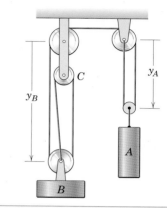

|**풀이 I**| A, B 풀리의 중심의 위치를 고정점으로부터의 거리 y_A, y_B로 나타내면 이 풀리 시스템에서 케이블의 총길이는

$$L = 3y_B + 2y_A + 상수$$

이다. 여기서 상수항은 풀리에 감겨 있는 케이블의 길이와 왼쪽 윗부분 두 개의 풀리 사이의 상하 간격 그리고 위쪽 두 개의 풀리 사이의 수평거리를 포함하고 있다. ① 위 식을 시간에 관하여 미분하여

$$0 = 3\dot{y}_B + 2\dot{y}_A$$

를 얻고 이에 $v_A = \dot{y}_A = 0.3$ m/s와 $v_B = \dot{y}_B$를 대입하면

$$0 = 3(v_B) + 2(0.3) \quad 또는 \quad v_B = -0.2\text{m/s} \quad ②$$

|**풀이 II**| 그림은 풀리 A, B, C를 확대하여 그린 것이다. 풀리 A의 중심의 미소이동 ds_A에 대하여 풀리의 왼쪽 끝은 케이블의 고정된 부분과 접하고 있으므로 그곳에서의 운동은 없다. 따라서 풀리의 오른쪽 끝은 그림 (c)와 같이 $2ds_A$만큼 이동한다. 이 운동은 풀리 B의 수평지름의 왼쪽 끝에 그림 (b)와 같이 전달된다. 풀리 C의 중심은 고정되어 있으므로 풀리 C의 양 끝의 운동은 그림 (a)와 같이 크기가 같고 방향이 반대이다. 그러므로 풀리 B의 오른쪽 끝단의 아래 방향 이동거리는 풀리 B의 중심의 위 방향 이동거리와 같다. 그림에서

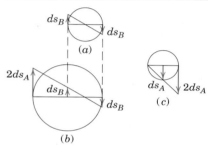

$$2ds_A = 3ds_B \quad 또는 \quad ds_B = \frac{2}{3}ds_A$$

임을 알 수 있다. 위 식을 dt로 나누면 다음과 같다.

$$|v_B| = \frac{2}{3}v_A = \frac{2}{3}(0.3) = 0.2 \text{ m/s (위 방향)}$$

|**도움말**|

① BC 사이의 케이블의 경사는 무시한다.

② $-$부호는 속도가 위 방향임을 의미한다.

예제 2.16

트랙터 A가 풀리 시스템을 이용하여 화물 B를 들어 올리고 있다. A의 전진 속도를 v_A라 할 때 화물 B의 속도 v_B를 좌표 x의 함수로 나타내어라.

|**풀이**| 트랙터와 화물의 위치를 고정점에서의 좌표 x, y로 나타낸다. 케이블의 길이는

$$L = 2(h - y) + l = 2(h - y) + \sqrt{h^2 + x^2}$$

으로 일정하므로 이를 시간에 관하여 미분하면

$$0 = -2\dot{y} + \frac{x\dot{x}}{\sqrt{h^2 + x^2}}$$

이고, $v_A = \dot{x}$, $v_B = \dot{y}$를 위 식에 대입하면 다음과 같다.

$$v_B = \frac{1}{2}\frac{xv_A}{\sqrt{h^2 + x^2}} \quad ①$$

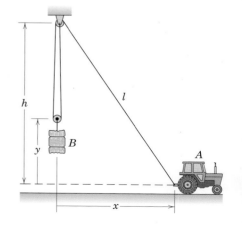

|**도움말**|

① 직각삼각형의 관계식을 미분하는 계산은 역학에서 종종 경험하게 된다.

연습문제

기초문제

2/171 블록 A가 오른쪽으로 0.6 m/s의 속도를 가지면 원통 B의 속도는 얼마인가?

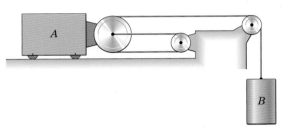

문제 2/171

2/172 어느 한 순간에 $V_{B/A}$=3.5**j** m/s이다. 이 순간에 각 물체의 속도를 구하라. 단 A의 윗면은 수평을 유지한다.

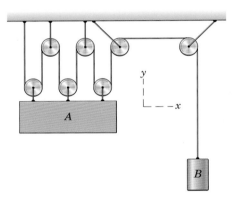

문제 2/172

2/173 어떤 순간에 원통 B의 속도가 아래로 1.2 m/s이고, 가속도가 위로 2 m/s²이다. 대응하는 블록 A의 속도와 가속도를 구하라.

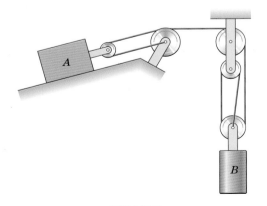

문제 2/173

2/174 그림과 같이 원통 B가 아래로 0.6m/s의 속도라면 수레 A의 속도를 구하라. C에서 두 개의 도르래는 독립적으로 선회한다.

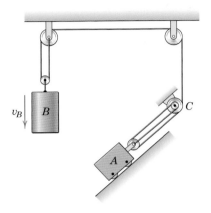

문제 2/174

2/175 전기 모터 M은 차고의 천장에 자전거를 들어 올릴 때 케이블을 감는 데 사용된다. 도르래들은 A와 B에서 고리로 자전거 프레임에 고정되고 모터는 0.3 m/s로 일정하게 케이블을 감을 수 있다. 이 속도로 자전거를 1.5 m 위로 들어 올리는 데 얼마나 걸릴까? 단, 자전거는 수평을 유지한다.

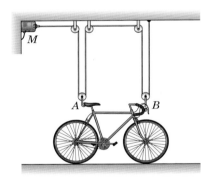

문제 2/175

2/176 앞부분에 파워 윈치를 장착한 트럭이 그림과 같이 케이블과 풀리를 연결하여 가파른 경사면을 당겨 올라간다. 만일 케이블이 **40 mm/s**의 일정 속도로 드럼에 감긴다면, 트럭이 경사면을 **4 m** 올라가는 데 얼마의 시간이 걸리는가?

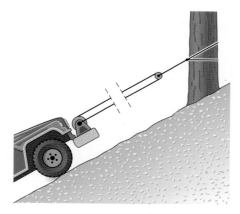

문제 2/176

심화문제

2/177 원통 B의 위 방향으로의 속도 v_B를 이용하여 경사면을 따라 아래로 움직이는 수레 A의 속도 v_A에 대한 식을 구하라.

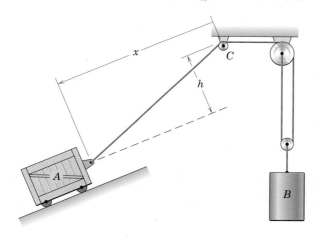

문제 2/177

2/178 주어진 값 y를 이용하여 A의 속도와 B의 속도 사이의 관계식을 구하라. 단 도르래의 지름은 무시한다.

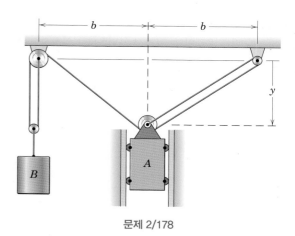

문제 2/178

2/179 힘 P가 작용할 때, 블록 B의 일정 가속도는 경사면을 따라 위쪽으로 **2 m/s²**이다. B의 속도가 경사면을 따라 위쪽으로 **1.2 m/s**일 때, A에 대한 B의 상대속도, 상대가속도와 케이블의 C점에서 절대속도를 구하라.

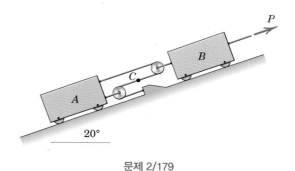

문제 2/179

2/180 아래 방향을 양의 속도로 정의할 때, 네 개의 원통에 대해 적용되는 관계를 구하라. 자유도의 수는 몇 개인가?

문제 2/180

2/181 고리 A와 B는 길이 L에 의해 연결되어 있고 고정된 직각봉을 따라 움직인다. 고리 A가 위쪽으로 일정속도 v_A로 움직인다면 고리 B의 가속도 a_x를 y의 함수로 나타내어라.

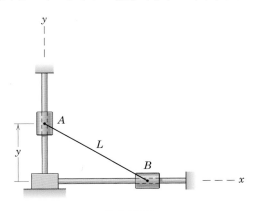

문제 2/181

2/182 작은 슬라이드 A와 B는 가느다란 강체봉으로 연결되어 있다. 만약 슬라이드 B의 속도가 오른쪽으로 2 m/s이고 특정 기간 일정하다면 그림과 같은 위치일 때 슬라이드 A의 속력을 구하라.

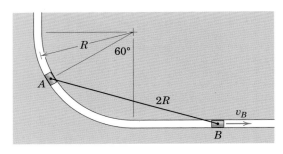

문제 2/182

2/183 주어진 값 y를 이용하여 B의 아래 방향 속도에 대한 A의 위 방향 속도를 구하라. 도르래의 지름은 무시한다.

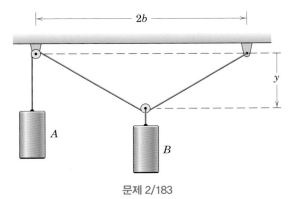

문제 2/183

2/184 고리 A와 B가 고정 막대를 따라 미끄러지는데, 길이가 L인 끈에 의해 서로 연결되어 있다. 고리 A의 속도가 오른쪽으로 $v_A = \dot{x}$ 일 때, B의 속도 $v_B = -\dot{s}$을 x, v_A 및 s로 나타내어라.

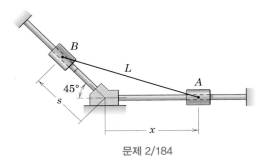

문제 2/184

2/185 그림과 같이 호이스팅 드럼이 180 mm/s의 일정비율로 케이블을 당긴다면, 10초 동안 하중 W의 수직 이동거리 h를 구하라.

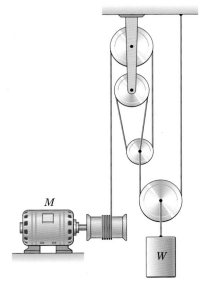

문제 2/185

2/186 그림과 같이 호이스팅 시스템은 위쪽 공간에 카약을 쉽게 끌어올려 저장하기 위해 사용된다. 윈치 M이 일정비율 $\dot{l}$로 케이블을 감는다면 임의 높이 y에서 카약의 위쪽 방향 속도와 가속도에 대한 식을 구하라.

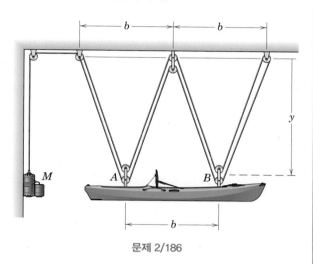

문제 2/186

2/187 원통 A의 아래 방향 속도를 이용하여 원통 B의 위쪽 방향 속도에 대한 식을 구하라. 그림과 같이 원통들은 n개의 케이블과 도르래로 연결되어 있다.

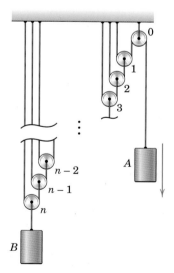

문제 2/187

2/188 하중 B가 아래 방향 속도 v_B를 갖는다면, b, 붐 길이 l, 각도 θ를 이용하여 A의 속도에 대한 위쪽 방향 성분 $(v_A)_y$를 구하라. A와 연결된 케이블은 수직을 유지한다.

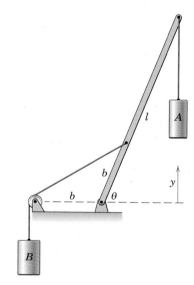

문제 2/188

2/189 고정된 유압실린더의 봉이 일정 속력 $v_A=25$ mm/s로 왼쪽으로 움직이고 있다. $s_A=425$ mm일 때, 이에 대응하는 슬라이더 B의 속도를 구하라. 끈의 길이는 1050 mm이고 도르래 A의 반지름의 영향은 무시한다.

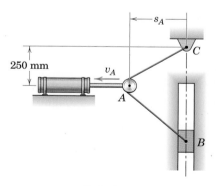

문제 2/189

▶2/190 문제 2/189의 모든 조건이 같을 때, $s_A=425$ mm인 순간에 슬라이더 B의 가속도를 구하라.

2.10 이 장에 대한 복습

이 장에서는 질점의 운동을 표현하기 위한 기본이론을 유도하고 그 적용방법에 대하여 설명하였다. 다음 장으로 넘어가기 전에 질점운동학에 관한 안목을 넓히고 그 개념을 확고히 하기 위하여, 지금까지 배운 질점운동학의 내용을 복습하는 것이 매우 중요하다. 이 장에서 설명한 개념들과 전개과정은 동역학 전 분야에 있어서의 기초를 세우게 된다. 따라서 앞으로의 동역학 학습에서 만족할 만한 성과를 거두려면 이 장의 내용을 확실하게 이해하는 것이 필수적이다.

지금까지 이 장에서 다룬 가장 중요한 개념은 '벡터의 시간에 관한 미분'인데 벡터는 '크기와 방향을 모두 고려해야 한다'는 점을 강조해 두고자 한다. 차후에 위치나 속도벡터가 아닌 다른 종류의 벡터의 시간에 관한 미분에 대하여서도 고찰하게 될 것인데, 이때 이 장에서 유도된 이론과 과정이 그대로 적용된다.

운동의 유형

운동은 크게 다음 세 가지 부류로 구분할 수 있다.

1. 직선운동(한 개의 좌표)
2. 평면곡선운동(두 개의 좌표)
3. 공간곡선운동(세 개의 좌표)

운동의 유형은 주어진 문제에 대한 운동의 기하학으로부터 쉽게 판별할 수 있다. 예외적으로 물체의 운동경로를 따라 측정되는 운동의 크기에만 관심이 있는 경우에는 곡선경로를 따라 측정한 한 개의 거리좌표 s만으로 운동을 나타낼 수 있다. 이때 물체의 속력은 s의 스칼라 미분인 $|\dot{s}|$로 표시되고 경로에 접선방향인 가속도는 $\ddot{s}$으로 표시된다.

특히 실제 기계류에서는 공간운동보다 평면운동으로 운동이 일어나고, 또 제어하는 것이 간편하므로 대부분의 문제는 위의 세 가지 중에서 평면곡선운동과 직선운동의 범주에 속한다.

고정좌표계 사용

물체의 운동은 고정좌표계(절대운동) 또는 이동좌표계(상대운동)를 이용하여 측정된다. 고정좌표계의 선택은 문제의 성격에 따라 달라진다. 대부분의 공학문제에 있어서 지구 표면에 부착된 좌표계를 고정좌표계로 간주한다. 그러나 지구-위성체 운동이나 행성 간의 운동, 정확한 탄도계산, 자동항법장치 등의 문제에서는 지구 자체의 운동을 고려해야 한다. 이때 지구 표면에 부착된 좌표계는 움직이는 이동좌표계이므로 더 이상 고정좌표계로 간주될 수 없다. 이 장에서의 상대운동은 병진운동하는 이동좌표계의 경우에 대해서만 고찰하였다.

좌표계의 선택

좌표계의 선택은 매우 중요하다. 운동을 표현하는 좌표계의 종류는 다음과 같다.

1. 직각좌표계(x-y 또는 x-y-z)
2. 법선-접선좌표계(n-t)
3. 극좌표계(r-θ)
4. 원통좌표계(r-θ-z)
5. 구면좌표계(R-θ-ϕ)

좌표계가 지정되어 있지 않을 때의 좌표계는 운동의 생성과 측정의 형태에 따라 적절하게 선택한다. 예를 들어, 한 질점이 회전하는 막대의 반지름방향을 따라 미끄럼운동을 하는 경우에는 극좌표계를 사용하는 것이 자연스럽다. 레이더로 물체를 추적하는 경우에는 극좌표계나 구면좌표계를 사용하는 것이 적절하다. 곡선경로를 따라가면서 측정이 이루어지는 경우에는 n-t 좌표계를 사용한다. x-y 플로터에서는 직각좌표계를 사용한다.

그림 2.21은 곡선운동의 속도 $\mathbf{v}$와 가속도 $\mathbf{a}$를 x-y, n-t, r-θ 좌표계를 이용하여 복합적으로 나타낸 것이다. 때때로 한 좌표계를 사용하여 표현한 운동을 다른 좌표계로 변환하여 나타낼 필요가 있으며, 그림 2.21은 이러한 좌표 변환에 필

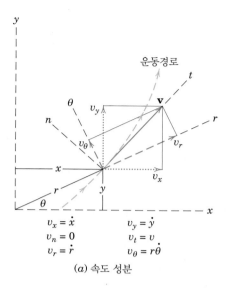

$$v_x = \dot{x} \qquad\qquad v_y = \dot{y}$$
$$v_n = 0 \qquad\qquad v_t = v$$
$$v_r = \dot{r} \qquad\qquad v_\theta = r\dot{\theta}$$

(a) 속도 성분

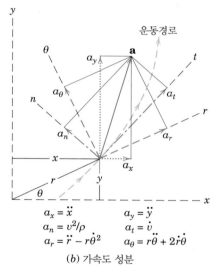

$$a_x = \ddot{x} \qquad\qquad a_y = \ddot{y}$$
$$a_n = v^2/\rho \qquad\qquad a_t = \dot{v}$$
$$a_r = \ddot{r} - r\dot{\theta}^2 \qquad\qquad a_\theta = r\ddot{\theta} + 2\dot{r}\dot{\theta}$$

(b) 가속도 성분

그림 2.21

요한 정보를 담고 있다.

근사

적절한 근사 능력을 기르는 것이 중요하다. 가속도를 일으키는 원인이 되는 외력의 변화가 크지 않을 때 외력에 의한 가속도가 일정하다고 가정할 수 있다. 실험을 통하여 운동에 관한 데이터를 얻었을 때, 이 데이터를 기초로 하여 도식적 방법 또는 수치적인 근사를 통하여 실제와 가장 가까운 운동상태를 도출할 수 있다.

수학적 방법의 선택

문제의 해를 구하는 여러 가지 방법, 즉 스칼라 대수학, 벡터 대수학, 삼각함수법, 도식적 방법 중에서 가장 적당한 방법을 선택해야 한다. 따라서 이미 앞에서 다룬 여러 가지 방법들에 대하여 충분히 숙지해야 한다. 해법의 선택에 있어서 고려되어야 할 사항은 운동의 기하학적 형태와 주어진 운동 데이터의 형태 그리고 요구되는 해의 정확도 등이다. 역학의 속성은 기하학적이므로 운동의 벡터적 관계를 그림으로 스케치할 수 있는 능력을 길러야 한다. 이 능력은 운동의 적절한 기하학적 관계와 삼각함수 관계를 밝히기 위한 수단이 되고 또한 벡터식을 도식적으로 풀기 위한 수단이 된다. 대부분의 역학 문제를 가장 직접적으로 표현하는 방법은 바로 문제를 도식적으로 표현하는 것이다.

복습문제

2/191 직선을 따라 입자의 위치 s가 $s=8e^{-0.4t}-6t+t^2$으로 주어진다. 여기서 s는 미터이고 t는 초로서 시간을 나타낸다. 가속도가 3 m/s²일 때 속도 v를 구하라.

2/192 $x-y$평면에서 움직이는 입자가 어느 순간에 속도 $\mathbf{v}=7.25\mathbf{i}+3.48\mathbf{j}$ m/s이다. 입자가 일정한 가속도 $\mathbf{a}=0.85\mathbf{j}$ m/s²를 만났을 때, 입자의 궤적에 대한 접선의 방향이 30°에 의해 변경되기 전에 지나야 하는 시간을 계산하라.

2/193 비행기 두 대가 공중 묘기를 하고 있다. A 비행기는 표시된 경로를 따라 주행하며, 검토 중인 순간에 매초 6 km/h의 속도로 증가하는 425 km/h의 속력을 가진다. 한편 비행기 B는 240 km/h의 일정속력으로 원을 그리고 있다. 표현되는 순간에 비행기 B가 비행기 A에서 조종사에게 갖는 것처럼 보이는 속도와 가속도를 구하라.

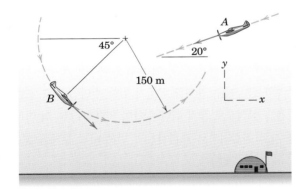

문제 2/193

2/194 시간 $t=0$에서 조그마한 공이 60°의 각도와 속도 60 m/s로 점 A로부터 발사된다. 공기의 저항은 무시하고, 공의 속도가 수평축 x 축과 45°의 각을 이룰 때 두 시간 t_1과 t_2를 구하라.

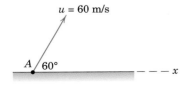

문제 2/194

2/195 그림에서 보이는 것처럼 자전거를 타는 사람이 단단한 해변에 속력 25 km/h로 자전거를 타고 있다. 바람속도는 $v_W=32$ km/h이다. (a) 자전거 타는 사람에 대한 바람의 상대속도를 구하라. (b) 자전거 운전자는 얼마의 속도로 그녀의 좌측으로부터 직진(그녀의 경로에 수직)하여 오는 바람을 느끼는가?

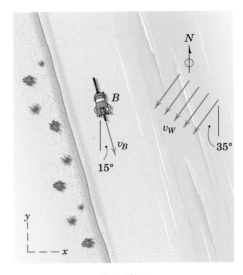

문제 2/195

2/196 핀 P의 운동은 핀이 미끄러지는 두 개의 움직이는 슬롯 A와 B에 의해 제어된다. B가 오른쪽으로 $v_B=3$ m/s이고, A가 위로 $v_A=2$ m/s일 때 핀의 속도 v_P의 크기를 구하라.

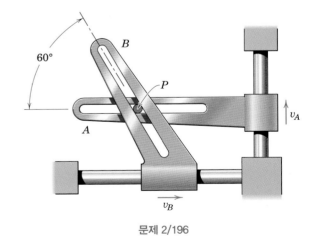

문제 2/196

2/197 그림에서 보이는 위치에서 물체 *A*가 정지하고 있다가 아래 방향으로 움직여 물체 *B*를 지지부 *C*로부터 들어 올린다. 크기 $a_{B/A} = 2.4$ m/s²가 일정하게 유지되도록 움직임이 제어된다면, 물체 *B*가 경사면을 따라 **5 m** 위쪽으로 이동할 때 걸리는 시간과 그 시간의 마지막 순간에 대응하는 물체 *A*의 속력을 구하라. 여기서 각 $\theta = 55°$이다.

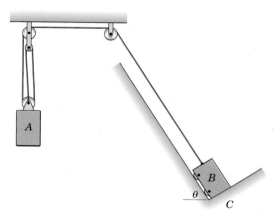

문제 2/197

2/198 항공모함의 발사는 비행갑판에서 제트 전투기에 정지로부터 일정 가속도 **50 m/s²**를 주며, 기울어진 이륙 경사를 따라 측정한 **100 m**의 거리에서 항공기를 추진한다. 항공모함이 일정속도 **30노트**(1 노트=1.825 km/h)로 움직인다면, 전투기의 실제속도의 크기 *v*를 구하라.

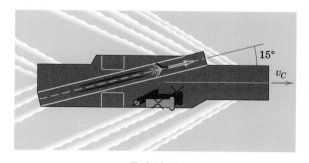

문제 2/198

2/199 그림에 표시된 순간에, 곡선 궤적에서 움직이는 질점 *P*는 *O*점에서 **80 m** 떨어져 있으며 속도와 가속도는 그림과 같다. 이 순간에 $\dot{r}$, $\ddot{r}$, $\dot{\theta}$, $\ddot{\theta}$, 가속도의 *n* 및 *t* 성분, 곡률반경 ρ를 구하라.

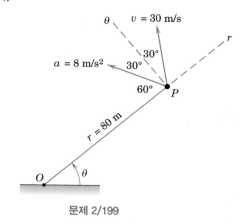

문제 2/199

2/200 곡선운동을 하는 입자의 좌표는 $x = 10.25t + 1.75t^2 - 0.45t^3$이고 $y = 6.32 + 14.65t - 2.48t^2$이며 *x*와 *y*는 mm이고 시간 *t*는 초이다. $t = 3.25$ s일 때, v, **v**, a, **a**, $\mathbf{e}_t$, $\mathbf{e}_n$ a_t, $\mathbf{a}_t$, a_n, $\mathbf{a}_n$, ρ, $\dot{\beta}$(경로에 대한 법선 각속도)의 값을 구하라. 모든 벡터는 단위 벡터 **i**와 **j**의 항으로 나타내라.

2/201 곡선운동을 하는 입자의 좌표는 $x = 10.25t + 1.75t^2 - 0.45t^3$이고 $y = 6.32 + 14.65t - 2.48t^2$이며 *x*와 *y*는 mm이고 시간 *t*는 초이다. $t = 3.25$ s일 때, v, **v**, a, **a**, $\mathbf{e}_r$, $\mathbf{e}_\theta$, v_r, $\mathbf{v}_r$, v_θ, $\mathbf{v}_\theta$, a_r, $\mathbf{a}_r$, a_θ, $\mathbf{a}_\theta$, r, $\dot{r}$, $\ddot{r}$, θ, $\dot{\theta}$, $\ddot{\theta}$의 값을 구하라. 모든 벡터는 단위 벡터 **i**와 **j**의 항으로 나타내라. 원점으로부터 나아가는 방향을 *r*좌표, 양의 *x*축으로부터 반시계방향으로 측정된 양의 θ좌표로 잡아라.

2/202 소형 항공기가 40 m/s의 일정속도로 수평 원을 따라 움직이고 있다. 순간적으로 소형 상자 A는 항공기의 상대속도에서 6 m/s의 수평속도로 항공기의 우측으로부터 투척된다. 공기역학적인 영향을 무시하고 지면에 낙하하는 지점의 좌표를 계산하라.

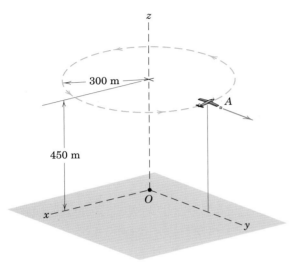

문제 2/202

2/203 북극에서 수직으로 발사된 로켓은 연료가 고갈된 고도 350 km에서 27 000 km/h의 속도를 낸다. 지구로 하강하기 시작 전 로켓에 의해 도달되는 추가수직 높이 h를 계산하라. 비행하는 관성 단계는 대기 위에서 일어난다. 중력가속도의 적절한 값을 선택함에 있어 그림 1.1을 참조하고, 표 D.2에서 지구의 평균반지름을 사용하라.

2/204 유압실린더 피스톤 봉이 일정 속도 v_A=25 mm/s로 왼쪽으로 움직이고 있다. s_A=425 mm일 때 연결된 슬라이더 B의 속도를 구하라. 코드의 길이는 1600 mm이고, A에서 작은 풀리 반경의 영향은 무시해도 좋다.

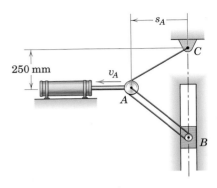

문제 2/204

*2/205 문제 2/204와 모든 조건이 같을 때 s_A=425 mm인 순간 슬라이더 B의 가속도를 구하라.

▶2/206 레이더 추적 안테나는 ω가 일정 각 주파수이고, $2\theta_0$가 진동의 이중 진폭인 $\theta = \theta_0 \cos \omega t$에 따라 수직축을 중심으로 진동한다. 동시에 앙각 ϕ는 일정 속도 $\dot{\phi} = K$에서 증가하고 있다. (a) 위치 A를 통과할 때, (b) θ=0인 순간으로 가정되는 정상 B 위치를 통과할 때 신호 관의 가속도의 크기 a에 대한 식을 구하라.

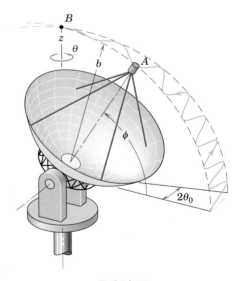

문제 2/206

*컴퓨터 응용문제

*2/207 주어진 초기조건으로 발사체가 발사된다. 입자가 공중에 있는 동안의 시간 함수로서 속도와 가속도의 r-성분과 θ-성분을 도시하라. t=9 s일 때 각 성분에 대한 값을 기술하라.

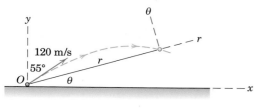

문제 2/207

*2/208 모든 마찰의 영향이 무시되는 경우, 단순진자 각가속도 $\ddot{\theta}=\dfrac{g}{l}\cos\theta$에 대해 나타내라. 여기서 g는 중력가속도이고 l은 막대 OA의 길이이다. 진자가 $t=0$에서 $\theta=0$일 때 시계방향 각가속도 $\dot{\theta}=2$ rad/s를 갖는 경우 진자가 수직위치 $\theta=90°$를 통과하는 시간 t'를 구하라. 진자의 길이는 $l=0.6$ m이다. 또한 각 θ에 대한 시간 t를 도시하라.

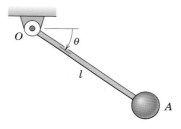

문제 2/208

*2/209 야구공은 높이 60 m에서 떨어지고 땅에 부딪힐 때 **26 m/s**로 이동하는 것으로 나타난다. 상수로 가정할 수 있는 중력가속도 이외에도 공기 저항은 크기 kv^2의 감속도 성분을 발생시킨다. 여기서 v는 속도이고 k는 상수이다. 계수 k의 값을 구하라. 높이 y의 함수로서 야구공의 속도를 도시하라. 야구공이 높은 고도에서 떨어졌지만 g가 여전히 일정하다고 가정된다면 최종속도 v_t는 얼마인가? (최종속도는 중력가속도와 공기저항으로 인한 가속도가 같고 반대인 속도이므로 야구공은 일정 속도로 떨어진다.) 야구공이 $h=60$ m에서 떨어졌다면 공기 저항이 무시될 때 얼마의 속도 v'로 땅에 부딪칠까?

*2/210 총배수량이 **16 000** 미터톤(1 미터톤=1000 kg)을 가진 선박이 일정한 프로펠러 추력 $T=250$ kN하에서 정수 중에 정지상태에서 출발한다. 선박은 $R=4.50v^2$에 의해 주어진 물을 통하여 운동에 대한 전체 저항을 발생시키며, 여기서 R은 킬로뉴턴이며 v는 시간당 미터이다. 선박의 가속도는

$a=(T-R)/m$이고 여기서 m은 미터톤에서 선박의 질량과 동일하다. 선박이 정지에서 처음 5해리에 대하여 진행한 해리에서 거리 s의 함수로서 노트로 선박의 속력 v를 도시하라. 선박이 1해리를 진행한 후 속력을 찾아라. 선박이 도달할 수 있는 최대 속력은 얼마인가?

*2/211 시간 $t=0$에서, 0.9 kg 입자 P는 위치 $\theta=0$에서 초기속도 $v_0=0.3$ m/s로 주어지고, 그 후 반지름 $r=0.5$ m 원형 경로를 따라 미끄러진다. 점성 유체와 중력가속도의 영향 때문에 접선가속도는 $a_t=g\cos\theta-\dfrac{k}{m}v$이다. 여기서 상수 $k=3$ N·s/m는 항력 매개변수이다. 범위 $0\leq t\leq5$ s에 걸쳐 시간의 함수로서 θ와 $\dot{\theta}$를 구하고 도시하라. θ와 $\dot{\theta}$의 최댓값과 t에 대응하는 값을 구하라. 또한 $\theta=90°$인 첫 번째 시간을 구하라.

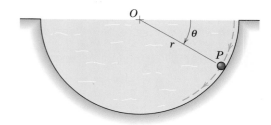

문제 2/211

*2/212 발사체는 속력 $v_0=30$ m/s로 점 A에서 발사된다. 그림에서 나타낸 것처럼 도달거리 R을 최대화하는 발사각 α를 구하라. 대응하는 R값을 구하라.

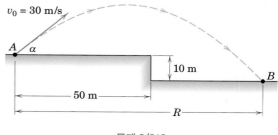

문제 2/212

*2/213 저공비행하는 농약 살포 비행기 A는 반지름 300 m의 수평원에서 일정속도 40 m/s로 움직이고 있다. 그것이 시각 $t=0$에서 그림처럼 12시 위치를 통과함에 따라 자동차 B는 그림처럼 속력 30 m/s에 도달할 때까지 일정 가속도 3 m/s²으로 직선 도로를 따라 출발하며, 그 후에 일정속력을 유지한다. B에 관한 A의 속도와 가속도를 구하고 자동차의 변위 s_B와 시간의 함수로서 시간 주기 $0 \leq t \leq 50$ s에 걸쳐 이들 두 양의 크기를 도시하라. 두 양들의 최댓값과 최솟값을 구하고 그들이 발생하는 변위 s_B와 시간 t의 값을 나타내라.

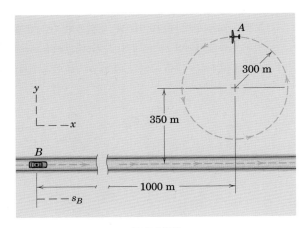

문제 2/213

*2/214 그림에서처럼 입자 P는 초기 조건으로 점 A에서 발사된다. 입자가 공기역학적인 항력을 받는다면 입자의 도달거리 R을 계산하여 공기역학적인 항력이 무시되는 경우와 비교하라. 두 경우에 대한 입자의 궤적을 그려 보라. 공기역학 항력으로 인한 가속도는 $\mathbf{a}_D = -kv^2 \mathbf{e}_t$ 형태를 가진다. 여기서 k는 양의 상수이고, v는 입자속력이며, $\mathbf{e}_t$는 입자의 순간속도 $\mathbf{v}$와 관계되는 단위 벡터이다. 단위 벡터 $\mathbf{e}_t$는 $\mathbf{e}_t = \dfrac{v_x \mathbf{i} + v_y \mathbf{j}}{\sqrt{v_x{}^2 + v_y{}^2}}$의 형태를 가진다. 여기서 v_x, v_y는 각각 입자속도의 순간의 x, y성분이다. 값 $v_0 = 65$ m/s, $\theta = 35°$, $k = 4.0 \times 10^3$m¹을 사용하라.

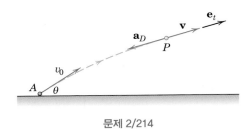

문제 2/214

CHAPTER 3

질점의 운동역학

이 장의 구성

Jupiterimages/Getty Images, Inc.

롤러코스터와 같은 놀이기구 설계자는 열차와 구조물의 설계 명세를 개발할 때 평행이론에만 의존해서는 안 된다. 각 열차에 대한 질점운동역학은 안전한 시스템을 설계하는 데 관련된 힘들을 예측하는 데 반드시 고려되어야 한다.

3.1 서론

뉴턴의 제2법칙은 질점이 불평형인 힘을 받을 때 가속된다는 것이다. 운동역학은 불평형 힘들과 이에 의한 운동의 변화 사이의 관계를 연구하는 학문이다. 제3장에서는 질점의 운동역학을 연구하게 된다. 이 주제는 이미 배운 역학의 두 가지 부분, 즉 정역학에서 고찰한 바 있는 힘의 특성과 제2장에서 다루었던 질점의 운동학에 대한 지식의 조합을 요구한다. 뉴턴의 제2법칙에 따라 이들 두 주제를 조합하고 힘, 질량 그리고 운동을 포함하는 공학문제의 해결을 위한 준비를 한다.

운동역학의 문제 해결에는 세 가지 일반적인 접근방법, 즉 (A) 뉴턴의 제2법칙 (힘 – 질량 – 가속도의 방법)의 직접적인 적용, (B) 일과 에너지 원리의 이용, (C) 충격량(impulse)과 운동량(momentum)을 이용하는 해법이 있다. 각 접근방법은 각각 고유한 특성과 장점이 있으며, 제3장은 이러한 세 가지 해법에 따라 몇 개의 편으로 나누어 구성되는데, D편에서는 이 기본적인 세 가지 접근방법의 적용과 복합문제를 다룬다. 제3장을 들어가기 전에, 앞으로 전개될 내용에 기본이 되는 제1장의 정의와 개념을 다시 주의 깊게 복습하기 바란다.

A편 힘, 질량과 가속도

3.2 뉴턴의 제2법칙

힘과 가속도의 기본적인 관계는 식 (1.1)과 같은 뉴턴의 제2법칙에서 찾을 수 있는데, 이러한 관계의 검증은 전적으로 실험에 의해 이루어진다. 힘과 가속도가 정확히 측정된다고 가정할 수 있는 이상적인 실험에 의하여 뉴턴의 제2법칙에 대한 중요한 의미를 설명하고자 한다. 하나의 질점은 기본관성계(primary inertial system)*에 있으며 단일 힘 $\mathbf{F}_1$만을 받는다고 하자. 질점의 가속도 $\mathbf{a}_1$이 측정되면 힘과 가속도의 크기 비 F_1/a_1의 값은 힘과 가속도 측정에 사용되는 단위에 따라 어떤 수 C_1이 될 것이다. 동일한 질점에 다른 힘 $\mathbf{F}_2$를 작용시켜 그때의 가속도 $\mathbf{a}_2$를 측정한다. 이때 힘과 가속도의 비 F_2/a_2는 C_2가 될 것이다.

실험을 여러 번 반복하면 다음과 같은 두 가지 중요한 결과를 유추할 수 있다. 첫째, 실험 중 측정에 사용된 단위가 바뀌지 않는 한 작용된 힘과 가속도의 비는 모두 같은 값을 갖는다. 따라서 다음과 같다.

$$\frac{F_1}{a_1} = \frac{F_2}{a_2} = \cdots = \frac{F}{a} = C, \qquad C : 상수$$

상수 C는 변하지 않는 질점의 어떤 성질이라고 결론 내릴 수 있다. 이 성질은 속도의 변화율에 저항하는 질점의 관성이다. 관성이 큰(큰 C값) 질점이라면 가속도는 주어진 힘 F에 대하여 작아질 것이다. 반면에 관성이 작다면 가속도는 커진다. 질량 m은 관성의 정량적 척도이므로 $C = km$이라 표현할 수 있으며, 여기서 k는 사용된 단위를 설명하기 위한 상수이다. 따라서 실험적 관계식은 다음과 같다.

$$F = kma \tag{3.1}$$

여기서 F는 질량 m인 질점에 작용하는 합력의 크기이고, a는 질점에서 발생되는 가속도의 크기이다.

이상적인 실험으로부터 유추된 두 번째 결론은 가속도의 방향은 항상 작용된 힘의 방향과 일치한다는 것이다. 따라서 식 (3.1)은 벡터 관계식이 되며, 다음과 같이 쓸 수 있다.

$$\mathbf{F} = km\mathbf{a} \tag{3.2}$$

---

* 기본관성 좌표계나 천체 좌표계는 공간에서 이동이나 회전이 없는 가상의 기준좌표계이다. 1.2절을 참조할 것

실제 실험은 앞서 기술한 이상적인 방법으로는 수행될 수 없음에도 불구하고, 이러한 결론들은 정밀하게 수행된 수많은 실험으로부터 추론되었으며, 또한 이상적인 실험의 가설로부터 정확히 예측한 것이다. 가장 정확한 검증 중 하나는 식 (3.2)를 이용하여 행성의 운동을 정확하게 예측하는 것이다.

관성계

이상적인 실험의 결과는 고정된 기본관성계로부터 얻어진 것이지만, 이는 기본계에 대해 일정한 속도로 이동하는 임의의 비회전기준계를 고려하여 수행한 실험에 대하여서도 동등하게 성립한다. 2.8절에서의 상대운동에 대한 학습으로부터 가속도가 없이 움직이는 시스템에서 측정된 가속도는 기본계에서 측정된 것과 같다는 것을 알고 있다. 따라서 뉴턴의 제2법칙은 비가속도운동을 하는 시스템에서 동등하게 적용된다. 그러므로 관성계(inertial system)는 식 (3.2)가 성립되는 모든 시스템으로 정의할 수 있다.

이러한 이상적인 실험이 지표면에서 실행되고 지구에 부착된 기준계에 대하여 측정된다면, 그 결과는 식 (3.2)로부터 구한 결과와 약간의 차이를 보인다. 이러한 차이는 측정된 가속도가 절대가속도와 일치하지 않는다는 점에 기인하며, 이는 지구의 가속도성분을 보정함으로써 제거될 수 있다. 이와 같은 보정은 지표면 위에서의 구조물과 기계의 운동을 포함하는 대부분의 공학문제에서는 무시될 수 있다. 이때 지표면에 부착된 기준축에 대하여 측정된 가속도는 절대적인 양으로서 취급할 수 있으며, 식 (3.2)는 무시할 수 있는 오차범위 내에서 지표면 위에서 수행된 실험적 측정에 적용시킬 수 있다.*

로켓이나 우주선의 설계와 같은 많은 문제에서 지구의 가속도성분은 주된 관심사이다. 특히 이러한 분야에서 뉴턴 법칙의 기본적인 내용을 완전히 이해하고 적절한 절대가속도성분을 채택해야 한다는 것은 필수적이다.

1905년까지 뉴턴 역학의 법칙은 수없이 많은 물리학적 실험에 의하여 검증되었고, 물체의 운동에 관한 한 최종적인 법칙이라고 인식되었다. 그러나 Newton의 이론에서 절대적인 양으로 간주되었던 시간의 개념은 1905년 Einstein이 발표한 상대성 이론에서는 근본적으로 다르게 받아들여졌다. 이러한 새로운 개념은 이미 인정되어 왔던 역학법칙을 완전히 재구성하도록 하였다. 상대성 이론은 초기에는

---

* 지구의 운동을 무시함으로써 발생되는 오차의 예는, 지표 위 높이가 h인 곳에서 정지상태로부터 낙하하는 질점을 들 수 있다. 지구의 회전이 동쪽 방향의 가속도(코리올리 가속도)를 일으킨다는 것을 보일 수 있다. 즉, 공기의 저항을 무시한다면 질점은 바로 밑의 지점으로부터 동쪽으로 다음과 같은 거리 x만큼 떨어진 지점에 낙하한다.

$$x = \frac{2}{3}\,\omega\,\sqrt{\frac{2h^3}{g}}\,\cos\gamma$$

위도 γ인 남반구나 북반구에서의 지구의 각속도는 $\omega = 0.729(10^{-4})$ rad/s이다. 따라서 위도 45°이고 높이 200 m인 곳에서 동쪽 방향으로의 변위는 $x = 43.9$ mm이다.

조롱을 받았으나 실험으로 검증된 지금은 전 세계의 과학자들에게 일반적으로 받아들여지게 되었다. 비록 뉴턴 역학과 아인슈타인 역학에는 근본적인 차이점이 있으나, 두 이론에 의한 결과의 실질적인 차이는 빛의 속도(300×10^6 m/s) 근처의 속도 여부에 따라서만 나타난다.[*] 예를 들어, 원자나 핵입자를 다루는 문제에서는 상대성 이론에 근거하여 계산을 해야 하며, 이는 과학자나 공학자 모두의 기본적인 관심사이다.

단위계

식 (3.2)에서 k를 단위량 1로 취하는 것이 보편적이며, 이를 뉴턴 제2법칙의 일반적인 형태에 대입하면 다음과 같다.

$$\mathbf{F} = m\mathbf{a} \tag{1.1}$$

k를 1로 취하는 단위계는 **운동역학계**로 알려져 있다. 아울러 운동역학계에서 힘, 질량, 가속도의 단위는 독립적인 것이 아님을 알 수 있다. 1.4절에서 설명된 SI 단위계에서 힘의 단위(N)는 뉴턴의 제2법칙으로부터 질량(kg)과 가속도(m/s^2)를 곱하여 유도된다. 따라서 N $=$ kg $\cdot$ m/s^{2}이다. 이 단위계는 힘의 단위가 질량의 절댓값에 대하여 종속적이므로 **절대계**로 알려져 있다.

반면에 미국통상단위계에서 질량의 단위(slugs)는 힘의 단위(lb)를 가속도(ft/sec^2)로 나눈 것으로부터 유도된다. 따라서 질량의 단위 slugs $=$ lb $-$ sec^2/ft이다. 이 단위계는 중력으로부터 결정되는 힘으로부터 질량이 유도되었기 때문에 **중력계**로 알려져 있다.

자전하는 지구에 대해 측정할 때에는 상대적인 g값이 사용된다. 해수면상 위도 45°에서 국제적으로 공인된 지구에 대한 상대적인 g값은 9.806 65 m/s^{2}이다. 매우 정확한 값이 요구되는 경우를 제외하면 g의 값으로 9.81 m/s^{2}을 사용한다. 자전하지 않는 지구에 대해 측정할 때에는 g의 절댓값을 사용해야 한다. 위도 45°의 해수면에서는 절댓값이 9.8236 m/s^{2}이다. 해수면에서 위도에 따른 g의 상댓값 및 절댓값의 변화는 1.5절의 그림 1.1에 나타나 있다.

미국통상단위계에서는 위도 45°의 해수면에서 지구 자전을 고려한 g의 표준값은 32.1740 ft/sec^{2}이며, 자전을 고려하지 않은 값은 32.2230 ft/sec^{2}이다.

---

[*] 상대성 이론은 기본관성 좌표계를 인정하지 않으며, 상대속도를 갖는 두 개의 좌표계에서 이루어진 시간의 측정값이 서로 다르다는 것을 입증한다. 예로, 이러한 사항에 근거한 상대성 원리는 27 080 km/h의 속도로 고도 644 km의 원형 극궤도에서 지구 주위를 선회하는 우주선의 조종사가 갖고 있는 시계가, 극지에서의 시계와 비교하여 1궤도 회전당 0.000 001 85초만큼씩 늦어짐을 보여 준다.

힘과 질량 단위

SI 단위계와 미국통상단위계 둘 다 사용해야 하기 때문에 각각의 단위계에 대해 힘과 질량 단위를 확실히 이해해야 한다. 이러한 단위들은 1.4절에 설명되어 있으나 뉴턴의 제2법칙을 응용하기 전에 단순한 수치를 사용하여 설명하면 이해하는 데 도움이 될 것이다. 먼저 그림 3.1a에 도시된 자유낙하 실험을 고려해 보자. 지표면 부근에서 정지된 한 물체를 떨어뜨리면, 그 물체는 중량이라 부르는 중력 W 에 의한 영향을 받아서 자유롭게 낙하한다. SI 단위계에서 질량 $m = 1$ kg, 무게는 $W = 9.81$ N이며, 그때의 낙하가속도 a는 $g = 9.81$ m/s^{2}이다. 미국통상단위계에서 $m = 1$ lbm(1/32.2 slug), 무게는 $W = 1$ lbf이며 발생되는 중력가속도 $g = 32.2$ ft/sec^{2}이다. 질량 $m = 1$ slug(32.2 lbm)에 대하여, 무게 $W = 32.2$ lbf이고, 가속도 또한 $g = 32.2$ ft/sec^{2}이다.

그림 3.1b는 힘 F에 의해 질량 m의 물체가 수평으로 가속되는 가장 간단한 예로써 적절한 단위들을 설명하고 있다. SI 단위계에서 힘 $F = 1$ N은 질량 $m = 1$ kg을 가속도 $a = 1$ m/s^{2}으로 가속시키는 데 필요한 힘이다. 그러므로 1 N $= 1$ kg · m/s^{2}이다. 미국통상단위계에서 힘 $F = 1$ lbf는 질량 $m = 1$ lbm(1/32.2 slug)을 가속도 $a = 32.2$ ft/sec^{2}으로 가속시키는 반면에, 힘 $F = 1$ lbf는 질량 $m = 1$ slug(32.2 lbm)를 가속도 $a = 1$ ft/sec^{2}으로 가속시킨다.

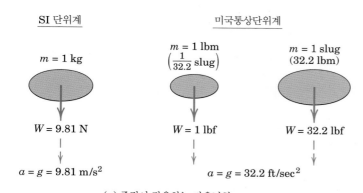

(a) 중력이 작용하는 자유낙하

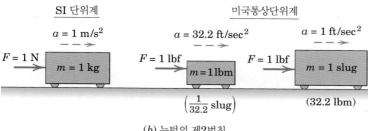

(b) 뉴턴의 제2법칙

그림 3.1

질량이 킬로그램(kg)으로 표현되는 SI 단위계에서 물체의 무게 W는 뉴턴(N)으로 $W = mg$로 표현되며, 여기서 $g = 9.81$ m/s^{2}이다. 미국통상단위계에서 물체의 무게 W는 pounds force(lbf)로 표현되고, slug 단위의 질량 m(lbf-sec^2/ft)은 $m = W/g$로 계산되며, 여기서 $g = 32.2$ ft/sec^{2}이다.

미국통상단위계에서는 실질적으로 질량을 의미할 때 종종 물체의 무게를 말하곤 한다. 파운드 단위의 물체 질량(lbm)은 뉴턴의 제2법칙에 대입되기 전에 반드시 slug 단위의 질량으로 변환되어야 하기 때문에 명기해 주는 것이 바람직하다. 다른 언급이 없으면 파운드(lb)는 보통 힘의 단위(lbf)로 사용된다.

3.3 운동방정식과 문제의 풀이

질량 m인 질점에 벡터합이 $\Sigma\mathbf{F}$인 힘 $\mathbf{F}_1$, $\mathbf{F}_2$, $\mathbf{F}_3$, $\cdots$이 작용할 때 식 (1.1)은 다음과 같이 된다.

$$\Sigma\mathbf{F} = m\mathbf{a} \tag{3.3}$$

문제 풀이 과정에서 식 (3.3)은 일반적으로 제2장에서 소개한 좌표계들 중 하나를 사용하여 스칼라방정식의 형태로 표현한다. 적절한 좌표계의 선택은 운동의 유형에 따라 결정되며, 문제를 수식화하는 데 극히 중요한 단계이다. 식 (3.3), 즉 힘, 질량, 가속도 식의 성분 형태 중 어느 것이든 일반적으로 **운동방정식**이라고 한다. 운동방정식으로부터 작용하는 힘의 순간값에 대응되는 순간가속도를 구한다.

동역학의 두 가지 문제

식 (3.3)을 적용할 때 두 가지 유형의 문제를 만나게 된다. 첫 번째 유형은 가속도가 주어지거나 또는 알고 있는 운동학적 조건으로부터 가속도를 직접 결정할 수 있는 경우이다. 운동 형태를 알고 있는 경우 질점에 작용하는 대응힘은 식 (3.3)에 직접 대입함으로써 결정된다. 이러한 문제는 일반적으로 아주 간단한 것이다.

두 번째 유형은 힘이 주어지고 그 결과로 발생되는 운동을 결정하는 것이다. 만약 힘이 일정하다면 가속도는 일정하게 되고, 그 값은 식 (3.3)으로부터 쉽게 구해진다. 만약 힘이 시간, 위치, 속도 또는 가속도의 함수라면 식 (3.3)은 미분방정식이 되고, 이 식은 속도와 변위를 결정하기 위해 적분되어야만 한다.

이러한 두 번째 유형의 문제는 적분을 수행하기가 어려울수록 더 다루기가 힘들어지며, 특히 힘이 두 가지 혹은 더 많은 변수들의 합성함수일 때 그렇게 된다. 실제적으로 두 번째 유형의 문제 풀이는 특히 실험적인 자료를 포함할 때, 수치적이거나 도식적인 근사 적분기법을 종종 필요로 한다. 가속도가 운동에 관한 변수의 함수일 때 가속도의 수학적인 적분에 대한 과정은 2.2절에 전개되어 있으며, 이 적분과정은 힘이 동일한 매개변수 함수로서 주어졌을 때도 힘과 가속도가 질량의 일정한 인숫값에 의해서만 차이가 있기 때문에, 동일하게 적용된다.

구속과 비구속운동

식 (3.3)에 의해 표현되지만 물리학적으로 확연히 구별되는 두 가지 유형의 운동이 있다. 첫 번째 유형은 **비구속운동**으로 질점이 기계적인 구속 없이, 초기운동과 외부로부터 작용하는 힘에 의해서 결정되는 경로를 따르는 것이다. 비행 중인 비행기나 로켓, 충전된 장에서 이동하는 전자가 비구속운동의 예이다.

두 번째 유형은 **구속운동**으로서 질점의 경로가 한정된 구속에 의해 일부 혹은 전체적으로 결정되는 경우이다. 아이스하키 퍽은 빙판의 부분적인 구속을 받으며 이동한다. 선로를 따라 이동하는 기차나 고정된 축을 따라 미끄러지는 고리는 완전하게 구속된 운동의 예이다. 구속운동 중에 질점에 작용하는 힘의 일부는 외부로부터 작용할 수도 있으며, 다른 일부는 구속으로부터 질점에 작용하는 반력이 될 수도 있다. 질점에 작용하는 작용 또는 반작용에 의한 **모든 힘들은** 식 (3.3)을 적용하는 데 반드시 고려되어야 한다.

좌표계(coordinate system)의 선택은 종종 구속의 수와 기하학적 형상에 의해 결정된다. 따라서 자유비행 중인 비행기나 로켓의 질량중심과 같이 질점이 공간에서 자유롭게 이동할 수 있다면, 어떤 순간에 질점의 위치를 지정하기 위해서는 3개의 독립적인 좌표가 필요하게 되고, 이 질점은 3 자유도를 갖는다고 말한다. 운동방정식의 세 가지 스칼라 성분식은 공간좌표값을 시간의 함수로 얻기 위해서는 모두 적용된 후 적분되어야만 한다.

하키의 퍽이나 그릇의 곡면 위에서 미끄러지는 구슬과 같이 표면을 따라서 구속된 운동을 하는 질점은 위치를 지정할 때 단지 2개의 좌표만이 필요하며, 이러한 경우 2 자유도를 갖는다. 질점이 고정된 축을 따라 미끄러지는 고리와 같이 고정된 직선경로를 따라 이동한다면, 고리의 위치는 축을 따라 측정되는 좌푯값에 의하여 결정된다. 이러한 경우 질점은 단지 1 자유도를 갖는다고 한다.

KEY CONCEPTS   **자유물체도**

운동의 힘-질량-가속도 방정식에 대한 어떠한 적용에 있어서도, 질점에 작용하는 모든 힘을 정확히 고려하는 것이 절대적으로 필요하다. 다만, 그 크기가 다른 작용력의 크기에 비해 무시할 수 있는 경우, 즉 두 질점 사이에 작용하는 인력이 지구와 같은 천체 사이에 작용하는 인력에 비해 무시할 수 있는 것과 같이, 이 힘은 무시할 수 있다. 식 (3.3)의 벡터합 $\Sigma\mathbf{F}$는 대상 질점에 작용하는 모든 힘의 벡터합이다. 마찬가지로 어떤 한 성분의 방향에 있어 스칼라힘의 합은 그 특정 방향에 있는 질점에 작용하는 모든 힘의 성분에 대한 합을 의미한다.

모든 힘들을 정확하고 일관성 있게 고려하기 위해 신뢰할 수 있는 방법은 모든 접촉하고 영향을 미치는 물체를 제거하여 질점을 고립시키고, 그 제거된 물체 대신에 고립된 질점에 작용하는 힘으로 대치한다. 자유물체도는 질점에 작용하는 모든 기지력과 미지력을 나타내며, 그 힘들을 고려하는 수단이다. 이 중요한 과정이 완료되면 적절한 방정식이나 운동방정식을 얻을 수 있게 된다.

자유물체도는 정역학에서와 마찬가지로 동역학에서도 문제를 푸는 데 중요한 역할을 한다. 이 역할은 대상이 되는 질점이나 물체에 작용하는 모든 실제 힘들의 합력을 정확히 산정하게 하는 것이다. 정역학에서는 합력이 0인 반면에, 동역학에서는 합력이 질량과 가속도의 곱과 같다. 운동방정식을 정말로 정확하게 풀어야 한다는 것을 인식하고, 또 푸는 과정이 그래야 한다면 우선 운동방정식에서 등호의 스칼라와 벡터적 의미를 충분히 알아야 어려움이 최소화된다.

공업역학에 익숙한 모든 학생들은 **자유물체도 방법**을 주의 깊고 일관성 있게 사용하는 것이, 공업역학을 학습하는 데 있어서 **가장 중요한 한 주제**라는 것을 인식할 것이다. 자유물체도를 그릴 때 좌표축과 좌표축의 양(+)의 방향을 명확하게 표기해야 한다. 운동방정식을 구할 때 모든 힘의 합산은 선택된 좌표축의 양의 방향을 일관성 있게 유지해야 한다. 대상이 되는 물체에 작용하는 외부 힘을 구분하기 쉽게 하기 위해, 책의 나머지 부분의 예에서는 이들 힘들을 붉은색으로 된 굵은 벡터표기(화살표)로 나타내었다. 다음 절의 예제 3.1~3.5는 자유물체도 작성을 쉽게 복습할 수 있는 예제들이다.

문제 풀이에 있어서 학생들은 해를 구하기 위하여 어떻게 시작을 해야 하고, 어떠한 순서에 따라야 하는지에 대하여 종종 당황하게 된다. 이러한 어려움은 문제에서 구하고자 하는 미지량과 다른 기지량 또는 미지량들 사이의 어떤 관계를 먼저 인식하는 습관을 형성함으로써 최소화할 수 있다. 그런 후에 이러한 미지량과 다른 기지량 또는 미지량 사이의 부가적인 관계가 이해된다. 최종적으로, 초기자료에 대한 종속관계가 구성되고 해석과 계산과정이 수행된다. 하나의 양에 대한 다른 양과의 상관관계를 인식하고 문제를 풀어 나갈 계획을 세우는 데 약간의 시간을 가지는 것이 바람직하다. 이러한 과정이 해답을 구할 때 불필요한 계산을 줄여 준다.

3.4 직선운동

3.2~3.3절에서 논의된 개념을 질점의 운동에 적용하여, 이 절에서는 직선운동을 설명하고 3.5절에서는 곡선운동을 다룬다. 이 두 절에서는 질점으로 간주될 수 있는 물체의 운동을 해석한다. 이러한 질점운동은 물체의 질량중심의 운동에만 관심이 있을 때 가능하며, 이때 모든 힘은 질량중심에서 만나는 것으로 간주한다. 한 점에 작용하지 않는 힘에 의한 물체의 운동에 대해서는 제6장에서 강체의 운동역학을 논의할 때 설명할 것이다.

예를 들어, 질량 m인 질점의 운동방향을 x축으로 선택한다면, y, z축에 대한 가속도는 0이 되고, 식 (3.3)의 스칼라 요소는 다음과 같이 된다.

$$\Sigma F_x = ma_x$$
$$\Sigma F_y = 0 \qquad\qquad (3.4)$$
$$\Sigma F_z = 0$$

운동에 따른 특정 좌표축 방향의 선택이 불가능할 경우, 세 방향의 일반적인 성분방정식은 다음과 같다.

$$\Sigma F_x = ma_x$$
$$\Sigma F_y = ma_y \qquad\qquad (3.5)$$
$$\Sigma F_z = ma_z$$

여기서 가속도와 합력은 다음 식으로 주어진다.

$$\mathbf{a} = a_x\mathbf{i} + a_y\mathbf{j} + a_z\mathbf{k}$$
$$a = \sqrt{a_x{}^2 + a_y{}^2 + a_z{}^2}$$
$$\Sigma\mathbf{F} = \Sigma F_x\mathbf{i} + \Sigma F_y\mathbf{j} + \Sigma F_z\mathbf{k}$$
$$|\Sigma\mathbf{F}| = \sqrt{(\Sigma F_x)^2 + (\Sigma F_y)^2 + (\Sigma F_z)^2}$$

Koji Sasahara/AP Images

이 차량-충돌 실험 사진은 매우 큰 가속도와 동반된 큰 힘이 두 대의 차량계에 전반적으로 작용하고 있음을 분명하게 보여주고 있다. 충돌 마네킹 역시 어깨 기구와 좌석벨트의 구속으로 제일 먼저 큰 힘을 받게 된다.

예제 3.1

체중이 75 kg인 사람이 엘리베이터 안에 있는 스프링 저울 위에 서 있다. 정지상태로부터 운행되기 시작하여 처음 3초 동안 케이블에 작용하는 장력 T는 8300 N이다. 이 시간 동안 뉴턴 단위로 저울의 눈금 R과 3초 후 엘리베이터의 상승속도 v를 구하라. 엘리베이터와 사람 그리고 저울의 총질량은 750 kg이다.

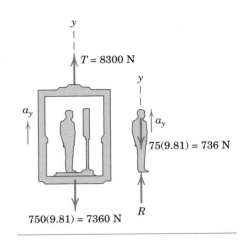

|**풀이**| 　저울에 의해 기록된 힘과 속도는 일정하게 작용하는 힘에 대한 엘리베이터의 일정한 가속도와 관계된다. 엘리베이터, 저울 그리고 사람을 일체로 취급한 자유물체도로부터 가속도는 다음과 같다.

$$[\Sigma F_y = ma_y] \qquad 8300 - 7360 = 750a_y \qquad a_y = 1.257 \text{ m/s}^2$$

저울의 눈금은 사람의 발을 통해 아래쪽으로 작용하는 힘을 나타낸다. 이 작용에 대해 크기가 같고 방향이 반대인 반력 R과 함께 그 사람의 몸무게를 자유물체도에 나타내었으며, 사람에 대한 운동방정식은 다음과 같다.

$$[\Sigma F_y = ma_y] \qquad R - 736 = 75(1.257) \qquad R = 830 \text{ N} \quad ①$$

3초가 되었을 때의 속도는 다음과 같다.

$$\left[\Delta v = \int a\, dt\right] \qquad v - 0 = \int_0^3 1.257\, dt \qquad v = 3.77 \text{ m/s}$$

|**도움말**|

① 저울의 눈금이 킬로그램으로 조정되어 있다면, 그 값은 $830/9.81 = 84.6$ kg이 될 것이며, 이 값은 비관성계에서 측정되었기 때문에 실제 질량과 다르다. 제안 : 이 문제를 미국통상단위계를 이용하여 다시 계산하라.

예제 3.2

질량이 200 kg인 작은 케이블카가 고정된 공중케이블을 따라 움직이고, 점 A에 연결된 케이블에 의해 조종된다. 이 조종케이블이 수평방향의 장력 $T = 2.4$ kN을 받고 있을 때 케이블카의 가속도를 구하라. 지지케이블에 의해 바퀴에 작용되는 전체 힘 P를 구하라.

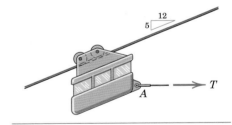

|**풀이**| 　케이블카와 바퀴를 하나의 질점으로 취급한 자유물체도로부터 장력 $T = 2.4$ kN, 무게 $W = mg = 200(9.81) = 1962$ N이고, 케이블에 의해 바퀴에 힘 P가 작용하고 있다. 이 차는 y방향으로 가속도가 없으므로 y방향에 대해서는 평형상태에 있다. 따라서,

$$[\Sigma F_y = 0] \qquad P - 2.4\left(\tfrac{5}{13}\right) - 1.962\left(\tfrac{12}{13}\right) = 0 \qquad P = 2.73 \text{ kN}$$

x방향의 운동방정식은 다음과 같이 주어진다. ①

$$[\Sigma F_x = ma_x] \qquad 2400\left(\tfrac{12}{13}\right) - 1962\left(\tfrac{5}{13}\right) = 200a \qquad a = 7.30 \text{ m/s}^2$$

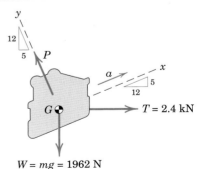

|**도움말**|

① 좌표축을 가속도방향과 그 수직방향으로 선택하였으므로 두 개의 방정식을 독립적으로 풀 수 있다. x와 y방향을 각각 수평, 수직방향으로 선택한다면 이와 같이 되겠는가?

예제 3.3

125 kg인 콘크리트 블록 A가 그림과 같이 정지된 위치로부터 30° 경사의 도로면 위에 있는 200 kg인 통나무를 잡아당기고 있다. 통나무와 경사면 사이의 운동마찰계수가 0.5라면 블록이 B에 접촉하는 순간의 속도를 구하라.

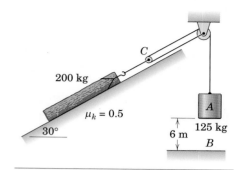

|**풀이**| 통나무와 블록 A의 운동은 명백히 종속적이다. 경사진 통나무의 가속도는 A의 하향가속도의 1/2이 되며, 이것은 식으로 증명할 수 있다. 케이블의 일정한 전체 길이는 $L = 2s_C + s_A + $ 상수이고, 여기서 상수는 도르래 주위에 감긴 케이블의 길이를 나타낸다. ① 이 식을 시간에 대하여 두 번 미분하면 $0 = 2\ddot{s}_C + \ddot{s}_A$, 즉

$$0 = 2a_C + a_A$$

여기서, 도르래의 질량과 마찰은 무시할 수 있다고 가정하므로 도르래 C의 자유물체도는 힘과 모멘트의 평형을 나타낸다. 그러므로 통나무에 부착된 케이블의 장력은 블록에 작용하는 장력의 두 배이다. 통나무와 도르래 C의 가속도는 동일하다는 것에 주의하라.

통나무의 자유물체도에는 운동면에 작용하는 마찰력 $\mu_k N$이 나타나 있다. y방향에서 통나무의 평형은

$[\Sigma F_y = 0]$ $\qquad N - 200(9.81)\cos 30° = 0 \qquad N = 1699 \text{ N}$ ②

이며, x방향에서 통나무의 운동방정식은

$[\Sigma F_x = ma_x]$ $\qquad 0.5(1699) - 2T + 200(9.81)\sin 30° = 200a_C$

이다. 아래 방향을 양(+)으로 취했을 때 블록에 대한 운동방정식은

$[+\downarrow \Sigma F = ma]$ $\qquad 125(9.81) - T = 125a_A$ ③

a_C, a_A와 T에 대한 세 개의 방정식을 풀면

$$a_A = 1.777 \text{ m/s}^2 \qquad a_C = -0.888 \text{ m/s}^2 \qquad T = 1004 \text{ N}$$

일정한 가속도로 6 m 자유낙하할 때 블록의 속도는 다음과 같다. ④

$[v^2 = 2ax]$ $\qquad v_A = \sqrt{2(1.777)(6)} = 4.62 \text{ m/s}$ 답

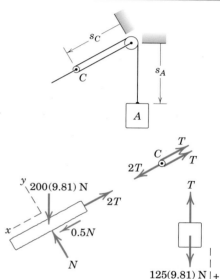

|**도움말**|

① 최종적인 운동학적 구속관계를 표현하는 데 사용된 좌표는 운동역학방정식에 사용된 것과 반드시 일치해야 한다.

② 평형상태에서 운동을 일으키는 데 필요한 힘을 계산함으로써, 통나무는 경사면 위로 움직인다는 것을 확인할 수 있다. 힘은 $2T = 0.5N + 200(9.81)\sin 30° = 1831$ N, 즉 $T = 915$ N이며 블록 A의 무게 1226 N보다 작다. 따라서 통나무는 위로 움직일 것이다.

③ $T = 125(9.81)$ N이라 가정하였을 때 발생되는 오류에 대하여 주의하라. 이 경우 블록 A는 가속되지 않는다.

④ 이 시스템에서 힘이 일정하게 유지되기 때문에 발생되는 가속도의 값도 일정하다.

예제 3.4

새로운 선박을 제작하기 위한 설계 모형은 질량이 10 kg이며, 속도에 대한 물에서의 운동저항을 결정하는 시험을 실험용 예인 수조에서 실시하였다. 시험 결과는 도표에 나타나 있으며, 저항력 R은 그림과 같이 점선의 포물선으로 근사화시킬 수 있다. 2 m/s의 속도에서 예인선의 견인 로프가 풀어졌다면 1 m/s의 속도로 감속되는 데 요구되는 시간 t와 그때까지의 이동거리 x를 구하라.

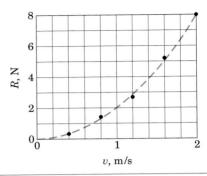

|풀이| $R = kv^2$에 의해 저항과 속도와의 관계를 근사화하고, 이 식에 $R = 8$ N, $v = 2$ m/s를 대입하여 k를 구한다. 이때 $k = 8/2^2 = 2$ N $\cdot$ s^2/m^{2}이다. 따라서, $R = 2v^2$이다. 모형에 작용하는 수평력은 단지 R뿐이므로

$[\Sigma F_x = ma_x]$　　　　$-R = ma_x$　　또는　　$-2v^2 = 10 \dfrac{dv}{dt}$　①

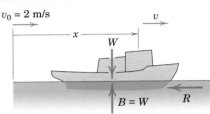

변수분리 방법을 이용하여 적분하면 다음을 얻는다.

$$\int_0^t dt = -5 \int_2^v \frac{dv}{v^2} \qquad t = 5\left(\frac{1}{v} - \frac{1}{2}\right) \text{ s}$$

따라서 $v = v_0/2 = 1$ m/s일 때, 시간 $t = 5\left(\frac{1}{1} - \frac{1}{2}\right) = 2.5$ s이다.　답

2.5초 동안 이동한 거리는 $v = dx/dt$를 적분하여 얻을 수 있다. 여기서, $v = 10/(5 + 2t)$이므로 다음과 같이 된다.

$$\int_0^x dx = \int_0^{2.5} \frac{10}{5 + 2t}\, dt \qquad x = \frac{10}{2} \ln\,(5 + 2t)\,\Big|_0^{2.5} = 3.47 \text{ m}$$　②　답

|도움말|

① R의 부호가 음(−)임을 주의하라.

② 제안 : 모형이 풀린 후의 거리 x를 속도 v의 항으로 표현하고, $x = 5 \ln\,(v_0/v)$와 일치함을 보여라.

예제 3.5

질량 m인 고리가 임의의 방향으로 작용하는 일정한 크기의 힘 F에 의해서 수직봉 위로 미끄러진다. $\theta = kt$이고 k는 일정한 상수이며, 고리가 $\theta = 0$에서 정지상태로부터 운동을 시작한다. $\theta = \pi/2$에서 고리를 정지시키는 데 필요한 힘 F의 크기를 구하라. 고리와 봉 사이의 운동마찰계수는 μ_k이다.

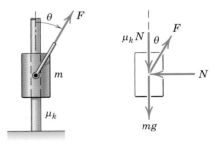

|풀이| 자유물체도를 작성한 후, y방향에 대해 운동방정식을 적용하면 다음과 같다.

$[\Sigma F_y = ma_y]$　　　$F \cos \theta - \mu_k N - mg = m \dfrac{dv}{dt}$　①

여기서 수평방향으로의 평형방정식은 $N = F \sin \theta$를 만족해야 한다. $\theta = kt$를 대입하고, 임의의 구간에서 적분하면

$$\int_0^t (F \cos kt - \mu_k F \sin kt - mg)\, dt = m \int_0^v dv$$

$$\frac{F}{k} [\sin kt + \mu_k(\cos kt - 1)] - mgt = mv$$

$\theta = \pi/2$일 때 시간 $t = \pi/2k$이고, $v = 0$이 되므로 F는 다음과 같다.

$$\frac{F}{k} [1 + \mu_k(0 - 1)] - \frac{mg\pi}{2k} = 0 \qquad 즉, \qquad F = \frac{mg\pi}{2(1 - \mu_k)}$$　②　답

|도움말|

① θ가 시간 t 대신 수직변위 y의 함수로 표시된다면 가속도는 변위의 함수가 되고, $v\, dv = a\, dy$를 사용해야 할 것이다.

② 결과 값은 힘의 방향 변환비율 k와는 무관함을 알 수 있다.

연습문제

기초문제

3/1 50 kg의 나무상자가 바닥면을 따라 초기속도 6 m/s로 $x=0$에서 움직이고 있다. 운동마찰계수는 0.4이다. 나무상자가 정지할 때까지의 시간 t와 이 시간 동안 움직인 거리 x를 구하라.

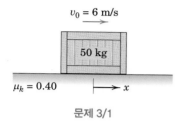

문제 3/1

3/2 정지상태인 50 kg의 나무상자에 힘 P가 작용한다. (a) $P=0$, (b) $P=150$ N, (c) $P=300$ N인 각각의 경우에 대하여, 나무상자의 가속도를 계산하라.

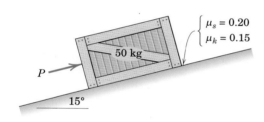

문제 3/2

3/3 80 kg의 남성이 줄에 매달린 작업의자에서 짧은 순간 줄을 225 N의 힘으로 잡아당길 때, 그 사람의 가속도를 구하라. 의자와 줄 그리고 도르래의 무게는 무시한다.

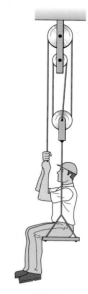

문제 3/3

3/4 10 Mg의 트럭이 20 Mg의 트레일러를 끌고 있다. 이 차량이 수평정지상태에서 구동바퀴와 노면 사이의 견인력이 20 kN으로 출발할 때, 수평 견인 막대에 작용하는 장력 T와 트레일러의 가속도 a를 계산하라.

문제 3/4

3/5 상방향으로 $g/4$의 가속도로 신속히 가속되는 엘리베이터 안에 서 있는 60 kg인 여성이 9 kg의 소포를 들고 있다. 엘리베이터 바닥에 의해 발바닥에 작용하는 힘 R과 소포를 들고 있는 힘 L을 구하라. 만약 엘리베이터를 끌어올리는 케이블이 끊어진다면, R과 L 값은 어떻게 되는가?

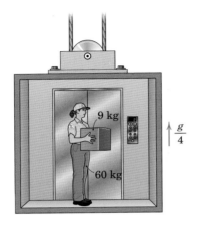

문제 3/5

3/6 후륜 구동차가 초기속도 100 km/h로 달리다가 제동 시작 후 50 m 만에 정지하였다. 4바퀴에 동일하게 제동력이 걸렸다면, 각각의 바퀴에서의 제동력 F를 구하라. 단, 1500 kg 자동차는 일정하게 감속한다고 가정한다.

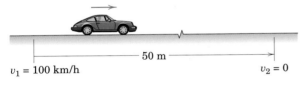

$v_1 = 100$ km/h $v_2 = 0$

문제 3/6

3/7 스키를 타는 사람이 40° 경사면을 따라 시간 $t=0$에서 출발하여 시간 $t=2.58$ s 후에 20 m 아래에 위치한 속도 검사점을 통과한다. 눈과 스키 사이의 운동마찰계수를 구하라. 바람의 저항은 무시한다.

40°

문제 3/7

3/8 질량 M인 카트에 일정한 힘 P가 가해진다. 정상상태에 도달했을 때의 각도 α를 구하라. 진자의 추는 질량 m이며 강체인 진자의 길이는 L이고 질량은 무시할 수 있다. 마찰은 모두 무시하라. 또한 결과 식에서 $P=0$인 경우에 정상상태 각도 α를 계산하라.

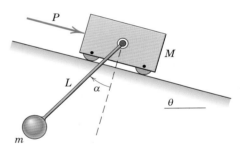

P

M

L

α

θ

m

문제 3/8

3/9 300 Mg의 제트비행기가 이륙 시 거의 일정하게 240 kN의 추진력을 각각 발생시키는 엔진 세 개를 가지고 있다. 이륙 속도가 220 km/h라면, 요구되는 활주로의 거리 s를 구하라. 첫째, 약간 경사진 비탈길을 A에서 B로 올라 이륙할 때와 둘째, B에서 A로 내려 이륙할 때의 거리 s를 각각 계산하라. 공기저항과 구름저항은 무시한다.

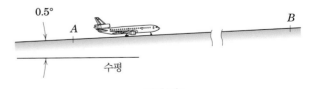

0.5° A B

수평

문제 3/9

3/10 주어진 수평력 P에 대하여, A점과 B점에서 접평면에 수직 반력을 구하라. 원통의 질량은 m이며 카트의 질량은 M이 다. 모든 마찰은 무시하라.

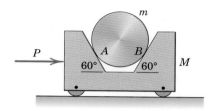

문제 3/10

3/11 340 Mg의 제트비행기가 이륙 시 거의 일정하게 200 kN의 추진력을 각각 발생시키는 엔진 네 개를 가지고 있다. 작은 통근용 비행기 B는 일정속도 $v_B=25$ km/h로 활주로의 끝을 향해 지상에서 이동하고 있다. 제트비행기 A가 이륙하기 위 해 주행한 10초 후, 비행기 B에 탑승한 관찰자가 관측한 A의 속도와 가속도를 구하라. 공기저항과 구름저항은 무시한다.

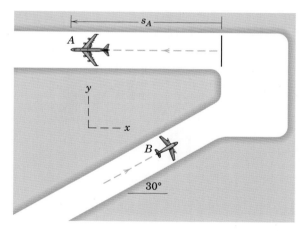

문제 3/11

심화문제

3/12 기차가 180 Mg의 기관차 한 대와 90 Mg의 호퍼차 100대로 구성되어 있다. 기관차가 180 kN의 마찰력을 레일 위에 작 용하여 정지상태로부터 움직인다면, 연결막대 1과 100에 작 용하는 힘을 각각 구하라. 단, 느슨해진 연결막대는 없고, 호 퍼차와 레일 간의 마찰은 무시한다.

문제 3/12

3/13 50 kg의 블록을 가속도 2 m/s²를 일정하게 유지하면서 경사 면 위로 끌어올릴 때, 줄에 작용하는 장력 P를 구하라.

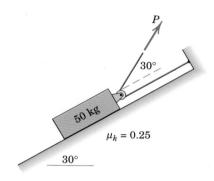

문제 3/13

3/14 우주에서의 추진력을 위한 세슘–이온 엔진은 오랜 시간 동 안 2.5 N의 일정한 추진력을 발생시킬 수 있도록 설계되었 다. 만약 이 엔진이 행성 간의 운행을 위한 70 Mg 우주선을 추진시킨다면, 40 000 km/h에서 65 000 km/h로 속도를 증 가시키기 위해 요구되는 시간 t를 구하라. 또 이 시간 동안 움직인 거리 s를 구하라. 우주선의 이온 엔진으로부터 발생 되는 추진력은 우주선이 움직이는 방향으로만 작용한다고 가정한다.

3/15 작업자가 장력 T를 주어 케이블로 50 kg짜리 카트를 20° 경 사면에서 끌어당기려 한다. (a) $T=150$ N, (b) $T=200$ N인 각각의 경우에 대해서 카트의 가속도를 구하라. 작업자 신발 과 바닥 사이의 마찰을 제외한 모든 마찰은 무시하라.

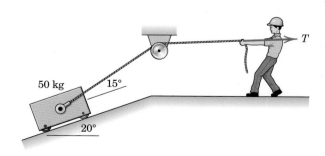

문제 3/15

3/16 장력이 (a) T=23 N, (b) T=26 N인 경우에 대해서 15 kg 블록의 초기가속도를 계산하라. 시스템은 초기에 정지해 있었으며 느슨한 케이블은 없다. 그리고 도르래의 질량과 마찰력은 무시할 수 있다.

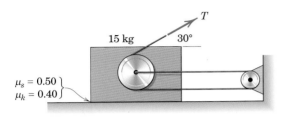

문제 3/16

3/17 보와 기중기가 연결된 장치는 질량이 1,200 kg이며 무게중심은 G이다. 점 P에서 기중기 케이블의 초기가속도 a가 6 m/s²일 때 지지점 A에 작용하는 반력을 구하라.

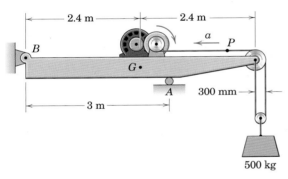

문제 3/17

3/18 자전거 타는 사람이 θ_1=3°인 경사면에서 브레이크나 페달을 밟지 않고 활강해 내려올 때 일정한 속도로 내려올 수 있었다. A 지점에서 경사각이 꽤 갑자기 변한다. 자전거 타는 사람이 별다른 동작을 취하지 않고 계속 활강해 내려온다면, (a) θ_2=5°, (b) θ_2=0인 각각의 경우에 대하여 A지점을 지나는 순간의 가속도 a를 구하라.

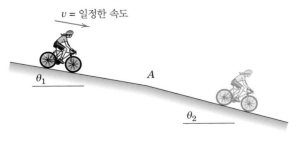

문제 3/18

3/19 트럭의 평평한 바닥과 나무상자 사이의 정지마찰 계수는 0.30이다. 일정한 감속도를 유지하며 나무상자가 앞으로 미끄러지지 않고 70 km/h의 속도로부터 정지할 수 있는 최소 정지거리 s를 구하라.

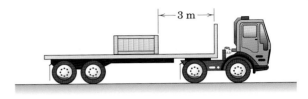

문제 3/19

3/20 윈치가 200 mm/s의 속도로 케이블을 감으며 감는 속도가 순간적으로 매초 500 mm/s의 비율로 증가한다. 세 개의 케이블에서의 장력을 계산하라. 도르래의 질량은 무시한다.

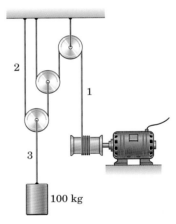

문제 3/20

3/21 다음 두 경우에 대해 30 kg의 실린더의 수직 가속도를 각각 구하라. 도르래의 질량과 마찰은 무시한다.

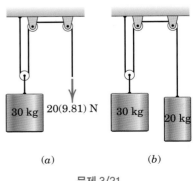

문제 3/21

3/22 줄이 팽팽한 정지상태에서 시스템을 움직이기 시작한다. 마찰계수 μ_s=0.25이고, μ_k=0.20일 때 각 블록의 가속도와 케이블에 작용하는 장력 T를 구하라. 도르래의 미소 질량과 마찰은 무시한다.

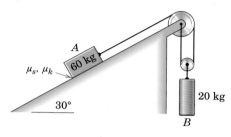

문제 3/22

3/23 그림처럼 자전거 탑승자가 페달을 P=160 N으로 밟는다면, 자전거의 전방 방향 가속도 a를 계산하라. 회전부의 질량 효과는 무시하며, 뒷바퀴는 미끄러지지 않는다고 가정하라. 스프라킷 A와 B의 반지름은 각각 45 mm와 90 mm이다. 자전거의 질량은 13 kg이며 탑승자의 질량은 65 kg이다. 탑승자를 자전거 프레임과 같이 움직이는 질점으로 간주하고 구동장치의 마찰은 무시한다.

문제 3/23

3/24 가속도계로 쓰이는 그림의 기계장치는 하우징이 상방향으로 가속도 a를 받을 때 스프링을 변형시키는 100 g의 막대 피스톤 A로 구성되어 있다. 가속도가 지속적이지만 천천히 5 g까지 증가할 때 막대 피스톤이 평형상태를 지나 6 mm만큼 움직여서 전기적 접촉을 할 수 있는 스프링의 강성계수 k값을 구하라. 마찰은 무시하라.

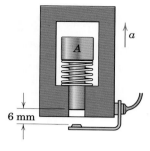

문제 3/24

3/25 5 Mg의 제트비행기가 300 km/h의 속도로 착륙한 순간, 정지 낙하산을 폈다. 비행기의 총저항이 도표와 같이 속도와 더불어 변화한다면, 속도를 150 km/h로 줄이는 데 필요한 활주로의 거리 x를 구하라. 저항력의 변화는 $D=kv^2$ 방정식으로부터 근사적으로 얻을 수 있으며 k는 상수이다.

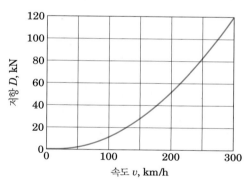

문제 3/25

3/26 비행기가 활주로에 최종적으로 접근하는 동안, A점에서 300 km/h인 속도를 B점에서 200 km/h로 감속한다. 이 구간에서 200 Mg의 비행기에 작용하는 순수 외부 공기 저항힘 R을 구하고, 이 힘의 비행경로에 대한 수직성분과 수평성분을 각각 계산하라.

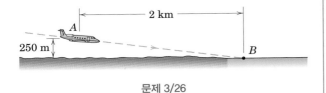

문제 3/26

3/27 단위 길이당 질량 ρ인 무거운 체인이 매끄러운 면과 거친 면으로 되어 있는 평면 위에서 일정한 힘 P로 당겨지고 있다. 체인은 처음에 거친 면의 $x=0$에서 정지상태이고, 체인과 거친 면 사이의 운동마찰계수가 μ_k라면 $x=L$일 때 체인의 속도 v를 구하라. 움직이기 위해서는 힘 P가 $\mu_k \rho g L$보다 크다.

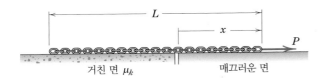

문제 3/27

3/28 슬라이더 A와 B가 길이 $l=0.5$ m인 가벼운 강체봉으로 연결되어 있고, 무시할 만한 마찰상태에서 그림과 같이 수평면에 놓인 홈을 따라 움직인다. $x_A=0.4$ m일 때 A의 속도 $v_A=0.9$ m/s이며 우측 방향이다. 이 순간 각 슬라이더 A, B의 가속도와 봉에 작용하는 힘을 구하라.

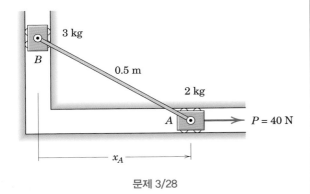

문제 3/28

3/29 강성계수 $k=200$ N/m인 스프링이 지지대와 수평막대에서 자유로이 움직이는 2 kg 실린더에 장착되어 있다. 스프링이 변형이 없고 시스템이 정지상태에 있는 $t=0$일 때, 실린더에 일정한 힘 10 N이 가해진다면, $x=40$ mm일 때, 실린더의 속도를 계산하라. 또한 실린더의 최대변위를 구하라.

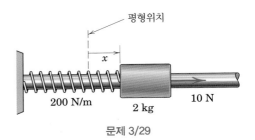

문제 3/29

3/30 질량 m_2인 블록이 질량 m_1인 쐐기모양의 블록 위에서 미끄러지지 않는 작용력 P의 범위를 구하라. 삼각블록에 장착된 바퀴의 마찰은 무시한다.

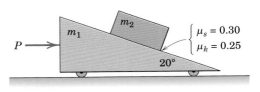

문제 3/30

3/31 용수철이 든 장치가 0.15 kg의 공을 50 m/s의 초기 수직속도로 발사한다. 공에 작용하는 저항력은 $F_D=0.002v^2$이며, 속도 v의 단위가 m/s일 때 F_D의 단위는 뉴턴(N)이다. (a) 저항력을 고려한 경우와, (b) 저항력을 무시한 경우에 대하여, 공이 도달할 수 있는 최대 높이 h를 계산하라.

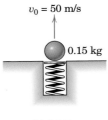

문제 3/31

3/32 수평면 위에서 슬라이더 A와 B가 가벼운 강체봉으로 연결되어 있고, 무시할 만한 마찰상태에서 홈을 따라 움직인다. 그림의 위치에서 유압실린더에 의한 A의 속도와 가속도는 오른쪽으로 각각 0.4 m/s, 2 m/s²일 때, 그 순간 슬라이더 B의 가속도와 봉에 작용하는 힘을 구하라.

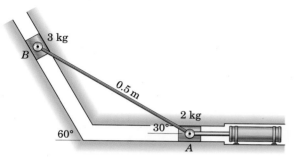

문제 3/32

3/33 1200 kg의 달 탐사 우주선이 달 표면에서 A점으로부터 이륙하여 수직으로 상승 후 B점을 통과하고자 한다. 만약 우주선의 모터가 2500 N의 일정한 추진력을 발생시킨다면 B점을 통과할 때의 우주선의 속력을 구하라. 필요하다면 부록의 표 D.2와 제1장의 중력법칙을 이용하라.

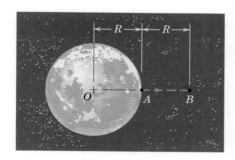

문제 3/33

3/34 시간 $t=0$에서 정지상태에서 이완되기 시작하는 시스템을 그림에 보였다. 질량 m_1의 블록이 질량 m_2인 물체의 아래쪽 스토퍼와 접촉하는 데 걸리는 시간을 계산하라. 또한 질량 m_2인 물체가 움직인 거리 s_2를 계산하라. $m_1=0.5$ kg, $m_2=2$ kg, $\mu_s=0.25$, $\mu_k=0.20$, $d=0.4$ m를 사용하라.

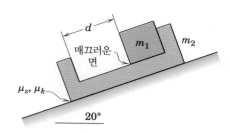

문제 3/34

▶3/35 유압 실린더의 막대가 100 mm/s의 속도로 왼쪽으로 움직이며, $s_A=425$ mm인 순간, 순간적으로 초당 400 mm/s의 비율로 속도가 증가한다. 그 순간의 장력을 계산하라. 슬라이더 B의 질량은 0.5 kg이며, 줄의 길이는 1050 mm이다. 작은 도르래 A의 반지름과 마찰효과는 무시한다. (a) 슬라이더 B의 마찰을 무시할 수 있는 경우와, (b) 슬라이더 B에서의 마찰계수가 $\mu_k=0.40$인 경우에 대하여 결과를 계산하라. 동작은 수직 평면에서 일어난다.

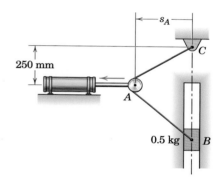

문제 3/35

▶3/36 지름이 100 mm인 두 강철 공 중심 간의 거리가 1 m이며 정지상태에서 이완된다. 공간에서 상호작용하는 인력 외에 다른 힘은 없다고 가정할 때 강철 공이 서로 접촉하는 데 걸리는 시간 t와 그때의 절대속도 v를 구하라.

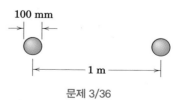

문제 3/36

봅슬레이(썰매) 트랙의 회전부분에서 경사 때문에 봅슬레이의 대부분의 법선가속도가 법선반력으로 발생한다.

3.5 곡선운동

이제 평면상에서 곡선을 따라 움직이는 질점의 운동역학으로 관심을 돌려 보자. 뉴턴의 제2법칙인 식 (3.3)을 적용하기 위하여 2.4~2.6절에서 전개하고 적용했던 세 개의 좌표계를 곡선운동에서의 가속도를 나타내는 데 사용한다. 좌표계의 선택은 문제의 조건에 따라 다르며 곡선운동 문제를 해석하는 데 있어서 기본적인 결정사항 중 하나이다. 식 (3.3)을 세 가지 좌표계에 대하여 다시 쓰면 다음과 같으며, 운동을 나타내는 데 어떤 좌표계가 가장 적절한지를 고려하여 선택한다.

직각좌표계(2.4절, 그림 2.7)

$$\Sigma F_x = ma_x$$
$$\Sigma F_y = ma_y \tag{3.6}$$

여기서 $a_x = \ddot{x}$이고, $a_y = \ddot{y}$이다.

법선–접선좌표계(2.5절, 그림 2.10)

$$\Sigma F_n = ma_n$$
$$\Sigma F_t = ma_t \tag{3.7}$$

여기서 $a_n = \rho\dot{\beta}^2 = v^2/\rho = v\dot{\beta}$, $a_t = \dot{v}$이며 $v = \rho\dot{\beta}$이다.

극좌표계(2.6절, 그림 2.15)

$$\Sigma F_r = ma_r$$
$$\Sigma F_\theta = ma_\theta \tag{3.8}$$

여기서 $a_r = \ddot{r} - r\dot{\theta}^2$이고 $a_\theta = r\ddot{\theta} + 2\dot{r}\dot{\theta}$이다.

이러한 운동방정식들을 적용하는 데 있어서 직선운동에 대해 앞 절에서 전개된 일반적인 과정을 따라야 한다. 운동을 인식하고 좌표계를 설정한 후, 물체를 질점으로 생각하여 자유물체도를 그린다. 일반적인 방법으로 자유물체도로부터 적절한 힘의 합을 구한다. 힘의 합이 틀리지 않도록 자유물체도를 완벽하게 작성해야 한다.

기준좌표축을 설정했으면, 힘과 가속도에 대한 표현은 이 설정에 맞게 일관성을 유지해야 한다. 예로, 식 (3.7)의 첫 번째 식에서 n좌표축의 양의 방향은 곡률의 중심을 향하므로 힘의 합 ΣF_n의 양의 방향도 역시 가속도의 방향 $a_n = v^2/\rho$와 일치하는 곡률중심을 향해야 한다.

예제 3.6

블록이 A점을 통과하면서 아래 표면과 접촉을 유지할 수 있는 최대속도 v를 구하라. 블록과 구속 표면 사이에는 약간의 간극이 있다고 가정하라.

|풀이| 접촉이 분리될 조건은 표면이 블록 표면에 가하는 법선방향의 힘 N이 0이 되는 것이다. 법선방향으로의 합력은 다음과 같이 주어진다.

$$[\Sigma F_n = ma_n] \qquad\qquad mg = m\frac{v^2}{\rho} \qquad v = \sqrt{g\rho} \qquad \blacksquare$$

만약, A점에서의 속도가 $\sqrt{g\rho}$보다 작다면 아래 표면에서 블록에 미치는 위쪽 방향의 수직힘이 존재한다. A점에서의 속도가 $\sqrt{g\rho}$보다 큰 값을 갖기 위해서는 중력에 더해서 블록이 위쪽 표면과 접촉해서 생기는 하향력을 받아야 한다.

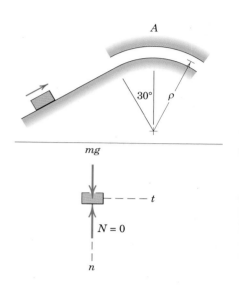

예제 3.7

A지점에서 작은 물체들이 정지상태로부터 놓여서 반지름이 R인 매끄러운 곡면을 따라 컨베이어 B로 미끄러져 내려간다. 곡면과 물체 사이에 작용하는 수직접촉력 N을 θ의 함수로 구하고, 물체가 컨베이어로 옮겨질 때 벨트 위에서 미끄러짐이 발생하지 않을 반지름 r인 컨베이어 도르래의 각속도 ω를 구하라.

|풀이| n과 t방향으로 표시된 이 물체의 자유물체도는 그림과 같다. 수직방향의 힘 N은 속도에 따라 변하는 가속도의 n방향 성분에 따라 결정된다. 속도는 접선방향의 가속도 a_t에 의하여 점점 증가하게 된다. 따라서 임의의 일반적인 위치에서 우선 a_t의 값을 구한다.

$$[\Sigma F_t = ma_t] \qquad\qquad mg\cos\theta = ma_t \qquad a_t = g\cos\theta$$

적분하여 속도를 구하면 다음과 같다. ①

$$[v\,dv = a_t\,ds] \qquad \int_0^v v\,dv = \int_0^\theta g\cos\theta\,d(R\theta) \qquad v^2 = 2gR\sin\theta$$

양의 n방향에서 합력에 의해 수직힘을 구하는데, 이 방향은 가속도의 n방향 성분이다.

$$[\Sigma F_n = ma_n] \qquad N - mg\sin\theta = m\frac{v^2}{R} \qquad N = 3mg\sin\theta \qquad \blacksquare$$

컨베이어의 도르래는 $\theta = \pi/2$일 때 $v = r\omega$의 속도로 회전해야 한다.

$$\omega = \sqrt{2gR}/r \qquad \blacksquare$$

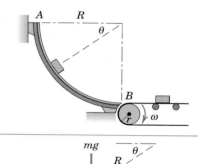

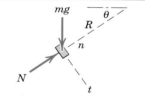

|도움말|

① 모든 값들이 이동경로를 따라 측정될 때 운동학적 관계 $v\,dv = a_t\,ds$를 적분하여 속도를 구하기 때문에 접선가속도를 위치의 함수로 나타낼 필요가 있다.

예제 3.8

1500 kg인 자동차가 평면상의 곡선도로에 진입하여 A지점을 100 km/h로 통과한 후, 일정 비율로 감속하여 C지점을 50 km/h의 속도로 통과한다. A지점에서 도로의 곡률 반지름 ρ는 400 m이고 C지점에서는 80 m이다. A, B, C지점에서 이 자동차의 타이어에 작용하는 총수평력을 구하라. 단, B지점은 곡률의 방향이 바뀌는 변곡점이다.

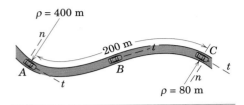

|풀이| 타이어에 작용하는 모든 힘의 영향을 단일힘으로 취급할 수 있도록 자동차를 하나의 질점으로 간주한다. 운동은 도로의 방향을 따라서 일어나므로 자동차의 가속도는 법선-접선좌표계를 이용하여 정할 수 있다. 그런 후에 힘은 가속도로부터 구한다.

일정한 접선방향의 가속도는 음의 t방향이며, 그 크기는 다음과 같이 주어진다.

$$[v_C{}^2 = v_A{}^2 + 2a_t\,\Delta s]\qquad a_t = \left|\frac{(50/3.6)^2 - (100/3.6)^2}{2(200)}\right| = 1.447\ \text{m/s}^2 \quad \text{①}$$

A, B, C에서 가속도의 법선성분은

$$[a_n = v^2/\rho]$$

A지점에서 $a_n = \dfrac{(100/3.6)^2}{400} = 1.929\ \text{m/s}^2$ ②

B지점에서 $a_n = 0$

C지점에서 $a_n = \dfrac{(50/3.6)^2}{80} = 2.41\ \text{m/s}^2$

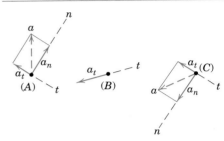

자동차의 자유물체도에서 n과 t방향에 뉴턴의 제2법칙을 적용하면

$$[\Sigma F_t = ma_t]\qquad F_t = 1500(1.447) = 2170\ \text{N}$$

$$[\Sigma F_n = ma_n]\qquad A\text{지점에서}\ \ F_n = 1500(1.929) = 2890\ \text{N}\quad\text{③}$$

B지점에서 $F_n = 0$

C지점에서 $F_n = 1500(2.41) = 3620\ \text{N}$

따라서, 타이어에 작용하는 총수평력은 다음과 같이 된다.

A지점에서 $F = \sqrt{F_n{}^2 + F_t{}^2} = \sqrt{(2890)^2 + (2170)^2} = 3620\ \text{N}$ 📑

B지점에서 $F = F_t = 2170\ \text{N}$ 📑

C지점에서 $F = \sqrt{F_n{}^2 + F_t{}^2} = \sqrt{(3620)^2 + (2170)^2} = 4220\ \text{N}$ ④ 📑

|도움말|

① km/h에서 m/s로의 환산계수는 1000/3600, 즉 1/3.6이다.

② a_n은 항상 곡률중심을 향한다는 것에 주의하라.

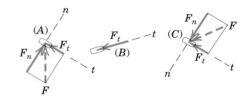

③ F_n의 방향은 a_n과 반드시 일치한다는 것에 주의하라.

④ 원한다면 도로의 진행방향과 $\mathbf{a}$와 $\mathbf{F}$가 이루는 각도를 계산할 수 있다.

예제 3.9

지구의 표면에서 320 km 떨어진 우주선 S가 원형궤도를 유지하는 데 필요한 속도의 크기 v를 구하라.

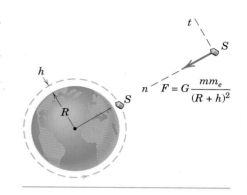

|풀이|　자유물체도에서 보듯이 우주선에 작용하는 유일한 외력은 지구에 대한 중력뿐이다(즉, 우주선의 무게). ① 법선방향에서의 합력은 다음과 같다.

$$[\Sigma F_n = ma_n] \quad G\frac{mm_e}{(R+h)^2} = m\frac{v^2}{(R+h)}, \quad v = \sqrt{\frac{Gm_e}{(R+h)}} = R\sqrt{\frac{g}{(R+h)}}$$

여기서 $gR^2 = Gm_e$로 치환되었고, 위 식에 수치를 대입하여 구하면 다음과 같다.

$$v = (6371)(1000)\sqrt{\frac{9.825}{(6371+320)(1000)}} = 7220 \text{ m/s} \quad \blacksquare$$

|도움말|

① 관성기준 좌표계에서 수행한 관측에서 음의 n방향에는 '원심력'으로 작용하는 성분이 없다는 점에 주의하라. 또한, 우주선이나 승무원은 중력에 대한 뉴턴의 법칙으로부터 각각 무게가 주어지기 때문에 '무게가 없음'이 아님에 주의하라. 이 고도에서의 무게는 지표면에서의 값보다 약 10% 정도 적을 뿐이다. 결국 '무중력'이라 함은 잘못된 것이다. 관측하는 좌표계가 중력가속도와 같은 가속도를 가질 때(궤도를 선회하는 우주선 내부)를 '무중력'상태로 여기는 것이다. 예를 들어, 궤도를 선회하는 우주선 안에서 0이 되는 양은 우주선 안의 수평면에 접촉한 물체에 작용하는 수직힘과 같은 것이다.

예제 3.10

관 A는 수직축 O에 대하여 일정한 각속도 $\dot\theta = \omega$로 회전하며, 이 안에 질량 m인 작은 원통형 마개 B가 들어 있다. 이 마개의 반지름위치 r은, 수평 관과 회전수직 관을 자유로이 움직이며, 반지름 b인 드럼에 감겨 있는 끈에 의해 조정된다. 만약 드럼의 회전 각속도가 ω_0로 일정하다면, 이 끈에 작용하는 장력 T와 관에 의해 마개에 작용되는 힘의 수평성분 F_θ를 ω_0가 첫 번째(a) 경우의 방향일 때와 두 번째(b) 경우의 방향일 때에 대하여 각각 구하라. 단, 마찰은 무시한다.

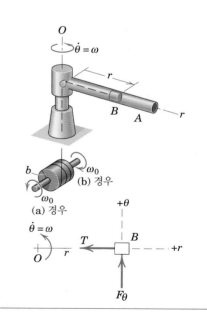

|풀이|　변수 r을 이용하여 식 (3.8)의 극좌표계 형식의 운동방정식을 사용한다. B의 자유물체도는 평면 위에 나타나 있으며, 단지 T와 F_θ만을 보여준다. 따라서 운동방정식은 다음과 같다.

$$[\Sigma F_r = ma_r] \qquad -T = m(\ddot r - r\dot\theta^2)$$

$$[\Sigma F_\theta = ma_\theta] \qquad F_\theta = m(r\ddot\theta + 2\dot r\dot\theta)$$

(a) 경우　$\dot r = +b\omega_0$, $\ddot r = 0$ 그리고 $\ddot\theta = 0$에서 힘들은

$$T = mr\omega^2 \qquad F_\theta = 2mb\omega_0\omega \qquad \blacksquare$$

(b) 경우　$\dot r = -b\omega_0$, $\ddot r = 0$ 그리고 $\ddot\theta = 0$에서 힘들은

$$T = mr\omega^2 \qquad F_\theta = -2mb\omega_0\omega \quad ① \qquad \blacksquare$$

|도움말|

① 음의 부호는 F_θ의 방향이 자유물체도에 표시된 방향과 반대임을 의미한다.

연습문제

기초문제

3/37 0.6 kg의 작은 블록이 수직평면에서 반지름 3 m인 곡선 경로를 따라 마찰력이 작은 상태로 미끄러지고 있다. 블록이 A와 B지점을 통과할 때 속력이 각각 5 m/s와 4 m/s라고 하면, 이 두 지점에서 곡면에 의해 블록에 작용하는 수직력을 각각 구하라.

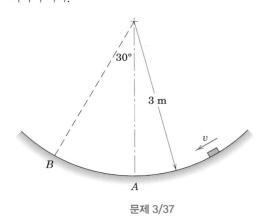

문제 3/37

3/38 수직면에 있는 고정된 매끄러운 안내선을 따라 0.8 kg의 슬라이더가 A지점에서 위쪽으로 올라간다. 그리고 B지점을 통과할 때의 속력이 4 m/s이다. (a) 고정된 안내선에 의해서 슬라이더에 가해지는 힘 N의 크기, (b) 슬라이더의 속력이 감소하는 비율을 구하라. 마찰은 무시한다.

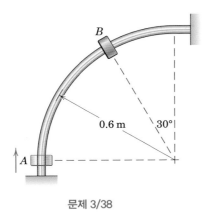

문제 3/38

3/39 이륙 지점에서 80 kg의 스키점프 선수의 속력이 25 m/s이다. A점에 도달하기 직전 눈에 의해서 스키에 작용하는 수직력 N의 크기를 계산하라.

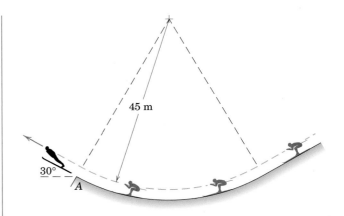

문제 3/39

3/40 120 g의 활주차가 수평면상에 있는 매끄러운 안내선을 따라 A점을 통과할 때, 속도 v=1.4 m/s이다. 다음의 경우 안내선이 활주차에 작용하는 힘 R의 크기를 구하라. (a) 안내선의 A점을 통과하기 직전, (b) B점을 통과할 때

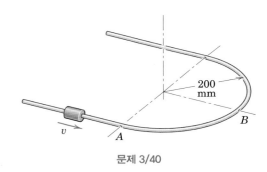

문제 3/40

3/41 우주비행사가 궤도에 올려진 우주선에서 경험하는 무중력 상태와 유사한 조건을 만들기 위해서 제트 수송기가 보여진 경로를 따라 비행한다. 가장 높은 고도에서의 속력이 900 km/h라면, 궤도의 자유낙하 환경을 모사하기 위한 곡률반지름을 계산하라.

문제 3/41

3/42 지구의 중력장 밖에서 작동하는 우주정거장을 설계할 때, 승무원들에게 지구 중력의 영향을 실험하기 위한 구조물의 회전속도는 N이 되어야 한다. 승무원실의 중심과 회전축과의 거리가 12 m라면, 실험장치의 필요한 회전속도 N을 분당 회전수(rev/min)로 계산하라.

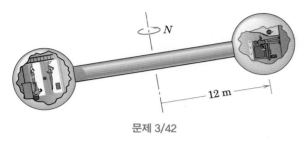

문제 3/42

3/43 630 kg의 4인승 봅슬레이가 마찰력에 의존하지 않고 회전할 수 있는 속도를 계산하라. 또한 트랙에 의해 봅슬레이에 작용하는 순수직력을 계산하라.

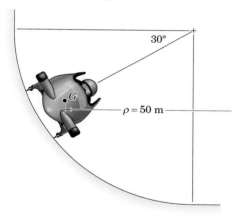

문제 3/43

3/44 O점을 통과하는 수평축에 대하여 빈 관이 피벗되어 있으며, 수직면에서 반시계방향으로 일정한 각속도 $\dot{\theta}=3$ rad/s 회전한다. $\theta=30°$인 위치를 지날 때 빈 관 안에서 0.1 kg의 질점이 빈 관에 대하여 2 m/s의 상대속도로 O방향으로 미끄러진다면, 이 순간 관의 벽에 의해 질점에 작용하는 수직력 N을 계산하라.

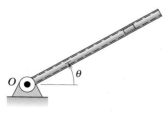

문제 3/44

3/45 포뮬러 원이 양 끝이 부드럽게 연결된 원형 형태의 언덕을 지난다. (a) 가장 위쪽 지점인 B에서 포뮬러 원이 지면과의 접촉을 잃게 만드는 속도 v_B는 무엇인가? (b) 속도 $v_B=190$ km/h에 대하여, A점에서 640 kg의 포뮬러 원이 지면으로부터 받는 수직력은 얼마인가?

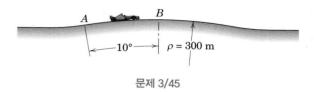

문제 3/45

3/46 그림은 스윙라이드(swing ride)이다. 수직과의 각도 $\theta=35°$가 되는데 필요한 각속도 ω를 계산하라. 케이블의 질량은 무시하고 의자와 사람은 하나의 질점으로 간주하라.

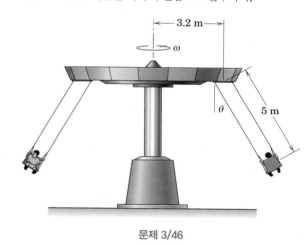

문제 3/46

3/47 하프 파이프에서 80 kg의 스노보드 선수가 그림에 보인 위치에서 속도가 $v=5$ m/s이다. 이 순간 스노보드에 작용하는 수직력과 전체 가속도의 크기를 계산하라. 스노보드와 표면과의 운동마찰계수 $\mu_k=0.10$을 사용하라. 스노보드의 무게는 무시하며, 스노보드 선수의 질량중심 G는 눈 표면에서 0.9 m 떨어져 있다고 가정한다.

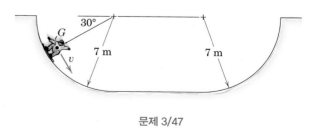

문제 3/47

3/48 그림과 같이, 아이가 **1 m** 길이의 실 끝에 **50 g**짜리 작은 구슬을 매달아 수직평면상에서 원을 그리며 돌리고 있다. 구슬의 위치가 **1번** 위치에 있기 위한 최소 속도 v는 얼마인가? 만약 이 속도가 원운동하는 동안에 계속 유지된다면, **2번** 위치에서 실이 받는 장력 T를 구하라. 아이 손의 작은 움직임은 무시한다.

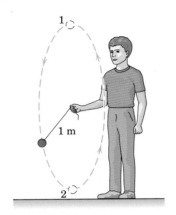

문제 3/48

3/49 그림에 보인 바와 같이 회전하는 반지름 r인 원형 용기의 내측면에 작은 물체 A가 원심작용에 의해 붙어 있다. 물체와 용기 사이의 정지마찰계수가 μ_s라고 할 때, 물체가 미끄러짐이 없이 머무를 수 있는 최소 회전속도 $\dot{\theta}=\omega$를 구하라.

문제 3/49

3/50 자동차의 최대 측면 가속도를 구하기 위한 표준 시험 방법은 평평한 아스팔트 표면 위에 페인트로 그려진 지름 **60 m**의 원을 주행하는 것이다. 운전자는 두 쌍의 바퀴가 더 이상 중심선상에 머물지 못할 때까지 자동차의 속도를 천천히 증가시킨다. 만약 **1400 kg**인 자동차의 최대 속도가 **55 km/h**라면, 이때의 최대 측면 가속도 a_n을 g로 표현하고 도로면으로부터 자동차의 타이어에 발생되는 총마찰력 F의 크기를 구하라.

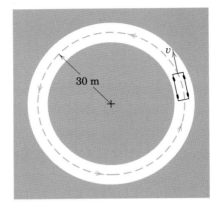

문제 3/50

3/51 문제 3/50에서, 자동차를 **40 km/h**의 속도로 주행하는 운전자가 브레이크를 밟았으며, 차는 계속 원호경로를 따라서 이동한다. 만약 타이어의 최대 수평마찰력이 **10.6 kN**이라면, 가능한 최대 감가속도는 얼마인가?

심화문제

3/52 평상형 트럭이 높이 h의 A와 B 두 개의 블록에 의해서만 고정된 매우 큰 원형 관의 한 부분을 수송하고 있다. 트럭은 곡률 ρ로 좌회전을 하고 있다. 관이 제지될 수 있는 최대 속력을 구하라. $\rho=60$ m, $h=0.1$ m, $R=0.8$ m를 사용하라.

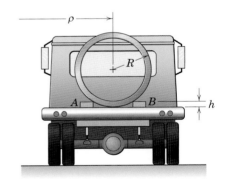

문제 3/52

3/53 그림은 경주로 커브길의 가변 경사에 대한 개념을 보여준다. 차량 A와 B의 회전 곡률 반경이 각각 ρ_A=92 m, ρ_B=98 m일 때, 각 차량의 최고 속력을 구하라. 정지마찰계수는 두 차량 모두에 대해서 μ_s=0.90이다.

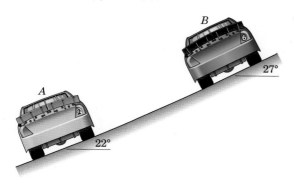

문제 3/53

3/54 질량 m=0.2 kg의 질점이 원추형 물체 둘레를 원형 경로를 따라 일정한 속도 v로 운동한다. 줄의 장력 T를 계산하라. 모든 마찰은 무시하며, h=0.8 m, v=0.6 m/s를 사용하라. 어떤 속도 v에서 수직력이 0이 되는가?

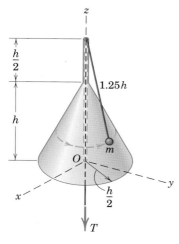

문제 3/54

3/55 비행기가 600 km/h의 일정한 속도로 반지름 1000 m인 수직 원을 비행한다. A지점과 B지점에서 90 kg의 조종사가 좌석으로부터 받는 힘을 계산하라.

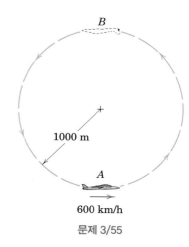

문제 3/55

3/56 0.2 kg의 질점 P가 수직 평면의 반지름 r=0.5 m 원형 홈을 따라 움직이도록 구속되었으며, 팔 OA의 홈을 따라 움직이도록 제한되는데, 팔은 O를 통과하는 수평축에 대하여 일정한 각속도 Ω=3 rad/s로 회전한다. β=20°인 순간 질점이 원형 홈에 의해 받는 힘 N과 팔에 의해 받는 힘 R을 계산하라.

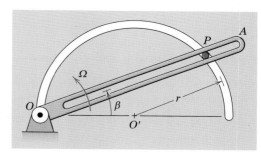

문제 3/56

3/57 경사가 10°이고 반지름이 300 m인 커브길을 화물차가 100 km/h의 속력으로 달리고 있다. 화물차 바닥과 200 kg 상자 사이의 정지마찰계수가 0.70일 때 상자에 작용하는 마찰력 F를 계산하라.

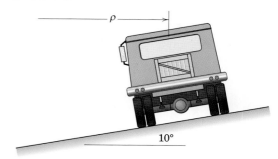

문제 3/57

3/58 속이 빈 관 조립 부품이 수직 축에 대하여 $\omega = \dot{\theta} = 4$ rad/s 그리고 $\dot{\omega} = \ddot{\theta} = -2$ rad/s²으로 회전한다. 작은 0.2 kg의 슬라이더 P가 수평의 빈 관 안에서 조립 부품의 아래쪽 바깥으로 나온 줄의 제어에 의해서 움직인다. $r = 0.8$ m, $\dot{r} = -2$ m/s, $\ddot{r} = 4$ m/s²이라면, 줄의 장력 T와 관에 의해 슬라이더에 작용하는 수평방향의 힘 F_θ를 계산하라.

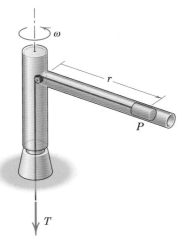

문제 3/58

3/59 홈이 파인 팔 OA가 O를 통과하는 고정 축에 대해 회전한다. 고려하는 순간은, $\theta = 30°$, $\dot{\theta} = 45$ deg/s, $\ddot{\theta} = 20$ deg/s²이다. 팔 OA에 의해서 0.2 kg의 슬라이더 B에 작용하는 힘과 수직 홈의 측면에 의해 슬라이더 B에 작용하는 힘을 계산하라. 모든 마찰은 무시하고, $L = 0.6$ m를 사용하라. 운동은 수직평면에서 일어난다.

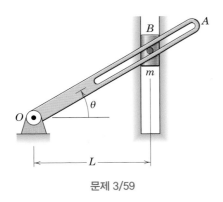

문제 3/59

3/60 문제 3/59의 배치가 그림과 같이 수정되었다. 문제 3/59의 모든 데이터를 사용하여 팔 OA에 의해서 슬라이더 B에 작용하는 힘과 홈의 측면에 의해 슬라이더 B에 작용하는 힘을 계산하라. 모든 마찰은 무시한다.

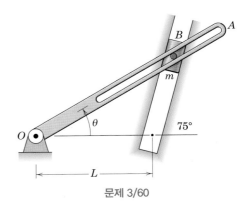

문제 3/60

3/61 원형 궤도를 도는 인공위성이 지구의 절대 회전 주기, 23.9344 h와 같아지는 지표면으로부터의 고도 h (킬로미터)를 계산하라. 만약 그러한 궤도가 지구의 적도 면에 놓인다면 지구정지궤도라고 하는데, 인공위성이 지구에 정지한 관찰자에 대하여 움직이지 않는 것처럼 보이기 때문이다.

3/62 홈이 파인 1/4-원형의 팔 OA가 O점을 통과하는 수평축에 대해 반시계방향으로 일정한 각속도 $\Omega = 7$ rad/s로 회전한다. 0.05 kg의 질점 P는 $\beta = 60°$의 위치에 암에 에폭시로 접착되어 있다. 질점이 홈을 따라 움직이지 못하도록 에폭시 수지가 지탱해야 하는, 홈과 평행한 접선 방향의 힘 F를 계산하라. $R = 0.4$ m를 사용하라.

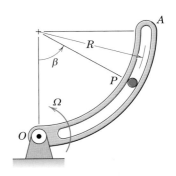

문제 3/62

3/63　2 kg의 공 S는 로봇 팔에 의해서 수직평면상에서 움직인다. 각도 $\theta=30°$일 때 O점을 지나가는 수평축에 대한 팔의 각속도는 시계방향으로 50 deg/s이고, 각가속도는 반시계방향으로 200 deg/s²이다. 그리고 유압식 기구는 500 mm/s의 일정 비율로 짧아진다. 공을 잡고 있기 위한 최소 힘 P를 구하라. 공과 로봇 팔 사이의 정지마찰계수는 0.50이다. 30°에서 정적 평형 시 공을 잡고 있기 위해서 필요한 최소 힘 P_s와 힘 P를 비교하라.

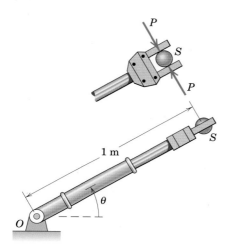

문제 3/63

3/64　놀이동산의 차는 A점에서 $v_A=22$ m/s이고, B점에서 $v_B=12$ m/s의 속도로 달리고 있다. 만일 75 kg의 사람이 스프링 저울(저울에 작용하는 수직힘을 가리키는) 위에 앉아 있다면, 차가 A점과 B점을 통과할 때 저울의 눈금은 각각 얼마인가? 단, 사람의 팔과 다리는 약간의 힘도 지지할 수 없다고 가정한다.

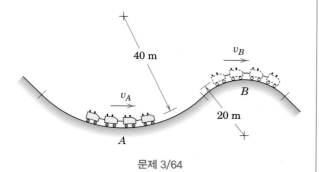

문제 3/64

3/65　로켓이 수직면상에서 움직이고, 32 kN의 추력에 의해서 추진된다. 또한 9.6 kN의 공기저항이 있다. 로켓의 속도가 3 km/s, 중력가속도가 6 m/s²일 때 궤도의 곡률반지름 ρ와 로켓 속도 v의 시간에 따른 변화율을 구하라. 로켓의 질량은 2000 kg이다.

문제 3/65

3/66　로봇 팔이 들어 올려지는 동시에 늘어나고 있다. 주어진 순간에 $\theta=30°$, $\dot{\theta}=40$ deg/s, $\ddot{\theta}=120$ deg/s², $l=0.5$ m, $\dot{l}=0.4$ m/s, $\ddot{l}=-0.3$ m/s²이다. 1.2 kg의 물체를 잡고 있는 P 부분에 작용하는 반지름 방향의 힘 F_r과 접선방향의 횡력 F_θ를 계산하라. 같은 위치에서 정적 평형상태인 경우와 비교하라.

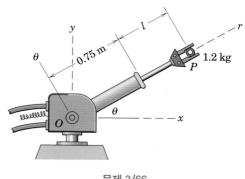

문제 3/66

3/67 그림에 보인 바와 같이 원추형 접시의 내측면에 작은 물체가 놓여 있다. 물체와 접시 사이의 정지마찰계수가 0.30이라면, 물체가 접시에서 미끄러지지 않고 붙어 있을 수 있는 각속도 ω의 범위를 계산하라. 속도의 변화는 어떠한 각가속도도 무시할 수 있을 만큼 천천히 발생한다.

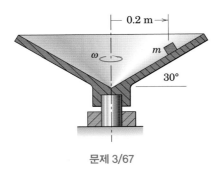

문제 3/67

3/68 일정한 각속도 $\dot{\theta} = 6$ rad/s로 회전하는 수평막대에 스프링으로 지지된 0.8 kg의 고리 A가 진동하고 있다. 어떤 순간에 r은 800 mm/s의 속도로 증가한다. 고리와 막대 사이의 운동마찰계수가 0.40이라면, 이 순간에 막대로부터 고리에 작용되는 마찰력 F를 구하라.

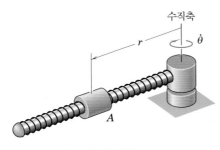

문제 3/68

3/69 O점을 통과하는 고정된 수직축에 대하여 수평면에서 홈이 파인 팔이 회전하고 있다. 2 kg인 슬라이더 C가 끈 S에 의해 55 mm/s의 일정 비율로 O점을 향하여 당겨진다. $r =$ 225 mm인 순간에 팔은 반시계방향의 각속도 $\omega = 6$ rad/s를 가지며 2 rad/s²으로 감속된다. 이 순간 끈에 작용하는 장력 T와 반지름방향 홈의 매끄러운 면들에 의해 슬라이더에 작용하는 힘의 크기 N을 구하라. 슬라이더가 접촉하는 홈의 면은 A와 B 중에서 어느 면인지 결정하라.

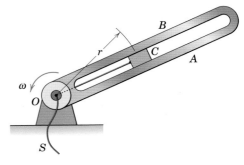

문제 3/69

3/70 1500 kg의 자동차가 도로의 직선 부분을 따라 시속 100 km/h로 주행하다가, A점에서 정지점인 C까지 속도를 일정하게 줄인다. 도로면에 의하여 자동차에 작용하는 총마찰력 F의 크기를, 다음 경우에 대하여 각각 계산하라. (a) B점을 통과하기 직전, (b) B점을 통과한 직후, (c) C점에서 정지하기 직전.

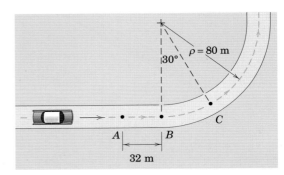

문제 3/70

3/71 작은 동전이 회전하는 디스크의 수평면에 놓여 있다. 디스크가 정지상태로부터 일정한 각가속도 $\ddot{\theta} = \alpha$로 운동을 시작한다면, 동전이 미끄러지기 직전까지의 회전수 N에 대한 식을 구하라. 동전과 디스크 사이의 정지마찰계수는 μ_s이다.

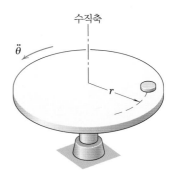

문제 3/71

3/72 질점 P가 $t=0$일 때 수직축에 대한 일정 각속도 ω_0로 회전하고 있는 매끄러운 관 안쪽의 $r=r_0$인 위치에서 관에 대한 상대속도 없이 가만히 놓인다. 반지름방향 속도 v_r, 반지름방향 위치 r 및 횡방향 속도 v_θ를 시간 t의 함수로 나타내라. 반지름방향의 힘이 작용하지 않는데도 반지름방향 속도가 증가하는 이유를 설명하라. 관의 반지름 $r_0=0.1$ m, 길이 $l=1$ m, 각속도 $\omega_0=1$ rad/s일 때 관 내부에 머무르는 동안 질점의 절대궤적을 그려보라.

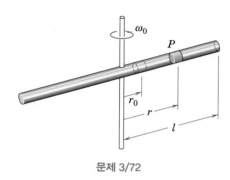

문제 3/72

3/73 작은 차가 수평속도 v_0로 원형경로의 꼭대기 A에 진입하며 경로의 아래쪽으로 이동할수록 속도는 증가한다. 차가 경로를 벗어나 발사체가 되는 위치인 B지점의 각도 β를 구하라. 결과식에 $v_0=0$을 대입하여 값을 계산하라. 차는 질점으로 취급하고 마찰은 무시하라.

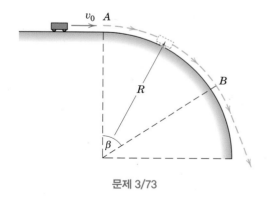

문제 3/73

3/74 우주선 P는 그림에서 보는 바와 같이 타원궤도상에 있다. 그림에 보인 순간의 속도 $v=4230$ m/s라면, $\dot{r}$, $\dot{\theta}$, $\ddot{r}$, $\ddot{\theta}$의 값을 구하라. 지구 표면에서 중력가속도 $g=9.825$ m/s^{2}이고, 지구반지름 $R=6371$ km이다.

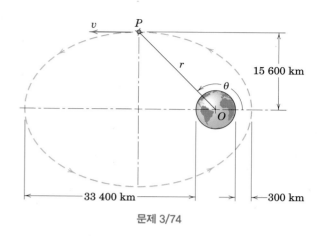

문제 3/74

▶**3/75** 홈이 파인 팔 OB가 일정한 각속도 $\dot{\theta}=15$ rad/s로 고정된 곡선 캠의 O점에 대하여 수평면에서 회전하고 있다. 용수철은 5 kN/m의 강성을 가지며 $\theta=0$에서 압축되어 있지 않다. 매끄러운 롤러 A의 질량은 0.5 kg이다. $\theta=45°$일 때 캠이 A에 작용하는 수직력 N과 홈의 측면으로부터 A에 작용하는 힘 R을 구하라. 모든 표면은 매끄럽고 롤러의 작은 지름은 무시한다.

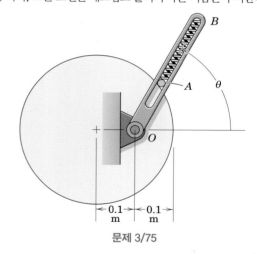

문제 3/75

▶**3/76** 가는 막대로 된 수평 원궤도에서 질량이 m인 작은 고리가 초기속도 v_0의 크기로 움직인다. 운동마찰계수가 μ_k라면 고리가 정지할 때까지 주행한 거리를 구하라. [힌트 : 마찰력은 순수직항력(net normal force)에 의존한다는 것을 유의하자.]

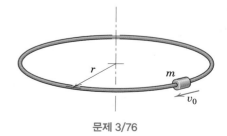

문제 3/76

B편 일과 에너지

3.6 일과 운동에너지

앞의 두 절에서 질점에 작용하는 순수힘과 질점에 대한 가속도 사이의 순간적인 관계를 표현하기 위해서, 질점운동의 여러 가지 문제에 뉴턴의 제2법칙 $\mathbf{F} = m\mathbf{a}$ 를 적용하였다. 속도의 변화나 질점의 변위를 구하고자 할 때, 적절한 운동방정식들을 사용하여 그 구간에서 계산된 가속도를 적분하였다.

질점에 작용하는 불균형 힘들의 누적된 효과가 관심사항이 되는 것에는 일반적으로 두 부류의 문제가 있다. 이것은 질점의 경로에 대해 힘을 적분하는 경우와 작용된 시간에 대해 힘을 적분하는 경우로 나뉜다. 이 적분 결과들을 운동의 지배방정식에 직접 반영한다면 직접 가속도를 계산할 필요가 없게 된다. 이 절의 주제는 변위에 대한 적분으로 일과 에너지 방정식을 유도하는 것이다. 시간에 대한 적분으로 충격량과 운동량 방정식을 유도하는 내용은 C편에서 다루기로 한다.

일의 정의

여기서는 일(work)의 '정량적인 의미(quantitative meaning)'가 정의된다.[*] 그림 3.2a는 경로를 따라 움직이는 질점에 대하여 점 A에 작용하는 힘 $\mathbf{F}$를 나타낸다. 편리한 원점 O로부터 측정된 위치벡터 $\mathbf{r}$은 질점이 점 A를 통과할 때의 위치이고, $d\mathbf{r}$은 A에서 A'까지 움직임에 따른 미소변위이다. 변위 $d\mathbf{r}$이 발생하는 동안 힘 $\mathbf{F}$가 한 일은 다음과 같이 정의된다.

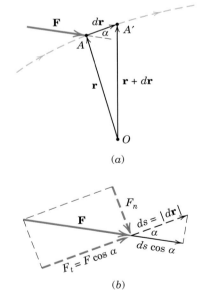

(a)

(b)

그림 3.2

$$dU = \mathbf{F} \cdot d\mathbf{r}$$

이 내적(dot product)의 크기 $dU = F\,ds\cos\alpha$이고, 여기서 α는 $\mathbf{F}$와 $d\mathbf{r}$ 사이의 각도이며 ds는 $d\mathbf{r}$의 크기이다. 이러한 표현은 그림 3.2b의 점선으로 표시된 것과 같이 변위 방향으로의 힘의 성분 $F_t = F\cos\alpha$에 변위를 곱한 것으로 이해할 수 있다. 또한 일 dU는 그림 3.2b의 실선으로 표시된 것과 같이 힘의 작용방향으로의 변위성분 $ds\cos\alpha$에 힘을 곱한 것으로 설명될 수 있다.

이와 같은 일의 정의에 의하면 변위에 대하여 직각인 힘의 성분 $F_n = F\sin\alpha$는 일을 하지 않는다는 것을 알 수 있다. 따라서 일 dU는 다음과 같이 표현될 수 있다.

$$dU = F_t\,ds$$

---

[*] 일의 개념은 제1권 **정역학**의 제7장 가상일의 학습에서 이미 설명하였다.

일을 하는 성분 F_t가 변위 방향과 일치한다면 일의 부호는 양이고 반대 방향이면 일의 부호는 음이다. '일을 한 힘'은 **작용력**(active forces)이라 하고 '일하지 않은 구속력'은 **반력**(reactive forces)이라 부른다.

일의 단위

SI 단위계에서 일은 힘(N)×변위(m), 즉 N · m의 단위를 가진다. 이 단위는 특히 줄(J)이라 하는데, 이것은 '힘의 작용 방향으로 1 m의 거리를 움직인 1 N의 힘이 행한 일'의 양이다. 일(에너지)의 단위로 N · m의 단위보다 줄(J)을 사용하는 것은 힘의 모멘트나 토크의 단위인 N · m과의 혼동을 피하기 위함이다.

미국통상단위계에서 일의 단위는 ft-lb이다. 차원적으로는 일과 모멘트는 동일하다. 두 양을 구분하기 위해서 일은 ft-lb(foot pounds), 모멘트는 lb-ft(pound feet)로 표현한다. 일은 벡터의 내적으로 표현되는 스칼라양이며, 힘과 힘의 방향과 일직선 방향으로 측정된 거리와의 곱과 연관이 있음에 유의하라. 반면에 모멘트는 벡터의 외적으로 표현되는 벡터양이며, 힘과 힘의 방향에 수직방향으로 측정된 거리와의 곱과 연관이 있다.

일의 계산

힘의 작용점이 어느 유한한 구간을 움직이는 동안에, 힘이 행한 일의 양은 다음과 같다.

$$U = \int_1^2 \mathbf{F} \cdot d\mathbf{r} = \int_1^2 (F_x \, dx + F_y \, dy + F_z \, dz)$$

또는

$$U = \int_{s_1}^{s_2} F_t \, ds$$

이 적분을 수행하기 위해서는 힘의 성분과 그들 좌표 사이의 관계, 즉 F_t와 s 사이의 관계를 알아야 한다. 만약 함수관계가 적분될 수 있는 수학적 표현이 아니라 근사적이고 경험적인 데이터의 형태로 표현되었다면, 일은 수치적 또는 도식적 적분으로 그림 3.3에 보인 것과 같이 F_t와 s 사이의 곡선 아래의 면적으로 그 값을 구할 수 있다.

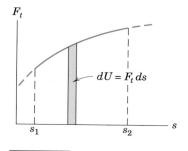

그림 3.3

일들의 예

일을 계산할 때, 우리는 일의 정의식 $U = \int \mathbf{F} \cdot d\mathbf{r}$을 사용하고, 힘 $\mathbf{F}$와 미소변위 $d\mathbf{r}$에 적당한 벡터값을 대입하여 적분을 하게 된다. 몇 번 경험을 하다 보면, 일정한 힘이 작용하는 간단한 일의 계산은 세심하게 조사만 하더라도 바로 알 수 있다.

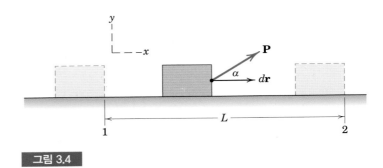

그림 3.4

자주 언급되는 세 가지 일, 즉 일정한 크기의 힘, 스프링힘, 무게가 한 일을 계산해 보자.

1. **일정한 외력이 하는 일.** 일정한 힘 **P**가 물체에 작용하여 그림 3.4와 같이 위치 1 에서 위치 2까지 움직인다고 하자. 힘 **P**와 미소변위 $d\mathbf{r}$을 벡터로 대입하면 힘이 한 일은 다음과 같다.

$$U_{1\text{-}2} = \int_1^2 \mathbf{F} \cdot d\mathbf{r} = \int_1^2 [(P\cos\alpha)\mathbf{i} + (P\sin\alpha)\mathbf{j}] \cdot dx\,\mathbf{i}$$

$$= \int_{x_1}^{x_2} P\cos\alpha\,dx = P\cos\alpha(x_2 - x_1) = PL\cos\alpha \qquad (3.9)$$

앞에서 말했듯이 일은 힘의 $P\cos\alpha$ 성분에 이동한 거리 L을 곱하면 구하게 된다. 만약 α가 90°에서 270°까지 변한다면 일은 음의 값이 된다. 변위의 수직성분 $P\sin\alpha$는 일을 하지 않는다.

2. **스프링힘이 하는 일.** 그림 3.5a와 같이 스프링힘이 변위에 비례하고, 강성이 k 인 일반 선형스프링을 생각해 보자. 물체가 초기 위치 x_1에서 최종 위치 x_2까지 임 의로 움직일 때 스프링힘이 한 일을 구해 보자. 스프링이 물체에 가한 힘은 그림 3.5b와 같이 $\mathbf{F} = -kx\mathbf{i}$이며, 일의 정의로부터 다음과 같다.

$$U_{1\text{-}2} = \int_1^2 \mathbf{F} \cdot d\mathbf{r} = \int_1^2 (-kx\mathbf{i}) \cdot dx\,\mathbf{i} = -\int_{x_1}^{x_2} kx\,dx = \frac{1}{2}k(x_1{}^2 - x_2{}^2) \qquad (3.10)$$

만약 초기 위치가 스프링의 변형이 없는 위치로 $x_1 = 0$일 때, $x_2 \neq 0$인 임의의 최종 위치에서 일은 음의 값을 갖는다. 만약 물체가 변형이 없는 스프링 위치에 서 시작해서 오른쪽으로 움직인다면 스프링힘은 왼쪽으로 작용한다. 즉, 물체는 $x_1 = 0$에서 시작하여 왼쪽으로 움직인다면 스프링힘은 오른쪽으로 작용한다. 다 른 말로 하면, 만약 우리가 임의의 초기 위치 $x_1 \neq 0$인 위치에서 움직여 변형이 없

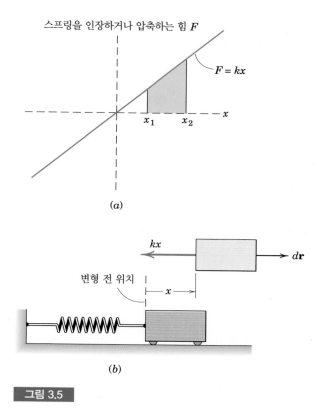

그림 3.5

는 최종 위치 $x_2 = 0$으로 움직인다면 일은 양의 값이 된다. 변형이 없는 위치로 운동할 때 스프링힘과 변위는 같은 방향이 된다.

일반적인 경우에는 물론 x_1, x_2가 0이 되지 않는다. 일의 크기는 그림 **3.5a**의 붉은색 사다리꼴 면적과 같다. 스프링힘이 물체에 작용한 일을 계산할 때, k와 x의 단위를 항상 주의해야 한다. 만약 x가 m(또는 ft)이면, k는 N/m(또는 lb/ft)이어야 한다. 여기서 변수 x는 늘어나지 않은 스프링 길이로부터 변형을 의미하며 스프링의 총길이가 아님을 명심해야 한다.

$F = kx$는 스프링의 요소들이 가속도가 없을 때만 적용되는 정적 관계식이 된다. 스프링의 질량을 고려하는 동적 거동은 꽤 복잡하므로 여기서는 취급하지 않는다. 스프링의 질량이 그 시스템의 다른 부분의 질량에 비해 작다고 가정하면, 그러한 경우 선형 정적 관계는 큰 오차가 없다고 본다.

3. 무게가 한 일. g = 일정인 (a) 경우. 만약 고도의 변화가 충분히 작아 중력가속도 g를 일정하다고 한다면, 그림 **3.6a**와 같이 물체가 임의의 고도 y_1에서 최종 고도 y_2까지 무게 mg가 한 일은 다음과 같다.

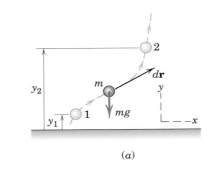

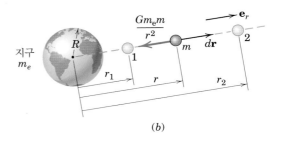

그림 3.6

$$U_{1\text{-}2} = \int_1^2 \mathbf{F} \cdot d\mathbf{r} = \int_1^2 (-mg\mathbf{j}) \cdot (dx\mathbf{i} + dy\mathbf{j})$$

$$= -mg \int_{y_1}^{y_2} dy = -mg(y_2 - y_1) \tag{3.11}$$

수평으로 움직인다면 일을 하지 않는다. 만약 물체가 올라간다면(다른 힘이 작용할 때), $(y_2 - y_1) > 0$이며 일은 음의 값이 되고, 만약 물체가 떨어진다면, $(y_2 - y_1) < 0$이 되어 일은 양의 값이 된다.

$g \neq$ 일정인 (b) 경우. 만약 고도가 큰 변화가 있으면, 무게(중력)는 일정한 값이 아니다. 따라서 중력법칙(식 1.2)을 적용하여 무게를 그림 3.6b에서 표시한 것처럼 크기가 $F = \dfrac{Gm_em}{r^2}$인 변수 힘으로 계산해야 한다. 그림과 같이 반지름 좌표계에서 일을 계산하면 다음과 같다.

$$U_{1\text{-}2} = \int_1^2 \mathbf{F} \cdot d\mathbf{r} = \int_1^2 \frac{-Gm_em}{r^2} \mathbf{e}_r \cdot dr\,\mathbf{e}_r = -Gm_em \int_{r_1}^{r_2} \frac{dr}{r^2}$$

$$= Gm_em\left(\frac{1}{r_2} - \frac{1}{r_1}\right) = mgR^2\left(\frac{1}{r_2} - \frac{1}{r_1}\right) \tag{3.12}$$

여기서 등식 $Gm_e = gR^2$은 1.5절에서 정립되었는데, g는 지구 표면에서 중력가속도이고, R은 지구반지름이다. 만약 물체가 더 높은 고도($r_2 > r_1$)로 올라간다면,

(a) 경우와 같이 일은 음의 값이 된다는 것을 학생들은 확인해봐야 한다. 만약 물체가 더 낮은 고도($r_2 < r_1$)로 떨어진다면, 일은 양의 값이 된다. 여기서 r은 지구 중심으로부터 반지름방향의 거리이며 지구 표면으로부터 거리 $h = r - R$이 아님을 명심해야 한다. (a) 경우와 같이 만약 그림 **3.6b**에서 반지름방향 변위에 더하여 횡방향 변위를 생각한다면 횡방향 변위는 무게에 수직방향이기 때문에 일을 하는 데 아무런 기여를 하지 못한다고 결론지을 수 있다.

일과 곡선운동

그림 3.7과 같이 질량 m의 질점에 작용하는 모든 힘의 합력 $\Sigma\mathbf{F}$, 즉 $\mathbf{F}$가 작용하여 곡선경로를 따라 움직일 때 행해진 일을 고려해보자. m의 위치는 위치벡터 $\mathbf{r}$로 표현되고, 시간 dt에 따른 변위는 위치벡터의 미소변위 $d\mathbf{r}$로 표현된다. 질점이 점 1에서 점 2까지 움직이는 동안 $\mathbf{F}$가 행한 일은 다음과 같다.

$$U_{1\text{-}2} = \int_1^2 \mathbf{F}\cdot d\mathbf{r} = \int_{s_1}^{s_2} F_t\, ds$$

여기서 적분구간은 운동구간이 포함된 처음과 마지막 점을 의미한다.

뉴턴의 제2법칙 $\mathbf{F} = m\mathbf{a}$를 대입하면 모든 힘에 대한 일의 관계는 다음과 같다.

$$U_{1\text{-}2} = \int_1^2 \mathbf{F}\cdot d\mathbf{r} = \int_1^2 m\mathbf{a}\cdot d\mathbf{r}$$

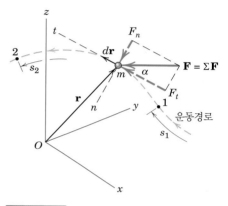

그림 3.7

그러나 $\mathbf{a}\cdot d\mathbf{r} = a_t\, ds$이며, 여기서 a_t는 m의 가속도의 접선성분이다. 질점의 속도 v에 대해서 식 (2.3)은 $a_t\, ds = v\, dv$ 관계를 나타낸다. 따라서 $\mathbf{F}$가 행한 일은

$$U_{1\text{-}2} = \int_1^2 \mathbf{F}\cdot d\mathbf{r} = \int_{v_1}^{v_2} mv\, dv = \tfrac{1}{2}m(v_2{}^2 - v_1{}^2) \qquad (3.13)$$

로 된다. 여기서 적분은 곡선을 따라 점 1과 2 사이에서 수행되고, 각 점에서 속도의 크기는 각각 v_1과 v_2이다.

일과 운동에너지 원리

질점의 운동에너지(kinetic energy) T는

$$T = \tfrac{1}{2}mv^2 \qquad (3.14)$$

으로 정의되며, 질점이 정지상태에서 속도 v가 될 때까지 질점에 행해진 전체 일과 같다. 운동에너지 T는 $\mathrm{N\cdot m}$, 즉 줄(J)의 단위를 갖는 스칼라양이다. 운동에너지

는 속도 방향에 관계없이 항상 양이다.

식 (3.13)은 질점에 대한 일과 에너지 방정식인

$$U_{1\text{-}2} = T_2 - T_1 = \Delta T \tag{3.15}$$

로 다시 쓸 수 있다. 이 방정식은 상태 1에서 상태 2로 움직이는 동안 질점에 작용한 모든 힘이 행한 전체 일이 질점의 운동에너지의 변화와 같다는 것을 나타낸다. 비록 T는 항상 양이지만 운동에너지의 변화 ΔT는 양이나 음 또는 0이 될 수 있다. 간단한 형태인 식 (3.15)는 일이 항상 운동에너지의 **변화**를 초래한다는 것을 알려준다.

다시 말하면 일과 에너지 관계는 초기 운동에너지 T_1에 행해진 일 $U_{1\text{-}2}$를 더한 것이 최종 운동에너지 T_2와 같다는 것이다. 즉

$$T_1 + U_{1\text{-}2} = T_2 \tag{3.15a}$$

식을 이 형태로 표현하면 각 항들은 운동이 일어나는 자연스러운 순서에 대응된다. 식 (3.15)와 (3.15a)의 두 식은 확실히 동일하다.

일과 에너지 방법의 장점

식 (3.15)로부터 일과 에너지 방법의 주요 장점은 가속도를 계산할 필요가 없고, 일을 행한 힘의 함수로서 속도의 변화를 직접 유도할 수 있다는 것이다. 더욱이, 일과 에너지 방정식은 일을 해서 속도의 크기에 변화를 주는 힘만을 포함한다.

예컨대 마찰은 없고, 변형이 일어나지 않는 것으로 연결된 두 질점을 생각해보자. 연결부에 작용한 힘은 크기가 같고 부호가 반대인 쌍을 이루고, 이 힘들이 작용하는 점에서는 힘의 작용 방향으로 동일한 변위 성분을 가진다. 따라서 이러한 내력이 행한 순수 일은 두 연결된 질점의 시스템이 어떻게 움직여도 0이 된다. 그러므로 식 (3.15)는 모든 시스템에 적용될 수 있으며, 여기서 $U_{1\text{-}2}$는 외력이 시스템에 행한 전체 일, 즉 순수한 일의 양이고 ΔT는 시스템의 전체 운동에너지의 변화량인 $T_2 - T_1$이다. 전체 운동에너지는 시스템의 두 요소의 운동에너지의 합이다. 일과 에너지 방법의 또 다른 장점은, 앞에서 기술한 것과 같은 시스템에서 시스템을 분해하지 않고도 해석할 수 있다는 것이다.

일과 에너지 방법을 적용하기 위해서는 해석하려는 시스템이나 질점만을 분리해야 한다. 한 개의 질점에 대해서는 모든 외력들을 나타낸 **자유물체도**를 그려야 한다. 스프링이 없이 강체연결된 질점계에서는 전체 시스템에 일을 한 외력만을 나타낸 **작용력선도(active-force diagram)**를 그려야 한다.[*]

---

[*] 작용력선도는 **정역학**에서 가상일의 방법을 설명하면서 소개하였다. 제1권 정역학의 제7장을 참조하라.

일률(power)

기계의 용량은 일을 하거나 에너지를 전달할 때의 시간율로 측정된다. 전체 일이나 에너지 출력은 이러한 용량의 척도는 아니며, 이는 모터가 아무리 작아도 충분한 시간이 주어지면 막대한 양의 에너지를 전달할 수 있기 때문이다. 반면에 짧은 시간에 막대한 양의 에너지를 전달하기 위해서는 크고 강력한 기계가 필요하다. 그러므로 기계의 용량은 행한 일의 시간율로 정의되는 **일률(power)**로 나타낸다.

따라서 U만큼 일을 한 힘 **F**에 의하여 전개되는 일률 P는 $P = dU/dt = $ **F** $\cdot d\mathbf{r}/dt$가 된다. $d\mathbf{r}/dt$는 힘의 작용점에서의 속도 **v**이기 때문에 일률 P는

$$P = \mathbf{F} \cdot \mathbf{v} \tag{3.16}$$

로 표현된다. 일률은 스칼라양이고 SI 단위계에서 N $\cdot$ m/s = J/s의 단위를 가진다. 일률에 관한 특별한 단위는 **와트(W)**이고, 초당 1줄과 같다(J/s). 미국통상단위계에서 일률의 단위는 **마력(hp)**이고, 이 단위들의 환산식은 다음과 같다.

$$1\ \text{W} = 1\ \text{J/s}$$
$$1\ \text{hp} = 550\ \text{ft-lb/sec} = 33{,}000\ \text{ft-lb/min}$$
$$1\ \text{hp} = 746\ \text{W} = 0.746\ \text{kW}$$

효율(efficiency)

주어진 시간에 기계에 행해진 일과 기계가 행한 일의 비율을 기계 **효율(mechanical efficiency)** e_m이라고 한다. 이 정의는 기계가 에너지의 축적이나 고갈이 없이 일정하게 작동하고 있다는 것을 가정한다. 효율은 모든 기계가 작동할 때 에너지 손실이 발생하고, 에너지 자체는 기계 안에서 생성될 수 없기 때문에 항상 1보다 작게 된다. 움직이는 기계장치에서는 운동마찰력에 의한 음의 일 때문에 항상 약간의 에너지 손실이 있게 된다. 이 일은 열에너지로 변환되어 주위로 방출된다. 임의의 순간의 기계 효율은 기계 일률 P로 표현된다.

$$e_m = \frac{P_{출력}}{P_{입력}} \tag{3.17}$$

기계적 마찰에 의한 에너지 손실과 더불어 전기적 에너지와 열에너지 손실이 있다. 이 경우 전기적 **효율** e_e와 **열효율** e_t가 포함된다. 이러한 경우에 대한 전체 효율 e는 다음과 같다.

$$e = e_m e_e e_t$$

자전거 운전자가 발휘하는 일률은 자전거 속력과 뒷바퀴를 지지하는 표면에서 발생하는 추진력에 의존한다.

예제 3.11

50 kg인 상자가 A지점에서 아래쪽으로 초기 속도 4 m/s로 움직인다면, B지점에 도달할 때의 속도 v를 계산하라. 운동마찰계수는 0.30이다.

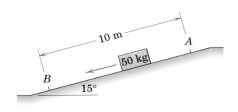

|풀이| 상자의 자유물체도는 일상적인 방법으로 계산된 수직력 R과 운동마찰력 F를 포함하여 그린다. 경사면 아래로 무게가 행한 일은 양이고, 마찰력에 의한 일은 음이다. 움직이는 동안에 상자에 행해진 전체 일은

$$[U = Fs] \qquad U_{1\text{-}2} = 50(9.81)(10 \sin 15°) - 142.1(10) = -151.9 \text{ J} \quad ①$$

이고, 일과 에너지 방정식으로부터 다음의 결과를 얻는다.

$$[T_1 + U_{1\text{-}2} = T_2] \qquad \tfrac{1}{2}mv_1^2 + U_{1\text{-}2} = \tfrac{1}{2}mv_2^2$$

$$\tfrac{1}{2}(50)(4)^2 - 151.9 = \tfrac{1}{2}(50)v_2^2$$

$$v_2 = 3.15 \text{ m/s} \qquad \text{답}$$

순 일량이 음이기 때문에 운동에너지는 감소된다.

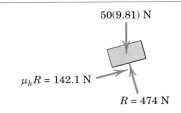

|도움말|
① 행해진 순수 일이 음이기 때문에 운동에너지는 감소한다.

예제 3.12

그림과 같이 80 kg인 상자를 운반하는 트럭이 정지상태로부터 출발하여 일정한 가속도로 수평도로에서 75 m 거리를 주행하여 72 km/h의 속도가 되었다. 상자와 트럭 바닥 사이의 정지 및 운동마찰계수는 각각 (a) 0.30과 0.28, (b) 0.25와 0.20이라면 이 구간에서 마찰력이 상자에 행한 일을 계산하라.

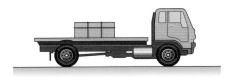

|풀이| 상자가 바닥에서 미끄러지지 않는다면 이 상자의 가속도는 트럭의 가속도와 같다.

$$[v^2 = 2as] \qquad a = \frac{v^2}{2s} = \frac{(72/3.6)^2}{2(75)} = 2.67 \text{ m/s}^2$$

(a) 경우   이 가속도를 얻기 위해서는 블록에 다음과 같은 마찰력

$$[F = ma] \qquad F = 80(2.67) = 213 \text{ N}$$

이 필요하며, 이 값은 최대 가능값 $\mu_s N = 0.30(80)(9.81) = 235$ N보다 작다. 그러므로 상자는 미끄러지지 않는 상태이고, 정지마찰력 213 N이 행한 일은 다음과 같다. ①

$$[U = Fs] \qquad U_{1\text{-}2} = 213(75) = 16\,000 \text{ J} \qquad \text{즉} \qquad 16 \text{ kJ} \qquad \text{답}$$

(b) 경우 $\mu_s = 0.25$에 대해서 최대 가능 마찰력은 $0.25(80)(9.81) = 196.2$ N이고, 이 값은 미끄러짐을 방지하는 데 요구되는 213 N의 값보다 약간 작다. 그러므로 상자는 미끄러지며, 운동마찰계수에 의하여 좌우되는 마찰 $F = 0.20(80)(9.81) = 157.0$ N임을 알 수 있다. 가속도 a는

$$[F = ma] \qquad a = F/m = 157.0/80 = 1.962 \text{ m/s}^2$$

이다. 상자와 트럭이 움직인 거리는 가속도에 비례하므로 상자가 움직인 거리는 $(1.962/2.67)75 = 55.2$ m이고, 운동마찰력이 행한 일은 다음과 같다.

$$[U = Fs] \qquad U_{1\text{-}2} = 157.0(55.2) = 8660 \text{ J} \qquad \text{즉} \qquad 8.66 \text{ kJ} \quad ② \qquad \text{답}$$

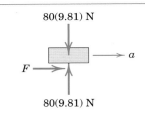

|도움말|
① 접촉면이 정지상태에 있을 때 정지마찰력은 일을 하지 않는다. 그러나 이 문제에서 트럭과 상자가 움직일 때 상자에 작용된 정지마찰력은 양(+)의 일을 하고, 트럭 바닥에 작용된 정지마찰력은 음(−)의 일을 한다.

② 이 문제는 물체를 지지하고 마찰력을 일으키는 면이 움직일 때 운동마찰력은 양(+)의 일을 할 수 있다는 것을 보여준다. 만약 지지면이 정지상태에 있다면 움직이는 부분에 작용된 운동마찰력은 항상 음(−)의 일을 한다.

예제 3.13

케이블에 일정한 힘 300 N이 작용될 때 A지점에서 50 kg인 블록은 마찰이 없는 상태에서 고정된 수평 레일을 따라 움직이고 있다. 스프링의 초기 변위 $x_1 = 0.233$ m인 A지점에서 정지상태로부터 블록이 이완된다. 스프링 강성계수 $k = 80$ N/m이라면 블록이 B지점에 도달할 때의 속도 v를 계산하라.

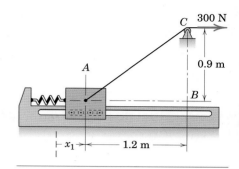

|**풀이**| 우선 스프링의 강성은 블록이 B지점에 도달할 수 있을 정도로 충분히 작다고 가정한다. 블록과 케이블로 구성된 시스템에 대한 임의의 위치에서의 작용력선도를 그린다. 스프링힘 $80x$와 장력 300 N만이 이 시스템에 일을 하는 외력이다. 레일에 의해 블록에 작용한 힘, 블록의 무게 그리고 케이블의 작은 도르래의 반력은 시스템에 일을 하지 않으며 작용력선도에도 포함되지 않는다.

블록이 $x_1 = 0.233$ m로부터 $x_2 = 0.233 + 1.2 = 1.433$ m까지 움직일 때 블록에 작용된 스프링힘이 행한 일은 음(−)의 값이며 다음과 같다.

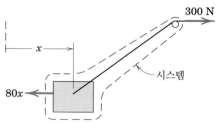

$$[U_{1\text{-}2} = \tfrac{1}{2}k(x_1{}^2 - x_2{}^2)] \quad U_{1\text{-}2} = \tfrac{1}{2}80[0.233^2 - (0.233 + 1.2)^2] \quad ①$$
$$= -80.0 \text{ J}$$

케이블에 작용한 일정한 힘 300 N이 행한 일은 힘과 도르래 C 위로 케이블이 수평 방향으로 움직인 순수거리와의 곱이며, 여기서 순수거리는 $\sqrt{(1.2)^2 + (0.9)^2} - 0.9 = 0.6$ m이다. 따라서 행한 일은 300(0.6) = 180 J이다. 시스템에 일과 에너지 방정식을 적용하면, 다음과 같은 값을 얻는다.

$$[T_1 + U_{1\text{-}2} = T_2] \quad 0 - 80.0 + 180 = \tfrac{1}{2}(50)v^2 \quad v = 2.00 \text{ m/s} \quad 📖$$

이와 같이 시스템을 선택하여 얻게 되는 몇 가지 특별한 장점을 알아보자. 블록만이 시스템을 구성한다고 가정하면, 블록에 작용하는 케이블의 인장력 300 N의 수평성분은 변위 1.2 m 구간에서 적분되어야 한다. 이 단계는 현재의 풀이과정보다도 훨씬 더 많은 노력을 필요로 한다. 만약 블록과 유도레일 사이에 약간의 마찰이 있다고 가정하면 변화하는 수직력, 즉 변화하는 마찰력을 계산하기 위하여 블록만을 따로 떼어 고려해야 한다. 변위 구간에 대해 마찰력을 적분하면 음(−)의 일로 나타나게 될 것이다.

|**도움말**|

① 이러한 일반적인 공식은 초기와 최종인 스프링 변위 x_1과 x_2가 양(스프링이 인장 시)이나 음(스프링이 압축 시)일 때도 유효함을 상기한다. 스프링–일 공식을 유도할 때 스프링은 이 경우와 같이 선형이라 간주한다.

예제 3.14

A지점의 동력윈치는 360 kg인 통나무를 일정한 속도 1.2 m/s로 30°의 경사면을 따라 끌어 올린다. 윈치의 출력이 4 kW라면 통나무와 경사면의 운동마찰계수 μ_k를 계산하라. 만약 윈치의 출력이 갑자기 6 kW로 증가한다면 그 순간에 통나무의 순간적인 가속도 a는 얼마인가?

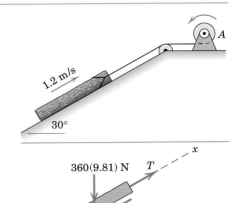

|풀이| 통나무의 자유물체도로부터 $N = 360(9.81)\cos 30° = 3060$ N이고, 운동마찰력은 $3060\mu_k$가 된다. 일정한 속도에서 힘은 평형상태를 유지한다.

$[\Sigma F_x = 0]$ $T - 3060\mu_k - 360(9.81)\sin 30° = 0$ $T = 3060\mu_k + 1766$

윈치의 출력은 케이블에 인장력을 발생시킨다.

$[P = Tv]$ $T = P/v = 4000/1.2 = 3330$ N   ①

T를 대입하면 다음과 같다.

$$3330 = 3060\mu_k + 1766 \qquad \mu_k = 0.513$$

출력이 증가될 때 순간적으로 인장력은

$[P = Tv]$ $T = P/v = 6000/1.2 = 5000$ N

이고, 이때 가속도는 다음과 같다.

$[\Sigma F_x = ma_x]$ $5000 - 3060(0.513) - 360(9.81)\sin 30° = 360a$

$$a = 4.63 \text{ m/s}^2 \quad ②$$

|도움말|
① 킬로와트에서 와트로 단위를 변환해야 함에 주의하라.
② 속도가 증가함에 따라 가속도는 속도가 1.2 m/s보다 큰 속도에서 정상상태에 도달할 때까지 줄어들게 된다.

예제 3.15

질량이 m인 위성이 지구 주위의 타원궤도에 놓여 있다. A지점에서 지구로부터의 거리 $h_1 = 500$ km이고, 위성의 속도 $v_1 = 30\,000$ km/h이다. 지구로부터 거리 $h_2 = 1200$ km인 점 B에 도달할 때 위성의 속도 v_2를 계산하라.

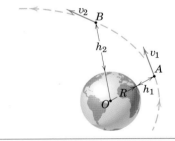

|풀이| 위성이 지구의 대기권 밖에서 운동하고 있기 때문에 위성에 작용하는 힘은 지구의 중력뿐이다. 이 문제에서 고도에 큰 변화가 있을 때는 중력가속도가 일정하다고 가정할 수 없다. 따라서 이 단원에서 유도한 일의 표현을 사용해야 한다. 이것은 고도에 따른 중력가속도의 변화를 설명할 수 있다. 일의 표현은 위치에 따른 중력 $F = \dfrac{Gmm_e}{r^2}$의 변화를 설명하고 있다. 이 일의 표현은

$$U_{1\text{-}2} = mgR^2\left(\frac{1}{r_2} - \frac{1}{r_1}\right)$$

이고, 일과 에너지 방정식 $T_1 + U_{1\text{-}2} = T_2$는 다음과 같다.

$$\frac{1}{2}mv_1^2 + mgR^2\left(\frac{1}{r_2} - \frac{1}{r_1}\right) = \frac{1}{2}mv_2^2 \qquad v_2^2 = v_1^2 + 2gR^2\left(\frac{1}{r_2} - \frac{1}{r_1}\right) \quad ①$$

수치를 대입하면 다음과 같다. ②

$$v_2^2 = \left(\frac{30\,000}{3.6}\right)^2 + 2(9.81)[(6371)(10^3)]^2\left(\frac{10^{-3}}{6371 + 1200} - \frac{10^{-3}}{6371 + 500}\right)$$

$$= 69.44(10^6) - 10.72(10^6) = 58.73(10^6) \text{ (m/s)}^2$$

$$v_2 = 7663 \text{ m/s} \qquad 즉 \qquad v_2 = 7663(3.6) = 27\,590 \text{ km/h}$$

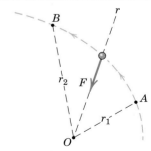

|도움말|
① 이 문제의 결과는 위성의 질량 m과 무관함에 주의하라.
② 지구반지름 R값은 부록 D의 표 D.2를 참조하라.

연습문제

기초문제

3/77 0.2 kg의 슬라이더가 A 위치에서 B 위치로 수직평면에 난 홈에서 이동한다. (a) 중량이 슬라이더에 한 일과 (b) 스프링이 슬라이더에 한 일을 계산하라. 거리는 $R=0.8$ m, 스프링 계수는 $k=180$ N/m, 자유상태에서 스프링 길이는 0.6 m이다.

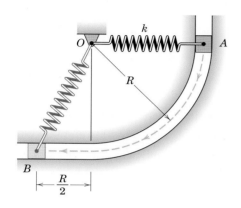

문제 3/77

3/78 작은 물체가 A 위치에서 속력이 $v_A=5$ m/s이다. 마찰을 무시할 때, 작은 물체가 0.8 m 상승하여 B 위치에 도달했을 때의 속력 v_B를 구하라. 경로의 형태를 알아야 할 필요가 있는가?

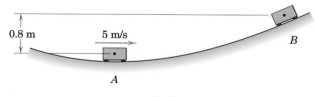

문제 3/78

3/79 1500 kg인 자동차의 스프링 범퍼 설계에서, 차가 8 km/h의 속도로 충돌하면 스프링이 150 mm만큼 변형된 위치에서 정지하도록 한다. 범퍼 뒤에 있는 두 개 스프링의 강성계수 k를 계산하라. 충돌이 시작될 때 스프링은 자유상태이다.

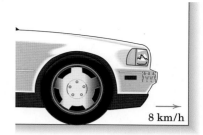

문제 3/79

3/80 2 kg의 고리가 A 위치에서 정지해 있는 상태에서 일정한 힘 P를 받기 시작한다. (a) $P=25$ N, (b) $P=40$ N인 경우, B 위치를 지날 때 고리의 속도를 계산하라.

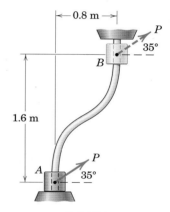

문제 3/80

3/81 30 kg의 상자가 수직면상의 곡선 경로를 따라 미끄러져 내려온다. 만약 A 위치에서 속도가 1.2 m/s이고 B 위치에서의 속도가 8 m/s라면, A에서 B까지 이동하는 동안 곡선 경로의 마찰력이 상자에 한 일 U_f를 계산하라.

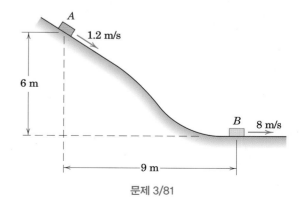

문제 3/81

3/82 자전거와 남자의 총질량은 95 kg이다. 남자가 5% 경사로를 20 km/h의 일정한 속도로 올라가기 위해 필요한 출력 P를 계산하라.

20 km/h

$$\frac{5}{100}$$

문제 3/82

3/83 자동차가 $v_0 = 105$ km/h의 속도로 6% 경사진 오르막길을 주행하는데, 운전자가 A점에서 제동을 걸었을 때 모든 바퀴는 미끄러진다. 빗길에서 운동마찰계수 $\mu_k = 0.60$이다. 정지하는 거리 s_{AB}를 계산하라. 자동차가 B에서 A로 주행할 경우, 동일 조건하에서 정지거리 s_{BA}를 계산하라.

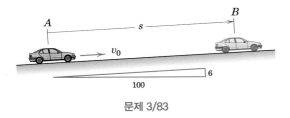

문제 3/83

3/84 2 kg 고리가 정점 A로부터 정지상태에서 출발하여 수직면 상의 경사진 고정막대를 따라 미끄러져 내려가고 있다. 운동마찰계수는 0.40이다. (a) 고리가 스프링을 칠 때 고리의 속도 v와 (b) 스프링의 최대변위 x를 계산하라.

문제 3/84

3/85 15 kg의 고리 A가 그림의 위치에서 정지상태로부터 이완된다. 케이블에 일정한 힘 $P = 200$ N이 작용하며, 수평선으로부터 30° 기울어진 고정막대를 따라 마찰 없이 미끄러진다. 스프링의 최대변위가 180 mm가 되기 위한 스프링 상수 k를 구하라. B지점의 풀리는 고정되었다.

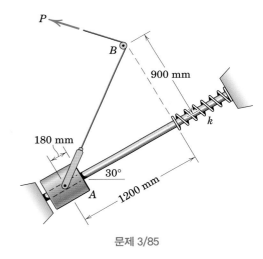

문제 3/85

3/86 두 시스템이 각각 정지상태로부터 움직이기 시작한다. 20 kg의 실린더가 2 m만큼 내려왔을 때 각각의 25 kg 실린더의 속도 v를 계산하라. 경우 (a)의 10 kg의 실린더가 (b)에서는 힘 10(9.81) N으로 대치된다.

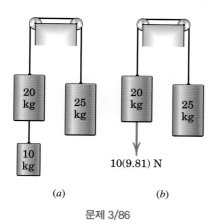

문제 3/86

3/89 그림과 같이 **4 kg**의 공이 가벼운 막대에 부착되어 고정축 O 를 중심으로 수직면을 따라 회전한다. $\theta=0$인 정지상태로부터 막대에 계속 수직으로 작용하는 60 N의 힘을 받으며 움직인다면, $\theta=90°$에 접근할 때 공의 속도 v를 결정하라. 공을 질점으로 가정하라.

3/87 0.8 kg의 고리가 $P=20$ N의 작용으로 마찰을 무시할 수 있는 수직 막대를 이동한다. 만약 고리가 정지상태에서 A에서 출발한다면, B를 통과할 때의 속도를 계산하라. $R=1.6$ m이다.

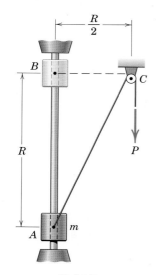

문제 3/87

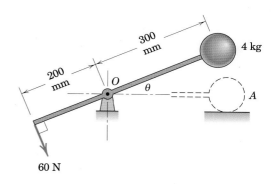

문제 3/89

3/90 질점의 위치벡터 $\mathbf{r}=8t\mathbf{i}+1.2t^2\mathbf{j}-0.5(t^3-1)\mathbf{k}$이다. 여기서 t는 운동의 출발점에서 시작하는 초 단위의 시간이고 $\mathbf{r}$은 미터 단위이다. $t=4$ s일 때의 질점에 작용하는 힘 $\mathbf{F}=40\mathbf{i}-20\mathbf{j}-36\mathbf{k}$ N에 의한 일률 P를 구하라.

3/88 54 kg의 여자가 5초 만에 계단을 뛰어 올라간다. 이 여자의 평균출력을 구하라.

3/91 백화점의 에스컬레이터는 수직 7 m 거리인 1층에서 2층까지 분당 30명씩 계속해서 실어 나른다. 이때 한 사람당 평균질량은 **65 kg**이라고 하자. 이 기계를 구동하는 모터가 3 kW를 소모한다면, 이 시스템의 기계효율 e를 계산하라.

문제 3/88

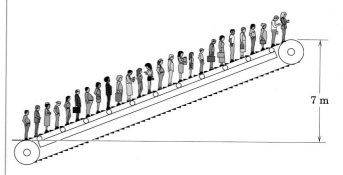

문제 3/91

3/92 1650 kg의 자동차가 그림에 보인 6%의 경사로를 올라간다. 자동차는 270 N의 공기역학적 항력을 받으며, 구름저항과 같은 다른 모든 요소를 포함하여 220 N의 힘을 받는다. 100 km/h 속도에서 요구되는 출력을 다음의 경우에 계산하라. (a) 속도가 일정한 경우, (b) 속도가 $0.05g$의 비율로 증가하는 경우

$v = 100$ km/h

100　　6

문제 3/92

3/93 섬유 재질의 블록에 600 m/s의 속도로 발사된 0.25 kg 발사체의 침투 거리 x와 항력 R의 관계를 그래프에 보였다. 전체 침투 거리 $x = 75$ mm일 때 발사체가 멈추었다면, 항력을 파선(dashed line)으로 나타내고 침투 거리가 $x = 25$ mm인 순간의 발사체의 속도 v를 계산하라.

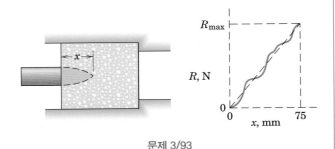

x

R_{max}

R, N

0

0　　x, mm　　75

문제 3/93

3/94 질량 m의 고리가 A 위치에서 정지상태에서 이완되어 마찰을 무시할 수 있는 수직평면의 원형 가이드를 따라 이동한다. (a) 고리가 B점을 통과하기 직전, (b) 고리가 B점을 통과한 직후(즉, 고리가 가이드의 곡선부분에 진입한 직후), (c) 고리가 C점을 통과할 때, (d) 고리가 D점을 통과하기 직전에 대하여 가이드에 의해 고리에 가해지는 수직력의 크기와 방향을 계산하라. $m = 0.4$ kg, $R = 1.2$ m, $k = 200$ N/m를 사용하라. 자유상태에서 스프링 길이는 $0.8R$이다.

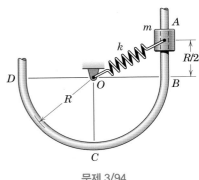

문제 3/94

3/95 비선형 자동차 스프링을 70 kg의 원통과 $v_0 = 3.6$ m/s로 충돌시켜 시험한다. 스프링 저항은 동반된 그래프에 보였다. 비선형 항이 있을 때와 없을 때 각각에 대하여 스프링의 최대 변형 δ를 계산하라. 스프링 위의 작은 플랫폼의 중량은 무시한다.

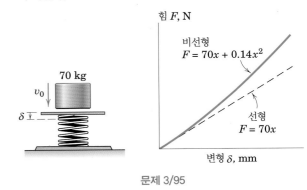

힘 F, N

70 kg

v_0

δ

비선형
$F = 70x + 0.14x^2$

선형
$F = 70x$

변형 δ, mm

문제 3/95

3/96 모터장치 A가 2 m/s의 일정한 속력으로 300 kg의 실린더를 들어 올리는 데 사용된다. 출력계(power meter)에 나타난 전기입력이 2.20 kW라면, 이 시스템 전기·기계 복합효율 e를 계산하라.

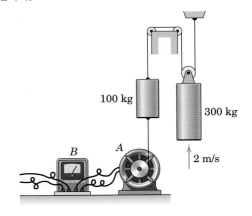

100 kg

300 kg

B　　A

2 m/s

문제 3/96

3/97 40 kg의 소년이 10% 경사로의 바닥 A점에서 정지상태로 출발한다. 일정 비율로 속도가 증가하여, A점에서 15 m 떨어진 B점을 통과할 때 이 소년의 속도는 8 km/h가 된다. B점에 접근할 때의 출력을 계산하라.

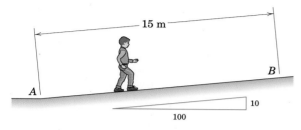

문제 3/97

3/98 북극에서 초기속도 v_0로 발사체가 발사된다. 어떤 초기속도로 발사해야 최대 고도 $R/2$에 이를 수 있는가? 공기역학적 항력은 무시한다. 중력으로 인한 지표면 가속도는 $g=9.825$ m/s^{2}을 사용하라.

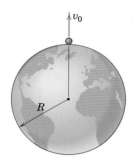

문제 3/98

3/99 195 Mg의 기관차 두 대가 90 Mg의 석탄 호퍼 50대를 끈다. 열차는 정지상태에서 출발하며 일정하게 가속되어 평평한 선로 위에서 2400 m 운행 후에 64 km/h의 속도에 이른다. 각 차량의 일정한 구름저항은 차량 중량의 0.005배이다. 다른 모든 저항력은 무시하며, 각각의 기관차가 동등하게 견인력에 기여한다고 가정하라. (a) 32 km/h에서 각각의 기관차의 견인력, (b) 32 km/h에서 각각의 기관차에 요구되는 일률, (c) 열차 속도가 64 km/h가 될 때 각각의 기관차에 요구되는 일률, (d) 열차가 64 km/h의 일정한 속도로 순항할 때 각각의 기관차에 요구되는 일률을 계산하라.

석탄 호퍼 50대

문제 3/99

3/100 바닥에서 정지상태였던 1500 kg의 질량을 가진 자동차가 출발하여 10% 경사로를 따라 일정한 가속도로 100 m의 구간을 주행한 후, 50 km/h의 속도가 된다. 자동차가 이 속도에 도달했을 때 엔진이 구동바퀴에 전달하는 일률 P는 얼마인가?

3/101 질량 m의 작은 미끄럼판이 위치 A에서 정지상태로부터 이완되어 수직평면상의 궤적을 따라 미끄러진다. 궤적은 A에서 D까지는 매끄럽고, D부터는 거칠다(운동마찰계수는 μ_k). (a) 미끄럼판이 B지점을 통과한 직후 궤적면에 의하여 미끄럼판에 작용한 수직력 N_B, (b) 바닥면 C를 통과할 때 궤적면에 의하여 미끄럼판에 작용한 수직력 N_C, (c) D지점을 통과하여 미끄럼판이 정지할 때까지 경사로를 따라 움직인 거리 s를 구하라.

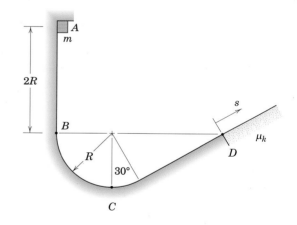

문제 3/101

3/102 철도 조차장의 철로에서, A지점에서 0.5 m/s로 움직이는 68 Mg의 화물차가 B지점 트랙에서 운동의 반대 방향으로 차에 32 kN의 억제력을 가하는 제동구간을 갖는다. C지점에서 차의 속도를 3 m/s로 제한하기 위한 제동거리 x는 얼마인가?

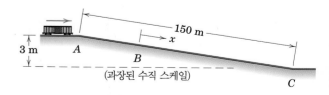

문제 3/102

3/103 시스템이 정지상태에서 이완될 때 케이블이 느슨하지 않고 스프링이 자유상태이다. 4 kg의 카트가 정지하게 될 때까지의 이동 거리 s를 (a) m이 0에 접근하는 경우, (b) $m=3$ kg인 경우에 대하여 계산하라. 기계적인 간섭이나 마찰은 없다고 가정한다. 경사면 위로 이동하는지 아래로 이동하는지 명시하라.

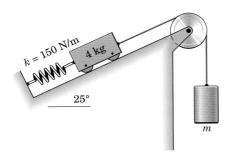

문제 3/103

3/104 케이블이 느슨하지 않고 스프링이 200 mm 늘어난 상태에서 시스템이 정지상태에서 이완된다. 4 kg의 카트가 정지하게 될 때까지의 이동 거리 s를 (a) m이 0에 접근하는 경우, (b) $m=3$ kg인 경우에 대하여 계산하라. 기계적인 간섭이나 마찰은 없다고 가정한다. 경사면 위로 이동하는지 아래로 이동하는지 명시하라.

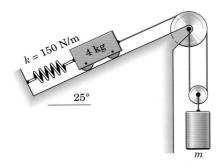

문제 3/104

3/105 자동차가 평면도로상에서 일정속도 90 km/h를 유지하기 위해서는 구동바퀴가 도로면에 560 N의 견인력을 발생시켜야 한다는 것이 실험적으로 구해졌다. 전체 동력전달 계통의 효율 $e_m=0.70$이라면, 필요한 모터의 출력 P를 구하라.

3/106 정상상태의 속도에서 1000 kg의 승강기 A는 1초에 1층(3 m)을 올라간다. 기계 및 전기 시스템의 복합효율 $e=0.8$일 때, 모터 M에 유입되는 일률 입력 P_{in}을 계산하라.

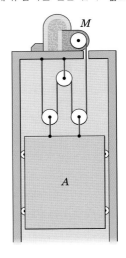

문제 3/106

3/107 20 kg의 슬라이더가 스프링을 최대 100 mm로 압축시키기 위해서 스프링과 부딪칠 때, 수평방향의 속도 v를 계산하라. 스프링은 변위가 커짐에 따라 강성이 증가하는 경화형 스프링으로, 그림에 보인 바와 같은 특성을 갖는다.

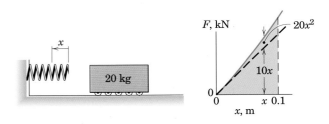

문제 3/107

3/108 6 kg의 실린더가 그림과 같은 위치에서, 정지상태로부터 그림과 같이 줄에 의해 초기 변위 50 mm만큼 압축된 스프링 위에 떨어진다. 스프링의 강성계수가 4 kN/m이라면 실린더가 튀어 오르기 직전 실린더의 낙하에 의하여 변형된 스프링의 추가 변위 δ를 구하라.

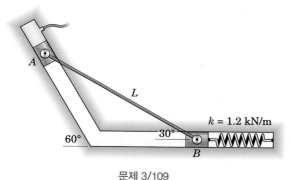

6 kg

100 mm

δ

문제 3/108

3/109 0.2 kg의 슬라이더 A와 B가 길이 $L=0.5$ m의 가볍고 단단한 막대로 연결되어 있다. 그림에서 스프링은 변형되지 않은 상태이고 슬라이더는 정지상태이다. 이 상태에서 시스템이 움직이기 시작할 때 스프링의 최대 변위 δ를 구하라. 슬라이더 A의 면적이 500 mm²인 한쪽 면에 0.14 MPa의 공기압력이 일정하게 가해진다. 마찰은 무시하라. 동작은 수직면상에서 이루어진다.

L

$k = 1.2$ kN/m

60°

30°

B

A

문제 3/109

3/110 900 kg의 시험용 차량에 대한 실험결과에서, 공기역학적 항력 F_D와 전체 구름저항력 F_R은 그림의 그래프와 같다. (a) 평지에서 일정속도 50 km/h와 100 km/h가 되기 위한 일률을 각각 구하라. (b) 6% 경사로에서 올라갈 때와 내려갈 때 일정속도 100 km/h가 되기 위한 일률을 각각 구하라. (c) 6% 경사로를 무출력으로 내려갈 수 있는, 정상상태 속도를 구하라.

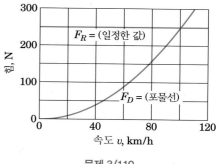

힘, N

$F_R = $ (일정한 값)

$F_D = $ (포물선)

속도 v, km/h

문제 3/110

3.7 위치에너지

일과 운동에너지를 다룬 앞 절에서는, 질점이나 연결된 질점계를 분리하고 여기에 작용하는 중력, 스프링힘, 다른 외력이 한 일을 계산했다. 이렇게 해서 일-에너지 방정식의 U를 구한 바 있다. 이 절에서는 위치에너지(potential energy)의 개념을 도입하여 중력과 스프링힘에 의하여 행해진 일에 관해 다룰 것이다. 이 개념을 이용하면 많은 문제들을 간단하게 해석할 수 있다.

중력 위치에너지

먼저, 지구 표면에 근접한 질량 m인 질점의 운동을 생각해 보자. 여기서 중력(무게) mg는 그림 3.8a에서와 같이 본질적으로 일정한 값이다. 질점에 대한 **중력 위치에너지**(gravitational potential energy) V_g는, V_g가 0인 임의의 기준 평면으로부터 질점을 높이 h만큼 올리기 위해 행한 일 mgh로 정의된다. 따라서 위치에너지는 다음과 같이 쓸 수 있다.

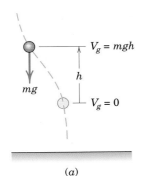

(a)

$$V_g = mgh \tag{3.18}$$

질점이 원래의 기준 위치로 되돌아오는 동안에 지탱하고 있는 물체에 대해 일을 하도록 한다면, 그 일은 에너지로 바뀔 것이므로 위치에너지라고 부른다. 질점이 높이 $h = h_1$에서 더 높은 위치 $h = h_2$로 이동하면, 위치에너지의 **변화**는

$$\Delta V_g = mg(h_2 - h_1) = mg\Delta h$$

가 된다. 질점에 대해 중력이 행한 일은 $-mg\Delta h$이다. 이와 같이 중력이 한 일은 위치에너지의 변화와 반대가 된다.

그림 3.8b에서와 같이, 지구장에서 고도의 변화가 매우 큰 경우에는 중력 $Gmm_e/r^2 = mgR^2/r^2$은 더 이상 일정한 값이 아니다. 질점의 반지름방향의 위치를 r_1에서 r_2로 변화시키기 위해 이 힘에 대해 한 일은 중력의 위치에너지 변화인 $(V_g)_2 - (V_g)_1$으로 정의되며, 따라서 다음과 같다.

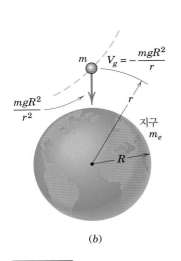

(b)

그림 3.8

$$\int_{r_1}^{r_2} mgR^2 \frac{dr}{r^2} = mgR^2 \left(\frac{1}{r_1} - \frac{1}{r_2} \right) = (V_g)_2 - (V_g)_1$$

일반적으로 $r_2 = \infty$일 때, $(V_g)_2 = 0$으로 취급하기 때문에 이 기준에 대해 정리하면, 다음 식을 얻을 수 있다.

$$V_g = -\frac{mgR^2}{r} \tag{3.19}$$

r_1에서 r_2로 변할 때, 위치에너지의 변화는

$$\Delta V_g = mgR^2 \left(\frac{1}{r_1} - \frac{1}{r_2} \right)$$

로서 중력이 행한 일과 반대가 된다. 주어진 질점의 위치에너지는 단지 그 위치인 h나 r에 의존하며, 그 위치에 도달하는 경로와는 무관하다는 것에 유의해야 한다.

탄성 위치에너지

위치에너지의 두 번째 예는, 스프링과 같은 탄성체의 변형에서 찾을 수 있다. 스프링에 변형을 일으키도록 가해진 일은 스프링에 저장되며, 이것을 탄성 위치에너지 (elastic potential energy) V_e라 한다. 이 에너지는 스프링의 변형이 이완되는 동안 스프링의 끝부분에 매달려 있는 물체에 스프링이 행한 일의 형태로 복원된다. 3.6절의 그림 3.5에 대하여 논의된 것과 같이, 강성계수가 k인 1차원 선형스프링이 중립 위치로부터 변위 x만큼 인장 혹은 압축되었을 때 스프링힘은 $F = kx$이다. 따라서 스프링의 탄성 위치에너지는 x만큼 변형되는 동안 스프링에 행해진 일로 정의되며 다음과 같다.

$$V_e = \int_0^x kx \, dx = \tfrac{1}{2} kx^2 \tag{3.20}$$

운동구간에서 인장이나 압축으로 스프링의 변형이 x_1에서 x_2로 증가하면, 스프링의 위치에너지 변화는 최종에서 초기값을 뺀 다음과 같은 식으로 정의되며 이때 부호는 양이다.

$$\Delta V_e = \tfrac{1}{2} k(x_2{}^2 - x_1{}^2)$$

역으로 운동구간에서 스프링의 변형이 감소한다면, 그때 스프링의 위치에너지 변화는 음의 값이 된다. 이러한 변화의 크기는 그림 3.5a의 $F\text{-}x$ 선도에서 붉은색으로 표시된 면적으로 나타난다.

움직이는 물체가 스프링에 작용한 힘은, 스프링이 물체에 작용한 힘과 크기는 같고 방향은 반대이므로, 스프링에 행해진 일은 스프링에 의해 물체에 행해진 일에 음의 부호를 붙이면 된다. 그러므로 스프링이 시스템에 포함된 경우, 스프링이 물체에 행한 일 U는 스프링에 대한 위치에너지의 변화량에 음의 부호를 붙인 $-\Delta V_e$로 대체될 수 있다.

일·에너지 방정식

시스템에 포함된 탄성요소에 대해, 위치에너지 항을 명시하기 위해 일–에너지 방정식(work-energy equation)을 수정한다. 만약 $U'_{1\text{-}2}$가 중력과 스프링힘을 제외한 다른 모든 외력에 의한 일을 나타낸다면, 식 (3.15)는 $U'_{1\text{-}2} + (-\Delta V_g) + (-\Delta V_e) = \Delta T$로 된다. 즉

$$U'_{1\text{-}2} = \Delta T + \Delta V \tag{3.21}$$

여기서 ΔV는 중력 위치에너지와 탄성 위치에너지를 합친 총위치에너지의 변화량이다.

일–에너지 방정식의 다른 형태인 식 (3.21)은 종종 식 (3.15)보다 사용하는 데 있어서 훨씬 더 편리하다. 왜냐하면 중력과 스프링힘에 의한 일은 각각 질점의 끝 위치나 탄성 스프링의 끝 위치에 초점을 맞추기만 해도 설명되기 때문이다. ΔV_g와 ΔV_e를 계산하는 데 이들 끝점 사이의 경로는 상관이 없다.

식 (3.21)은 다음과 같은 동일한 형태로 다시 쓸 수 있다.

$$T_1 + V_1 + U'_{1\text{-}2} = T_2 + V_2 \tag{3.21a}$$

식 (3.15)와 (3.21)을 사용하는 데 있어, 그 차이를 분명히 하기 위하여 그림 3.9는 힘 F_1과 F_2, 중력 $W = mg$, 스프링힘 F, 수직반력 N의 작용하에서 고정된 경로를 따라 구속되어 움직이는 질량 m의 질점을 나타낸다. 그림 3.9b에서 질점은 자유물체도로 분리된다. 그리고 각각의 힘 F_1, F_2, W, 스프링힘 $F = kx$가 한 일은 A에서 B까지의 운동구간에 대하여 계산되며, 식 (3.15)를 사용해서 구한 운동에너지의 변화량 ΔT와 같게 된다. 반력 N이 경로에 수직이라면, 반력 N은 일을 하지 않는다. 또한, 그림 3.9c에서 스프링은 분리된 시스템의 일부분으로 포함된다. F_1과 F_2가 주어진 구간 동안에 한 일은, 탄성 및 중력 위치에너지의 변화가 에너지 항으로 포함되는 식 (3.21)의 $U'_{1\text{-}2}$항을 나타낸다.

첫 번째 접근방법에서, $F = kx$에 의한 일은 질점이 A에서 B까지 움직일 때 F의 크기와 방향의 변화를 고려해야 하기 때문에 약간 복잡한 적분과정을 수반할 수 있다는 것을 유의해야 한다. 그렇지만 두 번째 접근방법에서는 스프링의 초기 길이와 마지막 길이만이 ΔV_e를 계산하는 데 필요하게 되므로, 계산은 매우 간편하다.

중력, 스프링힘 및 일을 하지 않는 구속력들만 작용하는 문제에서 식 (3.21a)의 U'항은 0이며, 에너지 방정식은 다음과 같이 된다.

$$T_1 + V_1 = T_2 + V_2 \qquad \text{즉} \qquad E_1 = E_2 \tag{3.22}$$

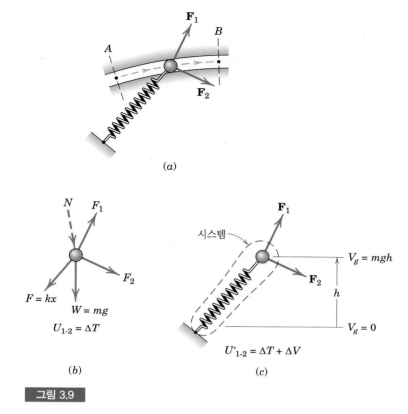

(a)

(b)

$U_{1\text{-}2} = \Delta T$

(c)

$U'_{1\text{-}2} = \Delta T + \Delta V$

그림 3.9

여기서 $E = T + V$는 질점과 질점에 연결된 스프링의 총 기계적 에너지이다. E 가 일정할 때, 위치에너지와 운동에너지 사이의 에너지 이동은 총 기계적 에너지 $T + V$가 변화하지 않을 때 계속될 수 있다. 식 (3.22)는 '동역학적 에너지 보존법칙' 을 나타낸 것이다.

보존력장[*]

'중력이나 탄성력에 의해 행해진 일은 위치의 순수 변화에만 의존하고, 새로운 위 치에 도달하는 특정한 경로와는 무관하다'는 것을 알았다. 이러한 특성을 가지는 힘들은 중요한 수학적 특성이 있는 보존력장(conservative force fields)과 관계가 있다.

그림 3.10에서와 같이 힘 $\mathbf{F}$가 x-y-z의 함수인 역장(force field)을 생각해 보자. 작용점의 변위가 $d\mathbf{r}$인 힘 $\mathbf{F}$가 한 일은 $dU = \mathbf{F} \cdot d\mathbf{r}$이다. 1에서 2의 경로를 따라 행한 전체 일은 다음과 같다.

$$U = \int \mathbf{F} \cdot d\mathbf{r} = \int (F_x \, dx + F_y \, dy + F_z \, dz)$$

[*] 선택사항

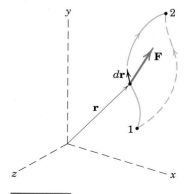

그림 3.10

일반적으로 $U = \int \mathbf{F} \cdot d\mathbf{r}$은 임의의 어떤 두 점 1과 2 사이의 특정 경로에 종속되는 선적분이다. 그러나 $\mathbf{F} \cdot d\mathbf{r}$이 좌표의 어떤 스칼라 함수 V의 완전미분* $-dV$라면

$$U_{1\text{-}2} = \int_{V_1}^{V_2} -dV = -(V_2 - V_1) \tag{3.23}$$

이고, 이 값은 단지 '운동의 끝점에만 관계하고 운동경로와는 무관'하다. dV 앞의 음의 부호는 임의로 정하지만, 지구중력장에서 위치에너지 변화량의 부호와 일치하도록 정하는 것이 관례이다.

만약 V가 존재한다면, V의 미소변화는

$$dV = \frac{\partial V}{\partial x}\,dx + \frac{\partial V}{\partial y}\,dy + \frac{\partial V}{\partial z}\,dz$$

$-dV = \mathbf{F} \cdot d\mathbf{r} = F_x\,dx + F_y\,dy + F_z\,dz$와 비교하면 다음과 같다.

$$F_x = -\frac{\partial V}{\partial x} \qquad F_y = -\frac{\partial V}{\partial y} \qquad F_z = -\frac{\partial V}{\partial z}$$

힘을 벡터로 표시하면

$$\mathbf{F} = -\boldsymbol{\nabla} V \tag{3.24}$$

여기서 $\boldsymbol{\nabla}$ 표시는 벡터 연산자에 대한 약속으로서 다음과 같다.

$$\boldsymbol{\nabla} = \mathbf{i}\,\frac{\partial}{\partial x} + \mathbf{j}\,\frac{\partial}{\partial y} + \mathbf{k}\,\frac{\partial}{\partial z}$$

V는 위치함수이며, $\boldsymbol{\nabla} V$는 위치함수의 기울기(gradient)이다. 힘 요소들이 앞에서와 같이 위치함수로부터 유도될 수 있으면, 그 힘은 보존적이라고 말하고, '어떤 두 점 사이에서 $\mathbf{F}$에 의해 행해진 일은 운동경로와 무관'하게 된다.

---

* 함수 $d\phi = P\,dx + Q\,dy + R\,dz$는 x-y-z 좌표계에서 다음 조건이 만족되면 완전미분이다. 즉

$$\frac{\partial P}{\partial y} = \frac{\partial Q}{\partial x} \qquad \frac{\partial P}{\partial z} = \frac{\partial R}{\partial x} \qquad \frac{\partial Q}{\partial z} = \frac{\partial R}{\partial y}$$

예제 3.16

질량이 3 kg인 미끄럼고리가 점 1에서 정지상태로부터 움직이기 시작하여 곡선 형태의 막대를 따라 마찰 없이 수직 평면에서 미끄러진다. 스프링의 강성계수가 350 N/m이고, 자유상태에서 길이가 0.6 m이다. 점 2를 지날 때, 미끄럼고리의 속도를 구하라.

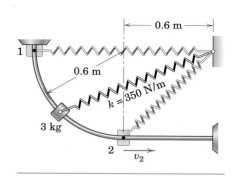

|**풀이**| 미끄럼고리에 무게와 스프링힘에 의해 행한 일은 위치에너지 방법을 사용한다. 미끄럼고리에 대한 막대의 반력은 운동에 수직이므로 일을 하지 않는다. 따라서 $U'_{1\text{-}2} = 0$이다. 위치 1을 기준으로 하면 중력 위치에너지는 다음과 같다. ①

$$V_1 = 0$$
$$V_2 = -mgh = -3(9.81)(0.6) = -17.66 \text{ J}$$

초기와 최종의 탄성 위치에너지는 다음과 같다.

$$V_1 = \frac{1}{2}kx_1^2 = \frac{1}{2}(350)(0.6)^2 = 63 \text{ J}$$
$$V_2 = \frac{1}{2}kx_2^2 = \frac{1}{2}(350)(0.6\sqrt{2} - 0.6)^2 = 10.81 \text{ J}$$

일-에너지 방정식에 대하여 답을 구한다.

$$[T_1 + V_1 + U'_{1\text{-}2} = T_2 + V_2] \qquad 0 + 63 + 0 = \frac{1}{2}(3)v_2^2 - 17.66 + 10.81$$
$$v_2 = 6.82 \text{ m/s} \qquad \boxed{\text{답}}$$

|**도움말**|

① 적분 $\int \mathbf{F} \cdot d\mathbf{r}$의 방법으로 미끄럼고리에 작용하는 스프링힘에 의해 행해진 일을 계산한다면, 힘과 법선 방향 사이의 각도의 변화와 힘의 크기의 변화를 구하는 데 매우 많은 양의 계산과정이 필요하게 된다. 더욱이 v_2가 운동의 최종상태에만 관계하고 경로의 형태에 대한 정보는 필요로 하지 않는다는 것도 유의하라.

예제 3.17

질량이 10 kg인 슬라이더 A가 마찰 없이 기울어진 경로를 따라 움직인다. 스프링의 강성은 60 N/m이며, 슬라이더가 스프링이 0.6 m만큼 인장된 위치인 점 A에서 정지상태로부터 이완된다. 케이블에는 일정한 힘 250 N이 작용하고 있으며 도르래의 마찰은 무시한다. C지점을 지날 때 슬라이더의 속도 v_C를 계산하라.

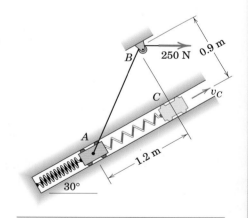

|**풀이**| 슬라이더와 신축성이 없는 줄, 스프링을 하나의 시스템으로 해석하며, 식 (3.21a)를 이용한다. 이 시스템에서 유일하게 일을 하는 비보존력은 줄에 작용하는 250 N의 인장력이다. 슬라이더가 A지점에서 C지점으로 움직이는 동안 힘 250 N의 작용점은 거리 $\overline{AB} - \overline{BC}$, 즉 $1.5 - 0.9 = 0.6$ m를 움직인다.

$$U'_{A\text{-}C} = 250(0.6) = 150 \text{ J} \qquad ① ②$$

A 지점을 기준으로 하면 초기와 최종 중력 위치에너지는 다음과 같다.

$$V_A = 0 \qquad V_C = mgh = 10(9.81)(1.2 \sin 30°) = 58.9 \text{ J}$$

초기와 최종 탄성 위치에너지는 다음과 같다.

$$V_A = \frac{1}{2}kx_A^2 = \frac{1}{2}(60)(0.6)^2 = 10.8 \text{ J}$$
$$V_C = \frac{1}{2}kx_B^2 = \frac{1}{2}60(0.6 + 1.2)^2 = 97.2 \text{ J}$$

일-에너지 방정식 (3.21a)에 대입하면

$$[T_A + V_A + U'_{A\text{-}C} = T_C + V_C] \qquad 0 + 0 + 10.8 + 150 = \frac{1}{2}(10)v_C^2 + 58.9 + 97.2$$
$$v_C = 0.974 \text{ m/s} \qquad \boxed{\text{답}}$$

|**도움말**|

① 문제에서 첨자를 쉽게 사용하라. 이 문제에서는 1과 2보다 A와 C를 사용한다.

② 슬라이더에 작용하는 경사면의 반력은 운동방향에 수직이라 일을 하지 않는다.

예제 3.18

그림과 같은 시스템은 가볍고 가느다란 봉 OA가 수직인 상태에서 정지되어 있다 풀린다. 점 O에서 비틀림 스프링은 초기에는 처짐이 없고 봉에서 회복 모멘트의 크기는 $k_T\theta$이다. 여기서 θ는 봉의 반시계방향의 각변위이다. 줄 S는 봉의 점 C에 연결되어 있고, 지지대의 수직인 구멍에서 마찰 없이 미끄러지고 있다. 여기서 $m_A = 2$ kg, $m_B = 4$ kg, $L = 0.5$ m, $k_T = 13$ N·m/rad일 때, (a) θ가 90°일 때 질점 A의 속도 v_A값을 구하라. (b) $0° \leq \theta \leq 90°$일 때 v_A를 θ의 함수로 그림을 그리고, v_A의 최댓값을 확인하여 그때의 θ 값을 구하라.

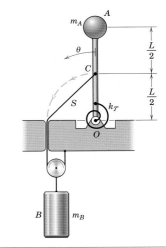

|풀이| (a) 비틀림 스프링의 변위와 관련된 위치에너지의 일반적인 관계식을 세워 보자. 위치에너지의 변화는 그것을 변형시키기 위해 스프링에 가한 일이 된다.

$$V_e = \int_0^\theta k_T\theta \, d\theta = \frac{1}{2}k_T\theta^2$$

역시 $\theta = 90°$일 때 v_A와 v_B의 관계식을 세우고, 점 C의 속도는 언제나 $v_A/2$이며, 실린더 B의 속도는 $\theta = 90°$일 때 C의 속도의 1/2임을 주의하자. 결과적으로 $\theta = 90°$일 때 $v_B = \frac{1}{4}v_A$이다.

물체 A와 B의 초기 높이와 $\theta = 0$일 때 상태를 1로, $\theta = 90°$일 때 상태를 2로 한다면

$$[T_1 + V_1 + U'_{1\text{-}2} = T_2 + V_2]$$

$$0 + 0 + 0 = \frac{1}{2}m_A v_A^2 + \frac{1}{2}m_B v_B^2 - m_A gL - m_B g\left(\frac{L\sqrt{2}}{4}\right) + \frac{1}{2}k_T\left(\frac{\pi}{2}\right)^2 \quad \text{①}$$

값을 대입하여 풀면

$$0 = \frac{1}{2}(2)v_A^2 + \frac{1}{2}(4)\left(\frac{v_A}{4}\right)^2 - 2(9.81)(0.5) - 4(9.81)\left(\frac{0.5\sqrt{2}}{4}\right) + \frac{1}{2}(13)\left(\frac{\pi}{2}\right)^2$$

$$v_A = 0.794 \text{ m/s} \qquad \text{🔲}$$

(b) 초기상태를 1로 하고 임의의 θ값의 상태를 2로 하자. 임의의 θ값에서 구성된 그림으로부터 실린더 B의 속도는 다음과 같다.

$$v_B = \frac{1}{2}\left|\frac{d}{dt}(\overline{C'C''})\right| = \frac{1}{2}\left|\frac{d}{dt}\left[2\frac{L}{2}\sin\left(\frac{90°-\theta}{2}\right)\right]\right| \quad \text{②}$$

$$= \frac{1}{2}\left|L\left(-\frac{\dot\theta}{2}\right)\cos\left(\frac{90°-\theta}{2}\right)\right| = \frac{L\dot\theta}{4}\cos\left(\frac{90°-\theta}{2}\right)$$

$$v_A = L\dot\theta, \qquad v_B = \frac{v_A}{4}\cos\left(\frac{90°-\theta}{2}\right) \text{이므로}$$

$$[T_1 + V_1 + U'_{1\text{-}2} = T_2 + V_2]$$

$$0 + 0 + 0 = \frac{1}{2}m_A v_A^2 + \frac{1}{2}m_B\left[\frac{v_A}{4}\cos\left(\frac{90°-\theta}{2}\right)\right]^2 - m_A gL(1 - \cos\theta)$$

$$- m_B g\left(\frac{1}{2}\right)\left[\frac{L\sqrt{2}}{2} - 2\frac{L}{2}\sin\left(\frac{90°-\theta}{2}\right)\right] + \frac{1}{2}k_T\theta^2$$

주어진 값을 대입함으로써 θ에 대한 v_A의 그림을 그릴 수 있고, θ의 변화를 알 수 있다. v_A의 최댓값은 다음과 같다.

$$\theta = 56.4° \text{일 때} \quad (v_A)_{max} = 1.400 \text{ m/s} \qquad \text{🔲}$$

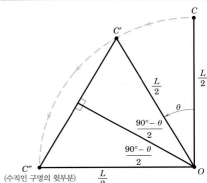

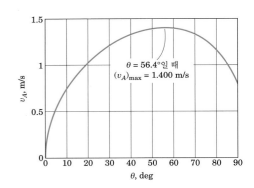

θ = 56.4°일 때
$(v_A)_{max} = 1.400$ m/s

|도움말|

① 질량 B는 지지대 위의 초기 줄의 반만큼 아래 방향으로 움직인다. 아래 방향으로 움직인 거리는 $\frac{1}{2}\left(\frac{L}{2}\sqrt{2}\right) = \frac{L\sqrt{2}}{4}$이다.

② 절댓값의 부호는 v_B값이 양의 값을 나타낸다.

연습문제

기초문제

3/111 자유상태에서 스프링의 길이는 0.4 m이고 강성계수는 200 N/m이다. 질량 3 kg의 고리와 여기에 연결된 스프링이 *A* 점의 정지상태에서 수직면을 따라 움직이기 시작한다. 마찰을 무시한다면, *B*에 도달할 때 고리의 속도 v를 구하라.

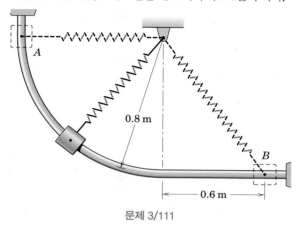

문제 3/111

3/112 1.2 kg의 슬라이더가 *A*지점의 정지상태로부터 이완되어, 그림과 같이 마찰 없이 수직평면상의 안내 막대를 따라 움직인다. (a) *B*지점을 통과할 때 슬라이더의 속도 v_B, (b) 스프링의 최대 변위 δ를 구하라.

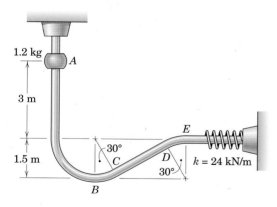

문제 3/112

3/113 스프링의 초기변위가 75 mm만큼 인장된 상태에서, 시스템이 정지상태로부터 이완되어 움직인다. 원통이 12 mm 하강했을 때, 원통의 속도 v를 계산하라. 스프링의 강성계수는 1050 N/m이며, 작은 도르래의 질량은 무시한다.

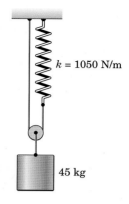

문제 3/113

3/114 1.4 kg의 고리가 *A*에서 정지상태에서 경사봉을 따라 자유롭게 미끄러져 내려온다. 스프링 상수가 *k*=60 N/m이고 자유상태에서 스프링 길이가 1250 mm라면, *B*점을 지날 때 고리의 속도를 계산하라.

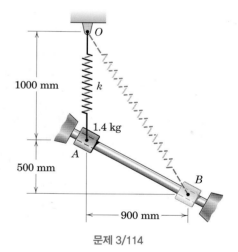

문제 3/114

3/115 앞 문제에서 1.4 kg의 고리가 *B*에 도착했을 때 속도가 0이 되기 위해서는 자유상태에서 스프링의 길이가 얼마가 되어야 하는가? 모든 다른 조건은 동일하다.

3/116 질량 0.25 kg의 구슬이 A지점에서 정지해 있다가 매끄러운 고정된 와이어를 따라서 아래로 미끄러지고 있다. 구슬이 B지점을 지날 때 와이어와 구슬 사이의 힘 N을 결정하라.

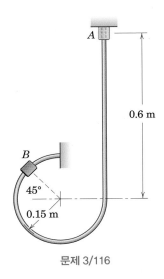

문제 3/116

3/117 0.8 kg의 질점이 수직평면에서 움직이는 두 개의 가벼운 강체 막대 시스템에 부착되어 있다. 스프링은 $\theta=0$일 때, $b/2$만큼 압축되며, 길이 $b=0.30$ m이다. 시스템은 $\theta=0$보다 약간 위의 위치에서 정지상태에서 이완된다. (a) θ의 최댓값이 50°로 관찰될 때, 스프링 상수 k를 계산하라. (b) $k=400$ N/m에 대해, $\theta=25°$일 때 질점의 속도 v를 계산하라. 또한 이때의 $\dot{\theta}$를 계산하라.

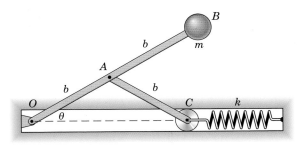

문제 3/117

3/118 가벼운 봉이 점 O를 기준으로 회전하면서, 각각 질량이 2 kg과 4 kg인 질점을 운반한다. 막대가 $\theta=60°$의 위치에서 정지상태로부터 움직이기 시작하여 수직면상에서 회전할 때, (a) 질량 2 kg의 질점이 점선으로 된 위치에서 스프링을 치기 직전의 속도 v를 구하라. (b) 스프링의 최대 압축변위 x를 구하라. x의 값이 매우 작기 때문에 스프링이 압축될 때, 봉의 위치는 수평이라고 가정한다.

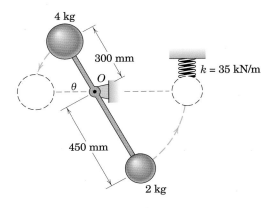

문제 3/118

3/119 강성계수 k가 각각 1.2 kN/m인 두 개의 스프링은 길이가 같고, $\theta=0$일 때 변형되지 않은 상태이다. 이 기구가 $\theta=20°$인 위치에서 정지상태로부터 이완되어 움직인다면 $\theta=0$일 때 각속도 $\dot{\theta}$을 구하라. 각각의 공의 질량 m은 3 kg이다. 공은 질점으로 취급하고, 가벼운 봉과 스프링의 질량은 무시한다.

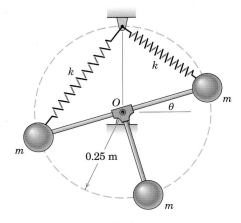

문제 3/119

3/120 질량 $m=1.2$ kg의 질점이 길이가 $L=0.6$ m인 가벼운 막대의 끝에 부착되어 있다. 시스템은 그림에 보인 비틀림 스프링이 변형되지 않은 수평의 정지상태에서 이완된다. 막대는 순간 정지할 때까지 $\theta=30°$를 회전한다. (a) 비틀림 스프링 상수 k_T를 계산하라. (b) 이 값 k_T에 대하여, $\theta=15°$일 때의 속도 v를 계산하라.

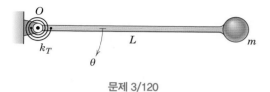

문제 3/120

심화문제

3/121 스프링이 초기에 50 mm 늘어난 상태에서 시스템이 정지상태에서 이완된다. 50 kg의 실린더가 150 mm 낙하한 후의 속도 v를 계산하라. 또한 실린더의 최대 낙하거리를 계산하라. 도르래의 질량과 마찰은 무시한다.

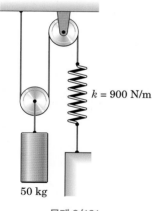

문제 3/121

3/122 질량 2 kg의 고리가 강성계수가 30 N/m이고 길이가 1.5 m인 스프링에 매달려 있다. 고리가 A 위치에서 정지상태로부터 움직이기 시작하여, 일정한 힘 50 N을 받으면서 매끄러운 봉을 따라 미끄러져 올라간다. 위치 B를 지날 때 고리의 속도 v를 구하라.

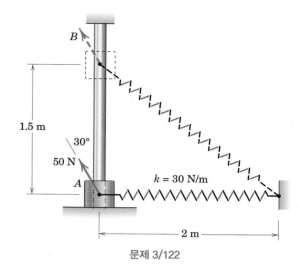

문제 3/122

3/123 테와 질량을 무시할 수 있는 바퀴살로 이루어진 두 개의 바퀴가 각각의 중심에 대해서 회전하며, 미끄러지지 않도록 서로 충분히 눌린다. 1.5 kg과 1 kg의 편심 질량이 바퀴의 테에 부착되어 있다. 그림에 보인 두 바퀴가 평형을 이루는 정지상태에서 살짝 밀었을 때 두 개의 바퀴 중 큰 바퀴가 $\frac{1}{4}$ 바퀴 회전하여 편심 질량의 위치가 그림의 점선으로 바뀌었을 때 큰 바퀴의 각속도 $\dot{\theta}$을 계산하라. 작은 바퀴의 각속도는 큰 바퀴 각속도의 두 배임을 유의하라. 바퀴 베어링의 모든 마찰력은 무시한다.

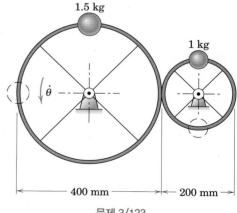

문제 3/123

3/124 질량 m의 슬라이더가 A위치에서 정지상태에서 이완되어, 수직평면의 안내 길을 따라 마찰 없이 미끄러진다. 슬라이더가 C점을 지날 때 안내 길에 의해 슬라이더에 작용하는 수직력이 0이 되도록 하는 높이 h를 계산하라. 이 값 h에 대하여 슬라이더가 B점을 지날 때 작용하는 수직력을 계산하라.

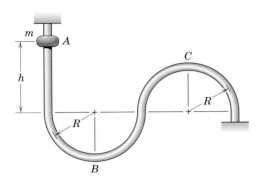

문제 3/124

3/125 기계가 $\theta = 180°$일 때 정지된 상태에서 움직이기 시작했다. 여기서 강성이 $k = 900$ N/m이고 압축되지 않은 상태의 스프링은 질량 4 kg인 고리 아래쪽으로 연결되어 있다. 스프링의 최대압축에 상응하는 각도 θ를 구하라. 운동은 수직면상에 존재하고 링크의 질량은 무시한다.

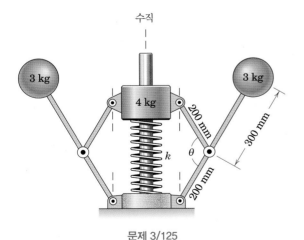

문제 3/125

3/126 문제 3/98의 발사체 문제를 이 절에 언급된 방법을 이용해서 다시 풀어라. 최대고도 $R/2$에 이르게 할 수 있는 발사속도 v_0를 계산하라. 북극에서 발사하며, 공기역학적 항력은 무시할 수 있다. 중력으로 인한 지표면 가속도는 $g = 9.825$ m/s^{2}을 사용하라.

문제 3/126

3/127 각각의 질량이 m인 작은 물체 A와 B가 질량을 무시할 수 있는 피벗이 된 링크로 연결되고 지지되어 있다. 만약 A가 그림에 보인 위치에서 정지된 상태로부터 이완되기 시작한다면, A가 수직의 중심선을 통과할 때의 속도 v_A를 계산하라. 모든 마찰은 무시한다.

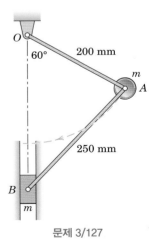

문제 3/127

3/128 지구 중심으로부터 7000 km인 거리에서 우주선이 임무를 끝내고 돌아올 때의 속도는 A점에서 24 000 km/h이다. 지구의 중심으로부터 거리가 6500 km인 B점에 도달할 때 우주선의 속도를 결정하라. 두 점 사이의 궤도는 지구를 둘러싼 대기의 영향을 받지 않는다.

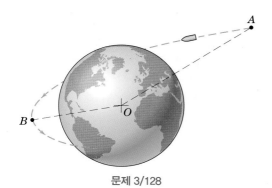

문제 3/128

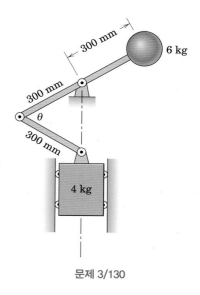

문제 3/130

3/129 질량이 **4.5 kg**이고 길이가 **4.9 m**인 장대를 이용하여, **80 kg**인 장대높이뛰기 선수가 속도 v로 달려오다 점프하여 높이 **5.5 m**의 장애물을 통과한다. 선수가 막대를 통과할 때 선수의 속도와 장대의 속도는 사실상 0이다. 그가 점프를 하는 데 필요한 속도 v의 최솟값을 구하라. 달려오는 동안 선수의 무게중심과 수평인 장대의 높이는 땅에서 **1.1 m**이다.

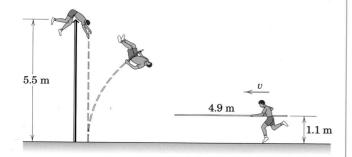

문제 3/129

3/130 기구가 $\theta = 60°$ 위치의 정지상태로부터 이완되어, **4 kg**의 활주차는 내려가고 **6 kg**의 구는 상승한다. $\theta = 180°$일 때 구의 속도 v를 구하라. 연결막대의 무게는 무시하고, 구는 질점으로 취급한다.

3/131 궤도의 가장 낮은 부분에서 롤러코스터의 속도 $v_1 = 90$ km/h 이다. 궤도 정점의 부근에서 롤러코스터의 속도 v_2를 결정하라. 마찰에 의한 에너지 손실은 무시한다. (주의 : 롤러코스터의 위치에너지 변화에 대하여 주의 깊게 생각하라.)

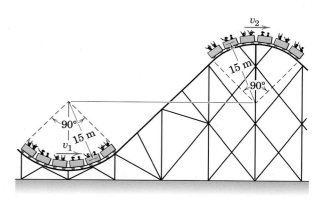

문제 3/131

3/132 근지점(perigee) P에서 속도 v_P인 인공위성이 타원궤도를 따라 지구 주위를 선회한다고 할 때, 원지점(apogee) A지점에서의 속도 v_A를 구하라. 점 A와 P에서의 반지름은 각각 r_A와 r_P이다. 전체 에너지는 일정하게 유지된다는 것에 유의하라.

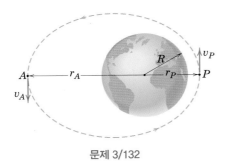

문제 3/132

3/133 시스템이 $x=y$일 때 정지상태로부터 운동을 시작한다면 슬라이더 B의 최대 속도를 계산하라. 움직임은 수직평면에서 일어난다. 마찰은 무시한다. 그리고 두 슬라이더의 질량은 같으며, 운동은 $y \geq 0$으로 제한된다.

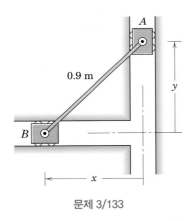

문제 3/133

3/134 시스템은 초기에 케이블이 팽팽한 상태에서 움직인다. 10 kg의 블록은 거친 경사면을 0.3 m/s의 속력으로 내려오며, 스프링은 25 mm 늘어난다. 이 절의 방법을 이용해서, (a) 블록이 100 mm 이동한 후 블록의 속도 v를 계산하고, (b) 블록이 정지할 때까지 이동한 거리를 계산하라.

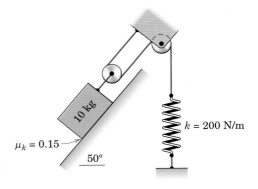

문제 3/134

3/135 질량이 m인 우주선이 3000 km/h인 속도로 달 표면에서 달의 반지름 R만큼 떨어진 곳에서 달의 중심을 향해 가고 있다. 만약 우주선이 역추진 로켓을 점화할 수 없다면, 달의 표면에 부딪히는 충격속도(impact velocity) v를 계산하라. 우주에서 달이 고정되어 있다고 가정한다. 달의 반지름은 1738 km이고, 달의 표면에서 중력가속도는 1.62 m/s²이다.

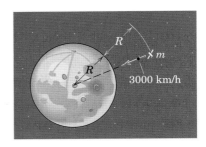

문제 3/135

3/136 $\theta=0$에서 수직 유도장치의 질량 **5 kg**인 플런저가 정지상태로부터 이완되어 움직이기 시작한다. 강성계수 $k=3.5$ kN/m인 스프링은 압축되지 않은 상태이다. 막대는 회전되는 이음고리를 통해서 미끄러지며 스프링을 압축시킨다. $\theta=30°$ 위치를 지날 때, 플런저의 속도 v를 구하라.

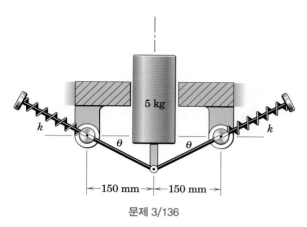

문제 3/136

3/137 $\theta=0$일 때 스프링이 자유상태이고, 시스템이 정지상태이다. 3 kg의 질점이 오른쪽으로 살짝 밀어진다. (a) 시스템이 $\theta=40°$에서 순간적으로 정지상가 될 때, 스프링 상수 k를 계산하라. (b) $k=100$ N/m에 대해서, $\theta=25°$에서 질점의 속력을 계산하라. $b=0.40$ m를 사용하고 마찰은 무시한다.

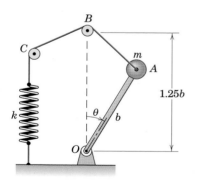

문제 3/137

▶3/138 질량이 각각 m과 $2m$인 두 개의 질점이 질량을 무시할 수 있는 강선막대로 연결되어 있으며, 수직 원형고리의 안쪽에서 반지름 r인 원호경로를 따라 마찰 없이 미끄러진다. 이 기구가 $\theta=0$의 위치에서 정지상태로부터 이완되어 움직인다면, (a) 막대가 수평위치일 때, 질점의 속도 v를 구하고, (b) 질점의 최대 속도 v_{max}와 (c) θ의 최댓값을 각각 구하라.

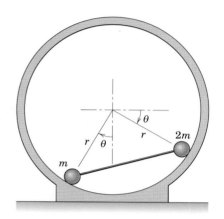

문제 3/138

C편 충격량과 운동량

3.8 서론

앞의 두 절에서는 운동방정식 $\mathbf{F} = m\mathbf{a}$를 질점의 변위에 관해 적분하여 구한 일–에너지 방정식에 관하여 논하였다. 그 결과 속도의 변화가 곧 일이나 또는 에너지의 전체 변화량으로 표현된다는 것을 알 수 있었다. 다음 두 절에서는 변위보다는 시간에 대하여 적분하는 운동방정식을 설명한다. 이러한 접근은 충격량과 운동량의 방정식을 도출해낸다. 이 방정식들은 작용하중이 아주 짧은 시간(충격문제에서와 같이) 또는 일정시간 동안 작용하는 경우, 많은 문제들을 쉽게 해석할 수 있게 한다.

3.9 선형충격량과 선형운동량

그림 3.11에서와 같이 원점 O로부터 위치벡터 $\mathbf{r}$만큼 떨어져 있는 질량이 m인 질점의 공간에서의 일반적인 곡선운동을 고려해 보자. 질점의 속도는 $\mathbf{v} = \dot{\mathbf{r}}$이고, 경로(그림의 점선)에 접선 방향이다. 질량 m에 작용하는 모든 힘의 합 $\Sigma\mathbf{F}$는 가속도 $\dot{\mathbf{v}}$의 방향이다. 이 질점에 대한 기본 운동방정식인 식 (3.3)은 다음과 같이 쓸 수 있다.

$$\Sigma\mathbf{F} = m\dot{\mathbf{v}} = \frac{d}{dt}(m\mathbf{v}) \quad \text{즉} \quad \Sigma\mathbf{F} = \dot{\mathbf{G}} \tag{3.25}$$

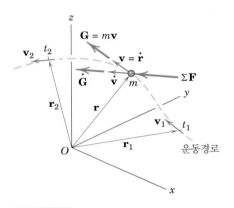

그림 3.11

여기서 질량과 속도의 곱은 질점의 선형운동량(linear momentum) $\mathbf{G} = m\mathbf{v}$로 정의된다. 식 (3.25)는 질점에 작용하는 모든 힘의 합력은 선형운동량의 시간에 대한 변화율과 같다는 것을 나탄낸다. SI 단위로 선형운동량 $m\mathbf{v}$는 kg · m/s, 즉 N · s로 나타낸다. 미국통상단위로 선형운동량 $m\mathbf{v}$는 [lb/(ft/sec²)][ft/sec] = lb-sec이다.

식 (3.25)는 벡터방정식이기 때문에 $\Sigma\mathbf{F}$와 $\dot{\mathbf{G}}$의 크기가 같다는 것을 의미하며, 더욱이 합력의 방향은 속도 변화율의 방향인 선형운동량의 변화율의 방향과 일치함을 알 수 있다. 식 (3.25)는 동역학에서 가장 유용하고 중요한 관계식 중 하나이며, 질점의 질량 m이 시간에 따라 변화하지 않는 한, 이 식은 유효하다. 질량 m이 시간에 따라 변화하는 경우는 4.7절에서 논의할 것이다.

식 (3.25)의 3개의 스칼라 성분은 다음과 같다.

$$\Sigma F_x = \dot{G}_x \qquad \Sigma F_y = \dot{G}_y \qquad \Sigma F_z = \dot{G}_z \tag{3.26}$$

이 방정식들은 서로 독립적으로 사용될 수 있다.

선형충격량·운동량의 원리

이 절에서 이제까지 설명한 뉴턴의 제2법칙을 운동량의 항으로 다시 기술하는 것이다. 그러나 한정된 시간 동안에 질점의 선형운동량에 대한 합력 $\Sigma\mathbf{F}$의 효과는 단순히 식 (3.25)를 시간 t에 대하여 적분함으로써 살펴볼 수 있다. 이 방정식에 dt를 곱하면 $\Sigma\mathbf{F}\,dt = d\mathbf{G}$이며, 이 식을 시간 t_1에서 t_2 구간까지 적분하면 다음과 같다.

$$\int_{t_1}^{t_2} \Sigma\mathbf{F}\,dt = \mathbf{G}_2 - \mathbf{G}_1 = \Delta\mathbf{G} \qquad (3.27)$$

여기서 시간 t_2에서의 선형운동량은 $\mathbf{G}_2 = m\mathbf{v}_2$이고, 시간 t_1에서의 선형운동량은 $\mathbf{G}_1 = m\mathbf{v}_1$이다. 힘과 시간의 곱은 힘의 **선형충격량**(linear impulse)으로 정의되고, 식 (3.27)은 m에 작용하는 총선형충격량은 m의 선형운동량의 **변화량**과 같음을 의미한다.

식 (3.27)은 식 (3.27a)와 같이 다시 쓸 수 있으며, 물체의 초기 선형운동량에 선형충격량을 더한 것은 물체의 최종 선형운동량과 같음을 의미한다.

$$\mathbf{G}_1 + \int_{t_1}^{t_2} \Sigma\mathbf{F}\,dt = \mathbf{G}_2 \qquad (3.27a)$$

충격량의 적분은 일반적으로 시간구간 동안 크기와 방향의 변화를 포함하는 벡터이다. 이런 조건하에서 $\Sigma\mathbf{F}$와 $\mathbf{G}$를 분력 형태로 표현하고, 적분된 분력을 결합하는 것이 필요하게 된다. 식 (3.27a)의 분력들은 다음의 스칼라방정식이 된다.

$$m(v_1)_x + \int_{t_1}^{t_2} \Sigma F_x\,dt = m(v_2)_x$$

$$m(v_1)_y + \int_{t_1}^{t_2} \Sigma F_y\,dt = m(v_2)_y \qquad (3.27b)$$

$$m(v_1)_z + \int_{t_1}^{t_2} \Sigma F_z\,dt = m(v_2)_z$$

이 세 가지 스칼라 충격량-운동량 방정식은 완전히 독립적이다.

반면 식 (3.27)은 분명히 선형충격량은 선형운동량의 변화를 일으킨다는 사실을 강조하고 있고, 식 (3.27a)와 (3.27b)에서 항의 배열은 운동의 자연스러운 순서를 나타낸다. 식 (3.27)의 형태는 경험 있는 동역학자들이 가장 즐겨 쓰고, 식 (3.27a)와 (3.27b)는 초보자들이 이해하는 데 매우 효과적이다.

여기서 **충격량-운동량 선도**에 대한 개념을 이해해 보자. 분석하고자 하는 물체가 분명히 밝혀지고 격리되었다면, 그림 3.12와 같이 세 부분의 그림을 그릴 수 있다. 첫 번째 그림은 초기 운동량 $m\mathbf{v}_1$ 또는 그러한 성분들이다. 두 번째 그림은 모든 선형충격량(또는 그러한 성분들)이다. 마지막 그림은 최종 선형운동량 $m\mathbf{v}_2$(또

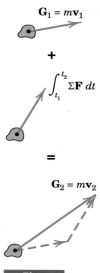

$\mathbf{G}_1 = m\mathbf{v}_1$

$+$

$\int_{t_1}^{t_2} \Sigma\mathbf{F}\,dt$

$=$

$\mathbf{G}_2 = m\mathbf{v}_2$

그림 3.12

배트가 야구공에 가한 충격력은 보통 야구공의 무게보다 훨씬 크다.

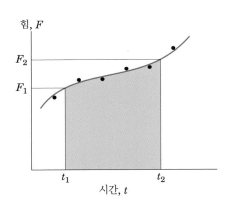

그림 3.13

는 그 성분들)이다. 충격량-운동량 식 (3.27b)는 이 그림으로부터 선도와 방정식의 항들이 일대일 대응을 이루고 있음을 쉽게 알 수 있다.

중간 선도는 마치 자유물체도와 매우 비슷하지만, 힘들이 아니고 힘들에 의한 충격량들이다. 자유물체도와 같이 그 물체에 작용하는 모든 힘들의 효과는 포함하지만 힘들의 크기는 무시한다. 어떤 경우 힘의 크기가 대단히 크고 작용하는 시간이 매우 짧을 때도 있다.

이와 같은 힘을 **충격력**이라 부른다. 예로, 급격한 충돌로 인한 힘이 있다. 가끔 충격력은 그것이 작용하는 시간 동안 일정하다고 가정하여 선형충격량 적분에서 상수로 취급하기도 한다. 또한 **비충격력**은 충격력에 비하면 무시될 수 있다고 가정하기도 한다. 예로서 비충격력은 야구공과 방망이가 충돌할 때 야구공의 무게(약 5 oz)이며, 이는 방망이가 볼에 가한 힘(크기가 수천 뉴턴)에 비하면 매우 작다.

질점에 작용하는 힘이 시간과 함께 변하는 경우도 있는데, 이는 실험적인 계측이나 다른 개략적인 방법으로 결정된다. 이러한 경우는 도식적인 적분이나 수치적인 적분으로 구할 수밖에 없다. 만약 주어진 방향에서 질점에 작용하는 힘 F가 그림 3.13과 같이 시간 t와 함께 변한다면, t_1으로부터 t_2까지 이 힘의 충격량, $\int_{t_1}^{t_2} F\, dt$는 곡선 밑 색깔 있는 면적과 같다.

선형운동량의 보존

시간구간 동안에 질점에 작용하는 합력이 0이라면, 식 (3.25)에서 선형운동량 $\mathbf{G}$는 일정하게 유지되어야 한다. 이 경우, 질점의 선형운동량은 **보존**된다고 말한다. 선형운동량은 x방향과 같이 하나의 방향에 대해 보존된다고 해서 y나 z방향에 대해서도 보존되어야 할 필요는 없다. 질점에 대한 자유물체도를 면밀히 조사해 보면 어느 방향에 대한 총선형충격량이 0인지 판명할 수 있다. 만약 이것이 사실이라면 그 방향으로의 선형운동량은 변하지 않고 보존될 것이다.

두 질점 a와 b가 주어진 시간구간에서 상호작용하는 경우를 고려해 보자. 만약 그 시간 동안 두 질점 사이의 상호작용력 $\mathbf{F}$와 $-\mathbf{F}$가 질점에 작용하는 유일한 불평형 힘이라면, 질점 a에 작용하는 선형충격량은 질점 b에 작용하는 선형충격량의 음의 값과 같다. 그러므로 식 (3.27)로부터 질점 a의 선형운동량의 변화량 $\Delta\mathbf{G}_a$는 질점 b의 선형운동량의 변화량 $\Delta\mathbf{G}_b$와 부호가 반대이다. 따라서 $\Delta\mathbf{G}_a = -\Delta\mathbf{G}_b$, 즉 $\Delta(\mathbf{G}_a + \mathbf{G}_b) = 0$이다. 그러므로 그 시간 동안에 질점계의 총선형운동량 $\mathbf{G} = \mathbf{G}_a + \mathbf{G}_b$는 일정하게 유지되며, 다음과 같은 관계가 성립한다.

$$\Delta\mathbf{G} = 0 \qquad \text{즉} \qquad \mathbf{G}_1 = \mathbf{G}_2 \tag{3.28}$$

식 (3.28)은 선형운동량 보존의 원리를 나타낸다.

예제 3.19

테니스 선수가 라켓으로 테니스 볼을 칠 때, 그림과 같이 볼을 그 궤적의 최고점에서 친다. 라켓에 충돌하기 직전의 볼의 수평속도 $v_1 = 15$ m/s이고, 충돌 직후 15°에서 속도 $v_2 = 21$ m/s이다. 만약 60 g인 볼이 0.02초 동안 라켓에 접촉이 되었다면, 라켓이 볼에 가한 평균 힘 **R**의 크기를 구하라. 그리고 **R**이 수평선과 이룬 각 β를 구하라.

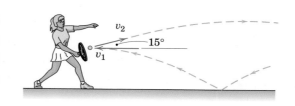

|풀이| 다음과 같이 볼에 대한 충격량-운동량 선도를 그려보자.

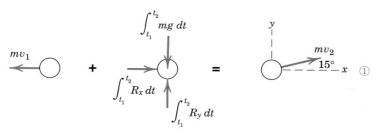

|도움말|

① 충격량-운동량 선도를 생각해 보면, 첫 번째 선도는 초기 선형운동량, 두 번째 선도는 선형충격량 그리고 마지막 선도는 최종 선형운동량이 됨을 알 수 있다.

② 선형충격량 $\int_{t_1}^{t_2} R_x \, dt$에서 평균 충격력 R_x는 일정하므로 적분기호 밖으로 꺼내면, $R_x \int_{t_1}^{t_2} dt = R_x(t_2 - t_1) = R_x \, \Delta t$로 된다. y방향의 선형충격량도 같은 방법으로 구하면 된다.

$$[m(v_x)_1 + \int_{t_1}^{t_2} \Sigma F_x \, dt = m(v_x)_2] \qquad -0.060(15) + R_x(0.02) = 0.060(21 \cos 15°) \quad ②$$

$$[m(v_y)_1 + \int_{t_1}^{t_2} \Sigma F_y \, dt = m(v_y)_2]$$

$$0.060(0) + R_y(0.02) - (0.060)(9.81)(0.02) = 0.060(21 \sin 15°)$$

충돌 힘을 구하면 다음과 같다.

$$R_x = 105.9 \text{ N}$$

$$R_y = 16.89 \text{ N}$$

충돌 힘 $R_y = 16.89$ N은 볼의 무게 $0.060(9.81) = 0.589$ N보다 훨씬 크다. 따라서 비충격력인 무게 mg는 R_y에 비하여 무시할 수 있다. 무게를 무시하지 않고 R_y값을 계산하면 16.31 N이 된다.

R의 크기와 방향은 다음과 같다.

$$R = \sqrt{R_x^2 + R_y^2} = \sqrt{105.9^2 + 16.89^2} = 107.2 \text{ N} \qquad \boxed{답}$$

$$\beta = \tan^{-1} \frac{R_y}{R_x} = \tan^{-1} \frac{16.89}{105.9} = 9.07° \qquad \boxed{답}$$

예제 3.20

질량이 0.2 kg인 질점이 자중과 시간에 따라 변하는 힘 $\mathbf{F}$의 작용으로 그림과 같이 $y\text{-}z$ 수직평면상을 움직인다(y는 수평, z는 수직). 질점의 선형운동량은 시간 t의 함수 $\mathbf{G} = 3/2(t^2 + 3)\mathbf{j} - 2/3(t^3 - 4)\mathbf{k}$로 주어지며, 단위는 N·s이고 시간의 단위는 s이다. $t = 2$ s일 때 $\mathbf{F}$와 그 크기를 구하라.

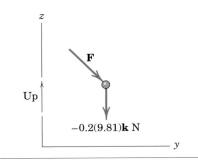

$-0.2(9.81)\mathbf{k}$ N

|풀이| 벡터 형태로 무게를 나타내면 $-0.2(9.81)\mathbf{k}$ N이다. 따라서 힘-운동량 방정식은 다음과 같다.

$$[\Sigma\mathbf{F} = \dot{\mathbf{G}}] \qquad \mathbf{F} - 0.2(9.81)\mathbf{k} = \frac{d}{dt}[\tfrac{3}{2}(t^2 + 3)\mathbf{j} - \tfrac{2}{3}(t^3 - 4)\mathbf{k}] \quad ①$$

$$= 3t\mathbf{j} - 2t^2\mathbf{k}$$

$t = 2$ s일 때 $\qquad \mathbf{F} = 0.2(9.81)\mathbf{k} + 3(2)\mathbf{j} - 2(2^2)\mathbf{k} = 6\mathbf{j} - 6.04\mathbf{k}$ N **답**

따라서 $\qquad F = \sqrt{6^2 + 6.04^2} = 8.51$ N **답**

|도움말|
① $\Sigma\mathbf{F}$는 자중을 포함하여 모든 힘을 나타낸다.

예제 3.21

질량이 0.5 kg인 질점이 $t = 0$일 때, x방향으로 속도 $v = 10$ m/s이다. 힘 $\mathbf{F}_1$과 $\mathbf{F}_2$가 질점에 작용하고, 그 크기는 그림에서와 같이 시간에 따라서 변한다. 3초 후 질점의 속도 $\mathbf{v}_2$를 구하라. 운동은 $x\text{-}y$ 수평 평면에서 일어난다.

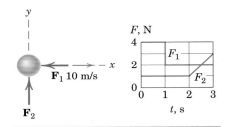

|풀이| 우선 충격량-운동량 선도를 다음과 같이 그린다.

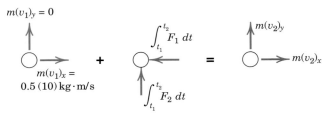

충격량-운동량 방정식은 다음과 같다.

$$\left[m(v_1)_x + \int_{t_1}^{t_2}\Sigma F_x\, dt = m(v_2)_x\right] \qquad 0.5(10) - [4(1) + 2(3-1)] = 0.5(v_2)_x \quad ①$$

$$(v_2)_x = -6 \text{ m/s}$$

$$\left[m(v_1)_y + \int_{t_1}^{t_2}\Sigma F_y\, dt = m(v_2)_y\right] \qquad 0.5(0) + [1(2) + 2(3-2)] = 0.5(v_2)_y$$

$$(v_2)_y = 8 \text{ m/s}$$

따라서 $\qquad \mathbf{v}_2 = -6\mathbf{i} + 8\mathbf{j}$ m/s이고 $\qquad v_2 = \sqrt{6^2 + 8^2} = 10$ m/s

$$\theta_x = \tan^{-1}\frac{8}{-6} = 126.9° \qquad \textbf{답}$$

여기서는 요구하지 않았지만, 처음 3초 동안 질점의 경로는 그림과 같다. 3초에서 속도는 각 성분과 함께 볼 수 있다.

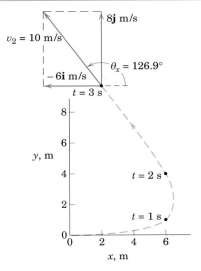

|도움말|
① 각 방향의 충격량은 힘-시간 선도에서 아랫부분 면적이다. F_1은 음의 x방향이어서 충격량도 음수이다.

예제 3.22

150 kg인 짐을 실은 탄차(skip)가 4 m/s의 속도로 경사면을 내려간다. 이때 $t = 0$에서 힘 P가 케이블에 작용된다. 힘 P는 $t = 4$ s 후 600 N에 도달할 때까지 일정한 비율로 증가하고, 그 이후에는 이 값으로 일정하게 유지된다. (a) 탄차가 반대 방향으로 움직이기 시작하는 시간 t'과 (b) $t = 8$ s일 때의 탄차의 속도 v를 구하라. 단, 탄차는 질점으로 간주한다.

|풀이| 시간에 따른 P의 변화를 그리고, 탄차의 충격량–운동량 선도를 그린다.

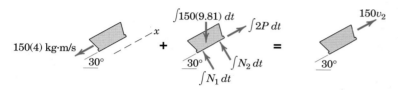

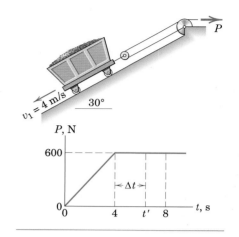

(a) 경우 탄차는 속도가 0일 때 진행방향이 반대로 된다. 이런 상태는 $t = 4 + \Delta t$초일 때 일어난다고 가정한다. 양의 x방향으로의 충격량–운동량 방정식은 다음과 같다.

$$[m(v_1)_x + \int \Sigma F_x\, dt = m(v_2)_x]$$

$$150(-4) + \tfrac{1}{2}(4)(2)(600) + 2(600)\Delta t - 150(9.81)\sin 30°(4 + \Delta t) = 150(0) \quad ①$$

$$\Delta t = 2.46 \text{ s} \qquad t' = 4 + 2.46 = 6.46 \text{ s}$$

(b) 경우 충격량–운동량 방정식을 8초의 전체 구간에 적용하면 다음과 같다.

$$[m(v_1)_x + \int \Sigma F_x\, dt = m(v_2)_x]$$

$$150(-4) + \tfrac{1}{2}(4)(2)(600) + 4(2)(600) - 150(9.81)\sin 30°(8) = 150(v_2)_x$$

$$(v_2)_x = 4.76 \text{ m/s}$$

t'에서 8 s까지의 구간에서 해석하면, 같은 결과를 얻을 수 있다.

|도움말|

① 자유물체도는 $2P$가 아닌 P의 충격량을 사용하는 것과 같은 오류를 예방하며, 자중 성분에 의한 충격량을 계산에서 빠뜨리지 않게 한다. 방정식의 첫 번째 항은 처음 4초 동안에 P-t 선도에서 삼각형 면적에 해당하고, 힘이 $2P$인 경우에는 두 배가 된다.

예제 3.23

600 m/s로 움직이는 50 g인 탄알이 4 kg의 블록 중앙에 박혔다. 블록이 충돌 직전에 그림과 같이 12 m/s의 속도로 매끄러운 수평면을 미끄러지고 있다면, 충돌 직후 탄알이 박힌 블록의 속도 $\mathbf{v}_2$를 구하라.

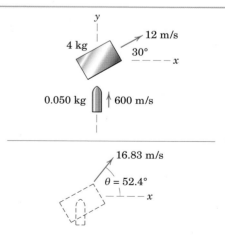

|풀이| 블록과 탄알로 구성된 시스템에서 충돌에 의한 힘은 시스템 내부의 힘이며, 평면운동 중에 이 시스템에 작용하는 다른 외력은 없으므로 이 시스템의 선형운동량은 보존된다. 따라서

$$[\mathbf{G}_1 = \mathbf{G}_2] \quad 0.050(600\mathbf{j}) + 4(12)(\cos 30°\mathbf{i} + \sin 30°\mathbf{j}) = (4 + 0.050)\mathbf{v}_2 \quad ①$$

$$\mathbf{v}_2 = 10.26\mathbf{i} + 13.33\mathbf{j} \text{ m/s}$$

최종 속도와 그 방향은 다음과 같다.

$$[v = \sqrt{v_x^2 + v_y^2}] \qquad v_2 = \sqrt{(10.26)^2 + (13.33)^2} = 16.83 \text{ m/s}$$

$$[\tan\theta = v_y/v_x] \qquad \tan\theta = \frac{13.33}{10.26} = 1.299 \qquad \theta = 52.4°$$

|도움말|

① 선형운동량 보존법칙에서 벡터 형태를 이용한 풀이 결과와 분력 형태를 이용한 풀이 결과는 동일하다.

연습문제

기초문제

3/139 나무에 마개를 박는 데 고무망치를 사용한다. 만약 그래프에 보인 것처럼 충격력이 시간에 따라 변화한다면, 고무망치에 의해 마개에 전달되는 선형 충격량의 크기를 구하라.

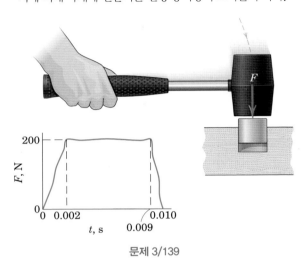

문제 3/139

3/140 질량 1500 kg의 자동차로 10%의 경사면을 30 km/h의 속도로 주행하던 운전자가 8초 동안 60 km/h의 속도에 도달할 때까지 가속을 한다. 8초 동안 자동차 타이어에 작용하는 노면에 접선방향의 힘 F의 시간 평균값을 구하라. 단, 자동차는 질점으로 취급하며 공기저항은 무시한다.

문제 3/140

3/141 질량이 1.2 kg인 질점의 속도가 $\mathbf{v}=1.5t^3\mathbf{i}+(2.4-3t^2)\mathbf{j}+5\mathbf{k}$ 로 주어지며, $\mathbf{v}$의 단위는 m/s이며 시간 t의 단위는 초이다. 질점의 선형 운동량 $\mathbf{G}$와, 크기 G, 그리고 $t=2$ s일 때, 질점에 작용하는 순 힘 $\mathbf{R}$을 계산하라.

3/142 질량 75 g의 탄알이 600 m/s의 속도로 이동하여 정지상태에 있는 질량 50 kg의 물체에 박히게 되었다. 충돌하는 동안 손실된 에너지를 계산하라. 답은 절댓값 $|\Delta E|$로 나타내고 초기 시스템 에너지 E에 대한 백분율 n을 구하라.

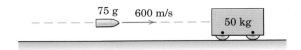

문제 3/142

3/143 60 g의 총알이 속도 $v_1=600$ m/s로 수평방향으로 발사되어, 수평면상에 정지해 있는 3 kg의 부드러운 나무 블록 속으로 들어간다. 총알은 나무를 관통하여 속도 $v_2=400$ m/s로 나오며, 블록은 2.70 m만큼 미끄러진 후 정지한다. 블록과 지지면 사이의 운동마찰계수 μ_k를 구하라.

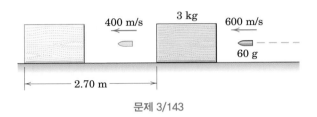

문제 3/143

3/144 200 g의 금속 실린더와 스프링으로 지지된 판이 충돌하는 동안에 측정한 접촉력 F와 충돌시간 t는 그림과 같이 반타원 관계이다. 만약 실린더가 플레이트를 6 m/s의 속도로 친다면 실린더의 반발속도 v는 얼마인가?

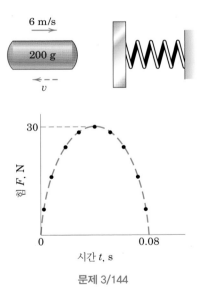

문제 3/144

3/145 0.2 kg의 질점이 시간 t_1=1 s일 때 $\mathbf{v}_1$=$\mathbf{i}+\mathbf{j}+2\mathbf{k}$ m/s의 속도로 움직인다. 만약 힘 $\mathbf{F}$=$(5+3t)\mathbf{i} + (2-t^2)\mathbf{j}+3\mathbf{k}$ N이 질점에 유일하게 작용하는 힘이라면, t_2=4 s일 때 질점의 속도 $\mathbf{v}_2$를 구하라.

3/146 90 kg의 남자가 40 kg의 카누에서 다이빙한다. 그림에 표시된 속도는 남자와 카누가 분리된 직후 카누에 대한 남자의 상대속도를 나타낸다. 만약 남자, 여자, 카누가 초기에 정지상태였다면, 분리된 직후 카누의 수평방향의 절대속도를 계산하라. 카누의 항력은 무시하고, 60 kg의 여자는 카누에 대해서 상대적으로 움직임이 없다고 가정한다.

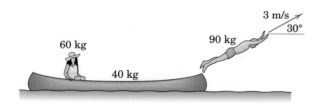

문제 3/146

3/147 10 m/s의 속도로 $-x$방향으로 마찰 없는 수평면을 움직이는 4 kg의 물체가 그림과 같이 시간에 따라 변하는 힘 F_x를 받는다. 점선으로 실험 데이터를 근사화하고, (a) t=0.6 s 와 (b) t=0.9 s에서의 물체의 속도를 구하라.

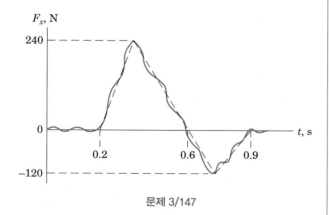

문제 3/147

3/148 그림의 위치에서 상자 A는 4 m/s의 속력으로 경사면을 내려오며, 상자 B와 충돌하고 일체가 된다. 충돌 후 두 개의 상자가 움직인 거리 d를 계산하라. 두 개의 상자에 대해서 운동마찰계수 μ_k=0.40을 사용하라.

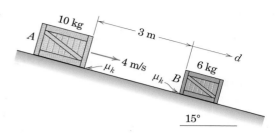

문제 3/148

3/149 질량 15 200 kg의 달착륙선이 2 m/s의 속도로 달 표면으로 하강할 때, 역추진 엔진을 점화한다. 4초 동안 엔진에서 발생되는 추진력 T가 그림과 같다면, t=5 s일 때 아직 착륙하지 않았다는 가정하에 착륙선의 속도를 구하라. 달 표면의 중력가속도는 1.62 m/s^{2}이다.

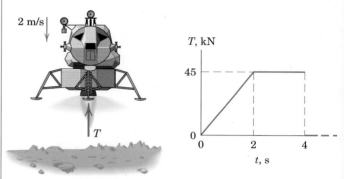

문제 3/149

3/150 질량 m_1인 슬라이더가 그림에서 보인 위치에서 정지상태에 놓여 질량 m_2인 굴곡이 있는 물체의 오른쪽 측면을 따라 미끄러져 내려오기 시작한다. m_1=0.50 kg, m_2=3 kg, 그리고 r=0.25 m 인 조건에서 두 질량이 분리되는 순간 각각의 질량의 속도를 구하라. 마찰은 무시한다.

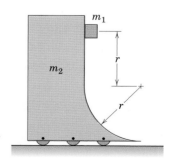

문제 3/150

심화문제

3/151 1200 kg의 자동차를 견인하는 견인트럭이 15초 동안에 30 km/h에서 70 km/h까지 일정하게 가속하고 있다. 이 구간에서 자동차의 평균 구름저항은 500 N이다. 견인 케이블의 각도가 그림과 같이 평균적으로 60°라면, 견인 케이블에 작용하는 평균장력은 얼마인가?

문제 3/151

3/152 그림에서 보인 바와 같이, 서쪽으로 48 km/h로 달리는 차 B(1500 kg)가 북쪽으로 32 km/h로 달리는 차 A(1600 kg)와 충돌하였다. 충돌 후 두 차는 서로 뒤엉켜 일체가 되어 움직였다면, 충돌 직후 그들 속도의 크기 v와 북쪽에 대해 속도벡터가 이루는 각 θ를 계산하라.

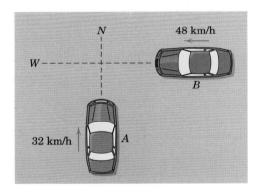

문제 3/152

3/153 질량 m, 초기속도 v인 한 객차가 충돌하여, 정지상태에 있는 두 개의 동일한 객차와 결합하였다. 다음과 같은 조건하에서 세 객차의 최종 속도 v'과 분수로 나타낸 에너지 손실 n을 다음 경우에 대하여 각각 구하라. **(a)** 초기 사이 거리 $d=0$(즉, 두 정지상태에 있는 객차는 초기상태에 결합되어 있다)인 경우, **(b)** 두 정지상태에 있는 객차가 약간 떨어져 있어, 거리 $d \neq 0$인 경우. 단, 바퀴의 회전으로 인한 저항은 무시한다.

문제 3/153

3/154 270 Mg의 제트여객기의 착륙속도가 수평선 아래 $\theta=0.5°$ 방향으로 $v=190$ km/h이다. 여덟 개의 주 바퀴로 착륙과정을 마치는 데 0.6초가 걸린다. 제트여객기를 질점으로 취급하고 타이어가 변형되고, 스트럿바가 압축되는 등의 0.6초 과정 동안 각각의 바퀴에 작용하는 평균 수직 반력을 계산하라. 착륙하는 동안 여객기의 양력이 자중과 같다고 가정한다.

문제 3/154

3/155 질량 m의 고리가 힘 F의 작용으로 거친 수평축을 따라 미끄러진다. 힘 F의 방향은 바뀌지만, 크기가 일정하며, $F \leq mg$이다. k는 상수이고 $\theta=kt$이라면, 또한 $\theta=0$에서 고리의 속력이 오른쪽 방향으로 v_1이라면, 고리가 $\theta=90°$에 도달할 때 고리의 속력 v_2를 계산하라. 또한 $v_1=v_2$가 되게 하는 힘의 크기 F를 계산하라.

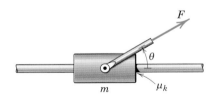

문제 3/155

3/156 140 g의 탄알이 600 m/s의 속도로 발사되어, 그림과 같이 각 질량이 100 g인 세 개의 고리에 끼워진다. 탄알과 세 개의 고리가 결합된 후의 속도를 구하고, 상호작용하는 동안 발생된 에너지 손실량 $|\Delta E|$를 구하라.

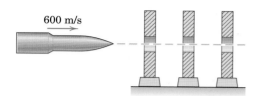

600 m/s

문제 3/156

3/157 작은 폭발에 의해 3단과 4단이 분리되기 전 로켓은 공간에서 속도 18 000 km/h로 순항한다. 분리된 직후, 4단 부분의 속도가 v_4=18 060km/h로 증가한다. 이때 3단 부분의 속도 v_3는 얼마인가? 분리단계에서 3단과 4단의 질량은 각각 400 kg과 200 kg이다.

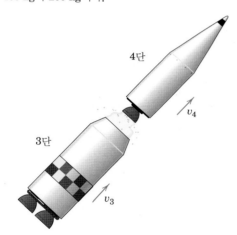

4단

v_4

3단

v_3

문제 3/157

3/158 초기에 정지해 있던 20 kg의 블록이 플롯에 보인 것처럼 시간에 따라 크기가 변하는 수평력 P를 받는다. 3초 이후에는 수평력의 크기가 0임을 유의하라. 블록이 정지하는 시간 t_s를 계산하라.

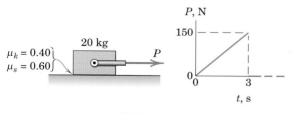

$\mu_k = 0.40$
$\mu_s = 0.60$

20 kg

P

P, N

150

0

3

t, s

문제 3/158

3/159 힘 P가 수평과 30°의 일정한 각을 이룬다는 것을 제외하고 모든 조건이 앞의 문제와 동일하다. 초기에 정지해 있던 20 kg의 블록이 정지하는 시간 t_s를 계산하라.

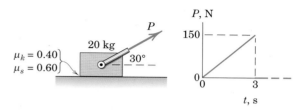

$\mu_k = 0.40$
$\mu_s = 0.60$

20 kg

P

30°

P, N

150

0

3

t, s

문제 3/159

3/160 650 km/h의 속력으로 수평으로 비행하고 있던 40 Mg 항공기의 조종사가 모든 엔진동력을 차단하여 그림과 같이 5° 기울어진 경사로를 따라 활공 비행한다. 120초 후 비행기의 속도는 600 km/h이다. 시간평균 항력 D(비행 경로상의 운동에 대한 공기저항)를 계산하라.

5°

v

문제 3/160

3/161 그림에서 보는 바와 같이 800 kg의 위성이 셔틀로부터 발사되고 있다. 셔틀에 부착된 추진장치에 의하여 위성은 발사되며, 4초 동안 작동되는 추진장치에 의하여 위성은 셔틀에 대해서 z방향으로 0.3 m/s의 속도를 갖는다. 셔틀의 질량은 90 Mg이다. 발사로 인하여 발생된 음의 z 방향 셔틀 속도성분 v_f를 구하라. 또한 시간평균 발사력 F_{av}를 구하라.

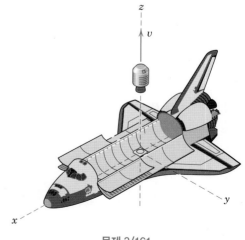

z

v

x

y

문제 3/161

3/162 유압 브레이크 시스템은 트럭과 트레일러가 각각 같은 제동력을 가지게 한다. 10%의 경사도를 시속 30 km/h로 내려가다가 정지하기 위해 5초 동안 일정한 제동력이 작용한다면, 트레일러와 트럭 연결부에 작용하는 힘 P를 결정하라. 트럭의 질량은 10 Mg이고 트레일러의 질량은 7.5 Mg이다.

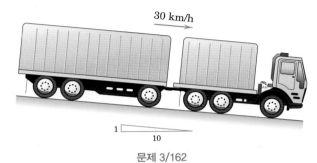

문제 3/162

3/163 $t=0$에서 정지상태인 50 kg의 블록이, 그림과 같은 힘 P를 받기 시작한다. $t=15$ s 이후에는 힘이 0임에 유의하라. $t=15$ s에서 블록의 속도 v를 계산하라. 또한 블록이 다시 정지하는 시간 t를 계산하라.

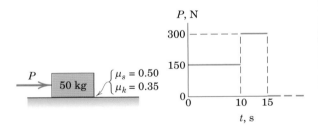

문제 3/163

3/164 초기에 자동차 B는 정지해 있었으나, 속력 $v_1=30$ km/h로 움직이고 있는 자동차 A와 충돌하였다. 충돌 후 두 차가 서로 얽혀 v'의 속도로 움직였다. 충돌 지속시간을 0.1초라고 한다면, (a) 공통의 속도 v', (b) 충돌 중 각각의 차량의 평균 가속도, (c) 충돌 중 각각의 차량이 상대방 차량에 가하는 힘 크기의 평균 R을 계산하라. 충돌 중 브레이크는 밟지 않은 상태이다.

문제 3/164

3/165 45.9 g의 골프공이 5번 아이언에 의해 타격된 후 0.001초 사이에 그림과 같은 속도를 갖는다. 클럽의 의해 공에 작용한 평균힘 R의 크기를 구하라. 이 힘에 의해 발생한 가속도의 크기 a를 구하라. 일정한 가속도가 작용한다고 할 때 이 속도를 얻기까지 이 공이 이동한 거리 d를 구하라.

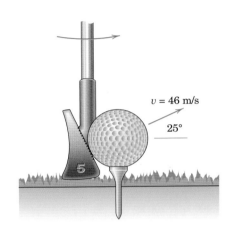

문제 3/165

3/166 질량 0.20 kg의 아이스 하키공은 하키 스틱에 맞기 전에 속도가 12 m/s이다. 충격 후에 공은 그림과 같이 18 m/s의 속도로 새로운 방향으로 움직인다. 만일 스틱과 공의 접촉시간이 0.04초라면, 충격 동안 스틱에 의해 공에 작용되는 평균 힘 $\mathbf{F}$의 크기를 계산하고, x방향과 $\mathbf{F}$방향이 이루는 각 β를 구하라.

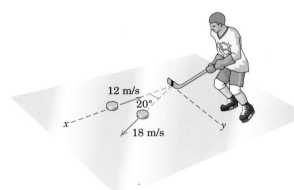

문제 3/166

3/167 야구공이 배트에 맞기 직전에 수평속도 135 km/h로 움직이고 있다. 공을 때린 직후, 146 g의 공은 그림과 같이 수평면과 35°의 각도로 속도 210 km/h로 날아간다. 0.005초 충격 동안에 배트에 의해 공에 작용되는 평균힘 **R**의 x, y 성분을 각각 계산하라. (a) 충격 동안, (b) 충격 후 처음 몇 초 동안에 공의 무게를 각각 어떻게 다루어야 하는지 설명하라.

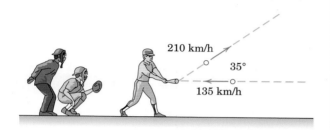

문제 3/167

3/168 탄도 단진자는 모래상자와 박힌 총알의 흔들리는 최대각도 θ를 관찰하여 발사속도 v를 측정하는 간단한 장치이다. 60 g의 총알이 20 kg의 모래상자에 수평속도 $v=600$ m/s로 발사된다면, 흔들리는 각도 θ를 구하라. 충돌 순간 손실된 에너지의 백분율을 구하라.

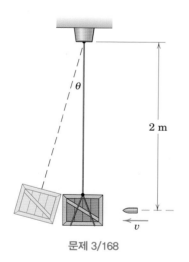

문제 3/168

3/169 테니스 선수가 공이 뛰어 오르는 순간 라켓으로 공을 치고 있다. 그림과 같은 방향으로 라켓에 공이 맞기 전의 속도 $v_1=15$ m/s이고, 맞은 직후의 속도 $v_2=22$ m/s이다. 만일 60 g의 공이 라켓과 접촉하는 시간이 0.05초라면, 라켓에 의해 공에 작용하는 평균힘 **R**의 크기를 구하라. 힘 **R**이 수평과 이루는 각도 β를 구하라. 충격 동안 공 무게를 어떻게 다루었는지 설명하라.

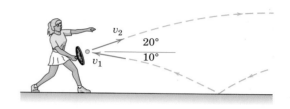

문제 3/169

3/170 그림과 같이 40 kg인 소년이 5 m/s 속도로 계단에서 뛰어내려 정지해 있던 5 kg의 스케이트보드 위에 올라탄다. 충돌 시간이 0.05초라면, 수평방향의 최종 속도 v와 충돌하는 동안 바닥에 의해 스케이트 보드의 바퀴에 작용한 수직력 N을 구하라.

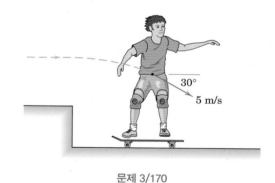

문제 3/170

3/171 점토뭉치 A가 원통 B가 이완되는 것과 동시에 발사된다. 두 개의 물체는 C에서 충돌하여 들러붙은 후, 최종적으로 D에서 수평면에 부딪친다. 수평거리 d를 계산하라. $v_0=12$ m/s, $\theta=40°$, $L=6$ m, $m_A=0.1$ kg, $m_B=0.2$ kg을 사용하라.

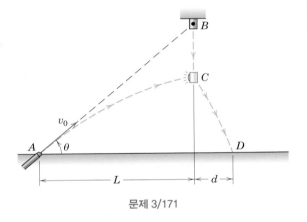

문제 3/171

▶3/172 질량이 각각 500 Mg인 1번 거룻배와 2번 거룻배가 약간의 거리를 두고 잔잔한 물 위에 정박해 있다. 스턴트맨이 A지점의 정지상태로부터 1500 kg의 차를 운전하여 15° 경사도의 램프(ramp)에 대해 상대속도 50 km/h로 도약한다. 스턴트맨은 두 배 사이의 공간을 성공적으로 점프하여 2번 배 갑판의 B지점에서 차를 정지시킨다. 차가 배 위에 정지한 직후, 2번 배가 갖게 되는 속도 v_2를 계산하라. 저속에서 물의 저항은 무시한다.

문제 3/172

3.10 각충격량과 각운동량

선형충격량과 선형운동량의 방정식과 더불어, 이와 유사한 각충격량과 각운동량에 대한 방정식들도 존재한다. 우선, 각운동량(angular momentum)에 대한 정의를 내려 보자. 그림 3.14a는 공간에서 곡선을 따라 움직이는 질량이 m인 질점 P를 보여준다. 이 질점은 고정좌표계 x-y-z의 원점 O에 대해 위치벡터 $\mathbf{r}$로 표현된다. 이 질점의 속도는 $\mathbf{v} = \dot{\mathbf{r}}$이고, 선형운동량 $\mathbf{G} = m\mathbf{v}$이다. 원점 O에 대한 선형운동량 벡터 $m\mathbf{v}$의 모멘트는 원점 O에 대한 질점 P의 각운동량 $\mathbf{H}_O$로 정의되며, 벡터의 모멘트 계산인 외적(cross product)에 의해 다음과 같이 결정된다.

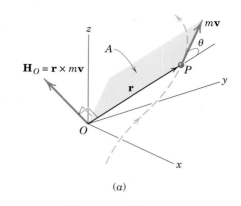

(a)

$$\mathbf{H}_O = \mathbf{r} \times m\mathbf{v} \qquad (3.29)$$

각운동량은 $\mathbf{r}$과 $\mathbf{v}$에 의해 정의되는 평면 A에 수직인 벡터이다. $\mathbf{H}_O$의 방향은 외적의 오른손 법칙에 의해 명확히 정의된다.

각운동량의 스칼라 성분은 다음과 같이 전개된 식으로부터 얻어진다.

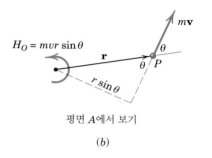

평면 A에서 보기

(b)

그림 3.14

$$\mathbf{H}_O = \mathbf{r} \times m\mathbf{v} = m(v_z y - v_y z)\mathbf{i} + m(v_x z - v_z x)\mathbf{j} + m(v_y x - v_x y)\mathbf{k}$$

$$\mathbf{H}_O = m\begin{vmatrix} \mathbf{i} & \mathbf{j} & \mathbf{k} \\ x & y & z \\ v_x & v_y & v_z \end{vmatrix} \qquad (3.30)$$

따라서

$$H_x = m(v_z y - v_y z) \qquad H_y = m(v_x z - v_z x) \qquad H_z = m(v_y x - v_x y)$$

각운동량에 대한 이러한 각각의 표현식들은 그림 3.15로부터 쉽게 이해될 수 있다. 즉, 그림에서 보는 바와 같이 각각의 축에 대해 세 가지 선형운동량 성분들의 모멘트를 취함으로써 얻어진다.

각운동량의 이해를 돕기 위해서 그림 3.14a의 벡터를 그림 3.14b와 같이 평면 A에 2차원으로 나타냈다. $\mathbf{r}$과 $\mathbf{v}$에 의해 정의되는 평면 A에 이 운동을 표시한다. 원점 O에 대한 $m\mathbf{v}$의 모멘트 크기는 선형운동량 mv와 모멘트의 팔 $r \sin \theta$의 곱, 즉 $mvr \sin \theta$이며, 이는 외적 $\mathbf{H}_O = \mathbf{r} \times m\mathbf{v}$의 크기이다. 각운동량은 선형운동량의 모멘트이며 선형운동량과 혼동해서는 안 된다.

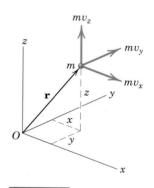

그림 3.15

각운동량의 단위는 SI 단위로는 $\text{kg} \cdot (\text{m/s}) \cdot \text{m} = \text{kg} \cdot \text{m}^2/\text{s} = \text{N} \cdot \text{m} \cdot \text{s}$이고, 미국통상단위로는 $[\text{lb}/(\text{ft/sec}^2)][\text{ft/sec}][\text{ft}] = \text{lb-ft-sec}$이다.

각운동량의 변화율

이제 질점 P에 작용하는 힘의 모멘트와 각운동량을 결부시켜 보자. 그림 3.14와 같이 질점 P에 작용하는 모든 힘들의 합을 $\Sigma\mathbf{F}$로 표현하면, 원점 O에 대한 모멘트 $\mathbf{M}_O$는 다음과 같이 벡터의 외적으로 나타낼 수 있다.

$$\Sigma\mathbf{M}_O = \mathbf{r} \times \Sigma\mathbf{F} = \mathbf{r} \times m\dot{\mathbf{v}}$$

여기서 뉴턴의 제2법칙 $\Sigma\mathbf{F} = m\dot{\mathbf{v}}$이 이용되었다. 외적에 대한 미분법칙(부록 C.7의 9항 참조)을 이용하여, 식 (3.29)를 시간에 대해 미분하면 다음과 같다.

$$\dot{\mathbf{H}}_O = \dot{\mathbf{r}} \times m\mathbf{v} + \mathbf{r} \times m\dot{\mathbf{v}} = \mathbf{v} \times m\mathbf{v} + \mathbf{r} \times m\dot{\mathbf{v}}$$

위 식에서 평행한 벡터의 외적은 0이므로, $\mathbf{v} \times m\mathbf{v}$의 항은 0이 된다. 따라서 $\Sigma\mathbf{M}_O$에 대한 식에 대입하면 다음과 같은 식을 얻는다.

$$\Sigma\mathbf{M}_O = \dot{\mathbf{H}}_O \qquad (3.31)$$

식 (3.31)은 m에 작용하는 모든 힘들의 원점 O에 대한 모멘트는 원점 O에 대한 m의 각운동량의 시간에 따른 변화율과 같음을 나타낸다. 이 관계는 특히 질점계로 확장했을 때, 그것이 강체이든 강체가 아니든, 동역학 분야에서 가장 강력한 해석방법 중 하나이다.

식 (3.31)은 다음과 같은 스칼라 성분을 갖는 벡터식이다.

$$\Sigma M_{O_x} = \dot{H}_{O_x} \qquad \Sigma M_{O_y} = \dot{H}_{O_y} \qquad \Sigma M_{O_z} = \dot{H}_{O_z} \qquad (3.32)$$

각충격량·운동량의 원리

위의 식 (3.31)은 모멘트와 각운동량의 시간에 따른 변화율 사이의 순간적인 관계이다. 한정된 시간 동안에 작용한 질점의 각운동량에 대한 모멘트 $\Sigma\mathbf{M}_O$의 영향을 알기 위해서는, 식 (3.31)을 t_1부터 t_2까지 적분하면 된다. 양변에 dt를 곱하면 $\Sigma\mathbf{M}_O\,dt = d\mathbf{H}_O$가 되며, 이 식을 적분하면 다음과 같다.

$$\int_{t_1}^{t_2} \Sigma\mathbf{M}_O\,dt = (\mathbf{H}_O)_2 - (\mathbf{H}_O)_1 = \Delta\mathbf{H}_O \qquad (3.33)$$

여기서 $(\mathbf{H}_O)_2 = \mathbf{r}_2 \times m\mathbf{v}_2$이고, $(\mathbf{H}_O)_1 = \mathbf{r}_1 \times m\mathbf{v}_1$이다. 모멘트와 시간의 곱은 각충격량(angular impulse)으로 정의되며, 식 (3.33)은 고정점 O에 대한 m의 전체 각충격량은 O에 대한 m의 각운동량의 변화와 같음을 나타낸다.

위 식을 다른 형태로 나타내면 다음과 같다.

$$(\mathbf{H}_O)_1 + \int_{t_1}^{t_2} \Sigma \mathbf{M}_O \, dt = (\mathbf{H}_O)_2 \qquad (3.33\text{a})$$

위 식은 질점의 초기 각운동량과 질점에 작용하는 각충격량의 합이, 그 질량의 최종 각운동량과 같음을 나타낸다. 각충격량의 단위는 각운동량의 단위와 동일하며, SI 단위로는 $N \cdot m \cdot s$, 즉 $kg \cdot m^2/s$이고 미국통상단위로는 $lb\text{-}ft\text{-}sec$이다.

선형충격량과 선형운동량의 경우와 마찬가지로 각충격량과 각운동량의 방정식은 적분 구간에서 방향뿐만 아니라 크기도 변하는 벡터방정식이다. 이러한 조건하에서 $\Sigma \mathbf{M}_O$와 $\mathbf{H}_O$를 성분의 형태로 표현하고, 각 성분들을 적분하여 조합하는 과정이 필요하다. 따라서 식 (3.33a)의 x방향 성분에 대한 식은 다음과 같다.

$$(H_{O_x})_1 + \int_{t_1}^{t_2} \Sigma M_{O_x} \, dt = (H_{O_x})_2$$

$$m(v_z y - v_y z)_1 + \int_{t_1}^{t_2} \Sigma M_{O_x} \, dt = m(v_z y - v_y z)_2 \qquad (3.33\text{b})$$

여기서 아래첨자 1과 2는 시간 t_1과 t_2일 때 각각의 양을 나타낸다. y방향과 z방향 성분의 각운동량 적분에 대해서도 동일한 표현식을 얻을 수 있다.

평면운동의 응용

이미 언급한 각충격량과 각운동량의 관계는 일반적인 3차원 개념으로 전개되었다. 앞으로 취급할 대부분의 적용 범위는 평면운동 문제로 해석될 수 있으며, 모멘트는 운동평면에 수직인 한 개의 축에 대해 계산된다. 이런 경우에 각운동량은 크기와 방향이 변화되지만 벡터의 방향은 변하지 않은 채 남아 있게 된다.

그림 3.16과 같이 $x\text{-}y$ 평면에서 곡선경로를 따라 움직이는 질량 m의 질점에 대해, 점 1과 2에서 원점 O에 대한 각운동량의 크기는 각각 $(H_O)_1 = |\mathbf{r}_1 \times m\mathbf{v}_1| = mv_1 d_1$과 $(H_O)_2 = |\mathbf{r}_2 \times m\mathbf{v}_2| = mv_2 d_2$이다. 그림에서처럼 $(H_O)_1$과 $(H_O)_2$는 선형운동량의 모멘트의 방향에 따라 반시계방향으로 표현된다. 시간구간 t_1과 t_2 동안 점 1과 2 사이의 운동에 적용된 식 (3.33a)의 스칼라 형태는 다음과 같다.

$$(H_O)_1 + \int_{t_1}^{t_2} \Sigma M_O \, dt = (H_O)_2 \qquad \text{즉} \qquad mv_1 d_1 + \int_{t_1}^{t_2} \Sigma F r \sin \theta \, dt = mv_2 d_2$$

이 예는 각 충격량-운동량 방정식에서 스칼라와 벡터 형태 사이의 관계를 분명하게 나타내주고 있다.

반면에 식 (3.33)은 분명히 각충격량은 각운동량의 변화가 있을 때 발생하며, 식

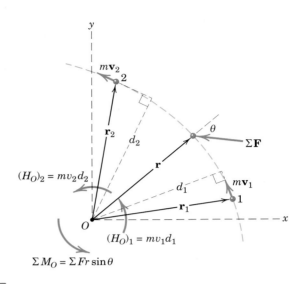

그림 3.16

(3.33a)와 (3.33b)의 항의 배열은 운동의 자연스러운 순서가 된다. 식 (3.31)이 식 (3.25)와 유사한 것과 같이 식 (3.33a)는 식 (3.27a)와 유사하다.

선형운동량의 문제와 같이 각운동량의 문제에서도 **충격력**(크기는 크고 시간이 짧을 때)과 **비충격력**이 있으나 이는 3.9절에서 논의하였다.

식 (3.25)와 (3.31)은 뉴턴 제2법칙의 또 다른 형태일 뿐이므로 새로운 개념이 덧붙여진 것은 아니다. 그러나 다음 장에서는 운동량의 시간에 따른 변화율의 항으로 표현된 운동방정식은 강체나 강체가 아닌 물체의 운동에 모두 적용될 수 있다는 점과, 많은 문제를 해결하는 데 있어서 매우 일반적이고 강력한 접근방법이라는 것을 알 수 있을 것이다. 일반적으로 식 (3.31)의 보편성이 어느 한 질점의 운동이나 강체의 평면운동을 표현하는 데는 필요하지 않지만, 제7장에서 소개될 강체의 공간운동을 해석하는 데 있어서는 아주 중요하다는 것을 알게 될 것이다.

각운동량의 보존

질점에 작용하는 모든 힘들의 원점 O에 대한 모멘트가 시간구간에 대해 0이라면, 식 (3.31)에서 원점에 대한 각운동량 $\mathbf{H}_O$는 일정하게 유지된다. 이러한 경우에 질점의 각운동량은 **보존된다**고 말한다. 각운동량은 한 축에 대해서는 보존되지만 다른 축에 대해서는 그렇지 않을 수도 있다. 질점의 자유물체도를 세밀히 관찰해 보면, 그 질점에 작용하는 모든 힘들의 고정점에 대한 모멘트가 0인지 알 수 있으며, 이 경우 그 점에 대한 각운동량은 변하지 않는다(보존됨).

어느 시간구간에서 상호작용하는 두 질점 a와 b의 운동을 생각해 보자. 만약 a와 b 사이에 서로 작용된 힘 $\mathbf{F}$와 $-\mathbf{F}$만이 그 시간구간에서 질점에 작용한 불균형 힘이라면, 작용하는 축 위의 점이 아닌 임의의 고정점 O에 대해서, 크기가 같고 방향이 반대인 힘의 모멘트들은 크기가 서로 같고 방향은 반대가 된다. 만약 식 (3.33)을 질점 a에 적용한 후 다시 질점 b에 적용시켜 두 방정식을 더하면, $\Delta\mathbf{H}_a + \Delta\mathbf{H}_b = \mathbf{0}$인 식을 얻는다(여기서 모든 각운동량은 점 O에 대해 계산된 것이다). 그러므로 두 질점의 시스템에 대한 전체 각운동량은 그 시간구간에서 일정하게 유지되며, 다음과 같이 표현할 수 있다.

$$\Delta\mathbf{H}_O = \mathbf{0} \quad \text{즉} \quad (\mathbf{H}_O)_1 = (\mathbf{H}_O)_2 \qquad (3.34)$$

위 식은 각운동량 보존의 원리를 나타낸다.

예제 3.24

작은 구가 그림과 같이 위치와 속도를 갖고 있고, 힘 F가 작용하고 있다. 점 O에 관한 각운동량 $\mathbf{H}_O$와 시간에 관한 미계수 $\dot{\mathbf{H}}_O$를 구하라.

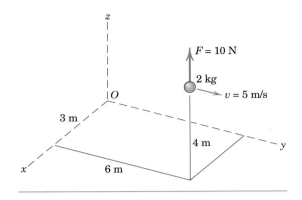

|풀이| 각운동량 정의 식으로부터

$$\mathbf{H}_O = \mathbf{r} \times m\mathbf{v}$$
$$= (3\mathbf{i} + 6\mathbf{j} + 4\mathbf{k}) \times 2(5\mathbf{j})$$
$$= -40\mathbf{i} + 30\mathbf{k} \ \text{N} \cdot \text{m/s} \qquad \boxed{\text{답}}$$

식 (3.31)로부터

$$\dot{\mathbf{H}}_O = \mathbf{M}_O$$
$$= \mathbf{r} \times \mathbf{F}$$
$$= (3\mathbf{i} + 6\mathbf{j} + 4\mathbf{k}) \times 10\mathbf{k}$$
$$= 60\mathbf{i} - 30\mathbf{j} \ \text{N} \cdot \text{m} \qquad \boxed{\text{답}}$$

힘의 모멘트에서 위치벡터는 기준점(이 경우는 점 O)으로부터 선형운동량 $m\mathbf{v}$의 작용선까지의 거리이다. 여기서 $\mathbf{r}$은 질점까지의 거리이다.

예제 3.25

혜성이 그림과 같이 장원형 궤도를 갖고 있다. 태양계의 가장 외각 지점인 A에서 속도 $v_A = 740$ m/s이다. 태양에 가장 가까이 접근할 때 그 혜성의 속도를 구하라.

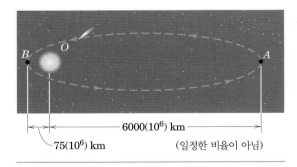

|풀이| 혜성에 작용하는 유일한 힘은 태양의 만유인력이며 중심(태양의 중심점 O)으로 향하고 있기 때문에, 점 O에 관한 각운동량은 보존된다.

$$(H_O)_A = (H_O)_B$$
$$mr_A v_A = mr_B v_B$$
$$v_B = \frac{r_A v_A}{r_B} = \frac{6000(10^6)740}{75(10^6)}$$
$$v_B = 59\ 200 \ \text{m/s} \qquad \boxed{\text{답}}$$

예제 3.26

가벼운 봉과 그 끝단에 두 개의 질량으로 된 조합체가 정지해 있고, 그림과 같이 가루뭉치가 속도 v_1으로 떨어져 충돌을 한다. 가루뭉치는 오른쪽 끝단 질량 위에 들러붙어 같이 운동을 한다. 충돌 후 조합체의 각속도 $\dot{\theta}_2$를 구하라. 점 O에서 피벗은 마찰이 없고, 세 개의 질량은 질점으로 간주하라.

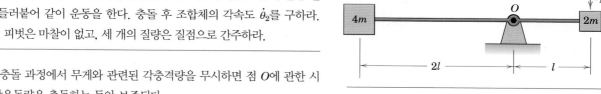

| 풀이 | 충돌 과정에서 무게와 관련된 각충격량을 무시하면 점 O에 관한 시스템의 각운동량은 충돌하는 동안 보존된다.

$$(H_O)_1 = (H_O)_2$$
$$mv_1 l = (m + 2m)(l\dot{\theta}_2)l + 4m(2l\dot{\theta}_2)2l$$
$$\dot{\theta}_2 = \frac{v_1}{19l} \text{ CW}$$

각각의 각운동량 항은 mvd로 쓸 수 있고, 최종의 횡속도는 반지름거리에 최종 각속도 $\dot{\theta}_2$를 곱하여 구한다.

예제 3.27

그림의 점 A에서처럼 매끄러운 반구형 그릇의 수직 중심축으로부터 반지름 r_0만큼 떨어진 수평 가장자리에서, 미소 질량의 질점이 접선방향으로 초기 속도 $\mathbf{v}_0$로 움직이고 있다. 점 A로부터 h만큼 아래쪽에 위치하고 수직 중심축으로부터 r만큼 떨어진 점 B를 이 질점이 통과할 때, 이 질점의 속도는 $\mathbf{v}$이고, 수평 접선방향과의 각도는 θ이다. 이 각도 θ를 구하라.

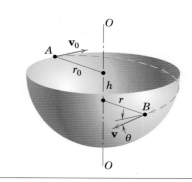

| 풀이 | 질점에 작용하는 힘들은 자중에 의한 힘과 매끄러운 그릇의 표면에 의하여 작용된 수직 반력이다. 두 힘 모두 O-O축에 대해 모멘트를 발생시키지 않으므로 각운동량은 보존된다. 따라서

$$[(H_O)_1 = (H_O)_2] \qquad mv_0 r_0 = mvr\cos\theta \quad \text{①}$$

또한 에너지가 보존되므로 $E_1 = E_2$이다. 즉

$$[T_1 + V_1 = T_2 + V_2] \qquad \frac{1}{2}mv_0^2 + mgh = \frac{1}{2}mv^2 + 0$$
$$v = \sqrt{v_0^2 + 2gh}$$

v를 소거하고 $r^2 = r_0^2 - h^2$을 대입하면 아래와 같다.

$$v_0 r_0 = \sqrt{v_0^2 + 2gh}\sqrt{r_0^2 - h^2}\cos\theta$$
$$\theta = \cos^{-1}\frac{1}{\sqrt{1 + \dfrac{2gh}{v_0^2}}\sqrt{1 - \dfrac{h^2}{r_0^2}}}$$

| 도움말 |

① 각도 θ는 점 B의 반구표면에 대한 접평면상에서 측정된 값이다.

연습문제

기초문제

3/173 O점에 대한 질량 2 kg인 구의 각운동량의 크기 H_O를, 다음과 같은 두 가지 접근방법을 이용하여 계산하라. (a) 각운동량의 벡터정의를 이용, (b) 등가의 스칼라 접근방법을 이용. 구의 중심은 x-y 평면에 놓여있다.

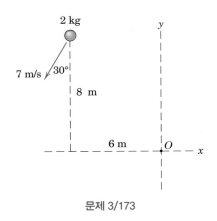

문제 3/173

3/174 질량이 m인 질점의 어떤 순간 위치와 속도를 그림에 보였으며, 질점에 힘 **F**가 작용한다. O점에 대한 각운동량을 구하고, 이 각운동량의 시간에 따른 변화율을 계산하라.

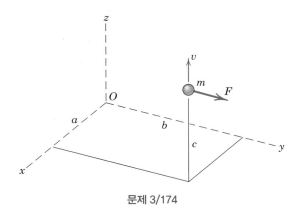

문제 3/174

3/175 3 kg의 구가 x-y 평면에서 특정 순간에 그림과 같은 속도로 움직인다. 구의 (a) 선형운동량, (b) O점에 대한 각운동량, 그리고 (c) 운동에너지를 구하라.

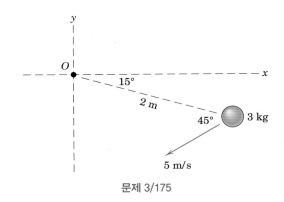

문제 3/175

3/176 평형 위치 A에 놓여있는 질량 m의 질점이 살짝 밀려서 수직평면에 매끄러운 원주 경로를 따라 미끄러진다. 질점이 (a) B점, (b) C점을 통과하는 순간에 O점에 대한 각운동량 크기를 구하라. 각 경우에 H_O의 시간변화율을 구하라.

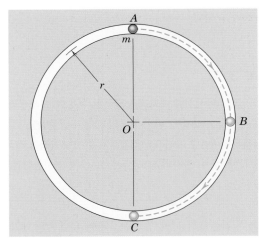

문제 3/176

3/177 궤도선회 우주왕복선이 땅에서 발사된 직후에 그림과 같이 60×220 km 궤도에 머무른다. 원지점(apogee) A에서의 우주선 속력은 27 820 km/h이다. 궤도를 바꾸기 위한 아무런 조치를 취하지 않는 경우에 근지점(perigee) P에서의 우주선 속력은 얼마가 될까? 공기저항(aerodynamic drag)은 무시한다. (일반적으로 A에서 속력을 높여 근지점에서의 고도가 대기를 충분히 벗어나도록 한다.)

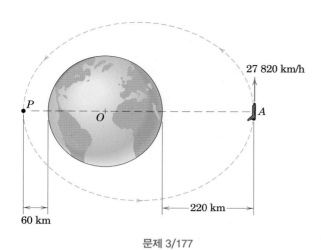

27 820 km/h

220 km

60 km

문제 3/177

3/178 가벼운 봉과 질량이 각각 1.2 kg인 두 개의 구를 강체가 수직축을 중심으로 자유롭게 회전한다. 정지해 있는 조립체에 일정한 우력모멘트 $M = 2$ N·m가 5초 동안 작용한다. 조립체의 최종 각속도를 구하라. 두 구는 질점으로 간주한다.

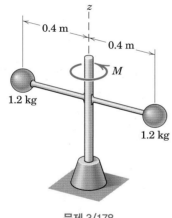

0.4 m

0.4 m

M

1.2 kg

1.2 kg

문제 3/178

3/179 앞 문제에서 $M = 2t$의 우력모멘트가 작용하는 경우에, 5초를 지나는 시점에서 조립체 각속도를 구하라. t의 단위는 초(sec)이고 M의 단위는 N·m이다. 다른 모든 조건은 동일한 것으로 한다.

심화문제

3/180 단면 그림과 같이 질량 m의 작은 질점과 이를 매고 있는 끈이 수평면에서 각속도 ω로 회전하고 있다. 힘 F가 약간 작아지면 회전원의 반지름 r이 증가하고 ω도 변한다. r에 대

한 ω의 변화율을 구하고 dr만큼 변위하는 동안 F에 의해 행해진 일이 질점의 운동에너지 변화와 같음을 보여라.

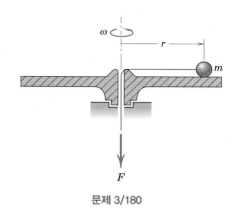

ω

r

m

F

문제 3/180

3/181 질량 4 kg의 질점이 $\mathbf{r} = 3t^2\mathbf{i} - 2t\mathbf{j} - 3t\mathbf{k}$에 위치해 있다. 여기서 위치는 미터, 시간 t는 초의 단위를 갖는다. $t = 3$ s에서 질점의 각운동량과 질점에 가해지는 모든 힘의 좌표계 원점 O에 대한 모멘트를 구하라.

3/182 단면도에 보여주는 대로 6 kg의 구와 4 kg의 블록이 질량을 무시할 수 있는 봉에 부착되어 O점을 통과하는 수평축을 중심으로 수직 평면에서 회전하고 있다. A에 정지해 있던 2 kg의 삽입체(plug)가 떨어져 봉이 수평위치에 도달하는 순간 블록의 홈에 끼워진다. 끼워지기 직전 봉의 각속도는 $\omega_0 = 2$ rad/sec이다. 삽입체가 끼워진 직후에 봉의 각속도를 구하라.

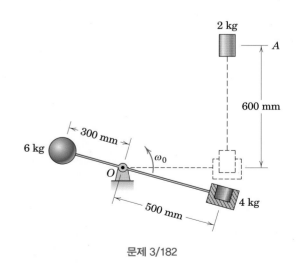

2 kg

A

600 mm

300 mm

ω_0

6 kg

O

500 mm

4 kg

문제 3/182

3/183 0.4 kg의 질점이 시간 $t=0$에 $\mathbf{r}_1=2\mathbf{i}+3\mathbf{j}+\mathbf{k}$ m의 위치를 $\mathbf{v}_1=\mathbf{i}+\mathbf{j}+2\mathbf{k}$ m/s의 속도로 통과한다. 좌표계 원점 O에 대해 $\mathbf{M}_O=(4+2t)\mathbf{i}+(3-\frac{1}{2}t^2)\mathbf{j}+5\mathbf{k}$ N·m의 모멘트를 갖는 힘이 질점에 작용하는 경우에 $t=4$ s에서 O에 대한 각운동량을 구하라.

3/184 같은 질량 m을 갖는 두 개의 구가 회전하는 수평 봉을 따라 미끄럼 운동을 할 수 있다. 초기에 조립체와 함께 각속도 ω_0로 회전하는 회전축으로부터 거리 r에 고정되어 있던 두 구가 풀려나서 거리 $2r$의 봉 끝단에 도달할 때, 새 각속도를 구하라. 회전축은 자유롭게 회전한다. 이때 시스템 손실에너지의 초기운동에너지에 대한 분수(fraction) n을 구하라. 봉과 축 질량은 무시한다.

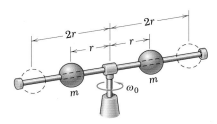

문제 3/184

3/185 O점에 묶여 있는 가벼운 스프링에 연결된 질량 m의 질점이 마찰을 무시할 수 있는 수평면에서 운동하고 있다. 질점이 A 위치를 지날 때 속도가 $v_A=4$ m/s이다. 질점이 B 위치를 지날 때의 속도 v_B를 구하라.

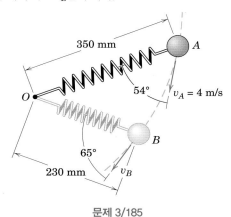

문제 3/185

3/186 그림과 같은 질량과 초기 속도를 갖는 두 개의 구가 O에 마찰 없이 회전지지되어 정지해 있는 봉의 뾰족한 끝단에 부딪쳐 박힌다. 충돌 후 조립체의 각속도 w를 구하라. 봉의 질량은 무시한다.

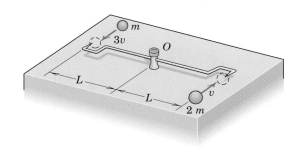

문제 3/186

3/187 시간 $t=0$에 질량 m의 질점이 O점에서 수평속도 $\mathbf{u}$로 던져진다. O점에 대한 각운동량 $\mathbf{H}_O$를 시간의 함수로 구하라.

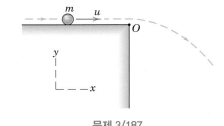

문제 3/187

3/188 질량 m_1의 진흙덩어리가 질량 m_2의 물체가 달려 있는 강봉에 속도 v_1으로 충돌하여 달라붙는다. 질량 m_2는 질점으로 간주하고, 강봉 질량은 무시할 수 있다. 진자 조립체는 O점에 자유롭게 회전지지되어 있고 충돌 전에는 정지해 있다. 충돌 직후에 진흙과 진자 조립체가 합쳐진 물체의 각속도 $\dot{\theta}$를 구하라. 시스템의 선운동량이 보존되지 않는 이유가 무엇인가?

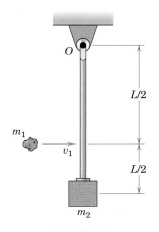

문제 3/188

3/189 A 위치에 정지해 있는 질량 m의 질점이 매끄러운 수직평면 궤도를 따라 미끄러진다. 질점이 (a) 위치 B와 (b) 위치 C를 지날 때의 A점과 D점에 대한 각운동량을 구하라.

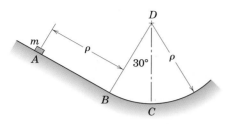

문제 3/189

3/190 한 혜성이 태양에 가장 근접한 위치 A를 속도 $v_A=$ $57.45(10^3)$ m/s로 지나간다. 태양으로부터 반지름 거리가 $120.7(10^6)$ km 떨어진 B점에서 행성 속도 v_B의 반지름 방향과 가로방향 성분을 구하라.

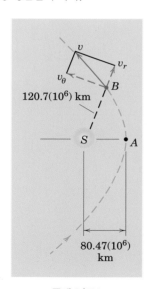

문제 3/190

3/191 집중 질량 3.2 kg을 갖는 두 개의 구와 가벼운 강봉으로 만들어진 진자가 있다. 그림과 같이 진자가 시계방향 각속도 $\omega=6$ rad/s로 수직 위치를 지날 때, $v=300$ m/s로 날아오는 50 g의 총탄이 진자에 충돌하여 박힌다. 충돌 직후에 진자의 각속도 ω'과 진자의 최대 각변위 θ를 구하라.

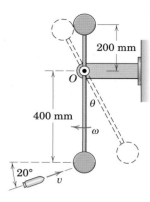

문제 3/191

3/192 그림과 같이 질점이 30° 위치에서 수평속도 $v_0=0.55$ m/s로 출발하여 깔때기 형상의 표면을 따라 마찰 없이 미끄러져 내려간다. 질점이 높이 O-O를 지날 때, 속도벡터와 수평선 사이 각도를 구하라. r 값은 0.9 m이다.

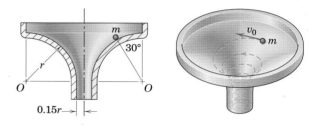

문제 3/192

3/193 0.2 kg의 공과 공을 매단 끈이 매끄러운 고정 원뿔면 위에서 각속도 4 rad/s로 수직축을 중심으로 회전하고 있다. 끈 인장력 T에 의해서 $b=300$ mm 위치에서 공이 회전한다. 끈 인장력 T를 증가시켜서 b가 일정한 값 200 mm가 되도록 만들 때, 새 각속도 ω 그리고 T에 의해 시스템에 행해지는 일 U'_{1-2}를 구하라.

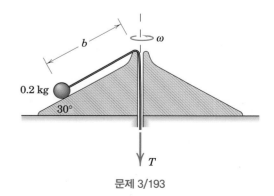

문제 3/193

▶3/194 각각 질량이 **5 kg**인 두 개의 구로 구성된 조립체가 $\theta=90°$의 자세에서 수직축에 대해 **40 rev/min**의 각속도로 자유롭게 회전한다. 주어진 자세를 유지시키는 힘 F를 증가시켜 밑부분 고리를 올려서 θ를 60°로 줄이는 경우에 새 각속도 ω를 구하라. 또한 시스템의 자세를 바꾸는 동안 F에 의해서 행해진 일 U를 구하라. 조립체 팔과 고리의 질량은 무시한다.

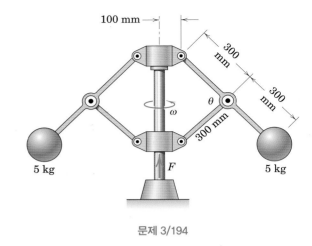

문제 3/194

D편 특별 응용

3.11 서론

질점운동역학의 기본 원리와 방법은 이 장의 처음 세 편에서 설명하였다. 설명한 내용은 뉴턴의 제2법칙을 직접 이용하는 것, 일과 에너지 방정식, 충격량과 운동량 방정식 등에 관한 것들이었다. 한편, 각각의 접근방법에 가장 적합한 문제를 선택하는 데 주력하였다.

D편에서는 질점운동학에서 특별히 흥미 있는 여러 가지 주제를 간략하게 다룰 것이다.

1. 충돌
2. 중심력운동
3. 상대운동

이 같은 주제들은 주로 동역학의 기본 원리를 확장하고 응용하는 것을 포함하며, 이에 관한 연구는 역학적 지식을 확장시키는 데 도움을 줄 것이다.

3.12 충돌

충격량과 운동량의 원리는 충돌하는 물체의 거동을 나타내는 데 중요하게 사용되고 있음을 알 수 있다. **충돌**(impact)이란 두 물체가 부딪친다는 것을 나타내는 말이며, 매우 짧은 시간 동안에 비교적 큰 접촉력(contact force)을 발생시키는 것으로 특징지어진다. 이와 같은 주제를 다루기 전에 충돌은 재료의 변형과 복원, 열과 소리를 발생시키는 복잡한 문제라는 것을 알아야 한다. 충돌 상황의 조그만 변화는 충돌 과정과 충돌 직후 상태에 커다란 변화를 일으킬 수 있다. 그러므로 충돌에 관한 계산 결과를 너무 신뢰할 필요는 없다.

직접 정면충돌

충돌을 설명하기 위해서 그림 **3.17a**와 같이, 속도가 각각 v_1과 v_2이고, 질량이 각각 m_1과 m_2인 두 개의 공이 동일직선상에서 운동을 하고 있다고 생각해 보자. 만약 속도 v_1이 v_2보다 크다면, 충돌은 중심선을 따라 작용하는 접촉력을 유발한다. 이 같은 충돌을 **직접 정면충돌**(direct central impact)이라 부른다.

두 공이 접촉을 시작한 후, 짧은 시간 동안에 두 공 사이의 접촉면이 더 이상 증가하지 않을 때까지 변형이 발생한다. 이 순간에 그림 **3.17b**에서와 같이, 두 공은 같은 속도 v_0로 움직인다. 접촉의 후반부에서는 접촉면적이 다시 0으로 감소되는

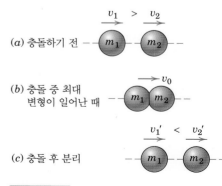

(a) 충돌하기 전

(b) 충돌 중 최대 변형이 일어난 때

(c) 충돌 후 분리

그림 3.17

복원과정이 있다. 최종의 상태가 그림의 c 부분에 나타나 있는데, 각각 v_1'과 v_2'의 속도로 운동을 하며, v_2'이 v_1'보다는 커야 한다. 모든 속도는 오른쪽으로 향할 때를 양이라고 가정하며, 스칼라 식에서 왼쪽으로 향하는 속도는 음의 부호를 갖는다. 만약 충돌이 지나치게 크지 않고 공이 충분히 탄성거동을 한다면, 충돌 후 공들은 원래의 모양으로 복원될 것이다. 매우 심한 충돌을 하거나 비탄성체라면 공은 영구 변형을 하게 된다.

충돌하는 동안에 접촉력의 크기는 같고 방향은 반대이므로, 3.9절에서 설명한 것과 같이 시스템의 선형운동량은 변하지 않는다. 그러므로 선형운동량의 보존법칙을 적용하면, 다음과 같이 쓸 수 있다.

$$m_1 v_1 + m_2 v_2 = m_1 v_1' + m_2 v_2' \tag{3.35}$$

충돌하는 동안 큰 내부 접촉력을 제외한 다른 힘들은 상대적으로 작고, 이들 힘에 의한 충격량은 내부충돌 힘에 의한 충격량과 비교해서 무시할 수 있다. 짧은 충돌시간 동안 위치의 변화도 발생하지 않는다고 가정한다.

반발계수

주어진 질량과 초기조건에 대하여 운동량 방정식은 두 개의 미지수 v_1'과 v_2'을 포함한다. 다시 말해서, 최종속도를 계산하기 위해서는 또 다른 관계식이 요구된다. 이 추가적인 관계는, 충격으로부터 복원되는 물체의 능력을 반영한 것이고, 그것은 변형충격량의 크기에 대한 복원충격량의 크기의 비 e로 나타낸다. 이 비율을 반발계수(coefficient of restitution)라 부른다.

그림 3.18에 나타난 것과 같이 F_r과 F_d가 각각 복원과정과 변형과정에서의 접촉력의 크기를 나타내는 것이라고 할 때, 질점 1에 대하여 충격량-운동량 방정식을 사용하면 e에 대한 정의는 다음과 같이 된다.

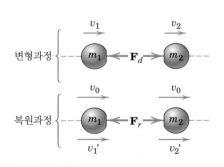

그림 3.18

$$e = \frac{\int_{t_0}^{t} F_r \, dt}{\int_{0}^{t_0} F_d \, dt} = \frac{m_1[-v_1' - (-v_0)]}{m_1[-v_0 - (-v_1)]} = \frac{v_0 - v_1'}{v_1 - v_0}$$

같은 방법으로, 질점 2에 대해서도 다음과 같은 식을 얻는다.

$$e = \frac{\int_{t_0}^{t} F_r \, dt}{\int_{0}^{t_0} F_d \, dt} = \frac{m_2(v_2' - v_0)}{m_2(v_0 - v_2)} = \frac{v_2' - v_0}{v_0 - v_2}$$

이 식에서, 충격량(즉, 힘)과 운동량의 변화(즉, Δv)를 동일한 방향으로 나타내야 한다는 사실에 주의해야 한다. 변형하는 동안의 시간은 t_0로 나타내고, 접촉하는 동안의 전체 시간은 t로 나타내었다. e에 대한 두 개의 식에서 v_0를 소거하면, 다음과 같은 식을 얻는다.

$$e = \frac{v_2{}' - v_1{}'}{v_1 - v_2} = \frac{|\text{분리 상대속도}|}{|\text{접근 상대속도}|} \qquad (3.36)$$

초기조건에 부가하여 충돌조건에 대해 e를 미리 알고 있다면, 식 (3.35)와 (3.36)으로부터 최종적으로 우리가 구하고자 하는 미지의 속도 $v_1{}'$과 $v_2{}'$을 얻을 수 있다.

충돌 중 에너지 손실

충돌 현상은 항상 에너지 손실을 수반하는데, 에너지 손실은 충돌 전의 시스템의 운동에너지 값과 충돌 후의 시스템의 운동에너지 값의 차로 구할 수 있다. 에너지 손실은 재료의 국부적인 비탄성 변형에 의한 열의 발생, 물체 안에서 탄성응력파의 생성과 소멸, 소리에너지의 발생 등에 의해 일어난다.

충격에 대한 고전적 이론에 의하면 $e = 1$인 경우, 두 개의 질점이 변형하는 능력과 복원하는 능력이 같음을 의미한다. 이와 같은 상태가 에너지 손실이 없는 탄성충돌(elastic impact)의 한 예이다. 반대로 $e = 0$인 경우, 비탄성충돌(inelastic impact) 혹은 소성충돌(plastic impact)을 의미하며, 충돌 후 두 질점이 서로 일체가 되어 에너지 손실이 최대가 된다. 모든 충돌조건은 두 극한값 사이에 존재한다.

또한 반발계수는 접촉하는 한 쌍의 물체에 의해 결정된다는 것에 주의해야 한다. 반발계수는 주로 접촉하는 물체의 재질과 기하학적 형상에 따라 결정되는 상수로 간주된다. 실제적으로 반발계수는 그림 3.19에 나타난 것처럼, 충격속도에 의존하고 충격속도가 0에 접근하면 반발계수는 1로 접근해간다. 핸드북에 나타난 e의 값은 일반적으로 신뢰할 수 없다.

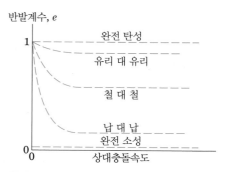

그림 3.19

경사중심 충돌

직접 정면충돌에 대해 전개된 관계를 그림 3.20에서와 같이, 초기속도와 최종속도가 평행하지 않은 경우에 대해 확대 적용한다. 그림 3.20a에서처럼, 동일평면상에서 질량이 각각 m_1과 m_2인 둥근 질점이 초기속도 $\mathbf{v}_1$과 $\mathbf{v}_2$를 갖고, 서로 다른 방향에서 접근하여 충돌한다. 그림 3.20b와 같이, 속도벡터의 방향은 접촉면의 접선방향으로부터 측정된다. 따라서 t축과 n축에 대한 초기속도 성분은 $(v_1)_n = -v_1 \sin \theta_1$, $(v_1)_t = v_1 \cos \theta_1$, $(v_2)_n = v_2 \sin \theta_2$, $(v_2)_t = v_2 \cos \theta_2$이다. 여기서 $(v_1)_n$은 주어진 좌표축과 주어진 초기속도에 대해서는 음의 값이다.

최종 반발상태는 그림 3.20c에 나타나 있다. 충격력은 그림 3.20d에 보인 바와

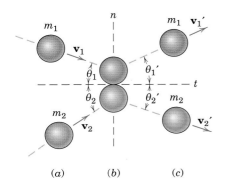

(a)   (b)   (c)

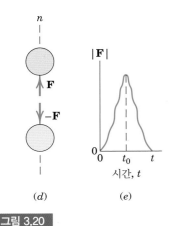

(d)   (e)

그림 3.20

같이 **F**와 −**F**이다. 충격력은 그림 3.20e에 나타난 것과 같이, 충돌에 의해 변형이 생기는 동안 0에서부터 최곳값까지 변하고 복원과정에서 다시 0으로 돌아간다. 여기서 t는 충돌이 일어나는 전체 시간이다.

주어진 초기조건 m_1, m_2, $(v_1)_n$, $(v_1)_t$, $(v_2)_n$, $(v_2)_t$에 대하여 네 개의 미지수, 즉 $(v_1')_n$, $(v_1')_t$, $(v_2')_n$, $(v_2')_t$로 된다. 그러므로 다음과 같은 네 개의 식이 필요하게 된다.

(1) n방향에 대하여 시스템의 운동량은 보전되며, 따라서

$$m_1(v_1)_n + m_2(v_2)_n = m_1(v_1')_n + m_2(v_2')_n$$

(2)와 (3) 어떠한 질점에 대해서도, t방향으로의 충격은 없으므로 t방향에 대한 각 질점의 운동량은 보전되며, 따라서

$$m_1(v_1)_t = m_1(v_1')_t$$
$$m_2(v_2)_t = m_2(v_2')_t$$

(4) 반발계수는 직접 정면충돌의 경우처럼 변형충격에 대한 복원충격의 비가 된다. n방향의 속도성분에 식 (3.36)을 적용하여 그림 3.20에서 사용한 기호를 이용하면, 다음과 같은 식을 얻는다.

$$e = \frac{(v_2')_n - (v_1')_n}{(v_1)_n - (v_2)_n}$$

네 개의 최종 속도성분을 계산하면, 그림 3.20에 나타난 각도 θ_1'과 θ_2'은 쉽게 결정된다.

충돌 후 당구공의 운동은 직접 정면충돌과 경사중심 충돌의 원리로 설명할 수 있다.

예제 3.28

질량이 800 kg인 파일 박는 기계의 해머는 질량 2400 kg인 파일의 꼭대기로부터 2 m 높이에서 정지상태로부터 낙하된다. 파일에 충돌한 후 해머는 0.1 m만큼 다시 튀어오른다. (a) 충돌 직후 파일의 속도 $v_p{'}$, (b) 반발계수 e, (c) 충돌에 의한 에너지 손실의 백분율을 각각 계산하라.

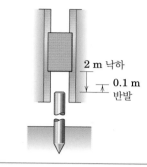

|풀이| 자유낙하하는 동안 에너지는 보존되며, 식 $v = \sqrt{2gh}$로부터 해머의 초기와 최종 속도를 구할 수 있다.

$$v_r = \sqrt{2(9.81)(2)} = 6.26 \text{ m/s} \qquad v_r{'} = \sqrt{2(9.81)(0.1)} = 1.401 \text{ m/s}$$

(a) 해머와 파일의 시스템에 대한 운동량 보존($G_1 = G_2$)에 의해, 다음과 같은 식을 얻는다. ①

$$800(6.26) + 0 = 800(-1.401) + 2400v_p{'} \qquad v_p{'} = 2.55 \text{ m/s} \qquad \blacksquare$$

(b) 반발계수는 다음과 같다.

$$e = \frac{|\text{분리 상대속도}|}{|\text{접근 상대속도}|} \qquad e = \frac{2.55 + 1.401}{6.26 + 0} = 0.631 \qquad \blacksquare$$

(c) 충돌 직전 시스템의 운동에너지는 파일 위에 있는 해머의 위치에너지와 같으며, 다음과 같다.

$$T = V_g = mgh = 800(9.81)(2) = 15\ 700 \text{ J}$$

충돌 직후의 운동에너지 T'은 다음과 같다.

$$T' = \frac{1}{2}(800)(1.401)^2 + \frac{1}{2}(2400)(2.55)^2 = 8620 \text{ J}$$

에너지 손실의 백분율은 다음과 같다.

$$\frac{15\ 700 - 8620}{15\ 700}(100) = 45.1\% \qquad \blacksquare$$

|도움말|

① 해머와 파일의 자중에 의한 충격량은 충돌힘의 충격량과 비교해 볼 때 매우 작으므로, 충돌하는 동안 무시해도 된다.

예제 3.29

그림에서처럼 공이 16 m/s의 속도로 무거운 평판 위로 30°의 각도로 충돌한다. 만약 유효 반발계수의 값이 0.5라면, 반발속도 v'과 그때의 각도 θ'을 계산하라.

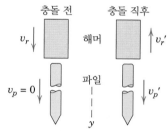

|풀이| 여기서 공은 물체 1이라 하고, 평판은 물체 2라고 하자. 무거운 평판의 질량은 무한대라고 할 수 있고, 충돌 후 그 판의 속도는 0이라 할 수 있다. 반발계수는 평판에 수직인 속도성분에 충돌힘 방향으로 적용되며, 식은 다음과 같다.

$$e = \frac{(v_2{'})_n - (v_1{'})_n}{(v_1)_n - (v_2)_n} \qquad 0.5 = \frac{0 - (v_1{'})_n}{-16 \sin 30° - 0} \qquad (v_1{'})_n = 4 \text{ m/s}$$

t방향에서 공의 운동량은 변하지 않는다. 왜냐하면 표면이 매끄럽다고 가정하면, 그 방향에서 공에 작용하는 힘은 없기 때문이다. ① 따라서

$$m(v_1)_t = m(v_1{'})_t \qquad (v_1{'})_t = (v_1)_t = 16 \cos 30° = 13.86 \text{ m/s}$$

반발속도 v'과 그때의 각도 θ'은 다음과 같다.

$$v' = \sqrt{(v_1{'})_n{}^2 + (v_1{'})_t{}^2} = \sqrt{4^2 + 13.86^2} = 14.42 \text{ m/s} \qquad \blacksquare$$

$$\theta' = \tan^{-1}\left(\frac{(v_1{'})_n}{(v_1{'})_t}\right) = \tan^{-1}\left(\frac{4}{13.86}\right) = 16.10° \qquad \blacksquare$$

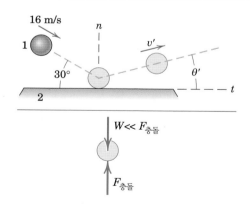

|도움말|

① 질량이 무한대라면, n방향에 대해 시스템의 운동량 보존법칙은 적용될 수 없다. 충돌하는 동안 공의 자유물체로부터, 무게 W의 충격량은 W가 충돌힘과 비교해서 매우 작기 때문에 무시할 수 있다.

예제 3.30

그림에서 보는 것처럼, 공 모양의 질점 1은 위쪽 방향으로 $v_1 = 6$ m/s 속도로 움직이면서 지름과 질량이 같은, 정지해 있는 공 모양 질점 2와 충돌한다. 이 상태에서 반발계수 e의 값이 0.6이라면, 충돌 후 각각의 질점의 운동상태를 결정하라. 또한 충돌로 인해 발생한 에너지 손실의 백분율을 계산하라.

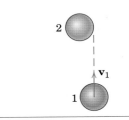

| **풀이** | 충돌 직후, 두 개의 공 모양 질점의 기하학적인 상태는 그림에 나타난 것처럼 접촉면에 수직인 n방향과 속도 $\mathbf{v}_1$의 방향이 이루는 각이 $\theta = 30°$임을 알 수 있다. ① 그러므로 초기 속도성분은 $(v_1)_n = v_1 \cos 30° = 6 \cos 30° = 5.20$ m/s, $(v_1)_t = v_1 \sin 30° = 6 \sin 30° = 3$ m/s 그리고 $(v_2)_n = (v_2)_t = 0$이다.

n방향에 대한 두 질점계의 운동량 보존은 다음과 같다.

$$m_1(v_1)_n + m_2(v_2)_n = m_1(v_1')_n + m_2(v_2')_n$$

$m_1 = m_2$이므로,

$$5.20 + 0 = (v_1')_n + (v_2')_n \tag{a}$$

반발계수는 다음과 같다.

$$e = \frac{(v_2')_n - (v_1')_n}{(v_1)_n - (v_2)_n} \qquad 0.6 = \frac{(v_2')_n - (v_1')_n}{5.20 - 0} \tag{b}$$

식 (a)와 (b)를 연립하여 풀면, 다음의 값을 얻는다. ②

$$(v_1')_n = 1.039 \text{ m/s} \qquad (v_2')_n = 4.16 \text{ m/s}$$

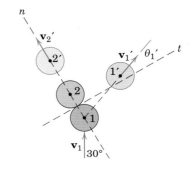

각 질점에 대한 운동량 보존은 t방향에서도 성립된다. 왜냐하면 매끄러운 표면이라고 가정하면, t방향으로 작용하는 힘은 없기 때문이다. 질점 1과 2에 대해 다음과 같은 값을 얻는다.

$$m_1(v_1)_t = m_1(v_1')_t \qquad (v_1')_t = (v_1)_t = 3 \text{ m/s}$$
$$m_2(v_2)_t = m_2(v_2')_t \qquad (v_2')_t = (v_2)_t = 0 \quad ③$$

각 질점의 최종속도는 다음과 같다.

$$v_1' = \sqrt{(v_1')_n{}^2 + (v_1')_t{}^2} = \sqrt{(1.039)^2 + 3^2} = 3.17 \text{ m/s}$$ 답
$$v_2' = \sqrt{(v_2')_n{}^2 + (v_2')_t{}^2} = \sqrt{(4.16)^2 + 0^2} = 4.16 \text{ m/s}$$ 답

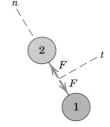

속도 $\mathbf{v}_1'$과 t방향이 이루는 각도 θ'은 다음과 같다.

$$\theta' = \tan^{-1}\left(\frac{(v_1')_n}{(v_1')_t}\right) = \tan^{-1}\left(\frac{1.039}{3}\right) = 19.11°$$ 답

$m = m_1 = m_2$라면, 충돌 전후의 운동에너지는 다음과 같다.

$$T = \tfrac{1}{2}m_1 v_1{}^2 + \tfrac{1}{2}m_2 v_2{}^2 = \tfrac{1}{2}m(6)^2 + 0 = 18m$$
$$T' = \tfrac{1}{2}m_1 v_1'{}^2 + \tfrac{1}{2}m_2 v_2'{}^2 = \tfrac{1}{2}m(3.17)^2 + \tfrac{1}{2}m(4.16)^2 = 13.68m$$

또한, 에너지 손실의 백분율은 다음과 같다.

$$\left|\frac{\Delta E}{E}\right|(100) = \frac{T - T'}{T}(100) = \frac{18m - 13.68m}{18m}(100) = 24.0\%$$ 답

| 도움말 |

① 먼저 접촉면에 각각 수직한 방향과 접하는 방향으로 n과 t 좌표축을 설정한다. 30°를 계산한 것은 이어지는 모든 사항에서 가장 중요하다.

② 비록 경사중심 충돌에 대한 문제에서 네 개의 미지수와 네 개의 식이 있다 하더라도, 그중에서 한 쌍의 방정식만이 연립됨에 주의하라.

③ 질점 2는 t방향으로의 초기 속도성분이나 최종 속도성분을 가지지 않는다. 따라서 질점 2의 최종속도 $\mathbf{v}_2'$은 n방향으로 제한된다.

연습문제

기초문제

3/195 테니스공을 어깨 높이에서 떨어뜨렸을 때 허리 높이까지 튀어 오르지 않는다면, 그 테니스공은 보통 사용하지 않는다. 그림에서 보는 바와 같이 만약 공을 어깨 높이에서 떨어뜨렸을 때 허리 높이까지 튀어 올라 시험을 간신히 통과하였다면, 반발계수 e와 충돌하는 동안 손실된 에너지율 n을 구하라.

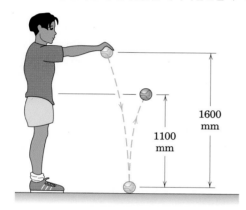

문제 3/195

3/196 매끄러운 수평축에 끼워져 미끄러지는 두 원통의 충돌 후 속도 v_1'과 v_2'을 구하라. 반발계수는 $e=0.8$이다.

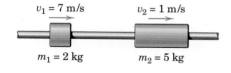

문제 3/196

3/197 그림과 같은 질량과 초기속도를 갖는 두 개의 물체가 있다. 충돌에 대한 반발계수가 $e=0.3$이고 마찰은 무시할 수 있다. 충돌 시간이 0.025 s라면, 3 kg 물체에 작용하는 평균 충격력을 구하라.

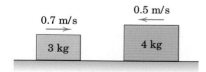

문제 3/197

3/198 질량 m_1인 구가 그림처럼, 초기 속도 v_1으로 움직이면서 질량 m_2인 구와 정면 충돌하였다. 반발계수가 e라면, 충돌 후 m_1이 정지하기 위한 질량비 m_1/m_2를 구하라.

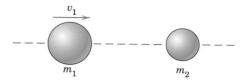

문제 3/198

3/199 테니스공을 그림과 같이 매끄러운 면을 향해 던진다. 되튐각 θ'과 최종속도 v'을 구하라. 반발계수는 0.6이다.

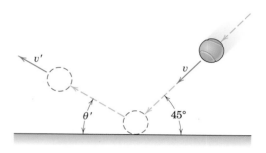

문제 3/199

3/200 높이 h에 정지해 있는 강구(steel ball)를 무거운 수평 강판(steel plate) 위에 떨어뜨렸더니 두 번째 튀어 오르는 높이가 h_2가 되었다. 반발계수 e를 구하라.

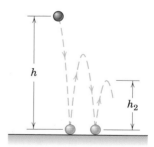

문제 3/200

3/201 그림과 같이 공이 충돌 후에 튀어 나가는 각도가 진입각의 $1/2$인 경우에 반발계수 e를 구하라. 진입각이 $\theta=40°$일 때, 반발계수 값을 계산하라.

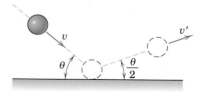

문제 3/201

3/202 볼베어링용 강구를 검사하기 위해 $H=900$ mm의 높이에서 무거운 경사 강철판에 낙하시켜 튀어 오르는 최대 높이를 측정한다. 최대 높이에서 봉 A를 제거하면 합격 통과시킨다. 강철판과의 사이에 0.7보다 낮은 반발계수를 갖는 볼들은 버리도록 하는 경우에 봉의 위치를 나타내는 h와 s를 결정하라. 충돌 중에 마찰은 무시한다.

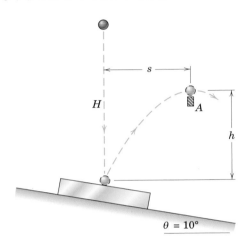

문제 3/202

3/203 오른쪽을 향해 속력 v로 운동 중인 실린더 A가 정지해 있는 실린더 B와 충돌한다. 각 실린더의 질량은 m이고 반발계수는 e이다. 스프링상수 k인 스프링의 최대변형을 결정하라. 마찰은 무시한다.

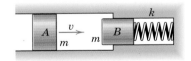

문제 3/203

3/204 질량 m_A의 화차가 오른쪽으로 굴러가다가 정지해 있는 질량 m_B의 화차와 충돌한다. 충돌 중에 두 화차가 합쳐지는 경우에 에너지 손실비가 $m_B/(m_A+m_B)$임을 보여라.

문제 3/204

심화문제

3/205 A 위치에서 경사면 위로 구를 0.75 m 떨어뜨린다. 충돌 반발계수가 $e=0.85$일 경우에, 경사 거리(slant range) R을 구하라.

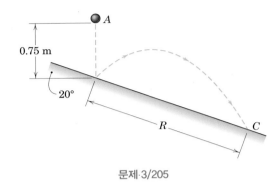

문제·3/205

3/206 소형 골프장에서 A 위치에 있는 공을 쳐서 45° 벽과 충돌시킨 후, 구멍 D로 공을 보내려고 한다. 이 절의 이론을 이용해서 충돌 위치 x를 구하라. 벽과의 충돌 반발계수는 $e=0.8$이다.

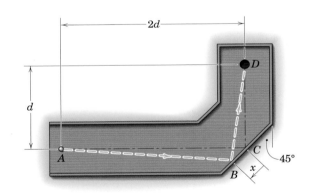

문제 3/206

3/207 한 진자가 60° 위치에서 풀려나 OA가 수직 위치를 통과하는 순간 정지해 있는 질량 m_2의 원통을 가격한다. 스프링의 최대 압축량 δ를 구하라. $m_1=3$ kg , $m_2=2$ kg , $\overline{OA}=0.8$ m, $e=0.7$, 그리고 $k=6$ kN/m의 값을 사용하라. 진자 봉이 가벼워서 질량 m_1은 실질적으로 A점에 집중된 것으로 가정할 수 있다. 고무 쿠션에 의해서 진자는 충돌 직후에 바로 멈춘다. 모든 마찰은 무시한다.

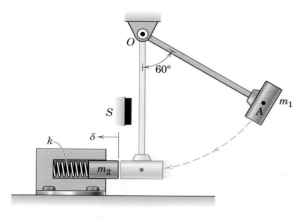

문제 3/207

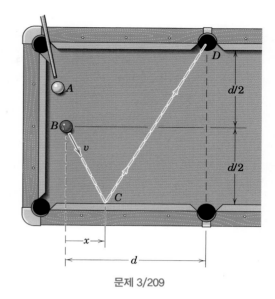

문제 3/209

3/208 0.1 kg의 유성과 1000 kg의 우주선이 그림에 절대속도로 충돌하여 유성이 우주선에 구멍을 내고 지나간다. 계기판에 유성의 우주선 상대속도가 $\mathbf{v}_{m/s}' = -1880\mathbf{i} - 6898\mathbf{j}$ m/s 로 나타났다. 충돌 직후에 우주선의 절대속도 방향 θ를 구하라.

3/210 그림과 같이 공이 튀면서 계단을 내려가기 위한 반발계수를 구하라. 각 계단의 디딤 폭과 높이는 각각 d와 h이고, 각 계단에서 공이 튀어 오르는 높이는 h'이다. 공이 각 계단의 디딤폭 중심에 충돌하면서 튀어 내려가도록 하는 데 필요한 수평속도 v_x을 구하라.

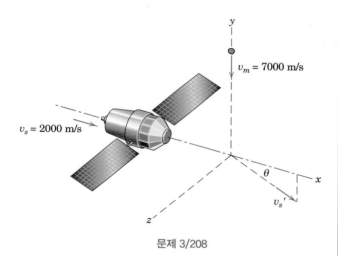

문제 3/208

3/209 당구대 쿠션 벽 C에 당구공 B를 충돌시켜서 측면 포켓 D에 넣어야 한다. 반발계수가 (a) $e=1$, 그리고 (b) $e=0.8$인 각 경우에 대해서 쿠션충돌 위치 x를 지정하라.

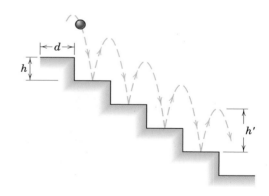

문제 3/210

3/211 구 A의 질량은 23 kg, 반지름은 75 mm이고 구 B의 질량은 4 kg, 반지름은 50 mm이다. 그림과 같이 두 구가 평행 경로를 따라 운동하다가 충돌한 직후에 두 구의 속도를 구하라. 두 구의 반발 속도 벡터와 x축 사이 각도 θ_A와 θ_B를 정하라. 반발계수는 0.4이고 마찰은 무시한다.

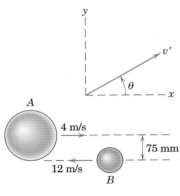

문제 3/211

3/212 그림과 같이 각기 속도 v_A와 v_B로 운동하는 두 개의 같은 아이스하키 공(puck)이 충돌한다. 반발계수가 $e=0.75$일 때, 충돌 직후에 각 공의 속도(크기와 양의 x축에 대한 방향 θ)를 구하라. 또한 시스템 운동에너지의 백분율 손실 n을 구하라.

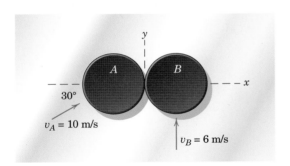

문제 3/212

3/213 공 B의 질량을 공 A 질량의 두 배로 해서 앞 문제를 다시 풀어라.

3/214 무거운 코일스프링으로 지지된 받침 위에 낙하 단조기 (drop forge)의 모루(anvil)가 설치되어 있다. 모루의 질량은 3000 kg이고 두 코일스프링의 복합 강성도(stiffness)는 $2.8(10^6)$ N/m이다. 정지해 있던 600 kg의 망치 B가 500 mm를 낙하하여 모루를 타격한다. 타격 후에 모루는 평형 위치에서 밑으로 최대 24 mm 변위한다. 망치가 튀어 오르는 높이 h와 반발계수 e를 구하라.

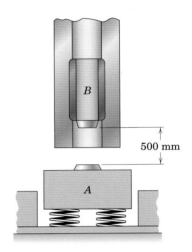

문제 3/214

▶**3/215** 야구방망이와 야구공의 충돌 반발계수를 측정하기 위해 설계된 장치 요소들을 그림에 보여준다. 짧은 나무 또는 알루미늄으로 만들어진 0.5 kg의 방망이 A가 $v_A=18$ m/s의 속력으로 가느다란 수평 구멍에서 발사된다. 충돌 직전, 직후에 물체 A는 수평 운동한다. 146 g의 야구공 B는 $v_B=38$ m/s의 초기속도를 갖는다. 반발계수가 $e=0.5$일 때, 야구공의 최종속도 크기와 수평 방향과의 각도 β를 구하라.

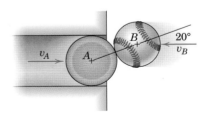

문제 3/215

▶3/216 한 어린이가 A점에서 15 m/s의 속력으로 공을 던진다. 공이 벽의 B점에 충돌하고 정확하게 제자리 A로 돌아온다. 벽의 반발계수가 $e=0.5$일 경우, 필요한 각도 α를 구하라.

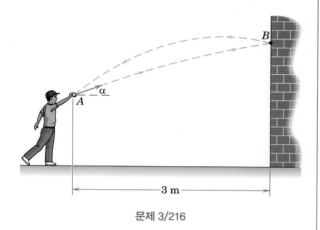

문제 3/216

▶3/217 2 kg의 구가 1600 N/m의 강성도(stiffness)를 갖는 스프링으로 지지된 10 kg의 운반차와 10 m/s의 속도로 충돌한다. 운반차는 초기에 스프링이 압축되지 않은 상태에서 정지해 있다. 반발계수가 0.6일 때, 충돌 후의 반발속도 v'과 반발 각도 θ, 그리고 운반차의 최대 이동 거리 δ를 구하라.

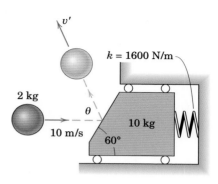

문제 3/217

▶3/218 그림과 같이 수평으로 던져진 작은 공이 A점에서 튀어 오른다. 공이 평면 위 B에 떨어지게 할 수 있는 초기속도 v_0의 범위를 구하라. A에서의 반발계수는 $e=0.8$이고 거리 d는 4 m이다.

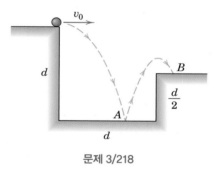

문제 3/218

3.13 중심력운동

한 질점이 고정된 인력중심 방향으로 향하는 힘을 받아 움직일 때, 이를 **중심력운동**(central-force motion)이라 부른다. 중심력운동의 가장 흔한 예는, 행성과 인공위성들의 궤도운동에서 찾을 수 있다. 이러한 운동에 관한 법칙들은, J. Kepler (1571~1630)가 행성의 운동들을 관측함으로써 얻어졌다. 고공의 로켓, 인공위성과 우주비행체 등을 설계하고자 할 때, 중심력운동에 대한 이해가 필요하다.

단일 물체의 운동

그림 3.21에 보인 바와 같이, 중심 방향으로 중력을 받으며 움직이는 질량 m의 질점을 고려해 보자.

$$F = G\frac{mm_0}{r^2}$$

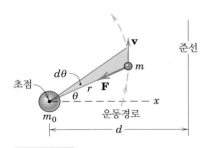

그림 3.21

여기서 m_0는 고정된 인력 물체의 질량이고, G는 우주 중력상수이며 r은 질량중심 상호 간의 거리이다. 질량 m인 질점은 태양 주위를 도는 지구, 지구 주위를 도는 달, 또는 대기권 외곽에서 지구 주위를 도는 궤도위성으로 볼 수 있다.

운동평면에서의 극좌표는 가장 편리한 좌표계인데, 이는 **F**가 항상 음의 r방향이고 θ방향으로는 작용하는 힘이 없기 때문이다.

식 (3.8)을 r과 θ방향에 직접 적용하여 다음의 식을 얻는다.

$$-G\frac{mm_0}{r^2} = m(\ddot{r} - r\dot{\theta}^2)$$
$$0 = m(r\ddot{\theta} + 2\dot{r}\dot{\theta}) \tag{3.37}$$

두 번째 식에 r/m을 곱하면 $d(r^2\dot{\theta})/dt = 0$과 같아지므로, 적분하면 다음과 같다.

$$r^2\dot{\theta} = h, \qquad \text{상숫값} \tag{3.38}$$

식 (3.38)의 물리적 중요성은, m_0에 대한 m의 각운동량 $\mathbf{r} \times m\mathbf{v}$가 $mr^2\dot{\theta}$의 크기를 갖는다는 것이다. 이와 같이, 식 (3.38)은 m_0에 대한 m의 각운동량이 보존된다는 것을 의미한다. 이 사실은 식 (3.31)에서 유추할 수 있는 바와 같이, '어떤 고정점 O에 대해 질점에 가해지는 모멘트가 없으면 각운동량 $\mathbf{H}_O$는 일정하다(보존된다)'는 것이다.

그림 3.21에서와 같이, 시간 dt 동안에 반지름방향의 벡터로 형성된 도형의 면적은 $dA = (\frac{1}{2}r)(r\,d\theta)$와 같음을 알 수 있다. 그러므로 반지름방향의 벡터로 형성된 도형의 면적률은 식 (3.38)에 보인 바와 같이 일정한 값을 가지며 $\dot{A} = \frac{1}{2}r^2\dot{\theta}$이다. 또한 이러한 결론은 '동일한 시간 동안 형성된 면적들은 항상 동일하다'는 행성운동에 대한 케플러의 제2법칙으로 표현된다.

m에 의한 경로의 형태는 식 (3.38)과 식 (3.37)의 첫 번째 식을 풀어 시간 t를 소거하면 얻어진다. 이를 위하여 $r = 1/u$로 치환하여 대입한다. 따라서 $\dot{r} = -(1/u^2)\dot{u}$이며, 식 (3.38)로부터 $\dot{r} = -h(\dot{u}/\dot{\theta})$, 즉 $\dot{r} = -h(du/d\theta)$가 된다. 두 번 미분한 값 $\ddot{r} = -h(d^2u/d\theta^2)\dot{\theta}$이며, 식 (3.38)과 결합하면 $\ddot{r} = -h^2u^2(d^2u/d\theta^2)$가 된다. 이 것을 식 (3.37)의 첫 번째 식에 대입하면,

$$-Gm_0u^2 = -h^2u^2\frac{d^2u}{d\theta^2} - \frac{1}{u}h^2u^4$$

즉

$$\frac{d^2u}{d\theta^2} + u = \frac{Gm_0}{h^2} \tag{3.39}$$

인 비등차 선형 미분방정식이다.

이러한 2차 미분방정식의 일반해는 다음과 같고, 직접 대입하여 증명할 수 있다.

$$u = \frac{1}{r} = C\cos(\theta + \delta) + \frac{Gm_0}{h^2}$$

여기서, C와 δ는 각각 적분상수이다. $\theta = 0$일 때 r이 최소가 되도록 x축을 선택하면 위상각 δ는 제거된다. 따라서

$$\frac{1}{r} = C\cos\theta + \frac{Gm_0}{h^2} \tag{3.40}$$

원뿔곡선

식 (3.40)의 이해를 위해서는 원뿔곡선 방정식에 관한 지식이 요구된다. 원뿔곡선 (conic section)은 한 점(초점)과 어떤 선(준선)까지의 거리의 비 e를 일정하게 유지하며 움직이는 점의 궤적에 의해 형성된다. 따라서 그림 3.21로부터 $e = r/(d - r\cos\theta)$이고, 다음과 같이 쓸 수 있다.

$$\frac{1}{r} = \frac{1}{d}\cos\theta + \frac{1}{ed} \tag{3.41}$$

이 식은 식 (3.40)과 같은 형태이다. 따라서 m의 운동은 $d = 1/C$, $ed = h^2/(Gm_0)$인 원뿔곡선을 따라 이루어진다. 즉 다음과 같다.

$$e = \frac{h^2C}{Gm_0} \tag{3.42}$$

지금부터 $e < 1$(타원), $e = 1$(포물선), $e > 1$(쌍곡선)인 세 가지 경우에 대하여 살펴보자. 세 가지 경우들에 대한 각각의 궤도가 그림 3.22에 나타나 있다.

경우 1 : 타원 ($e < 1$) 식 (3.41)로부터 $\theta = 0$일 때 r은 최소이고, $\theta = \pi$일 때 최대이다. 따라서

$$2a = r_{\min} + r_{\max} = \frac{ed}{1+e} + \frac{ed}{1-e} \qquad 즉 \qquad a = \frac{ed}{1-e^2}$$

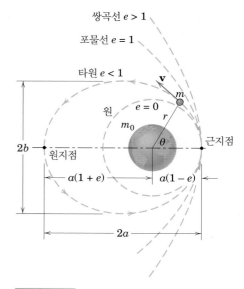

쌍곡선 $e > 1$
포물선 $e = 1$
타원 $e < 1$
원
$e = 0$
$2b$
원지점
근지점
$a(1+e)$
$a(1-e)$
$2a$

그림 3.22

거리 d를 a의 함수로 표현하면, 식 (3.41)과 r의 최댓값 및 최솟값은 다음과 같이
된다.

$$\frac{1}{r} = \frac{1 + e \cos \theta}{a(1 - e^2)}$$

$$(3.43)$$

$$r_{\min} = a(1 - e) \qquad r_{\max} = a(1 + e)$$

또한 타원의 기하학적 특성으로부터 $b = a\sqrt{1 - e^2}$이며, 이는 반단축(semiminor
axis)에 대한 식을 나타낸다. 타원에서 $e = 0$이면, $r = a$인 원이 된다. 식 (3.43)은,
행성이 태양을 초점으로 하여 타원 궤도를 따라 움직인다는 케플러의 제1법칙이다.

타원궤도에서 주기 τ는 타원의 전체 면적 A를 일정한 면적률 $\dot{A}$으로 나눈 것이
다. 따라서, 식 (3.38)에 의해 다음 식을 얻는다.

$$\tau = \frac{A}{\dot{A}} = \frac{\pi a b}{\frac{1}{2} r^2 \dot{\theta}} \qquad 즉 \qquad \tau = \frac{2\pi a b}{h}$$

위 식에 식 (3.42), $d = 1/C$, 타원의 기하학적 특성인 $a = ed/(1-e^2)$과 $b = a\sqrt{1 - e^2}$
그리고 $Gm_0 = gR^2$이라는 관계를 대입하여 정리하면, 다음과 같은 식을 얻는다.

$$\tau = 2\pi \frac{a^{3/2}}{R\sqrt{g}}$$

$$(3.44)$$

이 식에서 R은 인력물체의 평균반지름이고, g는 인력물체의 표면에서 중력가속도
의 절댓값이다.

식 (3.44)는 '운동주기의 제곱은 궤도의 반장축(semimajor axis)의 세제곱에 비
례한다'는 행성운동에 대한 케플러의 제3법칙을 나타낸다.

경우 2 : 포물선($e = 1$) 식 (3.41)과 (3.42)는 다음과 같이 된다.

$$\frac{1}{r} = \frac{1}{d}(1 + \cos \theta) \qquad 그리고 \qquad h^2 C = Gm_0$$

반지름벡터는 θ가 π에 접근하면 무한대가 되므로, a의 크기 역시 무한대가 된다.

경우 3 : 쌍곡선($e > 1$) 식 (3.41)로부터 $\cos \theta_1 = -1/e$로 정의되는 θ_1과 $-\theta_1$
의 두 극 각도에서 반지름거리 r이 무한대로 됨을 알 수 있다. 그림 3.23에서
$-\theta_1 < \theta < \theta_1$에 대한 궤적 I만이 물리적으로 가능한 운동임을 나타낸다. 궤적 II
는 나머지 부분의 각도에 대한 (음의 r) 운동이다. 궤적 II에서 θ를 $\theta - \pi$로 $-r$을 r
로 대치하면, 양의 r값을 쓸 수 있다. 따라서 식 (3.41)은 다음과 같이 된다.

$$\frac{1}{-r} = \frac{1}{d} \cos(\theta - \pi) + \frac{1}{ed} \qquad 즉 \qquad \frac{1}{r} = -\frac{1}{ed} + \frac{\cos \theta}{d}$$

그러나 위 식은 Gm_0/h^2이 반드시 양의 값이 된다는 식 (3.40)에 위배된다. 그러므

제임스 웹 우주 망원경은 2018년 발사 예정
이다. 그림은 분할된 6.5 m 반사경이며, 허
블 우주 망원경의 2.4 m 반사경보다 훨씬 크
다. 제임스 웹 우주 망원경은 태양-지구 시
스템의 L2 라그랑주 점에 위치할 예정인데,
이곳은 지구에서 150만 킬로미터 떨어진 지
구 공전 궤도의 바깥쪽 지점이다.

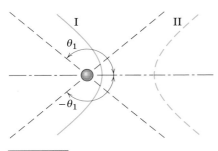

그림 3.23

로 궤적 **II**의 부분은 존재하지 않는다(척력의 경우 제외).

에너지 해석

이제 질점 m의 에너지에 대해서 고려해 보자. 시스템이 보존적이므로, m에 대한 일정한 에너지 E는 운동에너지 T와 위치에너지 V의 합이다. 운동에너지 $T = \frac{1}{2}mv^2 = \frac{1}{2}m(\dot{r}^2 + r^2\dot{\theta}^2)$이고, 식 (3.19)로부터 위치에너지 $V = -mgR^2/r$이다.

g는 절대가속도로서 인력물체 표면에서 측정된 중력이고 R은 인력물체 반지름이며 $Gm_0 = gR^2$임을 기억하자. 따라서 다음과 같이 표현할 수 있다.

$$E = \frac{1}{2}m(\dot{r}^2 + r^2\dot{\theta}^2) - \frac{mgR^2}{r}$$

이러한 상숫값 E는 식 (3.38)로부터 $r\dot{\theta} = h/r$와 식 (3.40)에서 $\theta = 0$에 대한 $\dot{r} = 0$, $1/r = C + gR^2/h^2$인 것으로부터 구할 수 있다. E에 대한 식에 대입하여 정리하면 다음과 같다.

$$\frac{2E}{m} = h^2C^2 - \frac{g^2R^4}{h^2}$$

이제 $h^2C = egR^2$으로 나타낼 수 있는 식 (3.42)를 대입하여 C를 소거하면, 다음을 얻는다.

$$e = +\sqrt{1 + \frac{2Eh^2}{mg^2R^4}} \tag{3.45}$$

e는 양의 값으로만 정의되므로 제곱근의 양의 값을 가지며, 다음과 같이 된다.

타원궤도	$e < 1$,	E는 음($-$)
포물선궤도	$e = 1$,	E는 0
쌍곡선궤도	$e > 1$,	E는 양($+$)

물론 이러한 결론은 위치에너지가 0인($r = \infty$일 때 $V = 0$) 기준을 어떻게 선택하느냐에 달려 있다.

m에 대한 속도 v의 식은 에너지 방정식으로부터 구해지며, 다음과 같다.

$$\frac{1}{2}mv^2 - \frac{mgR^2}{r} = E$$

타원궤도에 대한 전체 에너지 E는 식 (3.42)와 타원궤도의 식인 $1/C = d = a(1 - e^2)/e$를 대입하여, 식 (3.45)로부터 얻어진다.

$$E = -\frac{gR^2m}{2a} \tag{3.46}$$

에너지 방정식에 대입하면, 다음과 같다.

$$v^2 = 2gR^2 \left(\frac{1}{r} - \frac{1}{2a} \right) \tag{3.47}$$

이 식으로부터 속도의 크기는 특정한 궤도에 대해 반지름거리 r의 함수로 계산된다.

근지점(perigee)과 원지점(apogee)에 대한 반지름 r_{max}과 r_{min}을 나타내는 식 (3.43)과 식 (3.47)을 이용하여, 타원궤도상에서 이들 두 지점의 속도를 각각 다음과 같이 구할 수 있다.

$$v_P = R \sqrt{\frac{g}{a}} \sqrt{\frac{1+e}{1-e}} = R \sqrt{\frac{g}{a}} \sqrt{\frac{r_{max}}{r_{min}}} \tag{3.48}$$

$$v_A = R \sqrt{\frac{g}{a}} \sqrt{\frac{1-e}{1+e}} = R \sqrt{\frac{g}{a}} \sqrt{\frac{r_{min}}{r_{max}}}$$

부록 D에 있는 태양계에 관계되는 수치값은 행성운동에 관련된 문제에 적용하는 데 유용할 것이다.

가정의 요약

문제의 해석은 다음의 세 가지 가정에 기초한다.

1. 두 물체는 대칭인 구형이며, 그들의 질량이 중심에 집중된 질점으로 간주한다.
2. 질량 상호 간에 작용하는 중력 이외의 힘은 없다.
3. 질량 m_0는 공간에 고정되어 있다.

가정 (1)은 대부분의 천체와 같이 중심 인력물체에서 먼 거리에 있을 때 잘 적용된다. 가정 (1)이 잘 맞지 않는 문제는 편구형(oblate) 행성들에 매우 근거리에 있는 인공위성 등과 같은 경우이다. 가정 (2)에서 낮은 고도에 떠 있는 지구의 인공위성에 대한 공기역학적 항력은 궤도 해석에서 무시할 수 없는 힘임을 지적하고자 한다. 지구궤도에 있는 인공위성에서 가정 (3)의 오차는 지구질량에 대한 인공위성의 질량의 비가 매우 작기 때문에 무시할 수 있다. 반면에 지구와 달의 관계에 있어서 가정 (3)을 도입하면, 작지만 상당한 오차가 발생하는데, 그것은 달의 질량이 지구질량의 약 1/81이 되기 때문이다.

중심력이 작용하는 두 물체에 외력이 작용하는 경우

상호작용하는 인력과 더불어 다른 힘이 작용하는 두 질량 사이의 운동을 포함하는 외력이 작용하는 두 물체의 문제(perturbed two-body problem)를 고려해 보자. 그림 3.24에서 큰 질량 m_0, 작은 질량 m, 관성좌표계에서 측정된 각각의 위치벡터가 $\mathbf{r}_1$과 $\mathbf{r}_2$, 중력 $\mathbf{F}$와 $-\mathbf{F}$ 그리고 $\mathbf{P}$는 두 물체 간의 상호 인력이 아닌 질량 m에만 작용하는 외부힘이다. 힘 $\mathbf{P}$는 공기역학적 항력, 태양압력(solar pressure), 제3의 물체의 존재, 자체추진력, 비구형 중력장 또는 이들의 조합이나 다른 원인들에 의한 것이다.

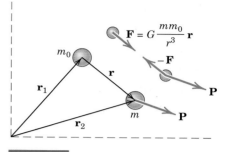

그림 3.24

각각 질량에 대하여 뉴턴의 제2법칙을 적용하면 다음과 같다.

$$G\frac{mm_0}{r^3}\mathbf{r} = m_0\ddot{\mathbf{r}}_1 \qquad \text{그리고} \qquad -G\frac{mm_0}{r^3}\mathbf{r} + \mathbf{P} = m\ddot{\mathbf{r}}_2$$

첫 번째 식을 m_0로, 두 번째 식을 m으로 각각 나누고 두 번째 식에서 첫 번째 식을 빼면, 그 결과는 다음과 같다.

$$-G\frac{(m_0 + m)}{r^3}\mathbf{r} + \frac{\mathbf{P}}{m} = \ddot{\mathbf{r}}_2 - \ddot{\mathbf{r}}_1 = \ddot{\mathbf{r}}$$

즉

$$\ddot{\mathbf{r}} + G\frac{(m_0 + m)}{r^3}\mathbf{r} = \frac{\mathbf{P}}{m} \qquad (3.49)$$

식 (3.49)는 2계 미분방정식이고, 풀게 되면 상대 위치벡터 $\mathbf{r}$은 시간의 함수로 나타낼 수 있다. 일반적으로 벡터식 (3.49)에 해당하는 스칼라 미분방정식을 적분하는 데는 수치적 기법이 필요하며, $\mathbf{P}$가 0이 아닌 경우 더욱 그러하다.

제한된 두 물체 문제

만일 $m_0 \gg m$이고 $\mathbf{P} = \mathbf{0}$이면, 제한된 두 물체 문제(restricted two-body problem)가 되며, 운동방정식은 다음과 같이 된다.

$$\ddot{\mathbf{r}} + G\frac{m_0}{r^3}\mathbf{r} = \mathbf{0} \qquad (3.49a)$$

$\mathbf{r}$과 $\ddot{\mathbf{r}}$을 극좌표로 나타내면, 식 (3.49a)는 다음과 같이 된다.

$$(\ddot{r} - r\dot{\theta}^2)\mathbf{e}_r + (r\ddot{\theta} + 2\dot{r}\dot{\theta})\mathbf{e}_\theta + G\frac{m_0}{r^3}(r\mathbf{e}_r) = \mathbf{0}$$

같은 단위벡터의 항끼리 묶으면 앞에서의 식 (3.37)이 된다.

식 (3.49)($\mathbf{P} = \mathbf{0}$)와 식 (3.49a)를 비교하면, m_0가 공간에서 고정된 값이라는 가정은 필요 없게 된다. 만일 m_0가 고정되었다는 가정하에 유도된 식에서 m_0를 $(m_0 + m)$로 대치하면 m_0에 대한 운동을 기술하는 식이 된다. 예를 들어, m_0에 대한 m의 타원운동에 대한 주기의 수정된 식은 식 (3.44)로부터

$$\tau = 2\pi\frac{a^{3/2}}{\sqrt{G(m_0 + m)}} \qquad (3.49b)$$

여기서는 $R^2 g = Gm_0$가 이용되었다.

예제 3.31

인공위성이 운반 로켓에 실려 적도 위 B지점에서 발사되어 근지점의 고도가 2000 km 인 타원궤도로 진입한다. 만일 원지점의 고도가 4000 km이면, (a) 근지점에서의 속도 v_P와 원지점 속도 v_A를 계산하라. (b) 인공위성의 고도가 2500 km인 C지점에서의 속도를 계산하라. (c) 궤도를 한 바퀴 도는 데 필요한 주기 τ를 구하라.

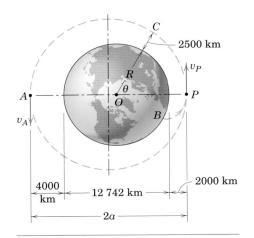

|풀이| (a) 주어진 고도에서 근지점과 원지점의 속도는 식 (3.48)에 의해 구해지며, 다음과 같다.

$$r_{\max} = 6371 + 4000 = 10\ 371 \text{ km} \quad ①$$

$$r_{\min} = 6371 + 2000 = 8371 \text{ km}$$

$$a = (r_{\min} + r_{\max})/2 = 9371 \text{ km}$$

따라서,

$$v_P = R\sqrt{\frac{g}{a}}\sqrt{\frac{r_{\max}}{r_{\min}}} = 6371(10^3)\sqrt{\frac{9.825}{9371(10^3)}}\sqrt{\frac{10\ 371}{8371}}$$

$$= 7261 \text{ m/s} \quad 즉 \quad 26\ 140 \text{ km/h} \qquad 답$$

$$v_A = R\sqrt{\frac{g}{a}}\sqrt{\frac{r_{\min}}{r_{\max}}} = 6371(10^3)\sqrt{\frac{9.825}{9371(10^3)}}\sqrt{\frac{8371}{10\ 371}}$$

$$= 5861 \text{ m/s} \quad 즉 \quad 21\ 099 \text{ km/h} \qquad 답$$

(b) 고도가 2500 km일 때, 지구 중심으로부터 반지름거리 $r = 6371 + 2500 = 8871$ km이다. 식 (3.47)로부터 C에서의 속도는 다음과 같다.

$$v_C{}^2 = 2gR^2\left(\frac{1}{r} - \frac{1}{2a}\right) = 2(9.825)[(6371)(10^3)]^2\left(\frac{1}{8871} - \frac{1}{18\ 742}\right)\frac{1}{10^3} \quad ②$$

$$= 47.353(10^6)(\text{m/s})^2$$

$$v_C = 6881 \text{ m/s} \quad 즉 \quad 24\ 773 \text{ km/h} \qquad 답$$

(c) 식 (3.44)에 의해서 궤도의 주기는 다음과 같다.

$$\tau = 2\pi\frac{a^{3/2}}{R\sqrt{g}} = 2\pi\frac{[(9371)(10^3)]^{3/2}}{(6371)(10^3)\sqrt{9.825}} = 9026 \text{ s} \quad ③$$

$$즉 \quad \tau = 2.507 \text{ h} \qquad 답$$

|도움말|

① 부록 D에 있는 표 D.2로부터 평균반지름은 12 742/2 = 6371 km이다. 또한, 중력에 의한 절대가속도는 1.5절에서 $g = 9.825 \text{ m/s}^2$ 이다.

② 단위에 주의해야 한다. 흔히 이와 같은 경우, 기본단위인 미터를 사용하여 계산한 다음 변환하면 된다.

③ 적도 위의 관측자에 의해 기록된 인공위성의 주기는 여기서 계산된 주기보다 더 길다. 왜냐하면 북극에서 내려다보았을 때, 지구가 반시계방향으로 회전하기 때문에 관측자의 위치가 이동되었기 때문이다.

연습문제

(별도로 지적되지 않으면, 문제에 언급된 속도는 모두 끌어당기는 물체의 중심과 함께 운동하는 비회전 좌표계로부터 측정되는 것으로 한다. 또한 다르게 명시하지 않는 한, 공기저항은 무시한다. 지구 표면에서의 절대중력가속도는 $g = 9.825$ m/s²로 하고, 지구는 반지름 $R = 6371$ km의 구로 간주한다.)

기초문제

3/219 태양 공전궤도에서 지구의 속력 v를 결정하라. 공전궤도는 반지름 $150(10^6)$ km 원으로 가정한다.

3/220 허블 우주망원경을 지구 고도 **590 km**의 원 궤도에 방출하려면 우주왕복선의 속도가 얼마가 되어야 하는가?

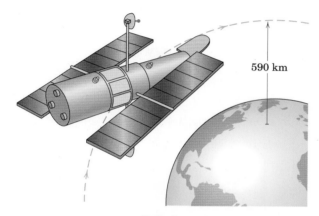

590 km

문제 3/220

3/221 그림의 위치에서 달의 경로가 태양 쪽으로 오목한 것을 보여라. 태양과 지구, 그리고 달이 같은 선에 놓인 것으로 가정한다.

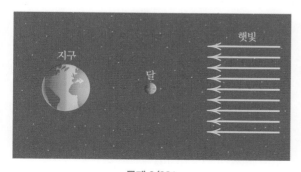

문제 3/221

3/222 한 우주선이 초기에 350 km의 고도를 갖는 원 궤도를 돌고 있다. 우주선이 P를 통과할 때 추진기로 우주선의 속도를 **25 m/s** 증속한다. 이때 A점에서 궤도의 고도 변화 Δh를 구하라.

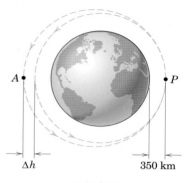

A P

Δh 350 km

문제 3/222

3/223 아폴로 우주선의 달 궤도 중 하나는 달 표면으로부터의 거리가 100 km에서 300 km까지 다양하다. 이 궤도에서 우주선의 최대 속도를 계산하라.

3/224 한 우주 왕복 궤도선회 우주선의 질량이 80000 kg이다. 이 우주선이 위도 28.5°에 위치한 케이프 캐너버랄(Cape Canaveral)의 발사대에 세워져 있을 때와 고도 $h = 300$ km의 원 궤도를 선회할 때의 에너지 차이 ΔE를 구하라.

3/225 한 인공위성이 반지름 $2R$의 원형 지구궤도를 돌고 있다. R은 지구 반지름이다. 이 위성을 지구 중심으로부터 거리 $3R$만큼 떨어진 B점에 도달시키는 데 필요한 최소 추가속력(boost velocity) Δv를 구하라. 원래 궤도의 어느 점에서 이 추가속력이 더해져야 하는가?

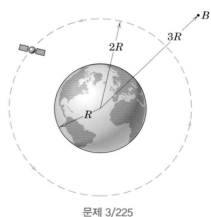

B

$3R$

$2R$

R

문제 3/225

3/226 지구 위성이 (a) 원 궤도, (b) 이심률(eccentricity)이 $e=0.1$ 인 타원궤도, (c) 이심률이 $e=0.9$인 타원궤도, (d) 포물선 궤도를 선회하기 위해 필요한 A점에서의 속력 v를 구하라. A점은 (b), (c), (d)에서 근지점이다.

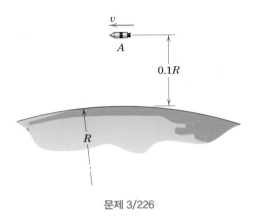

문제 3/226

심화문제

3/227 초기에 240 km의 원 궤도를 돌고 있는 우주선 S를 P에서 속도를 높여 속력이 0이 되는 $r \to \infty$ 위치까지 보내려 한다. 이를 위해 P에서 필요한 속도의 증가분 Δv를 구하라. 또한 고도 $r=2r_p$를 지날 때의 속력과 $r=2r_p$가 되는 θ 값을 구하라.

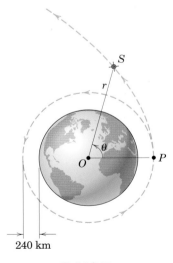

문제 3/227

3/228 각기 원 궤도와 타원궤도를 돌고있는 인공위성 A와 B가 충돌하여 C점에서 하나로 합쳐진다. 두 위성의 질량이 같은 경우에 충돌한 후에 만들어지는 새 궤도의 최대 고도 h_{max}를 결정하라.

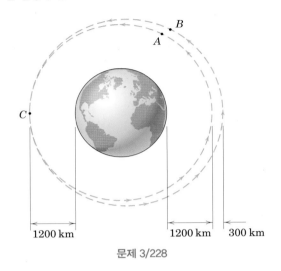

문제 3/228

3/229 A, B 두 개의 별로 이루어진 연성(binary star) 시스템이 있다. 두 별 모두 시스템의 질량중심을 중심으로 궤도 운동한다. 이때 궤도선회주기 τ_f를 별 A를 고정된 별로 가정하고 계산한 궤도선회주기 τ_{nf}와 비교하라.

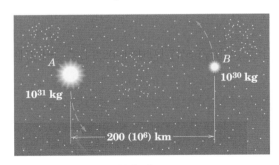

문제 3/229

3/230 동기 위성(synchronous satellite)은 회전하는 지구 표면의 일정 위치 상공에 머물 수 있는 원 궤도 속도로 운행하는 위성이다. 이를 위해 요구되는 위성의 지구 표면 상공 높이 H를 계산하라. 위성의 궤도면을 배치하고 위성이 바로 보이는 직접시선(direct line of sight)의 각범위(angular range)를 계산하라.

3/231 한 지구위성 A가 그림과 같이 지표 위 300 km거리에 원 궤도를 따라 서쪽에서 동쪽으로 운항한다. 적도에서 바로 머리 위로 이 위성이 보이는 관찰자 B는 다음 궤도에서는 지구 회전 때문에 B' 위치에서 머리 위를 지나는 위성을 보게 된다. 궤도를 한 번 도는 동안 위성까지의 반지름 선은 각도 $2\pi + \theta$만큼 회전하고 관측자는 실제 주기 τ보다 약간 큰 값의 겉보기 주기 τ'을 측정하게 된다. τ'과 $\tau' - \tau$를 계산하라.

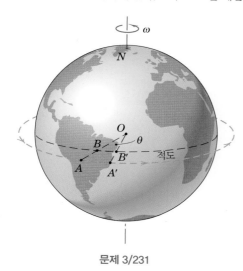

문제 3/231

3/232 한 우주왕복 궤도선이 지구로부터 발사된 직후, 그림과 같이 37 × 137 mi 궤도에 도달한다. 이 궤도선이 원지점(apogee) A를 처음 지날 때에 궤도를 원형으로 만들기 위해서 두 개의 궤도기동 시스템(orbital-maneuvering-system, OMS) 엔진을 점화시킨다. 궤도선의 무게가 175,000 lb이고 각 OMS 엔진의 추력이 6000 lb일 경우에 요구되는 연소 지속시간 Δt를 결정하라.

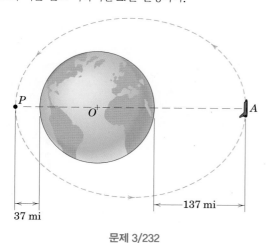

문제 3/232

3/233 한 우주선이 $3R$의 반지름을 갖는 원 궤도를 따라 달 주위를 돌고 있다. A점에서 달 표면의 B점에 도달하도록 설계된 탐사선(probe)을 발진시킨다. 이때 필요한 탐사선의 우주선에 대한 상대속도 v_r을 구하라. 또한 탐색기가 B에 도착할 때의 우주선 위치 θ를 구하라.

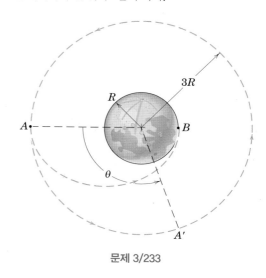

문제 3/233

3/234 그림과 같이 발사체가 B에서 수평선과 30° 각도로 2000 m/s의 속력으로 발사된다. 최대고도 h_{max}을 구하라.

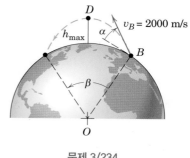

문제 3/234

3/235 2대의 인공위성 B와 C가 고도 800 km의 같은 원 궤도를 회전하고 있다. 그림과 같이 인공위성 B가 인공위성 C를 2000 km 앞서간다. 위성 C에 제동을 걸어서 인공위성 B를 따라잡을 수 있음을 보여라. 특별히, 인공위성 C가 새 궤도로 진입해서 한 바퀴를 돌아 B와 랑데부(rendezvous)하게 하는 데 필요한 C의 원 궤도 속도의 감속량 Δv를 구하라. C가 타원궤도를 도는 중에 지구와 충돌하지 않는지 확인하라.

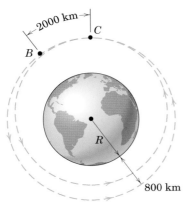

문제 3/235

3/236 80 Mg의 우주 왕복 궤도선회 우주선이 고도 320 km의 원 궤도를 돌고 있다. 역추진(retro-thrust)을 위해 두 개의 궤도조종 시스템(OMS) 엔진을 150초 동안 연소시킨다. 각 엔진은 27 kN의 추력을 발생시킨다. 왕복선 궤적과 지구 표면의 교차점을 표시하는 각도 β를 구하라. 왕복선이 B 위치에 도달할 때 OMS의 연소가 종료되고, 연소 중에 고도는 낮아지지 않는 것으로 가정한다.

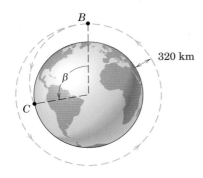

문제 3/236

3/237 지구가 고정되어 있다고 가정할 때, 달의 궤도선회 주기와 이 가정을 하지 않는 경우의 주기를 비교하라.

3/238 한 인공위성이 지구로부터 H 높이의 원 극궤도(circular polar orbit)에 배치되었다. 위성을 적도에 착륙시키려고 한다. 이를 위해서 북극 상공 A를 지날 때 역추진력을 주기 위해 역추진로켓(retro-rocket)을 가동시켜 위성의 속도를 줄인다. 이때 필요한 감속량 Δv_A의 표현식을 구하라. A는 타원궤도의 원지점이다.

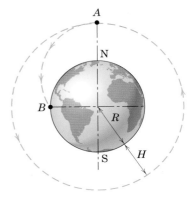

문제 3/238

3/239 서에서 동으로 적도궤도를 선회하는 우주선이 적도에 위치한 추적관측소(tracking station)로부터 관측되고 있다. 우주선의 근지점 고도가 H=150 km, 관측소 상공을 지날 때의 속도가 v, 그리고 원지점 고도가 1500 km일 경우에, 우주선이 바로 관측소 위를 통과할 때 안테나접시의 회전 각속도 p(지구에 대한 상대 각속도)에 대한 표현식을 구하라. 지구의 각속도 $\omega=0.7292(10^{-4})$ rad/s를 사용하여 p를 계산하라.

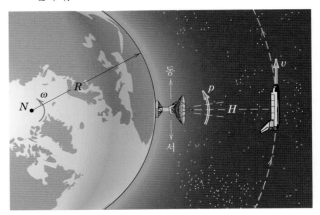

문제 3/239

*3/240 1995년 SOHO(Solar and Helio-spheric Observatory) 우주선이 그림과 같이 태양을 중심으로 하는 지구궤도 안쪽 원 궤도에 배치되었다. 우주선 궤도의 주기와 지구궤도의 주기가 일치되는 거리 h를 결정하라. 이렇게 하면 우주선은 태양과 지구 사이의 헤일로 궤도(halo orbit)를 돌게 된다.

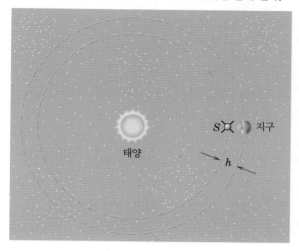

문제 3/240

▶3/241 반지름 r_1의 원 궤도를 선회하는 우주선이 A와 B 사이에 타원경로를 따라 반지름이 r_2인 더 큰 원 궤도로 옮겨간다. [이 이동 경로를 Hohmann 이동 타원(transfer ellipse)이라 부른다.] A에서 1차 증속 Δv_A 그리고 B에서 2차 증속 Δv_B를 통해 궤도를 이동한다. 그림에 주어진 반지름들과 지구 표면에서의 중력가속도 g를 사용하여 Δv_A와 Δv_B를 표현하라. 두 Δv가 모두 양의 값이면 어떻게 경로 2의 속도가 경로 1의 속도보다 낮을 수 있을까? $r_1 = (6371+500)$ km 그리고 $r_2 = (6371+35\ 800)$ km인 경우에, 각 Δv를 계산하라. r_2는 지구정지 궤도(geosynchronous orbit)의 반지름으로 채택되어 있다.

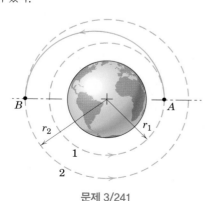

문제 3/241

▶3/242 왕복궤도선(shuttle orbiter)에서 그림에 표시된 순간에 지구중심을 향해 작은 실험 위성 A를 내보낸다. A는 왕복선에 대한 상대속도 $v_r = 100$ m/s로 분리된다. 왕복선은 고도 $h = 200$ km의 원 궤도를 돈다. 이 위성이 도달하게 되는 타원궤도의 반장축(semimajor axis) a, 반장축 방향, 궤도 주기 τ, 이심률(eccentricity) e, 원지점 속도 v_a, 근지점 속도 v_p, r_{max}, r_{min}을 구하라. 위성의 궤도를 그려라.

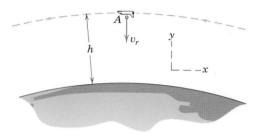

문제 3/242

▶3/243 타원궤도를 돌고 있는 우주선이 어떤 순간 그림에 보여주는 위치와 속도를 갖는다. 궤도의 반장축 길이 a와 반장축과 직선 l 사이의 예각 α를 구하라. 우주선은 결국 지구와 충돌할 것인가?

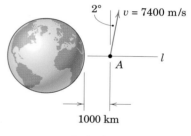

문제 3/243

▶3/244 인공위성이 B 위치에서 그림에 표시된 방향 속력 3200 m/s를 갖는다. 위성이 지구와 충돌하는 지점 C를 나타내는 각도 β를 구하라.

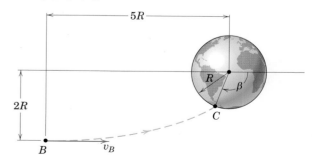

문제 3/244

3.14 상대운동

지금까지 질점의 운동역학을 전개하는 데 있어서, 운동에 관련된 모든 변수들이 고정된 기준좌표계에 대하여 측정된 문제에 뉴턴의 제2법칙, 일-에너지 방정식과 충격량-운동량의 방정식을 적용시켜 왔다. 고정된 기준좌표계의 가장 가까운 예는, 기본관성계나 고정된 별에 가상의 좌표축을 설치하여 구성한 천체기준계이다. 움직이는 지구에 놓여 있는 임의의 기준좌표계를 포함한 다른 모든 기준좌표계는 공간상에서 움직이는 것으로 생각한다.

지구상에서 어떤 점들의 가속도는 기본계에서 측정하였을 때 아주 작아서 대부분 지구 표면상에서의 측정에서는 보통 무시된다. 예를 들면, 고정된 태양 주위를 도는 원형궤도상에서 지구 중심의 가속도는 0.00593 m/s^{2}이고, 고정된 지구의 중심에 대하여 적도상의 해면에서의 가속도는 0.0339 m/s^{2}이다. 이들 가속도는 g나 공학문제의 다른 주요한 가속도와 비교해서 매우 작다. 따라서 지구상에 놓여 있는 기준좌표계를 고정된 기준계로 가정하여도 오차는 별로 크지 않다.

상대운동방정식

그림 3.25에서 질량 m인 질점 A의 운동은, 고정 기준좌표계 X-Y-Z에 대하여 병진운동하는 x-y-z 좌표계에서 관측된다. 따라서 x-y-z 방향은 항상 X-Y-Z 방향과 평행하게 된다. 회전하는 기준좌표계에 대한 운동은 5.7절과 7.7절에서 다루기로 한다. x-y-z의 원점 B의 가속도는 $\mathbf{a}_B$이다. x-y-z에서 관측된 A의 가속도는 $\mathbf{a}_{\text{rel}} = \mathbf{a}_{A/B} = \ddot{\mathbf{r}}_{A/B}$이고, 2.8절의 상대운동 원리에 의해서 A의 절대가속도는

$$\mathbf{a}_A = \mathbf{a}_B + \mathbf{a}_{\text{rel}}$$

이다. 따라서 뉴턴의 제2법칙 $\Sigma\mathbf{F} = m\mathbf{a}_A$는 다음과 같다.

$$\Sigma\mathbf{F} = m(\mathbf{a}_B + \mathbf{a}_{\text{rel}}) \tag{3.50}$$

힘의 합 $\Sigma\mathbf{F}$는 항상 완벽한 자유물체도로부터 구해지며, 질점에 작용하는 실제 힘이 표시되는 한 x-y-z나 X-Y-Z에서 같게 된다. $\Sigma\mathbf{F} \neq m\mathbf{a}_{\text{rel}}$이기 때문에 뉴턴의 제2법칙은 비관성계에는 적용될 수 없음을 바로 알 수 있다.

달랑베르의 원리

그림 3.26a에서와 같이, 질점이 고정좌표계 X-Y-Z로부터 관측된다면 질점의 절대가속도 $\mathbf{a}$가 측정되고, 관계식 $\Sigma\mathbf{F} = m\mathbf{a}$를 적용할 수 있게 된다. 그림 3.26b에서와 같이 질점이 원점에 부착된 이동좌표계 x-y-z로부터 관측된다면, x-y-z계에서 질점은 정지상태, 즉 평형상태가 된다. 따라서 x-y-z계와 동일한 가속도를

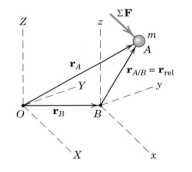

그림 3.25

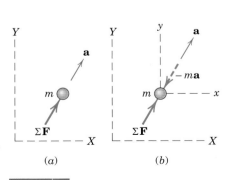

(a)　　(b)

그림 3.26

받고 있는 관측자는 $\Sigma\mathbf{F}$와 평형을 이루기 위해 힘 $-m\mathbf{a}$가 질점에 작용하고 있다고 믿는다. 이러한 관점에서 동역학 문제를 정역학적 방법으로 다룰 수 있게 된 것은 1743년에 출판된 *Traité de Dynamique*에 수록한 달랑베르의 업적의 부산물이다.

이 방법은 단지 운동방정식을 $\Sigma\mathbf{F} - m\mathbf{a} = \mathbf{0}$으로 다시 쓴 것에 지나지 않지만, 이것은 $m\mathbf{a}$를 힘으로 취급할 경우, 모든 힘의 합은 0이 된다는 것이다. 이 가상의 힘을 관성력(inertia force)이라고 하며, 새로 정의된 인위적 평형상태를 **동적 평형**(dynamic equilibrium)이라고 한다. 동역학 문제를 정역학적 문제로 변환하는 것은 달랑베르의 원리로 잘 알려져 왔다.

달랑베르 원리의 근본적인 해석에 대한 견해는 다르나 일반적으로 알려진 형태의 원리는 주로 역사적 관점에서 이해된다. 그것은 동역학 부분의 이해와 경험이 아주 부족했던 시대에 보다 더 잘 이해되었던 정역학의 원리를 이용하여, 동역학을 설명하려는 의도에서 발전되었다는 것이다. 실제의 상황을 기술하기 위해 인위적 상황을 이용한 이러한 설명은 의문점을 발생시켰으며, 오늘날의 동역학적 현상에 대한 풍부한 지식과 경험은 정역학으로서의 표현보다는 동역학으로서의 직접적인 접근을 강하게 요구한다. 물리적인 현상을 이해하고 설명하는 데 직접적인 방법을 계속 연구해 온 관점에서 보면, 동역학을 이해하는 수단으로 정역학을 그렇게 오랫동안 수용한 것은 설명하기에 다소 어려움이 있다.

달랑베르의 원리로 알려진 방법의 가장 간단한 일례를 인용해 보자. 그림 3.27a에서, 질량 m의 원추형 진자는 각속도 ω로 반지름 r인 수평면의 원주상에서 선회하고 있다. 가속도의 n방향에 운동방정식 $\Sigma\mathbf{F} = m\mathbf{a}_n$을 적용하면, 그림 3.27b에서와 같이 자유물체도로부터 $T\sin\theta = mr\omega^2$이 된다. y방향에서의 평형조건은 $T\cos\theta - mg = 0$이고, 따라서 미지수 T와 θ를 계산할 수 있다. 그러나 만약 질점에 기준좌표계가 있다면, 질점은 기준좌표계에 대해서 평형상태로 나타나게 된다. 따라서 관성력 $-m\mathbf{a}$가 추가되어야 하고, 그 양은 그림 3.27c에 나타난 것처럼, 가속도의 반대방향으로 $mr\omega^2$을 적용하여 표시한다. 이러한 가상의 자유물체에서 n방향에서 힘의 합이 0이므로 $T\sin\theta - mr\omega^2 = 0$으로 되며, 이것은 앞의 결과와 같게 된다.

이것은 다른 형태의 수식화와 비교해서 별다른 이점이 없음을 알 수 있다. 저자는 이 식의 사용을 권장하지 않는데, 이는 간단하지도 않을 뿐 아니라, 존재하지도 않는 힘을 추가해야 하기 때문이다. 원호상을 움직이는 질점의 경우, 이러한 가상의 관성력은 원심력(centrifugal force)으로 알려져 있다. 중심으로부터 멀어지는 방향으로서 가속도의 방향과 반대이다. 실제로 질점에는 원심력이 작용하지 않는다는 것을 깨달아야 한다. 원심력이라고 불릴 수 있는 유일한 실제힘은 질점에 의해 줄에 작용하는 장력 T의 수평성분뿐이다.

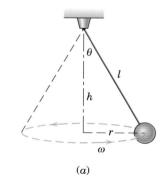

(a)

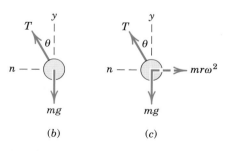

(b)   *(c)*

그림 3.27

등속 비회전좌표계

이동좌표계에 대한 질점의 운동을 설명하는 데 있어, 일정한 속도로 병진운동하는 기준계의 경우는 매우 중요하다. 만약 그림 3.25에서 좌표계 x-y-z가 일정한 속도로 움직인다면 $\mathbf{a}_B = \mathbf{0}$이고, 질점의 가속도는 $\mathbf{a}_A = \mathbf{a}_{\mathrm{rel}}$이다. 따라서 식 (3.50)은 다음과 같다.

$$\Sigma \mathbf{F} = m\mathbf{a}_{\mathrm{rel}} \tag{3.51}$$

이것은 뉴턴의 제2법칙이 일정한 속도로 움직이는 계에서도 똑같이 적용됨을 알려준다. 이러한 좌표계를 관성계 또는 뉴턴 기준좌표계라고 한다. 움직이는 좌표계나 고정된 좌표계에서의 관측자는 이른바 '관성력'의 적용을 배제한다면, 동일한 자유물체도로부터 질점에 작용하는 합력도 동일하게 된다.

　이제 등속 비회전좌표계(constant-velocity nonrotating system)에 대한 일과 에너지 방정식과 충격량-운동량 방정식의 유용성을 검토해 보자. 그림 3.25에서 x-y-z 좌표계가 고정좌표계 X-Y-Z에 대해 일정한 속도 $\mathbf{v}_B = \dot{\mathbf{r}}_B$로 움직인다고 생각한다. 좌표계 x-y-z에서 질점 A의 경로는 $\mathbf{r}_{\mathrm{rel}}$에 의하여 결정되며, 그림 3.28에 도식적으로 나타나있다. 좌표계 x-y-z에서 $\Sigma \mathbf{F}$에 의해 행해진 일은 $dU_{\mathrm{rel}} = \Sigma \mathbf{F} \cdot d\mathbf{r}_{\mathrm{rel}}$이다. 그러나 $\mathbf{a}_B = \mathbf{0}$이기 때문에 $\Sigma \mathbf{F} = m\mathbf{a}_A = m\mathbf{a}_{\mathrm{rel}}$이다. 또한 2.5절의 곡선운동에서 $a_t\, ds = v\, dv$이므로 $\mathbf{a}_{\mathrm{rel}} \cdot d\mathbf{r}_{\mathrm{rel}} = \mathbf{v}_{\mathrm{rel}} \cdot d\mathbf{r}_{\mathrm{rel}}$이다. 따라서 다음과 같이 구할 수 있다.

$$dU_{\mathrm{rel}} = m\mathbf{a}_{\mathrm{rel}} \cdot d\mathbf{r}_{\mathrm{rel}} = mv_{\mathrm{rel}}\, dv_{\mathrm{rel}} = d(\tfrac{1}{2}mv_{\mathrm{rel}}{}^2)$$

x-y-z계에 대한 운동에너지는 $T_{\mathrm{rel}} = \tfrac{1}{2}mv_{\mathrm{rel}}{}^2$이 되므로 다음 식을 얻는다.

$$dU_{\mathrm{rel}} = dT_{\mathrm{rel}} \qquad \text{또는} \qquad U_{\mathrm{rel}} = \Delta T_{\mathrm{rel}} \tag{3.52}$$

이 식은 일과 에너지 방정식이 등속 비회전좌표계에 대해서도 똑같이 적용된다는 것을 보여주고 있다.

　x-y-z계에서 시간 dt 동안 질점에 작용하는 충격량은 $\Sigma \mathbf{F}\, dt = m\mathbf{a}_A\, dt = m\mathbf{a}_{\mathrm{rel}}\, dt$이다. 그러나 $m\mathbf{a}_{\mathrm{rel}}\, dt = m\, d\mathbf{v}_{\mathrm{rel}} = d(m\mathbf{v}_{\mathrm{rel}})$이므로

$$\Sigma \mathbf{F}\, dt = d(m\mathbf{v}_{\mathrm{rel}})$$

x-y-z계에 대한 질점의 선형운동량을 $\mathbf{G}_{\mathrm{rel}} = m\mathbf{v}_{\mathrm{rel}}$로서 정의하면, $\Sigma \mathbf{F}\, dt = d\mathbf{G}_{\mathrm{rel}}$가 된다. dt로 나누고 적분하면

$$\Sigma \mathbf{F} = \dot{\mathbf{G}}_{\mathrm{rel}} \qquad \text{또는} \qquad \int \Sigma \mathbf{F}\, dt = \Delta \mathbf{G}_{\mathrm{rel}} \tag{3.53}$$

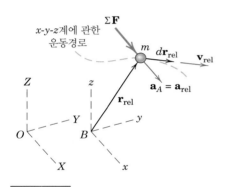

x-y-z계에 관한 운동경로

그림 3.28

따라서 고정좌표계에 대한 충격량-운동량 방정식도 등속 비회전좌표계에 대해 똑같이 적용됨을 알 수 있다.

마지막으로 x-y-z계에서 원점 B에 관한 질점의 상대 각운동량은 상대 선형 운동량의 모멘트로 정의된다. 따라서 $(\mathbf{H}_B)_{rel} = \mathbf{r}_{rel} \times \mathbf{G}_{rel}$가 된다. 시간도함수는 $(\dot{\mathbf{H}}_B)_{rel} = \dot{\mathbf{r}}_{rel} \times \mathbf{G}_{rel} + \mathbf{r}_{rel} \times \dot{\mathbf{G}}_{rel}$가 된다. 첫 번째 항은 단순히 $\mathbf{v}_{rel} \times m\mathbf{v}_{rel} = \mathbf{0}$이며, 두 번째 항은 $\mathbf{r}_{rel} \times \Sigma\mathbf{F} = \Sigma\mathbf{M}_B$로 되고, 이것은 질량 m에 작용하는 모든 힘의 B에 관한 모멘트의 합이다. 따라서

$$\Sigma\mathbf{M}_B = (\dot{\mathbf{H}}_B)_{rel} \tag{3.54}$$

이 식은 모멘트-각운동량 관계가 등속 비회전좌표계에서도 적용된다는 것을 보여주고 있다.

비록 일-에너지 방정식과 충격량-운동량 방정식은 등속 비회전좌표계에도 적용되지만, 일, 운동에너지, 운동량에 대한 각각의 식은 고정좌표계와 이동좌표계에서 서로 다르게 된다. 따라서

$$(dU = \Sigma\mathbf{F}\cdot d\mathbf{r}_A) \neq (dU_{rel} = \Sigma\mathbf{F}\cdot d\mathbf{r}_{rel})$$
$$(T = \tfrac{1}{2}mv_A^2) \neq (T_{rel} = \tfrac{1}{2}mv_{rel}^2)$$
$$(\mathbf{G} = m\mathbf{v}_A) \neq (\mathbf{G}_{rel} = m\mathbf{v}_{rel})$$

식 (3.51)~(3.54)는, 임의의 등속 비회전좌표계에 대한 뉴턴의 운동방정식의 유효성을 정식으로 증명한 것이다. 이러한 결론은 $\Sigma\mathbf{F} = m\mathbf{a}$가 속도가 아닌 가속도에 의존한다는 사실로부터 유추할 수 있다. 또한 절대속도를 드러내는 등속 비회전좌표계(뉴턴 기준좌표계) 내에서 상대적으로 할 수 있는 실험은 없다고 단언할 수 있다. 모든 역학적 실험은 어느 뉴턴 좌표계에 대해서든 동일한 결과를 주게 된다.

U.S. Navy photo courtesy of Lockheed Martin by Alexander H Groves

상대운동은 항공모함의 착륙에 중요한 문제이다.

예제 3.32

길이가 r이고 질량이 m인 단진자가 그림과 같이 일정한 수평가속도 a_0로 움직이고 있는 대차(flatcar) 위에 장착되어 있다. 단진자가 위치 $\theta = 0$에서 정지해 있다가 이완되어 움직이기 시작하였다면, 임의의 θ값에 대해 가벼운 지지막대에 작용하는 장력 T를 구하라. 또한 $\theta = \pi/2$와 $\theta = \pi$일 때 장력 T를 구하라.

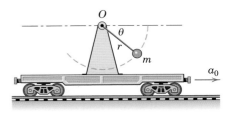

|풀이| 편의상 점 O가 원점인 움직이는 x–y 좌표계를 구성한다. 이 시스템의 운동은 x–y 평면에서 원형운동을 하기 때문에, n과 t의 좌표계를 사용한 것은 당연하다. m의 가속도는 상대가속도 방정식에 의하여 구한다.

$$\mathbf{a} = \mathbf{a}_0 + \mathbf{a}_{\text{rel}}$$

여기서 $\mathbf{a}_{\text{rel}}$는 차에 탄 관찰자에 의하여 측정된 가속도이다. 관찰자는 n성분으로 $r\dot{\theta}^2$을, t성분으로 $r\ddot{\theta}$을 측정할 것이다. m의 절대가속도의 세 성분을 별도의 그림으로 나타냈다.

먼저, t방향에 뉴턴의 제2법칙을 적용하면 다음과 같다.

$[\Sigma F_t = ma_t]$ $\qquad mg \cos\theta = m(r\ddot{\theta} - a_0 \sin\theta)$ ①

$$r\ddot{\theta} = g\cos\theta + a_0 \sin\theta$$

$\dot{\theta}$을 θ의 함수로서 얻기 위하여 적분을 하면 다음과 같다.

$[\dot{\theta}\,d\dot{\theta} = \ddot{\theta}\,d\theta]$ $\qquad \displaystyle\int_0^{\dot{\theta}} \dot{\theta}\,d\dot{\theta} = \int_0^{\theta} \frac{1}{r}(g\cos\theta + a_0 \sin\theta)\,d\theta$ ②

$$\frac{\dot{\theta}^2}{2} = \frac{1}{r}[g\sin\theta + a_0(1 - \cos\theta)]$$

n방향에 뉴턴의 제2법칙을 적용하면, 절대가속도의 n성분은 $r\dot{\theta}^2 - a_0\cos\theta$임을 알 수 있다.

$[\Sigma F_n = ma_n]$ $\qquad T - mg\sin\theta = m(r\dot{\theta}^2 - a_0\cos\theta)$

$$= m[2g\sin\theta + 2a_0(1 - \cos\theta) - a_0\cos\theta]$$

$$T = m[3g\sin\theta + a_0(2 - 3\cos\theta)] \qquad \text{답}$$

또한 $\theta = \pi/2$와 $\theta = \pi$일 때 T는 다음과 같다.

$$T_{\pi/2} = m[3g(1) + a_0(2 - 0)] = m(3g + 2a_0) \qquad \text{답}$$

$$T_{\pi} = m[3g(0) + a_0(2 - 3[-1])] = 5ma_0 \qquad \text{답}$$

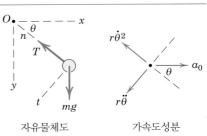

자유물체도   가속도성분

|도움말|

① 미지의 T를 포함하고 있는 n방향의 방정식은 $\ddot{\theta}$을 적분하여 얻어지는 $\dot{\theta}^2$을 포함하기 때문에 먼저 t방향을 선택한다.

② $\dot{\theta}\,d\dot{\theta} = \ddot{\theta}\,d\theta$는 $v\,dv = a_t\,ds$를 r^2으로 나눈 것으로부터 얻을 수 있다.

예제 3.33

일정한 속도 v_0로 움직이고 있는 대차 위에, 작은 수레에 부착된 케이블에 일정한 장력 P를 발생시키는 기중기가 설치되어 있다. 질량 m인 수레가 $x = 0$일 때, 즉 $X = x_0 = b$인 위치에서 정지상태에서 출발하여 수평표면 위에서 자유롭게 움직이기 시작한다. 수레에 일-에너지 방정식을 적용하라. 먼저 대차의 기준좌표계와 같이 움직이는 관측자 입장과 지상에 있는 관측자 입장에서 각각 수행하라. 두 결과식의 적합성(compatibility)을 보여라.

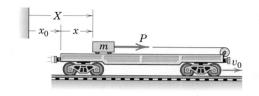

|**풀이**|　대차 위의 관찰자에 대하여 P가 한 일은 다음과 같다.

$$U_{\text{rel}} = \int_0^x P\,dx = Px \quad (P\text{는 일정}) \quad ①$$

이 차에 대한 운동에너지의 변화는

$$\Delta T_{\text{rel}} = \frac{1}{2}m(\dot{x}^2 - 0)$$

이고, 움직이는 관찰자에 대한 일-에너지 방정식은 다음과 같다.

$$[U_{\text{rel}} = \Delta T_{\text{rel}}] \qquad Px = \frac{1}{2}m\dot{x}^2$$

지상의 관찰자에 대해서 P에 의하여 행해진 일은

$$U = \int_b^X P\,dX = P(X - b)$$

지상에서 측정된 운동에너지의 변화는

$$\Delta T = \frac{1}{2}m(\dot{X}^2 - v_0^2) \quad ②$$

고정된 관찰자에 대한 일-에너지 방정식은 다음과 같다.

$$[U = \Delta T] \qquad P(X - b) = \frac{1}{2}m(\dot{X}^2 - v_0^2)$$

이 식을 움직이는 관찰자에 대한 것으로 조정하려면, 다음과 같은 관계식을 대입해야 한다.

$$X = x_0 + x, \qquad \dot{X} = v_0 + \dot{x}, \qquad \ddot{X} = \ddot{x}$$

따라서

$$P(X - b) = Px + P(x_0 - b) = Px + m\ddot{x}(x_0 - b)$$
$$= Px + m\ddot{x}v_0 t = Px + mv_0\dot{x} \quad ③$$

이고,

$$\dot{X}^2 - v_0^2 = (v_0^2 + \dot{x}^2 + 2v_0\dot{x} - v_0^2) = \dot{x}^2 + 2v_0\dot{x}$$

이다. 고정된 관찰자에 대한 일-에너지 방정식은 다음과 같다.

$$Px + mv_0\dot{x} = \frac{1}{2}m\dot{x}^2 + mv_0\dot{x}$$

여기서 움직이는 관찰자에 의하여 계산된 것과 같이 $Px = \frac{1}{2}m\dot{x}^2$이다. 따라서 두 경우에서 일-에너지 관계식의 차이는 다음과 같다.

$$U - U_{\text{rel}} = T - T_{\text{rel}} = mv_0\dot{x}$$

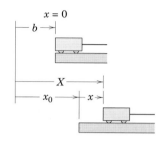

|**도움말**|

① 움직이는 관찰자가 측정할 수 있는 좌표계는 x뿐이다.

② 지상의 관찰자에 대한 수레의 초기속도는 v_0이고, 그것의 초기 운동에너지는 $\frac{1}{2}mv_0^2$이다.

③ 기호 t는 $x = 0$에서 $x = x$까지의 운동 시간을 나타내며, 수레의 변위 $x_0 - b$는 시간 t에 속도 v_0를 곱한 것이고 $x_0 - b = v_0 t$이다. 또한 일정한 가속도 값에 시간을 곱한 것은 속도변화와 같다. 즉, $\ddot{x}t = \dot{x}$이다.

연습문제

기초문제

3/245 플랫베드 트럭이 60 km/h의 일정한 속력으로 15% 위로 경사진 곳을 올라가고 있다. 이때, 트럭에 실린 질량이 100 kg인 상자가 트럭에 대한 초기 상대속도 $\dot{x}=3$ m/s로 트럭 뒷부분으로 움직이도록 힘을 받는다. 상자가 베드 위에 정지하기까지 미끄러진 거리가 $x=2$ m일 때, 상자와 트럭 베드 사이의 운동마찰계수 μ_k를 계산하라.

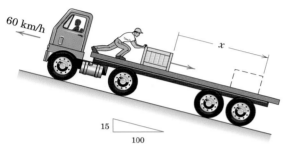

문제 3/245

3/246 그림에 도시된 것과 같이 스프링상수 k의 스프링이 길이가 δ만큼 압축된 후 놓아질 때, 질량이 m_2인 프레임에 대한 질량이 m_1인 블록의 가속도 a_rel을 계산하라. 시스템은 초기에 정지해 있다.

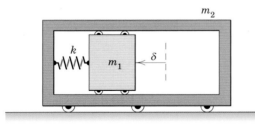

문제 3/246

3/247 x-y 좌표축이 부착된 카트가 절대속력 $v=2$ m/s로 오른쪽으로 이동하고 있다. 이와 동시에, 길이가 $l=0.5$ m인 가벼운 암이 각속도 $\dot{\theta}=2$ rad/s로 카트의 점 B를 중심으로 회전하고 있다. 구의 질량은 $m=3$ kg이다. $\theta=0$일 때 다음과 같은 구의 물리량을 결정하라. $\mathbf{G}$, $\mathbf{G}_\text{rel}$, T, T_rel, $\mathbf{H}_O$, $(\mathbf{H}_B)_\text{rel}$ 여기서 아래첨자 'rel'은 x-y 좌표축에 대해 상대적으로 측정된 것을 나타낸다. 점 O는 관성적으로 고정된 점으로서 고려하고 있는 순간 점 B와 일치한다.

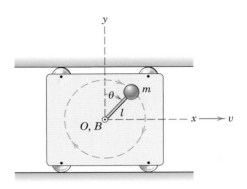

문제 3/247

3/248 항공모함은 일정한 속력으로 이동하고 있으며 증기로 구동되는 항공기 발사기로 질량이 3 Mg인 제트기를 길이가 75 m인 갑판을 따라 발사시킨다. 제트기가 항공모함에 대하여 240 km/h의 속도로 갑판을 벗어나고 이륙하는 동안 제트기의 추진력이 22 kN으로 일정할 때, 발사대 위를 75 m 이동하는 동안 발사기가 제트기에 작용하는 일정한 힘 P를 계산하라.

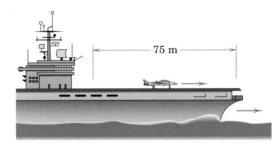

문제 3/248

3/249 질량이 2000 kg인 밴이 일정한 속력 $v_0=16$ km/h으로 견인되는 바지선 위의 A에서 B로 이동하고 있다. 밴은 정지상태에서 A에서 출발하여 25 m 이동하면서 바지선에 대한 상대속력 $v=24$ km/h까지 가속이 되고, 그 후 같은 크기의 가속도로 감속해서 멈춘다. 이러한 움직임을 하는 동안, 밴의 타이어와 바지선 사이에서 작용하는 알짜힘 F의 크기를 결정하라.

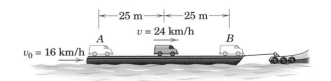

문제 3/249

심화문제

3/250 항공모함의 발사기가 길이가 **100 m**인 경사진 이륙로를 따라 질량이 **7 Mg**인 제트기를 일정하게 가속하여 발사시킨다. 항공모함은 일정한 속력 v_C=**16 m/s**로 이동하고 있다. 이륙할 때 항공기의 절대속력이 **90 m/s**가 되도록 하는 발사기와 제트기 엔진의 알짜힘 F를 결정하라.

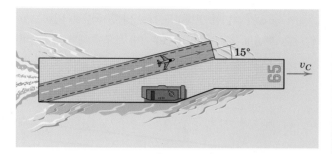

문제 3/250

3/251 플랫베드 트럭과 상자 사이의 마찰계수는 μ_s=**0.80**과 μ_k=**0.70**이다. 트럭의 타이어와 도로면 사이의 운동마찰계수는 **0.90**이다. 트럭이 초기 속도가 **15 m/s**인 상태에서 브레이크를 최대로 가하여(바퀴가 미끄러지다) 멈출 때, 상자가 최종적으로 멈추게 되는 베드에서의 위치 혹은 상자가 베드의 앞쪽 가장자리에 있는 벽에 부딪칠 때 트럭에 대한 상자의 상대속도 v_{rel}를 결정하라.

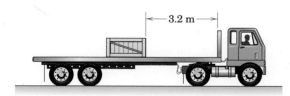

문제 3/251

3/252 질량이 m인 소년이 일정한 수평방향의 속력 u로 움직이는 무빙워크에 정지상태로 서 있다. 소년은 걷는 속도를 증가시키기로 결정하고 점 A에서부터 꾸준하게 속력을 증가시켜 보도에 대한 상대속력 $\dot{x}$=v로 점 B에 도달한다. 가속하는 동안, 그는 그의 신발과 무빙워크 사이에 평균적인 수평방향의 힘 F를 발생시킨다. 그의 절대운동과 상대운동에 대한 일-에너지 등식을 서술하고 항 muv의 의미를 설명하라.

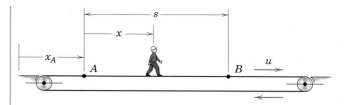

문제 3/252

3/253 질량이 m인 블록이 강성 k의 스프링으로 프레임에 부착되어 마찰력을 무시할 수 있는 상태로 수평방향으로 이동하고 있다. 초기에 프레임과 블록은 스프링의 압축되지 않은 길이 x=x_0에서 정지상태에 있다. 프레임이 일정한 크기 a_0로 가속을 할 때, 프레임에 대한 블록의 최대속도 $\dot{x}_{max}$=$(v_{rel})_{max}$을 결정하라.

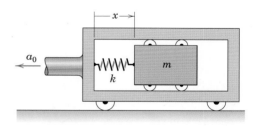

문제 3/253

3/254 질량이 **2 kg**인 슬라이더 A가 수직 방향으로 미끄러지는 판 내부에 있는 **30°** 기울어진 슬롯에서 마찰력을 무시할 수 있는 상태로 움직이고 있다. 슬라이더의 절대가속도의 방향이 수직 아래 방향이 되기 위해서 판에 주어져야 하는 수평방향 가속도 a_0를 구하라. 슬롯에 의해 슬라이더에 가해지는 힘 R의 값을 구하라.

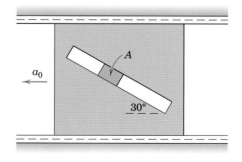

문제 3/254

3/255 질량이 10 kg인 공 A가 길이가 $l=0.8$ m인 가벼운 막대에 부착되어 있다. 질량이 250 kg인 수레는 그림에 도시된 것과 같이 가속도 a_O로 이동하고 있다. $\theta=90°$에서 $\dot{\theta}=3$ rad/s 일 때, 수레가 (a) a_O와 같은 방향일 때와 (b) a_O와 반대 방향으로 수레가 0.8 m/s의 속도로 이동할 때 시스템의 운동에너지 T를 구하라. 공은 질점으로 취급하라.

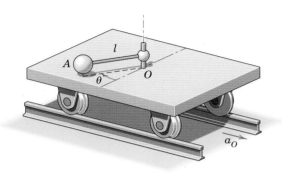

문제 3/255

3/256 공의 질량은 $m=10$ kg이고 가벼운 막대의 길이는 $l=0.8$ m 인 문제 3/255의 시스템을 고려하라. 공–막대 결합구조물은 점 O를 지나는 수직축을 중심으로 자유롭게 회전한다. 수레와 막대 그리고 공은 초기에 $\theta=0$에서 정지상태이고, 수레는 일정한 가속도 $a_O=3$ m/s^{2}로 가속된다. 막대에서의 θ에 대한 장력 T의 함수를 표현하고 $\theta=\pi/2$에서 T를 계산하라.

3/257 그림에 도시된 것과 같이 단진자가 위로 가속되는 엘리베이터에 위치하고 있다. 단진자가 엘리베이터에 대해서 정지상태에서 θ_0 만큼 이동되어 놓아질 때, $\theta=0$에서 단진자를 지지하는 가벼운 막대의 장력 T_0를 구하라. 또한 $\theta_0=\pi/2$ 일 때의 결과에 대하여 평가하라.

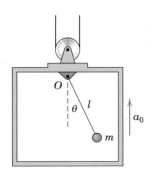

문제 3/257

3/258 질량이 m인 소년이 각도 θ만큼 기울어지고 일정한 속력 u 로 움직이는 무빙워크에 정지상태로 서 있다. 소년은 걷는 속도를 증가시키기로 결정하고 점 A에서부터 꾸준하게 속력을 증가시켜 무빙워크에 대한 상대속력 v_r로 점 B 에 도달한다. 가속하는 동안, 그는 그의 신발과 보도 사이에 평균적인 수평방향의 힘 F를 발생시킨다. 그의 절대운동과 상대운동에 대한 일–에너지 등식을 서술하고 항 muv_r의 의미를 설명하라. 소년의 질량은 60 kg이고 $u=$ 0.6 m/s, $s=10$ m, $\theta=10°$이며 보도에 대한 상대속력이 0.75 m/s일 때, 소년이 발생시키는 일률 P_rel를 계산하라.

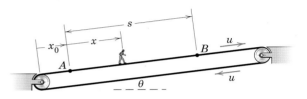

문제 3/258

▶**3/259** 공이 엘리베이터에 대해 정지상태에서 바닥으로부터 높이가 h_1인 곳에서 놓아진다. 공이 놓아진 순간 엘리베이터의 속력이 v_0였다. (a) v_0가 일정할 때와 (b) 공이 놓아진 순간 위로 상승하는 엘리베이터의 가속도가 $a=g/4$일 때, 공이 튀는 높이 h_2를 결정하라. 충돌 반발계수는 e이다.

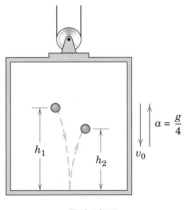

문제 3/259

▶3/260 작은 슬라이더 A가 일정한 속력 $v=v_0$로 오른쪽으로 이동하며 점점 가늘어지는 모양을 갖는 블록 위에서 아래 방향으로 움직이고 있다. 슬라이더와 블록 사이의 마찰력은 무시할 수 있으며 슬라이더가 점 B에서 블록에 대해서 정지 상태에서 놓아져 점 C를 지날 때 슬라이더의 절대속도 v_A의 크기를 일-에너지 원리를 이용하여 결정하라. 블록에 고정된 관찰자의 경우와 지면에 고정된 관찰자의 경우에 대하여 등식을 적용하고, 두 관계식을 비교하라.

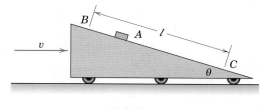

문제 3/260

3.15 이 장에 대한 복습

이 장에서는 질점운동역학의 문제를 해결하는 데 있어서 세 가지 기본적인 방법을 전개하였다. 이 방법들은 동역학 학습에 기본이 되며, 차후에 강체와 비강체 동역학을 연구하는 데 기초가 된다.

1. 뉴턴의 제2법칙 이용

첫째, 힘과 가속도의 관계를 결정하기 위해서 뉴턴의 제2법칙 $\Sigma\mathbf{F} = m\mathbf{a}$를 이용하였다. 제2장의 내용을 기초로 하여, 운동의 종류를 식별하고, 자유물체도를 이용하여 시스템에 작용하는 모든 힘을 정확히 나타내면, 평면운동 문제에서는 x-y, n-t 및 r-θ 좌표계를 사용하고, 공간 문제에서는 x-y-z, r-θ-z 그리고 R-θ-ϕ 좌표계를 이용하여 매우 다양한 문제들을 해결할 수 있었다.

2. 일-에너지 방정식

둘째, 변위에 관해 운동방정식 $\Sigma\mathbf{F} = m\mathbf{a}$를 적분하여, 일과 에너지에 관한 스칼라방정식을 유도하였다. 이 방정식을 이용해서, 시스템에 외력이 작용하는 동안에 행한 일에 대해서 처음과 마지막 속도를 연관 지을 수 있었다. 이와 같은 방법을 이용하여, 에너지 방법은 마찰이나 다른 형태의 에너지 손실을 무시할 수 있는 시스템, 즉 보존계에 특히 유용함을 알았다.

3. 충격량-운동량 방정식

셋째, 뉴턴의 제2법칙을, 힘은 선형운동량의 시간에 대한 변화율과 같고 모멘트는 각운동량의 시간에 대한 변화율과 같다는 형태로 다시 나타냈다. 위 관계식을 시간에 대해 적분하여 충격량-운동량 방정식을 유도하였다. 이 방정식은 힘이 시간의 함수로 주어진 운동 구간에 적용되었다. 선형운동량과 각운동량이 각각 보존되는 조건하에서 질점 사이의 상호작용을 살펴보았다.

제3장의 마지막 편에서는, 특별한 응용 분야에 세 가지 기본방법을 적용했다.

1. 충격량-운동량 방법을 적용하면, 질점 간의 충돌현상을 나타내는 데 편리하다는 것
2. 뉴턴의 제2법칙을 직접 적용하면, 중심인력이 작용하는 질점의 궤적 특성을 결정할 수 있다는 것
3. 세 가지 기본방법 모두 병진좌표계에서의 질점운동에 적용될 수 있다는 것

질점운동역학에 관한 문제를 올바로 해결하기 위해서는 질점운동학에 대한 지식이 필요하다. 이 책의 나머지 부분에서 다루는 질점계와 강체에 관한 운동역학은 제3장에서 다룬 질점운동역학의 기본 원리에 전적으로 의존하게 된다.

복습문제

3/261 A점에 놓여있는 상자를 경사면 아래로 슬쩍 민다. A, B 사이에서 상자와 경사면 사이 동마찰계수는 0.30이고, B, C 사이에서는 0.22이다. 두 점 B와 C에서 상자 속력을 구하라.

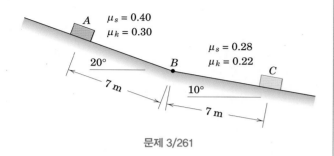

문제 3/261

3/262 수직 프레임에 장착된 원형 안내봉 위를 고리 A가 마찰 없이 자유롭게 미끄러진다. 프레임에 오른쪽 수평 방향 등가속도 a를 주는 경우에 예상되는 고리 각도 θ를 결정하라.

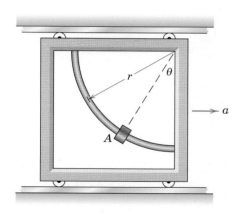

문제 3/262

3/263 질량이 2 kg인 단진자가 수평방향의 위치에서 정지상태에서 놓아진다. 단진자가 바닥 위치에 도달하면, 점 B에 고정된 핀을 감싸며 수직 평면에서 더 작은 호를 그린다. 진자가 $\theta = 30°$에 해당하는 위치를 통과할 때 점 B에 있는 핀에 의해 지지되는 힘 R의 크기를 계산하라.

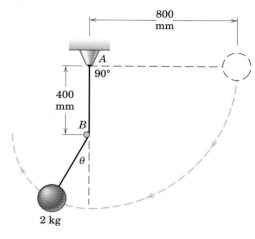

문제 3/263

3/264 질량이 2 kg인 작은 수레가 시간 $t=0$일 때 4 m/s의 속력으로 수평방향으로 자유롭게 이동하고 있다. 수레의 운동방향과 반대 방향으로 가해진 힘은 힘을 측정하는 기계의 측정 화면상에서 두 개의 충격파 정점을 만든다. 파선으로 이루어진 하중을 근사시키고 $t=1.5$ s에서의 수레의 속도 v를 결정하라.

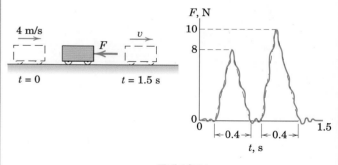

문제 3/264

3/265 지구 주위를 회전하는 우주비행선의 타원궤도상의 점 B에서 200 km만큼의 근지점 고도를 형성하도록 하는 점 A에서의 속력 v_A를 결정하라. 궤도의 이심률 e를 구하라.

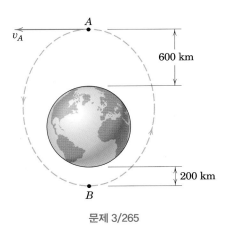

문제 3/265

3/266 평평한 트랙을 따라서 300 km/h의 일정한 속력으로 움직이는 경주용 차가 4000 N의 공기역학적인 힘과 900 N의 구름저항력을 받고 있다. 동력전달 효율이 $e=0.90$일 때, 모터가 생산해야 하는 동력 P를 구하라.

문제 3/266

3/267 어떤 사람이 A점으로부터 평평한 바닥을 따라 속력 u로 작은 공을 굴린다. $x=3R$인 경우에 공이 수직면 안에 놓인 원 표면 위의 B에서 C까지 구른 후에 C에서 발사체가 되어 A로 돌아오는 데 필요한 속력 u를 결정하라. C점까지 접촉이 유지되어야 한다는 조건에서 경기를 할 수 있는 x의 최솟값은 얼마인가?

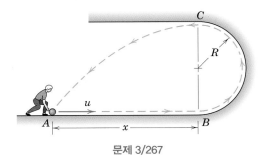

문제 3/267

3/268 질량이 85 kg인 운동선수가 바이셉스 컬 운동을 시작하려 한다. 그의 오른쪽 팔꿈치는 그림에 도시된 것과 같은 위치에 고정되어 있고, 질량이 10 kg인 원통을 위쪽으로 $g/4$의 비율로 가속시키고 있다. 아래쪽 팔의 질량의 영향은 무시하고, A와 B에서 수직 반력을 계산하라. 마찰은 미끄러짐을 방지할 정도로 충분히 크다.

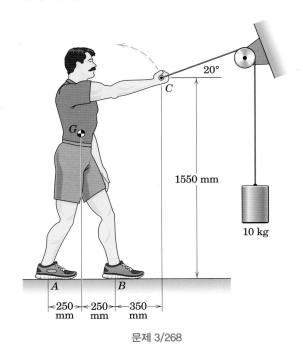

문제 3/268

3/269 그림에 도시된 것과 같이 회전하는 스파이더 A로 구성된 원심형 클러치가 있다. 스파이더에는 네 개의 플런저가 있다. 스파이더가 속력 ω로 중심에 대해서 회전하면, 플런저는 밖으로 움직이고 바퀴 C의 림 내부 면에 대해 저항을 받게 되어 회전하게 된다. 바퀴와 스파이더는 마찰 접촉을 제외하고는 서로 독립이다. 각 플런저의 질량중심은 G이며 질량은 2 kg이다. 플런저와 바퀴 사이의 운동마찰계수가 0.40일 때, 3000 rev/min의 속력으로 회전하는 스파이더에 의해 바퀴 C로 전달되는 최대 모멘트 M을 계산하라.

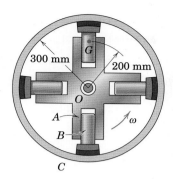

문제 3/269

3/270 공이 수평방향에 대해 60°로 10 m/s의 속도로 점 O로부터 던져지고 난 후, 경사진 평면의 A에서 튕긴다. 반발계수가 0.6일 때, A에서 다시 튕기는 속도의 크기 v를 계산하라. 공기 저항은 무시하라.

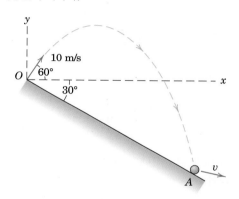

문제 3/270

3/271 그림에 도시된 것과 같이 픽업 트럭이 질량이 40 kg인 건초 더미를 들어 올리는 데 사용되고 있다. $x=12$ m에서 트럭이 일정한 속도 $v=5$ m/s에 도달할 때, 이 순간 줄의 장력 T를 계산하라.

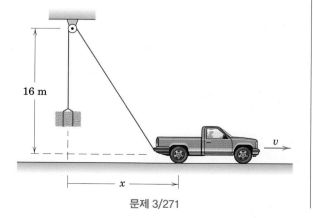

문제 3/271

3/272 주어진 힘 P에 대하여, 강성 k인 스프링의 늘어나지 않은 길이로부터 측정된 정상상태에서의 압축 길이 δ를 결정하라. 카트의 질량은 M이고, 슬라이더의 질량은 m이다. 모든 마찰은 무시하라. P의 값과 평형위치와 관련된 δ의 값을 제시하라.

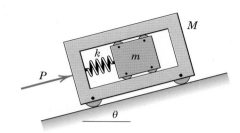

문제 3/272

3/273 질량이 200 kg인 글라이더 B가 220 km/h의 일정한 속력으로 수평 비행하는 비행기 A에 의해 견인되고 있다. 견인 케이블은 길이가 $r=60$ m이고, 직선을 형성한다고 가정할 수 있다. 글라이더의 고도는 높아지고 있으며, $\theta=15°$에 도달할 때 각도는 $\dot{\theta}=5$ deg/s의 일정한 비율로 증가한다. 이 순간, 이 위치일 때의 견인 케이블에서의 장력은 1520 N이다. 글라이더에 작용하는 공기역학적인 양력 L과 항력 D를 계산하라.

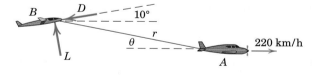

문제 3/273

3/274 항공 모함에 적용되는 증기로 작동되는 시스템을 대체하기 위해 전자기적인 항공기 발사 시스템이 설계되었다. 요구 사항 중에는 질량이 12 000 kg인 항공기가 90 m의 거리를 이동하는 데 정지상태에서 70 m/s로 가속하는 것이 포함되어 있다. 발사 시스템이 항공기에 작용하는 일정한 힘 F를 구하라.

문제 3/274

3/275 질량이 **2 kg**인 퍼티 조각이 초기에 정지상태에 있는 질량이 **18 kg**이고 각각의 강성 k=**1.2 kN/m**인 두 개의 스프링에 의해 지지되고 있는 블록의 **2 m** 위에서 떨어지고 있다. 블록에 가한 퍼티의 충격으로 인한 스프링의 추가 변형 길이 δ를 계산하라. 퍼티는 접촉하자마자 블록에 연결된다.

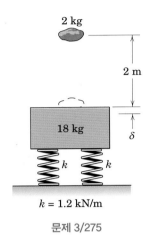

k = 1.2 kN/m

문제 3/275

3/276 슬라이더 C가 수평면에 놓여있는 가이드의 A점을 3m/s의 속력으로 통과한다. 슬라이더와 가이드 사이의 동마찰계수는 μ_k=0.60이다. (a) 슬라이더 구멍과 가이드 단면이 모두 원형인 경우, 그리고 (b) 모두 사각형인 경우에 대해서 슬라이더가 A점을 지나친 직후에 접선방향 감속도(deceleration)를 계산하라. 슬라이더와 가이드 사이에 약간의 틈새가 있는 것으로 가정한다.

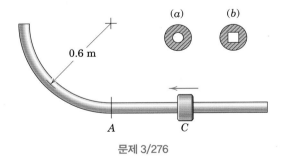

문제 3/276

3/277 질량이 **3 kg**인 블록 A가 그림에 도시된 것과 같은 60°의 위치에서 정지상태에서 놓아지고, 이후 질량이 **1 kg**인 카트 B에 부딪친다. 충돌 반발계수가 e=**0.7**일 때, 점 C를 지난 카트 B의 최대변위 s를 결정하라. 마찰은 무시하라.

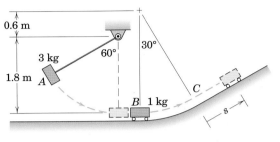

문제 3/277

3/278 우주 왕복선의 기능 중 하나는 낮은 고도에서 통신 위성을 놓아주는 데 있다. 보조 로켓이 B에서 발사되어 위성을 타원형의 이행궤도에 위치시키게 되는데, 궤도의 원지점은 지구정지궤도에 필요한 고도이다. (지구정지궤도는 지구의 절대적인 자전주기와 동일한 주기를 갖는 적도면의 원궤도이다. 이 궤도에 있는 위성은 지구에 고정된 관찰자에 대해서는 정지상태이다.) 두 번째 보조 로켓이 점 C에서 발사되고 최종원형궤도에 도달한다. 초기 우주왕복선의 임무 중 하나로, 질량이 **700 kg**인 위성이 h_1=**275 km**인 점 B에서 왕복선으로부터 놓아졌다. 보조 로켓이 t=**90 s** 동안 발사되었고, h_2=**35 900 km**인 이행궤도를 형성했다. 로켓이 연소하는 도중 작동오류가 생겼다. 레이더 관찰을 통해 이행궤도의 원지점 고도가 불과 **1125 km**로 결정되었다. 작동오류 전에 로켓 모터가 작동한 실제 시간 t'를 결정하라. 보조 로켓이 발사되는 동안, 질량 변화는 무시할 수 있다고 가정하라.

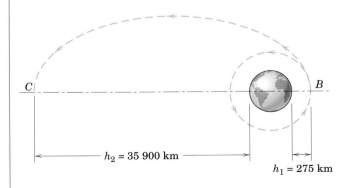

문제 3/278

3/279 질량 $6m$의 프레임이 정지해 있다. 그리고 끝에 질량 m의 질점이 부착된 가벼운 봉이 자유롭게 회전할 수 있도록 프레임 A점에 피벗 지지되어있다. 그림의 수평 위치에 정지해 있는 봉이 풀어져서 수직 자세를 지날 때의 프레임에 대한 질점속도 v_{rel}를 구하라.

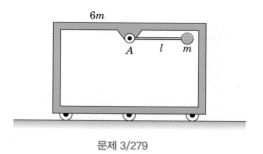

문제 3/279

3/280 짧은 기차가 질량이 200 Mg인 한 개의 기관차와 질량이 100 Mg인 세 개의 호퍼로 구성되어 있다. 기차가 정지상태로부터 출발하고 나서 기관차는 레일 위에 200 kN의 일정한 마찰력을 가한다. (a) 기차가 이동하기 전에 세 개의 각 연결 장치에서 300 mm의 슬랙이 있을 때, 차량 C가 움직이기 시작하는 직후의 기차의 속도 v를 계산하라. 슬랙 제거는 겉보기에 짧은 순간의 충격을 주는 것과 같다. 기관차 견인력의 마찰을 제외한 모든 마찰을 무시하고, 슬랙 제거와 관련된 충격의 짧은 순간 동안의 견인력은 무시하라. (b) 기차 연결 장치에 슬랙이 없을 때, 기차가 900 mm 이동한 순간의 속도 v'을 결정하라.

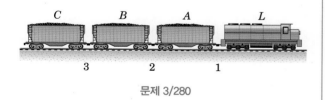

문제 3/280

▶3/281 경주용 차에 작용하는 운동을 저지하는 힘에는 항력 F_D와 비공기역학적인 힘 F_R이 있다. 항력은 $F_D = C_D(\frac{1}{2}\rho v^2)S$로 주어지고, 이때 C_D는 항력 계수, ρ는 공기 밀도, v는 차량 속도, 그리고 $S=2.8$ m²는 차량의 투영된 앞면 면적이다. 비공기역학적인 힘 F_R은 900 N로 일정하다. 양질 상태에 있는 판금으로 이루어진 상태에서는, 경주용 차는 항력 계수 $C_D=0.3$을 가지고, 이때 최대속력은 $v=320$ km/h이다. 경미한 충돌 후, 앞부분 끝의 손상된 판금은 항력계수를 $C_D'=0.4$가 되게 한다. 이때 경주용 차의 최대속력 v'을 구하라.

문제 3/281

3/282 예제 3.31에 나와 있는 위성은 2000 km의 근지점 고도에서 26 140 km/h의 근지점 속도를 가진다. 이 위치에서 위성이 지구의 중력장으로부터 탈출할 수 있도록 로켓 모터에 요구되는 최소의 속도 증가량 Δv를 구하라.

3/283 긴 시간 동안 공중에 떠있던 공이 벽에 있는 점 $A(e_1=0.5)$에 부딪치고 나서 지면에 있는 점 $B(e_2=0.3)$에 부딪친다. 그림에 도시된 것과 같이 공이 지면에서 1.2 m 위에 있고, 외야수 앞 0.6 m에 위치해 있을 때 외야수가 공을 잡는 것을 선호한다. 그림에 도시된 것과 같이 외야수가 공을 잡을 수 있는 위치인, 벽으로부터 떨어져 있는 거리 x를 결정하라. 가능한 해가 두 개인 것을 인지하라.

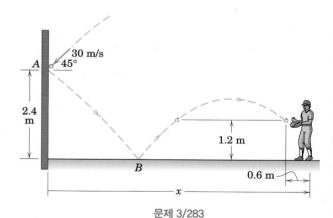

문제 3/283

*컴퓨터 응용문제

*3/284 비틀림 스프링이 변형되지 않은 상태로 그림에 도시된 것과 같은 위치에서 시스템이 정지상태에서 놓아진다. 막대는 무시할 수 있는 질량을 가지고 있으며 모든 마찰을 무시한다. $\theta=30°$일 때 (a) $\dot{\theta}$의 값과 (b) θ의 최댓값을 결정하라. $m=5$ kg, $M=8$ kg, $L=0.8$ m, $k_T=100$ N · m/rad의 값을 사용하라.

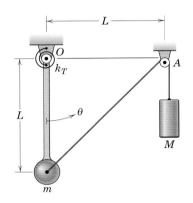

문제 3/284

*3/285 0.2 kg의 두 슬라이더가 $L=0.5$ m 길이의 가벼운 강봉으로 연결되어 있다. 그림에 스프링이 늘어나지 않은 위치에 정지해 있는 시스템이 풀려날 때에, 초기 위치를 원점으로 하는 B의 변위의 함수로 A와 B의 속력을 도시하라. 면적이 500 mm²인 슬라이더 A의 한 면에는 0.14 Mpa의 일정한 공기압이 작용한다. 운동은 수직평면에서 일어나고 마찰은 무시한다. v_A와 v_B의 최댓값과 각각의 최댓값이 발생하는 B의 위치를 제시하라.

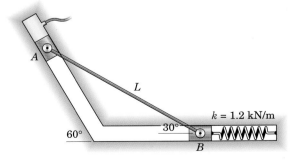

문제 3/285

*3/286 병 모양의 장치가 일정한 각속도 $\omega=6$ rad/s로 수직축에 대해 회전하고 있다. r의 값은 0.2 m이다. 질점과 표면 사이의 정지마찰계수가 $\mu_s=0.20$일 때 고정된 값이 가능한 각도 θ의 범위를 결정하라.

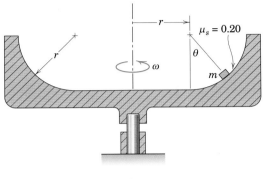

문제 3/286

*3/287 수직 프레임이 정지상태에서 일정한 가속도 a로 움직이기 시작하고, 부드럽게 미끄러지는 조임쇠 A가 바닥 위치 $\theta=0$에서 초기에 정지해 있을 때, $\dot{\theta}$을 θ의 함수로 그리고, 조임쇠가 도달하는 최대각도 θ_{max}를 구하라. $a=g/2$와 $r=0.3$ m의 값을 사용하라.

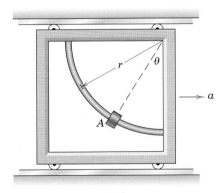

문제 3/287

*3/288 테니스 선수가 벽의 점 A에 공을 타격하는 연습을 하고 있다. 공은 코트 표면에 있는 점 B에서 튕기고 나서 점 C에서 최대높이가 된다. 그림에 도시된 것과 같은 조건에서, $0.5 \le e \le 0.9$의 범위에 있는 반발계수의 값에 대해 점 C의 위치를 그리시오. (e의 값은 점 A와 B에 둘 다 공통적으로 적용된다.) 점 C가 $x=0$이 되도록 하는 e의 값을 구하고, 이 때 y의 값을 구하라.

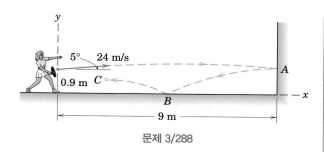

문제 3/288

*3/289 질량이 m인 질점은 $\theta=0$일 때 $r=0$에서 속도가 0이다. 질점이 속이 빈 부드러운 튜브를 통해서 바깥쪽으로 미끄러지고 있는데, 이 튜브는 점 O를 지나는 수평축에 대해서 일정한 각속도 ω_0로 움직이고 있다. 튜브의 길이 l이 1 m이고 $\omega_0=0.5$ rad/s일 때, 질점이 놓아지고 튜브를 빠져나갈 때까지 걸리는 시간 t와 각변위 θ를 결정하라.

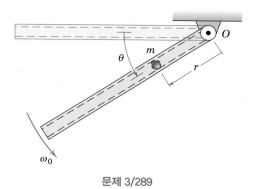

문제 3/289

*3/290 문제 3/215에서 등장한, 배트와 야구공 간의 충돌 반발계수를 측정하기 위해 설계된 장치의 구성요소를 다시 고려해보자. 질량이 0.5 kg인 배트 A는 속력 $v_A=18$ m/s로 오른쪽으로 발사되는 나무 혹은 알루미늄으로 이루어진 길다란 것이며, 부드러운 슬롯에서 수평방향으로 움직이도록 제한되어 있다. 충돌 직전과 직후, 물체 A는 수평방향으로 자유롭게 움직인다. 질량이 146 g인 야구공 B의 초기 속력은 $v_B=38$ m/s이다. 야구공의 충돌 직후의 속력 v_B'을 결정하고, 반발계수 e의 $0.4\leq e\leq0.6$ 범위에서 야구공이 움직인 총수평거리 R을 결정하라. 위와 같은 반발계수 범위는 야구공이 초기에 수평지면으로부터 0.9 m 위로 떨어져 있다고 가정하고 계산된 것이다.

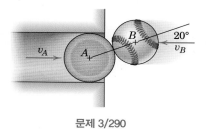

문제 3/290

질점계의 운동역학

이 장의 구성

Imagebroker/SuperStock

제트기 엔진의 회전날개와 그 위로 통과하는 공기 사이에 상호작용하는 힘은 이 장에서 소개되는 주제 중 하나이다.

4.1 서론

앞의 두 장에서는 질점의 운동에 동역학의 원리를 적용하였다. 제3장에서는 주로 질점 하나의 운동역학을 취급하였으나, 일-에너지와 충격량-운동량에 대해서 논할 때는 두 개의 질점을 한 시스템으로 보았다.

이제 질점 하나에 대해서 적용했던 동역학 원리들을 일반적인 질점계(system of particles)의 운동에 확장 적용하고자 한다. 이는 동역학의 나머지 주제들을 통합할 것이며, 강체나 비강체의 운동을 설명하는 데도 적용된다.

강체란 질점 상호 간의 거리가 본질적으로 변하지 않는 고체 질점계이다. 기계, 차량, 항공기, 로켓과 우주선 그리고 많은 움직이는 구조물들의 전반적인 운동이 강체운동의 예이다. 반면에, 비강체인 고체물체가 탄성이나 비탄성 변형을 수반할 때는 시간에 대한 모양 변화가 주요 관심사이다. 비강체의 또 하나의 예로는 어떤 특정한 속도로 흐르는 유체나 기체 상태의 질점들로 이루어진 부분질량을 들 수 있다. 항공기 엔진의 터빈을 통하여 흐르는 공기와 연료, 로켓 모터의 노즐로부터 분사되는 연소가스 또는 로터리 펌프를 통하여 흐르는 물 등이 그 예이다.

질점 하나에 대한 식들을 일반적인 질점계에 대하여 확장하는 것은 크게 어렵지 않으나, 문제를 통한 많은 경험 없이는 확장된 원리에 대한 일반성과 그 중요성을 완전히 이해하기가 힘들다. 그렇기 때문에 앞으로 동역학을 공부하면서 다음 절에서 얻어지는 일반 결과들을 수시로 복습할 것을 강조한다. 이렇게 하면 동역학의 원리들에 포함된 일관성이 더욱 뚜렷해질 뿐 아니라 동역학에 대한 본질적인 관점을 좀 더 갖게 될 것이다.

4.2 일반화된 뉴턴의 제2법칙

그림 4.1과 같이 공간 중에 유한한 크기의 물체 경계면 내부에 있는 n개의 질점으로 모델화된 일반적인 질량계에 대하여 뉴턴의 제2법칙을 확장하여 적용하고자 한다. 주어진 강체의 외부 표면, 물체의 임의로 주어진 부분의 경계면, 강체와 유동질점들을 포함하는 로켓의 외부 표면, 유체 질점들의 특정체적 등을 이 경계면의 예로 들 수 있다. 모든 경우에, 시스템은 경계면 내에 있는 질량으로 이루어지며, 이 질량은 명확하게 정의되고 또 분리되어 있어야 한다.

그림 4.1은 분리된 시스템의 대표질점 m_i와 시스템 경계면 내부나 외부로부터 m_i에 작용하는 힘을 각각 $\mathbf{f}_1$, $\mathbf{f}_2$, $\mathbf{f}_3$,…과 $\mathbf{F}_1$, $\mathbf{F}_2$, $\mathbf{F}_3$, …으로 나타내었다. 외력(external force)은 외부 물체와의 접촉이나 외부 중력, 전기 또는 자기력(magnetic force) 등에 의한다. 내력(internal force)은 경계면 내부에 있는 다른 질량들의 반력에 의한 것이다. 질점 m_i의 위치는 뉴턴의 기준축계의 비가속 원점 O로부터

측정한 위치벡터 $\mathbf{r}_i$에 의해서 표시된다.[*] 분리된 질점계의 질량중심 G는 위치벡터 $\bar{\mathbf{r}}$로 표시하며, 정역학에서 다룬 질량중심의 정의에 의해서

$$m\bar{\mathbf{r}} = \Sigma m_i \mathbf{r}_i$$

로 주어진다. 여기서 시스템의 전체 질량은 $m = \Sigma m_i$이다. 합산 기호 Σ는 모든 n개의 질량에 대한 합 $\Sigma_{i=1}^{n}$을 나타낸다.

뉴턴의 제2법칙, 식 (3.3)을 m_i에 적용하면 다음과 같다.

$$\mathbf{F}_1 + \mathbf{F}_2 + \mathbf{F}_3 + \cdots + \mathbf{f}_1 + \mathbf{f}_2 + \mathbf{f}_3 + \cdots = m_i \ddot{\mathbf{r}}_i$$

여기서 $\ddot{\mathbf{r}}_i$는 m_i의 가속도이다. 시스템의 각각의 질점에 대하여 유사한 식을 세울 수 있다. 모든 질점에 대하여 이러한 식들을 합하면 다음과 같다.

$$\Sigma \mathbf{F} + \Sigma \mathbf{f} = \Sigma m_i \ddot{\mathbf{r}}_i$$

$\Sigma \mathbf{F}$는 분리된 시스템의 모든 질점에 외부로부터 시스템에 작용하는 모든 힘들을 벡터 합산한 것이며, $\Sigma \mathbf{f}$는 시스템 내부의 질점들 간의 작용, 반작용에 의한 모든 질점에 작용하는 모든 힘들을 벡터 합산한 것이다. 모든 내력은 크기가 같고 방향이 반대인 쌍으로 나타나므로 이 두 번째 합은 0이 된다. $\bar{\mathbf{r}}$을 정의하는 식을 시간에 대해서 두 번 미분하면, $m\ddot{\bar{\mathbf{r}}} = \Sigma m_i \ddot{\mathbf{r}}_i$가 된다. m은 질량이 시스템 내로 들어오거나 외부로 나가지 않으면 시간에 대한 도함수를 갖지 않는다.[**] 운동방정식을 합한 식에 대입하면

$$\Sigma \mathbf{F} = m\ddot{\bar{\mathbf{r}}} \qquad \text{또는} \qquad \mathbf{F} = m\bar{\mathbf{a}} \qquad (4.1)$$

이고, 여기서 $\bar{\mathbf{a}}$는 시스템 질량중심의 가속도 $\ddot{\bar{\mathbf{r}}}$이다.

식 (4.1)은 질량계에 대한 일반화된 뉴턴의 제2법칙이며 m의 운동방정식(equation of motion of m)이라고 한다. 이

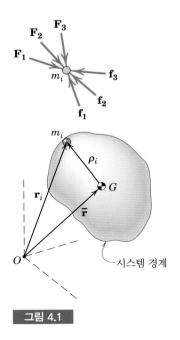

그림 4.1

시스템 경계

---

[*] 3.14절에서 설명하였듯이 회전하지 않고 가속도가 없는 임의의 좌표축계는 뉴턴의 기준계가 되며, 여기서는 뉴턴 역학의 원리가 성립한다.

[**] 만약 m이 시간의 함수이면 상황은 더욱 복잡해진다. 이 경우는 4.7절 가변질량에서 논의된다.

식은 임의의 질량계에 작용하는 외력의 합력은 시스템의 전체 질량에 질량중심의 가속도를 곱한 것과 같음을 나타낸다. 이 법칙은 이른바 **질량중심의 운동원리**를 나타낸다.

여기서 $\bar{\mathbf{a}}$는 n개 질점들의 순간적인 질량중심의 위치를 나타내는 수학적인 점의 가속도를 나타낸다. 비강체의 경우, 이 가속도는 어떤 특정한 질점의 가속도가 되지 않을 수도 있다. 또 식 (4.1)은 매 순간 성립하며 순간적인 관계를 나타낸다. 질점계에 대한 식 (4.1)은 한 개의 질점에 대한 식 (3.3)에서부터 직접 추론될 수 있는 것이 아니기 때문

에 증명되어야 한다.

식 (4.1)은 x−y−z 좌표계 또는 문제에 적합한 좌표계를 사용해서 성분별로 표시할 수도 있다. 즉

$$\Sigma F_x = m\bar{a}_x \qquad \Sigma F_y = m\bar{a}_y \qquad \Sigma F_z = m\bar{a}_z \quad (4.1a)$$

벡터식 (4.1)은 가속도벡터 $\bar{\mathbf{a}}$가 외력의 합력 $\Sigma\mathbf{F}$와 같은 방향을 가진다는 것을 나타내고 있지만, $\Sigma\mathbf{F}$는 반드시 G를 통과한다고는 할 수 없다. $\Sigma\mathbf{F}$는 일반적으로 G를 통과하지는 않는 것을 다음 절에서 볼 수 있을 것이다.

4.3 일-에너지

3.6절에서 질점 하나에 대한 일−에너지 관계를 전개하였으며, 두 연결된 질점에 대해서도 이를 적용하였다. 지금부터 그림 4.1의 일반적인 시스템을 고려해 보자. 여기서 대표질점 m_i에 대해서는 $(U_{1\text{-}2})_i = \Delta T_i$의 일−에너지 관계가 성립한다. $(U_{1\text{-}2})_i$는 시스템의 모든 외력 $\mathbf{F}_i = \mathbf{F}_1 + \mathbf{F}_2 + \mathbf{F}_3 + \cdots$과 시스템의 모든 내력 $\mathbf{f}_i = \mathbf{f}_1 + \mathbf{f}_2 + \mathbf{f}_3 + \cdots$이 m_i에 대해서 하는 일이다. m_i의 운동에너지는 $T_i = \frac{1}{2}m_i v_i{}^2$이며, v_i는 질점 속도 $\mathbf{v}_i = \dot{\mathbf{r}}_i$의 크기이다.

일-에너지 관계

전체 시스템 내 각각의 질점에 대한 일−에너지의 관계를 더하면 $\Sigma(U_{1\text{-}2})_i = \Sigma\Delta T_i$가 되며, 이는 3.6절의 식 (3.15)와 식 (3.15a)와 같은 형태이다. 즉

$$U_{1\text{-}2} = \Delta T \qquad \text{또는} \qquad T_1 + U_{1\text{-}2} = T_2 \qquad (4.2)$$

여기서 $U_{1\text{-}2} = \Sigma(U_{1\text{-}2})_i$는 내력과 외력을 포함한 모든 힘들이 모든 질점에 대해서 하는 일이고, ΔT는 시스템의 전체 운동에너지 $T = \Sigma T_i$의 변화량이다.

강체 또는 마찰이 없는 이상적인 연결부를 갖는 강체계에서는 연결부에 상호 작용하는 내력 또는 내부 모멘트가 아무 일도 하지 못한다. 그림 4.2와 같이 시스템 내부의 전형적인 연결부에 작용하는 내력들의 모든 쌍 $\mathbf{f}_i$와 $-\mathbf{f}_i$는 이 힘의 작용점들이 동일한 변위 성분을 갖기 때문에 아무런 일도 하지 못한다. 이때 $U_{1\text{-}2}$는 외력만에 의해 시스템에 가해지는 일이 된다.

에너지를 저장할 수 있는 탄성 부재를 사용한 비강체 기계 시스템에서는 외력이 한 일 중에서 일부는 내부 탄성 위치에너지 V_e를 변화시키는 데 쓰인다. 또 중력이

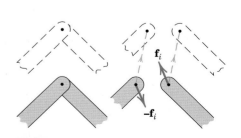

그림 4.2

한 일이 U 대신 위치에너지 V_g의 변화에 포함되어 있다면, 운동기간 동안 가해진 전체 일 $U'_{1\text{-}2}$는 시스템의 역학에너지의 변화 ΔE와 같다고 할 수 있다. 그러므로 $U'_{1\text{-}2} = \Delta E$, 즉

$$U'_{1\text{-}2} = \Delta T + \Delta V \qquad (4.3)$$

또는

$$T_1 + V_1 + U'_{1\text{-}2} = T_2 + V_2 \qquad (4.3a)$$

이는 식 (3.21), (3.21a)와 같다. 여기서 제3장의 경우와 같이, 전체 위치에너지를 $V = V_g + V_e$로 나타낸다.

운동에너지의 표현

질량계의 운동에너지 $T = \Sigma \frac{1}{2} m_i v_i{}^2$에 대해서 좀 더 자세히 살펴보기로 하자. 2.8절의 상대운동 원리에 의하면, 대표질점의 속도를 다음과 같이 표현할 수 있다.

$$\mathbf{v}_i = \bar{\mathbf{v}} + \dot{\boldsymbol{\rho}}_i$$

이때 $\bar{\mathbf{v}}$는 질량중심 G의 속도이고, $\dot{\boldsymbol{\rho}}_i$는 질량중심 G와 같이 병진운동하는 기준좌표계에 대한 m_i의 상대속도이다. $v_i{}^2 = \mathbf{v}_i \cdot \mathbf{v}_i$이므로 시스템의 운동에너지는

$$T = \Sigma \frac{1}{2} m_i \mathbf{v}_i \cdot \mathbf{v}_i = \Sigma \frac{1}{2} m_i (\bar{\mathbf{v}} + \dot{\boldsymbol{\rho}}_i) \cdot (\bar{\mathbf{v}} + \dot{\boldsymbol{\rho}}_i)$$
$$= \Sigma \frac{1}{2} m_i \bar{v}^2 + \Sigma \frac{1}{2} m_i |\dot{\boldsymbol{\rho}}_i|^2 + \Sigma m_i \bar{\mathbf{v}} \cdot \dot{\boldsymbol{\rho}}_i$$

$\boldsymbol{\rho}_i$는 질량중심으로부터 측정된 값이므로 $\Sigma m_i \boldsymbol{\rho}_i = \mathbf{0}$이며, 따라서 세 번째 항은 $\bar{\mathbf{v}} \cdot \Sigma m_i \dot{\boldsymbol{\rho}}_i = \bar{\mathbf{v}} \cdot \frac{d}{dt} \Sigma(m_i \boldsymbol{\rho}_i) = 0$이다. 또한 $\Sigma \frac{1}{2} m_i \bar{v}^2 = \frac{1}{2} \bar{v}^2 \Sigma m_i = \frac{1}{2} m \bar{v}^2$이다. 따라서 전체 운동에너지는

$$T = \frac{1}{2} m \bar{v}^2 + \Sigma \frac{1}{2} m_i |\dot{\boldsymbol{\rho}}_i|^2 \qquad (4.4)$$

이 된다. 이 식이 나타내는 것은 질량계의 전체 운동에너지는 전체 시스템의 질량중심의 병진운동에 의한 운동에너지에 각각의 질점의 질량중심에 대한 상대운동에 의한 에너지를 더한 것과 같다는 사실이다.

4.4 충격량-운동량

이제 질점계에 대한 운동량과 충격량에 관한 개념을 도입하여 소개하고자 한다.

선운동량

3.8절의 정의에서 그림 4.1에 나타난 대표적인 질점의 선운동량은 $\mathbf{G}_i = m_i \mathbf{v}_i$이며,

m_i의 속도는 $\mathbf{v}_i = \dot{\mathbf{r}}_i$이다.

시스템의 선운동량은 시스템의 모든 질점의 선운동량의 벡터합이 된다. 즉, $\mathbf{G} = \Sigma m_i \mathbf{v}_i$이다. 상대속도의 관계 $\mathbf{v}_i = \overline{\mathbf{v}} + \dot{\boldsymbol{\rho}}_i$를 대입하고, $\Sigma m_i \boldsymbol{\rho}_i = m \overline{\boldsymbol{\rho}} = \mathbf{0}$인 관계를 적용하면

$$\mathbf{G} = \Sigma m_i (\overline{\mathbf{v}} + \dot{\boldsymbol{\rho}}_i) = \Sigma m_i \overline{\mathbf{v}} + \frac{d}{dt} \Sigma m_i \boldsymbol{\rho}_i$$

$$= \overline{\mathbf{v}} \Sigma m_i + \frac{d}{dt}(\mathbf{0})$$

또는

$$\mathbf{G} = m\overline{\mathbf{v}} \tag{4.5}$$

즉, 질량이 일정한 임의의 질량계의 선운동량은 질량에 질량중심의 속도를 곱한 값이 된다.

$\mathbf{G}$의 시간에 대한 미분은 $m\dot{\overline{\mathbf{v}}} = m\overline{\mathbf{a}}$이며, 이는 식 (4.1)에 의해서 시스템에 적용하는 외력의 합력과 같다. 따라서

$$\Sigma \mathbf{F} = \dot{\mathbf{G}} \tag{4.6}$$

이 성립하며, 이 식은 질점 하나에 대한 식 (3.25)와 같은 형태이다. 식 (4.6)은 질량계에 작용하는 외력의 합력은 시스템의 선운동량의 시간 변화율과 같다는 것이며, 이는 식 (4.1)의 일반화된 뉴턴의 제2법칙을 다른 형태로 표기한 것이다. 조금 전에 언급한 바와 같이, 일반적으로 $\Sigma \mathbf{F}$는 질량중심 G를 통과하지 않는다. 식 (4.6)에서는 시간에 대한 미분을 할 때 전체 질량은 일정하다고 가정했으므로, 그 질량이 시간에 따라서 변하는 시스템에는 적용되지 않는다.

각운동량

그림 4.3의 일반적인 질량계에서 고정점 O, 질량중심 G, 가속도가 $\mathbf{a}_P = \ddot{\mathbf{r}}_P$인 임의의 점 P에 대한 각운동량을 결정해 보자.

고정점 O에 대해.　뉴턴의 기준계 내에서 고정된 점 O에 대한 각운동량은 시스템 내의 모든 질점의 선운동량의 O에 대한 모멘트의 벡터합으로 정의된다. 즉,

$$\mathbf{H}_O = \Sigma(\mathbf{r}_i \times m_i \mathbf{v}_i)$$

이다. 위 식에서 외적을 시간에 대하여 미분하면 $\dot{\mathbf{H}}_O = \Sigma(\dot{\mathbf{r}}_i \times m_i \mathbf{v}_i) + \Sigma(\mathbf{r}_i \times m_i \dot{\mathbf{v}}_i)$이다. 여기서 첫 번째 합의 항은 서로 같은 두 개의 벡터 $\dot{\mathbf{r}}_i$와 $m_i \mathbf{v}_i$의 벡터곱이므로 0이 된다. 두 번째 합의 항은 $\Sigma(\mathbf{r}_i \times m_i \mathbf{a}_i) = \Sigma(\mathbf{r}_i \times \mathbf{F}_i)$가 되며, 이는 시스템의 모든 질점들에 작용하는 모든 힘들의 점 O에 대한 모멘트의 벡터합이다. 내력은 서로

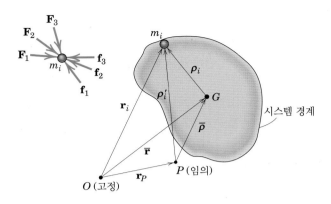

그림 4.3

상쇄되며, 내력의 합 모멘트는 **0**이 되므로 이 모멘트합 $\Sigma\mathbf{M}_O$는 시스템의 외력에 의한 모멘트만을 나타낸다. 따라서 모멘트합은

$$\Sigma\mathbf{M}_O = \dot{\mathbf{H}}_O \tag{4.7}$$

가 되며, 이 식은 질점 하나에 대한 식 (3.31)과 같은 형태이다.

식 (4.7)은 '질량계의 모든 외력의 임의의 고정된 점에 대한 합벡터 모멘트는 이 점에 대한 시스템의 각운동량의 시간에 대한 변화율과 같음'을 나타내고 있다. 선운동량의 경우와 마찬가지로 시스템의 전체 질량이 시간에 따라 변화하면 식 (4.7)은 성립되지 않는다.

질량중심 G에 대해.   질량중심 G에 대한 각운동량은 시스템의 모든 질점의 선운동량의 G에 대한 모멘트의 합으로

$$\mathbf{H}_G = \Sigma\boldsymbol{\rho}_i \times m_i\dot{\mathbf{r}}_i \tag{4.8}$$

이다. 절대속도 $\dot{\mathbf{r}}_i$는 $(\dot{\bar{\mathbf{r}}} + \dot{\boldsymbol{\rho}}_i)$로 쓸 수 있어 $\mathbf{H}_G$는

$$\mathbf{H}_G = \Sigma\boldsymbol{\rho}_i \times m_i(\dot{\bar{\mathbf{r}}} + \dot{\boldsymbol{\rho}}_i) = \Sigma\boldsymbol{\rho}_i \times m_i\dot{\bar{\mathbf{r}}} + \Sigma\boldsymbol{\rho}_i \times m_i\dot{\boldsymbol{\rho}}_i$$

로 된다. 이 식의 우변의 첫 번째 항은 $-\dot{\bar{\mathbf{r}}} \times \Sigma m_i\boldsymbol{\rho}_i$로 바꿔 쓰면 그 항은 0이 된다. 왜냐하면 질량중심의 정의로부터 $\Sigma m_i\boldsymbol{\rho}_i = \mathbf{0}$이 되기 때문이다. 따라서 다음과 같이 된다.

$$\mathbf{H}_G = \Sigma\boldsymbol{\rho}_i \times m_i\dot{\boldsymbol{\rho}}_i \tag{4.8a}$$

식 (4.8)은 절대속도 $\dot{\mathbf{r}}_i$가 사용되었으므로 **절대각운동량**이라 하고, 식 (4.8a)는 상대속도 $\dot{\boldsymbol{\rho}}_i$가 사용되었으므로 **상대각운동량**이라 한다. 질량중심 G를 기준점으로 잡으면 절대각운동량과 상대각운동량이 일치한다. 이 일치성은 임의의 기준점 P에

대해서는 성립하지 않음을 알게 될 것이다. 고정된 기준점 O에 대해서는 이러한 구별이 필요없게 된다.

시간에 대해 식 (4.8)을 미분하면

$$\dot{\mathbf{H}}_G = \Sigma\dot{\boldsymbol{\rho}}_i \times m_i(\dot{\mathbf{r}} + \dot{\boldsymbol{\rho}}_i) + \Sigma\boldsymbol{\rho}_i \times m_i\ddot{\mathbf{r}}_i$$

첫 번째 합산은 $\Sigma\dot{\boldsymbol{\rho}}_i \times m_i\dot{\mathbf{r}} + \Sigma\dot{\boldsymbol{\rho}}_i \times m_i\dot{\boldsymbol{\rho}}_i$로 전개된다. 첫 번째 항은 $-\dot{\mathbf{r}} \times \Sigma m_i\dot{\boldsymbol{\rho}}_i = -\dot{\mathbf{r}} \times \frac{d}{dt}\Sigma m_i\boldsymbol{\rho}_i$로 되어 질량중심의 정의로부터 0이 된다. 두 번째 항도 평행한 두 벡터의 벡터곱은 0이므로 0이 된다. 질량 m_i에 작용하는 모든 외력과 내력의 합을 각각 $\mathbf{F}_i$와 $\mathbf{f}_i$로 표기하면 두 번째 합산은 뉴턴의 제2법칙에 따라 $\Sigma\boldsymbol{\rho}_i \times (\mathbf{F}_i + \mathbf{f}_i) = \Sigma\boldsymbol{\rho}_i \times \mathbf{F}_i = \Sigma\mathbf{M}_G$로 되고, 점 G에 관한 모든 외부 모멘트의 합이 된다. 모든 내부 모멘트합 $\Sigma\boldsymbol{\rho}_i \times \mathbf{f}_i$는 0이 됨을 기억하자. 따라서 위 식은

$$\Sigma\mathbf{M}_G = \dot{\mathbf{H}}_G \tag{4.9}$$

가 되고, 이 식은 절대각운동량과 상대각운동량에 모두 적용될 수 있다.

식 (4.7)과 (4.9)는 강체나 비강체의 어떠한 일정 질량 시스템에도 적용할 수 있어 동역학의 관계식들 중 가장 많이 사용된다.

임의의 점 P에 대해.   그림 4.3에서 임의의 점 P(가속도 $\ddot{\mathbf{r}}_P$를 가질 수도 있다)에 대한 각운동량은

$$\mathbf{H}_P = \Sigma\boldsymbol{\rho}_i' \times m_i\dot{\mathbf{r}}_i = \Sigma(\bar{\boldsymbol{\rho}} + \boldsymbol{\rho}_i) \times m_i\dot{\mathbf{r}}_i$$

이다. 첫째 항은 $\bar{\boldsymbol{\rho}} \times \Sigma m_i\dot{\mathbf{r}}_i = \bar{\boldsymbol{\rho}} \times \Sigma m_i\mathbf{v}_i = \bar{\boldsymbol{\rho}} \times m\bar{\mathbf{v}}$이고, 둘째 항은 $\Sigma\boldsymbol{\rho}_i \times m_i\dot{\mathbf{r}}_i = \mathbf{H}_G$이다.

$$\mathbf{H}_P = \mathbf{H}_G + \bar{\boldsymbol{\rho}} \times m\bar{\mathbf{v}} \tag{4.10}$$

식 (4.10)은 '임의의 점 P에 관한 절대각운동량이 G에 관한 각운동량과 G에 집중되었다고 생각되는 시스템의 선운동량 $m\bar{\mathbf{v}}$의 점 P에 관한 모멘트의 합'이라는 것을 말하고 있다.

이제 정역학에서 다룬 바 있는 '모멘트의 원리'를 이용하면, 점 G와 같은 임의의 점을 통과하는 합력과 짝힘으로 힘계(force system)를 표현할 수 있다. 그림 4.4는 점 G를 통과하는 합력 $\Sigma\mathbf{F}$와 그에 따른 짝힘 $\Sigma\mathbf{M}_G$로 시스템에 작용하는 외력의 합력들을 나타내고 있다. 시스템에 작용하는 모든 외력으로 인한 점 P에 대한 모멘트의 합이 그것들의 합력으로 인한 모멘트와 같다는 사실을 알고 있다. 따라서

$$\Sigma\mathbf{M}_P = \Sigma\mathbf{M}_G + \bar{\boldsymbol{\rho}} \times \Sigma\mathbf{F}$$

로 쓸 수 있고, 이것은 식 (4.9)와 (4.6)에 의하여

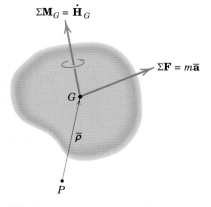

그림 4.4

$$\Sigma \mathbf{M}_P = \dot{\mathbf{H}}_G + \bar{\boldsymbol{\rho}} \times m\bar{\mathbf{a}} \tag{4.11}$$

로 된다. 식 (4.11)에서 볼 수 있는 바와 같이, 임의로 편리하게 택한 모멘트중심 P에 관한 모멘트 방정식을 쓸 수 있으며, 그림 4.4에서와 같이 쉽게 가시화할 수 있다. 이 방정식은 제6장에서 취급하는 강체의 평면운동역학에서 대단히 중요한 기초가 된다.

P에 대한 운동량을 이용하여 유사한 운동량 관계식을 얻을 수도 있다. 그림 4.3으로부터

$$(\mathbf{H}_P)_{\mathrm{rel}} = \Sigma \boldsymbol{\rho}_i' \times m_i \dot{\boldsymbol{\rho}}_i'$$

여기서 $\dot{\boldsymbol{\rho}}_i'$는 P에 대한 m_i의 속도이다. $\boldsymbol{\rho}_i' = \bar{\boldsymbol{\rho}} + \boldsymbol{\rho}_i$와 $\dot{\boldsymbol{\rho}}_i' = \dot{\bar{\boldsymbol{\rho}}} + \dot{\boldsymbol{\rho}}_i$를 대입하면

$$(\mathbf{H}_P)_{\mathrm{rel}} = \Sigma \bar{\boldsymbol{\rho}} \times m_i \dot{\bar{\boldsymbol{\rho}}} + \Sigma \bar{\boldsymbol{\rho}} \times m_i \dot{\boldsymbol{\rho}}_i + \Sigma \boldsymbol{\rho}_i \times m_i \dot{\bar{\boldsymbol{\rho}}} + \Sigma \boldsymbol{\rho}_i \times m_i \dot{\boldsymbol{\rho}}_i$$

로 된다. 첫 번째 합은 $\bar{\boldsymbol{\rho}} \times m\mathbf{v}_{\mathrm{rel}}$이고, 두 번째 합인 $\bar{\boldsymbol{\rho}} \times \frac{d}{dt}\Sigma m_i \boldsymbol{\rho}_i$와 세 번째 합인 $-\dot{\bar{\boldsymbol{\rho}}} \times \Sigma m_i \boldsymbol{\rho}_i$는 둘 다 질량중심의 정의에 의해 0이 된다. 네 번째 합은 $(\mathbf{H}_G)_{\mathrm{rel}}$로 되어, 이것들을 다시 정리하면

$$(\mathbf{H}_P)_{\mathrm{rel}} = (\mathbf{H}_G)_{\mathrm{rel}} + \bar{\boldsymbol{\rho}} \times m\bar{\mathbf{v}}_{\mathrm{rel}} \tag{4.12}$$

로 되고, 여기서 $(\mathbf{H}_G)_{\mathrm{rel}}$은 $\mathbf{H}_G$[식 (4.8)과 (4.8a) 참조]와 같다. 식 (4.12)와 (4.10)의 유사성을 주목해야 한다.

P에 관한 모멘트 방정식은 P에 관한 각운동량으로 표현된다. $(\mathbf{H}_P)_{\mathrm{rel}} = \Sigma \boldsymbol{\rho}_i' \times m_i \dot{\boldsymbol{\rho}}_i'$을 시간에 관해 미분하고 $\ddot{\mathbf{r}}_i = \ddot{\mathbf{r}}_P + \ddot{\boldsymbol{\rho}}_i'$을 대입하여 식을 얻으면

$$(\dot{\mathbf{H}}_P)_{\mathrm{rel}} = \Sigma \dot{\boldsymbol{\rho}}_i' \times m_i \dot{\boldsymbol{\rho}}_i' + \Sigma \boldsymbol{\rho}_i' \times m_i \ddot{\mathbf{r}}_i - \Sigma \boldsymbol{\rho}_i' \times m_i \ddot{\mathbf{r}}_P$$

로 된다. 첫 번째 합은 0이 되고, 두 번째 합은 점 P에 관한 모든 외력의 모멘트의 합인 $\Sigma \mathbf{M}_P$가 된다. 세 번째 합은 $\Sigma \boldsymbol{\rho}_i' \times m_i \mathbf{a}_P = -\mathbf{a}_P \times \Sigma m_i \boldsymbol{\rho}_i' = -\mathbf{a}_P \times m\bar{\boldsymbol{\rho}} = \bar{\boldsymbol{\rho}} \times m\mathbf{a}_P$로 된다. 각각의 항을 재정리하면

$$\Sigma \mathbf{M}_P = (\dot{\mathbf{H}}_P)_{\mathrm{rel}} + \bar{\boldsymbol{\rho}} \times m\mathbf{a}_P \tag{4.13}$$

로 된다. 식 (4.13)은 점 P의 가속도를 알고, 점 P를 모멘트중심으로 하면 편리하다. 이 방정식은 다음과 같이 더 간단하게 정리할 수 있다.

$$\Sigma \mathbf{M}_P = (\dot{\mathbf{H}}_P)_{\mathrm{rel}} \quad \text{만약} \begin{cases} 1.\ \mathbf{a}_P = \mathbf{0}\ [\text{식 (4.7)과 같음}] \\ 2.\ \bar{\boldsymbol{\rho}} = \mathbf{0}\ [\text{식 (4.9)와 같음}] \\ 3.\ \bar{\boldsymbol{\rho}}\text{와 } \mathbf{a}_P\text{가 평행}(\mathbf{a}_P\text{가 } G\text{를 향하거나 멀어질 때}) \end{cases}$$

4.5 에너지와 운동량 보존

어떤 공통적인 경우에는 시스템에서 운동이 일어나는 동안에 전체의 역학에너지의 변화가 없을 때가 있다. 또 다른 경우에는 시스템의 운동량의 변화가 없을 때도 있다. 다음에 이러한 경우를 고찰해 보자.

에너지 보존

음의 일(negative work)을 하는 내부 마찰력에 의한 에너지 손실이나 주기운동에서 에너지를 소산시키는 비탄성 부재에 의한 에너지 손실 등이 없는 질량계를 보존계(conservative system)라고 부른다. 보존계에서 [중력이나 기타 퍼텐셜 힘(potential force)이 아닌] 외력이 운동기간 동안 어떠한 일을 하지 않는다면, 시스템의 에너지는 소실되지 않는다. 이 경우에 $U'_{1\text{-}2} = 0$이고 식 (4.3)은

$$\Delta T + \Delta V = 0 \tag{4.14}$$

또는

$$T_1 + V_1 = T_2 + V_2 \tag{4.14a}$$

가 되는데, 이 식은 동적 에너지 보존법칙(law of conservation of dynamic energy)을 나타낸다. 총에너지 $E = T + V$는 일정해서 $E_1 + E_2$가 된다. 이 법칙은 내부 운동마찰이 충분히 작아서 무시할 만한 이상적인 경우에만 성립한다.

운동량 보존

만약 어느 시간 동안 보존계 또는 비보존계에 작용하는 외력의 합력 $\Sigma\mathbf{F}$가 0일 때, 식 (4.6)에서 $\dot{\mathbf{G}} = \mathbf{0}$이 된다. 따라서 이 기간 동안

$$\mathbf{G}_1 = \mathbf{G}_2 \tag{4.15}$$

가 성립하며, 이는 선운동량 보존의 원리(principle of conservation of linear momentum)를 나타낸다. 따라서 외부에서 작용하는 충격량이 없으면 시스템의 선운동량은 변하지 않는다.

마찬가지로, 임의의 질량계에서 고정된 점 O 또는 질량중심 G에 대한 외력의 모멘트의 합이 0이면, 식 (4.7) 또는 (4.9)에서

$$(\mathbf{H}_O)_1 = (\mathbf{H}_O)_2 \qquad \text{또는} \qquad (\mathbf{H}_G)_1 = (\mathbf{H}_G)_2 \tag{4.16}$$

가 각각 성립한다. 이 관계들은 각충격량(angular impulse)이 작용하지 않는 일반적인 질량계의 각운동량 보존의 원리(principle of conservation of angular momentum)를 나타낸다. 따라서, 만약 한 고정된 점(또는 질량중심)에 대한 각충

격량이 0이면 고정된 점(또는 질량중심)에 대한 시스템의 각운동량은 변하지 않는다. 이들 중 어느 한 관계식이든 나머지 관계식과 무관하게 성립할 수 있다.

3.14절에서 증명된 바와 같이 뉴턴의 역학의 기본법칙들은 일정 속도로 병진운동을 하는 좌표계에서 성립한다. 따라서 식 (4.1)에서 (4.16)까지의 모든 식들은 모든 양들이 병진 좌표축에 대하여 표시되었을 때 성립한다.

역학에서 유도된 기본법칙들 중 식 (4.1)부터 (4.16)이 가장 중요한 것들이다. 이 장에서는 이 법칙들의 일반성을 유지하기 위해서 일정 질량의 일반적인 시스템에 대해서 유도하였다. 이 법칙들은 강체나 비강체와 같은 특별한 질량계나, 다음 절에서 언급할 특정의 유체 시스템에 다시 반복적으로 사용된다. 독자들은 이 법칙들을 주의 깊게 공부하고 또 제3장의 질점의 운동역학에서 나타난 더욱 제한된 형태의 식들과 비교해 보아야 할 것이다.

age fotostock/age fotostock/SuperStock

질점계 동역학 원리는 소방 보트의 물 분사와 연관된 힘을 연구하는 기반이 된다.

예제 4.1

어떤 네 개의 질점으로 구성된 시스템의 질점의 질량, 위치, 속도 그리고 외력이 그림과 같다. $\bar{\mathbf{r}}$, $\dot{\bar{\mathbf{r}}}$, $\ddot{\bar{\mathbf{r}}}$, T, $\mathbf{G}$, $\mathbf{H}_O$, $\dot{\mathbf{H}}_O$, $\mathbf{H}_G$, $\dot{\mathbf{H}}_G$를 결정하라.

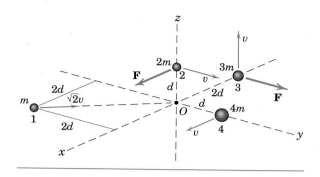

|풀이| 시스템의 질량중심 위치는

$$\bar{\mathbf{r}} = \frac{\Sigma m_i \mathbf{r}_i}{\Sigma m_i} = \frac{m(2d\mathbf{i} - 2d\mathbf{j}) + 2m(d\mathbf{k}) + 3m(-2d\mathbf{i}) + 4m(d\mathbf{j})}{m + 2m + 3m + 4m} \quad ①$$

$$= d(-0.4\mathbf{i} + 0.2\mathbf{j} + 0.2\mathbf{k}) \qquad 답$$

$$\dot{\bar{\mathbf{r}}} = \frac{\Sigma m_i \dot{\mathbf{r}}_i}{\Sigma m_i} = \frac{m(-v\mathbf{i} + v\mathbf{j}) + 2m(v\mathbf{j}) + 3m(v\mathbf{k}) + 4m(v\mathbf{i})}{10m}$$

$$= v(0.3\mathbf{i} + 0.3\mathbf{j} + 0.3\mathbf{k}) \qquad 답$$

$$\ddot{\bar{\mathbf{r}}} = \frac{\Sigma \mathbf{F}}{\Sigma m_i} = \frac{F\mathbf{i} + F\mathbf{j}}{10m} = \frac{F}{10m}(\mathbf{i} + \mathbf{j}) \qquad 답$$

$$T = \Sigma \tfrac{1}{2} m_i v_i^2 = \tfrac{1}{2}[m(\sqrt{2}v)^2 + 2mv^2 + 3mv^2 + 4mv^2] = \frac{11}{2}mv^2 \qquad 답$$

$$\mathbf{G} = (\Sigma m_i)\dot{\bar{\mathbf{r}}} = 10m(v)(0.3\mathbf{i} + 0.3\mathbf{j} + 0.3\mathbf{k}) = mv(3\mathbf{i} + 3\mathbf{j} + 3\mathbf{k}) \qquad 답$$

$$\mathbf{H}_O = \Sigma \mathbf{r}_i \times m_i \dot{\mathbf{r}}_i = \mathbf{0} - 2mvd\mathbf{i} + 3mv(2d)\mathbf{j} - 4mvd\mathbf{k} \quad ②$$

$$= mvd(-2\mathbf{i} + 6\mathbf{j} - 4\mathbf{k}) \qquad 답$$

$$\dot{\mathbf{H}}_O = \Sigma \mathbf{M}_O = -2dF\mathbf{k} + Fd\mathbf{j} = Fd(\mathbf{j} - 2\mathbf{k}) \qquad 답$$

$\mathbf{H}_G$의 경우는 식 (4.10)을 사용한다.

$$[\mathbf{H}_G = \mathbf{H}_O + \bar{\boldsymbol{\rho}} \times m\bar{\mathbf{v}}] \quad ③$$

$$\mathbf{H}_G = mvd(-2\mathbf{i} + 6\mathbf{j} - 4\mathbf{k}) - d(-0.4\mathbf{i} + 0.2\mathbf{j} + 0.2\mathbf{k}) \times$$

$$10mv(0.3\mathbf{i} + 0.3\mathbf{j} + 0.3\mathbf{k}) = mvd(-2\mathbf{i} + 4.2\mathbf{j} - 2.2\mathbf{k}) \qquad 답$$

$\dot{\mathbf{H}}_G$는 식 (4.9)를 사용하거나 식 (4.11)의 P를 O로 바꾸어 사용해서 구할 수 있다. 후자의 방법을 사용하면 다음을 얻는다.

$$[\dot{\mathbf{H}}_G = \Sigma \mathbf{M}_O - \bar{\boldsymbol{\rho}} \times m\bar{\mathbf{a}}]$$

$$\dot{\mathbf{H}}_G = Fd(\mathbf{j} - 2\mathbf{k}) - d(-0.4\mathbf{i} + 0.2\mathbf{j} + 0.2\mathbf{k}) \times 10m\left(\frac{F}{10m}\right)(\mathbf{i} + \mathbf{j}) \quad ④$$

$$= Fd(0.2\mathbf{i} + 0.8\mathbf{j} - 1.4\mathbf{k}) \qquad 답$$

|도움말|

① 모든 합산은 $i = 1$에서 4까지 한다. 그리고 합하는 순서는 그림에 주어진 질량 번호대로 한다.

② 간단한 기하학적 구조이므로 단순 관찰로 외적이 구해진다.

③ 식 (4.10)의 P를 O로 바꾸어 사용하는 것이 식 (4.8)이나 (4.8a)를 사용하는 것보다 편리하다. 식 (4.10)의 m은 전체질량이고, 이 문제에서는 $10m$이다. P를 O로 바꾼 식 (4.10)에 $\bar{\boldsymbol{\rho}}$는 $\bar{\mathbf{r}}$이다.

④ 여기서 다시 $\bar{\boldsymbol{\rho}} = \bar{\mathbf{r}}$이고 시스템 질량은 $10m$인 것을 확인한다.

예제 4.2

각각의 질량이 m인 세 개의 공이, 무게를 무시할 수 있는 등각 강체틀에 용접되어 있다. 이 조립체는 미끄러운 수평면 위에 놓여 있다. 그림과 같이 순간적으로 힘 **F**가 한 막대에 작용할 때 (a) 점 O의 가속도, (b) 틀의 가속도 $\ddot{\theta}$를 구하라.

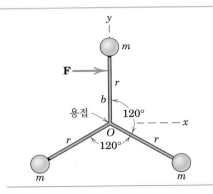

|풀이| (a) 점 O는 세 공의 질량중심이므로 식 (4.1)에 의해서 가속도가 구해진다.

$$[\Sigma \mathbf{F} = m\bar{\mathbf{a}}] \qquad F\mathbf{i} = 3m\bar{\mathbf{a}} \qquad \bar{\mathbf{a}} = \mathbf{a}_O = \frac{F}{3m}\mathbf{i} \quad ①$$ 🔲

(b) 모멘트의 원리 식 (4.9)로부터 $\ddot{\theta}$를 구하자. $\mathbf{H}_G$를 구하기 위해서는 먼저 회전하지 않는 x-y축 내에서 각 공의 질량중심 O에 대한 상대속도는 $r\dot{\theta}$이고, 여기서 $\dot{\theta}$는 틀의 막대들의 공통 각속도임을 유의하라. 시스템의 점 O에 대한 각운동량은 식 (4.8)과 같이 상대 선운동량의 모멘트의 합이므로

$$H_O = H_G = 3(mr\dot{\theta})r = 3mr^2\dot{\theta}$$

식 (4.9)에서

$$[\Sigma \mathbf{M}_G = \dot{\mathbf{H}}_G] \qquad Fb = \frac{d}{dt}(3mr^2\dot{\theta}) = 3mr^2\ddot{\theta} \qquad \text{따라서} \quad \ddot{\theta} = \frac{Fb}{3mr^2} \quad ②$$ 🔲

|도움말|

① 결과는 **F**의 크기와 방향에 따라 변하지만 **F**의 작용선의 위치를 나타내는 b의 영향은 받지 않는다.

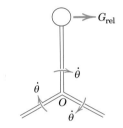

② 비록 $\dot{\theta}$도 처음에는 0이었지만 $\dot{\mathbf{H}}_G$를 구하기 위해서는 $H_O = H_G$의 식을 구해야 한다. 또 $\ddot{\theta}$은 점 O의 운동과 관계없음을 알 수 있다.

예제 4.3

예제 4.2와 모든 조건이 다 같다고 고려한다. 단, 막대는 점 O에서 자유롭게 힌지되어 있다. 두 문제의 차이를 설명하라.

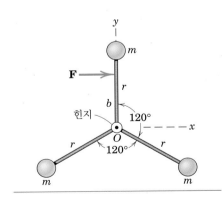

|풀이| 일반화된 뉴턴의 제2법칙은 어떤 질량계에 대해서도 성립한다. 따라서 질량중심 G의 가속도 $\bar{\mathbf{a}}$는 예제 4.2와 같다. 즉

$$\bar{\mathbf{a}} = \frac{F}{3m}\mathbf{i}$$ 🔲

질량중심 G는 이 순간 O와 일치하고 있으나, 막대 사이의 각도가 변함에 따라 점 O는 질량중심이 되지 않으므로 힌지 O의 운동은 G의 운동과 같다고 할 수 없다.

ΣM_G와 $\dot{H}_G$는 이 순간 두 물체에서 같은 값을 가진다. 그러나 이 문제에서는 막대들의 각운동들이 서로 다르며 쉽게 결정할 수가 없다. ①

|도움말|

① 이 시스템을 부재별로 분해하여 각각의 운동방정식을 세워서 미지수를 하나씩 하나씩 소거한다. 또는 라그랑주 방정식을 이용하는 고등해법을 사용할 수도 있다(이 방법에 대해서는 J. L. Meriam의 *Dynamics*, *2nd edition*, *SI Version*, *1975*를 참조하라).

예제 4.4

수직 x–z 평면 내에서 그림에서와 같은 기울기를 이루며, 질량 **20 kg**인 파열탄이 $u = 300$ m/s의 속도로 점 O에서 발사되었다. 이 포탄이 궤도의 꼭대기 점 P에 이르렀을 때 폭발하여 세 개의 파편 A, B, C로 갈라졌다. 폭발 직후 파편 A는 점 P 위 수직으로 **500 m** 올라가는 것이 관찰되었으며, 파편 B는 수평속도 $\mathbf{v}_B$를 가지고 있었고 결국은 점 Q에 떨어졌다. 회수된 파편 A, B, C의 질량은 각각 **5, 9, 6 kg**이었다. 폭발 직후 파편 C의 속도를 계산하라. 공기의 저항은 무시한다.

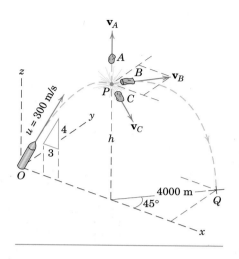

|풀이| 탄환 운동에 대한 우리들의 지식으로부터 파열탄이 점 P에 도달하기까지 걸리는 시간과 수직 상승은

$$t = u_z/g = 300(4/5)/9.81 = 24.5 \text{ s}$$

$$h = \frac{u_z{}^2}{2g} = \frac{[(300)(4/5)]^2}{2(9.81)} = 2940 \text{ m}$$

A의 속도 크기는

$$v_A = \sqrt{2gh_A} = \sqrt{2(9.81)(500)} = 99.0 \text{ m/s}$$

파편 B는 초기에 z방향 속도가 없기 때문에 지상까지 도달하는 데는 **24.5**초가 소요된다. 수평방향 속도는 다음과 같이 일정하다.

$$v_B = s/t = 4000/24.5 = 163.5 \text{ m/s}$$

폭발력은 파열탄과 그 세 개의 파편으로 이루어진 시스템의 내력이므로, 시스템의 선운동량은 폭발을 전후해서 변하지 않는다. 따라서

$$[\mathbf{G}_1 = \mathbf{G}_2] \qquad m\mathbf{v} = m_A\mathbf{v}_A + m_B\mathbf{v}_B + m_C\mathbf{v}_C \quad ①$$

$$20(300)(\tfrac{3}{5})\mathbf{i} = 5(99.0\mathbf{k}) + 9(163.5)(\mathbf{i}\cos 45° + \mathbf{j}\sin 45°) + 6\mathbf{v}_C$$

$$6\mathbf{v}_C = 2560\mathbf{i} - 1040\mathbf{j} - 495\mathbf{k}$$

$$\mathbf{v}_C = 427\mathbf{i} - 173.4\mathbf{j} - 82.5\mathbf{k} \text{ m/s} \quad ②$$

$$v_C = \sqrt{(427)^2 + (173.4)^2 + (82.5)^2} = 468 \text{ m/s}$$

|도움말|

① 궤도의 꼭대기에서 파열탄의 속도 $\mathbf{v}$는 초기속도 $\mathbf{u}$의 수평성분이고, 이는 $u(3/5)$가 되며 일정하다.

② 세 파편의 질량중심은 폭발이 일어나지 않았다면, 파열탄이 계속 나아가고 있을 궤도를 따라가고 있을 것이다.

예제 4.5

16 kg인 운반대 A가 가이드를 따라 1.2 m/s의 속도로 수평운동을 하고 있으며, 가이드에는 공들과 가벼운 막대로 조립된 두 개의 부속품이 점 O를 중심으로 회전하고 있다. 공 네 개의 각각의 질량은 1.6 kg이다. 앞면에 있는 부속품은 반시계방향으로 80 rpm으로 회전하고 뒷면에 있는 부속품은 시계방향으로 100 rpm으로 회전하고 있다. 전체 시스템에 대해서 (a) 운동에너지 T, (b) 선운동량 G, (c) 점 O에 대한 각운동량 H_O를 계산하라.

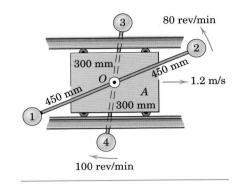

|풀이| **(a) 운동에너지**   공의 점 O에 대한 상대속도는

$$[|\dot{\boldsymbol{\rho}}_i| = v_{\text{rel}} = r\dot{\theta}] \qquad (v_{\text{rel}})_{1,2} = 0.450\frac{80(2\pi)}{60} = 3.77 \text{ m/s}$$

$$(v_{\text{rel}})_{3,4} = 0.300\frac{100(2\pi)}{60} = 3.14 \text{ m/s}$$

시스템의 운동에너지는 식 (4.4)에 주어져 있다. 병진운동에너지는

$$\tfrac{1}{2}m\bar{v}^2 = \tfrac{1}{2}[16 + 4(1.6)](1.2^2) = 16.13 \text{ J} \quad ①$$

회전에 의한 운동에너지는 상대운동의 제곱에 따라 결정된다.

$$\Sigma\tfrac{1}{2}m_i|\dot{\boldsymbol{\rho}}_i|^2 = 2\left[\tfrac{1}{2}1.6(3.77)^2\right]_{(1,2)} + 2\left[\tfrac{1}{2}1.6(3.14)^2\right]_{(3,4)} \quad ②$$

$$= 22.7 + 15.79 = 38.5 \text{ J}$$

전체 운동에너지는

$$T = \tfrac{1}{2}m\bar{v}^2 + \Sigma\tfrac{1}{2}m_i|\dot{\boldsymbol{\rho}}_i|^2 = 16.13 + 38.5 = 54.7 \text{ J} \qquad \blacksquare$$

(b) 선운동량   식 (4.5)의 선운동량은 시스템의 전체 질량과 질량중심 속도 v_O의 곱이다. 따라서

$$[\mathbf{G} = m\bar{\mathbf{v}}] \qquad G = [16 + 4(1.6)](1.2) = 26.9 \text{ kg·m/s} \quad ③ \qquad \blacksquare$$

(c) 점 O에 대한 각운동량   점 O에 대한 각운동량은 공의 선운동량의 모멘트 때문에 생긴다. 반시계방향을 양으로 잡는다면

$$H_O = \Sigma|\mathbf{r}_i \times m_i\mathbf{v}_i|$$

$$H_O = [2(1.6)(0.450)(3.77)]_{(1,2)} - [2(1.6)(0.300)(3.14)]_{(3,4)} \quad ④$$

$$= 5.43 - 3.02 = 2.41 \text{ kg·m}^2/\text{s} \qquad \blacksquare$$

|도움말|

① 질량 m은 이송기구와 볼 4개의 질량을 포함하는 전체 질량이며 $\bar{v}$는 질량중심 O의 속도인 동시에 이송기구의 속도이다.

② 속도의 제곱에 따라 결정되는 운동에너지는 회전방향과는 상관이 없다.

③ 각각의 공의 쌍에 있어서 점 O에 대한 상대 선운동량이 서로 반대 방향이고, 따라서 상쇄되기 때문에 공의 운동량을 간과하기 쉽다. 각각의 공들은 또한 속도 성분 $\bar{\mathbf{v}}$를 가지므로 운동량 성분 $m_i\bar{\mathbf{v}}$를 가진다.

④ 운동에너지의 경우 회전방향은 관계가 없었지만, 각운동량은 벡터양이므로 회전방향이 반드시 고려되어야 한다.

연습문제

기초문제

4/1 세 개의 질점으로 구성된 질점계가 그림에 표기된 질점 질량, 속도, 그리고 외력을 갖는다. 이 2차원 시스템에 대해서 $\bar{\mathbf{r}}$, $\dot{\bar{\mathbf{r}}}$, $\ddot{\bar{\mathbf{r}}}$, T, $\mathbf{H}_O$, $\dot{\mathbf{H}}_O$를 구하라.

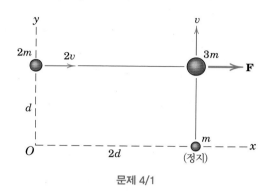

문제 4/1

4/2 문제 4/1의 질점계에 대해서 $\mathbf{H}_G$와 $\dot{\mathbf{H}}_G$를 구하라.

4/3 3질점 질점계가 그림에 주어진 질점 질량, 속도, 그리고 외력을 갖는다. 이 3차원 시스템에 대해서 $\bar{\mathbf{r}}$, $\dot{\bar{\mathbf{r}}}$, $\ddot{\bar{\mathbf{r}}}$, T, $\mathbf{H}_O$, $\dot{\mathbf{H}}_O$를 구하라.

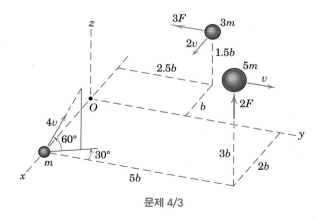

문제 4/3

4/4 문제 4/3의 질점계에 대해서 $\mathbf{H}_G$와 $\dot{\mathbf{H}}_G$를 구하라.

4/5 각각 질량이 2 kg인 매끄러운 두 개의 구로 구성된 시스템이 있다. 가벼운 스프링으로 연결된 두 구에 힌지(hinge) 체결된 질량을 무시할 수 있는 두 봉이 수직으로 매달려 있다. 두 구가 매끄러운 수평 안내로를 따라 미끄러진다. 그림에 보여주는 위치에서 봉 하나에 수평힘 $F=50$ N을 가하는 경우에 스프링 중심 C의 가속도를 구하라. 이 결과가 b의 크기에 영향을 받지 않는 이유를 설명하라.

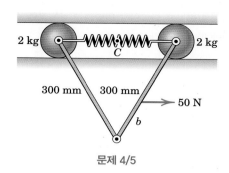

문제 4/5

4/6 다섯 개의 질점으로 구성된 질점계가 $t=2.2$ s에서 $\mathbf{G}_{2.2}=3.4\mathbf{i}-2.6\mathbf{j}+4.6\mathbf{k}$ kg·m/s의 총 선운동량을 갖는다. $t=2.4$ s에서 선운동량이 $\mathbf{G}_{2.4}=3.7\mathbf{i}-2.2\mathbf{j}+4.9\mathbf{k}$ kg·m/s로 변했다. 이 시간 동안 시스템에 가해지는 힘들의 평균합력을 구하라.

4/7 여섯 개의 질점으로 구성된 시스템이 $t=4$ s에서 고정점 O에 대해 각운동량 $\mathbf{H}_4=3.65\mathbf{i}+4.27\mathbf{j}-5.36\mathbf{k}$ kg·m²/s을 갖는다. 시간이 $t=4.1$ s일 때, 각운동량은 $\mathbf{H}_{4.1}=3.67\mathbf{i}+4.30\mathbf{j}-5.20\mathbf{k}$ kg·m²/s로 변한다. 0.1초 동안에 질점들에 작용하는 힘들의 O점에 대한 합 모멘트의 평균값을 구하라.

4/8 각각 질량이 10, 15, 8 kg인 세 원숭이 A, B, C가 D에 매달린 로프를 오르내리고 있다. 그림에 보여주는 순간에 A는 2 m/s²의 가속도로 내려오고, C는 1.5 m/s²의 가속도로 올라가고 있다. 원숭이 B는 등속력 0.8 m/s로 올라간다. 원숭이들이 로프와 항상 완전하게 밀착하여 이동하는 것으로 간주하고 D에서 줄에 작용하는 인장력 T를 구하라.

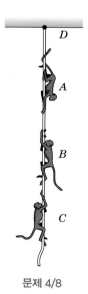

문제 4/8

4/9 문제 4/8의 세 원숭이가 이번에는 균일보에 걸린 굵은 그물 벽을 따라 올라간다. 원숭이 속도가 각각 2, 1.2, 0.8 m/s이고 가속도가 0.6, 0.2, 0.8 m/s²인 경우에 원숭이들의 운동과 질량에 의해 발생하는 D와 E에서의 반력의 변화를 구하라. E에 지지부는 항상 보의 한쪽 부분하고만 접촉한다. 그물 벽은 변형하지 않고 강체를 유지하는 것으로 가정한다.

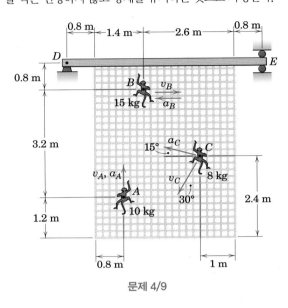

문제 4/9

4/10 질량이 각각 0.5 kg인 질점 다섯 개가 연결된 질점계의 질량중심이 G이다. 어느 순간 물체의 각속도가 $\omega=2$ rad/s이고 G는 그림에 보여주는 방향속도 $v_G=4$ m/s를 갖는다. 물체의 선운동량과 G와 O에 대한 각운동량을 구하라.

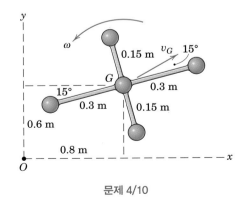

문제 4/10

4/11 네 개의 10 kg 원통으로 구성된 시스템의 질량중심 가속도를 구하라. 마찰 그리고 풀리와 줄의 질량은 무시한다.

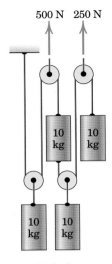

문제 4/11

심화문제

4/12 각각 질량이 m인 두 개의 구와 연결 봉이 결합된 시스템의 질량중심이 x 방향 속도 v로 운동하면서 질량중심 G에 대해서 각속도 ω로 회전한다. 질량중심 G가 좌표 (x, y)를 지나는 순간에 조립체의 각운동량 $\mathbf{H}_O$를 구하라. 연결봉의 질량은 무시할 수 있다.

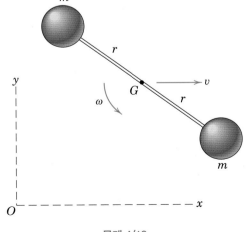

문제 4/12

4/13 30° 경사도를 갖는 백화점 에스컬레이터가 사람을 1층에서 6 m 높이의 2층으로 옮기는 데 40초 걸린다. 어떤 순간에 평균 체중 70 kg의 사람 10명이 에스컬레이터 이동 계단에 멈추어 선 채로 타고 올라가고 있다. 이때 추가로 평균체중 54 kg의 소년 3명이 이동계단에 대한 상대속력 0.6 m/s로 에스컬레이터를 뛰어 내려온다. 이 상황에서 에스컬레이터를 등속으로 운행하는 데 필요한 구동모터의 일률 출력 P를 구하라. 타고 있는 사람이 없는 상태에서 에스컬레이터 기구부 마찰을 이겨내는 데 필요한 무부하 일률은 1.8 kW이다.

4/14 회전축으로부터 반지름거리 r에 각각 질량 m을 갖는 네 개의 원통용기를 배치한 원심분리기가 있다. 축에 일정 토크 M이 가해지는 경우 각속도가 ω에 도달하는 시간을 구하라. 각 용기의 지름은 r에 비해 작고, 축과 지지 팔의 질량은 m에 비교하여 작다.

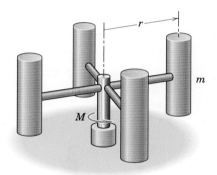

문제 4/14

4/15 세 개의 작은 구가 용접되어 있는 가벼운 강체 프레임이 O점 통과 수직축을 중심으로 수평면 안에서 각속도 $\dot{\theta} = 20$ rad/s로 회전하고 있다. 일정한 짝힘 모멘트 $M_O = 30$ N·m이 5초 동안 가해지는 경우에 새 각속도 $\dot{\theta}'$을 구하라.

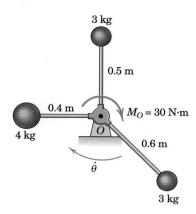

문제 4/15

4/16 당구공 A가 y방향 속도 2 m/s로 정지해 있는 같은 크기와 질량의 공 B와 충돌한다. 충돌 후에 두 공이 그림에 보여주는 방향으로 운동한다. 충돌 직후의 두 공의 속도 v_A와 v_B를 구하라. 두 공은 질점으로 간주하고 공에 작용하는 마찰력은 충돌력에 비교해서 무시할 수 있다.

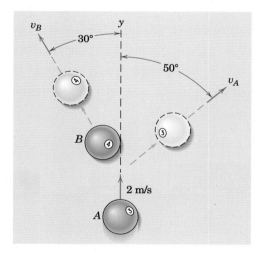

문제 4/16

4/17 질량이 각각 300 kg, 400 kg인 두 광산차가 수평 궤도에서 각각 0.6 m/s, 0.3 m/s의 속도로 서로 반대 방향으로 굴러 가고 있다. 두 차가 충돌해서 하나로 연결된다. 충돌 직전에 100 kg의 바위가 그림에 보여주는 방향 속도 1.2 m/s로 운반 활송장치(delivery chute)에서 떨어져 300 kg의 차에 실린다. 바위가 차 안에서 멈춘 후에 시스템의 속도 v를 구하라. 바위가 떨어지기 전에 두 차가 합쳐지는 경우에도 최종 속도가 같게 되는가?

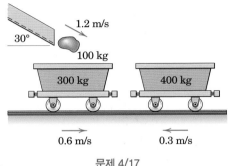

문제 4/17

4/18 화차 3대가 그림에 보여주는 속도로 수평궤도를 굴러 가고 있다. 충돌이 일어난 후에 세 차가 연결되어서 속도 v로 함께 움직인다. 화물을 적재한 차 A, B, C의 질량은 각각 65 Mg, 50 Mg, 75 Mg이다. 속도 v와 연결 후에 시스템에너지의 백분율 손실 n을 구하라.

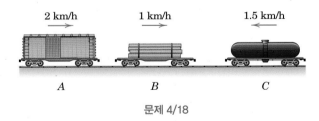

문제 4/18

4/19 초기에 $s=0$에 정지해 있던 질량 m_0의 평판이 마찰이 거의 없이 운동한다. 평판의 양 끝에는 질량 m_1의 남자와 질량 m_2의 여자가 서 있다. 남자와 여자가 서로 다가가서 남자가 평판 위 거리 x_1에 이르러 여자를 만나는 경우에 평판의 변위 s를 x_1로 표현하라.

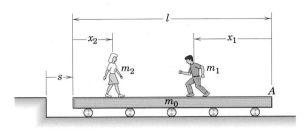

문제 4/19

4/20 1노트(knot)의 속력으로 물 위를 미끄러져 가는 150 kg의 소형보트에 60 kg의 여자 A, 90 kg의 선장 B, 그리고 80 kg의 선원 C가 앉아 있다. 두 번째 그림과 같이 세 사람이 위치를 바꾸는 경우에 보트가 원위치에서 이동하는 거리 x를 구하라. 물의 마찰 저항은 무시한다. 위치를 바꾸는 순서와 위치를 바꾸는 데 걸리는 시간이 최종 결과에 영향을 미치는가?

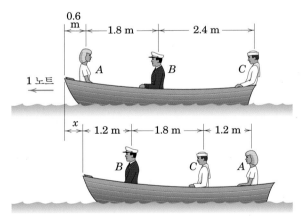

문제 4/20

4/21 힌지 연결된 길이가 같고 질량을 무시할 수 있는 두 링크에 질량이 각각 **2.75 kg**인 세 개의 강구가 연결되어 있다. 그림의 위치에 정지해 있는 세 개의 구를 풀어놓아 수직평면에 놓인 4분의 1 원 모양의 안내로(guide)를 따라 미끄러져 내리게 한다. 맨 위의 구가 바닥에 도달할 때, 세 구는 **1.560 m/s**의 수평속도를 갖는다. 이 운동 시간 동안에 세 구로 구성된 이 시스템에 발생하는 마찰 에너지 손실 ΔQ와 총충격량 I_x를 구하라.

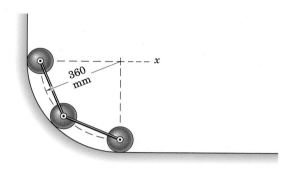

문제 4/21

4/22 질량을 무시할 수 있는 봉으로 강하게 연결된 두 개의 구가 매끄러운 수평면 위에 정지해 있다. 한 구에 y방향 힘으로 가격해서 무시할 만큼 짧은 시간에 **10N·s**의 충격량을 부과한다. 두 구가 파선(dashed line) 위치를 지날 때에 각 구의 속도를 계산하라.

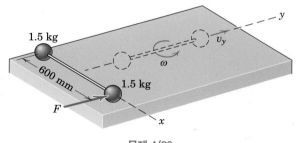

문제 4/22

4/23 $r=0.4$ m의 가벼운 회전 봉에 부착된 **5 kg**의 구를 싣고 질량 **20 kg**의 소형차가 수평궤도를 굴러간다. 장치된 모터가 봉을 일정 각속도 $\dot{\theta}=4$ rad/s로 회전시킨다. $\theta=0$에서 차의 속도가 $v=0.6$ m/s일 경우에 $\theta=60°$에서 v를 계산하라. 바퀴 질량과 마찰은 모두 무시한다.

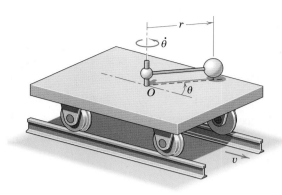

문제 4/23

4/24 롤러코스터 탑승 차량들이 속력 **30 km/h**로 원궤도의 최고점을 통과한다. 마찰을 모두 무시하고 차량들이 수평 바닥에 도착할 때 속력 v를 구하라. 차량 6대의 질량은 동일하고 이들의 질량중심이 지나가는 원경로의 반지름은 **18 m**이다.

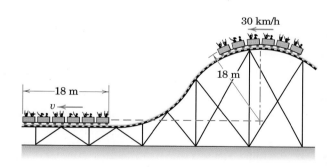

문제 4/24

▶**4/25** **25 Mg**의 편평 화차(flatcar) 위에 설치된 **5°** 경사로에 **7.5 Mg**의 차량이 실려 있다. 두 차 모두 정지해 있는 상태에서 차량이 경사로를 12 m 굴러 내려와 B에서 정지장치와 부딪치기 직전에 화차의 속도 v를 구하라. 마찰은 모두 무시하고 차량과 화차는 질점으로 취급한다.

문제 4/25

▶ **4/26** 60 kg의 로켓이 O에서 초기속도 $v_0 = 125$ m/s로 그림에 표시된 궤적을 따라 발사된다. 이 로켓이 발사 7초 후에 폭발해서 각각 질량 10, 30, 20 kg을 갖는 파편 A, B, C로 부서진다. 파편 B와 C가 그림에 보여주는 낙하 충돌 좌표에서 발견되었다. 계기 기록에 파편 B는 폭발 후에 최대고도 1500 m에 도달하였고 파편 C는 폭발 후 6초에 땅에 충돌한 것으로 나타났다. 파편 A의 충돌좌표를 구하라. 공기저항은 무시한다.

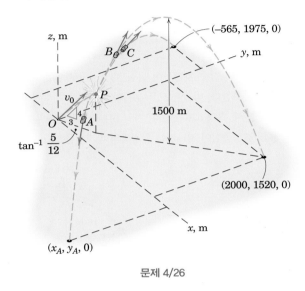

문제 4/26

▶ **4/27** 수평레일을 자유롭게 굴러가는 질량 m_2의 운반차에서 내려진 길이 l의 두 줄에 수평봉이 매달려 있다. 수평봉의 지름은 작고 질량은 m_1이다. 두 줄이 수직과 θ 각도를 이루고 있는 상태에서 정지해 있던 봉과 운반차를 풀어 놓아서 줄이 $\theta = 0$에 이르는 순간에 운반차의 속도 v_c와 봉의 운반차에 대한 상대속도 $v_{b/c}$를 구하라. 마찰은 모두 무시하고 운반차와 봉은 수직 운동평면 안에서 질점으로 취급한다.

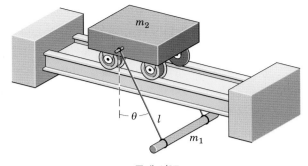

문제 4/27

▶ **4/28** 1.5 kg의 스프링이 늘어나지 않은 상태에서 그림 (a)와 같이 코일선들이 서로 맞붙어 있다. 스프링이 늘어난 $x = 500$ mm 위치에서 x에 비례하는 힘 P가 900 N이 되었다. 스프링 끝 A를 갑자기 놓아서 코일 끝 A가 $x = 0$, 즉 스프링의 원위치 $x = 0$에 다가갈 때 왼쪽을 양의 방향으로 A의 속도 v_A를 구하라. 스프링의 운동에너지에는 어떤 일이 발생하는가?

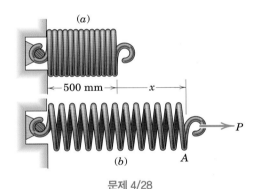

문제 4/28

4.6 정상 질량유동

4.4절에서 일반 질량계에 대해 유도된 운동량 관계식을 이용하면 운동량 변화가 발생하는 질량유동의 작용을 직접 해석할 수 있다. 질량유동의 동역학은 터빈, 펌프, 노즐, 공기흡입식 제트엔진과 로켓 등 모든 형태의 유체기계를 설명하는 데 아주 중요하다. 이 절에서 질량유동을 취급하는 것은 유체역학 공부를 하기 위한 것이 아니라 단지 유체역학과 액체, 기체 또는 입상(granular)의 질량유동의 해석에 아주 중요한 운동량식과 그 원리를 제시하고자 함에 있다.

가장 중요한 질량유동 사례 가운데 하나는 어떤 주어진 체적을 들어가고 나오는 질량유량이 동일한 정상 유동 중에 발생한다. 문제가 되는 체적은 고정되어 있거나 또는 이동하고 있는 단단한 용기, 즉 제트기나 로켓의 노즐, 가스터빈의 날개 사이의 공간, 원심 펌프의 케이싱 내체적 또는 굽어진 관 내로 유체가 정상상태로 흐르고 있을 때 등이다. 유동하는 질량의 운동 변화를 통해서 생기는 힘과 모멘트를 해석한 다음에, 이러한 유체기계들을 설계할 수 있다.

강체 용기 내의 유동

그림 4.5a에 도시한 단면을 갖는 단단한 용기에서 면적 A_1의 입구를 통해서 m'의 빠르기로 정상 질량유동이 생기는 경우를 생각해 보자. 질량은 면적 A_2인 출구를 통해서 같은 빠르기로 용기 밖으로 흘러 나간다. 따라서 관측기간 동안 용기 내의 전체 질량은 축적되거나 고갈되는 경우가 없다. A_1에 수직으로 흘러 들어오는 유체의 속도는 $\mathbf{v}_1$이고 A_2에 수직으로 흘러 나가는 유체의 속도는 $\mathbf{v}_2$이다. ρ_1과 ρ_2를 들어오고 나가는 밀도라 하면, 연속방정식에서

$$\rho_1 A_1 v_1 = \rho_2 A_2 v_2 = m' \tag{4.17}$$

를 얻을 수 있다.

용기 안의 유체질량 또는 유체를 포함한 용기 전체를 분리시켜서 작용하는 힘을 구할 수 있다. 용기와 유체 사이에 작용하는 힘을 구하려면 처음 방법을 취하고, 용기의 외부에서 작용하는 힘을 구하려면 두 번째 방법을 취한다.

후자의 경우가 우리의 주 관심사인데, **분리된 시스템**은 고정된 구조물인 용기와 어느 특정한 순간 그 내부에 있는 유체로 구성된다. 이렇게 분리된 질량에 대한 자유물체도는 용기의 외부 표면과 입출구면으로 정의된 폐곡면 내부로 나타낼 수 있다. 우리는 이 시스템의 외부에서 작용하는 모든 힘들을 고려해야 하며, 이 외력들의 합력은 그림 4.5a에서 $\Sigma\mathbf{F}$로 표시되어 있다. $\Sigma\mathbf{F}$ 내에는

1. 용기를 다른 구조물에 부착시키는 점에서 용기에 작용하는 힘들이 포함되어 있고,

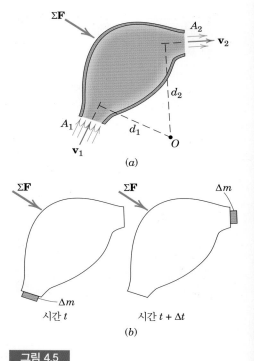

시간 t　　　시간 $t + \Delta t$

(b)

그림 4.5

2. A_1과 A_2에서 정적 압력이 용기 내에 있는 유체에 작용하는 힘과

3. 유체와 용기의 무게가 무시될 수 없다면 이를 포함한다.

이러한 모든 외력들의 합력 $\Sigma\mathbf{F}$는 분리된 시스템의 선운동량의 시간에 대한 변화율 $\dot{\mathbf{G}}$과 같아야 한다. 이는 4.4절에서, 강체나 비강체와 상관없이 임의의 일정한 질량 시스템에 대하여 구했던 식 (4.6)을 의미한다.

증분해석

$\dot{\mathbf{G}}$에 대한 식은 증분해석(incremental analysis)에 의해서 구할 수 있다. 그림 4.5b는 시간 t에서 용기의 질량, 그 내부의 질량, 앞으로 Δt 동안 흘러 들어갈 질량 증분 Δm으로 시스템 질량이 구성되는 시스템을 나타낸다. 시간 $t + \Delta t$에서 동일한 전체 질량은 용기의 질량, 그 내부의 질량, Δt 동안 용기를 떠난 같은 크기의 증분 Δm으로 구성된다. 용기와 두 단면 A_1과 A_2 사이의 내부 질량의 선운동량은 Δt 시간 동안 일정하므로 Δt 동안 시스템의 운동량의 변화는

$$\Delta\mathbf{G} = (\Delta m)\mathbf{v}_2 - (\Delta m)\mathbf{v}_1 = \Delta m(\mathbf{v}_2 - \mathbf{v}_1)$$

이다. 양변을 Δt로 나누고 극한을 취하면 $\dot{\mathbf{G}} = m'\Delta\mathbf{v}$이며

$$m' = \lim_{\Delta t \to 0}\left(\frac{\Delta m}{\Delta t}\right) = \frac{dm}{dt}$$

이다. 따라서 식 (4.6)에서

$$\Sigma\mathbf{F} = m'\Delta\mathbf{v} \tag{4.18}$$

식 (4.18)은 정상 유동계에 작용하는 힘의 합력과 이에 상응하는 질량유동률과 벡터속도의 증분 사이의 관계를 나타낸다.[*]

또한, 선운동량의 시간에 대한 변화율은 시스템을 이탈하는 선운동량률과 시스템으로 들어오는 선운동량률 사이의 벡터 차이임을 알 수 있다. 따라서 $\dot{\mathbf{G}} = m'\mathbf{v}_2 - m'\mathbf{v}_1 = m'\Delta\mathbf{v}$라고 쓸 수 있으며, 이는 위의 결과와 일치한다.

여기서 우리는 임의의 질량 시스템에 대해서 유도한 일반적인 힘−운동량 방정식의 매우 강력한 응용 사례를 볼 수 있다. 이 절의 시스템은 강체(질량흐름을 위한 용기 구조물)와 운동하고 있는 질점들(질량유동)을 포함하고 있다. 시스템의 경계(boundary)를 정상유동 조건하에서 그 내부 질량이 일정하도록 정의하면, 식 (4.6)의 일반 사항들을 적용할 수 있다. 그러나 시스템에 작용하는 모든 외력들을 모두 고려해야 하며, 만약 자유물체도를 정확하게 그렸다면 이들은 명확할 것이다.

헬리콥터 날개가 기주(air column)에 아래방향 운동량을 공급하여 공중정지(hovering)와 기동(maneuvering) 비행에 필요한 힘을 만들어 낸다.

---

[*] dm/dt는 분리된 시스템 질량의 시간 도함수가 아님에 주의해야 한다. 정상유동에서 시스템의 질량은 일정하므로 이 도함수는 0이 된다. 혼동을 피하기 위해 정상 질량유량을 나타내기 위해 dm/dt 대신 m'을 사용하였다.

정상유동계의 각운동량

정상유동계의 각운동량에 대해서도 비슷한 식을 얻을 수 있다. 그림 4.5a처럼 시스템 내부 또는 외부에 있는 고정된 점 O에 대한 모든 외력의 모멘트의 합은 시스템의 점 O에 대한 각운동량의 변화율과 같다. 이 관계는 식 (4.7)에서 유도되었으며, 한 평면 내에서 일어나는 정상상태 유동의 경우

$$\Sigma M_O = m'(v_2 d_2 - v_1 d_1) \tag{4.19}$$

으로 된다. 흘러 들어오는 유동의 속도와 나가는 유동의 속도가 같은 평면 위에 있지 않을 때, 관계식은

$$\Sigma \mathbf{M}_O = m'(\mathbf{d}_2 \times \mathbf{v}_2 - \mathbf{d}_1 \times \mathbf{v}_1) \tag{4.19a}$$

과 같이 벡터식이 되며 $\mathbf{d}_1$과 $\mathbf{d}_2$는 고정된 기준점 O로부터 A_1과 A_2의 중심까지의 벡터이다. 이 두 가지 경우에서 식 (4.9)에 의해서 질량중심 G를 모멘트의 중심으로 사용할 수 있다.

식 (4.18)과 (4.19a)는 매우 간단하지만 비교적 복잡한 유체의 작용을 기술하는 데 아주 중요하게 쓰인다. 이 식들은 외력과 운동량 변화 사이의 관계를 나타내고 있으며, 유체의 경로나 내부의 운동량 변화와는 무관하다는 것을 주의해야 한다.

3.12절과 4.4절에서 논의되었듯이 기본 관계식 $\Sigma \mathbf{F} = \dot{\mathbf{G}}$와 $\Sigma \mathbf{M}_O = \dot{\mathbf{H}}_O$ 또는 $\Sigma \mathbf{M}_G = \dot{\mathbf{H}}_G$는 일정한 속도로 움직이고 있는 시스템에 대해서도 성립하므로, 앞의 해석은 일정한 속도로 움직이고 있는 시스템에 대해서 적용할 수도 있다. 단, 한 가지 제한이 있다면 시스템 내부의 질량이 시간에 따라 일정하게 유지되고 있다는 것이다.

다음 세 개의 예제는 정상상태 질량유동 해석에 대한 예를 보여주고 있으며, 이들은 식 (4.18)과 (4.19a)에 포함되어 있는 원리들의 응용에 관한 예이다.

Dan Barnes/Getty Images, Inc.

정상 질량유동 원리는 호버크래프트를 설계하는 데 핵심적 역할을 한다.

예제 4.6

그림과 같이 매끄러운 날개(vane)가 단면적 A, 밀도 ρ, 속도 v인 개방유동의 방향을
전환시킨다. (a) 날개가 고정된 위치에 있기 위해서 필요한 힘 성분 R과 F를 구하라.
(b) 날개가 v의 방향으로 v보다 작은 일정한 속도 u로 움직이고 있을 때 이 힘을 구
하라.

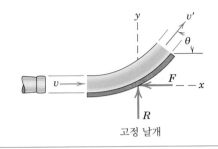

고정 날개

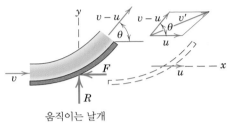

움직이는 날개

|풀이| (a) 날개와 운동량의 변화가 생기는 유체 부분의 자유물체도가 그려져 있다.
x, y방향 운동의 변화에 대한 운동량 방정식을 이 분리된 시스템에 적용할 수 있다.
유체마찰을 무시한다면 날개는 정지해 있으므로 출구속도 v'은 입구속도 v와 같다.
속도성분의 변화는

$$\Delta v_x = v' \cos \theta - v = -v(1 - \cos \theta) \quad ①$$

그리고

$$\Delta v_y = v' \sin \theta - 0 = v \sin \theta$$

질량유량은 $m' = \rho A v$이며, 이를 식 (4.18)에 대입하면

$$[\Sigma F_x = m' \Delta v_x] \qquad -F = \rho A v[-v(1 - \cos \theta)]$$
$$F = \rho A v^2 (1 - \cos \theta) \qquad \text{답}$$

$$[\Sigma F_y = m' \Delta v_y] \qquad R = \rho A v[v \sin \theta]$$
$$R = \rho A v^2 \sin \theta \qquad \text{답}$$

(b) 날개가 움직일 경우 출구에서의 유체속도 v'은 날개의 속도 u와 날개에 대한 유체
의 상대속도 $v-u$의 벡터합이다. 출구조건에 대해서 이 조합은 그림 오른쪽의 속도
선도에 나타나 있다. v'의 x방향 성분은 이 두 부분들의 성분의 합이므로 $v'_x = (v-u)$
$\cos \theta + u$이고, 유동의 x방향 속도의 변화는

$$\Delta v_x = (v - u) \cos \theta + (u - v) = -(v - u)(1 - \cos \theta)$$

이다. v'의 y방향 성분은 $(v-u) \sin \theta$이므로 유동의 y방향 속도 변화는 $\Delta v_y = (v-u)$
$\sin \theta$이다.

질량유량 m'은 단위시간 동안 운동량 변화를 겪는 질량이다. 이것은 날개 위로 흐
르는 단위시간당 질량유량이며, 노즐로부터 나오는 방출속도가 아니다. 즉

$$m' = \rho A(v - u)$$

양의 좌표계 방향으로 충격–운동량의 관계식(4.18)을 적용하면

$$[\Sigma F_x = m' \Delta v_x] \qquad -F = \rho A(v - u)[-(v - u)(1 - \cos \theta)] \quad ②$$
$$F = \rho A(v - u)^2 (1 - \cos \theta) \qquad \text{답}$$

$$[\Sigma F_y = m' \Delta v_y] \qquad R = \rho A(v - u)^2 \sin \theta \qquad \text{답}$$

|도움말|

① 식 (4.18)을 사용할 때는 부호를 주의해야 한
다. v_x의 변화는 양의 x방향으로 측정된 최종
값에서 초기값을 뺀 것이다. 마찬가지로 ΣF_x
가 $-F$로 되는 점도 주의해야 한다.

② 주어진 u와 v의 값에 대해서, F는 $\theta = 180°$
일 때 최대가 되는 점을 관찰하라.

예제 4.7

예제 4.6의 움직이는 날개에 대해서, 유체가 날개에 작용하는 힘을 이용해서 최대일률을
얻을 수 있는 최적속도 u를 구하라.

|풀이|　예제 4.6의 그림에 나타난 힘 R은 날개의 운동방향에 대해 수직이므로 아무런
일을 하지 못한다. 그림에서 F가 하는 일은 음이다. 그러나 유체가 움직이는 날개에 가하
는 힘(F와 크기가 같고 방향이 반대)에 의해서 발생되는 일률은

$$[P = Fu] \qquad P = \rho A(v - u)^2 u(1 - \cos \theta)$$

유동 내에 있는 날개 하나에 발생하는 일률이 최대가 되기 위한 날개의 속도는

$$\left[\frac{dP}{du} = 0\right] \qquad \rho A(1 - \cos \theta)(v^2 - 4uv + 3u^2) = 0$$

$$(v - 3u)(v - u) = 0 \qquad u = \frac{v}{3} \quad ① \qquad \blacksquare$$

두 번째 해 $u = v$는 일률이 0이 되는 최소치의 조건이다. 각 $\theta = 180°$이면 유체의 방향은
완전히 반대가 되며, 어떠한 u값에 대해서도 최대힘과 최대일률을 발생시킨다.

|도움말|

① 이 결과는 날개가 하나일 경우로 국한한
다. 터빈 원판의 블레이드처럼 여러 개의
날개를 가질 때는 노즐로부터 나오는 유
체의 유량은 유체의 운동량 변화율과 같
다. 따라서 $m' = \rho A v$이며 $\rho A(v - u)$가
아니다. 이때 최적속도 u는 $u = v/2$가
된다.

예제 4.8

B지점에서 오프셋 노즐(offset nozzle)의 송출면적은 A, C지점에서의 흡입면적인 A_0이다.
고정된 파이프를 통해 정적 게이지 압력이 p인 유체가 노즐로 들어오며, 그림과 같은 방
향으로 v인 속도로 분출된다. 액체의 밀도 ρ가 일정할 때 파이프의 C지점에 걸리는 인장
력 T, 전단력 Q와 굽힘모멘트 M을 구하라.

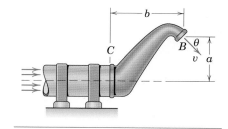

|풀이|　그림처럼 노즐과 그 내부의 유체로 이뤄진 자유물체도에 인장력 T, 전단력 Q,
굽힘모멘트 M이 고정된 파이프에 부착된 노즐의 플랜지에서 작용하고 있다. 노즐 내부
의 유체에 작용하는 힘 pA_0는 정압력에 의한 것이고, 이는 또 하나의 부가적인 힘이 된다.
　밀도가 일정한 유동의 연속 조건에서 $Av = A_0 v_0$를 얻으며, 이때 v_0는 흡입구에서의 유
체속도이다. 운동량의 원리 식 (4.18)을 이 시스템의 두 좌표계의 방향에 적용하면

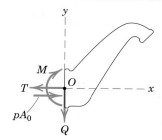

$$[\Sigma F_x = m' \Delta v_x] \qquad pA_0 - T = \rho A v(v \cos \theta - v_0) \quad ①$$

$$T = pA_0 + \rho A v^2 \left(\frac{A}{A_0} - \cos \theta\right) \qquad \blacksquare$$

$$[\Sigma F_y = m' \Delta v_y] \qquad -Q = \rho A v(-v \sin \theta - 0) \quad ①$$

$$Q = \rho A v^2 \sin \theta \qquad \blacksquare$$

모멘트의 원리 식 (4.19)를 시계방향으로 적용하면

$$[\Sigma M_O = m'(v_2 d_2 - v_1 d_1)] \qquad M = \rho A v(va \cos \theta + vb \sin \theta - 0)$$

$$M = \rho A v^2 (a \cos \theta + b \sin \theta) \quad ② \qquad \blacksquare$$

|도움말|

① 식 (4.18)과 (4.19)에서 양변의 부호를 조
심하라.

② 파이프에 작용하는 힘과 모멘트는 도시
한 바와 같이, 노즐에 작용하는 힘과 모
멘트와 크기가 같고 방향이 반대이다.

예제 4.9

전체 질량이 m인 공기흡입식 제트기가 일정한 속도 v로 비행하면서, m_a'의 질량률로 공기를 흡입해서 m_g'의 질량률로 상대속도가 u인 연소가스를 분출한다. 연료소모율은 m_f'로 일정하다. 비행기에 작용하는 공기역학적인 힘은, 비행방향에 수직한 양력 L과 비행방향에 반대인 항력 D가 있다. 흡입구와 송출구에서 정압력의 차이에 의한 힘은 D 내에 포함되어 있다고 생각한다. 비행기의 운동식을 세우고 추진력 T를 구하라.

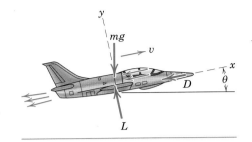

|풀이| 비행기와 그 내부의 공기, 연료, 배기가스에 대한 자유물체도가 나타나 있으며 자중, 양력과 항력만이 표시되어 있다. ① 비행기에 고정된 x-y축을 설정하고, 이 이동계에 대해서 운동량 방정식을 적용하자. ②

연료는 시스템에 대한 상대속도가 없이 비행기 내로 들어오고 배기가스와 같이 상대속도 u를 가지고 시스템을 떠나는 정상상태 유동으로 생각하자. 이제 기준축과 관련하여 식 (4.18)을 적용하고 공기와 연료의 유동을 분리하여 다룬다. 공기유동의 경우 이동계에 대한 x축 방향 속도변화는

$$\Delta v_a = -u - (-v) = -(u - v) \quad ③$$

연료의 경우 x-y 좌표축에 대한 x방향 속도변화는

$$\Delta v_f = -u - (0) = -u$$

따라서
$$[\Sigma F_x = m' \Delta v_x] \qquad -mg \sin\theta - D = -m_a'(u - v) - m_f'u$$
$$= -m_g'u + m_a'v$$

이며, 여기서 $m_g' = m_a' + m_f'$를 대입하였다. 부호를 바꾸면

$$m_g'u - m_a'v = mg \sin\theta + D$$

인 비행기의 평형방정식이다.

공기와 가스가 작용하는 면이 노출되도록 시스템의 경계면을 수정하면 그림과 같은 모델을 구할 수 있으며, 여기서 공기는 터빈의 내부에 $m_a'v$인 힘으로 작용하고, 배기가스는 $m_g'u$인 힘으로 내부 표면에 작용한다.

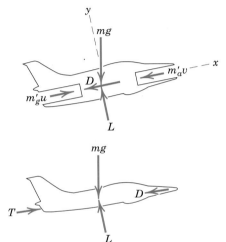

일반적으로 사용되는 모델이 마지막에 그려져 있으며, 여기서는 공기와 배기가스의 운동량 변화의 순수 효과가 계산된 추진력

$$T = m_g'u - m_a'v \quad ④$$

로 나타나 있다. 이 추진력은 외부로부터 작용한다고 가상된 힘이다.

일반적으로 m_f'는 m_a'의 2% 이하이므로, 근사적으로 $m_g' \cong m_a'$라고 둘 수 있다. 이때 추진력은 다음과 같이 된다.

$$T \cong m_g'(u - v)$$

이상은 속도가 일정한 경우이다. 뉴턴의 원리는 가속되는 축에 대해서는 성립하지 않지만, 가정된 모델 $F = ma$를 적용하여 $T - mg \sin\theta - D = m\dot{v}$를 사용하더라도 오차는 거의 생기지 않는다.

|도움말|

① 시스템의 경계면은 흡입구를 통과하는 공기유동과 노즐로 통과하는 배기가스의 유동을 가로지른다.

② 등속도로 움직이는 이동 좌표축을 사용할 수 있다. 3.14절과 4.2절을 참조하라.

③ 우리가 비행기를 타고 있을 때, 공기는 양의 x방향으로 $-v$의 속도로 시스템 내로 들어오며, 역시 양의 x방향으로 $-u$인 속도로 떠나간다. 따라서, 최종값에서 초기값을 뺀 식은 풀이에 있는 것과 같이 $-u - (-v) = -(u - v)$가 된다.

④ 첫 번째 그림에서 나타난 것처럼 '추진력'이란 비행기에 대한 외력이 아니다. 그러나 외력처럼 모델화할 수 있다.

연습문제

기초문제

4/29 로켓 모터로 추진되는 실험용 경주용 차가 모터 추진력 T에 의해서 최고 속력 $v=500$ km/h를 낼 수 있도록 설계되었다. 사전 풍동시험을 통해 최고 속력에서 바람 저항이 1000 N인 것을 확인했다. 로켓 모터가 1.6 kg/s의 빠르기로 연료를 태우는 경우에 차에 대한 배기가스의 상대속도 v를 구하라.

문제 4/29

4/30 4.6 Mg의 제트 비행기가 어떤 특정 고도에서 1000 km/h의 속력으로 비행할 때 32 kN의 공기저항을 받는다. 이 비행기는 흡입구(intake scoop)를 통해 106 kg/s의 빠르기로 공기를 소모하고 연료를 4 kg/s의 빠르기로 사용한다. 배기노즐에 대한 배기가스의 후방 상대속도가 680 m/s일 경우에, 이 고도에서 일정 속력 1000 km/h로 비행할 수 있는 최대 앙각(elevation angle) α를 구하라.

문제 4/30

4/31 노즐로부터 0.2 m³/s 유량의 공기제트가 100m/s의 속도로 분사된다. 날개가 고정 위치에 멈추어 있도록 하는 데 필요한 힘 F를 계산하라. 공기 밀도는 1.206 kg/m³이다.

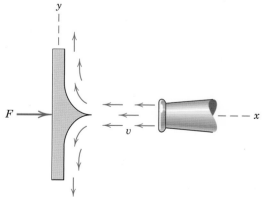

문제 4/31

4/32 부스러기 제거작업을 하면서 서툰 집주인이 등에 메고 있는 송풍기 노즐을 차고 문을 향해 바로 겨냥했다. 노즐 속도는 200 km/h이고 유량은 11 m³/min이다. 공기 흐름에 의해 문에 가해지는 힘 F를 구하라. 공기밀도는 1.2062 kg/m³이다.

문제 4/32

4/33 소금물에서 한 제트 수상스키를 운전하여 최대 속도 70 km/h에 도달했다. 선체 바닥 수평터널 안에 설치되어 있는 취수구를 통해 스키에 대한 상대속도 70 km/h로 물이 들어간다. 엔진구동 펌프가 50 mm 지름의 수평배수노즐을 통해 0.082 m³/s의 유량으로 물을 내뿜는다. 운행 속력에서 물에 의해 선체에 가해지는 저항 R을 구하라.

문제 4/33

4/34 한 소방예인선이 노즐 속도 40 m/s로 유량 0.080 m³/s의 소금물(밀도 1030 kg/m³) 줄기를 뿜어낸다. 물을 뿜는 동안 예인선이 움직이지 않도록 하는 데 필요한 프로펠러 추진력 T를 구하라.

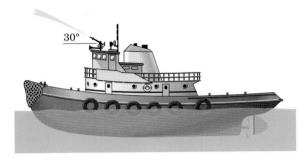

문제 4/34

4/35 그림의 펌프가 지름 d를 갖는 고정관 A을 통해서 속도 u로 공기를 흡입해서 두 배출구 B를 통해서 증가된 속도 v로 배출한다. A와 B에서 기류 압력은 대기압이다. C에서 플렌지에 의해 펌프 부분에 가해지는 인장력 T를 구하라.

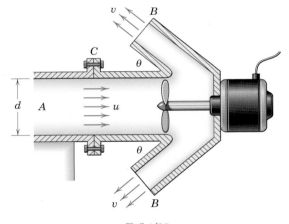

문제 4/35

4/36 이동식 도관(duct)으로 만든 제트엔진 소음억제기가 케이블 A에 의해 제트배기구 바로 뒤에 고정되어 있다. 지상 시험에서 엔진이 43 kg/s의 속도로 공기를 빨아들이고, 0.8 kg/s로 빠르기로 연료를 연소시킨다. 배기 속도는 720 m/s이다. 케이블에 작용하는 인장력 T를 구하라.

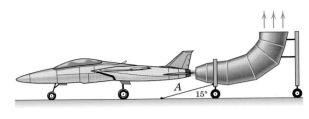

문제 4/36

4/37 지름 25 mm의 노즐에서 20 m/s의 속도로 물줄기가 발사된다. 90° 날개가 물줄기를 거슬러서 왼쪽방향 속도 10 m/s로 운동한다. 운동을 유지하기 위해 필요한 F_x와 F_y를 구하라.

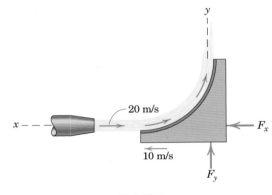

문제 4/37

심화문제

4/38 두 개의 30° 배출구로부터 총 30 m³/min 유량의 소금물이 대기로 방출되고 있다. 각 방출 노즐의 유동 지름은 100 mm이고, 연결 단면 A의 관 안쪽 지름은 250 mm이다. 단면 A-A에서의 수압은 550 kPa이다. 플랜지 A-A에 여섯 개의 볼트를 모두 각각 10 kN의 인장력으로 조일 경우에 면적이 $24(10^3)$mm²인 플랜지 개스킷에 걸리는 평균압력을 계산하라. 플랜지 상부 관과 내부에 있는 물의 질량은 60 kg이다.

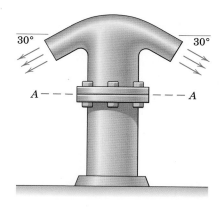

문제 4/38

4/39 그림에서 단면도로 보여주는 것같이 노즐이 속도 v로 유체 제트를 분사해서 경사 홈통에 충돌시킨다. 제트의 질량 밀도는 ρ이고 단면적은 A이다. 홈통이 매끄러우면 갈라진 두 유체 흐름의 속도는 v로 유지되고 홈통 바닥면에는 수직 힘만 작용할 수 있다. 따라서 합력 F가 홈통에 수직인 힘들을 가해서 홈통을 제자리에 고정시킬 수 있다. 홈통의 길이방향과 수직방향에 대한 충격량–운동량 방정식을 만들어서 홈통 지지 힘 F를 구하라. 두 유체 흐름의 유량 Q_1과 Q_2를 구하라.

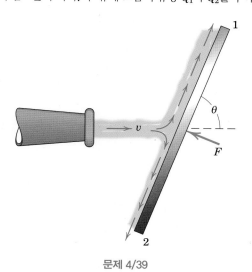

문제 4/39

4/40 반지름 12 mm의 노즐로부터 10 m/s의 수직 속도로 뿜어져 나오는 맑은 물줄기가 250 g의 공을 띄워 지지하고 있다. 노즐에서 볼까지의 높이 h를 구하라. 물줄기는 아무것과도 접촉하지 않고 제트 흐름 에너지 손실은 없는 것으로 가정한다.

문제 4/40

4/41 그림과 같이 비행기가 착륙 속도 200 km/h를 줄이기 위해 제트 엔진 역추진장치(thrust reverser)의 접이식 날개(folding vane)를 사용하여 배기가스 방향을 바꾼다. 엔진이 1초당 50 kg의 공기와 0.65 kg의 연료를 소모할 때, 제동 추진력을 방향전환 날개가 없는 경우의 엔진추진력에 대한 분수 n으로 나타내라. 노즐에 대한 배기가스 상대속도는 650 m/s이다.

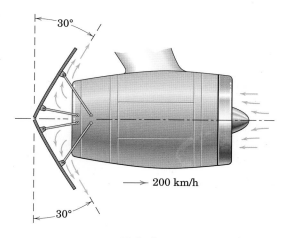

문제 4/41

4/42 한 소방 사다리 트럭을 시운전하는데 브레이크를 풀면 트럭은 자유롭게 굴러간다. 그림 위치에서 펌프가 작동될 때, 노즐로부터 분출되는 수평방향 수류(water stream)의 작용에 의해서 트럭이 스프링상수가 $k = 15$ kN/m인 스프링을 150 mm 변형시키는 것이 관찰되었다. 노즐 출구 지름이 30 mm인 경우에 노즐로부터 수류가 분출되는 속도 v를 계산하라. 또한 그림에 보여주는 위치에서 펌프가 노즐과 함께 작동할 때에, A 조인트에서 추가로 지지해야 하는 모멘트 M을 결정하라.

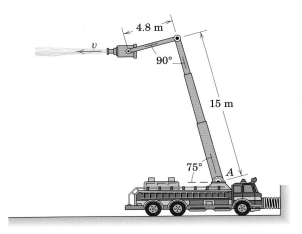

문제 4/42

4/43 고정되어 있는 도관 A를 통해 속도 15 m/s로 공기를 불어내서 실험 노즐 부분 BC를 통해 배출한다. 단면 B에 작용하는 평균 정압은 1050 kPa 게이지압이고 이 압력과 받고 있는 온도 상태에서 공기밀도는 13.5 kg/m³이다. 출구 단면 C에 작용하는 평균 정압은 14 kPa로 측정되었고 공기의 해당 밀도는 1.217 kg/m³이다. 노즐을 고정하고 있는 볼트와 개스킷에 의해서 B의 노즐 플랜지에 가해지는 힘 T를 구하라.

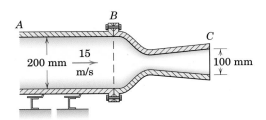

문제 4/43

4/44 1400 kPa 게이지압 아래서 공기가 6 kg/s의 속도로 A에서 관에 들어가 대기압 상태에 있는 호루라기 구멍 B를 통해 빠져나간다. A에서 공기 속도는 45 m/s이고 B에서 배출속도는 360 m/s이다. A에서 관에 걸리는 인장력 T, 전단력 V, 그리고 굽힘 모멘트 M을 구하라. A에서 순유동면적은 7500 mm²이다.

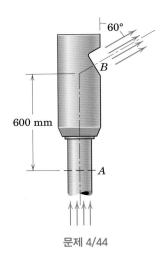

문제 4/44

4/45 순질량(net mass)이 310 kg인 웅덩이 양수 펌프가 0.125 m³/s의 빠르기로 6 m 높이의 머리 부분으로 맑은 물을 끌어 올린다. 작동 중에 펌프의 A부분에 펌프 플랜지(pump flange)와 지지바닥 사이에 수직 힘 T를 구하라.

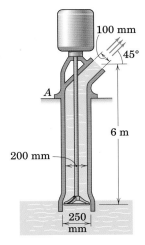

문제 4/45

4/46 한 실험용 지면효과기(ground-effect machine)의 총질량이 2.2 Mg이다. 지면효과기가 B의 원형 흡입관을 통해 대기압으로 공기를 불어내서 스커트(skirt) C의 주변 밑에 수평방향으로 배출하면서 지면 가까운 공중에서 정지 비행한다. 흡입 속도 v가 45 m/s일 때, 지름 6 m의 지면효과기 밑에 지표면 평균 공기압력을 구하라. 공기 밀도는 1.206 kg/m³이다.

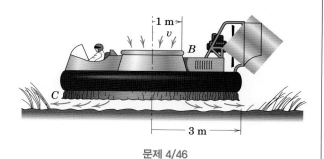

문제 4/46

4/47 낙엽 송풍기(leaf blower)가 11 m³/min의 빠르기로 공기를 빨아들여서 $v=380$ km/h의 속력으로 배출한다. 송풍기에 흡입되는 공기 밀도가 1.206 kg/m³인 경우에 송풍기 방향을 일정하게 유지하기 위해 송풍기가 꺼져 있을 때와 비교하여 송풍기의 손잡이에 추가적으로 가해야 하는 토크를 구하라.

문제 4/47

4/48 관으로 만들어진 질량 m의 송풍기가 A의 관 플랜지 위에 수직자세로 지지되어 있다. 이 장치가 단면 A를 통해 밀도 ρ의 공기를 속도 u로 흡입하여 단면 B를 통해서 속도 v로 배출한다. 입구와 출구 압력은 대기압이다. 지지판에 의해서 송풍기장치의 플랜지에 가해지는 힘 R을 구하라.

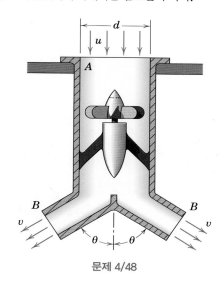

문제 4/48

4/49 질량 10 Mg의 군용 제트기가 엔진의 일률(power)을 최대로 높이는 동안 브레이크를 걸고 이륙 준비를 하고 있다. 이 상태에서 흡입관이 입구 단면에서의 정압이 -2.0 kPa(gage)인 밀도 1.206 kg/m³의 공기를 48 kg/s의 빠르기로 흡입한다. 양쪽에 하나씩 설치된 두 흡입관의 총 단면적은 1.160 m²이다. 공기-연료 비율은 18, 배기 노즐 단면에 게이지 배압(gage back pressure)은 0이고 배기속도 u는 940 m/s이다. 브레이크를 풀 경우에 비행기의 초기 가속도 a를 계산하라.

문제 4/49

4/50 대형트럭 위에 설치된 회전 제설기가 평평한 길에 쌓인 눈속을 20 km/h의 일정한 속력으로 전진한다. 제설기가 45° 활송장치(chute)를 통해 제설기에 대한 상대속도 12 m/s로 1분당 60 Mg의 눈을 배출한다. 제설기를 움직이는 데 필요한 타이어의 운동방향 견인력 P와 타이어와 도로 사이의 횡방향 힘 R을 구하라.

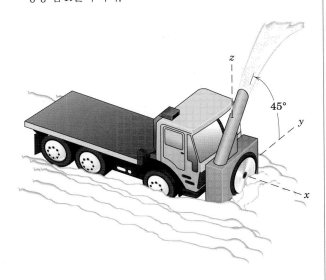

문제 4/50

4/51 산업용 송풍기가 축 방향 구멍 A를 통해서 속도 v_1으로 공기를 빨아들여서 대기압과 대기 온도 상태로 지름 150 mm의 관 B를 통해 속도 v_2로 배출한다. 3450 rev/min로 회전하는 송풍기 모터와 선풍기가 1분당 16 m³의 공기를 뿜어낸다. 모터가 무부하(두 관이 닫힘) 상태에서 0.32 kW의 일률을 소모하는 경우에 공기를 불어낼 때 소모하는 일률 P를 구하라.

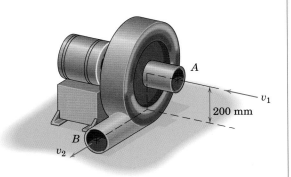

문제 4/51

4/52 테두리 그림에 보여주는 것과 같이 지름이 40 mm인 노즐 A에서 공기제트가 240 m/s의 고속으로 분출하여 날개 OB에 충돌한다. 날개와 날개 연장부의 질량은 연장부에 달려있는 6 kg의 실린더에 비해 무시할 만하고, O점을 통과하는 수평축에 대해서 자유롭게 회전하도록 피벗 지지되어 있다. 예상되는 수평면과 날개 사이 각도 θ를 계산하라. 주어진 지배 조건에서 공기밀도는 1.206 kg/m³이다. 문제 푸는 과정에서 사용하는 가정이 있으면 언급하여라.

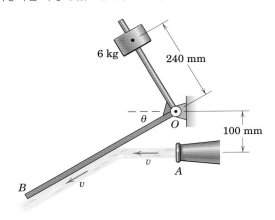

문제 4/52

4/53 질량 m의 헬리콥터가 그림에 보여주는 후류(slipstream) 경계로 정의된 공기 기둥으로 아래 방향 운동량을 전달하면서 공중 정지(hovering)하고 있다. 압력이 대기압이고 기류 반지름이 r일 때, 회전익에 의해서 회전익 아래 기류부분 공기에 주어지는 아래 방향 속도 v를 구하라. 또한 엔진에 필요한 일률 P를 구하라. 공기 회전 에너지, 공기마찰에 의한 온도상승, 그리고 공기밀도 ρ의 변화는 무시한다.

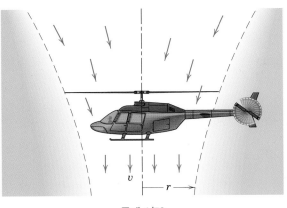

문제 4/53

4/54 어떤 스프링클러는 등각속도 ω로 회전하도록 만들어져 체적유량 Q로 물을 뿌린다. 네 노즐의 출구면적은 각각 A이고 그림과 같이 평면에서 측정된 각도 ϕ로 각 노즐에서 물이 분사된다. 주어진 운동을 유지하는 데 필요한 스프링클러 축의 토크 M을 구하라. 주어진 압력과 그에 따른 유량 Q에 대해서 토크가 작용하지 않을 때 스프링클러의 속력 ω_0를 구하라.

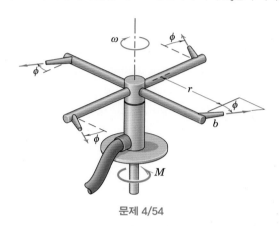

문제 4/54

4/55 VTOL(vertical takeoff and landing : 수직 이착륙) 군용 비행기가 이륙(takeoff)과 공중정지(hovering)할 때는 $\theta \cong 0$으로부터, 전진 비행할 때는 $\theta = 90°$까지 방향을 바꿀 수 있는 제트 배기의 작용에 의해 수직 상승할 수 있다. 비행기 무게는 적재 상태에서 8600 kg이다. 최대 일률로 이륙할 때 터보 팬 엔진은 90 kg/s로 공기를 소비하고 공기-연료 비율은 18이 된다. 배기가스는 실제로 배기 노즐에 걸리는 대기 압력 아래서 1020 m/s의 속도로 배출된다. 1.206 kg/m³의 밀도를 갖는 공기가 총 1.10 m²의 면적 입구에 걸친 -2 kPa(gage)의 압력으로 흡입구 속으로 빨려 들어간다. 수직 이륙하기 위한 각 θ를 정하고 이 경우에 비행기의 수직 가속도 a_y를 구하라.

문제 4/55

4/56 선박으로부터 벌크 밀(bulk wheat)을 하역하는 부두에 수직 관이 설치되어 있다. A의 노즐이 밀을 빨아들여서 관을 통해 저장 건물로 보낸다. 관의 굽어진 부분을 돌아갈 때 흐르는 질량의 운동량을 변화시키는 데 필요한 힘 **R**의 x방향, y 방향 성분을 구하라. 곡관부와 그 안의 질량에 가해지는 모든 외력을 찾아내라. 230 mmHg의 진공압력($p = -30.7$ kPa gage)이 가해지는 350 mm의 관을 통해 공기가 흐르면서 40 m/s의 속도로 한 시간당 135 Mg의 밀을 운반한다.

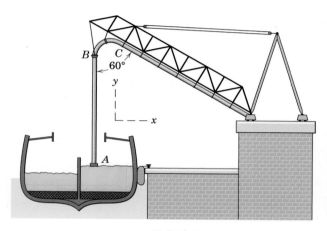

문제 4/56

4.7 가변질량

4.4절에서는 질점의 운동식을 질점계로 확장하였다. 이렇게 하여 일반적인 식 (4.6), (4.7), (4.9), 즉 $\Sigma\mathbf{F} = \dot{\mathbf{G}}$, $\Sigma\mathbf{M}_O = \dot{\mathbf{H}}_O$, $\Sigma\mathbf{M}_G = \dot{\mathbf{H}}_G$를 구하였다. 이들 식을 유도하는 과정에서 일정한 개수의 질점에 대해서 합하였으므로 해석 대상이 되는 시스템의 질량은 일정하였다.

4.6절에서는 이 운동량의 원리를 식 (4.18)과 (4.19a)로 확장시켰으며, 이를 이용하여 정상 질량유동이 일어나는 기하학적인 체적으로 정의된 시스템에 작용하는 힘들을 기술하였다. 따라서 검사체적(control volume) 내에 있는 질량은 시간에 대해서 일정하였고 식 (4.6), (4.7), (4.9)를 적용할 수 있었다. 고려하는 시스템의 경계면 내부에 있는 질량이 일정하지 않을 때, 이 관계들은 더 이상 성립하지 않는다.[*]

운동방정식

이제는 질량이 시간에 따라 변화하는 시스템의 운동방정식을 유도하기로 하자. 먼저, 그림 4.6a와 같이 물질유동을 흡수함으로써 질량이 증가하는 물체를 생각해 보자. 어느 한 순간 물체의 질량과 속도는 각각 m과 v였다. 물질유동의 방향은 m의 운동방향과 같고, 그 속도는 v보다 작은 일정한 값 v_0라고 하자. 식 (4.18)에 따라 유동입자들을 v_0로부터 증가된 속도로 가속시키기 위해서는, m은 이 입자들에 $R = m'(v - v_0) = \dot{m}u$인 힘을 가해 주어야 한다. 여기서 m의 증가율 $m' = \dot{m}$이며,

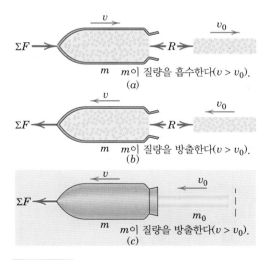

m이 질량을 흡수한다$(v > v_0)$.
(a)

m이 질량을 방출한다$(v > v_0)$.
(b)

m이 질량을 방출한다$(v > v_0)$.
(c)

그림 4.6

---

[*] 상대성 역학에서는 질량이 속도의 함수이며, 질량의 시간에 대한 미분은 뉴턴의 역학에서 의미하는 것과는 뜻이 다르다.

u는 입자들이 m에 접근하는 상대속도이다. R과 더불어 m의 운동방향으로 m에 작용하는 모든 힘들을 ΣF로 표시하자. 뉴턴의 제2법칙으로부터 m의 운동방정식은 $\Sigma F - R = m\dot{v}$ 또는 다음과 같다.

$$\Sigma F = m\dot{v} + \dot{m}u \qquad (4.20)$$

유사하게 그림 4.6b처럼 물체가 질량을 뒷방향으로 방출하여 물체의 질량이 감소하고, 그래서 v_0가 v보다 작게 되는 경우에 질점을 v보다 저속도인 v_0로 감속시키기 위해 필요한 힘 R은 $R = m'(-v_0 - [-v]) = m'(v - v_0)$이다. 또 m은 감소하고 있으므로 $m' = -\dot{m}$이다. $u = v - v_0$는 질점들이 m과 멀어지는 상대속도이다. 따라서 힘 R은 $R = -\dot{m}u$가 된다. 운동방향으로 m에 작용하는 다른 모든 힘들을 ΣF라고 한다면, 뉴턴의 제2법칙에서 $\Sigma F + R = m\dot{v}$ 또는

$$\Sigma F = m\dot{v} + \dot{m}u$$

가 되며, 이는 m이 질량을 얻을 때의 경우와 동일하다. 따라서 식 (4.20)은 이 질량을 얻거나 잃는 어느 경우에도 적용된다.

힘-운동량 식을 사용할 때 흔히 범하는 실수로서, 힘의 합 ΣF를

$$\Sigma F = \frac{d}{dt}(mv) = m\dot{v} + \dot{m}v$$

라 쓰는 수가 있다. 이 식의 전개로부터 알 수 있듯이 물체가 초기에 정지해 있는 질량을 취하거나 또는 절대 정지상태의 질량을 분사할 때만 선운동량의 직접 미분이 ΣF가 된다. 두 가지 경우에서 $v_0 = 0$이고 $u = v$이다.

다른 접근방법

전체 질량이 일정하도록 시스템을 적당히 택한다면, 기본 관계식 $\Sigma F = \dot{G}$에서 운동량을 직접 미분하여 식 (4.20)을 얻을 수도 있다. 이 경우를 보기 위하여, 그림 4.6c처럼 m이 질량을 잃는 경우에 대해서 생각해 보자. 여기서 시스템은 m과 분사된 질량의 임의의 부분 m_0로 구성되어 있다. 시스템의 질량 $m + m_0$는 일정하다.

분사된 질량은, 일단 m에서 분리된 후 방해받지 않고 운동을 계속한다고 가정하며, 또 전체 시스템에 작용하는 유일한 외력은 ΣF이고, 이는 전과 마찬가지로 m에 직접 작용한다. 반작용 $R = -\dot{m}u$는 시스템의 내부에 존재하므로 드러나지 않는다. 전체 질량이 일정하므로 운동량의 원리 $\Sigma F = \dot{G}$을 적용하면 다음과 같다.

$$\Sigma F = \frac{d}{dt}(mv + m_0 v_0) = m\dot{v} + \dot{m}v + \dot{m}_0 v_0 + m_0 \dot{v}_0$$

방화 비행기 슈퍼 스쿠퍼(Super Scooper)는 바닥에 장착된 잠수 흡입구로 호수 표면을 훑고 지나가면서 호수로부터 빠르게 물을 흡입할 수 있다. 흡입구가 물을 훑는 과정과 물을 쏟아내는 과정에서 비행기 경계 안의 질량이 변한다.

한편 $\dot{m}_0 = -\dot{m}$이며, 분사된 질량의 m에 대한 상대속도는 $u = v - v_0$이다. 또 m_0의 운동은 일단 m에서 분리된 후에는 더 이상 변하지 않으므로 $\dot{v}_0 = 0$이다. 따라서 위의 관계식은 $\Sigma F = m\dot{v} + \dot{m}u$가 되며, 이는 앞의 결과 식 (4.20)과 동일하다.

로켓 추진에 적용

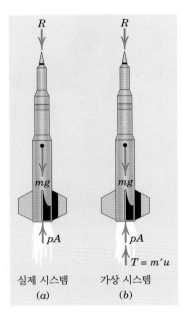

실제 시스템
(a)

가상 시스템
(b)

그림 4.7

로켓 추진은 m이 질량을 잃는 경우에 대한 좋은 예이다. 그림 4.7a는 수직으로 상승하고 있는 로켓을 나타내고 있으며, 로켓의 외부 표면과 노즐을 가로지르는 면으로 이루어진 체적 내의 질량을 시스템의 질량으로 삼는다. 자유물체도에 나타나 있듯이, 시스템의 외력으로는 그 순간의 중력에 의한 인력 mg, 공기저항 R과 면적이 A인 노즐 출구의 평균정압에 의한 힘 pA가 있다. 또 질량유량은 $m' = -\dot{m}$이다. 따라서 로켓의 운동방정식 $\Sigma F = m\dot{v} + \dot{m}u$는 $pA - mg - R = m\dot{v} + \dot{m}u$ 또는 다음과 같다.

$$m'u + pA - mg - R = m\dot{v} \tag{4.21}$$

식 (4.21)은 "$\Sigma F = ma$"의 형태이며 "ΣF"의 첫 번째 항은 추진력 $T = m'u$이다. 따라서 그림 4.7b와 같이 로켓을 외부에서 추진력 T를 받고 있는 물체처럼 생각할 수 있으며, m이 시간함수인 사실을 제외하면 다른 $F = ma$ 문제처럼 해석할 수 있다.

로켓의 속도 v가 배기가스의 상대속도 u보다 작은 초기 단계에는, 배기가스가 뒤로 나가는 것을 알 수 있다. 그러나 로켓속도 v의 크기가 u보다 클 때는 배기가스의 절대속도 v_0는 위로 향하고 있다. 질량유량이 주어져 있을 때 로켓 추진력 T는 배기가스의 상대속도 u에 따라 달라지며, 배기가스의 절대속도 v_0의 크기나 방향의 영향은 받지 않는다.

우리는 지금까지 취급한 가변질량의 물체 해석에서 다음과 같은 가정들을 하였다. 즉 질량이 m인 물체의 모든 요소들은 항상 같은 속도 v로 움직이고 있으며, 물체에 추가되거나 물체로부터 분사된 질점들은 물체로 들어오거나 나갈 때 갑작스러운 속도변화를 일으킨다. 이 속도변화의 모델은 수학적으로 불연속을 나타낸다. 실제로는 천이(transition)과정이 아무리 급격하더라도 속도변화는 불연속이 될 수 없다. 가변질량의 동역학에 대한 좀 더 일반적인 해석[*]을 하면, 이 불연속적인 속도변화의 제한이 없어지고 식 (4.20)은 조금 더 수정된다.

---

[*] 가변질량계의 일반적인 운동방정식은 J. L. Meriam이 쓴 *Dynamics, 2nd edition, SI Version*, 1975, John Wiley & Sons, Inc.의 53절을 참조하라.

예제 4.10

길이가 L, 단위길이당 질량이 ρ인 체인이 평판 위에 놓여 있다. 이 체인의 끝에 크기가 변화하는 힘 P를 작용시켜서 v인 속도로 수직방향으로 끌어 올린다. 평판에서 체인 끝단까지의 높이인 x의 함수로 P를 표시하라. 또 체인을 들어 올리는 동안 손실된 에너지를 구하라.

|풀이 I (가변질량에 의한 방법)| 질량이 증가하면서 이동하고 있는 길이가 x인 체인에 식 (4.20)을 이용하자. 접속되고 있는 질점이 가하는 힘은 제외하고, 이동하는 부분에 작용하는 모든 힘들이 ΣF 속에 포함되어야 한다. 그림으로부터

$$\Sigma F_x = P - \rho g x$$

속도가 일정하므로 $\dot{v} = 0$이다. 질량증가율은 $\dot{m} = \rho v$이고, 접속되고 있는 질점이 이동부분과 합류할 때의 상대속도는 $u = v - 0 = v$이다. 따라서 식 (4.20)은

$$[\Sigma F = m\dot{v} + \dot{m}u] \qquad P - \rho g x = 0 + \rho v(v) \qquad P = \rho(gx + v^2) \quad ① \qquad 답$$

여기서 힘 P는 두 부분으로 되어 있는 것을 알 수 있다. 즉, 체인 이동 부분의 자중 $\rho g x$와 평판 위에 정지해 있던 링크가 속도 v로 움직일 때 생기는 운동량의 변화를 주기 위한 부가적인 힘 ρv^2이다.

|풀이 II (일정 질량에 의한 방법)| 체인 전체로 이루어진 시스템은 그 질량이 일정하므로, 질점계의 충격량−운동량의 원리 식 (4.6)을 이에 적용한다. 그림의 자유물체도에는 미지의 힘 P, 체인의 전체 무게 $\rho g L$, 평판이 그 위에 놓여 있는 링크들에 작용하는 힘 $\rho g(L-x)$들이 표시되어 있다. 임의의 위치에서 시스템의 운동량은 $G_x = \rho x v$이고, 운동량 방정식에서

$$\left[\Sigma F_x = \frac{dG_x}{dt}\right] \qquad P + \rho g(L-x) - \rho g L = \frac{d}{dt}(\rho x v) \qquad P = \rho(gx + v^2) \quad ② \qquad 답$$

역시 힘 P는 평판에서 떨어져 있는 부분의 자중에 체인의 운동량 증가율 때문에 부가된 항을 합한 것임을 알 수 있다.

에너지 손실 평판 위에 있는 각 링크는 그를 들어 올리는 바로 위 링크에 의해서 충격을 받아 순간적으로 속도를 얻는다. 이 연속적인 충격은 에너지 손실 ΔE(음의 일 $-\Delta E$)를 가져온다. $U'_{1-2} = \int P\,dx - \Delta E = \Delta T + \Delta V_g$인 일−에너지 식을 세웠을 때 ③

$$\int P\,dx = \int_0^L (\rho g x + \rho v^2)\,dx = \tfrac{1}{2}\rho g L^2 + \rho v^2 L$$

$$\Delta T = \tfrac{1}{2}\rho L v^2 \qquad \Delta V_g = \rho g L \frac{L}{2} = \tfrac{1}{2}\rho g L^2$$

이며, 이들을 일−에너지 식에 대입하면 다음과 같다.

$$\tfrac{1}{2}\rho g L^2 + \rho v^2 L - \Delta E = \tfrac{1}{2}\rho L v^2 + \tfrac{1}{2}\rho g L^2 \qquad \Delta E = \tfrac{1}{2}\rho L v^2 \qquad 답$$

|도움말|

① 그림 4.6a의 모델에서 질량은 이동 부분의 머리 부분에서 추가된다. 체인의 경우 꼬리 부분에서 질량이 추가되지만, 그 영향은 동일하다.

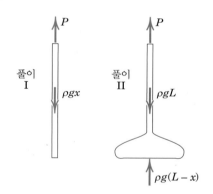

② 질량이 변하는 시스템에 대해서는 $\Sigma F = \dot{G}$을 적용할 수 없음을 주의하라. 따라서 여기서는 체인 전체를 시스템으로 잡았으며, 시스템의 질량은 일정하다.

③ U'_{1-2}는 체인끼리의 충격력과 같은 내부 비탄성력에 의한 일을 포함하고, 이 일은 열과 소리의 에너지 손실 ΔE로 바뀐다.

예제 4.11

예제 4.10의 개방링크를 유연하지만 길이는 변화하지 않는 밧줄 또는 자전거 체인과 같은 것으로 대치해 보자. 역시 밧줄의 길이는 L이고, 단위길이당 질량은 ρ이다. 밧줄 끝을 일정한 속도 v로 끌어올리는 데 필요한 힘 P를 구하라. 또 코일과 평판 사이에 작용하는 힘 R을 구하라.

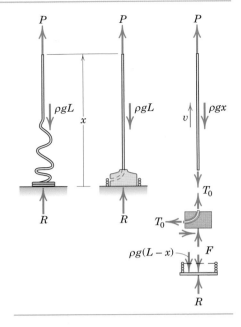

|풀이| 밧줄의 코일과 움직이는 부분의 자유물체도를 왼쪽 그림에 나타내었다. 굽힘이나 약간의 횡적인 운동의 저항으로 인해, 정지해 있다가 수직속도 v로 움직이면 밧줄의 작은 부분에서 천이현상이 일어난다. ① 그러나 모든 움직이는 요소들은 같은 속도를 갖는다고 가정하면, 이 시스템에 대한 식 (4.6)은

$$\left[\Sigma F_x = \frac{dG_x}{dt} \right] \qquad P + R - \rho gL = \frac{d}{dt}(\rho xv) \qquad P + R = \rho v^2 + \rho gL \quad ②$$

이다. 또한, 밧줄 코일의 모든 요소는 바닥에 정지해 있고 중력 이외는 어떤 힘도 바닥에 전달하지 않는다고 가정하면, $R = \rho g(L-x)$가 된다. 이것을 위 식에 대입하면

$$P + \rho g(L - x) = \rho v^2 + \rho gL \qquad \text{또는} \qquad P = \rho v^2 + \rho gx$$

이다. 이것은 예제 4.10의 체인에서 얻은 결과와 같다.

　　P가 밧줄에 한 전체 일은

$$U'_{1\text{-}2} = \int P\, dx = \int_0^x (\rho v^2 + \rho gx)\, dx = \rho v^2 x + \frac{1}{2}\rho gx^2$$

일-에너지 방정식에 대입하면

$$[U'_{1\text{-}2} = \Delta T + \Delta V_g] \qquad \rho v^2 x + \frac{1}{2}\rho gx^2 = \Delta T + \rho gx\frac{x}{2} \qquad \Delta T = \rho xv^2$$

이것은 수직운동의 운동에너지 $\frac{1}{2}\rho xv^2$의 2배이다. 따라서 운동에너지의 양만큼이 설명되지 않는다. ③ 이 결론은 1차원의 x방향 운동이란 가정을 부정하게 한다.

　　밧줄이 늘어나지 않는 성질을 갖고 일차원의 모델이 되기 위해선 밑부분에 물리적인 구속조건을 부과해야 한다. 즉 밧줄이 에너지 소실 없이 정지상태로부터 수직 위 방향 속도 v로 부드러운 천이운동을 한다고 본다. ④ 이 같은 방법으로, 가운데 그림에서 전체 밧줄의 자유물체도를, 그리고 오른쪽 그림의 가운데 자유물체도에서 도식적으로 나타내었다.

　　보존계에서 일-에너지 방정식은

$$[dU' = dT + dV_g] \qquad P\, dx = d\left(\frac{1}{2}\rho xv^2\right) + d\left(\rho gx\frac{x}{2}\right) \quad ⑤$$

$$P = \frac{1}{2}\rho v^2 + \rho gx$$

충격량-운동량 방정식 $\Sigma F_x = \dot{G}_x$에 대입하면

$$\frac{1}{2}\rho v^2 + \rho gx + R - \rho gL = \rho v^2 \qquad R = \frac{1}{2}\rho v^2 + \rho g(L - x)$$

이 힘은 무게보다 $\frac{1}{2}\rho v^2$만큼 더 크고 실험적으로 실현성이 없지만, 이상화된 모델에서 나타난다.

　　수직 부분의 평형으로부터

$$T_0 = P - \rho gx = \frac{1}{2}\rho v^2 + \rho gx - \rho gx = \frac{1}{2}\rho v^2$$

밧줄 요소의 운동량을 변화시키는 데 ρv^2이란 힘이 필요하기 때문에, 구속 가이드는 나머지 평형력 $F = \frac{1}{2}\rho v^2$을 줄 수 있어야 하고 이 힘은 다시 바닥으로 전달된다.

|도움말|

① 완전한 유연성은 굽히는 데 어떤 저항도 없게 한다.

② v가 일정하고 $\dot{x}$와 같다는 것을 기억하라. 또한 이와 같은 관계가 예제 4.10의 체인에 적용됨을 주의하라.

③ 운동에너지의 설명할 수 없는 부가항은 체인에서 각 링크가 충돌할 때 소실된 에너지와 같다.

④ 이 구속 가이드는 각속도 v/r로 코일 내에서 회전하는 무게를 무시할 수 있는 축을 통해 바닥에 연결된 작은 원통으로 가시화할 수 있다. 원통이 회전하면서 그림에서 보는 바와 같이 밧줄을 정지 위치에서 위 방향, 속도 v로 공급한다.

⑤ 길이가 x인 부분의 질량중심은 바닥 위로 $x/2$가 되는 위치임을 주의하라.

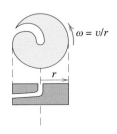

예제 4.12

초기 전체 질량 m_0인 로켓이 북극에서 수직으로 발사되었고 일정한 비율로 연소되는 연료가 전부 소진될 때까지 가속된다. 배기가스의 노즐에 대한 상대속도는 u로 일정하며, 전체의 비행과정을 통하여 노즐은 대기압으로 연소가스를 분사한다. 연료를 전부 소모하고 남은 로켓 구조물과 기계장치들의 질량이 m_b일 때 로켓의 최대속도를 구하라. 단, 공기저항과 고도에 따른 중력의 변화는 무시한다.

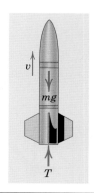

|**풀이 I** ($F = ma$에 의한 풀이)| 그림 4.7b에 나타난 방법을 사용하며 추진력을 로켓에 가해지는 외력처럼 생각한다. 노즐에서의 배압(**back pressure**) p와 공기저항 R을 무시하면, 식 (4.21) 또는 뉴턴의 제2법칙에서 ①

$$T - mg = m\dot{v}$$

한편 추진력은 $T = m'u = -\dot{m}u$이므로 운동방정식은

$$-\dot{m}u - mg = m\dot{v}$$

이 식에 dt를 곱하고 m으로 나누어서 정리하면

$$dv = -u\frac{dm}{m} - g\,dt$$

가 되며, 이 식을 적분하면 t 시간에서의 속도 v를 구할 수 있다.

$$\int_0^v dv = -u\int_{m_0}^m \frac{dm}{m} - g\int_0^t dt$$

또는

$$v = u\ln\frac{m_0}{m} - gt$$

연료는 일정한 비율 $m' = -\dot{m}$으로 연소되므로 임의의 순간 t일 때의 질량은 $m = m_0 + \dot{m}t$이다. 연료가 다 소진되었을 때의 로켓 질량을 m_b라고 한다면, 그 순간의 시간 t_b는 $t_b = (m_b - m_0)/\dot{m} = (m_0 - m_b)/(-\dot{m})$이다. 이때가 로켓의 속도가 최대가 될 때이며, 그 속도는

$$v_{\max} = u\ln\frac{m_0}{m_b} + \frac{g}{\dot{m}}(m_0 - m_b) \quad ② \qquad \text{답}$$

질량은 시간이 지남에 따라 감소하므로 $\dot{m}$은 음(**negative**)의 값을 가진다.

|**풀이 II** (가변질량에 의한 풀이)| 식 (4.20)을 사용하면 $\Sigma F = -mg$이므로 식은

$$[\Sigma F = m\dot{v} + \dot{m}u] \qquad -mg = m\dot{v} + \dot{m}u$$

그러나 $\dot{m}u = -m'u = -T$이므로 운동방정식은

$$T - mg = m\dot{v}$$

가 되어 이는 풀이 I의 식과 동일하다.

|**도움말**|

① 상승하는 로켓은 공기의 밀도가 높은 지역에서는 저속이고, 희박한 지역에서는 고속이므로, 처음 단계에서 공기저항을 무시하는 것은 그다지 오류는 아니다. 또한 고도 320 km에서 중력 가속도의 크기는 지상값의 91%이다.

② 북극에서 수직으로 발사되었다고 가정한 것은, 다만 로켓의 절대 궤도가 지구의 회전 때문에 복잡해지는 것을 피하기 위해서이다.

연습문제

기초문제

4/57 한 로켓이 수직 발사 순간에 220 kg/s의 유량을 배기속도 900 m/s로 방출한다. 초기 수직가속도가 6 m/s²일 경우에 발사 순간 로켓과 연료의 총질량을 계산하라.

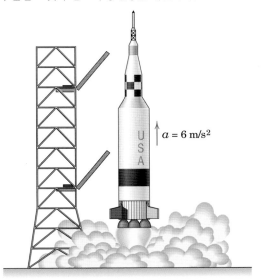

문제 4/57

4/58 중앙연료탱크와 2대의 보조로켓을 지닌 우주왕복선이 이륙할 때 질량이 2.04(10⁶) kg이다. 각 보조로켓은 11.80(10⁶) N, 그리고 왕복선의 세 주엔진(main engines)은 각각 2.00(10⁶) N의 추진력을 발생시킨다. 각 주엔진의 비추력(specific impulse)(중력가속도에 대한 배출속도의 비)은 455 s이다. 엔진 5대가 모두 작동하는 경우에 조립체의 수직 가속도 a와 각 엔진의 연료 소모 속도를 구하라.

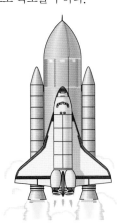

문제 4/58

4/59 초기 질량이 m_0인 소형 로켓이 지구 표면(g 일정) 가까이에서 수직으로 발사된다. 공기저항을 무시할 때, 로켓이 발사된 후 일정한 수직 가속도 a로 비행하게 하기 위해서 로켓 질량이 시간 t에 따라 어떻게 변해야 하는지 결정하라. 배출 가스는 노즐에 대해 일정한 상대속도 u를 갖는다.

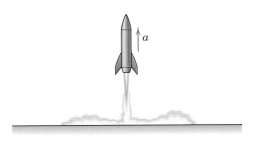

문제 4/59

4/60 도로청소 탱크 트럭의 탱크가 가득 찼을 때 총질량이 10 Mg이다. 그림과 같이 살수기가 30° 각도에서 트럭 상대속도 20 m/s로 1초당 40 kg의 물을 살포한다. 평평한 도로에서 트럭이 0.6 m/s²의 가속도로 출발하려고 할 때, (a) 살수기를 작동시키는 경우와 (b) 살수기를 작동시키지 않는 경우에 대해서 바퀴와 도로 사이에 필요한 견인력 P를 구하라.

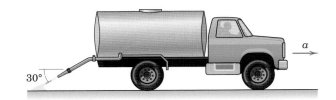

문제 4/60

4/61 한 모형로켓의 수직발사 직전 질량이 0.75 kg이다. 로켓의
실험용 고체연료 모터가 싣고 있는 0.05 kg의 연료를 0.9초
동안 연소시켜 900 m/s의 속도로 탈출한다. 발사 순간에 로
켓의 가속도와 연료소진 속도를 구하라. 공기저항은 무시하
고 문제를 풀 때 설정한 가정을 제시하라.

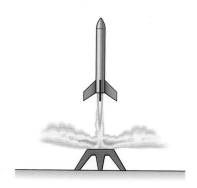

문제 4/61

4/62 우주선의 자력계 팔(magnetometer boom)은 많은 삼각형
부재들로 구성된다. 이 삼각형 부재들은 적재통(canister)
안에 접혀서 적재되어 있다가 풀려나면 튀어나와 전개형상
(deployed configuration)으로 펼쳐진다. 팔을 전개하기 위해
서 적재통 바닥이 팔에 가해야 하는 힘 F를 늘어나는 팔의
길이 x와 그 도함수로 표현하라. 팔의 단위 길이당 질량은 ρ
이다. 우주선에 팔 지지부는 고정단(fixed platform)으로 간
주하고 팔 전개는 중력장 밖에서 일어나는 것으로 가정한다.
b는 x에 비해 무시할 만한 크기이다.

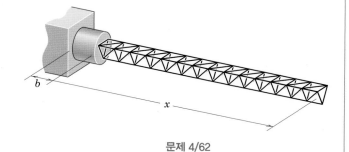

문제 4/62

4/63 깨끗한 물이 지름 30 mm의 들통 구멍 두 개를 통해서 그림에
보여주는 방향 속도 2.5 m/s로 배출된다. 정지 중인 들통에
담긴 물이 20 kg이 되는 순간에 0.5 m/s²의 위 방향 가속도
를 주기 위해 필요한 힘 P를 구하라. 빈 들통의 질량은 0.6 kg
이다.

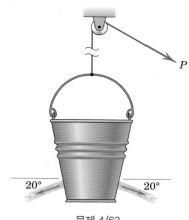

문제 4/63

심화문제

4/64 개방링크(open link) 체인의 위 끝단이 힘 P에 의해서 일정
속력 v로 내려진다. 체인의 단위 길이당 질량은 ρ이고 길이
는 L이다. 바닥 저울의 눈금 R을 x로 표현하라.

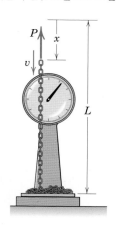

문제 4/64

4/65 한 심우주(deep space) 탐사 로켓의 한 단(stage)이 200 kg 의 연료와 300 kg의 구조-탑재물(payload) 복합체로 구성되어 있다. 구조-탑재물 복합체 질량을 1%(3 kg) 줄여서 연료 질량으로 대체하는 경우 연료소진 속도 면에서 어떤 이점이 있는가? 연료소진 속도의 백분율 증가로 답을 제시하라. 구조-탑재물 복합체의 질량을 5% 줄이는 경우에 대해서 다시 한번 문제를 풀어라.

4/66 벌크(bulk) 적재 스테이션에서 호퍼(hopper)를 사용해서 100 kg/s의 속도로 이동 중인 평상형 트럭 위에 자갈을 싣고 있다. 그림에 보여주는 방향 속도 3 m/s로 호퍼에서 자갈이 흘러나온다. 구동 바퀴와 도로 사이 견인력은 도로의 마찰저항 900 N을 넘어서는 1.7 kN이다. 2.5 km/h의 속도로 전진하고 있는 트럭에 적재를 시작한 후 4초가 지나는 순간에 트럭 가속도 a를 구하라. 빈 트럭의 질량은 5.4 Mg이다.

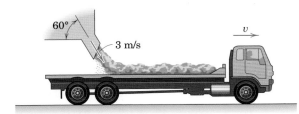

문제 4/66

4/67 철로로 운행하는 질량 25 Mg의 석탄차가 총 90 Mg의 석탄을 운반한다. 석탄 통 바닥문을 통해서 철로 사이로 석탄을 10 Mg/s 빠르기로 떨어뜨린다. 석탄의 반이 떨어진 순간에 석탄차의 P방향 가속도가 0.045 m/s²이 되게 하는 데 필요한 연결부 힘 P를 구하라. 석탄차의 운동 마찰 저항은 잔여 총질량의 메가그램(megagram)당 20 N이다.

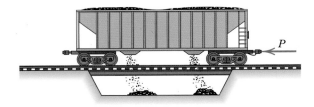

문제 4/67

4/68 총길이가 100 m이고 질량이 1.2 kg/m인 무거운 가요성(flexible) 케이블 코일을 수평으로 풀어내고 있다. 그림과 같이 케이블 한쪽 끝은 말뚝에 묶여 있고 풀려난 케이블은 수레의 수평 구멍을 통해 뽑혀 나온다. 수레와 코일 드럼(drum)을 합한 질량은 40 kg이다. 드럼에 30 m의 케이블이 남아 있고 말뚝에 로프 인장력이 2.4 N일 때 수레가 오른쪽 속도 2 m/s로 움직인다. 이때 수레와 드럼에 0.3 m/s²의 가속도를 주기 위해 필요한 힘 P를 구하라. 마찰은 모두 무시한다.

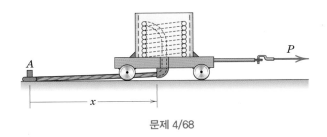

문제 4/68

4/69 슈퍼 스쿠퍼라는 별명을 가진 비행기가 수면을 스치면서 물받이(scoop)를 내려 깨끗한 물을 퍼 담는다. 12초 동안 물받이를 내려서 4.5 m³의 물을 퍼 담을 수 있다. 비행기가 대량의 물을 싣고 화재 지역으로 날아가 필요한 만큼 반복해서 물을 투하한다. 초기 질량 16.4 Mg의 비행기가 280 km/h의 속도로 수면에 접근하여 물 담는 작업을 시작한다. 물받이 입수에 의한 감속이 과도하게 발생하지 않도록 300 hp(223.8 kW)를 더 공급하기 위해 조종사가 조절기를 앞으로 민다. 물받이 작업 시작 초기에 감속도를 구하라. (물의 평균 흡입 속도와 초기 흡입속도의 차이는 무시한다.)

문제 4/69

4/70 로켓 추진 소형 차량이 **10 kg**의 연료를 포함해 **60 kg**의 초기 질량을 갖는다. 로켓은 **1 kg/s**의 빠르기로 연료를 연소시켜 노즐 상대속도 **120 m/s**로 배출한다. 차량이 **10°** 경사로에 정지해 있다가 점화와 동시에 풀려난다. 차량이 도달하는 최대속도 v를 구하라. 마찰은 모두 무시한다.

문제 4/70

4/71 평면에 느슨하게 쌓인 링크 체인 더미의 한쪽 끝에 일정한 힘 P를 가해서 끌어당긴다. 체인의 단위 길이당 질량이 ρ이고 체인과 표면 사이 동마찰계수가 μ_k일 때, 체인 가속도 a를 x와 $\dot{x}$으로 표현하라.

문제 4/71

4/72 1초당 **4 Mg**의 일정 속도로 석탄을 흘려 보내는 호퍼 밑으로 자체 질량 **25 Mg**의 석탄차가 **1.2 m/s** 속도로 지나간다. **32 Mg**의 석탄이 차에 쌓이는 동안 차가 이동한 거리 x를 구하라. 수평 궤도와 바퀴 사이의 구름 마찰저항은 무시한다.

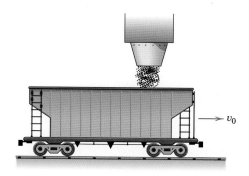

문제 4/72

4/73 무시할 수 있는 속도로 호퍼 H에서 배출되는 모래가 높이 h 아래에 있는 컨베이어 벨트로 떨어져 내려온다. 호퍼로부터의 질량유량은 m'이다. $h=0$의 경우에 벨트의 정상(steady state) 속력 v에 대한 표현식을 구하라. 벨트에 떨어지는 모래는 튀지 않고 즉시 벨트 속도에 도달하는 것으로 가정하고 풀리 A와 B에서 마찰은 무시한다.

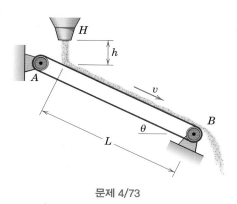

문제 4/73

4/74 $h\neq0$일 경우에 대해서 앞 문제를 다시 풀어라. 다음에 $h=$ **2 m**, $L=$**10 m**, $\theta=$**25°**인 경우에 대해서 벨트 속력 값을 계산하라.

4/75 단위 길이당 질량이 ρ이고 길이가 L인 개방링크 체인이 그림에 보여주는 위치에서 정지해 있다가 풀려난다. 아래쪽 링크는 바닥에 거의 닿아 있고 수평 부분은 매끄러운 면 위에 지지되어 있다. 귀퉁이 부분의 마찰은 무시할 수 있다. (a) 체인 끝 A가 귀퉁이에 이를 때 속도 v_1, (b) A가 바닥에 부딪치는 속도 v_2를 구하라. 또한 (c) 총 에너지 손실 Q를 구하라.

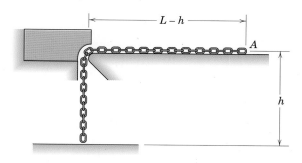

문제 4/75

4/76 비행기 착륙 거리가 충분하지 않은 들판에서 비행기가 착륙할 때 이용하는 운동 저지 시스템을 그림에 보여준다. 그림과 같이 비행기가 착륙 속도 v_0로 자유롭게 굴러가다가 무거운 체인 끝에 두 고리를 낚아채 연결시킨다. 체인은 각각 길이가 L이고 단위 길이당 ρ의 질량을 갖는다. 체인과 지면 사이 마찰과 그 밖에 비행기 운동 저항에 의한 감속을 무시하고 이 장치의 효과를 보수적으로 계산해 본다. 이 가정 아래서 각 체인의 마지막 링크가 운동하기 시작하는 순간에 비행기 속도 v를 구하라. 또한 변위 x와 체인 연결 후의 시간 t의 관계식을 구하라. 체인에 정지하고 있던 링크가 운동 링크와 연결되는 즉시 그 속도 v를 획득하는 것으로 가정한다.

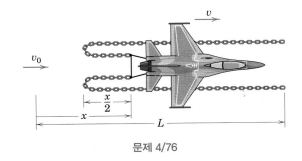

문제 4/76

4.8 이 장에 대한 복습

이 장에서는 어떤 한 질점의 운동에서 일반적인 질점계까지 동역학의 원리를 확장하였다. 이와 같은 시스템은 강체, 비강체(탄성체) 혹은 분리되어 연결되지 않은 질점들의 그룹, 즉 유체나 기체의 질점들로 정의된 질량 같은 것으로 나타날 수 있다. 이 장의 주요한 결과를 요약하면 다음과 같다.

1. 우리는 4.2절의 식 (4.1)에서 **질량중심의 운동원리**에 관한 뉴턴의 제2법칙의 일반화된 표현을 유도하였다. 이 원리는 어떤 질점계에 가해진 외부 힘의 벡터합은 그 질점계의 총질량에 질량중심의 가속도를 곱한 것과 같다.

2. 우리는 4.3절의 식 (4.3a)에서, 질점계에 대한 **일-에너지 원리**를 다루었고, 그 시스템의 운동에너지는 질량중심의 병진운동의 에너지와 질량중심에 대한 질점운동의 에너지의 합과 같다는 것을 보였다.

3. 어떤 시스템에 가해진 외부 힘의 합은 그 시스템의 선운동량의 시간변화율, 즉 4.4절의 식 (4.6)과 같다.

4. 고정점 O와 질량중심 G에 관해서, 그 점에 대한 모든 외부 힘의 벡터합 모멘트는 그 점에 대한 각운동량의 시간변화율과 같다. 4.4절의 식 (4.7), (4.9) 그리고 식 (4.11)과 (4.13)에서 임의의 점 P에 대한 원리는 다른 항이 첨가되어, 점 O와 G에 관한 방정식의 형태와 다르다.

5. 우리는 4.5절에서 내부 운동마찰력을 무시할 수 있는 시스템에 적용할 수 있는 **동역학 에너지 보존법칙**을 배웠다.

6. **선운동량의 보존**은 외부적으로 선충격량이 없는 시스템에만 적용한다. 마찬가지로, **각운동량의 보존**도 외부적으로 각충격량이 없을 때만 쓸 수 있다.

7. 정상 질량유동에 관한 적용으로는 4.6절의 식 (4.18)과 같이, 시스템에 작용하는 합력과 관련된 질량유량 그리고 입출구에서의 유속의 변화로부터 관계식을 유도했다.

8. 정상 질량유동의 각운동량 해석은 4.6절의 식 (4.19a)에서 나타내었다. 그것은 고정점 O에 관한 모든 외부 힘들의 합모멘트와 질량유량 그리고 유입과 출구속도와 관련이 있다.

9. 마지막으로, 4.7절의 식 (4.20)에서 가변질량계에 대한 선운동방정식을 유도했다. 이러한 시스템의 일반적인 예로는 로켓이나 유연한 체인이나 끈이 있다.

이 장에서 배운 원리들은 강체나 비강체에 일관적으로 다 적용할 수 있다. 그리고 4.2절에서 4.5절까지 배운 원리들은 제6장과 제7장의 강체동역학을 다루는 데 큰 기초가 될 것이다.

복습문제

4/77 3질점으로 구성된 질점계가 그림에 표시된 질량, 속도, 그리고 외력을 갖는다. 이 3차원 질점계에 대해서 $\bar{\mathbf{r}}$, $\dot{\bar{\mathbf{r}}}$, $\ddot{\bar{\mathbf{r}}}$, T, $\mathbf{H}_O$, $\dot{\mathbf{H}}_O$를 구하라.

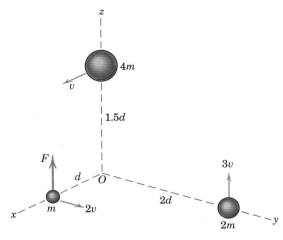

문제 4/77

4/78 문제 4/77의 질점계에 대해서 $\mathbf{H}_G$와 $\dot{\mathbf{H}}_G$를 구하라.

4/79 길이가 다른 두 봉에 세 개의 강철 공(steel ball)이 고정 연결된 조립체를 그림에 보여준다. 강철 공의 질량은 각각 4 kg이고 연결봉의 무게는 무시할 수 있다. 이 조립체를 평면에서 지지하고 있는 공에 힘 F=200 N이 작용하는 경우에 조립체의 질량중심 가속도 $\bar{a}$를 구하라. 지지 평면에 마찰은 무시한다. 조립체는 초기에 수직 평면 안에 정지해 있다. $\bar{a}$가 처음에 수평방향인 것을 보일 수 있는가?

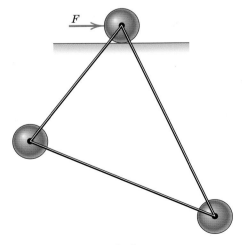

문제 4/79

4/80 60 g의 탄환이 정지해 있는 1.5 kg의 가느다란 진자를 향해 수평 방향 속도 v=300 m/s로 발사된다. 탄환이 봉에 박히는 경우에 충돌 직후에 진자의 각속도를 구하라. 구는 질점으로 취급하고 봉의 질량은 무시한다. 시스템의 선운동량이 보존되지 않는 이유를 설명하라.

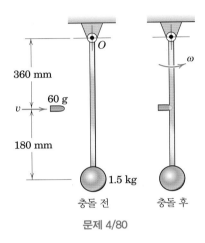

문제 4/80

4/81 초기 질량이 m_0인 소형 로켓이 중력가속도 g가 일정한 지구표면에서 수직으로 발사된다. 배출 질량유량 m'과 상대 배출속도 u는 일정하다. 공기저항을 무시하고 로켓 케이스(rocket case)와 기계 장치들의 질량이 운반되는 연료 질량에 비해 무시할 만한 경우에 비행속도 v를 시간 t의 함수로 나타내어라.

4/82 소방트럭장치의 운전설계 시험 중에 살수포가 5.30 m³/min의 속도로 깨끗한 물을 발사한다. 살수 노즐 지름은 50 mm이고 살수 각도는 20°이다. 브레이크가 걸린 트럭의 고정 바퀴에 포장로로부터 가해지는 총마찰력 F를 구하라.

문제 4/82

4/83 새 유도 시스템(guidance system) 운전 시험을 위해서 설계된 로켓을 그림에 보여준다. 로켓이 지구 대기 영향을 벗어난 어떤 고도에 도달했을 때, 질량은 2.80 Mg으로 줄어들고, 궤도는 수직과 30°의 각도를 이룬다. 로켓 연료는 120 kg/s로 소모되면서 노즐 상대속도 640 m/s로 배출된다. 이 고도에서 중력가속도는 9.34 m/s²이다. 로켓 가속도의 n-성분과 t-성분을 구하라.

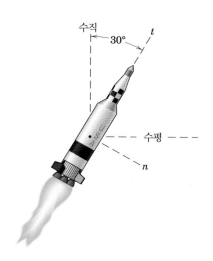

문제 4/83

4/84 모래분사 총으로 공기만 분사할 때 공기 흐름에 수직으로 놓인 노즐 바로 위 평면에 20 N의 힘이 가해진다. 같은 노즐로 모래를 함께 분사하니 힘이 30 N으로 증가한다. 모래가 4.5 kg/min의 빠르기로 분사되는 경우에 모래가 표면을 때리는 속도 v를 구하라.

4/85 2단 로켓이 수직으로 발사된 후에 1단을 완전히 연소시켜서 대기권 위에 도달한 후에 2단이 분리되어 점화된다. 2단의 적재 전 질량(empty mass)이 200 kg이고 1200 kg의 연료를 충전한다. 2단이 점화되어 5.2 kg/s의 빠르기로 연료를 소모하고 노즐 상대속도 3000 m/s로 배출한다. 점화 60초 후에 2단의 가속도, 최대 가속도 그리고 최대 가속도에 도달하는 시간 t를 구하라. 400 km의 평균 고도 범위 안에서 중력가속도는 8.70 m/s²으로 일정한 것으로 한다.

4/86 압력을 받는 깨끗한 물 제트가 20 mm의 고정 노즐로부터 v =40 m/s의 속도로 발사되어 같은 두 개의 흐름으로 나뉘어 흐른다. 베인(vane)을 제자리에 고정시키기 위해 필요한 힘 F를 구하라. 물의 유동 마찰은 무시한다.

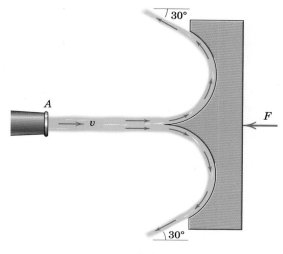

문제 4/86

4/87 가요성은 있지만 신장성이 없는 로프의 한 끝이 고정된 직각-원형(quarter-circular) 안내 블록의 A점에 붙어서 수평 자세로 정지해 있다가 떨어진다. 로프의 길이는 $\pi r/2$이고 단위 길이당 질량은 ρ이다. 로프가 점선 위치에 내려와 정지하면서 시스템에 에너지 손실이 발생한다. 손실된 에너지 ΔQ를 구하고 이 에너지는 무엇이 되는지 설명하라.

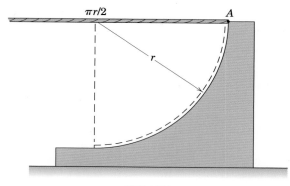

문제 4/87

4/88 제트 엔진과 배출 노즐 조립체의 정적 시험에서 공기가 30 kg/s의 빠르기로 흡입되고 연료는 1.6 kg/s의 빠르기로 연소되고 있다. 유동면적(flow area), 정압, 그리고 다음에 보여주는 세 부분의 축류 속도는 다음과 같다.

	단면 A	단면 B	단면 C
유동면적, m²	0.15	0.16	0.06
정압, kPa	−14	140	14
축류 속도, m/s	120	315	600

시험 지지대의 대각 부재에 걸리는 인장력 T와 노즐을 엔진 하우싱(housing)에 고정하는 볼트와 개스킷에 의해서 B에 노즐 테두리에 작용하는 힘 F를 구하라.

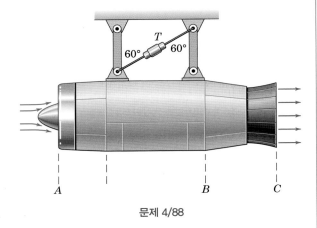

문제 4/88

4/89 $y=0$에 정지하고 있는 플랫폼이 등가속도 a로 수직 상승을 시작하는 순간에 $x=0$에 정지해 있던 길이당 질량이 ρ이고 전체 길이가 L인 개방링크 체인이 풀려나기 시작한다. 운동이 시작되고 t초 후에 체인에 의해서 플랫폼에 가해지는 전체 힘 R에 대한 표현식을 만들어라.

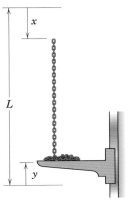

문제 4/89

4/90 길이가 L이고 단위 길이당 질량이 ρ인 체인이 매끄러운 수평면 위에 정지해 있다가 풀려난다. 모서리에 늘어진 무시할 만한 길이의 체인 x에 의해 초기 운동이 시작된다. (a) x의 함수로 가속도 a, (b) x의 함수로 매끄러운 모서리에서 체인에 걸리는 인장력 T, (c) 마지막 링크 A가 모서리에 도달할 때 A의 속도를 구하라.

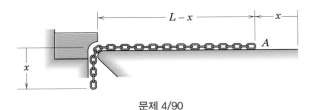

문제 4/90

4/91 나란한 두 관 사이에 장애물을 피하기 위해 A와 B 사이에 방향전환관(diverter)을 설계해서 연결했다. 방향전환관 플랜지는 C에 고중량 볼트로 체결되어 있다. 관은 신선한 공기를 방향전환부에 진입 정압이 900 kPa인 상태에서, 20 m³/min의 일정 유량으로 운반한다. A와 B에서 관의 안지름은 100 mm이다. A와 B에서 관의 인장력은 유동면에 걸쳐 작용하는 관 내부 압력과 평형을 이룬다. A와 B에서 관에 걸리는 굽힘과 전단력은 없다. C에서 볼트에 의해 지지되는 모멘트 M을 계산하라.

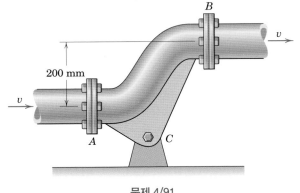

문제 4/91

▶**4/92** 단위 길이당 질량이 ρ인 체인이 자유롭게 회전하는 작은 풀리를 타고 넘어간다. 정지해 있는 체인에 작은 불평형 길이 h를 주면 운동이 시작된다. 0에서 H까지 변하는 h를 변수로 하여 체인 가속도 a, 속도 v, 그리고 A의 고리에 의해서 지지되는 힘 R을 구하라. 풀리와 지지 프레임의 무게 그리고 풀리와 접촉하는 작은 체인 부분 무게는 무시한다. (힌트 : 힘 R은 풀리에 접하는 양쪽 체인에 걸리는 같은 크기의 인장력 T의 두 배와 같지 않다.)

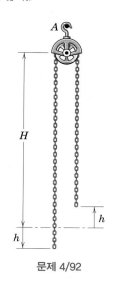

문제 4/92

▶**4/93** 원심펌프가 18 m/s의 입·출구 속도로 1분당 20 m³의 깨끗한 물을 퍼낸다. 900 rev/min의 펌프 속력에서 40 kW를 공급하는 모터가 임펠러(impeller)를 O축에 대해 시계방향으로 회전시킨다. 펌프가 정지해 있고 물만 담긴 상태에서 C와 D에 작용하는 수직 반력은 각각 250 N이다. 펌프가 작동할 때 C와 D에서 받침이 펌프에 가하는 힘을 구하라. A와 B에서 연결관에 작용하는 인장력은 물의 정압과 연관된 힘과 정확하게 평형을 이룬다. (제안 : 단면 A와 B 사이의 펌프 전체 그리고 그 속에 물을 분리해 낸 시스템에 대해서 운동량 법칙을 적용하라.)

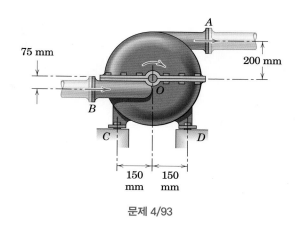

문제 4/93

▶**4/94** 길이가 L이고 단위 길이당 질량이 ρ인 로프 또는 힌지-링크 자전거에 사용되는 것과 같은 체인이 $x=0$에서 정지해 있다가 풀려난다. 체인이 고정 바닥판에 가하는 힘 R을 x의 함수로 표현하라. 마지막 운동 증분을 제외한 모든 운동 구간에서 힌지-링크 체인이 보존계임을 주의하라.

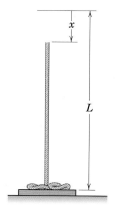

문제 4/94

PART 2

강체의 동역학

강체의 평면운동학

이 장의 구성

Thor Jorgen Udvang/ShutterStock

강체운동학은 운동과 연관된 힘과 모멘트는 고려하지 않고 강체의 선형운동과 각운동의 관계를 나타낸다. 기어, 캠, 연결 링크 외에 많은 움직이는 부품 설계의 대부분은 운동학 문제이다.

5.1 서론

제2장의 질점운동학에서는 곡선이나 직선경로를 이동하는 점들의 변위, 속도, 가속도를 결정하는 관계식들을 유도하였다. 강체운동학에서는 질점과 동일한 관계식을 사용하지만 물체의 회전도 추가로 고려해야 한다. 그러므로 강체운동학은 속도, 가속도뿐만 아니라 각변위, 각속도, 각가속도도 포함한다.

다음의 두 가지 중요한 이유로 강체의 운동을 기술할 필요가 있다. 첫째, 캠이나 기어, 여러 종류의 링크장치들의 운동을 발생, 전달, 제어할 필요가 있기 때문이다. 이때 기계 부품의 형상을 설계하기 위해 변위, 속도와 가속도를 분석해야 된다. 게다가 그 운동 결과로 발생된 힘은 부품 설계 시 반드시 고려되어야 한다.

둘째, 힘이 작용하여 발생하는 강체운동을 종종 계산해야 하기 때문이다. 추력과 중력을 고려해 로켓의 운동을 계산하는 것이 그 예이다.

우리는 이러한 두 가지 상황에서 강체운동학의 법칙들을 적용할 필요가 있다. 이번 장에서는 단일 평면에서 발생하는 운동을 분석하는 방법에 대해 다루게 된다. 제7장에서는 3차원 운동학에 대해서 소개할 것이다.

강체 가정

앞 장에서는 강체를 질점들 간의 거리 변화가 없는 질점계로 정의하였다. 따라서 만약 각각의 질점이 강체에 부착되어 함께 회전하는 기준 축의 위치벡터로 정의된다면, 이러한 축으로부터 측정된 위치벡터는 아무런 변화가 없을 것이다. 이것은 당연히 이상적인 상황이다. 왜냐하면 힘이 작용하면 물체의 형태는 어느 정도 변하기 때문이다.

그럼에도 불구하고 만약 물체의 운동에 비해서 형태의 변화가 매우 작다면, 강체로 가정할 수 있을 것이다. 예를 들면 비행기 날개의 떨림으로 인해서 발생되는 변위는 비행기 전체의 운동을 기술하는 데 큰 영향이 없으므로 강체로 가정하는 것이 합당하다. 하지만 만약 플러터에 의해 발생하는 날개 내부 응력의 경우, 날개 부분의 상대운동을 무시할 수 없으므로, 날개를 강체로 가정할 수 없을 것이다. 이 장과 다음 두 장에서는 대부분의 내용이 강체에 바탕을 두고 있다.

평면운동

물체의 모든 부분이 평행한 평면 내에서만 운동할 때 강체는 평면운동을 한다고 한다. 편의상 질량중심을 포함한 평면인 **운동평면**을 고려하고, 물체가 얇은 판과 같이 운동이 평면 내에 국한되는 경우만을 다룬다. 이러한 가정은 엔지니어링 분야에서 여러 가지 강체운동을 표현할 때 충분히 합당하다.

강체의 평면운동은 그림 5.1과 같이 여러 가지 항목으로 분류될 수 있다.

병진(translation) 물체 내에서 연결한 임의의 선분이 항상 평행하게 이동하는 경우 병진운동이라 정의한다. 병진운동의 경우 물체를 이은 어떤 선분도 회전하지 않는다. 그림 **5.1a**의 직선 **병진운동**의 경우, 물체의 모든 점이 평행한 직선을 따라 이동한다. 그림 **5.1b**의 곡선 **병진운동**의 경우, 모든 점이 지정된 곡선을 따라서 이동한다. 이 두 가지 병진운동의 경우 물체 내 모든 점의 운동이 같기 때문에 물체의 운동을 물체의 어느 한 점만으로 완벽하게 표현한다. 그러므로 제2장에서 공부했던 질점운동으로 강체의 병진운동을 완벽하게 기술할 수 있다.

고정축 회전(rotation about a fixed axis) 그림 **5.1c**는 고정축에 대한 회전운동을 나타낸다. 강체의 모든 질점이 회전축을 중심으로 원형 경로를 따라 이동한다. 그리고 회전축에 대해 수직인 강체 내부의 모든 선분이 (회전축을 지나가지 않는 모든 선분을 포함) 동시에 같은 각도만큼 회전한다. 제2장에서 논의했던 질점의 원운동을 이용하면 강체의 회전운동을 표현할 수 있으며 이것에 대해서는 다음 절에서 취급한다.

일반평면운동(general plane motion) 그림 **5.1d**에 나타낸 일반평면운동은 병진운동과 회전운동의 결합이다. 2.8절에서 다루었던 상대운동 원리들을 이용해서 일반평면운동을 나타낼 것이다.

각각의 그림에 나타내었듯이 물체 내부의 모든 질점들의 경로는 단일 평면운동에 투영된다는 점에 주목하라.

강체의 평면운동의 해석은 기하학적 정보를 이용하여 절대 변위와 시간 미분 항

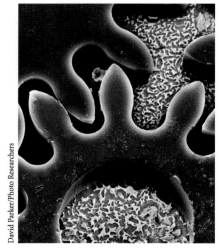

David Parker/Photo Researchers

그림의 니켈 마이크로기어는 두께가 단지 150 μm(150×10^{-6} m)이며 초소형 로봇에 응용 가능성이 있다.

	강체평면운동의 모양	실례
(a) 직선 병진	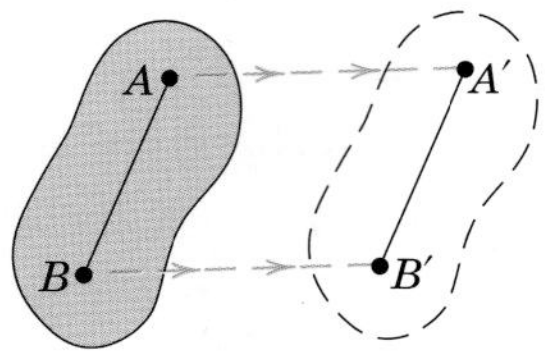 A ⟶ A' B ⟶ B'	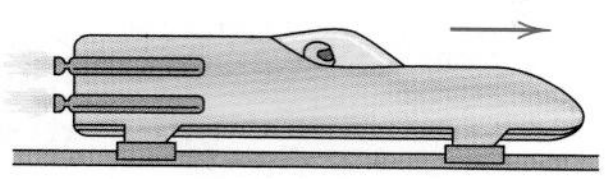 로켓 썰매
(b) 곡선 병진	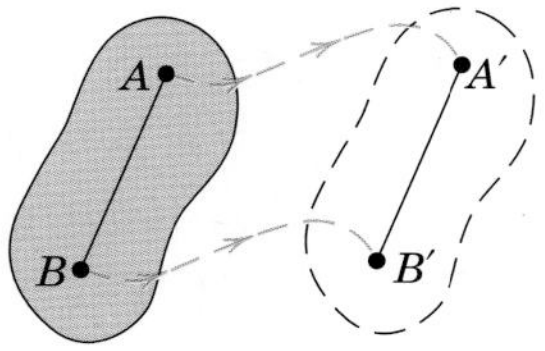 A ⟶ A' B ⟶ B'	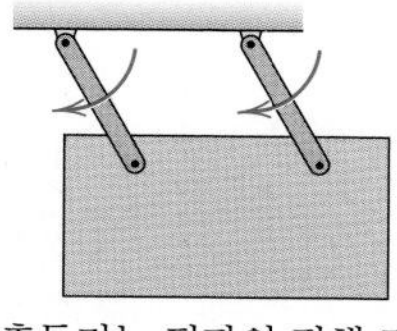 흔들리는 평판의 평행 링크
(c) 고정축 회전	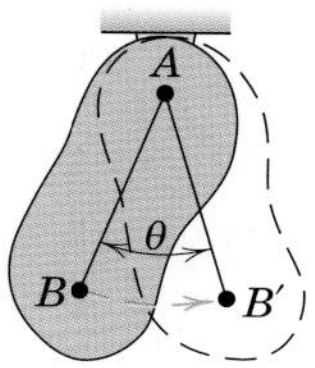 A θ B B'	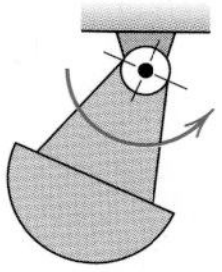 복합 진자
(d) 일반평면운동	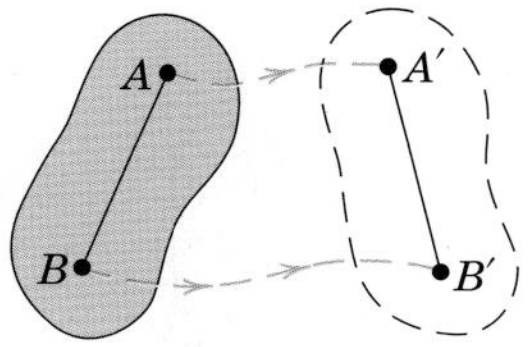 A ⟶ A' B ⟶ B'	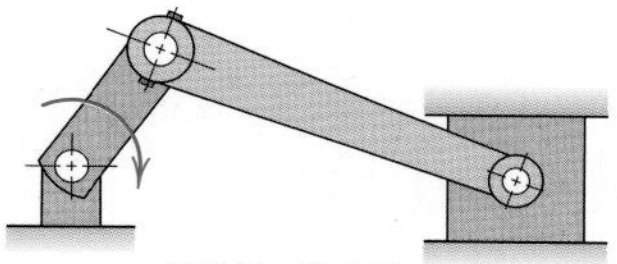 왕복동 엔진의 커넥팅 로드

그림 5.1

을 바로 계산하거나, 상대운동 원리를 이용하여 계산할 수 있다. 각각의 방법은 중
요하고 유용하며 다음 절에서 다룬다.

5.2 회전

강체의 회전운동은 강체의 각운동으로 표현된다. 그림 5.2는 평면 회전운동하는
강체를 나타낸다. 어떤 고정 좌표계를 기준으로 물체에 붙어 있는 선분 1과 2의 각
도는 θ_1과 θ_2로 정의된다. 왜냐하면 각도 β는 일정하므로, $\theta_2 = \theta_1 + \beta$의 관계식
을 시간에 대해 미분하면 $\dot{\theta}_1 = \dot{\theta}_2$이고 $\ddot{\theta}_1 = \ddot{\theta}_2$이며, 유한한 시간 동안 $\Delta\theta_1 = \Delta\theta_2$
이다. 따라서 운동평면 내에 있는 강체의 모든 성분들은 동일한 각변위, 각속도, 각가속
도를 갖는다.

선분의 각운동은 임의의 고정축에 대한 회전각도와 그 시간 미분 항만에 의해
서 결정되는 점을 주목하라. 각운동에서는 운동평면에 수직인 고정축이 꼭 필요한
것은 아니다.

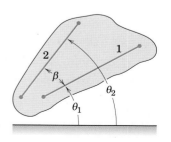

그림 5.2

KEY CONCEPTS　**각운동 관계식**

평면 회전운동을 하는 강체의 각속도 w와 각가속도 α는 각각 물체 내 임의의 선분의 각변위 θ의 1차 및 2차 시간 미분이다. 그 정의는 다음과 같다.

$$\omega = \frac{d\theta}{dt} = \dot{\theta}$$

$$\alpha = \frac{d\omega}{dt} = \dot{\omega} \quad \text{또는} \quad \alpha = \frac{d^2\theta}{dt^2} = \ddot{\theta} \qquad (5.1)$$

$$\omega\, d\omega = \alpha\, d\theta \quad \text{또는} \quad \dot{\theta}\, d\dot{\theta} = \ddot{\theta}\, d\theta$$

세 번째 식은 처음 두 식에서 dt를 소거하여 얻어진다. 이러한 관계식에서, w와 α의 양의 방향을 시계방향 혹은 반시계방향으로 하든지 상관없이 θ의 양의 방향과 동일하다. 식 (5.1)은 질점의 직선운동을 정의할 때 쓴 식 (2.1), (2.2), (2.3)과 유사한 형태이다. 사실 직선운동을 표현하는 2.2절의 모든 관계식은 선형량인 s, v, a를 각각 각운동량인 θ, w, α로 바꾸어서 그대로 사용할 수 있다. 강체동역학을 더 공부하면 운동학과 운동역학에 걸쳐 선형운동과 각운동의 관계가 거의 유사하다는 것을 발견하게 될 것이다. 이러한 관계들은 아주 중요한데, 이러한 관계들이 역학에서 발견되는 대칭성과 통일성을 설명하는 데 도움을 주기 때문이다.

등각가속도 회전의 경우 식 (5.1)을 적분하면 다음과 같다.

$$\omega = \omega_0 + \alpha t$$
$$\omega^2 = \omega_0{}^2 + 2\alpha(\theta - \theta_0)$$
$$\theta = \theta_0 + \omega_0 t + \frac{1}{2}\alpha t^2$$

여기서 w_0과 θ_0는 각각 $t = 0$일 때 초기 각속도와 각변위이고 t는 운동이 지속된 시간이다. 이 식들은 2.2절에서 언급한 일정 가속도가 있는 직선운동에 관한 식과 완벽하게 유사하므로 적분하여 구할 수 있을 것이다.

그림 2.3과 2.4에 나타낸 s, v, a, t의 관계들도 그에 상응하는 θ, w, α 값으로 간단히 바꾸어 사용할 수 있을 것이다. 평면 회전에 대한 관계들을 그림으로 그려 보아야 한다. 선형 가속도로부터 선형 속도와 선형 변위를 얻는 수학적인 과정에서 단지 직선운동에 해당하는 값들을 회전운동에 대한 값으로 바꿔서 적용하면 회전운동에 대한 관계식을 적용할 수 있다.

고정축에 대한 회전운동

고정축을 중심으로 강체가 회전할 때, 축 위에 있는 점들을 제외한 모든 점들은 동심원 형태로 움직인다. 따라서 그림 5.3과 같이 원점 O를 지나면서 그림 평면에 수직인 축을 중심으로 회전하는 강체의 경우, 임의의 점 A는 반지름 r인 원을 따라 움직인다. 2.5절에서 언급한 A의 선형 운동과 이동경로에 수직인 각운동 간의 관계에 대하여 이미 알고 있을 것이다. 각속도 $\omega = \dot{\theta}$와 각가속도 $\alpha = \dot{\omega} = \ddot{\theta}$를 이용하여 식 (2.11)을 다음과 같이 쓸 수 있다.

$$v = r\omega$$
$$a_n = r\omega^2 = v^2/r = v\omega \qquad (5.2)$$
$$a_t = r\alpha$$

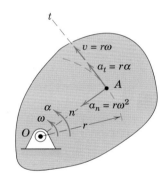

그림 5.3

이러한 관계식들은 벡터의 형태로 외적을 이용하여 나타낼 수도 있다. 특히 벡터 표현은 3차원 운동을 분석할 때 중요하다. 그림 5.4a와 같이 회전운동하는 강체의 각속도벡터 $\boldsymbol{\omega}$는 회전 평면에 대해 수직이며 오른손 법칙의 방향을 따른다. 벡터 외적의 정의로부터 벡터 $\mathbf{v}$는 $\boldsymbol{\omega}$와 $\mathbf{r}$의 외적으로 다음과 같이 구해진다. 이러한 외적으로 $\mathbf{v}$의 정확한 크기와 방향을 결정할 수 있다.

$$\mathbf{v} = \dot{\mathbf{r}} = \boldsymbol{\omega} \times \mathbf{r}$$

외적에서 벡터의 곱의 순서를 꼭 지켜야 한다. 반대 순서의 경

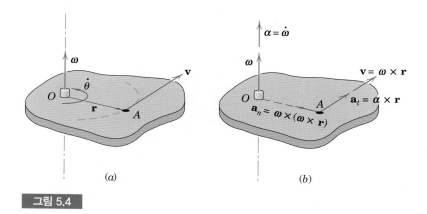

$$(a) \qquad\qquad (b)$$

그림 5.4

우 $\mathbf{r} \times \boldsymbol{\omega} = -\mathbf{v}$가 된다.

　점 A의 가속도는 외적으로 표현된 $\mathbf{v}$를 시간에 대하여 미분해서 다음과 같이 구해진다.

$$\mathbf{a} = \dot{\mathbf{v}} = \boldsymbol{\omega} \times \dot{\mathbf{r}} + \dot{\boldsymbol{\omega}} \times \mathbf{r}$$
$$= \boldsymbol{\omega} \times (\boldsymbol{\omega} \times \mathbf{r}) + \dot{\boldsymbol{\omega}} \times \mathbf{r}$$
$$= \boldsymbol{\omega} \times \mathbf{v} + \boldsymbol{\alpha} \times \mathbf{r}$$

여기서 $\boldsymbol{\alpha} = \dot{\boldsymbol{\omega}}$는 강체의 각가속도를 의미한다. 그러므로 식 (5.2)에 해당하는 식은 다음과 같고, 그림 5.4b에 나타내었다.

$$\mathbf{v} = \boldsymbol{\omega} \times \mathbf{r}$$
$$\mathbf{a}_n = \boldsymbol{\omega} \times (\boldsymbol{\omega} \times \mathbf{r}) \qquad (5.3)$$
$$\mathbf{a}_t = \boldsymbol{\alpha} \times \mathbf{r}$$

　3차원 강체운동의 경우, 각속도벡터 $\boldsymbol{\omega}$는 크기뿐만 아니라 방향도 바뀌게 될 것이다. 이러한 경우 각속도벡터의 미분 값인 각가속도벡터 $\boldsymbol{\alpha} = \dot{\boldsymbol{\omega}}$는 더 이상 각속도벡터 $\boldsymbol{\omega}$와 같은 방향이 아니다.

케이블 풀리 시스템은 스키장에서 사용되는 스키 리프트를 포함해서 많은 운송 시스템에 필수적인 구성요소이다.

이 사진은 내연기관 엔진의 캠축 구동 시스템이다.

예제 5.1

1800 rev/min의 각속도로 시계방향으로 회전하는 플라이휠에 $t = 0$에서 반시계방향의 토크가 가해진다. 토크는 반시계방향으로 $\alpha = 4t$ rad/s²만큼의 각가속도를 발생시킨다. 여기서 t는 토크가 발생되는 시점으로부터의 시간이다. (a) 플라이휠의 시계방향 각속도가 900 rev/min가 되는 시간을 구하라. (b) 플라이휠의 회전 방향이 바뀌는 시간을 구하라. (c) 토크가 작용되고 14초 동안 시계방향과 반시계방향의 회전을 합한 전체 회전수를 구하라.

| 풀이 | 편의상 반시계방향을 양으로 한다.

(a) α는 알고 있는 시간의 함수이므로, 각속도를 얻기 위해서 적분한다. 초기 각속도는 $-1800(2\pi)/60 = -60\pi$ rad/s를 이용하면 다음과 같다.

$$[d\omega = \alpha \, dt] \qquad \int_{-60\pi}^{\omega} d\omega = \int_{0}^{t} 4t \, dt \qquad \omega = -60\pi + 2t^2 \quad ①$$

시계방향의 각속도 900 rev/min 혹은 $\omega = -900(2\pi)/60 = -30\pi$ rad/s를 대입하면 다음과 같다.

$$-30\pi = -60\pi + 2t^2 \qquad t^2 = 15\pi \qquad t = 6.86 \text{ s} \qquad ▤$$

(b) 플라이휠의 방향은 각속도가 0이 될 때 바뀌므로 다음과 같은 식을 얻을 수 있다.

$$0 = -60\pi + 2t^2 \qquad t^2 = 30\pi \qquad t = 9.71 \text{ s} \qquad ▤$$

(c) 14초 동안 총 플라이휠이 회전한 수는 처음 9.71초 동안 시계방향으로 회전한 수 N_1과 반시계방향으로 회전한 회전수 N_2를 더해주면 된다. ω에 관한 항을 t에 대해 적분하면 각변위(단위는 radian)를 구할 수 있다. 그러므로 첫째 구간에서는

$$[d\theta = \omega \, dt] \qquad \int_{0}^{\theta_1} d\theta = \int_{0}^{9.71} (-60\pi + 2t^2) \, dt$$

$$\theta_1 = [-60\pi t + \tfrac{2}{3} t^3]_{0}^{9.71} = -1220 \text{ rad} \quad ②$$

또는 $N_1 = 1220/2\pi = 194.2$바퀴 시계방향으로 회전하였다.

　둘째 구간에서는

$$\int_{0}^{\theta_2} d\theta = \int_{9.71}^{14} (-60\pi + 2t^2) \, dt$$

$$\theta_2 = [-60\pi t + \tfrac{2}{3} t^3]_{9.71}^{14} = 410 \text{ rad} \quad ③$$

또는 $N_2 = 410/2\pi = 65.3$바퀴 반시계방향으로 회전하였다. 따라서 총 14초 동안 전체 회전수는 다음과 같다.

$$N = N_1 + N_2 = 194.2 + 65.3 = 259 \text{ rev} \qquad ▤$$

t에 대한 ω를 그래프로 나타내면, θ_1이 음의 영역으로 나타나고 θ_2가 양의 영역으로 나타나는 것을 볼 수 있다. 만약 전체 구간을 한꺼번에 적분하면 $|\theta_2| - |\theta_1|$을 얻게 된다.

| 도움말 |

① 부호에 특별히 주의해야 한다. 적분 하한 값은 초기 각속도로 음의 값(시계방향)을 갖는다. 또한 회전수를 라디안 단위로 환산시켜야 한다.

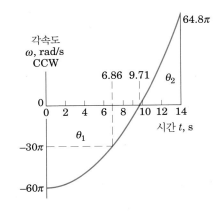

② 이 문제에서 음의 부호는 시계방향이라는 것을 다시 한번 명심하자.

③ α의 원래 표현식을 rev/s²으로 변환하면 회전수를 직접 구할 수 있다.

예제 5.2

승강 모터의 피니언 A는 드럼에 부착된 기어 B를 회전시킨다. 물체 L은 정지상태에서 등가속도 운동을 하여 0.8 m 높이만큼 상승했을 때 2 m/s의 속도가 된다. (a) 드럼과 연결되어 있는 케이블 점 C의 가속도를 구하라. (b) 피니언 A의 각속도와 각가속도를 구하라.

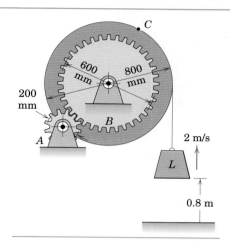

| 풀이 | (a) 케이블이 드럼에서 미끄러지지 않는다면 물체 L의 속도와 가속도는 당연히 점 C에서의 접선속도 및 가속도와 동일할 것이다. 물체 L은 등가속 직선운동이므로, C의 n방향과 t방향의 가속도성분은 다음과 같다.

$$[v^2 = 2as] \qquad a = a_t = v^2/2s = 2^2/[2(0.8)] = 2.5 \text{ m/s}^2$$
$$[a_n = v^2/r] \qquad a_n = 2^2/(0.400) = 10 \text{ m/s}^2 \quad ①$$
$$[a = \sqrt{a_n^2 + a_t^2}] \qquad a_C = \sqrt{(10)^2 + (2.5)^2} = 10.31 \text{ m/s}^2 \qquad ▤$$

(b) 기어 B의 각운동으로부터 두 기어의 접촉점의 속도 v_1와 가속도 a가 동일하다는 것을 이용하면 기어 A의 각운동이 구해진다. 첫째, 기어 B의 회전운동은 드럼에 붙어 있는 C의 운동에 의해 결정되므로 다음과 같이 구해진다.

$$[v = r\omega] \qquad \omega_B = v/r = (2/0.400) = 5 \text{ rad/s}$$
$$[a_t = r\alpha] \qquad \alpha_B = a_t/r = (2.5/0.400) = 6.25 \text{ rad/s}^2$$

그리고 $v_1 = r_A\omega_A = r_B\omega_B$와 $a_1 = r_A\alpha_A = r_B\alpha_B$로부터 다음을 얻는다.

$$\omega_A = \frac{r_B}{r_A}\omega_B = \frac{0.300}{0.100}5 = 15 \text{ rad/s CW} \qquad ▤$$

$$\alpha_A = \frac{r_B}{r_A}\alpha_B = \frac{0.300}{0.100}6.25 = 18.75 \text{ rad/s}^2 \text{ CW} \qquad ▤$$

| 도움말 |

① 케이블 위의 한 점은 드럼과 접촉한 후 속도의 방향이 바뀌고 각속도의 법선성분이 발생함을 주목하자.

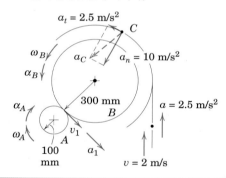

예제 5.3

직각막대가 4 rad/s^{2}로 감속하면서 시계방향으로 회전하고 있다. $\omega = 2$ rad/s일 때 점 A의 속도와 가속도를 벡터로 표현하라.

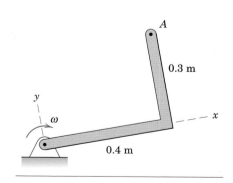

| 풀이 | 오른손 법칙을 이용하면 다음과 같다.

$$\boldsymbol{\omega} = -2\mathbf{k} \text{ rad/s} \qquad \text{그리고} \qquad \boldsymbol{\alpha} = +4\mathbf{k} \text{ rad/s}^2$$

A의 속도와 가속도는 다음과 같다.

$$[\mathbf{v} = \boldsymbol{\omega} \times \mathbf{r}] \qquad \mathbf{v} = -2\mathbf{k} \times (0.4\mathbf{i} + 0.3\mathbf{j}) = 0.6\mathbf{i} - 0.8\mathbf{j} \text{ m/s} \qquad ▤$$
$$[\mathbf{a}_n = \boldsymbol{\omega} \times (\boldsymbol{\omega} \times \mathbf{r})] \qquad \mathbf{a}_n = -2\mathbf{k} \times (0.6\mathbf{i} - 0.8\mathbf{j}) = -1.6\mathbf{i} - 1.2\mathbf{j} \text{ m/s}^2$$
$$[\mathbf{a}_t = \boldsymbol{\alpha} \times \mathbf{r}] \qquad \mathbf{a}_t = 4\mathbf{k} \times (0.4\mathbf{i} + 0.3\mathbf{j}) = -1.2\mathbf{i} + 1.6\mathbf{j} \text{ m/s}^2$$
$$[\mathbf{a} = \mathbf{a}_n + \mathbf{a}_t] \qquad \mathbf{a} = -2.8\mathbf{i} + 0.4\mathbf{j} \text{ m/s}^2 \qquad ▤$$

$\mathbf{v}$와 $\mathbf{a}$의 크기는 다음과 같다.

$$v = \sqrt{0.6^2 + 0.8^2} = 1 \text{ m/s} \qquad \text{그리고} \qquad a = \sqrt{2.8^2 + 0.4^2} = 2.83 \text{ m/s}$$

연습문제

기초문제

5/1 플라이휠이 토크에 의해 300 rev/min에서 900 rev/min까지 6초간 일정하게 가속되었다. 휠이 회전하는 시간 동안 플라이휠이 회전한 횟수 N을 구하라. (제안 : 계산 시에 회전수 [rev]와 분[min]을 단위로 사용하라.)

5/2 고정축 O를 중심으로 회전하는 삼각형 모양의 강체가 아래 그림에 표시된 물리량과 변수를 가질 때 점 A에서의 순간속도와 가속도를 구하여라. 단, 주어진 변수는 모두 양수라고 가정한다.

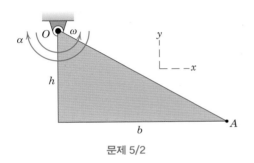

문제 5/2

5/3 가는 막대로 이루어진 강체가 고정축 O를 중심으로 회전하고 있다. 회전하는 강체의 각속도와 각가속도가 각각 $\omega=4$ rad/s, $\alpha=7$ rad/s²일 때 점 A에서의 순간속도와 가속도를 구하여라.

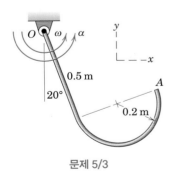

문제 5/3

5/4 기어의 각속도가 $\omega=12-3t^2$으로 제어되고 있다. 이때 각속도 ω의 단위는 rad/s이면서 시계방향으로 양수이고, 시간 t의 단위는 초이다. $t=0$부터 $t=3$ s 사이의 순변위 $\Delta\theta$를 구하라. 그리고 이 3초간 기어의 총회전수 N을 구하라.

5/5 자기 테이프가 컴퓨터에 장착된 가벼운 풀리에 걸쳐 공급되고 있다. 테이프의 속도 v가 일정하고 테이프에 있는 점 A의 가속도의 크기가 점 B의 4/3배라면 작은 풀리의 반지름 r값을 계산하여라.

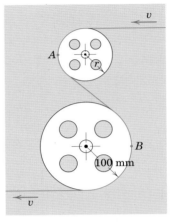

문제 5/5

5/6 연삭기계가 켜질 때, 기계는 정지상태로부터 가속하여 작동속도 3450 rev/min까지 6초 만에 도달한다. 연삭기계를 끄면 기계가 완전히 정지하기까지 32초가 걸린다. 기계가 켜지는 동안의 회전수와 정지하는 동안의 회전수를 각각 구하라. 단, 두 가지 경우에 대해 각가속도는 일정하다고 가정한다.

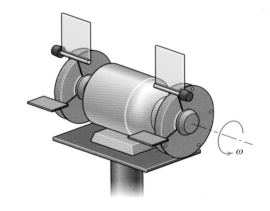

문제 5/6

5/7 구동기구에 의해 반원평판이 $\theta = \theta_0 \sin(\omega_0 t)$의 단순조화운동을 하고 있다. 이때 θ_0는 진동의 진폭이고, ω_0는 회전각속도이다. 각속도의 진폭과 각가속도의 진폭을 구하고, 주기운동에서 이 값들이 최대가 되는 위치를 구하라. (단, 이 운동은 임의의 진폭에 대한 자유진동이 아니고, 축에 대해서 동력을 공급받아 운동을 하고 있다.)

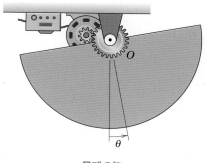

문제 5/7

5/8 실린더가 고정축 z에 대해서 그림과 같은 방향으로 회전하고 있다. A점에서의 속도는 $v_A = 0.6$ m/s이고, 가속도의 크기는 $a_A = 4$ m/s²일 때, 실린더의 각속도와 각가속도를 구하라. 이를 구할 때, 각도 θ의 정보가 필요한가?

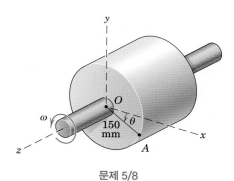

문제 5/8

심화문제

5/9 고정 축에 대해서 회전하고 있는 강체의 각가속도가 $\alpha = -k\omega^2$으로 주어져 있다. 여기서 상수 k는 0.1이다. 각속도가 초기각속도 $\omega_0 = 12$ rad/s의 $\frac{1}{3}$이 될 때까지 걸리는 시간과 각변위를 구하라.

5/10 그림의 장치는 각속도 $\omega = 20$ rad/s, 각가속도 $\alpha = 40$ rad/s²으로 고정축 z에 대해 그림과 같은 방향으로 회전하고 있다. 이때 점 B에서의 순간속도와 순간가속도를 구하라.

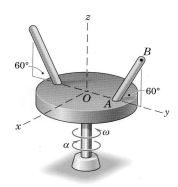

$\overline{OA} = 300$ mm, $\overline{AB} = 500$ mm

문제 5/10

5/11 접착력이 약한 접착제를 테스트하기 위해, 무게가 0.3 kg인 작은 블록의 바닥에 접착제를 발라 턴테이블에 힘을 가하여 부착하였다. 턴테이블은 정지상태에서 시작하여, 시간 $t = 0$부터 $\alpha = 2$ rad/s²으로 일정하게 가속되고 있다. 접착제가 정확히 $t = 3$ s에서 떨어졌을 때, 접착제가 가진 전단항복력을 구하라. 접착제가 떨어질 때 턴테이블의 각변위는 얼마인가?

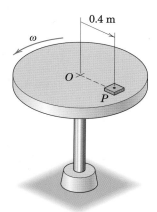

문제 5/11

5/12 벨트로 구동되는 풀리와 디스크가 회전하면서 각속도가 증가하고 있다. 벨트의 스피드 v가 1.5 m/s이고 점 A에서의 가속도가 75 m/s²라고 할 때, (a) 풀리와 디스크의 각가속도 α, (b) 점 B에서의 가속도, 그리고 (c) 벨트 위의 점 C에서의 가속도를 구하여라.

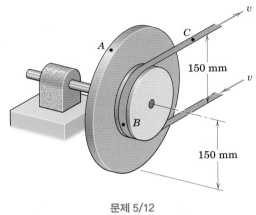

문제 5/12

5/13 구부러진 플랫 바(bent flat bar)가 점 O를 지나는 고정축에 대해 회전하고 있다. 아래 그림은 이 운동의 어떤 순간에서 각변위, 각속도와 각가속도이다. 이때 점 A에서의 속도와 가속도를 구하라.

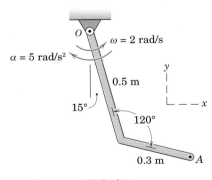

문제 5/13

5/14 시간 $t=0$일 때, 고정축 z에 대해 회전하는 암(arm)의 각속도는 그림과 같은 방향으로 $\omega=200$ rad/s이다. 이때부터 일정한 각가속도가 작용하여, 10초 이후에는 암이 멈추게 된다. 점 P에서의 가속도의 방향이 암 AB와 $15°$를 이루는 시간 t는 언제인가?

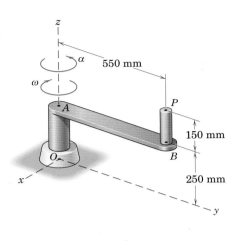

문제 5/14

5/15 플라이휠에 시계방향으로 토크가 작용하고 있다. 토크는 아래 그래프와 같이 $t=0$에서부터 플라이휠이 20 회전을 하는 동안 각가속도가 각변위 θ에 대해 일정하게 감소하도록 작용하고 있다. 만약, $t=0$일 때 플라이휠의 각속도가 300 rev/min이었다면 20 회전 뒤의 플라이휠의 각속도 N을 구하여라. [라디안(rad) 대신 회전단위(rev)를 사용할 것.]

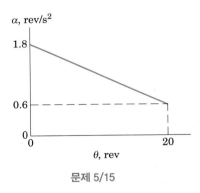

문제 5/15

5/16 고정축 O에 대해 정사각형 평판이 회전하고 있다. 정사각형 평판 위의 점 A의 순간속도와 순간가속도에 대한 일반식을 구하라. 단, 모든 변수는 양수로 두어라. 그리고 $\theta=30°$, $b=0.2$ m, $\omega=1.4$ rad/s, $\alpha=2.5$ rad/s²인 경우에 대해서 이전에 구한 일반식을 검토하라.

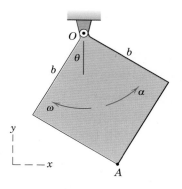

문제 5/16

5/17 모터 A는 시간 $t=0$일 때 켜져서 0 rev/min에서부터 3600 rev/min까지 8초간 일정하게 가속되었다. 이 모터는 드럼 B에 부착된 선풍기(그림에서는 보이지 않는다)를 작동시킨다. 풀리의 유효 반지름은 그림에 나타나 있다. 단, 벨트의 미끄러짐은 없다고 가정한다.

  (a) 0초부터 8초 사이에, 드럼 B에 의한 선풍기 회전수를 구하라.

  (b) $t=4$ s일 때, 드럼 B의 각속도를 구하라.

  (c) 0초부터 4초 사이에, 드럼 B에 의한 선풍기 회전수를 구하라.

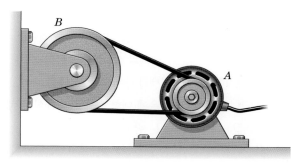

$r_A = 75$ mm, $r_B = 200$ mm

문제 5/17

5/18 시간 $t=0$일 때 원형디스크 위의 점 A의 위치는 $\theta=0$이고, 디스크의 각속도는 $\omega_0=0.1$ rad/s이다. 이후 디스크는 일정한 각가속도 $\alpha=2$ rad/s^{2}으로 운동한다. 시간 $t=1$ s일 때, 점 A의 속도와 가속도를 $\mathbf{i}$와 $\mathbf{j}$ 단위벡터를 이용하여 구하라.

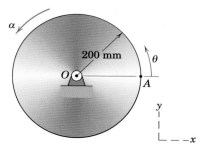

문제 5/18

5/19 문제 5/18을 다시 고려해 보자. 하지만 이번에는 디스크의 각가속도가 $\alpha=2t$이다. 여기서 t의 단위는 초이고, α의 단위는 rad/s^{2}이다. 시간 $t=2$ s일 때, 점 A의 속도와 가속도를 $\mathbf{i}$와 $\mathbf{j}$ 단위 벡터를 이용하여 구하라.

5/20 문제 5/18을 다시 고려해 보자. 하지만 이번에는 디스크의 각가속도가 $\alpha=2\omega$이다. 여기서 ω의 단위는 rad/s이고, α의 단위는 rad/s^{2}이다. 시간 $t=1$ s일 때, 점 A의 속도와 가속도를 $\mathbf{i}$와 $\mathbf{j}$ 단위 벡터를 이용하여 구하라.

5/21 문제 5/18의 디스크를 다시 고려해 보자. 디스크의 위치는 시간 $t=0$일 때 $\theta=0$이고, 각속도는 $\omega_0=0.1$ rad/s이다. 이후 디스크는 각가속도 $\alpha=2\theta$로 운동한다. 이때 θ의 단위는 rad이고, α의 단위는 rad/s^{2}이다. 시간 $t=2$ s일 때, 점 A의 각변위를 구하라.

5/22 기어 감속장치의 설계특징을 고려해 보자. 시간 $t=2$ s부터 기어 A에 토크가 작용하여 반시계방향의 각가속도 α를 가지게 되고, 이 각가속도 α는 4초 동안 아래 그래프와 같이 변한다고 한다. 단, 시간 $t=2$ s일 때 기어 B의 각속도는 시계방향으로 300 rev/min였다. $t=6$ s일 때, 기어 B의 속력 N_B를 구하라.

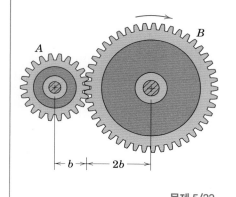

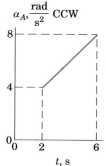

문제 5/22

5.3 절대운동

강체의 평면운동학을 기술하기 위해서 절대운동 해석을 다루어 보겠다. 이 방법에서는 물체의 형상을 결정하는 기하학적 관계식을 이용한다. 그리고 이 관계식을 시간에 대해 미분하여 속도와 가속도를 구한다.

제2장 2.9절의 질점 동역학에서, 연결되어 있는 질점들의 구속운동을 다루기 위한 절대운동 해석 방법을 소개한 바 있다. 도르래 구조를 다룰 때, 연결 케이블 길이의 미분을 통해서 관련 속도와 가속도들이 결정되었다. 이전의 계산방법은 물체의 형상이 비교적 간단했고 각도에 관한 항들을 고려할 필요가 없었다. 그러나 강체운동을 다루기 위해서는 기하학적 관계식이 선형 변수와 각변수를 모두 포함해야 하므로, 이러한 관계식의 미분 값은 속도와 가속도 그리고 각속도와 각가속도 항을 포함하게 된다.

절대운동 해석에서는 수학적인 표현을 일관되게 유지해야 한다. 예를 들면 운동평면에서 각변위 θ의 이동방향이 임의의 고정된 축으로부터 반시계방향으로 정해져 있다면, 각속도 $\dot{\theta}$와 각가속도 $\ddot{\theta}$가 양이 되는 방향 또한 반시계방향이다. 또한 음의 부호는 당연히 시계방향의 각운동을 의미한다. 앞서 선형 운동을 정의하는 관계식 (2.1), (2.2), (2.3)과 각운동을 포함하는 관계식 (5.1), (5.2), (5.3)은 운동을 해석할 때 다시 사용될 것이므로 반드시 습득해야 한다.

만약 운동 형태가 그다지 복잡하지 않은 기하학적 형상으로 표현되면, 강체운동학에 대한 절대운동 해석법은 아주 간단하게 될 것이다. 그러나 기하학적 형상이 복잡하거나 모호하다면 상대운동 원리로 해석하는 것이 더 좋을 것이다. 상대운동 해석은 5.4절에서 다루어진다. 절대운동 해석과 상대운동 해석을 모두 배우고 나면, 두 방법 중에서 더 바람직한 방법을 선택할 수 있을 것이다.

다음 세 개의 예제는 흔히 만나는 세 가지 경우에 대한 절대운동 해석의 적용방법을 기술하고 있다. 예제 5.4에서 다루는 구르는 바퀴의 운동학은 특히 대부분의 문제에서 매우 유용하며 중요하다. 왜냐하면 여러 가지 형태로 구르는 바퀴는 기계 시스템에서 널리 사용되는 요소이기 때문이다.

슬라이더-크랭크 기구의 한 예는 피스톤과 커넥팅 로드 조립체이다.

예제 5.4

반지름 r인 휠이 수평면을 미끄러짐 없이 구른다. 휠 중심 O의 선형운동으로부터 휠의 각운동을 구하라. 또한 휠이 구를 때 바닥과 접촉하는 테두리 점에서의 가속도를 구하라.

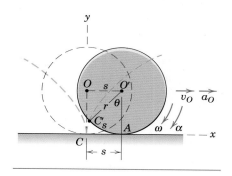

|**풀이**| 그림은 휠이 미끄러짐 없이 오른쪽으로 굴러가는 것을 보여준다. 점 O의 선형 이동거리 s는 굴러가는 휠의 원주 곡선 $C'A$와 같다. 반지름 선 CO는 새로운 위치인 $C'O'$로 각도 θ만큼 회전한다. 이때 θ는 수직선으로부터 측정된다. 휠이 미끄러지지 않는다면 $C'A$의 길이는 반드시 s와 동일해야 한다. 따라서 변위 관계식과 이의 시간미분은 다음과 같다.

$$s = r\theta$$
$$v_O = r\omega$$
$$a_O = r\alpha \quad ①$$

여기서 $v_O = \dot{s}$, $a_O = \dot{v}_O = \ddot{s}$, $\omega = \dot{\theta}$와 $\alpha = \dot{\omega} = \ddot{\theta}$이다. 물론 각도 θ는 당연히 라디안 단위를 사용해야 한다. 만약 휠의 속도가 점점 감소한다면 가속도 a_O는 속도 v_O의 방향과 반대방향이 된다. 이 경우 각가속도 α는 ω와 반대방향이다.

고정축의 원점은 임의로 잡아도 되지만, 편의상 휠의 테두리와 바닥의 접촉점 C를 원점으로 한다. 점 C가 사이클로이드 곡선을 따라 C'으로 이동할 때, 새로운 좌표값과 그것의 시간 미분은 다음과 같다.

$x = s - r\sin\theta = r(\theta - \sin\theta)$	$y = r - r\cos\theta = r(1 - \cos\theta)$
$\dot{x} = r\dot{\theta}(1 - \cos\theta) = v_O(1 - \cos\theta)$	$\dot{y} = r\dot{\theta}\sin\theta = v_O\sin\theta$
$\ddot{x} = \dot{v}_O(1 - \cos\theta) + v_O\dot{\theta}\sin\theta$	$\ddot{y} = \dot{v}_O\sin\theta + v_O\dot{\theta}\cos\theta$
$\quad = a_O(1 - \cos\theta) + r\omega^2\sin\theta$	$\quad = a_O\sin\theta + r\omega^2\cos\theta$

접촉 순간에 $\theta = 0$으로 두면 다음과 같다.

$$\ddot{x} = 0 \text{이고} \qquad \ddot{y} = r\omega^2 \quad ②$$

그러므로 바닥과 접촉하는 순간에 테두리 위에 있는 점 C의 가속도는 오직 r과 ω에 의해서만 결정되고 그 방향은 휠의 중심을 향하는 방향이다. 만약 필요하다면 임의의 위치 θ에서 점 C의 속도와 가속도를 $\mathbf{v} = \dot{x}\mathbf{i} + \dot{y}\mathbf{j}$와 $\mathbf{a} = \ddot{x}\mathbf{i} + \ddot{y}\mathbf{j}$로 표현 가능하다.

미끄럼 없이 구르는 휠의 운동 관계식을 적용하려면 오른쪽 그림에서와 같이 다양한 경우에 대한 이해가 필요하다. 만약 휠이 미끄러지면서 구른다면 앞서 다루었던 관계식은 성립하지 않는다.

|**도움말**|

① 이제 이러한 세 가지 관계식에 익숙할 것이다. 그리고 구르는 휠의 응용을 마스터하도록 하자.

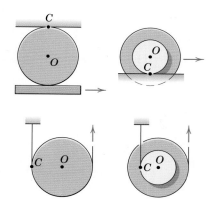

② $\theta = 0$일 때 접촉점에서 속도는 0이므로 $\dot{x} = \dot{y} = 0$이다. 접촉점에서 가속도는 5.6절의 상대속도 원리를 이용해 구할 수 있다.

예제 5.5

그림과 같이 도르래와 케이블에 의해서 물체 L이 올라가고 있다. 각 케이블은 도르래에 단단히 감겨 있어 미끄러지지 않는다. 물체 L이 붙어 있는 두 개의 도르래는 하나의 강체를 지지하기 위해 매여 있다. 다음 조건에서 물체 L의 가속도와 속도를 계산하고, 도르래의 각속도 ω와 각가속도 α를 구하라.

경우 (a) 　도르래 1 : $\omega_1 = \dot{\omega}_1 = 0$(정지상태)

　　　　　도르래 2 : $\omega_2 = 2$ rad/s, $\alpha_2 = \dot{\omega}_2 = -3$ rad/s^2

경우 (b) 　도르래 1 : $\omega_1 = 1$ rad/s, $\alpha_1 = \dot{\omega}_1 = 4$ rad/s^2

　　　　　도르래 2 : $\omega_2 = 2$ rad/s, $\alpha_2 = \dot{\omega}_2 = -2$ rad/s^2

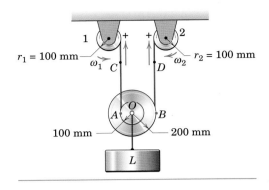

|풀이| 　케이블이 늘어나지 않는다면 도르래 1 또는 2의 테두리의 접선방향의 변위, 속도, 가속도는 점 A 또는 점 B의 수직운동과 동일하다.

경우 (a) 　A가 순간적으로 정지상태이므로 선분 AB는 dt 시간 동안 AB'으로 $d\theta$만큼 회전한다. 그림에서 AB의 변위와 그 시간 미분항을 구할 수 있다.

$$ds_B = \overline{AB}\,d\theta \qquad v_B = \overline{AB}\omega \qquad (a_B)_t = \overline{AB}\alpha$$
$$ds_O = \overline{AO}\,d\theta \qquad v_O = \overline{AO}\omega \qquad a_O = \overline{AO}\alpha \qquad ①$$

$v_D = r_2\omega_2 = 0.1(2) = 0.2$ m/s, $a_D = r_2\alpha_2 = 0.1(-3) = -0.3$ m/s^{2}일 때 이중 도르래의 각운동은 다음과 같다.

$$\omega = v_B/\overline{AB} = v_D/\overline{AB} = 0.2/0.3 = 0.667 \text{ rad/s (CCW)} \qquad \boxed{답}$$
$$\alpha = (a_B)_t/\overline{AB} = a_D/\overline{AB} = -0.3/0.3 = -1 \text{ rad/s}^2 \text{ (CW)} \quad ② \quad \boxed{답}$$

이에 따른 점 O와 물체 L의 운동은 다음과 같다.

$$v_O = \overline{AO}\omega = 0.1(0.667) = 0.0667 \text{ m/s} \qquad \boxed{답}$$
$$a_O = \overline{AO}\alpha = 0.1(-1) = -0.1 \text{ m/s}^2 \quad ③ \qquad \boxed{답}$$

경우 (b) 　점 A가 움직이므로 점 C도 움직이며, 선분 AB는 dt 시간 동안 $A'B'$으로 이동한다. 이러한 경우 그림에서와 같이 변위와 그 시간 미분항은 다음과 같다.

$$ds_B - ds_A = \overline{AB}\,d\theta \qquad v_B - v_A = \overline{AB}\omega \qquad (a_B)_t - (a_A)_t = \overline{AB}\alpha$$
$$ds_O - ds_A = \overline{AO}\,d\theta \qquad v_O - v_A = \overline{AO}\omega \qquad a_O - (a_A)_t = \overline{AO}\alpha$$

여기서 $v_C = r_1\omega_1 = 0.1(1) = 0.1$ m/s 　　$v_D = r_2\omega_2 = 0.1(2) = 0.2$ m/s

　　　　$a_C = r_1\alpha_1 = 0.1(4) = 0.4$ m/s^2 　　$a_D = r_2\alpha_2 = 0.1(-2) = -0.2$ m/s^2

이중 도르래의 각운동은 다음과 같이 구해진다.

$$\omega = \frac{v_B - v_A}{\overline{AB}} = \frac{v_D - v_C}{\overline{AB}} = \frac{0.2 - 0.1}{0.3} = 0.333 \text{ rad/s (CCW)} \qquad \boxed{답}$$
$$\alpha = \frac{(a_B)_t - (a_A)_t}{\overline{AB}} = \frac{a_D - a_C}{\overline{AB}} = \frac{-0.2 - 0.4}{0.3} = -2 \text{ rad/s}^2 \text{ (CW)} \quad ④ \quad \boxed{답}$$

이에 따른 점 O와 물체 L의 운동은 다음과 같다.

$$v_O = v_A + \overline{AO}\omega = v_C + \overline{AO}\omega = 0.1 + 0.1(0.333) = 0.1333 \text{ m/s} \qquad \boxed{답}$$
$$a_O = (a_A)_t + \overline{AO}\alpha = a_C + \overline{AO}\alpha = 0.4 + 0.1(-2) = 0.2 \text{ m/s}^2 \qquad \boxed{답}$$

|도움말|

① 안쪽 도르래는 왼쪽 케이블의 고정선을 따라 구르는 휠로 간주할 수 있다. 따라서 예제 5.4의 표현식이 성립한다.

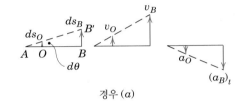

경우 (a)

② B가 곡선 경로를 따라 이동하므로 접선방향 가속도성분 $(a_B)_t$ 외에 점 O를 향하는 법선방향 가속도성분을 갖는데, 이 법선 성분은 도르래의 각가속도에 아무런 영향을 주지 않는다.

③ 아래 그림들은 이러한 값들과의 단순한 선형 관계들을 보여준다. AB가 각도 $d\theta$만큼 회전할 때 O와 B의 운동을 그림으로 나타내면 해석이 명확해진다.

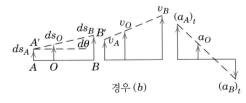

경우 (b)

④ 경우 (a)에서와 같이 선분 AB가 미소 회전할 때 도르래의 각속도와 A, O, B의 속도 사이의 관계를 나타낸다. $(a_B)_t = a_D$가 음수이므로 그림과 같은 가속도 선도가 얻어지지만 선형관계가 깨지지는 않는다.

예제 5.6

정삼각형 평판 ABC의 평면운동은 유압 실린더 D에 의해 조절된다. 만약 실린더의 피스톤 막대가 위쪽으로 일정속도 0.3 m/s로 이동한다면, $\theta = 30°$일 때 수평 안내 홈에 있는 롤러 B의 중심의 속도와 가속도를 구하고, 변 CB의 각속도와 각가속도를 구하라.

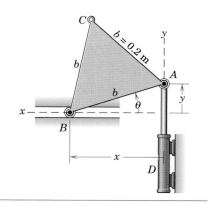

|풀이| 그림과 같이 x-y축을 선택하면 점 A의 속도는 $v_A = \dot{y} = 0.3$ m/s이고 가속도는 $a_A = \ddot{y} = 0$이다. 그리고 B의 운동은 x와 $x^2 + y^2 = b^2$의 그 시간 미분 항으로 구할 수 있다. 미분하면 다음과 같다.

$$x\dot{x} + y\dot{y} = 0 \qquad \dot{x} = -\frac{y}{x}\dot{y} \quad ①$$

$$x\ddot{x} + \dot{x}^2 + y\ddot{y} + \dot{y}^2 = 0 \qquad \ddot{x} = -\frac{\dot{x}^2 + \dot{y}^2}{x} - \frac{y}{x}\ddot{y}$$

여기서 $y = b \sin \theta$, $x = b \cos \theta$, $\ddot{y} = 0$이므로 다음과 같이 다시 쓸 수 있다.

$$v_B = \dot{x} = -v_A \tan \theta$$

$$a_B = \ddot{x} = -\frac{v_A{}^2}{b} \sec^3 \theta$$

$v_A = 0.3$ m/s, $\theta = 30°$를 대입하면 B의 속도와 가속도는 다음과 같다.

$$v_B = -0.3\left(\frac{1}{\sqrt{3}}\right) = -0.1732 \text{ m/s} \qquad 답$$

$$a_B = -\frac{(0.3)^2(2/\sqrt{3})^3}{0.2} = -0.693 \text{ m/s}^2 \qquad 답$$

x는 양의 방향이 왼쪽이므로 B의 속도와 가속도가 음의 부호인 것은 오른쪽 방향을 나타낸다.

변 CB의 각운동은 AB를 포함한 판 위의 모든 선의 운동과 같다. $y = b \sin \theta$를 미분하면 다음과 같다.

$$\dot{y} = b\dot{\theta} \cos \theta \qquad \omega = \dot{\theta} = \frac{v_A}{b} \sec \theta$$

각가속도는 다음과 같다.

$$\alpha = \dot{\omega} = \frac{v_A}{b}\dot{\theta} \sec \theta \tan \theta = \frac{v_A{}^2}{b^2} \sec^2 \theta \tan \theta$$

수치 값을 대입하면 다음과 같다.

$$\omega = \frac{0.3}{0.2}\frac{2}{\sqrt{3}} = 1.732 \text{ rad/s} \qquad 답$$

$$\alpha = \frac{(0.3)^2}{(0.2)^2}\left(\frac{2}{\sqrt{3}}\right)^2\frac{1}{\sqrt{3}} = 1.732 \text{ rad/s}^2 \qquad 답$$

ω와 α가 둘 다 양의 부호를 가져서 θ의 양의 방향과 일치하므로 반시계방향이다.

|도움말|

① 분수식을 미분하는 것보다 곱을 미분하는 것이 더 쉽다. 따라서 $\dot{x} = -y\dot{y}/x$보다 $x\dot{x} + y\dot{y} = 0$을 미분하도록 하자.

연습문제

기초문제

5/23 이음 고리(collar) B가 고정된 유압실린더 C에 의해 위쪽으로 등속운동하고 있다. 여기서 이음 고리 B는 막대 OA를 따라 자유롭게 움직일 수 있다. 속도 v, 이음 고리 B의 변위 s와 거리 d를 이용하여 각속도 ω_{OA}를 구하라.

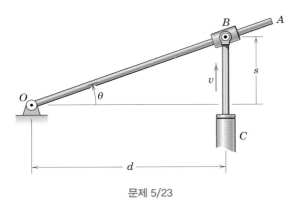

문제 5/23

5/24 그림과 같이 풀리와 케이블을 이용해 콘크리트 교각 P를 내리고 있다. 점 A와 점 B의 속도가 각각 0.4 m/s, 0.2 m/s일 때, P의 속도, 그림에 제시된 순간의 점 C의 속도와 풀리의 각속도를 계산하라.

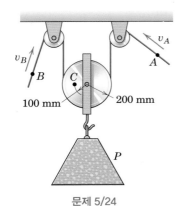

문제 5/24

5/25 어떤 순간 유압실린더 AB의 길이는 $L=0.75$ m이고, 이 길이는 매 순간 일정한 속도 0.2 m/s로 증가한다. 만약 $v_A=$ 0.6 m/s이고, $\theta=35°$일 때, 슬라이더 B의 속도를 구하라.

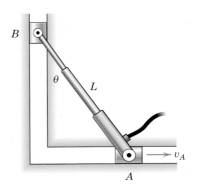

문제 5/25

5/26 스카치–요크 기구(Scotch–yoke mechanism)는 디스크의 회전운동을 샤프트의 왕복 병진운동으로 바꿔 준다. 주어진 값 θ, ω, α, r, d를 이용하여, 샤프트 위의 점 P의 속도와 가속도를 구하라.

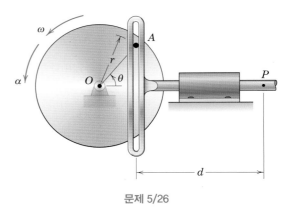

문제 5/26

5/27 문제 5/26의 스카치–요크 기구가 아래 그림과 같이 변형되었다. 주어진 값 ω, α, r, θ, d, β를 이용하여, 샤프트 위의 점 P의 속도와 가속도를 구하라.

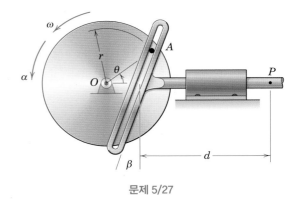

문제 5/27

5/28 반지름이 r인 바퀴의 중심 O는 오른쪽으로 일정한 속도 v_O 를 유지하며 움직이고 있다. 여기서 바퀴는 미끄러지지 않고 구른다. x축과 y축에 대한 미분을 이용하여, 림(rim) 위의 점 A에서 속도 **v**의 크기 표현식과 가속도 **a**의 크기 표현식을 구하라. 앞서 구한 결과를 그림에 벡터로 나타내고, 속도 **v** 는 크기가 v_O인 두 벡터의 합이라는 것을 보여라.

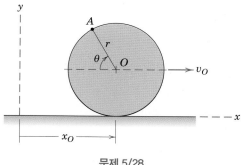

문제 5/28

5/29 링크 OA의 각속도는 시계방향으로 $\omega=7$ rad/s이다. $\theta=30°$ 일 때, 점 B의 속도를 구하라. 계산 시 $b=80$ mm, $d=100$ mm, $h=30$ mm 값을 사용하라.

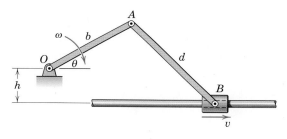

문제 5/29

5/30 $\theta=60°$일 때, 크랭크 OA의 각가속도는 $\ddot{\theta}=8$ rad/s²이고, 각속도는 $\dot{\theta}=4$ rad/s이다. 이때 샤프트 B의 가속도를 구하라. 단, 롤러와 플런저(plunger)의 표면은 항상 접촉해 있다고 가정한다.

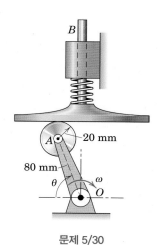

문제 5/30

5/31 링크 OA의 각속도는 반시계방향으로 $\omega=3$ rad/s이다. $\theta=20°$일 때, 막대 BC의 각속도를 구하라.

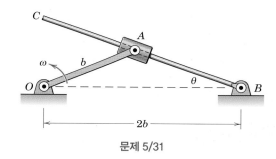

문제 5/31

5/32 케이블릴이 평면 위를 미끄러짐 없이 구르고 있다. 케이블 위의 점 A가 오른쪽으로 $v_A=0.8$ m/s의 속도로 움직이고 있을 때, 릴의 중심 O에서의 속도와 각속도 ω를 구하여라. (릴 이 왼쪽으로 구르고 있지 않음을 유의할 것.)

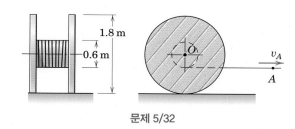

문제 5/32

심화문제

5/33 얇은 막대기가 고정된 반원 형태의 구조물에 걸쳐진 상태로 바닥에 닿아 있다. 바닥에 닿아 있는 막대기의 끝 A가 속도 v로 이동할 때 막대의 각속도 $\omega = \dot{\theta}$을 x를 사용하여 나타내어라.

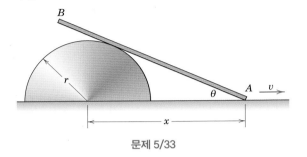

문제 5/33

5/34 다단 접이식 링크 OA는 힌지로 지면에 고정되어 있고 다른 한쪽 A는 고정 유압실린더 B의 피스톤 로드에 의해 200 mm/s의 일정한 속도로 위를 향해 움직이고 있다. 만약 $y=$ 600 mm일 때 링크의 각속도 $\dot{\theta}$과 각가속도 $\ddot{\theta}$을 각각 구하여라.

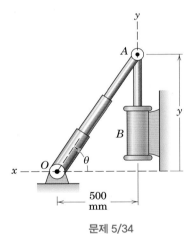

문제 5/34

5/35 도로의 과속방지턱은 운전자에게 운전제한속도를 상기시켜줄 수 있도록 설치된다. 만약 운전자가 위치 G를 지날 때 위 또는 아래 방향으로 g만큼의 가속도를 느꼈다면, 이는 차량이 운전제한속도에 도달했다는 것을 의미한다. 과속방지턱은 아래의 그래프와 같이 코사인형태를 갖는다. 자동차가 속도 v로 위치 G를 지날 때, 가속도의 수직성분이 g가 되도록 만드는 높이 h의 표현식을 유도하라. 여기서 $b=1$ m, $v=$ 20 km/h이다. 또한, 바퀴의 유한한 지름과 서스펜션 스프링의 굽힘에 의한 효과는 무시한다.

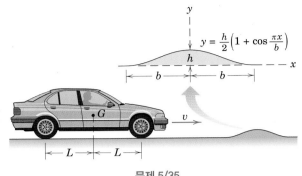

$$y = \frac{h}{2}\left(1 + \cos\frac{\pi x}{b}\right)$$

문제 5/35

5/36 중심부에 기어가 장착된 바퀴가 고정된 랙(rack)을 따라서 올라가고 있다. 또한 구동 휠 D는 바퀴 주위에 감긴 케이블을 이용해 바퀴의 운동을 조절하고 있다. 여기서 구동 휠 D의 각속도는 반시계방향으로 $\omega_0 = 4$ rad/s이다. 점 C는 항상 랙과 접해 있고, 선 $AOCB$는 매 순간 C를 중심으로 회전한다. 선 $AOCB$의 회전운동에 대해 잘 고려하여, 바퀴의 각속도 ω, 점 O와 점 A의 속도, 점 C의 가속도를 구하라.

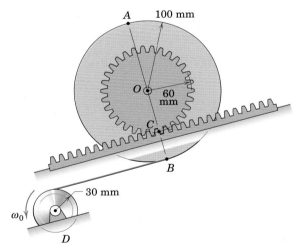

문제 5/36

5/37 링크 OA의 각속도는 시계방향으로 $\omega = 2$ rad/s이다. $b=$ 200 mm이고 $\theta = 30°$일 때, 점 C의 속도를 구하라.

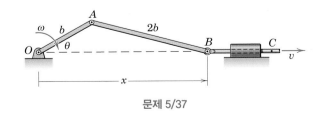

문제 5/37

5/38 위의 문제에서 링크 *OA*의 각속도가 시계방향 ω=2 rad/s로 일정할 때, 점 *C*의 가속도를 구하라.

5/39 자동차 호이스트(hoist) 위쪽 방향 속도 *v*의 표현식을 각도 θ에 대하여 유도하라. 이때 유압 실린더의 피스톤로드(piston rod)는 속도 $\dot{s}$으로 늘어나고 있다.

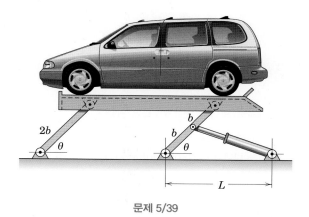

문제 5/39

5/40 소방차의 사다리가 올라가는 동안에 사다리가 늘어나는 속도 $\dot{x}$을 조절하여, 버킷(bucket) *B*가 수직방향의 운동만 하도록 설계하고자 한다. 각도 θ, 길이 *x*, 유압실린더가 늘어나는 속도 $\dot{l}$에 대하여 사다리가 늘어나는 속도 $\dot{x}$을 구하라.

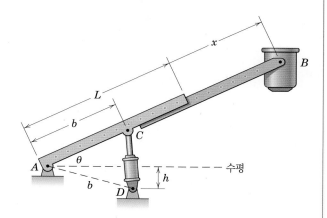

문제 5/40

5/41 바퀴가 오목한 원호와 볼록한 원호 위를 구르고 있다. 이때 식 *v*=*r*ω와 a_t=*r*α가 바퀴의 중심 *O*의 운동을 표현함을 보여라. (힌트 : 예제 **5.4**를 참고하고, 짧은 거리를 구른다고 가정하라. 두 가지 경우에 있어서 바퀴의 각속도와 각가속도를 구할 때, 정확한 절대각도를 사용할 수 있도록 유의해야 한다.)

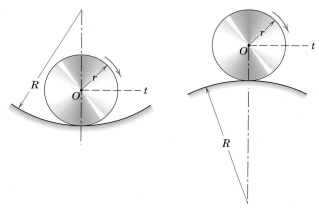

문제 5/41

5/42 변속 벨트 장치는 두 개의 풀리로 구성되어 있고, 각각의 풀리는 두 개의 원뿔로 이루어져 있다. 이 두 개의 원뿔은 한 몸처럼 회전하는 동시에 서로 가까워지거나 멀어지면서 풀리의 유효반지름을 변경할 수 있다. 풀리 1의 각속도가 ω₁로 일정할 때, 유효반지름의 변화속도 $\dot{r}_1$, $\dot{r}_2$에 대하여 풀리 2의 각가속도 α₂=$\dot{\omega}_2$의 표현식을 구하라.

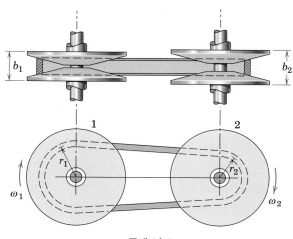

문제 5/42

5/43 유압 실린더의 피스톤 위의 점 B가 속도 v_B로 움직이고 있다. 점 C의 속도 v_C를 θ에 대해 나타내어라.

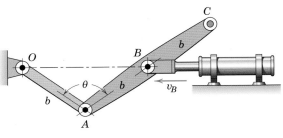

문제 5/43

5/44 유압실린더의 피스톤 로드가 위쪽으로 움직이고 있다. $y=160$ mm일 때 $\dot{y}=400$ m/s, $\ddot{y}=-100$ mm/s²라고 한다면, 링크 OA의 각속도 ω와 각가속도 α를 각각 구하여라. 단, 링크 OA와 AB가 지면과 이루는 각도는 같다.

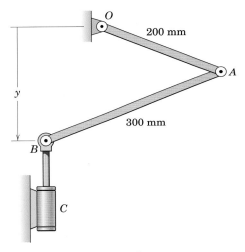

문제 5/44

▶5/45 제네바 휠(Geneva wheel)은 간헐적인 회전운동을 위한 기구이다. 핀 P는 휠 C의 반지름 방향 슬롯에 걸려서 움직이게 된다. 핀 P가 1바퀴 회전할 때마다, 휠 C는 $\frac{1}{4}$바퀴 회전한다. 여기서 휠 A와 핀 P와 고정판 B은 일체형이고, 핀 P가 휠 C에 걸리게 되는 위치는 $\theta=45°$이다. 휠 A의 각속도는 시계방향 $\omega_1=2$ rad/s로 일정할 때, $\theta=20°$의 위치에서 휠 C의 반시계방향 각속도 ω_2를 구하라. (단, 핀 P가 휠 C에 걸려 있는 동안의 운동은 변하는 θ에 대한 삼각형 O_1O_2P의 형태에 달려 있다.)

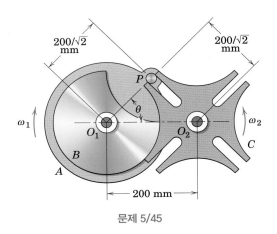

문제 5/45

▶5/46 아래는 점 A가 슬롯을 따라 x방향으로 움직일 때 링크 AB가 C를 중심으로 회전하는 칼라를 통과하여 마찰 없이 움직이는 링크를 도식화한 것이다. 정지상태로 있던 점 A가 $x=0$ 위치에서 등가속도 0.1 m/s²로 오른쪽으로 움직여서 $x=150$ mm에 이르렀을 때 링크 AB의 각가속도 α를 구하여라.

문제 5/46

5.4 상대속도

강체운동학의 두 번째 접근방법은 상대운동의 원리를 이용하는 것이다. 2.8절에서 병진운동을 하는 축에 대하여 상대운동의 원리를 언급하였으며 두 질점 A와 B의 상대속도 관계식은 다음과 같다.

$$\mathbf{v}_A = \mathbf{v}_B + \mathbf{v}_{A/B} \qquad\qquad\qquad [2.20]$$

회전에 의한 상대속도

동일한 강체 위에 있는 두 점을 선택한다. 이렇게 선택하면 두 점 중 한 점에서 관찰자가 바라본 다른 한 점의 운동은 원운동이어야 한다. 그 이유는 두 점 사이의 거리가 변하지 않기 때문이다. 이러한 관점은 강체평면운동에 관한 대부분의 문제를 이해하기 위한 중요한 길잡이가 된다.

그림 5.5a로 설명하면 Δt 동안 AB에서 $A'B'$까지 움직인 평면운동을 나타낸다. 이러한 운동은 시각적으로 두 가지 부분으로 일어난다고 할 수 있다. 첫째로 강체가 $\Delta\mathbf{r}_B$만큼 평행하게 이동하여 $A''B'$가 된다. 둘째로 기준점 B'를 중심으로 각도 $\Delta\theta$만큼 회전한다. 기준점 B'에 붙어 있는 비회전 좌표 x'–y'에서 바라보면 B'를 기준으로 한 단순한 회전이고, B에 대한 A의 상대 변위 $\Delta\mathbf{r}_{A/B}$가 발생한다. B에 부착되어 있는 비회전 관측자에게는, 그림 5.5b와 같이 강체가 B를 중심으로 고정축 회전하는 것으로 보이므로 A가 원운동을 하는 것처럼 보인다. 따라서 2.5절과 5.2절에서 언급한 원운동 관계식인 식 (2.11)과 (5.2)[또는 식 (5.3)]는 A의 운동 중에 상대운동 부분을 나타낸다.

점 B는 비회전 기준축 x–y에 붙어 있는 임의로 선택된 점이다. 따라서 점 A를 선택할 수도 있는데, 이 경우에는 그림 5.5c와 같이 점 B가 점 A를 중심으로 원운

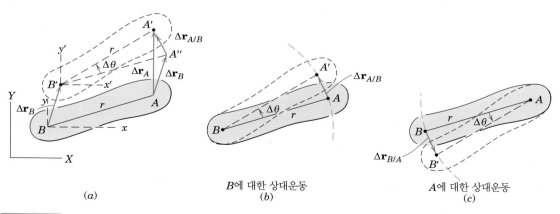

B에 대한 상대운동
(b)

A에 대한 상대운동
(c)

(a)

그림 5.5

동을 하는 것으로 관측될 것이다. 이 예제에서는 반시계방향인데, 기준점으로 A나 B 어느 것을 선택해도 같으며 $\Delta\mathbf{r}_{B/A} = -\Delta\mathbf{r}_{A/B}$인 것을 알 수 있다.

기준점을 B로 두면 그림 5.5a에서 A의 전체 회전 변위는 다음과 같다.

$$\Delta\mathbf{r}_A = \Delta\mathbf{r}_B + \Delta\mathbf{r}_{A/B}$$

여기서 $\Delta\theta$가 0으로 다가가면 $\Delta\mathbf{r}_{A/B}$의 크기는 $r\Delta\theta$가 된다. 그리고 상대선형운동 $\Delta\mathbf{r}_{A/B}$는 병진운동을 하는 축 $x'-y'$에서 관찰하는 절대각운동 $\Delta\theta$에 의해서 결정된다. $\Delta\mathbf{r}_A$에 대한 표현을 시간간격 Δt로 나누고 극한을 취하면 다음과 같은 상대속도를 구할 수 있다.

$$\mathbf{v}_A = \mathbf{v}_B + \mathbf{v}_{A/B} \tag{5.4}$$

이 표현은 A와 B 사이의 거리 r이 항상 같다는 조건을 가지고 있다는 점에서 식 (2.20)과 같다. 상대속도의 크기는 $v_{A/B} = \lim_{\Delta t \to 0} (|\Delta\mathbf{r}_{A/B}|/\Delta t) = \lim_{\Delta t \to 0} (r\Delta\theta/\Delta t)$가 되며, 여기서 $\omega = \dot{\theta}$이므로 이는 다음 식과 같다.

$$v_{A/B} = r\omega \tag{5.5}$$

벡터 $\mathbf{r}$을 이용하여 식 (5.3)의 첫 번째 식을 표현하면 상대속도를 다음과 같이 벡터로 표현할 수 있다.

$$\mathbf{v}_{A/B} = \boldsymbol{\omega} \times \mathbf{r} \tag{5.6}$$

여기서 $\boldsymbol{\omega}$는 운동평면에 수직인 각속도벡터이고, 방향은 오른손 법칙에 의해 결정된다. 그림 5.5b와 c로부터, 상대선형속도는 문제의 두 점을 잇는 선에 항상 수직임을 알 수 있다.

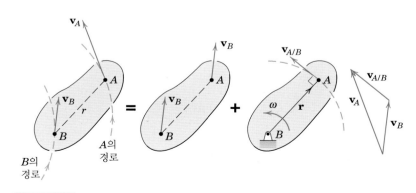

그림 5.6

상대속도 방정식의 의미

식 (5.4)의 응용을 좀 더 쉽게 이해하기 위해 방정식의 병진성분과 회전성분을 분리해서 시각적으로 나타낸다. 이러한 성분들은 강체의 평면운동을 나타낸 그림 5.6에 잘 강조되어 있다. 기준점을 B로 선택하면 A의 속도는 병진성분 $\mathbf{v}_B$와 회전성분 $\mathbf{v}_{A/B} = \boldsymbol{\omega} \times \mathbf{r}$의 합으로 나타낼 수 있다. 여기서 $\mathbf{v}_{A/B}$의 크기는 $v_{A/B} = r\omega$이고 $|\boldsymbol{\omega}| = \dot{\theta}$는 AB의 절대각속도이다. 상대선형속도가 두 점을 이은 선에 항상 수직이라는 점은 많은 문제들의 해법에서 중요한 길잡이가 된다. 좀 더 이해를 돕기 위해서 B 대신에 A를 기준점으로 잡고 동일한 방법으로 그림을 그려 봐야 한다.

기계장치에서 두 개의 링크가 구속된 미끄럼 접촉을 해석하는 데 식 (5.4)를 사용할 수 있다. 이 경우에는 고려하는 순간에 링크 위의 점 A와 B가 동일한 위치가 되도록 선택한다. 앞의 예제와 다르게 이 경우에는 두 점이 다른 물체상에 있으므로 두 점 사이의 거리가 고정되어 있지 않다. 이런 경우에 상대운동방정식의 적용 방법은 예제 5.10에 나타나 있다.

상대속도 방정식의 풀이

상대속도 방정식을 푸는 방법은 스칼라나 벡터 대수학 혹은 도식 해법을 적용해서 수행할 수 있다. 벡터 방정식을 나타내는 벡터 다각형 도식은 항상 계에 나타난 물리적 관계를 구현할 수 있게 만들어져야 한다. 도식에서 벡터를 편리한 방향으로 투영해서 스칼라 성분의 방정식을 만들 수 있다. 투영 방향을 잘 선택하면 연립방정식을 푸는 것을 피할 수 있다. 다른 방법으로는 상대운동방정식의 각각의 항들을 $\mathbf{i}$와 $\mathbf{j}$ 성분으로 나타내고, $\mathbf{i}$와 $\mathbf{j}$항의 계수가 같음을 고려하여 두 개의 스칼라 식을 얻을 수 있다.

주어진 기하학적 결과가 수학식으로 표현하기 불편한 경우, 도식적인 해법이 편리한 경우가 많다. 이 경우 이미 알고 있는 벡터를 편리한 축척으로 정확한 위치에 먼저 그린다. 그리고 벡터 식이 만족되도록 미지의 벡터를 사용하여 다각형을 완성한다. 마지막으로 그림에서 미지의 벡터를 측정하여 구한다.

어떠한 방법을 사용할지는 주어진 문제, 요구되는 정확도, 개인적인 선호도나 경험에 따라 결정한다. 다음 예제들에서 세 가지 접근방법들을 소개한다.

풀이방법에 상관없이 2차원에서 하나의 벡터 방정식은 두 개의 스칼라 식에 해당하므로 두 개의 스칼라 미지수를 결정할 수 있다. 예를 들어 어느 벡터의 크기와 다른 벡터의 방향이 미지수일 수도 있다. 문제를 풀기 전에 이미 알고 있는 값과 미지수가 무엇인지 체계적으로 확인해야 한다.

예제 5.7

반지름이 $r = 300$ mm인 휠이 오른쪽으로 미끄러짐 없이 구르고 있다. 중심 O의 속도는 $v_O = 3$ m/s이다. 점 A의 순간속도를 구하라.

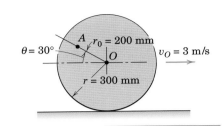

|풀이 I (스칼라-도식 방법)| 중심 O의 운동이 주어져 있으므로 점 O를 상대속도 방정식의 기준점으로 선택한다. 따라서 다음과 같이 쓴다.

$$\mathbf{v}_A = \mathbf{v}_O + \mathbf{v}_{A/O}$$

여기서 상대속도 항은 점 O에 붙어 있는 병진축 x-y를 기준으로 관찰된 값이다. AO의 각속도는 예제 5.4에서 다루었던 것과 동일하게 $\omega = v_O/r = 3/0.3 = 10$ rad/s이다. 따라서 식 (5.5)에서 상대속도를 구할 수 있다.

$$[v_{A/O} = r_0\dot{\theta}] \qquad v_{A/O} = 0.2(10) = 2 \text{ m/s}$$

이것은 그림에서와 같이 AO와 수직이다. ① 벡터합 $\mathbf{v}_A$는 그림에 표시되어 있으며 코사인 법칙을 적용해서 구할 수 있다.

$$v_A{}^2 = 3^2 + 2^2 + 2(3)(2)\cos 60° = 19 \ (\text{m/s})^2 \qquad v_A = 4.36 \text{ m/s} \quad ② \qquad \blacksquare$$

접촉점 C는 순간적으로 속도가 0이므로 이 점을 기준점으로 사용할 수도 있는데, 이 경우 상대속도 식은 다음과 같이 $\mathbf{v}_A = \mathbf{v}_C + \mathbf{v}_{A/C} = \mathbf{v}_{A/C}$이고 각 항들은 다음과 같다.

$$v_{A/C} = \overline{AC}\omega = \frac{\overline{AC}}{\overline{OC}}v_O = \frac{0.436}{0.300}(3) = 4.36 \text{ m/s} \qquad v_A = v_{A/C} = 4.36 \text{ m/s}$$

거리 $\overline{AC} = 436$ mm는 별도로 계산된다. 점 A는 C에 대해 순간적으로 회전하므로 $\mathbf{v}_A$가 AC에 수직인 것을 알 수 있다. ③

|풀이 II (벡터 방법)| 식 (5.6)을 이용하면 다음과 같다.

$$\mathbf{v}_A = \mathbf{v}_O + \mathbf{v}_{A/O} = \mathbf{v}_O + \boldsymbol{\omega} \times \mathbf{r}_0$$

여기서

$$\boldsymbol{\omega} = -10\mathbf{k} \text{ rad/s} \quad ④$$

$$\mathbf{r}_0 = 0.2(-\mathbf{i}\cos 30° + \mathbf{j}\sin 30°) = -0.1732\mathbf{i} + 0.1\mathbf{j} \text{ m}$$

$$\mathbf{v}_O = 3\mathbf{i} \text{ m/s}$$

그리고 벡터 방정식을 풀면 다음과 같다.

$$\mathbf{v}_A = 3\mathbf{i} + \begin{vmatrix} \mathbf{i} & \mathbf{j} & \mathbf{k} \\ 0 & 0 & -10 \\ -0.1732 & 0.1 & 0 \end{vmatrix} = 3\mathbf{i} + 1.732\mathbf{j} + \mathbf{i}$$

$$= 4\mathbf{i} + 1.732\mathbf{j} \text{ m/s} \qquad \blacksquare$$

벡터 크기는 $v_A = \sqrt{4^2 + (1.732)^2} = \sqrt{19} = 4.36$ m/s이고, 방향은 앞의 풀이와 동일하다.

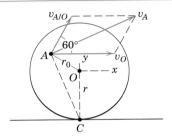

|도움말|

① $v_{A/O}$는 A가 O에 대하여 원운동을 하는 것처럼 보이는 속도임을 상기해야 한다.

② v_A의 크기와 방향을 그림에서 직접 잴 수 있도록 정확한 축척의 벡터를 그려야 한다.

③ 접촉점 C를 기준점으로 사용하면 휠의 모든 점에서의 속도를 쉽게 구할 수 있다. 연습 삼아 다른 점들의 속도도 구해 보도록 하자.

④ 양의 z방향은 지면으로부터 튀어나오는 방향이다. 그러나 각속도벡터 $\boldsymbol{\omega}$의 방향은 오른손 법칙에 따라 지면을 뚫고 들어가는 방향이므로 음의 부호를 갖는다.

예제 5.8

크랭크 CB가 C를 중심으로 한정된 회전을 하면 크랭크 OA는 O를 중심으로 회전한다. 그림과 같은 위치에서 링크 CB가 수평이고, OA가 수직일 때, CB의 각속도는 반시계방향으로 2 rad/s이다. 이때 OA와 AB의 각속도를 구하라.

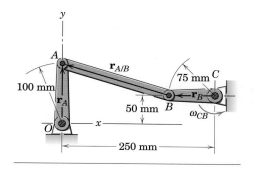

|풀이 I (벡터 방법)| 상대속도 식 $\mathbf{v}_A = \mathbf{v}_B + \mathbf{v}_{A/B}$를 다시 쓰면 다음과 같다.

$$\boldsymbol{\omega}_{OA} \times \mathbf{r}_A = \boldsymbol{\omega}_{CB} \times \mathbf{r}_B + \boldsymbol{\omega}_{AB} \times \mathbf{r}_{A/B} \quad ①$$

여기서

$$\boldsymbol{\omega}_{OA} = \omega_{OA}\mathbf{k} \qquad \boldsymbol{\omega}_{CB} = 2\mathbf{k} \text{ rad/s} \qquad \boldsymbol{\omega}_{AB} = \omega_{AB}\mathbf{k}$$

$$\mathbf{r}_A = 100\mathbf{j} \text{ mm} \qquad \mathbf{r}_B = -75\mathbf{i} \text{ mm} \qquad \mathbf{r}_{A/B} = -175\mathbf{i} + 50\mathbf{j} \text{ mm}$$

이를 대입하면 다음과 같다.

$$\omega_{OA}\mathbf{k} \times 100\mathbf{j} = 2\mathbf{k} \times (-75\mathbf{i}) + \omega_{AB}\mathbf{k} \times (-175\mathbf{i} + 50\mathbf{j})$$

$$-100\omega_{OA}\mathbf{i} = -150\mathbf{j} - 175\omega_{AB}\mathbf{j} - 50\omega_{AB}\mathbf{i}$$

$\mathbf{i}$항과 $\mathbf{j}$항의 계수를 비교하면 다음과 같다.

$$-100\omega_{OA} + 50\omega_{AB} = 0 \qquad 25(6 + 7\omega_{AB}) = 0$$

따라서 답은 다음과 같다.

$$\omega_{AB} = -6/7 \text{ rad/s 이고} \qquad \omega_{OA} = -3/7 \text{ rad/s} \quad ② \quad \blacksquare$$

|풀이 II (스칼라-도식 방법)| 벡터 $\mathbf{v}_A$와 $\mathbf{v}_B$가 수직이므로 벡터 삼각형의 스칼라 도식을 이용한 해법은 특히 간단하다. 먼저 v_B를 계산하면 다음과 같다.

$$[v = r\omega] \qquad v_B = 0.075(2) = 0.150 \text{ m/s}$$

방향은 그림에서 나타낸 방향이다. 벡터 $\mathbf{v}_{A/B}$는 반드시 AB와 수직이어야 하고 $\mathbf{v}_{A/B}$와 $\mathbf{v}_B$의 각도 θ도 AB와 수평방향 사이의 각도와 동일하다. 이 각도는 다음과 같다.

$$\tan \theta = \frac{100 - 50}{250 - 75} = \frac{2}{7}$$

수평 벡터 $\mathbf{v}_A$로 삼각형을 완성하면 다음과 같다. ③

$$v_{A/B} = v_B/\cos \theta = 0.150/\cos \theta$$

$$v_A = v_B \tan \theta = 0.150(2/7) = 0.30/7 \text{ m/s}$$

따라서 각속도는 다음과 같다.

$$[\omega = v/r] \qquad \omega_{AB} = \frac{v_{A/B}}{AB} = \frac{0.150}{\cos \theta} \frac{\cos \theta}{0.250 - 0.075}$$

$$= 6/7 \text{ rad/s CW} \qquad \blacksquare$$

$$[\omega = v/r] \qquad \omega_{OA} = \frac{v_A}{OA} = \frac{0.30}{7} \frac{1}{0.100} = 3/7 \text{ rad/s CW} \qquad \blacksquare$$

|도움말|

① 여기서 식 (5.3)과 (5.6)의 첫 번째 식을 사용한다.

② 답에서 음의 부호는 벡터 $\boldsymbol{\omega}_{AB}$와 $\boldsymbol{\omega}_{OA}$가 음의 $\mathbf{k}$방향임을 의미한다. 따라서 각속도는 시계방향이다.

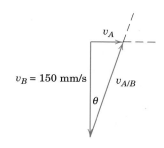

③ 벡터 다각형에서 벡터의 순서는 벡터 방정식에 의해 지정된 벡터의 등식과 일치해야 함을 확인해야 한다.

예제 5.9

왕복운동 엔진의 일반적인 형태는 그림과 같은 슬라이더-크랭크 기구이다. 크랭크 OB가 시계방향으로 1500 rev/min으로 회전하고 있다. $\theta = 60°$일 때 피스톤 A의 속도, 커넥팅 로드 위의 점 G의 속도와 커넥팅 로드의 각속도를 구하라.

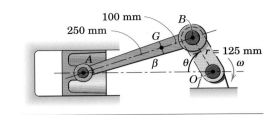

| 풀이 | AB 위의 한 점인 크랭크 핀 B의 속도를 쉽게 구할 수 있다. 따라서 점 B를 기준점으로 점 A의 속도를 구하도록 한다. 상대속도 식은 다음과 같다.

$$\mathbf{v}_A = \mathbf{v}_B + \mathbf{v}_{A/B}$$

크랭크 핀의 속도는

$$[v = r\omega] \qquad v_B = 0.125\,\frac{1500\,(2\pi)}{60} = 19.63 \text{ m/s} \quad ①$$

이고 OB와 수직이다. 물론 $\mathbf{v}_A$의 방향은 실린더의 수평축과 같다. 이 절에서 언급했고 또한 그림에서 알 수 있듯이, $\mathbf{v}_{A/B}$의 방향은 AB에 수직이다. 여기서 기준점 B는 고정되어 있다. 사인 법칙으로 각도 β를 계산해서 그 방향을 알 수 있으며 다음과 같다.

$$\frac{125}{\sin\beta} = \frac{350}{\sin 60°} \qquad \beta = \sin^{-1} 0.309 = 18.02°$$

$\mathbf{v}_{A/B}$와 $\mathbf{v}_A$의 각도는 $90° - 18.02° = 72.0°$이고 세 번째 각은 $180° - 30° - 72.0° = 78.0°$이므로 속도 벡터 삼각형을 완성시킬 수 있다. 이는 $\mathbf{v}_B$와 $\mathbf{v}_{A/B}$의 합이 $\mathbf{v}_A$가 되도록 벡터 $\mathbf{v}_A$와 $\mathbf{v}_{A/B}$를 적절한 방향으로 나타낸다. 미지수들의 크기는 벡터 삼각형의 삼각법을 적용하거나 도식적 해법을 사용하여 그림에서 크기를 측정하여 구할 수 있다. 사인법칙을 적용하여 v_A와 $v_{A/B}$를 구하면 다음과 같다.

$$\frac{v_A}{\sin 78.0°} = \frac{19.63}{\sin 72.0°} \qquad v_A = 20.2 \text{ m/s} \quad ②$$

$$\frac{v_{A/B}}{\sin 30°} = \frac{19.63}{\sin 72.0°} \qquad v_{A/B} = 10.32 \text{ m/s}$$

$\mathbf{v}_{A/B}$의 방향에 의해 AB의 각속도는 반시계방향이고 다음과 같다.

$$[\omega = v/r] \qquad \omega_{AB} = \frac{v_{A/B}}{\overline{AB}} = \frac{10.32}{0.350} = 29.5 \text{ rad/s}$$

G의 속도는 다음과 같이 구해진다.

$$\mathbf{v}_G = \mathbf{v}_B + \mathbf{v}_{G/B}$$

여기서 $v_{G/B} = \overline{GB}\,\omega_{AB} = \frac{\overline{GB}}{\overline{AB}}\,v_{A/B} = \frac{100}{350}\,(10.32) = 2.95 \text{ m/s}$

그림에서 본 바와 같이, $\mathbf{v}_{G/B}$는 $\mathbf{v}_{A/B}$와 같은 방향이다. 벡터의 합을 마지막 그림에 나타낸다. v_G는 약간의 기하학적 작업을 통해 계산하거나 일정한 축적으로 그려진 속도 선도에서 크기와 방향을 측정하여 구할 수도 있다. 후자의 방법을 선택하면 다음과 같다.

$$v_G = 19.24 \text{ m/s}$$

그림에 나타낸 바와 같이, 이 선도는 첫 번째 속도 선도에 직접 중첩될 수 있다.

| 도움말 |

① $v = r\omega$를 사용할 때 항상 각속도 ω의 단위는 rad/s임을 명심하자.

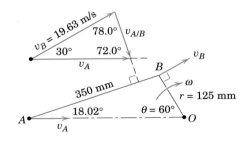

② 이 문제에서 도식방법은 정확도에 한계가 있지만, 가장 빠른 방법이다. 물론 벡터 대수를 이용한 방법도 사용될 수 있으나, 이 문제에서는 좀 더 많은 계산 과정이 포함된다.

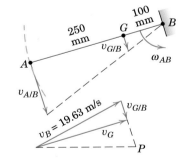

예제 5.10

동력나사가 회전하면서 나사 연결고리 C가 속도 0.25 m/s로 내려가고 있다. $\theta = 30°$일 때 홈이 파인 링크의 각속도를 구하라.

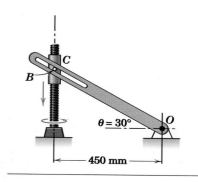

|풀이| 각속도는 링크 위의 한 점의 속도를 알면 링크의 각속도를 구할 수 있다. 이러한 이유로 링크 위의 점 A를 연결고리 B와 같은 위치로 선택한다. ① 그림에서와 같이 B를 기준점으로 두고 $\mathbf{v}_A = \mathbf{v}_B + \mathbf{v}_{A/B}$를 사용하면, 점 A와 점 B가 일치하기 직전과 직후의 위치를 그림에서 확인할 수 있다. 여기서 $\mathbf{v}_{A/B}$는 홈을 따라 점 O에서 멀어지는 방향이다.

벡터 방정식에서 $\mathbf{v}_A$와 $\mathbf{v}_{A/B}$의 크기만 미지수이므로 풀 수 있다. ② 이미 알고 있는 벡터 $\mathbf{v}_B$를 그려 보면, 방향을 알고 있는 $\mathbf{v}_{A/B}$와 $\mathbf{v}_A$의 교점 P를 구할 수 있다. 해는 다음과 같다.

$$v_A = v_B \cos \theta = 0.25 \cos 30° = 0.217 \text{ m/s}$$

$[\omega = v/r]$

$$\omega = \frac{v_A}{OA} = \frac{0.217}{(0.450)/\cos 30°}$$

$$= 0.417 \text{ rad/s CCW}$$

두 링크 사이에 미끄럼 접촉의 제약조건이 있는 이 문제와 점 A와 B가 미끄러짐 없이 강체 위에 위치하는 앞의 세 개의 예제와의 차이점을 잘 명심해 두자.

|도움말|

① 물론 물리적으로 이런 점은 존재하지 않지만, 링크에 부착되어 홈의 중심에 있는 그런 점을 상상할 수는 있다.

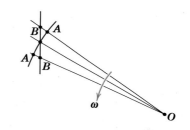

② 벡터 방정식 문제를 풀기 전에 항상 알고 있는 값과 미지수가 무엇인지 확인하자.

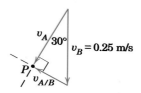

연습문제

기초문제

5/47 막대 AB가 평면 위에서 운동을 하고 있다. AB의 무게중심이 y축 방향으로 속도 $v_G = 2$ m/s로 이동을 하면서 동시에 z축을 중심으로 반시계방향으로 각속도 $\omega = 4$ rad/s만큼 회전을 하고 있을 때 B점에서의 속도를 구하여라.

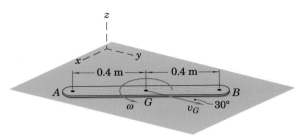

문제 5/47

5/48 균일한 직사각형 평판이 수평면 위에서 움직이고 있다. 평판 질량중심 G의 속도는 x축과 평행한 방향으로 $v_G = 3$ m/s이고, 평판은 그림과 같이 반시계방향으로 각속도가 $\omega = 4$ rad/s이다. 점 A와 점 B에서의 속도를 구하라.

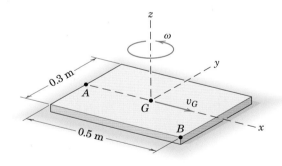

문제 5/48

5/49 카트의 속도는 오른쪽으로 1.2 m/s이다. (a) 림의 꼭대기 부분 A의 속도가 왼쪽으로 1.2 m/s일 때, 휠의 각속도 N을 구하라. (b) A의 속도가 0일 때, 휠의 각속도 N을 구하라. (a) A의 속도가 오른쪽으로 2.4 m/s일 때, 휠의 각속도 N을 구하라.

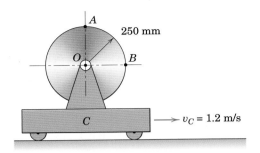

문제 5/49

5/50 아래 곡선 링크 위의 한 점 B가 구속 표면을 따라 40 mm/s의 속도로 이동할 때 곡선 링크 AB는 반시계방향으로 각속도 4 rad/s로 운동한다. 이때 점 A에서의 속도 v_A를 구하여라.

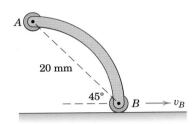

문제 5/50

5/51 태양 주위를 공전하고 있는 지구 중심의 속도는 $v = 107\,257$ km/h이고, 지구의 절대각속도는 $\omega = 7.292(10^{-5})$ rad/s이다. 지구의 반지름이 $R = 6371$ km임을 이용하여, 점 A, 점 B, 점 C, 점 D의 속도를 구하라. 여기서 점 A, B, C, D는 적도 위에 있는 점이다. 또한, 지구축의 기울기는 무시한다.

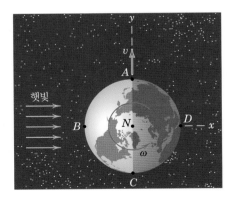

문제 5/51

5/52 작은 휠의 중심 C의 속도는 그림과 같은 방향으로 $v_C=$ 0.4 m/s이다. 두 휠을 연결하는 줄은 휠 주변에 단단히 감겨 있어 미끄러지지 않는다. 그림과 같은 위치에 있는 점 D의 속력을 계산하라. 그리고 v_C가 일정할 때, 단위 시간당 거리 변화 Δx를 구하라.

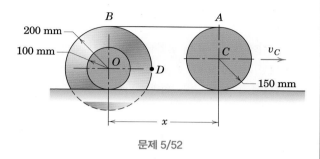

문제 5/52

5/53 반지름 0.2 m의 원형 디스크를 지표면과 아주 가까운 곳에서 놓았다. 이때 디스크 중심의 속도는 오른쪽으로 $v_O=$ 0.7 m/s, 디스크의 각속도는 시계방향으로 $\omega=2$ rad/s이다. 디스크 위에 있는 점 A와 점 P의 속도를 구하라. 그리고 디스크가 지표면과 맞닿는 부분의 운동을 표현하라.

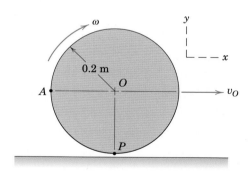

문제 5/53

5/54 이음 고리(collar) A와 B가 고정된 수직축을 따라 짧은 거리를 움직이고 있다. 여기서 이음 고리의 속도는 그림과 같은 방향으로 각각 $v_A=2$ m/s, $v_B=3$ m/s이다. 위치가 $\theta=60°$일 때, 점 C에서의 속도의 크기를 구하라.

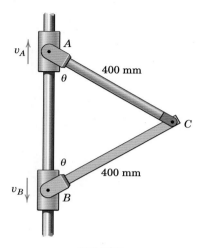

문제 5/54

5/55 그림과 같은 위치에서 자동차 바퀴 위 점 A의 절대속도 크기는 12 m/s이다. 이때 차의 속도 v_O와 바퀴의 각속도 ω를 구하라. (단, 바퀴는 미끄러지지 않고 구른다.)

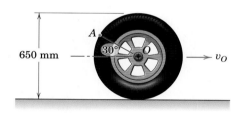

문제 5/55

5/56 두 풀리는 서로 고정된 일체형이고, 두 개의 케이블은 각각의 풀리 주변에 단단히 감겨 있다. 들어 올리는 케이블 위의 점 A의 속도가 $v=0.9$ m/s일 때, 점 O의 속도 크기를 구하라. 또한, 큰 풀리에서 그림과 같은 위치에 있는 점 B의 속도를 구하라.

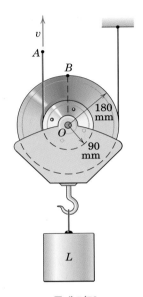

문제 5/56

5/57 구동 링크 OA와 CB의 위치와 각속도가 아래 그림과 같을 때 다단 접이식 링크 AB의 각속도를 구하여라.

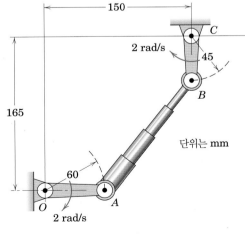

문제 5/57

5/58 롤러 B가 15° 경사를 올라가기 시작한 직후에 바(bar) AB의 각속도를 구하라. 이때 롤러 A의 속도는 v_A이다.

문제 5/58

5/59 그림에 제시된 순간, 점 O를 지나는 수평선을 점 B가 아래 방향 $v=0.6$ m/s의 속도로 통과하고 있다. 이 순간에 링크 OA의 각속도 ω_{OA}를 구하라.

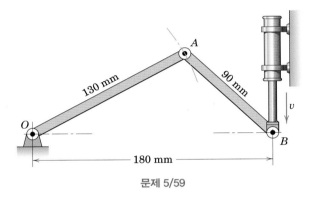

문제 5/59

심화문제

5/60 반지름이 r인 스포크 바퀴(spoked wheel)가 줄을 따라 경사를 올라가고 있다. 이 줄은 차륜 테두리에 있는 얇은 홈을 따라 단단히 감겨 있다. 점 P에서의 줄의 속도 v에 대한 점 A와 점 B의 속도를 구하라. 단, 차륜은 미끄러지지 않는다.

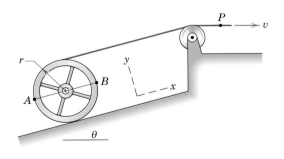

문제 5/60

5/61 그림에 제시된 순간, 1.2 m짜리 막대 위 점 A의 속도는 3 m/s이다. 점 B의 속력 v_B와 막대의 각속도 ω를 구하라. 단, 막대의 끝단에 있는 휠 지름은 무시한다.

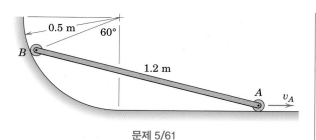

문제 5/61

5/62 아래 두 가지 경우에 대해서, 그림에 제시된 순간 링크 BC의 각속도를 구하라. (a)의 경우, 디스크는 중심 O를 축으로 회전한다. 반면 (b)의 경우, 디스크는 수평면 위에서 미끄러지지 않고 구른다. 두 가지 경우 모두에 대해 디스크의 각속도는 시계방향으로 ω이다. 단, 디스크의 모서리와 핀 A 사이의 작은 거리는 무시한다.

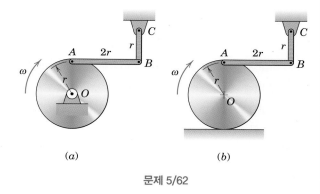

문제 5/62

5/63 다음 그림은 개폐 장치의 한 부분이다. 그림과 같은 위치에서 수직 제어봉의 속도가 아래로 $v=0.6$ m/s일 때, 점 A에서의 속력을 구하라. 여기서 롤러 C는 항상 경사면과 접촉되어 있다.

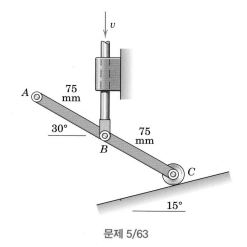

문제 5/63

5/64 랙의 끝단 A의 수평운동에 의해 기어의 회전이 조절되고 있다. 피스톤로드의 속도가 $\dot{x}=300$ mm/s로 일정하다고 할 때, $x=800$ mm가 되는 순간 기어의 각속도 ω_0와 랙 AB의 각속도 ω_{AB}를 구하라.

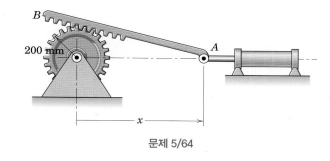

문제 5/64

5/65 다음 그림은 단순화한 클램셸 버킷(clamshell bucket)의 한 부분이다. 버킷을 열고 닫는 케이블은 점 O에서 블록을 지나고, 점 O는 고정점이다. 버킷이 닫히면서 $\theta=45°$가 될 때, 버킷 턱(bucket jaws)의 각속도 ω를 구하라. 이때 블록을 지나는 케이블의 속도는 위쪽방향으로 0.5 m/s이다.

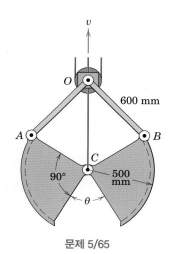

문제 5/65

5/66 0.4 m짜리 가느다란 막대의 두 끝단은 각각을 지지하는 표면에 항상 접촉해 있다. 끝단 B의 속도가 그림과 같은 방향으로 v_B=0.5 m/s일 때, 막대의 각속도와 끝단 A의 속도를 구하라.

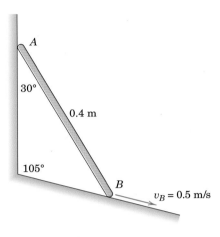

문제 5/66

5/67 직선운동을 하는 유압 실린더에 의해 링크 OB가 점 O를 중심으로 회전운동하고 있다. 점 A가 v_A=2 m/s로 이동중이고 링크 OB가 유압 실린더와 평행한 위치에 있을 때 링크 OB의 각속도 ω를 구하여라.

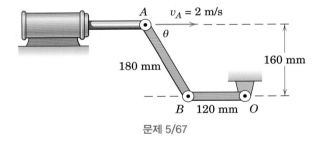

문제 5/67

5/68 링크 AB가 30°의 위치에 있을 때, 수직 막대의 속도는 아래방향으로 v=0.8 m/s이다. 이때 링크 AB의 각속도와 롤러 B의 속력을 구하라. 단, 링크 AB의 길이는 R=0.4 m이다.

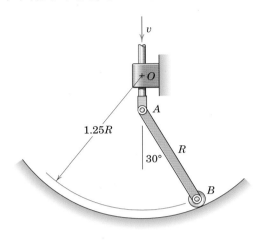

문제 5/68

5/69 아래의 그림은 4절 링크이다. (바닥에 고정된 연결선 OC를 네 번째 링크로 간주한다.) 구동링크 OA의 각속도가 반시계방향으로 ω_0=10 rad/s일 때, 링크 AB와 링크 BC의 각속도를 구하라.

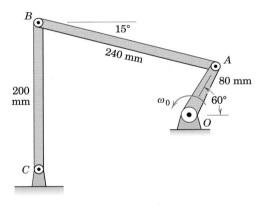

문제 5/69

5/70 아래 그림처럼 회전하는 링크 D 위의 슬롯이 지면과 수직을 이루고 있을 때 링크 D의 각속도가 $\omega = 2$ rad/s 이고, 각도 θ는 60°이다. 이때 링크 AB의 끝점 A의 속도를 구하여라.

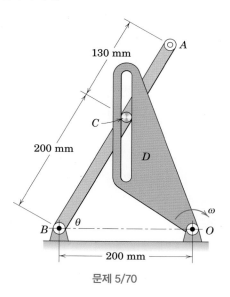

문제 5/70

5/71 다음 그림은 우주선 자기탐지기의 붐의 배치를 위한 구동기구의 일부이다. 구동링크 OB가 y축을 각속도 ω_{OB} = 0.5 rad/s로 지날 때, 붐의 각속도를 구하라. 이때 $\tan \theta = 4/3$이다.

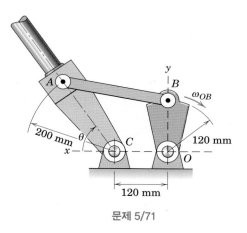

문제 5/71

5/72 다음 그림은 조립라인에서 컨베이어벨트 위로 작은 박스를 밀기 위한 구동기구이다. 여기서 암(arm) OD와 크랭크 CB는 컨베이어벨트와 조립라인에 수직으로 위치한다. 크랭크는 시계방향으로 2초에 한 번씩 일정하게 회전한다. 그림과 같이 기구가 배치되어 있을 때, 박스가 컨베이어벨트 위로 수평하게 밀려나가는 속력을 구하라.

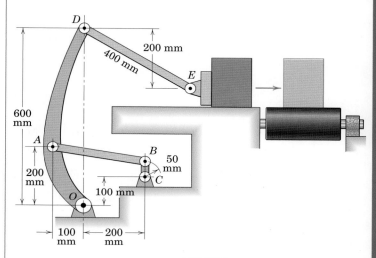

문제 5/72

5.5 영속도의 순간중심

앞 절에서, 기준점의 속도와 그 기준점을 중심으로 회전하는 상대속도를 더하여 평면운동을 하는 강체 위의 한 점의 속도를 구하였다. 이 절에서는 순간적으로 속도가 영이 되는 특별한 점을 기준점으로 선택하여 문제를 풀 것이다. 속도와 관련해서는, 물체가 이 기준점을 지나고 운동평면에 수직인 축에 대하여 회전만을 한다고 할 수 있다. 이 축을 영속도의 순간축이라 부르고 이 축과 운동평면과의 교차점을 영속도의 순간중심(instantaneous center of zero velocity)이라고 부른다. 이러한 접근법은 평면운동에서 속도를 가시화하고 해석하는 중요한 방법을 제시한다.

순간중심 찾기

순간중심의 존재는 쉽게 찾을 수 있다. 그림 5.7의 물체에서 물체 위의 두 점 A와 B의 절대속도의 방향을 알고 있으며 서로 평행하지 않는다고 가정하자. 만약 점 A가 순간적으로 완전히 회전운동을 할 수 있는 어떤 점이 존재한다면, 이 점은 점 A를 통과하면서 속도 $\mathbf{v}_A$에 수직인 축 위에 있을 것이다. 유사한 방법으로 점 B에 적용하면 두 개의 수직인 축의 교점은 그 순간에 회전중심이 된다. 점 C는 영속도의 순간중심이고 물체 내부 또는 외부에 있을 수 있다. 순간중심이 물체 외부에 있다면 물체에 가상 연장선을 그어 가시화할 수 있다. 순간중심은 물체에 고정된 점이거나 평면에 고정된 점일 필요는 없다.

　순간중심의 위치와 함께 한 점의 속도의 크기 v_A도 안다면 물체의 각속도 ω와 물체 위의 모든 점의 선형 속도를 쉽게 구할 수 있다. 그러므로 그림 5.7a에서 물체의 각속도는 다음과 같다.

$$\omega = \frac{v_A}{r_A}$$

물론 이것은 물체 위의 모든 선분의 각속도이기도 하다. 그러므로 점 B의 속도는

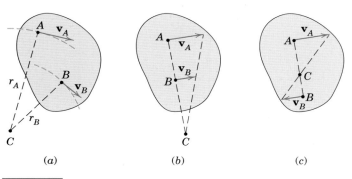

(a)　　　　　　　(b)　　　　　　　(c)

그림 5.7

$v_B = r_B\omega = (r_B/r_A)v_A$이다. 순간중심이 정해지면 물체의 모든 점에서의 순간속도는 순간중심 C를 지나는 직선과 수직이므로 쉽게 구할 수 있다.

평면운동을 하는 물체 위의 두 점의 속도가 그림 5.7b, 5.7c처럼 평행하고 두 점을 지나는 선이 속도의 방향에 수직하면, 순간중심은 그림과 같이 두 속도벡터 크기의 비율에 의해 찾을 수 있다. 그림 5.7b로부터 평행한 방향의 속도가 같은 크기를 가진다면 순간중심은 물체로부터 아주 멀리 떨어져 있고 물체가 회전하지 않고 오로지 병진운동만 하도록 무한대로 접근한다는 것을 쉽게 알 수 있다.

순간중심의 운동

물체가 위치를 변화시킬 때, 순간중심점 C 역시 공간과 그 물체 위에서 그 위치가 변한다. 공간상의 순간중심궤적을 **공간중심궤적**이라 하고 물체 위의 순간중심궤적을 **물체중심궤적**이라 한다. 순간적으로 두 개의 곡선이 점 C의 위치에서 접한다. 그림 5.8처럼 개략적으로 나타내 보면 물체가 운동하는 동안 물체중심궤적곡선은 공간중심궤적곡선을 서서히 지나는 것을 볼 수 있다.

영속도의 순간중심은 순간적으로 정지해 있을지라도 그 가속도는 일반적으로 0이 아니다. 따라서 영속도의 순간중심점은 속도를 구할 때의 방법처럼 **영가속도의 순간중심**으로는 **사용될 수 없다.** 영가속도의 순간중심은 일반평면운동에서 물체에 존재한다. 하지만 그 위치와 사용법은 기구운동학에서 주제로 다루고 여기에서는 언급하지 않는다.

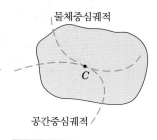

물체중심궤적

C

공간중심궤적

그림 5.8

증기기관차의 밸브기어는 비록 최첨단은 아니지만 강체운동학에 관한 흥미로운 연구를 제공한다.

예제 5.11

예제 5.7에서 보았던 바퀴는 미끄럼 없이 바퀴중심 O에서 $v_O = 3$ m/s의 속도로 오른쪽으로 구른다. 영속도의 순간중심을 찾고 그것을 이용하여 그림에 나타낸 점 A의 속도를 구하라.

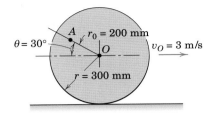

|풀이| 지면과 접촉하고 있는 바퀴의 테두리 위에 위치한 점은 바퀴가 미끄러지지 않으면 속도가 0이다. 그러므로 영속도의 순간중심은 점 C이다. 바퀴의 각속도는 다음과 같다.

$$[\omega = v/r] \qquad \omega = v_O / \overline{OC} = 3/0.300 = 10 \text{ rad/s}$$

A에서 C까지의 거리는 다음과 같다.

$$\overline{AC} = \sqrt{(0.300)^2 + (0.200)^2 - 2(0.300)(0.200)\cos 120°} = 0.436 \text{ m} \quad ①$$

점 A의 속도는 다음과 같다.

$$[v = r\omega] \qquad v_A = \overline{AC}\omega = 0.436(10) = 4.36 \text{ m/s} \qquad \text{답}$$

$\mathbf{v}_A$의 방향은 오른쪽 그림처럼 직선 AC에 수직이다. ②

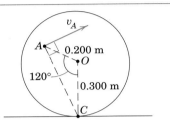

|도움말|

① 코사인 120°가 음수인 것을 주목하자.

② 이 문제의 결과로부터 바퀴의 모든 점의 속도를 시각화하고 그릴 수 있어야 한다.

예제 5.12

링크의 팔 OB는 그림과 같이 $\theta = 45°$의 위치에서 시계방향으로 10 rad/s의 각속도를 가지고 있다. 그림에 나타낸 위치에서 A와 D의 속도 그리고 링크 AB의 각속도를 구하라.

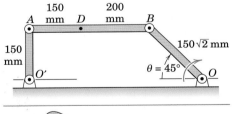

|풀이| A와 B의 속도의 방향은 그림처럼 O'와 O의 고정된 중심에 대한 회전경로에 접선방향이다. A와 B의 속도에 수직하는 두 직선의 교점은 링크 AB에 대해 순간중심 C가 된다. ① 그림에 나타낸 $\overline{AC}$, $\overline{BC}$, $\overline{DC}$의 거리는 계산으로 구하거나 그림에서 측정할 수 있다. 물체에 연장된 직선을 고려하면 BC의 각속도는 AC, DC, AB의 각속도와 같다.

$$[\omega = v/r] \qquad \omega_{BC} = \frac{v_B}{\overline{BC}} = \frac{\overline{OB}\omega_{OB}}{\overline{BC}} = \frac{150\sqrt{2}(10)}{350\sqrt{2}}$$

$$= 4.29 \text{ rad/s CCW} \qquad \text{답}$$

따라서 A와 D의 속도의 크기는 다음과 같으며 방향은 그림에 나타냈다.

$$[v = r\omega] \qquad v_A = 0.350(4.29) = 1.500 \text{ m/s} \qquad \text{답}$$

$$v_D = 0.381(4.29) = 1.632 \text{ m/s} \qquad \text{답}$$

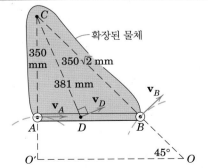

|도움말|

① 그림에 나타낸 순간에 점 C에 대해 회전하는 확장된 물체와 링크 AB를 가시화해야 한다.

연습문제

기초문제

5/73 가느다란 막대가 그림과 같은 속도와 각속도로 일반 평면운동을 하고 있다. 영속도(zero velocity)인 순간중심의 위치, 그리고 A점과 B점의 속도를 구하라.

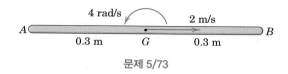

문제 5/73

5/74 가느다란 막대가 그림과 같은 속도와 각속도로 일반 평면운동을 하고 있다. 영속도인 순간중심의 위치, 그리고 A점과 B점의 속도를 구하라.

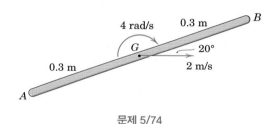

문제 5/74

5/75 그림에 제시된 순간, 직사각형 평판 모서리 A의 속도는 $v_A = 2.8$ m/s이고 평판의 각속도는 시계방향으로 $\omega = 12$ rad/s이다. 이때 점 B의 속도를 구하라.

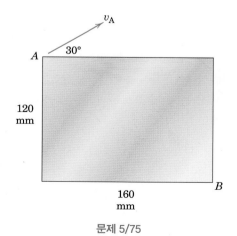

문제 5/75

5/76 롤러 B의 속도는 15° 경사를 내려가는 방향으로 $v_B = 0.9$ m/s이다. $\frac{1}{4}$ 원형(quarter circle)의 형태를 가진 링크의 각속도는 $\omega = 2$ rad/s이다. 이 절에 소개된 방법을 이용하여, 롤러 A의 속도를 구하라.

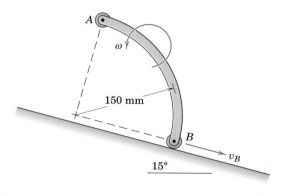

문제 5/76

5/77 문제 5/66을 다시 풀어 보자. 단, 이 절에 소개된 방법을 이용하여, 끝단 A의 속도를 구하라. 여기서 막대의 두 끝단은 각각을 지지하는 표면에 항상 접촉해 있다.

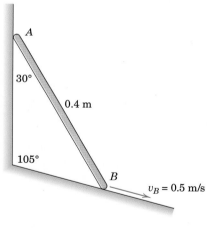

문제 5/77

5/78 아래 그림에서 크랭크 *OA*가 지면과 수평을 이룰 때 링크 *AB*의 중심 *G*의 속도를 구하여라.

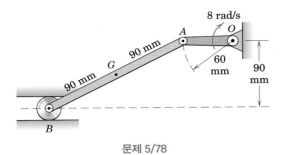

문제 5/78

5/79 다음 그림과 같이 어떤 순간에서 직삼각형 평판의 꼭지점 *B* 의 속도가 200 mm/s라고 한다. 영속도를 갖는 순간중심이 점 *B*에서 40 mm 떨어져 있고 평판의 각속도가 시계방향일 때, 점 *D*에서의 속력을 구하라.

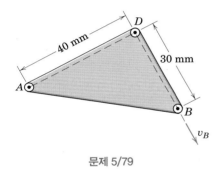

문제 5/79

5/80 그림에 제시된 순간, 크랭크 *OB*는 수평하고 시계방향으로 각속도 $\omega=0.8$ rad/s를 갖는다. 이때 20°의 홈을 따라 움직이는 가이드 롤러 *A*의 속력과 링크 *AB*의 중심점 *C*에서의 속력을 이 절에 소개된 방법을 이용하여 구하라.

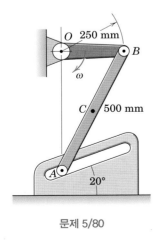

문제 5/80

5/81 크랭크 *OA*의 각속도는 반시계방향으로 **9 rad/s**이다. 그림과 같은 위치에서 링크 *AB*의 각속도 ω, 롤러 *B*의 속도, 링크 *AB*의 중심점 *G*의 속도를 이 절에 소개된 방법을 이용하여 구하라.

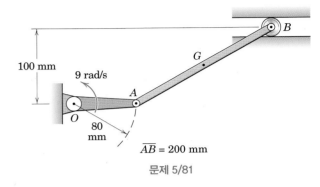

$\overline{AB}$ = 200 mm

문제 5/81

5/82 문제 5/81의 구동기구를 여기서 다시 고려해 보자. 하지만 이번엔 크랭크가 수평선보다 30° 아래에 위치한다. 이때 링크 *AB*의 각속도와 롤러 *B*의 속도를 구하라.

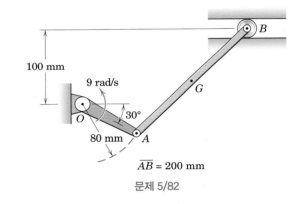

$\overline{AB}$ = 200 mm

문제 5/82

5/83 한 방향으로만 움직일 수 있도록 구속된 슬라이더 *A*와 *B*에 의해 막대의 운동이 결정된다. $\theta=45°$일 때, 막대의 각속도는 반시계방향으로 2 rad/s이다. 이때 점 *A*와 *P*의 속력을 구하라.

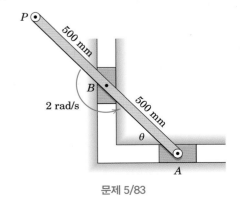

문제 5/83

5/84 문제 5/63의 개폐장치를 여기서 다시 고려해 보자. 그림과 같은 위치에서 수직 제어봉의 속도가 아래로 $v=0.6$ m/s일 때, 이 절에 소개된 방법을 이용하여 점 A에서의 속력을 구하라. 여기서 롤러 C는 항상 경사면과 접촉해 있다.

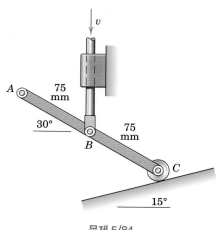

문제 5/84

5/85 바퀴의 축은 고정된 수평면을 미끄러지지 않고 구른다고 한다. 여기서 축은 바퀴에 고정되어 있다. 점 O의 속도가 오른쪽으로 0.8 m/s일 때, 이 절에 소개된 방법을 이용하여 점 A, 점 B, 점 C, 점 D의 속도를 구하라.

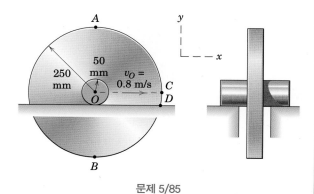

문제 5/85

5/86 차의 중심 D가 운전 연습장의 중심선을 따라 이동하고 있다. D점의 속도는 $v=14$ m/s이다. 이때 차의 각속도 및 A점과 B점의 속도를 구하라.

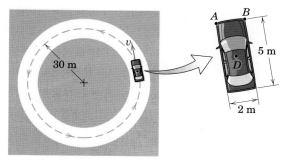

문제 5/86

심화문제

5/87 서로 반대 방향으로 움직이는 판 A와 B 사이에 부착된 바퀴가 미끄러지지 않고 구르고 있다. 만약 판 A의 속도가 오른쪽으로 60 mm/s, 판 B의 속도가 왼쪽으로 200 mm/s일 때, 중심 O점과 점 P의 속도를 구하라.

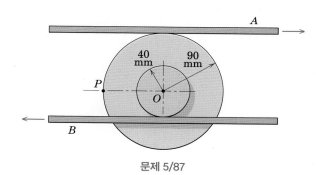

문제 5/87

5/88 아래 그림과 같은 순간에, 유압 실린더의 막대가 $v_A=2$ m/s로 움직이고 있다. 이때 막대 OB의 각속도 ω_{OB}를 구하라.

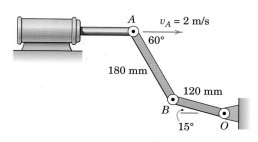

문제 5/88

5/89 얇은 기둥의 끝점 A가 수평면을 따라 오른쪽으로 속도 v_A로 움직이고 있다. 기둥의 중점 M이 반원 모양의 지지대에 닿았을 때 B점의 속력이 v_A임을 보여라.

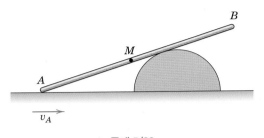

문제 5/89

5/90 회전부 E에 부착된 유연한 줄 F가 도르래 G에 연결되어 있다. 줄이 2 m/s로 움직일 때 막대 AB와 BD의 속도를 구하라.

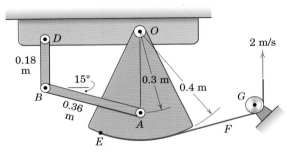

문제 5/90

5/91 자동차 뒷바퀴의 지름은 650 mm이고 빙판길에서의 각속도 N은 200 rev/min이다. 영속도의 순간중심이 도로와 바퀴의 접촉점에서 100 mm 위에 존재할 때, 차의 속도 v와 차가 얼음 위에서 미끄러지는 속도 v_s를 구하라.

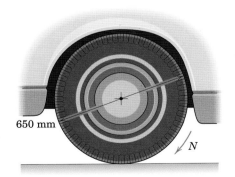

문제 5/91

5/92 스프링이 장착된 플런저 E의 수평 진동은 수평 공압 실린더 F의 공기압을 변화시켜 제어한다. $\theta = 30°$일 때 플런저의 속도가 오른쪽으로 2 m/s인 경우, 수직 가이드에서 롤러 D의 하향 속도 v_D를 찾고 이 위치에 대한 ABD의 각속도 ω를 구하여라.

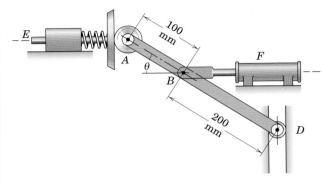

문제 5/92

5/93 두 재료 A와 B의 내마모성을 시험하기 위한 장비가 그림과 같다. 막대 EO의 속도가 오른쪽으로 1.2 m/s이고 $\theta = 45°$일 때, A점의 속도 v_A를 구하라.

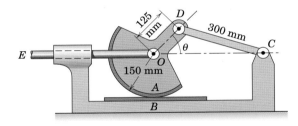

문제 5/93

5/94 스프링에 의해 구속된 롤러 *A*의 이동이 플런저 *E*의 아래 방
향 이동에 의해 조절되고 있다. 플런저 *E*가 움직이는 속력은
$v=0.2$ m/s이다. $\theta=90°$가 되었을 때 *A*의 속도를 구하라.

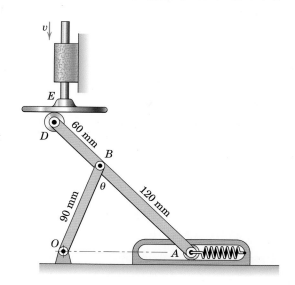

문제 5/94

5/95 유압 실린더의 링크 *A*가 직선운동을 하고 있다. 만약 링크
*A*가 속도 $v_A=4$ m/s로 움직이고 링크 *OB*가 지면과 이루는
각도 $\theta=45°$일 때, 링크 *ABD* 위의 점 *D*의 속력을 찾고 각
속도 ω를 구하여라.

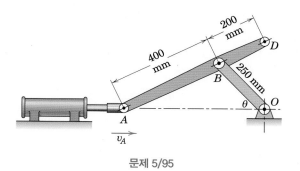

문제 5/95

▶5/96 $\theta=60°$일 때, 암석 분쇄용 망치의 머리 부분 *AE*의 각속도 ω
를 구하라. 크랭크 *OB*의 각속도는 60 rev/min이다. 크랭크
의 *B*점이 원의 가장 아랫부분을 지날 때, *E*와 *D*, *F*를 잇는
선이 지면에 수평이 되며 선 *BD*와 선 *AE*는 지면에 수직이
된다. 각 선분의 치수는 $\overline{OB}=100$ mm, $\overline{BD}=750$ mm, $\overline{AE}$
$=\overline{ED}=\overline{DF}=375$ mm이다. 도식적 방법과 이 절의 내용을
바탕으로 구하라.

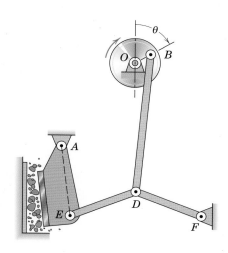

문제 5/96

5.6 상대가속도

비회전 기준축에서 평면운동하는 두 점 A와 B의 상대속도를 나타내는 방정식 $\mathbf{v}_A = \mathbf{v}_B + \mathbf{v}_{A/B}$를 생각해 보자. 방정식을 시간에 대해 미분하면 상대가속도 방정식 $\dot{\mathbf{v}}_A = \dot{\mathbf{v}}_B + \dot{\mathbf{v}}_{A/B}$를 아래와 같이 나타낼 수 있다.

$$\mathbf{a}_A = \mathbf{a}_B + \mathbf{a}_{A/B} \tag{5.7}$$

즉, 방정식 (5.7)에서 점 A의 가속도는 점 B의 가속도와 비회전 기준점 B에 대한 A의 가속도의 벡터 합과 동일하다는 것을 나타낸다.

회전에 의한 상대가속도

5.4절에서 상대속도 관계식을 언급하였듯이, 점 A와 B가 동일한 강체 위에서 평면운동을 한다면, B와 함께 움직이는 관측자에게는 A가 B에 대하여 원운동을 하는 것처럼 보이도록 두 점 사이의 거리 r은 일정하다. 상대운동이 원운동이므로 상대가속도 항은 B에 대한 A의 상대속도의 방향변화에 의한 A에서 B로 향하는 법선성분과 B에 대한 A의 크기변화에 의한 직선 AB에 수직한 접선성분을 가진다. 식 (5.2)에서 언급했듯이 회전운동에 대한 가속도성분은 2.5절에서 다루었으므로 이제는 완전히 익숙해져 있어야 한다.

그러므로 다음과 같이 쓸 수 있다.

$$\mathbf{a}_A = \mathbf{a}_B + (\mathbf{a}_{A/B})_n + (\mathbf{a}_{A/B})_t \tag{5.8}$$

여기서 상대가속도성분의 크기는 다음과 같다.

$$\begin{aligned} (a_{A/B})_n &= v_{A/B}^2/r = r\omega^2 \\ (a_{A/B})_t &= \dot{v}_{A/B} = r\alpha \end{aligned} \tag{5.9}$$

가속도성분의 벡터 표시는 다음과 같다.

$$\begin{aligned} (\mathbf{a}_{A/B})_n &= \boldsymbol{\omega} \times (\boldsymbol{\omega} \times \mathbf{r}) \\ (\mathbf{a}_{A/B})_t &= \boldsymbol{\alpha} \times \mathbf{r} \end{aligned} \tag{5.9a}$$

이러한 관계식에서, $\boldsymbol{\omega}$는 물체의 각속도이고 $\boldsymbol{\alpha}$는 물체의 각가속도를 의미한다. B에서 A로 향하는 벡터는 $\mathbf{r}$이다. 상대가속도 항은 각각의 절대각속도와 절대각가속도에 의존하는 것을 명심해야 한다.

상대가속도 방정식의 의미

방정식 (5.8)과 (5.9)의 의미는 그림 5.9에서 볼 수 있듯이 별개의 곡선경로를 따라 절대가속도 $\mathbf{a}_A$와 $\mathbf{a}_B$를 가지고 평면운동을 하는 점 A와 점 B 위의 강체로 설명할 수 있다. 속도의 경우와 달리, 일반적으로 가속도 $\mathbf{a}_A$와 $\mathbf{a}_B$는 곡선경로를 지날 때 경로의 접선방향이 아니다. 그림에서 점 A의 가속도는 두 개의 부분으로 구성되는 것을 알 수 있는데 B의 가속도와 B에 대한 A의 상대가속도이다. 기준점을 고정점으로 나타낸 그림은 상대가속도 항의 두 성분의 정확한 의미를 잘 나타낸다.

다른 방법으로는, 점 B라기보다 점 A 위에 비회전 기준축을 두고 B의 가속도를 A의 가속도로 표현할 수 있다. 이것은 다음과 같이 표현할 수 있다.

$$\mathbf{a}_B = \mathbf{a}_A + \mathbf{a}_{B/A}$$

여기서 상대가속도 $\mathbf{a}_{B/A}$와 $\mathbf{a}_{B/A}$의 법선성분(n)과 접선성분(t)은 상대가속도 $\mathbf{a}_{A/B}$와 $\mathbf{a}_{A/B}$의 법선성분, 접선성분과 부호가 반대이다. 좀 더 나은 분석을 하기 위해 각각의 항을 그림 5.9와 일치하도록 그림을 그려야 한다.

상대가속도 방정식의 풀이

상대속도 방정식의 경우처럼 식 (5.8)을 세 가지 방법, 즉 스칼라대수와 기하, 벡터대수, 도식해법의 방법을 통해 답을 찾을 수 있다. 이 세 가지 방법 모두에 익숙해지면 매우 유용하다. 벡터 방정식을 표현하는 벡터 다각형을 그리고 방정식과 일치하도록 벡터의 시작점과 끝점을 잘 조합해야 한다. 이미 알고 있는 벡터를 그리고 미지의 벡터들로 벡터 다각형을 마무리한다. 가속도 방정식의 의미를 완전히 이해할 수 있도록 기하학적 의미에 맞게 벡터를 표시하는 것이 중요하다.

문제를 풀기 전에 알고 있는 벡터와 미지의 벡터를 확인하고 미지수가 두 개의 스칼라양으로 주어지는 경우에만 이차원 벡터 방정식을 풀 수 있음을 명심해라. 이러한 미지수는 그 방정식의 임의의 항에 대한 크기나 방향일 것이다. 두 점이 곡선경로를 따라 이동하면 일반적으로 방정식 (5.8)에 대해 6개의 스칼라양이 있을 것이다.

가속도의 법선성분은 속도에 의존하기 때문에 일반적으로 가속도 계산을 수행하기 전에 속도를 먼저 구할 필요가 있다. 가속도를 알거나 쉽게 구할 수 있는 물체의 한 점을 상대가속도 방정식에서 기준점으로 선택한다. 가속도가 알려져 있지 않을 때 영속도의 순간중심을 기준점으로 사용하지 않도록 주의해야 한다.

영가속도의 순간중심은 일반적인 평면운동에서 강체 위에 존재하지만 다소 전문적인 내용이기 때문에 여기서는 언급하지 않는다.

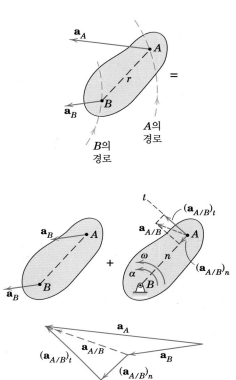

그림 5.9

예제 5.13

반지름 r인 바퀴가 미끄럼 없이 순간적으로 왼쪽으로 구를 때 바퀴의 중심 O는 왼쪽 방향으로 속도 $\mathbf{v}_O$와 가속도 $\mathbf{a}_O$를 가진다. 이때 바퀴 위의 점 A와 C의 가속도를 구하라.

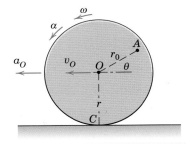

|풀이| 예제 5.4에서 풀이했던 것처럼 바퀴의 상대속도와 상대가속도는 다음과 같다.

$$\omega = v_O/r \text{이고} \quad \alpha = a_O/r$$

점 A의 가속도는 점 O의 가속도를 이용하여 다음과 같이 나타낼 수 있다.

$$\mathbf{a}_A = \mathbf{a}_O + \mathbf{a}_{A/O} = \mathbf{a}_O + (\mathbf{a}_{A/O})_n + (\mathbf{a}_{A/O})_t$$

상대가속도 항들은 점 O가 고정되어 있다고 가정했을 때 보이는 값이므로, 이러한 상대 원운동에 대한 크기는 다음과 같으며 방향은 그림과 같다. ①

$$(a_{A/O})_n = r_0\omega^2 = r_0\left(\frac{v_O}{r}\right)^2$$

$$(a_{A/O})_t = r_0\alpha = r_0\left(\frac{a_O}{r}\right)$$

벡터의 시작점과 끝점을 연결한 벡터를 더하면 벡터 $\mathbf{a}_A$가 얻어진다. 수치계산에서 대수학적인 계산과 그림을 이용한 계산을 결합할 수 있다. 벡터 $\mathbf{a}_A$의 크기에 대한 대수학적인 표현은 성분들의 제곱합의 제곱근으로 나타낼 수 있다.

$$\begin{aligned}
a_A &= \sqrt{(a_A)_n{}^2 + (a_A)_t{}^2} \\
&= \sqrt{[a_O\cos\theta + (a_{A/O})_n]^2 + [a_O\sin\theta + (a_{A/O})_t]^2} \\
&= \sqrt{(r\alpha\cos\theta + r_0\omega^2)^2 + (r\alpha\sin\theta + r_0\alpha)^2} \quad ②
\end{aligned}$$

필요하면 $\mathbf{a}_A$의 방향도 계산할 수 있다.

영속도의 순간중심 C의 가속도는 다음과 같이 표현된다.

$$\mathbf{a}_C = \mathbf{a}_O + \mathbf{a}_{C/O}$$

상대가속도 항의 성분은 C에서 O로 향하는 $(a_{C/O})_n = r\omega^2$과 선분 CO가 점 O에 대해 반시계방향의 각가속도이기 때문에 오른쪽으로 향하는 $(a_{C/O})_t = r\alpha$이다. 두 항은 아래쪽 그림에 그려져 있고 다음과 같이 나타낸다.

$$a_C = r\omega^2 \quad ③$$

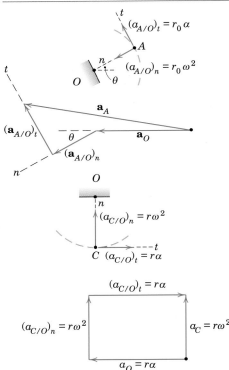

|도움말|

① 선분 OA의 반시계방향 각가속도 α는 $(a_{A/O})_t$의 양의 방향을 결정한다. 물론 법선성분$(a_{A/O})_n$은 기준중심점 O를 향한다.

② 바퀴는 동일한 속도 v_O로 오른쪽으로 구르지만, 가속도 a_O가 여전히 왼쪽방향이면 a_A의 해는 변하지 않는다는 것을 명심하자.

③ 영속도 순간중심의 가속도는 각가속도 α에 무관하며 바퀴의 중심을 향한다. 이 사실은 유용한 결과이므로 기억하도록 하자.

예제 5.14

예제 5.8의 링크를 여기서 다시 고려한다. 크랭크 CB는 짧은 운동시간 동안 그림과 같은 위치에서 반시계방향의 일정한 각속도 2 rad/s를 가진다. 이 위치에서 링크 AB와 OA의 각가속도를 구하라. 벡터대수를 이용하여 풀어라.

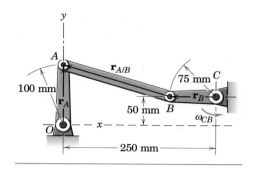

| 풀이 | 먼저 예제 5.8에서 구했던 속도는 다음과 같다.

$$\omega_{AB} = -6/7 \text{ rad/s 이고} \qquad \omega_{OA} = -3/7 \text{ rad/s}$$

여기서 반시계방향(+$\mathbf{k}$방향)을 양의 방향으로 한다. 가속도 방정식은 다음과 같다.

$$\mathbf{a}_A = \mathbf{a}_B + (\mathbf{a}_{A/B})_n + (\mathbf{a}_{A/B})_t$$

방정식 (5.3)과 (5.9a)로부터 다음과 같은 벡터성분을 구할 수 있다.

$$\mathbf{a}_A = \boldsymbol{\alpha}_{OA} \times \mathbf{r}_A + \boldsymbol{\omega}_{OA} \times (\boldsymbol{\omega}_{OA} \times \mathbf{r}_A) \quad ①$$
$$= \alpha_{OA}\mathbf{k} \times 100\mathbf{j} + (-\tfrac{3}{7}\mathbf{k}) \times (-\tfrac{3}{7}\mathbf{k} \times 100\mathbf{j})$$
$$= -100\alpha_{OA}\mathbf{i} - 100(\tfrac{3}{7})^2\mathbf{j} \text{ mm/s}^2$$

$$\mathbf{a}_B = \boldsymbol{\alpha}_{CB} \times \mathbf{r}_B + \boldsymbol{\omega}_{CB} \times (\boldsymbol{\omega}_{CB} \times \mathbf{r}_B)$$
$$= \mathbf{0} + 2\mathbf{k} \times (2\mathbf{k} \times [-75\mathbf{i}])$$
$$= 300\mathbf{i} \text{ mm/s}^2$$

$$(\mathbf{a}_{A/B})_n = \boldsymbol{\omega}_{AB} \times (\boldsymbol{\omega}_{AB} \times \mathbf{r}_{A/B})$$
$$= -\tfrac{6}{7}\mathbf{k} \times [(-\tfrac{6}{7}\mathbf{k}) \times (-175\mathbf{i} + 50\mathbf{j})] \quad ②$$
$$= (\tfrac{6}{7})^2(175\mathbf{i} - 50\mathbf{j}) \text{ mm/s}^2$$

$$(\mathbf{a}_{A/B})_t = \boldsymbol{\alpha}_{AB} \times \mathbf{r}_{A/B}$$
$$= \alpha_{AB}\mathbf{k} \times (-175\mathbf{i} + 50\mathbf{j})$$
$$= -50\alpha_{AB}\mathbf{i} - 175\alpha_{AB}\mathbf{j} \text{ mm/s}^2$$

이 결과들을 상대가속도 방정식에 대입하고 $\mathbf{i}$항의 계수와 $\mathbf{j}$항의 계수를 각각 분리해서 등식으로 나타내면 다음과 같다.

$$-100\alpha_{OA} = 429 - 50\alpha_{AB}$$
$$-18.37 = -36.7 - 175\alpha_{AB}$$

답은 다음과 같다.

$$\alpha_{AB} = -0.1050 \text{ rad/s}^2 \text{ 이고} \qquad \alpha_{OA} = -4.34 \text{ rad/s}^2 \quad \text{답}$$

단위벡터 $\mathbf{k}$는 지면에서 나오는 방향이다. 따라서 링크 AB와 OA의 각가속도는 모두 음수이므로 시계방향이다.

　답의 의미를 명확히 하기 위해 상대가속도 방정식에 따라 적절한 기하학 관계에 맞게 각각의 가속도벡터들을 그려보기를 권장한다.

| 도움말 |

① 외적에서 요소들의 순서를 유지해야 함을 기억하라.

② 상대가속도 $\mathbf{a}_{A/B}$ 항을 표현할 때 $\mathbf{r}_{A/B}$는 B에서 A방향까지의 벡터이고, 그 반대 방향으로 되지 않음을 명심하라.

예제 5.15

예제 5.9의 슬라이더 크랭크 기구를 여기서 다시 고려하자. 크랭크 OB는 시계방향의 일정한 각속도 1500 rev/min를 가진다. 크랭크각 θ가 60°인 순간에 피스톤 A의 가속도와 커넥팅 로드 AB의 각가속도를 구하라.

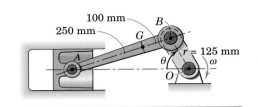

|풀이|　A의 가속도를 크랭크 핀 B의 가속도에 의해 다음과 같이 표현할 수 있다.

$$\mathbf{a}_A = \mathbf{a}_B + (\mathbf{a}_{A/B})_n + (\mathbf{a}_{A/B})_t$$

점 B는 반지름이 125 mm인 원 위를 일정한 속도로 움직이므로 B에서 O로 향하는 가속도의 법선성분만 가진다. ①

$$[a_n = r\omega^2] \qquad a_B = 0.125\left(\frac{1500[2\pi]}{60}\right)^2 = 3080 \text{ m/s}^2$$

상대가속도 항은 그림과 같이 고정점 B에 대하여 상대 원운동하는 A로 표현할 수 있다. 예제 5.9로부터 이러한 조건에서 AB의 각속도 $\omega_{AB} = 29.5$ rad/s이다. 따라서 상대가속도의 법선성분은 다음과 같으며 방향은 A에서 B로 향한다.

$$[a_n = r\omega^2] \qquad (a_{A/B})_n = 0.350(29.5)^2 = 305 \text{ m/s}^2 \quad ②$$

접선성분 $(\mathbf{a}_{A/B})_t$의 크기는 아직 모르는 AB의 각가속도 크기에 의존하기 때문에 그 방향만 알 수 있다. 피스톤은 실린더의 수평축을 따라 움직이도록 한정되어 있으므로 가속도 $\mathbf{a}_A$의 방향을 알 수 있다. 방정식에서 알려지지 않은 스칼라 값은 $\mathbf{a}_A$와 $(\mathbf{a}_{A/B})_t$의 크기이다. 따라서 답을 구하는 것이 가능하다.

만약 가속도 다각형의 기하학을 사용하여 대수적으로 풀려고 한다면, 먼저 AB와 수평 사이의 각도를 계산해야 한다. 사인법칙에 의해 이 각도는 18.02°이다. 가속도 다각형에서 알 수 있듯이 가속도 방정식을 수평성분과 수직성분으로 각각 분해하면 다음과 같다.

$$a_A = 3080 \cos 60° + 305 \cos 18.02° - (a_{A/B})_t \sin 18.02°$$

$$0 = 3080 \sin 60° - 305 \sin 18.02° - (a_{A/B})_t \cos 18.02°$$

이 방정식의 답은 다음과 같다.

$$(a_{A/B})_t = 2710 \text{ m/s}^2 \qquad \text{그리고} \qquad a_A = 994 \text{ m/s}^2 \qquad \blacksquare$$

그림에서 구해진 $(\mathbf{a}_{A/B})_t$로부터 B에 대한 상대회전을 나타내는 AB의 각가속도는 그림으로부터 다음과 같이 구해진다.

$$[\alpha = a_t/r] \qquad \alpha_{AB} = 2710/(0.350) = 7740 \text{ rad/s}^2 \,(\text{시계방향}) \qquad \blacksquare$$

도식해법을 이용한다면, 이미 알고 있는 가속도벡터 $\mathbf{a}_B$와 $(\mathbf{a}_{A/B})_n$을 적당한 축척으로 벡터들을 연결해야 한다. 그다음 마지막 벡터의 끝점을 지나도록 $(\mathbf{a}_{A/B})_t$의 방향을 표시한다. $(\mathbf{a}_{A/B})_t$의 방향을 나타내는 직선과 벡터 $\mathbf{a}_A$의 방향을 나타내며 시작점을 지나가는 수평선과의 교점 P를 찾으면 방정식의 해를 구할 수 있다. 그림에서 벡터의 크기를 계산된 결과와 일치하도록 환산하면 해는 다음과 같다. ③

$$a_A = 994 \text{ m/s}^2 \qquad \text{그리고} \qquad (a_{A/B})_t = 2710 \text{ m/s}^2 \qquad \blacksquare$$

|도움말|

① 크랭크 OB가 각가속도를 갖는다면 가속도 $\mathbf{a}_B$는 접선성분을 가진다.

② 다른 방법으로는, $(a_{A/B})_n$을 계산하기 위해 $a_n = v^2/r$의 관계식을 이용할 수 있다. 여기서 v를 사용하여 $v_{A/B} = r\omega$라는 식을 이용하면 $v_{A/B}$를 쉽게 구할 수 있다.

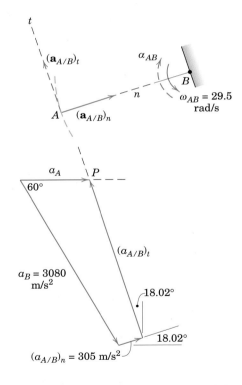

③ 상당한 정확도가 요구되는 경우를 제외하고는 도식해법을 사용하자. 그 이유는 도식해법이 매우 빠르고 벡터 사이에 물리적인 관계를 쉽게 알 수 있기 때문이다. 물론 알고 있는 벡터는 지배방정식을 만족하는 한 임의의 순서로 더해도 된다.

연습문제

기초문제

5/97 휠의 중심 O는 슬라이딩 블록에 장착되어 있고, 슬라이딩 블록은 가속도 $a_O=8 \text{ m/s}^2$의 크기로 오른쪽으로 이동 중이다. 각도, 각속도, 각가속도가 $\theta=45°$, $\dot\theta=3 \text{ rad/s}$, $\ddot\theta=-8 \text{ rad/s}^2$의 값을 가지는 순간에 점 A, B에서의 가속도의 크기를 구하여라.

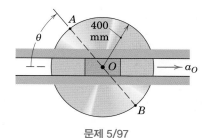

문제 5/97

5/98 반지름이 800 mm인 2중 회전 날개의 각속도가 $\omega=\dot\theta=2 \text{ rad/s}$의 크기로 반시계방향으로 돌고 있으며 날개의 축 O는 미끄러지는 블록에 설치되어 있다. 블록의 가속도는 $a_O=3 \text{ m/s}^2$이다. 날개 끝부분의 A점에서의 가속도를 (a) $\theta=0$, (b) $\theta=90°$, (c) $\theta=180°$일 때, 각각 구하라. O점의 속도나 날개의 각속도 ω가 계산에 영향을 주는가?

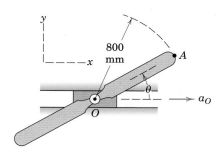

문제 5/98

5/99 문제 5/98에 주어진 조건에서 각도 $\theta=0$이고 $\ddot\theta=5 \text{ rad/s}^2$, $\dot\theta=0$일 때 점 A에서의 가속도의 크기를 구하여라.

5/100 디스크의 중심 O는 그림에 표시된 속도와 가속도를 가진다. 디스크가 수평 표면에서 미끄러지지 않고 굴러가는 경우, 아래 표시된 순간에 점 A의 속도와 점 B의 가속도를 구하여라.

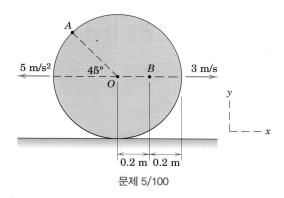

문제 5/100

5/101 수평 위치에 있던 길이 3.6 m 강철 빔이 A와 B에 부착된 두 개의 케이블에 의해 들어 올려지고 있다. 초기 각가속도가 $\alpha_1=0.2 \text{ rad/s}^2$, $\alpha_2=0.6 \text{ rad/s}^2$일 때, (a) 빔의 각가속도, (b) 점 C의 가속도 그리고 (c) 빔의 중심선에서 순간적으로 가속도가 0이 되는 지점과 A와의 거리 d를 구하여라.

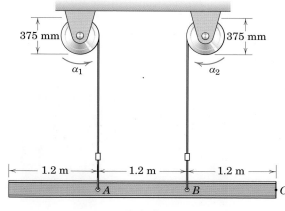

문제 5/101

5/102 문제 5/66과 같은 막대를 여기서 다시 고려한다. 0.4 m 길이의 막대가 각각 지지하고 있는 면과 계속해서 닿아 있을 때, 끝점 B가 그림에 나타난 방향대로 0.5 m/s로 이동하고 점의 가속도가 0.3 m/s^{2}이라면 막대의 각가속도와 끝점 A의 가속도를 구하라.

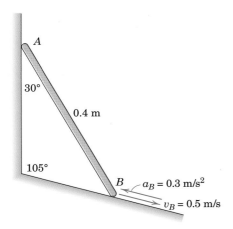

문제 5/102

5/103 적도 위의 점 B의 가속도를 구하는 문제 5/51을 다시 풀어 보자. 문제에 주어진 데이터와 부록 표 D.2의 내용을 참조하고, 지구의 회전 궤도는 원형이라고 가정한다. 태양은 고정되어 있다고 생각하고 지구 자전축의 기울어짐은 무시한다.

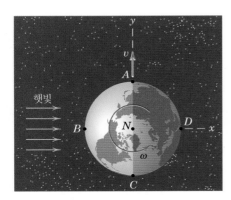

문제 5/103

5/104 문제 5/60의 스포크 바퀴를 추가적인 정보와 함께 다시 풀어 보자. 줄의 P점에서 속도가 v이고 가속도가 a이며 바퀴의 반지름이 r일 때, A에 대한 B의 상대속도를 구하라.

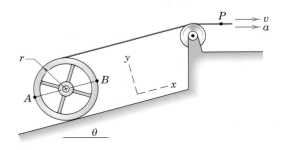

문제 5/104

5/105 문제 5/58의 바(bar)를 다시 풀어 보자. 그림에 나타난 순간에, 롤러 B는 15° 경사를 향해 이동을 시작하고 그때 A점의 속도와 가속도는 그림에 주어진 값이다. 바 AB의 각가속도와 B점의 가속도를 구하라.

문제 5/105

5/106 링크 OB가 일정한 각속도 ω로 회전할 때 아래 그림의 위치에서 AB의 각가속도 α_{AB}를 구하라.

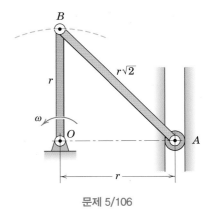

문제 5/106

심화문제

5/107 AB의 각가속도와 $\theta = 90°$일 때 A의 가속도를 구하라. 이때 $\dot{\theta} = 4$ rad/s이고 $\ddot{\theta} = 0$이다.

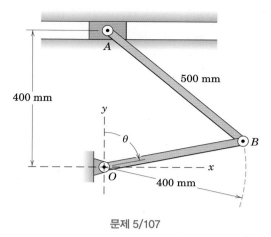

문제 5/107

5/108 문제 5/63의 개폐 장치를 다시 풀어 보자. 장치가 그림과 같은 상태일 때 수직 막대의 속도가 아래 방향으로 $v=0.6$ m/s 이고 가속도는 위 방향으로 0.36 m/s²이라면, A점의 가속도 의 크기를 구하라. 단, 롤러 C는 경사면과 계속 맞닿아 있다.

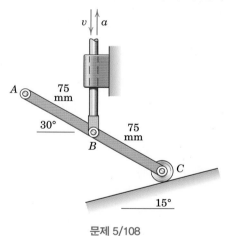

문제 5/108

5/109 문제 5/52의 두 개의 연결된 바퀴에 관한 문제를 다시 풀어 보자. 만약 작은 바퀴의 중심점 C의 가속도는 오른쪽으로 0.8 m/s²이고 그림에 나타난 순간 속도가 0.4 m/s가 되었 다면 점 D에서 가속도의 크기가 얼마인지 구하라.

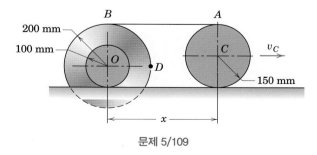

문제 5/109

5/110 끝에 롤러가 달린 막대 AB가 홈을 따라 그림과 같이 움직 인다. 롤러 A의 속도는 1.2 m/s이고, 작은 움직임 동안의 속도는 일정하다고 가정하자. 롤러 B가 최고 높이를 지날 때의 접선 방향 가속도의 크기를 구하라. R의 크기는 0.5 m 이다.

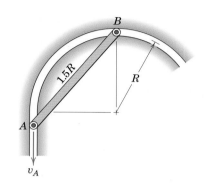

문제 5/110

5/111 바퀴가 (a)와 (b) 각 경우에 대해 둥근 표면을 미끄러지지 않 고 구를 때, 점 C가 바닥면과 접촉하는 순간 점 C의 가속도 를 구하라. 바퀴의 각속도는 ω이고 각가속도는 α이다.

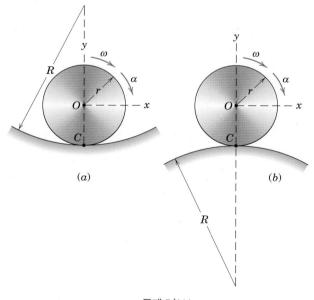

문제 5/111

5/112 문제 5/81의 기구를 반복해서 풀어 보자. 크랭크 *OA*가 반시계방향으로 **9 rad/s**로 일정하게 회전하고 있다. 그림과 같은 위치일 때 링크 *AB*의 각가속도 α_{AB}를 구하라.

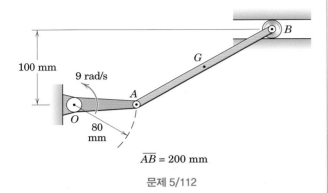

문제 5/112

5/113 문제 5/82의 기구를 반복해서 풀어 보자. 크랭크 *OA*가 반시계방향으로 **9 rad/s**로 회전하고 있고, 각속도는 **5 rad/s²**로 줄어들고 있다. 그림과 같은 위치일 때 링크 *AB*의 각가속도 α_{AB}를 구하라.

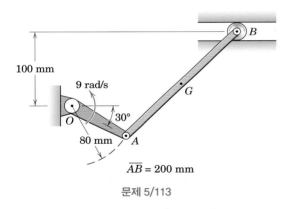

문제 5/113

5/114 목제 실패의 중심 *O*가 $v_O =$ **2 m/s**의 속도로 수직으로 아래 방향으로 이동하고 있으며, 속도는 **5 m/s²**의 크기만큼 증가하고 있다. 점 *A*, *P* 및 *B*의 가속도를 구하여라.

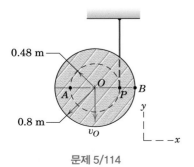

문제 5/114

5/115 문제 5/68의 시스템을 여기서 다시 고려하자. 수직 방향 막대의 속도가 아래 방향으로 $v =$ **0.8 m/s**, 가속도가 위 방향으로 $a =$ **1.2 m/s²**이다. 그림과 같은 상태일 때 막대 *AB*의 각가속도 α와 롤러 *B*의 가속도의 크기를 구하라. 이때 *R*은 **0.4 m**이다.

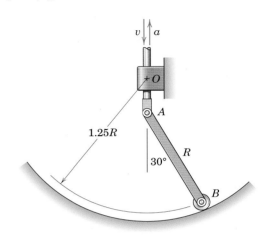

문제 5/115

5/116 바퀴의 축이 고정된 수평면을 따라 미끄러지지 않고 구르고 있다. *O*점의 속도가 오른쪽으로 **0.8 m/s**, 가속도가 왼쪽으로 **1.4 m/s²**일 때 점 *A*와 점 *D*의 가속도를 구하라.

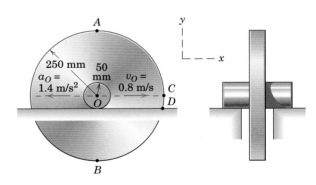

문제 5/116

5/117 문제 5/88의 시스템을 다시 풀어 보자. 그림에 표현된 순간, 유압실린더의 막대가 $v_A=2$ m/s로 움직이고 있다. 링크 OB의 각가속도 α_{OB}를 구하라.

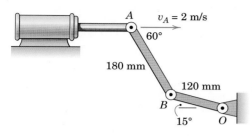

문제 5/117

5/118 문제 5/90의 기구를 다시 풀어 보자. 줄이 그림에 표현된 방향으로 2 m/s로 움직일 때, 링크 AB의 각가속도 α_{AB}를 구하라.

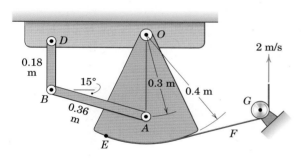

문제 5/118

5/119 문제 5/61의 막대 AB를 다시 풀어 보자. A점의 속도가 오른쪽 방향으로 3 m/s일 때, 점 B가 이동하는 경로의 접선 방향 가속도와 막대의 각가속도를 구하라.

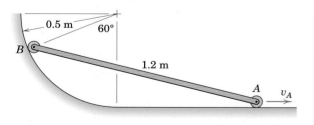

문제 5/119

5/120 링크 AB가 아래 그림에 표시된 상태에서 일정한 각속도 40 rad/s로 반시계방향으로 운동하고 있을 때 링크 AO의 각가속도와 점 D의 가속도를 구하여라. 구한 결과는 벡터 표기법으로 표현하여라.

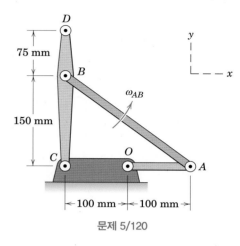

문제 5/120

5/121 문제 5/71에 나타낸 우주선 자력계 기구와 관련된 문제를 다시 풀어 보자. 링크 OB가 지면과 수직이 되는 순간의 각속도 ω_{OB}는 반시계방향으로 0.5 rad/s이다. 그림에 표현된 순간의 $\tan\theta=4/3$일 때 각가속도 α_{CA}를 구하라.

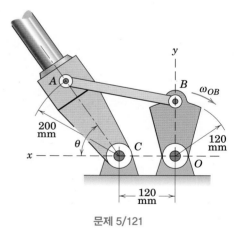

문제 5/121

5/122 문제 5/69의 4절 링크에 관한 문제를 다시 고려해 보자. 움직이는 링크 OA의 각속도와 각가속도가 반시계방향으로 각각 10 rad/s, 5 rad/s²일 때, 링크 AB와 BC의 각가속도를 구하라.

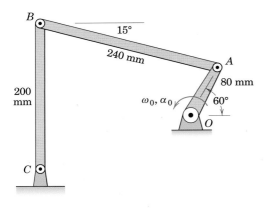

문제 5/122

5/123 기계식 활톱의 구성이 그림과 같이 표현된다. 톱날이 수평방향 가이드를 따라 움직이는 프레임에 설치되어 있다. 모터가 플라이휠을 60 rev/min의 일정한 각속도로 반시계방향으로 회전시킨다면 $\theta = 90°$일 때 톱날의 가속도와 링크 AB의 각가속도를 구하라.

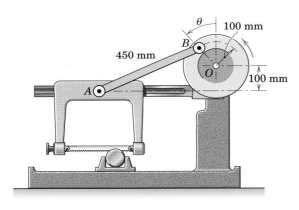

문제 5/123

▶**5/124** 문제 5/72에서 작은 박스를 조립 라인의 컨베이어벨트로 밀어 넣는 기구를 다시 고려해 보자. 기구의 팔 OD와 크랭크 CB가 지면과 수직을 이루고 있다. 그림에 표현된 순간, 크랭크 CB가 반시계방향의 각속도 π rad/s를 가진다. 이때 E점의 가속도를 구하라.

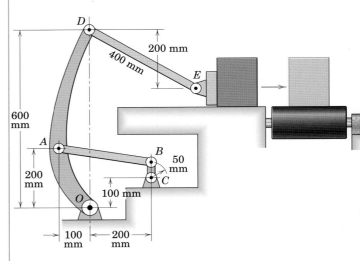

문제 5/124

5.7 회전축에 대한 운동

질점들의 상대운동을 논의하였던 2.8절과 이 장에서 다루어지는 강체의 평면운동에 대한 상대운동방정식들에서 우리는 상대속도와 상대가속도를 설명하기 위해 회전하지 않는 기준좌표계를 사용해 왔다. 회전하는 기준좌표계의 사용은 운동이 시스템 내에서 발생되거나 그 자체가 회전하는 시스템으로부터 관찰되는 운동학에서의 많은 문제에 대한 해결에 큰 도움을 준다. 이러한 운동의 예로 임펠러 베인의 경로가 중요한 설계 고려사항이 되는 원심 펌프의 휘어진 베인을 따라 움직이는 유체입자의 움직임이 있다.

그림 5.10a에서, 고정된 X-Y 평면상의 두 개의 질점 A와 B의 평면운동을 고려함으로써 회전하는 좌표계를 사용한 운동에 대한 설명을 시작해 보자. 당분간 일반성을 위해서 질점 A와 B는 각자 독립적으로 운동하는 것으로 고려한다. 우리는 원점이 B에 위치하면서 각속도 $\omega = \dot{\theta}$로 회전하는 회전좌표계 x-y에서 질점 A의 운동을 관찰한다. 우리는 이 각속도를 벡터 $\boldsymbol{\omega} = \omega\mathbf{k} = \dot{\theta}\mathbf{k}$로 표현할 수 있다. 이 벡터는 운동 평면에 대하여 수직이고 오른손 법칙에 따라 양의 방향은 지면에서부터 밖으로 나오는 양의 z축 방향을 향한다. 질점 A의 절대 위치벡터는 다음과 같이 나타낼 수 있다.

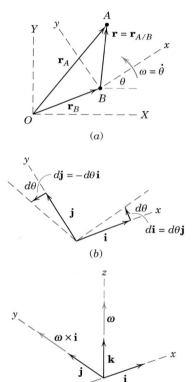

$$\mathbf{r}_A = \mathbf{r}_B + \mathbf{r} = \mathbf{r}_B + (x\mathbf{i} + y\mathbf{j}) \tag{5.10}$$

여기서 $\mathbf{i}$와 $\mathbf{j}$는 x-y 좌표계에 부착된 단위벡터를 나타내고 $\mathbf{r} = x\mathbf{i} + y\mathbf{j}$는 질점 B에 대한 질점 A의 위치벡터인 $\mathbf{r}_{A/B}$를 의미한다.

단위벡터에 대한 시간 미분

속도와 가속도에 대한 식들을 구하기 위해서 위치벡터 식을 시간에 대하여 연속적으로 미분해야 한다. 2.8절에서 다루었던 병진 축에서의 경우와는 달리 단위벡터 $\mathbf{i}$와 $\mathbf{j}$는 좌표축 x-y와 함께 회전하고 있다. 그래서 단위벡터들에 대한 시간 미분이 반드시 고려되어야 한다. 이 도함수들은 그림 5.10b에 나타나 있으며, z축이 각도 $d\theta = \omega\,dt$만큼 회전할 때 시간 dt 동안에 각 단위벡터 방향으로의 미소 변화를 보여준다. 단위벡터 $\mathbf{i}$에 대한 미소변화는 $d\mathbf{i}$로 나타낼 수 있고 그 방향은 단위벡터 $\mathbf{j}$와 같은 방향이며 그 크기는 단위 크기를 가지는 $\mathbf{i}$벡터의 길이와 각도 $d\theta$의 곱과 같다. 따라서 $d\mathbf{i} = d\theta\,\mathbf{j}$이다.

마찬가지로, 단위벡터 $\mathbf{j}$는 음의 x방향을 향하는 미소변화 $d\mathbf{j}$를 가지며 이에 따라 $d\mathbf{j} = -d\theta\,\mathbf{i}$로 표현된다. dt로 나누고 $d\mathbf{i}/dt$를 $\dot{\mathbf{i}}$, $d\mathbf{j}/dt$를 $\dot{\mathbf{j}}$ 그리고 $d\theta/dt$를 $\dot{\theta} = \omega$로 치환하면 다음과 같다.

그림 5.10

$$\mathbf{i} = \omega\mathbf{j} \text{이고} \qquad \mathbf{j} = -\omega\mathbf{i}$$

외적을 사용하면, 그림 5.10c로부터 $\boldsymbol{\omega}\times\mathbf{i} = \omega\mathbf{j}$이고 $\boldsymbol{\omega}\times\mathbf{j} = -\omega\mathbf{i}$임을 알 수 있다. 그래서 단위벡터에 대한 시간 미분은 다음과 같이 쓸 수 있다.

$$\dot{\mathbf{i}} = \boldsymbol{\omega} \times \mathbf{i} \text{이고} \qquad \dot{\mathbf{j}} = \boldsymbol{\omega} \times \mathbf{j} \qquad (5.11)$$

상대속도

질점 A와 B에 대한 위치벡터 식을 시간에 대하여 미분할 때, 우리는 상대속도 관계를 얻기 위해 식 (5.11)의 표현을 사용한다. 식 (5.10)의 미분은 다음과 같다.

$$\dot{\mathbf{r}}_A = \dot{\mathbf{r}}_B + \frac{d}{dt}(x\mathbf{i} + y\mathbf{j})$$
$$= \dot{\mathbf{r}}_B + (x\dot{\mathbf{i}} + y\dot{\mathbf{j}}) + (\dot{x}\mathbf{i} + \dot{y}\mathbf{j})$$

여기서 $x\dot{\mathbf{i}} + y\dot{\mathbf{j}} = \boldsymbol{\omega}\times x\mathbf{i} + \boldsymbol{\omega}\times y\mathbf{i} = \boldsymbol{\omega}\times(x\mathbf{i} + y\mathbf{j}) = \boldsymbol{\omega}\times\mathbf{r}$이다. 또한, x-y 좌표계에 있는 관측자는 속도 성분 $\dot{x}$와 $\dot{y}$를 측정하게 되므로 x-y 좌표축에서의 속도는 $\dot{x}\mathbf{i} + \dot{y}\mathbf{j} = \mathbf{v}_{\text{rel}}$가 된다. 따라서 상대속도 식은 다음과 같다.

$$\mathbf{v}_A = \mathbf{v}_B + \boldsymbol{\omega} \times \mathbf{r} + \mathbf{v}_{\text{rel}} \qquad (5.12)$$

비회전 좌표계에 대한 식 (5.12)와 (2.20)의 비교를 통해 $\mathbf{v}_{A/B} = \boldsymbol{\omega}\times\mathbf{r} + \mathbf{v}_{\text{rel}}$임을 알 수 있다. 이 식으로부터 $\boldsymbol{\omega}\times\mathbf{r}$ 항은 비회전 좌표계에서 측정된 상대속도와 회전 좌표계로부터 측정된 상대속도 간의 차이임을 알 수 있다.

식 (5.12)에서 마지막 2개 항에 대한 의미를 조금 더 설명하기 위해서, 회전하는 x-y 평면에 대한 질점 A의 운동을 그림 5.11에 나타내었다. 질점 A의 운동은 회전하는 x-y 좌표계로 표현되는 평판에 새겨진 곡선의 홈에서 일어난다. 평판 위에서 측정된 질점 A의 상대속도, $\mathbf{v}_{\text{rel}}$는 x-y 좌표계로 표현되는 평판에 고정된 홈의 경로에 접하는 방향을 향한다. 그리고 질점 A의 속도는 홈의 경로를 따라 측정된 거리 s의 시간 미분 값인 $\dot{s}$만큼의 크기를 갖는다. 또한 이 상대속도는 점 P에 대한 상대속도 $\mathbf{v}_{A/P}$로 볼 수 있다. 여기서 점 P는 평판 위에 있으면서 순간적으로 질점 A와 일치되는 점으로 고려할 수 있다. 식 (5.12)에서 $\boldsymbol{\omega}\times\mathbf{r}$ 항은 그 크기가 $r\dot{\theta}$이고 벡터 $\mathbf{r}$에 대해 수직방향이다. 그리고 $\boldsymbol{\omega}\times\mathbf{r}$ 항은 질점 B에 위치한 비회전 좌표계에서 보았을 때 점 P의 질점 B에 대한 상대속도이다.

다음과 같이, 수식들 간의 비교를 통하여 회전과 비회전좌표계에서 기술된 상대속도 식 사이의 동등성과 차이를 명확하게 확인할 수 있다.

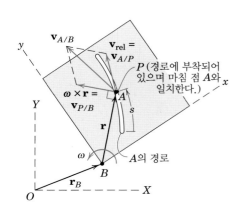

그림 5.11

$$\mathbf{v}_A = \mathbf{v}_B + \boldsymbol{\omega} \times \mathbf{r} + \mathbf{v}_{\text{rel}}$$

$$\mathbf{v}_A = \underbrace{\mathbf{v}_B + \mathbf{v}_{P/B}}_{} + \mathbf{v}_{A/P}$$

$$\mathbf{v}_A = \underbrace{\mathbf{v}_P}_{} + \mathbf{v}_{A/P} \qquad (5.12\text{a})$$

$$\mathbf{v}_A = \mathbf{v}_B + \underbrace{\mathbf{v}_{A/B}}_{}$$

두 번째 식에서, $\mathbf{v}_{P/B}$ 항은 비회전좌표축에서 측정된 것이다. 그렇지 않다면 이 항은 0일 것이다. $\mathbf{v}_{A/P}$ 항은 $\mathbf{v}_{\text{rel}}$와 같으며 회전좌표계인 x-y 좌표계에서 측정하였을 때 질점 A의 속도이다. 세 번째 식에서, $\mathbf{v}_P$는 점 P에서의 절대속도이며 병진과 회전을 포함하는 운동 좌표계의 영향을 나타낸다. 네 번째 식은 비회전좌표계에서 유도된 수식 (2.20)과 같다. 그리고 $\mathbf{v}_{A/B} = \mathbf{v}_{P/B} + \mathbf{v}_{A/P} = \boldsymbol{\omega} \times \mathbf{r} + \mathbf{v}_{\text{rel}}$임을 알 수 있다.

시간 미분의 변환

식 (5.12)는 회전좌표계와 비회전좌표계 사이에서 위치벡터의 시간 미분에 대한 변환을 나타낸다. 우리는 임의의 벡터 $\mathbf{V} = V_x\mathbf{i} + V_y\mathbf{j}$에 대한 시간 미분을 하기 위해서 식 (5.12)에서의 결과를 일반화할 수 있다. 따라서 X-Y 좌표계에서 시간에 대한 전미분은 다음과 같이 표현된다.

$$\left(\frac{d\mathbf{V}}{dt}\right)_{XY} = (\dot{V}_x\mathbf{i} + \dot{V}_y\mathbf{j}) + (V_x\dot{\mathbf{i}} + V_y\dot{\mathbf{j}})$$

이 식에서 처음 두 개의 항은 x-y 좌표계에 대해 측정된 벡터 $\mathbf{V}$에 대한 전미분 중 일부를 나타낸다. 그리고 세 번째와 네 번째 항은 좌표축의 회전으로 인해 발생되는 미분의 항을 나타낸다.

식 (5.11)로부터 $\mathbf{i}$와 $\mathbf{j}$에 대한 표현을 통해 식을 다음과 같이 표현할 수 있다.

$$\left(\frac{d\mathbf{V}}{dt}\right)_{XY} = \left(\frac{d\mathbf{V}}{dt}\right)_{xy} + \boldsymbol{\omega} \times \mathbf{V} \qquad (5.13)$$

여기서 $\boldsymbol{\omega} \times \mathbf{V}$는 고정좌표계에서 측정된 벡터 A에 대한 시간 미분 결과와 회전좌표계에서 측정된 벡터 A의 시간 미분 결과 사이의 차이를 나타낸다. 3차원 운동이 소개되는 7.2절에서 알게 되겠지만, 식 (5.13)은 2차원뿐만 아니라 3차원에서도 성립한다.

그림 5.12를 이용하여 식 (5.13)에 대한 물리적 중요성을 설명하고자 한다. 그림 5.12는 회전좌표계 x-y와 고정좌표계 X-Y에서 관찰된 시간 t에서의 벡터 $\mathbf{V}$를 보여준다. 우리는 좌표계 회전에 의한 영향만을 다루기 때문에 좌표계의 원점을

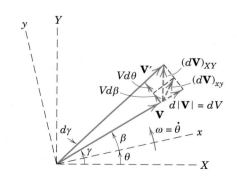

그림 5.12

통과하는 벡터 **V**를 일반적으로 나타낼 수 있다. 시간 dt 동안, 벡터 **V**는 **V'** 위치로 이동한다. 이에 따라 x-y 좌표계에서 관측자는 2개의 성분을 측정할 수 있다. 하나는 크기 변화에 따른 성분 (a) dV이고, 다른 하나는 x-y 좌표계에 대한 $d\beta$만큼의 회전으로 인한 성분 (b) $V d\beta$이다. 그래서 회전좌표계에 있는 관측자 입장에서 측정된 미분 $(d\mathbf{V}/dt)_{xy}$는 dV/dt 성분과 $V d\beta/dt = V\dot{\beta}$ 성분으로 나타낼 수 있다. 회전하는 좌표계에 있는 관측자가 측정할 수 없는 전미분의 나머지 항은 크기가 $V d\theta/dt$이고, 벡터로는 $\boldsymbol{\omega} \times \mathbf{V}$로 나타낼 수 있다. 따라서 그림 5.12에 나타낸 그림을 통해서도 다음과 같이 식 (5.13)과 동일한 결과를 얻을 수 있다.

$$(\dot{\mathbf{V}})_{XY} = (\dot{\mathbf{V}})_{xy} + \boldsymbol{\omega} \times \mathbf{V}$$

상대가속도

상대가속도 식은 식 (5.12)로 표현된 상대속도 관계식을 미분함으로써 구할 수 있다. 그 결과는 다음과 같다.

$$\mathbf{a}_A = \mathbf{a}_B + \dot{\boldsymbol{\omega}} \times \mathbf{r} + \boldsymbol{\omega} \times \dot{\mathbf{r}} + \dot{\mathbf{v}}_{\text{rel}}$$

식 (5.12)의 미분에서 다음을 알 수 있다.

$$\dot{\mathbf{r}} = \frac{d}{dt}(x\mathbf{i} + y\mathbf{j}) = (\dot{x}\mathbf{i} + \dot{y}\mathbf{j}) + (\dot{x}\mathbf{i} + \dot{y}\mathbf{j})$$
$$= \boldsymbol{\omega} \times \mathbf{r} + \mathbf{v}_{\text{rel}}$$

따라서 가속도 식의 우변에서 세 번째 항은 다음과 같다.

$$\boldsymbol{\omega} \times \dot{\mathbf{r}} = \boldsymbol{\omega} \times (\boldsymbol{\omega} \times \mathbf{r} + \mathbf{v}_{\text{rel}}) = \boldsymbol{\omega} \times (\boldsymbol{\omega} \times \mathbf{r}) + \boldsymbol{\omega} \times \mathbf{v}_{\text{rel}}$$

가속도 $\mathbf{a}_A$를 나타낸 식에서의 우변 마지막 항은 식 (5.11)을 이용하여 다음과 같이 표현할 수 있다.

$$\dot{\mathbf{v}}_{\text{rel}} = \frac{d}{dt}(\dot{x}\mathbf{i} + \dot{y}\mathbf{j}) = (\dot{x}\mathbf{i} + \dot{y}\mathbf{j}) + (\ddot{x}\mathbf{i} + \ddot{y}\mathbf{j})$$
$$= \boldsymbol{\omega} \times (\dot{x}\mathbf{i} + \dot{y}\mathbf{j}) + (\ddot{x}\mathbf{i} + \ddot{y}\mathbf{j})$$
$$= \boldsymbol{\omega} \times \mathbf{v}_{\text{rel}} + \mathbf{a}_{\text{rel}}$$

가속도 $\mathbf{a}_A$ 식에 위에서 전개된 세 번째와 네 번째 항을 대입하고 정리하면 식 (5.14)가 구해진다.

$$\mathbf{a}_A = \mathbf{a}_B + \dot{\boldsymbol{\omega}} \times \mathbf{r} + \boldsymbol{\omega} \times (\boldsymbol{\omega} \times \mathbf{r}) + 2\boldsymbol{\omega} \times \mathbf{v}_{\text{rel}} + \mathbf{a}_{\text{rel}} \qquad (5.14)$$

식 (5.14)는 질점 A의 절대가속도를 각속도 $\boldsymbol{\omega}$와 각가속도 $\dot{\boldsymbol{\omega}}$로 회전하는 운동 좌표계에 대해 측정된 가속도 $\mathbf{a}_{\text{rel}}$로 나타낸 일반적인 벡터 표현이다. $\dot{\boldsymbol{\omega}} \times \mathbf{r}$ 항과 $\boldsymbol{\omega} \times (\boldsymbol{\omega} \times \mathbf{r})$ 항은 그림 5.13에 도식적으로 나타낼 수 있다. 2개의 항은 질점 B에 대해 원운동하는 일치점 P의 가속도인 $\mathbf{a}_{P/B}$의 접선과 수직 방향의 성분을 각각 나타낸다. 이 운동은 질점 B와 함께 움직이는 비회전좌표계들의 세트로부터 관찰된다. $\dot{\boldsymbol{\omega}} \times \mathbf{r}$의 크기는 $r\ddot{\theta}$이고 원에 접하는 방향을 향한다. $\boldsymbol{\omega} \times (\boldsymbol{\omega} \times \mathbf{r})$의 크기는 $r\omega^2$이고 원의 수직 방향을 따르는, 점 P에서 점 B로 향하는 벡터이다.

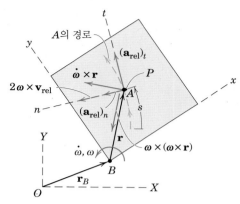

그림 5.13

평판 위의 경로를 따라 움직이는 질점 A의 가속도 $\mathbf{a}_{\text{rel}}$은 회전좌표계에 대해 직각좌표계, 법선 및 접선 성분 또는 극좌표계로 표현될 수 있다. 이 중에서 법선(n성분) 및 접선(t성분) 좌표계는 자주 사용되며 이 성분들은 그림 5.13에 그려져 있다. 접선 성분의 크기는 $(a_{\text{rel}})_t = \ddot{s}$이다. 여기서 s는 경로를 따라 질점 A까지 측정된 거리를 의미한다. 법선 성분의 크기는 $(a_{\text{rel}})_n = v_{\text{rel}}^2/\rho$이며, 여기서 ρ는 x-y 좌표계에서 측정된 경로에 대한 곡률반지름이다. 이 벡터의 방향은 항상 곡률의 중앙을 향한다.

코리올리 가속도

그림 5.13에서, $2\boldsymbol{\omega} \times \mathbf{v}_{\text{rel}}$ 항은 코리올리 가속도라고 한다.[*] 이 항은 비회전좌표계에서 측정된 점 P에 대한 점 A의 가속도와 회전좌표계에서 측정된 점 P에 대한 점 A의 가속도 사이의 차이를 의미한다. 그 방향은 벡터 $\mathbf{v}_{\text{rel}}$에 대해 항상 수직이고 외적에 의한 오른손 법칙에 따라 부호는 정해진다.

코리올리 가속도 $\mathbf{a}_{\text{Cor}} = 2\boldsymbol{\omega} \times \mathbf{v}_{\text{rel}}$는 두 가지 서로 다른 물리적 특성을 가지므로 이것을 시각화하기 어렵다. 코리올리 가속도의 시각화를 위해서 간단한 운동을 고려하여 살펴볼 수 있다. 그림 5.14a는 회전하는 원판을 나타낸다. 이 원판에는 반지름 방향으로 파인 홈 안에서 움직이는 질점 A가 있다. 점 O를 중심으로 이 원판이 등각속도 $\omega = \dot{\theta}$로 회전한다고 하자. 그리고 질점 A가 홈에 대하여 등속도 $v_{\text{rel}} = \dot{x}$로 홈을 따라 움직인다고 하자. 이때, 질점 A의 속도는 두 가지 성분으로 나눌 수 있다. 하나는 (a) 홈을 따라 움직이는 운동에 의한 속도 $\dot{x}$이고 다른 하나는 (b) 홈의 회전에 의한 속도 $x\omega$이다. 그림 5.14b는 dt 시간 동안에 원판 회전으로 인한 이 두 가지 속도 성분의 변화를 보여준다. dt 시간 동안 원판이 $d\theta$만큼 회전하여 x-y축이 x'-y'축이 되었다.

$\mathbf{v}_{\text{rel}}$의 방향변화로 인한 속도 증가는 $\dot{x}\,d\theta$이다. 그리고 $x\omega$ 크기 변화에 따른 속도 증가는 $\omega\,dx$이다. $\dot{x}\,d\theta$와 $x\omega$의 방향은 홈의 수직인 y축을 향한다. 각

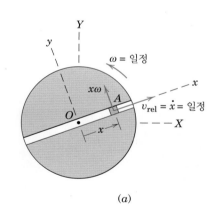

(a)

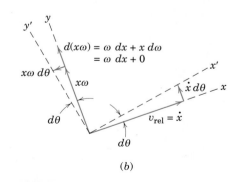

(b)

그림 5.14

---

[*] 프랑스 군사 기술자 G. Coriolis(1792~1843)의 이름을 따서 지었으며 그는 처음으로 이 항에 관심을 가졌다.

각의 속도 증가분에 dt를 나누고 더하면 코리올리 가속도 $2\boldsymbol{\omega} \times \mathbf{v}_{\text{rel}}$의 크기인 $\omega \dot{x} + \dot{x}\omega = 2\dot{x}\omega$이 된다.

x의 방향변화로 인한 속도증가 $x\omega\,d\theta$를 고려해 보자. 이 속도 증가분에 dt를 나누면 $x\omega\dot{\theta}$ 또는 $x\omega^2$이 된다. 이것은 질점 A와 순간적으로 일치하면서 홈에 고정된 점 P의 가속도라고 생각할 수 있다.

식 (5.14)가 이러한 결과를 어떻게 잘 나타내고 있는지 확인해 보자. 식 (5.14)에서 점 B는 원판에서는 고정된 점 O이므로 $\mathbf{a}_B = \mathbf{0}$이다. 그리고 등각속도로 움직이므로 $\dot{\boldsymbol{\omega}} \times \mathbf{r} = \mathbf{0}$이다. 그리고 $\mathbf{v}_{\text{rel}}$의 크기가 일정하고 홈은 일직선이어서 곡률이 0이므로 $\mathbf{a}_{\text{rel}} = \mathbf{0}$이다. 그러므로 식 (5.14)는 다음과 같이 간단하게 표현할 수 있다.

$$\mathbf{a}_A = \boldsymbol{\omega} \times (\boldsymbol{\omega} \times \mathbf{r}) + 2\boldsymbol{\omega} \times \mathbf{v}_{\text{rel}}$$

위의 식에서 $\mathbf{r}$을 $x\mathbf{i}$로, 각속도 $\boldsymbol{\omega}$를 $\omega\mathbf{k}$로 그리고 $\mathbf{v}_{\text{rel}}$을 $\dot{x}\mathbf{i}$로 바꾸면 점 A에서의 가속도 $\mathbf{a}_A$는 다음과 같이 표현된다.

$$\mathbf{a}_A = -x\omega^2\mathbf{i} + 2\dot{x}\omega\mathbf{j}$$

이 식은 그림 5.14에서 구한 가속도와 동일한 결과를 보여준다.

또한, 평면 곡선운동을 극좌표계로 나타낸 식 (2.14)에서 $\ddot{r} = 0$, $\ddot{\theta} = 0$이라 두고 r을 x로, 그리고 $\dot{\theta}$을 ω로 바꾸면 위의 식과 동일한 결과를 얻을 수 있음에 주목해야 한다. 만약 그림 5.14에서 원판의 홈이 직선이 아니라 곡선이었다면 홈에 대한 법선 방향의 가속도성분이 존재하여 $\mathbf{a}_{\text{rel}}$ 항은 0이 아니다.

회전계와 비회전계

다음과 같이, 수식들 간의 비교를 통하여 회전과 비회전 좌표계에서 기술된 상대가속도 식들 사이의 동등성과 차이를 명확하게 확인할 수 있다.

$$
\begin{aligned}
\mathbf{a}_A &= \mathbf{a}_B + \underbrace{\dot{\boldsymbol{\omega}} \times \mathbf{r} + \boldsymbol{\omega} \times (\boldsymbol{\omega} \times \mathbf{r})} + \underbrace{2\boldsymbol{\omega} \times \mathbf{v}_{\text{rel}} + \mathbf{a}_{\text{rel}}} \\
\mathbf{a}_A &= \underbrace{\mathbf{a}_B + \mathbf{a}_{P/B}} + \mathbf{a}_{A/P} \\
\mathbf{a}_A &= \underbrace{\mathbf{a}_P + \mathbf{a}_{A/P}} \\
\mathbf{a}_A &= \mathbf{a}_B + \mathbf{a}_{A/B}
\end{aligned}
\tag{5.14a}
$$

두 번째 식에서, $\mathbf{a}_{P/B}$와 $\dot{\boldsymbol{\omega}} \times \mathbf{r} + \boldsymbol{\omega} \times (\boldsymbol{\omega} \times \mathbf{r})$은 같다는 것을 앞서 설명하였다. $\mathbf{a}_B + \mathbf{a}_{P/B}$가 $\mathbf{a}_P$로 표현되는 세 번째 식에서, 상대속도일 때와는 다르게 상대가속도 $\mathbf{a}_{A/P}$는 x-y 회전좌표계에서 측정된 상대가속도 $\mathbf{a}_{\text{rel}}$과 같지 않음을 알 수 있다.

따라서 코리올리 가속도 항은 비회전계에서 측정된 점 P에 대한 질점 A의 가속도 $\mathbf{a}_{A/P}$와 회전계에서 측정된 점 P에 대한 질점 A의 가속도 $\mathbf{a}_{\text{rel}}$ 사이의 차이를 나

'병진운동과 회전운동을 하는 비행기에 탑승한 관찰자에 대한 다른 비행기의 상대운동'이 이 절에서 다루는 화제이다.

Jeff Schultes/Shutterstock

타낸다고 할 수 있다. 네 번째 식에서 $\mathbf{a}_{A/B}$ 항은 비회전계에서 측정된 점 B에 대한 점 A의 상대가속도를 의미하며 이는 식 (2.21)로 표현되었다. 네 번째 식의 $\mathbf{a}_{A/B}$ 항은 회전계에서 표현된 첫 번째 식의 마지막 네 개 항들의 합임을 알 수 있다.

점 A의 가속도 $\mathbf{a}_A$를 점 B에 대해서가 아니라 점 A와 순간적으로 일치하는 점 P에 대해 나타냄으로써 식 (5.14)를 좀 더 간단히 나타낼 수 있다. 점 P에서의 가속도는 $\mathbf{a}_P = \mathbf{a}_B + \dot{\boldsymbol{\omega}} \times \mathbf{r} + \boldsymbol{\omega} \times (\boldsymbol{\omega} \times \mathbf{r})$이므로 이 식을 식 (5.14)에 대입하여 정리하면 식 (5.14b)와 같이 나타낼 수 있다.

$$\mathbf{a}_A = \mathbf{a}_P + 2\boldsymbol{\omega} \times \mathbf{v}_{\text{rel}} + \mathbf{a}_{\text{rel}} \tag{5.14b}$$

식 (5.14b)와 같이 식을 표현할 경우, 점 P는 해석하는 순간에 점 A와 일치하면서 회전좌표계상에 존재하는 하나의 점이므로 임의의 점이 될 수 없다. 다시 한번 그림 5.13을 참고하면서 식 (5.14)에서 각각의 항들이 가지는 의미와 등가식인 식 (5.14b)의 의미를 명확히 할 필요가 있다.

KEY CONCEPTS

요약하면, 회전좌표계를 선택하여 물체의 운동을 기술할 때 식 (5.12)와 (5.14)에 나오는 다음의 변수들을 알아야 한다.

$\mathbf{v}_B$ = 회전축의 원점 B의 절대속도

$\mathbf{a}_B$ = 회전축의 원점 B의 절대가속도

$\mathbf{r}$ = 점 B로부터 측정된 점 P의 위치벡터

$\boldsymbol{\omega}$ = 회전축의 각속도

$\dot{\boldsymbol{\omega}}$ = 회전축의 각가속도

$\mathbf{v}_{\text{rel}}$ = 회전축에서 측정된 점 A의 속도

$\mathbf{a}_{\text{rel}}$ = 회전축에서 측정된 점 A의 가속도

또한, 벡터 해석은 좌표계들에 대한 일관된 오른손 법칙의 사용에 의존함을 명심해야 한다. 마지막으로 평면운동에 대하여 표현된 식 (5.12)와 (5.14)는 공간운동에서도 적용됨을 주목하자. 공간 운동으로의 확장은 7.6절에서 다루어질 것이다.

예제 5.16

그림에서와 같이, 반지름 방향의 홈을 가진 원판이 점 O를 중심으로 회전하고 있다. 이때 반시계방향으로 회전하는 각속도의 크기는 4 rad/s이며 10 rad/s²의 각가속도 크기로 감속되고 있다. 슬라이더 A는 홈을 따라 움직이며 이 순간의 위치, 속도 그리고 가속도는 $r = 150$ mm, $\dot{r} = 125$ mm/s 그리고 $\ddot{r} = 2025$ mm/s²이다. 이 위치에서의 슬라이더 A의 절대속도 및 절대가속도를 구하라.

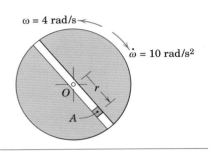

|풀이| 회전하는 경로에 대한 상대운동이므로, 점 O를 원점으로 하는 회전좌표계를 사용할 수 있다. 원판에 회전좌표계인 x-y 축을 위치시키고 단위벡터 $\mathbf{i}$와 $\mathbf{j}$를 사용한다.

속도 원점 O에서, 식 (5.12)에서의 속도 항 $\mathbf{v}_B$는 0이 되어 사라지므로 다음과 같이 표현할 수 있다.

$$\mathbf{v}_A = \boldsymbol{\omega} \times \mathbf{r} + \mathbf{v}_{\text{rel}} \quad ①$$

각속도를 벡터로 표현하면 $\boldsymbol{\omega} = 4\mathbf{k}$ rad/s이고, $\mathbf{k}$는 x-y 평면에 수직이면서 +z축을 향하는 단위벡터이다. ② 따라서, 상대속도 식은 다음과 같다.

$$\mathbf{v}_A = 4\mathbf{k} \times 0.150\mathbf{i} + 0.125\mathbf{i} = 0.600\mathbf{j} + 0.125\mathbf{i} \text{ m/s} \qquad 冒$$

방향은 그림에 나타낸 것과 같고 크기는 다음과 같다.

$$v_A = \sqrt{(0.600)^2 + (0.125)^2} = 0.613 \text{ m/s} \qquad 冒$$

가속도 회전좌표계에서 원점의 가속도가 0일 때 식 (5.14)는 다음과 같다.

$$\mathbf{a}_A = \boldsymbol{\omega} \times (\boldsymbol{\omega} \times \mathbf{r}) + \dot{\boldsymbol{\omega}} \times \mathbf{r} + 2\boldsymbol{\omega} \times \mathbf{v}_{\text{rel}} + \mathbf{a}_{\text{rel}}$$

이 식에서 각각의 항들은 다음과 같이 계산된다.

$$\boldsymbol{\omega} \times (\boldsymbol{\omega} \times \mathbf{r}) = 4\mathbf{k} \times (4\mathbf{k} \times 0.150\mathbf{i}) = 4\mathbf{k} \times 0.6\mathbf{j} = -2.4\mathbf{i} \text{ m/s}^2$$

$$\dot{\boldsymbol{\omega}} \times \mathbf{r} = -10\mathbf{k} \times 0.150\mathbf{i} = -1.5\mathbf{j} \text{ m/s}^2 \quad ③$$

$$2\boldsymbol{\omega} \times \mathbf{v}_{\text{rel}} = 2(4\mathbf{k}) \times 0.125\mathbf{i} = 1.0\mathbf{j} \text{ m/s}^2$$

$$\mathbf{a}_{\text{rel}} = 2.025\mathbf{i} \text{ m/s}^2$$

그러므로 각 항들의 합으로 표현되는 점 A에서의 전체 가속도는 다음과 같다.

$$\mathbf{a}_A = (2.025 - 2.4)\mathbf{i} + (1.0 - 1.5)\mathbf{j} = -0.375\mathbf{i} - 0.5\mathbf{j} \text{ m/s}^2 \qquad 冒$$

방향은 그림에 나타내었으며 그 크기는 다음과 같다.

$$a_A = \sqrt{(0.375)^2 + (0.5)^2} = 0.625 \text{ m/s}^2 \qquad 冒$$

이 문제의 풀이를 위해 꼭 벡터 표기법을 써야 하는 것은 아니다. 스칼라 표기법을 사용하여 각각의 풀이 단계를 손쉽게 수행할 수 있어야 한다. 벡터 $\mathbf{v}_{\text{rel}}$가 가리키는 방향은 원판이 각속도 $\boldsymbol{\omega}$로 회전하면 움직일 수 있는데, 이때 벡터 $\mathbf{v}_{\text{rel}}$의 끝점이 가리키는 방향을 이용하여 코리올리 가속도가 가리키는 정확한 방향을 항상 찾을 수 있다.

|도움말|

① 이 식은 $\mathbf{v}_A = \mathbf{v}_P + \mathbf{v}_{A/P}$와 같다. 여기서 점 P는 순간적으로 점 A와 일치하면서 원판상에 있는 한 점이다.

② x-y-z축은 오른손 법칙에 따라 결정되었음을 명심하라.

③ $\boldsymbol{\omega} \times (\boldsymbol{\omega} \times \mathbf{r})$ 항과 $\dot{\boldsymbol{\omega}} \times \mathbf{r}$ 항은 점 P의 법선과 접선 방향의 가속도성분임을 확실히 알아두자. 여기서 점 P는 점 A와 일치하면서 원판상에 있는 점이다. 이것은 식 (5.14b)에 대한 설명이기도 하다.

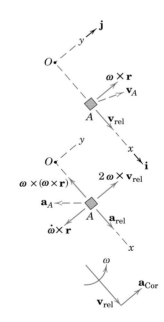

예제 5.17

힌지로 연결된 링크 AC의 핀 A는 링크 OD에 있는 홈을 따라 움직이도록 구속되어 있다. 링크 OD의 각속도는 시계방향으로 $\omega = 2$ rad/s이고 운동구간에서 등각속도이다. 링크 AC가 수평이 되는 $\theta = 45°$ 위치에서, 핀 A의 속도와 링크 OD에서 회전하는 홈에 대한 핀 A의 속도를 구하라.

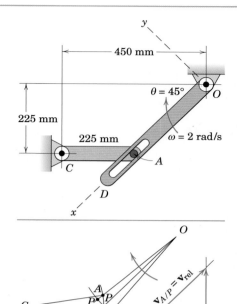

|**풀이**| 회전하는 경로(홈)를 따라 움직이는 점 A(핀 A)의 운동은 링크 OD의 팔에 위치하는 회전좌표계 x-y축을 사용하여 표현할 수 있다. 고정점 O가 회전좌표계의 원점이므로 식 (5.12)의 $\mathbf{v}_B$ 항은 사라져서 $\mathbf{v}_A = \boldsymbol{\omega} \times \mathbf{r} + \mathbf{v}_{rel}$가 된다.

점 C에 대하여 원운동하는 점 A의 속도는 다음과 같다.

$$\mathbf{v}_A = \boldsymbol{\omega}_{CA} \times \mathbf{r}_{CA} = \omega_{CA}\mathbf{k} \times (225/\sqrt{2})(-\mathbf{i} - \mathbf{j}) = (225/\sqrt{2})\omega_{CA}(\mathbf{i} - \mathbf{j})$$

여기서 각속도 $\boldsymbol{\omega}_{CA}$의 방향은 임의로 +z방향(+$\mathbf{k}$)으로 설정한다. ①

회전하는 좌표축의 각속도 $\boldsymbol{\omega}$는 링크 OD의 각속도와 같으며 오른손 법칙에 의해 $\boldsymbol{\omega} = \omega\mathbf{k} = 2\mathbf{k}$ rad/s이다. 원점에서 링크 OD상에 있으면서 점 A와 일치하는 점 P까지의 벡터는 $\mathbf{r} = \overline{OP}\mathbf{i} = \sqrt{(450 - 225)^2 + (225)^2}\,\mathbf{i} = 225\sqrt{2}\mathbf{i}$ mm이다. 따라서 다음과 같다.

$$\boldsymbol{\omega} \times \mathbf{r} = 2\mathbf{k} \times 225\sqrt{2}\mathbf{i} = 450\sqrt{2}\mathbf{j} \text{ mm/s}$$

마지막으로, 상대속도 항인 $\mathbf{v}_{rel}$은 회전하는 좌표축에서 측정된 속도이며 $\mathbf{v}_{rel} = \dot{x}\mathbf{i}$이다. 상대속도 식에 대입하면 다음과 같다.

$$(225/\sqrt{2})\omega_{CA}(\mathbf{i} - \mathbf{j}) = 450\sqrt{2}\mathbf{j} + \dot{x}\mathbf{i}$$

$\mathbf{i}$와 $\mathbf{j}$ 항의 계수들을 따로 모아 등식으로 나타내면 다음과 같다.

$$(225/\sqrt{2})\omega_{CA} = \dot{x} \text{ 이고} \qquad -(225/\sqrt{2})\omega_{CA} = 450\sqrt{2}$$

정리하면 다음과 같다.

$$\omega_{CA} = -4 \text{ rad/s 이고} \qquad \dot{x} = v_{rel} = -450\sqrt{2} \text{ mm/s} \qquad \text{답}$$

여기서 계산된 ω_{CA}가 음의 값이므로, CA의 실제 각속도는 반시계방향이다. 따라서 핀 A의 속도는 그림에서 보는 것처럼 위쪽 방향을 향하고 그 크기는 다음과 같다.

$$v_A = 225(4) = 900 \text{ mm/s} \qquad ② \qquad \text{답}$$

각 항들에 대한 기하학적 표현은 간단하면서 유용하다. $\mathbf{v}_B = \mathbf{0}$이고 식 (5.12a)의 첫 번째와 세 번째 식 사이의 등가를 사용하면 $\mathbf{v}_A = \mathbf{v}_P + \mathbf{v}_{A/P}$로 표현할 수 있다. 여기서 점 P는 회전하는 OD의 팔 위에 있으면서 점 A와 일치하는 점이다. 분명히, $v_P = \overline{OP}\omega = 225\sqrt{2}(2) = 450\sqrt{2}$ mm/s이고 링크 OD에 대해 수직 방향이다. 그림으로부터, $\mathbf{v}_{rel}$와 같은 상대속도 $\mathbf{v}_{A/P}$는 홈을 따라서 점 O를 향하고 있음을 볼 수 있다. 이것은 점 A가 아래쪽에서부터 홈을 따라 점 P에 접근하고 점 P와 일치한 후에는 점 P로부터 멀어지는 과정을 관찰함으로써 명확하게 알 수 있다. $\theta = 45°$일 때, 점 A의 속도는 점 C를 중심으로 그려지는 원호 궤적에 접하게 된다. 여기서 오직 두 개의 스칼라 미지수만이 남기 때문에 벡터 방정식을 만족한다. 여기서 두 개의 스칼라 미지수는 $\mathbf{v}_{A/P}$의 크기와 $\mathbf{v}_A$의 크기이다. $\theta = 45°$이므로, 그림에서 $v_{A/P} = 450\sqrt{2}$ mm/s이고 $v_A = 900$ mm/s이다. 각각의 방향은 그림에서 보는 것과 같다. 링크 AC의 각속도의 방향은 반시계방향이고 크기는 다음과 같다.

$$[\omega = v/r] \qquad \omega_{AC} = v_A / \overline{AC} = 900/225 = 4 \text{ rad/s 반시계방향}$$

|**도움말**|

① 링크 CA가 주어진 조건에서 반시계방향의 각속도를 가지는 것은 물리적으로 타당하므로 ω_{CA}의 부호가 음이 되는 것을 예상할 수 있다.

② 이 문제에 대한 풀이는 사용된 기준좌표계에 제한되지 않는다. 대신, 여전히 링크 OD에 있는 회전좌표계 x-y축의 원점을 링크 OD에 있는 일치점 P로 선택할 수 있다. 이렇게 함으로써 $\boldsymbol{\omega} \times \mathbf{r}$ 항은 등가항인 $\mathbf{v}_P$로 바뀐다. 또 다른 방법은, 모든 벡터양을 단위벡터 $\mathbf{I}$와 $\mathbf{J}$를 사용하는 X-Y 좌표계의 성분으로 표현하는 것이다. 두 기준좌표계 사이의 직접적인 변환은 단위원에서의 기하학적 관계를 이용하면 다음과 같다.

$$\mathbf{i} = \mathbf{I}\cos\theta - \mathbf{J}\sin\theta$$
$$\mathbf{j} = \mathbf{I}\sin\theta + \mathbf{J}\cos\theta$$

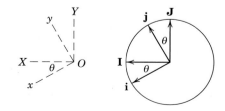

예제 5.18

예제 5.17과 동일한 조건에서, 링크 AC의 각가속도와 팔 OD의 회전하는 홈에 대한 점 A의 가속도를 구하라.

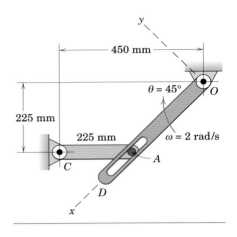

|풀이|　회전좌표계인 x-y축을 팔 OD에 위치시키고 식 (5.14)를 사용한다. 고정점 O에 회전좌표계의 원점을 두면, $\mathbf{a}_B$항은 0이 되어 다음과 같은 식이 된다.

$$\mathbf{a}_A = \dot{\boldsymbol{\omega}} \times \mathbf{r} + \boldsymbol{\omega} \times (\boldsymbol{\omega} \times \mathbf{r}) + 2\boldsymbol{\omega} \times \mathbf{v}_{\mathrm{rel}} + \mathbf{a}_{\mathrm{rel}}$$

예제 5.17에서의 풀이 결과로부터, $\boldsymbol{\omega} = 2\mathbf{k}$ rad/s, $\boldsymbol{\omega}_{CA} = -4\mathbf{k}$ rad/s 그리고 $\mathbf{v}_{\mathrm{rel}} = -450\sqrt{2}\mathbf{i}$ mm/s임을 알 수 있고 다음과 같이 식을 표현할 수 있다.

$$\mathbf{a}_A = \dot{\boldsymbol{\omega}}_{CA} \times \mathbf{r}_{CA} + \boldsymbol{\omega}_{CA} \times (\boldsymbol{\omega}_{CA} \times \mathbf{r}_{CA})$$

$$= \dot{\omega}_{CA}\mathbf{k} \times \frac{225}{\sqrt{2}}(-\mathbf{i} - \mathbf{j}) - 4\mathbf{k} \times \left(-4\mathbf{k} \times \frac{225}{\sqrt{2}}[-\mathbf{i} - \mathbf{j}]\right)$$

$$\dot{\boldsymbol{\omega}} \times \mathbf{r} = \mathbf{0} \ (\boldsymbol{\omega} = \text{상수이므로})$$

$$\boldsymbol{\omega} \times (\boldsymbol{\omega} \times \mathbf{r}) = 2\mathbf{k} \times (2\mathbf{k} \times 225\sqrt{2}\mathbf{i}) = -900\sqrt{2}\mathbf{i} \ \mathrm{mm/s^2}$$

$$2\boldsymbol{\omega} \times \mathbf{v}_{\mathrm{rel}} = 2(2\mathbf{k}) \times (-450\sqrt{2}\mathbf{i}) = -1800\sqrt{2}\mathbf{j} \ \mathrm{mm/s^2}$$

$$\mathbf{a}_{\mathrm{rel}} = \ddot{x}\mathbf{i} \quad ①$$

상대가속도 식에 대입하면 다음과 같다.

$$\frac{1}{\sqrt{2}}(225\dot{\omega}_{CA} + 3600)\mathbf{i} + \frac{1}{\sqrt{2}}(-225\dot{\omega}_{CA} + 3600)\mathbf{j} = -900\sqrt{2}\mathbf{i} - 1800\sqrt{2}\mathbf{j} + \ddot{x}\mathbf{i}$$

$\mathbf{i}$와 $\mathbf{j}$ 항을 따로 모아 등식으로 나타내면 다음과 같다.

$$(225\dot{\omega}_{CA} + 3600)/\sqrt{2} = -900\sqrt{2} + \ddot{x}$$

$$(-225\dot{\omega}_{CA} + 3600)/\sqrt{2} = -1800\sqrt{2}$$

위의 등식으로부터 2개의 미지수를 구하면 다음과 같다.

$$\dot{\omega}_{CA} = 32 \ \mathrm{rad/s^2} \ \text{이고} \qquad \ddot{x} = a_{\mathrm{rel}} = 8910 \ \mathrm{mm/s^2}$$

필요하다면, 점 A의 가속도는 다음과 같이 표현할 수도 있다.

$$\mathbf{a}_A \doteq (225/\sqrt{2})(32)(\mathbf{i} - \mathbf{j}) + (3600/\sqrt{2})(\mathbf{i} + \mathbf{j}) = 7640\mathbf{i} - 2550\mathbf{j} \ \mathrm{mm/s^2}$$

이 문제를 더 명확하게 이해하기 위해서, 기하학적 표기를 이용하여 상대가속도 식을 나타낼 수 있다. 여기서 기하학적인 접근방법은 또 다른 문제풀이 방법으로 사용될 수 있다. 다시 한번, 링크 OD상에 있으면서 순간적으로 점 A와 일치하는 점 P를 고려해 보자. 등가의 스칼라 항들은 다음과 같다.

$$(a_A)_t = |\dot{\boldsymbol{\omega}}_{CA} \times \mathbf{r}_{CA}| = r\dot{\omega}_{CA} = r\alpha_{CA}(\text{링크 } CA\text{에 수직, 부호는 미정})$$

$$(a_A)_n = |\boldsymbol{\omega}_{CA} \times (\boldsymbol{\omega}_{CA} \times \mathbf{r}_{CA})| = r\alpha_{CA}^2(\text{점 } A\text{에서 점 } C\text{를 향하는 방향})$$

$$(a_P)_n = |\boldsymbol{\omega} \times (\boldsymbol{\omega} \times \mathbf{r})| = \overline{OP}\omega^2(\text{점 } P\text{에서 점 } O\text{를 향하는 방향})$$

$$(a_P)_t = |\dot{\boldsymbol{\omega}} \times \mathbf{r}| = r\dot{\omega} = 0 \ (\omega\text{는 상수이므로})$$

$$|2\boldsymbol{\omega} \times \mathbf{v}_{\mathrm{rel}}| = 2\omega v_{\mathrm{rel}} \ (\text{그림에 표시한 방향})$$

$$a_{\mathrm{rel}} = \ddot{x} \ (\text{링크 } OD\text{를 따르지만 부호는 미정})$$

알고 있는 벡터들로 점 R에서 시작하여 점 S에서 끝나도록 각 벡터 항들을 시작점과 끝점을 연결시켜 더한다. 여기서 방향을 알고 있는 $(\mathbf{a}_A)_t$와 $\mathbf{a}_{\mathrm{rel}}$이 교차한다는 것이 답을 찾는 데 도움이 된다. 닫힌 벡터다각형으로부터 부호를 알지 못했던 두 벡터들의 방향이 결정된다. 그리고 두 벡터들의 크기는 기하학적 관계로부터 쉽게 계산된다. ②

|도움말|

① 만약 홈의 경로가 곡률반지름 ρ만큼 휘어져 있다면, $\mathbf{a}_{\mathrm{rel}}$ 항은 홈의 경로에 대한 접선 성분과 더불어 법선 성분의 가속도를 가진다. 여기서 법선 방향의 성분은 곡률의 중앙을 향하고 그 크기가 v_{rel}^2/ρ이다.

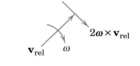

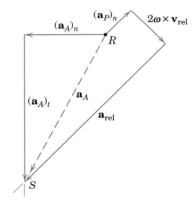

② 벡터들을 모르는 벡터에 대한 수직 방향으로 투영함으로써 연립 방정식을 풀지 않는 것이 항상 가능하다.

예제 5.19

비행기 B는 반지름이 400 m인 원궤적의 가장 아래쪽을 지날 때, 150 m/s의 일정한 속도로 비행한다. 지상에서 수평 비행을 하는 비행기 A는 비행기 B로부터 100 m 떨어진 위치에서 100 m/s의 등속도로 날고 있다. (a) 회전하는 비행기 B의 조종사가 보았을 때 비행기 A의 순간 속도와 가속도를 구하라. (b) 비행기 B의 조종사가 회전하지 않는 경우에 대하여 (a)의 결과와 비교하라.

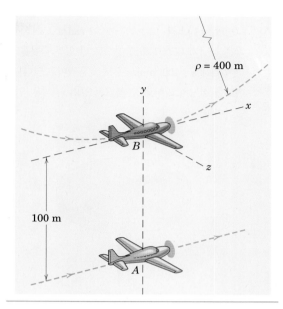

|풀이| (a) 먼저, 적절한 회전좌표계 x-y-z를 설정함으로써 문제 해결을 손쉽게 할 수 있다. 그림에서 보이는 것과 같이 x-y-z 좌표계를 비행기 B에 부착한다. 식 (5.12)와 (5.14)를 이용하여 $\mathbf{v}_{rel}$와 $\mathbf{a}_{rel}$ 값을 구할 수 있다. 식 (5.12)에서의 각 항은 다음과 같다.

$$\mathbf{v}_A = 100\mathbf{i} \text{ m/s}$$

$$\mathbf{v}_B = 150\mathbf{i} \text{ m/s}$$

$$\boldsymbol{\omega} = \frac{v_B}{\rho}\mathbf{k} = \frac{150}{400}\mathbf{k} = 0.375\mathbf{k} \text{ rad/s} \quad ①$$

$$\mathbf{r} = \mathbf{r}_{A/B} = -100\mathbf{j} \text{ m}$$

식 (5.12) : $\mathbf{v}_A = \mathbf{v}_B + \boldsymbol{\omega} \times \mathbf{r} + \mathbf{v}_{rel}$

$\mathbf{v}_{rel}$ 항에 대하여 풀면 $\mathbf{v}_{rel} = -87.5\mathbf{i}$ m/s이다.   달

식 (5.14)에서의 각 항은 위의 항들과 더불어서 다음과 같다.

$$\mathbf{a}_A = \mathbf{0}$$

$$\mathbf{a}_B = \frac{v_B^2}{\rho}\mathbf{j} = \frac{150^2}{400}\mathbf{j} = 56.2\mathbf{j} \text{ m/s}^2$$

$$\dot{\boldsymbol{\omega}} = \mathbf{0}$$

식 (5.14) : $\mathbf{a}_A = \mathbf{a}_B + \dot{\boldsymbol{\omega}} \times \mathbf{r} + \boldsymbol{\omega} \times (\boldsymbol{\omega} \times \mathbf{r}) + 2\boldsymbol{\omega} \times \mathbf{v}_{rel} + \mathbf{a}_{rel}$

$\mathbf{0} = 56.2\mathbf{j} + \mathbf{0} \times (-100\mathbf{j}) + 0.375\mathbf{k} \times [0.375\mathbf{k} \times (-100\mathbf{j})]$

$\qquad + 2[0.375\mathbf{k} \times (-87.5\mathbf{i})] + \mathbf{a}_{rel}$

$\mathbf{a}_{rel}$항에 대하여 풀면 $\mathbf{a}_{rel} = -4.69\mathbf{k}$ m/s²이다.   달

(b) 병진축에 대한 운동이므로 제2장에서의 식 (2.20)과 (2.21)을 사용한다.

$$\mathbf{v}_{A/B} = \mathbf{v}_A - \mathbf{v}_B = 100\mathbf{i} - 150\mathbf{i} = -50\mathbf{i} \text{ m/s}$$

$$\mathbf{a}_{A/B} = \mathbf{a}_A - \mathbf{a}_B = \mathbf{0} - 56.2\mathbf{j} = -56.2\mathbf{j} \text{ m/s}^2$$

다시 한번, $\mathbf{v}_{rel} \neq \mathbf{v}_{A/B}$이고 $\mathbf{a}_{rel} \neq \mathbf{a}_{A/B}$임을 알 수 있다. 비행기 B의 회전으로 조종사가 보는 것에 차이가 생긴다.

스칼라 결과인 $\omega = \dfrac{v_B}{\rho}$ 는 시간 $t = \dfrac{2\pi\rho}{v_B}$ 동안 2π 라디안만큼 회전하는 비행기 B의 완전한 원운동을 고려함으로써 구할 수 있다.

$$\omega = \frac{2\pi}{2\pi\rho/v_B} = \frac{v_B}{\rho}$$

비행기 B의 속도가 일정하므로 접선 방향의 가속도는 없고 이 비행기의 각가속도 $\boldsymbol{\alpha} = \dot{\boldsymbol{\omega}}$ 또한 0이 된다.

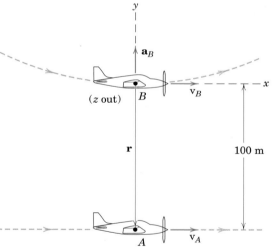

|도움말|

① 회전좌표계 x-y-z를 비행기 B에 고정하였으므로 비행기의 각속도와 식 (5.12)와 (5.14)에서의 $\boldsymbol{\omega}$항은 모두 동일하다.

연습문제

기초문제

5/125 그림에서 디스크가 각속도 $\omega=2$ rad/s로 회전하고 있다. 작은 공 A가 디스크 축 방향으로 나 있는 슬롯을 따라 디스크에 대해 $u=100$ mm/s 속도로 움직이고 있다. 공의 절대속도를 결정하고 이 속도 벡터와 양의 x축 사이의 각도 β를 구하여라.

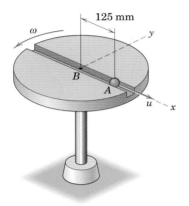

문제 5/125

5/126 물체가 B점의 축에 고정되어 그림에 나타난 각속도 및 각가속도로 회전한다. 동시에, 입자 A가 물체에 대한 상대속도 u로 곡선 모양의 홈을 따라 이동한다. 입자 A의 절대속도와 가속도, 코리올리 가속도를 구하라.

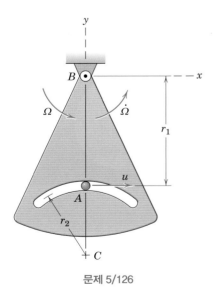

문제 5/126

5/127 원판이 수평면을 미끄러지지 않고 구르고 있고, 이 순간 중심 O점의 속도는 그림에 표현된 속도와 가속도로 이동한다. 입자 A의 원판에 대한 상대속도는 u, 상대속도의 시간 변화율이 $\dot{u}$일 때 입자 A의 절대속도와 가속도를 구하라.

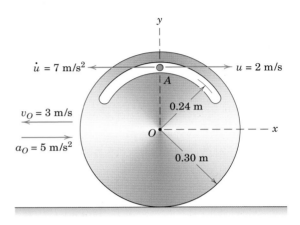

문제 5/127

5/128 롤러코스터 차량이 그림에 나타난 순간 $v=7.5$ m/s의 속력으로 이동하고 있다. 탑승자가 최고점인 B점을 지날 때, 그녀는 A점에 정지해 있는 친구를 관측했다. 그녀가 관측한 A의 속도는 얼마인가? 이때 탑승자 B가 이동하는 곡선 경로의 중심은 C이다.

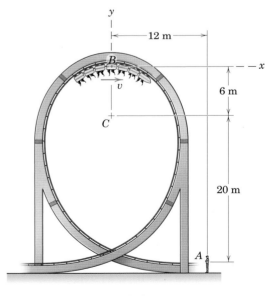

문제 5/128

5/129 차 A와 차 B는 시속 72 km의 같은 속도로 커브를 돌고 있다. 아래 그림에 표시된 순간 동안 차 B의 운전자에게 보이는 A의 속도를 결정하여라. 차 A의 도로 굴곡이 결과에 영향을 미치는지 알아보아라. 그림에 표시된 축 x-y는 차량 B에 고정된 좌표계이다.

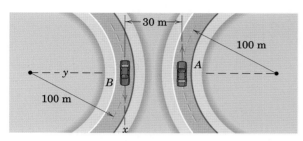

문제 5/129

5/130 문제 5/129에서 두 차량이 일정한 속도 72 km/h로 운행을 하고 있을 때 차 B의 운전자에게 보이는 A의 가속도를 구하여라. 그림에 표시된 축 x-y는 차량 B에 고정된 좌표계이다.

5/131 작은 이음고리 A가 구부러진 막대를 따라 미끄러진다. A는 막대에 대해 u의 속력으로 이동한다. 동시에, 막대가 고정점 B를 기준으로 ω의 각속도로 회전한다. x-y축을 막대에 고정했을 때 이음고리의 코리올리 가속도를 구하고, 결과를 분석하라.

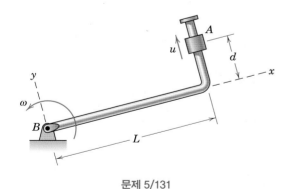

문제 5/131

5/132 일정한 속력 $v = 40$ km/h로 이동하는 열차가 선로의 원형 부분에 들어선다. 선로의 원형 부분 반지름은 $R = 60$ m이다. 기관차에 있는 공학자 B가 본 기차 A의 가속도와 속도를 구하라. 그림에 주어진 좌표계를 이용하라.

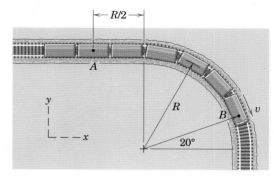

문제 5/132

심화문제

5/133 비행기 B가 반지름 400 m의 원형 루프 바닥 지점을 540 km/h의 일정한 속력으로 비행하고 있다. 비행기 A는 B의 100 m 아래의 평면을 360 km/h의 속력으로 날아가고 있다. 좌표계가 그림처럼 B를 기준으로 하고 있을 때, B가 본 A의 가속도를 구하라.

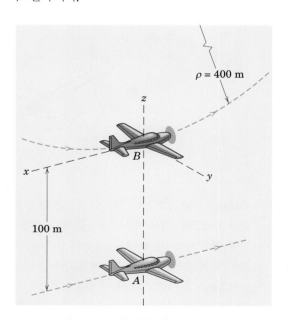

문제 5/133

5/134 막대 OC가 시계방향으로 $\omega_{OC}=2$ rad/s의 각속도를 가진다. 막대 OC에 부착된 핀 A는 물체에 난 직선 모양의 홈에 연결되어 있다. 물체의 각속도 ω와 물체에 대한 핀 A의 상대속도를 구하라.

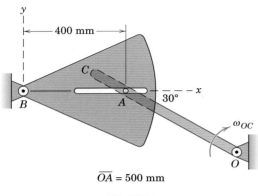

$$\overline{OA} = 500 \text{ mm}$$

문제 5/134

5/135 문제 5/134에서 물체에 있던 홈이 막대에 존재하고, 핀 A는 섹터에 부착되어 있다. 막대 OC의 각속도가 시계방향으로 $\omega_{OC}=2$ rad/s, 각가속도가 반시계방향으로 $\alpha_{OC}=4$ rad/s^{2}을 가질 때 물체의 각속도 ω와 각가속도 α를 구하라.

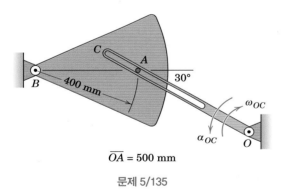

$$\overline{OA} = 500 \text{ mm}$$

문제 5/135

5/136 매끄러운 볼링 경기장이 그림처럼 북–남향으로 존재한다. 공 A가 레인에 v의 속력으로 놓였을 때, 코리올리 효과에 의해 δ만큼 비껴나가게 된다. δ에 관한 일반식을 도출하라. 볼링 경기장은 북반구의 위도 θ에 위치해 있다. $L=18$ m, $v=4.5$ m/s, $\theta=40°$를 대입하여 식을 평가하라. 만약 볼링장이 동–서향이라면 코리올리 효과의 영향을 적게 받는가?

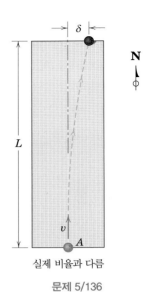

실제 비율과 다름

문제 5/136

5/137 선미와 선수 우현의 추진기에 의해, 크루즈 여객선이 질량 중심 B에서 1 m/s의 속도로 이동하고, 수직 축에 대해 $\omega=$ 1 deg/s의 각속도로 회전하고 있다. B점의 속도는 일정하지만 각속도는 0.5 deg/s^{2}로 감소하고 있다. A가 선창 위에 정지해 있을 때, 배 위에서 본 A의 속도와 가속도를 구하라. 이 문제는 2차원 문제로 풀이하라.

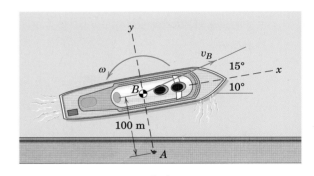

문제 5/137

5/138 여객기 B가 반지름 15 km의 호를 따라 800 km/h의 속력으로 비행하고 있다. B가 그림의 위치(점 C와 수직이 되는 접선)에 도달했을 때, 비행기 A가 B와 호의 중심 C를 잇는 선 위에서 남서 방향으로 600 km/h의 속력으로 날아가고 있다. B점을 기준으로 하는 x-y 좌표계를 이용하여, 선회하고 있는 B에서 관측한 A의 속도를 벡터 형태로 표현하라.

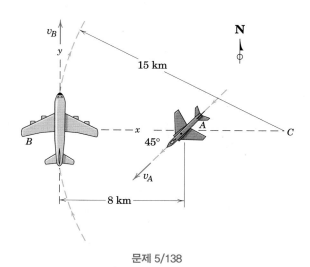

문제 5/138

5/139 문제 5/138의 조건에서, 선회하고 있는 B에서 관측한 A의 가속도를 벡터 형태로 표현하라. 단, 벡터의 형태는 B점을 기준으로 하는 x-y 좌표계를 이용하여 표현하라.

5/140 차 A가 직선 도로를 일정한 속력 v로 주행하고 있다. 차 B는 원형 진입로를 따라 $v/2$의 속력으로 이동하고 있다. 차 B에서 본 차 A의 속도와 가속도를 구하라. 이때 $v=$ 96 km/h, $R=60$ m이고 그림의 x-y 좌표계를 이용하라.

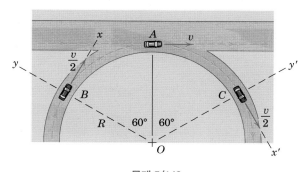

문제 5/140

5/141 문제 5/140의 그림에서, 차 A는 직선 도로를 일정한 속력 v로 주행하고 속력은 시간당 a만큼 감소하고 있다. 차 C는 원형 진입로를 따라 $v/2$의 속력으로 이동하고 있으며 속력이 시간당 $a/2$만큼 감소하고 있다. C에서 관측한 차 A의 속도와 가속도를 구하라. 이때 $v=96$ km/h, $a=3$ m/s², $R=60$ m이고 그림에 표현된 x'-y' 좌표계를 이용하라.

5/142 그림에 나타낸 순간, 링크 CB가 반시계방향으로 일정한 각속도 $N=4$ rad/s로 회전한다. 그리고 핀 A에 의해 홈이 있는 부재 ODE에 시계방향 회전이 발생한다. 이때 ODE의 각속도 ω와 각가속도 α를 구하라.

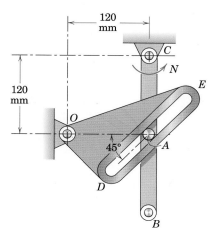

문제 5/142

5/143 점 O를 고정축으로 하는 원판의 각속도가 시계방향으로 $\omega_0=20$ rad/s, 각가속도가 $\alpha_0=5$ rad/s²을 가지고 회전한다. r의 값은 200 mm이고, 핀 A가 원판에 고정되어 부재 BC의 홈에서 자유롭게 이동한다. 부재 BC에 대한 A의 상대속도 및 상대가속도를 구하고 부재 BC의 각속도와 각가속도를 구하라.

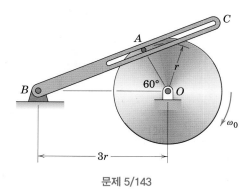

문제 5/143

5/144 원판이 고정축에서 회전하는 대신 수평면을 미끄러지지 않고 구른다. 이 외의 조건은 앞 문제와 동일하다. 원판이 시계방향으로 각속도 **20 rad/s**, 반시계방향으로 각가속도 **5 rad/s²**을 가질 때, 부재 BC에 대한 A의 상대속도 및 상대가속도를 구하고 부재 BC의 각속도와 각가속도를 구하라. r의 값은 200 mm이고 핀 A의 중심에서 원판 모서리까지의 거리는 무시한다.

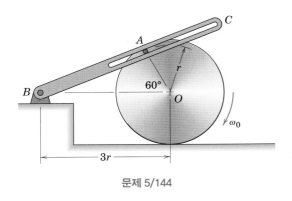

문제 5/144

5/145 우주 왕복선 A가 상공 240 km 고도의 적도 궤도를 따라 동쪽에서 서쪽으로 이동하고 있다. 적도에서 자전하는 지구 위의 관측자가 머리 위로 지나가는 왕복선을 보았을 때의 가속도와 각가속도를 구하라. 지구 반지름 $R=6378$ km이고, 중력가속도 g는 그림 1.1에서 유효숫자 4자리의 적절한 값을 사용하라.

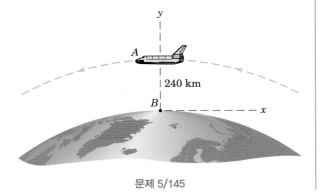

문제 5/145

5/146 그림에서 링크 EC의 각가속도를 구하라. 이때 $\omega=\dot{\beta}=$ **2 rad/s**이고, $\theta=\beta=60°$일 때 $\ddot{\beta}=$**6 rad/s²**이다. 링크 DO에 있는 원형의 홈의 곡률은 150 mm이다. 그림에 표현된 순간, A점에서의 홈의 접선과 선 AO는 평행하다.

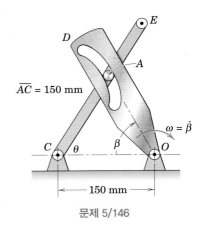

문제 5/146

5.8 이 장에 대한 복습

이 장에서는 제2장에서 배운 기초적인 운동학 지식을 강체의 평면운동에 적용하였다. 그리고 다음의 두 가지 방법으로 접근하였다.

1. 절대운동 해석

주어진 값과 미지수에 의해 문제의 일반적인 기하학적 형상을 나타내는 방정식을 만들었고 이 방정식을 시간에 대해 미분하여 속도, 가속도, 각속도, 각가속도를 구했다.

2. 상대운동 해석

강체에 상대운동 원리를 적용했다. 이 원리를 이용하면 수학적 미분으로 다루기 힘든 많은 문제를 풀 수 있음을 배웠다. 상대속도 방정식, 영속도의 순간중심 그리고 상대가속도 방정식 모두 비회전축에서 보이는 것처럼 한 점 주위를 다른 한 점이 원운동하는 경우를 명확하게 분석해야 한다.

속도와 가속도 방정식의 풀이

상대속도와 상대가속도의 관계식은 우리가 세 가지 방법 중 하나의 방법으로 풀 수 있는 벡터방정식이다.

1. 벡터 다각형의 스칼라–기하학적 해석에 의한 방법
2. 벡터대수에 의한 방법
3. 벡터 다각형의 도식해법에 의한 방법

회전좌표계

마지막으로 이 장에서는 회전하는 기준좌표계에 대해 관찰되는 운동을 풀 수 있는 회전좌표계를 소개했다. 한 점이 회전하는 경로를 따라 이동할 때 회전좌표축을 이용한 상대운동 접근법이 소개되었다. 회전기준 좌표계로부터 측정된 상대속도에 대한 방정식 (5.12)와 상대가속도에 대한 방정식 (5.14)를 도입하기 위해서는 좌표계에 고정된 단위벡터 $\mathbf{i}$와 $\mathbf{j}$의 시간 미분의 계산이 필요했다. 식 (5.12)와 (5.14)는 공간운동에도 적용할 수 있으며 제7장에서 언급될 것이다.

회전좌표계 해석의 중요한 결과 중 하나는 **코리올리 가속도**의 규명이다. 이 가속도의 의미는 상대속도 벡터의 회전과 회전경로를 따라가는 질점의 위치변화에 의해 절대속도 벡터의 방향과 크기 모두 변할 수 있다는 사실을 나타낸다.

제6장에서 평면운동하는 강체의 운동역학을 공부할 것이다. 거기서 강체에 작용하는 힘과 그에 수반되는 운동 사이의 관계를 나타내는 힘과 모멘트 방정식을 적용하기 위해서는 강체의 가속도와 각가속도를 해석하는 능력이 필수적이라는 것을 알게 될 것이다. 그러므로 제5장의 내용은 제6장을 이해하기 위해 필수적이다.

복습문제

5/147 사각형 판이 z축을 중심으로 회전하고 있다. 이 순간의 각 속도는 $\omega=3$ rad/s이고 각속도가 6 rad/s의 속도로 감소하고 있다. P의 속도 및 가속도의 수직성분과 접선성분을 벡터로 표현하라.

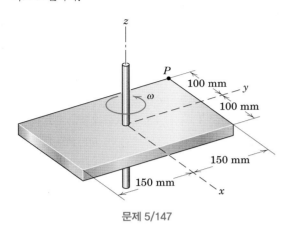

문제 5/147

5/148 원판이 z축을 기준으로 $\omega=2$ rad/s의 각속도로 회전하고 있다. 가장자리의 점 P의 속도가 $\mathbf{v}=-0.8\mathbf{i}-0.6\mathbf{j}$ m/s일 때, 점 P의 좌표와 원판의 반지름 r을 구하라.

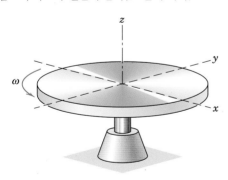

문제 5/148

5/149 플라이휠의 회전에 작용하는 마찰 저항은 각속도의 제곱에 비례하는 공기 저항과 베어링에서 발생하는 일정한 마찰로 구성된다. 그 결과 플라이휠의 각가속도는 $\alpha=-K-k\omega^2$과 같이 표현된다. 여기서 K와 k는 상수이다. 플라이휠이 초기 각속도 ω_0에서 정지하는 데까지 걸리는 시간에 대한 식을 구하라.

5/150 막대 AC의 각속도 ω가 얼마일 때 B점의 속도가 0이 되는가? 그때 점 C의 속도는 어떻게 되는가? 막대의 길이는 L, 이음고리의 속도는 v로 주어진다.

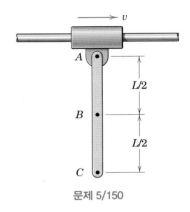

문제 5/150

5/151 롤러 B의 속도가 오른쪽으로 0.75 m/s이고 각 θ가 60°가 될 때 막대 AB가 수평선과 이루는 각도 또한 60°가 된다. 막대 AB의 영속도를 갖는 순간중심 위치를 구하고 각속도 ω_{AB}를 구하라.

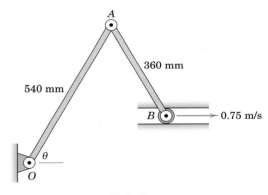

문제 5/151

5/152 홈이 있는 막대 OA의 회전이 이음 고리 C의 수평방향 속도 v를 전달하는 리드 스크루(lead screw)에 의해 조절된다. 핀 P는 이음 고리에 붙어 있다. 이때 막대 OA의 각속도 ω를 v와 변위 x의 항으로 나타내라.

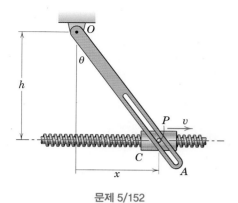

문제 5/152

5/153 전원 케이블의 큰 릴(reel)이 자동차에 의해 감아 올려진다. 자동차는 정지상태에서 출발하고 그 순간 릴의 위치는 $x=$ 0이다. 자동차는 0.6 m/s²로 일정하게 가속된다. $x=1.8$ m 가 되는 순간, 릴 위의 점 P의 위치가 그림과 같을 때 P점의 가속도 크기를 구하라.

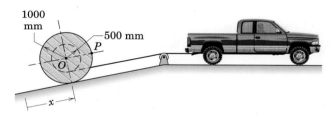

문제 5/153

5/154 정삼각형 형태의 평판의 두 모서리가 90°로 교차되어 있는 슬롯을 따라 움직이고 있다. 링크에 연결되어 있는 점 A가 일정한 속도 v_A로 왼쪽으로 이동하고 있다. 점 C에서 수평 방향 속도 성분이 0일 때 각도 θ를 구하여라.

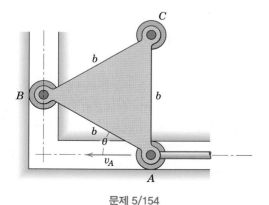

문제 5/154

5/155 하중 L이 케이블 끝의 A와 B점에 작용하는 아래 방향 속도에 의해 상승하고 있다. $v_A=0.6$ m/s, $\dot{v}_A=0.15$ m/s², $v_B=$ 0.9 m/s, 그리고 $\dot{v}_B=-0.15$ m/s일 때 도르래 꼭대기 점 P의 가속도 크기를 구하라.

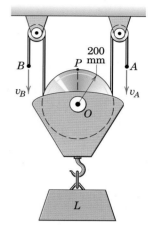

문제 5/155

▶**5/156** 유압 실린더 C가 그림처럼 핀 B에게 속도 v를 전달하고 있다. 이음 고리는 막대 OA를 따라 자유롭게 이동한다. 이때 막대 OA의 각속도를 v, 핀 B의 변위 s와 고정된 거리 d의 항으로 표현하라. 각도 $\beta=15°$이다.

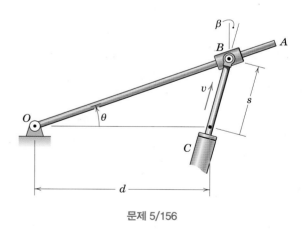

문제 5/156

5/157 구부러진 막대 *ADB*의 끝부분에 존재하는 롤러가 그림처럼 생긴 홈을 따라 이동한다. v_B=0.3 m/s일 때, 롤러 *A*의 속도와 막대의 각속도를 구하라.

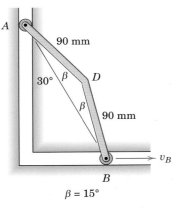

$\beta = 15°$

문제 5/157

5/158 이 그림은 공구 *D*의 느린 절삭 행정과 빠른 귀환 행정을 위하여 사용되는 급속 귀환 기구를 나타내고 있다. 운전 크랭크 *OA*가 일정한 속도 $\dot{\theta}$=3 rad/s로 회전한다면, θ=30°일 때 점 *B*의 속력을 구하라.

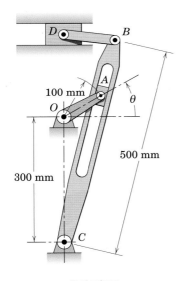

문제 5/158

5/159 미끄러짐 없이 구르는 바퀴의 위치는 슬라이더 *B*의 움직임에 의해 결정된다. 만약 슬라이더 *B*가 등속 250 mm/s로 왼쪽으로 움직일 때 링크 *AB*의 각속도를 찾고 θ=0에서 바퀴의 중심 *O*의 속도를 구하여라.

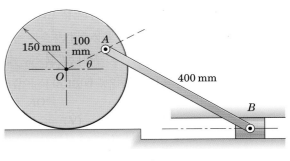

문제 5/159

5/160 적도에 위치한 레이더 기지 *B*가 200 km 상공에서 적도 궤적을 따라 서쪽에서 동쪽으로 공전하는 위성 *A*를 관측했다. 위성과 바닥이 이루는 각이 30°가 되는 순간, 레이더 기지에서 측정되는 위성의 상대속도를 구하려고 한다. 회전하지 않는 좌표계에서 측정한 상대속도와 레이더 기지에 부착된 회전 좌표계에서 측정한 상대속도의 차이를 구하라.

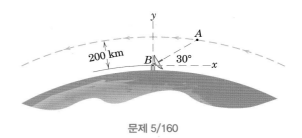

문제 5/160

*컴퓨터 응용문제

*5/161 원판이 고정축을 기준으로 일정한 각속도 ω_0=10 rad/s로 회전하고 있다. 핀 *A*는 원판에 고정되어 있다. 원판의 각도 θ가 0≤θ≤360°의 범위로 변할 때 슬롯 부재 *BC*에 대한 핀 *A*의 속도와 가속도의 크기를 구하라. 크기의 최솟값과 최댓값을 기술하고 그때의 각 θ를 구하라. *r*의 값은 200 mm 이다.

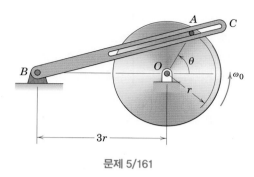

문제 5/161

*5/162 일정한 토크 M이 플런저에 의해 가해지는 힘 F로 인한 O 점의 모멘트를 초과하여 각가속도 $\ddot{\theta}=100(1-\cos\theta)$ rad/s² 이 발생하였다. B점($\theta=30°$)에서 크랭크 OA가 정지상태로 부터 출발하여 C점($\theta=150°$)에 부딪히며 정지할 때, 각속 도 $\dot{\theta}$을 θ에 대한 함수로 그리고 크랭크가 $\theta=90°$에서 $\theta=$ 150°까지 이동하는 데 걸린 시간 t를 구하라.

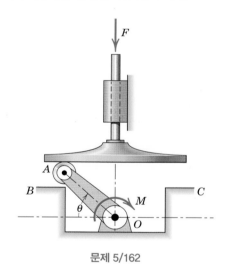

문제 5/162

*5/163 4절 링크의 크랭크 OA가 반시계방향으로 $\omega_0=10$ rad/s의 각속도로 회전한다. 크랭크 축과 수평선 사이의 각 θ가 $0\leq$ $\theta\leq360°$의 범위로 변할 때 막대 AB와 BC의 각속도를 구 하고 그래프를 그려라. AB와 BC의 각속도의 절댓값이 가 장 큰 것을 각각 기술하고 그때의 각 θ를 구하라.

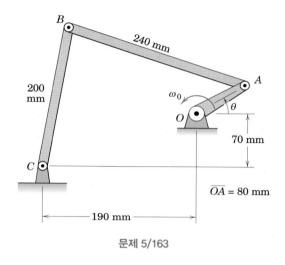

문제 5/163

*5/164 앞 문제의 모든 조건이 동일하고, 각도 θ가 $0\leq\theta\leq360°$의 범위로 변할 때 막대 AB와 BC의 각가속도를 구하고 그래 프를 그려라. AB와 BC의 각가속도의 절댓값이 가장 큰 것 을 각각 기술하고 그때의 각 θ를 구하라.

*5/165 5/163의 문제에서 $\theta=0$일 때 크랭크의 각속도가 반시계방향 으로 10 rad/s이고 각가속도가 반시계방향으로 20 rad/s² 임을 제외하고는 모든 조건이 동일하다. 각도 θ가 $0\leq\theta\leq$ 360°의 범위로 변할 때 막대 AB와 BC의 각속도를 θ의 함 수로 나타내고 그래프를 그려라. 막대 AB와 BC 각각에 대 하여 각속도 크기의 최댓값과 그때의 각 θ를 구하라.

*5/166 막대 OA가 고정점 O를 중심으로 일정한 각속도 $\dot{\beta}=$ 0.8 rad/s로 회전한다. 핀 A는 막대 OA에 고정되어 있으며, B점을 중심으로 회전하는 슬롯 부재 BD에 연결되어 있다. β가 $0 \leq \beta \leq 360°$의 범위로 변할 때, BD의 각속도와 각가속도를 구하고, 부재 BD에 대한 핀 A의 속도 및 가속도를 구하라. 구한 값들을 그래프로 나타내라. 그리고 $\beta = 180°$일 때 부재 BD에 대한 핀 A의 가속도의 크기와 방향을 기술하라.

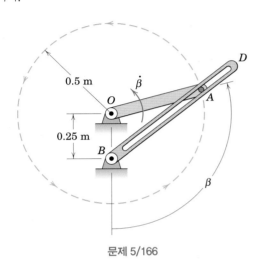

문제 5/166

*5/167 슬라이더 크랭크의 구성을 그림으로 나타내었다. 피스톤의 속도 v_A를 θ에 대한 함수로 표현하라(오른쪽 방향을 $+$로 한다). 예제 5.15의 수치 자료를 사용하여 θ가 $0 \leq \theta \leq 180°$로 변할 때 v_A를 구하라. θ에 대한 v_A 값을 그래프로 그리고 v_A의 최댓값과 그때의 각 θ를 구하라. ($180° \leq \theta \leq 360°$의 결과는 본 결과의 대칭으로 예상할 수 있다.)

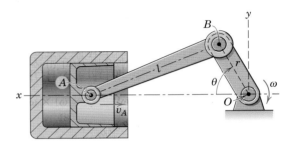

문제 5/167

*5/168 문제 5/167의 슬라이더 크랭크에서, 피스톤의 가속도 a_A를 θ에 대한 함수로 표현하라(오른쪽 방향을 $+$로 한다). 예제 5.15의 수치 자료를 사용하여 θ가 $0 \leq \theta \leq 180°$로 변할 때 a_A를 구하라. θ에 대한 a_A 값을 그래프로 그리고 a_A의 최댓값과 그때의 각 θ를 구하라. ($180° \leq \theta \leq 360°$의 결과는 본 결과의 대칭으로 예상할 수 있다.)

강체의
평면운동역학

이 장의 구성

pedrosala/Shutterstock

이 장에서 공부하는 법칙들은 대형 풍력발전기의 거대한 날개를 설계하는 데 적용되어야 한다.

6.1 서론

강체의 운동역학(kinetics)은 '물체에 작용하는 외력과 그에 따른 물체의 병진과 회전운동 사이의 관계를 다루는 학문'이다. 제5장에서 우리는 강체의 평면운동에 관한 운동학 관계식들을 유도한 바 있으며, 강체의 2차원 운동에 미치는 힘의 영향을 공부할 이 장에서는 그 운동학 관계식들을 두루 사용할 것이다.

이 장에서는 평면운동역학을 다루기 때문에, 어떤 강체가 얇은 평판으로 근사화될 수 있고, 그 운동이 평판평면으로 국한되면 그 강체는 평면운동을 하고 있다고 생각할 수 있다. 운동평면은 질량중심을 포함하고, 강체에 작용하는 모든 힘들은 운동평면 위로 투영된다. 운동평면에 대해 수직방향으로 상당한 크기의 강체라 할지라도 질량중심을 지나는 운동평면에 대해 대칭이면 평면운동을 한다고 볼 수 있다. 이와 같은 이상화(idealization)는 아주 많은 경우의 강체운동에 잘 맞는다.

운동역학의 배경

제3장에서 공부한 바에 의하면, 평면운동을 하는 어떤 질점의 운동을 정의할 때 힘에 관한 두 개의 운동방정식이 필요했다. 강체의 평면운동에서는 강체의 회전상태를 나타내기 위해 또 하나의 식이 필요하게 된다. 따라서 강체평면운동의 상태를 결정하려면 두 개의 힘방정식과 하나의 모멘트방정식 또는 그에 상응하는 식이 필요하다.

제4장에서는 대부분의 강체운동 해석의 토대가 되는 운동역학 관계식을 일반 질점계에 대해 유도한 바 있다. 이 장에서는 이것을 더욱 발전시키고, 특히 강체의 평면운동에 적용하는 과정에서 이 관계식들을 자주 인용할 것이다. 따라서 학생들은 이 장을 공부하면서 제4장의 내용을 자주 참조해야 한다. 또 제5장에서 공부했던 강체평면운동에 관한 속도와 가속도 계산을 확실히 이해한 후에 이 장을 공부해야 할 것이다. 운동학의 원리를 이용해서 정확히 가속도를 계산할 수 없다면, 대개의 경우 운동역학에서 힘과 모멘트의 원리를 적용할 수 없게 될 것이다. 따라서 이 장을 공부하기 전에 먼저 상대가속도 계산을 포함하여 필요한 운동학을 완전히 터득해야 한다.

운동역학을 제대로 적용하려면 해석하려는 강체나 시스템을 분리시켜야 한다. 질점운동역학에 관한 제3장에서 이 분리방법을 설명하고 사용한 바 있는데, 이 장에서도 그대로 사용할 것이다. 힘, 질량, 가속도 사이의 순간적인 관계에 관한 문제에서는 강체나 시스템을 자유물체도로 분리하여 명확히 정의해야 한다. 일과 에너지의 원리를 사용할 때에는 시스템에 대하여 일을 하는 외력만을 표시하는 **작용력선도(active-force diagram)**를 자유물체도 대신 사용할 수 있다. 충격량-운동량 방법을 사용할 경우에는 충격량-운동량 그림을 작성해야 한다. 물체나 시스템의 외부 경계선을 완전히 정의하고, 거기에 작용하는 모든 외력들을 다 표시하기 전까지는 절대로 문제를 풀려고 해서는 안 된다.

각운동을 하는 강체의 운동역학에서는 운동평면에 수직인 회전중심축에 대한 반지름방향 질량분포를 나타내는 물체의 성질이 언급되어야 한다. 이 성질을 물체의 **질량 관성모멘트(mass moment of inertia)**라 부르고 회전운동 문제를 풀기 위해서는 이 성질을 계산할 수 있어야 한다. 질량 관성모멘트의 계산에는 모두 익숙하다고 가정한다. 이에 대해 더 알고 싶거나 복습이 필요한 사람은 부록 B를 참조하라.

이 장의 구성

이 장은 제3장의 질점운동역학에서 취급한 것과 같이 세 편의 내용으로 구성된다. A편에서는 힘과 모멘트를 순간가속도와 순간각가속도와 연관짓는다. B편은 일과 에너지 방법으로 문제를 푸는 내용이고, C편은 충격량과 운동량의 방법을 다룬다.

이들 세 편에서 취급되는 거의 모든 기본개념이나 풀이방법은 이미 제3장에서 질점운동역학에 대해 설명된 바 있다. 이와 같이 기본개념이 반복되기 때문에 제5장에서 공부한 강체의 평면운동학을 충분히 이해하고 있다면, 이 장의 내용을 쉽게 이해할 수 있다. 각 편마다 세 가지 형태의 운동, 즉 병진(translation), 고정축에 대한 회전(fixed-axis rotation), 일반평면운동(general plane motion)을 다룬다.

A편 힘, 질량과 가속도

6.2 일반운동방정식

4.2와 4.4절에서 일반질량계에 대한 힘과 모멘트 벡터방정식을 유도했다. 이제 이 결과를 먼저 일반 3차원 강체에 적용해 보자. 힘방정식 (4.1),

$$\Sigma \mathbf{F} = m\bar{\mathbf{a}} \qquad [4.1]$$

이는 물체에 작용하는 외력의 합 $\Sigma \mathbf{F}$가 물체의 질량 m에 질량중심 G의 가속도 $\bar{\mathbf{a}}$ 를 곱한 것과 같다는 것을 보여준다. 질량중심에 대한 모멘트방정식 (4.9),

$$\Sigma \mathbf{M}_G = \dot{\mathbf{H}}_G \qquad [4.9]$$

이는 물체에 작용하는 외력의 질량중심에 대한 모멘트의 합이 질량중심에 관한 물체의 각운동량의 시간에 대한 변화율과 같다는 것을 나타낸다.

우리는 정역학에서 '강체에 작용하는 일반적인 힘계는 어떤 한 점에 작용하는 하나의 합력과 그에 따른 하나의 짝힘으로 대체할 수 있다'는 것을 공부한 바 있다. 질량중심을 통과하는 합력을 이용해서 외력들을 등가의 힘-짝힘계 (equivalent force-couple system)로 대체함으로써 힘의 작용과 이에 대한 물체의 동적 거동을 그림 6.1과 같이 보여줄 수 있다. 그림 6.1a는 관련되는 자유물체도를 표시한다. 그림 6.1b는 합력이 질량중심 G를 지나는 등가 힘-짝힘계를 나타낸다. 그림 6.1c는 식 (4.1)과 (4.9)에 따라 나타나는 동적 효과(dynamic effect)들을 표시하고 있는데, 이를 운동역학선도(kinetic diagram)라 부른다. 자유물체도와 운동역

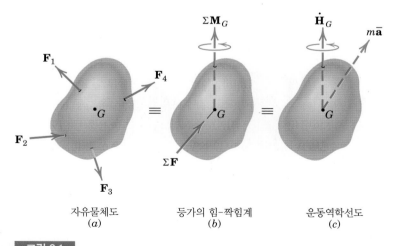

자유물체도
(*a*)

등가의 힘-짝힘계
(*b*)

운동역학선도
(*c*)

그림 6.1

학선도가 서로 등가라는 사실은 강체에 작용하는 여러 힘을 병진효과와 회전효과로 명확히 구분하여 표시하고, 쉽게 기억할 수 있게 한다. 우리는 이 결과를 사용해서 강체의 평면운동을 다룰 때, 그 등가관계를 수식으로 표기할 것이다.

평면운동방정식

앞서 말한 관계식을 평면운동에 적용하자. 그림 6.2는 x-y 평면에서 평면운동하고 있는 강체를 표시한다. 질량중심 G의 가속도는 $\overline{\mathbf{a}}$이다. 물체의 각속도는 $\boldsymbol{\omega} = \omega\mathbf{k}$, 각가속도는 $\boldsymbol{\alpha} = \alpha\mathbf{k}$이며 모두 z방향을 양의 방향으로 한다. $\boldsymbol{\omega}$와 $\boldsymbol{\alpha}$의 z방향은 항상 운동평면에 수직이므로 각속도와 각가속도를 나타낼 때, 스칼라 표기법 ω와 $\alpha = \dot{\omega}$을 사용해도 된다.

일반계에서 질량중심에 대한 각운동량을 식 (4.8a)와 같이 $\mathbf{H}_G = \Sigma\boldsymbol{\rho}_i\times m_i\dot{\boldsymbol{\rho}}_i$로 표기했는데, 여기서 $\boldsymbol{\rho}_i$는 질량 m_i인 대표질점의 점 G에 대한 위치벡터이다. 이 강체에서 점 G에 대한 질점 m_i의 상대속도는 $\dot{\boldsymbol{\rho}}_i = \boldsymbol{\omega}\times\boldsymbol{\rho}_i$이다. 따라서 그 크기는 $\rho_i\omega$이고 그 방향은 운동평면 내에서 $\boldsymbol{\rho}_i$에 대해 수직이다. 또한 외적 $\boldsymbol{\rho}_i\times\dot{\boldsymbol{\rho}}_i$는 x-y 평면에 수직이고 $\boldsymbol{\omega}$와 같은 방향이며, 크기는 $\rho_i^2\omega$인 벡터가 된다. 따라서 $\mathbf{H}_G$의 크기는 $H_G = \Sigma\rho_i^2 m_i\omega = \omega\Sigma\rho_i^2 m_i$이며, 이 합산식은 $\int \rho^2\, dm$으로도 쓸 수 있는데, 이는 점 G를 지나는 z축에 관한 물체의 **질량 관성모멘트** $\overline{I}$를 정의하는 식이다 (질량 관성모멘트 계산에 관한 상세한 논의는 부록 B를 참조하라).

이제 우리는

$$H_G = \overline{I}\omega$$

라 쓸 수 있는데, 여기서 $\overline{I}$는 물체가 갖는 일정한 성질로서 점 G를 지나는 z축 주위의 반지름방향으로 분포되어 있는 질량에 의한 회전속도 변화에 대한 저항을 나타내는 회전관성의 척도이다. 이 식을 모멘트방정식 (4.9)에 대입하면

$$\Sigma M_G = \dot{H}_G = \overline{I}\dot{\omega} = \overline{I}\alpha$$

가 된다. 여기서 $\alpha = \dot{\omega}$은 물체의 각가속도이다.

일반화된 뉴턴의 운동 제2법칙을 벡터로 표현한 식 (4.1)과 모멘트방정식을 다음과 같이 쓸 수 있다.

$$\begin{aligned} \Sigma\mathbf{F} &= m\overline{\mathbf{a}} \\ \Sigma M_G &= \overline{I}\alpha \end{aligned}$$

(6.1)

식 (6.1)은 평면운동을 하는 강체의 일반운동방정식이다. 식 (6.1)을 사용할 때, 취급하는 문제에 따라 x-y, n-t, r-θ 좌표계 중 가장 편리한 것을 하나 선택하여

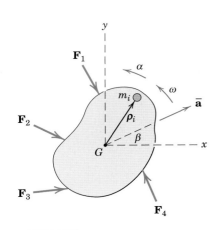

그림 6.2

벡터 힘방정식을 두 스칼라 성분으로 표시한다.

다른 유도방법

그림 6.3에 표시한 바와 같이, 질량 m_i의 대표질점에 작용하는 힘들을 직접 사용하여 또 다른 방법으로 모멘트방정식을 유도해 보면 이 식을 더 잘 이해할 수 있게 된다. m_i의 가속도는 $\bar{a}$와 질량중심 G를 기준점으로 한 상대가속도 항인 $\rho_i\omega^2$과 $\rho_i\alpha$의 벡터합이다. 따라서 m_i에 작용하는 모든 힘의 합력은 그림에 표시한 방향으로 각각 $m_i\bar{a}$, $m_i\rho_i\omega^2$, $m_i\rho_i\alpha$ 성분을 갖는다. 점 G에 대한 이 힘 성분들의 α방향 모멘트합(moment sum)은 다음과 같다.

$$M_{G_i} = m_i\rho_i{}^2\alpha + (m_i\bar{a}\sin\beta)x_i - (m_i\bar{a}\cos\beta)y_i$$

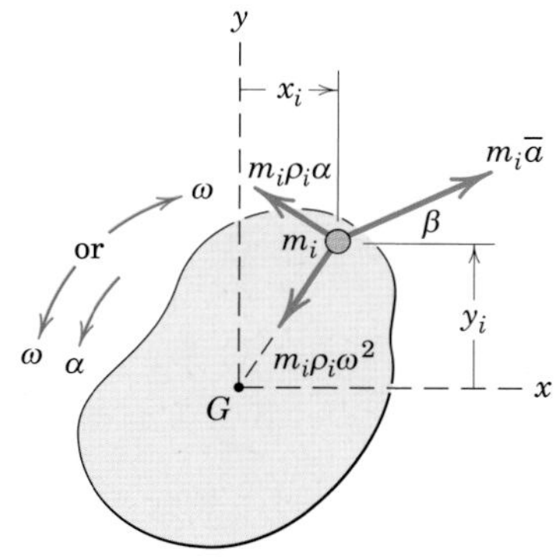

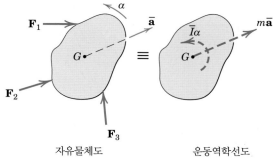

그림 6.3

강체의 다른 모든 질점에 대해서도 이와 유사하게 모멘트방정식을 쓸 수 있다. 모든 질점에 작용하는 합력들의 점 G에 대한 모멘트합은 다음과 같이 쓸 수 있다.

$$\Sigma M_G = \Sigma m_i\rho_i{}^2\alpha + \bar{a}\sin\beta\,\Sigma m_i x_i - \bar{a}\cos\beta\,\Sigma m_i y_i$$

그러나 좌표의 원점이 질량중심이므로 $\Sigma m_i x_i = m\bar{x} = 0$과 $\Sigma m_i y_i = m\bar{y} = 0$이 된다. 따라서 모멘트합은 다음과 같이 된다.

$$\Sigma M_G = \Sigma m_i\rho_i{}^2\alpha = \bar{I}\alpha$$

이것은 앞의 경우와 같다. 물론 물체의 내력들은 ΣM_G에 기여하지 않는다. 왜냐하면 그 힘들은 상호작용 질점 사이에서 크기는 같고 방향은 반대인 작용과 반작용의 쌍으로 나타나기 때문이다. 따라서 앞서의 경우처럼 ΣM_G는 자유물체도에 도시된 바와 같이 물체에 작용하는 외력들만의 점 G에 대한 모멘트합을 나타낸다.

여기서 힘 성분 $m_i\rho_i\omega^2$의 점 G에 대한 모멘트는 없으므로 각속도 ω는 질량중

자유물체도   운동역학선도

그림 6.4

심에 대한 모멘트방정식에 아무 영향도 미치지 않는다는 사실을 알 수 있다.

평면운동을 하는 강체의 기본 운동방정식인 식 (6.1)이 나타내는 결과를 그림 6.4에 나타내었는데, 이는 일반 3차원 강체에 관한 그림 6.1의 a와 c를 각각 2차원에서 표시한 것이다. 자유물체도는 운동방정식의 좌변에 있는 힘과 모멘트를 보여준다. 운동역학선도는 식 (6.1)의 우변에 있는 병진항 $m\bar{\mathbf{a}}$와 회전항 $\bar{I}\alpha$로 동적응답을 나타낸다.

앞에서 언급한 바와 같이 병진항 $m\bar{\mathbf{a}}$는 일단 적절한 관성좌표계가 지정되면 x-y, n-t 또는 r-θ 성분으로 표현할 수 있다. 그림 6.4에 표시된 등가성(equivalence)은 평면운동역학을 이해하는 밑바탕이 되며, 앞으로 문제의 풀이과정에서 자주 이용할 것이다.

이와 같이 합력 $m\bar{\mathbf{a}}$와 $\bar{I}\alpha$를 표시하면 자유물체도에서 결정된 힘과 모멘트의 합이 이 합력들과 같다는 것을 확인할 수 있다.

대체 모멘트방정식

제4장에서 질점계를 다루면서 4.4절에서 유도했던 임의의 점 P에 대한 일반모멘트방정식 (4.11)은 다음과 같다.

$$\Sigma\mathbf{M}_P = \dot{\mathbf{H}}_G + \bar{\boldsymbol{\rho}} \times m\bar{\mathbf{a}} \qquad\qquad [4.11]$$

여기서 $\bar{\boldsymbol{\rho}}$는 P에서 질량중심 G까지의 벡터이고, $\bar{\mathbf{a}}$는 질량중심의 가속도이다. 이절의 앞부분에서 언급한 바와 같이 평면운동을 하는 강체에서 $\dot{\mathbf{H}}_G$는 $\bar{I}\alpha$가 된다. 또 외적 $\bar{\boldsymbol{\rho}}\times m\bar{\mathbf{a}}$는 점 P에 대한 $m\bar{\mathbf{a}}$의 모멘트인데, 그 크기는 단순히 $m\bar{a}d$이다. 따라서 그림 6.5와 같이 자유물체도와 운동역학선도로 표시한 2차원 강체의 경우 식 (4.11)은 간단하게 다음과 같이 쓸 수 있다.

$$\Sigma M_P = \bar{I}\alpha + m\bar{a}d \qquad\qquad (6.2)$$

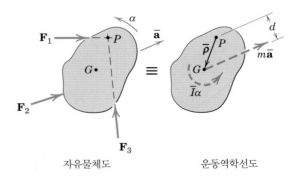

자유물체도   운동역학선도

그림 6.5

그림에 표시된 예에서 세 항은 모두 반시계방향인 양의 방향으로 나타냈으며, 점 P를 기준으로 선택했기 때문에 $\mathbf{F}_1$과 $\mathbf{F}_3$가 소거되었다.

예를 들어, 만일 $\mathbf{F}_2$와 $\mathbf{F}_3$를 소거하기 위해 이들의 교점을 기준점으로 잡았다면 점 P는 $m\bar{\mathbf{a}}$ 벡터의 맞은편에 놓였을 것이고, 점 P에 대한 $m\bar{\mathbf{a}}$의 시계방향 모멘트는 방정식에서 음의 항이 되었을 것이다. 식 (6.2)는 우리가 잘 알고 있는 모멘트의 원리를 나타내므로 쉽게 기억할 수 있다. 이 원리는 '각 힘의 점 P에 대한 모멘트들의 합이 합짝힘 $\Sigma M_G = \bar{I}\alpha$와 합력 $\Sigma\mathbf{F} = m\bar{\mathbf{a}}$로 표시되는 합(sum)의 점 P에 대한 모멘트와 같다'는 것이다.

4.4절에서 점 P에 대한 대체 모멘트방정식 (4.13)도 유도한 바 있다.

$$\Sigma\mathbf{M}_P = (\dot{\mathbf{H}}_P)_{\text{rel}} + \bar{\boldsymbol{\rho}} \times m\mathbf{a}_P \qquad [4.13]$$

강체의 평면운동에서 P를 강체에 고정된 점으로 선택하고 $(\mathbf{H}_P)_{\text{rel}}$을 스칼라로 표현하면 $I_P\alpha$가 된다. 여기서 I_P는 점 P를 지나는 축에 대한 질량 관성모멘트이고, α는 물체의 각가속도이다. 따라서 다음과 같이 모멘트방정식을 쓸 수도 있다.

$$\Sigma\mathbf{M}_P = I_P\boldsymbol{\alpha} + \bar{\boldsymbol{\rho}} \times m\mathbf{a}_P \qquad (6.3)$$

여기서 $\mathbf{a}_P$는 점 P의 가속도이고, $\bar{\boldsymbol{\rho}}$는 점 P에서 점 G까지의 위치벡터이다.

$\bar{\boldsymbol{\rho}} = \mathbf{0}$이면 점 P는 질량중심 G가 되고, 식 (6.3)은 앞에서 유도한 대로 스칼라식 $\Sigma M_G = \bar{I}\alpha$가 된다. 만약 관성좌표계에서 고정되어 있고, 강체 또는 그 강체의 연장선 위에 부착된 점 O를 점 P로 잡으면, $\mathbf{a}_P = \mathbf{0}$이 되고, 식 (6.3)은 다음과 같은 간단한 스칼라식으로 된다.

$$\Sigma M_O = I_O\alpha \qquad (6.4)$$

식 (6.4)는 강체에 고정된 가속되지 않는 점 O에 대한 강체의 회전에 적용되며 식 (4.7)을 간단히 2차원으로 표현한 것이다.

비구속운동과 구속운동

강체의 운동은 구속될 수도 있고 그렇지 않을 수도 있다. 그림 6.6a는 수직평면 위에서 움직이는 로켓을 보여주고 있는데, 운동에 아무런 물리적 제한이 없으므로 비구속운동(unconstrained motion)의 예가 된다. 질량중심의 가속도성분 $\bar{a}_x$, $\bar{a}_y$와 각가속도 α는 식 (6.1)을 직접 적용해서 따로따로 결정할 수 있다.

한편 그림 6.6b에서 막대의 운동은 구속운동(constrained motion)을 나타낸다. 여기서 막대의 양 끝 운동을 안내하는 수직, 수평 홈은 질량중심의 가속도성분들

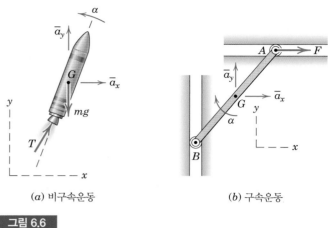

(a) 비구속운동   (b) 구속운동

그림 6.6

과 막대의 각가속도 사이의 운동학 관계를 부여한다. 따라서 문제를 풀기 전에 제5장에서 배운 원리를 이용하여 이 운동학 관계를 결정하고 그것을 힘, 모멘트 방정식과 연계시켜야 한다.

일반적으로 운동에 물리적 구속조건이 포함되는 동역학 문제에서는 힘, 모멘트 방정식을 풀기 전에 선가속도를 각가속도와 연관시키는 운동학 해석이 선행되어야 한다. 그렇기 때문에 제5장에서 배운 원리와 방법을 이해하는 것이 제6장을 공부하는 데 꼭 필요한 것이다.

서로 연결된 시스템

때때로 운동학으로 연관되는 둘 이상의 강체들이 연결되어 있는 문제를 다룰 때, 이 강체들을 하나의 전체 시스템으로 해석하면 편리하다.

그림 6.7에 보인 바와 같이 두 강체가 점 A에서 힌지되어 외력을 받고 있다. 연

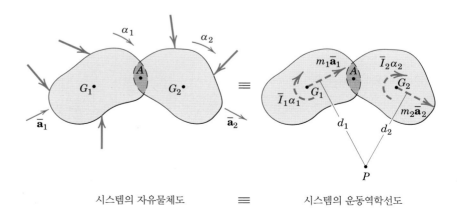

시스템의 자유물체도   ≡   시스템의 운동역학선도

그림 6.7

평면운동을 하는 강체에서 힘-질량-가속도 문제를 푸는 경우, 문제의 조건과 요구사항을 확실히 파악한 후 다음과 같은 단계를 거쳐서 풀어야 한다.

1. 운동학(kinematics). 먼저 운동의 종류를 확인하고, 오로지 문제의 운동학 정보만으로 결정할 수 있는 선가속도와 각가속도를 필요에 따라 계산한다. 구속평면운동의 경우에는 우선 적절한 상대속도와 상대가속도 식을 풀어서 질량중심의 선가속도와 강체의 각가속도 사이의 관계를 알아야 한다. 이 장에서 힘-질량-가속도 문제를 다룰 때, 성공 여부는 필요한 운동학 관계를 기술할 수 있는 능력에 좌우되므로 제5장을 수시로 복습할 것을 다시 한번 강조한다.

2. 선도(diagrams). 항상 해석하고자 하는 강체의 완전한 자유 물체도를 그리도록 하라. 여기에 편리한 관성좌표계를 잡고, 이미 알고 있거나 아직 모르는 물리량들을 기호로 표시한다. 또 작용력과 그에 따른 동적응답 사이의 등가성을 명확히 나타낼 수 있는 운동역학선도도 그려야 한다.

3. 운동방정식(equations of motion). 선택한 기준좌표계와 일관성 있게 부호를 정하고 식 (6.1)의 세 개의 운동방정식에 적용한다. 식 (6.2)나 (6.3)은 식 (6.1)의 두 번째 식을 대체하여 쓸 수 있다. 이 결과를 운동학 해석에서 얻은 결과와 조합하도록 한다. 미지수의 수를 세고, 이용할 수 있는 독립방정식의 수와 같은지를 확인한다. 평면운동을 하는 강체문제가 풀리기 위해서는, 식 (6.1)의 세 스칼라 운동방정식과 상대가속도 식의 두 스칼라 성분 관계식에 의해 결정될 수 있는 미지수의 수가 5개를 넘지 않아야 한다.

결점 A에 작용하는 힘들은 시스템에 대해서 내력이므로 표시하지 않는다. 모든 외력의 합력은 두 합력과 $m_1\mathbf{a}_1$과 $m_2\mathbf{a}_2$의 벡터합과 같아야 하고, 임의의 점 P에 대한 모든 외력의 모멘트의 합은 합력의 모멘트 $\bar{I}_1\alpha_1 + \bar{I}_2\alpha_2 + m_1\bar{a}_1d_1 + m_2\bar{a}_2d_2$와 같아야 한다. 따라서 다음과 같이 쓸 수 있다.

$$\Sigma\mathbf{F} = \Sigma m\bar{\mathbf{a}}$$
$$\Sigma M_P = \Sigma\bar{I}\alpha + \Sigma m\bar{a}d$$
(6.5)

여기서 방정식의 우변에 있는 합하는 항의 수는 각각의 강체의 수와 같다.

그러나 시스템에서 미지수가 4개 이상이면, 이 시스템에 적용하여 얻은 독립 스칼라 운동방정식 3개만으로는 문제를 풀 수 없다. 이 경우에는 가상일(6.7절)이나 라그랑주 방정식(이 책에서는 다루지 않음)*과 같은 고급해석법을 사용하거나 그렇지 않으면 시스템을 분리하여 각각의 부분을 따로 해석하고, 여기서 얻게 되는 방정식들을 연립해서 풀면 된다.

---

* 서로 연결된 강체계가 2 자유도 이상인 경우, 즉 시스템의 운동을 완전히 정의하기 위해서 2개 이상의 좌표가 필요한 경우에는 라그랑주 방정식과 같은 고급 동역학 식을 사용한다. 라그랑주 방정식에 대해서는 J. L. Meriam이 쓴 *Dynamics*, 2nd edition, SI Version, 1975, John Wiley & Sons를 참조하라.

　　다음 세 절에서는 평면운동의 세 가지 경우, 즉 병진, 고정축에 대한 회전, 일반평면운동에 대하여 앞에서 유도한 식들을 차례로 적용한다.

6.3 병진

평면운동을 하는 강체의 병진(translation)에 대해서는 5.1절에서 그림 5.1a와 5.1b를 이용해서 설명한 바 있다. 거기서 우리는 병진하는 강체 위의 모든 선분은 원래의 위치에 대해 항상 평행을 유지한다는 것을 알 수 있었다. 직선병진의 경우 모든 점들은 직선을 따라 움직이고, 곡선병진의 경우 모든 점들은 합동곡선(congruent curved path)을 따라 움직인다. 어느 경우든 강체가 병진운동을 하면 각운동이 존재하지 않으므로 ω와 α는 모두 0이다. 따라서 식 (6.1)의 모멘트방정식을 보면 병진하는 물체에 대해서는 관성모멘트를 고려할 필요가 전혀 없다는 것을 알 수 있다.

　　병진하는 강체에 대해서 일반평면운동방정식 (6.1)을 쓰면 다음과 같다.

$$\Sigma \mathbf{F} = m\bar{\mathbf{a}}$$
$$\Sigma M_G = \bar{I}\alpha = 0 \tag{6.6}$$

그림 6.8a에 표시한 직선병진의 경우, x축을 가속도 방향으로 잡으면, 두 스칼라 힘방정식은 $\Sigma F_x = m\bar{a}_x$와 $\Sigma F_y = m\bar{a}_y = 0$이 된다. 그림 6.8b에 표시한 곡선병진의 경우 n-t 좌표계를 사용하면, 두 스칼라 방정식은 각각 $\Sigma F_n = m\bar{a}_n$과 $\Sigma F_t = m\bar{a}_t$가 된다. 두 경우 모두 $\Sigma M_G = 0$이다.

　　대체 모멘트방정식 (6.2)를 사용할 수도 있는데, 이때는 운동역학선도를 이용한다. 직선병진의 경우에는 $\Sigma M_P = m\bar{a}d$와 $\Sigma M_A = 0$임을 알 수 있다. 곡선병진의 경우도 운동역학선도로부터 시계방향으로 $\Sigma M_A = m\bar{a}_n d_A$이고, 반시계방향으로 $\Sigma M_B = m\bar{a}_t d_B$임을 알 수 있다. 이와 같이 모멘트중심(moment center)은 편리한 대로 선택하면 된다.

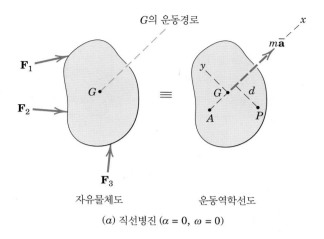

(a) 직선병진 ($\alpha = 0$, $\omega = 0$)

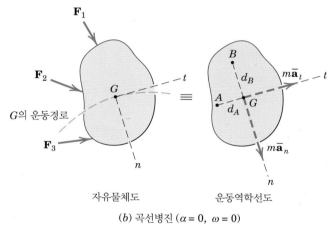

(b) 곡선병진 ($\alpha = 0$, $\omega = 0$)

그림 6.8

그림의 오토바이가 시간 간격 동안 기울기 각도(롤 각도)가 일정하다면 이 절의 방법들을 적용한다.

예제 6.1

1500 kg인 트럭이 정지상태에서 출발하여 등가속도로 10%의 경사를 60 m 올라갔을 때, 50 km/h의 속력에 도달했다. 앞뒤 바퀴에 작용하는 수직항력과 구동되는 뒷바퀴에 작용하는 마찰력을 구하라. 타이어와 도로 사이의 유효마찰계수는 최소한 0.8은 된다.

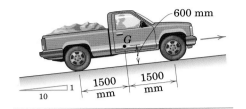

|풀이|　트럭의 전체 질량에 비하여 바퀴의 질량은 작으므로 무시한다. ① 트럭은 직선병진을 하는 단일강체로 취급할 수 있으며, 그 가속도는 다음과 같다.

$$[v^2 = 2as] \qquad \bar{a} = \frac{(50/3.6)^2}{2(60)} = 1.608 \text{ m/s}^2 \quad ②$$

트럭의 자유물체도에 수직항력 N_1, N_2와 구동바퀴가 미끄러지지 않도록 저항하는 방향으로 마찰력 F를 표시하고, 중량 W를 두 성분으로 표시했다. $\theta = \tan^{-1} 1/10 = 5.71°$이므로 두 성분은 각각 $W \cos \theta = 1500(9.81) \cos 5.71° = 14.64 \times 10^3$ N 과 $W \sin \theta = 1500(9.81) \sin 5.71° = 1464$ N이다. 운동역학선도에는 질량중심을 지나는 합력을 가속도 방향으로 표시한다. 그 크기는 다음과 같다.

$$m\bar{a} = 1500(1.608) = 2410 \text{ N}$$

세 개의 미지수에 대하여 식 (6.1)의 세 운동방정식을 적용하면,

$$[\Sigma F_x = m\bar{a}_x] \qquad F - 1464 = 2410 \qquad F = 3880 \text{ N} \quad ③ \qquad 답$$

$$[\Sigma F_y = m\bar{a}_y = 0] \qquad N_1 + N_2 - 14.64(10^3) = 0 \qquad (a)$$

$$[\Sigma M_G = \bar{I}\alpha = 0] \qquad 1.5N_1 + 3880(0.6) - N_2(1.5) = 0 \qquad (b)$$

(a)와 (b)를 연립하여 풀면 다음 결과를 얻는다.

$$N_1 = 6550 \text{ N} \qquad N_2 = 8100 \text{ N} \qquad 답$$

3880 N의 마찰력을 지지하려면 마찰계수가 적어도 $F/N_2 = 3880/8100 = 0.48$은 되어야 한다. 그런데 주어진 마찰계수는 최소한 0.8이므로, 도로는 계산에서 구한 F값을 지지할 수 있을 만큼 충분한 거칠기를 가지고 있으므로 결과는 옳다.

|다른 풀이|　운동역학선도로부터 N_1과 N_2는 점 A와 점 B에 관한 모멘트식을 따로따로 써서 독립적으로 구할 수 있음을 알 수 있다.

$$[\Sigma M_A = m\bar{a}d] \qquad 3N_2 - 1.5(14.64)10^3 - 0.6(1464) = 2410(0.6) \quad ④$$

$$N_2 = 8100 \text{ N} \qquad 답$$

$$[\Sigma M_B = m\bar{a}d] \qquad 14.64(10^3)(1.5) - 1464(0.6) - 3N_1 = 2410(0.6)$$

$$N_1 = 6550 \text{ N} \qquad 답$$

|도움말|

① 이 가정을 하지 않으면 바퀴에 각가속도를 주는 모멘트를 발생시키는 비교적 작은 추가 힘을 고려해야 한다.

② 3.6 km/h는 1 m/s이다.

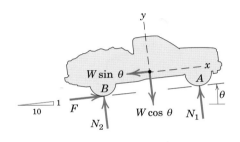

③ 여기서 마찰식 $F = \mu N$을 사용하지 않도록 유의한다. 왜냐하면 미끄러지거나 미끄러지기 직전과 같은 상태가 아니기 때문이다. 만약 주어진 마찰계수가 0.48보다 작으면 마찰력은 μN_2이고, 자동차는 1.608 m/s²의 가속도에 도달하지 못하게 된다. 이때 미지수는 N_1, N_2, a가 된다.

④ 식의 좌변은 자유물체도로부터 구하고, 우변은 운동역학선도로부터 계산한다. 모멘트합의 양의 방향은 임의로 정할 수 있으나 식의 좌변과 우변에서 같게 잡아야 한다. 이 문제에서는 점 B에 대한 합력의 모멘트를 계산할 때, 시계방향을 양의 방향으로 잡았다.

예제 6.2

수직막대 AB의 질량은 150 kg이고 질량중심 G는 중앙에 있다. 막대는 질량을 무시할 수 있는 평행링크에 의해 $\theta = 0$인 정지위치로부터 아래쪽 링크의 점 C에 작용하는 일정한 짝힘 $M = 5$ kN·m에 의해 들어올려진다. 링크의 각가속도 α를 θ의 함수로 구하고 $\theta = 30°$인 순간에 링크 DB에 작용하는 힘 B를 구하라.

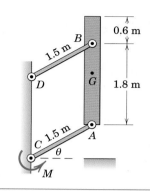

|풀이| 막대는 운동을 하는 동안 그 자신은 회전하지 않는 곡선병진을 한다. 원운동을 하는 질량중심 G에 대하여 가장 편리한 n-t 좌표계를 선택한다. ① 링크의 질량을 무시하면 점 A에 작용하는 힘의 접선성분 A_t는 AC의 자유물체도로부터 구하게 되는데 거기서 얻는 결과는 $\Sigma M_C \cong 0$과 $A_t = M/\overline{AC} = 5/1.5 = 3.33$ kN이다. ② 점 B에 작용하는 힘은 링크 방향으로 작용한다. 모든 작용력을 막대의 자유물체도에 표시했으며, 운동역학선도에는 두 성분으로 $m\mathbf{\bar{a}}$ 합력을 표시했다.

풀이과정은 다음과 같다. $\theta = 30°$일 때 A_n과 B는 힘들의 n방향 합, 즉 $m\bar{r}\omega^2$에 의해 결정된다. ω값은 θ에 대한 $\alpha = \ddot{\theta}$의 변화에 의해 결정된다. 이 관계는 θ의 일반값에 대해 t방향 힘의 합을 구하면, 즉 $\bar{a}_t = (\bar{a}_t)_A = \overline{AC}\alpha$에 의해 주어진다. 따라서

$$[\Sigma F_t = m\bar{a}_t] \qquad 3.33 - 0.15(9.81)\cos\theta = 0.15(1.5\alpha)$$

$$\alpha = 14.81 - 6.54\cos\theta \ \text{rad/s}^2$$

θ의 함수로 표시된 α를 이용하여 링크의 각속도 ω를 다음과 같이 구한다.

$$[\omega \, d\omega = \alpha \, d\theta] \qquad \int_0^\omega \omega \, d\omega = \int_0^\theta (14.81 - 6.54\cos\theta)\,d\theta$$

$$\omega^2 = 29.6\theta - 13.08\sin\theta$$

$\theta = 30°$를 대입하면 다음과 같다.

$$(\omega^2)_{30°} = 8.97 \ (\text{rad/s})^2 \qquad \alpha_{30°} = 9.15 \ \text{rad/s}^2$$

그리고

$$m\bar{r}\omega^2 = 0.15(1.5)(8.97) = 2.02 \ \text{kN}$$

$$m\bar{r}\alpha = 0.15(1.5)(9.15) = 2.06 \ \text{kN}$$

점 A에 관한 모멘트합을 구하면 A_n, A_t와 무게가 소거되어 힘 B를 얻을 수 있다. 또는 A_n과 $m\bar{r}\alpha$의 작용선의 교점에 대한 모멘트합을 구하면 A_n과 $m\bar{r}\alpha$가 소거된다. A를 모멘트중심으로 잡으면 다음과 같다.

$$[\Sigma M_A = m\bar{a}d] \qquad 1.8\cos 30°\, B = 2.02(1.2)\cos 30° + 2.06(0.6)$$

$$B = 2.14 \ \text{kN}$$

성분 A_n은 n방향 힘의 합력을 구하거나 점 G 또는 힘 B와 $m\bar{r}\alpha$의 작용선의 교점에 대한 모멘트합을 구해서 얻을 수 있다.

|도움말|

① 보통 기준축을 선택하는 최선의 방법은 질량중심의 가속도성분과 일치하는 방향으로 잡는 것이다. 이 문제에서 수평과 수직축을 선택하였을 경우의 결과를 검토하라.

② 질량을 무시할 수 있는 물체의 힘 또는 모멘트방정식은 평형방정식과 같게 된다. 따라서 링크 BD는 평형을 이루고 있는 이력부재(two-force member)로 작용한다.

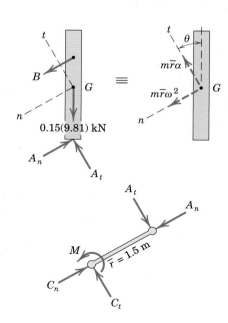

연습문제

기초문제

6/1 질량이 30 kg인 균일한 막대 *OB*가 가속이 되는 프레임에 대하여 *O*점의 힌지와 *A*점의 롤러에 의하여 수직한 위치를 유지하고 있다. 프레임의 수평방향 가속도 $a=20$ m/s²일 때, 롤러에 작용하는 힘 F_A와 *O*점의 핀에 의해서 지지되고 있는 힘의 수평방향 성분을 구하라.

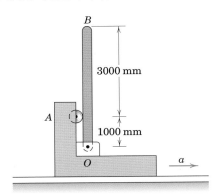

문제 6/1

6/2 같은 길이의 다리를 가진 직각의 3 kg 막대가 수직평판의 *C*점에 힌지로 연결되어 자유롭게 움직인다. 막대는 평판에 고정된 두 개의 못 *A*와 *B*에 의해 회전할 수 없다. 못 *A*나 *B*에 의해 막대에 작용하는 힘이 없을 때 평판의 가속도 a를 구하라.

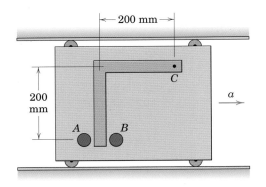

문제 6/2

6/3 트럭 운전사가 정지상태에서 출발하여 72 km/h의 속력이 될 때까지 65 m의 수평거리를 일정하게 가속한다. 트럭은 비어 있는 225 kg의 트레일러를 끌고 있다. 균일한 27 kg의 문이 점 *O*에 힌지로 연결되고, *A*점에서 트레일러 프레임 양쪽 두 개의 못에 의해 미세하게 기울어진 상태로 지지되고 있다. 가속하는 동안 두 개의 못에서 발생하는 최대전단응력을 구하라.

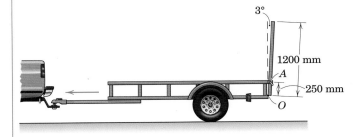

문제 6/3

6/4 균일하고 가느다란 막대가 그림에 나타낸 각도를 유지하기 위하여 프레임의 가속도 a의 크기를 구하라. 마찰은 무시하고 *A*와 *B*에 있는 작은 롤러의 질량도 무시하라.

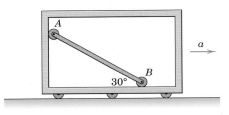

문제 6/4

6/5 프레임은 단위 길이당 질량이 ρ인 균일한 막대로 만들어져 있다. 수평방향으로 움직일 수 있도록 부드럽고 오목한 슬롯이 작은 롤러 *A*와 *B*를 구속하고 있다. 힘 *P*가 높이 조절이 가능한 칼라 *C*에 연결된 케이블을 통해 프레임에 가해지고 있다. (a) $h=0.3L$, (b) $h=0.5L$, (c) $h=0.9L$일 때 롤러에 작용하는 수직항력의 크기와 방향을 구하라. 그리고 결과를 $\rho=2$ kg/m, $L=500$ mm, $P=60$ N에 대하여 평가하라. 각각의 경우에 프레임의 가속도는 무엇인가?

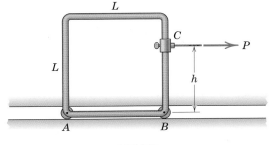

문제 6/5

6/6 그림과 같이 균일하고 가느다란 막대가 자동차 좌석에 놓여져 있다. 막대가 앞으로 넘어지기 시작하는 가속도 a를 구하라. B에 작용하는 마찰이 미끄럼을 방지하기에 충분하다고 가정하라.

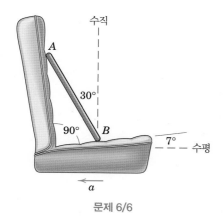

문제 6/6

6/7 균일한 실린더가 직사각형 모양의 움푹 들어간 곳을 위로 굴러서 벗어나기 시작하게 만드는 P의 값을 구하라. 실린더의 질량은 m이고 카트의 질량은 M이다. 카트 바퀴의 질량과 마찰은 무시하라.

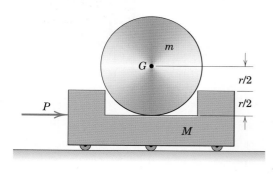

문제 6/7

6/8 질량 **6 kg**의 프레임 AC와 길이가 l이고 질량이 **4 kg**인 균일하고 가느다란 막대 AB가 **80N** 힘의 작용하에 마찰을 무시할 수 있는 고정된 수평봉을 따라서 미끄러진다. 줄 BC에 작용하는 장력 T와 A에서 핀에 의해 막대에 작용하는 힘의 x와 y 성분을 구하라. x-y 평면은 수직한 면이다.

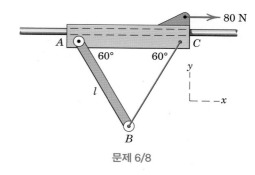

문제 6/8

6/9 칼라 P가 오른쪽으로 일정한 가속도 $a=3g$로 움직인다면, 진자는 $\theta=30°$만큼 정상상태 변형이 발생한다고 가정한다. 이 변형이 일어나도록 하는 비틀림 스프링의 스프링상수 k_T를 구하라. 진자가 수직상태일 때 비틀림 스프링은 변형되지 않는다.

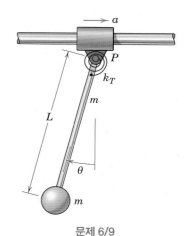

문제 6/9

* **6/10** 문제 **6/9**에 진자의 칼라 P가 일정한 가속도 $a=5g$로 주어졌다면, 수직선으로부터 진자의 정상상태 변형은 어떻게 되는지 구하라. $k_T=7mgL$을 사용하라.

6/11 균일한 30 kg의 막대 OB가 O점의 힌지와 A점의 롤러에 의해 가속 중인 프레임에 수평에서 30°의 각도로 고정되어 있다. 만약 프레임의 수평방향 가속도가 a=20 m/s²이라면, 롤러에 작용하는 힘 F_A와 O점의 핀에 의해 지지되는 힘의 x, y방향 성분을 구하라.

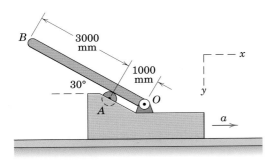

문제 6/11

6/12 자전거 라이더가 10° 경사를 내려갈 때 브레이크를 잡는다. 앞바퀴 A를 기준으로 자전거가 앞으로 쏠려 넘어가는 위험한 상태를 야기하는 가속도 a를 구하라. 라이더와 자전거의 결합된 질량중심은 G에 있다.

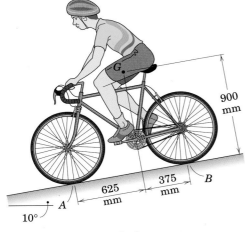

문제 6/12

심화문제

6/13 1650 kg의 자동차의 질량중심이 G에 위치한다. 최대 가속도 상태에서 도로와 전륜, 그리고 도로와 후륜 사이에 작용하는 수직항력 N_A와 N_B를 구하라. 자동차의 전체 질량과 비교했을 때 바퀴의 질량은 작다. 도로와 구동바퀴인 후륜 사이의 정적 마찰계수는 0.80이다.

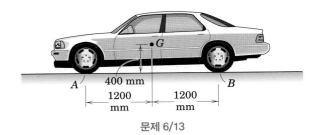

문제 6/13

6/14 질량이 60 kg이고 길이가 4 m인 막대가 트럭 후미의 A에 피벗되어 있고 C와는 케이블로 연결되어 고정되어 있다. 트럭이 정지상태에서 5 m/s²의 가속도로 출발하는 경우 A에서 지지되는 총힘의 크기를 계산하라.

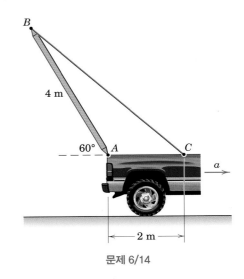

문제 6/14

6/15 4륜 구동형 차량(ATV)의 질량은 300 kg이며 질량중심은 G_2에 위치한다. 운전자의 질량은 85 kg이며 질량중심은 G_1에 위치한다. 운전자가 앞으로 주행하려고 시도할 때 네 개 바퀴 모두 순간적으로 회전하는 것이 관찰된다면, 운전자와 ATV의 앞으로 향하는 가속도를 구하라. 타이어와 지면 사이의 마찰계수는 0.40이다. 또한 앞 타이어 한 쌍에 작용하는 수직방향의 합력을 구하라.

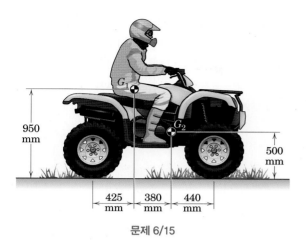

문제 6/15

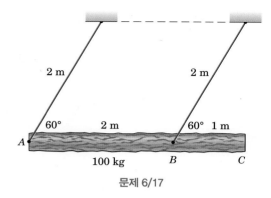

문제 6/17

6/16 미끄럼 방지 컨베이어벨트는 **15°**의 경사면 위로 단단하고 균일한 실린더를 운송한다. 각 실린더의 지름은 높이의 절반이다. 벨트가 움직이기 시작할 때 실린더가 넘어지지 않을 벨트의 최대 가속도를 구하라.

6/18 반지름이 r이고 무시할 만한 질량을 가진 얇은 링에, 질량이 m인 균일한 반원통이 단단하게 부착되어 지름방향의 면이 수직이 되도록 놓여 있다. 이 조립품은 수평면에서 자유롭게 굴러다니는 질량 M의 카트 위의 중간에 놓여 있다. 만약 시스템이 정지상태에서 놓아질 때, 카트에 대하여 링과 반원통이 정지된 상태로 유지되기 위해 카트의 x 방향으로 작용해야 하는 힘 P을 구하라. 그리고 그 결과에 따른 카트의 가속도 a의 크기를 구하라. 움직임은 x-y 평면상에서 이루어진다. 카트 바퀴의 질량과 바퀴에 작용하는 어떠한 마찰도 무시하라. 링과 카트 사이에 요구되는 정지 마찰계수는 얼마인가?

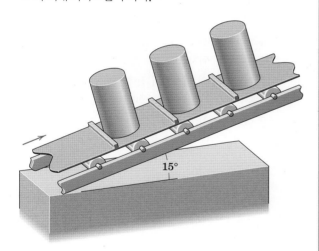

문제 6/16

6/17 두 개의 케이블로 지지되어 있는 균일한 **100 kg**의 통나무가 타격용 망치로 사용된다. 통나무가 그림에 나타낸 위치에서 정지상태로부터 놓아질 때, 놓아진 직후의 각 케이블에 작용하는 초기 장력과 케이블의 각가속도 α를 구하라.

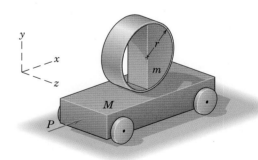

문제 6/18

6/19 적재된 트레일러의 질량은 900 kg이고 G점이 질량 중심이며 A점에서 후방 범퍼 연결장치에 부착되어 있다. 만약에 자동차와 트레일러가 수평면에서 정지상태에서 출발하여 일정한 가속도로 30 m 거리를 주행하였을 때 60 km/h의 속도에 도달한다면, A의 연결장치에서 지지되는 힘의 수직 성분을 구하라. 비교적 가벼운 바퀴에 가해지는 작은 마찰력은 무시하라.

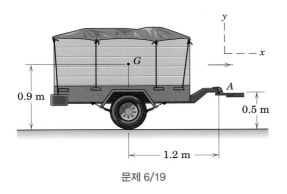

문제 6/19

6/20 블록 A와 여기에 연결된 막대의 질량의 합은 60 kg이며 800 N의 힘이 가해져 60° 가이드를 따라 움직이도록 제한되어 있다. 균일한 수평막대의 질량은 20 kg이며 블록의 B점에 용접되어 있다. 가이드의 마찰은 무시하라. 막대의 용접부위 B에 작용하는 굽힘 모멘트 M을 구하라.

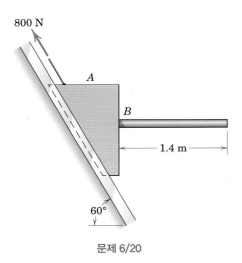

문제 6/20

6/21 균일한 20 kg의 사각형 평판이 가볍고 평행인 링크에 의해 수직평면에서 지지되어 있다. 만약 시스템이 초기 정지상태일 때 모멘트 $M=110$ N · m가 링크 AB의 끝에 가해진다면, 플레이트가 지지대로부터 $\theta=30°$만큼 들어 올려졌을 때 핀 C점에서 지지되는 힘을 구하라.

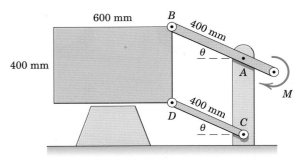

문제 6/21

6/22 착륙속도가 200 km/h인 제트운송기가 역추진 장치에 의해 일정한 감속도로 활주로를 425 m 주행하면서 속도를 60 km/h로 감속하였다. 운송기의 총질량은 140 Mg이며 질량중심은 G에 위치한다. 역추진에 의한 제동 구간이 끝나가고 기계적 제동이 적용되기 전에 앞바퀴 B에 작용하는 반력 N을 구하라. 낮은 속도에서 비행기에 작용하는 공기역학적 힘은 작고 무시할 수 있다.

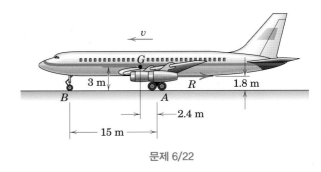

문제 6/22

6/23 균일한 L 모양의 바가 수평방향의 막대를 따라 움직이는 슬라이더의 P점에 피벗되어 있다. (a) a=0, (b) a=g/2일 때, 정상상태에서의 각도 θ 값을 구하라. 그리고 정상상태에서 θ가 0이 되는 a의 값을 구하라.

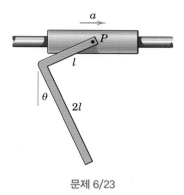

문제 6/23

6/24 석탄이 실린 2000 kg의 운반차가 뒷바퀴 B를 중심으로 뒤로 넘어가지 않을 최대 질량 m을 구하라. 모든 도르래와 바퀴의 질량은 무시하라. (C 점에서 케이블의 장력은 2mg가 아니다.)

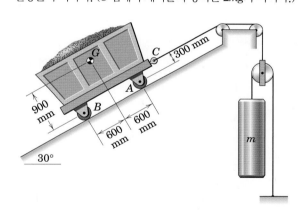

문제 6/24

6/25 1800 kg의 후륜 구동 자동차가 g/2의 가속도로 앞으로 가속 중이다. 앞과 뒤의 스프링 상수가 각각 35 kN/m일 때, 순간적으로 차가 들리는 피치각도 θ를 구하라. (가속 중의 위 방향 피치각도를 squat라고 하고, 브레이크 중 아래 방향의 피치각도는 dive라고 한다.) 스프링 아랫부분의 바퀴와 타이어의 질량은 무시하라. (힌트 : 자동차를 강체로 가정하고 시작하라.)

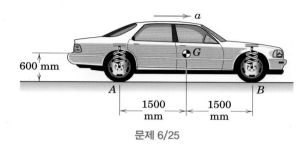

문제 6/25

6/26 실험용 경주 자동차가 300 km/h로 달리면서 급정거 시 타이어의 거동을 조사하기 위해 운전자가 브레이크를 밟기 시작한다. 앞·뒷바퀴 모두가 미끄러지려 할 때 차 안의 가속도계는 최대 감속도 4g를 기록했다. 차와 운전자는 합쳐서 690 kg의 무게를 가지며 무게중심은 G에 위치한다. 이 속력에서 자동차에 수평방향으로 작용하는 항력은 4 kN이며 이 힘은 무게중심 G를 지난다고 가정한다. 또한 이 속력에서 차체에 가해지는 아래 방향 힘은 13 kN이다. 단순하게 하기 위해, 이 힘의 35%는 앞바퀴에, 40%는 뒷바퀴에 직접 작용하고, 나머지 부분은 무게중심에 작용한다고 가정하라. 이 조건에서 타이어와 도로 사이의 필요한 마찰계수는 무엇인지 구하라. 그 결과를 승용차 타이어와 비교하라.

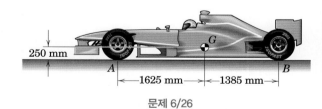

문제 6/26

6.4 고정축에 대한 회전

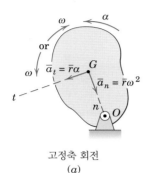

고정축 회전
(a)

강체가 한 고정축 O 주위를 회전하는 경우를 5.2절에서 설명하고 그림 5.1c에 도시했다. 이 운동에서 강체의 모든 점은 회전축 주위로 원운동을 하고, 운동평면 내에 있는 강체의 모든 직선은 동일한 각속도 ω와 각가속도 α를 갖는다.

원운동에서 질량중심의 가속도성분은 n-t 좌표계로 쉽게 나타낼 수 있다. 그림 6.9a에 표시되어 있는 바와 같이, 점 O를 지나는 고정축 주위로 회전하는 강체의 경우, $\bar{a}_n = \bar{r}\omega^2$, $\bar{a}_t = \bar{r}\alpha$가 된다. 그림 6.9b는 자유물체도를 나타내고, 그림 6.9c는 자유물체도와 등가인 운동역학선도이고 n-t 성분으로 표시된 합력 $m\bar{\mathbf{a}}$와 합짝힘 $\bar{I}\alpha$를 나타낸다.

일반평면운동방정식 (6.1)을 여기에 직접 적용할 수 있는데, 다시 써 보면 다음과 같다.

$$\Sigma\mathbf{F} = m\bar{\mathbf{a}}$$
$$\Sigma M_G = \bar{I}\alpha \qquad\qquad [6.1]$$

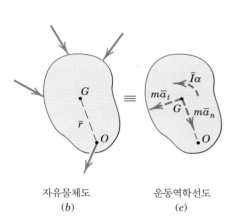

자유물체도
(b)

운동역학선도
(c)

그림 6.9

따라서 힘방정식에 대한 두 스칼라 성분식은 각각 $\Sigma F_n = m\bar{r}\omega^2$과 $\Sigma F_t = m\bar{r}\alpha$가 된다. 점에 대해 모멘트방정식을 적용할 때, 점 O에서 물체에 작용되는 힘의 모멘트를 고려해야 하므로, 자유물체도에서 이 힘을 생략해서는 안 된다.

고정축에 대한 회전에서는 회전축 O에 대한 모멘트방정식을 직접 적용하는 것이 편리하다. 이 식은 앞에서 식 (6.4)로 유도된 바 있고 다시 써 보면 다음과 같다.

$$\Sigma M_O = I_O\alpha \qquad\qquad [6.4]$$

그림 6.9c의 운동역학선도로부터 점 O에 대한 합력들의 모멘트 $\Sigma M_O = \bar{I}\alpha + m\bar{a}_t\bar{r}$를 계산하면 식 (6.4)를 쉽게 얻을 수 있다. 질량 관성모멘트에 대한 평행축정리 $I_O = \bar{I} + m\bar{r}^2$을 대입하면 $\Sigma M_O = (I_O - m\bar{r}^2)\alpha + m\bar{r}^2\alpha = I_O\alpha$가 된다.

질량중심 G를 지나는 고정축에 대한 강체의 회전은 흔히 볼 수 있는데, 이 경우에는 분명히 $\bar{\mathbf{a}} = \mathbf{0}$이므로 $\Sigma\mathbf{F} = \mathbf{0}$이 된다. 따라서 모든 외력의 합력은 짝힘 $\bar{I}\alpha$가 된다.

그림 6.10에서 보는 바와 같이 직선 OG 위의 점 Q의 위치를 $m\bar{r}\alpha q = \bar{I}\alpha + m\bar{r}\alpha(\bar{r})$로 정하고, 힘 ma_t를 점 Q를 지나는 평행한 위치로 이동시키면, 합력 $m\bar{a}_t$와 합짝힘 $\bar{I}\alpha$를 결합시킬 수 있다. 평행축 정리와 $I_O = k_O^2 m$을 이용하면 $q = k_O^2/\bar{r}$를 얻게 된다.

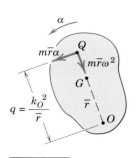

그림 6.10

점 Q는 타격중심(center of percussion)이라 하고, 물체에 작용하는 모든 힘의 합력은 반드시 이 점을 통과한다는 독특한 성질을 갖는다. 따라서 타격중심에 대한 모든 힘들의 모멘트의 합은 항상 0이 된다. 즉 $\Sigma M_Q = 0$이다.

예제 6.3

케이블들이 각각의 드럼에 단단히 감겨서 300 kg의 콘크리트 블록을 그림과 같이 들어 올리고 있다. 두 드럼은 서로 고정되어 질량중심 O 주위로 같이 회전하는데, 총질량은 150 kg이고 점 O에 대한 회전반지름은 450 mm이다. A의 구동장치에 의해 1.8 kN의 일정한 장력 P가 유지될 때, 블록의 수직가속도와 점 O의 베어링에 작용하는 합력을 구하라.

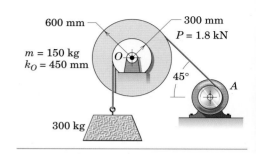

|**풀이 I**| 드럼과 콘크리트 블록의 자유물체도와 운동역학선도에 베어링 반력의 두 성분 O_x와 O_y를 포함한 모든 힘들을 표시한다. ① 중심에 대한 회전운동에서 드럼에 작용하는 힘계의 합력은 짝힘 $\bar{I}\alpha = I_O\alpha$이다. 여기서

$[I = k^2 m]$ $\qquad\qquad$ $\bar{I} = I_O = (0.450)^2 150 = 30.4 \text{ kg·m}^2$ ②

풀리에 대해 각가속도 α방향으로 질량중심 O에 대한 모멘트를 취하면 다음과 같다.

$[\Sigma M_G = \bar{I}\alpha]$ $\qquad$ $1800(0.600) - T(0.300) = 30.4\alpha$ $\qquad$ (a)

블록의 가속도는 다음 식으로 기술된다.

$[\Sigma F_y = ma_y]$ $\qquad\qquad$ $T - 300(9.81) = 300a$ $\qquad$ (b)

$a_t = r\alpha$로부터 $a = 0.300\alpha$를 얻는다. 이것을 대입하고 식 (a)와 (b)를 연립하여 풀면 다음을 얻는다.

$$T = 3250 \text{ N} \qquad \alpha = 3.44 \text{ rad/s}^2 \qquad a = 1.031 \text{ m/s}^2 \qquad 답$$

베어링 반력은 그 성분들로부터 구한다. $\bar{a} = 0$이므로 평형방정식을 이용한다.

$[\Sigma F_x = 0]$ $\quad$ $O_x - 1800 \cos 45° = 0$ $\qquad$ $O_x = 1273 \text{ N}$

$[\Sigma F_y = 0]$ $\quad$ $O_y - 150(9.81) - 3250 - 1800 \sin 45° = 0$ $\qquad$ $O_y = 6000 \text{ N}$

$$O = \sqrt{(1273)^2 + (6000)^2} = 6130 \text{ N} \qquad 답$$

|**풀이 II**| 전체 시스템의 자유물체도를 그려서 T가 내력이 되게 하면 T를 구할 필요가 없으므로 더 간단하게 풀 수 있다. 시스템의 운동역학선도로부터 점 O에 대한 모멘트합은 드럼의 합짝힘 $\bar{I}\alpha$와 블록의 합력 ma의 모멘트를 더한 것과 같아야 한다. 따라서 식 (6.5)의 원리로부터 다음과 같은 식을 쓸 수 있다.

$[\Sigma M_O = \bar{I}\alpha + m\bar{a}d]$ $\quad$ $1800(0.600) - 300(9.81)(0.300) = 30.4\alpha + 300a(0.300)$

그런데 $a = 0.300\alpha$이므로, 앞에서와 같이 $a = 1.031 \text{ m/s}^2$이 된다.

합력의 합을 전체 시스템의 힘의 합과 같다고 할 수 있다.

$[\Sigma F_y = \Sigma m\bar{a}_y]$ $O_y - 150(9.81) - 300(9.81) - 1800 \sin 45° = 150(0) + 300(1.031)$

$$O_y = 6000 \text{ N}$$

$[\Sigma F_x = \Sigma m\bar{a}_x]$ $\qquad\qquad$ $O_x - 1800 \cos 45° = 0$ $\qquad$ $O_x = 1273 \text{ N}$

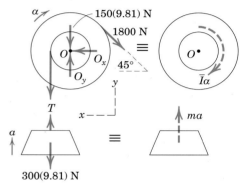

|**도움말**|

① 장력 T가 300(9.81) N이 아니라는 사실을 명심하라. 만약 장력이 그 값이라면 블록은 가속되지 않을 것이다.

② g의 단위를 m/s²으로 쓸 때, k_O는 미터로 나타내어야 한다.

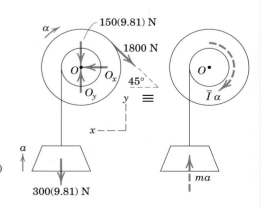

예제 6.4

질량중심이 G에 있는 질량 7.5 kg의 진자의 회전중심 O에 대한 회전반지름은 295 mm이다. $\theta = 0$인 위치에서 정지상태의 진자를 놓는다. $\theta = 60°$가 되는 순간 베어링이 지지하는 전체 힘을 구하라. 베어링에서의 마찰은 무시한다.

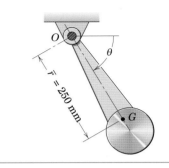

|**풀이**| 그림은 일반 위치에서 진자의 자유물체도와 이에 대응하는 운동역학선도를 함께 보여준다. 여기서 합력의 성분들은 점 G를 지나도록 그렸다. ①

법선성분 O_n은 법선가속도 $\bar{r}\omega^2$을 포함하는 n방향 힘방정식으로부터 구할 수 있다. 진자의 각속도 ω는 각가속도를 적분해서 얻을 수 있고, O_t는 접선가속도 $\bar{r}\alpha$에만 관계되므로 먼저 α를 구한다. 이를 위하여 $I_O = k_O^2 m$을 이용하면 O에 관한 모멘트방정식은 다음과 같다.

$$[\Sigma M_O = I_O \alpha] \qquad 7.5(9.81)(0.25)\cos\theta = (0.295)^2(7.5)\alpha \quad ②$$

$$\alpha = 28.2\cos\theta \text{ rad/s}^2$$

$\theta = 60°$인 경우

$$[\omega\,d\omega = \alpha\,d\theta] \qquad \int_0^\omega \omega\,d\omega = \int_0^{\pi/3} 28.2\cos\theta\,d\theta$$

$$\omega^2 = 48.8 \text{ (rad/s)}^2$$

60° 위치에 대하여 나머지 두 운동방정식은 다음과 같다.

$$[\Sigma F_n = m\bar{r}\omega^2] \qquad O_n - 7.5(9.81)\sin 60° = 7.5(0.25)(48.8) \quad ③$$

$$O_n = 155.2 \text{ N}$$

$$[\Sigma F_t = m\bar{r}\alpha] \qquad -O_t + 7.5(9.81)\cos 60° = 7.5(0.25)(28.2)\cos 60°$$

$$O_t = 10.37 \text{ N}$$

$$O = \sqrt{(155.2)^2 + (10.37)^2} = 155.6 \text{ N} \qquad \blacksquare$$

O_t의 올바른 방향은 모멘트방정식 $\Sigma M_G = \bar{I}\alpha$를 적용하면 처음부터 알 수도 있다. 이때 O_t의 점 G에 관한 모멘트는 α와 같은 방향으로 잡아야 하므로 시계방향이 되어야 한다. 또한 힘 O_t는 처음부터 아래 그림과 같이 타격중심 Q에 관한 모멘트방정식을 써도 얻을 수 있다. 이렇게 하면 α를 계산할 필요가 없다. 먼저 타격중심까지의 거리 q를 구해야 한다.

$$[q = k_O^2/\bar{r}] \qquad q = \frac{(0.295)^2}{0.250} = 0.348 \text{ m}$$

$$[\Sigma M_Q = 0] \qquad O_t(0.348) - 7.5(9.81)(\cos 60°)(0.348 - 0.250) = 0$$

$$O_t = 10.37 \text{ N} \qquad \blacksquare$$

|**도움말**|

① 물론 G의 가속도분은 $\bar{a}_n = \bar{r}\omega^2$, $\bar{a}_t = \bar{r}\alpha$이다.

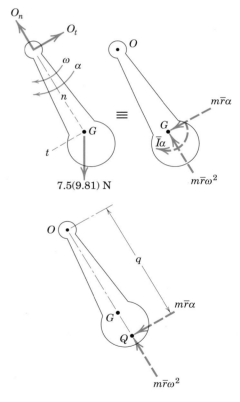

② 기본이론을 복습하고 $\Sigma M_O = I_O\alpha = \bar{I}\alpha + m\bar{r}^2\alpha = m\bar{r}\alpha q$임을 확인하라.

③ 특히 여기서 힘의 합이 질량중심 G의 가속도성분의 양의 방향으로 이루어졌음에 주목한다.

연습문제

기초문제

6/27 20 kg의 균일한 강판이 그림과 같이 z축에 대하여 자유롭게 회전할 수 있게 힌지로 연결되어 있다. 강판이 수평의 y-z 평면에서 정지상태로부터 놓이지는 순간에 A와 B의 각각의 베어링에서 지지하는 힘을 구하라.

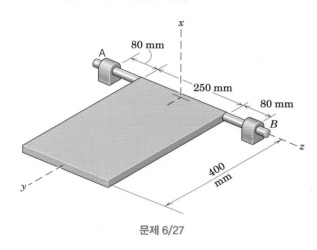

문제 6/27

6/28 그림은 유압으로 작동되는 문을 위에서 본 것이다. 유체가 A와 가까운 실린더의 피스톤 쪽에 들어가면, B점의 막대를 늘려 O점을 지나는 수직 축에 대하여 문을 회전시킨다. 피스톤의 지름이 50 mm일 때, 문을 반시계방향으로 4 rad/s^{2}의 초기 각가속도로 회전시키는 유체의 압력 p를 구하라. O점에 대한 문의 회전반지름 K_O=950 mm이고, 문의 질량은 225 kg이다.

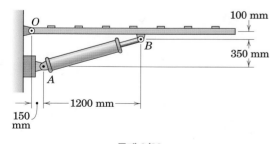

문제 6/28

6/29 100 kg의 균일한 빔의 위쪽 끝이 A점에 힌지로 고정되어 있고, θ=0인 수직 위치에서 정지해 있다. 빔에 연결된 케이블에 P=300 N의 힘이 가해졌을 때 빔의 초기 각가속도 α와 A점에서 핀에 의해 지지되는 힘 F_A를 구하라.

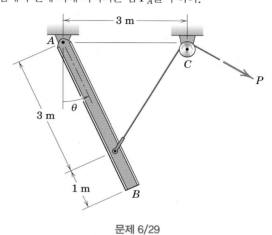

문제 6/29

6/30 모터 M은 5500 kg의 스타디움 패널(회전 중심 반지름 $\bar{k}$= 1.95 m)을 A점을 중심으로 회전시켜 들어 올리는 데 사용된다. 모터가 6750 N·m의 토크를 발생할 수 있다면, 패널이 반시계방향으로 1.5 deg/s^{2}의 초기 각가속도로 움직일 수 있는 풀리의 지름 d를 구하라. 모든 마찰은 무시한다.

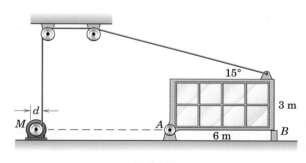

문제 6/30

6/31 그림은 동역학 수업에서 설명을 위하여 사용되는 운동량 바퀴이다. 무게가 있는 림 밴드와 핸들 그리고 줄이 달려 있는 풀리로 구성된 단순한 자전거 바퀴이다. 무거운 림 밴드로 인하여 3.2 kg 바퀴의 회전반지름은 275 mm이다. 45 N의 일정한 장력 T가 줄에 작용할 때, 바퀴의 각가속도를 구하라. 베어링의 마찰력은 무시한다.

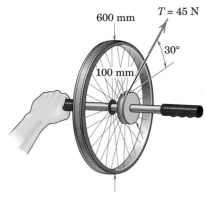

문제 6/31

6/32 두 개의 드럼과 반지름 250 mm의 허브가 그림과 같이 연결되어 있다. 각각의 경우 허브와 드럼의 무게의 합은 100 kg이고 회전반지름은 중심으로부터 375 mm이다. 각 드럼의 각가속도를 구하라. 각 베어링의 마찰은 무시한다.

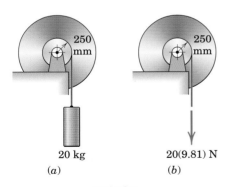

문제 6/32

6/33 (a) 질량 m의 좁은 링과 (b) 질량 m의 원판 디스크가 수직면에서 OC가 수평인 위치에서 정지상태로부터 놓아진 직후, 각가속도와 O점의 베어링에 작용하는 힘을 구하라.

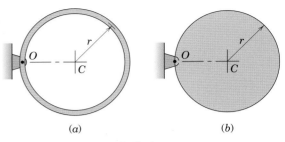

문제 6/33

6/34 강성 $k_T = 15$ N · m/rad인 비틀림 스프링이 변형이 안 된 위치로부터 시계방향으로 90° 비틀어져 있을 때, 균일한 5 kg의 반원형 후프가 정지상태로부터 놓아진다. 물체가 놓아지는 순간에 O점의 핀에 걸리는 힘을 구하라. 후프는 수직면에서만 운동하며 후프의 반지름 $r = 150$ mm이다.

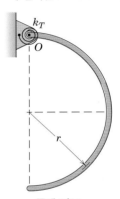

문제 6/34

6/35 750 mm의 가느다란 막대의 질량은 9 kg이고, O점에서 수직축과 연결되어 있다. $M = 10$ N · m의 토크가 축을 통해 막대에 작용한다면, 막대가 회전을 시작할 때 베어링에 작용되는 수평 힘 R을 구하라.

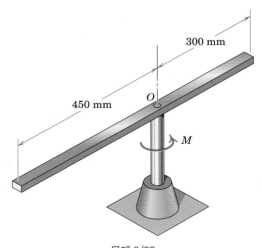

문제 6/35

6/36 질량 m인 균일한 평판이 그림에 나타낸 위치에서 정지상태로부터 놓아진다. 평판의 초기 각가속도 α와 O점에서 핀에 의해 지지되는 힘의 크기를 구하라.

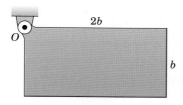

문제 6/36

6/37 질량 8 kg의 균일하고 가느다란 막대 AB가 점 A를 중심으로 수직면에서 회전한다. $\theta = 30°$일 때 $\dot\theta = 2$ rad/s라면, 이 순간에 점 A의 핀에 의해 지지되는 힘을 구하라.

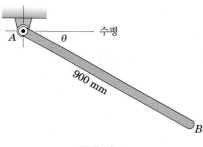

문제 6/37

6/38 두께가 일정하고 질량인 m인 부채꼴 모양의 평판이 그림과 같이 직선 모서리 중 하나가 수직인 상태에서 정지상태로부터 놓아진다. O를 중심점으로 회전할 때 초기 각가속도를 구하라. 일반적 표현으로 구한 식을 $\beta = \pi/2$일 때와 $\beta = \pi$일 때 각각에 대하여 평가하라. 그 결과를 비교 설명하라.

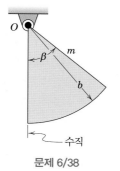

문제 6/38

심화문제

6/39 균일한 디스크의 각가속도를 다음의 각 경우에 대하여 구하라. (a) 디스크의 회전 관성을 무시할 때, (b) 디스크의 관성을 고려할 때. 이 시스템은 정지상태로부터 놓아지며, 코드는 디스크에서 미끄러지지 않고, O에서의 베어링 마찰은 무시될 수 있다.

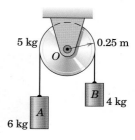

문제 6/39

6/40 동일한 길이의 균일하고 가느다란 막대 네 개로 사각 프레임이 구성되어 있고, O점의 볼은 소켓(그림에 나타내지 않음)에 걸려 있다. 그림의 위치로부터 시작해서 프레임이 $A-A$ 축에 대해 45° 회전된 후 놓아진다. 이때 프레임의 초기 각가속도를 구하라. 또한 $B-B$축에 대해 45° 회전한 경우에 대해 반복해서 문제를 풀어라. 볼의 작은 질량, 오프셋, 그리고 마찰은 무시하라.

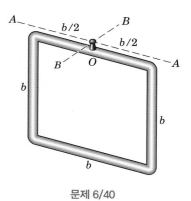

문제 6/40

6/41 유연한 전원 케이블이 감긴 릴이 위치가 고정된 트레일러에 실려 있다. 60 m 케이블의 질량은 미터당 0.65 kg이고, 릴의 반지름은 375 mm이다. 빈 릴은 28 kg이고, 중심축에 대하여 300 mm의 회전반지름을 갖는다. 마찰 저항을 이기고 회전하기 위해서는 90 N의 장력 T가 필요하다. 180 N의 장력이 케이블의 자유 끝단에 작용할 때, 릴의 각가속도 α를 구하라.

문제 6/41

6/42 질량 m의 균일한 막대가 부드러운 핀에 의해 O점에서 지지되어 있고, 질량 m_1의 원통형 실린더와 가벼운 풀리 C를 지나는 가벼운 케이블에 의해 연결되어 있다. 시스템이 그림과 같은 위치에서 정지상태에서 놓아질 때, 케이블의 장력을 구하라. $m = 30$ kg, $m_1 = 20$ kg, $L = 6$ m이다.

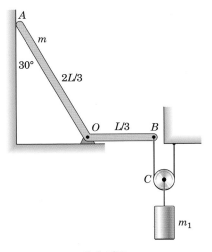

문제 6/42

6/43 에어 테이블은 유연한 우주선 모델의 탄성 운동을 연구하기 위해 사용된다. 압축된 공기가 수많은 미세한 구멍을 통해 표면으로 나와 마찰이 거의 없는 에어쿠션을 만든다. 그림에는 반지름 r의 원통형 허브와 길이 l과 작은 두께 t를 갖는 네 개의 부속물로 이루어진 모델이 있다. 허브와 부속물들은 모두 같은 깊이 d를 갖고, 같은 물질로 구성되어 같은 밀도 ρ를 갖는다. 우주선 모델이 강체라고 가정하고, 정지상태로부터 시간주기 τ초 동안 각가속도 ω로 허브가 회전하기 위해 필요한 모멘트 M을 구하라. (우주선 모델의 부속물들은 극도로 유연하기 때문에 부속물들을 탄성 변형시키지 않기 위해 모멘트는 정확히 강체로 된 허브에 작용해야 한다는 점에 유의하라.)

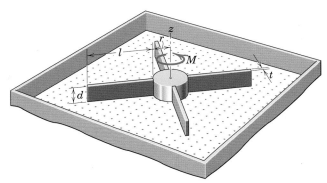

문제 6/43

6/44 베어링 A와 B의 설계 적합성 확인을 위한 진동 실험 중이다. 불균형 회전자와 결합된 축의 질량은 2.8 kg이다. 질량중심의 위치를 찾기 위해서, 그림과 같이 90° 회전된 상태에서 평형을 유지하기 위해 0.660 N·m의 토크를 축에 가한다. 정지상태에서 18회 회전한 후 1200 rev/min의 속도에 도달하기 위해 $M = 1.5$ N·m의 토크가 축에 가해진다. (각각의 회전 동안에 각가속도는 다르지만, 그 평균값은 일정한 가속도로 같다.) (a) 회전축에 대한 회전자와 축의 회전반지름 k와, (b) 토크 M이 작용한 직후에 각 베어링에 걸리는 힘 F, (c) 1200 rev/min의 속도에 도달한 후 토크 M이 제거될 때 각 베어링에 걸리는 힘 R을 구하라. 모든 마찰 저항과 정적 평형에 의한 베어링 힘은 무시하라. 문제 (b)와 (c)에서, 로터는 그림에 나타낸 위치에 있는 것으로 풀어라.

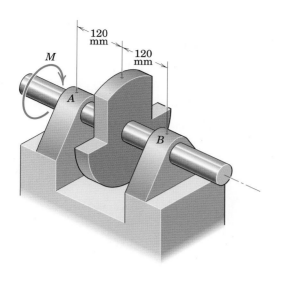

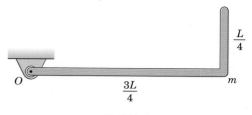

문제 6/46

6/47 두 개의 글라인딩 휠은 각각 지름 **150 mm**, 두께 **18 mm**이고, 밀도는 **6800 kg/m³**이다. 스위치가 켜지면 정지상태에서 가속을 시작해 작동 속도인 **3450 rev/min**에 도달하는 데 **5**초가 걸린다. 스위치를 끄면 멈추는 데까지 **35초**가 걸린다. 모터의 토크와 마찰 모멘트가 각각 일정하다고 가정하고, 이 값들을 구하라. 회전 모터 전기자(armature)의 관성의 영향은 무시하라.

문제 6/44

6/45 단단한 원통형 회전체 B는 **43 kg**의 질량을 갖고 있고, 중심축 C-C에 지지되어 있다. 프레임 A는 수직축 O-O에 대하여 토크 $M = 30$ N·m이 작용하여 회전한다. 고정 핀 P가 제거되면 회전체는 프레임에 고정되지 않는다. 고정 핀이 (a) 제자리에 있을 때, (b) 제거되었을 때 프레임 A의 각가속도 α를 구하라. 모든 마찰과 프레임의 질량은 무시한다.

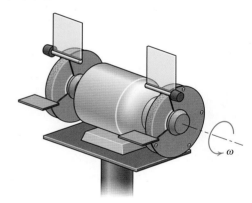

문제 6/47

6/48 균일하고 가느다란 막대가 그림과 같은 수평위치에서 정지상태로부터 놓아진다. 각가속도를 최대로 만드는 x의 값과 그때의 각가속도 α를 구하라.

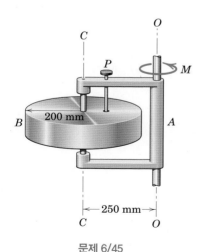

문제 6/45

6/46 질량이 m이고 길이가 L인 직각 물체는 균일하고 가느다란 막대로 만들어졌다. 물체는 그림과 같은 위치에서 정지상태로부터 놓아진다. 물체의 초기 각가속도 α와 O점의 피벗에 의해 지지되는 힘의 크기를 구하라.

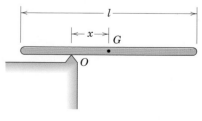

문제 6/48

6/49 C에 외부 지름 80 mm인 2 kg 칼라가 가벼운 50 mm 지름의 축에 꽉 끼워져 있다. 각 스포크의 질량은 1.5 kg이고 반지름 40 mm의 3 kg 구가 끝에 부착되어 있다. D의 풀리는 5 kg 이고 중심에 대한 회전반지름은 60 mm이다. 초기에 정지해 있는 구조물에 단단히 감겨진 케이블의 끝에 장력 T=20 N 이 작용할 때, 구조물의 초기 각가속도를 구하라. A와 B의 베어링의 마찰은 무시하고, 모든 가정을 명시하라.

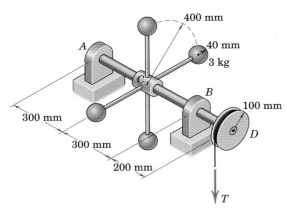

문제 6/49

6/50 단위 면적당 ρ의 질량을 갖는 직각 판이 O점의 베어링에 지지된 수평 축에 연결되어 있다. 축이 회전에 대해 자유롭다면, 판의 윗면이 수평상태에서 정지상태로부터 놓아질 때 초기 각가속도 α를 구하라. 또한 축의 O점의 합력의 y-성분과 z-성분을 구하라.

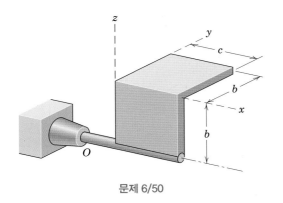

문제 6/50

6/51 충격 시험용 장치는 질량 중심이 G이고 회전 반경(radius of gyration)이 620 mm인 34 kg의 진자로 구성되어 있다. 진자에서 거리 b는 회전의 맨 아래에 있는 시편과 충돌 시 O의 베어링에 가해지는 힘이 가능한 한 최소가 되도록 선정한다. θ=60°에서 정지상태로부터 놓아진 직후에 b를 구하고 베어링 O에 작용하는 총힘 R의 크기를 구하라.

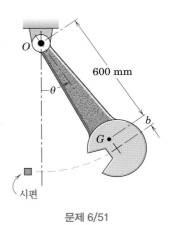

문제 6/51

6/52 기어 A의 질량은 20 kg이고 중심에 대한 회전 반경은 150 mm이다. 기어 B의 질량은 10 kg이고 중심에 대한 회전 반경은 100 mm이다. 기어 A의 축에 12 N·m의 토크가 작용할 때 기어 B의 각가속도를 구하라. 마찰은 무시하라.

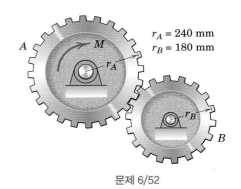

r_A = 240 mm
r_B = 180 mm

문제 6/52

6/53 디스크 B의 질량은 **22 kg**이고 중심에 대한 회전 반경은 **200 mm**이다. 동력 장치 C는 모터 M과 **1600 rev/min**의 일정한 각속도로 구동되는 디스크 A로 구성되어 있다. 두 디스크 사이의 정지 및 운동 마찰 계수는 각각 $\mu_s=0.80$ 및 $\mu_k=0.60$이다. 디스크 B는 초기에는 멈춰있다가, $P=14$ N의 일정한 힘의 적용에 의해 디스크 A와 접촉하게 된다. B의 각가속도 α를 구하고, B가 정상 상태 속도에 도달하는 데 필요한 시간 t를 구하라.

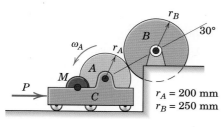

문제 6/53

6/54 균일하고 가느다란 막대가 그림과 같이 수직 위치에 있을 때 스프링은 압축되지 않는다. 막대가 그림에 나타낸 위치에서 시계방향으로 30° 회전된 위치에서 정지 상태로부터 놓아질 때 막대의 초기 각가속도 α를 구하라. 질량을 무시할 수 있는 스프링의 처짐을 무시하라.

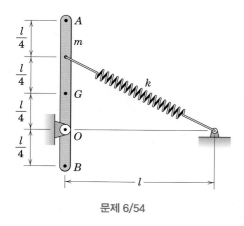

문제 6/54

6/55 24 m, 300 kg의 균일한 깃대의 아랫부분이 O점에 힌지로 연결되어 있다. 윈치 C가 **1300 N · m**의 토크를 주기 시작해서, 지지점 B가 떨어지는 순간에 O점의 핀에 걸리는 합력을 구하라. 또한 그에 따른 깃대의 각가속도 α를 구하라. A점에 연결된 케이블은 수평이고 풀리와 윈치의 질량은 무시한다.

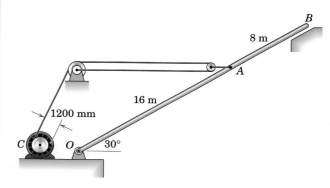

문제 6/55

6/56 질량이 m이고 길이가 l인 균일하고 가는 막대가 수직 위치에서 정지 상태로부터 놓아져 사각 모서리의 O를 중심으로 회전한다. (a) 막대가 $\theta=30°$일 때 미끄러지는 것이 관찰된다면, 막대와 모서리 사이의 정지 마찰 계수 μ_s를 구하라. (b) 막대의 끝이 미끄러지지 않도록 홈(notch)이 있다면 막대와 모서리 사이의 접촉이 끝나는 각도 θ를 구하라.

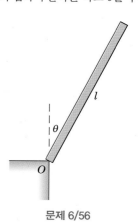

문제 6/56

6.5 일반평면운동

일반평면운동에서 강체의 동역학은 병진과 회전의 조합이다. 6.2절의 그림 6.4에서 이러한 강체를 자유물체도와 작용력의 동적합력들을 표시하는 운동역학선도로 나타냈다. 참고로 일반평면운동에 적용되는 그림 6.4와 식 (6.1)을 다시 싣는다.

$$\Sigma \mathbf{F} = m\bar{\mathbf{a}}$$
$$\Sigma M_G = \bar{I}\alpha$$

[6.1]

이들 방정식을 직접 적용하면 자유물체도에 표시되는 외부에서 작용하는 힘들과 운동역학선도에 표시된 힘합력과 모멘트합력 사이의 등가성(equivalence)을 얻게 된다.

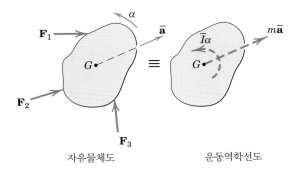

자유물체도　　　　　　　운동역학선도

그림 6.4 (반복)

KEY CONCEPTS　**평면운동 문제의 풀이**

평면운동 문제를 풀 때는 다음과 같은 고려사항을 명심하도록 한다.

좌표계의 선택.　힘방정식 (6.1)은 질량중심의 가속도를 가장 쉽게 기술할 수 있는 좌표계로 표시해야 한다. 일반적으로 직교좌표계, 법선–접선 좌표계, 극좌표계 중에서 하나를 선택한다.

모멘트방정식의 선택.　6.2절에서는 그림 6.5를 이용하여 임의의 점 P에 관한 대체 모멘트방정식 (6.2)를 유도했다. 참고로 이 그림과 방정식을 다시 싣는다.

$$\Sigma M_P = \bar{I}\alpha + m\bar{a}d$$

[6.2]

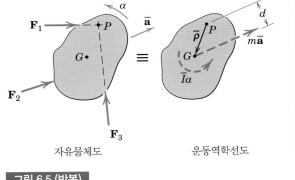

자유물체도　　　　　　　운동역학선도

그림 6.5 (반복)

가속도를 알고 있는 점 P에 관한 모멘트를 취할 때에는, 식

(6.3)의 대체 모멘트방정식을 사용하는 것이 경우에 따라 더 편리할 수도 있다. 강체 위에서 가속도가 0인 점 O에 관한 모멘트방정식 (6.4)는 또 다른 대체 모멘트방정식이 되며, 때로는 더 유용하게 사용되기도 한다.

구속운동과 비구속운동.　일반평면운동에 관한 문제를 다룰 때에는 그림 6.6의 예에서 본 것과 같이, 운동이 비구속인지 구속인지를 먼저 살핀다. 구속운동인 경우, 선가속도와 각가속도 사이의 운동학적 관계식을 구하고, 그것을 운동에 관한 힘방정식과 모멘트방정식에 대입한다. 비구속운동이면 식 (6.1)의 세 운동방정식을 하나씩 별도로 직접 적용하여 가속도를 결정할 수 있다.

미지수의 개수.　강체문제가 풀리려면, 미지수의 개수는 그 미지수를 표현하기 위해 사용할 수 있는 독립방정식의 개수보다 많으면 안 되므로, 식의 개수가 충분한지 항상 검토해야 한다. 평면운동의 경우, 최대한 스칼라 운동방정식 세 개와 구속운동에 대한 상대가속도벡터식의 스칼라 성분식 두 개만을 사용할 수 있다. 따라서 각각의 강체에 대해서 다섯 개의 미지수까지만 다룰 수 있다.

물체 또는 시스템의 선정.　분리시켜야 할 물체를 명확히 선택하고 분리된 물체를 정확하게 자유물체도로 표시하는 것이 매우 중요하다. 이 중요한 단계를 거쳐야만 외력과 이들의 합력 사이의 등가성을 적절히 평가할 수 있다.

운동학.　평면운동 해석에서 또 하나 중요한 것은 관련 운동학에 대한 분명한 이해이다. 아주 흔히 이 단계에서 경험하는 어려움은 운동학과 관련된 것이므로, 평면운동에 관한 상대가속도식을 충분히 공부해 두는 것이 무엇보다 도움이 된다.

가정의 일관성.　문제를 풀 때 처음에는 어떤 힘이나 가속도들의 방향을 알 수 없는 경우도 있을 수 있다. 이때에는 초기 가정이 필요하고 문제를 풀고 나서 그 가정의 옳고 그름을 검토해야 할 때도 있다. 그러나 모든 가정들은 작용과 반작용의 원리뿐 아니라, **구속조건(conditions of constraint)**이라는 모든 운동학 요구조건들을 만족시켜야 한다.

예를 들어 바퀴가 수평면에서 구를 때, 그 중심은 수평선을 따라 움직이도록 구속된다. 또한 바퀴중심의 미지의 병진가속도 a에 대해 오른쪽 방향을 양으로 가정하면, 미지의 각가속도 α는 바퀴가 미끄러지지 않는다는 가정에 따라 $a = +r\alpha$가 되도록 시계방향이 양의 방향이 된다. 또한 미끄러지지 않고 구르는 바퀴에 대하여 바퀴와 지지면 사이의 정지마찰력은 보통 그 최댓값보다 작으므로 $F \neq \mu_s N$임에 주목하라. 그러나 바퀴가 굴러갈 때 미끄러지면, 즉 $a \neq r\alpha$이면 $F = \mu_k N$으로 주어지는 운동마찰력이 생기게 된다. 따라서 주어진 문제에서는, 미끄러짐에 대한 가정의 타당성을 점검해야 한다. 종종 정지마찰계수 μ_s와 운동마찰계수 μ_k와의 차이는 무시되기도 하는데, 이때는 μ가 어느 하나 또는 양쪽을 다 나타낸다.

충돌 실험을 하는 차량 내의 사람 인형(dummy)이 포함된 특별한 경우의 문제를 풀기 위한 연습문제 6/85를 여기서 미리 본다.

예제 6.5

반지름 $r = 150$ mm인 정지상태의 금속고리를 20° 경사면에 놓았다. 정지 및 운동 마찰계수가 각각 $\mu_s = 0.15$, $\mu_k = 0.12$라면 고리의 각가속도 α와 고리가 경사면을 따라 밑으로 3 m 이동하는 데 걸리는 시간 t를 구하라.

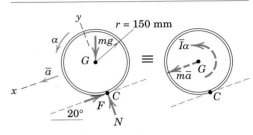

150 mm
$\mu_s = 0.15$
$\mu_k = 0.12$
20°

|풀이| 자유물체도에는 고리의 무게 mg, 경사면과의 접촉점 C에서 고리에 작용하는 수직항력 N과 마찰력 F를 표시했다. 운동역학선도에는 질량중심 G를 지나는 가속도방향의 합력 $m\bar{a}$와 짝힘 $\bar{I}\alpha$를 표시했다. 반시계방향의 각가속도를 얻기 위해서는 점 G에 관하여 반시계방향의 모멘트가 필요하므로 F는 경사면을 따라 위로 작용해야 한다.

고리는 경사면을 미끄러지지 않고 구른다고 가정하면 $\bar{a} = r\alpha$이다. 식 (6.1)의 성분식을 지정된 x, y축에 적용하면 다음과 같다.

$[\Sigma F_x = m\bar{a}_x]$ $\qquad mg \sin 20° - F = m\bar{a}$

$[\Sigma F_y = m\bar{a}_y = 0]$ $\qquad N - mg \cos 20° = 0$

$[\Sigma M_G = \bar{I}\alpha]$ $\qquad Fr = mr^2\alpha$ ①

첫째와 셋째 식에서 F를 소거하고, 운동학 가정 $\bar{a} = r\alpha$를 대입하면

$$\bar{a} = \frac{g}{2}\sin 20° = \frac{9.81}{2}(0.342) = 1.678 \text{ m/s}^2 \quad ②$$

다른 풀이방법으로는 $\bar{a} = r\alpha$의 순수구름(pure rolling) 가정과 식 (6.2)를 이용하여 점 C에 관한 모멘트합을 계산하면 직접 $\bar{a}$를 얻게 된다.

$[\Sigma M_C = \bar{I}\alpha + m\bar{a}d]$ $\qquad mgr \sin 20° = mr^2 \frac{\bar{a}}{r} + m\bar{a}r$ $\qquad \bar{a} = \frac{g}{2}\sin 20°$

미끄러지지 않는다는 가정을 검토하기 위해 F와 N을 계산하고, F를 그 한곗값과 비교한다. 위의 식들로부터

$$F = mg \sin 20° - m\frac{g}{2}\sin 20° = 0.1710mg$$

$$N = mg \cos 20° = 0.940mg$$

그러나 가능한 최대 마찰력은

$[F_{max} = \mu_s N]$ $\qquad F_{max} = 0.15(0.940mg) = 0.1410mg$

계산한 값 $0.1710mg$는 한곗값 $0.1410mg$를 초과하므로 순수구름 가정이 틀렸다는 결론을 얻게 된다. 따라서 고리는 구르면서 미끄러지고 $\bar{a} \neq r\alpha$가 된다. 그러면 마찰력은 다음과 같이 동적인 값이 된다.

$[F = \mu_k N]$ $\qquad F = 0.12(0.940mg) = 0.1128mg$

이제 운동방정식은 다음과 같이 된다.

$[\Sigma F_x = m\bar{a}_x]$ $\qquad mg \sin 20° - 0.1128mg = m\bar{a}$

$\qquad\qquad\qquad \bar{a} = 0.229(9.81) = 2.25 \text{ m/s}^2$

$[\Sigma M_G = \bar{I}\alpha]$ $\qquad 0.1128mg(r) = mr^2\alpha$ ③

$$\alpha = \frac{0.1128(9.81)}{0.150} = 7.37 \text{ rad/s}^2$$

고리의 중심 G가 등가속도로 정지위치로부터 3 m 이동하는 데 걸리는 시간은 다음과 같다.

$[x = \frac{1}{2}at^2]$ $\qquad t = \sqrt{\frac{2x}{\bar{a}}} = \sqrt{\frac{2(3)}{2.25}} = 1.633 \text{ s}$

|도움말|

① 고리의 모든 질량이 중심 G로부터 r만큼 떨어져 있으므로 점 G에 관한 질량 관성 모멘트는 mr^2이다.

② $\bar{a}$는 m이나 r과는 무관하다.

③ α는 m에는 무관하나 r에 의존한다.

예제 6.6

3 rad/s²의 일정한 각가속도 α_0로 회전하는 드럼 A는 스풀의 내부 허브에 감긴 연결케이블에 의해 70 kg의 스풀 B를 수평면에서 구르게 한다. 질량중심 G에 대한 스풀의 회전반지름 $\bar{k}$는 250 mm이고, 스풀과 수평면 사이의 정지마찰계수는 0.25이다. 케이블의 장력 T와 수평면이 스풀에 가하는 마찰력 F를 구하라.

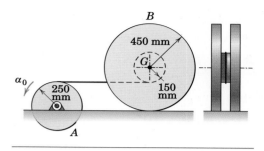

|풀이| 스풀의 자유물체도와 운동역학선도를 그린다. 이 문제에서는 각가속도가 반시계방향이기 때문에 점 G(점 D도 마찬가지)에 대한 모멘트합도 반시계방향이어야 한다는 사실을 두 선도로부터 알아낼 수 있으므로 마찰력의 정확한 방향을 지정할 수 있다. 연결케이블의 한 점의 가속도는 $a_t = r\alpha = 0.25(3) = 0.75$ m/s²이고, 이것은 스풀의 점 D의 수평방향 가속도성분이기도 하다. 처음에 스풀이 미끄러지지 않고 구른다고 가정하면, 반시계방향 각가속도는 $\alpha = (a_D)_x/\overline{DC} = 0.75/0.30 = 2.5$ rad/s²이 된다. ① 따라서 질량중심 G의 가속도는 $\bar{a} = r\alpha = 0.45(2.5) = 1.125$ m/s²이 된다.

운동학 관계를 결정했으면 이제는 식 (6.1)의 세 운동방정식을 적용한다.

$$[\Sigma F_x = m\bar{a}_x] \qquad\qquad F - T = 70(-1.125) \qquad\qquad (a)$$

$$[\Sigma F_y = m\bar{a}_y] \qquad N - 70(9.81) = 0 \qquad N = 687 \text{ N}$$

$$[\Sigma M_G = \bar{I}\alpha] \qquad F(0.450) - T(0.150) = 70(0.250)^2(2.5) \quad ② \qquad (b)$$

(a)와 (b)를 연립하여 풀면

$$F = 75.8 \text{ N 이고} \qquad\qquad T = 154.6 \text{ N} \qquad ▣$$

미끄러지지 않는다는 가정의 타당성을 입증하기 위해, 표면이 지지할 수 있는 최대 마찰력은 $F_{max} = \mu_s N = 0.25(687) = 171.7$ N임을 이용한다. 이 문제에서는 단지 75.8 N의 마찰력만이 필요하므로, 미끄러지지 않는다는 가정은 맞다는 결론을 내릴 수 있다.

예를 들어 정지마찰계수가 0.1이었다면, 마찰력은 0.1(687) = 68.7 N으로 제한되고, 이것은 75.8 N보다 작으므로 스풀은 미끄러졌을 것이다. 이 경우, 운동학 관계식 $\bar{a} = r\alpha$는 더 이상 성립하지 않는다. $(a_D)_x$가 알려졌으므로 각가속도는 $\alpha = [\bar{a}-(a_D)_x]/\overline{GD}$가 된다. ③ 이 식과 함께 $F = \mu_k N = 68.7$ N을 사용해서 미지수 $T, \bar{a}, \alpha$에 관한 세 운동방정식을 풀면 된다.

다른 풀이방법으로는, 순수구름에 대하여 점 C를 모멘트중심으로 하고 식 (6.2)를 이용하면 직접 T가 구해진다.

$$[\Sigma M_C = \bar{I}\alpha + m\bar{a}r] \quad 0.3T = 70(0.25)^2(2.5) + 70(1.125)(0.45)$$

$$T = 154.6 \text{ N} \qquad ▣$$

여기서 미끄러지지 않는다는 운동학 조건이 사용되었다. F를 직접 얻기 위해 점 D에 관한 모멘트방정식을 쓸 수도 있다. ④

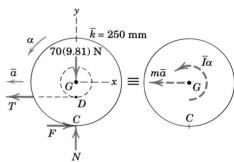

|도움말|

① $\bar{a}$와 α의 관계는 스풀이 미끄러지지 않고 구른다는 가정에 수반되는 운동학 구속조건이다.

② 스풀의 $\bar{I}$로 $\frac{1}{2}mr^2$을 쓰는 실수를 범하지 않도록 주의한다. 이것은 균일원판에만 적용되는 것이다.

③ 여기서 상대가속도의 원리가 필요하다. 즉, $(a_{G/D})_t = \overline{GD}\alpha$를 인식할 필요가 있다.

④ 보통 운동역학선도에서 모멘트중심을 자유롭게 선택할 수 있다는 사실이 계산을 간단하게 한다.

예제 6.7

질량 30 kg인 가는 막대 AB는 매끄러운 수평, 수직 안내홈에 양 끝이 구속되어 수직
평면에서 움직인다. $\theta = 30°$인 위치에서 정지해 있던 막대가 점 A에서 150 N의 힘
을 받았을 때, 막대의 각가속도와 양 끝의 작은 롤러 A, B에 작용하는 힘을 구하라.

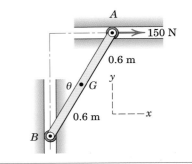

| 풀이 |　막대는 구속운동을 하므로 질량중심의 가속도와 각가속도 사이의 관
계식을 수립해야 한다.　상대가속도식 $\mathbf{a}_A = \mathbf{a}_B + \mathbf{a}_{A/B}$를 먼저 풀고 다음에
$\bar{\mathbf{a}} = \mathbf{a}_G = \mathbf{a}_B + \mathbf{a}_{G/B}$를 풀어 $\bar{a}$와 α 사이의 관계식을 얻는다.　① α를 실제 시계방
향으로 지정하면, 이 식들을 나타내는 가속도벡터 다각형은 옆 그림과 같고, 그 해
는 다음과 같다.

$$\bar{a}_x = \bar{a}\cos 30° = 0.6\alpha\cos 30° = 0.520\alpha \text{ m/s}^2$$

$$\bar{a}_y = \bar{a}\sin 30° = 0.6\alpha\sin 30° = 0.3\alpha \text{ m/s}^2$$

다음은 그림과 같이 자유물체도와 운동역학선도를 그린다. $\bar{a}_x$, $\bar{a}_y$가 α의 함수로
표시되었으므로 남아 있는 미지수는 α와 힘 A, B뿐이다. 이제 식 (6.1)을 적용하면

$[\Sigma M_G = \bar{I}\alpha]$

$$150(0.6\cos 30°) - A(0.6\sin 30°) + B(0.6\cos 30°) = \frac{1}{12}30(1.2^2)\alpha \quad ②$$

$[\Sigma F_x = m\bar{a}_x]$　　　　　　$150 - B = 30(0.520\alpha)$

$[\Sigma F_y = m\bar{a}_y]$　　　　　　$A - 30(9.81) = 30(0.3\alpha)$

세 식을 연립하여 풀면 다음 결과를 얻는다.

$$A = 337 \text{ N} \qquad B = 76.8 \text{ N} \qquad \alpha = 4.69 \text{ rad/s}^2 \qquad \blacksquare$$

다른 풀이방법으로는 점 C를 모멘트중심으로 하고, 식 (6.2)를 사용하면 세 개의
연립방정식을 풀지 않아도 된다. 이렇게 하면 힘 A와 B를 구하지 않고 직접 α를 얻
을 수 있다.

$[\Sigma M_C = \bar{I}\alpha + \Sigma m\bar{a}d]$

$$150(1.2\cos 30°) - 30(9.81)(0.6\sin 30°) = \frac{1}{12}30(1.2^2)\alpha$$

$$+ 30(0.520\alpha)(0.6\cos 30°) + 30(0.3\alpha)(0.6\sin 30°) \quad ③$$

$$67.6 = 14.40\alpha \qquad \alpha = 4.69 \text{ rad/s}^2 \qquad \blacksquare$$

α가 결정되었으므로 힘방정식을 따로따로 적용할 수 있다.

$[\Sigma F_y = m\bar{a}_y]$　　$A - 30(9.81) = 30(0.3)(4.69)$　　　$A = 337 \text{ N}$　$\blacksquare$

$[\Sigma F_x = m\bar{a}_x]$　　　　$150 - B = 30(0.520)(4.69)$　　　$B = 76.8 \text{ N}$　$\blacksquare$

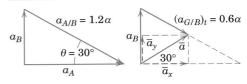

| 도움말 |

① 여기서 상대가속도식의 적용이 완전히 이해되
지 않으면 5.6절을 복습하라. 막대의 각속도가
없으므로 상대 법선가속도 항이 없는 것에 유
의하라.

② 가는 막대의 질량중심에 관한 질량 관성모멘
트는 $\frac{1}{12}ml^2$이다.

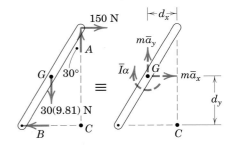

③ 운동역학선도로부터 $\Sigma m\bar{a}d = m\bar{a}_x d_y + m\bar{a}_y d_x$이다. 두 항이 모두 $\bar{I}\alpha$와 같은 시계방향
이므로 양의 부호를 갖는다.

예제 6.8

무심코 문을 조금 열어두고 차에 브레이크를 밟아 뒤로 일정한 가속도 a를 주었다. 문이 90°의 위치를 지나는 순간, 문의 각속도를 구하고, 임의의 각도 θ에 대하여 중심축 O의 반력성분들을 구하라. 문의 질량은 m이고 그 질량중심은 중심축 O로부터 $\bar{r}$만큼 떨어져 있다. 또 O에 관한 회전반지름은 k_O이다.

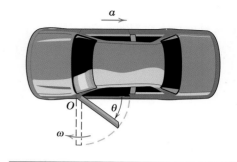

|**풀이**| 각속도 ω는 θ에 따라 증가하므로, θ구간에서 적분하여 ω를 구하려면 각가속도 α가 θ에 대해 어떻게 변화하는지 알아야 한다. 점 O에 관한 모멘트방정식으로부터 α를 구한다. 먼저 일반위치 θ에 대해 수평면에서 문의 자유물체도를 그린다. 이 평면에 표시되는 힘들은 x, y방향으로 표시한 반력성분들뿐이다. 운동역학선도에는 α의 방향으로 표시한 합짝힘 $\bar{I}\alpha$를 표시하고, 점 O에 관한 상대가속도식을 사용하여 합력 $m\mathbf{\bar{a}}$를 그 성분들로 표시한다. ① 이 식은 구속조건의 운동학 방정식이 되며 다음과 같다.

$$\mathbf{\bar{a}} = \mathbf{a}_G = \mathbf{a}_O + (\mathbf{a}_{G/O})_n + (\mathbf{a}_{G/O})_t$$

그러면 $m\mathbf{\bar{a}}$의 성분들의 크기는 다음과 같다.

$$ma_O = ma \qquad m(a_{G/O})_n = m\bar{r}\omega^2 \qquad m(a_{G/O})_t = m\bar{r}\alpha \quad ②$$

여기서, $\omega = \dot{\theta}$, $\alpha = \ddot{\theta}$이다.

주어진 각도 θ에 대하여 세 개의 미지수는 α, O_x, O_y이다. 점 O에 대한 모멘트방정식을 사용하면 다음과 같이 O_x와 O_y를 소거할 수 있다.

$$[\Sigma M_O = \bar{I}\alpha + \Sigma m\bar{a}d] \qquad 0 = m(k_O{}^2 - \bar{r}^2)\alpha + m\bar{r}\alpha(\bar{r}) - ma(\bar{r}\sin\theta) \quad ③$$

α에 관하여 이 식을 풀면 $\quad \alpha = \dfrac{a\bar{r}}{k_O{}^2}\sin\theta \quad ④$

이제 α를 일반 위치까지 적분하면 다음과 같이 된다.

$$[\omega\,d\omega = \alpha\,d\theta] \qquad \int_0^\omega \omega\,d\omega = \int_0^\theta \frac{a\bar{r}}{k_O{}^2}\sin\theta\,d\theta$$

$$\omega^2 = \frac{2a\bar{r}}{k_O{}^2}(1 - \cos\theta)$$

$\theta = \pi/2$인 경우, $\qquad \omega = \dfrac{1}{k_O}\sqrt{2a\bar{r}} \qquad$ **답**

임의의 θ값에 대해 O_x와 O_y를 구하기 위하여 힘방정식을 쓰면 다음과 같다.

$$[\Sigma F_x = m\bar{a}_x] \qquad O_x = ma - m\bar{r}\omega^2\cos\theta - m\bar{r}\alpha\sin\theta \quad ⑤$$

$$= m\left[a - \frac{2a\bar{r}^2}{k_O{}^2}(1 - \cos\theta)\cos\theta - \frac{a\bar{r}^2}{k_O{}^2}\sin^2\theta\right]$$

$$= ma\left[1 - \frac{\bar{r}^2}{k_O{}^2}(1 + 2\cos\theta - 3\cos^2\theta)\right] \qquad \textbf{답}$$

$$[\Sigma F_y = m\bar{a}_y] \qquad O_y = m\bar{r}\alpha\cos\theta - m\bar{r}\omega^2\sin\theta$$

$$= m\bar{r}\frac{a\bar{r}}{k_O{}^2}\sin\theta\cos\theta - m\bar{r}\frac{2a\bar{r}}{k_O{}^2}(1 - \cos\theta)\sin\theta$$

$$= \frac{ma\bar{r}^2}{k_O{}^2}(3\cos\theta - 2)\sin\theta \qquad \textbf{답}$$

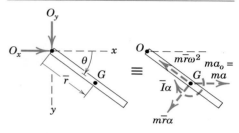

|**도움말**|

① 문에서 가속도를 알고 있는 유일한 점이므로 점 O를 선택한다.

② 점 O에 대한 회전이 양의 α방향이 되도록 $m\bar{r}\alpha$를 잡아야 한다.

③ 자유물체도를 보면 O에 관한 모멘트가 0임을 알 수 있다. 여기서 평행축 정리를 사용하고 $k_O{}^2 = \bar{k}^2 + \bar{r}^2$을 대입했다. 이 관계식이 익숙하지 않으면 부록 B의 B.1절을 다시 검토하라.

④ O를 모멘트중심으로 잡고, 식 (6.3)을 사용하면

$$\Sigma \mathbf{M}_O = I_O\boldsymbol{\alpha} + \bar{\boldsymbol{\rho}} \times m\mathbf{a}_O$$

여기서 각 항의 스칼라값은 $I_O\alpha = mk_O{}^2\alpha$가 되고, $\bar{\boldsymbol{\rho}} \times m\mathbf{a}_O$는 $-\bar{r}ma\sin\theta$가 된다.

⑤ 운동역학선도는 $m\bar{a}_x$와 $m\bar{a}_y$를 구성하는 항들을 명확히 나타낸다.

연습문제

기초문제

6/57 질량이 **6 kg**인 균일한 사각 강판이 x–y 평면의 매끄러운 수평면 위에 놓여있다. 만약에 수평력 $P{=}120$ N이 한 모서리에 그림에 나타낸 방향으로 가해졌을 때, 코너 A의 초기가속도의 크기를 구하라.

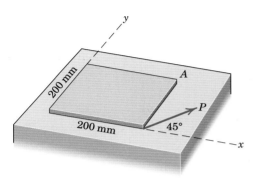

문제 6/57

6/58 30 kg의 단단한 원형 디스크가 초기에 수평면에 정지해 있는데, 크기와 방향이 일정한 12 N의 힘 P가 둘레를 단단히 감싼 줄에 작용한다. 디스크와 표면의 마찰은 무시한다. 12 N의 힘이 2초간 작용한 후의 디스크의 각속도 ω를 구하고 디스크가 놓여 있는 위치에서 1.2 m를 이동한 후의 디스크 중심의 선속도 v를 구하라.

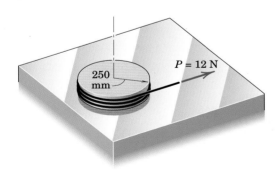

문제 6/58

6/59 질량을 무시할 수 있는 스풀에 길이가 L이고 단위 길이당 질량이 ρ인 케이블이 감겨 있다. 케이블의 한쪽 끝은 고정되어 있고, 스풀은 그림에 나타낸 위치에서 정지상태로부터 놓아진다. 이때 스풀의 중심의 초기가속도 a를 구하라.

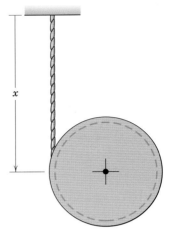

문제 6/59

6/60 지구의 대기권 위, 중력 가속도가 8.69 m/s²인 고도 400 km의 위치에, 남아있는 총질량이 300 kg인 어떤 로켓이 수직축으로부터 30° 기울어져 있다. 로켓 모터의 추력 T가 4 kN이고, 로켓의 노즐이 그림과 같이 1°의 각도로 기울어져 있을 때, 로켓의 각가속도 α와 질량중심 G의 가속도의 x 및 y 성분을 구하라. 로켓의 중심 회전 반경은 1.5 m이다.

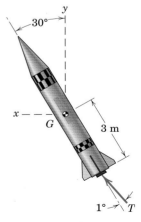

문제 6/60

6/61 물체는 각각의 질량이 $m/2$인 균일하고 가느다란 막대와 디스크로 구성되어 있다. 이것이 부드러운 표면 위에 정지해 있다. 힘 $P=6$ N이 그림과 같이 작용할 때, 각가속도 α와 물체의 질량중심에서의 가속도를 구하라. 물체 전체의 질량 m은 **1.2 kg**이다.

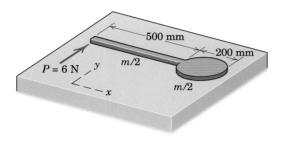

문제 6/61

6/62 경사를 따라 두 개의 휠이 미끄러짐 없이 굴러 내려갈 때 각각의 각가속도를 구하라. 휠 A에 대하여, 림과 스포크의 질량은 무시할 수 있고 막대의 질량이 중심선에 집중되어 있는 경우에 대하여 풀어라. 휠 B에 대하여, 림에 질량이 집중되어 있고 림의 두께는 반지름에 비해 무시할 수 있다고 가정하고 풀어라. 또한 각 휠이 미끄러지는 것을 방지하기 위한 정지 마찰계수 μ_s를 구하라.

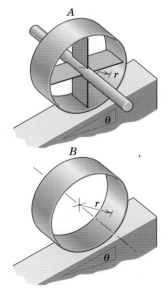

문제 6/62

6/63 단단하고 균일한 실린더가 경사로 위에서 정지상태에서 놓아진다. $\theta=40°$, $\mu_s=0.30$, $\mu_k=0.20$일 때, 질량중심 G의 가속도와 경사면에서 실린더로 가해지는 마찰력을 구하라.

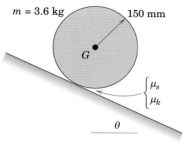

문제 6/63

6/64 외경 $r_o=450$ mm인 30 kg 스풀의 무게중심에 대한 회전반지름 $\bar{k}=275$ mm이고, 중심축 반지름 $r_i=200$ mm이다. 스풀이 경사면 위에 정지해 있을 때, 그림과 같이 중심축에 단단히 감싸져 있는 케이블의 끝에 장력 $T=300$ N이 작용한다. 이때 스풀의 중심 G에서의 가속도와 스풀과 경사면 접점에 작용하는 마찰력의 크기와 방향을 구하라. 마찰계수는 $\mu_s=0.45$와 $\mu_k=0.30$이다. 장력 T는 경사 $\theta=20°$의 경사면과 평행하게 작용한다.

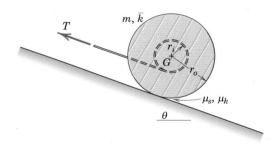

문제 6/64

6/65 그림에서 보이는 것과 같이 케이블의 배치가 바뀌었을 때, 문제 6/64를 다시 풀어라.

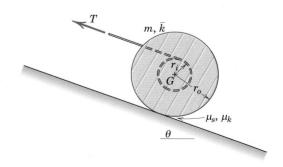

문제 6/65

6/66 중력의 영향을 무시할 수 있는 우주공간에 있을 때 추진 로 켓의 앞부분에 우주선 패키지를 덮고 있던 페어링(fairing)이 투하된다. 기계식 액추에이터가 페어링 두 부분을 닫혀 있는 상태에서 위치 II로 천천히 이동시키면, 페어링은 로켓의 등 가속도 a의 영향을 받아 힌지 O에 대하여 자유롭게 회전하 게 놓아진다. 위치 III이 될 때, O의 힌지는 해제되고 페어링 은 로켓으로부터 떨어져 나간다. 페어링이 90°의 각도가 될 때, 각속도 ω를 구하라. 각 페어링의 질량은 m이고 질량중 심은 G이며 O에 대한 회전반지름은 k_O이다.

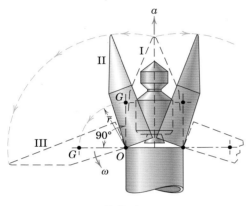

문제 6/66

6/67 질량이 m이고 길이가 l인 균일한 강철 빔이 A와 B에 두 케 이블로 매달려 있다. B에 있는 케이블이 갑자기 끊어질 때, 끊어진 직후에 A에 작용하는 케이블의 장력 T를 구하라. 빔 을 가느다란 막대로 취급하고, 그 결과가 빔의 길이와는 관 계가 없음을 보여라.

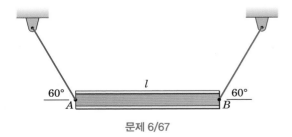

문제 6/67

6/68 질량이 m이고 길이가 L인 균일하고 가느다란 막대가 그림 과 같이 수직 위치에서 정지 상태로부터 놓아진다. 마찰과 소형 엔드 롤러의 질량을 무시할 때, A의 초기가속도를 구하 라. 또한 $\theta = 30°$일 때의 결과를 평가하라.

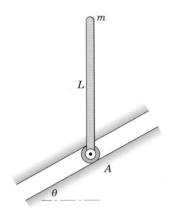

문제 6/68

6/69 자동차 테스트를 진행하는 동안, 수평면에서 반지름이 R 인 원을 주행할 때 정면을 향한 접선방향 가속도는 a이다. (a) 차량속도 $v = 0$일 때, (b) 차량속도 $v \neq 0$일 때, 전륜 두 짝 과 후륜 두 짝의 측면 반력을 구하라. 차량의 질량은 m이고 (G를 통과하는 수직축의) 극관성모멘트는 $\bar{I}$이다. $R \gg d$라고 가정하라.

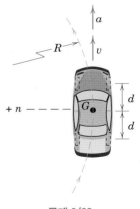

문제 6/69

6/70 문제 6/18의 시스템을 여기서 다시 사용한다. 만약 후프와 반원통의 조립체가 정지된 카트 위의 중심에 있고 시스템이 정지로부터 놓아질 때, 카트의 초기가속도 a와 후프와 반원통의 각가속도 α를 구하라. 후프와 카트 사이의 마찰은 충분히 커서 미끄러짐이 없다. 운동은 x-y 평면에서 발생한다. 카트 휠의 질량과 휠 베어링의 마찰은 무시한다.

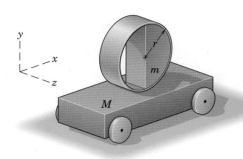

문제 6/70

6/71 3.6 m의 철제 빔의 질량이 125 kg이고 정지상태로부터 들어올려질 때 각 케이블의 장력이 613 N이다. 만약 들어 올리는 드럼의 초기 각가속도가 $\alpha_1 = 4$ rad/s^{2}와 $\alpha_2 = 6$ rad/s^{2}일 때, 해당하는 케이블 장력 T_A과 T_B를 구하라. 빔은 가느다란 막대로 취급하라.

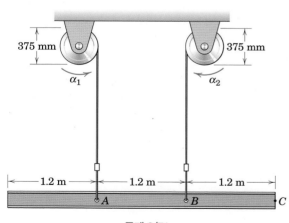

문제 6/71

심화문제

6/72 케이블이 팽팽한 상태에서 시스템이 정지상태로부터 놓아진다. 균일한 실린더는 거친 경사면에서 미끄러지지 않는다. 실린더의 각가속도와 실린더가 미끄러지지 않는 최소 마찰계수 μ_s를 구하라.

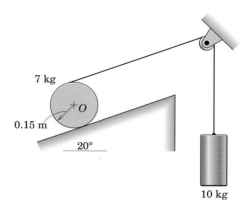

문제 6/72

6/73 10 kg인 휠의 질량중심 G는 휠의 중심에서 10 mm 떨어져 있다. G가 그림에 보이는 위치에 있을 때, 휠이 미끄러짐 없이 반지름이 2 m인 원형경로를 10 rad/s의 각속도 ω로 굴러간다. 경로로부터 휠에 가해지는 힘 P를 구하라. (정확한 질량중심 가속도를 사용해야 하는 것을 주의하라.)

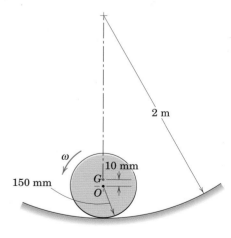

문제 6/73

6/74 균일한 5 kg의 막대의 끝 A가 움직임이 자유로운 칼라에 핀으로 연결되어 있고, 칼라는 고정된 수평축으로 가속도 $a=4$ m/s²로 움직인다. 막대가 시계방향의 각속도 $\omega=2$ rad/s로 회전하면서 수직한 지점을 지날 때, 이 순간 A에서 막대에 작용하는 힘의 성분을 구하라.

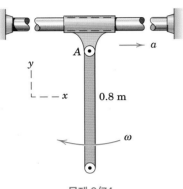

문제 6/74

6/75 질량이 m인 균일한 직사각형의 패널이 오른쪽으로 움직이다가 휠 B가 수평의 지지레일에서 떨어진다. 그 결과로 인한 각가속도와 휠 B가 레일에서 떨어진 직후 A의 끈의 장력 T_A를 구하라. 마찰과 작은 끈과 휠의 질량은 무시하라.

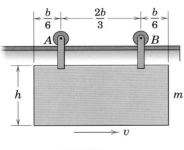

문제 6/75

6/76 단단한 원통의 종이 롤이 그림과 같이 놓여 있을 때, 트럭이 초기 정지상태에서 일정한 가속도 a로 앞으로 움직인다. 종이 롤이 트럭의 수평 판의 끝에서 굴러 떨어지기 전까지 트럭이 이동한 거리 s를 구하라. 마찰은 미끄러짐을 방지할 정도로 충분하다.

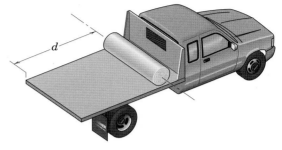

문제 6/76

6/77 크랭크 OA는 수직한 면에서 시계방향으로 일정한 각속도 $\omega_0=4.5$ rad/s로 회전한다. OA의 위치가 수평일 때, 10 kg의 가느다란 막대 AB 아래의 가벼운 롤러 B에서의 힘을 구하라.

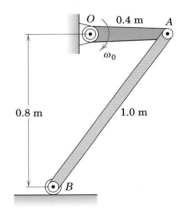

문제 6/77

6/78 그림의 로봇장치는 고정된 받침대 OA, A점에서 회전하는 팔 AB 그리고 B점에서 회전하는 팔 BC로 구성되어 있다. 멤버 AB는 조인트 A를 기준으로 반시계방향으로 2 rad/s의 각속도로 회전하며, 4 rad/s²의 비율로 증가한다. 만약 조인트 B가 잠겨 있는 상태로 있을 때, 팔 AB로부터 팔 BC로 가해지는 모멘트 M_B를 구하라. 팔 BC의 질량은 4 kg이고, 팔은 균일하고 가느다란 막대로 취급한다.

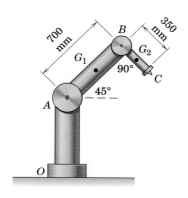

문제 6/78

6/79 균일한 15 kg 막대가 A에서 질량을 무시할 수 있는 작은 롤러에 의해 수평면 위에 지지되고 있다. 막대 끝 B와 수직면 사이의 운동 마찰계수가 0.30이라면, 막대가 그림과 같은 위치에서 정지 상태로부터 놓아질 때, 막대 끝 A의 초기가속도를 구하라.

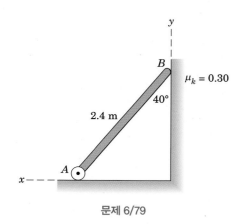

문제 6/79

6/80 균일하고 가는 막대(질량 $m/5$)와 견고하게 붙은 균일한 디스크(질량 $4m/5$)로 구성된 조립품이 고정된 수평의 가이드에서 미끄러지는 칼라에 점 O에서 핀으로 자유롭게 연결되어 있다. 조립품이 정지해 있는 상태에서 칼라가 갑자기 a의 가속도로 그림과 같이 왼쪽으로 움직인다. 조립품의 초기 각가속도를 구하라.

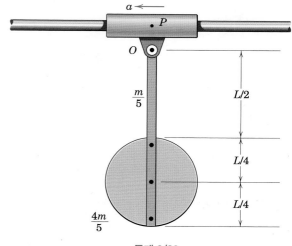

문제 6/80

6/81 트럭 짐칸에 균일한 3.6 m의 장대가 힌지로 고정되어 있고 트럭이 정지상태에서 가속도 0.9 m/s²로 움직일 때, 수직위치에서 장대가 놓아진다. 만약 장대가 움직이는 동안 트럭의 가속도가 일정하게 유지된다면, 장대가 수평위치에 도달할 때의 각속도 ω를 구하라.

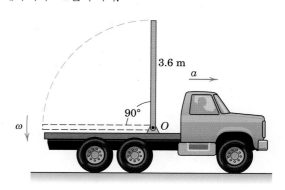

문제 6/81

6/82 질량이 m인 균일한 막대가 가벼운 롤러에 의해 수직평면에 놓여 있는 부드러운 가이드를 따라 움직이도록 구속되어 있다. 만약 막대가 정지상태로부터 놓아질 때, 움직인 후 순간적으로 각 롤러에 작용하는 힘을 구하라. $m=18$ kg이고 $r=150$ mm를 사용하라.

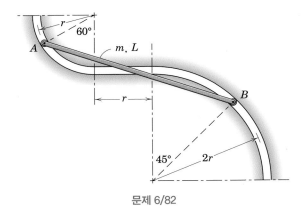

문제 6/82

6/83 원주가 690 mm인 6.4 kg 볼링공의 중심에 대한 회전반지름이 83 mm이다. 만약 공이 바닥에 닿을 때의 속도로 놓아질 때, 공이 미끄러짐 없이 구르기 시작할 때까지 이동한 거리를 구하라. 공과 바닥 사이의 마찰계수는 0.20이다.

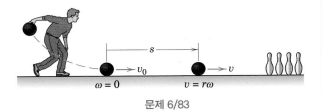

문제 6/83

6/84 후방추돌로 인한 목뼈 손상을 조사하는 과정에서, 머리의 갑작스러운 회전은 질량이 m이고 반경이 r인 균일한 고체 구가 접선 축(목에서)을 중심으로 회전하는 것으로 모델링된다. 만약 머리가 처음에는 정지된 상태에서 O의 축에 일정한 가속도 a가 주어진다면, 머리의 초기 각가속도 α와 각속도 ω의 표현식을 회전각 θ의 함수로 구하라. 목은 유연해서 O에서 머리에 아무런 모멘트를 가하지 않는다고 가정한다.

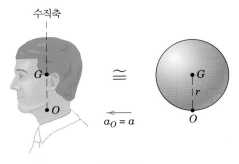

문제 6/84

6/85 갑작스러운 또는 급정거 중 자동차의 계기판에 의한 머리부상에 대해서 어깨끈이나 에어백이 없이 무릎벨트가 사용되는 경우, 그림과 같이 분할된 사람모델로 분석을 한다. 고관절 O는 자동차에 고정되어 있다고 가정하고, 고관절 위의 몸통은 질량이 m인 강체로, 그리고 O에 대해 자유롭게 피벗된 것으로 취급한다. OG의 초기 위치가 수직일 때 몸통의 질량중심은 G이다. O에 대한 몸체의 회전반지름은 k_O이다. 자동차가 일정한 감속도 a로 갑자기 정지하게 되는 경우, 모형의 머리가 계기판에 부딪칠 때 차량에 대한 머리의 상대속도 v를 구하라. $m=50$ kg, $\bar{r}=450$ mm, $r=800$ mm, $k_O=550$ mm, $\theta=45°$, $a=10g$의 값을 사용하고 v를 구하라.

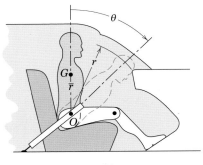

문제 6/85

6/86 내연기관 엔진의 **0.6 kg**의 커넥팅 로드 *AB*의 무게중심이 *G*에 있고, *G*에 대한 회전반지름은 **28 mm**이다. 피스톤과 피스톤 핀 *A*의 질량의 합은 **0.82 kg**이다. 엔진이 **3000 rev/min**의 속도로 가동 중일 때, 크랭크의 각속도는 $3000(2\pi)/60 = 100\pi$ **rad/s**이다. 구성요소의 무게는 무시하고 발생된 동적 힘에 비해 실린더 내에서 가스로 인해 작용하는 힘도 무시할 때, 크랭크 각도 $\theta = 90°$에서 피스톤 핀 *A*에 작용하는 힘의 크기를 구하라. [제안 : 대체모멘트 관계식 (6.3)에서와 같이 모멘트 중심을 *B*로 하는 대체모멘트 관계식을 이용하라.]

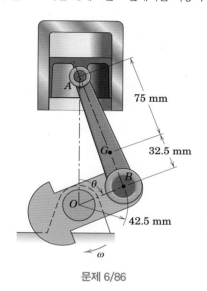

문제 6/86

6/87 4절 링크 메커니즘이 수직한 평면에 놓여 있고, 반시계방향으로 **60 rev/min**의 일정한 속도로 회전하는 크랭크 *OA*에 의해 제어된다. 크랭크 각 $\theta = 45°$일 때 *O*점에서 크랭크에 작용해야 하는 토크 *M*을 구하라. 균일한 링크 *AB*의 질량은 **7 kg**이고 크랭크 *OA*와 출력 링크 *BC*의 질량은 무시한다.

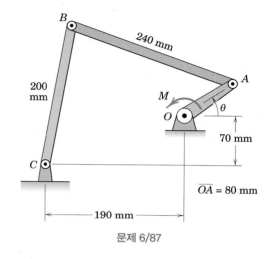

문제 6/87

6/88 크랭크 *OA*의 질량이 **1.2 kg**이고 출력 링크 *BC*의 질량이 **1.8 kg**이라는 정보를 추가하여 문제 6/87을 다시 풀어라. 각 링크는 문제를 해석할 때 균일하다고 생각하라.

B편 일과 에너지

6.6 일-에너지 관계식

3.6과 3.7절에서 질점의 운동역학을 공부할 때, 일과 에너지의 원리를 유도해서 하나의 질점과 몇몇 연결된 질점의 운동에 대해 적용한 바 있다. 이 원리는 특히 '거리를 따라 작용하는 힘들의 축적된 효과로부터 비롯되는 운동을 기술'하는 데 유용함을 알 수 있었다. 게다가, 이 힘들이 '보존력'이면 운동구간의 시작과 끝에서의 에너지 조건을 해석함으로써 속도변화를 결정할 수 있었다. 유한변위의 경우 일과 에너지 방법을 사용하면, 가속도를 구하고 이를 운동구간에 걸쳐 적분하지 않아도, 속도변화를 구할 수 있다. 강체운동을 기술할 때에도, 일과 에너지의 원리를 확장시키면 똑같은 이점을 얻을 수 있다.

이렇게 확장하기 전에 3.6과 3.7절에서 공부한 일, 운동에너지, 중력과 탄성 위치에너지, 보존력, 일률의 정의와 개념을 강체문제에 적용할 수 있도록 충분히 복습하기를 권한다. 3.6과 3.7절의 원리를 강체를 포함한 임의의 일반질점계에 적용할 수 있도록 확장한 4.3과 4.4절의 질점계 운동역학도 반드시 복습하도록 해야 한다.

힘과 우력이 하는 일

어떤 힘 $\mathbf{F}$가 하는 일에 대해서는 3.6절에서 자세히 취급하였으며, 다음과 같이 쓸 수 있다.

$$U = \int \mathbf{F} \cdot d\mathbf{r} \qquad \text{또는} \qquad U = \int (F \cos \alpha)\, ds$$

여기서 $d\mathbf{r}$은 그림 3.2a에서 보인 바와 같이 $\mathbf{F}$가 작용하는 점의 미소 변위벡터이다. 스칼라 적분식에서 α는 $\mathbf{F}$와 변위 사이의 각도이고, ds는 변위벡터 $d\mathbf{r}$의 크기이다.

운동할 때 강체에 작용되는 우력 M이 하는 일을 계산해야 할 경우도 자주 발생한다. 그림 6.11은 짝힘 평면 내에서 운동하고 있는 강체에 작용하는 우력 $M = Fb$를 보여준다. 시간 dt 동안 강체는 각도 $d\theta$만큼 회전하고, 선분 AB는 $A'B'$으로 이동한다. 이 운동을 두 부분으로 나누어 고려하면, 먼저 $A'B''$까지의 병진과 A' 주위로 $d\theta$만큼의 회전으로 나눌 수 있다. 병진하는 동안 하나의 힘이 한 일은 다른 힘이 한 일과 상쇄되므로, 실질적인 일은 운동에서 회전 부분에 의한 $dU = F(b\, d\theta) = M\, d\theta$임을 바로 알 수 있다. 우력이 회전방향과 반대로 작용하면 우력이 하는 일은 음이 된다. 유한회전(finite rotation)하는 동안에 운동평면과 평행한 평면 내에 있는 우력 M이 한 일은 다음과 같다.

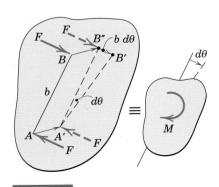

그림 6.11

$$U = \int M\, d\theta$$

운동에너지

그림 6.12에 제시한 세 종류의 강체평면운동 각각에 대해 운동방정식을 유도하기 위하여, 앞에서 공부한 질점의 운동에너지 표현을 이용한다.

(a) **병진.** 그림 6.12a와 같이 병진하는 강체의 질량은 m이고, 강체의 모든 질점들은 동일한 속도 v로 움직인다. 질량이 m_i인 질점의 운동에너지는 $T_i = \frac{1}{2} m_i v^2$이므로, 강체 전체의 운동에너지는 다음과 같다. $T = \Sigma \frac{1}{2} m_i v^2 = \frac{1}{2} v^2 \Sigma m_i$, 즉

$$T = \frac{1}{2} m v^2 \tag{6.7}$$

이 식은 직선병진과 곡선병진에 대하여 모두 성립한다.

(b) **고정축에 대한 회전.** 그림 6.12b의 강체는 '점 O를 지나는 고정축' 주위를 각속도 ω로 회전한다. 대표질점 m_i의 운동에너지는 $T_i = \frac{1}{2} m_i (r_i \omega)^2$이다. 따라서 강체 전체에 대해서는 $T = \frac{1}{2} \omega^2 \Sigma m_i r_i^2$이 된다. 그런데 점 O에 관한 강체의 질량 관성모멘트는 $I_O = \Sigma m_i r_i^2$이므로 운동에너지는 다음과 같이 된다.

$$T = \frac{1}{2} I_O \omega^2 \tag{6.8}$$

여기서 병진과 회전에 대한 운동에너지의 꼴이 비슷하다는 것에 주목하라. 위 두 식의 차원이 같다는 것을 증명할 수 있어야 한다.

(c) **일반평면운동.** 그림 6.12c의 강체는, 질량중심 G의 속도가 $\bar{v}$이며, 각속도가 ω인 평면운동을 하고 있다. 그림에 표시한 바와 같이 대표질점 m_i의 속도 v_i는 질량중심 속도 $\bar{v}$와 질량중심에 대한 상대속도 $\rho_i \omega$의 항으로 표시할 수 있다. 코사인 법칙을 사용하여 강체의 운동에너지를 모든 질점의 운동에너지의 합 ΣT_i로 표시하면 다음과 같다.

$$T = \Sigma \frac{1}{2} m_i v_i^2 = \Sigma \frac{1}{2} m_i (\bar{v}^2 + \rho_i^2 \omega^2 + 2\bar{v} \rho_i \omega \cos \theta)$$

세 번째 합산에서 ω와 $\bar{v}$는 공통항이므로, Σ 밖으로 놓을 수 있다. 따라서 T식의 세 번째 항은 $\Sigma m_i y_i = m\bar{y} = 0$을 이용하면 다음과 같이 된다.

$$\omega \bar{v} \Sigma m_i \rho_i \cos \theta = \omega \bar{v} \Sigma m_i y_i = 0$$

그러면 강체의 운동에너지는 $T = \frac{1}{2} \bar{v}^2 \Sigma m_i + \frac{1}{2} \omega^2 \Sigma m_i \rho_i^2$ 또는 다음과 같이 쓸 수 있다.

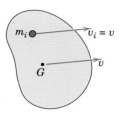

(a) 병진

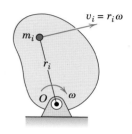

(b) 고정축에 대한 회전

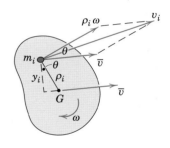

(c) 일반평면운동

그림 6.12

$$T = \tfrac{1}{2}m\bar{v}^2 + \tfrac{1}{2}\bar{I}\omega^2 \qquad\qquad (6.9)$$

여기서 $\bar{I}$는 질량중심에 대한 강체의 질량 관성모멘트이다. 운동에너지를 표현한 이 식은 '질량중심의 병진속도 $\bar{v}$에 의한 에너지'와 '질량중심에 대한 회전속도 ω에 의한 에너지'를 구분하여 분명히 보여주고 있다.

평면운동의 운동에너지는 영속도 순간중심 C 주위의 회전속도로 표시할 수도 있다. 점 C의 속도는 순간적으로 0이므로, 고정점 O에 대해 식 (6.8)에서 한 유도 과정은 점 C에 대해서도 그대로 적용된다. 따라서 평면운동하는 강체의 운동에너지를 달리 표현하면, 다음과 같이 쓸 수 있다.

$$T = \tfrac{1}{2}I_C\omega^2 \qquad\qquad (6.10)$$

4.3절에서 질량계에 대한 운동에너지를 나타내는 식 (4.4)를 유도한 바 있다. 질량계가 강체가 되면, 이 식은 식 (6.9)와 동등함을 알 수 있다. 강체의 경우에는 식 (4.4)의 $\dot{\boldsymbol{\rho}}_i$는 질량중심에 대한 대표질점의 상대속도이며 크기가 $\rho_i\omega$인 벡터 $\boldsymbol{\omega}\times\boldsymbol{\rho}_i$가 된다. 식 (4.4)의 합산 항은 $\Sigma\tfrac{1}{2}m_i(\rho_i\omega)^2 = \tfrac{1}{2}\omega^2\Sigma m_i\rho_i^2 = \tfrac{1}{2}\bar{I}\omega^2$이 되는데, 이로써 식 (4.4)가 식 (6.9)와 일치함을 알 수 있다.

위치에너지와 일·에너지 방정식

중력의 위치에너지 V_g와 탄성 위치에너지 V_e는 3.7절에서 상세히 다룬 바 있다. 중력과 탄성력은 위치에너지 항에 포함되므로 이들을 제외한 나머지 모든 힘이 한 일을 표시하기 위해 U 대신에 U'을 사용했다는 것을 기억하라.

3.6절에서 질점운동에 관하여 일-에너지 관계식 (3.15a)를 소개한 바 있고, 4.3절에서는 일반적인 질점계의 운동을 포함하도록 일반화했다. 이 식은 모든 역학계에 적용된다.

$$T_1 + U_{1\text{-}2} = T_2 \qquad\qquad [4.2]$$

단일 강체의 운동에 적용할 때에는 T_1과 T_2 항은 식 (6.7), (6.8), (6.9) 또는 (6.10)으로 주어진 병진운동과 회전운동의 효과를 포함해야 하고, $U_{1\text{-}2}$는 모든 외력이 한 일이다. 반면에 무게와 스프링의 효과를 일(work) 대신에 위치에너지의 항으로 표현한다면, 위의 식은 다음과 같이 표기될 수 있다.

$$T_1 + V_1 + U'_{1\text{-}2} = T_2 + V_2 \qquad\qquad [4.3a]$$

이 식에서 프라임은 무게와 스프링힘을 제외한 모든 다른 힘들이 한 일을 나타낸다.

서로 연결된 강체계에 적용되었을 때, 식 (4.3a)는 연결부에 저장된 탄성에너지의 효과뿐만 아니라 연결되어 있는 각 강체의 중력 위치에너지의 효과도 포함한다. $U'_{1\text{-}2}$항에는 시스템에 작용하는 모든 외력(중력은 제외)이 한 일이 포함되는데, 만일 내부 마찰력에 의한 음의 일이 존재한다면 이것도 포함된다. T_1과 T_2 항은 고려하는 운동기간 동안의 모든 움직이는 부분의 처음과 마지막의 운동에너지이다.

단일강체에 대하여 일-에너지 원리(**work-energy principle**)를 적용할 때에는 **자유물체도** 또는 **작용력선도** 중 하나를 사용해야 한다. 서로 연결된 강체계인 경우에는 시스템을 분리시켜서 그 시스템에 대하여 일을 하는 모든 힘들을 나타내기 위해 전체 시스템에 대한 작용력선도를 그려야 한다. 또 주어진 운동구간에 대하여 시스템의 초기 및 최종위치를 나타내는 그림도 그려야 한다.

일-에너지 관계식은 일을 하는 힘과 그에 대응하는 역학계의 운동 변화 사이의 직접관계를 나타낸다. 그러나 이때 상당한 크기의 내부 마찰이 존재한다면, 운동 마찰력을 표시해서 이들이 하는 음의 일을 설명하기 위하여 시스템을 분리해야 한다. 그러나 시스템을 분리하면, 일-에너지 방법의 가장 중요한 장점 중 하나가 저절로 상실된다. 일-에너지 방법은 마찰력이 하는 음의 일로 인한 에너지 손실을 무시할 수 있는 서로 연결된 강체의 보존계를 해석하는 데 가장 유용하다.

일률

질점운동의 일-에너지에 관해 논의했던 3.6절에서 일률의 개념을 다룬 바 있다. 일률(**power**)이란 수행되는 일의 시간변화율이다. 평면운동을 하고 있는 강체에 작용하는 힘 **F**에 대하여 어떤 주어진 순간에 이 힘에 의해 발생되는 일률은 식 (3.16)으로 주어지는데, 이것은 일을 하는 속도를 나타낸다.

$$P = \frac{dU}{dt} = \frac{\mathbf{F} \cdot d\mathbf{r}}{dt} = \mathbf{F} \cdot \mathbf{v}$$

여기서 $d\mathbf{r}$과 $\mathbf{v}$는 각각 힘이 작용하는 점의 미소변위와 속도를 나타낸다.

마찬가지로 강체에 작용하는 우력 M에 의해 주어진 순간에 발생되는 일률은 일을 하는 속도이고 다음과 같다.

$$P = \frac{dU}{dt} = \frac{M\,d\theta}{dt} = M\omega$$

여기서 $d\theta$와 ω는 각각 강체의 미소 각변위와 각속도를 나타낸다. M과 ω의 방향이 같으면 일률은 양의 부호를 갖고 에너지는 강체로 전달된다. 역으로 M과 ω가 반대방향이면 일률은 음이 되고, 에너지는 강체로부터 소실된다. 힘 **F**와 우력 M이 동시에 작용할 경우, 전체 순간일률(**total instantaneous power**)은 다음과 같다.

$$P = \mathbf{F} \cdot \mathbf{v} + M\omega$$

강체나 강체계의 전체 역학에너지가 변화하는 비율을 계산함으로써 일률을 표시할 수도 있다. 일과 에너지 관계식 (4.3)을 미소변위에 대해 쓰면 다음과 같다.

$$dU' = dT + dV$$

여기서 dU'은 강체나 강체계에 작용하는 작용력(active force)이나 작용우력(active couple)이 한 일이다. dU'에 포함되지 않은 것은 dV 항에서 고려한 중력이나 스프링힘이 한 일이다. 미소시간 dt로 나누면 작용력과 작용우력이 한 전체 일률이 된다.

$$P = \frac{dU'}{dt} = \dot{T} + \dot{V} = \frac{d}{dt}(T + V)$$

따라서, 작용력과 작용우력에 의한 일률은 강체나 강체계의 전체 역학에너지의 변화율과 같다.

주어진 강체에 대한 식 (6.9)에서 첫 번째 항을 다음과 같이 쓸 수 있다.

$$\dot{T} = \frac{dT}{dt} = \frac{d}{dt}\left(\frac{1}{2}m\bar{\mathbf{v}}\cdot\bar{\mathbf{v}} + \frac{1}{2}\bar{I}\omega^2\right)$$

$$= \frac{1}{2}m(\bar{\mathbf{a}}\cdot\bar{\mathbf{v}} + \bar{\mathbf{v}}\cdot\bar{\mathbf{a}}) + \bar{I}\omega\dot{\omega}$$

$$= m\bar{\mathbf{a}}\cdot\bar{\mathbf{v}} + \bar{I}\alpha(\omega) = \mathbf{R}\cdot\bar{\mathbf{v}} + \bar{M}\omega$$

여기서 $\mathbf{R}$은 강체에 작용하는 모든 힘의 합력이고 $\bar{M}$는 모든 힘들의 질량중심 G에 관한 합모멘트이다. 내적은 $\bar{\mathbf{a}}$와 $\bar{\mathbf{v}}$가 같은 방향이 아닌, 즉 질량중심이 곡선운동을 하는 경우에 사용된다.

현재 많은 자동차들이 회생브레이크를 사용한다. 그 의미는 자동차의 전체 운동에너지가 재래식 마찰 브레이크 경우와 같이 열에너지로 소모되는 것이 아니라, 바퀴에 부착된 발전기를 통하여 획득(회생)된다는 것이다.

예제 6.9

바깥 테두리에 감긴 줄을 100 N의 힘으로 끌어서 바퀴의 허브가 경사면에서 미끄러지지 않고 굴러 올라가게 한다. 정지상태에서 출발하여 바퀴중심이 경사면을 따라 3 m 만큼 올라갔을 때, 바퀴의 각속도 ω를 계산하라. 단, 바퀴의 질량은 40 kg, 질량중심은 O이며 중심회전반지름은 150 mm이다. 3 m 운동이 끝나는 시점에서 100 N의 힘이 하는 일률을 구하라.

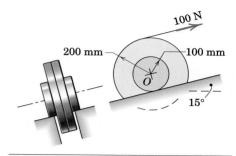

|**풀이**| 바퀴의 자유물체도에 표시된 네 개의 힘 중에서 100 N의 장력과 40(9.81) = 392 N의 무게만이 일을 한다. 마찰력은 바퀴가 미끄러지지 않으면 일을 하지 않는다. ① 영속도 순간중심 C의 개념을 쓰면, 100 N의 힘이 작용되는 줄 위의 한 점 A의 속도는 $v_A = [(200 + 100)/100]v$가 된다는 것을 알 수 있다. 따라서 줄 위의 점 A는 중심 O보다 $(200 + 100)/100 = 3$배만큼 더 긴 거리를 이동한다. 따라서 U항에 무게의 효과를 포함시키면 바퀴에 대해 행해진 일은 다음과 같다.

$$U_{1\text{-}2} = 100\,\frac{200 + 100}{100}\,(3) - (392 \sin 15°)(3) = 595 \text{ J} \quad ②$$

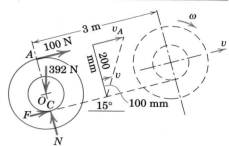

바퀴는 일반평면운동을 하므로 그 운동에너지 변화량은 다음과 같다.

$$\left[T = \tfrac{1}{2}m\bar{v}^2 + \tfrac{1}{2}\bar{I}\omega^2\right] \qquad T_1 = 0 \qquad T_2 = \tfrac{1}{2}\,40(0.10\omega)^2 + \tfrac{1}{2}\,40(0.15)^2\omega^2 \quad ③$$

$$= 0.650\omega^2$$

일–에너지 방정식은 다음 결과를 준다.

$$[T_1 + U_{1\text{-}2} = T_2] \qquad 0 + 595 = 0.650\omega^2 \qquad \omega = 30.3 \text{ rad/s}$$

바퀴의 운동에너지는 다음과 같이 쓸 수도 있다.

$$\left[T = \tfrac{1}{2}I_C\omega^2\right] \qquad T = \tfrac{1}{2}\,40[(0.15)^2 + (0.10)^2]\omega^2 = 0.650\omega^2 \quad ④$$

$\omega = 30.3$ rad/s일 때, 100 N의 힘이 하는 일률은 다음과 같다.

$$[P = \mathbf{F} \cdot \mathbf{v}] \qquad P_{100} = 100(0.3)(30.3) = 908 \text{ W} \quad ⑤$$ 답

|**도움말**|

① 바퀴의 순간중심 C의 속도는 0이므로 마찰력이 하는 일률은 계속 0이다. 따라서 바퀴가 미끄러지지 않는 한 F는 일을 하지 않는다. 그러나 바퀴가 이동하고 있는 플랫폼 위를 굴러가고 있으면 바퀴가 미끄러지지 않아도 마찰력은 일을 한다.

② 무게의 경사면 하향 성분은 음의 일을 한다.

③ 바퀴중심의 속도식 $v = r\omega$에서 정확한 반지름을 사용하도록 한다.

④ $I_C = \bar{I} + m\overline{OC}^2$임을 기억하라. 단, $\bar{I} = I_O = mk_O{}^2$이다.

⑤ 여기서 속도는 100 N의 힘이 작용하는 점의 속도이다.

예제 6.10

질량중심이 B에 있고 길이 1200 mm, 질량 20 kg인 정지상태의 가는 막대를 각도 θ가 사실상 0인 위치에서 놓았다. 점 B는 매끄러운 수직안내홈을 따라 움직이는 반면, 끝점 A는 매끄러운 수평안내홈을 따라 움직이고 막대가 떨어짐에 따라 스프링을 압축한다. 다음을 구하라. (a) 0 = 30°인 위치를 지날 때 막대의 각속도, (b) 스프링의 강성이 5 kN/m일 때 점 B가 수평면에 부딪치는 속도

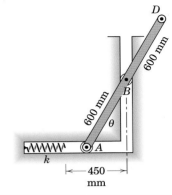

|**풀이**| A와 B에 부착된 작은 롤러의 질량과 마찰을 무시하면, 이 시스템은 보존계로 볼 수 있다.

(a) $\theta = 0$에서 $\theta = 30°$까지의 처음 운동구간에서는 스프링이 작용하지 않으므로 에너지 방정식에 V_e항은 들어가지 않는다. 무게가 한 일을 V_g항에 넣는 방법을 택하면, 그 외에 일을 하는 힘은 없으므로 $U'_{1-2} = 0$이다. ①

이 문제는 구속평면운동이므로 질량중심의 속도 v_B와 막대의 각속도 ω 사이에는 운동학 관계식이 존재한다. 이 관계식은 영속도 순간중심 C를 이용하고 $v_B = \overline{CB}\omega$임에 주목하면 쉽게 구해진다. 따라서 30° 위치에서 막대의 운동에너지는 다음과 같다.

$$[T = \tfrac{1}{2}m\bar{v}^2 + \tfrac{1}{2}\bar{I}\omega^2] \qquad T = \tfrac{1}{2}\,20(0.300\omega)^2 + \tfrac{1}{2}\left(\tfrac{1}{12}20[1.2]^2\right)\omega^2 = 2.10\omega^2$$

중력 위치에너지 변화량은 무게에 질량중심의 높이 변화를 곱한 것이며, 다음과 같다.

$$V_1 = 0 \qquad V_2 = 20(9.81)(0.600 \cos 30° - 0.600) = -15.77 \text{ J}$$

에너지방정식에 이들을 대입하면 다음과 같다.

$$[T_1 + V_1 + U'_{1-2} = T_2 + V_2] \qquad 0 + 0 + 0 = 2.10\omega^2 - 15.77$$
$$\omega = 2.74 \text{ rad/s} \qquad\qquad \blacksquare$$

(b) 전체 운동구간에 대해서는 스프링을 시스템의 일부로 포함시킨다.

$$[V_e = \tfrac{1}{2}kx^2] \qquad V_1 = 0 \qquad V_3 = \tfrac{1}{2}(5000)(0.600 - 0.450)^2 = 56.3 \text{ J} \qquad ②$$

최종 수평위치에서 점 A의 속도는 0이므로, 사실상 막대는 점 A 주위로 회전한다. 그러므로 운동에너지는 다음과 같다.

$$[T = \tfrac{1}{2}I_A\omega^2] \qquad T_3 = \tfrac{1}{2}\left(\tfrac{1}{3}20[1.2]^2\right)\left(\frac{v_B}{0.600}\right)^2 = 13.33v_B{}^2$$

중력 위치에너지의 변화량은 다음과 같다.

$$[V_g = Wh] \qquad V_3 = 20(9.81)(-0.600) = -117.2 \text{ J}$$

이것들을 에너지식에 대입하면 다음과 같다.

$$[T_1 + V_1 + U'_{1-3} = T_3 + V_3] \qquad 0 + 0 + 0 = 13.33v_B{}^2 + 56.3 - 117.2$$
$$v_B = 2.15 \text{ m/s} \qquad\qquad \blacksquare$$

또 다른 방법으로는 막대만으로 시스템을 구성하고, 작용력선도에는 양의 일을 하는 무게와 음의 일을 하는 스프링힘 kx를 표시한다. 그러면 다음 식이 성립하는데, 앞의 결과와 동일하다.

$$[T_1 + U_{1-3} = T_3] \qquad 117.2 - 56.3 = 13.33v_B{}^2$$

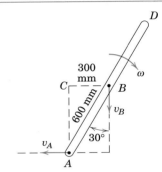

|**도움말**|

① A와 B에서 막대에 작용하는 힘은 운동 방향에 대해 직각이므로 일을 하지 않는다.

② 여기서 kN과 mm가 아니라 N과 m를 사용했다는 것에 주목하라. 언제나 단위의 일관성을 점검하라.

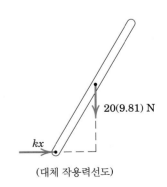

(대체 작용력선도)

예제 6.11

그림과 같은 장치에서 두 바퀴의 질량은 각각 30 kg, 중심회전반지름은 100 mm이다. 링크 OB는 각각 질량이 10 kg이고 가는 막대로 취급할 수 있다. 점 B의 이음고리(collar)는 질량이 7 kg이고 수직고정축을 따라 마찰 없이 미끄러진다. 스프링은 강성이 $k = 30$ kN/m이고, 링크가 수평위치에 도달할 때 이음고리 바닥과 닿게 된다. $\theta = 45°$인 위치에서 정지상태의 이음고리를 놓았을 때, 바퀴가 미끄러지는 것을 막을 수 있도록 마찰력이 충분히 크다면 다음을 구하라. (a) 이음고리가 처음으로 스프링에 부딪치는 속도 v_B, (b) 스프링의 최대 변형 x

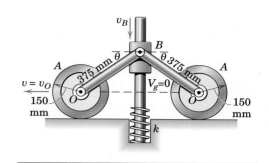

|**풀이**| 이 장치는 평면운동을 하고 있으며, 운동마찰 손실을 무시하는 보존계로 취급한다. 위치 1, 2, 그리고 3은 각각 $\theta = 45°$, $\theta = 0$, 그리고 스프링이 최대로 변형될 때로 정의한다. 중력에 의한 위치에너지 V_g가 0인 기준선은 그림에서와 같이 편의상 점 O를 지나도록 하였다.

(a) 각 바퀴는 정지상태에서 출발하고 $\theta = 0$에서 순간적으로 정지하기 때문에 $\theta = 45°$로부터 $\theta = 0$까지의 구간에 대하여 $\theta = 0$이 된다. 또한 링크가 수평으로 내려온 위치에서 각 링크는 단지 점 O 주위를 회전할 뿐이므로 다음 식이 성립한다.

$$T_2 = [2(\tfrac{1}{2}I_O\omega^2)]_{\text{links}} + [\tfrac{1}{2}mv^2]_{\text{collar}}$$
$$= \tfrac{1}{3}10(0.375)^2\left(\frac{v_B}{0.375}\right)^2 + \tfrac{1}{2}7{v_B}^2 = 6.83{v_B}^2$$

점 B의 이음고리는 $0.375/\sqrt{2} = 0.265$ m만큼 떨어지므로

$$V_1 = 2(10)(9.81)\frac{0.265}{2} + 7(9.81)(0.265) = 44.2 \text{ J} \qquad V_2 = 0$$

또한 $U'_{1\text{-}2} = 0$이므로 다음 식이 성립한다. ①

$$[T_1 + V_1 + U'_{1\text{-}2} = T_2 + V_2] \qquad 0 + 44.2 + 0 = 6.83{v_B}^2 + 0$$
$$v_B = 2.54 \text{ m/s} \qquad ▣$$

(b) 스프링의 최대 변형 x가 일어나는 조건에서 장치의 모든 부분은 순간적으로 정지상태이므로 $T_3 = 0$이다. 따라서

$$[T_1 + V_1 + U'_{1\text{-}3} = T_3 + V_3] \qquad 0 + 2(10)(9.81)\frac{0.265}{2} + 7(9.81)(0.265) + 0$$
$$= 0 - 2(10)(9.81)\left(\frac{x}{2}\right) - 7(9.81)x + \tfrac{1}{2}(30)(10^3)x^2$$

x의 양의 값에 대하여 풀면 다음과 같다.

$$x = 60.1 \text{ mm} \qquad ▣$$

  (a)와 (b)의 결과는 장치가 상당히 복잡한 일련의 운동을 하고 있지만 아주 간단한 순에너지 변화(net energy change)만을 고려하면 된다는 점에 주목하라. 이와 유사한 문제를 일-에너지 이외의 방법으로 푼다는 것은 별로 바람직한 방법이 아니다.

|**도움말**|

① 이음고리 B의 무게가 한 일은 위치에너지 항에 포함되어 있으므로 이 시스템에 대해 일을 하는 외력은 더 이상 존재하지 않는다. 각 바퀴의 밑에 작용하는 마찰력은 바퀴가 미끄러지지 않으므로 일을 하지 않는다. 그리고 물론 여기서 수직항력도 일을 하지 않는다. 따라서 $U'_{1\text{-}2} = 0$이다.

연습문제

(다음 문제에 대해서, 명시되어 있지 않는 경우 운동마찰에 대한
에너지 손실은 무시하라.)

기초문제

6/89 질량이 m이고 길이가 L인 균일하고 가느다란 막대가 그림
과 같이 수평위치에서 정지 상태로부터 놓아진다. 막대가 수
직 위치를 통과할 때, 각속도와 질량중심의 속도를 구하라.

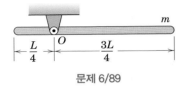

문제 6/89

6/90 가느다란 막대(질량 m, 길이 L)의 끝에 질량이 $2\,m$인 물체
가 부착되어 있다. 이 물체가 그림과 같은 수직의 평형 상태
로부터 살짝 밀렸을 때, 180° 회전 후의 각속도를 구하라.

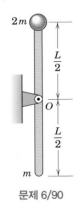

문제 6/90

6/91 통나무는 길이가 5 m인 두 개의 평행한 케이블에 매달려서
램(ram)에 충격을 주는 용도로 사용된다. 통나무가 정지상
태로부터 놓아질 때, 4 m/s로 램을 가격하기 위해서 필요한
각도 θ를 구하라.

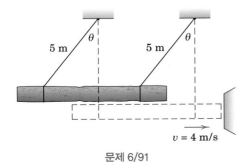

문제 6/91

6/92 질량이 8 kg인 실린더의 특정 순간에서의 속도는 0.3 m/s
이다. 질량이 추가적으로 1.5 m 하강하였을 때 속도 v를 구하
라. 홈이 파인 드럼의 질량은 12 kg, 회전반지름 $\bar{k}=210$ mm
이고 홈의 반지름 $r_i=200$ mm이다. 점 O의 마찰 모멘트는
3 N · m이다.

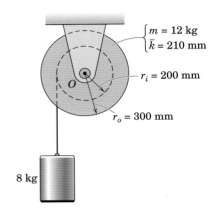

문제 6/92

6/93 반지름이 $r=75$ mm, 질량이 $m=3$ kg인 균일한 반원형의
막대는 피벗 점 O를 지나는 수평축에 대하여 자유롭게 회전
한다. 막대는 초기에 비틀림 스프링이 변형된 위치 1에 고정
되어 있다가 갑자기 놓아진다. 막대가 위치 2에 도달할 때 반
시계방향으로 각속도 $\omega=4$ rad/s가 되는 스프링 강성 k_T를
구하라. 이 위치에서 비틀림 스프링의 변형은 없다.

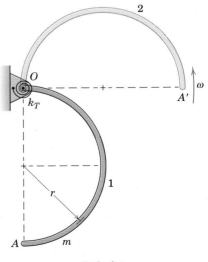

문제 6/93

6/94 총질량이 m인 T자형 물체는 균일한 막대로 구성되어 있다. 그림과 같은 위치에서 정지상태로부터 놓아진다면, 수직 지점(놓아진 후 120°)을 통과할 때 O에서의 수직 반력을 구하라.

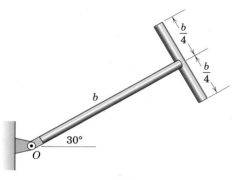

문제 6/94

6/95 10 kg의 디스크는 피벗 점 O를 지나는 수평축을 중심으로 자유롭게 회전하는 질량 3 kg인 막대 OA에 단단히 붙어 있다. 그림과 같은 위치에서 정지상태로부터 놓아질 때, 막대가 90° 회전한 직후, 막대의 각속도와 O점의 핀의 반력의 크기를 구하라.

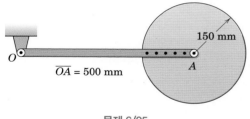

문제 6/95

6/96 문제 6/62와 같은 두 개의 휠은 극단적인 두 개의 질량분포 조건을 표현한다. A의 경우 모든 질량 m은 후프 중심에 있는, 지름을 무시할 수 있는 축 막대에 집중되어 있다고 가정한다. B의 경우 모든 질량 m은 휠의 가장자리에 분포되어 있다고 가정한다. 정지상태로부터 경사를 따라 x만큼 아래로 이동한 후, 각 후프 중심의 속도를 구하라. 휠은 미끄러짐 없이 구른다.

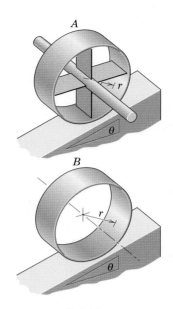

문제 6/96

심화문제

6/97 1.2 kg의 균일한 가느다란 막대가 O점을 통과하는 수평축에 대하여 자유롭게 회전한다. 이 시스템은 스프링이 늘어나지 않은 $\theta=0$인 수평위치에서 정지상태로부터 놓아진다. 막대가 $\theta=50°$인 위치에서 순간적으로 정지하는 것이 관찰된다면, 스프링 상수 k를 구하라. 계산된 k 값에 대해 $\theta=25°$일 때 막대의 각속도를 구하라.

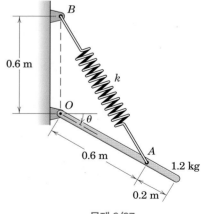

문제 6/97

6/98 그림은 충격이 작용할 때 재료의 반응을 연구하는 충격 시험기를 나타낸다. 30 kg의 추(pendulum)는 정지상태로부터 놓아져서 아래 방향으로 회전하며 저항은 무시한다. 회전운동의 결과로 추는 최하점에서 재료 시편 A와 충돌한다. 시편과 충돌한 후 추는 위쪽 방향으로 높이 $\overline{h'}=$ 950 mm만큼 회전한다. 충격에너지의 양이 400 J일 때, 시편과의 충격 직전과 직후 기간 동안 추의 각속도의 변화를 구하라. 점 O로부터 질량중심까지의 거리 $\overline{r}$와 베어링 O에 대한 회전반지름 k_O는 890 mm이다. (참고 : 회전반지름이 질량중심의 위치와 같을 때 베어링 O의 충격 하중을 제거하여 충격 시험기의 수명을 연장시킨다.)

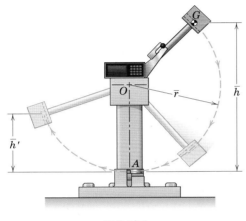

문제 6/98

6/99 균일한 사각 판은 다음 그림과 같은 위치에서 정지상태로부터 놓아진다. 운동하는 동안 최대 각속도 ω를 구하라. 피벗에서의 마찰은 무시한다.

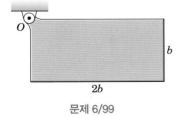

문제 6/99

6/100 질량이 50 kg인 플라이휠은 축에 대해서 회전반지름 $\overline{k}=$ 0.4 m를 가지고 토크 $M=2(1-e^{-0.1\theta})$ N·m를 받는다. 여기서 θ의 단위는 라디안이다. $\theta=0$일 때, 플라이휠이 정지상태에 있다면, 5바퀴 회전 후 각속도를 구하라.

문제 6/100

6/101 질량이 20 kg인 휠은 기하학적 중심 O로부터 거리 $\overline{r}=$ 60 mm 위치에 질량중심 G가 편심되어 있다. 초기에 정지된 휠에 일정한 짝힘 $M=6$ N·m이 작용하여 수평면을 미끄럼 없이 굴러가서 곡률반지름 $R=600$ mm인 곡선에 진입한다. 휠이 C점에서 곡선구간을 벗어나기 직전 휠 아래에 작용하는 수직항력을 구하라. 휠의 반지름 $r=100$ mm, 회전반지름 $k_O=75$ mm이다.

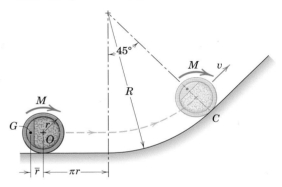

문제 6/101

6/102 질량 5 kg의 휠이 붙어 있는 균일한 20 kg 막대가 $\theta=60°$일 때 정지상태로부터 놓아진다. 휠이 수평, 수직 평면에 대하여 미끄럼 없이 구를 때 $\theta=45°$가 되는 지점에서 막대의 각속도를 구하라. 각 휠의 중심에 대한 회전반지름은 110 mm 이다.

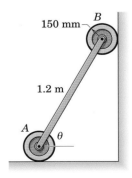

문제 6/102

6/103 질량 1200 kg, 회전반지름 400mm인 플라이휠은 2분 동안 회전 속도가 5000 rev/min에서 3000 rev/min으로 감속되었다. 플라이휠에서 공급되는 평균 동력을 구하라. 답을 kW와 마력(horsepower)으로 표현하라.

6/104 가장자리의 질량이 4 kg, 반지름 250 mm인 휠은 질량을 무시할 수 있는 허브와 바퀴살로 구성되어 있다. 휠은 질량 중심이 G에 있는 3 kg의 요크 OA에 장착되어 있으며 요크는 점 O에 대하여 350 mm의 회전반지름을 가진다. 그림과 같이 조립품이 수평위치에서 정지상태로부터 놓여져서 휠이 원형의 표면을 미끄럼 없이 구른다고 가정할 때 점 A가 A' 위치에 도달할 때 속도를 구하라.

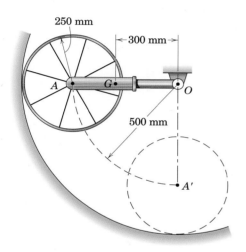

문제 6/104

6/105 질량 $m=2$ kg인 반원 디스크가 반경 $r=150$ mm의 가벼운 후프에 장착되어, 위치 (a)에서 정지상태로부터 놓아진다. 후프가 180° 회전한 후 위치 (b)를 지날 때 후프의 각속도 ω와 후프의 아래에 작용하는 수직력 N을 구하라. 후프는 미끄러짐 없이 구른다.

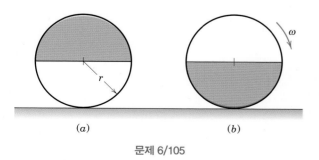

문제 6/105

6/106 질량이 3 kg인 가느다란 막대 ABC는 점 A의 끝에 있는 롤러와 가이드에 의해 초기에 정지해 있다. 일정한 짝힘 $M=8$ N · m이 점 C의 끝에 작용할 때, 막대는 회전하여 점 A는 3 m/s의 속도로 수직 가이드에 부딪힌다. 가이드와 롤러의 마찰에 의한 에너지손실 ΔE를 구하라. 롤러의 질량은 무시한다.

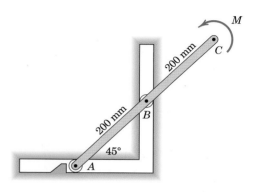

문제 6/106

6/107 점 A에 있는 비틀림 스프링의 강성은 $k_T=10$ N · m/rad이며 질량이 10 kg인 막대 OA와 AB가 수직하게 겹쳐질 때 변형되지 않는다. 시스템이 $\theta=60°$에서 정지상태로부터 놓아질 때, $\theta=30°$에서 휠 B의 각속도를 구하라. 질량이 6 kg인 휠은 중심에 대한 회전반지름이 50 mm이고 수평면에서 미끄럼 없이 구른다.

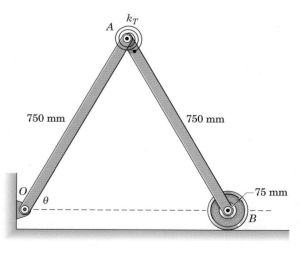

문제 6/107

6/108 시스템은 $\theta=0$일 때 스프링이 늘어나지 않은 상태로 정지해 있다. 이때 **5 kg**의 균일한 가느다란 막대를 시계방향으로 살짝 밀었다. b의 값은 0.4 m이다. (a) 막대가 $\theta=40°$인 위치에서 순간적으로 정지한다면, 스프링 상수 k를 구하라. (b) 스프링 상수 $k=90$ N/m인 경우, $\theta=25°$일 때 막대의 각속도를 구하라.

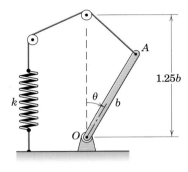

문제 6/108

6/109 시스템이 $\theta=90°$인 때 정지상태로부터 놓아진다. $\theta=60°$일 때 가느다란 막대의 각속도를 구하라. $m_1=1$ kg, $m_2=1.25$ kg, $b=0.4$ m의 값을 사용하라.

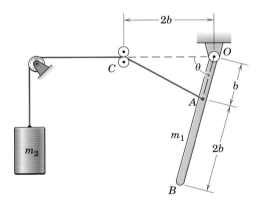

문제 6/109

6/110 균일한 토러스(torus)와 실린더 링은 정지상태에서 놓아져서 경사를 따라 아래쪽으로 미끄럼 없이 구른다. 아래 방향으로 움직이는 두 개의 물체에서 관찰되는 속도 차이 v_{diff}를 경사를 따라 움직인 거리 x의 함수로 표현하라. 각각의 물체는 아래 방향으로 똑바로 굴러간다고 가정하고 $a=0.2R$인 경우에 대해서 표현식을 평가하라. 어느 물체가 빠르며, 상대적인 크기 a가 결과에 영향을 미치는가?

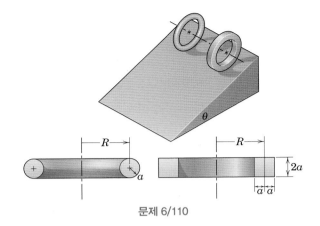

문제 6/110

6/111 질량이 **6 kg**인 디스크는 피벗 점 O를 지나는 수평축에 대해 자유롭게 회전한다. 질량이 **2 kg**인 막대는 그림과 같이 디스크에 고정되어 있다. 그림과 같은 위치에서 시스템에 약간의 힘이 가해져 정지상태로부터 움직일 때, 180° 회전한 후의 각속도 ω를 구하라.

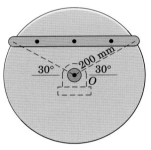

문제 6/111

6/112 그림과 같이 길이가 l인 가느다란 막대가 피벗되어 있다. 막대가 그림과 같은 수평위치에서 놓아져서 수직한 위치를 지날 때 각속도가 최대가 되는 x의 거리를 구하라. 그에 따른 각속도를 구하라.

문제 6/112

6/113 질량 m, 중심에 대한 회전반지름 $\bar{k}$인 휠은 힘 P에 의해서 경사를 미끄럼 없이 굴러서 올라간다. 그림과 같이 힘은 휠 내부에 있는 허브에 단단히 감겨 있는 끈의 끝에 작용한다. 휠의 중심이 경사를 따라 거리 d만큼 이동한 후 휠의 중심점 O의 속도 v_O를 구하라. 힘 P가 처음 작용할 때 휠은 정지상태에 있다.

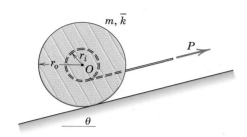

문제 6/113

6/114 12 kg의 가느다란 막대 AB에 연결되어 있는 질량이 8 kg인 크랭크 OA는 점 O에 대해서 0.22 m의 회전반지름을 가지고 질량중심이 G에 위치한다. 그림과 같은 위치에서 링크장치가 정지상태에서 놓아진다면, 크랭크 OA가 수직인 위치를 회전하여 통과할 때 막대의 끝 점 B의 속도 v를 구하라.

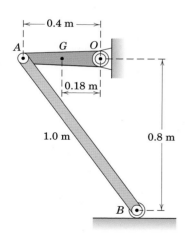

문제 6/114

6/115 반지름이 400 mm인 도르래의 질량이 50 kg이고 회전반지름은 300 mm이다. 도르래와 100 kg의 질량이 케이블과 강성이 1.5 kN/m인 스프링에 매달려 있다. 초기에 스프링이 100 mm만큼 늘어나 있는 상태에서 시스템이 정지상태로부터 놓아질 때, 시스템이 50 mm 떨어진 후, 점 O의 속도를 구하라.

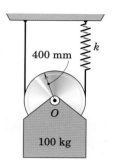

문제 6/115

6/116 실험을 위한 질량 10 Mg 버스의 동력(motive power)은 회전하는 플라이휠에 저장된 에너지에서 전달된다. 질량 1500 kg, 회전반지름 500 mm인 플라이휠은 최대 속도 4000 rev/min으로 회전한다. 버스가 정지상태에서 출발하여 출발지점에서 높이가 20 m인 언덕을 올라갔을 때 속도가 72 km/h일 경우, 플라이휠의 감소된 속도 N을 구하라. 플라이휠에서 10%의 에너지가 손실된다고 가정하라. 버스 바퀴의 회전 에너지는 무시하라. 10 Mg의 질량은 플라이휠을 포함한다.

문제 6/116

6/117 바퀴와 운전자를 포함한 질량 $m=500$ kg인 작은 실험 차량이 있다. 네 개의 바퀴는 각각 40 kg이고 중심에 대한 회전반지름은 400 mm이다. 운동에 대한 전체 마찰력 R은 400 N이며 평평한 도로에서 엔진을 끄고 일정한 속력으로 차량을 견인하면서 측정하였다. (a) 가속도가 0일 때, (b) 가속도가 3 m/s²일 때, 10%의 경사로를 72 km/h의 속력으로 올라가는 엔진의 출력을 구하라. (힌트 : 출력은 차량의 전체 에너지 증가 비율과 마찰력이 하는 일을 극복하는 비율의 합과 같다.)

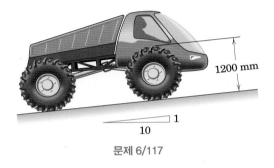

1200 mm

1 : 10

문제 6/117

6/118 각각 질량 m, 길이 b로 구성되어 있는 두 개의 가느다란 막대가 서로 핀으로 연결되어 있으며, 수직면에서 운동한다. 막대가 그림의 위치에서 정지상태로부터 놓아지고, 막대 AB에 일정한 크기의 짝힘 M의 작용하에 같이 움직인다면, A가 O에 부딪힐 때의 속도를 구하라.

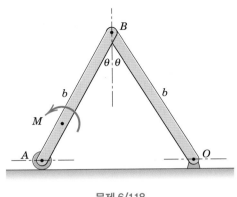

문제 6/118

6.7 일-에너지로부터 가속도 계산; 가상일

일-에너지 방정식은 유한변위에 걸쳐 작용하는 힘의 작용에 따라 나타나는 속도를 구하는 데 쓸 수 있을 뿐 아니라, 연결된 강체계의 작용력에 따르는 순간가속도를 구하는 데에도 사용할 수 있다. 또 이 식을 수정하여 이러한 시스템이 등가속도 운동을 할 때, 그 시스템의 위치관계를 계산할 수도 있다.

미소운동에 대한 일-에너지 방정식

식 (4.3)을 미소운동 구간에 대하여 쓰면 다음과 같다.

$$dU' = dT + dV$$

dU'항은 시스템이 미소변위를 움직이는 동안, 그 시스템에 작용하는 모든 작용 비보존력(active nonpotential force)들이 수행한 전체 일을 나타낸다. 보존력들이 한 일은 dV항에 포함된다. 서로 연결된 시스템의 대표물체를 아래첨자 i를 써서 표시하면, 전체 시스템에 대한 운동에너지 T의 미소변화는 다음과 같다.

$$dT = d(\Sigma \tfrac{1}{2} m_i \bar{v}_i{}^2 + \Sigma \tfrac{1}{2} \bar{I}_i \omega_i{}^2) = \Sigma m_i \bar{v}_i \, d\bar{v}_i + \Sigma \bar{I}_i \omega_i \, d\omega_i$$

여기서 $d\bar{v}_i$와 $d\omega_i$는 각각 속도와 각속도 크기의 변화이며, 합산은 시스템의 모든 물체에 대하여 이루어진다. 그러나 각각의 물체에 대하여 $m_i \bar{v}_i \, d\bar{v}_i = m_i \bar{\mathbf{a}}_i \cdot d\bar{\mathbf{s}}_i$이고 $\bar{I}_i \omega_i \, d\omega_i = \bar{I}_i \alpha_i \, d\theta_i$이며, 여기서 $d\bar{\mathbf{s}}_i$는 질량중심의 미소 선형변위를 나타내고, $d\theta_i$는 평면운동을 하는 강체의 미소 각변위를 표시한다. $\bar{\mathbf{a}}_i \cdot d\bar{\mathbf{s}}_i$는 $(\bar{a}_i)_t \, d\bar{s}_i$와 동일한데, 여기서 $(\bar{a}_i)_t$는 가속도 $\bar{\mathbf{a}}_i$의 물체의 질량중심이 그리는 곡선의 접선방향 성분이다. 또 α_i는 대표물체의 각가속도 $\ddot{\theta}_i$를 표시한다. 그 결과, 전체 시스템에 대해서 다음과 같이 쓸 수 있다.

$$dT = \Sigma m_i \bar{\mathbf{a}}_i \cdot d\bar{\mathbf{s}}_i + \Sigma \bar{I}_i \alpha_i \, d\theta_i$$

이 변화량은 다음과 같이 쓸 수도 있다.

$$dT = \Sigma \mathbf{R}_i \cdot d\bar{\mathbf{s}}_i + \Sigma \mathbf{M}_{G_i} \cdot d\boldsymbol{\theta}_i$$

여기서 $\mathbf{R}_i$와 $\mathbf{M}_{G_i}$는 물체 i에 작용하는 합력과 합짝힘이고, $d\boldsymbol{\theta}_i = d\theta_i \mathbf{k}$이다. 마지막 두 식이 뜻하는 것은 단지 '운동에너지의 미소변화는 시스템의 모든 물체에 작용하는 합력과 합짝힘이 시스템에 한 미소일과 같다'는 것일 뿐이다.

  dV항은 전체 중력 위치에너지 V_g와 전체 탄성 위치에너지 V_e의 미소변화를 나타내며 다음 형태로 쓸 수 있다.

$$dV = d(\Sigma m_i g h_i + \Sigma \tfrac{1}{2} k_j x_j^2) = \Sigma m_i g\, dh_i + \Sigma k_j x_j\, dx_j$$

여기서 h_i는 적당한 기준평면에서부터 질량 m_i인 대표물체의 질량중심까지의 수직거리를 나타내고 x_j는 강성이 k_j인 시스템의 대표탄성 요소(스프링)의 인장 또는 압축 변형을 표시한다.

이제 dU'의 완전한 식을 쓰면 다음과 같다.

$$dU' = \Sigma m_i \bar{\mathbf{a}}_i \cdot d\bar{\mathbf{s}}_i + \Sigma \bar{I}_i \alpha_i\, d\theta_i + \Sigma m_i g\, dh_i + \Sigma k_j x_j\, dx_j \qquad (6.11)$$

1 자유도계에 식 (6.11)을 적용할 때, $m_i \bar{\mathbf{a}}_i \cdot d\bar{\mathbf{s}}_i$항과 $\bar{I}_i \alpha_i\, d\theta_i$ 항은 가속도가 각각의 변위와 같은 방향이면 양이고, 반대방향이면 음이 된다. 식 (6.11)은 가속도를 작용력과 직접 연관시키는 이점이 있으며, 이를 이용하면 시스템을 분리하여 시스템의 각 요소에 대한 힘-질량-가속도 식을 연립시켜 풀어서 내력(internal force)과 반력(reactive force)을 소거해야 할 필요가 없어진다.

가상일

식 (6.11)에서 미소운동은 실제로 일어나는 변위의 미소변화이다. 등가속도 운동이라면 정상상태 위치(steady-state configuration)를 가정할 수 있는 역학계에서는 흔히 가상일(virtual work)의 개념을 도입하면 편리하다. 가상일과 가상변위의 개념은 서로 연결된 물체의 정적계(static system)의 평형위치를 찾는 데 소개하고 사용한 바 있다(제1권 정역학 제7장 참조).

가상변위(virtual displacement)란 '원래 위치 또는 실제 위치로부터 임의로 가정한 선형변위 또는 각변위'를 말한다. 서로 연결된 물체계에서 가상변위는, 시스템의 구속조건을 만족시켜야 한다. 예를 들어 링크의 한쪽 끝이 어떤 고정점 주위로 회전하는 경우, 다른 쪽 끝의 가상변위는 양 끝을 잇는 선분에 수직이어야만 한다. 이와 같이 구속조건을 만족시켜야 한다는 변위에 대한 사항은 순전히 운동학에서 온 것이며, 운동에 대한 구속조건식(equations of constraint)을 제공한다.

구속조건식을 만족하는, 즉 구속조건에 적합한 일련의 가상변위가 역학계에서 가정되면, 시스템의 위치를 규정하는 좌표들 사이의 적절한 관계식을 얻기 위해, 식 (6.11)의 일-에너지 관계식을 가상변화 항으로 표시하여 적용할 수 있다. 따라서

$$\delta U' = \Sigma m_i \bar{\mathbf{a}}_i \cdot \delta\bar{\mathbf{s}}_i + \Sigma \bar{I}_i \alpha_i\, \delta\theta_i + \Sigma m_i g\, \delta h_i + \Sigma k_j x_j\, \delta x_j \qquad (6.11a)$$

관례상 실제변위(real displacement)의 미소변화에는 미분기호 d를 사용하고 가상변화(virtual change), 즉 실제로 일어나지 않고 가정된(assumed) 미소변화를 표시하는 데에는 기호 δ를 사용한다.

사진과 같은 승강기 작업대의 운동역학을 가장 잘 해석하기 위해서는 가상일 법칙을 사용하면 된다.

예제 6.12

이동랙(movable rack) A의 질량은 3 kg이고, 랙 B는 고정되어 있다. 기어는 질량이 2 kg 이고, 회전반지름이 60 mm이다. 1.2 kN/m의 강성을 갖는 스프링은 그림의 위치에서 40 mm만큼 늘어나 있다. 이 순간 80 N의 힘이 작용되는 랙 A의 가속도 a를 구하라. 단, 그림은 수직평면을 나타낸다.

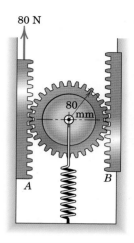

|풀이|　주어진 그림은 보존계인 전체 시스템의 작용력선도를 표시하고 있다. ①

랙 A가 미소 상향변위 dx를 가는 동안, 이 시스템에 대하여 한 일 dU'은 $80\,dx$인데, 여기서 x는 미터단위이다. 이 일은 시스템의 전체 에너지 변화량들의 합과 같다. 식 (6.11)에 표시된 이 변화량들은 다음과 같다.

$$[dT = \Sigma m_i \bar{\mathbf{a}}_i \cdot d\bar{\mathbf{s}}_i + \Sigma \bar{I}_i \alpha_i\, d\theta_i]$$

$$dT_{\text{rack}} = 3a\,dx$$

$$dT_{\text{gear}} = 2\,\frac{a}{2}\,\frac{dx}{2} + 2(0.06)^2\,\frac{a/2}{0.08}\,\frac{dx/2}{0.08} = 0.781a\,dx \quad ②$$

식 (6.11)로부터 위치에너지의 변화량은 다음과 같다.

$$[dV = \Sigma m_i g\, dh_i + \Sigma k_j x_j\, dx_j]$$

$$dV_{\text{rack}} = 3g\,dx = 3(9.81)\,dx = 29.4\,dx$$

$$dV_{\text{gear}} = 2g(dx/2) = g\,dx = 9.81\,dx$$

$$dV_{\text{spring}} = k_j x_j\, dx_j = 1200(0.04)\,dx/2 = 24\,dx \quad ③$$

식 (6.11)에 대입하면 다음과 같다.

$$80\,dx = 3a\,dx + 0.781a\,dx + 29.4\,dx + 9.81\,dx + 24\,dx$$

dx를 소거하고 a에 관하여 풀면 다음과 같다.

$$a = 16.76/3.78 = 4.43 \text{ m/s}^2$$

미소변위에 대하여 일-에너지 방법을 사용하면 작용력과 그에 따라 생기는 가속도 사이의 관계를 직접 얻게 된다는 것을 알 수 있다. 만약 일-에너지 방법을 사용하지 않는다면, 시스템을 분리하여 두 개의 자유물체도를 그리고, $\Sigma F = m\bar{a}$를 두 번 적용하고, $\Sigma M_G = \bar{I}\alpha$와 $F = kx$를 적용한 다음, 불필요한 항을 소거하고 마지막으로 a에 관하여 푸는 복잡한 과정을 거쳐야 한다.

|도움말|

① 시스템에 작용하는 나머지 외력 중에서 어떤 외력도 일을 하지 않음에 주목한다. 무게와 스프링이 한 일은 위치에너지 항에 포함되어 있다.

② 기어에서 $\bar{a}_i$는 질량중심의 가속도이고, 랙 A의 가속도의 반이 된다. 또 그 변위는 $dx/2$이다. 구르고 있는 기어의 각가속도는 $a = r\alpha$를 이용하면, $\alpha_i = (a/2)/0.08$이고 각변위는 $ds = r d\theta$를 이용하면, $d\theta_i = (dx/2)/0.08$이다.

③ 스프링의 변위는 랙변위의 반이다. 즉, $x_i = x/2$이다.

예제 6.13

크기가 같고 균일한 두 링크의 한 끝점 A에 일정한 힘 P가 작용하면, 수직평면 내에서 링크가 수평방향 가속도 a로 오른쪽으로 움직이게 된다. 두 링크가 정상상태에서 서로 이루는 각도 θ를 구하라.

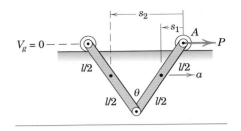

|**풀이**| 그림은 그 자체로 시스템의 작용력선도가 된다. 정상상태를 구하기 위하여, 가속되는 동안 가정된 원래 위치로부터 각 막대의 가상변위를 생각한다. 끝점 A에 대해 변위를 표현하면 가상변위를 하는 동안 점 P가 한 일을 소거할 수 있다. 따라서

$$\delta U' = 0 \quad \textcircled{1}$$

식 (6.11a)로부터 운동에너지의 가상변화는 다음과 같이 된다. ②

$$
\begin{aligned}
m\overline{\mathbf{a}} \cdot \delta\overline{\mathbf{s}} &= ma(-\delta s_1) + ma(-\delta s_2) \\
&= -ma\left[\delta\left(\frac{l}{2}\sin\frac{\theta}{2}\right) + \delta\left(\frac{3l}{2}\sin\frac{\theta}{2}\right)\right] \quad \textcircled{3} \\
&= -ma\left(l\cos\frac{\theta}{2}\,\delta\theta\right)
\end{aligned}
$$

점 A를 지나는 수평선을 위치에너지가 0인 기준점으로 택한다. ④ 따라서 링크의 위치에너지는

$$V_g = 2mg\left(-\frac{l}{2}\cos\frac{\theta}{2}\right)$$

와 같고, 위치에너지의 가상변화는 다음과 같다.

$$\delta V_g = \delta\left(-2mg\,\frac{l}{2}\cos\frac{\theta}{2}\right) = \frac{mgl}{2}\sin\frac{\theta}{2}\,\delta\theta$$

식 (6.11a)의 가상변화에 대한 일-에너지 방정식에 대입하면 다음과 같다.

$$0 = -mal\cos\frac{\theta}{2}\,\delta\theta + \frac{mgl}{2}\sin\frac{\theta}{2}\,\delta\theta$$

따라서

$$\theta = 2\tan^{-1}\frac{2a}{g}$$

이 문제에서도 일-에너지 방법을 썼기 때문에, 시스템을 분리하여 각각의 자유물체도를 그리고, 운동방정식을 세워 불필요한 항을 소거한 다음 θ에 관하여 풀어야 할 필요가 없다는 것을 알 수 있다.

|**도움말**|

① 여기서 δ는 가정된 또는 가상의 미소변화를 표시하는 데 사용되고, d는 실제변위의 미소변화를 나타낸다.

② 여기서 가상변위에 대하여 합력과 우력이 한 일을 구한다. 두 링크바에서 $\alpha = 0$이다.

③ 링크의 위치를 표현하기 위해 링크의 양 끝 사이의 거리를 사용해도 좋으나, 여기서는 θ를 사용했다.

④ 식 (6.11a)의 마지막 두 항은 중력과 탄성 위치에너지의 가상적 변화를 표현한 것이다.

연습문제

기초문제

6/119 질량 m_0인 수평 플랫폼의 위치는 질량이 각각 m과 $2m$인 평행하고 가느다란 두 개의 링크에 의해 제어된다. 그림과 같이 지지되어 있는 위치에서 링크 AB의 끝에 수직방향으로 힘 P가 가해져서 움직이기 시작할 때 링크의 초기 각가속도 α를 구하라.

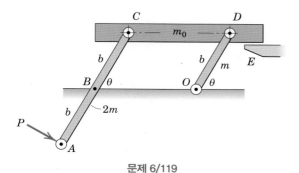

문제 6/119

6/120 질량 m의 균일하고 가느다란 막대가 막대 끝에 짝힘 M이 가해지기 전까지는 수직면에서 그림과 같은 위치에서 평형 상태를 이루고 있다. M을 적용하였을 때, 막대의 초기 각가속도 α를 구하라. 각 가이드 롤러의 질량은 무시할 수 있다.

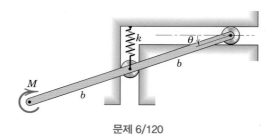

문제 6/120

6/121 두 개의 얇고 균일한 막대가 O에서 힌지로 연결되어 있고, 양 끝에 질량을 무시할 수 있는 롤러에 의해 수평면 위에 지지되어 있다. 막대가 그림의 위치에서 정지된 상태로부터 놓아질 때, 수직면에서 두 막대가 접어지는 순간의 초기 각가속도 α를 구하라. (제안 : dT에 대한 표현을 쓸 때 속도가 0인 순간중심점을 이용하라.)

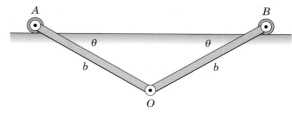

문제 6/121

6/122 링크 A와 B의 질량은 각각 4 kg이고, 막대 C의 질량은 6 kg이다. 링크들이 핀으로 연결되어 있는 물체에 일정한 수평 가속도 1.2 m/s²가 주어졌다고 가정할 때, 각 θ를 구하라.

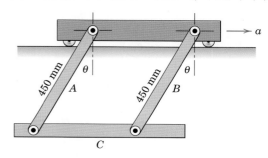

문제 6/122

6/123 그림에 표현된 메커니즘은 수직면에서 움직인다. 수직막대 AB의 질량은 4.5 kg이고 두 링크는 질량이 각각 27 kg이며 무게중심 G와 베어링(O 또는 C)에 대한 250 mm의 회전반지름을 가진다. 스프링의 강성은 220 N/m이고 늘어나지 않았을 때의 길이는 450 mm이다. 막대를 지지하고 있던 D를 빠르게 제거했을 때, 링크의 초기 각가속도 α를 구하라.

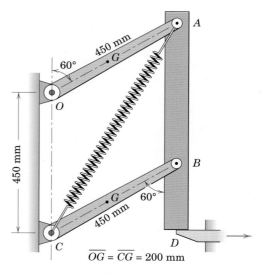

$\overline{OG} = \overline{CG} = 200$ mm

문제 6/123

심화문제

6/124 질량 m인 물체는 힘 P의 적용으로 인해 지지되고 있던 정지상태로부터 위 방향의 가속도 a를 얻는다. 링크들의 질량은 질량 m과 비교하여 무시할 수 있을 때, 초기가속도를 구하라.

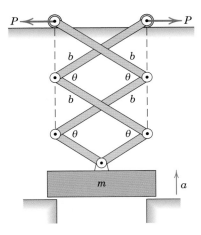

문제 6/124

6/125 항공기 운항을 위한 음식 배달 트럭의 화물상자에는 적재중량 m이 실려 있으며 트럭 프레임에 힌지로 연결된 아래쪽 끝부분의 링크에 작용하는 짝힘 M에 의해 상승한다. 수평 슬롯으로 인하여 링크가 펴짐에 따라 화물상자가 상승한다. 주어진 값 M을 이용하여 박스가 갖는 위 방향 가속도를 h의 함수로 구하라. 링크의 질량은 무시하라.

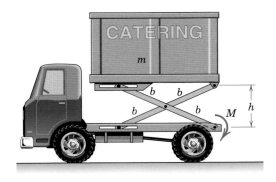

문제 6/125

6/126 미끄러지고 있는 블록이 오른쪽 방향으로 수평가속도를 받고, 이 가속도는 일정한 a값까지 천천히 증가한다. 질량이 m이고 무게중심이 G인 연결된 진자의 각도가 θ로 일정하다. 각(angular) 변형과 반대 방향으로 O에 있는 비틀림 스프링이 진자에 $M = k_T\theta$의 모멘트를 가한다. 일정한 각변형 θ를 갖도록 하는 비틀림강성 k_T를 구하라.

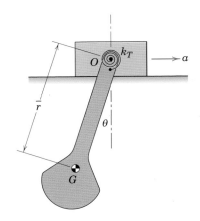

문제 6/126

6/127 균일한 막대 OA와 OB는 각각 2 kg의 질량을 가지며 위 방향으로 가속도 $a = g/2$를 갖는 수직축의 O에 자유롭게 움직일 수 있게 힌지로 연결되어 있다. 가벼운 칼라 C와 연결되어 있는 링크들의 질량은 무시할 수 있고, 칼라는 축 위를 자유롭게 미끄러진다. 스프링은 $k = 130$ N/m의 강성을 갖고 $\theta = 0$인 위치에서 압축되어 있지 않다. 막대가 일정한 가속도를 가질 때 각 θ 값을 구하라.

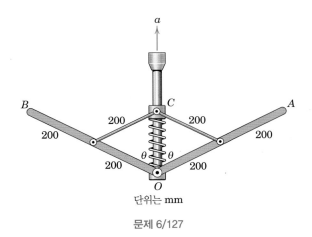

단위는 mm

문제 6/127

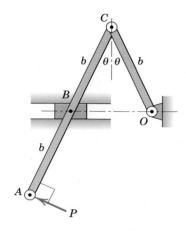

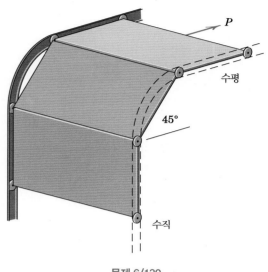

6/128 링크는 두 개의 가느다란 막대로 구성되어 있으며, 힘 P의 영향으로 수평면에서 움직인다. 링크 OC와 AC의 질량은 각각 m과 $2m$이다. 미끄러지는 블록 B의 질량은 무시할 수 있다. 초기에 정지상태인 A에 힘 P를 작용했을 때 링크의 초기 각가속도 α를 구하라. (제안 : P를 등가의 힘–짝힘 시스템으로 대체하라.)

문제 6/128

6/130 조각으로 구성된 산업용 문의 세 개의 동일한 패널은 각각 일정한 질량 m을 가지며, 트랙(한쪽은 점선으로 표시되었다)을 따라 움직인다. 힘 P가 작용할 때 상부 패널의 수평 가속도 a를 구하라. 트랙 내 롤러의 모든 마찰은 무시하라.

문제 6/130

6/129 이동식 작업대는 C지점에 연결된 두 개의 유압 실린더에 의해 올라간다. 각 실린더의 압력은 힘 F를 발생시킨다. 작업대, 사람, 그리고 짐의 질량의 합은 m이고, 링크의 질량은 무시할 수 있을 만큼 작다. 플랫폼의 상승 가속도 a를 구하고, b와 θ에 독립적임을 보여라.

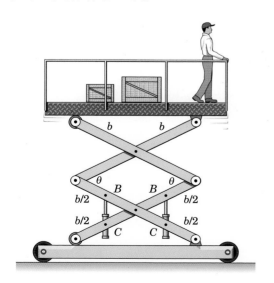

문제 6/129

6/131 기계식 회전속도계는 회전축을 따라서 수평 운동하는 칼라 B에 의하여 회전속도 N을 측정한다. 이 운동은 축과 함께 회전하는 각각 350 g의 질량을 가진 두 개의 물체 A의 원심 작용에 의해 발생한다. 칼라 C는 축에 고정되어 있다. $\beta=$ 15°일 때 축의 회전속도 N을 구하라. 스프링의 강성은 900 N/m이고, $\theta=0$과 $\beta=0$에서 스프링은 압축되어 있지 않다. 링크의 무게는 무시하라.

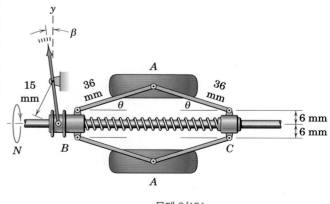

문제 6/131

6/132 섹터(sector)와 여기에 장착된 바퀴는 수직면에서 그림에 나타낸 위치에서 정지상태로부터 놓아진다. 각각의 바퀴는 질량이 5 kg인 단단한 원판이며 미끄러짐 없이 고정된 원형 선로 위를 구른다. 섹터는 8 kg의 질량을 가지며 반지름이 400 mm인 원형 디스크의 $\frac{1}{4}$과 거의 일치한다. 섹터의 초기 각가속도 α를 구하라.

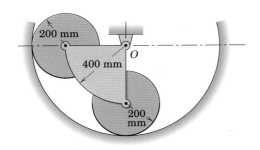

문제 6/132

6/133 그림에 보이는 공중타워는 수직방향으로 작업자를 올릴 수 있도록 설계되어 있다. B의 내부 메커니즘은 AB와 BC의 각도가 BC와 지면 사이의 각도 θ의 두 배가 되도록 유지한다. 사람과 운전실의 질량의 합이 200 kg이고 다른 질량들은 무시된다. $\theta=30°$의 위치에서 정지상태로부터 작동할 때, 운전실의 초기 수직가속도가 1.2 m/s²이 되기 위하여 BC에 작용하는 토크 M과 조인트 B에 작용하는 토크 M_B를 구하라.

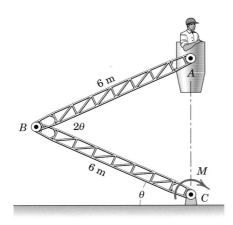

문제 6/133

6/134 균일한 팔 OA는 4 kg의 질량을 가지며, 기어 D는 질량 5 kg, 중심에 대한 회전반지름 64 mm를 갖는다. 큰 기어 B는 고정되어 있으며 회전하지 못한다. 수직면에서 그림에 나타낸 위치에서 팔과 작은 기어가 정지상태로부터 놓아질 때, OA의 초기 각가속도 α를 구하라.

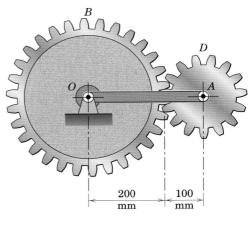

문제 6/134

C편 충격량과 운동량

6.8 충격량-운동량 방정식

질점운동을 기술하기 위하여 3.9와 3.10절에서 충격량과 운동량의 원리를 유도하고 사용했다. 그리고 이 원리는 작용력이 시간의 함수로 표시되고 충돌처럼 질점들 사이의 상호작용이 짧은 시간간격 동안 발생할 때, 특히 중요하다는 것을 알 수 있었다. 충격량–운동량의 원리를 강체운동에 적용할 때에도, 이와 비슷한 이점들을 얻게 된다.

4.2절에서는 충격량과 운동량의 원리를 확장시켜 시스템의 질점들 사이의 연결 방법과 무관하게 임의의 질점계에 대해서도 적용할 수 있게 했다. 강체는 일반질량계의 한 특수한 경우에 불과하므로 강체운동에 대해 이 확장된 관계식이 모두 그대로 적용된다. 이제 2차원 강체운동에 이 식들을 직접 적용해 보자.

선형운동량

4.4절에서는 질량계의 선형운동량을 모든 질점의 선형운동량들의 벡터합으로 정의하고 $\mathbf{G} = \Sigma m_i \mathbf{v}_i$로 표현했다. 질량 m_i의 위치벡터를 $\mathbf{r}_i$로 표시하면 $\mathbf{v}_i = \dot{\mathbf{r}}_i$이고 $\mathbf{G} = \Sigma m_i \dot{\mathbf{r}}_i$가 되는데, 전체 질량이 일정한 시스템의 경우에는 $\mathbf{G} = d(\Sigma m_i \mathbf{r}_i)/dt$로 쓸 수 있다. 질량중심을 정의하기 위하여 모멘트의 원리 $m\bar{\mathbf{r}} = \Sigma m_i \mathbf{r}_i$를 대입하면, 운동량 $\mathbf{G} = d(m\bar{\mathbf{r}})/dt = m\dot{\bar{\mathbf{r}}}$가 된다. 여기서 $\dot{\bar{\mathbf{r}}}$은 질량중심의 속도 $\bar{\mathbf{v}}$이다. 따라서 앞에서와 같이 강체나 비강체 어느 질량계에 대해서도 선형운동량을 다음과 같이 쓸 수 있다.

$$\mathbf{G} = m\bar{\mathbf{v}} \qquad\qquad [4.5]$$

식 (4.5)를 유도할 때, 그림 6.13에 보인 강체의 운동학 조건, 즉 $\mathbf{v}_i = \bar{\mathbf{v}} + \boldsymbol{\omega} \times \boldsymbol{\rho}_i$를 사용할 필요가 없었다는 사실에 주목하라. 이 경우 $\mathbf{G} = \Sigma m_i(\bar{\mathbf{v}} + \boldsymbol{\omega} \times \boldsymbol{\rho}_i)$라 두면 같은 결과를 얻게 된다. 첫 번째 항의 합은 $\bar{\mathbf{v}}\Sigma m_i = m\bar{\mathbf{v}}$이고, 두 번째 항의 합은 질량중심으로부터의 거리 $\bar{\boldsymbol{\rho}}$가 0이 되므로 $\boldsymbol{\omega} \times \Sigma m_i \boldsymbol{\rho}_i = \boldsymbol{\omega} \times m\bar{\boldsymbol{\rho}} = \mathbf{0}$이 된다.

그런가 하면 4.4절에서는 일반화된 뉴턴의 제2법칙을 식 (4.6)으로 다시 표현하였다. 이 식과 그 적분꼴은 다음과 같다.

$$\Sigma\mathbf{F} = \dot{\mathbf{G}} \quad\text{이고}\quad \mathbf{G}_1 + \int_{t_1}^{t_2} \Sigma\mathbf{F}\, dt = \mathbf{G}_2 \qquad (6.12)$$

식 (6.12)는 스칼라 성분식으로도 쓸 수 있는데, x–y 평면에서의 평면운동에 대하여 다음과 같이 쓸 수 있다.

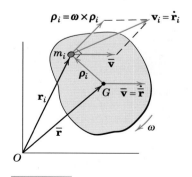

그림 6.13

$$\Sigma F_x = \dot{G}_x$$
$$\Sigma F_y = \dot{G}_y$$
이고
$$(G_x)_1 + \int_{t_1}^{t_2} \Sigma F_x \, dt = (G_x)_2$$
$$(G_y)_1 + \int_{t_1}^{t_2} \Sigma F_y \, dt = (G_y)_2$$
(6.12a)

다시 말해, 식 (6.12)와 (6.12a)의 첫째 식은 '합력이 운동량의 시간에 대한 변화율과 같음'을 나타낸다. 식 (6.12)와 (6.12a)의 적분식은 강체에 작용하는 초기의 선형운동량과 선형충격량의 합이 최종 선형운동량과 같다는 것을 나타낸다.

힘-질량-가속도의 수식화와 같이 식 (6.12)와 (6.12a)의 힘합산에는 강체에 작용하는 모든 외력이 포함되어야 한다. 따라서 충격량-운동량 방정식을 사용할 때에는, 모든 외부의 충격량들을 표시할 수 있도록 완전한 충격량-운동량 그림을 작성해야 한다는 점을 다시 한번 강조한다. 일과 에너지 방법과는 달리 일의 유무와 상관없이 모든 힘들은 충격량을 가하게 된다.

각운동량

July Store/Shutterstock

이 사진의 스케이트 선수는 자신의 팔을 몸의 중심 가까이 끌어당김으로써 수직축에 대한 각속력을 크게 증가시킬 수 있다.

각운동량(angular momentum)은 선형운동량의 모멘트로 정의된다. 4.4절에서는 임의로 규정한 질량계의 질량중심에 대한 각운동량을 $\mathbf{H}_G = \Sigma \boldsymbol{\rho}_i \times m_i \mathbf{v}_i$로 표시하였다. 이것은 단지 모든 질점의 선형운동량의 점 G에 대한 모멘트의 벡터합이다. 4.4절에서 이 벡터합을 $\mathbf{H}_G = \Sigma \boldsymbol{\rho}_i \times m_i \dot{\boldsymbol{\rho}}_i$로 쓸 수도 있음을 보였는데, 여기서 $\dot{\boldsymbol{\rho}}_i$는 점 G에 대한 m_i의 속도이다.

6.2절에서 모멘트 운동방정식을 유도하는 과정에서는 이 식을 단순하게 표현한바 있으나, 강조하는 의미에서 그림 6.13에 표시한 평면운동하는 강체를 이용하여다시 한번 단순한 식을 유도한다. 상대속도는 $\dot{\boldsymbol{\rho}}_i = \boldsymbol{\omega} \times \boldsymbol{\rho}_i$인데, 여기서 강체의 각속도는 $\boldsymbol{\omega} = \omega \mathbf{k}$이다. 그림에 표시한 $\boldsymbol{\omega}$의 방향에 따르면 단위벡터 $\mathbf{k}$는 지면 속으로 들어가는 방향이 된다. $\boldsymbol{\rho}_i$, $\dot{\boldsymbol{\rho}}_i$, $\boldsymbol{\omega}$는 서로 직교하므로 $\dot{\boldsymbol{\rho}}_i$의 크기는 $\rho_i \omega$이고, $\boldsymbol{\rho}_i \times m_i \dot{\boldsymbol{\rho}}_i$의 크기는 $\rho_i^2 \omega m_i$가 된다. 따라서 $\mathbf{H}_G = \Sigma \rho_i^2 m_i \omega \mathbf{k} = \bar{I} \omega \mathbf{k}$라 쓸 수 있는데, 여기서 $\bar{I} = \Sigma m_i \rho_i^2$은 질량중심에 대한 물체의 질량 관성모멘트이다.

각운동량 벡터는 항상 운동평면에 수직하므로 벡터표시는 보통 사용하지 않는다. 질량중심에 대한 각운동량을 스칼라로 표현하면 다음과 같다.

$$H_G = \bar{I} \omega$$
(6.13)

이 각운동량은 식 (4.9)의 모멘트-각운동량 관계식에서 나타나는데, 평면운동의경우 적분식과 함께 스칼라식으로 나타내면 다음과 같다.

$$\Sigma M_G = \dot{H}_G$$
이고
$$(H_G)_1 + \int_{t_1}^{t_2} \Sigma M_G \, dt = (H_G)_2$$
(6.14)

다시 말해, 식 (6.14)의 첫 번째 식은 '물체에 작용하는 모든 힘의 질량중심에 대한 모멘트의 합은 질량중심에 대한 각운동량의 변화율과 같다'는 것이다. 식 (6.14)의 적분식은 '질량중심점 G에 대한 초기 각운동량과 점 G에 대한 외부 각충격량의 합은 점 G에 대한 최종 각운동량과 같다'는 것을 나타낸다.

양의 회전방향을 확실히 정해 두어야 하며, ΣM_G, $(H_G)_1$, $(H_G)_2$은 정해 놓은 방향과 반드시 일치하게 잡아야 한다. 그리고 충격량－운동량 그림(3.9절 참조)을 작성하는 것은 꼭 필요하다. 이 그림의 예제는 이 절에 있는 예제를 참조하라.

모든 질점의 선형운동량의 점 G에 대한 모멘트를 $H_G = \bar{I}\omega$로 나타내고 나면, 그림 6.14a와 같이 선형운동량 $\mathbf{G} = m\bar{\mathbf{v}}$를 질량중심 G를 지나는 벡터로 표시할 수 있다. 따라서 $\mathbf{G}$와 $\mathbf{H}_G$는 합력 및 합짝힘과 유사한 벡터의 성질을 갖는다.

운동량선도를 나타내는 그림 6.14a에 도시한 바와 같이 선 및 각운동량의 합을 이용하면, 임의의 점 O에 관한 각운동량 H_O는 다음과 같이 쓸 수 있다.

$$H_O = \bar{I}\omega + m\bar{v}d \qquad (6.15)$$

이 식은 점 O에 대하여 모든 순간에 성립하는데, 점 O는 물체 안팎의 고정 또는 이동하는 점이 될 수 있다.

그림 6.14b와 같이, 물체의 내부나 외부에 존재하는 고정점 O의 주위로 물체가 회전한다면 관계식 $\bar{v} = \bar{r}\omega$와 $d = \bar{r}$를 H_O 식에 대입하여 $H_O = (\bar{I}\omega + m\bar{r}^2\omega)$가 된다. 그러나 $\bar{I} + m\bar{r}^2 = I_O$이므로 결국 다음과 같이 된다.

$$H_O = I_O\omega \qquad (6.16)$$

4.2절에서는 고정점 O에 대한 모멘트－각운동량 방정식인 식 (4.7)을 유도한 바 있다. 이 식을 적분식과 함께 평면운동에 대한 스칼라식으로 쓰면 다음과 같다.

$$\Sigma M_O = \dot{H}_O \text{ 이고} \quad (H_O)_1 + \int_{t_1}^{t_2} \Sigma M_O \, dt = (H_O)_2 \qquad (6.17)$$

여기서 힘과 모멘트를 직접 더할 수 없다는 것과 같은 이유로 선형운동량과 각운동량을 서로 더하지 않도록 주의해야 한다.

서로 연결된 강체

운동량의 원리는 일정한 질량의 모든 일반질량계에 적용할 수 있으므로 충격량과 운동량 방정식을 서로 연결된 강체계에 사용할 수도 있다. 그림 6.15는 두 개의 서로 연결된 강체에 대한 자유물체도와 운동량선도를 함께 나타낸 것이다. 식 (4.6)과 (4.7)은 각각 $\Sigma\mathbf{F} = \dot{\mathbf{G}}$와 $\Sigma\mathbf{M}_O = \dot{\mathbf{H}}_O$(여기서 O는 고정기준점)로서, 이 시스템

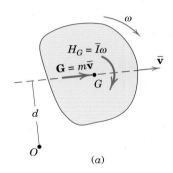

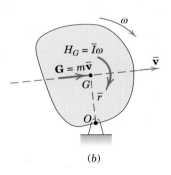

그림 6.14

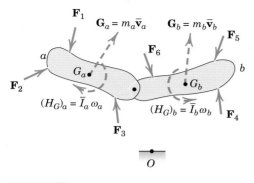

그림 6.15

의 각각의 요소에 대하여 별도로 적용한 후 더할 수 있다. 이 합은 다음과 같이 쓸 수 있다.

$$\Sigma \mathbf{F} = \dot{\mathbf{G}}_a + \dot{\mathbf{G}}_b + \cdots$$
$$\Sigma \mathbf{M}_O = (\dot{\mathbf{H}}_O)_a + (\dot{\mathbf{H}}_O)_b + \cdots \qquad (6.18)$$

유한 시간간격 동안의 적분으로 이 식들을 표시하면 다음과 같이 된다.

$$\int_{t_1}^{t_2} \Sigma \mathbf{F}\, dt = (\Delta \mathbf{G})_{\text{system}} \qquad \int_{t_1}^{t_2} \Sigma \mathbf{M}_O\, dt = (\Delta \mathbf{H}_O)_{\text{system}} \qquad (6.19)$$

연결점에서 크기는 같고 방향은 반대인 작용력과 반작용력은 시스템에 대하여 내력이므로, 서로 상쇄되어 힘과 모멘트합에는 포함되지 않는다. 또한 점 O는 전체 시스템에 대하여 하나의 고정기준점이다.

운동량 보존

4.5절에서 일반질량계의 운동량 보존 원리를 식 (4.15)와 (4.16)으로 표시한 바 있다. 이 원리는 단일강체나 서로 연결된 강체계에 적용할 수 있다. 따라서 주어진 시간간격 동안 $\Sigma \mathbf{F} = \mathbf{0}$이면

$$\mathbf{G}_1 = \mathbf{G}_2 \qquad\qquad [4.15]$$

가 되는데, 이것은 합 선형충격량이 없으면 선형운동량 벡터에는 변화가 없다는 것을 의미한다. 서로 연결된 강체계의 경우, 주어진 시간간격 동안 시스템의 각각의 요소에는 선형운동량 변화가 있을 수 있으나, 합 선형충격량이 없으면 전체 시스템에 대한 합 운동량에는 변화가 없다.

이와 비슷하게, 단일강체나 서로 연결된 강체계에 대하여 특정 시간간격 동안 어떤 고정점 O 또는 질량중심에 대한 합 모멘트가 0이면

$$(\mathbf{H}_O)_1 = (\mathbf{H}_O)_2 \qquad \text{또는} \qquad (\mathbf{H}_G)_1 = (\mathbf{H}_G)_2 \qquad [4.16]$$

가 되는데, 이것은 대응하는 합 각충격량이 없으면 고정점이나 질량중심에 대한 각운동량에는 변화가 없다는 것을 뜻한다. 또 서로 연결된 시스템의 경우에도 주어진 시간간격 동안 개개 요소의 각운동량 변화는 있을지라도, 고정점 또는 질량중심에 대한 합 각충격량이 없으면 전체 시스템의 합 각운동량에는 변화가 없다. 식 (4.16)의 두 식 중 하나만 성립하면 된다.

일반적으로, 서로 연결된 시스템을 해석하고자 할 때 시스템의 질량중심을 사

용하는 것은 불편하다.

질점운동에 관한 3.9와 3.10절에서 설명했던 바와 같이, 운동량의 원리를 사용하면 힘과 짝힘이 매우 짧은 시간 동안 작용하는 경우의 해석을 매우 쉽게 처리할 수 있다.

강체의 충돌

충돌현상은 에너지와 운동량의 전달, 에너지 소산(energy dissipation), 탄소성 변형, 상대 충돌속도, 물체의 형상들과 같은 매우 복잡한 상관관계들을 포함하고 있다. 3.12절에서는 물체의 충돌을 다룰 때 물체를 질점으로 모델링하였고, 일례로 충돌하는 매끄러운 공에서 충돌접촉력이 질량중심을 지나는 정면충돌(central impact)의 경우만을 취급했다. 충돌 전후의 조건들을 관련시키기 위하여 소위 반발계수(coefficient of restitution) e 또는 충돌계수(impact coefficient)를 도입할 필요가 있었는데, 이는 접촉력의 방향으로 측정한 상대 접근속도에 대한 상대 분리속도의 비를 말한다. 충격에 관한 고전이론에서는 e를 주어진 재료에 대하여 일정한 값으로 생각하였으나, 근래의 연구결과는 e가 재료뿐만 아니라 형상과 충돌속도에도 크게 좌우되는 값임을 보여주고 있다. 심지어 공 또는 막대가 직접 정면 및 축방향 충돌을 하는 경우조차도 반발계수는 극히 복잡하고 변하기 쉬워서 사용이 매우 제한된다.

위의 반발계수를 이용한 단순화된 충돌이론을 여러 형상의 강체의 비정면 충돌에 대하여 확장하려 하는 것은 실제 가치가 거의 없는 과도한 단순화가 되고 만다. 이러한 이유 때문에, 어떤 책에서는 이런 이론을 쉽사리 유도하여 제시하고 있지만, 이 책에서는 여기에 관한 내용과 문제들을 포함시키지 않는다. 그렇지만 강체의 충돌과 여타 상호작용을 설명하는 데 적용할 수 있다면 선형운동량 및 각운동량의 보존원리를 충분히 활용할 것이다.

Courtesy of NASA

허블 우주 망원경 내에는 정밀한 자세의 제어가 가능하도록 반작용 휠이 있다. 각운동량 원리는 이와 같은 제어 시스템을 설계하고 운전하는 데 핵심적이다.

예제 6.14

대칭바퀴의 중앙허브에 감긴 케이블에 작용하는 힘 P는 $P = 6.5t$로 서서히 증가하는데, 여기서 P의 단위는 N이고, t는 P가 처음 작용할 때부터 s로 표시한 시간이다. 시간 $t = 0$에서 바퀴중심이 0.9 m/s의 속도로 왼쪽으로 굴러가고 있다면, P가 작용하고 10초 후 바퀴의 각속도 ω_2를 구하라. 단, 바퀴는 질량 60 kg, 중심에 대한 회전반지름 250 mm이고, 미끄러지지 않고 구른다.

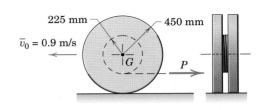

|풀이| 충격과 운동량 그림은 $t_1 = 0$에서 초기 선형 및 각운동량과 $t_2 = 10$ s에서의 최종 선형 및 각운동량을 나타낸다. 마찰력 F의 정확한 방향은 마찰이 없다면 일어날 미끄러짐에 대해 반대 방향이다. ①

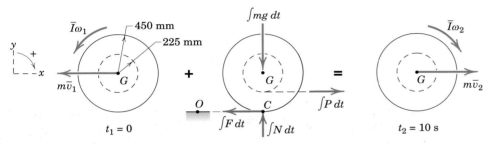

전체 시간간격에 대하여 선형충격량-운동량 방정식과 각충격량-운동량 방정식을 적용하면 다음과 같다.

$$\left[(G_x)_1 + \int_{t_1}^{t_2} \Sigma F_x \, dt = (G_x)_2\right] \qquad 60(-0.9) + \int_0^{10} (6.5t - F) \, dt = 60[0.450\omega_2] \quad ②$$

$$\left[(H_G)_1 + \int_{t_1}^{t_2} \Sigma M_G \, dt = (H_G)_2\right]$$

$$60(0.250)^2\left(-\frac{0.9}{0.450}\right) + \int_0^{10} [0.450F - 0.225(6.5t)] \, dt = 60(0.250)^2[\omega_2] \quad ③$$

힘 F는 변수이므로 적분기호 안에 들어가 있어야 한다. 두 방정식에서 둘째 식에 $\frac{1}{0.450}$을 곱하고, 첫째 식에 더하여 F를 소거한다. 적분하고 ω_2에 대하여 풀면 다음과 같이 된다.

시계방향으로 $\omega_2 = 2.60$ rad/s ◻

|다른 풀이| 수평면 위의 고정점 O 주위에 대해 식 (6.17)의 둘째 식을 적용하면 연립 방정식을 풀지 않아도 된다. 60(9.81) N의 무게와 크기가 같고 방향이 반대인 힘 N의 모멘트는 서로 상쇄되며, F의 점 O에 관한 모멘트는 0이므로 F는 소거된다. 따라서 점 O에 관한 각운동량은 $H_O = \bar{I}\omega + m\bar{v}r = m\bar{k}^2\omega + mr^2\omega = m(\bar{k}^2 + r^2)\omega$가 되는데, 여기서 $\bar{k}$는 중심회전반지름이고 r은 구름반지름 0.450 m이다. 따라서 $\bar{k}^2 + r^2 = k_C^2$이고 $H_C = I_C\omega = mk_C^2\omega$이므로 $H_O = H_C$가 됨을 알 수 있다. 이제 식 (6.17)은 다음과 같이 된다.

$$\left[(H_O)_1 + \int_{t_1}^{t_2} \Sigma M_O \, dt = (H_O)_2\right]$$

$$60[(0.250)^2 + (0.450)^2]\left[-\frac{0.9}{0.450}\right] + \int_0^{10} 6.5t(0.450 - 0.225) \, dt$$
$$= 60[(0.250)^2 + (0.450)^2][\omega_2]$$

이 하나의 식에 대한 해는 앞에서 두 식을 연립해서 구한 해와 동일하다.

|도움말|

① 또 바퀴가 미끄러지지 않고 굴러갈 때, 시계방향 각가속도를 일으키는 점 C에 대한 시계방향 모멘트 불균형에 유의한다. 점 G에 대한 모멘트합은 a와 같이 시계방향이어야 하므로 마찰력은 이러한 가속도를 줄 수 있도록 왼쪽으로 작용되어야 한다.

② 운동량 항들의 부호에 주의한다. 최종 선속도를 양의 x방향으로 가정하면, $(G_x)_2$는 양이 된다. 초기 선속도를 음으로 잡으면, $(G_x)_1$도 음이다. 음의 항을 뺄 때는 음 부호가 이중으로 들어간다.

③ 바퀴가 미끄러지지 않고 구르므로 양의 x 속도가 되려면 각속도가 시계방향이 되어야 하며, 이의 역도 성립한다.

예제 6.15

그림과 같은 기중기의 도르래 E의 질량은 30 kg이고, 중심회전반지름은 250 mm이다. 케이블의 점 B에서 일정한 힘 $F = 380$ N이 유지되도록 드럼 A에 시계방향 토크를 가할 때, 도르래에 걸려 있는 40 kg의 짐 D는 $v_1 = 1.2$ m/s의 초기속도로 내려가고 있다. 드럼에 토크를 가하고 5초 후 도르래의 각속도 ω_2를 구하고, 이 시간간격 동안 점 O에서의 케이블 장력 T를 계산하라. 마찰은 무시한다.

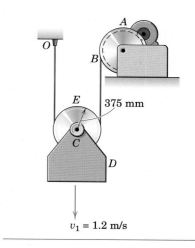

$v_1 = 1.2$ m/s

|풀이|　도르래와 짐을 하나의 시스템으로 하여 충격량–운동량 선도를 그린다. 점 O에서 케이블의 장력 T와 도르래의 최종각속도 ω_2가 두 미지수이다. 반시계방향을 양의 방향으로 잡고, 고정점 O에 관한 모멘트–각운동량식을 써서 먼저 T를 소거한다.

$$\left[(H_O)_1 + \int_{t_1}^{t_2} \Sigma M_O \, dt = (H_O)_2\right]$$

$$\int_{t_1}^{t_2} \Sigma M_O \, dt = \int_0^5 [380(0.750) - (30 + 40)(9.81)(0.375)] \, dt$$

$$= 137.4 \text{ N·m·s}$$

$$(H_O)_1 = -(m_E + m_D)v_1 d - \bar{I}\omega_1$$

$$= -(30 + 40)(1.2)(0.375) - 30(0.250)^2\left(\frac{1.2}{0.375}\right)$$

$$= -37.5 \text{ N·m·s} \quad ①$$

$$(H_O)_2 = (m_E + m_D)v_2 d + \bar{I}\omega_2$$

$$= +(30 + 40)(0.375\omega_2)(0.375) + 30(0.250)^2\omega_2$$

$$= 11.72\omega_2$$

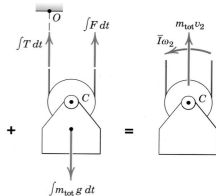

운동량 방정식에 대입하면 다음과 같다.

$$-37.5 + 137.4 = 11.72\omega_2$$

$$\omega_2 = 8.53 \text{ rad/s 반시계방향} \quad\blacksquare$$

이제 선형충격량–운동량 방정식을 시스템에 적용하여 T를 구한다. 위를 양의 방향으로 하면 다음과 같다.

$$\left[G_1 + \int_{t_1}^{t_2} \Sigma F \, dt = G_2\right]$$

$$70(-1.2) + \int_0^5 [T + 380 - 70(9.81)] \, dt = 70[0.375(8.53)]$$

$$5T = 1841 \qquad T = 368 \text{ N} \quad\blacksquare$$

점 O 대신 도르래의 중심 C에 대하여 모멘트 방정식을 취하면 미지수 T와 ω가 포함되며, 역시 그 두 미지수를 포함하고 있는 앞의 힘방정식과 함께 연립하여 풀어야 할 것이다.

|도움말|

① 음의 양을 뺄 때, 음 부호가 이중으로 들어가는 것에 주목하라. 또 각운동량의 단위는 각충격량의 단위와 같이 kg·m²/s로 쓸 수 있다.

예제 6.16

그림에서 균일한 직각블록이 수평면에서 좌측으로 v_1인 속도로 미끄러지다가 표면에 있는 작은 턱에 부딪친다. 턱에서의 튐을 무시할 때, 블록이 계단모서리 주위를 회전하여 A의 위치에서 속도가 0이 되어 서 있게 되는 v_1의 최솟값을 구하라. 또 $b = c$일 때, 에너지 손실 n을 백분율로 표기하라.

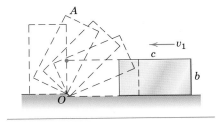

|**풀이**| 전체의 과정을 (I) 충돌, (II) 그 이후의 회전운동 두 단계로 나눈다.

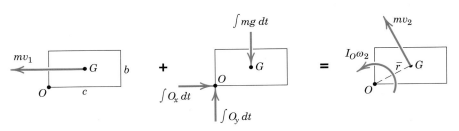

I. 충돌 무게 mg는 비충격력이라고 가정하면 점 O에 대한 각운동량은 보존된다. ①
충돌 직전 O에 대한 블록의 초기 각운동량은 선형운동량의 점 O에 대한 모멘트이고 $(H_O)_1 = mv_1(b/2)$가 된다. 충돌 직후 블록이 점 O 주위로 회전운동을 시작할 때 점 O에 대한 각운동량은 ②

$$[H_O = I_O\omega] \qquad (H_O)_2 = \left\{ \frac{1}{12}m(b^2 + c^2) + m\left[\left(\frac{c}{2}\right)^2 + \left(\frac{b}{2}\right)^2\right]\right\}\omega_2 \quad ③$$

$$= \frac{m}{3}(b^2 + c^2)\omega_2$$

각운동량 보존으로부터

$$[(H_O)_1 = (H_O)_2] \qquad mv_1\frac{b}{2} = \frac{m}{3}(b^2 + c^2)\omega_2 \qquad \omega_2 = \frac{3v_1 b}{2(b^2 + c^2)}$$

II. 점 O에 대한 회전 회전운동이 마찰이 없는 회전축에 대하여 발생하고 회전중심 O의 위치가 지표면 위치라 가정하면, 회전이 일어나는 동안에 기계적 에너지는 보존된다.

$$[T_2 + V_2 = T_3 + V_3] \qquad \frac{1}{2}I_O\omega_2^2 + 0 = 0 + mg\left[\sqrt{\left(\frac{b}{2}\right)^2 + \left(\frac{c}{2}\right)^2} - \frac{b}{2}\right] \quad ④$$

$$\frac{1}{2}\frac{m}{3}(b^2 + c^2)\left[\frac{3v_1 b}{2(b^2 + c^2)}\right]^2 = \frac{mg}{2}(\sqrt{b^2 + c^2} - b)$$

$$v_1 = 2\sqrt{\frac{g}{3}\left(1 + \frac{c^2}{b^2}\right)(\sqrt{b^2 + c^2} - b)} \qquad\qquad 답$$

충돌하는 동안 에너지 손실 백분율은 다음과 같다.

$$n = \frac{|\Delta E|}{E} = \frac{\frac{1}{2}mv_1^2 - \frac{1}{2}I_O\omega_2^2}{\frac{1}{2}mv_1^2} = 1 - \frac{k_O^2\omega_2^2}{v_1^2} = 1 - \left(\frac{b^2 + c^2}{3}\right)\left[\frac{3b}{2(b^2 + c^2)}\right]^2$$

$$= 1 - \frac{3}{4\left(1 + \frac{c^2}{b^2}\right)} \qquad\qquad b = c인\ 경우\quad n = 62.5\% \qquad 답$$

|**도움말**|

① 블록의 모서리가 강체턱 대신에 스프링에 부딪치면 스프링이 압축되는 동안 상호작용이 일어나는 시간이 상당하므로, 무게의 모멘트로 인한 스프링의 끝 고정점 주위의 각충격량을 고려해야 될 것이다.

② 충돌하는 동안 점 G의 속도의 크기와 방향이 갑자기 바뀌는 것에 유의한다.

③ 여기서 평행축 정리 $I_O = \bar{I} + m\bar{r}^2$을 정확히 사용하도록 한다.

④ 기준선의 위치는 질량중심 G의 초기높이 위치로 잡았다. 세 번째 단계는 위치 A에 도달하여 블록의 대각선이 수직이 되는 상태이다.

연습문제

기초문제

6/135 질량이 0.8 kg이고 길이가 0.4 m인 가느다란 막대의 질량 중심 G가 그림과 같은 순간에 속도 $v=2$ m/s로 수직으로 떨어지고 있다. 막대의 각속도가 (a) ω_a=시계 방향으로 10 rad/sec일 때, (b) ω_b=시계 반대 방향으로 10 rad/s일 때, 점 O에 대한 막대의 각운동량 H_O를 구하라.

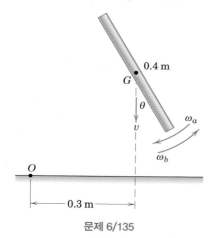

문제 6/135

6/136 회전문을 통해 걸어가는 사람은 네 도어 패널 중 하나에 90 N 의 수평력을 가하고, 패널에 수직한 선에 대하여 15° 각도를 일정하게 유지한다. 각 패널이 위에서 볼 때 길이가 1.2 m 이고 60 kg의 균일한 직사각형 판으로 되어 있다면, 사람이 3초 동안 힘을 가하는 경우 문의 최종 각속도 ω를 구하라. 문은 초기에 정지해 있으며, 마찰은 무시될 수 있다.

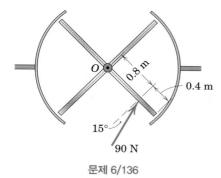

문제 6/136

6/137 75 kg의 플라이휠은 회전축에 대하여 $k=0.50$ m의 회전반 지름을 가지며, 토크 $M=10(1-e^{-t})$ N·m을 받는다. 여기 서 t의 단위는 초이다. 만약 플라이휠이 시간 $t=0$에서 정지 상태일 경우 $t=3$ s에서의 각속도를 구하라.

문제 6/137

6/138 태양의 중심에 대하여 지구의 각운동량을 구하라. 지구는 균일하고, 지구의 원형궤도의 반지름은 $149.6(10^6)$ km라고 가정한다. 다른 필요한 내용은 부록 D의 표 D.2를 참조하 라. 항 $\bar{I}\omega$ 및 $m\bar{v}d$의 상대적 기여도에 대해 언급하라.

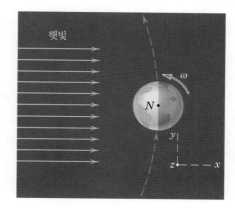

문제 6/138

6/139 그림과 같이 호이스팅 케이블에 일정한 장력 200 N과 160 N 이 작용되고 있다. 시간 $t=0$일 때 하중의 속도 v가 아래로 2m/s이고 도르래의 각속도 ω가 반시계 방향으로 8 rad/s 이라면, 케이블 장력이 5초 동안 적용된 후에 v와 ω를 구하 라. 결과가 독립적임에 주목하라.

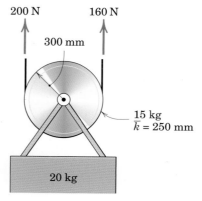

문제 6/139

6/140 남자가 오른쪽으로 $v_1=1.2$ m/s의 속력으로 이동 중에 작은 장애물에 발이 걸려 넘어진다. 충돌 직후 남자의 각속도 ω를 구하라. 남자의 질량은 76 kg, 질량중심의 높이는 $h=0.87$ m이고, 그의 발목 관절 중심 O점에 대한 질량 관성모멘트는 66 kg·m²이며, 여기서 모든 성질은 O점 위에 있는 신체 부분의 성질이다. 즉 질량과 질량 관성모멘트는 다리를 포함하고 있지 않다.

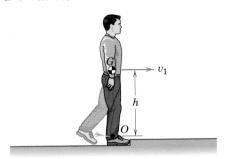

문제 6/140

6/141 그림과 같이 36 kg의 이단 실린더에 40 N의 일정한 힘이 가해진다. 실린더는 중심 회전반경 $\bar{k}=200$ mm이고 경사면에서 미끄러짐 없이 구른다. 힘이 처음 가해질 때 실린더가 정지해 있다면, 8초 후의 각속도 ω를 구하라.

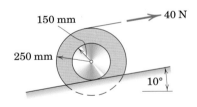

문제 6/141

6/142 질량이 M이고 길이가 L인 균일한 막대가 부드러운 x-y 수평 평면에서 속도 v_M으로 병진운동하고 있을 때, 그림과 같이 속도 v_m으로 이동하는 질량 m의 질점이 충돌하여 막대에 박혔다. 질점이 박혀 있는 막대의 최종 선형 속도와 각속도를 구하라.

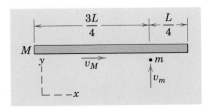

문제 6/142

6/143 질량이 m이고 반지름이 R인 균일한 원형 실린더는 그림과 같이 부착된 질량 $m/2$의 봉과 같이 움직인다. 만약 실린더 중심 O의 속도가 v_O로 표면을 미끄러지지 않고 구를 때, 그림에 나타낸 순간에 질량중심 G와 O에 대한 시스템의 각운동량 H_G와 H_O를 구하라.

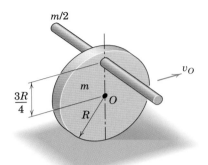

문제 6/143

6/144 질량 m의 홈이 있는 도르래는 외부 주위에 단단히 감겨 있는 케이블을 통해 가해지는 일정한 힘 F에 의해 움직인다. 도르래는 내부 허브에 단단히 감겨 있는 케이블 끝에 질량 M인 실린더를 지지하고 있다. 힘 F가 처음 가해질 때 시스템이 멈춰 있다면, 3초 후의 지지되는 질량의 상승속도를 구하라. $m=40$ kg, $M=10$ kg, $r_o=225$ mm, $r_i=150$ mm, $k_O=160$ mm, $F=75$ N을 사용하라. 단, 베어링 O점에서 마찰은 무시하고 그 시간 동안에 기계적인 간섭은 없다고 가정한다. 10 kg 질량을 지지하는 케이블이 받는 힘의 시간 평균값을 구하라.

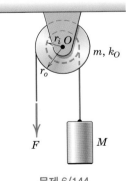

문제 6/144

6/145 질량 m의 점토 뭉치가 초기 수평방향으로 속도 v_1로 움직여 초기에 멈춰 있는 질량 M과 길이 L을 가지는 균일한 봉에 충돌한 후 달라붙었다. 합쳐진 물체의 최종 각속도를 구하라. 충돌이 발생하는 동안 피벗 O점에 의해서 물체에 작용하는 선형 운동량의 성분을 구하라.

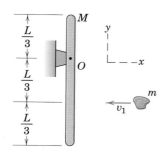

문제 6/145

심화문제

6/146 80 kg의 다이버가 다이빙대를 출발한 후, 몸을 쭉 펴고 궤도의 평면에 수직인 축을 중심으로 0.3 rev/s의 회전속도로 다이빙을 한다. 다이버가 다이빙한 후 몸을 접는 위치에 도달할 때의 각속도 N을 구하라. 각 위치에서 신체의 질량 관성모멘트를 고려할 때 타당한 가정을 세워라.

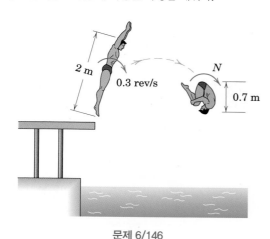

문제 6/146

6/147 그림에 나타낸 장치는 중앙 칼라에 부착된 연결 암의 길이 방향 축에 대해 360° 회전할 수 있도록 케이블에 연결된 의자가 설치되어 있으며, 탑승객이 의자에 앉아 있는 동안 중심기둥의 수직 축에 대해 Ω의 각속도로 회전하는 놀이기구를 단순화한 모델이다. 탑승의자가 연결된 암으로부터 90°로 회전할 때, 위치 (a)와 (b) 사이에 각속도의 퍼센트 증가 n을 구하라. 모델에서는, $m=1.2$ kg, $r=75$ mm, $I=300$ mm, 그리고 $L=650$ mm이다. 기둥과 연결 암은 초기 각속도 $\Omega=120$ rev/min으로 z축에 대해 자유롭게 회전하며 $30(10^{-3})$ kg·m²의 z축에 대한 복합 질량 관성모멘트를 갖는다.

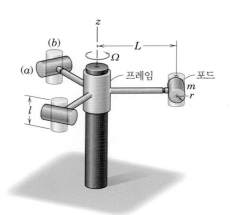

문제 6/147

6/148 균일한 78 kg의 콘크리트 블록이 그림과 같이 수평의 위치에서 정지상태로부터 떨어져서, 모서리 A와 부딪히고, 튕겨짐 없이 그 지점을 중심으로 회전한다. 블록이 모서리와 부딪힌 직후의 각속도 ω와, 충돌로 인한 에너지의 퍼센트 손실 n을 구하라.

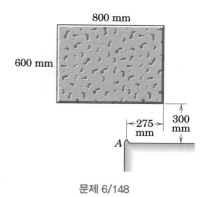

문제 6/148

6/149 두 개의 작은 가변 추진력 제트는, 두 개의 신축식(telescoping) 붐을 2분 동안 일정한 비율로 $r_1=1.2$ m에서 $r_2=4.5$ m로 확장할 때, 인공위성의 각속도를 z축에 대하여 $\omega_0=1.25$ rad/s로 일정하게 유지하기 위하여 계속 작동된다. 축이 움직이기 시작했을 때의 시간을 $t=0$이라 하고, 시간의 함수로써 각 제트의 필요한 추진력 T를 구하라. 붐의 끝에 달려 있는 10 kg의 작은 실험 모듈은 질점으로 취급할 수 있고, 강체 붐의 질량은 무시할 수 있다.

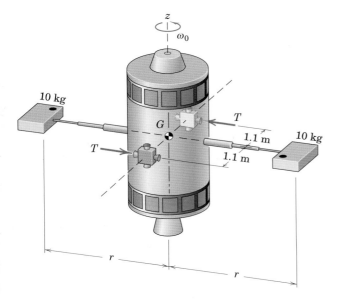

문제 6/149

6/150 단위 길이당 질량이 ρ인 가느다란 봉으로 구성된 물체가 부드러운 수평면에 움직임 없이 놓여 있을 때, 그림과 같이 선형 충격 $\int P\,dt$가 가해진다. 만약 $l=500$ mm, $\rho=3$ kg/m, $\int P\,dt=8$ N·s일 때, 충격이 가해진 직후 모서리 B의 속도 $\mathbf{v}_B$를 구하라.

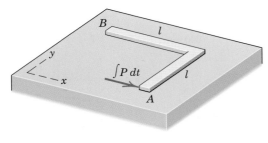

문제 6/150

6/151 베이스 B는 질량이 5 kg이고 그림에 나타낸 중심 수직축에 대한 회전 반경이 80 mm이다. 각 플레이트 P의 질량은 3 kg이다. 플레이트가 수직 위치에 있는 상태에서 시스템이 수직축에 대해 각속도 $N_1=10$ rev/min로 자유롭게 회전하여 플레이트가 그림에 나타낸 수평 위치로 이동하였을 때, 각속도 N_2를 구하라. 마찰은 무시하라.

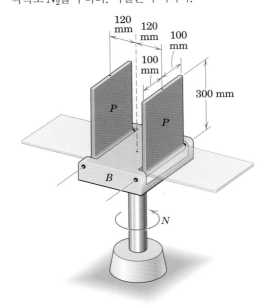

문제 6/151

6/152 차량의 '트립핑' 현상을 조사한다. SUV가 각속도 없이 옆 길로 속도를 가지고 미끄러질 때, 작은 도로 경계석에 충돌한다. 우측 타이어가 튕겨지지 않는다고 가정할 때, 차량이 우측으로 완전히 굴러 넘어가기 위한 최저 속도 v_1을 구하라. 차량의 질량은 2300 kg이며 질량중심 G를 지나는 길이 방향 축에 대한 질량 관성모멘트는 900 kg·m²이다.

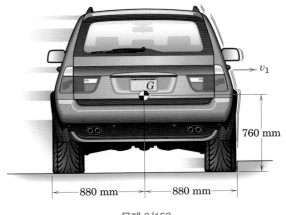

문제 6/152

6/153 길이 l과 질량 m을 가지는 가느다란 막대가 그림과 같은 수평위치에서 정지상태로부터 놓아진다. 만약 막대의 A점이 B와 충돌하여 피벗 연결된다고 할 때, 충돌 직후 막대의 각속도 ω를 거리 x의 함수로 구하라. 결과를 $x=0$, $l/2$, l에 대하여 평가하라.

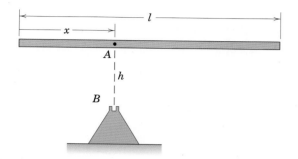

문제 6/153

6/154 시스템은 그림처럼 내부 막대 A가 중공 실린더 B 내에 길이방향으로 가운데 위치에 있으며, 초기에 각속도 $\omega_1 = 10$ rad/s로 자유롭게 회전한다. (a) 만약 시스템의 내부 막대 A가 실린더로부터 $b/2$ 길이만큼 돌출되어 있을 때, (b) 막대가 실린더에서 떨어지기 직전, (c) 막대가 실린더에서 떨어진 직후에 시스템의 각속도를 구하라. 단, 수직방향 지지축의 관성모멘트와 두 베어링의 마찰은 무시한다. 두 물체는 동일하고 균일한 재료로 만들어졌다. $b=400$ mm, $r=20$ mm를 이용하고, 필요에 따라 문제 B/30의 결과를 참조하라.

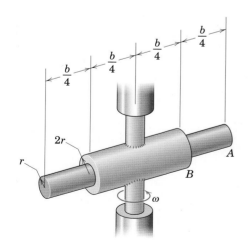

문제 6/154

6/155 질량이 m이고 반지름이 r인 균일한 구(sphere)가 각속도 없이($\omega_0=0$) 초기속력 v_0로 각도 θ의 경사를 따라 발사된다. 만약 운동마찰계수가 μ_k일 때, 미끄러짐이 지속되는 시간 t를 구하라. 또한 미끄러짐이 끝난 후, 질량중심 G의 속도 v와 각속도 ω를 구하라.

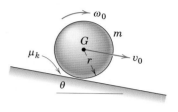

문제 6/155

6/156 문제 6/155의 균일한 구가 중심의 선 속도 없이($v_0=0$) 시계방향의 각속도 ω_0로 경사면에 놓인다. 이때 미끄러짐이 지속되는 시간 t를 구하라. 미끄러짐이 끝난 후, 질량중심 G의 속도 v와 각속도 ω를 구하라.

6/157 길이 L인 균일한 막대기가 수직축에 대하여 각 θ로 기울어진 상태로 떨어진다. 막대의 끝 A가 땅에 충돌할 때 막대의 양쪽 끝의 속도는 v로 동일하다. 그 후 운동이 진행되는 동안 A점을 중심으로 회전한다면, 다른쪽 끝 B가 지면에 충돌할 때의 속도 v'을 구하라.

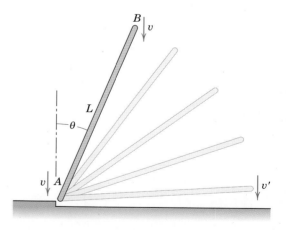

문제 6/157

6/158 74 kg의 빙상 선수가 팔을 수평으로 펴고 수직축에 대해 1 rev/s 속도로 회전한다. 만약 남자가 자신의 팔을 몸의 중심선에 가깝게 손을 가져가 완전히 접었을 때 남자의 회전 속도 N을 구하라. 남자의 팔은 균일한 봉으로 간주할 수 있고 각각 질량 7 kg과 680 mm의 길이를 가진다. 몸통은 60 kg과 330 mm의 지름을 가지는 실린더로 간주한다. 남자가 팔을 접었을 때는 지름이 330 mm이고 74 kg인 실린더로 간주한다. 스케이트와 빙판 사이의 마찰은 무시한다.

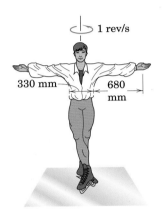

문제 6/158

6/159 그림에 나타낸 회전체 조립품에서, 팔 OA와 여기에 장착된 모터 덮개는 그 질량의 합이 4.5 kg이고 z축에 대해 175 mm의 회전반지름을 갖는다. 모터 전기자와 반지름이 125 mm인 디스크가 연결되어 있으며 그 질량의 합은 7 kg이고 회전반지름은 100 mm이다. 전체 조립품은 z축에 대해 자유롭게 회전한다. 만약 팔 OA가 초기 정지상태일 때 모터가 구동된다면, 팔 OA에 대한 모터의 상대속도가 300 rev/min에 도달하였을 때 OA의 각속도 N을 구하라.

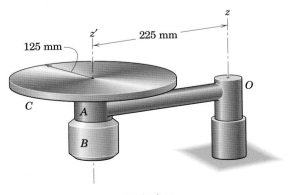

문제 6/159

6/160 그림은 일정한 토크 M을 공급하는 모터 B가 375 mm 지름의 내부 드럼에 케이블을 감아 올리는 것을 보여준다. 이 케이블은 바위 600 kg을 운반하는 125 kg 카트에 부착된 80 kg의 풀리 주위에 감겨 있다. 모터는 3초 동안에 1.5 m/s의 운반 속도로 바위를 실은 카트를 이동시킬 수 있다. 모터가 공급할 수 있는 토크 M을 구하고, 속도가 증가되는 동안 O의 풀리를 감고 있는 케이블의 각 줄에 걸리는 장력의 평균값을 구하라. 케이블은 풀리에 대해 미끄러짐이 없고, 풀리는 중심에 대한 회전반지름이 280 mm이다. 카트가 운반 속도로 움직일 때 모터의 출력을 구하라.

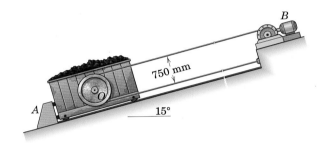

문제 6/160

6/161 축 질량 대칭을 가진 우주선의 요소와 반작용-휠 제어 시스템을 그림에 나타냈다. 모터가 반작용-휠에 토크를 가할 때 우주선에는 크기가 같고 방향이 반대인 토크가 가해지므로, z방향에 대한 각운동량은 변하게 된다. 시스템의 모든 요소가 정지 상태로부터 시작되고, 모터가 시간 t 동안 일정한 토크 M을 가할 때, (a) 우주선의 최종 각속도와 (b) 우주선에 대한 휠의 상대 각속도를 구하라. 휠을 포함한 전체 우주선의 z축에 대한 질량관성모멘트는 I이고, 휠만의 질량관성모멘트는 I_w이다. 휠의 회전축은 우주선의 대칭축인 z축과 일치한다.

문제 6/161

6/162 55 kg의 동역학 강사는 수업에서 각운동량의 원리를 설명
한다. 여자는 자유롭게 회전하는 플랫폼 위에 서 있고, 그
녀의 몸은 플랫폼의 수직축과 정렬되어 있다. 플랫폼은 회
전하지 않고, 여자는 변형된 자전거 바퀴를 그 축이 수직
하게 잡고 있다. 그녀는 그녀의 몸과 바퀴 중심선과의 거리
를 600 mm로 유지하며, 바퀴를 수평방향으로 회전시킨다.
학생들은 플랫폼이 30 rev/min의 각속도로 회전하는 것을
관찰하였다. 만약 바퀴의 무게가 10 kg이고 회전반지름이
300 mm이며 250 rev/min 속도로 일정하게 회전할 때, 수
직 플랫폼 축에 대한 강사(그림의 자세로 있는)의 질량 관성
모멘트 I를 구하라.

문제 6/162

6/163 슬롯이 있는 3.6 kg의 원형 디스크는 중심 O에 대해 150 mm
의 회전반지름을 가지며 초기에 O를 지나는 고정된 수직
축에 대해 N_1=600 rev/min의 속도로 자유롭게 회전한다.
0.9 kg의 가느다란 봉 A는 그림과 같이 슬롯의 중심위치에
디스크에 대하여 상대적으로 정지해 있다. 약간의 외란으
로 인하여 봉이 슬롯 끝까지 미끄러지고, 거기서 디스크에
대하여 상대적으로 정지상태가 된다. O에서 축 베어링의
마찰이 없다고 가정할 때, 디스크의 새 각속도 N_2를 구하
라. 또 슬롯의 마찰은 최종 결과에 어떠한 영향을 미치는가?

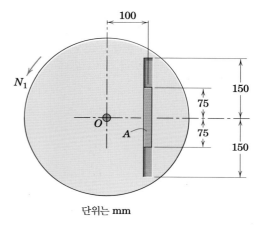

단위는 mm

문제 6/163

6/164 그림의 기어 열은 정지상태로부터 시작해서 2.25초에 ω_C=
240 rev/min의 출력속도에 도달한다. 기어 열의 회전은 출
력 기어 C에서 일정한 150 N·m의 모멘트에 의해 저항을
받는다. 최종 속도에 도달하기 직전 A에 있는 86% 효율의
모터에 요구되는 입력(input) 동력을 구하라. 기어는 m_A=
6 kg, m_B=10 kg, m_C=24 kg이고, 피치 지름은 d_A=120
mm, d_B=160 mm, d_C=240 mm이며, 중심에 대한 회전반
지름은 k_A=48 mm, k_B=64 mm, k_C=96 mm이다.

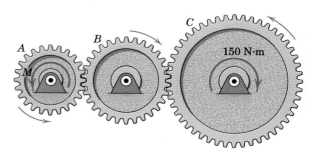

문제 6/164

6/165 미끄러짐 없이 속도 v로 구르는 균일한 원형 원반이 경사면 θ 위로 굴러가게 되어 방향의 급격한 변화가 일어나게 된다. 원반이 경사면을 올라가기 시작할 때 원반 중심의 새로운 속도 v'을 구하고, $\theta = 10°$일 때 경사면과의 충격으로 인해 손실되는 초기 에너지에 대한 비율 n을 구하라.

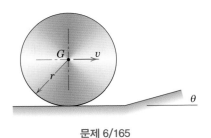

문제 6/165

6/166 그림과 같이 냉동고의 수평 선반 위에 냉동 주스가 정지상태로 있다. 이때 캔이 제자리에서 벗어나지 않게 문을 '쾅' 닫을 수 있는 최대 각속도 Ω를 구하라. 캔은 선반 모서리에서 미끄러짐 없이 구르며, 치수 d는 500 mm로 가정하라.

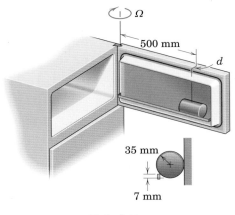

문제 6/166

6.9 이 장에 대한 복습

이 장에서는 지금까지 공부했던 동역학 요소들을 사실상 모두 이용하였다. 절대운동과 상대운동 해석을 사용하는 운동학 지식이 강체운동역학의 문제를 푸는 데 필수사항이라는 것을 알았다. 이 장의 문제해결 방법은 힘-질량-가속도, 일-에너지, 충격량-운동량들의 방법을 이용하여 질점의 운동역학을 연구했던 제3장의 방법과 동일하다.

다음은 평면운동을 하는 강체문제를 푸는 데 중요한 고려사항들을 요약한 것이다.

1. **물체 또는 시스템의 확인.** 해석하고자 하는 물체나 물체 시스템을 명확히 결정한 후, 자유물체도, 운동역학선도, 작용력선도 중에서 어느 것이든 적절한 선도를 그려서 선택된 물체 또는 시스템을 분리한다.

2. **운동의 유형.** 운동의 유형이 직선병진, 곡선병진, 고정축에 대한 회전, 일반평면운동 중 어디에 속하는지 확인한다. 항상 운동방정식을 풀기 전에 문제의 운동학 조건들이 적절히 구해졌는가를 확인한다.

3. **좌표계.** 적절한 좌표계를 선택한다. 주로 관련되는 특정 운동의 도형이 결정인자가 된다. 힘과 모멘트합의 양의 방향을 표시하고, 이 부호규약을 일관성 있게 적용한다.

4. **원리와 방법.** 작용력과 가속도 사이의 순간적인 관계를 구할 때에는, 자유물체도와 운동역학선도에서 얻게 되는 힘과 그들의 합력 $m\bar{\mathbf{a}}$와 $\bar{I}\alpha$ 사이의 등가성이 해를 구하는 가장 직접적인 방법을 제시한다.

운동이 변위구간에 걸쳐 일어날 때는 일-에너지 방법을 제시하고, 가속도를 계산하지 않고 초기속도와 최종속도의 관계를 구한다. 내부 마찰을 무시할 수 있는 서로 연결된 역학계의 경우에 이 방법의 이점을 확인한 바 있다.

운동구간이 변위 대신 시간으로 지정되는 경우에는 충격량-운동량의 방법을 제시한다. 강체의 각운동이 갑자기 변화한 경우는 각운동량 보존의 원리를 사용한다.

5. **가정과 근사화.** 지금쯤이면 막대를 이상적인 가는 막대로 취급하고 작은 마찰력을 무시하는 것과 같은 가정과 근사화의 실제 중요성에 대한 감(feel)이 잡혀야 할 것이다. 이런 이상화(idealization)는 실제 문제의 해를 얻는 과정에서 매우 중요한 구실을 한다.

복습문제

6/167 질량이 m인 물체가 v의 속도로 움직이다가 질량이 M인 평판의 모서리에 충돌한다. 물체가 플레이트의 측면에 붙어 있다면, 평판에 의해 도달되는 최대 각도 θ를 구하라. $m=500$ g, $M=20$ kg, $v=30$ m/s, $b=400$ mm, $h=800$ mm 값을 사용하라.

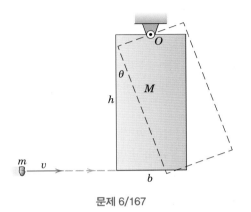

문제 6/167

6/168 5 kg의 질량을 가지는 막대가 그림에 나타낸 위치에서 정지 상태로부터 놓아지고, 그 끝에 있는 롤러는 그림과 같이 수직 평면 슬롯 내에서 이동한다. 막대의 길이는 $l=700$ mm 이다. 롤러 A가 C점을 통과할 때의 속력이 3.25 m/s일 때, 이 운동 구간에 걸쳐서 시스템에 작용하는 마찰력에 의한 일을 구하라. 막대의 길이 $l=700$ mm이다.

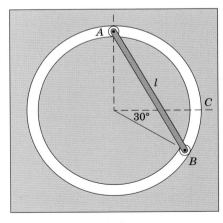

문제 6/168

6/169 회전문을 통과하는 사람이 4개의 도어 패널 중 하나에 90 N의 수평 힘을 가한다. 각 패널을 위에서 보았을 때 길이가 1.2 m이고 질량이 60 kg인 균일한 직사각형 판으로 모델링 할 때, 도어의 각가속도를 구하라. 마찰은 무시하라.

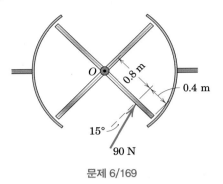

문제 6/169

6/170 기계식 플라이볼 거버너는 수직축 O-O를 중심으로 작동한다. 축의 회전속도 N이 증가함에 따라 두 개의 1.5 kg 공의 회전 반경은 증가하게 되고, 9 kg의 질량 A는 칼라 B에 의해 들어 올려진다. 회전 속도가 150 rev/min일 때 β의 정상 상태 값을 구하라. 공을 연결하는 팔과 칼라의 질량은 무시하라.

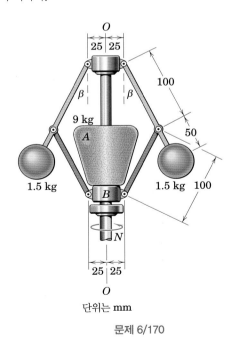

단위는 mm

문제 6/170

6/171 비행기의 앞바퀴 조립품은 B의 축을 통하여 링크 BC에 토크 M을 가하여 들어 올린다. 팔과 바퀴 AO는 질량의 합이 45 kg이고, 질량중심이 G이며, 중심에 대한 회전반지름이 350 mm이다. 각도 $\theta = 30°$일 때, 링크 AO를 반시계방향으로 10 deg/s의 각속도로 회전시키고 또한 이를 매초 5 deg/s의 비율로 증가시키는 데 필요한 토크 M을 구하라. 또한 A의 핀에 의해 지지되는 총힘을 구하라. 해석하는 동안 링크 BC와 CD의 질량은 무시할 수 있다.

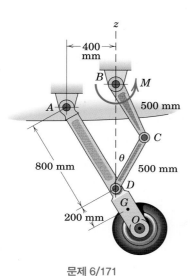

문제 6/171

6/172 각각의 단단한 정사각형 블록은 그림과 같은 위치에서 정지상태로부터 시계 방향으로 회전하면서 떨어지게 된다. O에서의 지지형태는 (a) 힌지인 경우와, (b) 작은 롤러인 경우이다. 모서리 OC가 바닥면과 충돌하기 직전, 수평이 되었을 때 각 블록의 각속도 ω를 구하라.

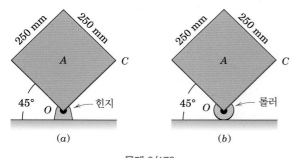

문제 6/172

6/173 각각의 질량이 m인 네 개의 동일한 가느다란 막대는 각 끝단에 용접되어 정사각형을 만들고, 모서리들은 반지름 r의 가벼운 금속 후프에 용접된다. 막대와 후프의 단단한 조립품이 경사를 따라 아래로 구를 때, 미끄러짐을 방지할 수 있는 정지마찰계수의 최솟값을 구하라.

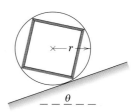

문제 6/173

6/174 그림과 같은 기어열이 수평면 내에서 일정한 속도로 작동되며, A에 있는 모터로부터 4.5 kW의 동력을 받아 20 kN의 부하를 받고 있는 랙 D를 움직인다. 기어 A, B, C의 피치 지름이 $d_A = 300$ mm, $d_B = 600$ mm, $d_C = 300$ mm일 때, 랙 D가 움직이는 속력을 구하라. 기어 C는 기어 B와 같은 축에 맞물려 있으며, 베어링의 마찰은 무시할 수 있다.

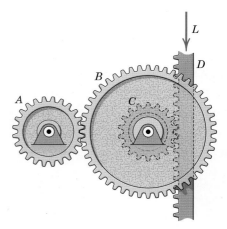

문제 6/174

6/175 균일하고 가느다란 막대는 **30 kg**의 질량을 가지고 있으며 그림과 같은 거의 수직 위치에서 정지상태로부터 놓아진다. 이 위치에서 강성이 **150 N/m**인 스프링은 변형되지 않는다. 막대 끝 A가 수평면과 부딪힐 때의 속력을 구하라.

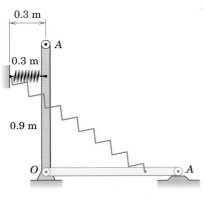

문제 6/175

6/176 우주 망원경을 그림에 나타냈다. 자세를 제어하는 시스템의 반작용 휠 중 하나는 그림과 같이 **10 rad/s**로 회전하고, 이 속도에서 휠 베어링의 마찰은 10^{-6} **N·m**의 내부 모멘트를 발생시킨다. 휠 속도와 마찰 모멘트는 수 시간 동안 일정하다고 취급할 수 있다. X 축에 대한 전체 우주선의 질량 관성 모멘트가 $(150)(10^3)$ **kg·m³**일 때, 초기에 정지된 우주선의 조준선이 **1 arc-second**=**1/3600 deg**만큼 이동하기까지 소요되는 시간을 구하라. 다른 모든 요소는 우주선에 상대적으로 고정되어 있고, 그림에 나타낸 반작용 휠의 어떤 다른 토크도 자세 이동을 수정하기 위하여 작동되지 않는다. 외부 토크는 무시한다.

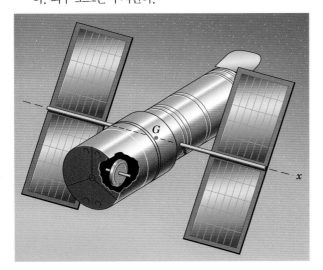

문제 6/176

6/177 균일한 반원형 판이 부드러운 수평면 위에 정지해 있을 때, 힘 F가 B에 작용한다. 초기가속도가 0이 되는 평판의 점 P의 좌표를 구하라.

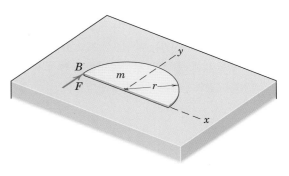

문제 6/177

6/178 곡예 스턴트에서 질량 m_A인 남자 A가 가벼우면서도 강한 빔의 끝이 들려져 있는 플랫폼 위로 속도 v_0로 떨어진다. 질량 m_B의 소년은 속도 v_B로 위로 올라가게 된다. 질량의 비 $n=m_B/m_A$가 주어질 때, 소년의 올라가는 속도를 최대화하기 위한 b를 L의 함수로 표현하라. 남자와 소년 모두 강체로 가정하라.

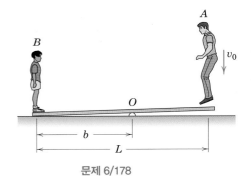

문제 6/178

6/179 질량중심이 G인 **3 kg** 진자는 고정된 지지대 CA의 A에서 피벗되어 있다. 진자의 흔들림 진폭은 $\theta=60°$이며, O-O축에 대하여 **425 mm**의 회전반지름을 갖는다. 진자의 위치가 제일 끝에 있을 때, 기초 지지대로부터 C의 기둥에 작용하는 모멘트 M_x, M_y, M_z를 구하라.

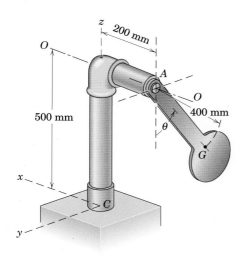

문제 6/179

▶6/180 균일한 20 kg 막대에 5 kg 바퀴가 장착되어 그림과 같은 위치에서 정지상태로부터 놓아진다. 바퀴의 중심에 대한 회전반지름은 110 mm이고, 바퀴와 수평 및 수직 표면 사이의 정지 및 운동 마찰계수가 μ_s=0.65와 μ_k=0.50이다. 막대와 바퀴를 연결하는 핀의 마찰은 무시할 수 있다. 놓아진 순간 막대의 중심질량의 가속도 성분을 구하라.

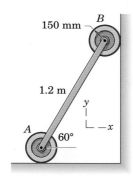

문제 6/180

▶6/181 4절 링크기구가 수평면 내에서 작동한다. 그림에 나타낸 순간에, θ=30°이고 크랭크 OA는 반시계방향으로 3 rad/s의 일정한 각속도로 회전하고 있다. 이 순간에 시스템을 구동하는 데 필요한 짝힘 M의 크기를 구하라. 링크 BCD의 질량은 8 kg이고 점 C에 대하여 회전반지름은 450 mm이다. 크랭크 OA와 연결링크 AB의 질량은 해석을 위해 무시할 수 있다.

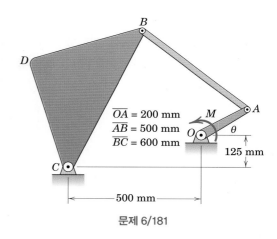

문제 6/181

*컴퓨터 응용문제

*6/182 1.2 kg의 균일한 가느다란 막대의 끝에는 0.6 kg의 질점이 붙어 있다. 스프링 상수는 k=300N/m이고 거리 b=200 mm이다. 스프링이 늘어나지 않은 그림과 같은 수평 위치에서 막대가 정지 상태로부터 놓아질 때 막대의 최대 각변형 θ_{max}를 구하라. 또한 $\theta=\theta_{max}/2$에서의 각속도를 구하라. 마찰은 무시하라.

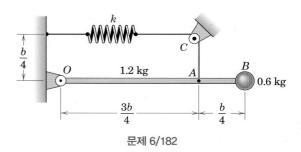

문제 6/182

*6/183 가벼운 롤러가 끝에 있는 균일한 1.2 m의 가느다란 막대가 수직면에서 θ가 본질적으로 0인 정지 상태로부터 놓아진다. A의 속도를 θ의 함수로 그래프를 그리고, A의 최대 속도와 그에 따른 각도 θ를 구하라.

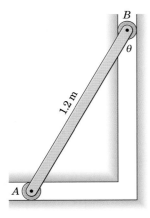

문제 6/183

*6/184 질량이 m이고 길이가 L인 균일한 전봇대가 아래 끝단이 O의 고정된 피벗에 지지되어 수직방향으로 들어 올려진다. 전봇대를 지지하는 당기는 줄이 우연히 놓아져서, 전봇대가 지면으로 떨어진다. θ를 0에서 90°까지 변화시키면서, 전봇대의 O점에 작용하는 힘의 x와 y 성분을 그려라. O_y가 0이 된 후 다시 증가하는 이유를 설명하라.

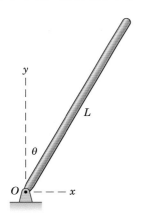

문제 6/184

*6/185 복합 진자는 길이가 l이고 질량이 $2\,m$인 균일하고 가느다란 막대와 여기에 고정된 지름이 $l/2$이고 질량이 m인 균일한 디스크로 구성되어 있다. 복합 진자는 O를 지나는 수평축 주위를 자유롭게 회전한다. 만약 진자가 시간 $t=0$에서 $\theta=0$이고 시계방향의 각속도 3 rad/s를 가진다면, 진자가 $\theta=90$°를 지날 때의 시간 t를 구하라. 진자의 길이 $l=0.8$ m 이다.

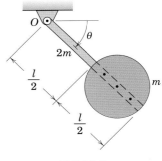

문제 6/185

*6/186 균일한 100 kg의 빔 AB가 초기에 $\theta=0$에서 정지해 있을 때, 일정한 힘 $P=300$ N이 케이블에 가해진다. (a) 빔의 최대 각속도와 이에 상응하는 각도 θ, (b) 빔에 도달하는 최대 각 θ_{max}를 구하라.

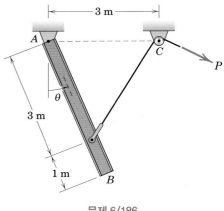

문제 6/186

*6/187 근본적으로 균일한 지름을 갖는 18 m의 통신 기둥이 그림과 같이 B에 장착된 두 개의 케이블에 의해 수직 위치로 들어 올려진다. 한쪽 끝 O는 고정된 지지대에 멈춰 있으며 미끄러지지 않는다. 기둥이 거의 수직이 될 때, B의 부품이 갑자기 끊어져 두 케이블을 놓아준다. 각도 θ가 10°가 될 때, 기둥의 상단 끝 A의 속력은 1.35 m/s이다. 막대가 지면에 부딪히기 전에 작업자가 피하기 위한 시간 t를 구하라. 그리고 A가 지면과 충돌할 때의 속력을 구하라.

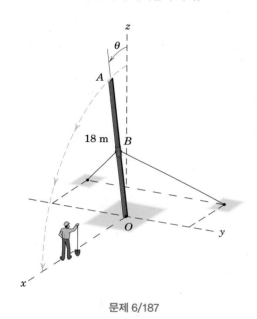

문제 6/187

*6/188 문제 6/87의 4절 링크 문제를 여기서 반복한다. 링크 AB의 질량은 7 kg이며 크랭크 OA와 출력 링크 BC의 질량은 무시한다. 범위 $0 \le \theta \le 2\pi$에서 크랭크의 속도를 60 rev/min으로 안정되게 유지하기 위해 크랭크의 O점에 작용해야 할 토크 M을 구하고 이를 그래프로 그려라. 이 운동 중에 발생하는 M의 최대 크기를 구하고, 이때의 각 θ도 구하라. 또한 이 범위에서 각 핀이 받는 힘의 크기를 그려라. 그리고 각 핀이 받는 힘의 최대 크기와 그에 따른 크랭크 각 θ를 구하라.

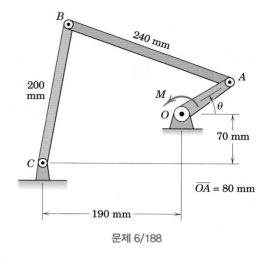

문제 6/188

*6/189 문제 6/188의 기구를 다시 이용한다. 크랭크 OA가 정지상태로부터 출발하여 일정한 각가속도로 완전하게 1회전하였을 때 60 rev/min의 속력이 된다면, 구간 $0 \le \theta \le 2\pi$에서 크랭크에 작용되어야 하는 토크 M을 구하고, 그 그래프를 그려라. 또한 이 운동 기간 중에 발생하는 M의 최대 크기를 구하고, 그때의 각 θ를 구하라. 추가로, 이 범위에서 각 핀이 받는 힘의 크기를 그래프로 그리고, 각 핀이 받는 힘의 최대 크기와 그에 따른 크랭크 각 θ를 구하라.

*6/190 문제 6/188의 기본적인 기구를 다시 이용한다. 이번 문제에서는 크랭크 OA의 질량이 1.2 kg이고 균일한 출력 링크 BC의 질량은 1.8 kg이라 하자. 문제를 간단하게 하기 위하여, 크랭크 OA를 균일하다고 생각하자. 범위 $0 \le \theta \le 2\pi$에서 크랭크의 속도를 60 rev/min으로 안정되게 유지하기 위해 크랭크의 O점에 작용해야 할 토크 M을 구하고 이를 그래프로 그려라. 이 운동 중에 발생하는 M의 최대 크기를 구하고, 이때의 각 θ도 구하라. 또한 이 범위에서 각 핀이 받는 힘의 크기를 그래프로 그리고, 각 핀이 받는 힘의 최대 크기와 그에 따른 크랭크 각 θ를 구하라.

강체에 대한 3차원 동역학의 개요

이 로봇은 자동차 현수장치를 스폿 용접하면서 다양한 3차원 동작을 수행한다.

이 장의 구성

7.1 서론

공학에서 동역학 문제의 대부분은 대체로 평면운동의 원리에서 그 해를 찾을 수 있지만, 오늘날에는 공학의 발전으로 인하여 3차원에서의 운동해석이 필요한 문제들이 빈번히 나타난다. 그러나 평면운동에 제3의 차원을 추가하는 것은 운동학 및 운동역학 관계를 더욱 복잡하게 만들어서 힘, 선속도, 선가속도 및 선운동량을 나타내는 벡터에 제3의 성분이 부가될 뿐만 아니라 각도의 양을 나타내는 벡터, 즉 힘의 모멘트, 각속도, 각가속도 그리고 각운동량 등에 두 개의 새로운 성분을 포함시키기도 한다. 벡터해석의 장점은 바로 이러한 복잡한 3차원 운동에서 크게 이용될 것이다.

평면운동에 대한 동역학의 튼튼한 기초는 3차원 동역학의 학습에 매우 유용하다. 이는 문제를 풀어가는 방법 및 사용하는 용어의 대부분이 2차원에서의 그것들과 같거나 또는 거의 유사하기 때문이다. 그러므로 이미 공부한 평면운동의 동역학을 제대로 파악하지 못하고 3차원 동역학의 학습을 수행한다면 문제의 접근방법이나 원리를 파악하는 데 훨씬 더 많은 시간이 필요하게 될 것이다.

이 장에서는 강체의 3차원 운동을 완전하게 기술하는 것이 아니라 단지 3차원 운동에 대한 기본을 소개하는 내용만을 취급하려고 한다. 그러나 이러한 내용은

3차원 운동에서 흔히 발생하는 문제들의 많은 부분에 대한 해를 구하는 데 충분할 뿐만 아니라, 보다 더 깊은 학문에 대한 기초가 된다. 질점운동 및 강체의 평면운동에 대하여 앞에서 해왔던 것과 같이 필요한 운동학을 먼저 공부한 후, 운동역학의 학습으로 진행할 것이다.

A편 운동학

7.2 병진운동

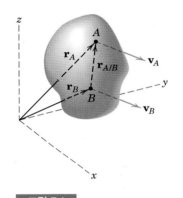

그림 7.1

그림 7.1은 3차원 공간에서 병진운동하고 있는 강체를 보여주고 있다. 만약 강체의 운동이 직선 **병진운동**(rectilinear translation)이면 임의의 점 A와 B는 직선을 따라 평행하게 움직이며, 또한 이 운동이 곡선 **병진운동**(curvilinear translation)이면 합동곡선을 따라 움직이게 될 것이다. 그러나 어떤 경우이든 AB와 같이 강체에 나타낼 수 있는 모든 직선은 원래 위치와 평형하게 움직이게 된다.

그림 7.1에서 위치벡터와 이의 시간에 대한 도함수는 다음과 같다.

$$\mathbf{r}_A = \mathbf{r}_B + \mathbf{r}_{A/B} \qquad \mathbf{v}_A = \mathbf{v}_B \qquad \mathbf{a}_A = \mathbf{a}_B$$

여기서 $\mathbf{r}_{A/B}$는 일정하므로 시간에 대한 도함수 값은 0이 된다. 따라서 강체의 모든 점에서는 속도와 가속도가 항상 같기 때문에, 병진운동에 대한 운동학은 특별한 어려움이 없으므로 더 이상의 노력은 필요로 하지 않는다.

7.3 고정축에 대한 회전운동

이제 그림 7.2에 보인 바와 같이, 강체가 공간상에 있는 고정축 n-n을 중심으로 각속도 $\boldsymbol{\omega}$로 회전운동(rotation)하는 경우를 생각해 보자. 각속도는 우리가 잘 알고 있는 오른손 법칙에 의하여 결정되는 회전축 방향의 벡터이다. 고정축에 대한 회전운동에서 $\boldsymbol{\omega}$는 고정축을 따라 놓여 있기 때문에 그 방향은 변하지 않는다. 편의상 고정좌표계의 원점 O를 회전축상에 잡기로 하자. 그러면 회전축상에 있지 않는 A와 같은 임의의 점은 이 회전축과 수직인 평면에 원호를 그리며 운동하게 되고, 그 속도는

$$\mathbf{v} = \boldsymbol{\omega} \times \mathbf{r} \tag{7.1}$$

이다. 식 (7.1)은 위치벡터 $\mathbf{r}$을 $\mathbf{h} + \mathbf{b}$로 대체하고 $\boldsymbol{\omega} \times \mathbf{h} = \mathbf{0}$임을 고려하면 쉽게 알

수 있다.

또한, 점 A의 가속도는 식 (7.1)을 시간에 대하여 미분함으로써 구할 수 있다. 즉,

$$\mathbf{a} = \dot{\boldsymbol{\omega}} \times \mathbf{r} + \boldsymbol{\omega} \times (\boldsymbol{\omega} \times \mathbf{r}) \tag{7.2}$$

여기서, $\dot{\mathbf{r}}$은 이 등가식 $\mathbf{v} = \boldsymbol{\omega} \times \mathbf{r}$로 치환하였다. 원운동에 대한 가속도 $\mathbf{a}$의 법선 및 접선 성분의 크기는 우리가 잘 알고 있는 식 $a_n = |\boldsymbol{\omega} \times (\boldsymbol{\omega} \times \mathbf{r})| = b\omega^2$ 및 $a_t = |\dot{\boldsymbol{\omega}} \times \mathbf{r}| = b\alpha$이며, 여기서 $\alpha = \dot{\omega}$이다. 고정축에 대한 회전운동에서 $\mathbf{v}$와 $\mathbf{a}$는 각각 $\boldsymbol{\omega}$와 $\dot{\boldsymbol{\omega}}$에 항상 수직이기 때문에, $\mathbf{v} \cdot \boldsymbol{\omega} = 0$, $\mathbf{v} \cdot \dot{\boldsymbol{\omega}} = 0$, $\mathbf{a} \cdot \boldsymbol{\omega} = 0$ 그리고 $\mathbf{a} \cdot \dot{\boldsymbol{\omega}} = 0$이 성립한다.

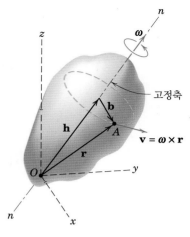

7.4 평행평면운동

강체 내의 모든 점들이 그림 7.3의 고정평면 P와 평행한 평면 내에서 운동하는 경우는 다음과 같은 평면운동의 일반적인 형태로 생각할 수 있다. 즉, 기준평면을 질량중심 G를 통과하도록 정하여 이를 **운동평면**(plane of motion)이 되도록 한다. 그러면 강체 내의 A과 같은 각 점은 평면 P의 점 A와 같은 운동을 갖게 되므로, 제5장에서 취급한 평면운동의 운동학을 이 기준평면에 직접 적용하여 강체운동을 완전히 기술할 수 있게 된다.

7.5 고정점에 대한 회전운동

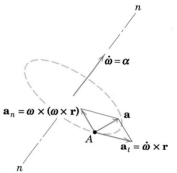

그림 7.2

강체가 고정점에 대하여 회전하게 될 때는 각속도벡터가 더 이상 일정한 방향을 유지하지 못하고, 수시로 변하기 때문에 회전운동에 대한 좀 더 일반적인 개념이 필요하다.

회전벡터와 벡터로서의 적합성

우선 회전벡터가 덧셈에 대한 평형사변형 법칙을 만족하게 되는 조건을 조사하여, 이를 순수벡터로 취급할 수 있는가를 결정해야 한다. 고정점 O에 대하여 회전하는 강체를 절단한 그림 7.4와 같은 공을 생각해 보자.

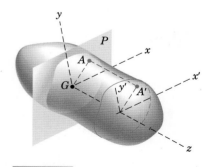

그림 7.3

그림에서 x-y-z 축은 공간상에 고정되어 있으며, 물체와 같이 회전하지 않는다. 그림 7.4a는 공을 x축에서 y축 순으로 $90°$씩 순차적으로 회전하는 경우로, 이때는 처음 위치 1에 있던 y축상의 점이 위치 2와 위치 3으로 이동하게 된다. 그러나 회전순서가 바뀌게 되면 이 점은 y축에 대해서는 움직이지 않고 x축이 $90°$ 회전하게 될 때만 위치 3으로 이동하게 된다. 따라서 이 두 경우의 최종점은 같지 않으며, 이러한 특별한 예로부터 일반적인 유한한 회전운동은 벡터합에 대한 평형사변

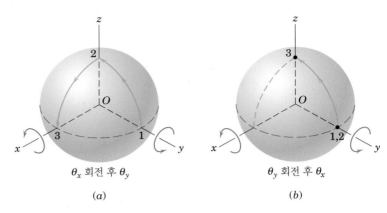

그림 7.4

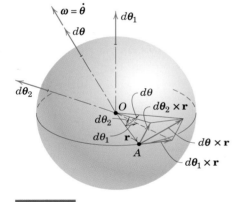

그림 7.5

형 법칙을 만족하지 않으며, 벡터의 교환법칙도 성립하지 않음이 분명하다. 즉, 유한한 회전운동은 벡터로 취급할 수 없게 한다.

그러나 회전운동이 아주 미소하면 벡터합에 대한 평형사변형 법칙을 만족한다. 이러한 사실은 그림 7.5에서와 같이 강체를 고정점 O를 통하는 각각의 축에 대하여 미소회전 $d\boldsymbol{\theta}_1$과 $d\boldsymbol{\theta}_2$만큼 회전시킬 때의 결합된 효과로서 보여줄 수 있다. 그림에서 점 A는 $d\boldsymbol{\theta}_1$에 의하여 $d\boldsymbol{\theta}_1 \times \mathbf{r}$의 변위를 가지며, 마찬가지로 $d\boldsymbol{\theta}_2$에 의하여 $d\boldsymbol{\theta}_2 \times \mathbf{r}$의 변위가 발생한다. 이와 같은 미소변위는 더하는 순서에 관계없이 $d\boldsymbol{\theta}_1 \times \mathbf{r} + d\boldsymbol{\theta}_2 \times \mathbf{r} = (d\boldsymbol{\theta}_1 + d\boldsymbol{\theta}_2) \times \mathbf{r}$로 그 결과가 동일하다. 그러므로 이러한 두 번의 회전운동은 한 번의 회전운동, 즉 $d\boldsymbol{\theta} = d\boldsymbol{\theta}_1 + d\boldsymbol{\theta}_2$와 등가이다. 또한 각속도 $\boldsymbol{\omega}_1 = \dot{\boldsymbol{\theta}}_1$과 $\boldsymbol{\omega}_2 = \dot{\boldsymbol{\theta}}_2$도 벡터적으로 합해져 $\boldsymbol{\omega} = \dot{\boldsymbol{\theta}} = \boldsymbol{\omega}_1 + \boldsymbol{\omega}_2$가 된다. 결론적으로, 하나의 고정점을 갖는 강체는 임의의 어느 시간에서라도 그 고정점을 지나는 특정축에 대하여 순간적인 회전운동을 하고 있다고 말할 수 있다.

순간회전축

순간회전축의 개념을 명확히 하기 위하여 하나의 특별한 예를 들어보자. 그림 7.6은 검은 입자들이 많이 들어 있는 투명한 플라스틱으로 채워진 회전원통이다. 이 원통은 원통중심축에 대하여 일정한 각속도 ω_1으로 회전하고 있으며, 아울러 원통축은 도시된 바와 같이 고정된 수직축에 대하여 ω_2로 회전하고 있다. 만약 회전하는 동안의 어느 순간에 이 원통을 사진으로 찍는다면 검은 점들로 이루어진 선명한 선을 하나 볼 수 있게 되는데, 이는 순간적으로 이들의 속도가 0임을 나타낸다. 속도가 0인 점들로 이루어진 이 선은 회전축 O-n의 순간적인 위치를 지정하게 되어, 그 선상에 있는 A와 같은 점은 크기가 같고 방향이 반대인 속도성분, 즉 ω_1에 의한 v_1과 ω_2에 의한 v_2의 성분을 갖게 된다. 그러나 P와 같이 이 선 밖에 있는 점들은 식별하기가 다소 어렵지만, 축 O-n에 수직인 평면에서 작고 흐릿한 원호의

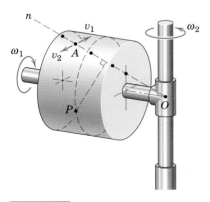

그림 7.6

형태를 그리며 운동하게 될 것이다. 즉, 선 O-n 위에 있는 점을 제외한 물체의 모든 입자들은 이 회전축을 중심으로 순간적인 원운동을 하게 되는 것이다.

　　만약 이런 사진을 연속적으로 촬영한다면 새롭게 만들어지는 여러 개의 분명한 선들이 다시 회전축이 됨을 관찰할 수 있고, 이 축은 공간상에서, 그리고 물체에 대하여 위치를 계속 바꾸게 될 것이다. 일반적으로, 강체가 고정점에 대하여 회전운동할 때는 그 회전축은 물체에 고정된 축으로 나타나지 않는다.

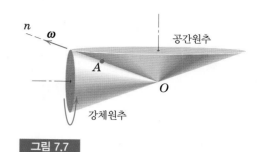

그림 7.7

강체원추와 공간원추

그림 7.6의 원통에 대해서 순간회전축 O-A-n은 원통축을 중심으로 **강체원추**(body cone)라고 하는 직각원추(right-circular cone)를 만든다. 그리고 원통축과 수직축에 대한 두 회전운동이 계속되고 원통이 수직축을 중심으로 회전하게 될 때, 이 순간회전축은 수직축을 중심으로 **공간원추**(space cone)라고 하는 직각원추도 역시 만들게 된다. 그림 7.6의 예에 대한 원추가 그림 7.7에 나타나 있다.

　　그림에서 강체원추가 공간원추 위에서 구르고 있고 물체의 각속도 $\boldsymbol{\omega}$는 두 원추가 만나는 부분을 따라 그 방향이 결정됨을 알 수 있다. 회전속도가 일정하지 않는 좀 더 일반적인 경우에는 그림 7.8에서와 같이 강체 및 공간원추는 각각 직각원추가 되지 않지만, 그래도 강체원추가 여전히 공간원추 위를 구르게 된다.

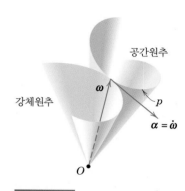

그림 7.8

각가속도

3차원 운동하는 강체의 각가속도 $\boldsymbol{\alpha}$는 시간에 대한 각속도의 도함수이다(즉, $\boldsymbol{\alpha} = \dot{\boldsymbol{\omega}}$). 단일 평면에서 회전하는 경우에는 스칼라양 α에 대하여 각속도 크기의 변화만 필요로 하나, 3차원 운동일 때는 벡터양 $\boldsymbol{\alpha}$는 $\boldsymbol{\omega}$의 크기뿐만 아니라 방향 변화까지도 나타나게 된다. 따라서 그림 7.8에서 각속도벡터 $\boldsymbol{\omega}$의 끝점이 공간곡선 p를 따라 움직이고, 크기와 방향이 모두 변하는 경우에는 각가속도 $\boldsymbol{\alpha}$는 $\boldsymbol{\omega}$가 변하는 방향에서 이 곡선에 접하는 벡터가 된다.

　　$\boldsymbol{\omega}$의 크기가 일정할 때 각가속도 $\boldsymbol{\alpha}$는 $\boldsymbol{\omega}$에 수직이다. 이때 벡터 $\boldsymbol{\omega}$가 공간원추를 형성하고, 자기 자신이 세차운동(precesses)할 때의 각속도를 $\boldsymbol{\Omega}$라 하면, 각가속도는 다음과 같이 쓸 수 있다.

$$\boldsymbol{\alpha} = \boldsymbol{\Omega} \times \boldsymbol{\omega} \tag{7.3}$$

이 관계식은 그림 7.9로부터 쉽게 알 수 있다. 즉, 아래쪽 그림에 있는 벡터 $\boldsymbol{\alpha}$, $\boldsymbol{\omega}$ 그리고 $\boldsymbol{\Omega}$는 강체 위에 있는 점 A의 속도를 원점 O에서의 위치벡터 및 각속도벡터와 연결할 때 위 그림에 있는 $\mathbf{v}$, $\mathbf{r}$ 그리고 $\boldsymbol{\omega}$들이 갖는 서로의 관계와 전적으로 같은 관계가 된다.

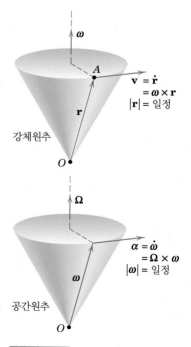

그림 7.9

만약 그림 7.2를 순간회전축 n-n 위의 한 고정점 O를 중심으로 회전하고 있는 강체로 생각한다면, 이 강체 위의 임의의 점 A의 속도 $\mathbf{v}$와 가속도 $\mathbf{a} = \dot{\mathbf{v}}$는 앞에서와 같이 회전축이 고정되어 있는 경우에 적용할 때와 같은 표현식으로 주어짐을 알 수 있다. 즉,

$$\mathbf{v} = \boldsymbol{\omega} \times \mathbf{r} \tag{7.1}$$

$$\mathbf{a} = \dot{\boldsymbol{\omega}} \times \mathbf{r} + \boldsymbol{\omega} \times (\boldsymbol{\omega} \times \mathbf{r}) \tag{7.2}$$

고정축에 대한 회전운동과 고정점에 대한 회전운동은 다음과 같이 그 차이를 설명할 수 있다. 강체가 고정점에 대하여 회전할 경우에는 각가속도 $\boldsymbol{\alpha} = \dot{\boldsymbol{\omega}}$가 $\boldsymbol{\omega}$의 크기 변화에 의한 각가속도성분뿐만 아니라, 방향 변화에 따라 $\boldsymbol{\omega}$와 수직인 또 다른 성분도 갖게 되는 것이다. 따라서 회전축 n-n 위에 있는 임의의 고정점은 순간적으로 속도가 0이 되는 반면에, 그 가속도는 $\boldsymbol{\omega}$의 방향이 변화하는 한 절대로 0이 되지 않는다. 한편, 강체가 고정축에 대하여 회전하는 경우에는 $\boldsymbol{\alpha} = \dot{\boldsymbol{\omega}}$가 오직 $\boldsymbol{\omega}$의 크기 변화에 따른 고정축 방향의 성분만을 갖게 되며, 나아가 이와 같은 사실로부터 고정된 회전축 위에 있는 모든 점들은 속도나 가속도를 갖지 않음이 분명하다.

이 절에서 다루는 내용은 고정점에 대한 회전운동인 경우이지만, 회전운동은 각변화의 함수이기 때문에 $\boldsymbol{\omega}$와 $\boldsymbol{\alpha}$에 대한 식은 회전운동이 일어나는 점의 고정 여부와 관계가 없다. 따라서 회전운동은 회전점에 대해서 선형운동으로서 독립적으로 다룰 수 있고, 5.2절에서 나타낸 것과 같이 평면운동에서 강체에 대한 회전운동의 개념을 3차원으로 확장하였다고 볼 수 있는데, 제5장과 제6장을 통하여 사용되었다.

이 V-22 물수리의 날개 끝에 있는 엔진/프로펠러 장치는 수직 이륙 위치에서 전진 비행을 하기 위한 수평 위치로 전환할 수 있다.

예제 7.1

팔길이 OA가 0.8 m인 원격조정 장치가 수평 x축을 중심으로 일정한 각속도 $\dot{\beta} = 4$ rad/s 로 회전하고 있으며, 동시에 그림과 같은 전체 구조물이 z축을 중심으로 $N = 60$ rpm으로 일정하게 회전하고 있다. $\beta = 30°$일 때 (a) OA의 각속도, (b) OA의 각가속도, (c) 점 A의 속도 및 (d) 점 A의 가속도를 구하라. 운동의 형태를 조금 더 설명하면, 수직축과 점 O, (즉 z축에서) 더 선형운동을 한다면, OA의 각속도의 변화, 즉 각가속도를 구하라.

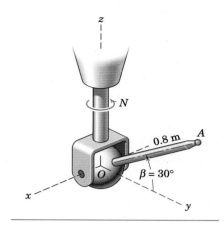

|풀이| (a) 팔 OA가 x 및 z축에 대하여 동시에 회전하고 있으므로 각속도 성분은 각각 $\omega_x = \dot{\beta} = 4$ rad/s와 $\omega_z = 2\pi N/60 = 2\pi(60)/60 = 6.28$ rad/s가 된다. 따라서 각속도는 다음과 같다.

$$\boldsymbol{\omega} = \boldsymbol{\omega}_x + \boldsymbol{\omega}_z = 4\mathbf{i} + 6.28\mathbf{k} \text{ rad/s}$$

(b) OA의 각가속도는

$$\boldsymbol{\alpha} = \dot{\boldsymbol{\omega}} = \dot{\boldsymbol{\omega}}_x + \dot{\boldsymbol{\omega}}_z$$

이다. $\boldsymbol{\omega}_z$는 크기와 방향이 변하지 않기 때문에 $\dot{\boldsymbol{\omega}}_z = \mathbf{0}$이다. 그러나 $\boldsymbol{\omega}_x$는 그 방향이 변하므로 식 (7.3)으로부터 그 도함수는

$$\dot{\boldsymbol{\omega}}_x = \boldsymbol{\omega}_z \times \boldsymbol{\omega}_x = 6.28\mathbf{k} \times 4\mathbf{i} = 25.1\mathbf{j} \text{ rad/s}^2$$

이 된다. 그러므로

$$\boldsymbol{\alpha} = 25.1\mathbf{j} + \mathbf{0} = 25.1\mathbf{j} \text{ rad/s}^2 \quad ①$$

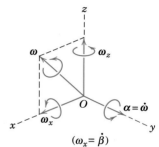

$(\omega_x = \dot{\beta})$

(c) A의 위치벡터가 $\mathbf{r} = 0.693\mathbf{j} + 0.4\mathbf{k}$ m로 주어졌으므로, 식 (7.1)로부터 A의 속도는 다음과 같이 된다.

$$\mathbf{v} = \boldsymbol{\omega} \times \mathbf{r} = \begin{vmatrix} \mathbf{i} & \mathbf{j} & \mathbf{k} \\ 4 & 0 & 6.28 \\ 0 & 0.693 & 0.4 \end{vmatrix} = -4.35\mathbf{i} - 1.60\mathbf{j} + 2.77\mathbf{k} \text{ m/s}$$

(d) A의 가속도는 식 (7.2)로부터 다음과 같다.

$$\mathbf{a} = \dot{\boldsymbol{\omega}} \times \mathbf{r} + \boldsymbol{\omega} \times (\boldsymbol{\omega} \times \mathbf{r})$$

$$= \boldsymbol{\alpha} \times \mathbf{r} + \boldsymbol{\omega} \times \mathbf{v}$$

$$= \begin{vmatrix} \mathbf{i} & \mathbf{j} & \mathbf{k} \\ 0 & 25.1 & 0 \\ 0 & 0.693 & 0.4 \end{vmatrix} + \begin{vmatrix} \mathbf{i} & \mathbf{j} & \mathbf{k} \\ 4 & 0 & 6.28 \\ -4.35 & -1.60 & 2.77 \end{vmatrix}$$

$$= (10.05\mathbf{i}) + (10.05\mathbf{i} - 38.4\mathbf{j} - 6.40\mathbf{k})$$

$$= 20.1\mathbf{i} - 38.4\mathbf{j} - 6.40\mathbf{k} \text{ m/s}^2 \quad ②$$

OA의 각운동량은 각도 변화 N과 $\dot{\beta}$에 의존하므로 O의 선형운동은 $\boldsymbol{\omega}$와 $\boldsymbol{\alpha}$에 영향을 주지 않는다.

|도움말|

① 다른 방법으로 x-y-z축이 수직축과 함께 회전한다고 생각해 보자. 그러면 $\boldsymbol{\omega}_x$의 도함수는 $\dot{\boldsymbol{\omega}}_x = 4\dot{\mathbf{i}}$가 되지만 식 (5.11)로부터 $\dot{\mathbf{i}} = \boldsymbol{\omega}_z \times \mathbf{i} = 6.28\mathbf{k} \times \mathbf{i} = 6.28\mathbf{j}$임을 알 수 있다. 따라서 각가속도는 왼쪽과 같이 $\boldsymbol{\alpha} = \dot{\boldsymbol{\omega}}_x = 4(6.28)\mathbf{j} = 25.1\mathbf{j}$ rad/s^2 이 된다.

② 문제에 따라 적용할 수 있는 방법들을 서로 비교하기 위해서 $\mathbf{v}$와 $\mathbf{a}$에 대한 결과를 구면좌표계에서의 질점의 운동을 표현하는 식 (2.18) 및 (2.19)를 사용하여 다시 구해 보라.

예제 7.2

원판이 부착된 전기모터가 그림에 표시된 방향으로 **120 rpm**의 일정한 속도로 저속회
전하고 있다. 이 장치는 처음 모터 하우징과 설치대가 정지상태로 있다가 γ를 30°로
고정시킨 후, 수직 Z축을 중심으로 일정한 속도 $N = 60$ rpm으로 회전운동을 한다.
(a) 원판의 각속도 및 각가속도, (b) 공간원추와 강체원추 그리고 (c) 점 A가 순간적으
로 그림과 같이 원판의 꼭대기에 있을 때의 속도와 가속도를 구하라.

|풀이| 단위벡터가 **i**, **j**, **k**인 x-y-z축은 z축이 모터 회전축 그리고 x축은 모터 몸체
가 기울어지는 점 O를 지나는 수평축과 일치된 상태로 모터 구조물에 붙어 있다. Z축
은 수직방향으로 그 단위벡터가 $\mathbf{K} = \mathbf{j}\cos\gamma + \mathbf{k}\sin\gamma$이다.

(a) 모터 회전자와 원판은 두 개의 각속도 성분, 즉 z축에 대한 $\omega_0 = 120(2\pi)/60 = 4\pi$
rad/s와 Z축에 대한 $\Omega = 60(2\pi)/60 = 2\pi$ rad/s를 갖는다. 따라서 각속도는

$$\boldsymbol{\omega} = \boldsymbol{\omega}_0 + \boldsymbol{\Omega} = \omega_0\mathbf{k} + \Omega\mathbf{K} \quad ①$$
$$= \omega_0\mathbf{k} + \Omega(\mathbf{j}\cos\gamma + \mathbf{k}\sin\gamma) = (\Omega\cos\gamma)\mathbf{j} + (\omega_0 + \Omega\sin\theta)\mathbf{k}$$
$$= (2\pi\cos 30°)\mathbf{j} + (4\pi + 2\pi\sin 30°)\mathbf{k} = \pi(\sqrt{3}\mathbf{j} + 5.0\mathbf{k})\text{ rad/s} \quad \boxed{답}$$

이다. 그리고 원판의 각가속도는 식 (7.3)을 이용하여 다음과 같이 계산된다.

$$\boldsymbol{\alpha} = \dot{\boldsymbol{\omega}} = \boldsymbol{\Omega} \times \boldsymbol{\omega} \quad ②$$
$$= \Omega(\mathbf{j}\cos\gamma + \mathbf{k}\sin\gamma) \times [(\Omega\cos\gamma)\mathbf{j} + (\omega_0 + \Omega\sin\gamma)\mathbf{k}]$$
$$= \Omega(\omega_0\cos\gamma + \Omega\sin\gamma\cos\gamma)\mathbf{i} - (\Omega^2\sin\gamma\cos\gamma)\mathbf{i}$$
$$= (\Omega\omega_0\cos\gamma)\mathbf{i} = \mathbf{i}(2\pi)(4\pi)\cos 30° = 68.4\mathbf{i}\text{ rad/s}^2 \quad ③ \quad \boxed{답}$$

(b) 각속도벡터 $\boldsymbol{\omega}$는 공간원추 및 강체원추의 공통요소로서 옆의 그림과 같이 작성할
수 있다.

(c) 점 A의 순간적인 위치벡터는

$$\mathbf{r} = 0.125\mathbf{j} + 0.250\mathbf{k}\text{ m}$$

로 점 A의 속도는 식 (7.1)로부터 다음과 같다.

$$\mathbf{v} = \boldsymbol{\omega} \times \mathbf{r} = \begin{vmatrix} \mathbf{i} & \mathbf{j} & \mathbf{k} \\ 0 & \sqrt{3}\pi & 5\pi \\ 0 & 0.125 & 0.250 \end{vmatrix} = -0.1920\pi\mathbf{i}\text{ m/s} \quad \boxed{답}$$

그리고 점 A의 속도는 식 (7.2)로부터 다음과 같다.

$$\mathbf{a} = \dot{\boldsymbol{\omega}} \times \mathbf{r} + \boldsymbol{\omega} \times (\boldsymbol{\omega} \times \mathbf{r}) = \boldsymbol{\alpha} \times \mathbf{r} + \boldsymbol{\omega} \times \mathbf{v}$$
$$= 68.4\mathbf{i} \times (0.125\mathbf{j} + 0.250\mathbf{k}) + \pi(\sqrt{3}\mathbf{j} + 5\mathbf{k}) \times (-0.1920\pi\mathbf{i})$$
$$= -26.6\mathbf{j} + 11.83\mathbf{k}\text{ m/s}^2 \quad \boxed{답}$$

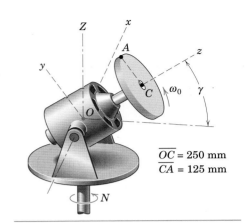

$\overline{OC} = 250$ mm
$\overline{CA} = 125$ mm

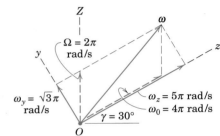

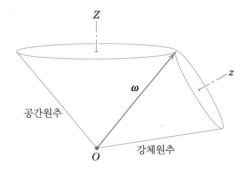

|도움말|

① 그림의 벡터선도에서 $\boldsymbol{\omega}_0 + \boldsymbol{\Omega} = \boldsymbol{\omega} = \boldsymbol{\omega}_y + \boldsymbol{\omega}_z$
임을 주의하라.

② 식 (7.3)은 이 문제와 같이 $\|\boldsymbol{\omega}\|$가 일정한 정
상세차운동일 $\boldsymbol{\alpha}$경우에만 적용될 수 있음을
기억하라.

③ $\boldsymbol{\omega}$의 크기가 일정하기에 $\boldsymbol{\alpha}$는 공간원추의 기
초원에 반드시 접해야 한다. 이 방향은 양의
x방향으로 여기서 계산한 결과와 일치한다.

연습문제

기초문제

7/1 그림과 같이 고정축을 사용하여 책상 위에 책을 놓는다. x축을 중심으로 책을 90°로 회전시킨 다음, 새로운 위치에서 y축을 중심으로 90° 회전한다. 책의 최종위치를 스케치한다. 이 과정을 반복하되 회전 순서를 반대로 한다. 이러한 결과로부터 유한회전의 벡터합에 관한 결론을 기술하라. 그림 7.4를 관찰하여 조화시켜라.

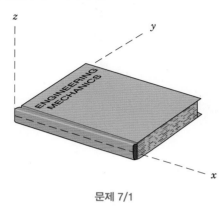

문제 7/1

7/2 문제 7/1의 실험을 반복하지만 작은 회전각, 예를 들면 5°를 사용한다. 두 개의 다른 회전 순서에 대해 거의 같은 최종위치에 주의하라. 이 관찰은 아주 작은 회전의 조합과 각의 양의 시간미분에 대한 결론을 도출해 내는 데 어떤 도움이 될까? 그림 7.5를 관찰하여 조화시켜라.

7/3 날개가 4개인 팬은 고정 축 OB를 중심으로 일정한 각속도 $N=1200$ rev/min으로 회전하고 있다. 팬 날개 끝 A의 x-y-z 좌표가 각각 0.260, 0.240, 0.473 m일 때, A의 속도 $\mathbf{v}$와 가속도 $\mathbf{a}$에 대하여 벡터로 나타내어라.

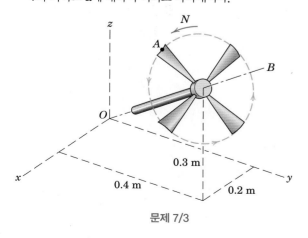

문제 7/3

7/4 회전자와 축은 각속도 Ω로 z축에 대하여 회전 가능한 U자형의 링크에 연결되어 있다. $\Omega=0$ 및 θ로 일정할 때 각속도 $\boldsymbol{\omega}_0=-4\mathbf{j}-3\mathbf{k}$ rad/s를 갖는다. 이 순간에 위치벡터 $\mathbf{r}=0.5\mathbf{i}+1.2\mathbf{j}+1.1\mathbf{k}$ m라면 가장자리 점 A의 속도 $\mathbf{v}_A$를 구하라. 임의 점 B의 속력 v_B는 얼마인가?

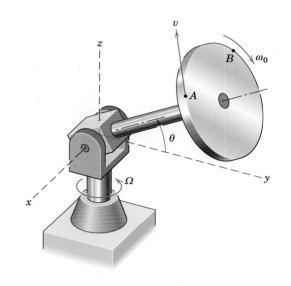

문제 7/4

7/5 원판이 수평 z축을 중심으로 처음에는 (a) 방향으로, 다음에는 (b) 방향으로 15 rad/s의 회전속도로 회전한다. 어셈블리는 수직축을 중심으로 각속도 $N=10$ rad/s로 회전한다. 각각의 경우에 대해서 공간과 강체원추를 작도하라.

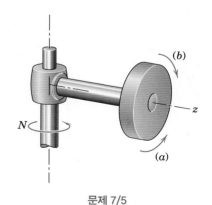

문제 7/5

7/6 회전자 B는 각속력 $N_1=200$ rev/min에서 경사축 OA를 중심으로 회전한다($\beta=30°$). 동시에 어셈블리가 속력 N_2로 수직 z축을 중심으로 회전한다. 회전자의 총 각속도가 40 rad/s 라면 N_2를 구하라.

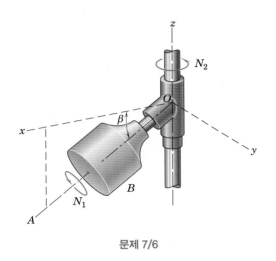

문제 7/6

7/7 그림과 같은 형태를 가진 가느다란 굽은 막대는 고정된 선 CD를 중심으로 일정한 각속도 ω로 회전한다. 점 A의 속도와 가속도를 구하라.

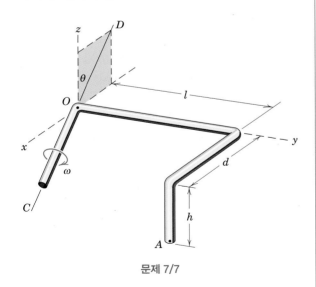

문제 7/7

7/8 막대는 수직 기둥 끝부분에 부착된 U자형 링크의 축 O-O를 중심으로 힌지로 지지되어 있다. 그림과 같이 기둥은 일정 각속도 ω_0로 회전한다. 만약 θ가 일정 비율 $-\dot{\theta}=p$로 감소한다면, 막대의 각속도 $\boldsymbol{\omega}$와 각가속도 $\boldsymbol{\alpha}$를 수식으로 작성하라.

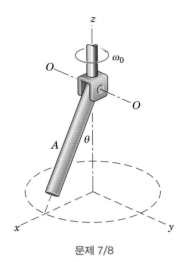

문제 7/8

7/9 판넬 어셈블리와 부착된 x-y-z축은 수직 z축에 대해 일정 각속도 $\Omega=0.6$ rad/s로 회전한다. 동시에 판넬은 그림에서처럼 일정속도 $\omega_0=2$ rad/s로 y축을 중심으로 회전한다. 판넬 A의 각가속도 $\boldsymbol{\alpha}$와 $\beta=90°$인 순간에 점 P의 가속도를 구하라.

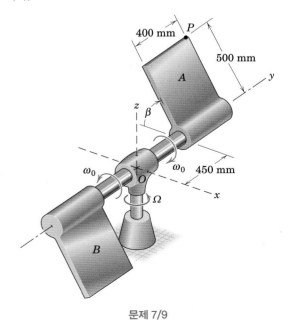

문제 7/9

심화문제

7/10 예제 7.2의 모터가 그림과 같다. 만약 모터가 Z축($N=0$)을 중심으로 회전하지 않고 일정속도 $\dot{\gamma}=3\pi$ rad/s로 x를 중심으로 선회하는 경우, 위치 $\gamma=30°$를 통과할 때 회전자와 원판의 각가속도 $\boldsymbol{\alpha}$를 구하라. 모터의 일정속력은 120 rev/min 이다. 또한 이 순간에 원판의 정상인 점 A의 속도와 가속도를 구하라.

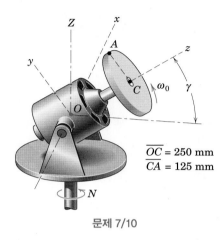

$\overline{OC} = 250$ mm
$\overline{CA} = 125$ mm

문제 7/10

7/11 문제 7/10에서 출제된 예제 7.2의 모터가 일정 가속도로 정지로부터 2초 동안에 속력 3000 rev/min에 도달한다면, 턴테이블이 일정한 속도 $N=30$ rev/min으로 회전하는 경우 켜진 후 $\frac{1}{3}$초 후에 회전자 및 원판의 총 각가속도를 구하라. 각 $\gamma=30°$는 일정하다.

7/12 스풀 A는 그림처럼 처음에는 ω_a 방향으로, 그다음은 ω_b 방향으로 20 rad/s의 각속도로 축을 중심으로 회전한다. 동시에 어셈블리는 각속도 $\omega_1=10$ rad/s로 수직축을 중심으로 회전한다. 스풀의 총 각속도의 크기 ω를 구하고 각각의 경우에 따라 스풀에 대한 강체원추와 공간원추를 작도하라.

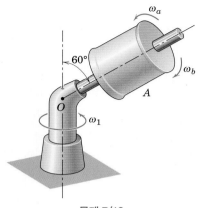

문제 7/12

7/13 아령을 조종할 때, 로봇 장치의 턱은 60°로 고정된 γ로 축 OG 중심으로 각속도로 $\omega_p=2$ rad/s이다. 전 어셈블리는 일정속도 $\Omega=0.8$ rad/s에서 수직 Z축을 중심으로 회전한다. 아령의 각속도 $\boldsymbol{\omega}$와 각가속도 $\boldsymbol{\alpha}$를 구하라. 축 x-y-x의 지정된 방향으로 결과를 나타내라. 여기서 y축은 Y축과 평행하다.

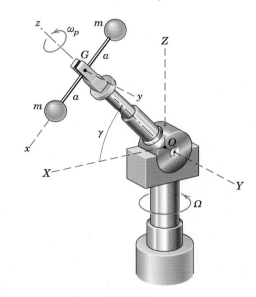

문제 7/13

7/14 Ω가 고려 중인 순간에 3 rad/s²의 비율로 증가하는 것을 제외하고, 명시된 조건에 대한 문제 7/13의 아령의 각가속도를 구하라.

7/15 그림에서 로봇은 다섯 개의 회전자유도를 갖는다. x-y-z축은 기본 링에 부착되어 있으며 $\omega_2=\dot{\theta}$로 x축을 중심으로 회전한다. 제어 암 O_2A는 속도 ω_3에서 축 O_1-O_2를 중심으로, 속도 $\omega_4=\dot{\beta}$에서 x축에 대하여 순간적으로 평행한 O_2를 통과하는 수직축을 중심으로 회전한다. 마지막으로 로봇 턱은 속도 ω_5에서 축 O_2-A를 중심으로 회전한다. 모든 각속도의 크기는 일정하다. 만약 $\omega_1=2$ rad/s, $\dot{\theta}=1.5$ rad/s, $\omega_3=\omega_4=\omega_5=0$이라면 $\theta=60°$와 $\beta=45°$에 대하여 로봇 턱의 총 각속도의 크기 ω를 구하라. 또한 암 O_1O_2 각가속도 $\boldsymbol{\alpha}$를 벡터로 나타내라.

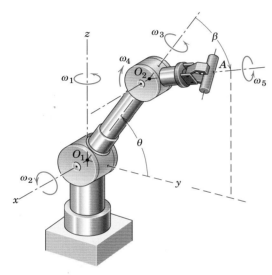

문제 7/15

7/16 문제 7/15에 대하여, $\theta=60°$와 $\beta=30°$의 두 상수인 경우와 $\omega_1=2$ rad/s, $\omega_2=\omega_3=\omega_4=0$, $\omega_5=0.8$ rad/s가 모두 상수인 경우에 대하여 로봇 턱 A의 각속도 $\boldsymbol{\omega}$와 각가속도 $\boldsymbol{\alpha}$를 구하라.

7/17 바퀴는 반지름 R의 원호에서 미끄러지지 않고 구르며, 시간 τ 동안에 일정속력으로 수직 y축을 중심으로 완전한 1회전을 한다. 바퀴의 각가속도 $\boldsymbol{\alpha}$에 대하여 벡터로 표현하고 공간원추와 강체원추를 작도하라.

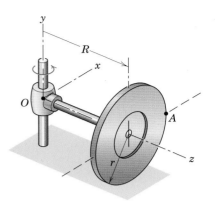

문제 7/17

7/18 문제 7/17의 그림에서 나타낸 바퀴에서 점 A의 속도 $\mathbf{v}$와 가속도 $\mathbf{a}$를 구하라. 단 A는 바퀴의 중심을 통과하는 수평선과 교차한다.

7/19 반지름 120 mm 원형 디스크는 일정속도 $\omega_z=20$ rad/s에서 z축을 중심으로 회전하고, 전체 어셈블리는 일정속도 $\omega_x=10$ rad/s에서 고정된 x축을 중심으로 회전한다. $\theta=30°$인 순간에 점 B의 속도 $\mathbf{v}$와 가속도 $\mathbf{a}$의 크기를 구하라.

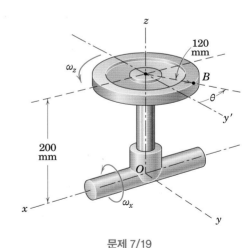

문제 7/19

7/20 크레인은 길이 $\overline{OP}=24$ m의 붐과 그림에서 나타낸 방향으로 일정속도 2 rev/min에서 수직축을 중심으로 회전한다. 동시에 붐은 일정속도 $\dot{\beta}=0.10$ rad/s에서 아래로 향한다. $\beta=30°$인 순간에 붐의 끝 P의 속도와 가속도의 크기를 구하라.

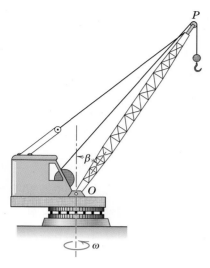

문제 7/20

7/21 문제 7/4에서 회전자의 각속도 $\boldsymbol{\omega}_0 = -4\mathbf{j} - 3\mathbf{k}$ rad/s가 일정 크기이면, (a) $\Omega = 0$, $\dot{\theta} = 2$ rad/s(둘 다 상수), (b) $\theta = \tan^{-1}(\frac{3}{4})$, $\Omega = 2$ rad/s(둘 다 상수)에 대하여 각가속도 $\boldsymbol{\alpha}$를 구하라. A가 어느 순간에 위치벡터 $\mathbf{r} = 0.5\mathbf{i} + 1.2\mathbf{j} + 1.1\mathbf{k}$라면 각각의 경우에 점 A의 가속도의 크기를 구하라.

7/22 수직 기둥과 부착된 U자형 링크는 일정한 속도 $\Omega = 4$ rad/s로 z축을 중심으로 회전한다. 동시에 기둥 B는 각 γ가 일정 속도 $\pi/4$ rad/s에서 감소하고 일정속도 $\omega_0 = 3$ rad/s에서 축 OA를 중심으로 회전한다. $\gamma = 30°$일 때, 기둥 B의 각속도 $\boldsymbol{\omega}$와 각가속도 $\boldsymbol{\alpha}$의 크기를 구하라. x-y-z축은 U자형 링크에 부착되어 있고 함께 회전한다.

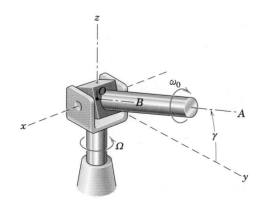

문제 7/22

▶7/23 직각원추 A는 고정된 직각원추 B에서 돌며, 매 4초마다 B 주위를 완전히 한 바퀴 돈다. 원추 A의 각가속도 $\boldsymbol{\alpha}$의 크기를 구하라.

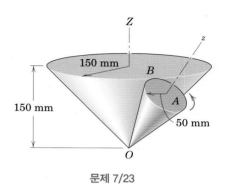

문제 7/23

▶7/24 진자는 t가 초로서 시간을 나타낼 때, $\theta = \frac{\pi}{6} \sin 3\pi t$ 라디안에 따라 x축을 중심으로 진동한다. 동시에, 기둥 OA는 일정 속도 $\omega_z = 2\pi$ rad/s로 수직 z축을 중심으로 회전한다. 진자의 중심 B의 속도 $\mathbf{v}$와 가속도 $\mathbf{a}$를 구하고, $t = 0$일 때, 각가속도 $\boldsymbol{\alpha}$를 구하라.

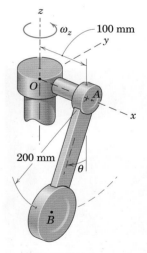

문제 7/24

7.6 일반적인 운동

일반적인 3차원 운동을 하는 강체의 운동학적 해석은 상대운동의 원리를 이용하여 잘 수행할 수 있다. 우리는 이 원리를 지금까지 평면운동의 문제에 적용하여 왔지만, 이제부터는 공간운동의 문제에도 확대 적용할 것이다. 기준축이 병진운동을 하는 경우와 회전운동을 하는 경우로 각각 나누어 생각해 보기로 한다.

병진운동하는 기준축

그림 7.10은 각속도가 $\boldsymbol{\omega}$인 일반적인 강체의 운동을 보여주고 있다. 병진운동하는 x-y-z 좌표계의 원점을 점 B로 잡으면, 이 강체상의 임의의 점 A에 대한 속도 $\mathbf{v}$ 및 가속도 $\mathbf{a}$는 상대속도 및 상대가속도 표현식에 따라 다음과 같이 주어진다.

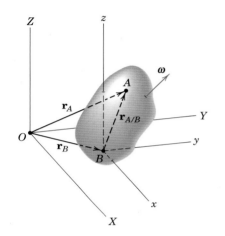

그림 7.10

$$\mathbf{v}_A = \mathbf{v}_B + \mathbf{v}_{A/B} \qquad [5.4]$$

$$\mathbf{a}_A = \mathbf{a}_B + \mathbf{a}_{A/B} \qquad [5.7]$$

위 식들은 5.4절 및 5.6절에서 강체의 평면운동을 다룰 때 이미 밝혔으며, 각 식은 3개의 벡터로 이루어지는 공간상의 임의의 평면에서도 똑같이 성립한다.

이 관계식을 그림 7.10과 같은 공간상의 강체에 적용할 때 거리 $\overline{AB}$는 항상 일정하다는 것에 주의해야 한다. 따라서 x-y-z 좌표계 위의 관측자 위치에서는 이 강체가 점 B를 중심으로 회전하고, 또한 점 A는 점 B를 회전중심으로 하는 하나의 구면 위에 놓여 있는 것으로 볼 수 있다. 결론적으로, 일반적인 운동을 하는 강체는 점 B의 병진운동과 점 B에 대한 강체의 회전운동과의 합으로 볼 수 있다.

상대운동의 항들은 점 B에 대한 회전운동의 효과를 나타내며, 이는 고정점에 대한 강체의 회전운동에 관해서 이미 앞 절에서 설명한 속도 및 가속도 표현식과 동일하다. 그러므로 상대속도 및 상대가속도는

$$\mathbf{v}_A = \mathbf{v}_B + \boldsymbol{\omega} \times \mathbf{r}_{A/B}$$
$$\mathbf{a}_A = \mathbf{a}_B + \dot{\boldsymbol{\omega}} \times \mathbf{r}_{A/B} + \boldsymbol{\omega} \times (\boldsymbol{\omega} \times \mathbf{r}_{A/B}) \qquad (7.4)$$

로 나타나며, 여기서 $\boldsymbol{\omega}$ 및 $\dot{\boldsymbol{\omega}}$는 각각 강체의 순간각속도 및 순간각가속도이다.

기준점 B는 이론적으로 임의로 선택할 수 있지만, 편의상 강체의 운동을 전체 혹은 부분적으로 알 수 있는 점을 선정한다. 만약 그림 7.10에서 점 A가 기준점이 된다면 상대운동방정식은

$$\mathbf{v}_B = \mathbf{v}_A + \boldsymbol{\omega} \times \mathbf{r}_{B/A}$$
$$\mathbf{a}_B = \mathbf{a}_A + \dot{\boldsymbol{\omega}} \times \mathbf{r}_{B/A} + \boldsymbol{\omega} \times (\boldsymbol{\omega} \times \mathbf{r}_{B/A})$$

가 되며, 여기서 $\mathbf{r}_{B/A} = -\mathbf{r}_{A/B}$이다. 강체의 절대각운동은 기준점의 선택과는 무

이 항공기 비행 시뮬레이터를 지지하기도 하고 움직이기도 하는 유압 실린더를 적절하게 관리함으로써 다양한 3차원 병진 및 회전 가속도를 생성할 수 있다.

관하므로 상대운동방정식을 나타내는 위 두 경우에 $\boldsymbol{\omega}$, 즉 $\dot{\boldsymbol{\omega}}$는 동일한 벡터이다. 나중에 일반적인 강체운동에 대한 운동역학의 방정식들을 다루게 될 때, 강체의 질량중심을 기준점으로 선택하는 것이 아주 편리하다는 것을 자주 보게 될 것이다.

그림 7.10에서 점 A와 B가 예제 7.3에 있는 것과 같은 볼-소켓 연결장치(ball-and-socket joints)처럼 운동하는 어떤 공간기구의 양 끝단을 표시할 때는, 적절한 운동학적 요구조건을 부가시킬 필요가 있다. 물론 링크의 작용은 자신의 축에 대한 링크 AB의 회전에는 아무런 영향을 받지 않고, 오직 이와 수직인 각속도벡터 $\boldsymbol{\omega}_n$에 의해서만 그 운동을 표시할 수 있다. 그러므로 $\boldsymbol{\omega}_n$과 $\mathbf{r}_{A/B}$는 서로 직각이 되어야 하며, 이 조건은 $\boldsymbol{\omega}_n \cdot \mathbf{r}_{A/B} = 0$일 때에만 만족된다.

마찬가지로 링크 AB의 운동에 영향을 주는 각가속도성분은 링크 자신에 수직인 $\boldsymbol{\alpha}_n$[*]뿐이므로 $\boldsymbol{\alpha}_n \cdot \mathbf{r}_{A/B} = 0$도 역시 성립해야 한다.

회전하는 기준축

공간에서의 강체운동을 좀 더 일반적인 형태로 수식화하려면 기준 축이 병진운동 뿐만 아니라 회전운동도 하는 경우를 생각해야 한다. 그림 7.11은 그림 7.10을 수정한 것으로서 기준축의 원점이 기준점 B에 부착되어 있다는 점에서는 앞의 그림과 같지만, 이 축이 강체가 움직이는 절대각속도 $\boldsymbol{\omega}$와는 다른 절대각속도인 $\boldsymbol{\Omega}$로 회전한다는 점에서 서로 다르다.

이제 5.7절에서 회전축을 이용하여 강체의 평면운동을 기술할 때 유도한 식 (5.11), (5.12), (5.13), (5.14)를 이용하기로 한다. 이 식들에 대한 2차원에서 3차원으로의 확장은 단지 벡터의 z성분만을 포함시킴으로써 쉽게 달성할 수 있기 때문에, 학생들의 몫으로 남겨둔다. 이 식들에 있는 $\boldsymbol{\omega}$를 회전하는 x-y-z축의 각속도 $\boldsymbol{\Omega}$로 대치하면 이 축에 부착된 회전하는 단위벡터들의 시간도함수는 다음과 같다.

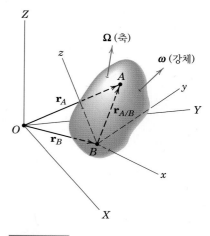

$$\dot{\mathbf{i}} = \boldsymbol{\Omega} \times \mathbf{i} \qquad \dot{\mathbf{j}} = \boldsymbol{\Omega} \times \mathbf{j} \qquad \dot{\mathbf{k}} = \boldsymbol{\Omega} \times \mathbf{k} \tag{7.5}$$

점 A의 속도 및 가속도에 대한 표현식은

그림 7.11

$$\mathbf{v}_A = \mathbf{v}_B + \boldsymbol{\Omega} \times \mathbf{r}_{A/B} + \mathbf{v}_{\text{rel}}$$
$$\mathbf{a}_A = \mathbf{a}_B + \dot{\boldsymbol{\Omega}} \times \mathbf{r}_{A/B} + \boldsymbol{\Omega} \times (\boldsymbol{\Omega} \times \mathbf{r}_{A/B}) + 2\boldsymbol{\Omega} \times \mathbf{v}_{\text{rel}} + \mathbf{a}_{\text{rel}} \tag{7.6}$$

이 된다. 여기서, $\mathbf{v}_{\text{rel}} = \dot{x}\mathbf{i} + \dot{y}\mathbf{j} + \dot{z}\mathbf{k}$와 $\mathbf{a}_{\text{rel}} = \ddot{x}\mathbf{i} + \ddot{y}\mathbf{j} + \ddot{z}\mathbf{k}$는 각각 x-y-z축에 고정된 관측자가 x-y-z축에서 측정한 점 A의 속도 및 가속도이다.

$\boldsymbol{\Omega}$는 좌표축의 각속도로서 강체의 각속도 $\boldsymbol{\omega}$와는 다르다는 것을 명심해야 한다.

---

[*] 자체축에 대한 링크의 각속도가 변하지 않는다면 $\boldsymbol{\alpha}_n = \dot{\boldsymbol{\omega}}_n$을 보여줄 수 있다. J. L. Meriam이 쓴 *Dynamics, 2nd edition, SI Version*, 1975, John Wiley & Sons의 37절을 참조하라.

또한, $\mathbf{r}_{A/B}$는 강체 내에서 그 크기가 항상 일정하지만, 좌표축의 각속도와 강체의 각속도 $\boldsymbol{\omega}$가 다를 경우에는 x-y-z축에 대해서 방향이 변하게 된다는 것에도 유의해야 한다. 그리고 만약 x-y-z축이 강체에 완전히 고정되어 있다면 $\boldsymbol{\Omega} = \boldsymbol{\omega}$가 되고, 동시에 $\mathbf{v}_{\text{rel}}$과 $\mathbf{a}_{\text{rel}}$은 모두 0이 되어서 식 (7.6)이 식 (7.4)와 같아짐을 알 수 있다.

5.7절에서 고정좌표계 X-Y에서 측정한 벡터 $\mathbf{V}$의 시간도함수와 회전좌표계 x-y에서 측정한 시간도함수 사이의 관계식은 이미 식 (5.13)으로 유도한 바 있다. 3차원인 경우 이 관계식은 다음과 같다.

$$\left(\frac{d\mathbf{V}}{dt}\right)_{XYZ} = \left(\frac{d\mathbf{V}}{dt}\right)_{xyz} + \boldsymbol{\Omega} \times \mathbf{V} \tag{7.7}$$

이 변환을 그림 7.11에 있는 강체의 상대위치벡터 $\mathbf{r}_{A/B} = \mathbf{r}_A - \mathbf{r}_B$에 적용하면

$$\left(\frac{d\mathbf{r}_A}{dt}\right)_{XYZ} = \left(\frac{d\mathbf{r}_B}{dt}\right)_{XYZ} + \left(\frac{d\mathbf{r}_{A/B}}{dt}\right)_{xyz} + \boldsymbol{\Omega} \times \mathbf{r}_{A/B}$$

즉,

$$\mathbf{v}_A = \mathbf{v}_B + \mathbf{v}_{\text{rel}} + \boldsymbol{\Omega} \times \mathbf{r}_{A/B}$$

를 얻으며, 이는 식 (7.6)의 첫 번째 식에 해당된다.

식 (7.6)은 기준축이 상대운동이 일어나는 움직이는 물체에 고정될 때 특히 유용하다.

식 (7.7)을 벡터 연산자로 다시 표기하면

$$\left(\frac{d[\ ]}{dt}\right)_{XYZ} = \left(\frac{d[\ ]}{dt}\right)_{xyz} + \boldsymbol{\Omega} \times [\ ] \tag{7.7a}$$

로 나타낼 수 있다. 여기서, $[\ ]$는 X-Y-Z 및 x-y-z 좌표계로 표시할 수 있는 임의의 벡터 $\mathbf{V}$를 나타낸다. 그리고 이 연산자를 한 번 더 적용하면 시간에 대한 2차 도함수를 얻을 수 있다. 즉,

$$\begin{aligned}\left(\frac{d^2[\ ]}{dt^2}\right)_{XYZ} = {}&\left(\frac{d^2[\ ]}{dt^2}\right)_{xyz} + \dot{\boldsymbol{\Omega}} \times [\ ] \\ &+ \boldsymbol{\Omega} \times (\boldsymbol{\Omega} \times [\ ]) \\ &+ 2\boldsymbol{\Omega} \times \left(\frac{d[\ ]}{dt}\right)_{xyz}\end{aligned} \tag{7.7b}$$

식 (7.7b)는 $\mathbf{a}_{A/B} = \mathbf{a}_A - \mathbf{a}_B$로 표현되는 식 (7.6)의 두 번째 식과 동일한 것임을 알 수 있는데, 그 계산 역시 학생들의 몫으로 남겨둔다.

자동차 조립 로봇

예제 7.3

크랭크 CB가 그림에 표시된 위치에서 수평축을 중심으로 짧은 순간 동안에 $\omega_1 = 6$ rad/s의 속도로 일정하게 회전하고 있다. 링크 AB의 양 끝단에는 볼-소켓 연결장치가 있어 크랭크 DA와 CB를 연결한다. 크랭크 DA의 각속도 ω_2와 링크 AB의 각속도 $\boldsymbol{\omega}_n$을 구하라.

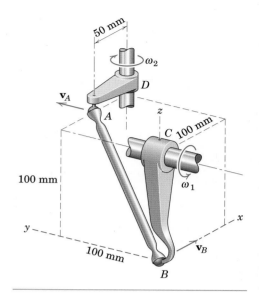

| **풀이** | 먼저 B에 부착된 병진운동하는 기준축을 이용하여 상대속도 관계식인 식 (7.4)를 푼다. ① 이 식은

$$\mathbf{v}_A = \mathbf{v}_B + \boldsymbol{\omega}_n \times \mathbf{r}_{A/B}$$

이고, 여기서 $\boldsymbol{\omega}_n$은 링크 AB에 수직인 각속도이다. ② 그리고 A, B의 속도는

$$[v = r\omega] \qquad \mathbf{v}_A = 50\omega_2\mathbf{j} \qquad \mathbf{v}_B = 100(6)\mathbf{i} = 600\mathbf{i} \text{ mm/s}$$

이며, 또한 $\mathbf{r}_{A/B} = 50\mathbf{i} + 100\mathbf{j} + 100\mathbf{k}$ mm이다. 이들을 위의 속도관계식에 대입하면

$$50\omega_2\mathbf{j} = 600\mathbf{i} + \begin{vmatrix} \mathbf{i} & \mathbf{j} & \mathbf{k} \\ \omega_{n_x} & \omega_{n_y} & \omega_{n_z} \\ 50 & 100 & 100 \end{vmatrix}$$

이 된다. 행렬식을 전개하여 $\mathbf{i}$, $\mathbf{j}$, $\mathbf{k}$의 계수항을 서로 비교하면

$$-6 = \qquad + \omega_{n_y} - \omega_{n_z}$$
$$\omega_2 = -2\omega_{n_x} \qquad + \omega_{n_z}$$
$$0 = \quad 2\omega_{n_x} - \omega_{n_y}$$

가 되고, 이 식들을 ω_2에 대하여 풀면

$$\omega_2 = 6 \text{ rad/s} \qquad \text{답}$$

가 된다. 위 세 식은 $\boldsymbol{\omega}_n$이 $\mathbf{v}_{A/B}$에 수직이라는 사실을 내포하고 있지만, 실제로 $\boldsymbol{\omega}_n$이 $\mathbf{r}_{A/B}$에 수직이라는 조건이 포함될 때만 풀 수 있다. ③ 즉,

$$[\boldsymbol{\omega}_n \cdot \mathbf{r}_{A/B} = 0] \qquad 50\omega_{n_x} + 100\omega_{n_y} + 100\omega_{n_z} = 0$$

이고, 위의 세 식 중에서 두 식과 조합하여 풀면

$$\omega_{n_x} = -\frac{4}{3} \text{ rad/s} \qquad \omega_{n_y} = -\frac{8}{3} \text{ rad/s} \qquad \omega_{n_z} = \frac{10}{3} \text{ rad/s}$$

와 같다. 즉, 다음과 같은 크기를 갖는다.

$$\boldsymbol{\omega}_n = \frac{2}{3}(-2\mathbf{i} - 4\mathbf{j} + 5\mathbf{k}) \text{ rad/s} \qquad \text{답}$$

| **도움말** |

① 점 B의 운동은 주어진 CB의 각속도 $\boldsymbol{\omega}_1$으로부터 쉽게 구할 수 있기 때문에 B를 기준점으로 선택한다.

② AB의 각속도 $\boldsymbol{\omega}$를 $\boldsymbol{\omega}_n$으로 AB에 수직하게 취한다. 이는 링크 AB가 자축을 중심으로 회전하더라도 링크의 거동에는 아무런 영향을 주지 않기 때문이다.

③ 상대속도 방정식은 $\mathbf{v}_A - \mathbf{v}_B = \mathbf{v}_{A/B} = \boldsymbol{\omega}_n \times \mathbf{r}_{A/B}$와 같이 쓸 수도 있지만, 이 경우에는 $\mathbf{v}_{A/B}$가 $\boldsymbol{\omega}_n$과 $\mathbf{r}_{A/B}$에 모두 수직이어야 한다. 이 식만으로는 $\boldsymbol{\omega}_n$이 $\mathbf{r}_{A/B}$에 수직이 되어야 한다는 조건을 포함할 수 없기 때문에 $\boldsymbol{\omega}_n \times \mathbf{r}_{A/B} = 0$도 역시 만족해야 한다.

예제 7.4

예제 7.3의 조건하에서 크랭크 AD의 각가속도 $\dot{\omega}_2$를 구하고, 아울러 링크 AB의 각가속도 $\dot{\boldsymbol{\omega}}_n$을 찾아라.

|**풀이**| 링크의 가속도는 식 (7.4)의 두 번째 식으로부터 구할 수 있다. 즉

$$\mathbf{a}_A = \mathbf{a}_B + \dot{\boldsymbol{\omega}}_n \times \mathbf{r}_{A/B} + \boldsymbol{\omega}_n \times (\boldsymbol{\omega}_n \times \mathbf{r}_{A/B})$$

이다. 여기서 $\boldsymbol{\omega}_n$은 예제 7.3에서와 같이 AB의 각속도로서 AB에 수직이고, $\dot{\boldsymbol{\omega}}_n$은 AB의 각가속도이다. ①

점 A와 B의 가속도를 법선 및 접선 성분으로 나타내면

$$\mathbf{a}_A = 50\omega_2{}^2\mathbf{i} + 50\dot{\omega}_2\mathbf{j} = 1800\mathbf{i} + 50\dot{\omega}_2\mathbf{j} \text{ mm/s}^2$$
$$\mathbf{a}_B = 100\omega_1{}^2\mathbf{k} + (0)\mathbf{i} = 3600\mathbf{k} \text{ mm/s}^2$$

이다. 또한

$$\boldsymbol{\omega}_n \times (\boldsymbol{\omega}_n \times \mathbf{r}_{A/B}) = -\omega_n{}^2\mathbf{r}_{A/B} = -20(50\mathbf{i} + 100\mathbf{j} + 100\mathbf{k}) \text{ mm/s}^2$$
$$\dot{\boldsymbol{\omega}}_n \times \mathbf{r}_{A/B} = (100\dot{\omega}_{n_y} - 100\dot{\omega}_{n_z})\mathbf{i}$$
$$+ (50\dot{\omega}_{n_z} - 100\dot{\omega}_{n_x})\mathbf{j} + (100\dot{\omega}_{n_x} - 50\dot{\omega}_{n_y})\mathbf{k}$$

이다. 이를 상대가속도식에 대입하여 $\mathbf{i}, \mathbf{j}, \mathbf{k}$의 각 계수의 항으로 풀면

$$28 = \dot{\omega}_{n_y} - \dot{\omega}_{n_z}$$
$$\dot{\omega}_2 + 40 = -2\dot{\omega}_{n_x} + \dot{\omega}_{n_z}$$
$$-32 = 2\dot{\omega}_{n_x} - \dot{\omega}_{n_y}$$

이고, $\dot{\omega}_2$에 대한 해는 다음과 같다.

$$\dot{\omega}_2 = -36 \text{ rad/s}^2 \qquad \blacksquare$$

벡터 $\dot{\boldsymbol{\omega}}_n$은 $\mathbf{r}_{A/B}$에 수직이지만 $\boldsymbol{\omega}_n$의 경우에서와 같이 $\mathbf{v}_{A/B}$와는 수직이 아니다. ②

$$[\dot{\boldsymbol{\omega}}_n \cdot \mathbf{r}_{A/B} = 0] \qquad 2\dot{\omega}_{n_x} + 4\dot{\omega}_{n_y} + 4\dot{\omega}_{n_z} = 0$$

이 식을 같은 변수에 대하여 앞의 세 식과 결합하면,

$$\dot{\omega}_{n_x} = -8 \text{ rad/s}^2 \qquad \dot{\omega}_{n_y} = 16 \text{ rad/s}^2 \qquad \dot{\omega}_{n_z} = -12 \text{ rad/s}^2$$

이다. 따라서

$$\dot{\boldsymbol{\omega}}_n = 4(-2\mathbf{i} + 4\mathbf{j} - 3\mathbf{k}) \text{ rad/s}^2 \qquad \blacksquare$$

그리고

$$|\dot{\boldsymbol{\omega}}_n| = 4\sqrt{2^2 + 4^2 + 3^2} = 4\sqrt{29} \text{ rad/s}^2$$

이 된다.

|**도움말**|

① 링크 AB가 AB 방향으로 각속도 성분을 갖는다면 이 성분은 크기와 방향 모두 변하게 되어 강체로서의 링크에 대한 실제 각가속도에 기여하게 될 것이다. 그러나 이 링크는 자신의 축 AB에 대하여 회전하여 C와 D에서의 크랭크 운동에는 전혀 영향을 주지 않기 때문에 $\dot{\boldsymbol{\omega}}_n$만 고려하기로 한다.

② $\mathbf{v}_{A/B}$에 수직하지 않은 $\dot{\boldsymbol{\omega}}_n$의 성분은 $\mathbf{v}_{A/B}$의 방향을 변화시킨다.

예제 7.5

Z축을 중심으로 모터 하우징과 브래킷이 일정한 $\Omega = 3$ rad/s로 회전하고 있다. 그리고 그림에 표시된 방향으로 모터축과 원판은 모터 하우징에 대하여 일정한 각속도 $p = 8$ rad/s를 가진다. γ가 30°로 일정할 때 원판의 끝점 A에 대한 속도 및 가속도 그리고 원판의 각가속도 α를 구하라.

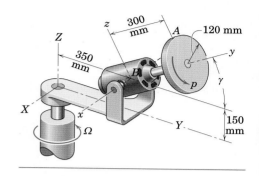

|풀이| 회전하고 있는 기준축 x-y-z는 모터 하우징에 고정되어 있고, 모터를 지지하면서 회전하고 있는 브래킷은 고정축 X-Y-Z에 대해서 순간적으로 그림에 표시된 위치를 갖는다. ① 따라서, 여기서는 단위벡터가 **I**, **J**, **K**인 X-Y-Z축과 단위벡터가 **i**, **j**, **k**인 x-y-z축을 동시에 사용한다. x-y-z축의 각속도는 $\boldsymbol{\Omega} = \Omega\mathbf{K} = 3\mathbf{K}$ rad/s 이다.

|도움말|
① 기준축을 이와 같이 선택함으로써 원판의 운동을 간단하게 표시할 수 있다.
② $\mathbf{K} \times \mathbf{i} = \mathbf{J} = \mathbf{j}\cos\gamma - \mathbf{k}\sin\gamma$, $\mathbf{K} \times \mathbf{j} = -\mathbf{i}\cos\gamma$, 그리고 $\mathbf{K} \times \mathbf{k} = \mathbf{i}\sin\gamma$이다.

속도 식 (7.6)의 첫 번째 식으로부터 점 A의 속도는

$$\mathbf{v}_A = \mathbf{v}_B + \boldsymbol{\Omega} \times \mathbf{r}_{A/B} + \mathbf{v}_{\text{rel}}$$

이다. 여기서

$$\mathbf{v}_B = \boldsymbol{\Omega} \times \mathbf{r}_B = 3\mathbf{K} \times 0.350\mathbf{J} = -1.05\mathbf{I} = -1.05\mathbf{i} \text{ m/s}$$

$$\boldsymbol{\Omega} \times \mathbf{r}_{A/B} = 3\mathbf{K} \times (0.300\mathbf{j} + 0.120\mathbf{k}) \quad ②$$
$$= (-0.9\cos 30°)\mathbf{i} + (0.36\sin 30°)\mathbf{i} = -0.599\mathbf{i} \text{ m/s}$$

$$\mathbf{v}_{\text{rel}} = \mathbf{p} \times \mathbf{r}_{A/B} = 8\mathbf{j} \times (0.300\mathbf{j} + 0.120\mathbf{k}) = 0.960\mathbf{i} \text{ m/s}$$

따라서

$$\mathbf{v}_A = -1.05\mathbf{i} - 0.599\mathbf{i} + 0.960\mathbf{i} = -0.689\mathbf{i} \text{ m/s}$$

가속도 식 (7.6)의 두 번째 식으로부터 점 A의 가속도는

$$\mathbf{a}_A = \mathbf{a}_B + \dot{\boldsymbol{\Omega}} \times \mathbf{r}_{A/B} + \boldsymbol{\Omega} \times (\boldsymbol{\Omega} \times \mathbf{r}_{A/B}) + 2\boldsymbol{\Omega} \times \mathbf{v}_{\text{rel}} + \mathbf{a}_{\text{rel}}$$

이다. 여기서

$$\mathbf{a}_B = \boldsymbol{\Omega} \times (\boldsymbol{\Omega} \times \mathbf{r}_B) = 3\mathbf{K} \times (3\mathbf{K} \times 0.350\mathbf{J}) = -3.15\mathbf{J}$$
$$= 3.15(-\mathbf{j}\cos 30° + \mathbf{k}\sin 30°) = -2.73\mathbf{j} + 1.575\mathbf{k} \text{ m/s}^2$$

$$\dot{\boldsymbol{\Omega}} = \mathbf{0}$$

$$\boldsymbol{\Omega} \times (\boldsymbol{\Omega} \times \mathbf{r}_{A/B}) = 3\mathbf{K} \times [3\mathbf{K} \times (0.300\mathbf{j} + 0.120\mathbf{k})]$$
$$= 3\mathbf{K} \times (-0.599\mathbf{i}) = -1.557\mathbf{j} + 0.899\mathbf{k} \text{ m/s}^2$$

$$2\boldsymbol{\Omega} \times \mathbf{v}_{\text{rel}} = 2(3\mathbf{K}) \times 0.960\mathbf{i} = 5.76\mathbf{J}$$
$$= 5.76(\mathbf{j}\cos 30° - \mathbf{k}\sin 30°) = 4.99\mathbf{j} - 2.88\mathbf{k} \text{ m/s}^2$$

$$\mathbf{a}_{\text{rel}} = \mathbf{p} \times (\mathbf{p} \times \mathbf{r}_{A/B}) = 8\mathbf{j} \times [8\mathbf{j} \times (0.300\mathbf{j} + 0.120\mathbf{k})]$$
$$= -7.68\mathbf{k} \text{ m/s}^2$$

따라서
$$\mathbf{a}_A = 0.703\mathbf{j} - 8.09\mathbf{k} \text{ m/s}^2$$

그리고
$$a_A = \sqrt{(0.703)^2 + (8.09)^2} = 8.12 \text{ m/s}^2$$

각가속도 각가속도는 시간에 따라 변하지 않는 세차운동이므로 식 (7.3)으로부터 다음과 같다.

$$\boldsymbol{\alpha} = \dot{\boldsymbol{\omega}} = \boldsymbol{\Omega} \times \boldsymbol{\omega} = 3\mathbf{K} \times (3\mathbf{K} + 8\mathbf{j})$$
$$= \mathbf{0} + (-24\cos 30°)\mathbf{i} = -20.8\mathbf{i} \text{ rad/s}^2$$

연습문제

기초문제

7/25 고체 실린더는 20°의 반꼭지각을 갖는 강체원추를 가지고 있다. 순간적으로 각속도 $\boldsymbol{\omega}$는 30 rad/s의 크기를 가지며 y-z 평면에 놓여 있다. 실린더가 z축 주위를 회전하고 있는 속도 p를 구하고, A에 대한 B의 속도 벡터식을 구하라.

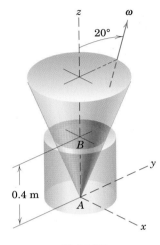

문제 7/25

7/26 헬리콥터는 일정속도 q rad/s에서 끝내고 있다. 회전자 블레이드가 일정속력 p rad/s로 회전하는 경우, 회전자의 각가속도 $\boldsymbol{\alpha}$에 대한 식을 구하라. y축을 동체에 부착시켜 회전자의 축에 수직으로 전방으로 향한다.

문제 7/26

7/27 O 및 부착된 축 OC의 고리는 고정된 x_0축을 중심으로 일정속도 Ω=4 rad/s로 회전한다. 동시에 원형 원판은 일정속도 p=10 rad/s로 OC를 중심으로 회전한다. 원판의 각속도 $\boldsymbol{\omega}$의 크기를 구하고, 각가속도 $\boldsymbol{\alpha}$를 구하라.

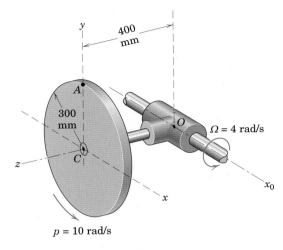

문제 7/27

7/28 문제 7/27에서 원판의 각속도 p가 초당 6 rad/s의 비율로 증가하고 Ω는 4 rad/s에서 일정하게 유지된다면 p가 10 rad/s에 도달하는 순간에 원판의 각가속도 $\boldsymbol{\alpha}$를 구하라.

7/29 문제 7/27의 조건에 대하여, 원판 위의 A지점의 속도와 가속도가 표시된 위치를 통과할 때 속도 $\mathbf{v}_A$와 가속도 $\mathbf{a}_A$를 구하라.

7/30 틸트로터 추진장치가 장착된 무인 레이더/라디오 제어 항공기가 정찰 목적으로 설계되어 있다. 수직상승은 θ=0에서 시작하여 θ가 90°에 접근할 때 수평비행이 뒤따른다. 회전자가 360 rev/min의 일정속력 N에서 회전하는 경우, 만약 $\dot{\theta}$가 0.2 rad/s에서 일정하다면 θ=30°에 대하여 회전자의 각가속도 $\boldsymbol{\alpha}$를 구하라.

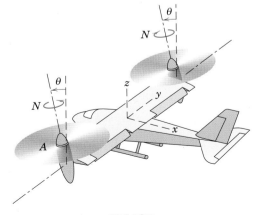

문제 7/30

7/31 강체 링크의 끝단 A는 x축 방향으로 이동하도록 제한되며 끝단 B는 z축을 따라 이동하도록 제한되어 있다. $v_A = 0.3$ m/s로 표시된 위치를 통과할 때 링크의 각속도의 AB에 수직인 성분 ω_n을 구하라.

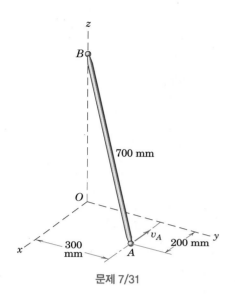

문제 7/31

심화문제

7/32 소형 모터 M은 O를 통해 x축을 중심으로 선회되고 그 축, OA에 하우징에 대해 도시된 방향으로 일정한 속력 p rad/s로 주어진다. 그런 다음 전 장치가 일정한 각속도 Ω rad/s로 수직 Z축을 중심으로 회전한다. 동시에 모터는 일정한 속도 $\dot{\beta}$로 x축을 중심으로 운동 구간 동안 선회한다. β의 항으로 축 OA의 각가속도 α를 구하라. 회전하는 x-y-z축의 단위 벡터로 결과를 표현하라.

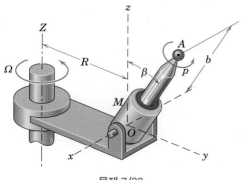

문제 7/32

7/33 비행 시뮬레이터는 시뮬레이터 밑면의 부착지점에 쌍으로 연결된 여섯 개의 유압식 액추에이터에 장착된다. 액추에이터의 동작을 프로그래밍함으로써 제한된 동작범위를 통해 병진 및 회전변위로 다양한 비행조건을 시뮬레이션할 수 있다. 축 x-y-z는 볼륨 중앙에 원점 B가 있는 시뮬레이터에 부착된다. 순간적으로 표현하자면 B는 각각 0.96 m/s와 1.2 m/s^{2}의 수평 y방향으로 속도 및 가속도를 갖는다. 동시에 각속도와 시간변화율은 $\omega_x = 1.4$ rad/s, $\dot{\omega}_x = 2$ rad/s^2, $\omega_y = 1.2$ rad/s, $\dot{\omega}_y = 3$ rad/s^2, $\omega_z = \dot{\omega}_z = 0$이다. 이 순간에 점 A의 속도와 가속도의 크기를 구하라.

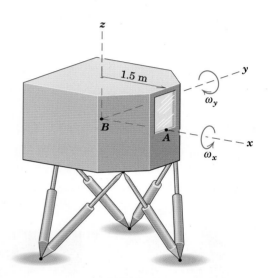

문제 7/33

7/34 문제 7/15의 로봇을 다시 표시한다. 여기서 O_2에서 원점을 가지는 x-y-z 좌표계는 속도 $\dot{\theta}$로 X축을 중심으로 회전한다. 그림과 같이 회전하는 비회전축 X-Y-Z축은 O_1을 원점으로 갖는다. $\omega_2 = \dot{\theta} = 3$ rad/s 상수, $\omega_3 = 1.5$ rad/s 상수, $\omega_1 = \omega_5 = 0$, $\overline{O_1O_2} = 1.2$ m, $\overline{O_2A} = 0.6$ m인 경우, $\theta = 60°$일 때 턱의 중앙 A의 속도를 구하라. 각 β는 y-z평면에 놓여 있고, 45°로 일정하다.

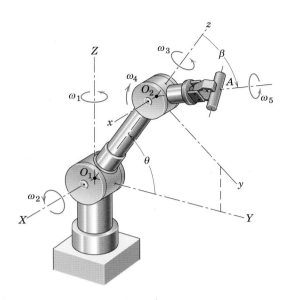

문제 7/34

7/35 우주선은 고정된 공간 방향을 가진 z축을 중심으로 일정한 속도 $p = \frac{1}{10}$ rad/s로 회전한다. 동시에 태양전지 판넬은 그래프에서 보듯이 β와 같이 변화하도록 프로그램된 비율 $\dot{\beta}$로 전개된다. $\beta = 18°$에 도달한 (a) 직전, (b) 직후의 순간에 판넬 A의 각가속도 $\boldsymbol{\alpha}$를 구하라.

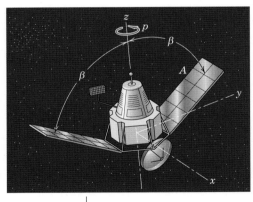

문제 7/35

7/36 원판은 z축을 중심으로 일정 각속도 p를 갖고, 이음쇠 A는 그림에서처럼 기둥을 중심으로 일정 각속도 ω_2를 갖는다. 동시에 전체 어셈블리는 일정 각속도 ω_1으로 고정된 X축을 중심으로 회전한다. 나타낸 위치에서 이음쇠를 수직평면으로 가져올 때 원판의 각가속도에 대한 식을 구하라. 각속도 성분의 벡터 변화를 그림으로 해결하라.

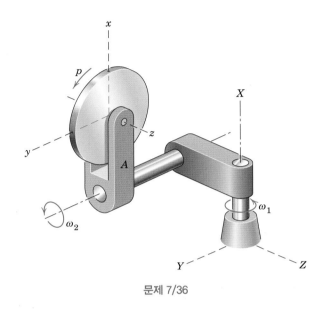

문제 7/36

7/37 고리와 U자형 고리 A는 운동 구간 동안 0.2 m/s의 일정 상 승속도가 주어지고, 회전하는 원판에서 반지름방향 홈에서 막대의 볼 끝이 미끄러지고 있다. 막대가 $z = 75$ mm를 통과할 때 막대의 각가속도를 구하라. 원판은 2 rad/s의 일정속 도로 회전한다.

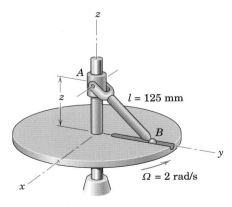

문제 7/37

7/38 반지름 100 mm의 원형판이 일정속도 $p=240$ rev/min으로 z축을 중심으로 회전하고, 암 OCB는 일정속력 $N=30$rev/min으로 Y축을 중심으로 회전한다. 보여지는 위치를 통과할 때 원판 위의 점 A의 속도 $\mathbf{v}$와 가속도 $\mathbf{a}$를 구하라. 암 OCB에 부착된 기준 축 x-y-z를 이용하라.

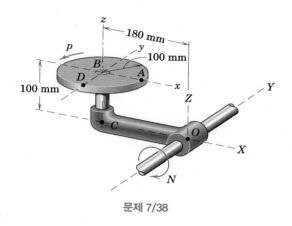

문제 7/38

7/39 문제 7/32에서 나타낸 조건에 따라 β의 항으로 볼기구의 중심 A의 속도 $\mathbf{v}$와 가속도 $\mathbf{a}$를 구하라.

7/40 원형판은 일정한 속도 $p=10\pi$ rad/s로 자체축(y축)을 중심으로 회전하고 있다. 동시에 프레임은 일정속도 $\Omega=4\pi$ rad/s로 Z축을 중심으로 회전하고 있다. 원판의 정상에서 점 A의 가속도와 원판의 각가속도 $\boldsymbol{\alpha}$를 계산하라. 축 x-y-z는 고정축 X-Y-Z에 대해 순간적 방향을 가진 프레임에 부착된다.

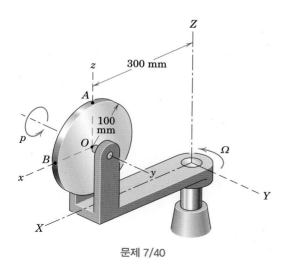

문제 7/40

7/41 우주선의 중심 O는 일정한 속도로 공간을 이동한다. 안정화 이전의 운동 기간 동안 우주선은 z축을 중심으로 일정 회전속도 $\Omega=0.5$ rad/s를 유지하고 있다. x-y-z축은 우주선의 몸체에 부착되며, 태양전지 판넬은 우주선에 대해 $\dot{\theta}=0.25$ rad/s로 y축을 중심으로 회전한다. $\boldsymbol{\omega}$가 태양전지 판넬의 절대각속도라면, $\dot{\boldsymbol{\omega}}$를 구하라. 또한 $\theta=30°$일 때, 점 A의 가속도를 구하라.

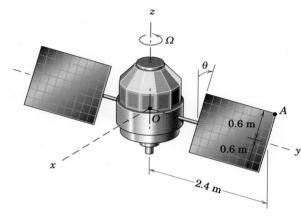

문제 7/41

7/42 질량 m과 반지름 r의 얇은 원형판은 일정한 각속도 p로 z축을 중심으로 회전하고, 고정된 요크는 일정 각속도 ω_1으로 OB를 통해 x축을 중심으로 회전한다. 동시에 전체 어셈블리는 일정 각속도 ω_2로 O를 통해 고정된 Y축을 중심으로 회전한다. 원판의 x-y 평면이 X-Y 평면과 일치하는 위치를 통과할 때, 원판의 가장자리인 점 A의 속도 $\mathbf{v}$와 가속도 $\mathbf{a}$를 구하라. x-y-z축은 요크에 부착되어 있다.

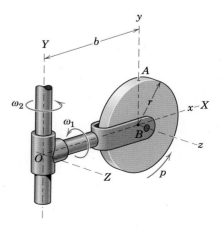

문제 7/42

▶**7/43** 예제 7.2에 명시된 조건에서, γ가 3π rad/s의 일정속도로 증가하는 것을 제외하고, 위치 $\gamma=30°$가 지났을 때 회전자의 각속도 $\boldsymbol{\omega}$와 각가속도 $\boldsymbol{\alpha}$를 구하라. [제안 : $\boldsymbol{\alpha}$를 구하기 위해 벡터 $\boldsymbol{\omega}$에 대한 식 (7.7)을 적용. 예제 7.2에서 $\boldsymbol{\Omega}$는 더 이상 축의 완전한 각속도가 아님에 주의하라.]

▶**7/44** 반지름 r의 바퀴는 일정속도 p rad/s로 수직축을 중심으로 회전하는 굽힘 축 CO를 중심으로 자유롭게 회전한다. 반지름 R의 수평 원을 미끄럼 없이 바퀴가 굴러가면 바퀴의 각속도 $\boldsymbol{\omega}$와 각가속도 $\boldsymbol{\alpha}$를 식으로 구하라. x축은 항상 수평이다.

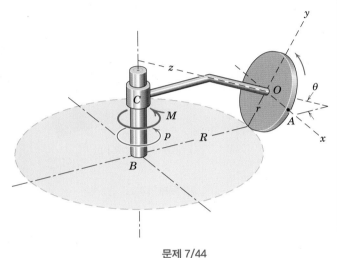

문제 7/44

▶**7/45** 그림에서 자이로 회전자는 표시된 방향으로 x-y-z축에 대해 100 rev/min의 일정속도로 회전하고 있다. 짐발 링과 수평 X-Y 평면 사이의 각을 4 rad/s의 일정한 속도로 증가시키고, 장치가 일정속도 $N=20$ rev/min으로 수직에 대해 세차운동을 위한 힘을 받는다면, $\gamma=30°$일 때 회전자의 각가속도 $\boldsymbol{\alpha}$의 크기를 구하라. 회전자의 각속도에 적용된 식 (7.7)을 이용하여 해결하라.

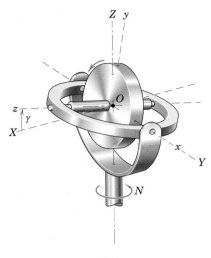

문제 7/45

▶**7/46** 반경이 80 mm인 크랭크가 일정한 각속도 $\omega_0=4$ rad/s로 회전하며 고리 A가 고정 축을 따라 왔다 갔다 한다. 그림과 같이 크랭크가 수직위치를 지날 때 고리 A의 속도와 강체 링크 AB의 각속도를 구하라. [힌트: 링크 AB는 Y축과 클레비스 핀의 축 모두에 수직인 축(단위 벡터 $\mathbf{n}$)에 대한 각속도는 가질 수 없다. 따라서 $\omega \cdot \mathbf{n}=0$, 여기서 $\mathbf{n}$은 삼중 벡터곱 $\mathbf{J} \times (\mathbf{r}_{AB} \times \mathbf{J})$의 방향을 가진다.]

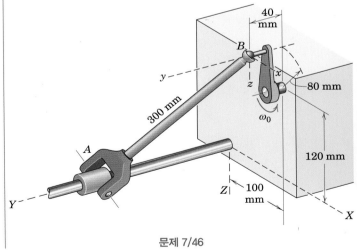

문제 7/46

B편 운동역학

7.7 각운동량

강체나 비강체 질량계에 대한 힘의 방정식인 식 (4.1) 또는 (4.6)은 질점의 운동에 대한 뉴턴의 제2법칙을 일반화한 것으로서 더 이상의 설명이 필요 없다. 그러나 3차원 운동에 대한 모멘트의 방정식은 평면운동에 대한 식 (6.1)의 세 번째 식과 같이 간단하지 않다. 왜냐하면, 각운동량의 변화는 평면운동에서는 나타나지 않는 여러 가지 부가 성분을 포함하기 때문이다.

그림 7.12a와 같이 공간상에서 일반적인 운동을 하는 강체를 생각해 보자. 축 x-y-z는 질량중심 G에 원점을 갖는 강체에 고정되어 있다. 따라서 강체의 각속도 $\boldsymbol{\omega}$는 고정된 기준축 X-Y-Z에서 관찰할 때 축 x-y-z의 각속도가 된다. 질량중심 G에 대한 강체의 절대각운동량 $\mathbf{H}_G$는 강체를 구성하는 모든 요소들의 선형운동량이 G에 대하여 만드는 운동량들의 합 $\mathbf{H}_G = \Sigma(\boldsymbol{\rho}_i \times m_i \mathbf{v}_i)$와 같으며, 이는 4.4절에서 다루었다. 여기서, $\mathbf{v}_i$는 질량요소 m_i의 절대속도이다.

그러나 강체의 경우에는 $\mathbf{v}_i = \bar{\mathbf{v}} + \boldsymbol{\omega} \times \boldsymbol{\rho}_i$이며, 여기서 $\boldsymbol{\omega} \times \boldsymbol{\rho}_i$는 비회전축에서 관찰한 G에 대한 m_i의 상대속도이다. 그러므로

$$\mathbf{H}_G = -\bar{\mathbf{v}} \times \Sigma m_i \boldsymbol{\rho}_i + \Sigma[\boldsymbol{\rho}_i \times m_i(\boldsymbol{\omega} \times \boldsymbol{\rho}_i)]$$

와 같이 쓸 수 있다. 여기서 첫 번째 합에서 벡터의 외적의 순서와 부호를 바꾼 후에 $\bar{\mathbf{v}}$를 공통인수로 뽑아내었다. 좌표축의 원점을 질량중심 G에 두면 $\mathbf{H}_G$ 식의 첫 번째 항은 $\Sigma m_i \boldsymbol{\rho}_i = m\bar{\boldsymbol{\rho}} = \mathbf{0}$이므로 0이다. 두 번째 항에서 m_i를 dm으로, 그리고 $\boldsymbol{\rho}_i$를 $\boldsymbol{\rho}$로 치환하면

$$\mathbf{H}_G = \int [\boldsymbol{\rho} \times (\boldsymbol{\omega} \times \boldsymbol{\rho})] \, dm \tag{7.8}$$

이 된다.

식 (7.8)의 피적분함수를 전개하기 전에 그림 7.12b와 같은 고정점 O에 대하여 회전하는 강체의 경우를 먼저 고려해 보자. x-y-z축은 강체에 고정되어 있고 강체와 축은 동일한 각속도 $\boldsymbol{\omega}$를 갖는다. 점 O에 대한 각운동량은 4.4절에서 $\mathbf{H}_O = \Sigma(\mathbf{r}_i \times m_i \mathbf{v}_i)$로 표시하였다. 여기서 강체의 경우에는 $\mathbf{v}_i = \boldsymbol{\omega} \times \mathbf{r}_i$이다. 따라서 m_i를 dm으로, 그리고 $\mathbf{r}_i$를 $\mathbf{r}$로 치환하여 각운동량을 구하면 다음과 같다.

$$\mathbf{H}_O = \int [\mathbf{r} \times (\boldsymbol{\omega} \times \mathbf{r})] \, dm \tag{7.9}$$

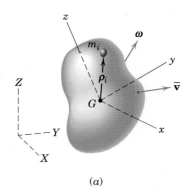

(a)

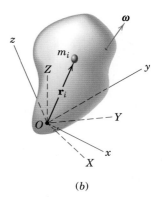

(b)

그림 7.12

관성모멘트와 관성곱

그림 7.12a와 b의 두 경우에서 위치벡터 $\boldsymbol{\rho}_i$와 $\mathbf{r}_i$는 동일한 식 $x\mathbf{i} + y\mathbf{j} + z\mathbf{k}$로 표시됨을 알 수 있다. 따라서 식 (7.8)과 (7.9)는 그 형태에서 같기 때문에 기호 $\mathbf{H}$도 어느 경우에나 똑같이 사용할 수 있을 것이다. 이제, 각운동량에 대한 두 식의 피적분함수를 전개하기로 하자. 여기서 $\boldsymbol{\omega}$의 성분은 강체에 대해서 적분할 때 불변량이 되므로 적분값에 곱해지는 상수가 됨이 명백하다. 벡터의 외적의 전개방법을 벡터 삼중적에 적용하여 항을 정리하면

$$
\begin{aligned}
d\mathbf{H} = \mathbf{i}[(y^2 + z^2)\omega_x &\quad -xy\omega_y &\quad -xz\omega_z] \, dm \\
+\mathbf{j}[\quad -yx\omega_x &+ (z^2 + x^2)\omega_y &\quad -yz\omega_z] \, dm \\
+\mathbf{k}[\quad -zx\omega_x &\quad -zy\omega_y &+ (x^2 + y^2)\omega_z] \, dm
\end{aligned}
$$

여기서

$$
\begin{aligned}
I_{xx} &= \int (y^2 + z^2) \, dm & I_{xy} &= \int xy \, dm \\
I_{yy} &= \int (z^2 + x^2) \, dm & I_{xz} &= \int xz \, dm \\
I_{zz} &= \int (x^2 + y^2) \, dm & I_{yz} &= \int yz \, dm
\end{aligned}
\tag{7.10}
$$

으로 둔다.

I_{xy}, I_{yy}, I_{zz}는 각 축에 대한 강체의 **관성모멘트**(moment of inertia)이고, I_{xy}, I_{xz}, I_{yz}는 좌표축에 대한 **관성곱**(product of inertia)이다. 이 양들은 강체의 질량이 각 축에 대하여 어떤 형태로 분포되어 있는가를 나타낸다. 관성모멘트와 관성곱에 대한 계산방법은 부록 B에 자세히 설명되어 있다. 관성모멘트와 관성곱에 사용된 이중 아래첨자는 텐서표기법[*]으로 표시할 때 특별한 의미를 갖는 표기의 대칭성을 간직한다.

따라서 $I_{xy} = I_{yx}$, $I_{xz} = I_{zx}$ 그리고 $I_{yz} = I_{zy}$임을 알 수 있고, 이를 식 (7.10)에 대입하면 $\mathbf{H}$에 대한 식은

$$
\begin{aligned}
\mathbf{H} = (\quad &I_{xx}\omega_x - I_{xy}\omega_y - I_{xz}\omega_z)\mathbf{i} \\
+(-&I_{yx}\omega_x + I_{yy}\omega_y - I_{yz}\omega_z)\mathbf{j} \\
+(-&I_{zx}\omega_x - I_{zy}\omega_y + I_{zz}\omega_z)\mathbf{k}
\end{aligned}
\tag{7.11}
$$

가 되며, 여기서 $\mathbf{H}$의 성분은

$$
\begin{aligned}
H_x &= \quad I_{xx}\omega_x - I_{xy}\omega_y - I_{xz}\omega_z \\
H_y &= -I_{yx}\omega_x + I_{yy}\omega_y - I_{yz}\omega_z \\
H_z &= -I_{zx}\omega_x - I_{zy}\omega_y + I_{zz}\omega_z
\end{aligned}
\tag{7.12}
$$

---

[*] J. L. Meriam이 쓴 *Dynamics, 2nd edition, SI Version*, 1975, John Wiley & Sons의 41절을 참조하면 예를 볼 수 있을 것이다.

로 각각 나타난다. 식 (7.11)은 순간적인 각속도가 $\boldsymbol{\omega}$인 회전하는 강체에서 고정점 O 또는 질량중심 G에 대한 각운동량을 일반적으로 표현한 식이다.

앞의 두 경우에서 기준축 x-y-z는 강체에 고정되어 있다는 사실을 명심하라. 이와 같이 좌표축이 고정되었기 때문에 식 (7.10)과 같은 관성모멘트 및 관성곱의 적분은 시간에 따라 변하지 않게 되는 것이다. 만약 x-y-z축이 비대칭인 물체에 대해서 회전하고 있다면, 이들 관성적분은 시간에 대한 함수로서 각운동량의 계산을 대단히 복잡하게 만들 것이다. 하지만, 하나의 중요한 예외로 강체가 대칭축에 대하여 회전할 때에는 관성적분이 강체의 회전축에 대한 각변위에 영향을 받지 않는 경우가 있다. 따라서 축대칭인 물체를 기준좌표계의 어느 한 축에 대하여 회전하도록 하는 것이 편리할 때가 흔히 있다. 이 경우에는 기준축의 각속도 $\boldsymbol{\Omega}$에 의한 운동량 성분뿐만 아니라, 회전축에 대한 상대운동으로 발생하는 회전축 방향의 각운동량 성분도 추가하여 고려해야 한다.

주축

식 (7.12)에 있는 관성모멘트와 관성곱의 배열

$$\begin{bmatrix} I_{xx} & -I_{xy} & -I_{xz} \\ -I_{yx} & I_{yy} & -I_{yz} \\ -I_{zx} & -I_{zy} & I_{zz} \end{bmatrix}$$

를 관성행렬(inertia matrix) 또는 관성텐서(inertia tensor)라 한다. 물체에 대한 좌표축의 방향을 바꾸게 되면 관성모멘트 및 관성곱도 그 값이 변한다. 그러나 주어진 원점에 대하여 관성곱이 0이고, 관성 모멘트 I_{xx}, I_{yy}, I_{zz}의 값이 일정하게 되는 좌표축 x-y-z의 방향이 존재함을 보일 수 있다.[*] 이 방향에서 관성행렬은

$$\begin{bmatrix} I_{xx} & 0 & 0 \\ 0 & I_{yy} & 0 \\ 0 & 0 & I_{zz} \end{bmatrix}$$

의 형태를 가지며, 이것을 관성행렬이 대각화되었다고 한다. 관성곱이 0이 되는 x-y-z축을 관성주축(principal axes of inertia)이라 하고, 이때 I_{xx}, I_{yy}, I_{zz}를 주관성모멘트(principal moments of inertia)라 한다. 주어진 원점에 대하여 3개의 주관성모멘트는 관성모멘트의 최댓값, 최솟값 및 중간값을 각각 표시한다.

만약 좌표축이 관성주축과 일치하게 되면 질량중심 혹은 고정점에 대한 각운동량 식인 식 (7.11)은 다음이 된다.

---

[*] J. L. Meriam이 쓴 *Dynamics, 2nd edition, SI Version*, 1975, John Wiley & Sons의 41절을 참조하면 예를 볼 수 있을 것이다.

$$\mathbf{H} = I_{xx}\omega_x\mathbf{i} + I_{yy}\omega_y\mathbf{j} + I_{zz}\omega_z\mathbf{k} \tag{7.13}$$

일반적인 3차원 강체운동에서 항상 관성주축을 위치시킬 수 있다. 따라서 기하학적인 이유로 항상 편리하지는 않지만 각운동량 식을 식 (7.13)과 같이 표현할 수 있다. 물체가 관성주축에 대하여 회전하는 경우나 또는 $I_{xx} = I_{yy} = I_{zz}$인 경우를 제외하고는 벡터 $\mathbf{H}$와 $\boldsymbol{\omega}$는 항상 다른 방향을 갖는다.

각운동량에 대한 이동정리

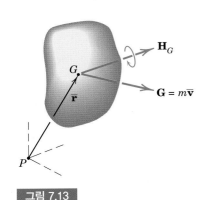

그림 7.13

강체의 운동량에 대한 성질은 그림 7.13에 표시된 바와 같이, 질량중심을 통과하는 선운동량 벡터인 $\mathbf{G} = m\bar{\mathbf{v}}$와 질량중심에 대한 각운동량 벡터인 $\mathbf{H}_G$로 설명할 수 있다. 왜냐하면, $\mathbf{H}_G$는 자유벡터의 성질을 갖지만 편의상 G를 통과하도록 나타낼 수 있고, 또한 이 두 벡터는 힘 및 우력(couple)과 비슷한 성질을 갖기 때문이다.

따라서 임의의 점 P에 대한 각운동량은 자유벡터 $\mathbf{H}_G$와 P에 대한 선운동량 벡터 $\mathbf{G}$의 모멘트와의 합과 같다. 즉,

$$\mathbf{H}_P = \mathbf{H}_G + \bar{\mathbf{r}} \times \mathbf{G} \tag{7.14}$$

로 쓸 수 있다. 이 식은 이미 제4장에서 유도한 식 (4.10)과 같아서 강체 내의 고정점 O 혹은 그림에서와 같이 강체 외부의 점 P에도 역시 적용할 수 있다. 식 (7.14)는 각운동량에 대한 이동정리(transfer theorem)를 함축하고 있다.

7.8 운동에너지

질점계의 동역학을 다룬 4.3절에서 일반적인 강체나 비강체 질량계에 대한 운동에너지 T에 대한 표현식을 다음과 같이 유도하였다.

$$T = \tfrac{1}{2}m\bar{v}^2 + \Sigma\tfrac{1}{2}m_i|\dot{\boldsymbol{\rho}}_i|^2 \tag{4.4}$$

여기서 $\bar{v}$는 질량중심의 속도이고, $\boldsymbol{\rho}_i$는 질량중심에 대한 대표질량 m_i의 위치벡터이다. 위 식에서 첫 번째 항은 시스템의 병진운동에 의한 운동에너지이고, 두 번째 항은 질량중심에 대한 상대운동으로 생기는 운동에너지임을 언급한 바 있다. 여기서 병진운동의 항을 다르게 표현하면

$$\tfrac{1}{2}m\bar{v}^2 = \tfrac{1}{2}m\dot{\bar{\mathbf{r}}}\cdot\dot{\bar{\mathbf{r}}} = \tfrac{1}{2}\bar{\mathbf{v}}\cdot\mathbf{G}$$

로 쓸 수도 있다. 여기서 $\dot{\bar{\mathbf{r}}}$은 질량중심의 속도 $\bar{\mathbf{v}}$이고 $\mathbf{G}$는 강체의 선운동량이다.

강체의 경우 상대운동에 의한 항은 질량중심에 대한 회전운동으로 생기는 운동

에너지가 된다. 따라서 $\dot{\boldsymbol{\rho}}_i$는 질량중심에 대한 대표질점의 속도이기 때문에 $\boldsymbol{\omega}$를 강체의 각속도라 할 때 $\dot{\boldsymbol{\rho}}_i = \boldsymbol{\omega} \times \boldsymbol{\rho}_i$로 다시 나타낼 수 있다. 이를 상대운동에 의한 운동에너지 항에 대입하면 다음과 같이 된다.

$$\Sigma \tfrac{1}{2} m_i |\dot{\boldsymbol{\rho}}_i|^2 = \Sigma \tfrac{1}{2} m_i (\boldsymbol{\omega} \times \boldsymbol{\rho}_i) \cdot (\boldsymbol{\omega} \times \boldsymbol{\rho}_i)$$

또한 벡터삼중적에서 스칼라곱과 벡터의 외적이 서로 교환될 수 있는 사실, 즉 $\mathbf{P} \times \mathbf{Q} \cdot \mathbf{R} = \mathbf{P} \cdot \mathbf{Q} \times \mathbf{R}$을 이용하면

$$(\boldsymbol{\omega} \times \boldsymbol{\rho}_i) \cdot (\boldsymbol{\omega} \times \boldsymbol{\rho}_i) = \boldsymbol{\omega} \cdot \boldsymbol{\rho}_i \times (\boldsymbol{\omega} \times \boldsymbol{\rho}_i)$$

와 같이 쓸 수 있다. 그리고 $\boldsymbol{\omega}$를 공통인수로 뽑아내어 다시 정리하면

$$\Sigma \tfrac{1}{2} m_i |\dot{\boldsymbol{\rho}}_i|^2 = \tfrac{1}{2} \boldsymbol{\omega} \cdot \Sigma \boldsymbol{\rho}_i \times m_i (\boldsymbol{\omega} \times \boldsymbol{\rho}_i) = \tfrac{1}{2} \boldsymbol{\omega} \cdot \mathbf{H}_G$$

가 된다. 여기서 $\mathbf{H}_G$는 식 (7.8)에 있는 적분식과 같다. 따라서 질량중심의 속도가 $\overline{\mathbf{v}}$이면서 각속도 $\boldsymbol{\omega}$로 회전하는 강체의 운동에너지에 대한 일반적인 표현식은 다음과 같다.

$$T = \tfrac{1}{2} \overline{\mathbf{v}} \cdot \mathbf{G} + \tfrac{1}{2} \boldsymbol{\omega} \cdot \mathbf{H}_G \tag{7.15}$$

식 (7.15)에 있는 $\mathbf{H}_G$를 식 (7.11)로 치환하여 다시 전개하면

$$T = \tfrac{1}{2} m \overline{v}^2 + \tfrac{1}{2} (\overline{I}_{xx} \omega_x^2 + \overline{I}_{yy} \omega_y^2 + \overline{I}_{zz} \omega_z^2)$$
$$- (\overline{I}_{xy} \omega_x \omega_y + \overline{I}_{xz} \omega_x \omega_z + \overline{I}_{yz} \omega_y \omega_z) \tag{7.16}$$

와 같다. 이때, 만약 좌표축이 관성주축과 일치하면 운동에너지는 다음과 같이 간단하게 표현된다.

$$T = \tfrac{1}{2} m \overline{v}^2 + \tfrac{1}{2} (\overline{I}_{xx} \omega_x^2 + \overline{I}_{yy} \omega_y^2 + \overline{I}_{zz} \omega_z^2) \tag{7.17}$$

강체가 고정점 O에 대하여 회전하는 경우나 또는 점 O과 같이 순간적으로 속도가 0인 점이 강체 내에 존재하는 경우에는 운동에너지가 $T = \Sigma \tfrac{1}{2} m_i \dot{\mathbf{r}}_i \cdot \dot{\mathbf{r}}_i$와 같고, 이는 다시

$$T = \tfrac{1}{2} \boldsymbol{\omega} \cdot \mathbf{H}_O \tag{7.18}$$

로 더 간략하게 쓸 수 있다. 여기서 $\mathbf{H}_O$는 점 O에 대한 각운동량으로서 앞의 유도에서와 같이 $\boldsymbol{\rho}_i$를 점 O에서의 위치벡터인 $\mathbf{r}_i$로 치환할 때 나타나는 것과 같다. 식 (7.15)와 (7.18)은 평면운동에 대한 식 (6.9)와 (6.8)에 대응하는 3차원 운동에 관한 식들이다.

대형 항공기 착륙장치가 작동할 때는 3차원 운동을 한다.

Media Bakery

예제 7.6

굽은 평판이 70 kg/m²의 단위면적당의 질량을 가지며 z축을 중심으로 $\omega = 30$ rad/s의 속도로 회전하고 있다. (a) 점 O에 대한 평판의 각운동량 **H**와 (b) 평판의 운동에너지 T를 구하라. 단, 회전축의 질량 및 평판의 두께는 무시한다.

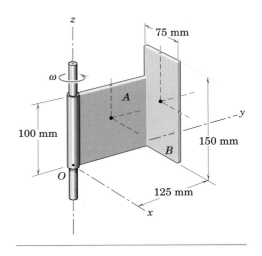

|풀이| 관성모멘트와 관성곱을 평판 각 부분에 대하여 평형도심축을 이동시켜 부록 B의 식 (B.3) 및 (B.9)를 이용하여 다시 쓴다. ① 먼저, 각 부분의 질량은 $m_A = (0.1)(0.125)(70) = 0.875$ kg, $m_B = (0.075)(0.15)(70) = 0.788$ kg이다.

A 부분

$$[I_{xx} = \bar{I}_{xx} + md^2] \qquad I_{xx} = \frac{0.875}{12}[(0.100)^2 + (0.125)^2]$$
$$+ 0.875[(0.050)^2 + (0.0625)^2] = 0.007\,47 \text{ kg·m}^2$$

$$[I_{yy} = \tfrac{1}{3}ml^2] \qquad I_{yy} = \frac{0.875}{3}(0.100)^2 = 0.002\,92 \text{ kg·m}^2$$

$$[I_{zz} = \tfrac{1}{3}ml^2] \qquad I_{zz} = \frac{0.875}{3}(0.125)^2 = 0.004\,56 \text{ kg·m}^2$$

$$\left[I_{xy} = \int xy\,dm, \quad I_{xz} = \int xz\,dm\right] \qquad I_{xy} = 0 \qquad I_{xz} = 0$$

$$[I_{yz} = \bar{I}_{yz} + md_y d_z] \qquad I_{yz} = 0 + 0.875(0.0625)(0.050) = 0.002\,73 \text{ kg·m}^2$$

B 부분

$$[I_{xx} = \bar{I}_{xx} + md^2] \qquad I_{xx} = \frac{0.788}{12}(0.150)^2 + 0.788[(0.125)^2 + (0.075)^2]$$
$$= 0.018\,21 \text{ kg·m}^2$$

$$[I_{yy} = \bar{I}_{yy} + md^2] \qquad I_{yy} = \frac{0.788}{12}[(0.075)^2 + (0.150)^2]$$
$$+ 0.788[(0.0375)^2 + (0.075)^2] = 0.007\,38 \text{ kg·m}^2$$

$$[I_{zz} = \bar{I}_{zz} + md^2] \qquad I_{zz} = \frac{0.788}{12}(0.075)^2 + 0.788[(0.125)^2 + (0.0375)^2]$$
$$= 0.013\,78 \text{ kg·m}^2$$

$$[I_{xy} = \bar{I}_{xy} + md_x d_y] \qquad I_{xy} = 0 + 0.788(0.0375)(0.125) = 0.003\,69 \text{ kg·m}^2$$
$$[I_{xz} = \bar{I}_{xz} + md_x d_z] \qquad I_{xz} = 0 + 0.788(0.0375)(0.075) = 0.002\,21 \text{ kg·m}^2$$
$$[I_{yz} = \bar{I}_{yz} + md_y d_z] \qquad I_{yz} = 0 + 0.788(0.125)(0.075) = 0.007\,38 \text{ kg·m}^2$$

각각의 관성항들을 합하여 전체 평판에 대한 관성들을 구한다. 즉,

$$I_{xx} = 0.0257 \text{ kg·m}^2 \qquad I_{xy} = 0.003\,69 \text{ kg·m}^2$$
$$I_{yy} = 0.010\,30 \text{ kg·m}^2 \qquad I_{xz} = 0.002\,21 \text{ kg·m}^2$$
$$I_{zz} = 0.018\,34 \text{ kg·m}^2 \qquad I_{yz} = 0.010\,12 \text{ kg·m}^2$$

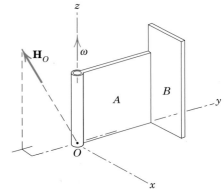

|도움말|

① 도심축에서 이와 평형한 축으로 관성모멘트와 관성곱을 이동시키는 평형축의 정리는 부록 B에 설명되어 있다.

② 각운동량의 단위는 기본단위를 사용하여 kg·m²/s로도 쓸 수 있음을 기억하라.

(a) 물체의 각운동량은 식 (7.11)에서 $\omega_z = 30$ rad/s 그리고 $\omega_x = \omega_y = 0$을 대입하여 구한다. 즉,

$$\mathbf{H}_O = 30(-0.002\,21\mathbf{i} - 0.010\,12\mathbf{j} + 0.018\,34\mathbf{k}) \text{ N·m·s} \quad ② \quad \blacksquare$$

(b) 운동에너지는 식 (7.18)로부터 다음과 같다.

$$T = \tfrac{1}{2}\boldsymbol{\omega}\cdot\mathbf{H}_O = \tfrac{1}{2}(30\mathbf{k})\cdot 30(-0.002\,21\mathbf{i} - 0.010\,12\mathbf{j} + 0.018\,34\mathbf{k})$$
$$= 8.25 \text{ J} \qquad\qquad \blacksquare$$

연습문제

기초문제

7/47 각 질량 m인 세 개의 작은 구는 그림과 같이 각속도 ω로 회전하는 수평축에 단단히 장착된다. 다른 차원과 비교하여 각 구의 반지름은 무시하고 직선 운동량 **G**의 크기와 좌표의 원점 O에 대한 각운동량에 **H**$_O$에 대한 표현식을 구하라.

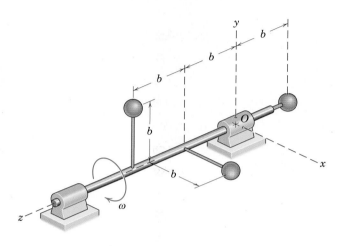

문제 7/47

7/48 문제 7/47의 구는 그림과 같이 각속도 ω로 회전하는 축의 중심에 부착된 질량 m과 길이 l인 막대로 대체된다. 막대의 축은 각각 x, y, z 방향이고 다른 차원과 비교하여 반지름은 무시한다. 좌표 원점 O에 대한 세 개의 막대의 각운동량 **H**$_O$를 구하라.

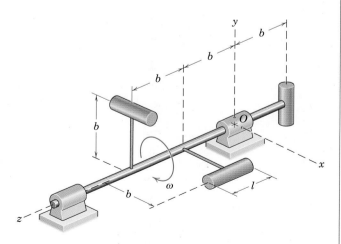

문제 7/48

7/49 정면에서 바라본 비행기 착륙장치는 이륙 직후에 수축되었으며, 바퀴는 200 km/h의 이륙 속도에 해당하는 속도로 회전한다. 45 kg인 바퀴는 370 mm의 z축에 대해 회전반지름을 가지고 있다. 바퀴의 두께를 무시하고 G에 대한 바퀴의 각운동량과 초당 30°의 비율로 증가하는 곳에 대한 A의 각운동량을 구하라.

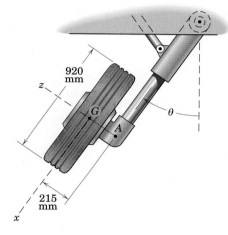

문제 7/49

7/50 굽은 막대는 단위 길이당 질량 ρ를 가지고 각속도 ω로 z축을 중심으로 회전한다. 막대에 부착된 축의 고정 원점 O에 대한 막대의 각운동량 **H**$_O$를 구하라. 또한 막대의 운동에너지 T를 구하라.

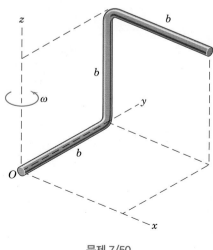

문제 7/50

7/51 문제 7/50의 결과를 이용하고 주어진 기준축을 사용하여 질량중심 G에 대한 그 문제의 굽힘 막대의 각운동량 $\mathbf{H}_G$를 구하라.

심화문제

7/52 질량 m의 고체 반원 원판이 그림과 같이 각속도 ω로 z축을 중심으로 회전한다. x-y-z축에 대한 각운동량 $\mathbf{H}$를 구하라.

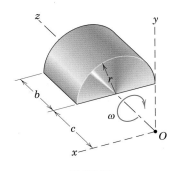

문제 7/52

7/53 질량 m, 반지름 r, 길이 b의 고체 원형 실린더는 각속도 p rad/s로 기하학적 축을 중심으로 회전한다. 동시에 브래킷과 부착된 축이 속도 ω rad/s로 x축을 중심으로 회전한다. 그림과 같이 기준축을 가지고 O에 대한 실린더의 각운동량 $\mathbf{H}_O$를 식으로 표현하라.

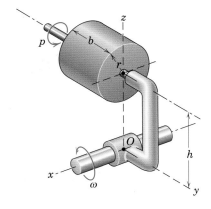

문제 7/53

7/54 우주선에 대한 반작용 조절용 바퀴 자기자세 제어 시스템의 요소가 그림과 같이 나타내고 있다. 점 G는 우주선과 바퀴의 질량중심이며, x, y, z는 시스템의 주축이다. 각 바퀴는 자체 축에 대해 질량 m 및 관성모멘트 I를 갖고 지시된 방향으로 상대 각속도 p로 회전한다. 얇은 원판으로 취급될 수 있는

각 바퀴의 중심은 G로부터 거리 b이다. 우주선이 각속도 성분 Ω_x, Ω_y, Ω_z를 갖는다면 한 유닛으로서 세 바퀴의 각운동량 $\mathbf{H}_G$를 구하라.

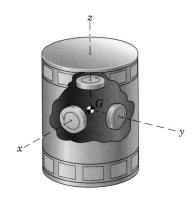

문제 7/54

7/55 자이로 회전자는 지시된 방향으로 x-y-z축에 대한 일정한 속도 $p=100$ rev/min으로 회전하고 있다. 짐벌 링과 수평 X-Y 평면 사이의 각도 γ가 4 rad/s의 비율로 증가하고, 유닛이 일정속도 $N=20$ rev/min으로 수직축에 대하여 세차운동의 힘을 받는다면, $\gamma=30°$일 때 회전자의 각운동량 $\mathbf{H}_O$를 구하라. 축방향 및 횡방향의 관성모멘트는 $I_{zz}=6(10^{-3})$ kg·m²과 $I_{xx}=I_{yy}=3(10^{-3})$ kg·m²이다.

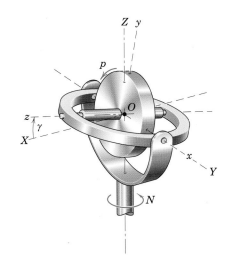

문제 7/55

7/56 가느다란 강철 막대 AB는 2.8 kg의 질량을 가지며, 막대 OG 및 그것을 장착한 O와 G에 의해 회전축에 고정된다. 각 β는 30°에서 일정하게 유지되고, 전체 강체 어셈블리는 일정 속도 $N=600$ rev/min으로 z축을 중심으로 회전한다. AB의 각운동량 $\mathbf{H}_O$와 그것의 운동에너지 T를 계산하라.

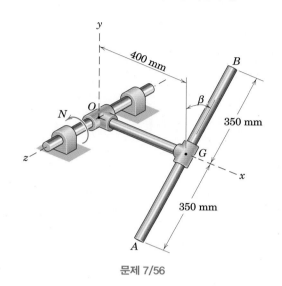

문제 7/56

7/57 3 kg의 질량과 균일한 두께를 갖는 직사각형 평판은 20π rad/s의 각속도로 회전하는 수직축에 대해 45° 각으로 용접된다. O에 대한 판의 각운동량 $\mathbf{H}$와 평판의 운동에너지를 구하라.

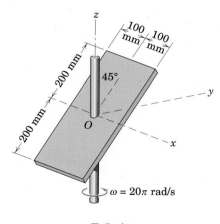

문제 7/57

7/58 질량 m과 반지름 r의 원형판은 수직축에 그 평면과 기둥의 회전 평면 사이의 각 α로 장착된다. O에 대한 판의 각운동량 $\mathbf{H}$에 대한 식을 구하라. $\alpha=10°$인 경우 각운동량 $\mathbf{H}$가 기둥과 이루는 각 β를 구하라.

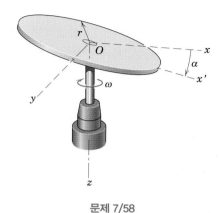

문제 7/58

7/59 높이 h와 기저 반지름 r의 직각원추는 각속도 p로 대칭축을 중심으로 회전한다. 동시에 전체 원추는 각속도 Ω로 x축을 중심으로 회전한다. x-y-z축의 원점 O에 대한 원추의 각운동량 $\mathbf{H}_O$와 운동에너지 T를 구하라. 원추의 질량은 m이다.

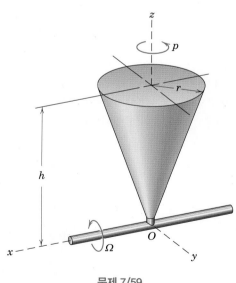

문제 7/59

7/60 그림의 우주선은 질량중심 G를 가지고, 질량은 m이다. 회전 대칭의 z축에 대한 회전반지름은 k이고 x 및 y축에 대한 회전반지름은 k'이다. 우주에서 우주선은 속도 $p=\dot{\phi}$로 x-y-z 기준 프레임 안에서 회전한다. 동시에 z축 위의 점 C는 주파수 f(단위 시간당 회전수)로 z_0축을 중심으로 원을 그리면서 움직인다. z_0축은 우주에서 일정한 방향이다. 지정된 축에 대한 우주선의 각운동량 $\mathbf{H}_G$를 구하라. x축은 항상 z-z_0평면에 있고, y축은 z_0에 대해 직각이다.

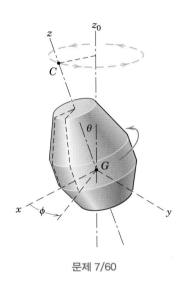

문제 7/60

7/61 각속도의 세 성분으로 구성된 문제 **7/42**의 균일한 원형판은 그림과 같이 다시 나타낸다. x-y 평면이 X-Y 평면과 일치할 때 나타나는 원판의 O에 관한 각운동량 $\mathbf{H}_O$와 운동에너지 T를 구하라. 원판의 질량은 m이다.

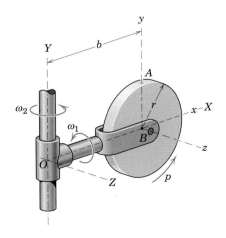

문제 7/61

7/62 100 mm 반지름 바퀴는 3 kg의 질량을 가지고 나타낸 방향으로 각속도 $p=40\pi$ rad/s로 y'축을 중심으로 회전한다. 동시에 포크는 나타낸 것처럼 각속도 $\omega=10\pi$ rad/s로 x축 기둥을 중심으로 회전한다. 그것의 중심 O'에 대하여 바퀴의 각운동량을 계산하라. 또한 바퀴의 운동에너지를 구하라.

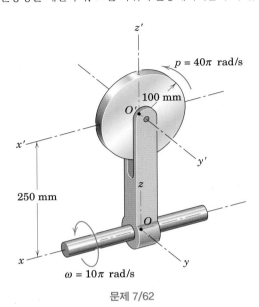

문제 7/62

7/63 질량 m의 구체와 동일한 질량 m과 길이 $2c$의 균일한 막대로 구성된 어셈블리는 각속도 ω로 수직 z축을 중심으로 회전한다. 길이 $2c$의 막대는 그 길이와 비교하여 작은 지름을 가지며 그림에서처럼 경사 β로 용접된 수평막대에 수직이다. 구체와 경사 막대로 결합된 각운동량 $\mathbf{H}_O$를 구하라.

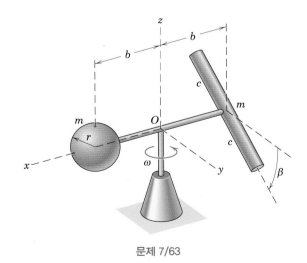

문제 7/63

7/64 우주선에 대한 태양전지 판넬의 테스트에서, 그림과 같은 모형이 각속도 ω로 수직축을 중심으로 회전하고 있다. 판넬의 단위 면적당 질량이 ρ인 경우 θ의 항으로 표시된 축에 대해 어셈블리의 각운동량 $\mathbf{H}_O$에 대한 식을 작성하라. 또한 O를 지나는 축에 대한 관성모멘트의 최댓값, 최솟값, 중간값을 구하라. 양 판넬의 질량의 합은 m이다.

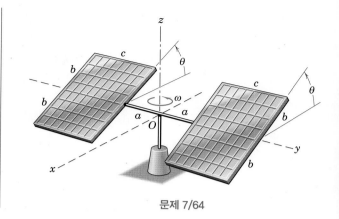

문제 7/64

7.9 운동량과 에너지 방정식

앞의 두 절에서 언급한 강체의 각운동량, 관성의 성질 및 운동에너지에 대한 설명을 바탕으로 운동에 대한 일반적인 모멘트와 에너지 식을 유도할 수 있다.

운동량 방정식

이미 제4장의 4.4절에서 질량이 변화하지 않는 시스템에 대한 일반적인 선형운동량 식 및 각운동량 식을 밝힌 바 있다. 이 식들은

$$\Sigma \mathbf{F} = \dot{\mathbf{G}} \qquad\qquad [4.6]$$

$$\Sigma \mathbf{M} = \dot{\mathbf{H}} \qquad\qquad [4.7] \text{ 또는 } [4.9]$$

이다. 일반적인 모멘트 관계식인 식 (4.7) 또는 (4.9)는 여기서 하나의 식 $\Sigma \mathbf{M} = \dot{\mathbf{H}}$ 로 표시되었으며, 이때 각 항들은 고정점 O 또는 질량중심 G 에 대하여 평가된다. 모멘트의 원리를 유도하는 과정에서 $\mathbf{H}$ 의 도함수는 절대좌표계에서 구해졌다. 하지만 $\mathbf{H}$ 를 각속도가 $\boldsymbol{\Omega}$ 인 이동좌표계 $x\text{-}y\text{-}z$ 에 대해서 측정한 성분들로 표시할 때는 식 (7.7)에 따라 모멘트 관계식은

$$\Sigma \mathbf{M} = \left(\frac{d\mathbf{H}}{dt}\right)_{xyz} + \boldsymbol{\Omega} \times \mathbf{H}$$

$$= (\dot{H}_x \mathbf{i} + \dot{H}_y \mathbf{j} + \dot{H}_z \mathbf{k}) + \boldsymbol{\Omega} \times \mathbf{H}$$

가 된다. 여기서 괄호 속의 항은 $\dot{\mathbf{H}}$ 의 성분들에 대한 크기 변화 때문에 생기는 항이고, 벡터의 외적으로 나타나는 항은 $\mathbf{H}$ 의 성분들에 대한 방향 변화 때문에 나타나는 항이다. 벡터의 외적을 전개하고 항들을 다시 정리하면 다음의 식을 얻을 수 있다.

$$\Sigma \mathbf{M} = (\dot{H}_x - H_y\Omega_z + H_z\Omega_y)\mathbf{i}$$
$$+ (\dot{H}_y - H_z\Omega_x + H_x\Omega_z)\mathbf{j} \qquad (7.19)$$
$$+ (\dot{H}_z - H_x\Omega_y + H_y\Omega_x)\mathbf{k}$$

식 (7.19)는 고정점 O 혹은 질량중심 G 에 대한 모멘트식의 가장 일반적인 형태이다. 여기서 Ω 성분들은 회전하는 기준축의 각속도 성분이며 H 성분들은 강체의 경우에 식 (7.12)에서 정의된 바와 같고, 그 식에서의 ω 는 강체의 각속도 성분이다.

이제, 식 (7.19)를 좌표축이 강체에 고정된 경우에 적용해 보자. 이런 조건하에서 $x\text{-}y\text{-}z$ 좌표계로 표시하면 관성모멘트와 관성곱은 시간에 대하여 불변하며, 또한 $\boldsymbol{\Omega} = \boldsymbol{\omega}$ 이다. 따라서 좌표축이 강체에 고정된 경우에 식 (7.19)의 세 개의 스칼라 성분은

$$\Sigma M_x = \dot{H}_x - H_y\omega_z + H_z\omega_y$$
$$\Sigma M_y = \dot{H}_y - H_z\omega_x + H_x\omega_z \qquad (7.20)$$
$$\Sigma M_z = \dot{H}_z - H_x\omega_y + H_y\omega_x$$

와 같다. 식 (7.20)은 좌표축이 강체에 고정되었을 때의 강체에 대한 일반적인 모멘 트식이며, 이는 좌표축이 고정점 O 또는 질량중심 G를 지날 때에 성립한다.

KEY CONCEPTS

7.7절에서 강체에 고정된 임의의 축에 대해서는 일반적으로 관성곱이 0이 되는 세 개의 관성주축이 존재함을 설명한 바 있다. 만약 기준축이 관성주축과 일치하여 그 원점이 질량중심 G 또는 강체나 공간에서 고정된 임의의 점 O가 될 때 I_{xy}, I_{yz}, I_{xz}는 당연히 0이 되고, 따라서 식 (7.20)은

$$\Sigma M_x = I_{xx}\dot{\omega}_x - (I_{yy} - I_{zz})\omega_y\omega_z$$
$$\Sigma M_y = I_{yy}\dot{\omega}_y - (I_{zz} - I_{xx})\omega_z\omega_x \qquad (7.21)$$
$$\Sigma M_z = I_{zz}\dot{\omega}_z - (I_{xx} - I_{yy})\omega_x\omega_y$$

가 된다. 오일러의 방정식[*]으로 알려진 이 관계식은 일반적인 3차원 강체운동을 연구하는 데 특히 유용하다.

에너지 방정식

강체에 작용하는 모든 외력의 합은 질량중심에 작용하는 합력 $\Sigma \mathbf{F}$와 질량중심에 대한 우력의 합 $\Sigma \mathbf{M}_G$로 나타낼 수 있다. 합력과 우력의 합이 하는 일률은 각각 $\Sigma \mathbf{F} \cdot \bar{\mathbf{v}}$와 $\Sigma \mathbf{M}_G \cdot \boldsymbol{\omega}$이며, 여기서 $\bar{\mathbf{v}}$는 질량중심의 선속도이고, $\boldsymbol{\omega}$는 강체의 각속도이다. 따라서 어떤 시간구간 동안에 수행된 전체 일은 조건 1에서 조건 2까지의 시간에 대한 적분이 된다. 이 전체 일을 식 (7.15)에 표현된 각각의 운동에너지 변화와 같게 놓으면

$$\int_{t_1}^{t_2} \Sigma \mathbf{F} \cdot \bar{\mathbf{v}} \, dt = \frac{1}{2}\bar{\mathbf{v}} \cdot \mathbf{G} \bigg|_1^2 \qquad \int_{t_1}^{t_2} \Sigma \mathbf{M}_G \cdot \boldsymbol{\omega} \, dt = \frac{1}{2}\boldsymbol{\omega} \cdot \mathbf{H}_G \bigg|_1^2 \qquad (7.22)$$

를 얻을 수 있다. 이 식은 $\Sigma \mathbf{F}$ 또는 $\Sigma \mathbf{M}_G$가 작용하는 운동기간 동안에 일어나는 병진운동에 의한 운동에너지의 변화 및 회전운동에 의한 운동에너지의 변화를 각각 나타내고, 이들의 합이 전체 운동에너지의 변화량 ΔT가 된다.

일반적인 질점계에 대한 일–에너지 관계식은 제4장에서

$$U'_{1\text{-}2} = \Delta T + \Delta V \qquad [4.3]$$

로 유도하였다. 이 식은 제6장에서 평면운동하는 강체의 경우에 사용된 바 있으

---

[*] 스위스의 수학자 Leonhard Euler(1707~1783)에서 딴 이름이다.

며, 아울러 3차원에서의 강체운동에도 똑같이 적용될 수 있다. 앞에서 보았듯이, 일–에너지 방법은 운동의 끝단조건(초기조건과 최종조건)을 해석할 때 특히 큰 이점이 있다. 위 식에서 주어진 시간 동안에 물체나 시스템의 외부에서 작용하는 모든 힘이 한 일 $U'_{1\text{-}2}$는 운동에너지의 변화량 ΔT, 위치에너지의 변화량 ΔV와의 합으로 나타난다. 여기서 위치에너지의 변화량들은 앞의 3.7절에서 설명한 방법으로 계산할 수 있다.

이제, 이 절에서 유도한 식들을 특별한 관심의 대상이 되는 두 가지 문제, 즉 평행평면운동과 자이로 운동(gyroscopic motion)에 대해 다음 두 절에서 적용해 보기로 한다.

7.10 평행평면운동

강체의 모든 질점들이 고정된 면과 평행인 평면에서 운동할 때, 이 강체는 7.4절과 그림 7.3에서 살펴본 바와 같이 일반적인 평면운동을 하게 된다. 즉, 강체 내의 고정된 평면과 수직인 모든 선들은 운동기간 동안에 항상 자신과 평행한 상태를 유지한다. 먼저, 강체에 고정된 x-y-z 좌표계에서 x-y 평면을 운동평면 P와 일치시키고 질량중심 G를 좌표축의 원점으로 잡는다. 그러면 강체와 고정된 좌표계의 각속도 성분은 $\omega_x = \omega_y = 0$, $\omega_z \neq 0$이 된다. 이 경우에 각운동량 성분은 식 (7.12)로부터

$$H_x = -I_{xz}\omega_z \qquad H_y = -I_{yz}\omega_z \qquad H_z = I_{zz}\omega_z$$

가 되고, 아울러 식 (7.20)의 모멘트 관계식은 다음과 같이 간단히 표현된다.

$$\begin{aligned} \Sigma M_x &= -I_{xz}\dot{\omega}_z + I_{yz}\omega_z{}^2 \\ \Sigma M_y &= -I_{yz}\dot{\omega}_z - I_{xz}\omega_z{}^2 \\ \Sigma M_z &= I_{zz}\dot{\omega}_z \end{aligned} \qquad (7.23)$$

여기서 세 번째 모멘트식은 식 (6.1)의 두 번째 식에서 z축이 질량중심을 통과하는 경우와 같고, 또한 z축이 고정점 O를 통과한다면 식 (6.4)와 등가임을 알 수 있다.

식 (7.23)은 그림 7.3과 같이 좌표계의 원점이 질량중심이거나 또는 고정된 회전축상의 임의의 점인 경우에 성립한다. 그리고 평행평면운동에도 똑같이 적용되는 독립된 세 개의 힘 운동방정식은 당연히 다음과 같다.

$$\Sigma F_x = m\bar{a}_x \qquad \Sigma F_y = m\bar{a}_y \qquad \Sigma F_z = 0$$

식 (7.23)은 회전 기계나 굴러가는 물체의 동적 불평형 효과 등을 기술하는 데 특히 효과적이다.

예제 7.7

질량이 각각 m_1인 두 원판이 4분 원호로 굽어진 막대에 용접으로 연결되어 있다. 막대의 질량은 m_2이고, 조립체의 전체 질량은 $m = 2m_1 + m_2$이다. 원판의 중심이 일정한 속도 v로 수평면 위를 미끄럼 없이 굴러가고 굽어진 막대가 그림에서처럼 수평면과 평행이 될 때, 각각의 원판 아래에 작용하는 마찰력을 계산하라.

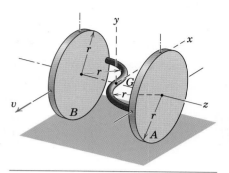

|풀이| 시스템을 구성하는 모든 부분의 운동면이 평행하므로 평행평면운동을 한다. 자유물체도는 A와 B에서의 수직력과 마찰력 그리고 물체와 함께 회전하는 좌표축의 원점인 질량중심 G에 작용하는 전체 무게 mg를 표시하고 있다.

$I_{yz} = 0$ 및 $\dot{\omega}_z = 0$의 조건에서 식 (7.23)을 적용한다. y축에 대한 모멘트식을 적용하려면 I_{xz}의 값을 먼저 계산해야 한다. 굽은 막대의 형상을 나타내는 그림에서 막대의 단위길이당 질량을 ρ라 하면

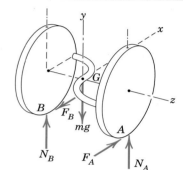

$$\left[I_{xy} = \int xz \, dm \right] \quad I_{xz} = \int_0^{\pi/2} (r \sin \theta)(-r + r \cos \theta)\rho r \, d\theta$$

$$+ \int_0^{\pi/2} (-r \sin \theta)(r - r \cos \theta)\rho r \, d\theta \quad ①$$

가 되고, 다시 적분을 수행하면 다음과 같이 주어진다.

$$I_{xz} = -\rho r^3/2 - \rho r^3/2 = -\rho r^3 = -\frac{m_2 r^2}{\pi}$$

$\omega_z = v/r$ 및 $\dot{\omega}_z = 0$을 식 (7.23)의 두 번째 식에 대입하면

$$[\Sigma M_y = -I_{xz}\omega_z^2] \qquad F_A r + F_B r = -\left(-\frac{m_2 r^2}{\pi} \right)\frac{v^2}{r^2}$$

$$F_A + F_B = \frac{m_2 v^2}{\pi r}$$

이 된다. 그러나 $\bar{v} = v$로 일정하고 $\bar{a}_x = 0$이기 때문에

$$[\Sigma F_x = 0] \qquad F_A - F_B = 0 \qquad F_A = F_B$$

이다. 따라서 다음과 같이 된다.

$$F_A = F_B = \frac{m_2 v^2}{2\pi r} \qquad \text{답}$$

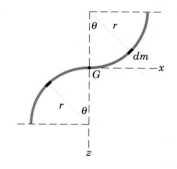

주어진 위치에서 $I_{yz} = 0$ 및 $\bar{\omega}_z = 0$을 x축에 대한 모멘트식에 대입하면 두 수직력은 다음과 같다.

$$[\Sigma M_x = 0] \qquad -N_A r + N_B r = 0 \qquad N_A = N_B = mg/2 \quad ②$$

|도움말|

① I_{xz}를 구할 때 질량요소 dm의 x 및 z좌표 값에 대한 정확한 부호를 선택하는 데 매우 주의해야 한다.

② 굽은 막대가 수평면과 평행하지 않다면 원판에 작용하는 수직력은 같지 않게 될 것이다.

연습문제

기초문제

7/65 각각 질량 *m*인 두 개의 막대는 일정 각속도 *ω*로 수직축을 중심으로 회전하는 원판의 표면에 용접되어 있다. 막대의 기저에 작용하는 굽힘 모멘트 *M*을 구하라.

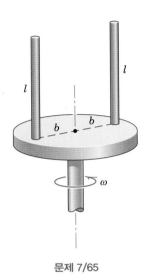

문제 7/65

7/66 가느다란 축은 각각 질량 *m*인 두 개의 입자를 가지고 그림에 나타낸 것처럼 일정 각속도 *ω*로 *z*축에 대해 회전한다. 그림에서 나타낸 위치에 대한 기둥의 동적 불균형으로 인해 *A* 및 *B*에서의 베어링 반응의 *x* 및 *y* 성분을 구하라.

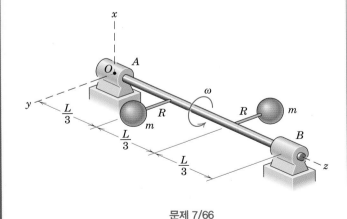

문제 7/66

7/67 질량 *m*과 길이 *l*인 가늘고 균일한 막대는 베어링 *A*와 *B*에서 일정한 각속도 *ω*로 회전하는 기둥에 용접되어 있다. *θ*의 함수로서 *B*에서 베어링이 지지하는 힘에 대한 식을 구하라. 동적 불균형으로 인한 힘만 고려하고 베어링이 반지름방향 힘만을 지지할 수 있다고 가정하라.

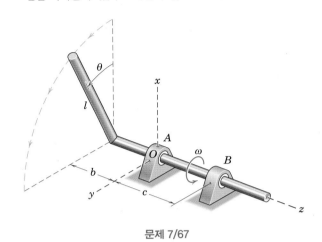

문제 7/67

7/68 토크 **M**=*M***k**가 문제 7/67에서 기둥에 작용하는 경우 막대 및 기둥이 표시된 위치에서 정지상태에서 시작될 때 베어링에 의해 지지되는 힘의 *x* 및 *y* 성분을 구하라. 기둥의 질량은 무시하고 동적인 힘만 고려하라.

7/69 6 kg의 원형판과 부착된 기둥은 일정속력 *ω*=10 000 rev/min으로 회전한다. 판의 질량중심이 중심에서 0.05 mm 벗어난 경우 회전 불균형으로 인해 베어링이 지지하는 수평힘 *A*와 *B*의 크기를 구하라.

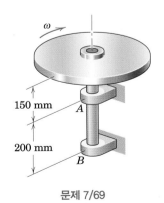

문제 7/69

심화문제

7/70 일정하고 큰 각속도 ω로 접선축을 중심으로 회전하는 반지름 r과 질량 m의 반원형 막대의 접선 지점 A에서 굽힘 모멘트 **M**을 구하라. 막대의 자중에 의해 발생하는 모멘트 mgr은 무시하라.

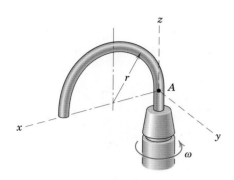

문제 7/70

7/71 문제 7/70의 반원형 막대가 고리의 z축을 중심으로 고리를 통해 가해지는 토크 M_O의 작용하에 정지상태에서 시작하면 A에서 막대의 초기 굽힘 모멘트 **M**을 구하라.

7/72 대형 위성 추적 안테나는 z축 대칭성에 대한 관성모멘트 I와 x축 및 y축에 대한 각 관성모멘트 I_O를 갖는다. 주어진 방향 θ에 대해 구동기구에 의해 Z를 중심으로 가해진 토크 M에 의해 야기되는 수직 Z축에 대한 안테나의 각가속도 α를 구하라.

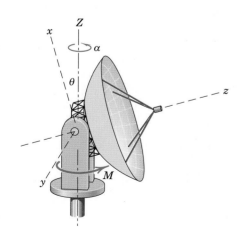

문제 7/72

7/73 질량 3 kg인 평판은 일정속력 20π rad/s로 회전하는 고정된 수직축에 용접되어 있다. 동적 불균형이 발생하는 평판에 의해 축에 적용된 모멘트 **M**을 계산하라.

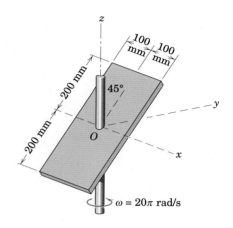

문제 7/73

7/74 각각의 질량이 1.20 kg인 반원형판이 그림과 같이 베어링 A와 B에 의해 지지된 기둥에 용접되어 있다. 일정 각속력 $N=$ 1200 rev/min일 때, 베어링에 의해 기둥에 적용되는 힘을 계산하라. 정적 평형의 힘을 무시하라.

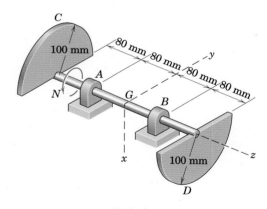

문제 7/74

7/75 N과 같은 방향으로 기둥에 시동 토크(우력) M을 가한 결과로 초기 각가속도 $\alpha=900$ rad/s²으로 어셈블리가 시작되는 경우의 문제 7/74를 해결하라. 기둥의 z축에 대한 관성모멘트를 무시하고 M을 계산하라.

7/76 단위 길이당 질량 ρ의 균일하고 가느다란 막대는 일정한 각속도 ω로 고정된 수직 z축을 중심으로 회전하는 U자형 고리에서 y축을 중심으로 자유롭게 회전한다. 막대에 의해 예상되는 정상상태 각 θ를 구하라. 길이 b는 길이 c보다 크다.

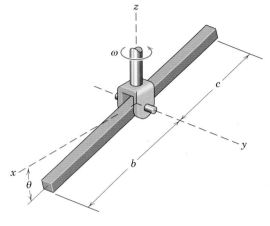

문제 7/76

7/77 질량 m과 반지름 r인 원형판은 수직축에 그 평면과 기둥의 회전 평면 사이에 작은 각 α로 부착되어 있다. 기둥 속력 ω rad/s에서 원판의 흔들림으로 인해 기둥에 작용하는 굽힘 모멘트 $\mathbf{M}$에 대한 식을 구하라.

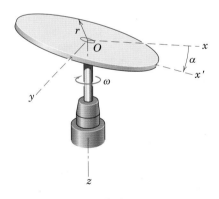

문제 7/77

7/78 굽은 막대의 평면이 수직인 위치에서 예제 **7.7**의 두 원판에 작용하는 수직력을 구하라. 굽은 막대를 원판 A의 상단과 원판 B의 바닥에 가져가라.

7/79 질량 m인 균일한 정사각형 평판은 일정한 각속도 ω로 수직 z축을 중심으로 회전하는 축의 끝단 O에서 용접되어 있다. 단지 회전에 의해서만 용접된 평판에 작용하는 모멘트를 구하라.

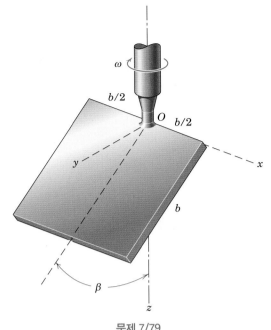

문제 7/79

7/80 문제 **7/79**에서 질량 m의 평판에 대하여 정지로부터 시작하는 각가속도 $\alpha = \dot{\omega}$가 평판에 주기 위해 필요한 O에서 용접에 의해 평판에 작용하는 모멘트의 x 및 y 성분을 구하라. 무게로 인한 모멘트는 무시한다.

7/81 길이 l인 균일하고 가느다란 막대는 원판 B의 아래쪽에 있는 A에서 브래킷에 용접되어 있다. 원판은 일정 각속도 ω로 수직축을 중심으로 회전한다. $b = l/4$인 위치 $\theta = 60°$에 대해 A에서의 용접이 지지하는 0 모멘트가 되는 ω의 값을 구하라.

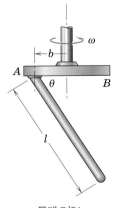

문제 7/81

7/82 반지름 r, 길이 $2b$ 및 질량 m인 반 원통형 셸은 표시된 것처럼 일정한 각속도 ω로 수직 z축을 중심으로 회전한다. 셸의 무게와 회전운동으로 인한 기둥 A에서 굽힘 모멘트의 크기를 구하라.

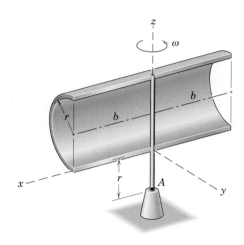

문제 7/82

▶ 7/83 질량 m인 균질한 얇은 삼각 평판은 A와 B의 베어링에서 자유롭게 회전하는 수평기둥에 용접되어 있다. 평판이 그림과 같이 수평상태에서 정지로부터 움직이면 움직인 직후의 A에서 베어링 반작용의 크기를 구하라.

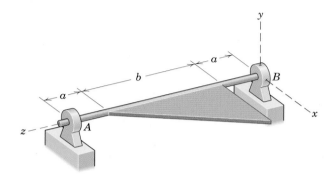

문제 7/83

▶ 7/84 문제 7/83의 균질 삼각 평판이 그림과 같은 위치에서 정지로부터 움직이면, 평판이 90° 회전 후 A에서 베어링 반작용의 크기를 구하라.

7.11 자이로 운동 : 정상세차운동

동역학의 많은 문제에서 가장 흥미 있는 것 중 하나가 자이로 운동(gyroscopic motion)이다. 이 운동은 물체의 회전축 자신이 또 다른 축에 대하여 회전하는 경우에 항상 발생한다. 이 운동을 완전히 기술하는 것은 대단히 복잡하지만, 가장 흔하고 유용한 자이로 운동은 일정한 속력으로 회전하고 있는 로터(rotor)의 축이 다른 축을 중심으로 역시 일정하게 도는 경우(세차운동; precesses)에 일어난다. 이 절에서는 이 특수한 경우를 중점적으로 다루고자 한다.

자이로스코프는 공학에서 중요하게 응용되고 있다. 짐발링(gimbal ring) 내에 설치된 자이로(그림 7.19b 참조)는 외부 모멘트의 영향을 받지 않기 때문에, 자신을 둘러싼 구조물의 회전에 관계없이 공간상에서 항상 일정한 방향을 유지한다. 이러한 성질 때문에 관성유도 시스템(inertial guidance system)이나 그 밖의 방향제어장치 등에 자이로가 이용되고 있다. 내부 짐발링에 질량이 있는 진자를 달아 놓으면 지구의 회전으로 인하여 이 자이로가 세차운동을 하게 되며, 이때 스핀축 (spin axis)은 항상 북쪽을 향한다. 바로 이 동작이 자이로 컴퍼스의 원리가 된다. 자이로스코프는 안정장치에도 역시 중요하게 사용되어 왔다. 즉, 선박에 설치된 대형 자이로의 세차운동을 제어하여 자이로 모멘트를 발생시킴으로써, 바다에서 좌우로 흔들리는 선박을 안정화시킬 수 있다. 강제 세차운동을 하는 로터축의 베어링 설계 시에도 역시 이와 같은 자이로 효과를 중요하게 고려해야 한다.

먼저, 평면 동역학에서 지금까지 배웠던 벡터 변화에 대한 지식을 기본으로 하는 비교적 간단한 방법을 이용하여 자이로 동작을 기술하기로 한다. 이 접근방법은 자이로 동작에 대한 물리적 직관을 직접 얻을 수 있게 해준다. 그런 다음, 자이로 운동을 한층 더 깊게 해석하기 위하여 일반적인 모멘트 관계식인 식 (7.19)를 이용하기로 한다.

간단한 접근방법

그림 7.14는 대칭인 로터가 z축을 중심으로 스핀속도(spin velocity)라 불리는 큰 각속도 $\mathbf{p}$로 회전하는 모습을 보여주고 있다. 로터축에 두 힘 F를 가하여 x축 방향의 우력 $\mathbf{M}$을 발생시키면 로터축은 x-z 평면상에서 y축을 중심으로 세차운동 속도 (precession velocity)라 불리는 아주 느린 각속도 $\Omega = \dot{\psi}$로 그림에 표시된 방향으로 회전하게 된다. 따라서 스핀축($\mathbf{p}$), 토크축($\mathbf{M}$) 및 세차운동축($\boldsymbol{\Omega}$)을 각각 구분할 수 있고, 여기서 각 축의 양의 회전 방향은 오른손 법칙으로 정한다. 로터축은 마치 로터가 스핀운동을 하지 않는 것처럼 $\mathbf{M}$의 방향인 x축 중심으로는 회전하지 않는다. 이 현상은 회전벡터와 질점의 곡선운동을 기술할 때 흔히 도입하는 벡터들 사이의 직접적인 상사 관계로 이해될 수 있다.

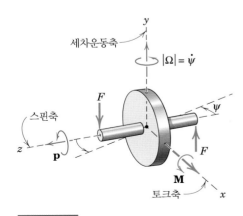

그림 7.14

그림 7.15a는 일정한 속력 $|\mathbf{v}| = v$로 x-z 평면상에서 운동하는 질량이 m인 질점을 보여주고 있다. 이 질점의 선운동량 $\mathbf{G} = m\mathbf{v}$에 직각으로 임의의 힘 $\mathbf{F}$를 가하면 선운동량은 $d\mathbf{G} = d(m\mathbf{v})$만큼 변하게 된다. 여기서 $d\mathbf{G}$ 혹은 $d\mathbf{v}$는 뉴턴의 제2법칙인 $\mathbf{F} = \dot{\mathbf{G}}$ 혹은 $\mathbf{F}\,dt = d\mathbf{G}$에 따라 수직힘 $\mathbf{F}$의 방향으로 향하는 벡터임을 알 수 있다. 그리고 그림 7.15b에서 극한의 개념을 도입하면 $\tan d\theta = d\theta = F\,dt/mv$ 또는 $F = mv\dot{\theta}$이다. 따라서 $\boldsymbol{\omega} = \dot{\theta}\,\mathbf{j}$의 벡터기호를 사용하면 힘은

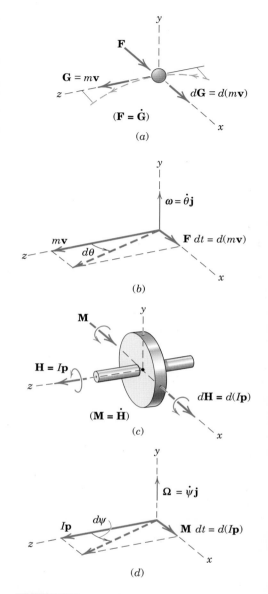

그림 7.15

$$\mathbf{F} = m\boldsymbol{\omega} \times \mathbf{v}$$

가 되고, 이 식은 제3장에서 폭넓게 취급했던 질점에 작용하는 수직힘에 대한 스칼라식 $F_n = ma_n$과 등가인 벡터식이다.

이제, 이 식과 함께 강체나 비강체 질량계를 질량중심[식 (4.9)] 또는 임의의 고정점 O[식 (4.7)]에 대하여 유도한 식 $\mathbf{M} = \dot{\mathbf{H}}$을 상기하면서 물체가 회전하는 경우를 생각해 보자. 이 식을 적용하고자 하는 대칭 로터가 그림 7.15c에 나와 있다. 스핀속도 $\mathbf{p}$가 아주 빠르고, 또한 y축에 대한 세차운동 속도 $\boldsymbol{\Omega}$가 아주 느릴 때는 각운동량이 벡터식 $\mathbf{H} = I\mathbf{p}$로 표기된다. 여기서 $I = I_{zz}$는 스핀축에 대한 로터의 관성 모멘트이다.

먼저, 느린 세차운동을 수반하는 y축 방향의 작은 각운동량 성분은 무시한 채 $\mathbf{H}$에 수직인 우력 $\mathbf{M}$을 작용시키면, 각운동량은 $d\mathbf{H} = d(I\mathbf{p})$만큼 변하게 된다. 여기서 $d\mathbf{H}$ 또는 $d\mathbf{p}$는 $\mathbf{M} = \dot{\mathbf{H}}$ 혹은 $\mathbf{M}\,dt = d\mathbf{H}$이기 때문에 우력 $\mathbf{M}$의 방향으로 향하는 벡터임을 알 수 있다. 질점의 선운동량 벡터의 변화량이 작용하는 외력의 방향으로 나타나는 것과 같이, 자이로의 각운동량 벡터의 변화량도 우력의 방향과 같다. 따라서 벡터 $\mathbf{M}$, $\mathbf{H}$ 및 $d\mathbf{H}$는 벡터 $\mathbf{F}$, $\mathbf{G}$ 및 $d\mathbf{G}$와 등가가 됨을 알 수 있다. 이러한 직관으로부터 회전벡터의 변화량은 $\mathbf{M}$의 방향으로 발생하며, 이로 인해 로터는 반드시 y축을 중심으로 세차운동을 하게 되는 것이다.

그림 7.15d에서 시간 dt 동안에 각운동량 벡터 $I\mathbf{p}$는 각 $d\psi$만큼 회전하였고, 이때 극한값 $\tan d\psi = d\psi$를 이용하면

$$d\psi = \frac{M\,dt}{Ip} \quad \text{또는} \quad M = I\frac{d\psi}{dt}p$$

로 나타낼 수 있고, 여기에 세차운동 속도의 크기 $\Omega = d\psi/dt$를 대입하면

$$M = I\Omega p \tag{7.24}$$

가 된다. 위 식에서 $\mathbf{M}$, $\boldsymbol{\Omega}$ 및 $\mathbf{p}$는 벡터로 표현될 때 항상 서로 수직임을 주의해야 한다. 식 (7.24)의 벡터표현식은 벡터의 외적을 이용하여

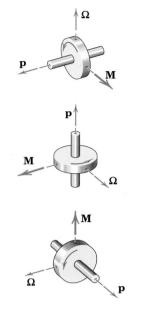

그림 7.16

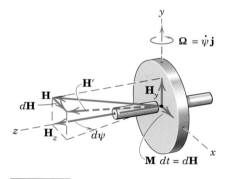

그림 7.17

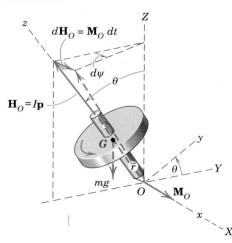

그림 7.18

$$\mathbf{M} = I\mathbf{\Omega} \times \mathbf{p} \qquad (7.24a)$$

로 표기할 수 있고, 이 식은 그림 7.15a와 b에서 임의의 질점이 곡선병진운동을 하는 경우에 유도한 식 $\mathbf{F} = m\boldsymbol{\omega} \times \mathbf{v}$와 완전히 등가인 식이다. 식 (7.24)와 (7.24a)는 질량중심이나 또는 회전축상의 임의의 고정점에 대한 모멘트를 평가할 때 사용된다.

공간상에서 이 세 벡터의 관계는 $d\mathbf{H}$ 또는 $d\mathbf{p}$가 반드시 $\mathbf{M}$의 방향에 있기 때문에, 세차운동 $\mathbf{\Omega}$의 방향을 정확하게 설정해 줄 수 있다는 사실로부터 알 수 있다. 즉, 스핀벡터 $\mathbf{p}$는 항상 토크벡터 $\mathbf{M}$쪽으로 회전하려고 한다. 그림 7.16은 올바른 순서에 맞게 위치할 수 있는 각 벡터들에 대한 세 가지 방향을 보여주고 있다. 만약 주어진 문제에서 이 순서가 올바르게 설정되지 않으면, 그 결과는 정확한 해와 반대가 될 것이다. 한편, 식 (7.24)는 $\mathbf{F} = m\mathbf{a}$ 및 $M = I\alpha$와 같은 하나의 운동방정식이다. 따라서 정확한 회전자의 자유물체도를 그려보면, 우력 $\mathbf{M}$은 회전자에 작용하는 모든 힘들에 의한 우력(모멘트)이다. 또한 이와 같은 $\mathbf{M}$은 자이로 우력이라고도 부르는데, 이는 선회하는 선박의 터빈에서 일어나는 운동과 같이 로터가 강제세차운동을 할 때 만들어진다.

지금까지 자이로 운동을 설명할 때 스핀속도는 크고, 세차운동은 작은 것으로 가정했었다. 주어진 값 I와 M에 대하여 p가 크면 세차운동 Ω는 당연히 작아짐을 식 (7.24)로부터 알 수 있지만, 지금부터는 정상 세차운동에서 Ω가 모멘트 관계식에 미치는 영향을 조사하기로 한다.

그림 7.17에는 로터가 y축의 관성모멘트, 즉 축 방향으로 세차운동의 각속도를 갖기 때문에, 각운동량 성분이 y축상에 첨가되는 경우를 보여주고 있다. 따라서 이 로터는 그림에 표시된 바와 같이 전체 각운동량은 $\mathbf{H}$이고, 이의 두 성분은 각각 $H_z = Ip$와 $H_y = I_0\Omega$이다. 여기서 I_0는 I_{yy}를 의미하고 I는 앞에서와 같이 역시 I_{zz}이다. 이때, $\mathbf{H}$의 변화량 및 시간 dt 동안에 세차운동의 변화는 앞에서 언급한 바와 같이 각각 $d\mathbf{H} = \mathbf{M}\,dt$ 및 $d\psi = M\,dt/H_z = M\,dt/(Ip)$가 된다. 그러므로 식 (7.24)는 이 경우에도 여전히 성립하고, 특히 정상세차운동에서 스핀축이 세차운동이 일어나는 축과 수직을 유지하는 한 더욱 정확한 표현식이 된다.

이제 그림 7.18과 같이 점 O에 지지되어 높은 각속도 p로 회전하는 팽이의 정상세차운동을 고려해 보자. 여기서 스핀축은 세차운동이 일어나는 수직 Z축과 각도 θ만큼 기울어져 있다. 그리고 앞에서와 같이 세차운동으로 발생하는 작은 각운동량 성분은 무시하기로 하며, 아울러 $\mathbf{H}$는 오직 회전에 의해서 팽이축에 발생하는 각운동량인 $I\mathbf{p}$와 같다고 생각한다. 점 O에서 질량중심 G까지의 거리가 $\bar{r}$일 때 팽이의 자중으로 생기는 점 O의 모멘트는 $mg\bar{r} \sin\theta$가 된다. 그림으로부터 θ는 변하지 않고, 또한 시간 dt 동안에 각운동량 벡터 $\mathbf{H}_O$

의 변화량은 $\mathbf{M}_O$의 방향으로 $d\mathbf{H}_O = \mathbf{M}_O\,dt$임을 알 수 있다. 한편, Z축 방향으로 회전하는 세차운동의 각증분은

$$d\psi = \frac{M_O\,dt}{Ip\,\sin\theta}$$

이고, 여기에 $M_O = mg\bar{r}\sin\theta$와 $\Omega = d\psi/dt$의 값을 대입하면

$$mg\bar{r}\sin\theta = I\Omega p\sin\theta \qquad \text{또는} \qquad mg\bar{r} = I\Omega p$$

와 같이 θ와는 무관한 식을 얻을 수 있다. 끝으로, 회전반지름에 관한 식 $I = mk^2$을 도입하여 세차운동 속도에 대하여 다시 풀면 다음과 같이 된다.

$$\Omega = \frac{g\bar{r}}{k^2 p} \tag{7.25}$$

그림 7.17의 로터가 x–z 평면상에 국한된 세차운동을 할 때 식 (7.24)는 이를 정확하게 기술할 수 있는 반면에, 식 (7.25)는 Ω와 관련된 각운동량은 p에 의한 각운동량에 비해 무시할 만하다는 가정에 기초한 근사식이다. 그 가정에 의한 오차의 크기는 다음 절에서 정상상태 세차운동을 살펴볼 때 확인할 것이다. 이 해석에 따르면, 팽이는 식 (7.25)를 만족하는 Ω의 값으로 운동할 때에만 일정한 각도 θ에서 정상세차운동을 하게 된다. 만약 이 조건이 만족되지 못하면 비정상적인 세차운동을 하게 되어 θ가 스핀속도가 감소할 때 오히려 증가하는 진폭으로 진동하게 된다. 이와 같이 회전축의 운동이 상승 및 하강을 계속 반복하는 현상을 **장동(nutation)**이라 한다.

정확한 해석방법

이제 강체에 대한 일반적인 각운동량 방정식 (7.19)를 회전축을 중심으로 회전하는 물체에 직접 적용해 보자. 이 식은 고정점 또는 질량중심에 대하여 회전하는 경우에 성립한다. 물체의 운동을 임의의 점에 대한 회전의 방정식으로 기술할 수 있는 예는 회전하는 팽이, 자이로스코프의 로터 그리고 우주캡슐 등에서 찾을 수 있다. 이런 문제들에 대한 일반적인 모멘트식은 대단히 복잡하여 이들의 해를 찾는데는 타원적분의 이용이 요구되며, 아울러 그 계산과정도 다소 길어진다. 그러나 한 점에 대하여 회전하는 공학문제는 대칭축에 대하여 회전하는 회전물체의 정상세차운동을 포함하는 경우가 많다. 따라서 이러한 조건들 때문에 식은 간단해지고, 그 해도 비교적 쉽게 찾을 수 있게 된다.

그림 7.19a와 같이 z축으로 설정된 회전축 위의 임의의 고정점 O를 중심으로 회전하는 축대칭 물체를 생각해 보자. 좌표축의 원점을 O로 하면 x 및 y축은 z축과 함께 자동으로 관성주축이 된다. 이와 비슷한 대칭물체가 질량중심 G를 중심

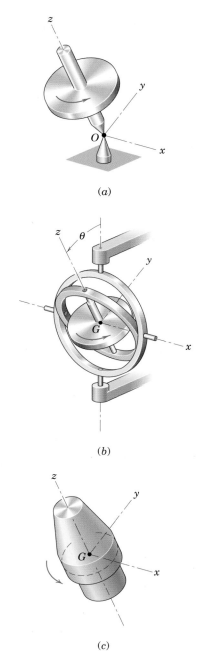

(a)

(b)

(c)

그림 7.19

으로 회전하는 경우에도 똑같이 설명할 수 있다. 즉, 그림 **7.19b**의 경우처럼 짐벌링으로 둘러싸인 자이로스코프 로터도 좌표축의 원점이 질량중심 G에 놓여 있기 때문에, x 및 y축이 점 G에 대한 관성주축이 된다. 공간에서 축대칭 물체의 질량중심을 중심으로 회전하는 그림 **7.19c**와 같은 우주캡슐의 경우도 역시 같은 방법으로 설명할 수 있다. 따라서 어떤 경우에라도 x 및 y축에 대한 관성모멘트는 좌표축의 회전 또는 좌표축에 대한 물체의 회전(z축에 대한 회전운동)에 상관없이 시간에 따라 일정하다. 그래서 주관성모멘트는 $I_{zz} = I$ 및 $I_{xx} = I_{yy} = I_0$이고, 관성곱은 당연히 0이다.

식 (7.19)를 적용하기 전에 이 문제를 자연스럽게 기술할 수 있는 새로운 좌표계를 도입한다. 이 좌표계는 고정점 O를 중심으로 회전하는 경우에 대하여 그림 7.20과 같이 설정된다. 축 X-Y-Z는 공간에 고정되어 있고, 평면 A는 X-Y축과 로터축 위의 고정점 O를 포함하고 있다. 평면 B는 점 O를 포함하며, 항상 로터축에 수직인 면이다. 각도 θ는 로터축이 수직 Z축과 이루는 각도이며, 동시에 평면 A와 B 사이의 각도를 나타낸다. 이 두 평면이 만나는 선이 x축이 되며, 이는 X축으로부터 각도 ψ만큼 떨어져 위치되어 있다. 따라서 θ와 ψ에 의해 로터축의 위치가 완전히 결정된다. 또한, y축은 평면 B에 있고, z축은 로터축과 일치한다. 축 x-y-z에 대한 로터의 각변위는 x축에서 로터에 부착된 x'축으로 측정한 각도 ϕ로 나타내진다. 그리고 스핀속도는 $p = \dot{\phi}$이다.

그림 **7.20**으로부터 로터의 각속도 $\boldsymbol{\omega}$와 축 x-y-z의 각속도 $\boldsymbol{\Omega}$의 성분들은 각각

$$\Omega_x = \dot{\theta} \qquad \omega_x = \dot{\theta}$$
$$\Omega_y = \dot{\psi} \sin \theta \qquad \omega_y = \dot{\psi} \sin \theta$$
$$\Omega_z = \dot{\psi} \cos \theta \qquad \omega_z = \dot{\psi} \cos \theta + p$$

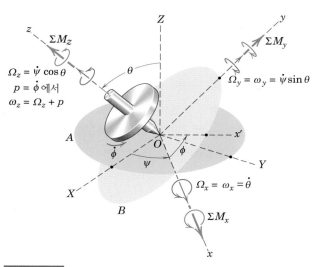

그림 7.20

가 된다. 여기서 좌표축과 물체의 각속도는 x와 y성분은 같지만 z성분은 상대각속도 p만큼 차이가 있음을 알 수 있다.

따라서 각운동량 성분은 식 (7.12)로부터 다음과 같이 된다.

$$H_x = I_{xx}\omega_x = I_0\dot{\theta}$$
$$H_y = I_{yy}\omega_y = I_0\dot{\psi}\sin\theta$$
$$H_z = I_{zz}\omega_z = I(\dot{\psi}\cos\theta + p)$$

이와 같은 각속도 및 각운동량 성분을 식 (7.19)에 대입하면

$$\Sigma M_x = I_0(\ddot{\theta} - \dot{\psi}^2\sin\theta\cos\theta) + I\dot{\psi}(\dot{\psi}\cos\theta + p)\sin\theta$$
$$\Sigma M_y = I_0(\ddot{\psi}\sin\theta + 2\dot{\psi}\dot{\theta}\cos\theta) - I\dot{\theta}(\dot{\psi}\cos\theta + p) \qquad (7.26)$$
$$\Sigma M_z = I\frac{d}{dt}(\dot{\psi}\cos\theta + p)$$

를 얻을 수 있다. 식 (7.26)은 임의의 고정점 O나 질량중심 G를 중심으로 회전하는 대칭물체에 대한 일반적인 운동방정식이다. 주어진 문제에서 이 방정식에 대한 해는 각각의 좌표축으로부터 물체에 가해지는 모멘트의 합에 의존한다. 이 절에서는 임의의 한 점에서 회전하는 두 가지 특별한 경우에만 식 (7.26)을 적용해 보기로 한다.

정상세차운동

각도 θ로 일정하게 기울어져서 일정한 스핀속도 p로 회전하는 로터가 일정속도 $\dot{\psi}$로 세차운동하는 경우를 생각해 보자. 즉,

$$\dot{\psi} = \text{일정}, \qquad \ddot{\psi} = 0$$
$$\theta = \text{일정}, \qquad \dot{\theta} = \ddot{\theta} = 0$$
$$p = \text{일정}, \qquad \dot{p} = 0$$

따라서 이 조건식들을 식 (7.26)에 대입하면 다음과 같다.

$$\Sigma M_x = \dot{\psi}\sin\theta[I(\dot{\psi}\cos\theta + p) - I_0\dot{\psi}\cos\theta]$$
$$\Sigma M_y = 0 \qquad (7.27)$$
$$\Sigma M_z = 0$$

이 결과로부터 로터의 점 O(또는 점 G)에 요구되는 모멘트는 y 및 z성분이 0이기 때문에, 반드시 x방향으로 작용해야 함을 알 수 있다. 그뿐만 아니라, 이 운동은 θ, $\dot{\psi}$ 그리고 p가 일정한 값을 갖기 때문에 모멘트는 그 크기가 항상 일정하다. 그리고 모멘트축은 세차운동축(Z축)과 스핀축(z축)이 만드는 평면에 직각이 된다.

식 (7.27)은 $\mathbf{H}$의 성분들이 x-y-z 좌표계상에서 관찰될 때 항상 일정하여 $(\dot{\mathbf{H}})_{xyz} = \mathbf{0}$이 된다는 사실로부터도 역시 구할 수 있다. 따라서 일반적인 경우에는

$\Sigma \mathbf{M} = (\dot{\mathbf{H}})_{xyz} + \mathbf{\Omega} \times \mathbf{H}$가 성립하지만 정상상태 세차운동인 경우에는

$$\Sigma \mathbf{M} = \mathbf{\Omega} \times \mathbf{H} \qquad (7.28)$$

이며, 이는 식에 포함된 $\mathbf{\Omega}$와 $\mathbf{H}$의 값을 대입하게 되면 식 (7.27)과 같아진다.

공학에서 자이로 운동이 가장 흔하게 발생하는 경우는 그림 7.14에서와 같이, 로터축에 수직인 축을 중심으로 세차운동이 일어날 때이다. 따라서 식 (7.27)에 $\theta = \pi/2$, $\omega_z = p$, $\dot{\psi} = \Omega$ 및 $\Sigma M_x = M$을 대입하면

$$M = I\Omega p \qquad [7.24]$$

가 되고, 이 식은 앞에서 이와 같은 특수한 경우를 직접 해석하여 구한 식과 같다.

이제 그림 7.20의 로터(대칭인 팽이)가 $\pi/2$ 이외의 값으로 정상세차운동하는 경우를 조사해 보자. x축에 대한 모멘트 ΣM_x는 로터의 자중으로 발생하며 $mg\bar{r}\sin\theta$와 같다. 따라서 이를 식 (7.27)에 대입하고 다시 정리하면 다음을 얻을 수 있다.

$$mg\bar{r} = I\dot{\psi}p - (I_0 - I)\dot{\psi}^2 \cos\theta$$

일반적으로 스핀속도(p)는 크고 세차운동속도($\Omega = \dot{\psi}$)는 작기 때문에, 위 식에서 우변의 두 번째 항은 첫 번째 항에 비해 아주 작음을 알 수 있다. 따라서 이 작은 항을 무시하면 $\dot{\psi} = mg\bar{r}/(Ip)$가 되고, 다시 $\Omega = \dot{\psi}$와 $mk^2 = I$를 대입하면

$$\Omega = \frac{g\bar{r}}{k^2 p} \qquad [7.25]$$

가 된다. 이 식 역시 앞에서 각운동량이 스핀속도축을 따라서만 존재한다고 가정하여 구한 결과식과 같다.

모멘트가 0일 때의 정상세차운동

이제 외부에서 가해지는 모멘트가 없는 경우에 대칭인 로터의 질량중심에 대한 운동을 생각해 보자. 이런 운동은 비행하면서 스핀운동과 세차운동이 동시에 일어나는 그림 7.21과 같은 우주선이나 발사체 등에서 흔히 찾을 수 있다. 여기서 공간상에 고정되어 있는 Z축은 각운동량 $\mathbf{H}_G$의 방향으로 정하고, 이때 $\Sigma \mathbf{M}_G = \mathbf{0}$이므로 $\mathbf{H}_G$는 일정하다. 축 x-y-z는 그림 7.20에서 설명한 방법대로 설정되어 있다. 세 개의 각운동량 성분은 그림 7.21로부터 각각 $H_{G_x} = 0$, $H_{G_y} = H_G \sin\theta$ 및 $H_{G_z} = H_G \cos\theta$이다. 또한 식 (7.12)에서 정의된 관계식들을 이 절에서 사용한 표기법으로 나타내면 각각 $H_{G_x} = I_0\omega_x$, $H_{G_y} = I_0\omega_y$ 및 $H_{G_z} = I\omega_z$가 된다. 따라서 $\omega_x = \Omega_x = 0$이므로 θ는 일정하다. 이 결과로부터 그림 7.21의 운동은 일정한 $\mathbf{H}_G$ 벡터를 중심으로 일어나는 일종의 정상세차운동임을 알 수 있다.

로터의 각속도 $\boldsymbol{\omega}$는 x성분이 없기 때문에 Z축을 포함하는 y-z 평면 내에 있으며, z축과 β의 각도를 이루고 있다. 이때, β와 θ 사이의 관계는 $\tan\theta =$

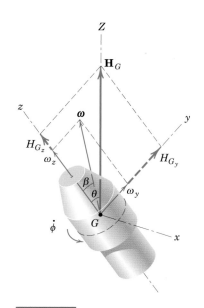

그림 7.21

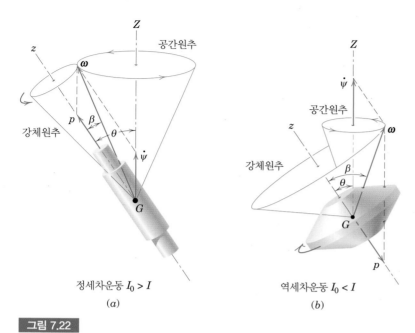

그림 7.22

$H_{G_y}/H_{G_z} = I_0\omega_y/(I\omega_z)$로부터 다음과 같이 얻을 수 있다.

$$\tan\theta = \frac{I_0}{I}\tan\beta \tag{7.29}$$

따라서 각속도 $\boldsymbol{\omega}$는 스핀축과 일정한 각도 β를 이루게 된다.

세차운동 속도는 $M = 0$을 식 (7.27)에 대입함으로써 쉽게 구할 수 있다. 즉,

$$\dot{\psi} = \frac{Ip}{(I_0 - I)\cos\theta} \tag{7.30}$$

위 식으로부터 세차운동의 방향은 두 관성모멘트의 상대적인 크기로 결정된다는 것을 분명히 알 수 있다.

만약 $I_0 > I$인 경우에는 그림 7.22a에 표시된 바와 같이 $\beta < \theta$이다. 이때는 강체 원추가 공간원추 바깥면을 따라 구르게 되는데, 이를 **정세차운동(direct precession)** 이라 한다.

만약 $I > I_0$인 경우에는 그림 7.22b에 표시된 바와 같이 $\theta < \beta$이다. 이때는 $\dot{\psi}$와 p의 부호가 서로 반대가 되어 공간원추가 강체원추의 내부에 머무르게 되는데, 이를 **역세차운동(retrograde precession)**이라 한다.

만약 $I = I_0$인 경우에는 식 (7.29)로부터 $\theta = \beta$이며, 그림 7.22에서 보는 바와 같이 그 두 각이 같기 위해서는 반드시 0이 되어야 한다. 이때는 강체가 세차운동 을 하지 않고 단순히 각속도 $\mathbf{p}$로 회전운동만 한다. 이런 조건은 균질한 공의 경우 와 같이 점대칭인 강체에서 흔히 나타난다.

장난감 팽이는 이 절의 원리를 설명하는 데 유용하다.

예제 7.8

선박의 동력장치 내에 있는 질량이 1000 kg이고, 회전반지름이 200 mm인 터빈 로터는 G에 질량중심을 갖고 있다. 이 로터는 수평으로 놓여져 전후 방향에서 베어링 A와 B로 지지되고 있으며, 선미부에서 볼 때 반시계방향으로 5000 rpm의 속력으로 회전한다. 배가 25노트(1노트 = 0.514 m/s)의 속도에서 왼쪽으로 반지름 400 m로 회전할 때 A와 B에 발생하는 베어링 반력의 수직성분을 구하라. 또한 배의 선수부는 자이로 효과로 인하여 위/아래 중 어디로 움직이겠는가?

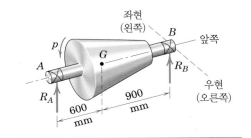

|풀이| 베어링 반력의 수직성분은 로터의 자중에 의한 정적 반력 R_1과 R_2에 자이로 효과로 인한 증분 R을 더하거나 뺀 것과 같다. 정역학의 평형방정식을 이용하면 $R_1 = 5890$ N 및 $R_2 = 3920$ N이고, 스핀속도 $\mathbf{p}$와 세차운동속도 $\mathbf{\Omega}$의 방향은 자유물체도상에 표시되어 있다. ① 스핀축의 회전은 항상 토크축 $\mathbf{M}$을 향하고 있기 때문에 $\mathbf{M}$은 그림과 같이 오른쪽을 가리킨다. 따라서 ΔR의 방향은 A에서는 아래로 그리고 B에서는 위로 되어 우력 $\mathbf{M}$을 발생시킨다. 그러므로 A와 B에서의 베어링 반력은 다음과 같다.

$$R_A = R_1 - \Delta R \quad \text{그리고} \quad R_B = R_2 + \Delta R$$

세차운동 속도 Ω는 선박의 속도를 회전반지름으로 나눈 값이다.

$$[v = \rho\Omega] \qquad \Omega = \frac{25(0.514)}{400} = 0.0321 \text{ rad/s}$$

로터의 질량중심 G에 대해 식 (7.24)를 적용하면

$$[M = I\Omega p] \qquad 1.500(\Delta R) = 1000(0.200)^2(0.0321)\left[\frac{5000(2\pi)}{60}\right]$$

$$\Delta R = 449 \text{ N}$$

이다. 따라서 베어링 반력은 다음과 같다.

$$R_A = 5890 - 449 = 5440 \text{ N} \quad \text{그리고} \quad R_B = 3920 + 449 = 4370 \text{ N} \quad \text{답}$$

위에서 구한 반력은 선박구조물이 로터축에 부가하는 힘이다. 동시에, 작용-반작용 원리로부터 로터축이 선박에 부가하는 힘은 그림에서 보는 바와 같이 그 반력과 크기는 같고 방향은 반대가 된다. ② 따라서 자이로 우력의 효과로 그림과 같은 ΔR이 발생하여 선수부는 내려가고 선미부는 올라가게 되지만 그 양은 아주 미미하다.

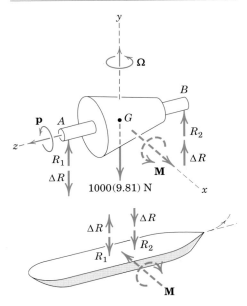

|도움말|
① 좌회전하는 선박을 위에서 관찰하면 회전은 반시계방향이고, 세차운동 속도 $\mathbf{\Omega}$는 오른손 법칙에 따라 위로 향한다.

② 로터에 $\mathbf{M}$의 방향을 정확하게 그려 넣은 후 흔히 범하는 실수는 작용-반작용 원리를 깜박 잊고 선박의 자유물체도에도 똑같이 적용하는 것이다. 당연히 그 결과는 반대가 된다 (요트의 좌우 흔들림을 멈추게 하기 위해 수직안정기를 작동할 때 이런 실수를 하지 않도록 주의해야 한다).

예제 7.9

질량이 m이고 반지름이 r인 4개의 균질한 공으로 근사화된 그림과 같은 우주정거장을 생각해 보자. 이 정거장은 z축을 중심으로 매 4초당 1회전하도록 설계되었으며, 이때 연결구조물 및 내부장비의 질량은 무시했다. (a) 회전면이 고정된 방향에서 조금 벗어났을 때 z축에서의 1회전당 세차운동이 갖는 완전한 사이클의 수 n을 구하고, (b) 스핀축 z가 세차운동이 일어나는 방향의 고정축과 20°의 각도를 이루고 있을 때 세차운동이 갖는 주기 τ를 찾아라. 그리고 (b)의 경우에 대한 공간 및 강체원추를 그려라.

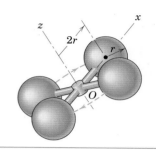

|**풀이**| (a) 정거장이 z축을 중심으로 1회전할 때 세차운동이 갖는 사이클의 수는 스핀속도 p에 대한 세차운동속도 $\dot{\psi}$의 비이며, 이는 식 (7.30)으로부터

$$\frac{\dot{\psi}}{p} = \frac{I}{(I_0 - I)\cos\theta}$$

이다. 여기서 관성모멘트는 다음과 같이 계산된다.

$$I_{zz} = I = 4[\tfrac{2}{3}mr^2 + m(2r)^2] = \tfrac{56}{3}mr^2$$

$$I_{xx} = I_0 = 2(\tfrac{2}{3})mr^2 + 2[\tfrac{2}{3}mr^2 + m(2r)^2] = \tfrac{32}{3}mr^2 \quad ①$$

따라서 θ가 매우 작을 때 $\cos\theta \cong 1$이므로 각속도의 비는

$$n = \frac{\dot{\psi}}{p} = \frac{\frac{56}{3}}{\frac{32}{3} - \frac{56}{3}} = -\frac{7}{3} \qquad \blacksquare$$

여기서 음의 부호는 역세차운동을 의미한다. 즉, $\dot{\psi}$와 p는 완전히 반대방향이다. 따라서 정거장이 매 3회전할 때마다 세차운동은 7번의 회전을 한다.

(b) $\theta = 20°$와 $p = 2\pi/4$ rad/s에서 세차운동의 주기는 $\tau = 2\pi/|\dot{\psi}|$이다. 따라서 식 (7.30)으로부터

$$\tau = \frac{2\pi}{2\pi/4}\left|\frac{I_0 - I}{I}\cos\theta\right| = 4(\tfrac{3}{7})\cos 20° = 1.611 \text{ s} \qquad \blacksquare$$

가 된다.

역세차운동은 그림과 같이 강체원추가 공간원추의 바깥에 있게 된다. 이때, 강체원추가 이루는 각은 식 (7.29)로부터 구할 수 있다.

$$\tan\beta = \frac{I}{I_0}\tan\theta = \frac{56/3}{32/3}(0.364) = 0.637 \qquad \beta = 32.5°$$

|**도움말**|

① 여기서 z축에 수직이면서 G를 통과하는 임의의 축에 대한 관성모멘트는 $I_{xx} = I_{yy}$라는 가정에 기초를 둔 이론을 도입한다. 이 이론은 이 문제에 적용할 수 있으며 학생들이 스스로 이해할 수 있도록 이를 증명해 보라.

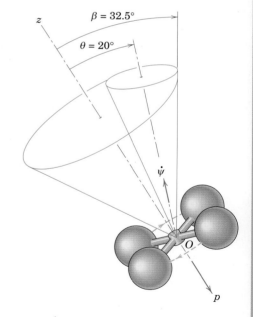

연습문제

기초문제

7/85 동역학 강사가 학생들에게 자이로스코프 원리를 보여준다. 강사는 수평축의 한쪽 끝부분에 달린 끈으로 빠르게 돌고 있는 바퀴를 들어 올린다. 바퀴의 세차운동을 묘사하라.

문제 7/85

7/86 내부 수직루프의 하단에 있는 제트기는 엔진 로터의 자이로스코프 작용으로 인해 Z축을 중심으로 오른쪽으로 회전(요잉)하는 경향이 있다(조종사가 본 것과 날개 끝 움직임을 주황색으로 나타낸 것). 확대한 그림으로부터 엔진 로터의 방향이 p_1인지 p_2인지 결정하라.

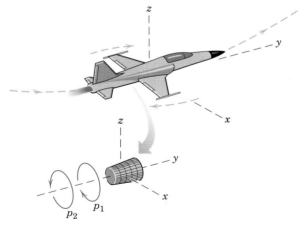

문제 7/86

7/87 학생은 그림과 같이 각속도 p로 빠르게 회전하는 추진력 바퀴와 관련된 수업의 시연을 돕기 위해 자원하였다. 강사는 그림처럼 수평위치에서 바퀴의 차축을 잡고 수직면에서 위쪽으로 축을 기울이도록 요구했다. 전 어셈블리의 운동은 학생에게 어떻게 느껴질까?

문제 7/87

7/88 50 kg의 바퀴는 반지름 600 mm 원에서 수평면 위로 구르는 고체 원형 디스크이다. 바퀴 차축은 O-O축에 피벗되어 있고, Z축을 중심으로 일정속도 $N=48$ rev/min으로 수직 차축에 의해 구동된다. 바퀴와 수평면 사이의 수직력을 구하라. 수평 차축의 무게를 무시하라.

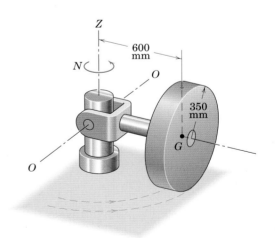

문제 7/88

7/89 그림처럼 특수목적 팬이 구축되어 있다. 모터 전기자, 차축 및 블레이드는 60 mm의 회전반지름과 총질량 2.2 kg을 갖는다. 0.8 kg인 블록 A의 축 방향 위치 b를 조종할 수 있다. 팬을 끄면 $b=180$ mm일 때 x축에 대하여 유닛은 균형을 유지한다. 모터 및 팬이 보여진 방향으로 1725 rev/min으로 작동한다. 양의 y축에 대해 0.2 rad/s의 일정한 세차운동을 발생시키는 b의 값을 구하라.

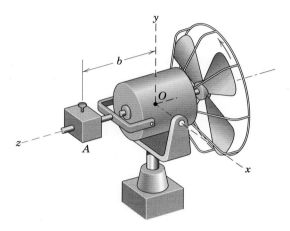

문제 7/89

7/90 비행기가 이륙속도 v로 활주로를 막 벗어났다. 자유롭게 회전하는 바퀴는 차축에 대해 회전반지름 k와 질량 m을 갖는다. 비행기 정면에서 본 것처럼, 바퀴가 착지 버팀목이 그것의 경첩 O에 의하여 날개 속으로 접힐 때 각속도 Ω로 진행한다. 자이로스코프 작용의 결과로서, 지지부재 A는 B상에서 비틀림 모멘트 M을 가하여 관형 부재가 B에서 슬리브 내에서 회전하는 것을 방지한다. M을 구하고 그것이 M_1의 방향인지, M_2의 방향인지 구하라.

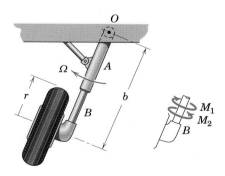

문제 7/90

7/91 실험용 오염방지 버스는 지시된 방향으로 고속 p로 회전하는 대형 플라이휠에 저장된 운동에너지로 구동된다. 버스가 짧은 상승 경사를 만날 때, 앞바퀴는 들리고, 전진하기 위해 플라이휠을 이용한다. 이 갑작스러운 변화가 일어나는 동안 타이어와 도로 사이에 어떤 변화가 발생하는가?

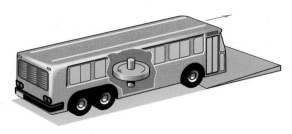

문제 7/91

심화문제

7/92 항공기 객실을 위한 소형 공기 압축기는 20 000 rev/min 속력에서 2.40 kg 송풍기 B를 구동하는 3.50 kg 터빈 A로 구성된다. 어셈블리의 차축은 비행방향에 횡 방향으로 설치되며 그림에서는 항공기 뒤에서 본 그림이다. A와 B의 회전반지름은 각각 79.0 mm, 71.0 mm이다. 항공기가 항공기 후방에서 볼 때 2 rad/s의 시계방향으로 회전(종 방향 비행축에 대한 회전)을 실행하면 C 및 D에서 베어링에 의해 축에 가해지는 반시계방향 힘을 계산하라. 회전자의 무게에 의해 발생되는 작은 모멘트는 무시하라. 위에서 볼 때 축의 자유물체도를 그리고 그것의 벗어난 중심의 형태를 나타내라.

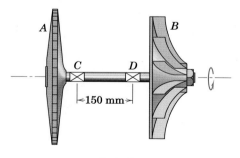

문제 7/92

7/93 헬리콥터 회전자의 블레이드와 허브는 회전의 z축에 대하여 3 m의 회전반지름과 64 kg의 질량을 갖는다. 회전자가 수직 이륙 후 짧은 시간 동안 500 rev/min으로 회전하면 전방속도를 얻기 위해 헬리콥터가 전방으로 비율 $\dot{\theta}=10$ deg/s로 기운다. 회전자에 의해 헬리콥터의 몸체로 전달되는 자이로스코프 모멘트 M을 구하고 승객이 앞면이 보여질 때 헬리콥터가 시계방향 또는 반시계방향으로 편향되는 경향이 있는지 나타내라.

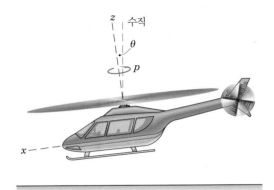

문제 7/93

7/94 16 mm의 회전축에 대하여 회전반지름을 가지며 120 g인 상단은 그림에서 표시된 방향으로 축의 속도 $p=3600$ rev/min으로 회전하고 있으며 수직과 회전축은 각 $\theta=20°$를 이루고 있다. 질량중심 G에서 그 끝 O까지의 거리는 $\bar{r}=60$ mm이다. 상단의 전진운동 Ω를 구하고 왜 θ는 회전속도가 큰 상태에서 점점 감소하는지 설명하라. 오른쪽 그림에서는 끝의 접촉 부분을 확대하여 보이고 있다.

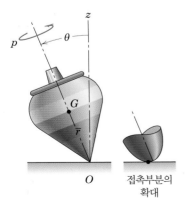

접촉부분의 확대

문제 7/94

7/95 그림은 수직축이 장착된 자이로를 보여주며 좌우동요에 대하여 병원선의 안정화에 이용된다. 모터 A는 큰 선회운동 장치 B와 선박에서 부착된 회전자 어셈블리를 수평 횡축을 중심으로 회전시켜 자이로를 수행하는 톱니바퀴를 돌린다. 회전자는 하우징 내부에서 위쪽으로 보았을 때 시계방향으로 960 rev/min 속력으로 회전하며 1.45 m의 회전반지름과 80 Mg의 질량을 갖는다. 모터가 세차운동장치 B를 0.320 rad/s의 속도로 돌리면 자이로에 의해 선체 구조에 가해지는 모멘트를 계산하라. (a) 혹은 (b) 두 방향 중 모터가 선박이 좌현으로 기우는 것을 방해하는 것은 어느 쪽인가?

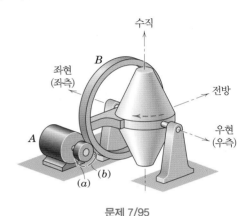

문제 7/95

7/96 두 개의 바퀴는 동일한 질량 4 kg과 회전반지름 $k_z=120$ mm를 가지며, O에서 수직축에 고정된 수평축 AB에 장착되어 있다. (a)의 경우 수평축은 수직 y축을 중심으로 자유롭게 회전할 수 있는 O에서 고리로 고정되어 있다. (b)의 경우 축은 고리에 x축에 대하여 이음쇠 힌지로 고정되어 있다. 그림에서와 같은 위치에서 바퀴가 z축을 중심으로 큰 각속도 $p=3600$ rev/min을 갖는다면 세차에 대해 발생하는 세차운동과 축의 A에서의 굽힘 모멘트 M_A를 구하라. O에서의 각 장치와 축의 질량은 무시하라.

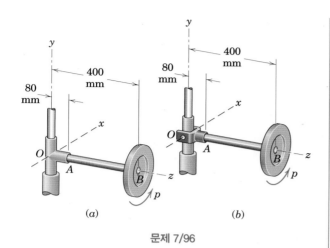

문제 7/96

7/97 문제 7/96의 (a) 경우 바퀴가 일정속도 **Ω**=**2j** rad/s로 기계식 구동에 의해 수직 방향으로 힘을 받는다면 수평축 A에서 굽힘 모멘트를 구하라. 마찰이 없는 경우, 토크 M_O는 이 운동을 유지하기 위해 O에서 고리에 대해 얼마나 작용하는가?

7/98 그림은 저널 휠 베어링이 있는 프레임에 수직하중이 전달되는 철도 승용차의 휠 캐리지(트럭)의 측면도를 보여준다. 다음 그림은 한 쌍의 휠과 그 휠과 함께 회전하는 축을 나타낸다. 질량 250 kg인 각각의 바퀴의 지름은 825 mm이고, 질량 315 kg인 축의 지름은 125 mm이다. 기차가 우측으로 8°의 곡선(곡률반지름 218 m)을 그리면서 130 km/h로 주행하면, 자이로스코프 작용만으로 각 바퀴에 의해 지지되는 수직력에서의 변화 ΔR를 계산하라. 가까운 근삿값으로 균일한 고체 실린더로서 차축과 균일한 원형판으로서 각 바퀴를 취급하라. 또한 두 레일은 동일한 수평면에 있다고 가정하라.

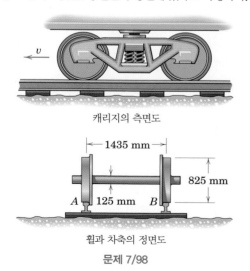

캐리지의 측면도

휠과 차축의 정면도

문제 7/98

7/99 제안된 우주 정거장의 기본 구조는 관형 스포크에 의해 연결된 다섯 개의 구형 셸로 구성된다. 기하학적 축 A-A에 대한 구조물의 관성모멘트는 A-A에 수직인 O를 통과하는 축에 대한 관성모멘트의 두 배이다. 이 정거장은 기하학적 축을 중심으로 일정속도 3 rev/min으로 회전하도록 설계되어 있다. 회전축 A-A가 고정된 방향의 Z축에 대해 세차하고 아주 작은 각도를 만들면 정거장이 동요하는 속도 $\dot{\psi}$를 계산하라. 질량중심 O는 무시할 수 있는 가속도를 가진다.

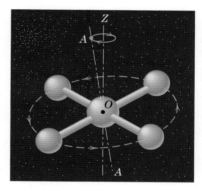

문제 7/99

7/100 전기 모터는 총질량 10 kg을 가지며 회전판에 부착된 장착 브래킷 A 및 B에 지지된다. 모터 전기자는 질량 2.5 kg과 35 mm의 회전반지름을 가지고 그림에서 보이는 것처럼 A에서 B로 볼 때 속력 1725 rev/min으로 반시계방향으로 회전하고 있다. 원형판은 나타낸 방향으로 일정속력 48 rev/min으로 수직축을 중심으로 회전하고 있다. A와 B에서 장착된 브래킷에 의해 지지되는 힘의 수직성분을 구하라.

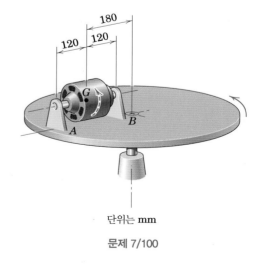

단위는 mm

문제 7/100

7/101 그림은 우주선이 z축에 대해 대칭이며, 이 축을 중심으로 720 mm의 회전반지름을 나타내고 있는 것을 보이고 있다. 질량중심을 통과하는 x축 및 y축에 대한 회전반지름은 540 mm로 양쪽 모두 같다. 공간에서 움직일 때 z축은 전체 각운동량의 축에 대해 세차운동을 하면서 전체 꼭지점 각 4°로 원추를 생성하는 것으로 관찰된다. 우주선이 1.5 rad/s의 z축에 대하여 회전속도 $\dot{\phi}$를 갖는다면 각 전체 세차운동의 주기 τ를 구하라. 회전 벡터는 z 방향의 양인지 음인지를 구하라.

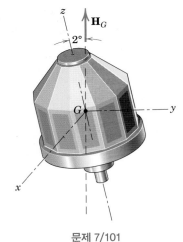

문제 7/101

7/102 회전반지름이 75 mm이고 4 kg인 회전자가 차축 OG를 중심으로 속력 3000 rev/min으로 볼베어링에서 회전하고 있다. 차축은 X축에 대해서 자유롭게 회전할 뿐만 아니라 Z축에 대해서 회전한다. Z축을 중심으로 세차운동을 위한 벡터 $\boldsymbol{\Omega}$를 계산하라. 축 OG의 질량을 무시하고 회전자 G에서 차축에 의해 가해진 자이로스코프 우력 $\mathbf{M}$을 계산하라.

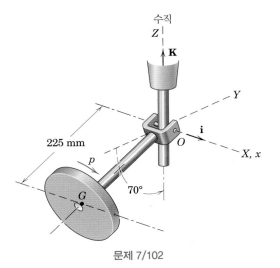

문제 7/102

7/103 질량이 m이고 반지름이 r인 두 개의 동일한 원반이 공통 축을 중심으로 하나의 강체 유닛으로 회전하고 있다. 이 유닛이 공간에서 자유롭게 움직이는 경우, 세차운동이 발생할 수 없는 b값을 구하라.

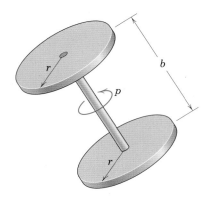

문제 7/103

7/104 얇은 원형판(프리스비와 같은)을 회전속도 300 rev/min으로 던진다. 원판의 평면은 전체 각 10°로 흔들린다. 흔들림의 주기 τ를 계산하고 세차운동이 직접인지 역행인지 나타내라.

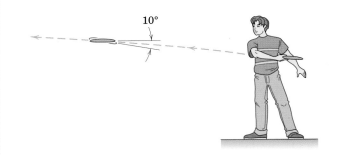

문제 7/104

7/105 그림은 풋볼에서 세 가지 일반적인 주행 형태를 보이고 있다. (a)의 경우는 회전속도 120 rev/min의 완벽하게 던져진 나선형 패스이다. (b)는 자체 축을 중심으로 회전속도 120 rev/min을 가지지만 전체 각도가 20°인 축을 따라 흔들리는 나선형 패스이다. (c)는 회전속도 120 rev/min으로 빙글빙글 돌게 킥한 것이다. 각 경우에 대하여, 이 절에서 정의된 대로 p, θ, β, $\dot{\psi}$의 값을 명시하라. 볼의 종축에 대한 관성모멘트는 대칭축인 횡축의 0.3이다.

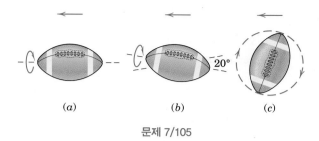

문제 7/105

7/106 직사각형 막대는 속도 $p=200$ rev/min으로 세로축을 중심으로 공간에서 회전하고 있다. 그림에서 보는 것처럼 축이 전체 각 20°로 흔들리면 흔들림의 주기 τ를 계산하라.

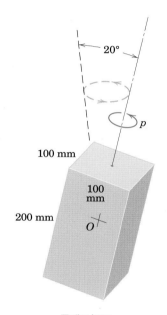

문제 7/106

7/107 3개의 동일하고 같은 간격의 프로펠러 블레이드는 각각 프로펠러 z축에 대한 관성 모멘트 I를 갖는다. z축에 대한 프로펠러의 각속도 $p=\dot{\phi}$에 더하여 비행기는 각속도 Ω로 왼쪽으로 선회하고 있다. 허브에서 프로펠러 축에 가해지는 굽힘 모멘트 M의 x 및 y 성분에 대한 식을 ϕ의 함수로 유도하라. 축 x-y는 프로펠러와 함께 회전한다.

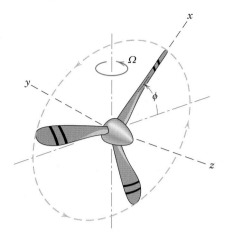

문제 7/107

▶7/108 질량 m과 두께가 작은 고체 원형판은 속도 p로 축에서 자유롭게 회전하고 있다. 어셈블리가 $\dot{\theta}=0$으로 $\theta=0$인 수직 위치에서 움직이기 시작하면 위치 $\theta=\pi/2$를 지날 때 수평축에 각 베어링에 의해 가해지는 힘 A와 B의 수평성분을 구하라. m과 비교하여 두 축의 질량과 모든 마찰은 무시한다. 적당한 모멘트 방정식을 이용하여 해결하라.

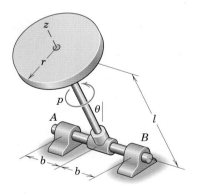

문제 7/108

▶7/109 지구 스캐닝 인공위성은 주기 τ의 원형 궤도에 있다. y축 혹은 피치 축에 대한 위성의 각속도는 $\omega = 2\pi/\tau$이고, x와 y축에 대한 각속도는 0이다. 따라서 위성의 x축은 항상 지구의 중심을 가리킨다. 위성은 그림과 같이 세 개의 바퀴로 구성된 반작용—바퀴 자세 제어 시스템을 가지고 있으며, 각각의 시스템은 개별 모터에 의해 가변적으로 토크를 받을 수 있다. 인공위성에 대한 z바퀴의 각속도 Ω_z는 $t=0$에서 Ω_0이고, x 및 y 바퀴는 $t=0$에서 인공위성에 대해 0이다. 인공위성의 각속도 ω가 일정하게 유지되도록 각 바퀴들의 차축에 모터로부터 가해져야 하는 축 방향 토크 M_x, M_y, M_z를 구하라. 그 축에 대한 각 반작용 바퀴의 관성모멘트는 I이다. x와 z반작용 바퀴 속력은 궤도와 동일한 주기로 시간에 대한 조화 함수이다. 1궤도 주기 동안 시간의 함수로서 토크의 변화와 상대 바퀴 속도 Ω_x, Ω_y, Ω_z를 나타내라. (힌트 : x바퀴를 가속하는 토크는 z바퀴에 대한 자이로스코프 모멘트의 작용과 같고 그 반대도 마찬가지다.)

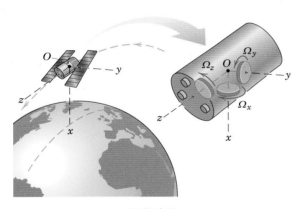

문제 7/109

▶7/110 각각 질량이 m인 두 개의 고체인 균질한 직각 원추는 각각의 강체 유닛의 꼭지점에서 함께 고정되어 있고 속도 $p = 200$ rev/min으로 방사형 대칭축을 중심으로 회전하고 있다. (a) 회전축이 세차운동을 하지 않을 비 h/r를 구하라. (b) 임계비보다 작은 경우에 대한 공간 및 강체 원추를 도식하라. (c) $h=r$이고 세차운동 속도가 $\dot{\psi}=18$ rad/s일 때 공간 및 강체 원추를 도식하라.

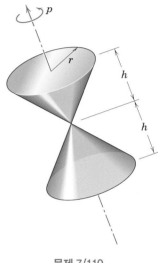

문제 7/110

7.12 이 장에 대한 복습

이 장에서는 강체의 3차원 운동에 관해서 공부하였다. 3차원 운동은 운동학과 운동역학의 상당히 복잡한 관계가 부과된다. 평면운동과 비교할 때 모멘트, 각속도, 각운동량, 각가속도와 같은 각도에 관한 물리량을 표현할 때, 두 가지 부가적 성분들이 더 나타난다. 이러한 이유로 3차원 동역학 해석에도 벡터해석의 효용성이 명백하다.

우리는 3차원 동역학에서 운동학을 다루는 A편과 운동역학을 다루는 B편으로 나누어 다루었다.

운동학

운동이 복잡해지는 순서로 하여 3차원 운동학을 정리해 보았다.

1. **병진운동.**　제5장에서 다루었듯이 평면운동을 하는 강체 내의 어떤 두 점은 같은 속도와 가속도를 가진다.

2. **고정된 축에 관한 회전운동.**　이 운동에서는 각속도벡터가 방향을 바꾸지 않으므로, 어떤 지점에 대한 그 속도와 가속도의 표현식은 제5장에서의 평면운동방정식과 동일한 형태인 식 (7.1)과 (7.2)로 쉽게 얻을 수 있다.

3. **평행평면운동.**　평행평면운동은 고정된 평면에 평행하게 강체의 모든 점이 이동할 때 일어난다. 그러므로 각각의 평면에서는 제5장의 결과와 같은 결과를 보여준다.

4. **고정된 점에 대한 회전운동.**　이 운동에서는 각속도벡터의 크기와 방향이 모두 변화한다. 각가속도가 각속도의 미분에 의해서 결정되면, 식 (7.1)과 (7.2) 같은 식은 한 점의 속도와 가속도를 구하는 데 사용될 수도 있다.

5. **일반적인 운동.**　상대운동의 개념은 일반적인 운동의 해석에 유용하게 사용될 수 있다. 상대속도와 가속도는 기준축이 병진운동하는 식 (7.4)를 이용하여 그 표현이 가능하다. 기준축이 회전운동할 때 기준축의 단위벡터는 시간에 대한 미분이 0이 아니다. 식 (7.6)은 회전축의 물리량에 관한 속도와 가속도의 표현식이다. 이 식들은 회전축을 이용하여 강체의 평면운동을 기술한 식 (5.12)

와 (5.14)의 결과와 동일한 형태이다. 그리고 식 (7.7a)와 (7.7b)는 고정축이나 회전축에 대해서 측정할 때 벡터의 시간에 대한 도함수에 관계된 표현이다. 위에서 언급된 표현식들은 일반적인 운동을 해석하는 데 유용하게 사용된다.

운동역학

우리는 3차원 운동역학을 해석하기 위해서 운동량과 에너지 원리를 적용했다. 그 내용은 다음과 같다.

1. **각운동량.**　3차원의 각운동량을 표현하는 데 있어서 2차원 평면운동에서는 기술되지 않았던 부가적인 요소들이 나타난다. 식 (7.12)에 표현된 각운동량의 요소들은 관성모멘트와 관성곱에 관계되어 있다. 주축이라고 일컫는 한 축이 있는데 특히 관성곱이 0이고 관성모멘트의 일정한 값을 가지면 그것을 주관성모멘트라 부른다.

2. **운동에너지.**　3차원 운동을 표현하는 운동에너지는 식 (7.15)와 같은 질량중심에 대한 운동방정식이나 식 (7.18)과 같은 고정된 점에 대한 운동으로 묘사될 수 있다.

3. **운동량 방정식.**　주축을 이용하면 식 (7.21)의 오일러 방정식을 얻는 데 운동량 방정식을 간단하게 할 수 있다.

4. **에너지 방정식.**　3차원 운동에 대한 일-에너지 원리는 평면운동에 관한 것들과 동일한 것이다.

응용

이 장에서 우리는 특별히 평행평면운동과 자이로 운동이라는 두 응용에 대해서 공부했다.

1. **평행평면운동.**　이 운동은 강체의 모든 점이 고정된 평면에 평행한 평면으로 움직이는 운동이다. 그 운동방정식은 식 (7.23)과 같으며, 회전기계류나 직선경로를 따

라 구르는 물체 등의 동적불균형 효과를 분석하는 데 유용하다.

2. 자이로 운동.   자이로 운동은 강체회전에 관한 축 그 자체가 다른 축에 대해서 회전을 할 때 발생하는 운동이다. 그 사례들은 관성 유도 시스템, 안정화 장치, 우주선 비행과 비행기의 엔진과 같이 빠르게 회전하는 로터가 방향을 바꿀 때와 같은 경우들이다. 외부 토크가 가해진 상태에도 기본개념은 $\mathbf{M} = \dot{\mathbf{H}}$ 식에 기초를 두고 있다고 할 수 있다. 자체의 대칭축 주위로 토크의 작용 없이 스핀하는 경우에, 고정된 각운동량 벡터 주위에 대한 원뿔운동을 살펴봄으로써 대칭축을 찾을 수 있다.

복습문제

7/111 원통형 셸은 기하학적 축을 중심으로 공간에서 회전하고 있다. 그 축이 약간 흔들린다면 l/r의 비율에 따라 어떨 때 세차운동이 순행 혹은 역행하는가?

문제 7/111

7/112 질량 m과 측면길이 a인 고체 입방체는 각속도 ω로 대각선을 통해 축 $M\text{-}M$을 중심으로 회전한다. 나타낸 축에 관한 입방체의 각운동량 **H**에 대한 식을 작성하라.

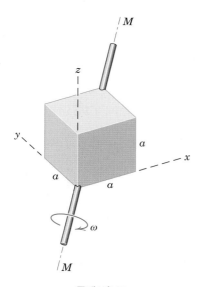

문제 7/112

7/113 실험용 자동차에는 커브를 돌 때 끝점에 대한 자동차의 기울기를 완전히 없애기 위해 자이로 안정기가 설치되어 있다 (타이어와 도로 사이의 수직력에는 변화가 없음). 자이로의 회전자는 질량 m_0 및 회전반지름 k를 가지며 자동차의 뒤 차축에 평행한 축에 고정된 베어링으로 장착된다. 자동차의 질량중심은 도로로부터 위로 거리 h이고 자동차는 속력 v로 수평을 유지한 대로 돌고 있다. 어떤 속도 p에서 회전자가 회전하고, 우회전 혹은 좌회전 중 어떤 방향에서 자동차 전복에 대한 경사를 완전히 없애는가? 자동차와 회전자의 전체 질량은 m이다.

7/114 제트기의 바퀴는 150 km/h의 이륙 속력에 해당하는 각속도로 회전하고 있다. 끌어당김 장치는 θ가 30°의 비율로 증가하도록 작동한다. 이러한 조건에서 바퀴의 각가속도 α를 계산하라.

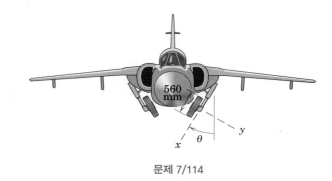

문제 7/114

7/115 모터는 일정속력 $p=30$ rad/s로 원판을 회전시킨다. 모터는 또한 일정속력 $\dot{\theta}=2$ rad/s로 수평축 $B\text{-}O(y$축$)$를 중심으로 선회하고 있다. 동시에 전 어셈블리는 일정속도 $q=8$ rad/s로 수직축 $C\text{-}C$를 중심으로 회전하고 있다. $\theta=30°$인 순간에 원판의 각가속도 $\boldsymbol{\alpha}$와 원판의 하단 점 A의 가속도 $\mathbf{a}$를 구하라. 축 $x\text{-}y\text{-}z$는 모터 하우징에 부착되고 평면 $O\text{-}x_0\text{-}y$는 수평이다.

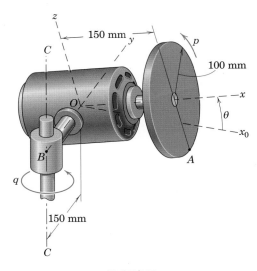

문제 7/115

7/116 텔레스코핑 링크 AB의 끝에 있는 고리는 그림처럼 고정된 축을 따라 미끄러져 움직인다. 움직이는 구간 동안 $v_A=125$ mm/s와 $v_B=50$ mm/s이다. $y_A=100$ mm와 $y_B=50$ mm인 위치에 대한 링크의 중심선의 각속도 $\boldsymbol{\omega}_n$에 대한 벡터식을 구하라.

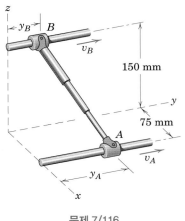

문제 7/116

7/117 질량 m, 기저 반지름 r, 높이 h인 강체 원추는 자신의 축을 중심으로 고속 p로 회전하며 수평면으로 지지되는 꼭짓점 O에서 움직인다. 마찰은 꼭짓점이 $x\text{-}y$ 평면에서 미끄러지는 것을 방지하기에 충분하다. 세차운동 Ω의 방향과 수직 z축에 대해 완전히 1회전하는 주기 τ를 구하라.

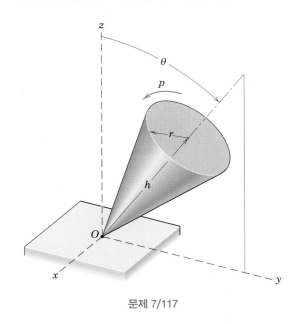

문제 7/117

7/118 질량이 12 kg인 사각 강철판은 샤프트 축에 수직인 평면 $(x\text{-}y)$에서 15° 기울어진 상태로 샤프트에 용접되어 있다. 샤프트와 판은 $N=300$ rev/min의 속도로 고정된 z축을 중심으로 회전하고 있다. 주어진 축에 대한 판의 각운동량 $\mathbf{H}_O$와 그것의 운동에너지 T를 구하라.

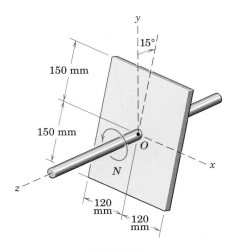

문제 7/118

7/119 반지름 r인 원형판은 수직 z_0축에 대하여 회전할 수 있는 O에서 부착되어 있는 축에 장착되어 있다. 원판이 미끄럼 없이 일정속력으로 돌며, 시간 τ에서 반지름 R의 원을 완전히 한 바퀴 회전한다면 원판의 절대각속도 $\boldsymbol{\omega}$에 대한 식을 구하라. z_0축을 중심으로 회전하는 축 x-y-z를 이용하라. [힌트 : 판의 절대각속도는 축의 각속도에 고정된 x-y-z축이 가지고 있는 것처럼 보이는 축에 대한 상대각속도를 더한 것(벡터적으로)과 같으며 속도 $2\pi/\tau$로 반지름 R의 원형판을 회전시킨다.]

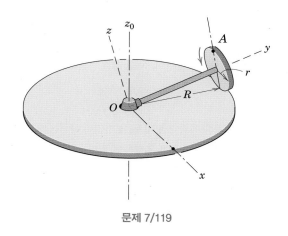

문제 7/119

7/120 문제 7/119의 굴러가는 원형판의 각가속도 $\boldsymbol{\alpha}$를 구하라. 그 문제에 대한 답에서 인용된 결과를 사용하라.

7/121 문제 7/119의 그림에서 표시된 것처럼 원판의 점 A에서의 가속도 $\mathbf{a}$를 구하라.

7/122 윗면은 질량 $m = 0.52$ kg인 링과 무시할 수 있는 질량을 가진 바퀴살이 반지름 $r = 60$ mm인 중앙 점 축에서 장착된 것으로 구성된다. 상단에는 10 000 rev/min의 속도가 주어지며 고정된 위치에 점 O가 유지되도록 수평면에서 움직이기 시작한다. 상단의 축은 그것이 세차운동을 할 때 수직과 각 15°를 이루는 것으로 보인다. 분당 세차운동 순환 수 N을 구하라. 또한 세차운동의 방향을 확인하고 강체와 공간 원추를 도시하라.

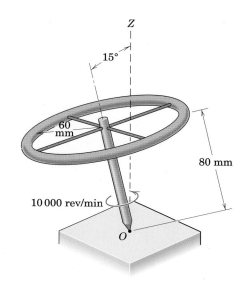

문제 7/122

7/123 100 mm 반지름과 얇은 두께의 균일한 원형판은 3.6 kg의 질량을 가지며 수직 x-z평면에 일정 각 $\beta = 20°$로 기울어 회전하는 평면에 속도 $N = 300$ rev/min으로 y'축을 중심으로 회전하고 있다. 동시에 어셈블리는 속도 $p = 60$ rev/min으로 고정된 z축을 중심으로 회전하고 있다. x-y-z 좌표의 원점 O에 대한 원판만의 각운동량 $\mathbf{H}_O$를 계산하라. 또한 원판의 운동에너지 T를 계산하라.

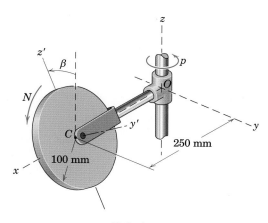

문제 7/123

7/124 문제 7/123의 수정문제로 만약 β가 20°로 일정한 대신에 120 rev/min의 비율로 일정하게 증가한다면, β=20°인 순간에 대한 원판의 각운동량 $\mathbf{H}_O$를 구하라. 또한 원판의 운동에너지 T를 계산하라. T는 β에 종속적인가?

7/125 어떤 특정한 크랭크축의 동적 불균형은 그림과 같이 질량을 무시할 수 있는 막대에 연결된 0.6 kg인 세 개의 작은 구를 축에 장착한 물리학적 모델로 근사된다. 축이 1200 rev/min의 일정속도로 회전한다면 베어링에 작용하는 힘 R_A와 R_B를 계산하라. 중력은 무시하라.

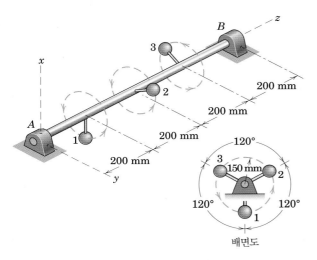

문제 7/125

7/126 두 개의 직각 굴곡 막대는 각 1.2 kg의 질량을 가지며 수평 x-y 평면에 평행하다. 막대들은 일정 각속력 N=1200 rev/min으로 z축을 중심으로 회전하는 수직 차축에 용접되어 있다. 기점 O에서 차축에서 굽힘 모멘트 M을 계산하라.

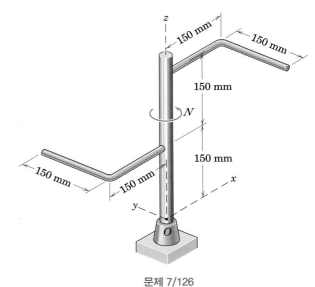

문제 7/126

7/127 $\frac{1}{4}$의 원판은 각각 질량 2 kg을 가지며 O에서 고정된 베어링에 장착된 수직축에 고정되어 있다. 일정 회전 속력 N=300 rev/min에 대하여 축 O에서 굽힘 모멘트의 크기 M을 계산하라. 판은 정확한 $\frac{1}{4}$ 원형 모양으로 취급하라.

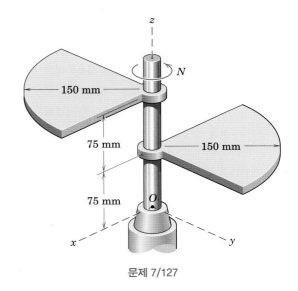

문제 7/127

7/128 200 rad/s^{2}의 초기 각가속도로 시작할 때 문제 7/127의 회전하는 어셈블리에 대한 축 O에서 굽힘 모멘트 M을 계산하라.

진동과 시간응답

이 장의 구성

이러한 경주용 차량의 현가장치의 감쇠기와 코일스프링은 최적의 차량 핸들링을 제공할 수 있도록 신중히 선택되어야 한다.

8.1 서론

복원력이 작용하는 상태에서 진동하거나 외란에 대해 반응하는 물체의 직선운동과 각운동은 동역학에서 아주 중요한 분야이다. 이러한 부류의 몇 가지 예로는 지진에 대한 공학 구조물의 응답, 불평형 회전기계의 진동, 현악기의 시간에 따르는 반응, 바람으로 유기되는 전력선의 진동과 항공기 날개의 진동 등이 있다. 많은 경우, 과도한 진동 레벨은 재료의 한계 또는 인간적인 요소에 따라 반드시 줄여야 한다.

모든 공학 문제에서, 시스템은 물리적 모델로 표현되어야 한다. 때때로 연속 또는 분포-매개변수 시스템(질량과 스프링 요소가 공간상에서 연속적으로 분포되어 있는 시스템)을 불연속 또는 집중-매개변수 모델(질량과 스프링 요소가 집중, 분리되어 있는 모델)로 표현하는 것이 가능할 때가 많다. 특히 이러한 모델링 방법은 연속계의 어떤 부분이 다른 부분에 비하여 상대적으로 크고 무거울 때 바람직하다. 예를 들어, 선박의 프로펠러 축은 종종 원판이 양 끝에 단단히 고정되어 있고, 질량은 없으나 뒤틀림만 가능한 막대로 가정할 수 있다. 이때 원판은 각각 터빈과 프로펠러를 나타낸다. 그다음의 예로서, 스프링의 질량은 부착된 물체의 질량과 견주어 종종 무시된다.

그러나 모든 시스템이 다 불연속 모델로 대치될 수 있는 것이 아니라는 점에 유의해야 함을 강조해 두고자 한다. 예를 들어, 다이빙 선수가 점프한 후 타이밍 보드의 횡진동(transverse vibration)은 다소 어려운 분포매개변수 진동문제이다. 이 장에서는 한 개의 변위 변수로 그 운동이 기술될 수 있는 대상에 국한한 불연속계에 관한 공부부터 시작한다. 이러한 시스템은 '1 자유도(one degree of freedom)를 가지고 있다'고 말한다. 2 자유도 또는 그 이상의 자유도를 갖는 시스템과 연속계를 다루는 방법 등을 포함하는 좀 더 자세한 공부는 진동을 주제로 한 교재를 찾아보아야 할 것이다.

이후의 제8장은 4개의 절로 구성되어 있다. 8.2절에서는 질점의 자유진동을 다루고, 8.3절에서는 질점의 강제진동을 소개한다. 이 두 절은 각각 비감쇠(undamped) 운동과 감쇠(damped) 운동의 범주로 세분된다. 8.4절에서는 강체의 진동에 대하여 설명하고, 끝으로 8.5절에서는 진동문제의 해를 구하기 위한 에너지 방법을 소개한다.

진동의 내용은 제3장과 제6장에서 배운 운동학의 원리를 직접 응용하는 것이다. 특히, 변위변수가 임의의 양의 값을 갖는 경우에 대한 자유물체도를 도시하고 동역학의 적합한 지배방정식을 적용하면, 운동방정식을 구할 수 있을 것이다. 2계 상미분방정식인 운동방정식에서 운동의 진동수, 주기와 시간의 함수로 표현한 운동 그 자체 등의 필요한 모든 정보를 얻을 수 있다.

8.2 질점의 자유진동

스프링으로 지지된 물체가 평형위치에서 외란을 받았을 때, 그 후에는 어떠한 외력도 없이 계속되는 운동을 자유진동(free vibration)이라고 한다. 실제로 자유진동의 모든 경우에 있어서 운동을 감쇠시키고 속도를 줄이는 여러 가지 감쇠력이 존재하며, 이러한 감쇠력은 일반적으로 기계나 유체 마찰에 의한 것이다. 이 장에서는 먼저 감쇠력이 무시될 수 있을 만큼 작은 이상적인 경우를 고려하고, 그다음으로 감쇠력이 어느 정도가 되어 반드시 고려해야 하는 경우를 다룬다.

비감쇠 자유진동의 운동방정식

그림 8.1a와 같은 마찰이 없는 단순한 질량-스프링계의 수평진동을 고려해 보자. 변수 x는 평형위치(이 시스템에서는 스프링의 변형이 없는 위치이기도 하다)로부터의 변위를 나타냄에 주목하라. 또한, 그림 8.1b에는 세 종류의 스프링에 대하여 스프링을 변형하기 위해 필요한 힘과 각각의 스프링에 대한 변형량이 그려져 있다. 응용 분야에 따라서는 비선형인 경화형(hard)이나 연화형(soft) 스프링이 더 유용하기도 하지만, 선형스프링에 대해서만 살펴보도록 한다. 선형스프링은 질량에 복원력 $-kx$를 작용시킨다. 즉, 질량이 오른쪽으로 움직일 때 스프링의 힘은 왼쪽으로 작용하고, 그 반대 방향의 운동에 대해서도 같은 방식으로 유추할 수 있다. 질량 없는 스프링을 인장 또는 압축할 때, 양 끝에 가해지는 힘 F_s와 스프링이 질

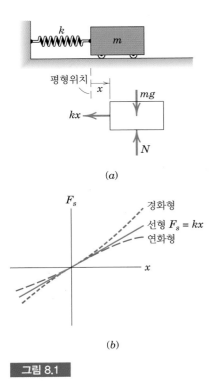

(a)

(b)

그림 8.1

량에 작용하는 같은 크기의 힘 $F = -kx$를 잘 구분해야 한다. 비례상수 k는 스프링상수(spring constant), 계수(modulus) 또는 강성(stiffness)으로 알려져 있고, N/m 또는 lb/ft의 단위를 갖는다.

그림 8.1a의 물체에 대한 운동방정식은 자유물체도로부터 얻을 수 있다. $\Sigma F_x = m\ddot{x}$ 형태인 뉴턴의 제2법칙을 적용하면 다음 식이 얻어진다.

$$-kx = m\ddot{x} \qquad \text{또는} \qquad m\ddot{x} + kx = 0 \qquad (8.1)$$

이 방정식에 기술되어 있듯이 선형복원력을 받는 질량의 진동을 단순조화운동(simple harmonic motion)이라고 하며, 아울러 가속도는 변위에 비례하지만 부호는 반대인 특징이 있다. 식 (8.1)은 일반적으로 다음과 같이 기술한다.

$$\ddot{x} + \omega_n^2 x = 0 \qquad (8.2)$$

여기서

$$\omega_n = \sqrt{k/m} \qquad (8.3)$$

은 그 물리적 의미를 간단명료하게 유추할 수 있도록 해주는 편리한 표현이다.

비감쇠 자유진동의 해

진동이 예상되므로 다음과 같이 x가 시간의 주기함수인 해를 가정한다.

$$x = A \cos \omega_n t + B \sin \omega_n t \qquad (8.4)$$

또는

$$x = C \sin (\omega_n t + \psi) \qquad (8.5)$$

이 식들을 식 (8.2)에 직접 대입하면, 두 식 모두 운동방정식의 해임을 알 수 있다. 상수 A와 B 또는 C와 ψ는 질량의 초기변위 x_0와 초기속도 $\dot{x}_0$에 의해 결정될 수 있다. 예를 들어, 식 (8.4)로부터 시간 $t = 0$일 때의 x와 $\dot{x}$을 계산하면

$$x_0 = A \qquad \text{그리고} \qquad \dot{x}_0 = B\omega_n$$

이 구해진다. 이러한 A와 B를 식 (8.4)에 대입하면 다음과 같이 된다.

$$x = x_0 \cos \omega_n t + \frac{\dot{x}_0}{\omega_n} \sin \omega_n t \qquad (8.6)$$

식 (8.5)의 상수 C와 ψ는 주어진 초기조건을 이용하여 같은 방법에 따라 결정할 수 있다. $t = 0$에서, 식 (8.5)와 시간에 대한 첫 번째 미분값을 계산하면

$$x_0 = C \sin \psi \qquad \text{그리고} \qquad \dot{x}_0 = C\omega_n \cos \psi$$

가 구해진다. C와 ψ에 대하여 풀면

$$C = \sqrt{x_0{}^2 + (\dot{x}_0/\omega_n)^2} \qquad \psi = \tan^{-1}(x_0\omega_n/\dot{x}_0)$$

이다. 이 값들을 식 (8.5)에 대입하면

$$x = \sqrt{x_0{}^2 + (\dot{x}_0/\omega_n)^2} \sin\left[\omega_n t + \tan^{-1}(x_0\omega_n/\dot{x}_0)\right] \qquad (8.7)$$

가 얻어진다. 두 개의 다른 수학적 표현인 식 (8.6)과 (8.7)은 시간에 의존하는 똑같은 운동을 나타낸다. 여기서 $C = \sqrt{A^2 + B^2}$과 $\psi = \tan^{-1}(A/B)$임을 알 수 있다.

운동의 도식적 표현

단순조화운동은 도식적으로 그림 8.2와 같이 나타낼 수 있는데, x는 길이 C의 회전벡터를 수직축에 투영한 것이다. 벡터는 일정한 각속도 $\omega_n = \sqrt{k/m}$로 회전하며, 그 속도를 고유 원진동수(natural circular frequency)라 부르고, 단위는 rad/s이다. 단위시간 동안의 완전한 사이클 수를 고유진동수(natural frequency) $f_n = \omega_n/2\pi$라 하고 단위는 헤르츠[1 hertz (Hz) = 1 cycle per second]이다. 하나의 완전한 운동사이클(기준벡터의 1회전)에 필요한 시간을 그 운동의 주기(period)라고 하며, $\tau = 1/f_n = 2\pi/\omega_n$으로 주어진다.

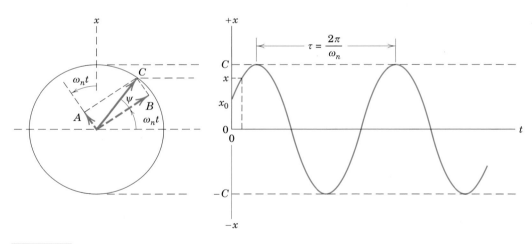

그림 8.2

또한 x는 각각의 크기가 A와 B인 두 개의 직교벡터들의 수직축에 대한 투영의 합이며, 그림으로부터 그 벡터합 C가 진폭(amplitude)이라는 것을 알 수 있다. 벡터 A, B와 C는 일정한 각속도 ω_n으로 함께 회전한다. 따라서, 앞에서 살펴보았듯이 $C = \sqrt{A^2 + B^2}$과 $\psi = \tan^{-1}(A/B)$이다.

기준 평형위치

질점의 비감쇠 자유진동에서 더욱 주목해야 할 사항은 다음과 같다. 그림 8.1a의 시스템이 시계방향으로 90° 회전하여 그림 8.3과 같이 운동의 방향이 수직인 경우에도 x를 평형위치에서의 변위로 정의하면, 운동방정식(그리고 시스템의 모든 성질 역시)은 변하지 않는다는 것이다. 다만 0이 아닌 스프링의 정적 처짐 δ_{st}가 평형위치에 포함된다. 그림 8.3의 자유물체도로부터 뉴턴의 제2법칙에 의해

$$-k(\delta_{st} + x) + mg = m\ddot{x}$$

가 얻어진다. 평형위치 $x = 0$에서 힘의 합은 0이 되어야 하므로

$$-k\delta_{st} + mg = 0$$

이 성립한다. 따라서 운동방정식의 좌변의 힘 $-k\delta_{st}$와 mg는 서로 상쇄되어 운동방정식은

$$m\ddot{x} + kx = 0$$

이 되고, 식 (8.1)과 동일하게 된다.

여기서 변위변수 원점을 스프링의 '변형이 없는 위치' 대신 '정적 평형위치'로 정의하면, 크기는 같고 방향은 반대인 '정적 평형에 관계된 힘들은 상쇄될 수 있음'을 알 수 있다.[*]

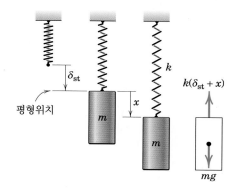

그림 8.3

감쇠 자유진동의 운동방정식

모든 기계류는 어느 정도 고유의 마찰을 가지고 있으며, 따라서 기계적 에너지를 소모한다. 일반적으로 에너지 소산에 대한 마찰력을 표현하는 정밀한 수학적 모델은 복잡하다. 대시포트(**dashpot**) 또는 점성감쇠기는 진동을 제한하거나 감소시키기 위하여 시스템에 추가하는 장치이다. 이는 점성유체로 채워진 실린더와 유체가 피스톤의 한쪽에서 다른 쪽으로 흐를 수 있는 구멍 또는 다른 경로를 가진 피스톤으로 구성되어 있다. 그림 8.4a에 개략적으로 나타낸 바와 같이 배열된 단순한 대시포트는 그림 8.4b에 묘사되었듯이, 그 크기가 질량의 속도에 비례하는 힘 F_d를 작용시킨다. 비례상수 c는 점성감쇠계수(**viscous damping coefficient**)이고 단위는 N · s/m 또는 lb‑sec/ft이다. 질량에 작용하는 감쇠력의 방향은 속도 $\dot{x}$의 반대 방향이므로 작용하는 힘은 $-c\dot{x}$이다.

복잡한 대시포트는 내부의 유량에 의존하는 일방성 밸브를 가지므로, 압축과 확장시에 서로 다른 감쇠계수를 보일 수 있어서 비선형 특성을 나타낼 가능성이

---

[*] 비선형계를 해석할 때에는 평형에 관계된 정적 힘들까지 모든 힘을 포함시켜야 한다.

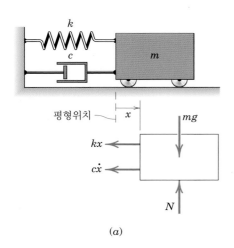

평형위치

x

mg

kx

$c\dot{x}$

N

(a)

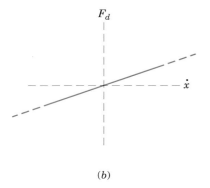

F_d

$\dot{x}$

(b)

그림 8.4

있다. 여기서는 간단한 선형 대시포트로 관심을 제한하도록 한다.

감쇠가 있는 물체의 운동방정식은 그림 8.4a의 자유물체도로부터 구할 수 있다. 뉴턴의 제2법칙에 의해

$$-kx - c\dot{x} = m\ddot{x} \qquad \text{또는} \qquad m\ddot{x} + c\dot{x} + kx = 0 \tag{8.8}$$

이 얻어진다. 이유는 곧 알게 되겠지만 변수치환 $\omega_n = \sqrt{k/m}$과 함께 다음과 같은 무차원 상수를 도입하는 것이 편리하다.

$$\zeta = c/(2m\omega_n)$$

수량 ζ는 점성감쇠인자(viscous damping factor) 또는 감쇠비(damping ratio)라 하고, 감쇠의 정도에 대한 척도를 나타낸다. ζ가 무차원임을 확인해야 한다. 식 (8.8)은 이제 다음과 같이 쓸 수 있다.

$$\ddot{x} + 2\zeta\omega_n\dot{x} + \omega_n^2 x = 0 \tag{8.9}$$

감쇠 자유진동의 해

운동방정식 (8.9)를 풀기 위하여 다음 형태의 해를 가정하자.

$$x = Ae^{\lambda t}$$

식 (8.9)에 대입하면 특성방정식(characteristic equation)은

$$\lambda^2 + 2\zeta\omega_n\lambda + \omega_n^2 = 0$$

이 얻어지고, 근은

$$\lambda_1 = \omega_n(-\zeta + \sqrt{\zeta^2 - 1}) \qquad \lambda_2 = \omega_n(-\zeta - \sqrt{\zeta^2 - 1})$$

이다. 선형계는 중첩의 원리를 적용할 수 있는데, 이는 일반해가 특성방정식의 근으로 얻은 각각의 해의 합임을 의미한다. 그러므로 일반해는 다음과 같다.

$$\begin{aligned} x &= A_1 e^{\lambda_1 t} + A_2 e^{\lambda_2 t} \\ &= A_1 e^{(-\zeta + \sqrt{\zeta^2 - 1})\omega_n t} + A_2 e^{(-\zeta - \sqrt{\zeta^2 - 1})\omega_n t} \end{aligned} \tag{8.10}$$

감쇠운동의 범주

$0 \leq \zeta \leq \infty$이므로 제곱근호 안의 값 $(\zeta^2 - 1) \gtreqless 0$이 될 수 있으므로, 따라서 감쇠운동은 세 가지 범주로 다음과 같이 구분할 수 있다.

 I. $\zeta > 1$[과도감쇠(overdamped)]. 두 근 λ_1과 λ_2는 상이한 음의 실수들이다. 식

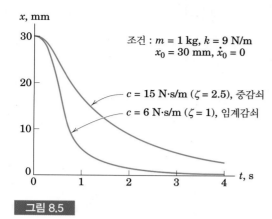

그림 8.5

(8.10)으로 기술되는 운동 x는 감쇠되어 시간 t가 증가함에 따라 0에 접근한다. 진동이 없으므로 운동과 관련된 주기가 없다.

Ⅱ. $\zeta = 1$ [임계감쇠(**critically damped**)]. 근 λ_1과 λ_2는 동일한 음의 실수 $(\lambda_1 = \lambda_2 = -\omega_n)$이고, 중근을 갖는 특별한 경우에 대한 미분방정식의 해는 다음과 같이 주어진다.

$$x = (A_1 + A_2 t)e^{-\omega_n t}$$

그리고 Ⅰ의 경우와 같이, 운동은 감쇠되어 시간 t가 증가함에 따라 x는 0에 접근하고 비주기적이다. 임계감쇠계가 초기속도 또는 변위(또는 모두)에 의해 가진되었을 때 과도감쇠계보다 빨리 평형에 도달한다. 그림 8.5에는 초기속도가 없는($\dot{x}_\theta = 0$) 초기변위 x_0에 대한 과도감쇠계와 임계감쇠계의 실제 응답을 보여주고 있다.

Ⅲ. $\zeta < 1$ [부족감쇠(**underdamped**)]. 제곱근호 안의 값 $(\zeta^2 - 1)$은 음수이고 $e^{(a+b)} = e^a e^b$이므로 식 (8.10)은 다음과 같이 다시 쓸 수 있다.

$$x = \{A_1 e^{i\sqrt{1-\zeta^2}\,\omega_n t} + A_2 e^{-i\sqrt{1-\zeta^2}\,\omega_n t}\}e^{-\zeta\omega_n t}$$

여기서 $i = \sqrt{-1}$이다. $\omega_n \sqrt{1 - \zeta^2}$을 새로운 변수 ω_d로 놓으면 편리하므로

$$x = \{A_1 e^{i\omega_d t} + A_2 e^{-i\omega_d t}\}e^{-\zeta\omega_n t}$$

이다. 오일러의 공식 $e^{\pm ix} = \cos x \pm i \sin x$를 이용하면 위 식은 다음과 같이 된다.

$$
\begin{aligned}
x &= \{A_1(\cos \omega_d t + i \sin \omega_d t) + A_2(\cos \omega_d t - i \sin \omega_d t)\}e^{-\zeta\omega_n t} \\
&= \{(A_1 + A_2)\cos \omega_d t + i(A_1 - A_2)\sin \omega_d t\}e^{-\zeta\omega_n t} \\
&= \{A_3 \cos \omega_d t + A_4 \sin \omega_d t\}e^{-\zeta\omega_n t}
\end{aligned}
$$

$$\text{(8.11)}$$

여기서 $A_3 = (A_1 + A_2)$이고 $A_4 = i(A_1 - A_2)$이다. 식 (8.11)의 중괄호 안에 있는 두 개의 조화함수(harmonic function)의 합은 위상각을 포함하는 한 개의 삼각함수로 바꿀 수 있다는 것을 식 (8.4)와 (8.5)에서 보았다. 따라서 식 (8.11)은

$$x = \{C \sin (\omega_d t + \psi)\}e^{-\zeta \omega_n t}$$

또는

$$x = Ce^{-\zeta \omega_n t} \sin (\omega_d t + \psi) \qquad (8.12)$$

와 같이 표현할 수 있다. 특정한 값에 대하여 그림 8.6에서 나타내었듯이 식 (8.12)는 지수적으로 감소하는 조화함수이다. 주파수

$$\omega_d = \omega_n \sqrt{1 - \zeta^2}$$

을 감쇠 고유진동수(damped natural frequency)라고 한다. 감쇠주기(damped period)는 $\tau_d = 2\pi / \omega_d = 2\pi / (\omega_n \sqrt{1 - \zeta^2})$이다.

감쇠가 없는 경우에 대하여 초기조건으로 표현된 상수 C와 ψ의 식은 감쇠가 있는 경우에는 성립하지 않는다는 데 주목할 필요가 있다. 감쇠가 있는 경우의 C와 ψ를 구하기 위해서는 처음부터 다시 시작해야 하는데, 변위의 일반식 (8.12)와 이를 시간에 대하여 미분한 식을 $t = 0$에 대하여 계산하여 초기변위 x_0 및 초기속도 $\dot{x}_0$와 각각 같다고 놓으면 된다.

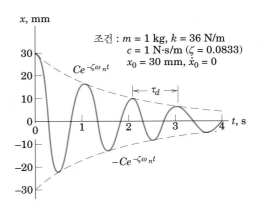

그림 8.6

실험에 의한 감쇠 결정

때때로 부족감쇠계에 대한 감쇠비 ζ를 실험적으로 결정하는 것이 필요하다. 일반적인 이유는 점성감쇠계수 c의 값을 다른 방법으로는 잘 알 수 없기 때문이다. 그림 8.7은 시스템이 초기조건에 의해 가진되는 경우, 변위 x에 대한 시간 t의 그래프를 대략적으로 도시한 것이다. 측정된 두 개의 연속적인 진폭값 x_1과 x_2의 비는

$$\frac{x_1}{x_2} = \frac{Ce^{-\zeta\omega_n t_1}}{Ce^{-\zeta\omega_n(t_1+\tau_d)}} = e^{\zeta\omega_n\tau_d}$$

와 같은 형태가 된다.

대수감소(logarithmic decrement) δ는

$$\delta = \ln\left(\frac{x_1}{x_2}\right) = \zeta\omega_n\tau_d = \zeta\omega_n \frac{2\pi}{\omega_n\sqrt{1-\zeta^2}} = \frac{2\pi\zeta}{\sqrt{1-\zeta^2}}$$

로 정의된다. 이 식을 ζ에 대하여 풀면,

$$\zeta = \frac{\delta}{\sqrt{(2\pi)^2 + \delta^2}}$$

가 얻어진다. 감쇠비가 작을 때, $x_1 \cong x_2$이고 $\delta \ll 1$이므로 $\zeta \cong \delta/2\pi$이다. 만약 x_1과 x_2의 값이 거의 일치하여 실험적으로 구분하는 것이 비현실적일 경우에는 n주기가 떨어져 있는 두 개의 실험진폭을 이용하여 위의 방법을 수정할 수 있다.

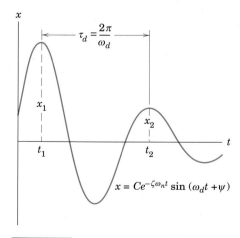

그림 8.7

예제 8.1

10 kg인 물체가 스프링상수 $k = 2.5$ kN/m인 스프링에 매달려 있다. 시간 $t = 0$에서, 물체가 정적 평형위치를 통과할 때 물체는 아래 방향으로 0.5 m/s의 속도를 갖는다. 이때 다음을 결정하라.

(a) 스프링의 정적 처짐 δ_{st}

(b) 시스템의 고유진동수 ω_n(rad/s)와 f_n(cycles/s)

(c) 시스템의 주기 τ

(d) x가 정적 평형위치로부터 측정될 때 시간의 함수로서의 변위 x

(e) 질량이 도달하는 최대속도 v_{max}

(f) 질량이 도달하는 최대가속도 a_{max}

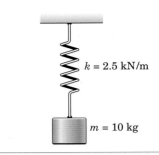

|풀이| (a) 스프링과 변위와의 관계식 $F_s = kx$로부터, 평형상태에서

$$mg = k\delta_{st} \qquad \delta_{st} = \frac{mg}{k} = \frac{10(9.81)}{2500} = 0.0392 \text{ m 또는 } 39.2 \text{ mm} \quad ①$$ 답

(b)
$$\omega_n = \sqrt{\frac{k}{m}} = \sqrt{\frac{2500}{10}} = 15.81 \text{ rad/s}$$ 답

$$f_n = (15.81)\left(\frac{1}{2\pi}\right) = 2.52 \text{ cycles/s}$$ 답

(c)
$$\tau = \frac{1}{f_n} = \frac{1}{2.52} = 0.397 \text{ s}$$ 답

(d) 식 (8.6)으로부터

$$x = x_0 \cos \omega_n t + \frac{\dot{x_0}}{\omega_n} \sin \omega_n t \quad ②$$

$$= (0) \cos 15.81t + \frac{0.5}{15.81} \sin 15.81t$$

$$= 0.0316 \sin 15.81t \text{ m 또는 } 31.6 \sin 15.81t \text{ mm}$$ 답

연습 삼아, 또 다른 식 (8.7)을 이용하여 x를 구하면

$$x = \sqrt{{x_0}^2 + (\dot{x_0}/\omega_n)^2} \sin\left[\omega_n t + \tan^{-1}\left(\frac{x_0 \omega_n}{\dot{x_0}}\right)\right]$$

$$= \sqrt{0^2 + \left(\frac{0.5}{15.81}\right)^2} \sin\left[15.81t + \tan^{-1}\left(\frac{(0)(15.81)}{0.5}\right)\right]$$

$$= 0.0316 \sin 15.81t \text{ m}$$

(e) 속도를 나타내는 식은 $\dot{x} = 15.81(0.0316) \cos 15.81t = 0.5 \cos 15.81t$ m/s이다.

코사인함수는 1과 -1 사이의 값을 가지므로 최대속도 v_{max}는 0.5 m/s가 되는데, 이는 위의 경우에 초기속도이다. 답

(f) 가속도를 나타내는 식은 다음과 같다.

$$\ddot{x} = -15.81(0.5) \sin 15.81t = -7.91 \sin 15.81t \text{ m/s}^2$$

따라서 최대가속도 a_{max}는 7.91 m/s²이 된다. 답

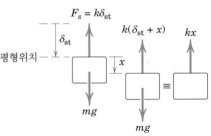

|도움말|

① 항상 단위에 관해서 주의를 기울여야 한다. 진동에 관한 과목에서 계산 시 자주 등장하는 feet, inch, cycle, radian 등의 단위들을 혼용할 때 계산상의 실수를 범하기가 쉽다.

② 지금과 같이 정적 평형위치를 기준으로 운동을 기술한 시스템은 수평으로 진동하는 시스템과 운동방정식의 해가 일치함을 주목하라.

예제 8.2

8 kg인 물체가 평형위치에서 오른쪽으로 0.2 m 이동한 후 시간 $t = 0$에서 정지상태로부터 놓여졌다. $t = 2$ s에서 물체의 변위를 결정하라. 단 점성감쇠계수 c는 20 N · s/m이고, 스프링상수 k는 32 N/m이다.

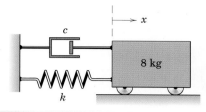

|풀이| 먼저 위의 시스템이 부족감쇠, 임계감쇠 또는 과도감쇠인지 결정하기 위해 감쇠비 ζ를 계산하면

$$\omega_n = \sqrt{k/m} = \sqrt{32/8} = 2 \text{ rad/s} \qquad \zeta = \frac{c}{2m\omega_n} = \frac{20}{2(8)(2)} = 0.625$$

이고, $\zeta < 1$이므로 이 시스템은 경감쇠이다. 감쇠 고유진동수는 $\omega_d = \omega_n\sqrt{1 - \zeta^2} = 2\sqrt{1 - (0.625)^2} = 1.561$ rad/s와 같이 구할 수 있다. 이 운동의 변위는 식 (8.12)에 주어져 있고 다음과 같다.

$$x = Ce^{-\zeta\omega_n t} \sin (\omega_d t + \psi) = Ce^{-1.25t} \sin (1.561t + \psi)$$

이때 속도는

$$\dot{x} = -1.25Ce^{-1.25t} \sin (1.561t + \psi) + 1.561Ce^{-1.25t} \cos (1.561t + \psi)$$

이고, $t = 0$에서 변위와 속도를 계산하면

$$x_0 = C \sin \psi = 0.2 \qquad \dot{x}_0 = -1.25C \sin \psi + 1.561C \cos \psi = 0$$

이 된다. 위의 방정식들을 C와 ψ에 대해 풀면 $C = 0.256$ m, $\psi = 0.896$ rad이 된다. 따라서 변위를 미터 단위로 나타내면

$$x = 0.256e^{-1.25t} \sin (1.561t + 0.896) \text{ m}$$

이 얻어지고, $t = 2$ s에서 변위를 계산하면 $x_2 = -0.01616$ m와 같이 된다. ①

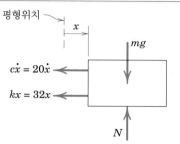

|도움말|

① 변위를 나타내는 식에서 $e^{-1.25t}$은 $t = 2$ s에서 0.0821의 값을 갖는다. 따라서 $\zeta = 0.625$일 때, 시스템은 전체적으로 진동 형상을 보이면서 또한 강한 감쇠거동을 보인다는 것을 알 수 있다.

예제 8.3

중심이 고정되어 있는 두 개의 풀리가 같은 각속도 ω_0로 서로 반대방향으로 돌고 있다. 그림에서와 같이 둥근 막대가 풀리의 중심에서 벗어나 풀리 위에 놓여 있다. 이 운동에서 막대의 고유진동수를 결정하라. 단, 막대와 풀리 사이의 운동마찰계수는 μ_k이다.

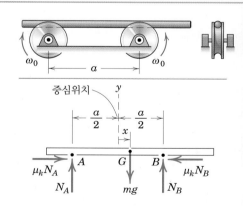

|풀이| 그림은 중심위치로부터 임의의 x 위치에 대한 막대의 자유물체도를 그린 것이다. 지배방정식은 다음과 같다.

$[\Sigma F_x = m\ddot{x}]$ $\qquad\qquad \mu_k N_A - \mu_k N_B = m\ddot{x}$

$[\Sigma F_y = 0]$ $\qquad\qquad N_A + N_B - mg = 0$

$[\Sigma M_A = 0]$ $\qquad\qquad aN_B - \left(\frac{a}{2} + x\right)mg = 0$ ①

첫 번째 방정식에서 N_A와 N_B를 소거하면

$$\ddot{x} + \frac{2\mu_k g}{a} x = 0 \quad ②$$

위 방정식은 식 (8.2)와 같은 형태임을 알 수 있다. 따라서 고유진동수를 rad/s로 표현하면 $\omega_n = \sqrt{2\mu_k g/a}$이고 cycles/s로 표현하면 다음과 같다.

$$f_n = \frac{1}{2\pi} \sqrt{2\mu_k g/a}$$

|도움말|

① 막대가 가늘고 회전하지 않으므로 풀이에서처럼 모멘트 평형방정식을 사용할 수 있다.

② 풀이를 보면 운동방정식에 각속도 ω_0가 나타나지 않는다. 이는 운동마찰력이 접촉 표면에서의 상대속도에 의존하지 않는다는 가정으로부터 기인한다.

연습문제

(특별한 지시사항이 없으면 운동을 기술하는 모든 변수가 평형 위치를 기준으로 한다고 가정하라.)

비감쇠, 자유진동

8/1 질량이 3 kg인 칼라가 미지의 스프링상수를 가지는 스프링에 연결된 팬 위에 올려질 때, 팬의 추가 정적 변형은 40 mm로 관찰되었다. 스프링상수 k를 N/m, lb/in 또는 lb/ft로 결정하라.

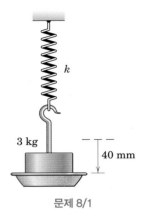

문제 8/1

8/2 질량-스프링 시스템의 고유진동수를 단위 초당 라디안(rad/s)과 단위 초당 사이클수(Hz)로 결정하라.

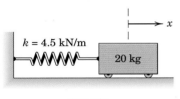

문제 8/2

8/3 문제 8/2의 시스템에서 질량이 평형위치로부터 왼쪽으로 30 mm 떨어진 지점에서 오른쪽 방향으로 120 mm/s의 초기속도로 놓아질 때, 시간에 대한 변위 x의 함수를 결정하라. 또한 운동의 진폭 C를 결정하라.

8/4 그림에 도시된 것과 같이 질량-스프링 시스템에서 실린더가 평형위치로부터 아래쪽으로 100 mm 떨어진 지점에서 정지 상태에서 놓아질 때 나타나는 정적 변형 δ_{st}, 시스템의 주기 τ, 최대 속도 v_{max}를 결정하라.

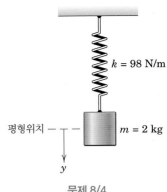

문제 8/4

8/5 문제 8/4의 시스템에서 실린더가 평형위치로부터 아래쪽으로 100 mm 떨어진 지점에서 $t=0$일 때 놓아진다. $t=3$ s일 때 위치 y, 속도 v, 가속도 a를 결정하라. 또한 최대 가속도를 결정하라.

8/6 그림에 도시된 것과 같은 시스템의 고유진동수를 단위 초당 사이클수로 결정하라. 도르래의 질량 및 마찰은 무시하라. 질량이 m인 블록은 수평상태로 유지한다고 가정하라.

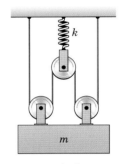

문제 8/6

8/7 질량이 100 kg인 물체가 아래 방향으로 0.5 m/s 속도로 평형위치를 지날 때, 최대 가속도 a_{max}의 크기를 계산하라. 두 스프링의 강성은 각각 $k=180$ kN/m이다.

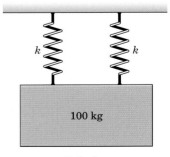

문제 8/7

8/8 질량이 **30 kg**인 실린더가 발생시킨 평형상태에서의 코일 스프링의 정적 변형은 **50 mm**이다. 실린더가 추가적으로 **25 mm**만큼 눌리고 정지상태에서 놓아질 때, 수직방향으로 진동하는 실린더의 고유진동수 f_n을 단위 초당 사이클수(Hz)로 계산하라.

문제 8/8

8/9 문제 8/8에서 실린더의 평형위치로부터의 아래 방향을 양의 방향으로 정했을 때, **25 mm**만큼의 추가 변형위치에서 놓아진 순간을 $t=0$으로 하여 측정된 초 단위의 시간 t에 대한 수직방향으로의 변위 x를 결정하라.

8/10 그림에 도시된 것과 같은 시스템의 고유진동수를 단위 초당 라디안으로 결정하라. 도르래의 질량과 마찰은 무시하라.

문제 8/10

8/11 노후된 차가 픽업 크레인의 자석에 의해 지면으로부터 가까운 거리에서 낙하하고 있다. 낡은 완충 장치의 감쇠 효과는 무시하고, 지면과 충돌 이후 수직방향으로 진동하는 고유진동수를 단위 초당 사이클수(Hz)로 계산하라. 질량이 **1000 kg**인 차에 있는 네 개의 스프링상수는 각각 **17.5 kN/m**이다. 질량중심이 차축 사이의 중간에 위치해 있고, 차량이 수평상태를 유지하면서 낙하하기 때문에 어떠한 회전운동도 발생하지 않는다. 문제풀이에 사용한 가정이 있다면 서술하라.

문제 8/11

8/12 질량이 **4000 kg**인 계량기를 스프링으로 지지하는 시스템을 설계할 때 하중이 없는 수직방향으로 자유진동하는 진동수가 단위 초당 3사이클수를 넘지 않도록 한다. (a) 세 개의 동일한 스프링에서 허용 가능한 각각의 최대 스프링상수 k를 결정하라. (b) 이 스프링상수에 대하여, 질량이 **40 Mg**인 트럭에 의해 하중을 받는 플랫폼의 수직 방향으로의 고유진동수 f_n을 결정하라.

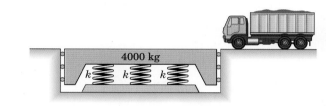

문제 8/12

8/13 그림에 도시된 것과 같이 두 가지 경우에서 각각의 질량이 원래의 진동수로 진동하도록 각각의 스프링을 강성 k(등가 스프링강성)의 단일 스프링으로 대체하라.

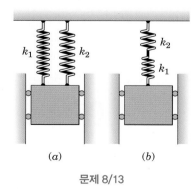

문제 8/13

8/14 미끄러짐이 없다고 가정할 때, 시스템의 주기가 0.75초가 되도록 질량이 6 kg인 카트 윗면에 놓이는 블록의 질량 m을 결정하라. 카트가 평형위치로부터 50 mm 이동한 후 정지상태에서 놓아질 때, 블록이 미끄러져 카트와의 상대운동이 나타나지 않도록 하는 정지마찰계수 μ_s의 최솟값을 구하라.

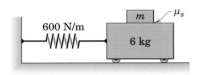

문제 8/14

8/15 에너지를 흡수하는 차량 범퍼는 등가 스프링상수 525 kN/m이며 초기에 변형되지 않은 스프링을 가지고 있다. 질량이 1200 kg인 차가 8 km/h의 속력으로 거대한 벽에 접근하고 있다. 충돌 순간을 $t=0$으로 정할 때, 벽과 접촉하는 동안 (a) 시간 t에 대한 차의 속도 v의 함수를 결정하고, (b) 범퍼의 최대변위 x_{max}를 결정하라.

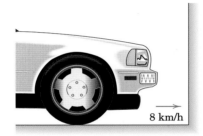

문제 8/15

8/16 55 kg의 여성이 양단이 지지된 판의 중심에 서있으며 이로 인해 판의 중간지점에 22 mm의 처짐이 발생한다. 여성이 수직방향의 진동을 발생시키기 위해 무릎을 약간 굽힐 때, 진동의 주파수 f_n은 무엇인가? 판은 탄성적으로 거동하며 상대적으로 작은 판의 질량은 무시할 수 있다고 가정한다.

문제 8/16

8/17 그림에 도시된 것과 같이 1층짜리 건물 모델이 있다. 회전운동이 일어나지 않게 윗부분과 아랫부분을 고정시키는 두 개의 가벼운 탄성 직선기둥이 질량이 m인 막대를 지지하고 있다. 각각의 기둥에 대하여 그림의 오른쪽 부분처럼 힘 P와 모멘트 M이 작용할 때 휨 δ는 $\delta=PL^3/12EI$로 주어지고, 이때 L은 유효 기둥길이, E는 영률, I는 중립축에 대한 기둥의 단면적의 면적 관성모멘트이다. 그림에 도시된 것과 같이 기둥이 굽혀질 때 막대가 수평방향으로 진동하는 고유진동수를 결정하라.

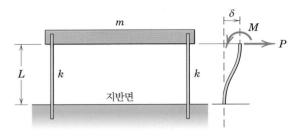

문제 8/17

8/18 그림에 도시된 것과 같은 시스템의 고유 원진동수 ω_n을 계산하라. 도르래의 질량과 마찰은 무시하라.

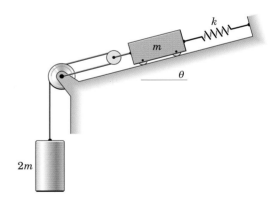

문제 8/18

▶8/19 질량이 m인 슬라이더의 운동은 그림에 도시된 것과 같은 수평 슬롯에 제한된다. 두 개의 선형 스프링의 스프링상수는 k이다. 작은 y에 대해서, y^3과 그 이상의 차수를 가진 항을 포함하는 비선형 운동방정식을 유도하라. $y=0$일 때 두 개의 스프링은 늘어나지 않은 상태이다. 마찰은 무시하라.

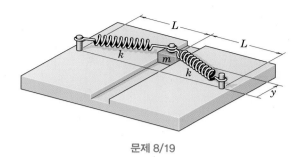

문제 8/19

감쇠, 자유진동

8/20 그림에 도시된 것과 같은 단순 질량-스프링-감쇠기 시스템의 감쇠비 ζ를 결정하라.

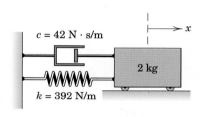

문제 8/20

8/21 질량이 **1 kg**인 감쇠 선형 진동계의 주기 τ_d는 0.3초이다. 지지하는 선형 스프링의 강성이 **800 N/m**일 때, 점성감쇠계수 c를 계산하라.

8/22 점성감쇠가 초기에 비감쇠였던 질량-스프링 시스템에 더해졌다. 감쇠 고유진동수 ω_d가 원래 비감쇠 시스템의 고유진동수의 **90%**가 되도록 하는 감쇠비 ζ을 계산하라.

8/23 비감쇠 질량-스프링 시스템에 감쇠가 더해지면 주기가 **25%**만큼 증가한다. 감쇠비 ζ을 결정하라.

8/24 그림에 도시된 것과 같은 시스템이 임계감쇠의 특성을 갖도록 하는 점성감쇠계수 c를 결정하라.

문제 8/24

8/25 문제 8/20의 질량이 **2 kg**인 물체가 평형위치로부터 오른쪽으로 x_0만큼 떨어진 정지상태에서 놓아진다. 놓아진 순간을 t =0이라 할 때, 시간 t에 대한 변위 x의 함수를 결정하라.

8/26 작은 감쇠가 나타나는 진동에서는 연속된 두 주기에서 거의 동일한 진폭을 가지기 때문에 정확한 결과를 얻기 어렵다. 다음 그림은 이때 측정된 변위-시간 관계를 보여준다. N 주기만큼 떨어져 측정된 진폭 x_0와 x_N에 근거하여 점성감쇠비 ζ에 대한 표현을 수정하라.

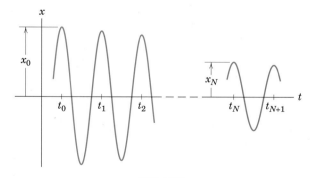

문제 8/26

8/27 질량이 1.10 kg인 선형 조화진동자가 점성감쇠운동을 하고 있다. 진동수가 10 Hz이고, 한 주기만큼 떨어진 연속된 두 진폭이 4.65 mm와 4.30 mm로 주어질 때, 점성감쇠계수 c를 계산하라.

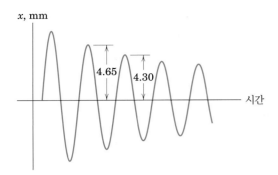

문제 8/27

8/28 문제 8/12의 계량기에 하중이 없는 경우 연속된 진폭값의 비율을 4로 제한하기 위해 두 개의 점성감쇠기를 추가하였다. 각 감쇠기에 필요한 점성감쇠계수 c를 결정하라.

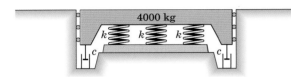

문제 8/28

8/29 그림에 도시된 것과 같은 시스템의 변수 x_1에 대한 미분 운동 방정식을 유도하라. 링크의 마찰과 질량을 무시하라.

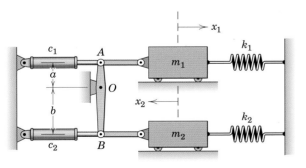

문제 8/29

8/30 그림에 도시된 것과 같이 시스템이 초기 위치 x_0에서 정지상태에서 놓아진다. 오버슈트된 변위 x_1을 결정하라. x방향으로 병진운동을 한다고 가정하라.

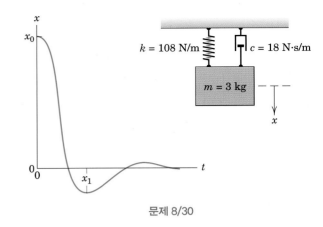

문제 8/30

8/31 그림에 도시된 것과 같은 임계감쇠 시스템의 질량이 시간 $t=0$일 때 $x_0>0$의 위치에서 음의 초기 속도로 놓아졌다. 질량이 평형위치를 지날 수 있는 초기 속도의 임곗값 $(\dot{x}_0)_c$를 결정하라.

8/32 그림에 도시된 것과 같은 시스템의 질량이 $t=0$일 때 $x_0=150$ mm에서 정지상태에서 놓아진다. (a) $c=200$ N · s/m인 경우와 (b) $c=300$ N · s/m인 경우 $t=0.5$ s일 때 변위 x를 결정하라.

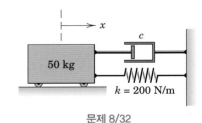

문제 8/32

8/33 질량이 1600 kg인 픽업 트럭의 주인이 450 N의 일정한 힘을 후륜의 범퍼에 작용하고 75 mm의 정적 변형을 측정함으로써 후륜 완충장치의 작용을 시험했다. 힘의 작용을 급격히 멈추게 되면 범퍼가 상승하게 되고 이후 첫 번째로 다시 하강할 때, 힘이 작용하지 않을 때의 범퍼의 평형위치에서 아래로 최대 12 mm만큼 떨어진다. 이러한 움직임을 트럭의 질량의 절반에 해당하는 등가질량을 갖는 1차원 문제로 취급하라. 움직임이 수직방향으로만 이루어진다고 가정하고, 뒤쪽 끝에서의 점성감쇠비 ζ와 각 완충장치의 점성감쇠계수 c을 구하라.

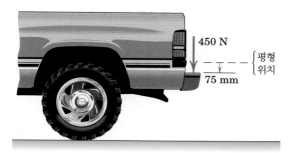

문제 8/33

8/34 2 kg인 질량이 평형위치로부터 오른쪽으로 x_0만큼 떨어진 지점에서 정지상태에서 놓아졌다. 시간에 대한 변위 x의 함수를 결정하라.

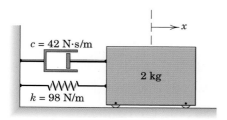

문제 8/34

8/35 그림에 도시된 것과 같은 시스템의 변수 x에 대한 운동방정식을 결정하라. 감쇠비 ζ를 그림에 도시된 것과 같은 시스템의 특성으로 표현하라. 크랭크 AB의 질량은 무시하고, 평형위치를 기준으로 미소진동을 한다고 가정하라.

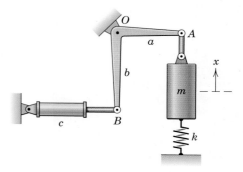

문제 8/35

▶8/36 그림에 도시된 것과 같이 운동마찰계수가 μ_k이고 각 스프링의 강성이 $k/2$인 블록이 쿨롱감쇠인 경우에 대해 조사하라. 블록은 평형위치로부터 x_0만큼 이동한 후 놓아진다. 운동 미분방정식을 결정하고 해를 구하라. 결과로 나타나는 진동을 그리고, 시간에 대한 진폭의 감쇠비율 r을 표시하라.

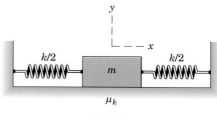

문제 8/36

자동차 현가장치 시스템의 진동시험

8.3 질점의 강제진동

자유진동은 많은 문제에 중요하게 응용될 수 있지만, 가장 중요한 부류의 진동문제는 외란을 일으키는 힘에 의하여 계속적으로 운동이 가진되는 경우이다. 외란을 일으키는 힘은 외부에서 가해지거나 불평형 회전부에 의해 시스템 내부에서 생성된다. 또한 강제진동은 시스템 지지부의 운동에 의해 가진될 수도 있다.

조화가진

그림 8.8에 여러 종류의 가진함수 $F = F(t)$와 지지부 변위 $x_B = x_B(t)$가 그려져 있다. 그림 8.8a에 보이는 조화력은 실제 공학문제에서 자주 접할 수 있으며, 조화력과 관련된 해석을 이해하는 것은 좀 더 복잡한 형태의 문제를 공부하는 데 필수적인 첫 단계이다. 이러한 이유로 관심의 초점을 조화가진에 맞추겠다.

먼저, 그림 8.9a에 보이는 바와 같이 물체에 외부 조화력 $F = F_0 \sin \omega t$가 작용되는 시스템을 고려해 보자. 여기서 F_0는 가진력의 진폭이고 ω는 구동주파수(단위 : radian per second)이다. 시스템의 성질인 $\omega_n = \sqrt{k/m}$과 시스템에 가해지는 힘의 성질인 ω를 혼동하지 않도록 주의해야 한다. 또한 힘이 $F = F_0 \cos \omega t$일 때에는 결과에서 $\sin \omega t$ 대신에 $\cos \omega t$로 대입하면 된다.

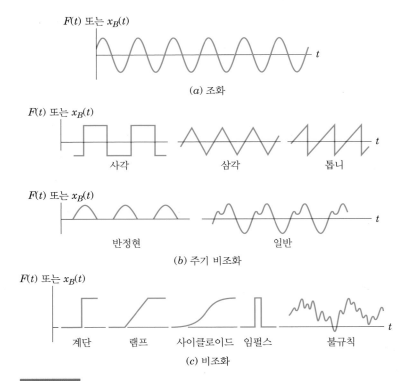

$F(t)$ 또는 $x_B(t)$

(a) 조화

$F(t)$ 또는 $x_B(t)$

사각   삼각   톱니

$F(t)$ 또는 $x_B(t)$

반정현   일반

(b) 주기 비조화

$F(t)$ 또는 $x_B(t)$

계단   램프   사이클로이드   임펄스   불규칙

(c) 비조화

그림 8.8

그림 8.9a의 자유물체도에 뉴턴의 제2법칙을 적용하면 다음이 얻어진다.

$$-kx - c\dot{x} + F_0 \sin \omega t = m\ddot{x}$$

8.2절과 똑같이 변수를 대입하면 운동방정식의 표준형태는 다음과 같이 된다.

$$\ddot{x} + 2\zeta\omega_n\dot{x} + \omega_n^2 x = \frac{F_0 \sin \omega t}{m} \tag{8.13}$$

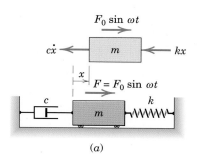

(a)

바닥가진

많은 경우에, 질량이 가진되는 것은 직접적인 가진력 때문이 아니고, 스프링 또는 다른 연성 마운팅(mounting)을 통해 질량에 연결된 바닥 또는 지지부의 움직임 때문이다. 이러한 응용 예로는 지진계, 자동차의 현가장치, 지진에 의해 흔들리는 구조물 등을 들 수 있다.

바닥의 조화운동은 조화력이 직접 작용하는 것과 등가이다. 이것을 증명하기 위하여 그림 8.9b와 같이 움직일 수 있는 지지부에 스프링이 연결된 시스템을 생각해 보자. 자유물체도는 지지부가 중립위치에 있다고 할 때, 중립 또는 평형위치에서 거리 x만큼 움직인 질량에 대한 것이다. 그리고 지지부는 조화운동 $x_B = b \sin \omega t$를 한다고 가정하자. 스프링의 변형량은 질량과 지지부의 관성변위의 차이임에 주목하라. 자유물체도에 뉴턴의 제2법칙을 적용하면

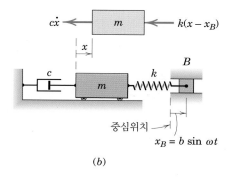

(b)

그림 8.9

$$-k(x - x_B) - c\dot{x} = m\ddot{x}$$

또는

$$\ddot{x} + 2\zeta\omega_n\dot{x} + \omega_n^2 x = \frac{kb \sin \omega t}{m} \tag{8.14}$$

를 구할 수 있다. 식 (8.14)에서 kb를 F_0로 대체하면 기본 운동방정식 (8.13)과 정확히 일치함을 알 수 있다. 결과적으로, 앞으로 배울 모든 결과를 식 (8.13) 또는 (8.14)에 적용할 수 있다.

비감쇠 강제진동

먼저, 감쇠를 무시할 수 있는 경우($c = 0$)를 다루자. 기본 운동방정식 (8.13)은

$$\ddot{x} + \omega_n^2 x = \frac{F_0}{m} \sin \omega t \tag{8.15}$$

로 단순화된다.

식 (8.15)의 전체 해는 보조해(complementary solution) x_c[식 (8.15)의 우변이 0일 때의 일반해]와 특수해(particular solution) x_p(전체 식에 대한 가능한 모든 해)의 합으로서 $x = x_c + x_p$이다. 보조해는 이미 8.2절에서 구하였다. 그리고 특수해는 가진력에 대한 응답이 가진력과 같은 꼴이어야 한다는 가정으로부터 구한다.

이를 위하여

$$x_p = X \sin \omega t \qquad (8.16)$$

를 가정한다. 여기서 X는 특수해의 진폭(단위는 길이)이다. 이 가정해를 식 (8.15)에 대입하고 X에 대하여 풀면

$$X = \frac{F_0/k}{1 - (\omega/\omega_n)^2} \qquad (8.17)$$

가 얻어진다. 그러므로 특수해는 다음과 같다.

$$x_p = \frac{F_0/k}{1 - (\omega/\omega_n)^2} \sin \omega t \qquad (8.18)$$

과도해(transient solution)로 알려진 보조해는 여기서 특별한 의미가 없다. 왜냐하면, 실제로 완전히 제거할 수는 없는 적은 양의 감쇠로도 과도해는 시간이 지나면서 감소하여 없어지기 때문이다. 감소 없이 계속되는 운동을 기술하는 특수해를 정상상태해(steady-state solution)라고 하며, 그 주기는 $\tau = 2\pi/\omega$로 가진함수의 주기와 같다.

주요 관심사항은 운동의 진폭 X이다. δ_{st}를 정적 하중 F_0에 따르는 질량의 정적 변위의 크기라고 하면 $\delta_{st} = F_0/k$이고, 식 (8.18)로부터

$$M = \frac{X}{\delta_{st}} = \frac{1}{1 - (\omega/\omega_n)^2} \qquad (8.19)$$

의 비율을 구할 수 있다. 비율 M은 **진폭비**(amplitude ratio) 또는 **확대계수**(magnification factor)라고 하며, 진동의 심한 정도를 재는 척도이다. 특히 ω가 ω_n에 접근할 때 M은 무한대에 접근함에 주목해야 한다. 따라서 감쇠가 없는 시스템이 조화력에 의해 가진되고, 그 가진주파수 ω가 시스템의 고유진동수 ω_n에 근접하면 M, 즉 X는 한없이 증가한다. 물리적으로는 운동의 진폭이 부착된 스프링의 한곗값에 도달할 수 있다는 것이며, 따라서 회피해야 할 조건이다.

ω_n의 값은 **공진주파수**(resonant frequency) 또는 **임계주파수**(critical frequency)로 알려져 있고, ω가 ω_n에 매우 가까워 변위의 진폭 X를 아주 크게 만드는 상태를 **공진**(resonance)이라고 한다. $\omega < \omega_n$일 때 확대계수 M은 (+)값이고 진동은 가진력 F와 위상이 일치(in-phase)한다. $\omega > \omega_n$일 때 확대계수 M은 (−)값이고 진동은 가진력 F와 180°의 위상차이(out-of-phase)가 발생한다. 그림 8.10에는 M의 절댓값이 구동주파수 비 ω/ω_n의 함수로 그려져 있다.

감쇠 강제진동

이제 강제진동식을 위해 감쇠를 다시 도입하자. 기본 운동미분방정식은

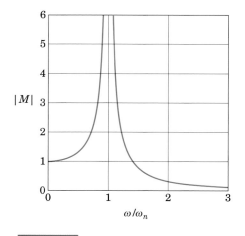

그림 8.10

$$\ddot{x} + 2\zeta\omega_n\dot{x} + \omega_n^2 x = \frac{F_0 \sin \omega t}{m} \qquad [8.13]$$

이다. 완전해는 보조해 x_c[식 (8.13)의 우변이 0일 때의 일반해]와 특수해 x_p[전체 식에 대한 가능한 모든 해]의 합이다. 8.2절에서 이미 보조해 x_c를 구하였다. 감쇠의 영향이 없을 때 사용할 수 있었던 것과 같은 한 개의 사인 또는 코사인 식은 감쇠가 있는 경우의 특수해를 구하기에는 불충분하다. 따라서, 다음의

$$x_p = X_1 \cos \omega t + X_2 \sin \omega t \qquad \text{또는} \qquad x_p = X \sin (\omega t - \phi)$$

식을 시도해 보자. 후자의 식을 식 (8.13)에 대입하여 $\sin \omega t$와 $\cos \omega t$의 계수를 맞춰서 얻는 두 개의 방정식을 풀면

$$X = \frac{F_0/k}{\{[1 - (\omega/\omega_n)^2]^2 + [2\zeta\omega/\omega_n]^2\}^{1/2}} \qquad (8.20)$$

$$\phi = \tan^{-1}\left[\frac{2\zeta\omega/\omega_n}{1 - (\omega/\omega_n)^2}\right] \qquad (8.21)$$

이 얻어진다. 이제 부족감쇠계의 완전해는 다음과 같이 쓸 수 있다.

$$x = Ce^{-\zeta\omega_n t} \sin (\omega_d t + \psi) + X \sin (\omega t - \phi) \qquad (8.22)$$

우변의 첫째 항은 시간의 경과에 따라 감소하기 때문에 과도해라고 한다. 특수해 x_p는 정상상태해라고 하며 우리의 주요관심의 대상이다. 초기조건으로부터 결정될 수 있는 C와 ψ 그리고 시간변수 t를 제외하고 식 (8.22)의 우변의 모든 양은 시스템과 가진력의 성질이다.

KEY CONCEPTS   **확대계수와 위상각**

공진 근처에서 정상상태해의 크기 X는 감쇠비 ζ와 무차원 주파수비 ω/ω_n에 의해 강하게 지배되는 함수이다. 그리고 무차원비 $M = X/(F_0/k)$의 형태로 **진폭비(amplitude ratio)** 또는 **확대계수(magnification factor)**를 다음과 같이 정의하는 것이 편리하다.

$$M = \frac{1}{\{[1 - (\omega/\omega_n)^2]^2 + [2\zeta\omega/\omega_n]^2\}^{1/2}} \qquad (8.23)$$

여러 가지 감쇠비 ζ값에 대한 확대계수 M 대 주파수비 ω/ω_n의 정확한 그래프를 그림 8.11에 나타내었다. 조화가진할 때의 1 자유도 시스템의 강제진동에 대한 이 그림으로부터 매우 중요한 정보들을 알 수 있다. 그래프에서 분명히 볼 수 있듯이, 운동의 진폭이 과도할 때 두 가지 방법이 있을 것이다. (a) 감쇠를 증가(보다 큰 ζ의 값을 얻기 위하여) 시키거나, (b) 구동주파수 ω를 변경시켜서 공진주파수 ω_n으로부터 더 멀리 떨어지게 하는 것이다. 공진 근처에서는 감쇠를 추가하는 것이 가장 효과적이다. 그림 8.11로부터 $\zeta = 0$인 경우를 제외하면 확대계수 곡선이 $\omega/\omega_n = 1$에서 정점이 아니라는 것을 알 수 있다. 주어진 ζ값에 대한 정점은 식 (8.23)으로부터 M의 최댓값을 찾음으로써 계산할 수 있다.

식 (8.21)의 위상각 ϕ는 0에서 π까지 변화하며, 주기의 일부분(그러므로 시간)을 나타내고, 그만큼 응답 x_p가 가진함수 F

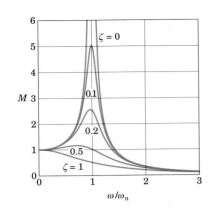

그림 8.11

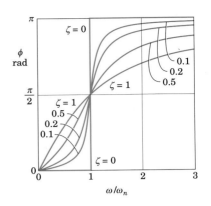

그림 8.12

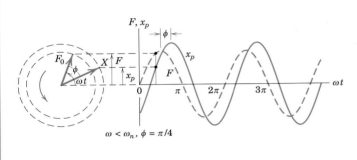

$\omega < \omega_n,\ \phi = \pi/4$

에 뒤처진다. 그림 8.12에는 여러 가지 감쇠비 ζ에 대하여 위상각 ϕ가 주파수비에 따라 어떻게 변화하는가를 나타내고 있다. $\omega/\omega_n = 1$일 때 ϕ의 값은 모든 감쇠비 ζ 값에 대하여 90°임에 주목하라. 응답과 가진함수 사이의 위상차이를 더 설명하기 위하여 그림 8.13에는 ωt에 대한 F와 x_p의 변화에 관한 두 가지 예가 있다. 첫 번째의 예에서, $\omega < \omega_n$이고 ϕ는 $\pi/4$이다. 두 번째 예에서, $\omega > \omega_n$이고 ϕ는 $3\pi/4$이다.

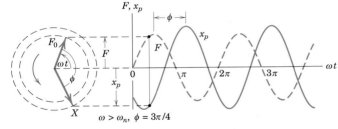

$\omega > \omega_n,\ \phi = 3\pi/4$

그림 8.13

응용

때때로 지진계나 가속도계와 같이 진동을 측정하는 도구들은 조화가진의 응용으로서 소개된다. 그림 8.14a는 이러한 종류의 기구의 요소들을 나타낸 것이다. 전체 시스템은 프레임의 운동 x_B를 가짐에 주목하자. x가 프레임에 대한 질량의 위치를 표시할 때 뉴턴의 제2법칙을 적용하면,

$$-c\dot{x} - kx = m\,\frac{d^2}{dt^2}(x + x_B) \qquad \text{또는} \qquad \ddot{x} + \frac{c}{m}\,\dot{x} + \frac{k}{m}\,x = -\ddot{x}_B$$

가 얻어진다. 여기서 $(x + x_B)$는 질량의 관성변위(inertial displacement)이다. $x_B = b\,\sin\omega t$이면, 통상적인 표기법으로 운동방정식은

$$\ddot{x} + 2\zeta\omega_n\dot{x} + \omega_n{}^2x = b\omega^2\sin\omega t$$

이고, $b\omega^2$ 대신 F_0/m를 대입하면 식 (8.13)과 같다.

다시, 정상상태의 해 x_p에만 관심이 있다면, 식 (8.20)에서

$$x_p = \frac{b(\omega/\omega_n)^2}{\{[1-(\omega/\omega_n)^2]^2 + [2\zeta\omega/\omega_n]^2\}^{1/2}}\sin(\omega t - \phi)$$

이다. X가 상대응답 x_p의 진폭이라면, 무차원비 X/b는

$$X/b = (\omega/\omega_n)^2 M$$

이다. 여기서 M은 식 (8.23)의 확대계수이다. X/b의 구동주파수비 ω/ω_n에 대한 함수의 그래프는 그림 8.14b에 나타나 있다. 그림 8.14b와 8.11의 확대계수 사이의 유사점과 차이점에 주목해야 한다.

주파수비 ω/ω_n가 커지면 감쇠비 ζ의 모든 값에 대하여 $X/b \cong 1$이다. 이러한 조건하에서 프레임에 대한 질량의 상대변위는 프레임의 절대변위와 거의 같고, 기구는 변위계(displacement meter)의 역할을 한다. 큰 ω/ω_n의 값을 얻기 위하여 작은 값의 $\omega_n = \sqrt{k/m}$, 즉 연화형의 스프링과 큰 질량이 필요하다. 이와 같은 조합은 질량을 관성적으로 고정시키는 경향이 있다. 변위계는 일반적으로 매우 적은 양의 감쇠를 갖는다.

반면에, 주파수비 ω/ω_n가 작으면 M은 1에 접근하고(그림 8.11 참조), $X/b \cong (\omega/\omega_n)^2$ 또는 $X \cong b(\omega/\omega_n)^2$이 된다. 그러나 $b\omega^2$은 프레임의 최대가속도이고 X는 프레임의 최대가속도에 비례하므로 가속도계(accelerometer)로 사용할 수 있다. 일반적으로 M이 ω/ω_n의 가능한 한 넓은 범위에 걸쳐 1이 되도록 감쇠비를 선택

지진계는 이 글에 제시된 원리를 유용하게 적용한 것이다.

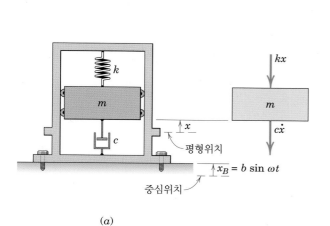

(a)

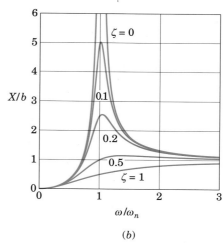

(b)

그림 8.14

한다. $\zeta = 0.5$와 $\zeta = 1$ 사이에 있는 감쇠비가 이 조건을 만족하게 된다는 것을 그림 8.11로부터 볼 수 있다.

전기회로와의 상사성

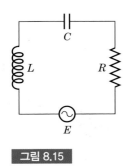

그림 8.15

전기회로와 기계적 스프링–질량계 사이에는 중요한 상사성(analogy)이 존재한다. 그림 8.15에는 시간의 함수인 전압(voltage) E, 유도계수(inductance) L, 정전용량(capacitance) C, 저항(resistance) R로 구성된 직렬회로가 있다. 전하량(charge)을 기호 q로 표시하면, 전하량을 지배하는 방정식은

$$L\ddot{q} + R\dot{q} + \frac{1}{C}q = E \tag{8.24}$$

이다. 이 방정식은 기계 시스템의 방정식과 똑같은 형태이다. 따라서 단순히 기호들만 바꾸어주면, 전기회로는 기계 시스템의 거동을 예측하는 데 이용할 수 있으며, 그 반대의 경우도 가능하다. 다음 표에 있는 기계와 전기의 등가량들을 잘 기억하고 있어야 한다.

기계–전기 등가량

기계			전기		
양	기호	SI 단위	양	기호	SI 단위
질량	m	kg	유도계수	L	H	henry
스프링 강성	k	N/m	1/정전용량	$1/C$	$1/F$	1/farad
힘	F	N	전압	E	V	volt
속도	$\dot{x}$	m/s	전류	I	A	ampere
변위	x	m	전하	q	C	coulomb
점성감쇠계수	c	N·s/m	저항	R	Ω	ohm

예제 8.4

질량이 50 kg인 계기가 스프링상수가 각각 7500 N/m인 4개의 스프링으로 지지되어 있다. 지지하고 있는 이 계기의 기초 부분이 $x_B = 0.002 \cos 50t$의 조화운동을 할 때 이 계기의 정상상태운동의 진폭을 구하라. x_B는 m 단위이고, 감쇠는 무시한다.

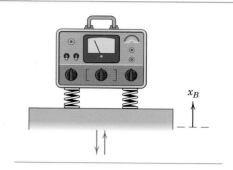

|풀이|　기초 부분이 조화운동을 하므로, 앞서 구한 특이해에 나타나는 F_0에 kb를 대입하면 식 (8.17)로부터 정상상태 진폭은 다음과 같이 된다.

$$X = \frac{b}{1 - (\omega/\omega_n)^2} \quad ①$$

이고, 공진주파수 $\omega_n = \sqrt{k/m} = \sqrt{4(7500)/50} = 24.5 \text{ rad/s}$이고, 구동주파수 $\omega = 50$ rad/s이므로

$$X = \frac{0.002}{1 - (50/24.5)^2} = -6.32(10^{-4}) \text{ m} \quad 즉 \quad -0.632 \text{ mm} \quad ② \quad \blacksquare$$

이다. 주파수비 ω/ω_n가 약 2 정도이므로 공진상태가 아님에 유의한다.

|도움말|

① 문제에서 가진력이 $\sin 50t$의 형태로 주어졌더라도 동일한 결과를 얻게 됨을 주목하라.

② 답에 보인 음의 부호는 주어진 가진력과 $180°$ 반대 위상을 갖는 운동임을 의미한다.

예제 8.5

스프링 부착점 B가 $x_B = b \cos \omega t$의 수평운동을 할 때, 질량 m의 진동이 아주 커지게 되는 임계 구동주파수 ω_c를 구하라. 마찰력과 풀리의 질량은 무시하며, 두 개의 스프링상수는 모두 k이다.

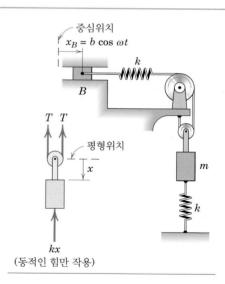

|풀이|　자유물체도는 x와 x_B가 임의의 양의 변위를 가질 때에 대한 것이다. 변위 x는 $x_B = 0$일 때에 정의되는 정적평형점으로부터 아래 방향으로 측정한다. 위쪽 스프링이 부가적으로 늘어난 길이, 즉 정적평형 상태에서 더 늘어난 길이는 $2x - x_B$이다. ①　그러므로 위쪽 스프링의 **동적 힘**, 즉 케이블에서의 **동적 장력**은 $k(2x - x_B)$가 된다. ②　x방향의 힘을 모두 합하면

$$[\Sigma F_x = m\ddot{x}] \qquad -2k(2x - x_B) - kx = m\ddot{x}$$

가 되고, 이를 정리하면 다음과 같다.

$$\ddot{x} + \frac{5k}{m}x = \frac{2kb \cos \omega t}{m}$$

전체 시스템의 고유진동수는 $\omega_n = \sqrt{5k/m}$이므로,

$$\omega_c = \omega_n = \sqrt{5k/m} \qquad \blacksquare$$

이다.

|도움말|

① 구속조건을 갖는 운동에 관련된 기구학은 2.9절을 참조하라.

② 8.2절에서 언급했던 것처럼, 정적 평형위치에서는 크기가 같고 방향이 반대인 힘은 해석에서 생략할 수 있음을 기억하라. 또 동적 스프링힘 또는 동적 장력이라 함은 정적인 상태에서 작용하고 있던 힘을 제외한, 힘의 증가분만을 고려해야 함을 뜻한다.

예제 8.6

질량이 45 kg인 피스톤이 스프링상수 $k = 35$ kN/m인 스프링과 감쇠계수 $c = 1250$ N·s/m인 대시포트로 병렬로 지지되어 있다. 면적이 $50(10^{-3})$ m^{2}인 피스톤의 상부에 $p = 4000 \sin 30t$인 변동하는 압력이 작용하고 있다. 정상상태에서의 변위를 시간의 함수로 구하고 바닥면에 전달되는 최대힘을 구하라.

$p = p_0 \sin \omega t$

| 풀이 | 우선 시스템의 고유진동수와 감쇠비를 구한다.

$$\omega_n = \sqrt{\frac{k}{m}} = \sqrt{\frac{35(10^3)}{45}} = 27.9 \text{ rad/s}$$

$$\zeta = \frac{c}{2m\omega_n} = \frac{1250}{2(45)(27.9)} = 0.498 \text{ (부족감쇠)}$$

식 (8.20)으로부터, 정상상태 진폭은

$$X = \frac{F_0/k}{\{[1 - (\omega/\omega_n)^2]^2 + [2\zeta\omega/\omega_n]^2\}^{1/2}}$$

$$= \frac{(4000)(50)(10^{-3})/[35(10^3)]}{\{[1 - (30/27.9)^2]^2 + [2(0.498)(30/27.9)]^2\}^{1/2}}$$

$$= 0.00528 \text{ m} \quad 즉 \quad 5.28 \text{ mm} \quad ①$$

이다.

식 (8.21)로부터, 위상각은

$$\phi = \tan^{-1}\left[\frac{2\zeta\omega/\omega_n}{1 - (\omega/\omega_n)^2}\right]$$

$$= \tan^{-1}\left[\frac{2(0.498)(30/27.9)}{1 - (30/27.9)^2}\right] \quad ②$$

$$= 1.716 \text{ rad}$$

이 된다. 따라서 정상상태 운동은 식 (8.22)의 우변 두 번째 항으로부터 구할 수 있다.

$$x_p = X \sin(\omega t - \phi) = 5.28 \sin(30t - 1.716) \text{ mm} \quad \blacksquare$$

바닥면에 전달되는 힘 F_{tr}은 스프링과 감쇠기에 작용하는 힘의 합이다. 즉,

$$F_{\text{tr}} = kx_p + c\dot{x}_p = kX \sin(\omega t - \phi) + c\omega X \cos(\omega t - \phi)$$

이다. F_{tr}의 최댓값은 다음과 같이 주어진다.

$$(F_{\text{tr}})_{\text{max}} = \sqrt{(kX)^2 + (c\omega X)^2} = X\sqrt{k^2 + c^2\omega^2}$$

$$= 0.00528\sqrt{(35\,000)^2 + (1250)^2(30)^2}$$

$$= 271 \text{ N} \quad \blacksquare$$

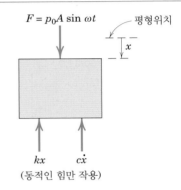

$F = p_0 A \sin \omega t$ 평형위치

x

kx $c\dot{x}$
(동적인 힘만 작용)

| 도움말 |

① 감쇠계수 c가 0인 경우에 대하여 다시 풀어보면 상대적으로 큰 감쇠가 미치는 영향을 알아보는 데 도움이 될 것이다.

② 이 문제에서는 위상각을 구하는 과정 중 역탄젠트 함수의 인자로 취한 분자 부분이 양의 값이고, 분모는 음인 것에 주목하라. 그 결과로 위상각 ϕ는 제2사분면에 놓인다. 위상각의 정의역은 $0 \le \phi \le \pi$임에 유의하라.

연습문제

(특별한 언급이 없으면, 감쇠량이 작아서 강제진동응답은 $\omega/\omega_n \cong$ 1에서 최대가 된다고 가정한다.)

기초문제

8/37 점성감쇠 질량–스프링 시스템의 진폭이 F_0로 일정하고, 주파수 ω가 변하는 조화하중에 의해 가진되고 있다. 정상상태 운동에서의 진폭이 주파수비 ω/ω_n가 1에서 2로 변함에 따라 1/8배로 감소한다고 할 때, 시스템의 감쇠비 ζ를 결정하라.

8/38 (a) c=500 N·s/m일 때와 (b) c=0일 때, 10 kg인 질량의 정상상태에서 운동의 진폭 X를 결정하라.

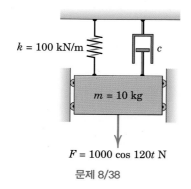

문제 8/38

8/39 그림에 도시된 것과 같이 질량이 30 kg인 카트가 조화하중에 의해 움직이고 있다. c=0일 때, 정상상태에서 응답의 크기가 75 mm보다 작게 되는 가진주파수 ω의 범위를 결정하라.

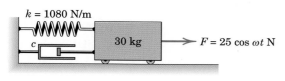

문제 8/39

8/40 문제 8/39의 시스템에서 감쇠기의 점성감쇠계수가 c=36 N·s/m일 때, 정상상태에서 응답의 크기가 75 mm보다 작게 되는 가진주파수 ω의 범위를 결정하라.

8/41 문제 8/39의 시스템에서 가진주파수가 ω=6 rad/s일 때, 정상상태에서 응답이 75 mm를 넘지 않기 위해서 요구되는 감쇠계수 c의 값을 결정하라.

8/42 질량이 m=45 kg인 블록이 각 강성이 k=3 kN/m인 두 개의 스프링들에 의해 지지되고 있고, 힘 F=350 cos 15t N에 의해 움직이고 있으며, 이때 t는 초 단위를 가진 시간을 나타낸다. 점성감쇠계수 c가 (a) 0일 때와 (b) 900 N·s/m일 때 정상상태 운동의 진폭 X를 결정하라. 이러한 진폭들을 정적 스프링 변형 δ_{st}와 비교하라.

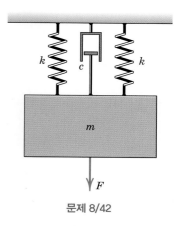

문제 8/42

8/43 점성감쇠 질량–스프링 시스템이 무감쇠 고유진동수(ω/ω_n=1)로 조화적으로 가진되고 있다. 감쇠비 ζ가 0.1에서 0.2로 두 배가 될 때, 정상상태에서의 진폭의 감소율 R_1을 계산하라. 가진 조건이 ω/ω_n=2일 때 유사한 과정으로 계산된 결과값 R_2와 비교하라. 그림 8.11을 보고 결과를 입증하라.

심화문제

8/44 본문에서 확대계수 M의 그래프에서의 최댓값이 ω/ω_n=1에 위치하지 않는다고 서술되어 있다. 최댓값이 발생하는 주파수비를 감쇠비 ζ를 이용하여 표현하라.

8/45 바깥 프레임 B의 운동은 x_B=b sin ωt로 주어진다. 프레임에 대한 질량 m의 상대운동의 진폭이 $2b$보다 작기 위한 가진주파수 ω의 범위를 구하라.

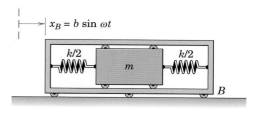

문제 8/45

8/46 그림에 도시된 것과 같이 사람이 바닥 시스템의 중심에 서 있을 때, 발 아래의 바닥에 정적 변형 δ_{st}를 발생시킨다. 만약 그 사람이 같은 면적을 걷는다고 하면(혹은 뛴다면), 바닥이 수직방향으로의 가장 큰 진폭으로 진동하기 위해서 초당 얼마만큼 바닥을 밟아야 하는지 구하라.

문제 8/46

8/47 그림에 도시된 것과 같은 기계의 질량은 43 kg이고, 수평 바닥에 스프링이 설치되어 있다. 만약 바닥이 수직방향으로 진동하는 진폭이 0.10 mm일 때, 기계가 수직방향으로 진동하는 진폭이 0.15 mm를 넘지 않도록 하는 바닥 진동의 주파수 f의 범위를 계산하라. 네 개의 동일한 스프링은 각각 7.2 kN/m의 강성을 가지고 있다.

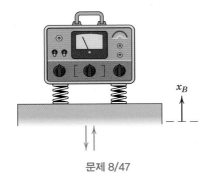

문제 8/47

8/48 그림 8/14에서 질량의 관성변위 x_i에 대한 운동방정식을 유도하라. 해에 대하여 논하되, 운동방정식의 해를 구하지 말라.

8/49 부속물 B의 수평방향 변위가 $x_B = b \cos \omega t$로 주어진다. 질량 m의 운동방정식을 유도하고, 질량의 진동이 과도하게 커지는 임계주파수 ω_c를 구하라.

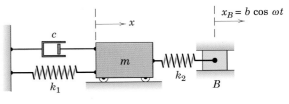

문제 8/49

8/50 부속물 B가 수평방향으로 운동하는 변위가 $x_B = b \cos \omega t$로 주어진다. 질량 m의 운동방정식을 유도하고, 질량의 진동이 과도하게 커지는 임계주파수 ω_c를 구하고, 시스템의 감쇠비 ζ를 구하라.

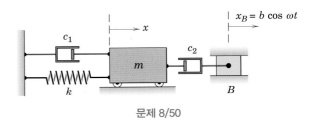

문제 8/50

8/51 진동을 발생시키는 장치가 반대 방향으로 회전하는 두 개의 바퀴로 이루어져 있다. 각 바퀴의 질량중심은 회전축으로부터 $e = 12$ mm의 거리가 떨어진 점에 위치해 있고, $m_0 = 1$ kg인 편심질량을 가지고 있다. 두 바퀴는 불평형질량의 수직방향으로의 위치가 항상 같도록 맞추어져 있다. 장치의 전체 질량은 10 kg이다. 회전 속도가 1800 rev/min인 로터의 불평형으로 인한 고정된 마운트에 전달되는 주기하중의 크기가 1500 N이 되기 위한 등가 스프링상수 k의 가능한 값 두 개를 결정하라.

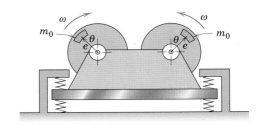

문제 8/51

8/52 그림에 도시된 것과 같은 지진계가 3 Hz에서 수평방향으로 조화진동을 가지는 구조물에 연결되어 있다. 질량이 $m=$ 0.5 kg인 기계의 스프링상수는 $k=20$ N/m이고, 점성감쇠계수는 $c=3$ N·s/m이다. 정상상태의 운동에서 기록된 x의 최곳값이 $X=2$ mm일 때, 구조물의 수평방향으로의 변위가 x_B일 때의 진폭 b를 결정하라.

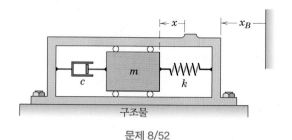

문제 8/52

8/53 질량 m의 평형위치는 $y=0$이고 $y_B=0$이다. 부속물 B가 정상상태에서 수직방향으로 $y_B=b\sin\omega t$인 운동을 할 때, 질량 m이 정상상태에서 수직방향으로 운동을 한다. 질량 m에 대한 운동 미분방정식을 유도하고, 질량 m의 진동이 과도하게 커지는 원형 진동수 ω_c를 제시하라. 스프링의 강성은 k이고, 도르래의 질량과 마찰은 무시하라.

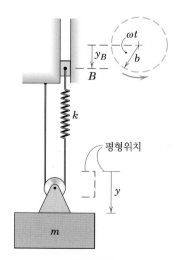

문제 8/53

8/54 수직방향으로 주파수 5 Hz로 진동하고 양 진폭이 18 mm인 구조물에 지진계가 설치되어 있다. 질량이 $m=2$ kg인 센서의 스프링의 강성은 $k=1.5$ kN/m이다. 지진계의 바닥에 대한 질량 m의 상대운동이 회전하는 드럼에 기록되고 정상상

태에서 24 mm의 양 진폭을 보여주고 있다. 점성감쇠계수 c를 계산하라.

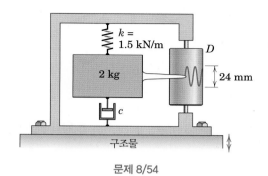

문제 8/54

▶8/55 점성감쇠 선형 발진기의 정상상태에서 마찰로 인해 완전한 한 주기에서 에너지손실 E에 대한 표현식을 유도하라. 하중은 $F_0\sin\omega t$로 주어지고, 정상상태 운동에서의 시간–변위 관계는 $x_p=X\sin(\omega t-\phi)$로 나타나며 이때 진폭 X는 식 (8.20)에 의해 주어진다. (힌트 : 변위 dx 동안의 마찰 에너지손실은 $c\dot{x}\,dx$이며, 이때 c는 점성감쇠계수이다. 완전한 한 주기에서 이 표현식을 적분하라.)

▶8/56 스프링이 부착된 트레일러가 사인 또는 코사인 항으로 윤곽을 나타낼 수 있는 통나무 길을 25 km/h의 속도로 이동하고 있을 때, 수직방향 진동의 진폭을 결정하라. 트레일러의 질량은 500 kg이고, 바퀴 자체의 질량은 무시할 수 있다. 적재과정에서 질량이 75 kg씩 추가될 때마다 스프링 위의 트레일러가 아래쪽으로 3 mm 처진다. 바퀴는 도로와 항상 접촉해 있으며 감쇠는 무시할 수 있다고 가정한다. 트레일러의 진동이 가장 크게 발생하는 임계 속도 v_c는 무엇인가?

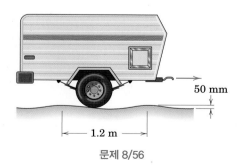

문제 8/56

8.4 강체의 진동

평면상의 강체의 진동은 질점의 진동과 매우 유사한 점이 많다. 질점의 진동에서는 병진운동(x)에 관심이 있는 반면에 강체의 진동에서는 주로 회전운동(θ)에 관심이 있다. 그러므로 회전동역학의 원리가 운동방정식의 전개에 있어서 매우 중요한 역할을 하게 된다.

강체의 회전진동에 대한 운동방정식은 8.2절과 8.3절에서 전개하였던 질점의 직선진동에 대한 운동방정식과 수학적으로 동일한 형태이다. 질점의 진동에서와 마찬가지로, 음의 방향의 변위를 나타내는 변수는 운동방정식에서 부호의 혼란을 초래할 수 있으므로 양의 방향의 변위를 나타내는 변수에 대하여 자유물체도를 그리는 것이 편리하다. 스프링의 변형이 없을 때에 대한 위치로부터 변위를 측정하는 방법보다 정적 평형위치에서 변위를 측정하는 방법을 사용하면, 정적 평형위치에서의 크기는 같고 방향은 반대인 힘과 모멘트가 서로 상쇄되기 때문에, 선형계의 수식화를 간단히 할 수 있다.

8.2절과 8.3절의 질점의 진동에서는 (a) 감쇠, 비감쇠 자유진동, (b) 감쇠, 비감쇠 강제진동을 각각 다루었지만 여기서는 바로 감쇠 강제진동 문제를 다루기로 하겠다.

막대의 회전진동

한 예로 그림 8.16a와 같이 단면이 일정한 가느다란 막대의 회전진동에 대해 생각해 보자. 그림 8.16b는 정적 평형을 이루는 수평위치와 관련된 자유물체도를 보여준다. 점 O에 대한 모멘트 합을 0이라 두면 다음과 같다.

$$-P\left(\frac{l}{2}+\frac{l}{6}\right)+mg\left(\frac{l}{6}\right)=0 \qquad P=\frac{mg}{4}$$

여기서 P는 정적 평형상태에서 스프링에 작용하는 힘이다.

그림 8.16c는 임의의 양의 방향 각도변위 θ와 관련된 자유물체도를 보여주고 있다. 제6장에서 다루었듯이 회전운동방정식 $\Sigma M_O = I_0\ddot{\theta}$을 사용하여 다음과 같이 기술할 수 있다.

$$(mg)\left(\frac{l}{6}\cos\theta\right)-\left(\frac{cl}{3}\dot{\theta}\cos\theta\right)\left(\frac{l}{3}\cos\theta\right)-\left(P+k\frac{2l}{3}\sin\theta\right)\left(\frac{2l}{3}\cos\theta\right)$$
$$+\,(F_0\cos\omega t)\left(\frac{l}{3}\cos\theta\right)=\frac{1}{9}ml^2\ddot{\theta}$$

여기서 $I_O = \bar{I}+md^2 = ml^2/12 + m(l/6)^2 = ml^2/9$는 질량관성 모멘트에 대한 평행축 정리로부터 얻을 수 있다.

미소 각도변형에 대해서는 $\sin\theta \cong \theta$, $\cos\theta \cong 1$로 근사시킬 수 있다. $P = mg/4$를 이용하여 식을 재배열하고, 다시 간단히 정리하면 다음과 같이 된다.

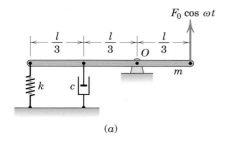

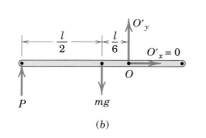

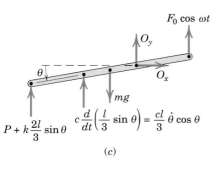

그림 8.16

$$\ddot{\theta} + \frac{c}{m}\dot{\theta} + 4\frac{k}{m}\theta = \frac{(F_0 l/3)\cos\omega t}{ml^2/9} \tag{8.25}$$

외력에 의해 발생하는 점 O에 대한 모멘트의 크기는 $M_0 = F_0 l/3$이므로, 위 식의 우변은 $M_0(\cos\omega t)/I_O$로 표기할 수 있다. 운동방정식의 좌변에서 정적 평형력과 관련된 크기가 같으며 방향이 반대인 모멘트는 소거되었음을 유의해야 한다. 그러므로 정적 평형힘과 모멘트는 해석에서 포함할 필요가 없다.

병진진동에 해당하는 회전진동

여기서 식 (8.25)가 직선운동에 대한 식 (8.13)과 똑같은 형태임을 알 수 있고, 따라서 다음과 같이 표기할 수 있다.

$$\ddot{\theta} + 2\zeta\omega_n\dot{\theta} + \omega_n{}^2\theta = \frac{M_0\cos\omega t}{I_O} \tag{8.26}$$

따라서 직선운동에 대한 변수를 회전운동 문제의 변수로 대체하기만 하면 8.2절과 8.3절에서 전개된 모든 관계식들을 사용할 수 있다. 아래의 표는 그림 8.16의 회전하는 막대에 적용한 결과를 보여준다.

이 장의 시작에 있는 사진과 마찬가지로, 이러한 차량의 멀티링크 현가장치에서 스프링과 감쇠기는 같은 축을 가진다.

병진운동	회전운동
$\ddot{x} + \dfrac{c}{m}\dot{x} + \dfrac{k}{m}x = \dfrac{F_0\cos\omega t}{m}$	$\ddot{\theta} + \dfrac{c}{m}\dot{\theta} + \dfrac{4k}{m}\theta = \dfrac{M_0\cos\omega t}{I_O}$
$\omega_n = \sqrt{k/m}$	$\omega_n = \sqrt{4k/m} = 2\sqrt{k/m}$
$\zeta = \dfrac{c}{2m\omega_n} = \dfrac{c}{2\sqrt{km}}$	$\zeta = \dfrac{c}{2m\omega_n} = \dfrac{c}{4\sqrt{km}}$
$\omega_d = \omega_n\sqrt{1-\zeta^2} = \dfrac{1}{2m}\sqrt{4km - c^2}$	$\omega_d = \omega_n\sqrt{1-\zeta^2} = \dfrac{1}{2m}\sqrt{16km - c^2}$
$x_c = Ce^{-\zeta\omega_n t}\sin(\omega_d t + \psi)$	$\theta_c = Ce^{-\zeta\omega_n t}\sin(\omega_d t + \psi)$
$x_p = X\cos(\omega t - \phi)$	$\theta_p = \Theta\cos(\omega t - \phi)$
$X = M\left(\dfrac{F_0}{k}\right)$	$\Theta = M\left(\dfrac{M_0}{k_\theta}\right) = M\dfrac{F_0(l/3)}{\frac{4}{9}kl^2} = M\dfrac{3F_0}{4kl}$

이 표에서 Θ 표현식의 변수 k_θ는 그림 8.16 시스템의 등가 비틀림 스프링상수를 나타내며, 스프링의 복원모멘트를 이용하여 구할 수 있다. 각도 θ의 값이 작은 경우, 점 O에 대한 모멘트는 다음과 같이 된다.

$$M_k = -[k(2l/3)\sin\theta][(2l/3)\cos\theta] \cong -\left(\tfrac{4}{9}kl^2\right)\theta$$

따라서, $k_\theta = \tfrac{4}{9}kl^2$이 된다. M_0/k_θ는 외부에서 작용하는 일정한 모멘트 M_0에 의해 만들어지는 정적 회전변형이다.

질점의 직선진동과 강체의 미소 회전진동 사이에 완벽한 유사점이 존재함을 알았다. 그리고 이런 유사점을 이용하면 일반적인 강체 진동문제에 대한 지배방정식을 처음부터 다시 유도해야 하는 수고를 덜 수 있을 것이다.

예제 8.7

충격시험에 사용되는 단순한 형태의 단진자를 고려해 보자. 운동방정식을 유도하고 미소진동의 주기를 구하라. 무게중심 G는 점 O로부터 $\bar{r} = 0.9$ m에 위치하고 있으며, 점 O에 대한 회전반지름은 $k_O = 0.95$ m이다. 베어링의 마찰은 무시할 수 있다.

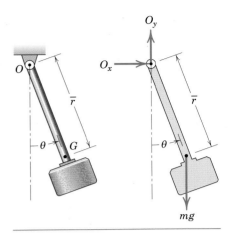

|풀이| 우선 임의의 양의 값(여기서는 반시계방향으로 생각한다)을 갖는 각변위에 대한 자유물체도를 그리자. 여기에 운동의 지배방정식을 적용하면 다음 식을 얻는다.

$$[\Sigma M_O = I_O \ddot{\theta}] \qquad -mg\bar{r}\sin\theta = mk_O^2\ddot{\theta} \quad ①$$

즉

$$\ddot{\theta} + \frac{g\bar{r}}{k_O^2}\sin\theta = 0 \qquad \text{답}$$

지배방정식이 질량과 무관함에 주목하라. θ값이 작을 때, $\sin\theta \cong \theta$이고 운동방정식은 다음과 같이 쓸 수 있다.

$$\ddot{\theta} + \frac{g\bar{r}}{k_O^2}\theta = 0$$

진동수와 주기는 다음과 같이 표기된다. ②

$$f_n = \frac{1}{2\pi}\sqrt{\frac{g\bar{r}}{k_O^2}} \qquad \tau = \frac{1}{f_n} = 2\pi\sqrt{\frac{k_O^2}{g\bar{r}}} \qquad \text{답}$$

주어진 값을 대입하면,

$$\tau = 2\pi\sqrt{\frac{(0.95)^2}{(9.81)(0.9)}} = 2.01 \text{ s} \qquad \text{답}$$

|도움말|

① 점 O를 모멘트의 중심으로 정하였으므로, 베어링에서의 반력 O_x와 O_y는 운동방정식에 전혀 나타나지 않는다.

② 큰 각도로 움직이는 경우에 대하여 단진자의 주기를 계산하기 위해서는 타원적분(elliptic integral)이 필요하다.

예제 8.8

질량이 m이고 길이가 l인 균일한 막대의 중간 지점이 피벗되어 있다. 왼쪽 스프링의 스프링상수는 k이며, 정지되어 있는 바닥면과 연결되어 있다. 동일한 스프링상수 k인 오른쪽의 스프링은 $y_B = b\sin\omega t$의 조화운동을 하는 지지부에 연결되어 있다. 공진을 발생시키는 구동주파수 ω_c를 결정하라.

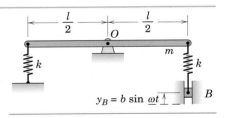

|풀이| 고정점 O에 대한 모멘트의 운동방정식을 사용한다.

$$-\left(k\frac{l}{2}\sin\theta\right)\frac{l}{2}\cos\theta - k\left(\frac{l}{2}\sin\theta - y_B\right)\frac{l}{2}\cos\theta = \frac{1}{12}ml^2\ddot{\theta} \quad ①$$

미소변위를 가정하고 식을 단순화하면 다음과 같이 된다.

$$\ddot{\theta} + \frac{6k}{m}\theta = \frac{6kb}{ml}\sin\omega t$$

이제는 친숙한 형태인 위 방정식으로부터 고유진동수를 직접 구할 수 있다. ②

$$\omega_n = \sqrt{6k/m}$$

그러므로, $\omega_c = \omega_n = \sqrt{6k/m}$에서 공진이 일어난다(물론 이 경우에는 미소변위라는 가정에 위배된다). 답

|도움말|

① 이전처럼, 평형위치에서 벗어난 운동으로 인한 힘의 변화만이 고려된다.

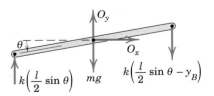

② 여기서 기본적인 형태는 $\ddot{\theta} + \omega_n^2\theta = \dfrac{M_0\sin\omega t}{I_O}$이고, $M_0 = \dfrac{klb}{2}$, $I_O = \dfrac{1}{12}ml^2$이다. 시스템의 고유진동수 ω_n은 외부 조건의 변화에 영향을 받지 않는다.

예제 8.9

미끄럼 없이 구르는 균일한 원통에 대한 운동방정식을 유도하라. 원통의 질량은 50 kg이고 반지름은 0.5 m이며, 스프링상수는 75 N/m, 감쇠계수는 $10 \text{ N} \cdot \text{s/m}$일 때, 다음을 구하라.

  (a) 비감쇠 고유진동수, (b) 감쇠비,

  (c) 감쇠 고유진동수, (d) 감쇠계의 주기

또한, 원통이 $t = 0$일 때 $x = -0.2 \text{ m}$인 위치에 정지되어 있다가 움직이기 시작할 때 x를 시간에 대한 함수로 구하라.

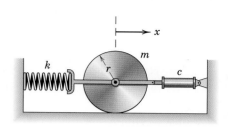

|**풀이**| 운동을 나타내는 변수로서 x 또는 원통의 각도변위 θ를 택할 수 있다. ① 문제에서 x에 대하여 언급하고 있으므로 임의의 양의 값을 갖는 x에 대하여 자유물체도를 그리고, 원통에 대한 두 개의 운동방정식을 유도한다.

$$[\Sigma F_x = m\ddot{x}] \qquad\qquad -c\dot{x} - kx + F = m\ddot{x} \quad ②$$
$$[\Sigma M_G = \bar{I}\ddot{\theta}] \qquad\qquad -Fr = \tfrac{1}{2}mr^2\ddot{\theta}$$

미끄럼 없이 구를 조건은 $\ddot{x} = r\ddot{\theta}$이다. 이 조건을 모멘트 방정식에 대입하면 $F = -\tfrac{1}{2}m\ddot{x}$가 된다. 마찰력에 대한 이 식을 x방향의 힘 평형식에 넣으면

$$-c\dot{x} - kx - \frac{1}{2}m\ddot{x} = m\ddot{x} \qquad \text{또는} \qquad \ddot{x} + \frac{2}{3}\frac{c}{m}\dot{x} + \frac{2}{3}\frac{k}{m}x = 0$$

위 식을 식 (8.9)의 기본적인 감쇠진동계와 비교할 때 다음을 직접 구할 수 있다.

(a) $\qquad\qquad \omega_n{}^2 = \dfrac{2}{3}\dfrac{k}{m} \qquad \omega_n = \sqrt{\dfrac{2}{3}\dfrac{k}{m}} = \sqrt{\dfrac{2}{3}\dfrac{75}{50}} = 1 \text{ rad/s}$ **답**

(b) $\qquad\qquad 2\zeta\omega_n = \dfrac{2}{3}\dfrac{c}{m} \qquad \zeta = \dfrac{1}{3}\dfrac{c}{m\omega_n} = \dfrac{10}{3(50)(1)} = 0.0667$ **답**

그러므로 감쇠 고유진동수와 감쇠 진동주기는

(c) $\qquad\qquad \omega_d = \omega_n\sqrt{1 - \zeta^2} = (1)\sqrt{1 - (0.0667)^2} = 0.998 \text{ rad/s}$ **답**

(d) $\qquad\qquad \tau_d = 2\pi/\omega_d = 2\pi/0.998 = 6.30 \text{ s}$ **답**

식 (8.12)로부터, 운동방정식에 대한 부족감쇠 해는

$$x = Ce^{-\zeta\omega_n t}\sin(\omega_d t + \psi) = Ce^{-(0.0667)(1)t}\sin(0.998t + \psi)$$

이고, 속도는 $\qquad \dot{x} = -0.0667Ce^{-0.0667t}\sin(0.998t + \psi)$
$$+ 0.998Ce^{-0.0667t}\cos(0.998t + \psi)$$

이다. 시간 $t = 0$에서 x와 $\dot{x}$은

$$x_0 = C\sin\psi = -0.2$$
$$\dot{x}_0 = -0.0667C\sin\psi + 0.998C\cos\psi = 0$$

이므로, C와 ψ에 대하여 두 방정식을 풀면

$$C = -0.200 \text{ m} \qquad \psi = 1.504 \text{ rad}$$

이 얻어지고, 결국 운동은 다음과 같이 기술된다.

$$x = -0.200e^{-0.0667t}\sin(0.998t + 1.504) \text{ m}$$ **답**

|**도움말**|

① 좌표 x와 기구학적으로 일관성을 유지하기 위해 각도 θ는 시계방향을 양의 방향으로 한다.

② 마찰력 F는 어느 방향으로 생각해도 좋다. 실제의 작용 방향은 $x > 0$일 때 오른쪽, $x < 0$일 때 왼쪽이며 $x = 0$일 때 $F = 0$이다.

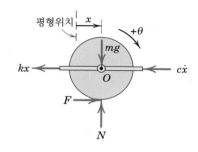

연습문제

기초문제

8/57 그림에 도시된 것과 같이 질량이 m인 구가 가벼운 막대에 부착되어 수평위치에 정지해 있다. 수직평면에서 점 O를 중심으로 하는 미소진동의 주기 τ를 결정하라.

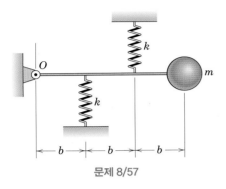

문제 8/57

8/58 그림에 도시된 것과 같이 균일한 직사각형판이 점 O를 통과하는 수평축을 중심으로 회전한다. 미소진동의 고유진동수 ω_n을 결정하라.

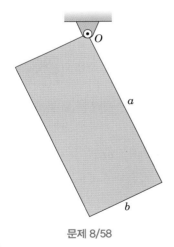

문제 8/58

8/59 얇은 정사각판이 점 O에서 작은 볼을 감싸는 소켓(그림상 생략)에 매달려 있다. 판이 A-A축을 중심으로 회전할 때 미소진동의 주기를 결정하라. 볼의 질량과 작은 유격 그리고 마찰은 무시하라.

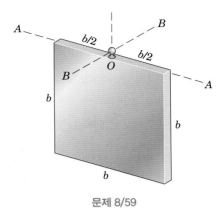

문제 8/59

8/60 문제 8/59의 정사각판이 B-B축을 중심으로 회전할 때, 미소진동의 주기를 결정하라.

8/61 질량이 10 kg인 바퀴는 무게중심에 대하여 회전반지름 $k=$ 150 mm를 갖는다. 비틀림 스프링상수 $k_T=225$ N·m/rad 인 비틀림 스프링은 베어링을 중심으로 하는 회전에 대하여 저항한다. 바퀴에 토크 $M=M_0\cos\omega t$가 가해질 때 정상상태에서의 각변위의 크기는 얼마인가? 여기서 토크의 크기는 $M_0=12$ N·m이고 구동주파수는 $\omega=25$ rad/s이다.

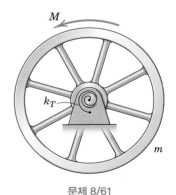

문제 8/61

8/62 질량이 m이고 길이가 l인 균일한 막대가 막대의 중점에서 길이가 L인 줄에 연결되어 매달려 있다. 줄의 비틀림에 대한 저항은 비틀림각 θ에 비례하며 $(JG/L)\theta$과 같다. 여기서 J는 줄의 단면적의 극관성모멘트이고 G는 전단계수이다. 막대가 줄의 축에 대하여 회전을 시작하였을 때 막대의 주기 τ를 나타내는 표현식을 유도하라.

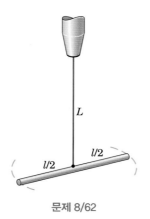

문제 8/62

8/63 질량이 m인 부채꼴 형상의 물체가 점 O를 지나는 축을 중심으로 자유롭게 회전한다. 평형위치를 중심으로 진폭이 큰 진동을 나타내는 운동방정식을 결정하라. 또한 $r=325$ mm이고 $\beta=45°$일 때 평형위치에 대한 미소진동의 주기 τ를 서술하라.

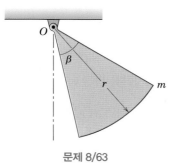

문제 8/63

8/64 그림에 도시된 것과 같이 반지름이 r이고 높이가 h인 얇은 벽으로 구성된 원통 셸의 상단이 작은 샤프트와 용접되어 있다. 셸이 y축을 중심으로 미소진동을 할 때 고유 원진동수 ω_n을 결정하라.

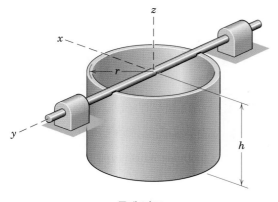

문제 8/64

8/65 그림에 도시된 것과 같은 시스템의 변수 θ에 대한 운동방정식을 결정하라. 링크 CD의 질량은 무시하고 막대 OA의 각 운동의 진폭은 작다고 가정하라.

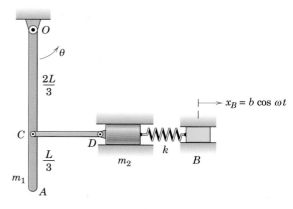

문제 8/65

8/66 질량이 3 kg인 균일하고 얇은 막대가 있다. 이 시스템의 주기가 1초가 되게 하는 질량이 1.2 kg인 슬라이더의 위치 x를 결정하라. 그림에 도시된 것과 같이 수평 평형위치에 대해서 미소진동을 한다고 가정하라.

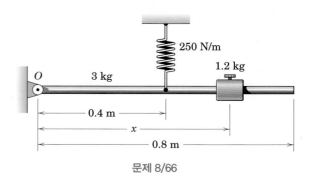

문제 8/66

심화문제

8/67 질량이 m인 삼각형 프레임은 균일하고 가느다란 막대로 만들어졌으며 점 O에서 작은 볼을 감싸는 소켓(그림상 생략)에 매달려 있다. 프레임이 A-A축을 중심으로 흔들릴 때, 미소진동의 고유 원진동수 ω_n을 결정하라. $l=200$ mm이며 볼의 질량과 작은 유격 그리고 마찰은 무시하라.

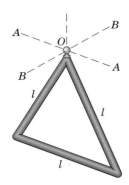

문제 8/67

8/68 질량이 m인 균일한 막대가 점 O를 중심으로 자유롭게 회전하고 있다. 미소진동을 한다고 가정하여 감쇠비 ζ의 표현식을 결정하라. 시스템이 임계감쇠가 되도록 하는 점성감쇠계수 c의 값 c_{cr}은 얼마인가?

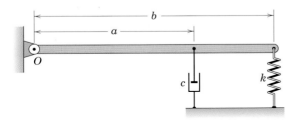

문제 8/68

8/69 그림에 도시된 것과 같이 기계장치가 점 O를 중심으로 수직면에서 진동하고 있다. 등가강성 k를 갖는 스프링은 평형위치 $\theta=0$에서 압축되어 있다. 점 O에 대한 미소진동의 주기 τ의 표현식을 결정하라. 질량이 m인 기계장치는 질량중심 G를 가지며 점 O에 대한 회전반지름은 k_O이다.

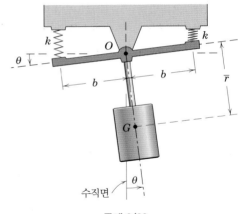

문제 8/69

8/70 전동기의 회전속도가 증가함에 따라 전동기의 고유진동수에 해당하는 속력 360 rev/min에서 O-O축을 중심으로 하는 큰 진동이 발생한다. 전동기의 질량은 43 kg이며 O-O축에 대한 회전반지름이 100 mm일 때, 네 개의 동일한 스프링지지대 각각의 강성 k를 결정하라.

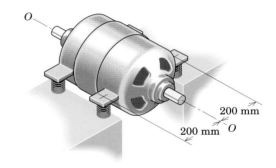

문제 8/70

8/71 그림에 도시된 것과 같이 두 개의 균일하고 동일한 막대가 수직으로 용접되어 점 O를 지나는 수평축을 중심으로 회전한다. 조립체의 과도한 진동을 유발하는 블록 B의 임계 가진 주파수 ω_c를 결정하라. 용접된 조립체의 질량은 m이다.

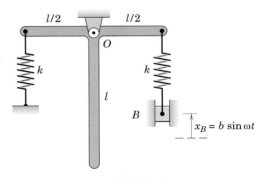

문제 8/71

8/72 시스템 (b)의 고유진동수가 시스템 (a)의 고유진동수와 같도록 하는 시스템 (b)의 유효질량 m_{eff}을 결정하라. 두 시스템의 스프링은 동일하며 시스템 (a)의 바퀴는 균일하고 단단하며 질량이 m_2인 실린더라는 것을 주목하라. 단, 줄은 실린더 위에서 미끄러지지 않는다.

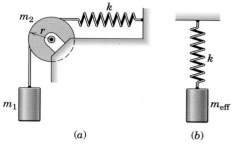

(a)   (b)

문제 8/72

8/73 문제 8/35의 시스템을 다시 고려해 보자. 만약 크랭크 AB가 질량이 m_2이고 점 O에 대한 회전반지름이 k_O라면, 주어진 시스템 파라미터를 이용하여 비감쇠 고유진동수 ω_n과 감쇠비 ζ를 나타내는 표현식을 결정하라. 점성감쇠기의 감쇠계수는 c이며 미소진동을 한다고 가정하라.

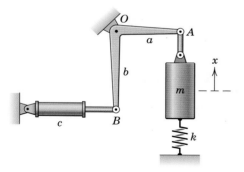

문제 8/73

8/74 질량이 m이고 반지름이 r인 균일한 일체실린더가 반지름이 R인 원형표면에서 미끄럼 없이 회전하고 있다. 만약 운동이 작은 진폭 $\theta = \theta_0$로 제한될 때, 진동의 주기 τ를 결정하라. 또한 실린더가 수직 중심선을 지날 때 각속도 ω를 결정하라. (단, 방정식을 정의할 때 ω를 $\dot{\theta}$ 혹은 ω_n과 혼동하지 않도록 하고 θ가 실린더의 각변위가 아님을 주목하라.)

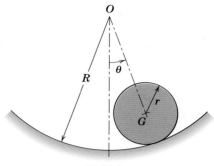

문제 8/74

8/75 손수레 B는 다음과 같은 조화 변위 $x_B = b \sin \omega t$를 하고 있다. 수레의 점 P에서 핀으로 연결된 균일하며 얇은 막대의 정상상태에서의 주기적인 진동의 진폭 Θ을 결정하라. 막대가 작은 각도로 운동한다고 가정하고 중심점에서의 마찰을 무시하라. $\theta = 0$일 때 비틀림 스프링은 변형되지 않는다.

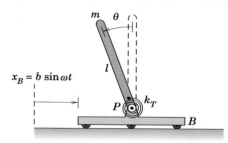

문제 8/75

8/76 문제 6/85의 분할된 인체 모형을 다시 고려해 보자. 고관절 점 O는 자동차에 고정되어 있다고 가정하며, 고관절 위의 상체는 질량 m인 강체로 취급한다. 상체의 질량중심은 G이고, 점 O에 대한 회전반지름은 k_o이다. 근육 반응이 상체에 토크 $M = K\theta$를 가하는 내부의 비틀림 스프링과 같이 작용한다고 가정하며, 이때 K는 비틀림 스프링상수이고 θ는 초기 수직 상태로부터 변화된 각도이다. 자동차가 a의 일정한 감속도로 급정거할 때, 계기판과 충돌하기 전까지 상체의 움직임에 대한 미분 방정식을 유도하라.

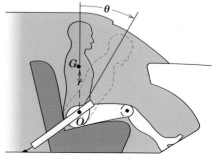

문제 8/76

8.5 에너지 방법

8.2절부터 8.4절까지는 자유물체도를 이용하여, 각각의 물체에 뉴턴의 제2법칙을 적용하여 진동하는 물체의 운동방정식을 유도하고 풀었다. 이러한 접근방법을 통하여 마찰 감쇠력을 포함한 물체에 작용하는 모든 힘의 작용을 설명할 수 있었다. 감쇠의 효과가 적어서 무시될 수 있는 경우가 많이 있는데, 이러한 경우에는 시스템의 전체 에너지가 보존된다. 이와 같은 시스템에서는 에너지 보존원리를 적용하면 매우 쉽게 운동방정식을 세울 수 있고, 또한 운동이 단순조화운동인 경우 진동 주파수를 구할 수 있다.

운동방정식 유도

에너지 방법을 설명하기 위한 간단한 예로서 그림 8.17과 같이, 스프링상수가 k인 스프링에 부착되어 질량 m이 수직방향으로 감쇠 없이 진동하는 문제를 생각해 보자. 앞서 살펴본 바와 같이 운동변수 x를 평형위치로부터 측정하는 것이 편리하다. 이와 같이 주어진 문제에서 시스템의 탄성과 중력에 의한 위치에너지는 다음과 같다.

$$V = V_e + V_g = \frac{1}{2}k(x + \delta_{st})^2 - \frac{1}{2}k\delta_{st}{}^2 - mgx$$

여기서 $\delta_{st} = mg/k$는 초기상태의 정적 변위이다. $k\delta_{st} = mg$를 대입하고 간단히 하면 다음과 같다.

$$V = \frac{1}{2}kx^2$$

따라서, 시스템의 전체 에너지는 다음과 같다.

$$T + V = \frac{1}{2}m\dot{x}^2 + \frac{1}{2}kx^2$$

보존 시스템에서는 $T + V$가 일정하기 때문에, 시간에 대한 미분량이 0이 되므로 결국 다음과 같다.

$$\frac{d}{dt}(T + V) = m\dot{x}\ddot{x} + kx\dot{x} = 0$$

$\dot{x}$를 소거하면

$$m\ddot{x} + kx = 0$$

의 기본적인 미분방정식이 얻어진다. 이 식은 그림 8.3의 동일한 시스템에 대하여 8.2절에서 유도한 식 (8.1)과 같은 형태이다.

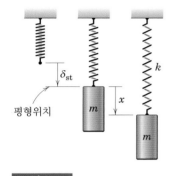

그림 8.17

진동주파수 결정

에너지 보존은 운동방정식을 유도하거나 풀 필요 없이, 선형보존 시스템에 대한 진동주기나 주파수를 구하는 데 사용될 수 있다. 변위 x가 측정되는 평형위치를 중심으로 단순조화운동을 하는 진동계에서, 에너지는 평형위치 $x = 0$에서 최대의 운동에너지와 0의 위치에너지를 갖고, 최대 변위위치 $x = x_{max}$에서 0의 운동에너지와 최대의 위치에너지를 가지며 변화한다. 즉

$$T_{max} = V_{max}$$

라고 쓸 수 있으며, 여기서 최대 운동에너지는 $\frac{1}{2}m(\dot{x}_{max})^2$이고 최대 위치에너지는 $\frac{1}{2}k(x_{max})^2$이다.

그림 8.17의 조화진동에 대해서 변위는 $x = x_{max} \sin(\omega_n t + \psi)$로 쓸 수 있고, 최대속도는 $\dot{x}_{max} = \omega_n x_{max}$가 된다. 그러므로 x_{max}를 위치에너지가 최대가 될 때의 최대변위라 할 때 다음과 같이 쓸 수 있다.

$$\frac{1}{2}m(\omega_n x_{max})^2 = \frac{1}{2}k(x_{max})^2$$

에너지 균형으로부터

$$\omega_n = \sqrt{k/m}$$

을 쉽게 구할 수 있다. 이와 같이 주파수를 직접 결정하는 방법은 선형비감쇠 진동에 대해서 항상 사용될 수 있다.

보존 시스템의 자유진동 문제를 풀 때, 에너지 방법을 사용하면 각각의 분리된 요소에 작용하는 힘을 구하지 않아도 된다. 3.7절과 6.6절 및 6.7절에서 서로 연결된 강체 시스템의 작용력선도를 그리고, 그 외력이 한 일 U'이 전체 기계에너지 $T + V$의 변화량이 됨을 알았다.

그러므로 $U' = 0$을 만족하는 1 자유도의 보존 시스템에서는 기계에너지의 시간 변화량을 아래와 같이 0으로 놓음으로써 그 운동방정식을 쉽게 구할 수 있다.

$$\frac{d}{dt}(T + V) = 0$$

여기서 $V = V_e + V_g$는 시스템의 탄성과 중력에 의한 위치에너지의 합이다.

또한, 평형위치에서의 위치에너지를 0으로 정의할 때 단일강체에서와 같이 서로 연결된 기계 시스템에 대해서 진동의 고유진동수는 최대 위치에너지에 관한 식과 최대 운동에너지에 대한 식을 같게 놓음으로써 얻을 수 있다. 고유진동수를 결정하는 이러한 접근방법은 시스템이 단순조화운동으로 진동하고 있을 때에만 유효하다.

예제 8.10

질량 m인 작은 공이, 점 O에 피벗되어 있고 점 A에 강성 k의 수직 스프링으로 지지되어 있는 가벼운 막대의 한 지점에 올려져 있다. 끝단 A가 수평의 평형위치로부터 작은 변위 y_0만큼 내려졌다가 놓아진다. 에너지 방법을 이용하여 막대의 미소진동에 대한 운동의 미분방정식을 유도하고, 고유진동수 ω_n에 대한 식을 구하라. 감쇠는 무시할 수 있다.

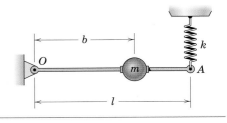

|**풀이**| 평형위치로부터 측정한 막대 끝의 변위가 y일 때, 작은 값의 y에 대한 위치에너지는

$$V = V_e + V_g = \frac{1}{2}k(y + \delta_{st})^2 - \frac{1}{2}k\delta_{st}{}^2 - mg\left(\frac{b}{l}y\right) \quad ①$$

로 표현될 수 있고, 여기서 δ_{st}는 평형상태에서 스프링의 정적변위이다. 그러나 평형위치에서 스프링에 작용하는 힘의 모멘트합은 O를 중심으로 0이어야 하므로 $(b/l)mg = k\delta_{st}$가 된다. 이 값을 V식에 대입하면 간단히

$$V = \frac{1}{2}ky^2 \quad ②$$

이 얻어지고, 변형된 위치에서의 운동에너지는

$$T = \frac{1}{2}m\left(\frac{b}{l}\dot{y}\right)^2$$

이다. 여기서 질량 m의 수직변위는 $(b/l)y$이다. 에너지의 총합은 일정하므로 이의 시간에 대한 미분값은 0이고, 따라서

$$\frac{d}{dt}(T + V) = \frac{d}{dt}\left[\frac{1}{2}m\left(\frac{b}{l}\dot{y}\right)^2 + \frac{1}{2}ky^2\right] = 0$$

이고,

$$\ddot{y} + \frac{l^2}{b^2}\frac{k}{m}y = 0 \qquad \text{답}$$

의 미분방정식이 나온다. 식 (8.2)로 유추해 본다면, 고유진동수는 다음으로 나타낼 수 있다.

$$\omega_n = \frac{l}{b}\sqrt{k/m} \qquad \text{답}$$

다른 방법으로는 최대 운동에너지와 최대 위치에너지를 각각 $y = 0$일 때의 운동에너지와 변위가 최대인 $y = y_0 = y_{max}$일 때의 위치에너지로 하여 등가로 두면 고유진동수를 구할 수 있다. 따라서

$$T_{max} = V_{max} \text{ 로부터} \qquad \frac{1}{2}m\left(\frac{b}{l}\dot{y}_{max}\right)^2 = \frac{1}{2}ky_{max}{}^2$$

이 주어진다. 또한 조화운동을 하므로 변위를 $y = y_{max}\sin\omega_n t$, 속도를 $\dot{y}_{max} = y_{max}\omega_n$으로 나타낼 수 있다. 이 관계를 에너지 평형식에 대입하면 $\frac{1}{2}m\left(\frac{b}{l}y_{max}\omega_n\right)^2 = \frac{1}{2}ky_{max}{}^2$이 유도되고 다음이 구해진다.

$$\omega_n = \frac{l}{b}\sqrt{k/m} \qquad \text{답}$$

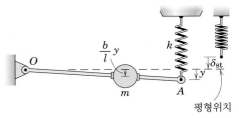

|**도움말**|

① y값이 증가하면 끝단이 원운동을 하게 되므로 스프링에서의 변위에 대한 식에 오차가 생길 수 있다.

② 평형위치로부터의 변위로 식을 표현하면 위치에너지에 대한 식이 매우 간단명료해진다.

예제 8.11

가느다란 막대로 취급할 수 있는 균일한 두 개의 **1.2 kg** 링크에 달려 있는 **3 kg**짜리 칼라의 수직진동에 대한 고유진동수 ω_n을 구하라. 칼라와 지지부에 연결되어 있는 스프링의 강성은 $k = 1.5$ kN/m이고, 평형위치에서 막대는 수평을 이루고 있다. 작은 롤러가 각각의 링크의 끝인 B에 달려 있어서 점 A가 칼라와 함께 움직일 수 있도록 한다. 마찰에 의한 감쇠는 무시한다.

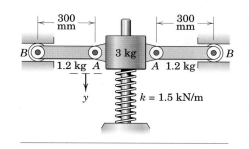

|**풀이**|　평형위치에서 스프링의 압축력 P는 3 kg 칼라의 무게와 각각의 링크 무게의 절반을 더한 $P = 3(9.81) + 2(\frac{1}{2})(1.2)(9.81) = 41.2$ N과 일치한다. 따라서 스프링의 변위는 $\delta_{st} = P/k = 41.2/1.5(10^3) = 27.5(10^{-3})$ m이다. 평형위치에서 아래로 y만큼 내려지면, 이때 각 요소들의 위치에너지는

$$
\begin{aligned}
\text{(스프링)}\quad V_e &= \frac{1}{2}k(y+\delta_{st})^2 - \frac{1}{2}k\delta_{st}^2 = \frac{1}{2}ky^2 + k\delta_{st}y \\
&= \frac{1}{2}(1.5)(10^3)y^2 + 1.5(10^3)(27.5)(10^{-3})y \\
&= 750y^2 + 41.2y \text{ J}
\end{aligned}
$$

$$
\text{(칼라)}\quad V_g = -m_c gy = -3(9.81)y = -29.4y \text{ J}
$$

$$
\text{(각 링크)}\quad V_g = -m_l g\frac{y}{2} = -1.2(9.81)\frac{y}{2} = -5.89y \text{ J} \quad ①
$$

시스템의 전체 위치에너지는

$$
V = 750y^2 + 41.2y - 29.4y - 2(5.89)y = 750y^2 \text{ J} \quad ②
$$

이 된다.

최대 운동에너지는 칼라의 속도 $\dot{y}$가 최대가 되는 평형위치에서 나타난다. 칼라의 작은 움직임에 대해서는 각 링크의 점 B는 운동하지 않으므로 각 링크를 고정점 B를 중심으로 각속도 $\dot{y}/0.3$으로 회전하고 있는 것으로 취급할 수 있다. ③ 그러면 각 부분의 운동에너지는

$$
\text{(칼라)}\quad T = \frac{1}{2}m_c\dot{y}^2 = \frac{3}{2}\dot{y}^2 \text{ J}
$$

$$
\begin{aligned}
\text{(각 링크)}\quad T &= \frac{1}{2}I_B\omega^2 = \frac{1}{2}\left(\frac{1}{3}m_l l^2\right)(\dot{y}/l)^2 = \frac{1}{6}m_l\dot{y}^2 \\
&= \frac{1}{6}(1.2)\dot{y}^2 = 0.2\dot{y}^2
\end{aligned}
$$

따라서 칼라와 링크의 운동에너지는

$$
T = \frac{3}{2}\dot{y}^2 + 2(0.2\dot{y}^2) = 1.9\dot{y}^2
$$

조화운동이므로 $y = y_{max}\sin\omega_n t$와 $\dot{y}_{max} = y_{max}\omega_n$이 성립하여 에너지 평형 $T_{max} = V_{max}$와 $\dot{y} = \dot{y}_{max}$에서 ④

$$
1.9(y_{max}\omega_n)^2 = 750y_{max}^2 \qquad \text{또는} \qquad \omega_n = \sqrt{750/1.9} = 19.87 \text{ Hz} \quad ⑤ \quad ▣
$$

가 구해진다.

|**도움말**|

① 칼라가 아래로 움직이는 거리의 반만큼 링크의 무게중심이 이동하는 점에 주목하라.

② 평형위치에서 y만큼 이동할 때 전체 위치에너지는 간단히 $V = \frac{1}{2}ky^2$으로 표현됨을 다시 한번 확인할 수 있다.

③ 강체의 기구학에 대한 지식이 필요하다.

④ 이와 같이 서로 연결된 시스템에 대한 문제를 풀기 위한 에너지 방법의 장점을 확인하기 위해, 각 부분을 힘과 모멘트식으로 풀어서 그 결과를 비교해 볼 것을 적극 권장한다.

⑤ 진동이 크다면 링크를 더 이상 고정점에 대해 회전하는 것으로 간주할 수 없다. 이 경우에 각각의 링크 각속도는 $\dot{y}/\sqrt{0.09 - y^2}$이고 이는 비선형의 응답을 일으키므로, 더 이상 $y = y_{max}\sin\omega_n t$가 성립하지 않는다.

연습문제

(다음의 문제들을 에너지 방법으로 풀어라.)

기초문제

8/77 질량이 1.5 kg인 막대 OA가 베어링 O에 수직하게 매달려 수직 평형위치에 대하여 미리 동일하게 압축되어 있는 강성이 $k=120$ N/m인 두 개의 스프링에 의하여 구속되어 있다. 막대를 얇고 균일하다고 가정하여 점 O를 중심으로 하는 미소진동의 고유진동수 f_n을 구하라.

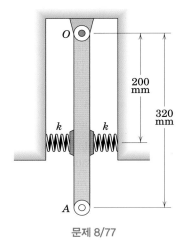

문제 8/77

8/78 그림에 도시된 것과 같이 질량이 m인 구가 가벼운 막대에 붙어서 수평위치에 정지해 있다. 수직 평면에서 점 O를 중심으로 하는 미소진동의 주기 τ를 구하라.

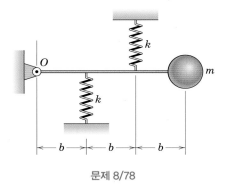

문제 8/78

8/79 질량이 m이고 길이가 l인 균일한 막대가 반지름 l을 갖는 가벼운 원형후프의 한쪽 림에 용접되어 있다. 다른 한쪽 끝은 후프의 중심에 놓여 있다. 후프가 평행한 면에서 미끄러지지 않고 구른다고 할 때 막대의 수직위치에 대한 미소진동의 주기 τ를 구하라.

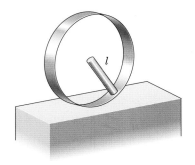

문제 8/79

8/80 질량이 m이고 반지름이 r이며 무게중심에 대한 회전반지름이 $\bar{k}$인 스포크휠이 미끄러지지 않고 경사면 위를 구른다. 고유진동수를 결정하고 $\bar{k}=0$과 $\bar{k}=r$과 같은 제한적인 경우에 대하여 탐구하라.

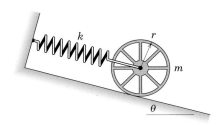

문제 8/80

8/81 반지름이 r인 균일한 원형후프가 작은 진폭을 가지고 수평의 칼끝에 대하여 회전할 때의 주기 τ를 결정하라.

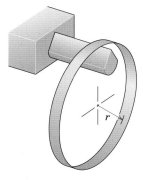

문제 8/81

8/82 그림에 도시된 것과 같이 암의 평형위치가 수평이 되도록 스프링의 길이를 조절하였다. 스프링과 암의 질량을 무시하여 미소진동의 고유진동수 f_n을 계산하라.

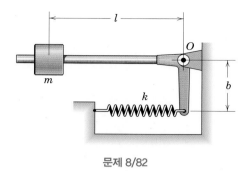

문제 8/82

8/83 조립체는 단위 길이당 질량이 ρ인 두 개의 얇고 균일한 막대로 이루어져 있다. 막대들은 점 O를 가로지르는 수평축을 중심으로 비틀림 스프링상수 k_T를 갖는 스프링에 반하여 회전한다. 에너지 방법을 사용하여 수평위치에 대한 미소진동의 고유 원진동수 ω_n을 결정하라. $\theta = 0$일 때 스프링은 변형되지 않으며 중심점 O에서의 마찰은 무시하라.

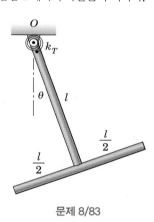

문제 8/83

심화문제

8/84 그림에 도시된 것과 같은 시스템의 수직방향 진동의 주파수 f_n을 계산하라. 질량이 40 kg인 도르래의 중심 O에 대한 회전반지름은 200 mm이다.

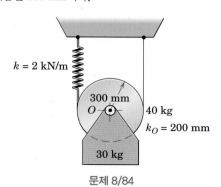

문제 8/84

8/85 문제 8/74의 균일한 원형 실린더를 다시 고려해 보자. 실린더가 미끄러짐 없이 반지름 R인 경주로를 구른다고 할 때 미소진동의 주기 τ를 결정하라.

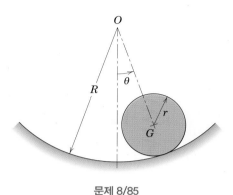

문제 8/85

8/86 점 O에 대한 관성모멘트가 I_O인 원판이 비틀림 스프링상수 k_T를 갖는 스프링에 의해 힘을 받는다. 질량이 m인 각각의 슬라이더의 위치는 조절 가능하다. 시스템이 주기 τ를 갖도록 하는 x의 값을 결정하라.

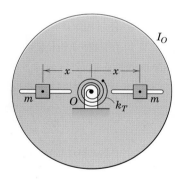

문제 8/86

8/87 질량이 m_2이고 길이가 l인 균일하고 얇은 막대가 질량이 m_1
이고 반지름 $l/5$인 균일한 원판에 고정되어 있다. 그림에 도
시된 것과 같은 시스템이 평형상태에 있다고 할 때, 회전중
심점 O에 대하여 진폭 θ_0을 갖는 미소진동의 고유진동수 ω_n
과 최대 각속도 ω를 결정하라.

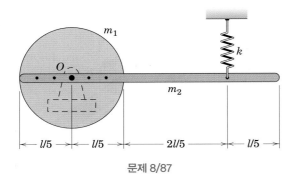

문제 8/87

8/88 질량이 M인 두 개의 균일한 원형실린더가 질량이 m인 링크
AB로 연결되어 있을 때, 이 시스템의 고유진동수 f_n을 유도
하라. 미소진동을 한다고 가정하라.

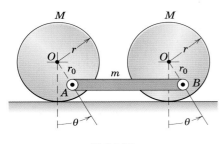

문제 8/88

8/89 회전식 쟁반의 회전축이 수직선으로부터 α만큼 기울어져 있
다. 회전식 쟁반은 보이지 않는 베어링을 중심으로 자유롭게
회전한다. 점 O로부터 거리가 r인 지점에 질량이 m인 작은
블록이 놓인다고 할 때, 기울어진 축을 중심으로 미소 회전
진동의 고유진동수 ω_n을 결정하라. 회전식쟁반의 샤프트 축
에 대한 관성모멘트는 I이다.

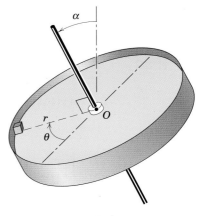

문제 8/89

8/90 그림에 도시된 것과 같이 강성이 k인 두 개의 압축되어 있는
스프링에 의해 질량이 m이고 길이가 L인 균일한 얇은 막대
의 끝이 수직 및 수평 슬롯에서 자유롭게 움직인다. 막대가 θ
$=0$에서 정적 평형을 이룰 때, 미소진동의 고유진동수 ω_n을
결정하라.

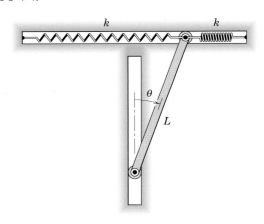

문제 8/90

8/91 그림에 도시된 것과 같이 질량이 12 kg인 블록은 비틀림 스
프링상수 $k_T=500$ N · m/rad인 비틀림 스프링을 갖는 질량
이 5 kg인 두 개의 링크에 의해 지지되어 있다. 그림에 도시
된 것과 같이 평형상태가 될 정도로 스프링은 충분히 뻣뻣하
다. 이러한 평형위치에서 미소진동의 고유진동수 f_n을 결정
하라.

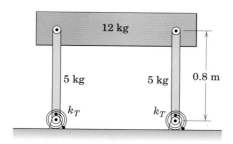

문제 8/91

8/92 그림에 도시된 것과 같이 스프링으로 지지된 프레임이 평형 위치에서 수직방향으로 작은 외란을 받았을 때, 진동의 고유진동수 f_n을 결정하라. 위쪽 부재의 질량은 24 kg이고 아래쪽 부재의 질량은 무시할 수 있다. 각 스프링의 강성은 9 kN/m이다.

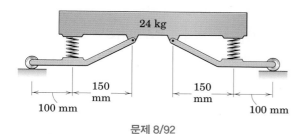

문제 8/92

8/93 주어진 시스템은 그림에 도시된 그래프와 같이 저항력 F가 평형위치에서 변형량에 따라 증가하는 비선형 스프링을 특징으로 한다. 에너지 방법을 사용하여 이 시스템의 운동방정식을 결정하라.

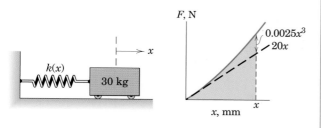

문제 8/93

8/94 반지름이 r인 얇고 균일한 두께를 갖는 반원형 원통 셸이 수평면 위에서 미소진동을 시작한다. 셸이 미끄러짐 없이 구른다고 할 때, 각각의 완전한 진동의 주기를 나타내는 표현식을 결정하라.

문제 8/94

▶8/95 그림에 도시된 것과 같이 질량이 m인 물체를 만들기 위해 반지름 R인 실린더에 반지름이 $R/4$인 구멍이 뚫려 있다. 물체가 수평면에서 미끄러짐 없이 구른다고 할 때, 미소진동의 주기 τ를 결정하라.

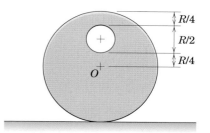

문제 8/95

▶8/96 질량이 m이고 반지름이 r인 $\frac{1}{4}$원형의 물체가 수평면 위에서 미소진동을 시작한다. 수평면 위에서 미끄러지지 않는다고 할 때, 각각의 완전한 진동의 주기를 나타내는 표현식을 결정하라.

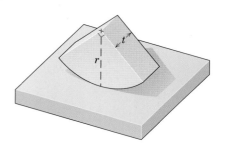

문제 8/96

8.6 이 장에 대한 복습

이 장에서는 질점과 강체의 진동에 대하여 공부하면서, 제3장과 제6장에서 유도된 동역학의 기본원리를 단순히 직접적으로 적용하는 것임을 알 수 있었다. 이전의 장들에서 시간에 대한 물체의 동적 거동에 대해 살펴보았고, 유한한 양의 변위나 시간에 따른 운동의 변화에 대해 알아보았다. 한편 이 장에서는 직선변위나 각도변위가 시간의 함수로 표현될 수 있도록 운동 미분방정식을 구하는 방법에 대해 살펴보았다.

질점진동(particle vibration)

질점의 시간응답에 대한 연구를 자유운동과 강제운동 두 분야로 나누었고, 좀 더 세분하여 감쇠를 무시할 수 있는 경우와 고려해야 되는 경우로 나누었다. 감쇠비 ζ는 점성감쇠 자유진동의 특성을 결정하는 데 편리한 변수임을 알았다.

조화강제진동과 관련된 주요 내용은 고유진동수 근처의 주파수로 부족감쇠계를 가진하면 공진이라 불리는 과다한 진폭의 운동상태를 야기시킬 수 있다는 것이었다.

강체진동(rigid-body vibration)

강체의 진동에서 미소각에 대한 운동방정식은 질점의 진동에 대한 운동방정식과 똑같은 형태임을 살펴보았다. 질점진동은 병진운동을 지배하는 방정식만으로 완벽하게 기술될 수 있는 반면에, 강체의 진동은 일반적으로 회전동역학 방정식을 필요로 한다.

에너지 방법(energy method)

이 장의 마지막 절에서는 에너지 방법을 사용하면 감쇠가 무시될 수 있는 자유진동 문제에서 고유진동수 ω_n을 좀 더 쉽게 구할 수 있음을 알았다. 여기서 시스템의 전체 기계에너지는 일정하다고 가정한다. 시간에 대한 일차 미분값을 0으로 놓으면 바로 그 시스템의 미분 운동방정식을 구할 수 있다. 에너지 방법을 사용하면 시스템을 분해하지 않고도 서로 연결된 부분들로 이루어진 보존 시스템을 해석할 수 있다.

자유도(degree of freedom)

이 장에서는 시스템의 위치가 단일변수로 지정될 수 있는 1 자유도를 가지는 시스템으로 한정하여 살펴보았다. 만약 어떤 시스템이 n 자유도를 가지고 있다면, 그 시스템은 n개의 고유진동수를 가진다. 따라서 만약 부족감쇠계에 조화력이 작용한다면 큰 진폭의 운동을 야기시킬 수 있는 구동주파수는 n개가 존재한다. 모드 해석과정에 의하면 n 자유도의 복잡한 시스템은 n개의 단일 자유도 시스템으로 간단히 할 수 있다. 그러므로 이 장의 내용을 충분히 이해하는 것이 앞으로의 깊이 있는 진동연구를 위해 매우 중요하다.

복습문제

8/97 역진자의 고유진동수 f_n을 결정하라. 미소진동을 한다고 가정하고 고유 진동수를 결정하는 데 있어 가정한 제한조건을 서술하라.

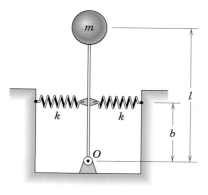

문제 8/97

8/98 질량이 m인 균일한 부채꼴 형상 물체의 미소진동의 주기 τ를 결정하라. 물체가 그림에 도시된 것과 같은 위치에 있을 때 비틀림 스프링상수 k_T를 갖는 스프링은 변형되지 않는다.

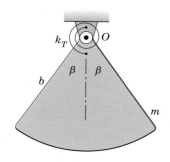

문제 8/98

8/99 질량이 0.1 kg인 총알이 스프링으로부터 힘을 받지 않고 정지해 있는 질량이 10 kg인 블록을 향해 발사되었다. 스프링이 양 끝단에 고정되어 있을 때 스프링의 최대 수평변위 X와 총알이 박혀 있는 블록의 주기를 계산하라.

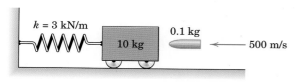

문제 8/99

8/100 얇은 원형판이 점 O에서 작은 볼을 감싸는 소켓(그림상 생략)에 매달려 있다. 원형판이 (a) A-A축을 중심으로 (b) B-B축을 중심으로 자유롭게 흔들릴 때 미소진동의 진동수를 결정하라. 볼의 질량과 작은 유격 그리고 마찰은 무시하라.

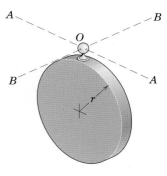

문제 8/100

8/101 그림에 도시된 것과 같이 가느다란 막대가 반지름 r인 반원 형태를 띠고 있다. 수평한 칼끝에 의해 막대 길이의 중간 부분을 중심으로 회전하는 경우, 미소진동의 고유진동수 f_n을 결정하라.

문제 8/101

8/102 질량은 m이고 스프링상수는 k이며 점성감쇠계수가 c인 선형 진동자가 초기 위치에서 놓아져 운동을 시작한다. 초기 진폭 x_1에 대한 한 주기 동안의 에너지 손실 Q를 나타내는 표현식을 유도하라. (그림 8.7을 보라.)

8/103 시스템은 질량이 $m=8$ kg이고 회전반지름이 $\bar{k}=135$ mm인 스텝실린더와 스프링상수 $k=2.6$ kN/m인 스프링 그리고 감쇠계수 $c=30$ N·s/m인 유압실린더로 이루어져 있을 때, 이 시스템의 감쇠비 ζ를 계산하라. 실린더는 반지름이 $r=150$ mm로 미끄러짐 없이 회전하며 스프링은 압축과 팽창이 가능하다.

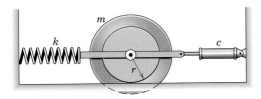

문제 8/103

8/104 시스템이 임계감쇠가 되도록 하는 점성감쇠계수 c의 값을 결정하라. 실린더의 질량은 $m=2$ kg이며 스프링상수는 $k=150$ N/m이다. 도르래의 질량과 마찰은 무시하라.

문제 8/104

8/105 프로펠러에 의한 진동이 가장 두드러지는 선미 근처의 갑판에 다음과 같은 지진계가 설치되어 있다. 배는 일부분은 물 밖에서 작동하며 180 rev/min 속도로 회전하는 세 개의 블레이드 프로펠러를 사용하여 프로펠러가 수면을 닿을 때 충격을 받게 된다. 이 지진계의 감쇠비는 $\zeta=0.5$이며 비감쇠 고유진동수는 3 Hz이다. 만약 A의 프레임에 상대적인 진폭이 0.75 mm일 때, 갑판의 수직 진동의 진폭 δ_0을 계산하라.

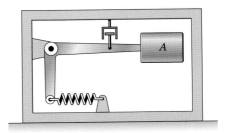

문제 8/105

8/106 질량이 220 kg인 실험용 엔진이 위치 A, B에서 강성 105 kN/m인 스프링 마운트가 있는 실험대에 의해 지지되어 있다. 엔진의 질량중심 G에 대한 회전반지름은 115 mm이다. 엔진이 작동하지 않을 때, 수직 진동의 고유진동수 $(f_n)_y$와 G에 대한 회전진동의 고유진동수 $(f_n)_\theta$를 계산하라. 만약 수직 운동이 억제되고 가벼운 회전 불균형이 발생한다면, 엔진을 작동시키지 않아야 하는 속도 N을 구하라.

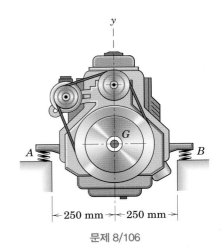

문제 8/106

8/107 반지름이 r, 질량이 m, 회전반지름이 $\bar{k}$인 실린더 A가 구동실린더 B에 부착된 케이블–스프링 시스템에 의해 동력을 전달받는다. 케이블이 실린더 위에서 미끄러지지 않고, 주기운동 중 두 스프링이 느슨해지지 않을 정도로 늘어나는 경우, 실린더 A의 정상상태 진동의 진폭 θ_{max}의 표현식을 결정하라.

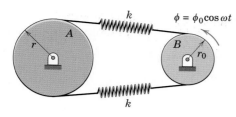

$\phi = \phi_0 \cos \omega t$

문제 8/107

▶ **8/108** 질량이 200 kg인 기계가 유효 스프링상수 $k=250$ kN/m이고 유효 점성감쇠계수 $c=1000$ N·s/m인 네 개의 받침대에 지지되어 있다. 받침대의 바닥이 수직방향으로 24 Hz의 주파수로 진동한다. 받침대가 유효 스프링상수는 같으며 유효 점성감쇠계수가 두 배가 큰 받침대로 교체된다고 할 때, 진폭의 절댓값의 크기에 미치는 영향은 무엇인가?

*컴퓨터 응용문제

***8/109** 고유진동수가 $\omega_n=4$ rad/s인 임계감쇠를 하는 물체가 정지상태에서 초기 변위 x_0에서 놓아진다. 물체가 위치 $x=0.1x_0$에 도달하는 데 걸리는 시간 t를 결정하라.

***8/110** 문제 8/63의 부채꼴 형상의 물체를 $m=4$ kg, $r=325$ mm, $\beta=45°$로 하여 다시 고려해 보자. 물체가 정지상태에서 $\theta_0=90°$에서 놓아진다고 할 때, 시간 간격 $0 \le t \le 6$ s에서 θ의 값을 도시하라. 단, 중심점 O에서의 마찰은 크기가 $M=c\dot{\theta}$인 저항토크를 발생시키며 $c=0.35$ N·m·s/rad 일 때 큰 각도에서의 결과와 작은 각도에서 $\sin \theta \cong \theta$로 근사하여 구한 결과를 비교하고 $t=1$ s일 때 두 가지 경우의 θ값을 서술하라. (단, 이 문제의 정확한 해를 구하는 것은 상당히 어려우며 또한 타원 적분을 요한다. 따라서 적절한 수학적 소프트웨어를 사용하는 수치해석적인 해를 권장한다.)

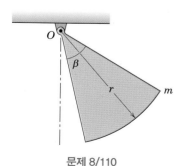

문제 8/110

***8/111** 그림과 같이 도시된 시스템의 질량이 시간 $t=0$에서 $x_0=0.1$ m 그리고 $\dot{x}_0=-5$ m/s와 같은 초기조건에서 놓아진다. 시스템의 응답을 도시하고 변위가 $x=-0.05$ m가 되는 시간을 결정하라.

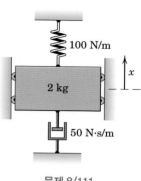

100 N/m

2 kg

x

50 N·s/m

문제 8/111

***8/112** 그림에 도시된 것과 같이 $y_B=b \sin \omega t$로 나타나는 지면의 움직임을 연구하기 위하여 변위계가 사용된다. 질량의 프레임에 대한 상대운동은 회전하는 드럼에 기록된다. $l_1=360$ mm, $l_2=480$ mm, $l_3=600$ mm, $m=0.9$ kg, $c=1.4$ N·s/m, $\omega=10$ rad/s일 때, 기록되는 상대 변위의 크기가 $1.5b$보다 작게 하는 스프링상수 k의 범위를 결정하라. 단, ω/ω_n의 비율은 1보다 크다고 가정하라.

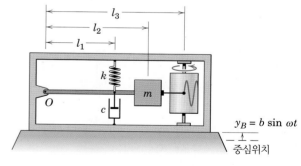

$y_B = b \sin \omega t$

중심위치

문제 8/112

*8/113 그림에 도시된 것과 같이 질량 $m=4$ kg, 스프링상수 $k=$ 200 N/m, 점성감쇠비 $\zeta=0.1$인 선형 감쇠 진동자가 초기에 평형위치에서 충격하중 F를 짧은 시간 동안 받는다. 충격하중이 $I=\int F\,dt=8$ N·s 주어질 때, 변위 x를 시간의 함수로 결정하고, 충격이 가해진 이후 초기 2초 동안의 변위 x를 도시하라.

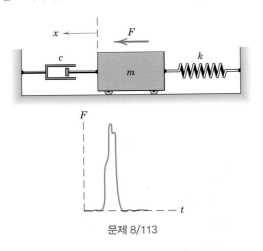

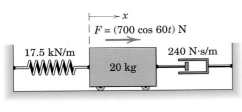

문제 8/113

*8/114 질량이 20 kg인 물체의 $0 \le t \le 1$ s 동안의 응답을 도시하라. 초기 조건이 $x_0=0$ m와 $\dot{x}_0=2$ m/s일 때 x의 최댓값과 최솟값, 그리고 그에 해당하는 시간을 결정하라.

문제 8/114

*8/115 그림에 도시된 것과 같이 비감쇠 선형 진동기가 초기 $\frac{3}{4}$초 동안 시간에 따라 선형적으로 변하는 힘을 받고 있을 때의 응답을 결정하고 도시하라. 단, 진동자는 시간이 $t=0$일 때 $x=0$에서 정지해 있다.

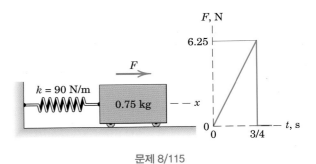

문제 8/115

*8/116 질량이 4 kg인 실린더가 점성감쇠기와 스프링상수 $k=$ 800 N/m인 스프링에 붙어 있다. 만약 실린더가 시간 $t=0$에서 평형위치로부터 $y=100$ mm인 위치에서 놓여 있다면, 점성감쇠계수가 (a) $c=124$ N·s/m와 (b) $c=80$ N·s/m인 경우에 대하여 1초 동안의 변위 y를 시간의 함수로 도시하라.

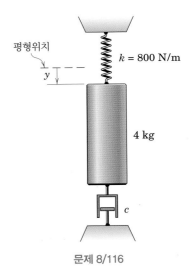

문제 8/116

면적 관성모멘트

면적 관성모멘트의 이론과 계산에 대한 자세한 내용은 제1권 정역학의 부록을 참조하라. 면적 관성모멘트는 구조물의 설계에 있어 매우 중요한 역할을 하고, 특히 정역학에서 많이 다루어지므로 이 책에서는 면적과 질량 관성모멘트의 기본적인 차이를 이해할 수 있도록 정의에 대해서만 간단히 언급한다.

그림 A.1에서, 면적 A인 평면의 x축과 y축 그리고 평면에 수직한 z축에 대한 관성모멘트는 다음과 같이 정의된다.

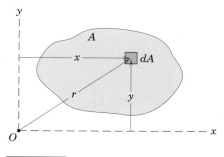

그림 A.1

$$I_x = \int y^2\, dA \qquad I_y = \int x^2\, dA \qquad I_z = \int r^2\, dA$$

여기서 dA는 면적의 미분요소이며, $r^2 = x^2 + y^2$이다. 극관성모멘트(polar moment of inertia) I_z는 직각 관성모멘트(rectangular moment of inertia)의 합인 $I_x + I_y$와 동일하다. 부록 B에 설명된 바와 같이 얇은 평판의 경우에 면적 관성모멘트는 질량 관성모멘트를 계산하는 데 매우 유용하게 이용될 수 있다.

면적 관성모멘트는 관심 있는 한 축에 관한 면적 분포를 나타내고, 그 축에 대한 면적의 일정한 성질이 된다. 면적 관성모멘트의 차원은 SI 단위로 m^4 또는 mm^4이거나, 미국통상단위로 ft^4 또는 $in.^4$으로 표현되는 (길이)^{4}이다. 반면에 질량 관성모멘트는 관심 있는 한 축에 관한 질량의 분포를 나타내고, 차원은 SI 단위로 $kg \cdot m^2$, 미국통상단위로는 $lb\text{-}ft\text{-}sec^2$ 또는 $lb\text{-}in.\text{-}sec^2$으로 표현되는 (질량)(길이)^{2}이다.

질량 관성모멘트

이 장의 구성

B.1 임의의 좌표축에 관한 질량 관성모멘트

평면운동 중인 강체의 운동평면에 수직한 축에 대한 회전운동방정식은 모멘트축에 대한 질량분포에 따른 적분을 포함하고 있다. 강체가 회전축에 관하여 각가속도를 가질 경우에는 항상 이러한 적분이 필요하다. 그러므로 회전 동역학을 공부하려면 먼저 강체의 질량 관성모멘트에 익숙해질 필요가 있다.

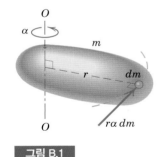

그림 B.1

그림 B.1에 있는 축 O-O에 관하여 각가속도 α로 회전하는 질량 m인 물체를 생각해 보자. 물체의 모든 질점은 회전축 O-O에 수직하고, 서로 평행인 평면들을 따라 움직인다. 일반적으로 질량중심을 포함한 운동평면이 가장 많이 선정되지만, 여기서는 이와 상관없이 임의의 운동평면 중 한 평면을 선택한다. 질량요소 dm은 원형 회전경로의 접선방향으로 $r\alpha$의 가속도를 가지고, 뉴턴의 제2법칙에 의해 접선방향의 합력은 $r\alpha\,dm$이 된다. 회전축 O-O에 관한 이 힘의 모멘트는 $r^2\alpha\,dm$이므로, 미소질량에 대한 이러한 힘의 모멘트들을 모두 합하면 $\int r^2\alpha\,dm$이 된다. 강체에서 모든 반지름에 대해 α는 동일하므로 적분기호 밖으로 꺼낼 수 있다. 남은 적분값이 축 O-O에 대한 물체의 질량 관성모멘트 I이고, 다음과 같다.

$$I = \int r^2 \, dm \qquad\qquad (B.1)$$

이 적분값은 물체의 중요한 성질을 나타내고, 어떤 주어진 축에 대하여 회전가속도를 가지는 물체를 해석하는 데 관계된다. 물체의 질량 m이 직선가속도에 대한 저항을 나타내는 것과 마찬가지로 관성모멘트 I는 회전가속도에 대한 저항을 의

미한다.

다음과 같이 관성모멘트는 다른 방식으로도 표기할 수 있다.

$$I = \Sigma r_i^2 m_i \qquad \text{(B.1a)}$$

여기서 r_i는 관성축으로부터 대표 질점의 질량 m_i까지의 반지름방향 거리를 나타내고, 합산을 물체의 모든 질점에 대하여 취한다.

만약 물체 전체의 밀도가 ρ로 균일하다면, 관성모멘트는 다음과 같다.

$$I = \rho \int r^2 \, dV$$

여기서 dV는 부피요소이다. 이 경우 적분값 그 자체가 물체의 순수한 기하학적 성질을 나타낸다. 밀도가 균일하지 않고 물체의 좌표에 대한 함수로 나타날 경우 적분기호 밖으로 나올 수 없으며, 이 경우 적분 과정에 영향을 미친다.

일반적으로 물체의 경계에 가장 적합한 좌표계가 적분에 이용된다. 부피요소 dV를 잘 선택하는 것이 매우 중요하다. 적분을 간단히 하기 위해서 가능한 한 낮은 차수의 요소를 선택해야 하며, 축에 대한 요소의 관성모멘트를 올바르게 표현해야 한다. 예를 들어, 직각원추(solid right-circular cone)의 중심축에 대한 관성모멘트를 구할 때, 그림 B.2a에서처럼 미소두께의 원판 형태로 요소를 선택할 수 있다. 이 요소에 대한 미소 관성모멘트는 미소높이를 가진 원통의 중심축에 대한 관성모멘트로 표현된다(예제 B.1 참조).

반면에 그림 B.2b에서처럼 미소두께를 지닌 원통 셀(shell)의 형태로 요소를 선택할 수도 있다. 이 경우 관성축으로부터 거리 r에 있는 모든 요소의 질량은 동일하므로, 이 요소의 미소 관성모멘트는 단지 $r^2 \, dm$이고, 여기서 dm은 셀 요소의 미소질량이다.

관성모멘트의 차원은 그 정의에 의하여 (질량)(거리)^{2}이고, SI 단위로는 kg · m^{2}이며 미국통상단위로는 lb-ft-sec^{2}이다.

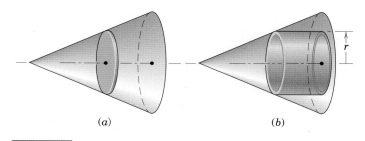

(a) (b)

그림 B.2

회전반지름

관성모멘트 I인 질량 m의 축에 관한 회전반지름 k는 다음과 같이 정의된다.

$$k = \sqrt{\frac{I}{m}} \quad \text{또는} \quad I = k^2 m \tag{B.2}$$

따라서 k는 관심 있는 축에 관한 주어진 물체의 질량분포를 의미하고, 그 정의는 면적 관성모멘트에 대한 회전반지름과 유사하다. 만약 물체의 모든 질량 m이 축으로부터 거리 k에 집중될 수 있다면 관성모멘트는 변하지 않는다.

특정한 축에 대한 물체의 관성모멘트는 흔히 물체의 질량과 그 축에 관한 물체의 회전반지름으로 주어진다. 그러면 관성모멘트는 식 (B.2)를 통해 계산할 수 있다.

축이동

물체의 관성모멘트가 질량중심을 지나는 축에 관하여 알려져 있다면, 이와 평행한 축에 관한 관성모멘트도 쉽게 알 수 있다. 그림 B.3에 나오는 두 개의 평행축을 고려하자. 한 축은 질량중심 G를 지나고, 다른 축은 다른 어떤 점 C를 지난다. 두 축으로부터의 질량요소 dm까지의 원심거리를 각각 r_0, r이라 하고 두 축간 거리를 d라고 하자. C를 지나는 축에 관한 관성모멘트의 정의에 코사인법칙 $r^2 = r_0{}^2 + d^2 + 2r_0 d \cos \theta$를 적용하면 다음과 같다.

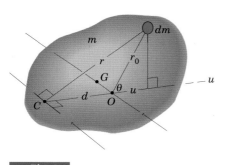

$$
\begin{aligned}
I = \int r^2 \, dm &= \int (r_0{}^2 + d^2 + 2r_0 d \cos \theta) \, dm \\
&= \int r_0{}^2 \, dm + d^2 \int dm + 2d \int u \, dm
\end{aligned}
$$

첫째 항은 질량중심에 관한 관성모멘트 $\bar{I}$, 둘째 항은 md^2이고, G를 지나는 축에 관한 질량중심의 u좌표가 0이므로, 셋째 항은 0이 된다. 따라서 평행축 정리는

$$I = \bar{I} + md^2 \tag{B.3}$$

이다. 한 축은 반드시 질량중심을 지나고, 그 축들이 평행해야만 평행축 정리가 성립함을 유의해야 한다.

식 (B.3)에 회전반지름 식을 대입하면 결과식은

$$k^2 = \bar{k}^2 + d^2 \tag{B.3a}$$

이다. 식 (B.3a)는 회전반지름 $\bar{k}$인 질량중심을 지나는 축으로부터 거리 d에 있는 축에 관한 회전반지름 k를 얻기 위한 평행축 정리를 나타낸다.

　운동평면에 수직한 축에 관하여 회전이 발생하는 평면운동 문제의 경우, I에 대한 하나의 아래첨자로 관성축을 표현할 수 있다. 만약 그림 B.4의 평판이 x-y 방향으로 평면운동을 한다면, 이 평판의 O를 지나는 z방향 회전 관성모멘트는 I_O로 표기한다. 반면에 한 축 이상으로 회전이 일어나는 3차원 운동의 경우, B.2절에서 소개할 관성곱 표기의 대칭성을 보존하기 위하여 두 개의 아래첨자가 필요하다. 그러므로 x축, y축 그리고 z축의 관성모멘트는 각각 I_{xx}, I_{yy} 그리고 I_{zz}로 표기된다. 그림 B.5에서 각각 다음과 같음을 알 수 있다.

$$I_{xx} = \int r_x^2 \, dm = \int (y^2 + z^2) \, dm$$
$$I_{yy} = \int r_y^2 \, dm = \int (z^2 + x^2) \, dm \qquad \text{(B.4)}$$
$$I_{zz} = \int r_z^2 \, dm = \int (x^2 + y^2) \, dm$$

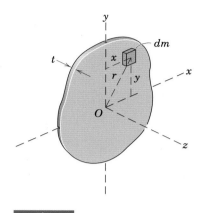

그림 B.4

이 식은 7.7절의 3차원 회전에 대한 각운동량의 식 (7.10)에서 언급되었다.

　질량 관성모멘트와 면적 관성모멘트의 정의 형식은 유사하다. 평판의 경우 두 관성모멘트 사이에 정확한 관계식이 존재한다. 그림 B.4의 균일한 두께의 평판을 생각해 보자. 두께는 일정하게 t이고, 밀도는 ρ, 평판에 수직한 z축에 관한 질량 관성모멘트 I_{zz}는

$$I_{zz} = \int r^2 \, dm = \rho t \int r^2 \, dA = \rho t I_z \qquad \text{(B.5)}$$

이다. 따라서, z축에 관한 질량 관성모멘트는 단위면적의 질량 ρt에 z축에 관한 평판 면적의 극관성모멘트 I_z를 곱한 것과 같다. 만약 t가 평판의 평면방향 크기에 비

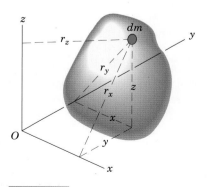

그림 B.5

해 작으면, x축과 y축에 관한 평판의 질량 관성모멘트 I_{xx}와 I_{yy}는 다음과 같이 근사될 수 있다.

$$I_{xx} = \int y^2 \, dm = \rho t \int y^2 \, dA = \rho t I_x$$
$$I_{yy} = \int x^2 \, dm = \rho t \int x^2 \, dA = \rho t I_y \tag{B.6}$$

이에 따라 질량 관성모멘트는 단위면적당 질량 ρt와 상응하는 면적 관성모멘트를 곱한 것과 동일하다. 질량 관성모멘트는 두 개의 아래첨자를 사용하여 면적 관성모멘트와 구분한다.

면적 관성모멘트에 대하여 $I_z = I_x + I_y$가 성립하는 것과 같이

$$I_{zz} = I_{xx} + I_{yy} \tag{B.7}$$

가 성립하나, 이는 반드시 얇은 평판인 경우에만 가능하다. 이러한 제한조건은 식 (B.6)에서 살펴볼 수 있다. 식 (B.6)은 요소의 두께 t나 z좌표가 대응하는 x축 또는 y축으로부터의 요소의 거리에 비해서 작을 때에만 성립한다. 식 (B.7)은 이를테면 dz와 같은 평평한 단면(flat slice) 형태의 미분 질량요소를 다루는 데 매우 유용하다. 이 경우, 식 (B.7)이 성립하고 다음과 같다.

$$dI_{zz} = dI_{xx} + dI_{yy} \tag{B.7a}$$

복합체

면적 관성모멘트의 경우에서처럼 **복합체**(composite bodies)의 질량 관성모멘트는 동일한 축에 대하여 각각의 독립된 부분의 관성모멘트를 합한 것과 같다. 경우에 따라 양의 질량과 음의 질량으로 정의된 복합체를 다루는 것이 편리하다. 구멍(hole)과 같이 재질이 제거된 부분의 경우는 음의 요소이므로, 관성모멘트가 반드시 음의 값을 가져야 한다.

다양한 형태의 물체에 대해서 질량 관성모멘트의 공식들을 정리한 것이 부록 D의 표 D.4에 있다.

예제 이후의 문제들은 통합문제와 복합체 및 평행축 연습문제로 나뉜다. 평행축 이론은 또한 첫 번째 범주의 연습문제에 유용하다.

예제 B.1

질량 m, 반지름 r의 균일한 직각원통 O-O에 중심축에 대한 관성모멘트와 회전반지름을 구하라.

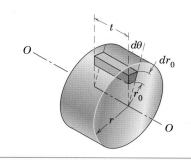

|풀이| 원통좌표계에서 질량의 요소는 $dm = \rho\,dV = \rho t r_0\,dr_0\,d\theta$이고 ρ는 밀도이다. ① 축에 대한 원통의 관성모멘트는 다음과 같다.

$$I = \int r_0{}^2\,dm = \rho t \int_0^{2\pi} \int_0^r r_0{}^3\,dr_0\,d\theta = \rho t\,\frac{\pi r^4}{2} = \tfrac{1}{2}mr^2 \quad \textcircled{2}$$

회전반지름은 다음과 같다.

$$k = \sqrt{\frac{I}{m}} = \frac{r}{\sqrt{2}}$$

|도움말|

① 반지름이 r_0, 높이 t인 원통 셸을 질량요소 dm으로 택하면 바로 $dI = r_0{}^2\,dm$이다.

② $I = \tfrac{1}{2}mr^2$은 균일한 원통에만 적용되며, 바퀴와 같은 원주 모양에는 사용될 수 없다.

예제 B.2

질량이 m이고, 반지름이 r인 균일한 공의 지름에 대한 관성모멘트와 회전반지름을 구하라.

|풀이| 반지름이 y이고 두께가 dx인 원판형 조각을 부피요소로 선택하면 예제 B.1의 결과에 따라 원판요소의 x축에 대한 관성모멘트는

$$dI_{xx} = \tfrac{1}{2}(dm)y^2 = \tfrac{1}{2}(\pi\rho y^2\,dx)y^2 = \frac{\pi\rho}{2}(r^2 - x^2)^2\,dx \quad \textcircled{1}$$

이다. 여기서 ρ는 공의 밀도이다. x축에 대한 관성모멘트는

$$I_{xx} = \frac{\pi\rho}{2} \int_{-r}^r (r^2 - x^2)^2\,dx = \frac{8}{15}\pi\rho r^5 = \frac{2}{5}mr^2$$

이다. 회전반지름은 다음과 같다.

$$k_x = \sqrt{\frac{I_{xx}}{m}} = \sqrt{\frac{2}{5}}\,r$$

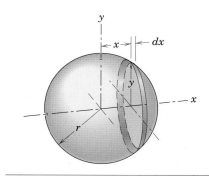

|도움말|

① 여기서 선택한 미소높이 dx의 직각원통의 관성모멘트를 나타내기 위하여 이전의 결과를 이용하는 한 예이다. 1차원 요소를 사용하여 쉽게 풀 수 있음에도 $\rho\,dx\,dy\,dz$와 같은 3차원 요소를 사용하는 것은 어리석은 일이다.

예제 B.3

질량 m의 균일한 직육면체의 관성모멘트를 중심축 x_0축과 z축 그리고 한쪽 끝면을 통과하는 x축에 대하여 구하라.

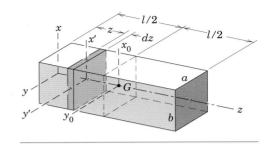

|풀이| 두께가 dz인 종단면의 얇은 직사각형 판을 부피요소로 선택한다. 미소 두께를 가진 요소의 관성모멘트는 이 부분 면적의 관성모멘트와 단위면적당 질량 $\rho\,dz$의 곱이다. y'축에 대한 횡단면의 얇은 직사각형 판의 관성모멘트는

$$dI_{y'y'} = (\rho\,dz)(\tfrac{1}{12}ab^3)$$

이고, x'축에 대해서는

$$dI_{x'x'} = (\rho\,dz)(\tfrac{1}{12}a^3b) \quad ①$$

이다. 요소가 아주 얇은 평판이면 식 (B.7a)의 원리를 적용하여

$$dI_{zz} = dI_{x'x'} + dI_{y'y'} = (\rho\,dz)\frac{ab}{12}\,(a^2 + b^2)$$

이 된다. 이를 적분하면

$$I_{zz} = \int dI_{zz} = \frac{\rho ab}{12}\,(a^2 + b^2)\int_0^l dz = \tfrac{1}{12}m(a^2 + b^2) \qquad 답$$

이고, 여기서 m은 블록의 질량이다. 기호를 바꾸면 x_0축에 대한 관성모멘트는 다음과 같다.

$$I_{x_0x_0} = \tfrac{1}{12}m(a^2 + l^2) \qquad 답$$

x축에 대한 관성모멘트는 식 (B.3)의 평행축 정리를 이용하면 다음과 같다.

$$I_{xx} = I_{x_0x_0} + m\left(\frac{l}{2}\right)^2 = \tfrac{1}{12}m(a^2 + 4l^2) \qquad 답$$

마지막 결과는 얇은 직사각형 판 요소의 x축에 대한 관성모멘트를 구하고 이를 막대의 길이에 대해 적분해서 얻을 수도 있다. 다시, 평행축 정리에 의해

$$dI_{xx} = dI_{x'x'} + z^2\,dm = (\rho\,dz)(\tfrac{1}{12}a^3b) + z^2\rho ab\,dz = \rho ab\left(\frac{a^2}{12} + z^2\right)dz$$

이다. 적분하면 다음이 구해진다.

$$I_{xx} = \rho ab\int_0^l \left(\frac{a^2}{12} + z^2\right)dz = \frac{\rho abl}{3}\left(l^2 + \frac{a^2}{4}\right) = \tfrac{1}{12}m(a^2 + 4l^2)$$

I_{xx}의 표현식은 횡단면의 크기가 길이에 비해 작은 각주형(prismatic)의 막대나 가느다란 막대의 계산에서 단순화될 수 있다. 이 경우에 a^2은 $4l^2$에 비하여 무시할 수 있으므로 가느다란 막대에 수직하고 한쪽 끝을 통과하는 축에 대한 관성모멘트는 $I = \tfrac{1}{3}ml^2$이 된다. 똑같은 근사적 방법에 의해 막대의 중심축에 대한 관성모멘트는 $I = \tfrac{1}{12}ml^2$이다.

|도움말|
① 식 (B.6)을 참조하여 밑면에 평행이고 중심을 통과하는 축에 대한 면적 관성모멘트의 표현식을 상기하라.

예제 B.4

질량이 m인 얇은 균일한 평판의 위쪽 모서리가 원점 O에서 수직한 기울기를 가진 포물선 모양을 하고 있다. x, y와 z축에 대한 질량 관성모멘트를 구하라.

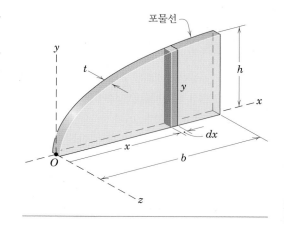

|**풀이**| 먼저 위쪽 경계에 대한 함수를 정의한다. $(x, y) = (b, h)$에서 $y = k\sqrt{x}$로부터 $k = h/\sqrt{b}$ 인 것을 알 수 있고, $y = \dfrac{h}{\sqrt{b}}\sqrt{x}$가 된다. ① I_{xx}와 I_{yy}를 구하기 위한 적분을 하기 위해 두께가 dx인 횡 조각을 선택한다. 이 조각의 질량은

$$dm = \rho t y \, dx$$

이고, 그 평판의 총질량

$$m = \int dm = \int \rho t y \, dx = \int_0^b \rho t \frac{h}{\sqrt{b}}\sqrt{x} \, dx = \frac{2}{3}\rho t h b \quad ②$$

이다. x축에 대한 그 조각의 관성모멘트는

$$dI_{xx} = \frac{1}{3} dm \, y^2 = \frac{1}{3}(\rho t y \, dx)y^2 = \frac{1}{3}\rho t y^3 \, dx \quad ③$$

이고, 전체 평판에 대해

$$I_{xx} = \int dI_{xx} = \int_0^b \frac{1}{3}\rho t \left(\frac{h}{\sqrt{b}}\sqrt{x}\right)^3 dx = \frac{2}{15}\rho t h^3 b$$

가 된다. 질량 m으로 나타내면

$$I_{xx} = \frac{2}{15}\rho t h^3 b \left(\frac{m}{\frac{2}{3}\rho t h b}\right) = \frac{1}{5}mh^2 \quad ④ \qquad \text{답}$$

가 된다. y축에 대한 요소의 관성모멘트는

$$dI_{yy} = dm \, x^2 = (\rho t y \, dx)x^2 = \left(\rho t \frac{h}{\sqrt{b}}\sqrt{x} \, dx\right)x^2 = \rho t \frac{h}{\sqrt{b}}x^{5/2} \, dx$$

이고, 전체 평판에 대해

$$I_{yy} = \int dI_{yy} = \int_0^b \rho t \left(\frac{h}{\sqrt{b}}\sqrt{x}\right)^3 dx = \frac{2}{7}\rho t h b^3 \left(\frac{m}{\frac{2}{3}\rho t h b}\right) = \frac{3}{7}mb^2 \quad ⑤ \qquad \text{답}$$

가 된다. x-y 평면에 놓인 얇은 평판에 대해

$$I_{zz} = I_{xx} + I_{yy} = \frac{1}{5}mh^2 + \frac{3}{7}mb^2$$

$$I_{zz} = m\left(\frac{h^2}{5} + \frac{3b^2}{7}\right) \qquad \text{답}$$

가 된다.

|**도움말**|

① $y = kx^2$이라는 함수를 생각하면, "y가 x보다 빠르게 커진다"라고 말하는 것이 포물선이 위쪽으로 열려있다는 것을 수립하는 데 도움이 될 것이다. 여기서는 $y^2 = k^2 x$를 가지며, "x가 y보다 빠르게 커진다"라고 말할 수 있고, 이는 포물선이 오른쪽으로 열려있다는 것을 수립하는 데 도움이 된다.

② 두께가 t이고 밑변이 b, 높이가 h인 직사각 평판의 질량은 $\rho t h b$(밀도와 부피의 곱)이다. 따라서 포물선 평판에 대해 $\frac{2}{3}$라는 인자는 타당하다.

③ 질량이 m이고 길이가 l인 가느다란 막대를 기억해 보면, 그 끝을 수직으로 지나는 축에 대한 관성모멘트는 $\frac{1}{3}ml^2$이다.

④ I_{xx}는 폭 b와 독립적이다.

⑤ I_{yy}는 높이 h와 독립적이다.

예제 B.5

균일한 회전체의 반지름이 각 x좌표의 제곱에 비례한다. 물체의 질량이 m일 때, x와 y축에 대한 질량 관성모멘트를 구하라.

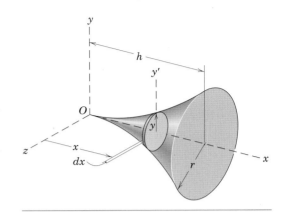

|**풀이**| x–y 평면의 경계를 $y = kx^2$으로 쓰는 것부터 시작한다. 상수 k는 $(x, y) = (h, r)$점에서 식을 계산함으로써 결정된다. $r = kh^2$으로부터 $k = r/h^2$을 알 수 있고, $y = \dfrac{r}{h^2}x^2$이 된다.

축대칭인 물체가 편리한 것처럼, 주어진 그림처럼 미분소로 디스크형의 조각을 선택한다. 이 요소의 질량은

$$dm = \rho\pi y^2\,dx \quad \text{①}$$

이고 ρ는 물체의 밀도를 나타낸다. x축에 대한 요소의 관성모멘트는

$$dI_{xx} = \tfrac{1}{2}\,dm\,y^2 = \tfrac{1}{2}(\rho\pi y^2\,dx)\,y^2 = \tfrac{1}{2}\rho\pi y^4\,dx \quad \text{②}$$

이고, 전체 물체의 질량은

$$m = \int dm = \int_0^h \rho\pi y^2\,dx = \int_0^h \rho\pi\left(\frac{r}{h^2}x^2\right)^2 dx = \rho\pi\frac{r^2}{h^4}\frac{x^5}{5}\bigg|_0^h = \tfrac{1}{5}\rho\pi r^2 h \quad \text{③}$$

이다. 전체 물체의 관성모멘트는

$$I_{xx} = \int dI_{xx} = \int_0^h \tfrac{1}{2}\rho\pi y^4\,dx = \int_0^h \tfrac{1}{2}\rho\pi\left(\frac{r}{h^2}x^2\right)^4 dx = \tfrac{1}{18}\rho\pi r^4 h$$

이다. 남은 것은 I_{xx}를 더 편리하게 질량으로 표현하는 것이고 이는 다음을 통해 알 수 있다.

$$I_{xx} = \tfrac{1}{18}\rho\pi r^4 h\left(\frac{m}{\tfrac{1}{5}\rho\pi r^2 h}\right) = \tfrac{5}{18}mr^2 \quad \text{④⑤} \qquad \text{답}$$

평행축 이론에 의해, y축에 대한 디스크형 요소의 관성모멘트는

$$dI_{yy} = dI_{y'y'} + x^2\,dm = \tfrac{1}{4}\,dm\,y^2 + x^2\,dm$$

$$= dm\left(\frac{1}{4}\left(\frac{r}{h^2}x^2\right)^2 + x^2\right) = \rho\pi y^2\,dx\left(\frac{1}{4}\frac{r^2}{h^4}x^4 + x^2\right)$$

$$= \rho\pi\left(\frac{r}{h^2}x^2\right)^2\left(\frac{1}{4}\frac{r^2}{h^4}x^4 + x^2\right)dx = \rho\pi\frac{r^2}{h^4}\left(\frac{1}{4}\frac{r^2}{h^4}x^8 + x^6\right)dx$$

이고, 전체 물체에 대해

$$I_{yy} = \int dI_{yy} = \int_0^h \rho\pi\frac{r^2}{h^4}\left(\frac{1}{4}\frac{r^2}{h^4}x^8 + x^6\right)dx = \rho\pi\frac{r^2}{h^4}\left(\frac{1}{4}\frac{r^2}{h^4}\frac{x^9}{9} + \frac{x^7}{7}\right)\bigg|_0^h$$

$$= \rho\pi r^2 h\left(\frac{r^2}{36} + \frac{h^2}{7}\right)$$

이다. 결국, 위와 같이 물체의 질량 m으로 그 결과를 얻기 위해 같은 단위의 표현을 곱한다.

$$I_{yy} = \rho\pi r^2 h\left(\frac{r^2}{36} + \frac{h^2}{7}\right)\left(\frac{m}{\tfrac{1}{5}\rho\pi r^2 h}\right) = 5m\left(\frac{r^2}{36} + \frac{h^2}{7}\right) \qquad \text{답}$$

|**도움말**|

① 디스크의 부피는 그 면의 면적과 그 두께의 곱이다. 그러면 밀도와 부피의 곱을 통해 질량을 얻을 수 있다.

② 예제 B.1로부터, 종방향 축에 대한 균일한 원기둥(또한 디스크)의 질량 관성모멘트는 $\tfrac{1}{2}mr^2$이다.

③ 적분은 무한 합으로 간주하는 것을 기억하라.

④ 여기서 삽입구는 분자와 분모가 같기 때문에 1이다.

⑤ I_{xx}는 h와 독립적이다. 따라서 물체는 $h = 0$으로 압축되거나 h가 큰 값으로 바뀌어도 I_{xx}에는 변화가 없다. 물체의 어떤 입자도 x축으로부터의 거리가 바뀌지 않기 때문에 이는 사실이다.

연습문제

적분 연습

B/1 그림과 같이 길이 L, 질량 m이고 x축과 이루는 각이 β인 가는 막대의 x, y, z 축에 대한 질량 관성모멘트를 구하라.

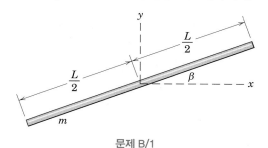

문제 B/1

B/2 질량 m인 균일한 얇은 삼각형 평판의 x축에 대한 질량 관성모멘트를 구하라. 또한 x축에 대한 회전반지름을 구하라. 유추를 통해 I_{yy}와 k_y를 구하라. 또한 I_{zz}와 k_z를 구하라.

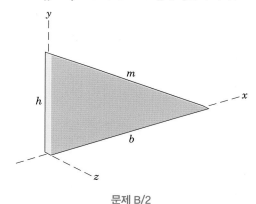

문제 B/2

B/3 질량 m, 밑면의 반지름 r, 높이가 h인 균일한 직원뿔의 원뿔축 x에 대한 질량 관성모멘트를 구하라. 직원뿔의 꼭짓점을 통과하는 y축에 대한 질량 관성모멘트를 구하라.

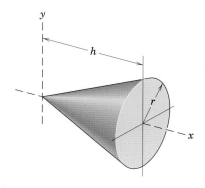

문제 B/3

B/4 질량 m인 균일한 얇은 포물선 평판의 x축에 대한 질량 관성모멘트를 구하라. x축에 대한 회전반지름을 구하라.

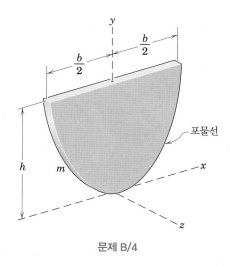

문제 B/4

B/5 앞 문제에서 다룬 포물선 평판의 y축에 대한 질량 관성모멘트를 구하라. y축에 대한 회전반지름을 구하라.

B/6 두께 t이고 질량 m인 균일하고 얇은 평판의 모서리 A를 지나는 x', y', z' 축에 대한 질량 관성모멘트를 구하라. 필요하면 예제 B.4와 부록 D의 표 D.3을 참고하라.

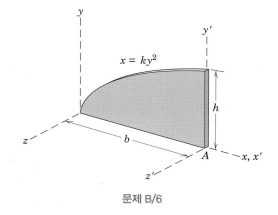

문제 B/6

B/7 질량 m인 균일하고 얇은 타원판의 x축에 대한 질량 관성모멘트를 구하라. 또한 유추를 통해 I_{yy}를 구하라. 최종적으로 I_{zz}를 구하라.

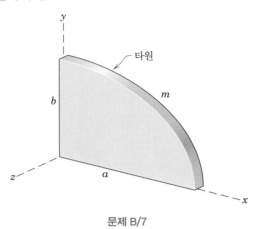

타원

문제 B/7

B/8 그림과 같은 균일한 회전체의 x축에 대한 질량 관성모멘트를 구하라.

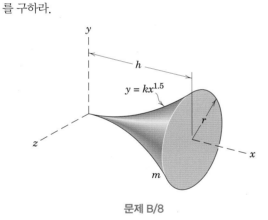

$y = kx^{1.5}$

문제 B/8

B/9 앞 문제에서 다룬 균일한 회전체의 y축과 z축에 대한 질량 관성모멘트를 구하라.

B/10 45° 직각삼각형을 z축 주위로 회전시켜서 질량 m인 균일한 회전체가 만들어진다. 이 물체의 z축에 대한 회전반지름을 구하라.

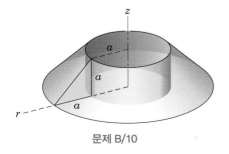

문제 B/10

B/11 포물선을 회전하여 얻은 그림과 같은 회전체의 z축에 대한 회전반지름을 구하라. 균일한 회전체의 질량은 m이다.

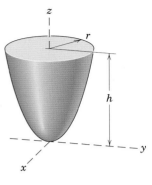

문제 B/11

B/12 앞 문제에서 다룬 포물선 회전체의 y축에 대한 질량 관성모멘트를 구하라.

B/13 질량 m인 균일한 회전체의 y축에 대한 질량 관성모멘트를 구하라.

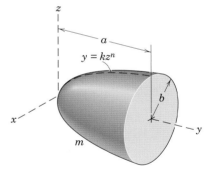

$y = kz^n$

문제 B/13

B/14 견고한 구의 일부분인 질량 m인 회전체의 x축에 대한 질량 관성모멘트를 구하라.

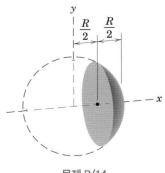

문제 B/14

B/15 질량 m이고 원형단면을 가진 원환체(도넛 모양)의 중심축에 대한 질량 관성모멘트를 구하라.

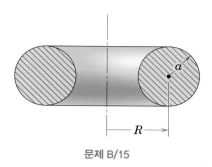

문제 B/15

B/16 위쪽 그림에 있는 평면 단면을 x축을 중심으로 180° 회전하여 아래쪽 그림에 있는 물체가 만들어진다. 이 물체의 x축에 대한 질량 관성모멘트를 구하라.

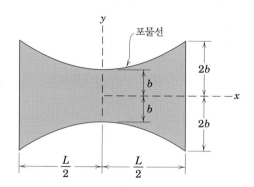

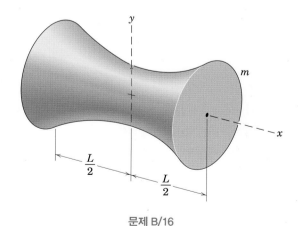

문제 B/16

B/17 앞 문제에서 다룬 회전체의 I_{yy}를 구하라.

B/18 질량 m인 균일한 삼각형 평판의 두께가 꼭짓점에서 밑면까지 선형으로 변한다. 밑면의 두께 a는 다른 치수에 비해 작다. 삼각형 평판의 밑면 중심축인 y축에 대한 질량 관성모멘트를 구하라.

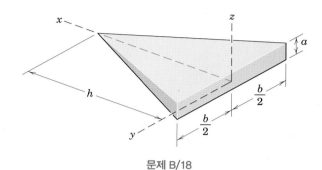

문제 B/18

B/19 그림과 같이 단면도에 보이는 원형 고리를 중심선 주위로 회전하여 얻은 질량 m인 속 빈 원환체의 중심축에 대한 질량 관성모멘트를 구하라.

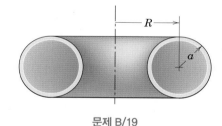

문제 B/19

B/20 속 빈 반원구의 x와 z축에 대한 질량 관성모멘트를 구하라. 이 반원구의 질량은 m이고, 두께는 반지름 r에 비해 무시할 수 있을 정도로 작다.

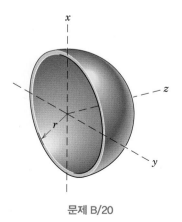

문제 B/20

B/21 그림의 부분회전체는 x-z평면에 있는 음영면적을 z축 주위로 90° 회전하여 형성된다. 회전체의 질량이 m일 때, z축에 대한 질량 관성모멘트를 구하라.

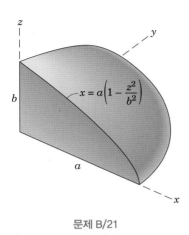

$$x = a\left(1 - \frac{z^2}{b^2}\right)$$

문제 B/21

B/22 앞 문제에서 다룬 부분회전체의 x축에 대한 질량 관성모멘트를 구하라.

▶B/23 사분원의 바깥 부분을 z축을 중심으로 회전시켜서 질량 m인 회전체가 얻어진다. 이 회전체의 두께가 a에 비해 무시할 수 있을 정도로 작으며 $r = a/3$일 때, 이 회전체의 z축에 대한 질량 관성모멘트를 구하라.

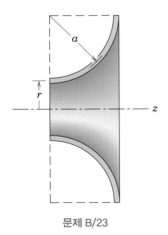

문제 B/23

▶B/24 얇고 균일하고 속 빈 포물선 회전체의 y축에 대한 질량 관성모멘트와 회전반지름을 구하라. 이 회전체는 치수가 $r = 70$ mm, $h = 200$ mm이고, 단위 면적당 질량이 32 kg/m²인 금속이다.

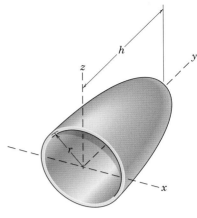

문제 B/24

▶B/25 앞 문제에서 다룬 속 빈 포물선 회전체의 z축에 대한 질량 관성모멘트와 회전반지름을 구하라.

복합체 및 평행축 연습

B/26 반지름 r인 견고하고 균일한 원기둥의 회전축에 평행한 축에 대한 질량 관성모멘트는 원기둥의 질량에 두 축 사이의 거리 d를 제곱한 것을 곱한 값으로 근사할 수 있다. 다음의 경우에 퍼센트 오차는 얼마인가? (a) $d = 10r$ (b) $d = 2r$

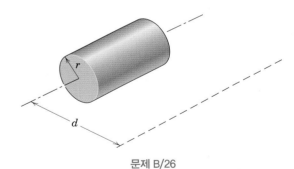

문제 B/26

B/27 각각의 질량이 m인 두 개의 작은 구가 x-z평면에 놓여 있는 가볍고 단단한 막대에 연결되어 있다. 조립체의 x, y, z축에 대한 질량 관성모멘트를 구하라.

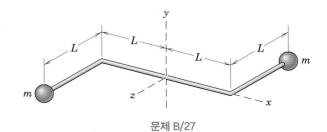

문제 B/27

B/28 성형된 플라스틱 블록의 밀도가 1300 kg/m³이다. y-y 축에 대한 관성모멘트를 구하라. I_{xx}에 대한 근사공식을 사용하면 퍼센트 오차는 얼마가 되는가?

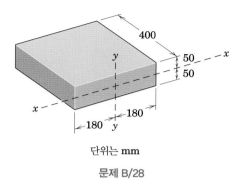

단위는 mm

문제 B/28

B/29 가운데에 원형 구멍이 있는 원기둥의 I_{xx}를 구하라. 이 물체의 질량은 m이다.

문제 B/29

B/30 가운데에 긴 구멍이 있는 직원기둥의 z축에 대한 질량 관성모멘트를 구하라.

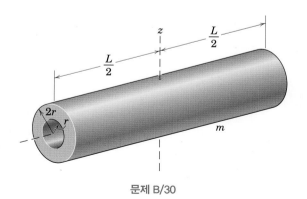

문제 B/30

B/31 한 변이 150 mm인 강철 정육면체가 대각면을 따라 절단되었다. 얻어진 각기둥의 모서리 x-x에 대한 관성모멘트를 구하라.

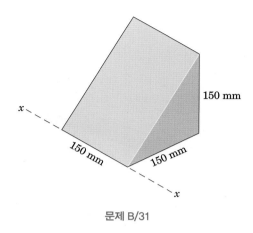

문제 B/31

B/32 질량 m의 얇고 균일한 디스크의 양면 중앙에 각각 $m/2$의 질량을 갖는 막대가 부착된다. 복합체의 x와 z축에 대한 질량 관성모멘트가 같게 되는 막대의 길이 L을 구하라.

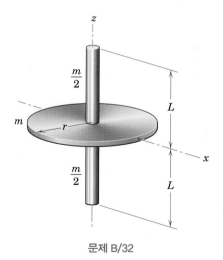

문제 B/32

B/33 x축에 대한 나무망치의 관성모멘트를 구하라. 나무손잡이의 밀도는 800 kg/m³이고, 연질금속 헤드의 밀도는 9000 kg/m³이다. 원기둥 헤드의 장축은 x축에 수직이다. 문제를 풀기 위해 세운 가정이 있으면 기술하시오.

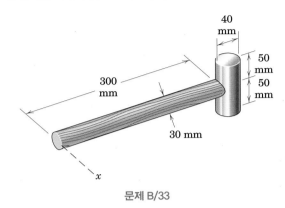

문제 B/33

B/34 배드민턴 라켓은 그림처럼 균일하고 가는 막대를 구부려 만든다. 줄과 조립된 나무손잡이를 무시하고, 선수의 손의 위치인 O를 통과하는 y축에 대한 질량 관성모멘트를 구하라. 막대재료의 단위 길이당 질량은 ρ이다.

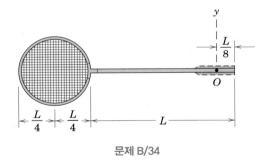

문제 B/34

B/35 단면도에 나타난 강철 제어 핸들의 중심축에 대한 관성모멘트를 구하라. 핸들에는 여덟 개의 스포크(spoke)가 있는데, 각각 일정한 단면적 200 mm²을 갖고 있다. 전체 관성모멘트 중에서 바깥에 위치한 림이 기여한 관성모멘트의 백분율 n을 구하라.

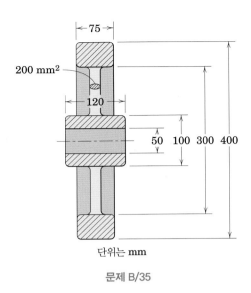

단위는 mm

문제 B/35

B/36 용접된 조립체는 단위 길이당 질량이 0.6 kg인 균일한 막대와 단위 면적당 질량이 40 kg인 반원 평판으로 구성된다. 조립체의 질량 관성모멘트를 그림에 나타난 세 축에 대하여 구하라.

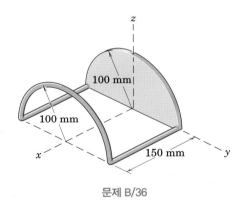

문제 B/36

B/37 길이가 $4b$이고 질량이 m인 균일한 막대가 그림과 같이 구부러져 있다. 막대의 지름은 길이에 비해 무시할 수 있을 정도로 작다. 막대의 관성모멘트를 세 축에 대하여 구하라.

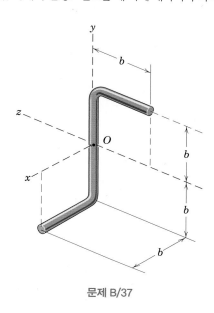

문제 B/37

B/38 그림의 용접된 조립체는 단위 길이당 0.7 kg 질량의 강철 막대로 만들어졌다. 조립체의 질량 관성모멘트를 (a) y축에 대하여 (b) z축에 대하여 각각 구하라.

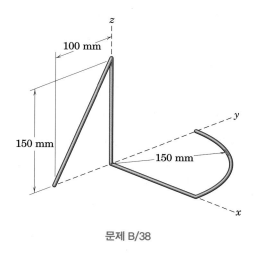

문제 B/38

B/39 견고한 강철 반원통의 관성모멘트를 x-x축에 대하여, 또한 그 축과 평행인 x_0-x_0축에 대하여 구하라. (강철의 밀도는 표 D.1을 참고하라.)

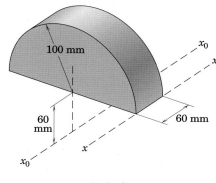

문제 B/39

B/40 어느 물체가 균일한 정사각 평판, 균일한 직선 막대, 균일한 사분원 막대와 질점(치수는 무시할 수 있음)으로 조립되었다. 각 부품이 그림에 표시된 질량을 가질 때 이 물체의 x, y, z축에 대한 질량 관성모멘트를 구하라.

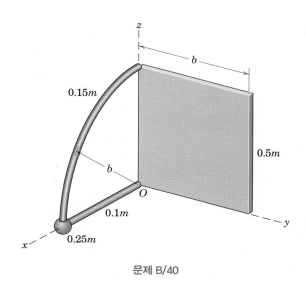

문제 B/40

B/41 시계추는 길이가 l이고 질량이 m인 균일한 막대와 질량이 $7m$인 추로 구성된다. 추의 반지름에 의한 영향을 무시하고 I_O를 추의 위치 x로 나타내라. $x = \frac{3}{4}l$에서의 I_O를 $x = l$에서의 I_O로 나눈 비율 R을 계산하라.

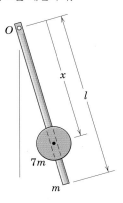

문제 B/41

B/42 사분원 부분이 제거된 정사각 평판의 질량이 m이다. 이 판에 수직인 A-A축에 대한 관성모멘트를 구하라.

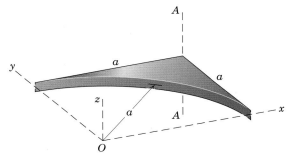

문제 B/42

B/43 강철로 만들어진 기계 요소가 O-O 축 주위를 회전하도록 설계된다. 이 축에 대한 회전반경 k_O를 계산하라.

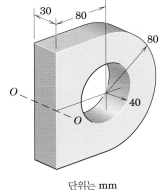

단위는 mm
문제 B/43

B/44 그림과 같은 용접조립품은 단위 길이당 질량이 0.993 kg인 강철 막대로 만들어진다. 이 조립품의 x-x 축에 대한 관성모멘트를 구하라.

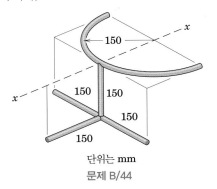

단위는 mm
문제 B/44

B/45 밑면의 반지름이 각각 r_1과 r_2이고 질량이 m인 원뿔대의 I_{xx}를 구하라.

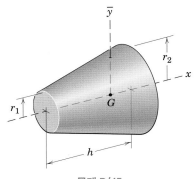

문제 B/45

B/46 우주선의 예비 모델은 그림과 같이 원기둥형 껍데기와 두 개의 평평한 판으로 구성된다. 껍데기와 판은 같은 두께와 밀도를 가진다. 우주선이 1-1 축에 대하여 안정된 회전을 하기 위하여 1-1 축에 대한 관성모멘트는 2-2 축에 대한 관성모멘트보다 작아야 한다. 1-1 축에 대해 안정된 회전을 넘어서게 하는 l의 임곗값을 구하라.

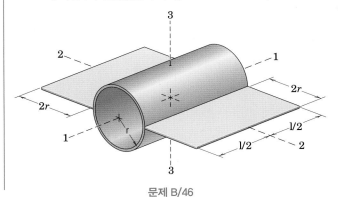

문제 B/46

B.2 관성곱

3차원 강체의 회전운동에서 각운동량은 관성모멘트 항 이외에 관성곱 항을 포함한다. 관성곱(product of inertia)은 다음과 같이 정의된다.

$$I_{xy} = I_{yx} = \int xy \, dm$$
$$I_{xz} = I_{zx} = \int xz \, dm \tag{B.8}$$
$$I_{yz} = I_{zy} = \int yz \, dm$$

이 표현은 식 (7.9)의 각운동량 식의 확장식 (7.10)에서 언급되었다.

관성곱의 계산은 관성모멘트를 계산하는 과정과 동일한 과정을 따르면 된다. 단지 관성곱을 계산하는 데 있어서는 부호에 특별히 주의해야 한다. 관성모멘트는 항상 양의 값을 가지는 반면, 관성곱은 양의 값이거나 음의 값일 수 있다. 관성곱의 단위는 관성모멘트와 동일하다.

앞에서 관성모멘트의 계산은 때때로 평행축 정리를 이용함으로써 간단해지는 것을 보았다. 관성곱의 이동에 대해서도 유사한 정리가 존재하고, 이는 다음과 같이 쉽게 증명될 수 있다. 그림 B.6은 어떤 강체를 x-y 평면에서 바라본 것으로, 질량중심 G를 지나는 x_0-y_0 평행축은 x-y축으로부터 d_x, d_y의 거리만큼 떨어져 있다. x-y축에 관한 관성곱은

$$
\begin{aligned}
I_{xy} &= \int xy \, dm = \int (x_0 + d_x)(y_0 + d_y) \, dm \\
&= \int x_0 y_0 \, dm + d_x d_y \int dm + d_x \int y_0 \, dm + d_y \int x_0 \, dm \\
&= I_{x_0 y_0} + m d_x d_y
\end{aligned}
$$

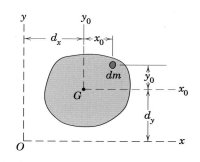

그림 B.6

이다. 질량중심에 대한 일차 질량모멘트는 0이기 때문에 마지막 두 적분은 사라진다.

나머지 두 개의 관성곱 I_{xz}와 I_{yz}에 대해서도 유사한 관계가 성립한다. 질량중심의 관성곱을 표기하기 위해 아래첨자 0 대신 문자 위에 바(bar)를 사용하면 다음과 같다.

$$I_{xy} = \bar{I}_{xy} + m d_x d_y$$
$$I_{xz} = \bar{I}_{xz} + m d_x d_z \tag{B.9}$$
$$I_{yz} = \bar{I}_{yz} + m d_y d_z$$

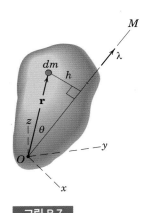

그림 B.7

이러한 축이동은 **질량중심**을 지나는 축과 **평행인** 축 사이에서만 성립한다.

관성곱 항을 이용하면 원점을 지나는 임의의 축에 관한 관성모멘트를 구할 수 있다. 그림 B.7에 보인 바와 같이 축 O-M에 관한 관성모멘트를 구해야 한다고 하자. O-M의 방향코사인을 l, m, n이라고 하면, O-M 방향의 단위벡터 $\boldsymbol{\lambda}$는 $\boldsymbol{\lambda} = l\mathbf{i} + m\mathbf{j} + n\mathbf{k}$로 쓸 수 있다. O-M에 관한 관성모멘트는

$$I_M = \int h^2\, dm = \int (\mathbf{r} \times \boldsymbol{\lambda}) \cdot (\mathbf{r} \times \boldsymbol{\lambda})\, dm$$

이다. 여기서 $|\mathbf{r} \times \boldsymbol{\lambda}| = r \sin \theta = h$이다. 외적은

$$(\mathbf{r} \times \boldsymbol{\lambda}) = (yn - zm)\mathbf{i} + (zl - xn)\mathbf{j} + (xm - yl)\mathbf{k}$$

이며, 이 벡터의 내적은

$$(\mathbf{r} \times \boldsymbol{\lambda}) \cdot (\mathbf{r} \times \boldsymbol{\lambda}) = h^2 = (y^2 + z^2)l^2 + (x^2 + z^2)m^2 + (x^2 + y^2)n^2$$
$$- 2xylm - 2xzln - 2yzmn$$

이다. 따라서 식 (B.4)와 (B.8)을 대입하면

$$I_M = I_{xx}l^2 + I_{yy}m^2 + I_{zz}n^2 - 2I_{xy}lm - 2I_{xz}ln - 2I_{yz}mn \qquad \text{(B.10)}$$

이 된다. 이 식은 축의 방향코사인과 좌표축에 관한 관성모멘트와 관성곱의 항으로 임의의 축 O-M에 관한 관성모멘트를 나타낸다.

주관성축

7.7절에서 언급하였듯이 행렬

$$\begin{bmatrix} I_{xx} & -I_{xy} & -I_{xz} \\ -I_{yx} & I_{yy} & -I_{yz} \\ -I_{zx} & -I_{zy} & I_{zz} \end{bmatrix}$$

을 좌표축을 가진 강체의 관성행렬(inertia matrix) 또는 관성텐서(inertia tensor)라고 한다. 여기서 각 요소는 식 (7.11)의 확장된 각운동량에 나타나 있다. 주어진 원점에 대해서 축의 모든 가능한 방향에 대해서 물체의 관성모멘트와 관성곱을 구해 보면, 일반적인 경우에 있어서 관성곱이 나타나지 않는 방향이 존재함을 알 수 있다. 이때 행렬은 대각화된다.

$$\begin{bmatrix} I_{xx} & 0 & 0 \\ 0 & I_{yy} & 0 \\ 0 & 0 & I_{zz} \end{bmatrix}$$

이러한 축 x-y-z를 주관성축(principal axes of inertia)이라 하고 I_{xx}, I_{yy}, I_{zz}를 주관성모멘트(principal moments of inertia)라고 하며, 이는 선택된 특정한 원점에 대해서 관성모멘트의 최댓값, 중간값, 최솟값을 나타낸다.

임의의 주어진 방향에 대해서 다음 행렬식을 I에 관해 풀면[*]

$$\begin{vmatrix} I_{xx} - I & -I_{xy} & -I_{xz} \\ -I_{yx} & I_{yy} - I & -I_{yz} \\ -I_{zx} & -I_{zy} & I_{zz} - I \end{vmatrix} = 0 \qquad \text{(B.11)}$$

세 개의 주관성모멘트를 나타내는 세 근 I_1, I_2, I_3가 얻어진다. 또한, 주관성축의 방향코사인 l, m, n은 다음과 같이 주어진다.

$$\begin{aligned} (I_{xx} - I)l - I_{xy}m - I_{xz}n &= 0 \\ -I_{yx}l + (I_{yy} - I)m - I_{yz}n &= 0 \\ -I_{zx}l - I_{zy}m + (I_{zz} - I)n &= 0 \end{aligned} \qquad \text{(B.12)}$$

이 식과 $l^2 + m^2 + n^2 = 1$을 이용하면 각각의 I에 대한 방향코사인의 해를 구할 수 있다.

이러한 결론을 살펴보기 위하여 그림 B.8에 나타난 x-y-z축에 대해 임의의 방향을 지닌 직사각형 블록을 고려해 보자. 문제를 간단히 하기 위해서 질량중심은 좌표계의 원점에 있다고 가정한다. 만약 관성모멘트와 관성곱이 알려져 있다면 식 (B.11)에 따라 주관성모멘트인 3개의 근 I_1, I_2, I_3를 구할 수 있다. $l^2 + m^2 + n^2 = 1$과 식 (B.12)에 각각의 I를 대입한 식을 이용하면, 항상 서로 수직한 각 주축의 방향코사인 l, m, n이 얻어진다. 그림과 같은 블록의 비율로부터 I_1은 최대 관성모멘트, I_2는 중간 관성모멘트이고 I_3는 최소 관성모멘트임을 알 수 있다.

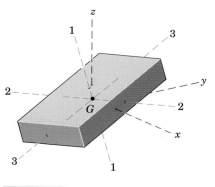

그림 B.8

---

[*] 예를 들어, **J. L. Meriam**이 쓴 *Dynamics, SI Version*, 1975, John Wiley & Sons, 41절을 참조하면 증명된 식을 확인할 수 있다.

예제 B.6

그림처럼 굽은 금속판이 다른 길이에 비해 무시할 만큼 작은 두께 t를 갖는다. 이 재질의 밀도는 ρ이다. 각 축에 대한 금속판의 관성곱을 구하라.

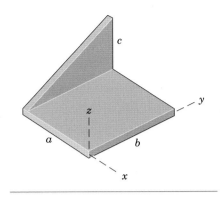

|**풀이**| 두 부분으로 나누어 각각에 대해 해석한다.

사각형 부분 따로 이 부분에 무게중심 G를 지나는 축 x_0-y_0를 도입하고, 평행축 정리를 이용한다. 대칭에 의해서 $\bar{I}_{xy} = I_{x_0 y_0} = 0$임을 알 수 있다. ① 따라서 다음과 같이 된다.

$$[I_{xy} = \bar{I}_{xy} + m d_x d_y] \qquad I_{xy} = 0 + \rho t a b\left(-\frac{a}{2}\right)\left(\frac{b}{2}\right) = -\frac{1}{4}\rho t a^2 b^2$$

이 부분의 z축의 좌표가 0이므로 $I_{xz} = I_{yz} = 0$이다.

삼각형 부분 역시 이 부분을 따로 떼어서 무게중심 G를 지나는 x_0, y_0, z_0축을 구성한다. 모든 원소의 x_0좌표가 0이므로 $\bar{I}_{xy} = I_{x_0 y_0} = 0$이고, $\bar{I}_{xz} = I_{x_0 z_0} = 0$이다. 평행축 정리에 의해서 다음과 같은 결과를 얻는다.

$$[I_{xy} = \bar{I}_{xy} + m d_x d_y] \qquad I_{xy} = 0 + \rho t\,\frac{b}{2}\,c(-a)\left(\frac{2b}{3}\right) = -\frac{1}{3}\rho t a b^2 c$$

$$[I_{xz} = \bar{I}_{xz} + m d_x d_z] \qquad I_{xz} = 0 + \rho t\,\frac{b}{2}\,c(-a)\left(\frac{c}{3}\right) = -\frac{1}{6}\rho t a b c^2$$

I_{yz}는 y-z 평면으로부터 삼각형 평면까지의 거리 a가 y와 z좌표에는 어떠한 영향도 끼치지 않으므로 직접 적분할 수 있다. 질량요소는 $dm = \rho t\, dy\, dz$에서 아래와 같이 구할 수 있다.

$$\left[I_{yz} = \int yz\, dm\right] \quad I_{yz} = \rho t \int_0^b \int_0^{cy/b} yz\, dz\, dy = \rho t \int_0^b y\left[\frac{z^2}{2}\right]_0^{cy/b} dy \quad ②$$

$$= \frac{\rho t c^2}{2b^2} \int_0^b y^3\, dy = \frac{1}{8}\rho t b^2 c^2$$

두 부분의 결과를 더하면 다음과 같다.

$$I_{xy} = -\frac{1}{4}\rho t a^2 b^2 - \frac{1}{3}\rho t a b^2 c = -\frac{1}{12}\rho t a b^2(3a + 4c) \qquad \text{답}$$

$$I_{xz} = \quad 0 \qquad -\frac{1}{6}\rho t a b c^2 = -\frac{1}{6}\rho t a b c^2 \qquad \text{답}$$

$$I_{yz} = \quad 0 \qquad +\frac{1}{8}\rho t b^2 c^2 = +\frac{1}{8}\rho t b^2 c^2 \qquad \text{답}$$

|**도움말**|

① 좌표축을 유지하기 위해 x_0, y_0의 방향은 x, y와 같게 하는 것이 좋다.

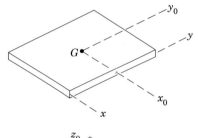

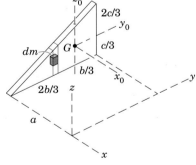

② z에 대한 적분의 적분영역이 $z = cy/b$까지이므로 y에 대한 적분보다 선행되어야 한다. y에 대해 먼저 적분하면 적분영역이 변수 $y = bz/c$에서 b까지가 된다.

예제 B.7

그림과 같이 굽은 받침대가 단위면적당 질량이 13.45 kg/m^2인 알루미늄 판으로 만들어져 있다. 원점 O에 대한 주관성모멘트와 주축의 방향코사인을 계산하라. 판의 두께는 다른 길이에 비해 무시할 만하다.

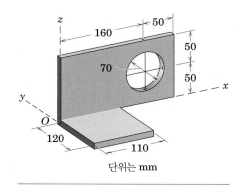

단위는 mm

|풀이| 세 부분의 질량은

$$m_1 = 13.45(0.21)(0.1) = 0.282 \text{ kg}$$

$$m_2 = -13.45\pi(0.035)^2 = -0.0518 \text{ kg} \quad \text{①}$$

$$m_3 = 13.45(0.12)(0.11) = 0.1775 \text{ kg}$$

|도움말|

① 구멍 부분의 질량은 음수임을 기억하라.

부분 1

$$I_{xx} = \tfrac{1}{3}mb^2 = \tfrac{1}{3}(0.282)(0.1)^2 = 9.42(10^{-4}) \text{ kg·m}^2$$

$$I_{yy} = \tfrac{1}{3}m(a^2 + b^2) = \tfrac{1}{3}(0.282)[(0.21)^2 + (0.1)^2] = 50.9(10^{-4}) \text{ kg·m}^2 \quad \text{②}$$

$$I_{zz} = \tfrac{1}{3}ma^2 = \tfrac{1}{3}(0.282)(0.21)^2 = 41.5(10^{-4}) \text{ kg·m}^2$$

$$I_{xy} = 0 \qquad I_{yz} = 0$$

$$I_{xz} = \bar{I}_{xz} + md_x d_z$$

$$= 0 + m\,\frac{a}{2}\frac{b}{2} = 0.282(0.105)(0.05) = 14.83(10^{-4}) \text{ kg·m}^2$$

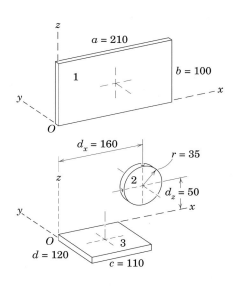

② 쉽게 유도될 수 있다. 표 D.4를 점검하라.

부분 2

$$I_{xx} = \tfrac{1}{4}mr^2 + md_z{}^2 = -0.0518\left[\frac{(0.035)^2}{4} + (0.050)^2\right]$$

$$= -1.453(10^{-4}) \text{ kg·m}^2$$

$$I_{yy} = \tfrac{1}{2}mr^2 + m(d_x{}^2 + d_z{}^2)$$

$$= -0.0518\left[\frac{(0.035)^2}{2} + (0.16)^2 + (0.05)^2\right]$$

$$= -14.86(10^{-4}) \text{ kg·m}^2$$

$$I_{zz} = \tfrac{1}{4}mr^2 + md_x{}^2 = -0.0518\left[\frac{(0.035)^2}{4} + (0.16)^2\right]$$

$$= -13.41(10^{-4}) \text{ kg·m}^2$$

$$I_{xy} = 0 \qquad I_{yz} = 0$$

$$I_{xz} = \bar{I}_{xz} + md_x d_z = 0 - 0.0518(0.16)(0.05) = -4.14(10^{-4}) \text{ kg·m}^2$$

예제 B.7 (계속)

부분 3

$$I_{xx} = \tfrac{1}{3}md^2 = \tfrac{1}{3}(0.1775)(0.12)^2 = 8.52(10^{-4}) \text{ kg·m}^2$$

$$I_{yy} = \tfrac{1}{3}mc^2 = \tfrac{1}{3}(0.1775)(0.11)^2 = 7.16(10^{-4}) \text{ kg·m}^2$$

$$I_{zz} = \tfrac{1}{3}m(c^2 + d^2) = \tfrac{1}{3}(0.1775)[(0.11)^2 + (0.12)^2]$$
$$= 15.68(10^{-4}) \text{ kg·m}^2$$

$$I_{xy} = \bar{I}_{xy} + md_x d_y$$
$$= 0 + m\,\frac{c}{2}\left(\frac{-d}{2}\right) = 0.1775(0.055)(-0.06) = -5.86(10^{-4}) \text{ kg·m}^2$$

$$I_{yz} = 0 \qquad I_{xz} = 0$$

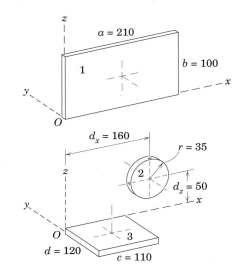

전체

$$I_{xx} = 16.48(10^{-4}) \text{ kg·m}^2 \qquad I_{xy} = -5.86(10^{-4}) \text{ kg·m}^2$$
$$I_{yy} = 43.2(10^{-4}) \text{ kg·m}^2 \qquad I_{yz} = 0$$
$$I_{zz} = 43.8(10^{-4}) \text{ kg·m}^2 \qquad I_{xz} = 10.69(10^{-4}) \text{ kg·m}^2$$

식 (B.11)에 대입하고 행렬식을 전개한 후 정리하면 다음과 같다.

$$I^3 - 103.5(10^{-4})I^2 + 3180(10^{-8})I - 24\,800(10^{-12}) = 0$$

이 3차방정식의 해는 아래의 주관성모멘트들을 근으로 갖는다. ③

$$I_1 = 48.3(10^{-4}) \text{ kg·m}^2$$
$$I_2 = 11.82(10^{-4}) \text{ kg·m}^2$$
$$I_3 = 43.4(10^{-4}) \text{ kg·m}^2$$

각 주축에 대한 방향코사인은 세 개의 근을 차례로 식 (B.12)에 대입하고 $l^2 + m^2 + n^2 = 1$임을 이용하면 아래와 같다.

$$l_1 = 0.357 \qquad l_2 = 0.934 \qquad l_3 = 0.01830$$
$$m_1 = 0.410 \qquad m_2 = -0.1742 \qquad m_3 = 0.895$$
$$n_1 = -0.839 \qquad n_2 = 0.312 \qquad n_3 = 0.445$$

우측의 그림은 받침대와 주축의 방향을 나타낸 입체 그림이다.

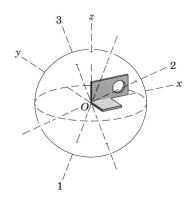

③ 3차방정식을 푸는 컴퓨터 프로그램을 이용하거나 부록 C의 C.4의 네 번째 항목에서 언급된 식을 이용해서 대수적으로 구한다.

연습문제

기초문제

B/47 각각의 질량이 m인 네 개의 질점과 가볍지만 가늘고 튼튼한 막대로 구성된 기구의 좌표축에 대한 관성곱을 구하라.

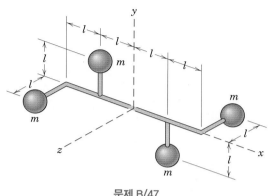

문제 B/47

B/48 각각의 질량이 m인 세 개의 구와 가볍지만 가늘고 튼튼한 막대로 구성된 기구의 좌표축에 대한 관성곱을 구하라.

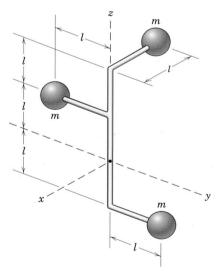

문제 B/48

B/49 질량이 m인 가는 막대의 관성곱을 구하라.

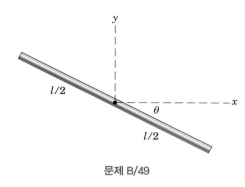

문제 B/49

B/50 질량이 m인 가는 막대가 성형되어 반지름 r인 사분원 모양이 되었다. 주어진 축에 대한 막대의 관성곱을 구하라.

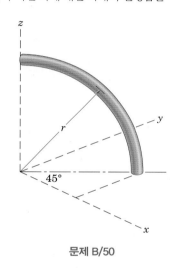

문제 B/50

B/51 질량이 m인 균일하고 가는 막대의 좌표축에 대한 관성곱을 구하라.

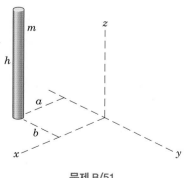

문제 B/51

B/52 두 개의 원형 구멍이 있는 얇은 정사각 평판의 좌표축에 대한 관성곱을 구하라. 평판의 단위 면적당 질량은 ρ이다.

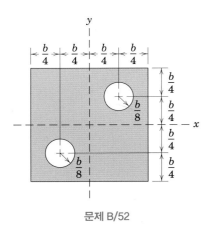

문제 B/52

B/53 질량이 m인 견고하고 균일한 반원통의 좌표축에 대한 관성곱을 구하라.

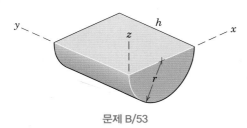

문제 B/53

B/54 문제 **B/6**의 균일한 평판을 다시 다룬다. 평판의 x-y축에 대한 관성곱을 구하라. 평판의 질량은 m이고 일정한 두께 t를 갖는다.

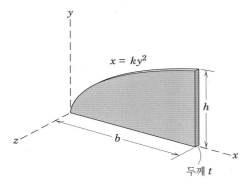

문제 B/54

B/55 질량이 m인 얇고 균일한 삼각판의 x-y축에 대한 관성곱을 직접 적분하여 구하라. 평행축 정리를 이용하여 x'-y'축과 x''-y''축에 대한 관성곱을 구하라. 삼각판의 도심에 대한 관성곱을 구하라.

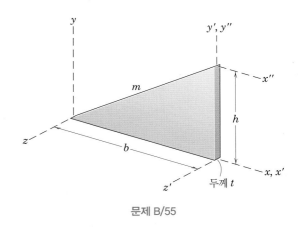

문제 B/55

심화문제

B/56 균일한 직육면체 블록의 질량이 **25 kg**이다. 좌표축에 대한 관성곱을 구하라.

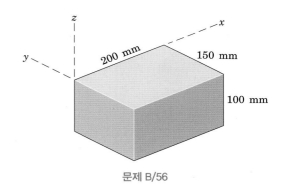

문제 B/56

B/57 문제 B/37에 소개된 막대에 대한 질량곱을 구하라.

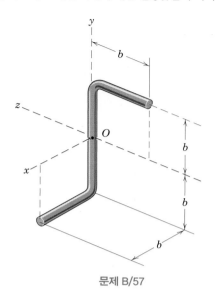

문제 B/57

B/58 지름이 d인 막대를 두 개의 반원 모양으로 굽혀서 S 모양의 부품이 형성된다. d가 r에 비해 무시할 수 있을 정도로 작다고 가정하고 막대의 관성곱을 구하라.

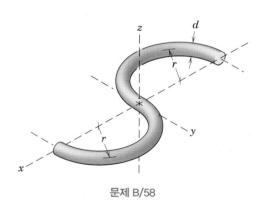

문제 B/58

*컴퓨터 응용문제

*B/59 단위 면적당 질량이 160 kg/m²인 강철판으로부터 L 형상의 부재가 절단되었다. θ가 0에서 90°까지 변할 때 $A-A$축에 대한 관성모멘트를 구하여 θ에 따라 도시하고, 최솟값을 찾아라.

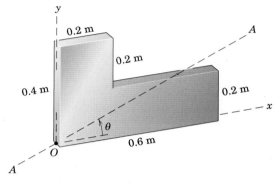

문제 B/59

*B/60 그림과 같이 굽은 균일한 가는 막대의 $O-M$축에 대한 관성모멘트 I를 구하라. θ가 0에서 90°까지 변할 때 I를 θ에 따라 도시하라. I의 최솟값을 구하고 이때 x축과 이루는 각 α를 찾아라. (참고 : 이 해석에는 z 좌표가 들어가지 않으므로 제1권 정역학의 부록 A의 A.9, A.10, A.11에 표현된 면적 관성모멘트에 관한 식을 부록 B의 삼차원 관계식 대신에 이 문제에서 사용할 수 있다.) 막대의 단위 길이당 질량은 ρ이다.

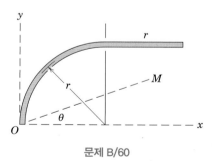

문제 B/60

*B/61 문제 B/48의 가볍고 견고한 막대로 연결된 세 개의 작은 구의 조립체를 다시 다룬다. 주관성모멘트를 구하고, 최대관성모멘트를 주는 축의 방향코사인을 구하라.

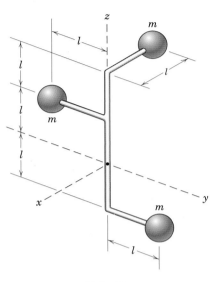

문제 B/61

*B/62 균일한 얇은 평판의 x, y, z축에 대한 관성텐서를 구하라. 평판은 질량이 m이고 균일한 두께 t를 갖는다. 평판을 주관성 방향으로 돌리는 최소각도는 얼마인지 x축에서 잰 각도를 구하라.

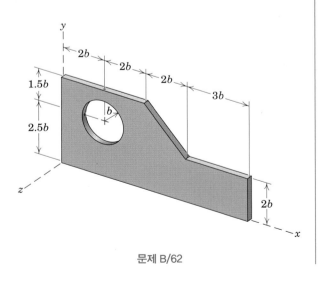

문제 B/62

*B/63 단위 면적당 질량이 ρ인 얇은 판이 그림과 같은 모양으로 접혀 있다. O를 지나는 주관성모멘트를 구하라.

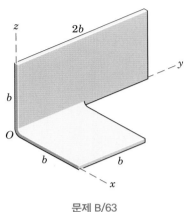

문제 B/63

B/64 용접된 조립체는 단위 면적당 질량이 32 kg/m²인 균일한 판금으로 만들어진다. 조립체의 주관성모멘트를 구하고 각 주축의 방향코사인을 계산하라.

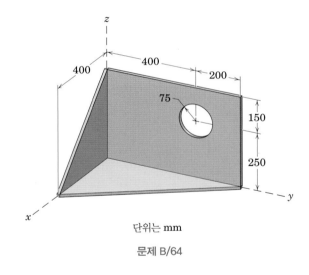

단위는 mm

문제 B/64

간추린 수학공식

C.1 서론

부록 C에는 역학에서 자주 사용되는 기본적인 수학공식들을 요약해 놓았다. 증명은 생략하고 공식들만 나열하였다. 역학을 공부하는 학생은 이들 공식을 자주 사용하게 되기 때문에 익숙하지 않으면 불편할 것이다. 여기 수록되지 않은 것들도 때로는 필요하다.

독자가 수학을 복습하고 응용할 때에 역학은 실제 물체와 운동을 기술하는 응용과학임을 깊이 깨닫게 될 것이다. 그러므로 이론을 전개하고 문제를 공식화하고 해석하는 동안 응용되는 수학의 기하학적 및 물리적인 의미를 알고 있어야 한다.

C.2 평면 기하학

1. 교차하는 두 선이 다른 두 선에 각각 수직할 때, 두 선들에 의해 만들어진 교차각은 서로 같다.

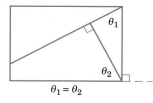

2. 닮은꼴 삼각형

$$\frac{x}{b} = \frac{h - y}{h}$$

3. 삼각형

면적 $= \frac{1}{2}bh$

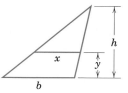

4. 원

원둘레 $= 2\pi r$

면적 $= \pi r^2$

호의 길이 $s = r\theta$

부채꼴 면적 $= \frac{1}{2}r^2\theta$

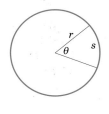

5. 반원에 내접하는 삼각형은 직각삼각형이다.

$\theta_1 + \theta_2 = \pi/2$

6. 삼각형의 꼭지각

$\theta_1 + \theta_2 + \theta_3 = 180°$
$\theta_4 = \theta_1 + \theta_2$

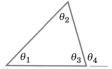

595

C.3 입체 기하학

1. 구

$$체적 = \frac{4}{3}\pi r^3$$

$$표면적 = 4\pi r^2$$

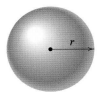

2. 구형 쐐기

$$체적 = \frac{2}{3}r^3\theta$$

3. 직각원추

$$체적 = \frac{1}{3}\pi r^2 h$$

$$측면적 = \pi r L$$

$$L = \sqrt{r^2 + h^2}$$

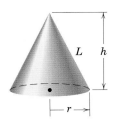

4. 피라미드형 또는 원추

$$체적 = \frac{1}{3}Bh$$

여기서 B는 밑바닥의 면적
이다.

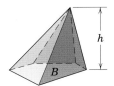

C.4 대수학

1. 이차방정식

$$ax^2 + bx + c = 0$$

$$x = \frac{-b \pm \sqrt{b^2 - 4ac}}{2a}, \, b^2 \geq 4ac \text{ 일 때 실근}$$

2. 대수

$$b^x = y, \quad x = \log_b y$$

자연대수

$$b = e = 2.718\ 282$$
$$e^x = y, \quad x = \log_e y = \ln y$$

$$\log(ab) = \log a + \log b$$
$$\log(a/b) = \log a - \log b$$
$$\log(1/n) = -\log n$$
$$\log a^n = n \log a$$
$$\log 1 = 0$$
$$\log_{10} x = 0.4343 \ln x$$

3. 행렬식

2차 행렬식

$$\begin{vmatrix} a_1 & b_1 \\ a_2 & b_2 \end{vmatrix} = a_1 b_2 - a_2 b_1$$

3차 행렬식

$$\begin{vmatrix} a_1 & b_1 & c_1 \\ a_2 & b_2 & c_2 \\ a_3 & b_3 & c_3 \end{vmatrix} = \begin{matrix} +a_1 b_2 c_3 + a_2 b_3 c_1 + a_3 b_1 c_2 \\ -a_3 b_2 c_1 - a_2 b_1 c_3 - a_1 b_3 c_2 \end{matrix}$$

4. 삼차방정식

$$x^3 = Ax + B$$

$p = A/3, \, q = B/2$라 하면

경우 I : $q^2 - p^3$음(서로 다른 세 실근)

$$\cos u = q/(p\sqrt{p}), 0 < u < 180°$$
$$x_1 = 2\sqrt{p} \cos(u/3)$$
$$x_2 = 2\sqrt{p} \cos(u/3 + 120°)$$
$$x_3 = 2\sqrt{p} \cos(u/3 + 240°)$$

경우 II : $q^2 - p^3$양(1개의 실근과 2개의 허근)

$$x_1 = (q + \sqrt{q^2 - p^3})^{1/3} + (q - \sqrt{q^2 - p^3})^{1/3}$$

경우 III : $q^2 - p^3 = 0$(세 실근에 중근 있음)

$$x_1 = 2q^{1/3}, x_2 = x_3 = -q^{1/3}$$

일반 삼차방정식

$$x^3 + ax^2 + bx + c = 0$$

$x = x_0 - a/3$를 대입하면, $x_0^3 = Ax_0 + B$를 얻는다.
그래서 x_0 값을 구하기 위해 위와 같이 계산하면 된다.

C.5 해석 기하학

1. 직선

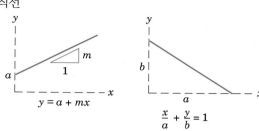

$$y = a + mx$$

$$\frac{x}{a} + \frac{y}{b} = 1$$

3. 포물선

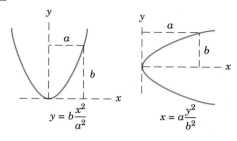

$$y = b\frac{x^2}{a^2}$$

$$x = a\frac{y^2}{b^2}$$

2. 원

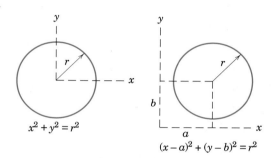

$$x^2 + y^2 = r^2$$

$$(x - a)^2 + (y - b)^2 = r^2$$

4. 타원

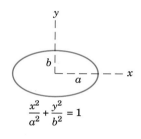

$$\frac{x^2}{a^2} + \frac{y^2}{b^2} = 1$$

5. 쌍곡선

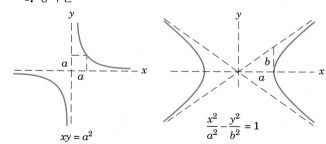

$$xy = a^2$$

$$\frac{x^2}{a^2} - \frac{y^2}{b^2} = 1$$

C.6 삼각함수

1. 정의

$$\sin \theta = a/c \qquad \csc \theta = c/a$$
$$\cos \theta = b/c \qquad \sec \theta = c/b$$
$$\tan \theta = a/b \qquad \cot \theta = b/a$$

2. 각 상한에서의 부호

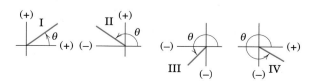

	I	II	III	IV
$\sin \theta$	+	+	−	−
$\cos \theta$	+	−	−	+
$\tan \theta$	+	−	+	−
$\csc \theta$	+	+	−	−
$\sec \theta$	+	−	−	+
$\cot \theta$	+	−	+	−

3. 기타 관계식

$\sin^2 \theta + \cos^2 \theta = 1$

$1 + \tan^2 \theta = \sec^2 \theta$

$1 + \cot^2 \theta = \csc^2 \theta$

$\sin \dfrac{\theta}{2} = \sqrt{\dfrac{1}{2}(1 - \cos \theta)}$

$\cos \dfrac{\theta}{2} = \sqrt{\dfrac{1}{2}(1 + \cos \theta)}$

$\sin 2\theta = 2 \sin \theta \cos \theta$

$\cos 2\theta = \cos^2 \theta - \sin^2 \theta$

$\sin (a \pm b) = \sin a \cos b \pm \cos a \sin b$

$\cos (a \pm b) = \cos a \cos b \mp \sin a \sin b$

4. 정현법칙

$\dfrac{a}{b} = \dfrac{\sin A}{\sin B}$

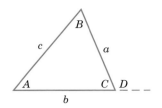

5. 여현법칙

$c^2 = a^2 + b^2 - 2ab \cos C$

$c^2 = a^2 + b^2 + 2ab \cos D$

C.7 벡터 연산

1. 표기법　벡터양은 볼드체로 표기하고 스칼라양은 이탤릭체로 나타낸다. 따라서 벡터양 **V**는 스칼라 크기 V를 갖는다. 손으로 적을 때는 스칼라양과 구별하기 위해 $\underline{V}$나 $\vec{V}$와 같은 기호로 일관성 있게 나타내어야 한다.

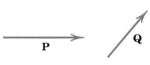

2. 덧셈

삼각형 덧셈 $\mathbf{P} + \mathbf{Q} = \mathbf{R}$

평행사변형 덧셈 $\mathbf{P} + \mathbf{Q} = \mathbf{R}$

교환법칙 $\mathbf{P} + \mathbf{Q} = \mathbf{Q} + \mathbf{P}$

결합법칙 $\mathbf{P} + (\mathbf{Q} + \mathbf{R}) = (\mathbf{P} + \mathbf{Q}) + \mathbf{R}$

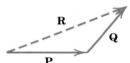

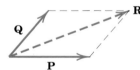

3. 뺄셈

$$\mathbf{P} - \mathbf{Q} = \mathbf{P} + (-\mathbf{Q})$$

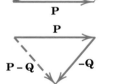

4. 단위벡터　i, j, k

$$\mathbf{V} = V_x\mathbf{i} + V_y\mathbf{j} + V_z\mathbf{k}$$

여기서 $|\mathbf{V}| = V = \sqrt{V_x^2 + V_y^2 + V_z^2}$ 이다.

5. 방향여현　l, m, n은 **V**와 x, y, z축이 이루는 각의 여현이다. 따라서

$$l = V_x/V \qquad m = V_y/V \qquad n = V_z/V$$

이므로

$$\mathbf{V} = V(l\mathbf{i} + m\mathbf{j} + n\mathbf{k})$$

이고, 다음과 같다.

$$l^2 + m^2 + n^2 = 1$$

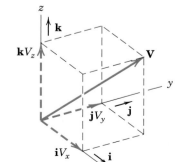

6. 내적 또는 스칼라적

$$\mathbf{P} \cdot \mathbf{Q} = PQ \cos \theta$$

이 곱셈은 $\mathbf{P}$의 크기에 $\mathbf{P}$방향의 $\mathbf{Q}$성분인 $Q \cos \theta$를 곱한 것 또는 $\mathbf{Q}$의 크기에 $\mathbf{Q}$방향의 $\mathbf{P}$성분인 $P \cos \theta$를 곱한 것으로 볼 수 있다.

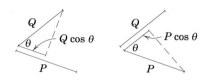

$$\text{교환법칙} \quad \mathbf{P} \cdot \mathbf{Q} = \mathbf{Q} \cdot \mathbf{P}$$

내적의 정의로부터

$$\mathbf{i} \cdot \mathbf{i} = \mathbf{j} \cdot \mathbf{j} = \mathbf{k} \cdot \mathbf{k} = 1$$

$$\mathbf{i} \cdot \mathbf{j} = \mathbf{j} \cdot \mathbf{i} = \mathbf{i} \cdot \mathbf{k} = \mathbf{k} \cdot \mathbf{i} = \mathbf{j} \cdot \mathbf{k} = \mathbf{k} \cdot \mathbf{j} = 0$$

$$\mathbf{P} \cdot \mathbf{Q} = (P_x \mathbf{i} + P_y \mathbf{j} + P_z \mathbf{k}) \cdot (Q_x \mathbf{i} + Q_y \mathbf{j} + Q_z \mathbf{k})$$
$$= P_x Q_x + P_y Q_y + P_z Q_z$$

$$\mathbf{P} \cdot \mathbf{P} = P_x{}^2 + P_y{}^2 + P_z{}^2$$

이다.

내적의 정의로부터 두 벡터 $\mathbf{P}$와 $\mathbf{Q}$의 내적이 0일 때, 즉 $\mathbf{P} \cdot \mathbf{Q} = 0$일 때 당연히 $\mathbf{P}$와 $\mathbf{Q}$는 수직이 된다.

두 벡터 $\mathbf{P}_1$과 $\mathbf{P}_2$ 사이의 각은 내적 $\mathbf{P}_1 \cdot \mathbf{P}_2 = P_1 P_2 \cos \theta$로부터

$$\cos \theta = \frac{\mathbf{P}_1 \cdot \mathbf{P}_2}{P_1 P_2} = \frac{P_{1_x} P_{2_x} + P_{1_y} P_{2_y} + P_{1_z} P_{2_z}}{P_1 P_2} = l_1 l_2 + m_1 m_2 + n_1 n_2$$

로 주어진다. 여기서 l, m, n은 각 벡터의 방향여현을 나타낸다. 두 벡터의 방향여현이 $l_1 l_2 + m_1 m_2 + n_1 n_2 = 0$의 관계를 갖고 있을 때, 두 벡터가 서로 수직임을 또한 알 수 있다.

$$\text{분배법칙} \quad \mathbf{P} \cdot (\mathbf{Q} + \mathbf{R}) = \mathbf{P} \cdot \mathbf{Q} + \mathbf{P} \cdot \mathbf{R}$$

7. 외적 또는 벡터적

두 벡터 $\mathbf{P}$와 $\mathbf{Q}$의 외적 $\mathbf{P} \times \mathbf{Q}$는 크기가

$$|\mathbf{P} \times \mathbf{Q}| = PQ \sin \theta$$

이고, 그림에서 보는 바와 같이 오른손 법칙을 따르는 벡터로 정의된다. 벡터의 순서를 역으로 하고 오른손 법칙을 이용하면 $\mathbf{Q} \times \mathbf{P} = -\mathbf{P} \times \mathbf{Q}$가 된다.

$$\text{분배법칙} \quad \mathbf{P} \times (\mathbf{Q} + \mathbf{R}) = \mathbf{P} \times \mathbf{Q} + \mathbf{P} \times \mathbf{R}$$

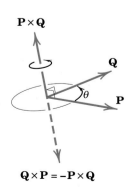

외적의 정의로부터 오른손 좌표계(right-handed coordinate system)를 이용하면, 다음과 같은 결과를 얻는다.

$$\mathbf{i} \times \mathbf{j} = \mathbf{k} \quad \mathbf{j} \times \mathbf{k} = \mathbf{i} \quad \mathbf{k} \times \mathbf{i} = \mathbf{j}$$
$$\mathbf{j} \times \mathbf{i} = -\mathbf{k} \quad \mathbf{k} \times \mathbf{j} = -\mathbf{i} \quad \mathbf{i} \times \mathbf{k} = -\mathbf{j}$$
$$\mathbf{i} \times \mathbf{i} = \mathbf{j} \times \mathbf{j} = \mathbf{k} \times \mathbf{k} = 0$$

$$\mathbf{Q} \times \mathbf{P} = -\mathbf{P} \times \mathbf{Q}$$

이들 항등식과 분배법칙을 이용함으로써 벡터적을 다음과 같이 쓸 수 있다.

$$\mathbf{P} \times \mathbf{Q} = (P_x\mathbf{i} + P_y\mathbf{j} + P_z\mathbf{k}) \times (Q_x\mathbf{i} + Q_y\mathbf{j} + Q_z\mathbf{k})$$
$$= (P_yQ_z - P_zQ_y)\mathbf{i} + (P_zQ_x - P_xQ_z)\mathbf{j} + (P_xQ_y - P_yQ_x)\mathbf{k}$$

또한 외적은 행렬식으로도 표현할 수 있다.

$$\mathbf{P} \times \mathbf{Q} = \begin{vmatrix} \mathbf{i} & \mathbf{j} & \mathbf{k} \\ P_x & P_y & P_z \\ Q_x & Q_y & Q_z \end{vmatrix}$$

8. 기타 관계식 삼중 스칼라적(triple scalar product) $(\mathbf{P} \times \mathbf{Q}) \cdot \mathbf{R} = \mathbf{R} \cdot (\mathbf{P} \times \mathbf{Q})$. 벡터의 순서를 그대로 유지시키는 한 스칼라적 기호와 벡터적 기호를 서로 바꿀수 있다. 벡터 $\mathbf{P}$는 스칼라양인 $\mathbf{Q} \cdot \mathbf{R}$과는 외적을 할 수 없기 때문에 $\mathbf{P} \times (\mathbf{Q} \cdot \mathbf{R})$은 의미가 없으며 괄호도 필요 없다. 따라서 이 식은 다음과 같이 쓸 수 있다.

$$\mathbf{P} \times \mathbf{Q} \cdot \mathbf{R} = \mathbf{P} \cdot \mathbf{Q} \times \mathbf{R}$$

삼중 스칼라적은 행렬식으로 전개할 수 있다.

$$\mathbf{P} \times \mathbf{Q} \cdot \mathbf{R} = \begin{vmatrix} P_x & P_y & P_z \\ Q_x & Q_y & Q_z \\ R_x & R_y & R_z \end{vmatrix}$$

삼중 벡터적(triple vector product) $(\mathbf{P} \times \mathbf{Q}) \times \mathbf{R} = -\mathbf{R} \times (\mathbf{P} \times \mathbf{Q}) = \mathbf{R} \times (\mathbf{Q} \times \mathbf{P})$. 이는 외적을 해야 할 벡터가 확인되지 않기 때문에 식 $\mathbf{P} \times \mathbf{Q} \times \mathbf{R}$은 애매하므로 여기서는 괄호를 반드시 사용해야 함을 주목해야 한다. 삼중 벡터적은

$$(\mathbf{P} \times \mathbf{Q}) \times \mathbf{R} = \mathbf{R} \cdot \mathbf{P}\mathbf{Q} - \mathbf{R} \cdot \mathbf{Q}\mathbf{P}$$

또는

$$\mathbf{P} \times (\mathbf{Q} \times \mathbf{R}) = \mathbf{P} \cdot \mathbf{R}\mathbf{Q} - \mathbf{P} \cdot \mathbf{Q}\mathbf{R}$$

과 같다. 예를 들면, 첫 번째 식의 첫 번째 항은 스칼라양인 내적 $\mathbf{R} \cdot \mathbf{P}$와 벡터 $\mathbf{Q}$와의 곱이다.

9. 벡터의 미분 스칼라에 대한 미분법칙을 그대로 따른다.

$$\frac{d\mathbf{P}}{dt} = \dot{\mathbf{P}} = \dot{P}_x\mathbf{i} + \dot{P}_y\mathbf{j} + \dot{P}_z\mathbf{k}$$

$$\frac{d(\mathbf{P}u)}{dt} = \mathbf{P}\dot{u} + \dot{\mathbf{P}}u$$

$$\frac{d(\mathbf{P} \cdot \mathbf{Q})}{dt} = \mathbf{P} \cdot \dot{\mathbf{Q}} + \dot{\mathbf{P}} \cdot \mathbf{Q}$$

$$\frac{d(\mathbf{P} \times \mathbf{Q})}{dt} = \mathbf{P} \times \dot{\mathbf{Q}} + \dot{\mathbf{P}} \times \mathbf{Q}$$

10. 벡터의 적분 만약 $\mathbf{V}$가 x, y와 z의 함수이고 체적요소가 $d\tau = dx\,dy\,dz$라면, 전체적에 대한 $\mathbf{V}$의 적분은 각 성분에 대한 세 적분의 벡터합으로 쓸 수 있다. 따라서 다음과 같다.

$$\int \mathbf{V}\,d\tau = \mathbf{i}\int V_x\,d\tau + \mathbf{j}\int V_y\,d\tau + \mathbf{k}\int V_z\,d\tau$$

C.8 급수

(급수 다음 대괄호 속의 식은 수렴의 범위를 가리킨다.)

$$(1 \pm x)^n = 1 \pm nx + \frac{n(n-1)}{2!}x^2 \pm \frac{n(n-1)(n-2)}{3!}x^3 + \cdots \quad [x^2 < 1]$$

$$\sin x = x - \frac{x^3}{3!} + \frac{x^5}{5!} - \frac{x^7}{7!} + \cdots \qquad [x^2 < \infty]$$

$$\cos x = 1 - \frac{x^2}{2!} + \frac{x^4}{4!} - \frac{x^6}{6!} + \cdots \qquad [x^2 < \infty]$$

$$\sinh x = \frac{e^x - e^{-x}}{2} = x + \frac{x^3}{3!} + \frac{x^5}{5!} + \frac{x^7}{7!} + \cdots \qquad [x^2 < \infty]$$

$$\cosh x = \frac{e^x + e^{-x}}{2} = 1 + \frac{x^2}{2!} + \frac{x^4}{4!} + \frac{x^6}{6!} + \cdots \qquad [x^2 < \infty]$$

$$f(x) = \frac{a_0}{2} + \sum_{n=1}^{\infty} a_n \cos\frac{n\pi x}{l} + \sum_{n=1}^{\infty} b_n \sin\frac{n\pi x}{l}$$

$$a_n = \frac{1}{l}\int_{-l}^{l} f(x)\cos\frac{n\pi x}{l}\,dx, \qquad b_n = \frac{1}{l}\int_{-l}^{l} f(x)\sin\frac{n\pi x}{l}\,dx$$

$$[-l < x < l\text{에 대한 Fourier 전개}]$$

C.9 미분

$$\frac{dx^n}{dx} = nx^{n-1}, \qquad \frac{d(uv)}{dx} = u\frac{dv}{dx} + v\frac{du}{dx}, \qquad \frac{d\left(\dfrac{u}{v}\right)}{dx} = \frac{v\dfrac{du}{dx} - u\dfrac{dv}{dx}}{v^2}$$

$$\lim_{\Delta x \to 0} \sin \Delta x = \sin dx = \tan dx = dx$$

$$\lim_{\Delta x \to 0} \cos \Delta x = \cos dx = 1$$

$$\frac{d\sin x}{dx} = \cos x, \qquad \frac{d\cos x}{dx} = -\sin x, \qquad \frac{d\tan x}{dx} = \sec^2 x$$

$$\frac{d\sinh x}{dx} = \cosh x, \qquad \frac{d\cosh x}{dx} = \sinh x, \qquad \frac{d\tanh x}{dx} = \text{sech}^2 x$$

C.10 적분

$$\int x^n \, dx = \frac{x^{n+1}}{n+1}$$

$$\int \frac{dx}{x} = \ln x$$

$$\int \sqrt{a+bx} \, dx = \frac{2}{3b}\sqrt{(a+bx)^3}$$

$$\int x\sqrt{a+bx} \, dx = \frac{2}{15b^2}(3bx-2a)\sqrt{(a+bx)^3}$$

$$\int x^2\sqrt{a+bx} \, dx = \frac{2}{105b^3}(8a^2-12abx+15b^2x^2)\sqrt{(a+bx)^3}$$

$$\int \frac{dx}{\sqrt{a+bx}} = \frac{2\sqrt{a+bx}}{b}$$

$$\int \frac{\sqrt{a+x}}{\sqrt{b-x}} \, dx = -\sqrt{a+x}\sqrt{b-x} + (a+b)\sin^{-1}\sqrt{\frac{a+x}{a+b}}$$

$$\int \frac{x \, dx}{a+bx} = \frac{1}{b^2}\left[a+bx-a\ln(a+bx)\right]$$

$$\int \frac{x \, dx}{(a+bx)^n} = \frac{(a+bx)^{1-n}}{b^2}\left(\frac{a+bx}{2-n} - \frac{a}{1-n}\right)$$

$$\int \frac{dx}{a+bx^2} = \frac{1}{\sqrt{ab}}\tan^{-1}\frac{x\sqrt{ab}}{a} \qquad \frac{1}{\sqrt{-ab}}\tanh^{-1}\frac{x\sqrt{-ab}}{a}$$

$$\int \frac{x \, dx}{a+bx^2} = \frac{1}{2b}\ln(a+bx^2)$$

$$\int \sqrt{x^2 \pm a^2} \, dx = \frac{1}{2}[x\sqrt{x^2 \pm a^2} \pm a^2\ln(x+\sqrt{x^2 \pm a^2})]$$

$$\int \sqrt{a^2-x^2} \, dx = \frac{1}{2}\left(x\sqrt{a^2-x^2} + a^2\sin^{-1}\frac{x}{a}\right)$$

$$\int x\sqrt{a^2-x^2} \, dx = -\frac{1}{3}\sqrt{(a^2-x^2)^3}$$

$$\int x^2\sqrt{a^2-x^2} \, dx = -\frac{x}{4}\sqrt{(a^2-x^2)^3} + \frac{a^2}{8}\left(x\sqrt{a^2-x^2} + a^2\sin^{-1}\frac{x}{a}\right)$$

$$\int x^3\sqrt{a^2-x^2} \, dx = -\frac{1}{5}(x^2+\tfrac{2}{3}a^2)\sqrt{(a^2-x^2)^3}$$

$$\int \frac{dx}{\sqrt{a + bx + cx^2}} = \frac{1}{\sqrt{c}} \ln \left(\sqrt{a + bx + cx^2} + x\sqrt{c} + \frac{b}{2\sqrt{c}} \right) \ \text{또는} \ \frac{-1}{\sqrt{-c}} \sin^{-1} \left(\frac{b + 2cx}{\sqrt{b^2 - 4ac}} \right)$$

$$\int \frac{dx}{\sqrt{x^2 \pm a^2}} = \ln \left(x + \sqrt{x^2 \pm a^2} \right)$$

$$\int \frac{dx}{\sqrt{a^2 - x^2}} = \sin^{-1} \frac{x}{a}$$

$$\int \frac{x \, dx}{\sqrt{x^2 - a^2}} = \sqrt{x^2 - a^2}$$

$$\int \frac{x \, dx}{\sqrt{a^2 \pm x^2}} = \pm \sqrt{a^2 \pm x^2}$$

$$\int x\sqrt{x^2 \pm a^2} \, dx = \frac{1}{3} \sqrt{(x^2 \pm a^2)^3}$$

$$\int x^2 \sqrt{x^2 \pm a^2} \, dx = \frac{x}{4} \sqrt{(x^2 \pm a^2)^3} \mp \frac{a^2}{8} x\sqrt{x^2 \pm a^2} - \frac{a^4}{8} \ln \left(x + \sqrt{x^2 \pm a^2} \right)$$

$$\int \sin x \, dx = -\cos x$$

$$\int \cos x \, dx = \sin x$$

$$\int \sec x \, dx = \frac{1}{2} \ln \frac{1 + \sin x}{1 - \sin x}$$

$$\int \sin^2 x \, dx = \frac{x}{2} - \frac{\sin 2x}{4}$$

$$\int \cos^2 x \, dx = \frac{x}{2} + \frac{\sin 2x}{4}$$

$$\int \sin x \cos x \, dx = \frac{\sin^2 x}{2}$$

$$\int \sinh x \, dx = \cosh x$$

$$\int \cosh x \, dx = \sinh x$$

$$\int \tanh x \, dx = \ln \cosh x$$

$$\int \ln x \, dx = x \ln x - x$$

$$\int e^{ax}\,dx = \frac{e^{ax}}{a}$$

$$\int xe^{ax}\,dx = \frac{e^{ax}}{a^2}(ax-1)$$

$$\int e^{ax}\sin px\,dx = \frac{e^{ax}(a\sin px - p\cos px)}{a^2+p^2}$$

$$\int e^{ax}\cos px\,dx = \frac{e^{ax}(a\cos px + p\sin px)}{a^2+p^2}$$

$$\int e^{ax}\sin^2 x\,dx = \frac{e^{ax}}{4+a^2}\left(a\sin^2 x - \sin 2x + \frac{2}{a}\right)$$

$$\int e^{ax}\cos^2 x\,dx = \frac{e^{ax}}{4+a^2}\left(a\cos^2 x + \sin 2x + \frac{2}{a}\right)$$

$$\int e^{ax}\sin x\cos x\,dx = \frac{e^{ax}}{4+a^2}\left(\frac{a}{2}\sin 2x - \cos 2x\right)$$

$$\int \sin^3 x\,dx = -\frac{\cos x}{3}(2+\sin^2 x)$$

$$\int \cos^3 x\,dx = \frac{\sin x}{3}(2+\cos^2 x)$$

$$\int \cos^5 x\,dx = \sin x - \frac{2}{3}\sin^3 x + \frac{1}{5}\sin^5 x$$

$$\int x\sin x\,dx = \sin x - x\cos x$$

$$\int x\cos x\,dx = \cos x + x\sin x$$

$$\int x^2\sin x\,dx = 2x\sin x - (x^2-2)\cos x$$

$$\int x^2\cos x\,dx = 2x\cos x + (x^2-2)\sin x$$

곡률반지름
$$\begin{cases} \rho_{xy} = \dfrac{\left[1+\left(\dfrac{dy}{dx}\right)^2\right]^{3/2}}{\dfrac{d^2 y}{dx^2}} \\[30pt] \rho_{r\theta} = \dfrac{\left[r^2+\left(\dfrac{dr}{d\theta}\right)^2\right]^{3/2}}{r^2+2\left(\dfrac{dr}{d\theta}\right)^2 - r\dfrac{d^2 r}{d\theta^2}} \end{cases}$$

C.11 해석하기 어려운 방정식에 대한 뉴턴의 해법

역학의 기본 원리들을 적용시키다 보면 흔히 해석할 수 없는(또는 해석이 잘 되지 않는) 대수식 또는 초월함수식으로 되는 경우가 많다. 이러한 경우에 뉴턴 해법과 같은 반복기법은 방정식의 근 또는 근을 추정할 수 있는 유용한 방법이다.

해석해야 할 식을 $f(x) = 0$형으로 만들자. 다음 그림 a는 구하고자 하는 근 x_r의 부근에 있는 x에 대한 임의의 함수 $f(x)$를 나타낸 것이다. 근 x_r은 단지 함수가 x축과 교차하는 곳에서의 x값임을 가리킨다. 이 근의 대략적인 추정값 x_1(이것은 손으로 그래프를 그려서도 추정할 수 있다)을 알 수 있다고 가정하자. x_1이 함수 $f(x)$의

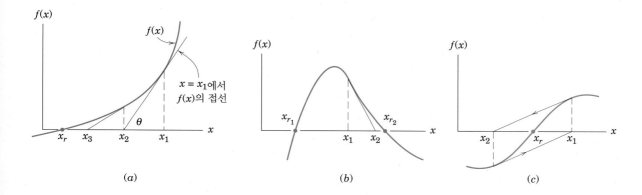

최댓값 또는 최솟값에 대응되는 것이 아니라면, x_1에서 $f(x)$의 접선을 연장하면 x_2에서 x축과 교차하며 근 x_r에 더 가까운 추정값을 얻는다. 그림의 기하학적인 형태로부터

$$\tan \theta = f'(x_1) = \frac{f(x_1)}{x_1 - x_2}$$

로 쓸 수 있고, 여기서 $f'(x_1)$은 x에 대한 $f(x)$의 1차 미분에서 $x = x_1$일 때 계산한 값이다. 위의 식을 x_2에 대해 풀면,

$$x_2 = x_1 - \frac{f(x_1)}{f'(x_1)}$$

이 된다. $-f(x_1)/f'(x_1)$ 항은 초기 추정값 x_1의 보정값이다. 일단 x_2가 계산되면, x_3 등을 구하는 과정을 반복한다.

따라서 위의 식을 일반화하면

$$x_{k+1} = x_k - \frac{f(x_k)}{f'(x_k)}$$

이고, 여기서

> x_{k+1}은 구하고자 하는 근 x_r의 $(k+1)$번째 추정값
>
> x_k는 구하고자 하는 근 x_r의 k번째 추정값
>
> $f(x_k)$는 $x = x_k$에서의 함수 $f(x)$의 값
>
> $f'(x_k)$는 $x = x_k$에서의 일차미분함수의 값이다.

이 식은 $f(x_{k+1})$이 0에 충분히 근접하고 $x_{k+1} \cong x_k$가 될 때까지 반복해서 적용하고, x_k, $f(x_k)$ 및 $f'(x_k)$의 부호조합이 어떠하든 항상 성립함을 증명하라.

몇 가지 주의 사항을 정리하면 다음과 같다.

1. 분명히 $f'(x_k)$는 0이 되어서도 0에 근접해서도 안 된다. 이것은 위에서 제한을 둔 것처럼 x_k가 정확히 또는 근사적으로 $f(x)$의 최댓값 또는 최솟값에 대응하는 값이 되어서는 안 된다는 의미이다. 만약 기울기 $f'(x_k)$가 0이라면, 곡선의 접선은 x축과 교차하지 않고, 기울기 $f'(x_k)$가 작으면 x_k의 보정값은 아주 커져서 x_{k+1}이 x_k보다 더욱 부정확한 추정값이 된다. 그렇기 때문에 경험이 있는 엔지니어들은 보통 보정항의 크기를 제한한다. 즉, $f(x_k)/f'(x_k)$의 절댓값이 미리 설정된 최댓값보다 크면 그 최댓값을 이용한다.

2. 만약 방정식 $f(x) = 0$의 근이 여러 개라면, 구하려는 근 x_r의 부근에서 추정을 시작해야만 연산이 그 근에 수렴한다. 그림 b는 초기 추정값 x_1이 x_{r_1}보다는 오히려 x_{r_2}에 수렴하는 상황을 나타내고 있다.

3. 예를 들어 어느 함수의 근이 변곡점이고, 그 함수가 변곡점을 중심으로 비대칭이라면, 근이 한편에서 다른 편으로 진동하는 경우가 일어날 수 있다. 보정값을 절반으로 줄여 사용하면 그림 c에 나타낸 이러한 진동 특성을 막을 수 있다.

예 : 초기 추정값 $x_1 = 5$로 시작하여 방정식 $e^x - 10 \cos x - 100 = 0$의 단근을 추정하자.

주어진 방정식에 뉴턴 해법을 적용시켜 구한 추정값을 요약 정리하면 다음 표와 같다. 보정값 $-f(x_k)/f'(x_k)$의 절댓값이 10^{-6}보다 작을 때 반복계산을 중단한다.

k	x_k	$f(x_k)$	$f'(x_k)$	$x_{k+1} - x_k = -\dfrac{f(x_k)}{f'(x_k)}$
1	5.000 000	45.576 537	138.823 916	$-0.328\ 305$
2	4.671 695	7.285 610	96.887 065	$-0.075\ 197$
3	4.596 498	0.292 886	89.203 650	$-0.003\ 283$
4	4.593 215	0.000 527	88.882 536	$-0.000\ 006$
5	4.593 209	$-2(10^{-8})$	88.881 956	$2.25(10^{-10})$

C.12 수치적분의 간추린 해법

1. **면적 계산.** 다음 그림 a에 나타낸 바와 같이 $x = a$에서 $x = b$까지 곡선 $y = f(x)$ 아래에 음영된 면적을 계산하는 문제를 고찰하는데, 해석적인 적분이 가능하지 않다고 가정한다. 함수는 실험적 측정값으로부터 표의 형식으로 하여 주어질 수 있거나 또는 해석적인 형식으로 해도 주어질 수 있다. 함수는 $a < x < b$ 구간 내에서 연속적으로 주어진다. 면적을 폭이 $\Delta x = (b-a)/n$인 n개의 수직한 띠로 나누고, $A = \int y\,dx$를 얻기 위해 모든 띠의 면적을 합한다. 면적 A_i인 대표적인 띠는 그림에서 좀 더 짙은 음영으로 보여준다. 3개의 유용한 수치적 근사식이 인용되었다. 각 경우에 있어서 띠의 수를 많게 하면 할수록 근삿값은 기하학적으로 좀 더 정확하게 된다. 일반적인 해법으로서 비교적 적은 수의 띠들로 시작할 수도 있는데, 면적 근삿값에서의 결과 변화가 요구하는 정밀도로 더 이상 개선되지 않을 때까지 수를 증가시키면 된다.

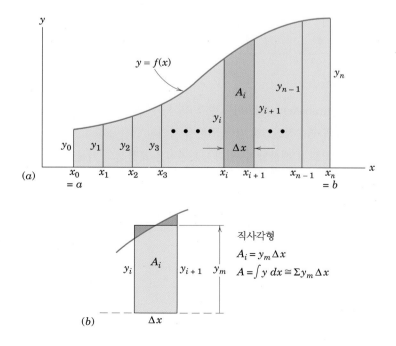

I. **직사각형(rectangular) [그림 (b)].** 띠의 면적들을 짙게 음영된 작은 면적들이 가능한 한 거의 같게 되도록 높이 y_m이 선택된 대표적인 띠에서 보여주는 바와 같이 직사각형으로 정하였다. 따라서 유효 높이의 합 Σy_m을 구하고 Δx를 곱한다. 함수가 해석적이라면 중간점 $x_i + \Delta x/2$에서의 함숫값과 같은 y_m의 값은 계산될 수 있고, 합산에 사용된다.

II. **사다리꼴(trapezoidal) [그림 (c)].** 그림에서 보는 바와 같이 띠의 면적을 사다리꼴로 정하였다. 면적 A_i는 평균 높이 $(y_i+y_{i+1})/2$와 Δx의 곱이다. 이 면적들을 더하면 표에서처럼 면적 근삿값이 주어진다. 그림에서 보여준 곡선에 대해서 근삿값은 분명히 본래의 면적보다 작을 것이고, 반대 곡선에 대한 근삿값은 큰 값을 가질 것이다.

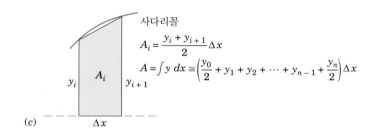

$$\text{사다리꼴}$$
$$A_i = \frac{y_i + y_{i+1}}{2} \Delta x$$
$$A = \int y\,dx \cong \left(\frac{y_0}{2} + y_1 + y_2 + \cdots + y_{n-1} + \frac{y_n}{2} \right) \Delta x$$

(c)

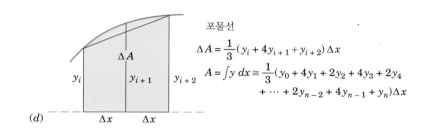

$$\text{포물선}$$
$$\Delta A = \frac{1}{3}(y_i + 4y_{i+1} + y_{i+2}) \Delta x$$
$$A = \int y\,dx \cong \frac{1}{3}(y_0 + 4y_1 + 2y_2 + 4y_3 + 2y_4 + \cdots + 2y_{n-2} + 4y_{n-1} + y_n) \Delta x$$

(d)

III. **포물선(parabolic) [그림 (d)].** 현과 곡선 사이의 면적(사다리꼴 해석에서는 무시됐다)은 y의 연속적인 3개 값에 의해서 정의된 점을 통과하는 포물선으로 함수를 근사시킴으로써 계산할 수 있다. 그 면적은 포물선의 기하학으로부터 계산할 수 있고, 두 띠로 된 사다리꼴 면적에 더해져서 인용한 바와 같이 한 쌍의 면적 ΔA로 주어진다. ΔA의 값들을 모두 더해 높은 표가 주어져 있는데, 이는 심프슨(Simpson) 법칙으로 알려져 있다. 심프슨 법칙을 이용하려면 띠의 수는 반드시 짝수여야 한다.

예 : $x = 0$부터 $x = 2$까지 곡선 $y = x\sqrt{1 + x^2}$ 아래의 면적을 구하자(여기서는 해석적으로 적분할 수 있는 함수를 선택했으므로 3개의 근삿값을 완전해

$A = \int_0^2 x \sqrt{1 + x^2}\, dx = \frac{1}{3}(1 + x^2)^{3/2}\big|_0^2 = \frac{1}{3}(5\sqrt{5} - 1) = 3.393\,447$과 비교할

수 있다).

분할 개수	면적 근삿값		
	직사각형	사다리꼴	포물선형
4	3.361 704	3.456 731	3.392 214
10	3.388 399	3.403 536	3.393 420
50	3.393 245	3.393 850	3.393 447
100	3.393 396	3.393 547	3.393 447
1000	3.393 446	3.393 448	3.393 447
2500	3.393 447	3.393 447	3.393 447

단 4개의 띠로만 해석한다 할지라도 가장 큰 오차율이 2% 미만이라는 것을 알
수 있다.

2. 1차 상미분방정식의 적분. 역학 기본원리의 응용은 종종 미분방정식으로 귀
착된다. 1차 미분방정식 $dy/dt = f(t)$를 고려해 보자. 함수 $f(t)$는 적분이 쉽지 않거
나 오직 표의 형식으로만 알 수 있는 함수이다. 그림에서 보는 바와 같이 오일러
(**Euler**) 적분으로 알려진 단순한 기울기투영법에 의해 수치적으로 적분할 수 있다.

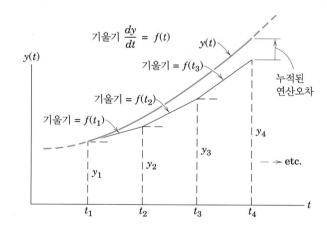

y_1값을 알고 있는 t_1에서 시작하여 기울기를 수평한 부분구간 또는 간격 $(t_2 - t_1)$
에 투영하면 $y_2 = y_1 + f(t_1)(t_2 - t_1)$로 됨을 알 수 있다. y_2를 알고 있는 t_2에서 이 과
정을 반복하고 구하고자 하는 t값에 도달할 때까지 계속한다. 그러면 일반식은 다
음과 같다.

$$y_{k+1} = y_k + f(t_k)(t_{k+1} - t_k)$$

만약 t에 대해 y가 선형이라면 즉, $f(t)$가 일정하다면, 이 방법은 완전하고 수치적으로 접근할 필요가 없다. 부분구간에 걸쳐 기울기의 변화는 오차를 발생시킨다. 그림에서 보는 바와 같이 추정값 y_2는 t_2에서 함수 $y(t)$의 참값보다 분명히 작다. 좀 더 정확한 적분기법(Runge-Kutta 법과 같은)은 부분구간의 기울기 변화를 계산에 포함시킨 것이기 때문에 좀 더 좋은 결과를 얻을 수 있다.

면적추정기법으로 해석적 함수들을 다룰 때, 경험상 부분구간 또는 간격의 크기를 선택하는 데 도움이 된다. 대체로, 비교적 큰 간격으로 시작하여 적분 결과에 해당하는 변화가 원하는 정밀도보다도 작아질 때까지 간격 크기를 점차로 감소시킨다. 하지만 너무 작은 간격은 수많은 컴퓨터 연산으로 인해 오차가 증가하는 결과를 가져올 수 있다. 이 같은 오차를 일반적으로 '반올림 오차(round-off error)'라 한다. 반면에 큰 간격으로 인해 발생되는 오차를 연산 오차라 한다.

예 : $t = 0$일 때 $y = 2$인 초기조건을 갖는 미분방정식 $dy/dt = 5t$에 대해 $t = 4$에 대한 y값을 구하자.

오일러 적분기법을 이용하면 다음과 같은 결과를 얻는다.

분할 매수	구간 크기	$t = 4$인 y	오차(%)
10	0.4	38	9.5
100	0.04	41.6	0.95
500	0.008	41.92	0.19
1000	0.004	41.96	0.10

이 단순한 예는 해석적으로 적분할 수 있다. 그 결과는 정확히 $y = 42$이다.

유용한 표

표 D.1 물성값

밀도(kg/m³)와 비중(lb/ft³)

	kg/m³	lb/ft³		kg/m³	lb/ft³
공기*	1.2062	0.07530	납	11 370	710
알루미늄	2 690	168	수은	13 570	847
콘크리트(av.)	2 400	150	오일(av.)	900	56
구리	8 910	556	강철	7 830	489
흙(wet, av.)	1 760	110	티타늄	4 510	281
(dry, av.)	1 280	80	물(fresh)	1 000	62.4
유리	2 590	162	(salt)	1 030	64
금	19 300	1205	목재(soft pine)	480	30
얼음	900	56	(hard oak)	800	50
주철(cast)	7 210	450			

*20℃(68°F) 대기압에서

마찰계수

(다음 표의 계수는 일상적인 작업조건하에서의 표본적인 값을 나타낸다. 주어진 조건에 대한 실제 계수는 접촉표면의 본질에 따라 좌우될 것이다. 이 값들은 실제 적용에 있어서 청정도, 표면다듬질, 압력, 윤활, 그리고 속도 등의 상태에 따라 25%에서 100% 또는 그 이상의 변화를 예상할 수 있다.)

접촉표면	표본 마찰계수 값	
	정적, μ_s	동적, μ_k
강 대 강(건조)	0.6	0.4
강 대 강(윤활)	0.1	0.05
테프론 대 강	0.04	0.04
강 대 배빗메탈(건조)	0.4	0.3
강 대 배빗메탈(윤활)	0.1	0.07
황동 대 강(건조)	0.5	0.4
브레이크라이닝 대 주철	0.4	0.3
고무타이어 대 평탄한 포장도로(건조)	0.9	0.8
와이어로프 대 철제 풀리(건조)	0.2	0.15
삼 로프 대 금속	0.3	0.2
금속 대 얼음		0.02

표 D.2 태양계 상숫값

만유인력상수	G	$= 6.673(10^{-11})\ \text{m}^3/(\text{kg·s}^2)$
		$= 3.439(10^{-8})\ \text{ft}^4/(\text{lbf-s}^4)$
지구의 질량	m_e	$= 5.976(10^{24})\ \text{kg}$
		$= 4.095(10^{23})\ \text{lbf-s}^2/\text{ft}$
지구의 회전주기(1항성일)		$= 23\ \text{h}\ 56\ \text{min}\ 4\ \text{s}$
		$= 23.9344\ \text{h}$
지구의 각속도	ω	$= 0.7292(10^{-4})\ \text{rad/s}$
지구–태양선의 평균 각속도	ω'	$= 0.1991(10^{-6})\ \text{rad/s}$
태양에 대한 지구 중심의 평균속도		$= 107\ 200\ \text{km/h}$
		$= 66,610\ \text{mi/h}$

물체	태양까지의 평균거리 km (mi)	궤도의 편심률 e	궤도의 주기 태양일	평균지름 km (mi)	지구에 대한 질량비	표면중력 가속도 m/s² (ft/s²)	탈출속도 km/s (mi/s)
태양	—	—	—	1 392 000 (865 000)	333 000	274 (898)	616 (383)
달	384 398[1] (238 854)[1]	0.055	27.32	3 476 (2 160)	0.0123	1.62 (5.32)	2.37 (1.47)
수성	57.3×10^6 (35.6×10^6)	0.206	87.97	5 000 (3 100)	0.054	3.47 (11.4)	4.17 (2.59)
금성	108×10^6 (67.2×10^6)	0.0068	224.70	12 400 (7 700)	0.815	8.44 (27.7)	10.24 (6.36)
지구	149.6×10^6 (92.96×10^6)	0.0167	365.26	12 742[2] (7 918)[2]	1.000	9.821[3] (32.22)[3]	11.18 (6.95)
화성	227.9×10^6 (141.6×10^6)	0.093	686.98	6 788 (4 218)	0.107	3.73 (12.3)	5.03 (3.13)
목성[4]	778×10^6 (483×10^6)	0.0489	4333	139 822 86 884	317.8	24.79 (81.3)	59.5 (36.8)

[1] 지구까지의 평균거리(중심에서 중심)

[2] 극지름 12 714 km(7900 mi)와 적도지름 12 756 km(7926 mi)를 갖는 회전타원체인 지구를 기준으로 한 동일한 체적을 갖는 구의 지름

[3] 회전하지 않는 구형 지구에 대한 위도 37.5°인 해면에서의 절댓값에 해당함

[4] 목성은 강체가 아님

표 D.3   평면도형의 성질

도형	도심	면적 관성모멘트
원호	$\bar{r} = \dfrac{r \sin \alpha}{\alpha}$	—
1/4원호와 반원호	$\bar{y} = \dfrac{2r}{\pi}$	—
원 면적	—	$I_x = I_y = \dfrac{\pi r^4}{4}$ $I_z = \dfrac{\pi r^4}{2}$
반원 면적	$\bar{y} = \dfrac{4r}{3\pi}$	$I_x = I_y = \dfrac{\pi r^4}{8}$ $\overline{I}_x = \left(\dfrac{\pi}{8} - \dfrac{8}{9\pi}\right) r^4$ $I_z = \dfrac{\pi r^4}{4}$
1/4원 면적	$\bar{x} = \bar{y} = \dfrac{4r}{3\pi}$	$I_x = I_y = \dfrac{\pi r^4}{16}$ $\overline{I}_x = \overline{I}_y = \left(\dfrac{\pi}{16} - \dfrac{4}{9\pi}\right) r^4$ $I_z = \dfrac{\pi r^4}{8}$
부채꼴 면적	$\bar{x} = \dfrac{2}{3} \dfrac{r \sin \alpha}{\alpha}$	$I_x = \dfrac{r^4}{4}\left(\alpha - \dfrac{1}{2}\sin 2\alpha\right)$ $I_y = \dfrac{r^4}{4}\left(\alpha + \dfrac{1}{2}\sin 2\alpha\right)$ $I_z = \dfrac{1}{2} r^4 \alpha$

표 D.3 평면도형의 성질 (계속)

도형	도심	면적 관성모멘트
직사각형 면적 	—	$I_x = \dfrac{bh^3}{3}$ $\bar{I}_x = \dfrac{bh^3}{12}$ $\bar{I}_z = \dfrac{bh}{12}(b^2 + h^2)$
삼각형 면적 	$\bar{x} = \dfrac{a+b}{3}$ $\bar{y} = \dfrac{h}{3}$	$I_x = \dfrac{bh^3}{12}$ $\bar{I}_x = \dfrac{bh^3}{36}$ $I_{x_1} = \dfrac{bh^3}{4}$
1/4타원 면적 	$\bar{x} = \dfrac{4a}{3\pi}$ $\bar{y} = \dfrac{4b}{3\pi}$	$I_x = \dfrac{\pi ab^3}{16}, \quad \bar{I}_x = \left(\dfrac{\pi}{16} - \dfrac{4}{9\pi}\right)ab^3$ $I_y = \dfrac{\pi a^3 b}{16}, \quad \bar{I}_y = \left(\dfrac{\pi}{16} - \dfrac{4}{9\pi}\right)a^3 b$ $I_z = \dfrac{\pi ab}{16}(a^2 + b^2)$
포물선 아래의 면적 $y = kx^2 = \dfrac{b}{a^2}x^2$ 면적 $A = \dfrac{ab}{3}$ 	$\bar{x} = \dfrac{3a}{4}$ $\bar{y} = \dfrac{3b}{10}$	$I_x = \dfrac{ab^3}{21}$ $I_y = \dfrac{a^3 b}{5}$ $I_z = ab\left(\dfrac{a^3}{5} + \dfrac{b^2}{21}\right)$
포물선 면적 $y = kx^2 = \dfrac{b}{a^2}x^2$ 면적 $A = \dfrac{2ab}{3}$ 	$\bar{x} = \dfrac{3a}{8}$ $\bar{y} = \dfrac{3b}{5}$	$I_x = \dfrac{2ab^3}{7}$ $I_y = \dfrac{2a^3 b}{15}$ $I_z = 2ab\left(\dfrac{a^2}{15} + \dfrac{b^2}{7}\right)$

표 D.4 균질한 입체의 성질 (m = 그림에 나타난 물체의 질량)

물체	질량중심	질량 관성모멘트
원통 셸	—	$I_{xx} = \frac{1}{2}mr^2 + \frac{1}{12}ml^2$ $I_{x_1x_1} = \frac{1}{2}mr^2 + \frac{1}{3}ml^2$ $I_{zz} = mr^2$
반원통 셸	$\bar{x} = \frac{2r}{\pi}$	$I_{xx} = I_{yy}$ $\quad = \frac{1}{2}mr^2 + \frac{1}{12}ml^2$ $I_{x_1x_1} = I_{y_1y_1}$ $\quad = \frac{1}{2}mr^2 + \frac{1}{3}ml^2$ $I_{zz} = mr^2$ $\bar{I}_{zz} = \left(1 - \frac{4}{\pi^2}\right)mr^2$
원주	—	$I_{xx} = \frac{1}{4}mr^2 + \frac{1}{12}ml^2$ $I_{x_1x_1} = \frac{1}{4}mr^2 + \frac{1}{3}ml^2$ $I_{zz} = \frac{1}{2}mr^2$
반원주	$\bar{x} = \frac{4r}{3\pi}$	$I_{xx} = I_{yy}$ $\quad = \frac{1}{4}mr^2 + \frac{1}{12}ml^2$ $I_{x_1x_1} = I_{y_1y_1}$ $\quad = \frac{1}{4}mr^2 + \frac{1}{3}ml^2$ $I_{zz} = \frac{1}{2}mr^2$ $\bar{I}_{zz} = \left(\frac{1}{2} - \frac{16}{9\pi^2}\right)mr^2$
직육면체	—	$I_{xx} = \frac{1}{12}m(a^2 + l^2)$ $I_{yy} = \frac{1}{12}m(b^2 + l^2)$ $I_{zz} = \frac{1}{12}m(a^2 + b^2)$ $I_{y_1y_1} = \frac{1}{12}mb^2 + \frac{1}{3}ml^2$ $I_{y_2y_2} = \frac{1}{3}m(b^2 + l^2)$

표 D.4   균질한 입체의 성질 (계속) (m = 그림에 나타난 물체의 질량)

물체	질량중심	질량 관성모멘트
구형 셸	—	$I_{zz} = \frac{2}{3}mr^2$
반구형 셸	$\bar{x} = \frac{r}{2}$	$I_{xx} = I_{yy} = I_{zz} = \frac{2}{3}mr^2$ $\bar{I}_{yy} = \bar{I}_{zz} = \frac{5}{12}mr^2$
구	—	$I_{zz} = \frac{2}{5}mr^2$
반구	$\bar{x} = \frac{3r}{8}$	$I_{xx} = I_{yy} = I_{zz} = \frac{2}{5}mr^2$ $\bar{I}_{yy} = \bar{I}_{zz} = \frac{83}{320}mr^2$
균일한 막대	—	$I_{yy} = \frac{1}{12}ml^2$ $I_{y_1 y_1} = \frac{1}{3}ml^2$

표 D.4 균질한 입체의 성질 (계속) (m = 그림에 나타난 물체의 질량)

물체		질량중심	질량 관성모멘트
	1/4원형 막대	$\bar{x} = \bar{y}$ $= \dfrac{2r}{\pi}$	$I_{xx} = I_{yy} = \dfrac{1}{2}mr^2$ $I_{zz} = mr^2$
	타원주	—	$I_{xx} = \dfrac{1}{4}ma^2 + \dfrac{1}{12}ml^2$ $I_{yy} = \dfrac{1}{4}mb^2 + \dfrac{1}{12}ml^2$ $I_{zz} = \dfrac{1}{4}m(a^2 + b^2)$ $I_{y_1y_1} = \dfrac{1}{4}mb^2 + \dfrac{1}{3}ml^2$
	원추 셸	$\bar{z} = \dfrac{2h}{3}$	$I_{yy} = \dfrac{1}{4}mr^2 + \dfrac{1}{2}mh^2$ $I_{y_1y_1} = \dfrac{1}{4}mr^2 + \dfrac{1}{6}mh^2$ $I_{zz} = \dfrac{1}{2}mr^2$ $\bar{I}_{yy} = \dfrac{1}{4}mr^2 + \dfrac{1}{18}mh^2$
	반원추 셸	$\bar{x} = \dfrac{4r}{3\pi}$ $\bar{z} = \dfrac{2h}{3}$	$I_{xx} = I_{yy}$ $= \dfrac{1}{4}mr^2 + \dfrac{1}{2}mh^2$ $I_{x_1x_1} = I_{y_1y_1}$ $= \dfrac{1}{4}mr^2 + \dfrac{1}{6}mh^2$ $I_{zz} = \dfrac{1}{2}mr^2$ $\bar{I}_{zz} = \left(\dfrac{1}{2} - \dfrac{16}{9\pi^2}\right)mr^2$
	원추	$\bar{z} = \dfrac{3h}{4}$	$I_{yy} = \dfrac{3}{20}mr^2 + \dfrac{3}{5}mh^2$ $I_{y_1y_1} = \dfrac{3}{20}mr^2 + \dfrac{1}{10}mh^2$ $I_{zz} = \dfrac{3}{10}mr^2$ $\bar{I}_{yy} = \dfrac{3}{20}mr^2 + \dfrac{3}{80}mh^2$

표 D.4   균질한 입체의 성질 (계속) (m = 그림에 나타난 물체의 질량)

물체	질량중심	질량 관성모멘트
반원추	$\bar{x} = \dfrac{r}{\pi}$ $\bar{z} = \dfrac{3h}{4}$	$I_{xx} = I_{yy}$ $= \dfrac{3}{20}mr^2 + \dfrac{3}{5}mh^2$ $I_{x_1 x_1} = I_{y_1 y_1}$ $= \dfrac{3}{20}mr^2 + \dfrac{1}{10}mh^2$ $I_{zz} = \dfrac{3}{10}mr^2$ $\bar{I}_{zz} = \left(\dfrac{3}{10} - \dfrac{1}{\pi^2}\right)mr^2$
$\dfrac{x^2}{a^2} + \dfrac{y^2}{b^2} + \dfrac{z^2}{c^2} = 1$ 반타원체	$\bar{z} = \dfrac{3c}{8}$	$I_{xx} = \dfrac{1}{5}m(b^2 + c^2)$ $I_{yy} = \dfrac{1}{5}m(a^2 + c^2)$ $I_{zz} = \dfrac{1}{5}m(a^2 + b^2)$ $\bar{I}_{xx} = \dfrac{1}{5}m(b^2 + \dfrac{19}{64}c^2)$ $\bar{I}_{yy} = \dfrac{1}{5}m(a^2 + \dfrac{19}{64}c^2)$
$\dfrac{x^2}{a^2} + \dfrac{y^2}{b^2} = \dfrac{z}{c}$ 타원포물체	$\bar{z} = \dfrac{2c}{3}$	$I_{xx} = \dfrac{1}{6}mb^2 + \dfrac{1}{2}mc^2$ $I_{yy} = \dfrac{1}{6}ma^2 + \dfrac{1}{2}mc^2$ $I_{zz} = \dfrac{1}{6}m(a^2 + b^2)$ $\bar{I}_{xx} = \dfrac{1}{6}m(b^2 + \dfrac{1}{3}c^2)$ $\bar{I}_{yy} = \dfrac{1}{6}m(a^2 + \dfrac{1}{3}c^2)$
직사면체	$\bar{x} = \dfrac{a}{4}$ $\bar{y} = \dfrac{b}{4}$ $\bar{z} = \dfrac{c}{4}$	$I_{xx} = \dfrac{1}{10}m(b^2 + c^2)$ $I_{yy} = \dfrac{1}{10}m(a^2 + c^2)$ $I_{zz} = \dfrac{1}{10}m(a^2 + b^2)$ $\bar{I}_{xx} = \dfrac{3}{80}m(b^2 + c^2)$ $\bar{I}_{yy} = \dfrac{3}{80}m(a^2 + c^2)$ $\bar{I}_{zz} = \dfrac{3}{80}m(a^2 + b^2)$
반원환체	$\bar{x} = \dfrac{a^2 + 4R^2}{2\pi R}$	$I_{xx} = I_{yy} = \dfrac{1}{2}mR^2 + \dfrac{5}{8}ma^2$ $I_{zz} = mR^2 + \dfrac{3}{4}ma^2$

표 D.5　변환 계수; SI 단위

변환 계수 : 미국 통상단위에서 SI 단위로

바꿀 단위	바뀐 단위	곱할 값
(가속도)		
foot/second^2 (ft/sec^2)	meter/second^2 (m/s^2)	3.048×10^{-1}*
inch/second^2 (in./sec^2)	meter/second^2 (m/s^2)	2.54×10^{-2}*
(면적)		
foot^2 (ft^2)	meter^2 (m^2)	9.2903×10^{-2}
inch^2 (in.^{2})	meter^2 (m^2)	6.4516×10^{-4}*
(밀도)		
pound mass/inch^3 (lbm/in.^{3})	kilogram/meter^3 (kg/m^3)	2.7680×10^4
pound mass/foot^3 (lbm/ft^3)	kilogram/meter^3 (kg/m^3)	1.6018×10
(힘)		
kip (1000 lb)	newton (N)	4.4482×10^3
pound force (lb)	newton (N)	4.4482
(길이)		
foot (ft)	meter (m)	3.048×10^{-1}*
inch (in.)	meter (m)	2.54×10^{-2}*
mile (mi), (U.S. statute)	meter (m)	1.6093×10^3
mile (mi), (international nautical)	meter (m)	1.852×10^3*
(질량)		
pound mass (lbm)	kilogram (kg)	4.5359×10^{-1}
slug (lb-sec^2/ft)	kilogram (kg)	1.4594×10
ton (2000 lbm)	kilogram (kg)	9.0718×10^2
(힘 모멘트)		
pound-foot (lb-ft)	newton-meter (N·m)	1.3558
pound-inch (lb-in.)	newton-meter (N·m)	$0.1129\ 8$
(면적 관성모멘트)		
inch^4	meter^4 (m^4)	41.623×10^{-8}
(질량 관성모멘트)		
pound-foot-second^2 (lb-ft-sec^2)	kilogram-meter^2 (kg·m^2)	1.3558
(선형운동량)		
pound-second (lb-sec)	kilogram-meter/second (kg·m/s)	4.4482
(각운동량)		
pound-foot-second (lb-ft-sec)	newton-meter-second (kg·m^2/s)	1.3558
(동력)		
foot-pound/minute (ft-lb/min)	watt (W)	2.2597×10^{-2}
horsepower (550 ft-lb/sec)	watt (W)	7.4570×10^2
(압력, 응력)		
atmosphere (std)(14.7 lb/in.^{2})	newton/meter^2 (N/m^2 or Pa)	1.0133×10^5
pound/foot^2 (lb/ft^2)	newton/meter^2 (N/m^2 or Pa)	4.7880×10
pound/inch^2 (lb/in.^{2} or psi)	newton/meter^2 (N/m^2 or Pa)	6.8948×10^3
(스프링 상수)		
pound/inch (lb/in.)	newton/meter (N/m)	1.7513×10^2
(속도)		
foot/second (ft/sec)	meter/second (m/s)	3.048×10^{-1}*
knot (nautical mi/hr)	meter/second (m/s)	5.1444×10^{-1}
mile/hour (mi/hr)	meter/second (m/s)	4.4704×10^{-1}*
mile/hour (mi/hr)	kilometer/hour (km/h)	1.6093
(부피)		
foot^3 (ft^3)	meter^3 (m^3)	2.8317×10^{-2}
inch^3 (in.^{3})	meter^3 (m^3)	1.6387×10^{-5}
(일, 에너지)		
British thermal unit (BTU)	joule (J)	1.0551×10^3
foot-pound force (ft-lb)	joule (J)	1.3558
kilowatt-hour (kw-h)	joule (J)	3.60×10^6*

*정확한 값

표 D.5 변환 계수; SI 단위 (계속)

역학에 사용되는 SI 단위

양	단위	SI 기호
(기본 단위)		
길이	meter*	m
질량	kilogram	kg
시간	second	s
(유도 단위)		
선형가속도	meter/second^2	m/s^2
각가속도	radian/second^2	rad/s^2
면적	meter^2	m^2
밀도	kilogram/meter^3	kg/m^3
힘	newton	N (= kg·m/s^2)
주파수	hertz	Hz (= 1/s)
선형충격량	newton-second	N·s
각충격량	newton-meter-second	N·m·s
힘모멘트	newton-meter	N·m
면적 관성모멘트	meter^4	m^4
질량 관성모멘트	kilogram-meter^2	kg·m^2
선형운동량	kilogram-meter/second	kg·m/s (= N·s)
각운동량	kilogram-meter^2/second	kg·m^2/s (= N·m·s)
동력	watt	W (= J/s = N·m/s)
압력, 응력	pascal	Pa (= N/m^2)
면적 관성 상승모멘트	meter^4	m^4
질량 관성 상승모멘트	kilogram-meter^2	kg·m^2
스프링 상수	newton/meter	N/m
속도 linear	meter/second	m/s
각속도	radian/second	rad/s
부피	meter^3	m^3
일, 에너지	joule	J (= N·m)
(추가 단위)		
거리(항해)	nautical mile	(= 1.852 km)
질량	ton (metric)	t (= 1000 kg)
평면각	degrees (decimal)	°
평면각	radian	—
속력	knot	(1.852 km/h)
시간	day	d
시간	hour	h
시간	minute	min

*metre로 쓰기도 함.

SI 단위 접두사

증배율	접두사	기호
1 000 000 000 000 = 10^{12}	tera	T
1 000 000 000 = 10^9	giga	G
1 000 000 = 10^6	mega	M
1 000 = 10^3	kilo	k
100 = 10^2	hecto	h
10 = 10	deka	da
0.1 = 10^{-1}	deci	d
0.01 = 10^{-2}	centi	c
0.001 = 10^{-3}	milli	m
0.000 001 = 10^{-6}	micro	μ
0.000 000 001 = 10^{-9}	nano	n
0.000 000 000 001 = 10^{-12}	pico	p

미터법을 쓰는 몇 가지 규칙

1.

(a) 일반적으로 0.1에서 1000 사이의 숫자를 유지하며 접두사를 사용하라.

(b) 접두사 중 hecto, deka, deci 및 centi는 다른 것을 쓰기에 어색한 면적이나 부피를 제외하고는 일반적으로 사용을 피해야 한다.

(c) 분자에만 단위의 조합을 사용한다. 유일한 예외는 기본 단위 kg이다. (예: kN/m를 사용하고 N/mm을 사용하지 않으며, J/kg를 사용하고 mJ/g을 사용하지 않는다.)

(d) 접두사를 거듭 사용하지 않는다. (예: kMN을 사용하지 말고 GN을 사용한다.)

2. 단위 표기

(a) 단위를 곱할 때에는 도트(dot)를 사용한다. (예: Nm을 사용하지 말고 N·m을 사용한다.)

(b) 모호한 두 개의 사선 사용을 피한다. (예: N/m/m을 사용하지 말고 N/m^{2}을 사용한다.)

(c) 지수는 전체 단위에 적용된다. [예: mm^{2}은 (mm)^{2}를 의미한다.]

3. 숫자 그룹핑

소수점에서 양쪽 방향으로 세 숫자를 묶어서 숫자들을 분리할 때 콤마보다는 빈칸을 사용하라. (예: 4 607 321.048 72) 네 자리 숫자인 경우 빈칸은 생략해도 좋다. (예: 4296 또는 0.0476)

정답

제1장

1/1 For a 180-lb person: $m = 5.59$ slugs or 81.6 kg
$W = 801$ N

1/2 $W = 14\ 720$ N or 3310 lb, $m = 102.8$ slugs

1/3 $V_1 + V_2 = 27$, $\mathbf{V}_1 + \mathbf{V}_2 = 1.392\mathbf{i} + 18\mathbf{j}$, $\mathbf{V}_1 - \mathbf{V}_2 = 19.39\mathbf{i} - 6\mathbf{j}$, $\mathbf{V}_1 \times \mathbf{V}_2 = 178.7\mathbf{k}$, $\mathbf{V}_2 \times \mathbf{V}_1 = -178.7\mathbf{k}$, $\mathbf{V}_1 \cdot \mathbf{V}_2 = -21.5$

1/4 $W = 1.635$ N or 0.368 lb

1/5 $\mathbf{F} = (-2.19\mathbf{i} - 1.535\mathbf{j})10^{-8}$ N

1/6 $h = 0.414R$

1/7 $W_{abs} = 589$ N, $W_{rel} = 588$ N

1/8 $g = 8.96$ m/s^2, $W_h = 804$ N

1/9 $h = 1.644(10^5)$ km

1/10 $\theta = 1.770°$

1/11 $R_A = 2.19$, $R_B = 2.21$

1/12 SI: $[E] = $ kg $\cdot$ m^2/s, US: $[E] = $ lb-ft-sec

1/13 $[Q] = $ ML^{-1}T^{-2}

제2장

2/1 $v = -75$ m/s

2/2 $t = 2.69$ s

2/3 $s = 72$ m, $v = 42$ m/s, $a = 15$ m/s^2

2/4 $v = 3 - 10t + t^2$ m/s, $s = -4 + 3t - 5t^2 + \frac{1}{3}t^3$ m

2/5 $v = \sqrt{v_0^2 - \frac{2}{3}k(s^3 - s_0^3)}$, $v = 9.67$ m/s

2/6 $s = s_0 + \frac{1}{c_2^2}\left[c_2(v - v_0) + c_1 \ln\left(\frac{c_1 + c_2 v_0}{c_1 + c_2 v}\right)\right]$

$s = s_0 + \frac{c_1 + c_2 v_0}{c_2^2}(e^{c_2 t} - 1) - \frac{c_1}{c_2}t$

2/7 $s = 66.0$ m

2/8 $s = \frac{1}{4}(0.2t + 30)^2$ mm, $v = \frac{1}{10}(0.2t + 30)$ mm/s
$a = 0.02$ mm/s^2, For $v = 15$ mm/s: $t = 600$ s
$s = 5620$ mm

2/9 $v_2 = 42.4$ m/s, descending

2/10 $a = 1.2$ m/s^2

2/11 $t_{AC} = 2.46$ s

2/12 $h = 16.86$ m, $t = 4.40$ s
$v_B = 18.19$ m/s down

2/13 (a) $v = 21.9$ m/s, (b) $v = 25.6$ m/s

2/14 $s = 393$ m, $t = 14.16$ s

2/15 $\Delta a = 0.5$ m/s^2, $\Delta s = 64$ m

2/16 $v = 4.51$ m/s

2/17 $s = 3.26$ m, $t = 3.26$ s

2/18 $a = 4.94$ m/s^2, $v_1 = 11.76$ m/s, $t_1 = 2.38$ s

2/19 $v = 43.6$ m/s, $\frac{dv}{ds} = 0.0918$ s^{-1}

2/20 $a = 0.280$ m/s^2, $v = 144.6$ km/h

2/21 $h = 2.61$ m

2/22 $s = 713$ m

2/23 $d = 21.9$ m

2/24 $v = 7.21$ m/s

2/25 $h = 125.4$ m, $t = 157.9$ s

2/26 $s = 3.65t^2 - 0.1t^3 + t^{3/2}$ m, $s(10) = 297$ m

2/27 $t = 108.9$ s

2/28 $s = 1761$ m

2/29 $s = 1119$ m

2/30 $k_1 = 42.1$ s^{-2}, $k_2 = 42.0$ m^{-2}s^{-2}

2/31 (a) $v = 1972$ m/s, (b) $v = 1517$ m/s

*2/32 $t = 1.238$ s

2/33 $y = 8.05$ m, $v_{terminal} = 1.871$ m/s

2/34 $c = \frac{3v_0^2 + 6gy_m}{2y_m^3}$

2/35 $h = 36.5$ m, $v_f = 24.1$ m/s

2/36 $t_u = 2.63$ s, $t_d = 2.83$ s

2/37 $t_1 = 0.782$ s, $t_{10} = 0.1269$ s, $t_{100} = 0.0392$ s

2/38 $t_1 = 0.788$ s, $t_{10} = 0.1567$ s, $t_{100} = 0.1212$ s

2/39 (a) $s = 1206$ m, (b) $s = 1268$ m

2/40 $D = \frac{\ln 2}{k}$, $t = \frac{1}{kv_0}$

2/41 $x = 0.831$ m

2/42 A leads B by 198.7 m

2/43 $x_f = 61.6$ mm (stretch)

▶ 2/44 $x_f = -23.2$ mm (compression)

2/45 $t_1 = 0.886$ s, $v_1 = 67.3$ m/s up
$t_2 = 14.61$ s, $v_2 = 67.3$ m/s down

▶ 2/46 $t_1 = 0.918$ s, $v_1 = 62.6$ m/s up

         $t_2 = 12.63$ s, $v_2 = 52.9$ m/s down

2/47 $v_{av} = 20.6$ m/s, $\theta = 76.0°$

2/48 $a_{av} = 5$ m/s^2, $\theta = 53.1°$

2/49 $(x, y) = (24, 32.4)$ mm

2/50 $v = 2.24$ mm/s, $a = 2.06$ mm/s^2

2/51 $t = 25.6$ s, $h = 3.08$ km

2/52 $R_{max} = \dfrac{v_0^2}{g}$

2/53 $u = 343$ m/s

2/54   0.848 m above B

2/55 $v_0 = 39.6$ m/s, $d = 76.6$ m, $t = 3.50$ s

2/56 $v_0 = 5.04$ m/s, $\theta = 64.7°$

2/57 $E = \dfrac{mu^2 \sin^2 \theta}{eb}$, $s = 2b \cot \theta$

2/58 $s = 3.10$ m, $\theta = 54.1°$

2/59 $d = 2.07$ m

2/60 $\theta = 21.7°$

2/61 $\theta = 15.43°$

2/62 $d = 1.971b$, $0.986\sqrt{bg} < u < 1.394\sqrt{bg}$

2/63 $v = 21.2$ m/s, $s = 3.55$ m

2/64   12.16 m up in the tree at B

2/65   (a) $t = 1.443$ s, $h = 0.525$ m, (b) $t = 1.704$ s $h = 0.813$ m

2/66 $d = 107.6$ m, $t_f = 2.92$ s

2/67 $R = 46.4$ m, $\theta = 23.3°$

2/68 $\theta = 2.33°$

2/69   (a) $(x_f, y_f) = (42, -10.27)$ m

         (b) $(x_f, y_f) = (47.0, -6)$ m

2/70 $R = 2970$ m

2/71 $6.15 \le v_0 \le 6.68$ m/s

2/72 $R = \dfrac{2u^2}{g} \tan \theta \sec \theta$

2/73 $\alpha = 47.2°$

▶ 2/74 $h = 174.7$ m, $t_f = 12.49$ s

         $d = 225$ m

▶ 2/75 $\theta = \dfrac{90° + \alpha}{2}$, $\alpha = 0$: $\theta = 45°$

         $\alpha = 30°$: $\theta = 60°$, $\alpha = 45°$: $\theta = 67.5°$

▶ 2/76 $v_x = (v_0 \cos \theta)e^{-kt}$, $v_y = \left(v_0 \sin \theta + \dfrac{g}{k}\right)e^{-kt} - \dfrac{g}{k}$

         $x = \dfrac{v_0 \cos \theta}{k}(1 - e^{-kt})$

         $y = \dfrac{1}{k}\left(v_0 \sin \theta + \dfrac{g}{k}\right)(1 - e^{-kt}) - \dfrac{g}{k}t$

         As $t \longrightarrow \infty$, $v_x \longrightarrow 0$ and $v_y \longrightarrow -\dfrac{g}{k}$

2/77 $v = 1.590$ m/s, $a_n = 7.49$ m/s^2

2/78 $a = 6.77$ m/s^2

2/79   No answer

2/80 $v_A = 11.75$ m/s, $v_B = 13.46$ m/s

2/81 $\rho = 105.8$ m

2/82 $v = 19.81$ m/s

2/83 $a_n = 3.25$ m/s^2, $a_t = 0.909$ m/s^2

2/84 $a = 3.26$ m/s^2 when the sprinter reaches the 60-m mark

2/85 $\rho = 266$ m

2/86   (a) $a_{av} = 4.94$ m/s^2, 1.138% difference

         (b) $a_{av} = 4.99$ m/s^2, 0.285% difference

         (c) $a_{av} = 4.998$ m/s^2, 0.0317% difference

         $a_n = 5$ m/s^2 in each case

2/87 $\rho_B = 163.0$ m

2/88 $a_{P_1} = 338$ m/s^2, $a_{P_2} = 1.5$ m/s^2

2/89 $v = 356$ m/s, $a = 0.0260$ m/s^2

2/90 $v = 20$ m/s or 72 km/h

2/91 $\rho = 1709$ m

2/92   Launch: $a_t = -2.04$ m/s^2, $\rho = 540$ m

         Apex: $a_t = 0$, $\rho = 506$ m

*2/93 $t = 0.243$ s and 2.81 s

2/94 $v = 41.3$ km/s or $148.8(10^3)$ km/h

2/95   Car B crosses first, $\delta = 7.76$ m

2/96 $a = 63.2$ m/s^2

2/97 $t = 1$ sec: $\dot{v} = -1.935$ m/s^2, $\rho = 41.8$ m

         $t = 2$ sec: $\dot{v} = 2.80$ m/s^2, $\rho = 44.8$ m

2/98   (a) $a = 19.62$ m/s^2, $\theta_x = 0$

         (b) $a = 38.9$ m/s^2, $\theta_x = -59.7°$

         (c) $a = 97.3$ m/s^2, $\theta_x = -168.4°$

2/99 $a_n = 66.0$ mm/s^2, $a_t = 29.7$ mm/s^2

2/100 $\rho = 18\,480$ km

2/101 $a_n = 288$ mm/s^2, $a_t = 346$ mm/s^2, $\rho = 190.6$ mm

▶ 2/102 $L = 46.1$ m

▶ 2/103 $(x_C, y_C) = (22.5, -22.9)$ m

*2/104 $(a_n)_{max} = 11.01$ m/s^2 at $t = 9.62$ s

         $|a_t|_{max} = 9.72$ m/s^2 at $t = 0$

         $\rho_{min} = 288$ ft at $t = 9.62$ s

2/105 $\dot{r} = 13.89$ m/s, $\dot{\theta} = -39.8$ deg/s

2/106 $v = 10.91$ m/s, $\dot{r} = 9.76$ m/s

2/107   No answer

2/108 $\dot{r} = -9.31$ m/s, $\dot{\theta} = -0.568$ rad/s

2/109 $\ddot{r} = 2.07$ m/s^2, $\ddot{\theta} = -1.653$ rad/s^2

2/110 $\dot{r} = 15$ mm/s, $\dot{\theta} = 0.1$ rad/s

2/111 $\ddot{r} = -1$ mm/s^2, $\ddot{\theta} = -0.035$ rad/s^2

2/112 $\mathbf{v} = 0.5\mathbf{e}_r + 0.785\mathbf{e}_\theta$ m/s

         $\mathbf{a} = -1.269\mathbf{e}_r + 0.401\mathbf{e}_\theta$ m/s^2

2/113   No answer

2/114 $\mathbf{v} = 150\mathbf{e}_r + 305\mathbf{e}_\theta$ mm/s
$\mathbf{a} = -103.3\mathbf{e}_r + 52.4\mathbf{e}_\theta$ mm/s^2

2/115 (a) $\mathbf{v}_A = v\mathbf{e}_r + l\Omega\mathbf{e}_\theta$, $\mathbf{a}_A = -l\Omega^2\mathbf{e}_r + 2v\Omega\mathbf{e}_\theta$
(b) $\mathbf{v}_B = 4v\mathbf{e}_r + 2l\Omega\mathbf{e}_\theta$, $\mathbf{a}_B = -2l\Omega^2\mathbf{e}_r + 8v\Omega\mathbf{e}_\theta$

2/116 $\dot{r} = -14.17$ m/s, $\ddot{r} = 7.71$ m/s^2
$\dot{\theta} = 0.388$ rad/s, $\ddot{\theta} = 0.222$ rad/s^2

2/117 $v = 0.377$ m/s, $a = 0.272$ m/s^2, $\alpha = 19.44°$

2/118 $v_A{}' = 109.3$ km/h, $v_B{}' = 107.1$ km/h

2/119 $\dot{r} = 10.85$ m/s, $\dot{\theta} = 0.1764$ rad/s

2/120 $\ddot{r} = -0.558$ m/s^2, $\ddot{\theta} = -0.1025$ rad/s^2

2/121 $v = 360$ m/s, $a = 20.1$ m/s^2

2/122 At entry: $\dot{\theta} = -2.13$ rad/s, $\ddot{\theta} = 1.565$ rad/s^2
$|\dot{\theta}|_{max} = 2.19$ rad/s at $t = 1.633$ s
$|\ddot{\theta}|_{max} = 3.34$ rad/s^2 at $t = 1.373$ s

2/123 $v = 52.0$ m/s, $\dot{\theta} = -0.0866$ rad/s

2/124 $a = 2.31$ m/s^2, $\ddot{\theta} = 0.0221$ rad/s^2

2/125 $\ddot{r} = 12.15$ m/s^2, $\ddot{\theta} = 0.0365$ rad/s^2

2/126 $v = 0.296$ m/s, $a = 0.345$ m/s^2
$\mathbf{v} = 0.064\mathbf{i} + 0.289\mathbf{j}$ m/s
$\mathbf{a} = -0.328\mathbf{i} - 0.1086\mathbf{j}$ m/s^2

2/127 $r = d$, $\theta = 0$, $\dot{r} = v_0 \cos \alpha$
$\dot{\theta} = \dfrac{v_0 \sin \alpha}{d}$, $\ddot{r} = \dfrac{v_0{}^2 \sin^2 \alpha}{d}$
$\ddot{\theta} = -\dfrac{1}{d}\left[\dfrac{2v_0{}^2}{d} \cos \alpha \sin \alpha + g\right]$

2/128 $\dot{r} = 2500$ m/s, $\ddot{r} = -0.388$ m/s^2
$\dot{\theta} = 2.70(10^{-4})$ rad/s, $\ddot{\theta} = -8.43(10^{-8})$ rad/s^2

2/129 (a) $v = 37.7$ km/s, $\beta = 32.0°$
(b) $v = 37.7$ km/s, $\beta = 17.01°$

2/130 $r = 21\,900$ m, $\dot{r} = -73.0$ m/s, $\ddot{r} = -2.07$ m/s^2
$\theta = 43.2°$, $\dot{\theta} = 0.00312$ rad/s, $\ddot{\theta} = -9.01(10^{-5})$ rad/s^2

▸2/131 $r = 15.40$ m, $\dot{r} = 27.3$ m/s, $\ddot{r} = -3.35$ m/s^2
$\theta = 32.5°$, $\dot{\theta} = -0.353$ rad/s, $\ddot{\theta} = 0.717$ rad/s^2

▸2/132 $v = 50.2$ m/s, $\dot{v} = 6.01$ m/s^2, $\rho = 50.5$ m, $\beta = 12.00°$

2/133 $\theta = 74.6°$, $v = 1.571$ m/s^2 $\rho = 8.59$ m

2/134 $x = -1026$ m, $y = 2820$ m, $z = 3230$ m
$v_x = -51.3$ m/s, $v_y = 141.0$ m/s, $v_z = 63.6$ m/s
$a_x = 0$, $a_y = 0$, $a_z = -9.81$ m/s^2

2/135 $a = 27.5$ m/s^2

2/136 $v_\theta = -u \sin \theta$, $v_R = u \cos \theta \cos \phi$, $v_\phi = -u \cos \theta \sin \phi$

2/137 $a_{max} = \sqrt{r^2\omega^4 + 16n^4\pi^4 z_0{}^2}$

2/138 $\dot{R} = 12.26$ m/s, $\dot{\theta} = 0.1234$ rad/s, $\dot{\phi} = 0.0281$ rad/s

2/139 $\ddot{R} = 5.69$ m/s^2, $\ddot{\theta} = 9.52(10^{-4})$ rad/s^2
$\ddot{\phi} = -4.61(10^{-3})$ rad/s^2

2/140 $v_P = \sqrt{\dot{l}^2 + (l_0 + l)^2\omega^2 + \dot{h}^2}$
$a_P = \sqrt{(\ddot{l} - (l_0 + l)\omega^2)^2 + 4\dot{l}^2\omega^2 + \ddot{h}^2}$

2/141 $a = 219$ mm/s^2

2/142 $a_r = -6.58$ m/s^2, $a_\theta = -0.826$ m/s^2
$a_z = -0.1096$ m/s^2

2/143 $a_R = -5.10$ m/s^2, $a_\theta = 7.64$ m/s^2
$a_\phi = -0.3$ m/s^2

2/144 $a_P = 17.66$ m/s^2

▸2/145 $a_R = \ddot{R} - R\dot{\phi}^2 - R\dot{\theta}^2 \cos^2 \phi$
$a_\theta = \dfrac{\cos \phi}{R} \dfrac{d}{dt}(R^2\dot{\theta}) - 2R\dot{\theta}\dot{\phi} \sin \phi$
$a_\phi = \dfrac{1}{R}\dfrac{d}{dt}(R^2\dot{\phi}) + R\dot{\theta}^2 \sin \phi \cos \phi$

▸2/146 $v_R = 0$, $v_\theta = R\omega\sqrt{1 - \left(\dfrac{h}{2R}\right)^2}$, $v_\phi = \dfrac{h\omega}{\sqrt{1 - \left(\dfrac{h}{2R}\right)^2}}$

▸2/147 $a_r = b\dot{\theta}^2(\tan^2 \gamma \sin^2 \beta - 1)e^{-\theta \tan \gamma \sin \beta}$
with $\beta = \tan^{-1}\left(\dfrac{b}{h}\right)$

▸2/148 $a_P = 0.904$ m/s^2

2/149 $\mathbf{v}_{A/B} = 15\mathbf{i} - 22.5\mathbf{j}$ m/s, $\mathbf{a}_{A/B} = 4.5\mathbf{j}$ m/s^2

2/150 $v_B = 47.6$ km/h

2/151 $v_A = 1200$ km/h, $v_{A/B} = 1039$ km/h

2/152 (a) $\mathbf{v}_{W/R} = -19.66\mathbf{i} - 29.8\mathbf{j}$ km/h
$v_{W/R} = 35.7$ km/h, 33.4° west of due south
(b) $\mathbf{v}_{W/R} = -19.66\mathbf{i} + 2.23\mathbf{j}$ km/h
$v_{W/R} = 19.79$ km/h, 6.48° north of due west

2/153 $\beta = 281°$, $t = 1.527$ hr

2/154 $\mathbf{v}_{A/B} = 3.00\mathbf{i} + 1.999\mathbf{j}$ m/s
$\mathbf{a}_{A/B} = 3.63\mathbf{i} + 0.628\mathbf{j}$ m/s^2

2/155 $v_B = 6.43$ m/s

2/156 $\theta = 28.7°$ below normal

2/157 At C: $\mathbf{v}_{A/B} = -597\mathbf{i} - 142.5\mathbf{j}$ km/h
At E: $\mathbf{v}_{A/B} = -492\mathbf{i} + 247\mathbf{j}$ km/h

2/158 $\mathbf{v}_B = 163.9\mathbf{i} + 5\mathbf{j}$ m/s

2/159 $v_W = 14.40$ knots

2/160 $\dot{r} = -15.43$ m/s, $\dot{\theta} = 0.01446$ rad/s

2/161 $\ddot{r} = -1.668$ m/s^2, $\ddot{\theta} = 0.0352$ rad/s^2

2/162 $v_{B/A} = 21.2$ km/h

2/163 If $v_B = 30$ km/h: $\alpha = 31.3°$ or $74.3°$
If $v_B = 0$: $\alpha = 34.0°$ or $65.4°$

2/164 $\mathbf{a}_{B/A} = 0.222\mathbf{i} + 8.91\mathbf{j}$ m/s^2

2/165 $\alpha = 32.0°$, $\mathbf{v}_{A/B} = 21.9\mathbf{i} + 21.9\mathbf{j}$ m/s

2/166 $v_{A/B} = 36.0$ m/s, $\dot{r} = -15.71$ m/s, $\dot{\theta} = 0.1079$ rad/s

2/167 $\ddot{r} = 2.57$ m/s^2, $\ddot{\theta} = 0.01131$ rad/s^2

2/168 $\mathbf{v}_{A/B} = 21.5\mathbf{i} - 14.19\mathbf{j}$ m/s

▸2/169 $\ddot{r} = -0.637$ m/s^2, $\ddot{\theta} = 0.1660(10^{-3})$ rad/s^2

▸2/170 (a) $\mathbf{v}_{A/B} = 50\mathbf{i} + 50\mathbf{j}$ m/s, $\mathbf{a}_{A/B} = 1.25\mathbf{j}$ m/s^2
(b) $\dot{v}_r = 0.884$ m/s^2, $\rho_r = 5660$ m

2/171 $v_B = 1.8$ m/s down

2/172 $\mathbf{v}_A = -0.5\mathbf{j}$ m/s, $\mathbf{v}_B = 3\mathbf{j}$ m/s

2/173 $v_A = 1.8$ m/s up, $a_A = 3$ m/s^2 down

2/174 $v_A = 0.4$ m/s up incline

2/175 $t = 20$ s

2/176 $t = 3$ min 20 s

2/177 $v_A = \dfrac{2\sqrt{x^2 + h^2}}{x} v_B$

2/178 $v_B = -\dfrac{3y}{2\sqrt{y^2 + b^2}} v_A$

2/179 $v_{B/A} = 0.4$ m/s, $a_{B/A} = 0.667$ m/s^2, $v_C = 1.6$ m/s
      (all directed up incline)

2/180 $4v_A + 8v_B + 4v_C + v_D = 0$, 3 degrees of freedom

2/181 $a_x = -\dfrac{L^2 v_A^2}{(L^2 - y^2)^{3/2}}$

2/182 $v_A = 2.76$ m/s

2/183 $v_A = \dfrac{2y}{\sqrt{y^2 + b^2}} v_B$

2/184 $v_B = \dfrac{s + \sqrt{2}\,x}{x + \sqrt{2}\,s} v_A$
      (a minus value indicates a leftward direction)

2/185 $h = 300$ mm

2/186 $v = \dfrac{\dot{l}\sqrt{4y^2 + b^2}}{16y}, \; a = \dfrac{b^2 \dot{l}^2}{256 y^3}$

2/187 $v_B = \dfrac{1}{2^n} v_A$

2/188 $(v_A)_y = \dfrac{l\sqrt{2(1 + \cos\theta)}}{b\tan\theta} v_B$

2/189 $v_B = 62.9$ mm/s up

▶ 2/190 $a_B = 11.93$ mm/s^2 up

2/191 $v = -7.27$ m/s

2/192 $t = 8.38$ s

2/193 $\mathbf{v}_{B/A} = 569\mathbf{i} - 24.3\mathbf{j}$ km/h
      $\mathbf{a}_{B/A} = 22.5\mathbf{i} + 21.5\mathbf{j}$ m/s^2

2/194 $t_1 = 2.24$ s, $t_2 = 8.35$ s

2/195   (a) $\mathbf{v}_{W/B} = -24.8\mathbf{i} - 2.06\mathbf{j}$ km/h
      (b) $v_B = 20.6$ km/h, $v_{W/B} = 24.5$ km/h

2/196 $v_P = 2.72$ m/s

2/197 $t = 2.32$ s, $v_A = 1.439$ m/s down

2/198 $v = 414$ km/h

2/199 $\dot{r} = 15$ m/s, $\dot{\theta} = 0.325$ rad/s
      $\ddot{r} = 4.44$ m/s^2, $\ddot{\theta} = -0.0352$ rad/s^2
      $a_n = 6.93$ m/s^2, $a_t = 4$ m/s^2
      $\rho = 129.9$ m

2/200 $v = 7.51$ mm/s, $\mathbf{v} = 7.37\mathbf{i} - 1.470\mathbf{j}$ mm/s
      $a = 7.24$ mm/s^2, $\mathbf{a} = -5.28\mathbf{i} - 4.96\mathbf{j}$ mm/s^2
      $\mathbf{e}_t = 0.981\mathbf{i} - 0.1957\mathbf{j}$, $\mathbf{e}_n = -0.1957\mathbf{i} - 0.981\mathbf{j}$
      $a_t = -4.20$ mm/s^2, $\mathbf{a}_t = -4.12\mathbf{i} + 0.822\mathbf{j}$ mm/s^2
      $a_n = 5.90$ mm/s^2, $\mathbf{a}_n = -1.154\mathbf{i} - 5.78\mathbf{j}$ mm/s^2
      $\rho = 9.57$ mm, $\dot{\beta} = 0.785$ rad/s

2/201 $v = 7.51$ mm/s, $\mathbf{v} = 7.37\mathbf{i} - 1.470\mathbf{j}$ mm/s
      $a = 7.24$ mm/s^2, $\mathbf{a} = -5.28\mathbf{i} - 4.96\mathbf{j}$ mm/s^2
      $\mathbf{e}_r = 0.795\mathbf{i} + 0.607\mathbf{j}$, $\mathbf{e}_\theta = -0.607\mathbf{i} + 0.795\mathbf{j}$
      $v_r = 4.96$ mm/s, $\mathbf{v}_r = 3.95\mathbf{i} + 3.01\mathbf{j}$ mm/s
      $v_\theta = -5.64$ mm/s, $\mathbf{v}_\theta = 3.42\mathbf{i} - 4.48\mathbf{j}$ mm/s
      $a_r = -7.20$ mm/s^2, $\mathbf{a}_r = -5.73\mathbf{i} - 4.37\mathbf{j}$ mm/s^2
      $a_\theta = -0.743$ mm/s^2, $\mathbf{a}_\theta = 0.451\mathbf{i} - 0.591\mathbf{j}$ mm/s^2
      $r = 45.7$ mm, $\dot{r} = 4.96$ mm/s, $\ddot{r} = -6.51$ mm/s^2
      $\theta = 37.3°$, $\dot{\theta} = -0.1233$ rad/s, $\ddot{\theta} = 0.01052$ rad/s^2

2/202 $(x, y, z) = (-383, 357, 0)$ m

2/203 $h = 6048$ km

2/204 $v_B = 46.8$ mm/s up

*2/205 $a_B = 7.86$ mm/s^2 up

▶ 2/206   (a) $a = b\sqrt{K^4 + \omega^4 \theta_0^2 \cos^2\phi}$
      (b) $a = bK\sqrt{K^2 + 4\omega^2 \theta_0^2}$

*2/207   At $t = 9$ s: $v_r = 90.6$ m/s, $v_\theta = -42.8$ m/s
      $a_r = -2.39$ m/s^2, $a_\theta = -9.51$ m/s^2

*2/208 $t' = 0.349$ s

*2/209 $k = 0.01029$ m^{-1}, $v_t = 30.9$ m/s, $v' = 34.3$ m/s

*2/210 $v_{1\,\mathrm{mi}} = 11.66$ knots, $v_{\max} = 14.49$ knots

*2/211 $\theta_{\max} = 111.3°$ at $t = 0.837$ s
      $\dot{\theta}_{\max} = 3.67$ rad/s at $t = 0.343$ s
      $\theta = 90°$ at $t = 0.546$ s

*2/212 $\alpha = 42.2°$, $R = 101.3$ m

*2/213 $(v_{A/B})_{\max} = 70$ m/s at $t = 47.1$ s and $s_B = 1264$ m
      $(v_{A/B})_{\min} = 10$ m/s at $t = 23.6$ s and $s_B = 557$ m
      $(a_{A/B})_{\max} = 6.12$ m/s^2 at $t = 0$ and $s_B = 0$
      $(a_{A/B})_{\min} = 2.52$ m/s^2 at $t = 10$ s and $s_B = 150$ m

*2/214   With drag: $R = 202$ m, Without drag: $R = 405$ m

제3장

3/1 $t = 1.529$ s, $x = 4.59$ m

3/2   (a) $a = 1.118$ m/s^2 down incline, (b) $a = 0$
      (c) $a = 2.04$ m/s^2 up incline

3/3 $a = 1.44$ m/s^2 up

3/4 $T = 13.33$ kN, $a = 0.667$ m/s^2

3/5 $R = 846$ N, $L = 110.4$ N

3/6 $F = 2890$ N

3/7 $\mu_k = 0.0395$

3/8 $\alpha = \tan^{-1}\left[\dfrac{P}{(M + m)g\cos\theta}\right]$, For $P = 0$: $\alpha = 0$

3/9   Uphill: $s = 807$ m, Downhill: $s = 751$ m

3/10 $N_A = m \left[g + \dfrac{P}{\sqrt{3}(M + m)} \right]$

$N_B = m \left[g - \dfrac{P}{\sqrt{3}(M + m)} \right]$

3/11 $\mathbf{v}_{A/B} = -29.5\mathbf{i} - 3.47\mathbf{j}$ m/s, $\mathbf{a}_{A/B} = -2.35\mathbf{i}$ m/s^2

3/12 $T_1 = 176\ 500$ N, $T_{100} = 1765$ N

3/13 $P = 227$ N

3/14 $t = 6.16$ years, $s = 2.84(10^9)$ km

3/15   (a) $a = 0.457$ m/s^2 down incline

(b) $a = 0.508$ m/s^2 up incline

3/16   (a) $a = 0$, (b) $a = 1.390$ m/s^2 right

3/17 $F_A = 19.99$ kN

3/18   (a) $a = 0.0348g$ down incline

(b) $a = 0.0523g$ up incline

3/19 $s = 64.2$ m

3/20 $T_1 = 248$ N, $T_2 = 497$ N, $T_3 = 994$ N

3/21   (a) $a = 3.27$ m/s^2 up, (b) $a = 0.892$ m/s^2 up

3/22 $a_A = 1.450$ m/s^2 down incline

$a_B = 0.725$ m/s^2 up, $T = 105.4$ N

3/23 $a = 0.532$ m/s^2

3/24 $k = 818$ N/m

3/25 $x = 201$ m

3/26 $R = 1.995$ MN, $L = 1.947$ MN, $D = 435$ kN

3/27 $v = \sqrt{\dfrac{2P}{\rho} - \mu_k g L}$

3/28 $a_A = 1.364$ m/s^2 right, $a_B = 9.32$ m/s^2 down

$T = 46.6$ N

3/29 $v = 0.490$ m/s, $x_{\max} = 100$ mm

3/30 $0.0577(m_1 + m_2)g \leq P \leq 0.745(m_1 + m_2)g$

3/31   (a) $h = 55.5$ m, (b) $h = 127.4$ m

3/32 $a_B = 2.37$ m/s^2 down slot

$T = 8.21$ N T

3/33 $v = 2100$ m/s

3/34 $t = 0.589$ s, $s_2 = 0.1824$ m

▶ 3/35   (a) $T = 8.52$ N, (b) $T = 16.14$ N

▶ 3/36 $t = 13$ h 33 min, $v = 4.76(10^{-5})$ m/s

3/37 $N_A = 10.89$ N, $N_B = 8.30$ N

3/38 $N_B = 14.54$ N, $\dot{v} = -4.90$ m/s^2

3/39 $N = 1791$ N

3/40   (a) $R = 1.177$ N, (b) $R = 1.664$ N

3/41 $\rho = 6370$ m

3/42 $N = 8.63$ rev/min

3/43 $v = 29.1$ m/s, $N = 12.36$ kN

3/44 $N = 0.350$ N

3/45   (a) $v_B = 195.3$ km/h, (b) $N_A = 241$ N

3/46 $\omega = 1.064$ rad/s

3/47 $N = 720$ N, $a = 8.63$ m/s^2

3/48 $v = 3.13$ m/s, $T = 0.981$ N

3/49 $\omega = \sqrt{\dfrac{g}{\mu_s r}}$

3/50 $a_n = 0.793g$, $F = 10.89$ kN

3/51 $a_t = -6.36$ m/s^2

3/52 $v = 18.05$ m/s or 65.0 km/h

3/53 $v_A = 154.8$ km/h, $v_B = 180.1$ km/h

3/54 $T = 1.901$ N, $v = 0.895$ m/s

3/55 $N_A = 3380$ N up

$N_B = 1617$ N down

3/56 $N = 2.89$ N toward O', $R = 1.599$ N

3/57 $F = 165.9$ N

3/58 $T = 1.76$ N, $F_\theta = 3.52$ N (contact on upper side)

3/59 $F_{OA} = 2.46$ N, $F_{\text{slot}} = 1.231$ N

3/60 $F_{OA} = 3.20$ N, $F_{\text{slot}} = 1.754$ N

3/61 $h = 35\ 800$ km

3/62 $F = 0.424$ N

3/63 $P = 27.0$ N, $P_s = 19.62$ N

3/64 $N_A = 1643$ N, $N_B = 195.8$ N

3/65 $\rho = 3000$ km, $\dot{v} = 6.00$ m/s^2

3/66   Dynamic: $F_r = 4.79$ N, $F_\theta = 14.00$ N

Static: $F_r = 5.89$ N, $F_\theta = 10.19$ N

3/67 $3.41 \leq \omega \leq 7.21$ rad/s

3/68 $F = 4.39$ N

3/69 $T = 16.20$ N, $N = 2.10$ N on side B

3/70   (a) and (c) $F = 7.83$ kN

(b) $F = 11.34$ kN

3/71 $N = \dfrac{1}{4\pi} \sqrt{\left(\dfrac{\mu_s g}{r\alpha}\right)^2 - 1}$

3/72 $r = r_0 \cosh \omega_0 t$, $v_r = r_0 \omega_0 \sinh \omega_0 t$, $v_\theta = r_0 \omega_0 \cosh \omega_0 t$

3/73 $\beta = \cos^{-1}\left(\dfrac{2}{3} + \dfrac{v_0^2}{3gR}\right)$, $\beta = 48.2°$

3/74 $\dot{r} = 3078$ m/s, $\dot{\theta} = 1.276(10^{-4})$ rad/s

$\ddot{r} = -0.401$ m/s^2, $\ddot{\theta} = -3.45(10^{-8})$ rad/s^2

▶ 3/75 $N = 81.6$ N, $R = 38.7$ N

▶ 3/76 $s = \dfrac{r}{2\mu_k} \ln\left(\dfrac{v_0^2 + \sqrt{v_0^4 + r^2 g^2}}{rg}\right)$

3/77   (a) $(U_{A\text{-}B})_W = 1.570$ J, (b) $(U_{A\text{-}B})_s = -4.20$ J

3/78 $v_B = 3.05$ m/s

3/79 $k = 164.6$ kN/m

3/80   (a) no motion, (b) $v_B = 5.62$ m/s

3/81 $v_F = -827$ J

3/82 $P = 259$ W

3/83 $s_{AB} = 65.8$ m, $s_{BA} = 80.4$ m

3/84   (a) $v = 2.56$ m/s, (b) $x = 98.9$ mm

3/85 $k = 1957$ N/m

3/86 $(a)\ v = 1.889$ m/s, $(b)\ v = 2.09$ m/s

3/87 $v_B = 4.25$ m/s

3/88 $P = 291$ W

3/89 $v = 1.881$ m/s

3/90 $P = 0.992$ kW

3/91 $e = 0.744$

3/92 $(a)\ P = 40.5$ kW, $(b)\ P = 63.0$ kW

3/93 $v = 566$ m/s

3/94 $(a)\ N_B = 48$ N right, $(b)\ N_B{'} = 29.4$ N right

       $(c)\ N_C = 17.63$ N down, $(d)\ N_D = 29.4$ N left

3/95   With nonlinear term: $\delta = 114.9$ mm

       Without nonlinear term: $\delta = 124.1$ mm

3/96 $e = 0.892$

3/97 $P = 101.4$ W

3/98 $v_0 = 6460$ m/s

3/99 $(a)\ F = 271$ kN, $(b)\ P = 2410$ kW

       $(c)\ P = 4820$ kW, $(d)\ P = 1962$ kW

3/100 $P = 40.4$ kW

3/101 $(a)\ N_B = 4mg,\ (b)\ N_C = 7mg$

       $(c)\ s = \dfrac{4R}{1 + \mu_k \sqrt{3}}$

3/102 $x = 53.2$ m

3/103 $(a)\ s = 0.221$ m down incline

       $(b)\ s = 0.1713$ m up incline

3/104 $(a)\ s = 0.621$ m down incline

       $(b)\ s = 0.425$ m down incline

3/105 $P = 20$ kW

3/106 $P_{\text{in}} = 36.8$ kW

3/107 $v = 2.38$ m/s

3/108 $\delta = 29.4$ mm

3/109 $s = 0.1445$ m

3/110 $(a)\ P_5 = 4.34$ kW, $P_{100} = 13.89$ kW

       $(b)\ P_{\text{up}} = 28.6$ kW, $P_{\text{down}} = -800$ W

       $(c)\ v = 105.6$ km/h

3/111 $v = 1.537$ m/s

3/112 $(a)\ v_B = 9.40$ m/s, $(b)\ \delta = 54.2$ mm

3/113 $v = 0.371$ m/s

3/114 $v_B = 1.343$ m/s

3/115 $L = 1222$ mm

3/116 $N_B = 14.42$ N

3/117 $(a)\ k = 393$ N/m, $(b)\ v = 1.370$ m/s, $\dot{\theta} = 2.28$ rad/s

3/118 $(a)\ v = 1.162$ m/s, $(b)\ x = 12.07$ mm

3/119 $\dot{\theta} = 4.22$ rad/s

3/120 $(a)\ k_T = 25.8$ N·m/rad, $(b)\ v = 1.255$ m/s

3/121 $v = 0.885$ m/s down, $d = 222$ mm

3/122 $v = 4.93$ m/s

3/123 $\dot{\theta} = 9.90$ rad/s

3/124 $h = \dfrac{3}{2}R,\ N_B = 6mg$ up

3/125 $\theta = 43.8°$

3/126 $v_0 = 6460$ m/s

3/127 $v_A = 2.30$ m/s

3/128 $v_B = 26\ 300$ km/h

3/129 $v = 32.8$ km/h

3/130 $v = 0.990$ m/s

3/131 $v_2 = 35.1$ km/h

3/132 $v_A = \sqrt{v_P^2 - 2gR^2\left(\dfrac{1}{r_P} - \dfrac{1}{r_A}\right)}$

3/133 $(v_B)_{\text{max}} = 0.962$ m/s

3/134 $(a)\ v = 0.635$ m/s, $(b)\ d_{\text{max}} = 0.1469$ m

3/135 $v = 6740$ km/h

3/136 $v = 0.972$ m/s

3/137 $(a)\ k = 111.9$ N/m, $(b)\ v = 0.522$ m/s

▶ 3/138 $(a)\ v = 0.865\sqrt{gr},\ (b)\ v_{\text{max}} = 0.908\sqrt{gr}$

       $(c)\ \theta_{\text{max}} = 126.9°$

3/139 1.7 N·s

3/140 $F = 3.03$ kN

3/141 $\mathbf{G} = 14.40\mathbf{i} - 11.52\mathbf{j} + 6\mathbf{k}$ kg·m/s

       $G = 19.39$ kg·m/s

       $\mathbf{R} = 21.6\mathbf{i} - 14.4\mathbf{j}$ N

3/142 $|\Delta E| = 13\ 480$ J, $n = 99.9\%$

3/143 $\mu_k = 0.302$

3/144 $v = 3.42$ m/s

3/145 $\mathbf{v}_2 = 188.5\mathbf{i} - 74\mathbf{j} + 47\mathbf{k}$ m/s

3/146 $v_C = 1.231$ m/s left

3/147 $(a)\ v = 2$ m/s, $(b)\ v = -2.5$ m/s

3/148 $d = 1.326$ m

3/149 $v = 1.218$ m/s down

3/150 $\dot{x}_1 = 2.90$ m/s right, $\dot{x}_2 = 0.483$ m/s left

3/151 $T = 2780$ N

3/152 $v = 28.5$ km/h, $\theta = 54.6°$ west of north

3/153 (a) and $(b)\ v{'} = \dfrac{v}{3},\ n = \dfrac{2}{3}$

3/154 $N = 25\ 900$ N

3/155 $v_2 = v_1 + \dfrac{F}{mk}(1 + \mu_k) - \dfrac{\mu_k \pi g}{2k},\ F = \dfrac{\mu_k \pi mg}{2(1 + \mu_k)}$

3/156 $v = 190.9$ m/s, $|\Delta E| = 17.18$ kJ (loss)

3/157 $v_3 = 17\ 970$ km/h

3/158 $t_s = 3.46$ s

3/159 $t_s = 3.69$ s

3/160 $D = 38.8$ kN

3/161 $v_f = 0.00264$ m/s, $F_{\text{av}} = 59.5$ N

3/162 $P = 3.30$ kN

3/163 $v = 12.83$ m/s, $t = 18.74$ s

3/164   (a) $v' = 20$ km/h

      (b) $a_A = 27.8$ m/s^2 left, $a_B = 55.6$ m/s^2 right

      (c) $R = 50$ kN

3/165 $R = 2110$ N, $a = 46\,000$ m/s^2 ($4690g$)

      $d = 23$ mm

3/166 $F = 147.8$ N, $\beta = 12.02°$

3/167 $R_x = 2490$ N, $R_y = 978$ N

3/168 $\theta = 23.4°$, $n = 99.7\%$

3/169 $R = 43.0$ N, $\beta = 8.68°$

3/170 $v = 3.85$ m/s, $N = 2.44$ kN

3/171 $d = 1.462$ m

▶ 3/172 $v_2 = 40.0$ mm/s right

3/173 $H_O = 128.7$ kg·m^2/s

3/174 $\mathbf{H}_O = mv(b\mathbf{i} - a\mathbf{j})$, $\dot{\mathbf{H}}_O = F(-c\mathbf{i} + a\mathbf{k})$

3/175   (a) $\mathbf{G} = -12.99\mathbf{i} - 7.5\mathbf{j}$ kg·m/s

      (b) $\mathbf{H}_O = -21.2\mathbf{k}$ kg·m^2/s, (c) $T = 37.5$ J

3/176   (a) $H_O = mr\sqrt{2gr}$, $\dot{H}_O = mgr$

      (b) $H_O = 2mr\sqrt{gr}$, $\dot{H}_O = 0$

3/177 $v_P = 28\,510$ km/h

3/178 $\dot{\theta} = 26.0$ rad/s

3/179 $\dot{\theta} = 65.1$ rad/s

3/180 $\dfrac{d\omega}{dr} = -\dfrac{2\omega}{r}$

3/181 $|\mathbf{H}| = 389$ N·m·s, $|\mathbf{M}| = 260$ N·m

3/182 $\omega = 0.1721$ rad/s CW

3/183 $\mathbf{H}_{O_2} = 34\mathbf{i} + 0.1333\mathbf{j} + 19.6\mathbf{k}$ kg·m^2/s

3/184 $\omega = \dfrac{\omega_0}{4}$, $n = \dfrac{3}{4}$

3/185 $v_B = 5.43$ m/s

3/186 $\omega = \dfrac{5v}{3L}$

3/187 $\mathbf{H}_O = -\dfrac{1}{2}mgut^2\mathbf{k}$

3/188 $\dot{\theta} = \left(\dfrac{2m_1}{m_1 + 4m_2}\right)\dfrac{v_1}{L}$

3/189   (a) $H_A = 0$, $H_D = m\sqrt{g\rho^3}$ CCW

      (b) $H_A = 0.714m\sqrt{g\rho^3}$ CCW

      $H_D = 1.126m\sqrt{g\rho^3}$ CCW

3/190 $v_r = 27.1(10^3)$ m/s, $v_\theta = 38.3(10^3)$ m/s

3/191 $\omega' = 2.77$ rad/s CCW, $\theta = 52.1°$

3/192 $\theta = 52.9°$

3/193 $\omega = 9$ rad/s, $U'_{1\text{-}2} = 0.233$ J

▶ 3/194 $\omega = 3.00$ rad/s, $U = 5.34$ J

3/195 $e = 0.829$, $n = 31.2\%$

3/196 $v_1' = 0.714$ m/s left, $v_2' = 4.09$ m/s right

3/197 $F = 107.0$ N left

3/198 $\dfrac{m_1}{m_2} = e$

3/199 $\theta' = 31.0°$, $v' = 0.825v$

3/200 $e = \left(\dfrac{h_2}{h}\right)^{1/4}$

3/201   For $\theta = 40°$: $e = 0.434$

3/202 $h = 379$ mm, $s = 339$ mm

3/203 $\delta = \left(\dfrac{1+e}{2}\right)v\sqrt{\dfrac{m}{k}}$

3/204 $\dfrac{|\Delta T|}{T} = \dfrac{m_B}{m_A + m_B}$

3/205 $R = 1.613$ m

3/206 $x = 0.1088d$

3/207 $\delta = 52.2$ mm

3/208 $\theta = 2.92(10^{-4})$ deg

3/209   (a) $x = \dfrac{d}{3}$, (b) $x = 0.286d$

3/210 $e = \sqrt{\dfrac{h'}{h' + h}}$, $v_x = \dfrac{\sqrt{\dfrac{g}{2}}\,d}{\sqrt{h'} + \sqrt{h' + h}}$

3/211 $v_A' = 2.46$ m/s, $\theta_A = 40.3°$

      $v_B' = 9.16$ m/s, $\theta_B = -88.7°$

3/212 $v_A' = 5.12$ m/s, $\theta_A = 77.8°$

      $v_B' = 9.67$ m/s, $\theta_B = 38.4°$, $n = 12.06\%$

3/213 $v_A' = 5.20$ m/s, $\theta_A = 106.1°$

      $v_B' = 7.84$ m/s, $\theta_B = 49.9°$, $n = 12.72\%$

3/214 $h = 14.53$ mm, $e = 0.405$

▶ 3/215 $v_B' = 30.0$ m/s, $\beta = 45.7°$

▶ 3/216 $\alpha = 11.55°$ or $78.4°$

▶ 3/217 $v' = 6.04$ m/s, $\theta = 85.9°$, $\delta = 165.0$ mm

▶ 3/218 $2.04 < v_0 < 3.11$ m/s

3/219 $v = 107\,114$ km/h

3/220 $v = 7569$ m/s or $27\,250$ km/h

3/221   See Prob. 1/11 and its answer.

3/222 $\Delta h = 88.0$ km

3/223 $v_P = 6024$ km/h

3/224 $\Delta E = 2.61(10^{12})$ J

3/225 $\Delta v = 534$ m/s

3/226   (a) $v = 7544$ m/s, (b) $v = 7912$ m/s

      (c) $v = 10\,398$ m/s, (d) $v = 10\,668$ m/s

3/227 $\Delta v = 3217$ m/s, $v = 7767$ m/s when $\theta = 90°$

3/228 $h_{\max} = 1348$ km

3/229 $\tau_f = 21.76(10^6)$ s, $\tau_{nf} = 20.74(10^6)$ s

3/230 $H = 35\,800$ km, $\beta = 162.6°$

3/231 $\tau' = 1$ h 36 min 25 s

      $\tau' - \tau = 6$ min 4 s

3/232 $\Delta t = 71.6$ sec

3/233 $v_r = 284$ m/s, $\theta = 98.0°$

3/234 $h_{\max} = 53.9$ km

3/235 $\Delta v = 115.5$ m/s

3/236 $\beta = 153.3°$

3/237 $\tau_f = 658.69$ h, $\tau_{nf} = 654.68$ h

3/238 $\Delta v_A = R\sqrt{\dfrac{g}{R+H}}\left(1 - \sqrt{\dfrac{R}{R+h}}\right)$

3/239 $p = 0.0514$ rad/s

*3/240 $h = 1.482(10^6)$ km

▶3/241 $\Delta v_A = 2370$ m/s, $\Delta v_B = 1447$ m/s

▶3/242 $a = 6572$ km (parallel to the x-axis), $\tau = 5301$ s
       $e = 0.01284$, $v_a = 7690$ m/s, $v_p = 7890$ m/s
       $r_{\max} = 6.66(10^6)$ m, $r_{\min} = 6.49(10^6)$ m

▶3/243 $a = 7462$ km, $\alpha = 72.8°$, No

▶3/244 $\beta = 109.1°$

3/245 $\mu_k = 0.382$

3/246 $a_{\rm rel} = k\delta\left(\dfrac{1}{m_1} + \dfrac{1}{m_2}\right)$

3/247 $\mathbf{G} = 9\mathbf{i}$ kg·m/s, $\mathbf{G}_{\rm rel} = 3\mathbf{i}$ kg·m/s
       $T = 13.5$ J, $T_{\rm rel} = 1.5$ J
       $\mathbf{H}_O = -4.5\mathbf{k}$ kg·m²/s, $(\mathbf{H}_B)_{\rm rel} = -1.5\mathbf{k}$ kg·m²/s

3/248 $P = 66.9$ kN

3/249 $F = 1778$ N

3/250 $F = 194.0$ kN

3/251 $x_{C/T} = 2.83$ m, $v_{\rm rel} = 2.46$ m/s

3/252   No answer

3/253 $(v_{\rm rel})_{\max} = a_0\sqrt{\dfrac{m}{k}}$

3/254 $a_0 = 16.99$ m/s², $R = 0$

3/255 (a) and (b) $T = 112$ J

3/256 $T = 3ma_0 \sin\theta$, $T_{\pi/2} = 90$ N

3/257 $T_0 = m(g + a_0)(3 - 2\cos\theta_0)$, $T_{\pi/2} = 3m(g + a_0)$

3/258 $P_{\rm rel} = 77.9$ W

▶3/259 (a) and (b) $h_2 = e^2 h_1$

▶3/260 $v_A = \sqrt{v_0{}^2 + 2gl\sin\theta + 2v_0\cos\theta\sqrt{2gl\sin\theta}}$

3/261 $v_B = 2.87$ m/s, $v_G = 1.533$ m/s

3/262 $\theta = \tan^{-1}\dfrac{a}{g}$

3/263 $R = 46.7$ N

3/264 $v = 2.2$ m/s

3/265 $v_A = 7451$ m/s, $e = 0.0295$

3/266 $P = 454$ kW

3/267 $u = \dfrac{5}{2}\sqrt{gR}$, $x_{\min} = 2R$

3/268 $N_A = 89.1$ N, $N_B = 703$ N

3/269 $M = 18.96$ kN·m

3/270 $v = 13.01$ m/s

3/271 $T = 424$ N

3/272 $\delta = \dfrac{Pm}{k(M+m)}$, $P_{\rm eq} = (M+m)g\sin\theta$, $\delta_{\rm eq} = \dfrac{mg\sin\theta}{k}$

3/273 $L = 2540$ N, $D = 954$ N

3/274 $F = 327$ kN

3/275 $\delta = 65.9$ mm

3/276 (a) $a_t = -10.75$ m/s², (b) $a_t = -14.89$ m/s²

3/277 $s = 2.28$ m

3/278 $t' = 8.47$ s

3/279 $v_{\rm rel} = \sqrt{\dfrac{7}{3}gl}$ left

3/280 (a) $v = 0.657$ m/s, (b) $v' = 0.849$ m/s

▶3/281 $v' = 293$ km/h

3/282 $\Delta v = 9000$ km/h

3/283 $x = 4.02$ m or 13.98 m

*3/284 (a) $\dot\theta = 1.414$ rad/s, (b) $\theta_{\max} = 43.0°$

*3/285 $|v_A|_{\max} = 3.86$ m/s at $s_B - s_{B_0} = 0.0767$ m
       $|v_B|_{\max} = 3.25$ m/s at $s_B - s_{B_0} = 0.0635$ m

*3/286 $38.7° \le \theta \le 65.8°$

*3/287 $\theta_{\max} = 53.1°$

*3/288 $e = 0.617$, $y = 0.427$ m

*3/289 $t = 1.069$ s, $\theta = 30.6°$

*3/290   For $e = 0.5$: $R = 92.6$ m, $v_B' = 30.0$ m/s

제4장

4/1 $\bar{\mathbf{r}} = \dfrac{d}{6}(8\mathbf{i} + 5\mathbf{j})$, $\dot{\bar{\mathbf{r}}} = \dfrac{v}{6}(4\mathbf{i} + 3\mathbf{j})$, $\ddot{\bar{\mathbf{r}}} = \dfrac{F}{6m}\mathbf{i}$
      $T = \dfrac{11}{2}mv^2$, $\mathbf{H}_O = 2mvd\mathbf{k}$, $\dot{\mathbf{H}}_O = -Fd\mathbf{k}$

4/2 $\mathbf{H}_G = \dfrac{4}{3}mvd\mathbf{k}$, $\dot{\mathbf{H}}_G = -\dfrac{Fd}{6}\mathbf{k}$

4/3 $\bar{\mathbf{r}} = b(\mathbf{i} + 3.61\mathbf{j} + 2.17\mathbf{k})$
      $\dot{\bar{\mathbf{r}}} = v(0.556\mathbf{i} + 0.748\mathbf{j} + 0.385\mathbf{k})$
      $\ddot{\bar{\mathbf{r}}} = \dfrac{F}{3m}\left(-\mathbf{j} + \dfrac{2}{3}\mathbf{k}\right)$, $T = 16.5mv^2$
      $\mathbf{H}_O = mvb(-15\mathbf{i} + 2.07\mathbf{j} - 1.536\mathbf{k})$
      $\dot{\mathbf{H}}_O = Fb(14.50\mathbf{i} - 4\mathbf{j} + 3\mathbf{k})$

4/4 $\mathbf{H}_G = mvb(-12.92\mathbf{i} - 5.30\mathbf{j} + 9.79\mathbf{k})$
      $\dot{\mathbf{H}}_G = Fb(0.778\mathbf{i} - 2\mathbf{j} + 6\mathbf{k})$

4/5 $a_C = 12.5$ m/s²

4/6 $F = 2.92$ N

4/7 $|\mathbf{M}_O|_{\rm av} = 0.7$ N·m

4/8 $T = 316$ N

4/9 $D_x = 9.18$ N left, $D_y = 193.0$ N up, $N_E = 138.4$ N up

4/10 $\mathbf{G} = 8.66\mathbf{i} + 5\mathbf{j}$ kg·m/s, $\mathbf{H}_G = 0.225\mathbf{k}$ kg·m²/s
$\mathbf{H}_O = -0.971\mathbf{k}$ kg·m²/s

4/11 $\bar{a} = 15.19$ m/s²

4/12 $\mathbf{H}_O = 2m(r^2\omega - vy)\mathbf{k}$

4/13 $P = 2.59$ kW

4/14 $t = \dfrac{4mr^2\omega}{M}$

4/15 $\dot{\theta}' = 80.7$ rad/s

4/16 $v_A = 1.015$ m/s, $v_B = 1.556$ m/s

4/17 $v = 0.205$ m/s

4/18 $v = 0.355$ km/h, $n = 95.0\%$

4/19 $s = \dfrac{(m_1 + m_2)x_1 - m_2 l}{m_0 + m_1 + m_2}$

4/20 $x = 0.0947$ m

4/21 $\Delta Q = 2.52$ J, $I_x = 12.87$ N·s

4/22 $v = 4.71$ m/s both spheres

4/23 $v = 0.877$ m/s

4/24 $v = 72.7$ km/h

▶ 4/25 $v = 1.186$ m/s

▶ 4/26 $(x_A, y_A) = (2270, -1350)$ m

▶ 4/27 $v_{b/c} = \sqrt{\left(1 + \dfrac{m_1}{m_2}\right)2gl(1 - \cos\theta)}$

$v_c = \dfrac{2gl(1 - \cos\theta)}{\sqrt{\dfrac{m_2}{m_1}\left(1 + \dfrac{m_2}{m_1}\right)}}$

▶ 4/28 $v_A = 30$ m/s

4/29 $v = 625$ m/s

4/30 $\alpha = 17.22°$

4/31 $F = 24.1$ N

4/32 $F = 12.29$ N

4/33 $R = 1885$ N

4/34 $T = 2.85$ kN

4/35 $T = \rho u \dfrac{\pi d^2}{4}(u + v\cos\theta)$

4/36 $T = 32.6$ kN

4/37 $F_x = 442$ N, $F_y = 442$ N

4/38 $p = 840$ kPa

4/39 $F = \rho A v^2 \sin\theta, Q_1 = \dfrac{Q}{2}(1 + \cos\theta), Q_2 = \dfrac{Q}{2}(1 - \cos\theta)$

4/40 $h = 4.86$ m

4/41 $n = 0.638$

4/42 $M = 29.8$ kN·m

4/43 $T = 28.7$ kN

4/44 $T = 9.69$ kN, $V = 1.871$ kN, $M = 1.122$ kN·m

4/45 $R = 5980$ N

4/46 $p = 1.035$ kPa

4/47 $M = 5.83$ N·m CCW

4/48 $R = mg + \rho\dfrac{\pi d^2}{4}u(u - v\cos\theta)$

4/49 $a = 4.83$ m/s²

4/50 $P = 5.56$ kN, $R = 8.49$ kN

4/51 $P = 0.671$ kW

4/52 $\theta = 38.2°$

4/53 $v = \dfrac{1}{r}\sqrt{\dfrac{mg}{\pi\rho}}, P = \dfrac{mg}{2r}\sqrt{\dfrac{mg}{\pi\rho}}$

4/54 $M = \rho Q\left[\dfrac{Qr\cos\phi}{4A} - \omega(r^2 + b^2 + 2rb\sin\phi)\right]$

$\omega_0 = \dfrac{Qr\cos\phi}{4A(r^2 + b^2 + 2rb\sin\phi)}$

4/55 $\theta = 2.31°$, $a_y = 1.448$ m/s²

4/56 $R_x = 311$ lb, $R_y = -539$ lb

4/57 $m = 12.52$ Mg

4/58 $a = 4.70$ m/s², $m' = 448$ kg/s

4/59 $m = m_0 e^{-\frac{a+g}{u}t}$

4/60 (a) $P = 5310$ N, (b) $P = 6000$ N

4/61 $a = 56.9$ m/s², $v_{\max} = 53.3$ m/s

4/62 $F = \rho(x\ddot{x} + \dot{x}^2)$

4/63 $P = 209$ N

4/64 $R = \rho g x + \rho v^2$

4/65   1% mass reduction: 1.967% velocity increase
5% mass reduction: 10.04% velocity increase

4/66 $a = 0.1518$ m/s²

4/67 $P = 4.55$ kN

4/68 $P = 20.4$ N

4/69 $a = -1.603$ m/s²

4/70 $v = 4.84$ m/s

4/71 $a = \dfrac{P}{\rho x} - \mu_k g - \dfrac{\dot{x}^2}{x}$

4/72 $x = 6.18$ m

4/73 $v = \sqrt{gL\sin\theta}$

4/74 $v = 7.90$ m/s

4/75 (a) $v_1 = \sqrt{2gh\ln\left(\dfrac{L}{h}\right)}$, (b) $v_2 = \sqrt{2gh\left[1 + \ln\left(\dfrac{L}{h}\right)\right]}$

$Q = \rho g h\left(L - \dfrac{h}{2}\right)$

4/76 $v = \dfrac{v_0}{1 + \dfrac{2v_0\rho l}{m}}$, $x = \dfrac{m}{\rho}\left(\sqrt{1 + \dfrac{2v_0\rho t}{m}} - 1\right)$

4/77 $\bar{\mathbf{r}} = \dfrac{d}{7}(\mathbf{i} + 4\mathbf{j} + 6\mathbf{k}), \dot{\bar{\mathbf{r}}} = \dfrac{2v}{7}(2\mathbf{i} + \mathbf{j} + 3\mathbf{k}), \ddot{\bar{\mathbf{r}}} = \dfrac{F}{7m}\mathbf{k}$

$T = 13mv^2, \mathbf{H}_O = 2mvd(6\mathbf{i} + 3\mathbf{j} + \mathbf{k}), \dot{\mathbf{H}}_O = -Fd\mathbf{j}$

4/78 $\mathbf{H}_G = \dfrac{4mvd}{7}(18\mathbf{i} + 6\mathbf{j} + 7\mathbf{k}), \dot{\mathbf{H}}_G = -\dfrac{2Fd}{7}(2\mathbf{i} + 3\mathbf{j})$

4/79 $\bar{a} = 16.67$ m/s²

4/80 $\omega = 14.56$ rad/s CCW

4/81 $v = u\ln\left(\dfrac{m_0}{m_0 - m't}\right) - gt$

4/82 $F = 3730$ N

4/83 $a_n = 4.67$ m/s^2, $a_t = 19.34$ m/s^2

4/84 $v = 133.3$ m/s

4/85 $t = 60$ s: $a = 5.64$ m/s^2, $a_{\max} = 69.3$ m/s^2 at $t = 231$ s

4/86 $F = 938$ N

4/87 $\Delta Q = \rho g r^2$

4/88 $T = 21.1$ kN, $F = 12.55$ kN

4/89 $R = \dfrac{3\rho}{2}(a + g)^2 t^2$

4/90 $(a)\ a = \dfrac{g}{L}x$, $(b)\ T = \rho g x\left(1 - \dfrac{x}{L}\right)$, $(c)\ v = \sqrt{gL}$

4/91 $M = 2830$ N·m

▶ 4/92 $a = \dfrac{h}{H}g$, $v = h\sqrt{\dfrac{g}{H}}$, $R = 2\rho g\left(H - \dfrac{2h^2}{H}\right)$

▶ 4/93 $C = 4340$ N up, $D = 3840$ N down

▶ 4/94 $R = \rho g x\dfrac{4L - 3x}{2(L - x)}$

제5장

5/1 $N = 60$ rev

5/2 $\mathbf{v}_A = \omega(h\mathbf{i} + b\mathbf{j})$
      $\mathbf{a}_A = -(b\omega^2 + h\alpha)\mathbf{i} + (h\omega^2 - b\alpha)\mathbf{j}$

5/3 $\mathbf{v}_A = 1.332\mathbf{i} + 2.19\mathbf{j}$ m/s
      $\mathbf{a}_A = -6.42\mathbf{i} + 9.16\mathbf{j}$ m/s^2

5/4 $N = 3.66$ rev

5/5 $r = 75$ mm

5/6   Startup: $\Delta\theta = 172.5$ rev, 43.1 rev
      Shutdown: $\Delta\theta = 920$ rev, 690 rev

5/7 $|\dot{\theta}|_{\max} = \theta_0\omega_0$ when $\theta = 0$, $|\ddot{\theta}|_{\max} = \theta_0\omega_0^2$ when $\theta = \theta_0$

5/8 $\boldsymbol{\omega} = 4\mathbf{k}$ rad/s, $\boldsymbol{\alpha} = \pm 21.3\mathbf{k}$ rad/s^2

5/9 $\Delta\theta = 10.99$ rad, $t = 1.667$ s

5/10 $\mathbf{v}_B = -11\mathbf{i}$ m/s, $\mathbf{a}_B = 22\mathbf{i} - 220\mathbf{j}$ m/s^2

5/11 $F = 4.33$ N, $\Delta\theta = 9$ rad

5/12 $\alpha = 300$ rad/s^2, $a_B = 37.5$ m/s^2
      $a_C = 22.5$ m/s^2

5/13 $\mathbf{v}_A = 1.121\mathbf{i} + 0.838\mathbf{j}$ m/s
      $\mathbf{a}_A = -4.48\mathbf{i} + 0.1465\mathbf{j}$ m/s^2

5/14 $t = 9.57$ s

5/15 $N = 513$ rev/min

5/16 $\mathbf{v}_A = -0.382\mathbf{i} - 0.1025\mathbf{j}$ m/s
      $\mathbf{a}_A = 0.540\mathbf{i} + 0.718\mathbf{j}$ m/s^2

5/17 $(a)\ \Delta\theta_B = 90$ rev, $(b)\ \omega_B = 70.7$ rad/s
      $(c)\ \Delta\theta_B = 22.5$ rev

5/18 $\mathbf{v}_A = -0.374\mathbf{i} + 0.1905\mathbf{j}$ m/s
      $\mathbf{a}_A = -0.757\mathbf{i} - 0.605\mathbf{j}$ m/s^2

5/19 $\mathbf{v}_A = -0.223\mathbf{i} - 0.789\mathbf{j}$ m/s
      $\mathbf{a}_A = 3.02\mathbf{i} - 1.683\mathbf{j}$ m/s^2

5/20 $\mathbf{v}_A = -0.0464\mathbf{i} + 0.1403\mathbf{j}$ m/s
      $\mathbf{a}_A = -0.1965\mathbf{i} + 0.246\mathbf{j}$ m/s^2

5/21 $\theta = 0.596$ rad

5/22 $N_B = 415$ rev/min

5/23 $\omega_{OA} = \dfrac{dv}{s^2 + d^2}$ CCW if $v > 0$

5/24 $v_P = 0.3$ m/s down, $v_C = 0.25$ m/s down
      $\omega = 0.5$ rad/s CW

5/25 $v_B = 0.1760$ m/s down

5/26 $v_P = -r\omega\sin\theta$, $a_P = -r\alpha\sin\theta - r\omega^2\cos\theta$
      (a negative value is directed leftward)

5/27 $v_P = -r\omega(\sin\theta + \cos\theta\tan\beta)$
      $a_P = -r\alpha(\sin\theta + \cos\theta\tan\beta)$
         $- r\omega^2(\cos\theta - \sin\theta\tan\beta)$
      (a negative value is directed leftward)

5/28 $v = v_O\sqrt{2(1 + \sin\theta)}$, $a = \dfrac{v_O^2}{r}$

5/29 $v_B = 0.755$ m/s

5/30 $a_B = 789$ mm/s^2 down

5/31 $\omega_{BC} = 1.903$ rad/s CW

5/32 $v_O = 1.2$ m/s right
      $\omega = 1.333$ rad/s CW

5/33 $\omega = -\dfrac{v}{x}\dfrac{r}{\sqrt{x^2 - r^2}}$

5/34 $\dot{\theta} = 0.1639$ rad/s CCW
      $\ddot{\theta} = 0.0645$ rad/s^2 CW

5/35 $h = 4g\left(\dfrac{b}{\pi v}\right)^2$, $h = 128.8$ mm

5/36 $\omega = 3$ rad/s CW, $v_A = 480$ mm/s, $v_O = 180$ mm/s
      $a_C = 540$ mm/s^2 toward O

5/37 $v_C = 0.289$ m/s right

5/38 $a_C = 0.920$ m/s^2 left

5/39 $v = 2\dfrac{\sqrt{b^2 + L^2 - 2bL\cos\theta}}{L\tan\theta}\dot{s}$

5/40 $\dot{x} = \dfrac{L + x}{b}\dfrac{\tan\theta}{\cos\left(\dfrac{\theta + \delta}{2}\right)}\dot{c}$, where $\delta = \sin^{-1}\left(\dfrac{h}{b}\right)$

5/41   No answer

5/42 $\alpha_2 = \dfrac{\dot{r}_1 r_2 - r_1\dot{r}_2}{r_2^2}\omega_1$

5/43 $v_C = \dfrac{v_B}{2}\sqrt{8 + \sec^2\dfrac{\theta}{2}}$

5/44 $\omega_{OA} = 1.056$ rad/s CW
      $\alpha_{OA} = 0.500$ rad/s^2 CCW

▶ 5/45 $\omega_2 = 1.923$ rad/s CCW

▶ 5/46 $\alpha = 0.1408$ rad/s^2 CCW

5/47 $\mathbf{v}_B = -1.386\mathbf{i} + 1.2\mathbf{j}$ m/s

5/48 $\mathbf{v}_A = 3\mathbf{i} - \mathbf{j}$ m/s, $\mathbf{v}_B = 3.6\mathbf{i} + \mathbf{j}$ m/s

5/49   (a) $N = 91.7$ rev/min CCW
       (b) $N = 45.8$ rev/min CCW
       (c) $N = 45.8$ rev/min CW

5/50 $v_A = 58.9$ mm/s

5/51 $\mathbf{v}_A = -1672\mathbf{i} + 107\ 257\mathbf{j}$ km/h, $\mathbf{v}_B = 105\ 585\mathbf{j}$ km/h
       $\mathbf{v}_C = 1672\mathbf{i} + 107\ 257\mathbf{j}$ km/h, $\mathbf{v}_D = 108\ 929\mathbf{j}$ km/h

5/52 $v_D = 0.596$ m/s, $\dot{x} = 0.1333$ m/s

5/53 $\mathbf{v}_A = 0.7\mathbf{i} + 0.4\mathbf{j}$ m/s, $\mathbf{v}_P = 0.3\mathbf{i}$ m/s

5/54 $v_C = 1.528$ m/s

5/55 $v_O = 6.93$ m/s, $\omega = 21.3$ rad/s CW

5/56 $v_O = 0.6$ m/s, $v_B = 0.849$ m/s

5/57 $\omega_{AB} = 0.96$ rad/s CCW

5/58 $\omega_{AB} = 0.268\dfrac{v_A}{L}$ CCW

5/59 $\boldsymbol{\omega}_{OA} = -3.33\mathbf{k}$ rad/s

5/60 $\mathbf{v}_A = \dfrac{v}{2}(\mathbf{i} + \mathbf{j})$, $\mathbf{v}_B = \dfrac{v}{2}(\mathbf{i} - \mathbf{j})$

5/61 $v_B = 4.38$ m/s, $\omega = 3.23$ rad/s CCW

5/62   (a) $\omega_{BC} = \omega$ CCW, (b) $\omega_{BC} = 2\omega$ CCW

5/63 $v_A = 1.372$ m/s

5/64 $\omega_0 = 1.452$ rad/s CW, $\omega_{AB} = 0.0968$ rad/s CCW

5/65 $\omega = 0.722$ rad/s

5/66 $\omega = 1.394$ rad/s CCW, $v_A = 0.408$ m/s down

5/67 $\omega = 8.59$ rad/s CCW

5/68 $\omega = 16.39$ rad/s CCW, $v_B = 6.19$ m/s

5/69 $\omega_{AB} = 1.725$ rad/s CCW, $\omega_{BC} = 4$ rad/s CCW

5/70 $v_A = 600$ mm/s

5/71 $\boldsymbol{\omega}_{AC} = 0.429\mathbf{k}$ rad/s

5/72 $v_E = 0.514$ m/s

5/73 $d = 0.5$ m above G
       $v_A = v_B = 2.33$ m/s, $\beta = 31.0°$

5/74 $v_A = 1.949$ m/s at $\sphericalangle 35.4°$, $v_B = 2.66$ m/s at $\sphericalangle 335°$

5/75 $v_B = 1.114$ m/s

5/76 $v_A = 0.671$ m/s at $\sphericalangle 318°$

5/77 $v_A = 0.408$ m/s down

5/78 $v_G = 277$ mm/s

5/79 $v_D = 250$ mm/s

5/80 $v_A = 226$ mm/s, $v_C = 174.7$ mm/s

5/81 $\omega = 4.16$ rad/s CW, $v_B = 0.416$ m/s right
       $v_G = 0.416$ m/s at $\sphericalangle 60°$

5/82 $\omega = 4.37$ rad/s CW, $v_B = 0.971$ m/s right

5/83 $v_A = 0.707$ m/s, $v_P = 1.581$ m/s

5/84 $v_A = 1.372$ m/s

5/85 $v_A = 4.8$ m/s right, $v_B = 3.2$ m/s left
       $v_C = 4.08$ m/s at $\sphericalangle 281°$, $v_D = 3.92$ m/s down

5/86 $\omega = 0.467$ rad/s CCW, $v_A = 13.58$ m/s
       $v_B = 14.51$ m/s

5/87 $v_O = 120$ mm/s, $v_P = 216$ mm/s

5/88 $\omega_{OB} = 11.79$ rad/s CCW

5/89   No answer

5/90 $\omega_{AB} = 0$, $\omega_{BD} = 8.33$ rad/s CCW

5/91 $v = 4.71$ m/s right
       $v_s = 2.09$ m/s left

5/92 $v_D = 2.31$ m/s

5/93 $v_A = 2.76$ m/s right

5/94 $v_A = 0.278$ m/s right

5/95 $\omega_{ABD} = 7.47$ rad/s CCW

▶ 5/96 $\omega = 1.11$ rad/s CW

5/97 $a_A = 9.58$ m/s^2, $a_B = 9.09$ m/s^2

5/98   (a) $a_A = 0.2$ m/s^2
       (b) $a_A = 4.39$ m/s^2
       (c) $a_A = 6.2$ m/s^2

5/99 $a_A = 5$ m/s^2

5/100 $\mathbf{v}_A = 5.12\mathbf{i} + 2.12\mathbf{j}$ m/s
       $\mathbf{a}_B = -16.25\mathbf{i} + 2.5\mathbf{j}$ m/s^2

5/101   (a) $\alpha_{\text{Beam}} = 0.0625$ rad/s^2 CCW
       (b) $a_C = 0.1875$ m/s^2 up, (c) $d = 0.6$ m

5/102 $\alpha = 0.286$ rad/s^2 CCW, $a_A = 0.653$ m/s^2 down

5/103 $\mathbf{a}_B = 0.0279\mathbf{i}$ m/s^2

5/104 $\mathbf{a}_{B/A} = -\dfrac{v^2}{2r}\mathbf{i} - a\mathbf{j}$

5/105 $\alpha_{AB} = 0.268\dfrac{a_A}{L} - 0.01924\dfrac{v_A^2}{L^2}$ CCW if positive

       $a_B = 1.035a_A - 0.0743\dfrac{v_A^2}{L}$ up incline if positive

5/106 $\alpha_{AB} = \omega^2$ CCW

5/107 $\boldsymbol{\alpha}_{AB} = -37.9\mathbf{k}$ rad/s^2, $\mathbf{a}_A = 17.30\mathbf{i}$ m/s^2

5/108 $a_A = 13.13$ m/s^2

5/109 $a_D = 1.388$ m/s^2

5/110 $(a_B)_t = 2.46$ m/s^2 left

5/111   (a) $\mathbf{a}_C = \dfrac{r\omega^2}{1 - \dfrac{r}{R}}\mathbf{j}$, (b) $\mathbf{a}_C = \dfrac{r\omega^2}{1 + \dfrac{r}{R}}\mathbf{j}$

5/112 $\alpha_{AB} = 9.98$ rad/s^2 CCW

5/113 $\alpha_{AB} = 1.578$ rad/s^2 CW

5/114 $\mathbf{a}_A = 8.33\mathbf{i} - 10\mathbf{j}$ m/s^2
       $\mathbf{a}_P = -8.33\mathbf{i}$ m/s^2
       $\mathbf{a}_B = -13.89\mathbf{i} + 3.33\mathbf{j}$ m/s^2

5/115 $\alpha = 696$ rad/s^2 CW, $a_B = 298$ m/s^2

5/116 $\mathbf{a}_A = -8.4\mathbf{i} - 64\mathbf{j}$ m/s^2
       $\mathbf{a}_D = -62.7\mathbf{i} + 19.66\mathbf{j}$ m/s^2

5/117 $\alpha_{OB} = 628$ rad/s^2 CW

5/118 $\alpha_{AB} = 14.38$ rad/s^2 CW

5/119 $(a_B)_t = -23.9$ m/s^2, $\alpha = 36.2$ rad/s^2 CW

5/120 $\alpha_{OA} = 0$, $\mathbf{a}_D = -480\mathbf{i} - 360\mathbf{j}$ m/s^2

5/121 $\boldsymbol{\alpha}_{AC} = -0.0758\mathbf{k}$ rad/s^2

5/122 $\alpha_{AB} = 16.02$ rad/s^2 CW, $\alpha_{BC} = 13.31$ rad/s CCW

5/123 $a_A = 4.89$ m/s^2 right, $\alpha_{AB} = 0.467$ rad/s^2 CCW

▸ 5/124 $a_E = 0.285$ m/s^2 right

5/125 $\mathbf{v}_A = 0.1\mathbf{i} + 0.25\mathbf{j}$ m/s, $\beta = 68.2°$

5/126 $\mathbf{v}_A = (r_1\Omega + u)\mathbf{i}$

$$\mathbf{a}_A = r_1\dot{\Omega}\mathbf{i} + \left(r_1\Omega^2 + 2\Omega u - \frac{u^2}{r_2}\right)\mathbf{j}, \mathbf{a}_{\mathrm{Cor}} = 2\Omega u\mathbf{j}$$

5/127 $\mathbf{v}_A = -3.4\mathbf{i}$ m/s, $\mathbf{a}_A = 2\mathbf{i} - 0.667\mathbf{j}$ m/s^2

5/128 $\mathbf{v}_{\mathrm{rel}} = 25\mathbf{i} + 15\mathbf{j}$ m/s

5/129 $\mathbf{v}_{\mathrm{rel}} = -46\mathbf{i}$ m/s, No

5/130 $\mathbf{a}_{\mathrm{rel}} = 9.2\mathbf{j}$ m/s^2

5/131 $\mathbf{a}_{\mathrm{Cor}} = -2\omega u\mathbf{i}$

5/132 $\mathbf{v}_{\mathrm{rel}} = -5.56\mathbf{j}$ m/s, $\mathbf{a}_{\mathrm{rel}} = 1.029\mathbf{i} + 2.06\mathbf{j}$ m/s^2

5/133 $\mathbf{a}_{\mathrm{rel}} = -4.69\mathbf{k}$ m/s^2

5/134 $\omega = 2.17$ rad/s CCW, $v_{\mathrm{rel}} = 0.5$ m/s right

5/135 $\omega = 2.89$ rad/s CCW, $\alpha = 5.70$ rad/s^2 CCW

5/136 $\delta = \dfrac{\Omega L^2}{v}\sin\theta, \delta = 3.37$ mm

5/137 $\mathbf{v}_{\mathrm{rel}} = -2.71\mathbf{i} - 0.259\mathbf{j}$ m/s

         $\mathbf{a}_{\mathrm{rel}} = 0.864\mathbf{i} + 0.0642\mathbf{j}$ m/s^2

5/138 $\mathbf{v}_{\mathrm{rel}} = -117.9\mathbf{i} - 222\mathbf{j}$ m/s

5/139 $\mathbf{a}_{\mathrm{rel}} = 5.03\mathbf{i} - 3.49\mathbf{j}$ m/s^2

5/140 $\mathbf{v}_{\mathrm{rel}} = 6.67\mathbf{i} - 11.55\mathbf{j}$ m/s, $\mathbf{a}_{\mathrm{rel}} = 7.70\mathbf{i} + 4.44\mathbf{j}$ m/s^2

5/141 $\mathbf{v}_{\mathrm{rel}} = 6.67\mathbf{i}' + 11.55\mathbf{j}'$ m/s

         $\mathbf{a}_{\mathrm{rel}} = -8.45\mathbf{i}' + 3.15\mathbf{j}'$ m/s^2

5/142 $\omega = 4$ rad/s CW, $\alpha = 64$ rad/s^2 CCW

5/143 $v_{\mathrm{rel}} = 3.93$ m/s at $\measuredangle 19.11°$

         $a_{\mathrm{rel}} = 15.22$ m/s^2 at $\measuredangle 19.11°$

         $\omega_{BC} = 1.429$ rad/s CCW, $\alpha_{BC} = 170.0$ rad/s^2 CW

5/144 $v_{\mathrm{rel}} = 7.71$ m/s at $\measuredangle 19.11°$

         $a_{\mathrm{rel}} = 13.77$ m/s^2 at $\measuredangle 19.11°$

         $\omega_{BC} = 1.046$ rad/s CW, $\alpha_{BC} = 117.7$ rad/s^2 CW

▸ 5/145 $\mathbf{v}_{\mathrm{rel}} = -26\,220\mathbf{i}$ km/h, $\mathbf{a}_{\mathrm{rel}} = -8.02\mathbf{j}$ m/s^2

▸ 5/146 $\alpha_{EC} = 12$ rad/s^2 CCW

5/147 $\mathbf{v}_P = -0.45\mathbf{i} - 0.3\mathbf{j}$ m/s, $(\mathbf{a}_P)_t = 0.9\mathbf{i} + 0.6\mathbf{j}$ m/s^2

         $(\mathbf{a}_P)_n = 0.9\mathbf{i} - 1.35\mathbf{j}$ m/s^2

5/148 $(x_P, y_P) = (-0.3, 0.4)$ m, $r = 0.5$ m

5/149 $t = \dfrac{1}{\sqrt{Kk}}\tan^{-1}\left(\omega_0\sqrt{\dfrac{k}{K}}\right)$

5/150 $\omega = \dfrac{2v}{L}$ CW, $v_C = v$ left

5/151 $\omega_{AB} = 1.203$ rad/s CCW

5/152 $\omega = \dfrac{vh}{x^2 + h^2}$ CCW

5/153 $a_P = 3.34$ m/s^2

5/154 $\theta = 60°$

5/155 $a_P = 0.1875$ m/s^2

▸ 5/156 $\omega_{OA} = \dfrac{0.966dv}{d^2 + s^2 + 0.518ds}$ CCW if $v > 0$

5/157 $v_A = 0.1732$ m/s down, $\omega = 1.992$ rad/s CCW

5/158 $v_B = 288$ mm/s

5/159 $\omega_{AB} = 0.354$ rad/s CW, $v_O = 0.1969$ m/s left

5/160 $\Delta\mathbf{v}_{\mathrm{rel}} = -50.3\mathbf{i} + 87.1\mathbf{j}$ km/h

*5/161 $(v_{\mathrm{rel}})_{\min} = -2$ m/s at $\theta = 109.5°$

         $(v_{\mathrm{rel}})_{\max} = 2$ m/s at $\theta = 251°$

         $(a_{\mathrm{rel}})_{\min} = -15$ m/s^2 at $\theta = 0$ and $360°$

         $(a_{\mathrm{rel}})_{\max} = 30$ m/s^2 at $\theta = 180°$

*5/162 $t = 0.0701$ s

*5/163 $|\omega_{AB}|_{\max} = 6.54$ rad/s at $\theta = 202°$

         $|\omega_{BC}|_{\max} = 7.47$ rad/s at $\theta = 215°$

*5/164 $|\alpha_{AB}|_{\max} = 88.6$ rad/s^2 at $\theta = 234°$

         $|\alpha_{BC}|_{\max} = 112.2$ rad/s^2 at $\theta = 182.1°$

*5/165 $|\omega_{AB}|_{\max} = 10.15$ rad/s at $\theta = 203°$

         $|\omega_{BC}|_{\max} = 11.83$ rad/s at $\theta = 216°$

*5/166 $a_{\mathrm{rel}} = 0.1067$ m/s^2 towards B

*5/167 $(v_A)_{\max} = 20.9$ m/s at $\theta = 72.3°$

*5/168 $a_A = 0$ when $\theta = 72.3°$

제6장

6/1 $F_A = 1200$ N right, $O_x = 600$ N left

6/2 $a = 3g$

6/3 $N_A = 116.2$ N

6/4 $a = g\sqrt{3}$

6/5 (a) $N_A = 31.6$ N up, $N_B = 7.62$ N up

      (b) $N_A = N_B = 19.62$ N up

      (c) $N_A = 4.38$ N down, $N_B = 43.6$ N up

      $a = 15$ m/s^2 right in all cases

6/6 $a = 5.66$ m/s^2

6/7 $P = \sqrt{3}(M + m)g$

6/8 $A_x = 18.34$ N, $A_y = 15.57$ N, $T = 27.3$ N

6/9 $k_T = 6.01mgL$

*6/10 $\theta = 39.5°$

6/11 $F_A = 1.110$ kN at $\measuredangle 60°$, $O_x = 45$ N, $O_y = 667$ N

6/12 $a = 5.01$ m/s^2

6/13 $N_A = 6.85$ kN up, $N_B = 9.34$ kN up

6/14 $A = 1192$ N

6/15 $a = 3.92$ m/s^2, $N_f = 1460$ N

6/16 $a = 0.224g$

6/17 $T_A = 212$ N, $T_B = 637$ N

6/18 $P = \dfrac{4}{3\pi}(M + m)g, a = \dfrac{4g}{3\pi}$ right, $\mu_s \geq \dfrac{4}{3\pi}$

6/19 $A_y = 1389$ N

6/20 $M = 196.0$ N·m

6/21 $C = 218$ N

6/22　$N = 257$ kN up

6/23　(a) $\theta = 51.3°$, (b) $\theta = 24.8°$; $a = \dfrac{5}{4}g$

6/24　$W = 3.23$ Mg

6/25　$\theta = 0.964°$

6/26　$\mu = 1.167, N_r = 8690$ N

6/27　$F_A = F_B = 24.5$ N

6/28　$p = 873$ kPa

6/29　$\alpha = 1.193$ rad/s^2 CCW, $F_A = 769$ N

6/30　$d = 366$ mm

6/31　$\alpha = 9.30$ rad/s^2

6/32　(a) $\alpha = 3.20$ rad/s^2 CW, (b) $\alpha = 3.49$ rad/s^2 CW

6/33　(a) $\alpha = \dfrac{g}{2r}$ CW, $O = \dfrac{1}{2}mg$, (b) $\alpha = \dfrac{2g}{3r}$ CW, $O = \dfrac{1}{3}mg$

6/34　$O = 109.1$ N

6/35　$R = 14.29$ N

6/36　$\alpha = \dfrac{3g}{5b}$ CW, $O = \dfrac{1}{2}mg$

6/37　$A = 56.3$ N

6/38　$\beta = \dfrac{\pi}{2} : \alpha = \dfrac{8g}{3b\pi}$ CW

　　　$\beta = \pi : \alpha = \dfrac{8g}{3b\pi}$ CW

6/39　(a) $\alpha = 7.85$ rad/s^2 CCW

　　　(b) $\alpha = 6.28$ rad/s^2 CCW

6/40　A–A: $\alpha = \dfrac{3\sqrt{2}}{5}\dfrac{g}{b}$, B–B: $\alpha = \dfrac{3\sqrt{2}}{7}\dfrac{g}{b}$

6/41　$\alpha = 4.22$ rad/s^2

6/42　$T = 91.1$ N

6/43　$M = \dfrac{\omega \rho d}{\tau}\left[\dfrac{1}{2}\pi r^4 + 4lt\left(\dfrac{1}{3}l^2 + rl + r^2\right)\right]$

6/44　(a) $k = 87.6$ mm, (b) $F = 2.35$ N, (c) $R = 531$ N

6/45　(a) $\alpha = 8.46$ rad/s^2, (b) $\alpha = 11.16$ rad/s^2

6/46　$\alpha = \dfrac{18g}{11L}$ CW, $O = 0.239mg$

6/47　$M_{\text{motor}} = 1.005$ N·m, $M_f = 0.1256$ N·m

6/48　$x = \dfrac{l}{2\sqrt{3}}, \alpha = \sqrt{3}\dfrac{g}{l}$

6/49　$\alpha = 0.893$ rad/s^2

6/50　$\alpha = \dfrac{3g}{10b}, O_y = \dfrac{9}{20}\rho bcg, O_z = \dfrac{37}{20}\rho bcg$

6/51　$b = 40.7$ mm, $R = 167.8$ N

6/52　$\alpha_B = 25.5$ rad/s^2 CCW

6/53　$\alpha = 4.22$ rad/s^2 CW, $t = 31.8$ s

6/54　$\alpha = \dfrac{6g}{7l} - \dfrac{12k}{7m}(\sqrt{5} - \sqrt{3})$

6/55　$O = 5260$ N, $\alpha = 0.0709$ rad/s^2 CCW

6/56　(a) $\mu_s = 0.1880$, (b) $\theta = 53.1°$

6/57　$a_A = 63.2$ m/s^2

6/58　$\omega = 6.4$ rad/s, $v = 0.980$ m/s

6/59　$a = \dfrac{g}{2}$ down

6/60　$\alpha = 0.310$ rad/s^2 CW

　　　$\bar{a}_x = 6.87$ m/s^2, $\bar{a}_y = 2.74$ m/s^2

6/61　$\alpha = 48.8$ rad/s^2 CW from above

　　　$\bar{a}_x = 0, \bar{a}_y = 5$ m/s^2

6/62　A: $\alpha_A = \dfrac{g}{r}\sin\theta, \mu_s = 0$

　　　B: $\alpha_B = \dfrac{g}{2r}\sin\theta, \mu_s = \dfrac{1}{2}\tan\theta$

6/63　$\bar{a} = 4.20$ m/s^2 down incline

　　　$F = 7.57$ N up incline

6/64　$a_G = 3.88$ m/s^2 up incline, $F = 83.0$ N down incline

6/65　$a_G = 8.07$ m/s^2 up incline, $F = 42.9$ N up incline

6/66　$\omega = \dfrac{1}{k_O}\sqrt{2a\bar{r}}$

6/67　$T = \dfrac{2\sqrt{3}}{13}mg$

6/68　$a_A = 1.143g$ down slot

6/69　(a) $R_f = \dfrac{\bar{I}a}{2dR}, R_r = -\dfrac{\bar{I}a}{2dR}$

　　　(b) $R_f = \dfrac{mv^2d + \bar{I}a}{2dR}, R_r = \dfrac{mv^2d - \bar{I}a}{2dR}$

6/70　$a = \dfrac{8mg}{3\pi(m + 3M)}$ left

　　　$\alpha = \dfrac{8(m + M)g}{3\pi r(m + 3M)}$ CW

6/71　$T_A = 637$ N, $T_B = 707$ N

6/72　$\alpha = 22.8$ rad/s^2 CW, $\mu_s = 0.275$

6/73　$P = 100.3$ N

6/74　$A_x = 5$ N, $A_y = 57.1$ N

6/75　$\alpha = \dfrac{12bg}{7b^2 + 3h^2}$ CW, $T_A = \dfrac{3(b^2 + h^2)}{7b^2 + 3h^2}mg$

6/76　$s = \dfrac{3d}{2}$

6/77　$N_B = 36.4$ N up

6/78　$M_B = 3.55$ N·m CCW

6/79　$a_A = 5.93$ m/s^2

6/80　$\alpha = \dfrac{84a}{65L}$ CCW

6/81　$\omega = 2.99$ rad/s CCW

6/82　$N_A = 53.6$ N, $N_B = 53.1$ N

6/83　$s = 5.46$ m

6/84　$\alpha = \dfrac{5a}{7r}$ CW

　　　$\omega = \sqrt{\dfrac{10}{7r}}\sqrt{g(1 - \cos\theta) + a\sin\theta}$

6/85 $v = 11.73$ m/s

6/86 $A = 1522$ N

▸ 6/87 $M = 2.58$ N·m CCW

▸ 6/88 $M = 3.02$ N·m CCW

6/89 $\omega = \sqrt{\dfrac{24g}{7L}}$ CW, $v_G = \sqrt{\dfrac{3gL}{14}}$

6/90 $\omega = \sqrt{\dfrac{48g}{7L}}$

6/91 $\theta = 33.2°$

6/92 $v = 3.01$ m/s

6/93 $k_T = 3.15$ N·m/rad

6/94 $O = \dfrac{91mg}{27}$ up

6/95 $\omega = 6.28$ rad/s CW, $O = 354$ N

6/96 $v_A = \sqrt{2gx\sin\theta}$, $v_B = \sqrt{gx\sin\theta}$

6/97 $k = 92.6$ N/m, $\omega = 2.42$ rad/s CW

6/98 $\Delta\omega = -0.951$ rad/s

6/99 $\omega_{\max} = 0.861\sqrt{\dfrac{g}{b}}$

6/100 $\omega = 3.31$ rad/s

6/101 $N_C = 123.2$ N

6/102 $\omega = 1.648$ rad/s CW

6/103 $P = 140.4$ kW or 188.2 hp

6/104 $v_A = 2.45$ m/s right

6/105 $\omega = \sqrt{\dfrac{g}{r}\dfrac{32}{9\pi - 16}}$

$N = mg\left(1 + \dfrac{128}{3\pi(9\pi - 16)}\right)$

6/106 $\Delta E = 0.0592$ J

6/107 $\omega_B = 13.54$ rad/s CW

6/108 $(a)\, k = 93.3$ N/m, $(b)\, \omega = 1.484$ rad/s CW

6/109 $\omega = 2.23$ rad/s CW

6/110 $v_{\text{diff}} = 2.18(10^{-3})\sqrt{xg\sin\theta}$, Torus leads

6/111 $\omega = 7.00$ rad/s

6/112 $x = 0.211l$, $\omega_{\max} = 1.861\sqrt{\dfrac{g}{l}}$ CW

6/113 $v_O = \sqrt{\dfrac{2r_o d}{m(\bar{k}^2 + r_o^2)}}\sqrt{P(r_o - r_i) - mgr_o\sin\theta}$

6/114 $v = 2.29$ m/s right

6/115 $v_O = 0.757$ m/s down

6/116 $N = 3720$ rev/min

6/117 $(a)\, P = 17.76$ kW, $(b)\, P = 52.0$ kW

6/118 $v_A = \sqrt{3}\sqrt{\dfrac{M\theta}{m} - gb(1 - \cos\theta)}$ right

6/119 $\alpha = \dfrac{P - \left(\dfrac{m}{2} + m_0\right)g\cos\theta}{b(m + m_0)}$ CCW

if $P > \left(\dfrac{m}{2} + m_0\right)g\cos\theta$; otherwise $\alpha = 0$

6/120 $\alpha = \dfrac{M}{mb^2\left(\cos^2\theta + \dfrac{1}{3}\right)}$ CW

6/121 $\alpha = \dfrac{3g\cos\theta}{2b}$

6/122 $\theta = 6.97°$

6/123 $\alpha = 34.2$ rad/s^2 CW

6/124 $a = \dfrac{2P}{5m}\tan\dfrac{\theta}{2} - g$ (up if positive)

6/125 $a = \dfrac{M}{2mb\sqrt{1 - \left(\dfrac{h}{2b}\right)^2}} - g$ (up if positive)

6/126 $k_T = \dfrac{m\bar{r}}{\theta}(a\cos\theta - g\sin\theta)$

6/127 $\theta = 64.3°$

6/128 $\alpha = \dfrac{P(2\cos^2\theta + 1)}{mb(8\cos^2\theta + 1)}$

6/129 $a = \dfrac{F}{2m} - g$ (up if positive)

6/130 $a = \dfrac{3}{8}\left(\dfrac{P}{m} - \dfrac{3g}{2}\right)$ (right if positive)

6/131 $N = 132.8$ rev/min

6/132 $\alpha = 10.84$ rad/s^2 CCW

6/133 $M = 0$, $M_B = 11.44$ kN·m

6/134 $\alpha = 27.3$ rad/s^2 CW

6/135 $(a)\, H_O = 0.587$ kg·m^2/s CW

$(b)\, H_O = 0.373$ kg·m^2/s CW

6/136 $\omega = 1.811$ rad/s CCW

6/137 $\omega = 1.093$ rad/s

6/138 $\bar{H} = 2.66(10^{40})$ kg·m^2/s

6/139 $v = 0.379$ m/s up, $\omega = 56.0$ rad/s CW

6/140 $\omega = 1.202$ rad/s CW

6/141 $\omega = 24.2$ rad/s CW

6/142 $\mathbf{v} = \dfrac{Mv_M\mathbf{i} + mv_m\mathbf{j}}{M + m}$, $\omega = \dfrac{12v_m}{L}\left(\dfrac{m}{4M + 7m}\right)$ CCW

6/143 $H_G = \dfrac{11}{16}mRv_O$ CW, $H_O = \dfrac{37}{32}mRv_O$ CW

6/144 $v = 0.778$ m/s, $T_{\text{av}} = 100.7$ N

6/145 $\omega = \dfrac{3mv_1}{(M + m)L}$ CW, $\displaystyle\int_{t_1}^{t_2} O_x\, dt = \dfrac{M}{2(M + m)}mv_1$ right

6/146 $N = 2.04$ rev/s

6/147 $n = 1.405\%$

6/148 $\omega = 1.605$ rad/s CCW, $n = 91.7\%$

6/149 $T = 0.750 + 0.01719t$ N

6/150 $\mathbf{v}_B = 0.267\mathbf{i} - 7.2\mathbf{j}$ m/s

6/151 $N_2 = 2.59$ rev/min

6/152 $v_1 = 4.88$ m/s

6/153 $\omega = \dfrac{\left(\dfrac{l}{2} - x\right)\sqrt{2gh}}{\dfrac{1}{3}l^2 - lx + x^2}$

$x = 0: \omega = \dfrac{3}{2l}\sqrt{2gh}$ CW

$x = \dfrac{l}{2}: \omega = 0$

$x = l: \omega = \dfrac{3}{2l}\sqrt{2gh}$ CCW

6/154 (a) $\omega_2 = 6.57$ rad/s, (b) $\omega_3 = 1.757$ rad/s
(c) $\omega_4 = 1.757$ rad/s

6/155 $t = \dfrac{2v_0}{g(7\mu_k \cos\theta - 2\sin\theta)}$

$v = \dfrac{5v_0\mu_k}{7\mu_k - 2\tan\theta}$ down incline

$\omega = \dfrac{5v_0\mu_k}{r(7\mu_k - 2\tan\theta)}$ CW

6/156 $t = \dfrac{2r\omega_0}{g(2\sin\theta + 7\mu_k\cos\theta)}$

$v = \dfrac{2r\omega_0(\sin\theta + \mu_k\cos\theta)}{2\sin\theta + 7\mu_k\cos\theta}$ down incline

$\omega = \dfrac{2\omega_0(\sin\theta + \mu_k\cos\theta)}{2\sin\theta + 7\mu_k\cos\theta}$ CW

6/157 $v' = \sqrt{\dfrac{9v^2}{4}\sin^2\theta + 3gL\cos\theta}$

6/158 $N = 4.89$ rev/s

6/159 $N = 37.4$ rev/min

6/160 $M = 231$ N·m, $T_{\text{upper}} = 1234$ N
$T_{\text{lower}} = 1212$ N, $P = 3700$ W

6/161 $\omega_s = \dfrac{-Mt}{(I - I_W)}$

$\omega_{w/s} = \dfrac{I}{I_w}\dfrac{Mt}{(I - I_w)}$

6/162 $I = 3.45$ kg·m^2

6/163 $N_2 = 569$ rev/min, No

6/164 $P_{\text{in}} = 4500$ W

6/165 $v' = \dfrac{v}{3}(1 + 2\cos\theta)$, $n_{10°} = 0.0202$

6/166 $\Omega = 1.135$ rad/s

6/167 $\theta = 35.5°$

6/168 $U_f = -0.336$ J

6/169 $\alpha = 0.604$ rad/s^2 CCW

6/170 $\beta = 22.5°$

6/171 $M = 140.7$ N·m CCW, $A = 228$ N

6/172 (a) $\omega = 4.94$ rad/s
(b) $\omega = 6.25$ rad/s

6/173 $(\mu_s)_{\text{min}} = \dfrac{2}{5}\tan\theta$

6/174 $v = 0.225$ m/s

6/175 $v_A = 3.70$ m/s

6/176 $t = 1206$ s

6/177 $(x_P, y_P) = (0.320r, 0.424r)$

6/178 $b = \dfrac{L}{1 + \sqrt{n}}$

6/179 $M_x = -5.64$ N·m, $M_y = 1.976$ N·m
$M_z = -2.26$ N·m

▶6/180 $\bar{a}_x = -2.22$ m/s^2, $\bar{a}_y = -1.281$ m/s^2

▶6/181 $M = 0.482$ N·m CCW

*6/182 $\theta_{\text{max}} = 39.9°$, $\omega = 4.50$ rad/s CW

*6/183 $(v_A)_{\text{max}} = 2.29$ m/s at $\theta = 48.2°$

*6/184 $O_x = \dfrac{3mg}{4}\sin\theta(3\cos\theta - 2)$, $O_y = \dfrac{mg}{4}(3\cos\theta - 1)^2$

*6/185 $t = 0.302$ s

*6/186 $\omega_{\text{max}} = 0.680$ rad/s CCW at $\theta = 22.4°$, $\theta_{\text{max}} = 45.9°$

*6/187 $t = 2.83$ s, $v_A = 22.9$ m/s

*6/188 $|M|_{\text{max}} = 3.93$ N·m at $\theta = 145.6°$
$A_{\text{max}} = 88.2$ N at $\theta = 181.2°$
$B_{\text{max}} = C_{\text{max}} = 91.7$ N at $\theta = 184.2°$

*6/189 $|M|_{\text{max}} = 3.61$ N·m at $\theta = 360°$
$A_{\text{max}} = 63.8$ N at $\theta = 287°$
$B_{\text{max}} = C_{\text{max}} = 73.7$ N at $\theta = 185.3°$

*6/190 $|M|_{\text{max}} = 4.64$ N·m at $\theta = 144.6°$
$A_{\text{max}} = 105.0$ N at $\theta = 181.5°$
$B_{\text{max}} = 108.0$ N at $\theta = 184.1°$
$C_{\text{max}} = 121.7$ N at $\theta = 183.8°$
$O_{\text{max}} = 107.4$ N at $\theta = 180.7°$

제7장

7/1 Finite rotations cannot be added as proper vectors

7/2 Infinitesimal rotations add as proper vectors

7/3 $\mathbf{v} = 27.3\mathbf{i} - 3.87\mathbf{j} - 13.07\mathbf{k}$ m/s
$\mathbf{a} = -949\mathbf{i} + 2520\mathbf{j} - 2730\mathbf{k}$ m/s^2

7/4 $\mathbf{v}_A = -0.8\mathbf{i} - 1.5\mathbf{j} + 2\mathbf{k}$ m/s, $v_B = 2.62$ m/s

7/5 No answer

7/6 $N_2 = 440$ rev/min

7/7 $\mathbf{v} = \omega[-l\cos\theta\mathbf{i} + (d\cos\theta - h\sin\theta)\mathbf{j} - l\sin\theta\mathbf{k}]$
$\mathbf{a} = \omega^2[(h\sin\theta\cos\theta - d\cos^2\theta)\mathbf{i} - l\mathbf{j}$
$\quad + (h\sin^2\theta - d\cos\theta\sin\theta)\mathbf{k}]$

7/8 $\boldsymbol{\omega} = p\mathbf{j} + \omega_0\mathbf{k}$, $\boldsymbol{\alpha} = -p\omega_0\mathbf{i}$

7/9 $\boldsymbol{\alpha} = -1.2\mathbf{i}$ rad/s^2, $\mathbf{a}_P = 894\mathbf{j} - 2000\mathbf{k}$ mm/s^2

7/10 $\boldsymbol{\alpha} = 12\pi^2\mathbf{j}$ rad/s^2, $\mathbf{v}_A = 0.125\pi(-4\mathbf{i} + 6\mathbf{j} - 3\mathbf{k})$ m/s
$\mathbf{a}_A = -0.125\pi^2(25\mathbf{j} + 18\mathbf{k})$ m/s^2

7/11 $\alpha = 50\pi \left(\dfrac{\pi}{2\sqrt{3}}\, \mathbf{i} + \mathbf{k} \right)$ rad/s^2

7/12 $(a)\ \omega = 26.5$ rad/s, $(b)\ \omega = 17.32$ rad/s

7/13 $\omega = -0.4\mathbf{i} + 2.69\mathbf{k}$ rad/s, $\alpha = 0.8\mathbf{j}$ rad/s^2

7/14 $\alpha = -1.5\mathbf{i} + 0.8\mathbf{j} + 2.60\mathbf{k}$ rad/s^2

7/15 $\omega = 2.5$ rad/s, $\alpha = 3\mathbf{j}$ rad/s^2

7/16 $\omega = 0.693\mathbf{j} + 2.40\mathbf{k}$ rad/s, $\alpha = -1.386\mathbf{i}$ rad/s^2

7/17 $\alpha = -\left(\dfrac{2\pi}{\tau} \right)^2 \dfrac{R}{r}\, \mathbf{i}$

7/18 $\mathbf{v}_A = \dfrac{2\pi R}{\tau} \left(\mathbf{i} - \mathbf{j} - \dfrac{r}{R}\mathbf{k} \right)$

       $\mathbf{a}_A = -\left(\dfrac{2\pi}{\tau} \right)^2 R \left[\left(\dfrac{R}{r} + \dfrac{r}{R} \right) \mathbf{i} + \mathbf{k} \right]$

7/19 $v_B = 3.95$ m/s, $a_B = 72.2$ m/s^2

7/20 $v_P = 3.48$ m/s, $a_P = 1.104$ m/s^2

7/21 $(a)\ \alpha = 6\mathbf{j} - 8\mathbf{k}$ rad/s^2, $a_A = 21.2$ m/s^2

       $(b)\ \alpha = 8\mathbf{i}$ rad/s^2, $a_A = 10.67$ m/s^2

7/22 $\omega = -0.785\mathbf{i} - 2.60\mathbf{j} + 2.5\mathbf{k}$ rad/s, $\alpha = 11.44$ rad/s^2

▶ 7/23 $\alpha = 6.32$ rad/s^2

▶ 7/24 $\mathbf{v}_B = -359\mathbf{j}$ mm/s, $\mathbf{a}_B = 8.45\mathbf{i} + 4.87\mathbf{k}$ m/s^2

       $\alpha = -31.0\mathbf{j}$ rad/s^2

7/25 $p = 28.2$ rad/s, $\mathbf{v}_{B/A} = 4.10\mathbf{i}$ m/s

7/26 $\alpha = pq\mathbf{j}$

7/27 $\omega = 10.77$ rad/s, $\alpha = -40\mathbf{j}$ rad/s^2

7/28 $\alpha = -40\mathbf{j} + 6\mathbf{k}$ rad/s^2

7/29 $\mathbf{v}_A = -3\mathbf{i} - 1.6\mathbf{j} + 1.2\mathbf{k}$ m/s

       $\mathbf{a}_A = -34.8\mathbf{i} - 6.4\mathbf{k}$ m/s^2

7/30 $\alpha = -1.2\pi (\sqrt{3}\,\mathbf{i} + \mathbf{k})$ rad/s^2

7/31 $\omega_n = \dfrac{1}{49}(-3\mathbf{i} + 20\mathbf{j} + 9\mathbf{k})$ rad/s

7/32 $\alpha = -\Omega p \sin \beta \mathbf{i} + \dot{\beta}(p \cos \beta - \Omega)\mathbf{j} - p\dot{\beta} \sin \beta \mathbf{k}$

7/33 $v_A = 2.04$ m/s, $a_A = 6.23$ m/s^2

7/34 $\mathbf{v}_A = -0.636\mathbf{i} - 4.87\mathbf{j} + 1.273\mathbf{k}$ m/s

7/35 $(a)\ \alpha = -(3.88\mathbf{i} + 3.49\mathbf{j})10^{-3}$ rad/s^2

       $(b)\ \alpha = -3.49(10^{-3})\mathbf{j}$ rad/s^2

7/36 $\alpha = p\omega_2 \mathbf{i} - p\omega_1 \mathbf{j} + \omega_1 \omega_2 \mathbf{k}$

7/37 $\alpha = -3\mathbf{i} - 4\mathbf{j}$ rad/s^2

7/38 $\mathbf{v}_A = \pi(0.1\mathbf{i} + 0.8\mathbf{j} + 0.08\mathbf{k})$ m/s

       $\mathbf{a}_A = -\pi^2(6.32\mathbf{i} + 0.1\mathbf{k})$ m/s^2

7/39 $\mathbf{v}_A = -\Omega(R + b \sin \beta)\mathbf{i} + b\dot{\beta} \cos \beta \mathbf{j} - b\dot{\beta} \sin \beta \mathbf{k}$

       $\mathbf{a}_A = -2b\Omega\dot{\beta} \cos \beta \mathbf{i}$

           $- [\Omega^2(R + b \sin \beta) + b\dot{\beta}^2 \sin \beta]\mathbf{j} - b\dot{\beta}^2 \cos \beta \mathbf{k}$

7/40 $\alpha = -40\pi^2\mathbf{i}$ rad/s^2, $\mathbf{a}_A = 2\pi^2(-2.4\mathbf{i} + 4\mathbf{j} - 5\mathbf{k})$ m/s^2

7/41 $\dot{\omega} = \dfrac{1}{8}\mathbf{i}$ rad/s^2

       $\mathbf{a}_A = 0.0938\mathbf{i} - 0.730\mathbf{j} - 0.0325\mathbf{k}$ m/s^2

7/42 $\mathbf{v}_A = -rp\mathbf{i} - (r\omega_1 + b\omega_2)\mathbf{k}$

       $\mathbf{a}_A = -\omega_2(2r\omega_1 + b\omega_2)\mathbf{i} - r(\omega_1^2 + p^2)\mathbf{j} + 2rp\omega_2 \mathbf{k}$

▶ 7/43 $\omega = \pi(-3\mathbf{i} + \sqrt{3}\mathbf{j} + 5\mathbf{k})$ rad/s

       $\alpha = \pi^2(4\sqrt{3}\mathbf{i} + 9\mathbf{j} + 3\sqrt{3}\mathbf{k})$ rad/s^2

▶ 7/44 $\omega = p \left[\cos \theta \mathbf{j} + \left(\sin \theta + \dfrac{R}{r} \right) \mathbf{k} \right]$, $\alpha = \dfrac{p^2 R}{r} \cos \theta \mathbf{i}$

▶ 7/45 $\alpha = 42.8$ rad/s^2

▶ 7/46 $\mathbf{v}_A = 0.160\mathbf{j}$ m/s, $\omega = 0.32(-2\mathbf{i} + 4\mathbf{j} - \mathbf{k})$ rad/s

7/47 $G = \sqrt{2}\, mb\omega$, $H_O = 3mb^2\omega$

7/48 $\mathbf{H}_O = mb^2\omega \left[\mathbf{i} + 2\mathbf{j} - \left(\dfrac{l^2}{6b^2} + 2 \right) \mathbf{k} \right]$

7/49 $\mathbf{H}_G = -1.613\mathbf{j} - 744\mathbf{k}$ kg·m^2/s

       $\mathbf{H}_A = -2.70\mathbf{j} - 744\mathbf{k}$ kg·m^2/s

7/50 $\mathbf{H}_O = \rho b^3 \omega \left(-\dfrac{1}{2}\mathbf{i} - \dfrac{3}{2}\mathbf{j} + \dfrac{8}{3}\mathbf{k} \right)$, $T = \dfrac{4}{3}\rho b^3 \omega^2$

7/51 $\mathbf{H}_G = \dfrac{1}{4}\rho b^3 \omega(-\mathbf{i} - \mathbf{j} + 2\mathbf{k})$

7/52 $\mathbf{H}_O = mr\omega \left[-\dfrac{2}{3\pi}(b + 2c)\mathbf{j} + \dfrac{r}{2}\mathbf{k} \right]$

7/53 $\mathbf{H}_O = m\omega \left(\dfrac{b^2}{3} + \dfrac{r^2}{4} + h^2 \right)\mathbf{i} + \dfrac{1}{2}mr^2 p\mathbf{j}$

7/54 $\mathbf{H}_G = Ip(\mathbf{i} + \mathbf{j} + \mathbf{k}) + 2(I + mb^2)\mathbf{\Omega}$

       where $\mathbf{\Omega} = \Omega_x \mathbf{i} + \Omega_y \mathbf{j} + \Omega_z \mathbf{k}$

7/55 $\mathbf{H}_O = -0.012\mathbf{i} + 0.00544\mathbf{j} + 0.0691\mathbf{k}$ kg·m^2/s

7/56 $\mathbf{H}_O = 3.11\mathbf{j} + 33.5\mathbf{k}$ kg·m^2/s, $T = 1054$ J

7/57 $\mathbf{H}_O = \pi(-0.4\mathbf{j} + 0.6\mathbf{k})$ kg·m^2/s, $T = 59.2$ J

7/58 $\mathbf{H}_O = \dfrac{1}{4}mr^2\omega[-\sin \alpha \cos \alpha \mathbf{i}$

           $+ (\sin^2 \alpha + 2\cos^2 \alpha)\mathbf{k}]$, $\beta = 4.96°$

7/59 $\mathbf{H}_O = \dfrac{3}{10}mr^2 \left[\left(\dfrac{1}{2} + \dfrac{2h^2}{r^2} \right)\Omega \mathbf{i} + p\mathbf{k} \right]$

       $T = \dfrac{3}{10}mr^2 \left[\left(\dfrac{1}{4} + \dfrac{h^2}{r^2} \right)\Omega^2 + \dfrac{p^2}{2} \right]$

7/60 $\mathbf{H}_G = -2\pi mfk'^2 \sin \theta \mathbf{i} + mk^2(p + 2\pi f \cos \theta)\mathbf{k}$

7/61 $\mathbf{H}_O = \dfrac{1}{4}mr^2 \left[-\omega_1 \mathbf{i} + \left(1 + \dfrac{4b^2}{r^2} \right)\omega_2 \mathbf{j} + 2p\mathbf{k} \right]$

       $T = \dfrac{1}{8}mr^2 \left[\omega_1^2 + \left(1 + \dfrac{4b^2}{r^2} \right)\omega_2^2 + 2p^2 \right]$

7/62 $\mathbf{H}_{O'} = 0.236(\mathbf{i} + 8\mathbf{j})$ kg·m^2/s, $T = 215$ J

7/63 $\mathbf{H}_O = m\omega \left[\dfrac{1}{6}c^2 \sin 2\beta \mathbf{j} + \left(\dfrac{2}{5}r^2 + \dfrac{1}{3}c^2 \cos^2 \beta + 2b^2 \right)\mathbf{k} \right]$

7/64 $\mathbf{H}_O = \dfrac{1}{6}mb^2 \omega \sin 2\theta \mathbf{i}$

           $+ m\omega \left(\dfrac{1}{3}c^2 + \dfrac{1}{3}b^2 \cos^2 \theta + a^2 + ac \right)\mathbf{k}$

       $I_{\max} = m \left(\dfrac{c^2 + b^2}{3} + a^2 + ac \right)$, $I_{\min} = \dfrac{1}{3}mb^2$

       $I_{\text{int}} = m \left(\dfrac{1}{3}c^2 + a^2 + ac \right)$

7/65 $M = \dfrac{1}{2}mbl\omega^2$

7/66 $\quad A_x = B_x = 0, A_y = -\dfrac{1}{3} mR\omega^2, B_y = \dfrac{1}{3} mR\omega^2$

7/67 $\quad \mathbf{B} = \dfrac{mbl\omega^2}{2c}(\cos\theta\mathbf{i} + \sin\theta\mathbf{j})$

7/68 $\quad B_x = \dfrac{3Mb}{2lc}\sin\theta, B_y = -\dfrac{3Mb}{2lc}\cos\theta$

7/69 $\quad A = 576$ N, $B = 247$ N

7/70 $\quad \mathbf{M} = -\dfrac{2}{\pi} mr\omega^2\mathbf{j}$

7/71 $\quad \mathbf{M} = -\dfrac{4M_O}{3\pi}\mathbf{i}$

7/72 $\quad \alpha = \dfrac{M}{I_O\cos^2\theta + I\sin^2\theta}$

7/73 $\quad \mathbf{M} = -79.0\mathbf{i}$ N·m

7/74 $\quad \mathbf{A} = 1608\mathbf{i}$ N, $\mathbf{B} = -1608\mathbf{i}$ N

7/75 $\quad \mathbf{A} = -91.7\mathbf{j}$ N, $\mathbf{B} = 91.7\mathbf{j}$ N, $M = 10.8$ N·m

7/76 $\quad \theta = \sin^{-1}\left(\dfrac{3g}{2\omega^2}\dfrac{b^2 - c^2}{b^3 + c^3}\right)$ if $\omega^2 \geq \dfrac{3g}{2}\dfrac{b^2 - c^2}{b^3 + c^3}$

$\quad$ else $\theta = 90°$

7/77 $\quad \mathbf{M} = \dfrac{1}{8} mr^2\omega^2 \sin 2\alpha\mathbf{j}$

7/78 $\quad N_A = \dfrac{mg}{2} - \dfrac{m_2 v^2}{2\pi r}, N_B = \dfrac{mg}{2} + \dfrac{m_2 v^2}{2\pi r}$

7/79 $\quad M_x = \dfrac{1}{6} mb^2\omega^2 \sin 2\beta$

7/80 $\quad M_y = -\dfrac{1}{6} mb^2\alpha \sin 2\beta, M_z = \dfrac{1}{12} mb^2\alpha(1 + 4\sin^2\beta)$

7/81 $\quad \omega = 2\sqrt{\dfrac{\sqrt{3}g}{l}}$

7/82 $\quad M = \dfrac{2mr}{\pi}(g + 2r\omega^2)$

▸7/83 $\quad A = \dfrac{mg}{6}$

▸7/84 $\quad A = \dfrac{mg}{3}\left(\dfrac{7a + 2b}{2a + b}\right)$

7/85 $\quad$ CCW as viewed from above

7/86 $\quad p_1$

7/87 $\quad$ Tendency to rotate to student's right

7/88 $\quad R = 712$ N

7/89 $\quad b = 216$ mm

7/90 $\quad M = M_1 = mk^2\Omega\dfrac{v}{r}$

7/91 $\quad$ Right-side normal forces are increased

7/92 $\quad C = D = 948$ N

7/93 $\quad M = 5.26$ kN·m, CCW deflection

7/94 $\quad \Omega = 6.10\mathbf{k}$ rad/s

7/95 $\quad M = 5410$ kN·m, (b)

7/96 $\quad (a)$ No precession, $M_A = 12.56$ N·m

$\quad (b)\ \Omega = 0.723$ rad/s, $M_A = 3.14$ N·m

7/97 $\quad M_A = 30.9$ N·m, $M_O = 0$

7/98 $\quad \Delta R_A = 436$ N increase, $\Delta R_B = 436$ N decrease

7/99 $\quad \dot{\psi} = -6$ rev/min (retrograde precession)

7/100 $\quad R_A = 37.5$ N up, $R_B = 60.6$ N up

7/101 $\quad \tau = 1.831$ s, Negative z-direction

7/102 $\quad \Omega = -1.249\mathbf{K}$ rad/s, $\mathbf{M} = 8.30\mathbf{i}$ N·m

7/103 $\quad b = r$

7/104 $\quad \tau = 0.0996$ s, Retrograde precession

7/105 $\quad (a)\ p = 4\pi$ rad/s, $\theta = 0, \beta = 0, \dot{\psi} = 0$

$\quad (b)\ p = 4\pi$ rad/s, $\theta = 10°, \beta = 3.03°$

$\quad\quad \dot{\psi} = 5.47$ rad/s

$\quad (c)\ p = 0, \theta = 90°, \beta = 90°, \dot{\psi} = 4\pi$ rad/s

7/106 $\quad \tau = 0.443$ s

7/107 $\quad M_k = 3I\Omega p \cos\phi$

$\quad M_y = -3I\Omega p \sin\phi, M = 3I\Omega p$

▸7/108 $\quad A_z = -\dfrac{m\dot{\theta}}{2}\left(\dfrac{r^2 p}{2b} + l\dot{\theta}\right), B_z = \dfrac{m\dot{\theta}}{2}\left(\dfrac{r^2 p}{2b} - l\dot{\theta}\right)$

$\quad$ where $\dot{\theta} = 2\sqrt{\dfrac{2gl}{r^2 + 4l^2}}$

▸7/109 $\quad M_x = -I\omega\Omega_0 \cos\omega t, M_y = 0, M_z = -I\omega\Omega_0 \sin\omega t$

▸7/110 $\quad (a)\ \dfrac{h}{r} = \dfrac{1}{2}$

7/111 $\quad$ Direct precession: $\dfrac{l}{r} > \sqrt{6}$

$\quad$ Retrograde precession: $\dfrac{l}{r} < \sqrt{6}$

7/112 $\quad \mathbf{H} = \dfrac{ma^2\omega}{6\sqrt{3}}(\mathbf{i} + \mathbf{j} + \mathbf{k})$

7/113 $\quad p = \dfrac{mvh}{m_0 k^2}$, Opposite to car wheels

7/114 $\quad \boldsymbol{\alpha} = 77.9\mathbf{i}$ rad/s^2

7/115 $\quad \boldsymbol{\alpha} = 8\sqrt{3}\mathbf{i} + 120\sqrt{3}\mathbf{j} + 52\mathbf{k}$ rad/s^2

$\quad \mathbf{a}_A = -52.1\mathbf{i} - 9.23\mathbf{j} + 120.2\mathbf{k}$ m/s^2

7/116 $\quad \boldsymbol{\omega}_n = \dfrac{9}{49}(2\mathbf{i} + \mathbf{k})$ rad/s

7/117 $\quad \boldsymbol{\Omega} = \Omega\mathbf{k}, \tau = \dfrac{4\pi r^2 p}{5gh}$

7/118 $\quad \mathbf{H}_O = 0.707\mathbf{j} + 4.45\mathbf{k}$ kg·m^2/s, $T = 69.9$ J

7/119 $\quad \boldsymbol{\omega} = \dfrac{2\pi}{\tau}\left[\left(\dfrac{r}{R} - \dfrac{R}{r}\right)\mathbf{j} + \dfrac{\sqrt{R^2 - r^2}}{R}\mathbf{k}\right]$

7/120 $\quad \boldsymbol{\alpha} = \left(\dfrac{2\pi}{\tau}\right)^2\dfrac{\sqrt{R^2 - r^2}}{r}\mathbf{i}$

7/121 $\quad \mathbf{a}_A = \left(\dfrac{2\pi}{\tau}\right)^2\left[\sqrt{R^2 - r^2}\left(\dfrac{2r^2}{R^2} - 3\right)\mathbf{j}\right.$

$\quad\quad \left. + \left(3r - \dfrac{R^2}{r} - \dfrac{2r^3}{R^2}\right)\mathbf{k}\right]$

7/122 $N = 1.988$ cycles/min

7/123 $\mathbf{H}_O = 0.550\mathbf{j} + 1.670\mathbf{k}$ kg·m²/s, $T = 14.74$ J

7/124 $\mathbf{H}_O = 0.1131\mathbf{i} + 0.550\mathbf{j} + 1.670\mathbf{k}$ N·m·s

$T = 15.45$ J

7/125 $R_A = R_B = 615$ N

7/126 $M = 337$ N·m

7/127 $M = 13.33$ N·m

7/128 $M = 2.70$ N·m

제8장

8/1 $k = 736$ N/m, $k = 4.20$ lb/in., $k = 50.4$ lb/ft

8/2 $\omega_n = 15$ rad/s, $f_n = 2.39$ Hz

8/3 $x = 31.0 \sin(15t - 1.310)$ mm, $C = 31.0$ mm

8/4 $\delta_{st} = 0.200$ m, $\tau = 0.898$ s, $v_{max} = 0.7$ m/s

8/5 $y = -0.0548$ m, $v = -0.586$ m/s, $a = 2.68$ m/s²

$a_{max} = 4.9$ m/s²

8/6 $f_n = \dfrac{1}{\pi}\sqrt{\dfrac{k}{m}}$

8/7 $a_{max} = 30$ m/s²

8/8 $f_n = 2.23$ Hz

8/9 $x = 25 \cos 14.01t$ mm

8/10 $\omega_n = 3\sqrt{\dfrac{k}{m}}$

8/11 $f_n = 1.332$ Hz

8/12 (a) $k = 474$ kN/m, (b) $f_n = 0.905$ Hz

8/13 (a) $k = k_1 + k_2$, (b) $k = \dfrac{k_1 k_2}{k_1 + k_2}$

8/14 $m = 2.55$ kg, $\mu_s = 0.358$

8/15 (a) $v = 2.22 \cos 20.9t$ m/s, (b) $x_{max} = 106.2$ mm

8/16 $f_n = 3.30$ Hz

8/17 $\omega_n = 2\sqrt{\dfrac{6EI}{mL^3}}$

8/18 $\omega_n = \dfrac{1}{3}\sqrt{\dfrac{k}{m}}$

▶8/19 $\ddot{y} + \dfrac{k}{mL^2}y^3 = 0$

8/20 $\zeta = 0.75$

8/21 $c = 38.0$ N·s/m

8/22 $\zeta = 0.436$

8/23 $\zeta = 0.6$

8/24 $c = 2240$ N·s/m

8/25 $x = x_0(\cos 9.26t + 1.134 \sin 9.26t)e^{-10.5t}$

8/26 $\zeta = \dfrac{\delta_N}{\sqrt{(2\pi N)^2 + \delta_N{}^2}}$, where $\delta_N = \ln\left(\dfrac{x_0}{x_N}\right)$

8/27 $c = 1.721$ N·s/m

8/28 $c = 16.24(10^3)$ N·s/m

8/29 $\ddot{x}_1 + \dfrac{a^2 c_1 + b^2 c_2}{a^2 m_1 + b^2 m_2}\dot{x}_1 + \dfrac{a^2 k_1 + b^2 k_2}{a^2 m_1 + b^2 m_2}x_1 = 0$

8/30 $x_1 = -0.1630x_0$

8/31 $(\dot{x}_0)_c = -\omega_n x_0$

8/32 (a) $x = 110.4$ mm, (b) $x = 118$ mm

8/33 $\zeta = 0.280$, $c = 613$ N·s/m

8/34 $x = x_0(1.171e^{-2.67t} - 0.1708e^{-18.33t})$

8/35 $\ddot{x} + \dfrac{b^2 c}{a^2 m}\dot{x} + \dfrac{k}{m}x = 0$, $\zeta = \dfrac{b^2 c}{2a^2\sqrt{km}}$

▶8/36 $r = \dfrac{2\mu_k g}{\pi}\sqrt{\dfrac{m}{k}}$

8/37 $\zeta = 0.1936$

8/38 (a) $X = 13.44$ mm, (b) $X = 22.7$ mm

8/39 $\omega < 4.99$ rad/s and $\omega > 6.86$ rad/s

8/40 $\omega < 5.18$ rad/s and $\omega > 6.61$ rad/s

8/41 $c = 55.6$ N·s/m

8/42 (a) $X = 84.8$ mm, (b) $X = 19.43$ mm; $\delta_{st} = 73.6$ mm

8/43 $R_1 = 50\%$, $R_2 = 2.52\%$

8/44 $\dfrac{\omega}{\omega_n} = \sqrt{1 - 2\zeta^2}$

8/45 $\omega < \sqrt{\dfrac{2}{3}}\,\omega_n$ and $\omega > \sqrt{2}\omega_n$

8/46 $f = \dfrac{1}{2\pi}\sqrt{\dfrac{g}{\delta_{st}}}$

8/47 $2.38 < f < 5.32$ Hz

8/48 $\ddot{x}_i + 2\zeta\omega_n\dot{x}_i + \omega_n{}^2 x_i = \dfrac{k}{m}b\sin\omega t + \dfrac{c}{m}b\omega\cos\omega t$

8/49 $\ddot{x} + \dfrac{c}{m}\dot{x} + \dfrac{k_1 + k_2}{m}x = \dfrac{k_2}{m}b\cos\omega t$, $\omega_c = \sqrt{\dfrac{k_1 + k_2}{m}}$

8/50 $\ddot{x} + \dfrac{c_1 + c_2}{m}\dot{x} + \dfrac{k}{m}x = -\dfrac{c_2}{m}b\omega\sin\omega t$, $\zeta = \dfrac{c_1 + c_2}{2\sqrt{km}}$

8/51 $k = 227$ kN/m or 823 kN/m

8/52 $b = 1.886$ mm

8/53 $\ddot{y} + \dfrac{4k}{m}y = \dfrac{2k}{m}b\sin\omega t$, $\omega_c = 2\sqrt{\dfrac{k}{m}}$

8/54 $c = 44.6$ N·s/m

▶8/55 $E = \pi c\omega X^2$

▶8/56 $X = 14.75$ mm, $v_c = 15.23$ km/h

8/57 $\tau = 6\pi\sqrt{\dfrac{m}{5k}}$

8/58 $\omega_n = \sqrt{\dfrac{3g}{2\sqrt{a^2 + b^2}}}$

8/59 $\tau = 2\pi\sqrt{\dfrac{2b}{3g}}$

8/60 $\tau = 2\pi\sqrt{\dfrac{5b}{6g}}$

8/61 $\Theta = 0.1422$ rad

8/62 $\quad \tau = 2\pi\sqrt{\dfrac{ml^2L}{12JG}}$

8/63 $\quad \ddot{\theta} + \dfrac{8g\sin\dfrac{\beta}{2}}{3r\beta}\sin\theta = 0,\ \tau = 1.003\ \text{s}$

8/64 $\quad \omega_n = \sqrt{\dfrac{3gh}{3r^2 + 2h^2}}$

8/65 $\quad \ddot{\theta} + \dfrac{\frac{1}{2}m_1 gL + \frac{4}{9}kL^2}{\frac{1}{3}m_1 L^2 + \frac{4}{9}m_2 L^2}\theta = \dfrac{\frac{2}{3}kLb\cos\omega t}{\frac{1}{3}m_1 L^2 + \frac{4}{9}m_2 L^2}$

8/66 $\quad x = 0.558\ \text{m}$

8/67 $\quad \omega_n = 8.24\ \text{rad/s}$

8/68 $\quad \zeta = \dfrac{a^2 c}{2b^2}\sqrt{\dfrac{3}{km}},\ c_{\text{cr}} = \dfrac{2b^2}{a^2}\sqrt{\dfrac{km}{3}}$

8/69 $\quad \tau = \dfrac{2\pi k_O}{\sqrt{\dfrac{2kb^2}{m} + g\bar{r}}}$

8/70 $\quad k = 3820\ \text{N/m}$

8/71 $\quad \omega_c = \sqrt{\dfrac{6}{5}\left(\dfrac{2k}{m} + \dfrac{g}{l}\right)}$

8/72 $\quad m_{\text{eff}} = m_1 + \dfrac{m_2}{2}$

8/73 $\quad \omega_n = \sqrt{\dfrac{k}{m_1 + \dfrac{k_O^2}{a^2}m_2}},\ \zeta = \dfrac{\dfrac{b^2}{a^2}c}{2\sqrt{k\left(m_1 + \dfrac{k_O^2}{a^2}m_2\right)}}$

8/74 $\quad \tau = \pi\sqrt{\dfrac{6(R-r)}{g}},\ \omega = \dfrac{\theta_0}{r}\sqrt{\dfrac{2g(R-r)}{3}}$

8/75 $\quad \Theta = \dfrac{-\dfrac{3b}{2l}\omega^2}{\omega_n^2 - \omega^2},\ \text{where}\ \omega_n = \sqrt{\dfrac{3k_T}{ml^2} - \dfrac{3g}{2l}}$

8/76 $\quad mk_O^2\ddot{\Theta} + K\theta - m\bar{r}(g\sin\theta + a\cos\theta) = 0$

8/77 $\quad f_n = 2.43\ \text{Hz}$

8/78 $\quad \tau = 6\pi\sqrt{\dfrac{m}{5k}}$

8/79 $\quad \tau = 2\pi\sqrt{\dfrac{2l}{3g}}$

8/80 $\quad \omega_n = \sqrt{\dfrac{k}{m\left(1 + \dfrac{\bar{k}^2}{r^2}\right)}},\ \bar{k} = 0:\ \omega_n = \sqrt{\dfrac{k}{m}}$

$\qquad\qquad \bar{k} = r:\ \omega_n = \sqrt{\dfrac{k}{2m}}$

8/81 $\quad \tau = 2\pi\sqrt{\dfrac{2r}{g}}$

8/82 $\quad f_n = \dfrac{b}{2\pi l}\sqrt{\dfrac{k}{m}}$

8/83 $\quad \omega_n = \sqrt{\dfrac{12k_T + 18\rho gl^2}{17\rho l^3}}$

8/84 $\quad f_n = 1.519\ \text{Hz}$

8/85 $\quad \tau = \pi\sqrt{\dfrac{6(R-r)}{g}}$

8/86 $\quad x = \sqrt{\dfrac{\dfrac{\tau^2 k_T}{4\pi^2} - I_O}{2m}}$

8/87 $\quad \omega_n = 3\sqrt{\dfrac{6k}{3m_1 + 26m_2}},\ \omega = 3\theta_0\sqrt{\dfrac{6k}{3m_1 + 26m_2}}$

8/88 $\quad f_n = \dfrac{1}{2\pi}\sqrt{\dfrac{mgr_0}{3Mr^2 + m(r - r_0)^2}}$

8/89 $\quad \omega_n = \sqrt{\dfrac{mgr\sin\alpha}{I + mr^2}}$

8/90 $\quad \omega_n = \sqrt{\dfrac{6k}{m} + \dfrac{3g}{2l}}$

8/91 $\quad f_n = 1.496\ \text{Hz}$

8/92 $\quad f_n = 2.62\ \text{Hz}$

8/93 $\quad 30\ddot{x} + 20(10^3)x + 2.5(10^6)x^3 = 0,\ \text{with}\ x\ \text{in meters}$

8/94 $\quad \tau = 2\pi\sqrt{\dfrac{(\pi - 2)r}{g}}$

▶ 8/95 $\quad \tau = 41.4\sqrt{\dfrac{R}{g}}$

▶ 8/96 $\quad \tau = 4.44\sqrt{\dfrac{r}{g}}$

8/97 $\quad f_n = \dfrac{1}{2\pi}\sqrt{\dfrac{2kb^2}{ml^2} - \dfrac{g}{l}},\ k > \dfrac{mgl}{2b^2}$

8/98 $\quad \tau = \dfrac{2\pi}{\sqrt{\dfrac{2k_T}{mb^2} + \dfrac{4g\sin\beta}{3b\beta}}}$

8/99 $\quad X = 0.287\ \text{m},\ \tau = 0.365\ \text{s}$

8/100 $\quad (a)\ \omega_n = 2\sqrt{\dfrac{g}{5r}},\ (b)\ \omega_n = \sqrt{\dfrac{2g}{3r}}$

8/101 $\quad f_n = \dfrac{1}{2\pi}\sqrt{\dfrac{g}{2r}}$

8/102 $\quad Q = \dfrac{1}{2}kx_1^2(1 - e^{-2\delta}),\ \text{where}\ \delta = \dfrac{\pi}{\sqrt{\dfrac{km}{c^2} - \dfrac{1}{4}}}$

8/103 $\quad \zeta = 0.0773$

8/104 $\quad c = 69.3\ \text{N}\cdot\text{s/m}$

8/105 $\quad \delta_0 = 0.712\ \text{mm}$

8/106 $\quad (f_n)_y = 4.92\ \text{Hz},\ (f_n)_\theta = 10.69\ \text{Hz},\ N = 641\ \text{rev/min}$

8/107 $\quad \theta_{\max} = \phi_0\dfrac{r_0 r}{1 - \left(\dfrac{\omega}{\omega_n}\right)^2},$

$\qquad\ \text{where}\quad \omega_n = \dfrac{r}{k}\sqrt{\dfrac{2k}{m}}$

▶ 8/108 $\quad 28.9\%$ increase in amplitude

*8/109 $\quad t = 0.972\ \text{s}$

부록 B

B/46　$l > 4.89r$

B/47　$I_{xy} = -2ml^2, I_{xz} = -4ml^2, I_{yz} = 0$

B/48　$I_{xy} = 0, I_{xz} = I_{yz} = -2ml^2$

B/49　$I_{xy} = -\dfrac{1}{24}ml^2 \sin 2\theta$

B/50　$I_{xy} = \dfrac{1}{4}mr^2, I_{xz} = I_{yz} = \dfrac{1}{\pi\sqrt{2}}mr^2$

B/51　$I_{xy} = -mab, I_{xz} = \dfrac{1}{2}mah, I_{yz} = -\dfrac{1}{2}mbh$

B/52　$I_{xy} = -\dfrac{\rho\pi b^4}{512}, I_{xz} = I_{yz} = 0$

B/53　$I_{xy} = \dfrac{1}{2}mrh, I_{xz} = -\dfrac{4}{3\pi}mr^2, I_{yz} = -\dfrac{2}{3\pi}mrh$

B/54　$I_{xy} = \dfrac{1}{4}mbh$

B/55　$I_{xy} = \dfrac{1}{4}mbh, I_{x'y'} = -\dfrac{1}{12}mbh, I_{x''y''} = \dfrac{1}{4}mbh$

　　　$\bar{I}_{xy} = \dfrac{1}{36}mbh$

B/56　$I_{xy} = -0.1875 \text{ kg} \cdot \text{m}^2$
　　　$I_{xz} = 0.09375 \text{ kg} \cdot \text{m}^2$
　　　$I_{yz} = -0.125 \text{ kg} \cdot \text{m}^2$

B/57　$I_{xy} = I_{yz} = -\dfrac{1}{8}mb^2, I_{xz} = 0$

B/58　$I_{xy} = \dfrac{2}{\pi}mr^2, I_{xz} = I_{yz} = 0$

*B/59　$(I_{AA})_{\min} = 0.535 \text{ kg} \cdot \text{m}^2$ at $\theta = 22.5°$

*B/60　$I_{\min} = 0.1870\rho r^3$ at $\alpha = 38.6°$

*B/61　$I_1 = 9ml^2, I_2 = 7.37ml^2, I_3 = 1.628ml^2$
　　　$l_1 = 0.816, m_1 = 0.408, n_1 = 0.408$

*B/62　$I_{xx} = 3.74mb^2, I_{yy} = 22.5mb^2, I_{zz} = 26.2mb^2$
　　　$I_{xy} = 5.55mb^2, I_{xz} = I_{yz} = 0$
　　　$\theta = 15.30°$ about $+z$-axis

*B/63　$I_1 = 3.78\rho b^4, I_2 = 0.612\rho b^4, I_3 = 3.61\rho b^4$

*B/64　$I_1 = 1.509 \text{ kg} \cdot \text{m}^2, l_1 = 0.996, m_1 = -0.0876$
　　　$n_1 = 0.00514$
　　　$I_2 = 1.431 \text{ kg} \cdot \text{m}^2, l_2 = -0.0433, m_2 = -0.439$
　　　$n_2 = 0.897$
　　　$I_3 = 0.406 \text{ kg} \cdot \text{m}^2, l_3 = 0.0764, m_3 = 0.894$
　　　$n_3 = 0.441$

찾아보기

【 저자 소개 】

J. L. Meriam

예일대학교에서 학사, 석사 및 박사학위를 받았으며, Pratt and Whitney Aircraft와 General Electric Company에서 산업체 경험도 쌓았다. 그는 캘리포니아-버클리대학교의 교수, 듀크대학교의 공대학장, 캘리포니아폴리테크닉주립대학교의 교수, 그리고 캘리포니아주립대학교(산타바바라 캠퍼스)에서 교환교수를 역임하고, 1990년에 정년퇴임하였다.

L. G. Kraige

공업역학 시리즈의 공동저자이며 1980년대 초반 이후부터 역학교육에 탁월한 기여를 해왔다. 버지니아대학교 항공공학 관련 논문으로 학사, 석사 및 박사학위를 받았으며, 현재 버지니아폴리테크닉주립대학교에서 Engineering Science and Mechanics과의 교수로 근무하고 있다.

J. N. Bolton

버지니아폴리테크닉주립대학교 기계공학과에서 학사, 석사 및 박사학위를 받았으며, 블루필드주립대학 기계과에 재직하고 있다. 관심 분야는 6자유도를 갖는 로터의 자동 균형에 대한 것이다. 2010년에 학생들이 선출하는 Sporn Teaching Award를 수상하였고, 2014년에는 블루필드주립대학에서 주는 우수 교수상을 받았다. 이 책에서 Bolton 박사는 응용력을 적용할 수 있는 부분을 추가하였다.

【 역자 소개 】 (가나다순)

강연준	서울대학교 기계공학부 교수
국형석	국민대학교 자동차공학과 교수
배성용	부경대학교 조선해양시스템공학전공 교수
백승훈	부산대학교 기계공학부 교수
이시복	부산대학교 기계공학부 명예교수
이재응	중앙대학교 기계공학부 교수
정광영	공주대학교 기계자동차공학부 교수